W. Henke   H. Rothe

Paläoanthropologie

Mit 304 Abbildungen

Springer-Verlag
Berlin Heidelberg New York London Paris
Tokyo Hong Kong Barcelona Budapest

Priv.-Doz. Dr. WINFRIED HENKE

Institut für Anthropologie
Universität Mainz
Colonel-Kleinmann-Weg 2 (SB II)
55099 Mainz

Professor Dr. HARTMUT ROTHE

Institut für Anthropologie
Universität Göttingen
Bürgerstraße 50
37073 Göttingen

ISBN 3-540-57455-7 Springer-Verlag Berlin Heidelberg New York

Die Deutsche Bibliothek - CIP-Einheitsaufnahme
Henke, Winfried:
Paläoanthropology: eine Einführung in die
Stammesgeschichte des Menschen / W. Henke; H. Rothe. -
Berlin; Heidelberg; New York; London; Paris; Tokyo;
Hong Kong; Barcelona; Budapest; Springer, 1994
ISBN 3-540-57455-7
NE: Rothe, Hartmut:
WG:32 DBN 94.015013.1 94.01.06

Satz: Reprofertige Vorlagen der Autoren
Einbandgestaltung: E. Kirchner, Heidelberg
31/3130-5 4 3 2 1 0 - Gedruckt auf säurefreiem Papier

"Ich bin es gewiss nicht,
der die Würde des Menschen
auf seine grosse Zehe zu gründen versucht,
oder der zu verstehen giebt,
dass wir verloren wären,
wenn der Affe einen Hippocampus minor hat.
Ich habe im Gegentheil diese eitlen Fragen
zu beseitigen mich bemüht."

(Th. H. Huxley 1863, S. 124)

Vorwort

Obwohl der Mensch im natürlichen phylogenetischen System der Organismen keine Sonderstellung einnimmt, kommt ihm aufgrund seiner doppelten Geschichtlichkeit eine Ausnahmestellung zu. Ziel paläoanthropologischer Forschung ist es, den Prozeß der Menschwerdung als komplexen psycho-physischen Adaptationsprozeß zu verstehen und zum Selbstverständnis des Menschen beizutragen. Moderne paläoanthropologische Forschung ist damit wesentlich mehr als nur Fossilkunde, nämlich ein multidisziplinärer Ansatz. Da die Paläoanthropologie in den beiden letzten Dezennien durch zahlreiche neue Daten, Befunde und Denkansätze geprägt wurde, die zu vielfältigen Modell-bildungen, z. B. zur Evolutionsökologie der frühesten Hominiden oder zur Entstehung des anatomisch modernen Menschen, Anlaß gaben, fehlt im deutsch-sprachigen Raum ein aktuelles Lehrbuch der Paläoanthropologie. Der vorliegende Band, der in einen methodischen (Kap. 2 - 4) und einen angewandten Teil (Kap. 5 - 8) gegliedert ist, soll diese Lücke schließen. Das inhaltliche Konzept fußt auf der Lehrpraxis der Autoren auf dem Gebiet der Paläoanthropologie und -primatologie sowie auf vielfältigen sachbezogenen Anregungen der angesprochenen Leserschaft, insbesondere der Studenten der Anthropologie und der Biologielehrer. Text- und Abbildungsumfang wurden gleichgewichtig behandelt, wobei versucht wurde, die gesamte Bandbreite der Denkansätze und Modellvorstellungen zur Stammesgeschichte des Menschen zu integrieren und ihr Für und Wider abzuwägen. Der Band soll den Leser letztlich in die Lage versetzen, stammesgeschichtliche Aussagen, die prinzipiell nur Modellcharakter haben, kritisch zu bewerten und eigene Forschungsfragen und -strategien zu entwickeln. Das detaillierte Register und das umfangreiche Literaturverzeichnis sollen dabei den Zugang zu den vielfältigen Daten, Fakten und Themenkomplexen des Hominisationsprozesses erleichtern.

Dem Verlagshaus Springer, namentlich Herrn Dr. Dieter Czeschlik, sind wir für das uneingeschränkte Verständnis gegenüber unseren konzeptionellen Vorstellungen zum Inhalt des Lehrbuches zu besonderem Dank verpflichtet, insbesondere für das großzügige Entgegenkommen bezüglich des Seitenumfangs.

Unser Dank gilt ferner all denen, die uns bei den technischen Arbeiten und der Literaturbeschaffung kreativ und geduldig geholfen haben, insbesondere Herrn stud. phil. Joachim Burger, Frau cand. rer. nat. Berit Hamer und Herrn cand. phil. Udo Krenzer. Frau Wanda Weil haben wir für die präzise Erledigung der fotografischen Arbeiten zu danken. Herrn stud. phil. Axel Bobeth, Herrn Dr. med. Anton

Bopp, Frau cand. rer. nat. Ute Geyer, Herrn Dipl.-Biol. Jens Kerl, Herrn Hanno Meyer und cand. rer. nat. Hartmut Schug sind wir für akribisches Korrekturlesen und zahlreiche Anregungen zu Dank verpflichtet. Herrn cand. rer. nat. Frank Henning möchten wir für die Fertigung einiger Computergrafiken danken und Herrn stud. phil. André Kopp für einige Habituszeichungen der rezenten Primaten. Unsere besondere Anerkennung gilt aber Herrn Hardy Müller, M. A., der während der anderthalb Jahre der Entstehung des Buches durch seine ständige Diskussions-bereitschaft zur inhaltlichen und äußeren Gestaltung des Bandes engagiert beigetragen hat.

Da das 'ready-for-print'-Verfahren und die Institutsstrukturen deutscher Hochschulen - gegenläufig zum sukzessiven Prozeß der Arbeitsteilung in der Menschheitsgeschichte - Autoren zu Schreibkräften, Zeichnern, Grafikern und Layoutern 'verdammt', bedarf es leider keiner weiteren Danksagungen, außer der besonders herzlichen an unsere Familien und Freunde für ihr Verständis und ihre Geduld.

Mainz und Göttingen,   Winfried Henke   Hartmut Rothe
im Sommer 1993

Inhaltsverzeichnis

1 Einleitung

Ziel der Anthropologie ist es, das Problemfeld Evolution des Menschen in Vergangenheit, Gegenwart und Zukunft zu beschreiben, zu analysieren und zu interpretieren (Jürgens et al. 1974). Paläoanthropologie und Prähistorische Anthropologie sind die Teildisziplinen, deren Untersuchungsgegenstand die körperlichen Überreste und die kulturellen Hinterlassenschaften der Hominiden früherer Epochen sind. Während die Prähistorische Anthropologie das Quellenmaterial von *Homo sapiens sapiens* auswertet, also ausschließlich intraspezifisch orientiert ist und sich auf die spät- und nacheiszeitlichen Zeiträume konzentriert (B. Herrmann et al. 1990), ist die Paläoanthropologie die Wissenschaft von den fossilen Menschen. Die Forschungsarbeit der Paläoanthropologie ist demnach auch speziesübergreifend. Die Hauptaufgabe der stammesgeschichtlichen oder phylogenetischen Arbeitsrichtung der Anthropologie besteht darin, den Hominisationsprozeß in seinem raum-zeitlichen und faktoriellen Gefüge zu erfassen.

Paläoanthropologie ist aber entschieden mehr als Fossilkunde. Die lange Zeit vertretene triviale Auffassung, daß Stammesgeschichte an Fossilien, also an versteinerten Überresten früherer Lebewesen, direkt ablesbar sei, trifft nicht zu. Fossilien sind wichtige Belege für die Stammesgeschichte, jedoch liefern sie keine unmittelbare faktische Information über den Ablauf der Evolution. Die Phylogenese läßt sich also nie an den Fossilien selbst ablesen, und auch der Zuwachs an Fossilien bedeutet nicht automatisch mehr Klarheit über stammesgeschichtliche Abläufe (Gutmann u. Bonik 1981; Schmid 1987). Die nicht selten zitierte populärwissenschaftliche Formulierung, 'Fossilien reden', ist unzutreffend. Wer als Paläoanthropologe etwas über die Menschwerdung erfahren will, 'lauscht' vergeblich (Pilbeam u. Vaisnys 1975). Er hat vielmehr Hypothesen im Rahmen der darwinschen Evolutionstheorie bzw. dem seitdem stetig bis zur Systemtheorie der Evolution fortentwickelten Theoriengebäude zu formulieren, und er hat auf der Basis eines geeigneten Methodeninventars den Versuch zu unternehmen, die Hypothesen zu verifizieren oder zu falsifizieren. Paläoanthropologie ist theoriengeleitete Forschung. Die deskriptiv-kasuistische Fossilkunde, welche noch bis in die Mitte dieses Jahrhunderts die Arbeitsweise der Stammesgeschichtsforschung dominierte, wurde sukzessiv durch übergreifende Theorien auf der Grundlage evolutionsmorphologischer Konzepte, Hypothesen und Prognosen abgelöst, die, 'jeder Hilfe von außen beraubt' (H. Kummer 1981), empirisch überprüft werden können. Bock u. v. Wahlert (1965) haben mit ihren Arbeiten über Adaptationen

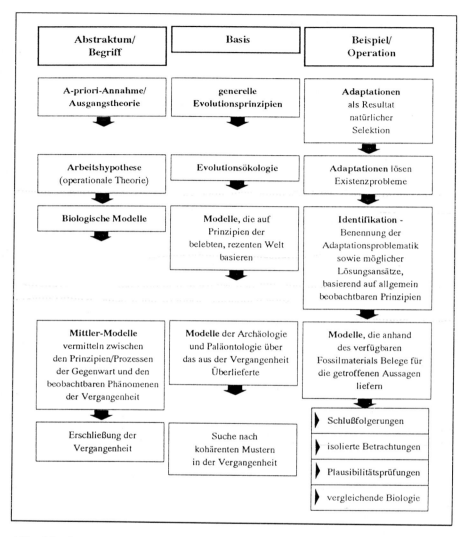

Abstraktum/ Begriff	Basis	Beispiel/ Operation
A-priori-Annahme/ Ausgangstheorie	generelle Evolutionsprinzipien	Adaptationen als Resultat natürlicher Selektion
Arbeitshypothese (operationale Theorie)	Evolutionsökologie	Adaptationen lösen Existenzprobleme
Biologische Modelle	Modelle, die auf Prinzipien der belebten, rezenten Welt basieren	Identifikation - Benennung der Adaptationsproblematik sowie möglicher Lösungsansätze, basierend auf allgemein beobachtbaren Prinzipien
Mittler-Modelle vermitteln zwischen den Prinzipien/Prozessen der Gegenwart und den beobachtbaren Phänomenen der Vergangenheit	Modelle der Archäologie und Paläontologie über das aus der Vergangenheit Überlieferte	Modelle, die anhand des verfügbaren Fossilmaterials Belege für die getroffenen Aussagen liefern
Erschließung der Vergangenheit	Suche nach kohärenten Mustern in der Vergangenheit	Schlußfolgerungen isolierte Betrachtungen Plausibilitätsprüfungen vergleichende Biologie

Abb. 1.1 Systemansatz zur Analyse der Stammesgeschichte des Menschen (aus Foley 1987, modifiziert).

und Form-Funktions-Komplexe ganz wesentlich zu einer evolutionsbiologischen Denkweise und einem Wandel der Interpretation von Fossilien beigetragen, d. h. sie haben den Wechsel von einer deskriptiven zu einer analytischen Funktionsbiologie mitbegründet. Nur dieser theorieorientierte Forschungsansatz, nicht hingegen die bloße Ansammlung von Material und Faktenwissen, bringt Erkenntniszuwachs (Abb. 1.1; Übersicht in Pilbeam u. Vaisnys 1975; Markl 1980; C. Vogel 1983; Grupe 1984; Foley 1987).

Obwohl sich der konzeptionelle und der methodische Forschungsansatz wandelten, sind die von Remane (1952a) bereits Anfang der fünfziger Jahre exemplarisch formulierten Kernprobleme der Paläoanthropologie unverändert geblieben:

1. Die Analyse der Verwandtschaft des Hominidenzweiges, also die stammesgeschichtliche Abgliederung der Hominiden von den übrigen Primaten.
2. Die gestaltlichen Umwandlungen, die der Hominidenstamm in seiner Phylogenie erfahren hat.
3. Die speziellen Verwandtschaftsbeziehungen innerhalb der Hominiden, insbesondere im Hinblick auf das *sapiens*-Problem.

Paläoanthropologische Forschung geht über eine Humanpaläontologie hinaus, denn die Rekonstruktion des Evolutionsprozesses darf sich nicht nur auf die Analyse und Interpretation des morphologischen Formenwandels beschränken, sondern hat - wie der Begriff Hominisation ausdrückt - die spezifische psychophysische Konstitution des Menschen evolutionsbiologisch zu erklären und die besonderen evolutionsökologischen Rahmenbedingungen der Menschwerdung zu erfassen. Es gilt also nicht nur, die den Menschen kennzeichnende Morphologie (z. B. Bipedie, Hirnstruktur, Sprechapparat), sondern auch seine Kulturfähigkeit (z. B. komplexe Werkzeugherstellung und -verwendung, Symbolsprache, Geschichtlichkeit, soziale Verantwortung) als Anpassungsprozeß zu verstehen (C. Vogel 1966a, 1975, 1976, 1977; Hofer u. Altner 1972; Vollmer 1975; Osche 1983; Markl 1986).

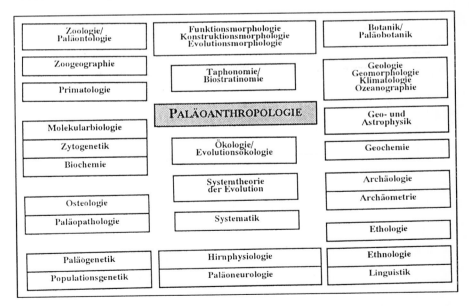

Abb. 1.2 An der Rekonstruktion des Hominisationsprozesses beteiligte Forschungsdisziplinen.

Die moderne Paläoanthropologie ist keine datenarme Wissenschaft. Sie bezieht die Befunde unterschiedlichster Forschungsdisziplinen in ihre Hypothesenbildung und -überprüfung ein und erhöht durch diesen multidisziplinären Forschungsansatz die Validität der stets nur als Modelle zu betrachtenden Aussagen zur Stammesgeschichte. Neben den klassischen Disziplinen wie z. B. der vergleichenden Morphologie, Archäologie, Zoogeographie, Genetik und Systematik kommt zunehmend auch solchen Forschungszweigen Bedeutung zu, deren Relevanz für paläoanthropologische Fragestellungen auf den ersten Blick kaum erkennbar ist; so leisten z. B. auch Astrophysik, marine Sedimentologie und Meereschemie für die Rekonstruktion der paläoökologischen, -geographischen und -klimatologischen Ereignisse wesentliche Beiträge. Ferner hat die Methodenoptimierung in den beteiligten Disziplinen wie z. B. der Archäometrie und der Molekularbiologie für die Klärung anstehender Fragen und die Formulierung neuer Hypothesen entscheidende Fortschritte gebracht (Prentice u. Denton 1988; Quade et al. 1989; S. Ward 1991; Abb. 1.2).

Da der Hominisationsprozeß nicht direkt analysierbar, sondern nur indirekt rekonstruierbar ist, ermöglicht die empirische Forschung an nicht-menschlichen Primaten Antworten auf die essentiellen Fragen zur Menschwerdung. Die spezifischen Adaptationen der Hominiden sind nur zu verstehen, wenn sich die Modelle zur Hominisation auf den Vergleich mit den nicht-menschlichen Primaten stützen. Nach C. Vogel (1966a) ist dieser Vergleich unter zwei Gesichtspunkten paläoanthropologischer Fragestellung von grundsätzlicher Bedeutung: zunächst gilt es, die Unterschiede zwischen den Hominiden und den nicht-menschlichen Primaten darzustellen und Kontrastmodelle zu formulieren, um die sogenannte 'Sonderstellung des Menschen' zu charakterisieren; ferner ist durch das Aufzeigen von Übereinstimmungen im Evolutionsprozeß der Hominiden und der nicht-menschlichen Primaten unsere stammesgeschichtliche Herkunft zu klären sowie der spezifische Verlauf dieses Prozesses zu erschließen. Wie bedeutsam die Integration primatologischer Forschungsergebnisse für die Rekonstruktion des Hominisationsszenariums ist, verdeutlicht modellhaft das Beispiel zur Entwicklung der Bipedie des Menschen (Abb. 1.3).

Nicht nur aus methodischen Gründen, sondern auch von großem heuristischem Wert für die Erforschung des Menschwerdungsprozesses sind Antworten auf die Frage, warum unsere nächsten Verwandten, die afrikanischen Menschenaffen, das Tier-Mensch-Übergangsfeld nicht durchschritten haben. Erst aus der empirischen Untersuchung des breiten Adaptationsspektrums rezenter Primaten sind geeignete Antworten zu erwarten, die die Annahme relativieren, die biologische Komponente des Hominisationsprozesses sei mit anderen Maßstäben zu messen als die für die Entstehung anderer Spezies wirksamen Faktoren. Subjektiv betrachtet, wird der Anthropogenese häufig ein gesonderter Stellenwert beigemessen (Subjekt-Objekt-Identität; C. Vogel 1966a). Bereits Huxley (1863) hat in seinem Exkurs "Ueber die Beziehungen des Menschen zu den nächstniederen Thieren" auf unsere subjektive Befangenheit im Zusammenhang mit den Fragen der Menschwerdung hingewiesen, gleichzeitig aber auch betont, "...dass der Abstand zwischen civilisirten Menschen und den Thieren ein ungeheurer ist..." (Huxley 1863, Übersetzung J. V. Carus, S. 125). Neuere Ergebnisse aus der Primatenforschung lassen den Hiatus zwischen menschlichen und nicht-menschlichen Primaten jedoch weitaus geringer erscheinen und belegen ein Evolutionskontinuum. Die Ergebnisse der Primatologie, insbesondere die systematische Herausarbeitung sogenannter Evolutionstrends, haben entscheidend zur Abrundung des biologischen Menschenbildes beigetragen. Sie verdeutlichen aber auch, daß der Hominisationsprozeß zwar unter gleichartigen biologischen Prinzipien, jedoch mit einer innerhalb der Primaten einzigartigen Dynamik abgelaufen ist (Foley 1987), indem neben der biogenetischen Evolution den tradigenetischen Prozessen entscheidende Bedeutung für den Erwerb der Kulturfähigkeit und die sich anschließende Kulturentfaltung zukommt (Markl 1986; C. Vogel 1986).

Die innovativen Konzepte moderner Stammesgeschichtsforschung fragen nicht mehr nur nach dem Erscheinungsbild der fossilen Hominiden und danach, wann, wo und wie sie enstanden, sondern suchen nach Antworten auf die fundamentale Frage, warum sie sich entwickelten, während dagegen andere Formen ausstarben. Erst der multidisziplinäre Ansatz, die ökologische Nische zu rekonstruieren, erlaubt Aussagen über die Lebensbedingungen unserer Vorfahren und somit über die Determinanten der die Hominisation kennzeichnenden Adaptationsprozesse (Foley 1987). Letztere in ihrer Komplexität und insbesondere in ihrer Diversität zu erfassen, ist notwendige Voraussetzung zur Absicherung der Verwandtschafts-hypothesen und zur Erklärung der synchronen Existenz mehrerer Hominidentaxa. Dieser umfassende paläoanthropologische Forschungsansatz bietet auch ein solides Gerüst, das dem weitverbreiteten Trend entgegenwirkt, allein aufgrund neuer und häufig fragmentarischer Einzelfunde voreilig neue Verwandtschafts-hypothesen zu formulieren.

Auch wenn sich die Fundsituation in den letzten Jahrzehnten erheblich verbes-sert hat und sehr spektakuläre Entdeckungen gemacht wurden (z. B. 'Lucy'), ist die Fossildokumentation immer noch so lückenhaft, daß nach wie vor mehrere alter-native Abstammungsmodelle rivalisieren. Die Paläoanthropologie weist daher zweifelsohne eine erhebliche spekulative Komponente auf, jedoch ist der biswei-len geäußerte diskreditierende Vorwurf, nur 'Paläopoesie' zu sein, bei voller Aus-schöpfung der Möglichkeiten, aber auch bei Respektierung der Grenzen des Methodeninventars nicht gerechtfertigt und daher zu entkräften.

Paläoanthropologie ist als eine biologische Teildisziplin weder berufen noch fähig, den Menschen in seiner Gesamtheit zu erklären. Das Menschenbild der Biologie ist zwangsläufig reduktionistisch. Entsprechend liefert auch der vorlie-gende Band keine synoptische Betrachtung aller anthropogenetischen Aspekte. Neben dem Überblick über die gegenwärtigen Vorstellungen zur Hominisation soll das Lehrbuch die Prinzipien und Methoden der Paläoanthropologie transpa-rent machen und den Leser in die Lage versetzen, die vorgestellten Modelle zur Stammesgeschichte des Menschen kritisch zu beurteilen und eigene Hypothesen zu formulieren sowie zu überprüfen.

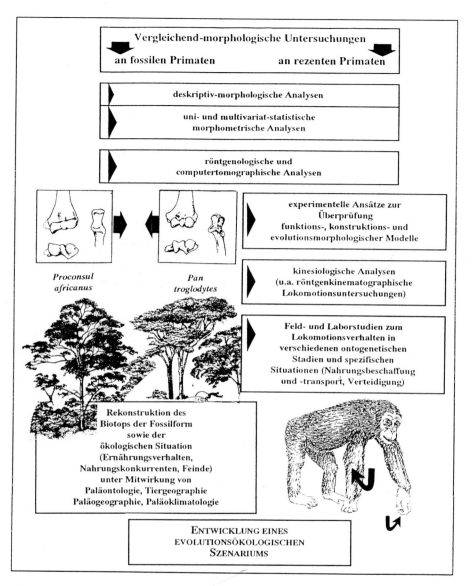

Abb. 1.3 Ableitung des Szenariums der Entwicklung der Bipedie aus der Analyse fossiler und rezenter Primaten.

2 Grundlagen der Paläobiologie

2.1 Geochronologischer Rahmen

Die Evolution der Säugetiere erfolgte offenbar diphyletisch aus den synapsiden Reptilien (Therapsida) in der Trias des Mesozoikums (Abb. 2.1). Archaische Säugetiere sind aus der Ober-Trias bekannt (ca. 180 Millionen Jahre[1] vor heute; Thenius 1980). Die Aufspaltung der Säugetiere in Kloakentiere (Protheria) und Beutel- und Plazentatiere (Theria) war in der Ober-Trias ebenfalls bereits abgeschlossen. Aus der jüngeren Unterkreidezeit sind die beiden Schwestertaxa der Theria, die Beuteltiere (Metatheria) und die Plazentatiere (Eutheria) als eigenständige Gruppen fossil belegt. Faunistisch spielten Säugetiere bis zum Ende des Mesozoikums nur eine unbedeutende Rolle (Übersicht in Romer 1971). Eine stürmische adaptive Radiation der Säugetiere setzte erst im Känozoikum ein.

Die Vorfahren (engl. *ancestral stock*) der Primaten (Ordo Primates Linné, 1758) lebten wahrscheinlich in der Oberkreide. Fossile Primaten sind bisher aber nur aus dem Känozoikum bekannt. Nach jetzigem Wissensstand ist ausschließlich dieses Erdzeitalter für die Evolution der Primaten von Bedeutung (R. Martin 1990).

Für die Entstehungs- und Verbreitungsgeschichte der Säugetiere sind paläogeographische und -klimatische Gegebenheiten bedeutsam. Die heutige geographische und ökologische Situation reicht allerdings nicht aus, die rezente Verbreitung der Säugetiere zu erklären (Thenius 1980). Die Entstehung der Kontinente in der jetzigen Form und ihre jeweiligen Verbindungen durch Landbrücken (Abb. 2.2), die Größe der Ozeane und die Höhe des Meeresspiegels (Tabelle 2.1), die Gebirgsbildungen sowie klimatische Faktoren, wie z. B. Temperatur, Feuchtigkeit, saisonaler Rhythmus, haben einen bedeutenden Einfluß auf die stammesgeschichtliche Entwicklung der Säugetiere einschließlich der Primaten in den einzelnen Regionen der Erde ausgeübt und ihre heutige Verbreitung beeinflußt, u. a. durch Faunenaustausch, Faunenausbreitung, Vikarianz, 'taxon pulses'[2] (Thenius 1980; Erwin 1981; Abb. 2.3).

---

[1] Im folgenden Text wird MJ als Abkürzung für Millionen Jahre verwendet. Altersangaben von Fossilien beziehen sich stets auf die Zeit vor heute; dies wird im Text nicht jeweils gesondert vermerkt. Zeitspannen werden in der Reihenfolge vom höheren zum niedrigeren Alter vor heute angegeben, z. B. 50-30 MJ.

[2] Auch in der deutschsprachigen Fachliteratur wird der Begriff nicht übersetzt.

Geologische Gliederung

Absolute Zeitangabe in Millionen Jahren vor heute	Aera	Periode	System	Epoche
0,012	Känozoikum	Quartär		Holozän
1.7				Pleistozän
5,5		Tertiär	Neutertiär	Pliozän
23				Miozän
38			Alttertiär	Oligozän
54				Eozän
65				Paläozän
144	Mesozoikum	Kreide		
213		Jura		
248		Trias		

Epoche	Subepoche	MJ
Holozän		
Pleistozän	Oberpleistozän	
	Mittelpleistozän	0,13
	Frühpleistozän	~1
Pliozän	Spätpliozän	
	Frühpliozän	3
Miozän	Spätmiozän	
	Mittelmiozän	11
	Frühmiozän	16
Oligozän	Spätoligozän	
	Früholigozän	32
Eozän	Späteozän	
	Mitteleozän	40
	Früheozän	50
Paläozän	Spätpaläozän	
	Mittelpaläozän	58
	Frühpaläozän	61

Abb. 2.1 Geologischer Zeitrahmen.

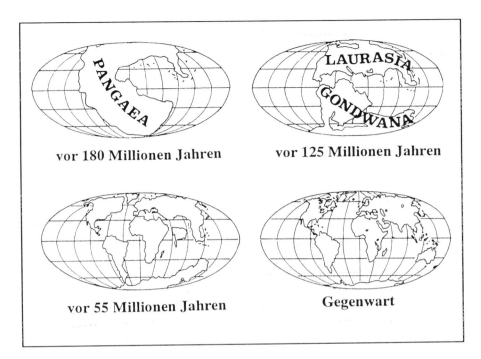

vor 180 Millionen Jahren   vor 125 Millionen Jahren

vor 55 Millionen Jahren   Gegenwart

Abb. 2.2 Entstehung der Kontinente.

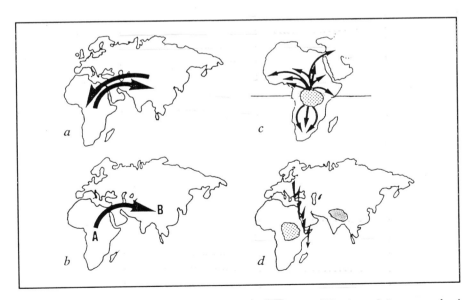

Abb. 2.3 **a** Faunenaustausch **b** Faunenausbreitung **c** Vikarianz **d** 'taxon pulses' (n. Pickford 1989, umgezeichnet).

Tabelle 2.1   Paläogeographischer und paläoklimatischer Hintergrund (n. Angaben von Laporte u. Zihlman 1983; Schwarzbach 1988; Tattersall et al. 1988 zusammengestellt).

Paläozän

Subtropisches, nicht-saisonales Klima; ausgedehnte immergrüne Laubwälder bis ca. 60° N, in höherer geographischer Breite Nadelwälder; N-Amerika und Europa einheitliche Landmasse; S-Amerika durch Inselketten mit euro-amerikanischer Landmasse verbunden; Tethys trennt südliche von nördlicher Landmasse; Europa von Asien durch (Turgai-) Meeresstraße getrennt; Australien mit antarktischer Landmasse verbunden; keine tiefen Meeresströmungen.

Eozän

Wärmste Epoche des Känozoikums; Beginn des Eozäns sehr warm und feucht; bis ca. 78° N; immergrüne Laubwälder; gegenüber Paläozän große faunistische Veränderungen; gegen Ende des Eozäns Abkühlung des globalen Klimas, Entstehung laubabwerfender Bäume, zunehmende Saisonalität der Flora; erhebliche faunistische Veränderungen, Grand Coupure; Tethys trennt Eurasien von Afrika; euro-amerikanische Landmasse ab Mitte des Eozäns unterbrochen; Australien bricht von der Antarktis ab, Indien kollidiert mit Asien; Gebirgsbildung.

Oligozän

Erhebliche Abkühlung auf N- und S-Halbkugel; feucht-gemäßigtes Klima; faunistisch relativ arm, erheblicher Faunenaustausch zwischen N-Amerika und Europa; Afrika und Eurasien noch durch Tethys getrennt; starke Meeresregression im mittleren Oligozän, Faunenaustausch zwischen N- und S-Halbkugel; Ende des Oligozäns Anstieg des Meeresspiegels; beginnende Vereisung der Antarktis; Ausbildung tiefer Meeresströmungen.

Miozän

Starke klimatische Schwankungen; frühes Miozän warm, kein saisonales Klima; ab Mitte Miozän zunehmende Abkühlung und Saisonalität des Klimas; Ersatz der immergrünen Laubwälder durch laubabwerfende Pflanzen, Ausbildung offener Landschaften mit lichten Wäldern; damit einhergehend erhebliche faunistische Veränderungen; starke Faunenwanderung von Afrika nach Asien; ab Mitte des Miozäns Bildung der antarktischen Eiskappe; Ende des Miozäns starker Temperaturabfall; Afrika kurzzeitig über iberische Halbinsel mit Europa verbunden; Afrika über arabische Halbinsel mit Asien verbunden; Gebirgsbildung.

Pliozän

Grenze Mio-/Pliozän starke Meeresregression; weitere Abkühlung der globalen Temperatur; kurze Zwischenwarmzeit, Rückgang der antarktischen Eiskappe; erste Gebirgsvereisungen; Entstehung der arktischen Eiskappe; Annäherung an heutiges Klima und Vegetation; Gebirgsbildung.

Pleistozän

Weitere Abkühlung auf Nordhalbkugel; starke Inlandeisbildung (quartäre Eiszeitalter); mindestens dreimalige Wiederholung der Vereisung; feuchte, relativ warme Interglaziale; Klimaschwankungen auf N- und S-Halbkugel offenbar synchron; wegen größerer Landmassen Schwankungen auf N-Halbkugel extremer; Wechsel von Kalt- und Warmzeit-Flora und -Fauna; starke Faunenwanderungen.

2.2　Möglichkeiten und Grenzen paläobiologischer Forschung

Paläobiologische Analysen lassen sich primär nur an direkten Zeugen wie fossilem Material organischen und anorganischen Ursprungs durchführen. Dazu zählen Skelettelemente oder Gegenstände des täglichen Bedarfs wie Werkzeuge und Geräte. Auch indirekte Zeugen wie *Verhaltensfossilien*, u.a. Fußspuren, oder auch der geologische, paläogeographische, paläoklimatische oder paläoökologische Gesamtzusammenhang, z. B. Schichtenfolge und Beschaffenheit des Gesteins am Fundplatz, faunistische und floristische Begleitfunde, spezielle geomorphologische Gegebenheiten, wie Höhlen, ehemalige Flußbetten, Seen, können zur Klärung paläobiologischer Fragen beitragen. Die morphologische, psychobiologische und ökologische Rekonstruktion ausgestorbener Organismen bzw. Populationen sowie Aussagen zu ihrem taxonomischen Status und ihren phylogenetischen Beziehungen (vgl. Kap. 2.5) sind daher methodologisch sehr viel anspruchsvoller und in der methodischen Durchführung unsicherer als die Erforschung rezenter Lebewesen; zudem erschweren zahlreiche Unwägbarkeiten und Unzulänglichkeiten die Fossilbearbeitung und -interpretation. Vielfach sind wesentliche Informationen über Aussehen und Lebensweise ausgestorbener Organismen gar nicht mehr zu rekonstruieren (Behrensmeyer u. A. Hill 1980; E. Olson 1980; A. Hill 1984).

Vier wesentliche Einschränkungen bei der Analyse toten bzw. fossilen Materials seien genannt.

Erstens: die originäre Datengrundlage läßt sich nicht beliebig erweitern. Vielfach besteht sie nur aus einem einzelnen Zahn, wenigen Bruchstücken eines Skelettelements (vgl. Kap. 2.3), so daß auch das darauf aufbauende Spektrum an Hypothesen zwangsläufig begrenzt ist.

Zweitens: Hypothesen über fossiles Material lassen sich nicht empirisch - deskriptiv oder experimentell - überprüfen, d. h. sie können aufgrund fehlender Vergleichsdaten weder verifiziert noch falsifiziert werden. Beispielsweise sind Ergebnisse und Aussagen zu Ernährung, Lokomotionsweise oder Sozialverhalten fossil überlieferter Organismen bzw. Populationen auch bei bester Fossildokumentation und Fundortanalyse nur indirekt erschließbar. Dementsprechend kann die Irrtumswahrscheinlichkeit beträchtlich sein und die Interpretation von zufälligen Ereignissen und neuen Befunden zusätzlich beeinflußt werden.

Drittens: Unzureichende oder fehlende Analyseverfahren können zum unwiederbringlichen Verlust wichtiger Informationsquellen führen. Besonders in der Frühphase paläobiologischer, -anthropologischer und archäologischer Forschung bearbeitete Funde und Fundstellen (z. B. Neandertal) erreichen aufgrund fehlender, heute allerdings zum Standard gehörender Analyseverfahren, wie z. B. absolute Datierung und Röntgenuntersuchungen, nicht die Aussagekraft von Funden und Fundstellen, die in jüngerer Zeit geborgen bzw. erschlossen wurden.

Viertens: Die Herauslösung des Fundmaterials aus dem Kontext erschwert die Interpretation. Hiervon sind vor allem Oberflächen- und Höhlenfunde betroffen, so daß über die am Fossil selbst enthaltene Information hinausgehende Aussagen sehr häufig nicht mehr möglich oder doch zumindest sehr zurückhaltend zu beurteilen sind (z. B. Funde von Mauer oder Zhoukoudian; vgl. Kap. 6, Kap. 7).

Von rezenten Organismen und Populationen können dagegen anhand von deskriptiven bzw. experimentellen Methoden die Datengrundlage und der hieraus resultierende Hypothesenkatalog jederzeit erweitert und empirisch überprüft werden.

In der praktischen Arbeit der Paläobiologie bzw. -anthropologie wird allerdings häufig so verfahren, als wären Hypothesen und Modelle über Organisation und Lebensweise ausgestorbener und rezenter Formen - operational gesehen - äquivalent. So wird beispielsweise bei der Rekonstruktion der Ökologie fossiler Formen (z. B. frühe Hominidae) nicht selten das Verhalten rezenter Jäger- und Sammler-Völker zugrundegelegt, ein Verfahren, das in diesem Zusammenhang wegen möglicher falscher Analogienschlüsse äußerst kritisch zu bewerten ist (Foley 1984; A. Hill 1984; Potts 1984; vgl. Kap. 6.4 und Kap. 7.5).

2.3 Vom Lebewesen zum Fossil - Taphonomie

Eine wesentliche Voraussetzung für eine den jeweiligen Umständen einer Fundstelle entsprechende optimale Bergung des Fundmaterials sowie für die Analyse des gesamten Fundplatzes einschließlich seines näheren und weiteren Umfeldes ist die umfassende Erhebung von Daten. Diese ermöglichen die Rekonstruktion aller Prozesse, welche die Organismen oder Populationen nach ihrem Tod erfahren haben (Abb. 2.4). Mit dieser Sequenz biologischer, chemischer und physikalischer Transformationsvorgänge befaßt sich eine Spezialdisziplin der Archäologie bzw. Paläobiologie, die Taphonomie sensu Efremov (1940).[3] Letztlich befaßt sich Taphonomie mit den Unterschieden zwischen der Fossilpopulation bzw. dem fossilen Fundstück und der Population bzw. dem Individuum, von dem es/sie stammt (Übersicht in A. Hill 1978; E. Olson 1980; Behrensmeyer u. A. Hill 1980; Gifford 1981; Behrensmeyer 1983; A. Hill 1984; B. Herrmann et al. 1990; Spezialwerke: Grupe 1986; Boddington et al. 1987).

Vielfach sind diese Unterschiede gleichbedeutend mit einer quantitativ und qualitativ von der Herkunftspopulation oder dem Herkunftsindividuum abweichenden oder schiefen Verteilung der Fossil- bzw. Fundstücke. Ein überproportionales Vorkommen von Überresten einer bestimmten Spezies ist z. B. durch das Anhäufen von Knochenlagern durch Tiere möglich. Es kann aber auch aufgrund unterschiedlicher Resistenz gegenüber Dekompositionsprozessen oder durch unterdurchschnittliche Häufigkeit von Skelettelementen und Zähnen infolge äußerer Einflüsse entstehen, etwa durch selektives Fortschwemmen einzelner Elemente durch Flüsse oder Schmelzwasser (Behrensmeyer u. A. Hill 1980; Brain 1981;

---

[3] Biostratinomie sensu Weigelt (1927), Aktualpaläontologie sensu Richter (1928).

Tobias 1987). Für die Rekonstruktion der Lebensweise ausgestorbener Organismen sind häufig gerade derartige schiefe Verteilungen von Fundstücken besonders bedeutsam. Schiefe Verteilungen einzelner Fundelemente tragen oftmals dazu bei, Hypothesen über die Ursachen zu formulieren und dadurch Fragen zum Verhalten, z. B. Jagd, Schlachten und Abtransport von Tierkörpern, und zu Lebensumständen, z. B. Lage und Qualität der Behausung, fossil überlieferter Organismen und Populationen wesentlich besser zu beantworten. Sie können demnach also auch aussagekräftiger sein als eine vollständige oder nachträglich nicht durch biotische oder abiotische Wirkfaktoren veränderte Fundstelle bzw. -situation (A. Hill 1978).

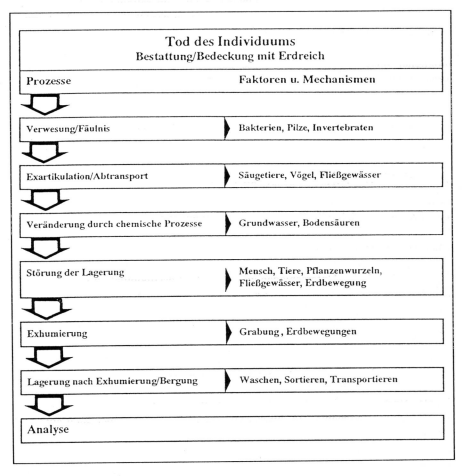

Abb. 2.4 Faktoren, die den Erhaltungszustand von Knochen beeinflussen. Linke Spalte: Prozesse; rechte Spalte: Mechanismen/Wirkfaktoren (aus Gifford 1981).

Taphonomie läßt sich durch folgende Kurzformel beschreiben: *Übergang eines Lebewesens von der Biosphäre in die Lithosphäre.* Ein Teil des betreffenden Lebewesens - in der Regel die Weichteile - unterliegt einem Wiederverwertungsprozeß, da sie zu Baumaterial für andere Organismen bzw. Strukturen umgesetzt werden. Andere Teile des toten Körpers entgehen diesem Ab- und Umbauprozeß durch Fossilisierung oder teilweise Fossilisierung, d. h. vollständige oder

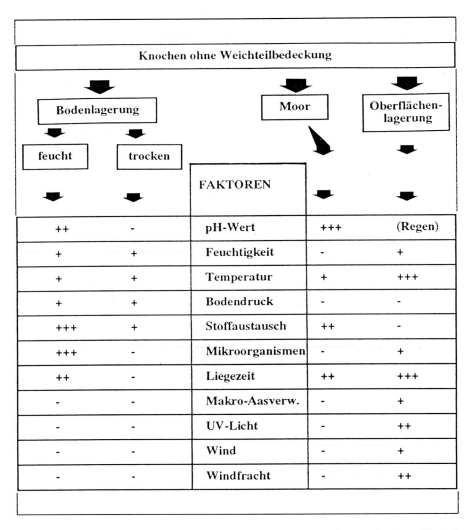

		FAKTOREN		
++	-	pH-Wert	+++	(Regen)
+	+	Feuchtigkeit	-	+
+	+	Temperatur	+	+++
+	+	Bodendruck	-	-
+++	+	Stoffaustausch	++	-
+++	-	Mikroorganismen	-	+
++	-	Liegezeit	++	+++
-	-	Makro-Aasverw.	-	+
-	-	UV-Licht	-	++
-	-	Wind	-	+
-	-	Windfracht	-	++

Abb. 2.5 Diageneseprozesse. +++: starker, ++: mäßiger, +: geringer, -: kaum/kein Einfluß auf den Erhalt der Knochensubstanz (aus Kerl 1991).

Tabelle 2.2 Einflußfaktoren auf die Fossilisierung von organischer Substanz; Auswahl.

positiv	negativ
Spezies mit Außenskelett	Spezies ohne Skelettelemente
bodenbewohnende Spezies	baumlebende Spezies
höhlenbewohnende Spezies	wasserbewohnende Spezies
große/schwere Spezies	kleine/leichte Spezies
Massensterben	Einzeltod
Lagerung in natürlicher Falle (z.B. Felsspalte)	Oberflächenlagerung
schnelle Bedeckung mit Sediment, Erdreich, Vulkanasche	langsame Bedeckung mit Sediment, Erdreich, Vulkanasche
keine Störung des Liegemilieus (z.B. keine Bodenerosion)	Störung des Liegemilieus (z.B. Bodenerosion vorhanden)
neutrales Bodenmilieu	chemisch aggressives Bodenmilieu
trockenes Klima	feuchtes Klima

teilweise sekundäre Mineralisierung von Skelettelementen zu einem Fossil oder Subfossil (*Diagenese*; detaillierte Übersicht über Dekompositions- und Fossilisierungsprozesse in Grupe 1986; Boddington et al. 1987; B. Herrmann et al. 1990). Die Organismen erlangen hierdurch einen gewissen Grad von 'Unsterblichkeit' und tragen auf diese Weise zum Fossilreport bei (Paul 1982; Behrensmeyer 1983; White 1988; Abb. 2.5).

Die Wahrscheinlichkeit eines Lebewesens, zu fossilisieren, wird von mehreren biotischen und abiotischen Faktoren bestimmt oder zumindest beeinflußt (B. Herrmann et al. 1990; Tabelle 2.2).

Auch bei besten Voraussetzungen zur Fossilisierung haben jedoch nur wenige Individuen einer Population überhaupt Aussichten, der Nachwelt als Fossil oder Subfossil erhalten zu bleiben (Lawrence 1968; Szalay u. Delson 1979; R. Martin 1990; Abb. 2.6). Sämtliche Rekonstruktionen der Gestalt und der Lebensweise fossil überlieferter Organismen stützen sich daher in der Regel auf wenig direktes oder indirektes Belegmaterial und sind aus diesem Grund nicht selten mit erheblichen Mängeln behaftet. Diese führen zu folgenreichen Fehlschlüssen und kontroversen wissenschaftlichen Diskussionen, z. B. fehlerhafte Rekonstruktion der Kieferform von *Ramapithecus* durch Simons (1961) oder der Kalottenhöhe bei *Pithecanthropus* durch Dubois (1892).

In jedem Fossil sind eine Fülle von Informationen über die Evolutionsgeschichte, physische Organisation und Lebensweise seiner Herkunftspopulation offen oder verschlüsselt gespeichert. Im Idealfall können sämtliche Informationen über die sorgfältige Analyse aller an der Fossilisierung des betreffenden Organismus beteiligten taphonomischen Prozesse abgerufen werden (engl. *working back method*). In weniger günstig gelagerten Fällen müssen einige Elemente in der

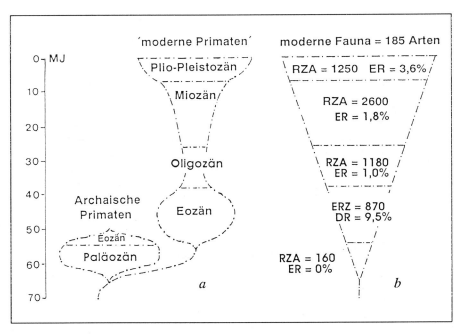

Abb. 2.6   Modelle zur Interpretation der Häufigkeit von Primatenfossilien. **a** Die Häufigkeit von Primaten im Känozoikum wird anhand der Anzahl der geborgenen Fossilien geschätzt. **b** Die Häufigkeit der Primaten wird anhand der Annahme geschätzt, daß die Radiation von nur einer anzestralen Form ausging und eine regelmäßige Zunahme der Artenzahl (RZA) in den geologischen Epochen erfolgte, die Entdeckungsrate (ER) aber unterschiedlich ist (aus R. Martin 1990).

Sequenz taphonomischer Vorgänge oder im Extremfall sogar der gesamte tapho-nomische Prozeß durch Vergleich mit rezenten Populationen im Analogieverfah-ren nachvollzogen werden, was von verschiedenen Autoren jedoch kritisiert wird (vgl. Kap. 2.2).

Die Dekodierung der am Fund und Fundort enthaltenen Informationen wird durch den Erhaltungszustand des Fundes, durch anorganische und organische Beigaben wie Werkzeuge, Kultgegenstände, Nahrungsreste sowie durch die Fund- und Bergungsumstände bestimmt (B. Herrmann et al. 1990; Abb. 2.7). So sind beispielsweise aus dem Fossilisierungskontext herausgelöste, daher zeitlich und stratigraphisch nur unsicher oder überhaupt nicht mehr einzuordnende Ober-flächen- oder Höhlenfunde für eine Rekonstruktion des Lebensbildes eines Orga-nismus nicht oder nur bedingt geeignet.

Nach Behrensmeyer (1983) sind *zwei* Quellen fossiler Belege zu unterscheiden: Erstens Massensterben infolge natürlicher Katastrophen, z. B. Vulkanausbrüche, Überschwemmungen, Seuchen, und zweitens der Tod eines Individuums infolge Altersschwäche, Krankheit oder Unfall (Abb. 2.8).

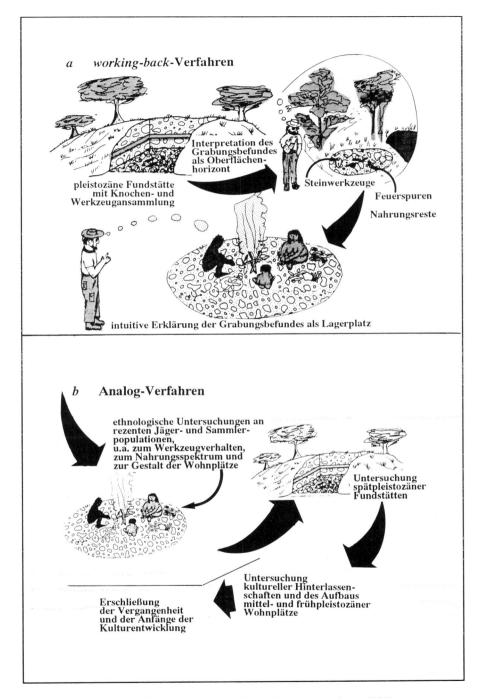

Abb. 2.7 Verfahren der Fundstättenanalyse (in Anlehnung an G. Isaac 1983).

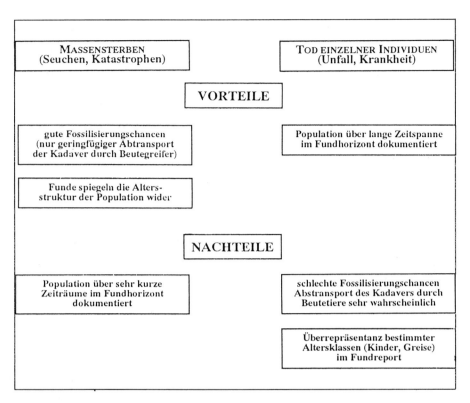

Abb. 2.8   Positive und negative Auswirkungen von Massensterben sowie des Todes einzelner Individuen auf taphonomische Prozesse (aus Klein 1982).

Massensterben und Individualtod unterscheiden sich erheblich voneinander in ihrer Wirkung auf den Verlauf der sich anschließenden taphonomischen Prozesse, insbesondere den Fossilisierungsprozeß, sowie auf die Möglichkeit, Evolutionsabläufe analysieren bzw. rekonstruieren zu können (Abb. 2.7, Abb. 2.8). Direkt mit der Entstehungsgeschichte der beiden unterschiedlichen Fossilquellen ist auch die Frage verbunden, welche Zeitspannen fossile Stichproben unterschiedlicher Genese umfassen. Durch Massensterben entstandene Fossilien repräsentieren in der Regel nur einen kurzen geologischen Zeitabschnitt, während kontinuierlich durch den Tod einzelner Individuen gebildete Fossilansammlungen gewöhnlich einen erheblich größeren Zeitraum umspannen. Insbesondere die Frage, ob verschiedene in einem Fossilreport nachgewiesene Spezies gleichzeitig gelebt, unter Umständen sogar miteinander interagiert haben, z. B. in einer Räuber-Beute-Beziehung, muß äußerst vorsichtig beantwortet werden (vgl. 'community evolution', Foley 1984).

Die zeitliche Eingrenzung eines Fossilreports wird zusätzlich erschwert, wenn durch Fremdeinträge infolge von Bodenerosion ein Abschwemmen freigelegter Fossilien in ältere oder jüngere Bodenhorizonte erfolgt ist (*allochthoner Fossilursprung*)[4]. Aus der nachfolgenden Vermischung von Fossilstücken verschiedenen Alters und/oder Herkunftsortes resultieren völlig anders zusammengesetzte Fund-Stichproben, die als gesiebt bzw. residual bezeichnet werden (Abb. 2.7, Tabelle 2.3; Übersicht in Gifford 1981). Voorhies (1969a, b) konnte beispielsweise experimentell zeigen, daß die einzelnen Elemente von Schaf- und Koyote-Skeletten in fließendem Wasser unterschiedlich gut transportiert werden, wodurch die neue wie auch die Herkunftsstichprobe gesiebt werden kann. Transportfähigkeit von Skelettelementen durch Wasser wird in erster Linie von Größe, Dichte und Gestalt des Skeletteils bestimmt (vgl. auch Behrensmeyer 1975; Boaz u. Behrensmeyer 1976; Tabelle 2.3).

Allochthoner Fossilursprung kann darüberhinaus Probleme bei der Differenzierung von Sterbe-, Fossilisierungs- und Bestattungsort eines Organismus bereiten und aus diesem Grund zu Fehlinterpretationen des Fundkontextes führen (Abb. 2.9). Verschiedene Autoren stellten beispielsweise fest, daß Hyänen und Stachelschweine Knochenlager aus den Überresten von Beutetieren anlegen und hierdurch eine Vermischung von Skelettmaterial autochthonen und allochthonen Ursprungs entstehen kann; dies erschwert die spätere Rekonstruktion von Lebensgemeinschaften und deren Lebensgewohnheiten erheblich, da unter Umständen die Auswirkungen tierischer und menschlicher Aktivitäten nicht mehr unterschieden werden können (Übersicht in Gifford 1981; Lawrence 1968; Behrensmeyer 1983; A. Hill 1984; Foley 1984;). Da jedes Fossil bzw. Fundstück von der Beschaffenheit des Liegemilieus geprägt oder in seiner chemischen Zusammensetzung verändert wird, lassen sich allochthone Fossileinträge aufgrund der andersartigen chemischen Zusammensetzung von den autochthonen Elementen trennen, sofern ihre postmortalen Liegezeiten am jeweiligen Liegeort lang genug waren, um meßbare Unterschiede hervorzurufen (Übersicht in Grupe 1986; Boddington et al. 1987; B. Herrmann et al. 1990).

Taphonomische Prozesse können auf Fossilien und Begleitfunden Spuren hinterlassen, z. B. Kratz-, Biß-, Schlagspuren (Tabelle 2.4, Abb. 2.10), die ihrerseits wieder Gegenstand wissenschaftlichen Interesses sind. Insbesondere im Hinblick auf die Rekonstruktion der Lebensweise früher Hominiden sind diese Marken von Bedeutung. Solche Spuren können z. B. Oberflächenläsionen an Tierknochen und anorganischen Begleitfunden im Zusammenhang mit Nahrungserwerb und -zubereitung sein. Dazu zählen Schnitt-, Schlag- und Sägespuren, welche in Verbindung mit dem Gebrauch von Skelettelementen als Geräte, z. B. 'rotational scarring'-Spuren *sensu* Kitching (1963), oder im Zusammenhang mit kultischen bzw. funeralen Handlungen auftreten. Eine eindeutige Unterscheidung derartiger Läsionen menschlicher Genese gegenüber der von Tieren oder durch Pflanzen verursachten Oberflächenveränderungen ist in diesem Zusammenhang unabdingbar (z. B. Biß- und Kratzspuren von Carnivora oder Suidae sowie Ätzspuren).

---

[4] Bodenfremd, umgelagert, aus dem ursprünglichen Verband gelöst.

Allerdings ist sie nicht immer zweifelsfrei möglich (Übersicht in Behrensmeyer 1978; Binford 1981; Shipman 1981a; Eickhoff 1984; Haynes 1983; Noe-Nygaard 1989). Die Lage und Anordnung der Spuren auf Tier- und Menschenknochen, die mit bestimmten Fundumständen in Zusammenhang gebracht werden, können häufig zur Deutung bestimmter Läsionen als Schnittspuren menschlicher Verursachung verwendet werden, z. B. bei der Schlachttierzerlegung entstandene Spuren auf und um Gelenkflächen (Übersicht in Binford 1981). Ferner dienen auch die Art der Zertrümmerung und der Zertrümmerungsgrad von Knochen sowie die Häufigkeit bestimmter Skelettelemente im Fossilreport zur diagnostischen Differenzierung der von Menschen oder Tieren verursachten Spuren (Übersicht in Richardson 1980; Binford 1981).

Tabelle 2.3 Einfluß der Fließgeschwindigkeit eines Gewässers auf die Transportfähigkeit einzelner Skelettelemente (aus Voorhies 1969a).

Gruppe 1	Gruppe 2	Gruppe 3
Transport durch langsame Strömung	Transport durch mittelstarke Strömung	Transport durch starke Strömung
Rippen	Oberschenkelbein	Kranium
Wirbel	Unterschenkelbein	Unterkiefer
Kreuzbein	Oberarmknochen	
Brustbein	Speiche	
	Mittelfußnochen	
	Becken	
Schulterblatt	Schulterblatt	
Finger- und Zehen- knochen	Finger- und Zehenknochen	
Ulna	Elle	
	Unterkieferast	Unterkieferast

Da die genannten Kriterien nicht immer eine zweifelsfreie Zuordnung der Spuren zu menschlichen oder tierischen Aktivitäten zulassen, ist eine sachgerechte Interpretation des Fundmaterials häufig unsicher oder gar nicht möglich. Behrensmeyer et al. (1986) haben beispielsweise durch Experimente mit frischen Tierknochen nachweisen können, daß sich mit einem Steinwerkzeug (z. B. Abschlaggerät; engl. *flake tool*) auf Rinder- und Pferdeknochen angebrachte Schnittspuren, selbst beim Vergleich mikroskopischer Details durch Raster-Elektronen-Mikroskopie (REM), nicht zweifelsfrei von Kratzern unterscheiden lassen, die

Abb. 2.9 Veränderung einer Fundstätte durch exogene Einflüsse.

durch Sandkörner auf der Knochenoberfläche hervorgerufen wurden, u.a. dadurch, daß ein Knochen in ein Sandbett eingetreten wird. Besonders schwierig ist vielfach die Differenzierung zwischen Tierfraß und vom Menschen verursachten Manipulationsspuren (Brain 1981). Eickhoff (1984) wies ebenfalls durch Experimente nach, daß Spurenriefen und Profileigenschaften der entsprechenden Läsionen keine verläßlichen Diagnosekriterien für Bißspuren und durch Steinwerkzeuge hervorgerufene Schnittmarken sind, sondern nur die bei stärkerer Vergrößerung erkennbaren Verlaufsmerkmale, wie die Weite und Tiefe der Spuren, betreffen. So sind Bißspuren zumindest an einem Ende geweitet und vertieft, während durch Steinwerkzeuge verursachte Schnittspuren eine typische Auffächerung zeigen. Auch Shipman (1981a), Shipman u. Rose (1983), Potts u. Shipman (1986) betonen, daß Bißspuren von Carnivora und experimentell mit Steinwerkzeugen hervorgerufene Schnittspuren in der Regel nur durch rasterelektronenmikroskopische Untersuchungen mit Hilfe starker Vergrößerung bei gleichzeitig hinreichender Schärfentiefe voneinander unterschieden werden können. Desgleichen haben Blumenschine u. Selvaggio (1988) durch REM-Untersuchungen nachgewiesen,

Tabelle 2.4 Oberflächenläsionen auf Skelettelementen und anorganischen Begleitfunden.

Verursacher	Art der Läsion (Auswahl)
geothermische Prozesse	Brüche, Verdrückungen, Risse, Abschilferungen
geodynamische Prozesse	Brüche, Verdrückungen
Flugsand, Wasser	Treib- und Schleifspuren
Pflanzen, Bakterien	mäandernde Gravuren, Ätzspuren, Bohrkanäle
Tiere	Biß-, Fraß-, Nage-, Bohr-, Trittspuren

Mensch
  Grabungsgerät
  Tierschlachtung
 	
  Skelettwerkzeug
  kultische und medizi-
  nische Handlungen
	
	Brüche, Schlagspuren
	Kratz-, Schabe-, Schnitt-, Schlag-, Sägespuren
	Brüche, Schlagspuren
	Brüche, Schnitt-, Schlag-, Sägespuren, Trepanationen

daß mit Steingeräten erzeugte Schlagspuren (engl. *percussion marks*) durch charakteristische mikro-morphologische Strukturen, welche als Streifung (engl. *microstriation*) auf der Knochenoberfläche erkennbar sind und durch leichtes Gleiten des Schlaginstruments auf dem Knochen in der Umgebung der Schlagmarke entstehen, identifiziert werden können. Dadurch sind sie von Bißspuren, die durch Hyänen erzeugt wurden, zu unterscheiden. Bei starker Verwitterung des Fossil- bzw. Skelettmaterials ist eine Diagnose aufgrund mikroskopischer Details allerdings nicht mehr möglich, so daß allgemeinere Beurteilungskriterien, wie die differentielle Beschädigung der Skelettelemente, herangezogen werden. Ihre diagnostische Eignung ist allerdings umstritten (Übersicht in Haynes 1980, 1982, 1983; Maguire et al. 1980; Binford 1981; Behrensmeyer 1983; Shipman u. Rose 1983; Eickhoff 1984; A. Hill 1984; Noe-Nygaard 1989).

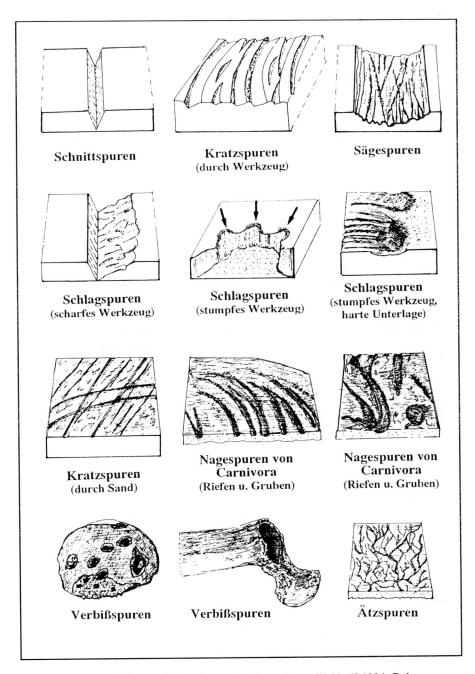

Abb. 2.10 Spurfossilien an Skelettelementen (Auswahl; n. Eickhoff 1984; Behrensmeyer et al. 1986; Blumenschine u. Selvaggio 1988; Noe-Nygaard 1989; B. Herrmann et al. 1990, umgezeichnet).

Eine adäquate Analyse fossiler Spuren menschlicher, tierischer oder sonstiger Genese wird letztlich auch davon abhängen, wie prägnant sich die Spuren noch offenbaren, d. h. inwieweit sie nicht bereits durch gegenläufige taphonomische Prozesse verwischt oder vollständig verschwunden sind, z. B. durch Transport in Fließgewässern, Abschliff durch Flugsand oder Abrieb durch *Bioturbation*[5]. Shipman u. Rose (1983) haben gezeigt, daß sämtliche von ihnen experimentell auf einem Knochen erzeugte Schnittspuren nach ca. fünfstündiger Rotation dieses Knochens in einem mit Wasser und Sand gefüllten Polierzylinder selbst mikroskopisch nicht mehr nachweisbar waren. Ähnliche Auswirkungen müssen für Fundstücke in natürlicher Umgebung angenommen werden.

Tabelle 2.5 Fundplatztypen (aus G. Isaac u. Crader 1981).

Fundtyp	Kennzeichnung
Typ A :	Fundstätten, die überwiegend Artefakte und wenig oder überhaupt kein Skelettmaterial enthalten.
Typ B :	Fundstätten, die Artefakte und Skelettreste eines einzigen großen Tieres enthalten.
Typ C :	Fundstätten, die in einem jeweils begrenzten lokalen Bereich eine Häufung von Artefakten und Skelettelementen verschiedener Tierspezies aufweisen.
Typ D :	Fundstätten, in denen ausschließlich Artefakte oder Artefakte und Skelettelemente lokal gehäuft vorkommen, die aber nicht auf einen individuellen Horizont beschränkt, sondern über mehrere Sedimentschichten verstreut sind.
Typ G :	Fundstätten mit allochthonem Eintrag von Artefakten und Skelettelementen.
Typ O :	Fundstätten, die ausschließlich Skelettelemente enthalten.

Jeder Rekonstruktionsversuch der physischen Organisation und des Lebensbildes eines Organismus oder einer Population anhand fossilen Materials führt nur dann zum Ziel, wenn zuvor alle Elemente des taphonomischen Aufdrucks eines Fundstücks erkannt worden sind, die zu einer Verfälschung führen könnten (Lawrence 1968). Andererseits ist aber auch gerade die Analyse der taphonomischen Prozesse, die bei der Entstehung eines Fossils oder Subfossils ablaufen bzw. auf eine Skelettpopulation einwirken, zur Rekonstruktion des Lebensbildes einer

---

[5] Störung von Ablagerungen durch Wurzeln oder Wühltätigkeit von Tieren.

anderen Spezies geeignet. Das hat beispielsweise die Analyse von Spurfossilien auf Tierknochen gezeigt.

Für die Erforschung der menschlichen Stammesgeschichte sind in besonderem Maße die qualitative Zusammensetzung sowie die horizontale und vertikale Ausdehnung von Fundstätten bedeutsam. Vielfach wird das bloße Vorhandensein von Steinartefakten in Fundstätten mit überwiegend fossilen Tierknochen als ausreichendes Indiz für menschliche (z. B. Wohnplatz, Schlachtstätte) und nicht tierische Aktivitäten angesehen (z. B. von Hyänen oder Stachelschweinen angelegte Knochenlager; vgl. Kap. 6.4). Das gilt insbesondere dann, wenn zusätzlich Läsionen, wie beispielsweise Schnitt- und Schlagspuren auf den Skeletteilen, nachgewiesen werden können. A. Hill (1978, 1984) und Potts (1982) betonen allerdings, daß dieser Schluß zwar vielfach zutreffend ist, letztlich aber nicht immer bewiesen werden kann. Aus diesem Grund sollte eine besonders sorgfältige Fundstättenanalyse erfolgen. Derartige Fundplätze können aber auch, sofern kritisch und umsichtig untersucht, besonders ertragreich für die Rekonstruktion der Lebensumstände fossil überlieferter Organismen bzw. Populationen sein (Übersicht in Gifford 1981). Klein (1982) nennt verschiedene Kriterien, die alle oder größtenteils erfüllt sein müssen, um aus Ansammlungen von Tierknochen auf menschliche Aktivitäten schließen zu können:

- assoziierte Artefakte oder andere kulturelle Hinterlassenschaften (z. B. Feuerstätten) sind in (relativ) großer Häufigkeit vorhanden;
- allochthoner Fundeintrag hat nicht stattgefunden;
- die Knochenreste müssen von Tieren stammen, die selbst nicht an der Fundstelle gelebt haben können (z. B. Antilopen in Höhlen);
- die Knochen sind zu schwer, als daß sie beispielsweise von großen Greifvögeln transportiert worden sein könnten;
- nur wenige bzw. überhaupt keine Knochen weisen Biß- oder Fraßspuren auf;
- fossilisierte Kothaufen (Koprolithen) sind an der Fundstelle nicht nachweisbar.

Je nach Relation von Steinartefakten zu Skelettelementen sowie horizontaler und vertikaler Ausdehnung der Fundstätte unterscheiden G. Isaac u. Crader (1981) sechs unterschiedliche Konfigurationen (Tabelle 2.5).

2.4   Altersbestimmung von Fundstätten und Fundstücken

2.4.1 Grundlagen der Stratigraphie

Aufeinanderfolgende Gesteinsschichten und darin enthaltene Objekte, wie z. B. fossilisierte Menschen- oder Tierknochen, Pflanzen oder Steinartefakte, lassen sich gemäß der zeitlichen Abfolge ihrer Entstehung bzw. Einlagerung in einer relativen Altersskala anordnen (*Stratigraphie*; Übersicht in Hesemann 1978; Tattersall et al. 1988). In der Praxis basiert Stratigraphie auf drei Prinzipien:

- *Superposition* beschreibt die Annahme, daß in einem ungestörten vertikalen Schnitt durch eine Schichtenfolge von Gestein oder Sediment die obersten Schichten jünger als alle darunter liegenden sind;
- *ursprüngliche horizontale Schichtung* bezeichnet das Phänomen, daß Gesteins- bzw. Sedimentschichten zum Zeitpunkt der Ablagerung horizontal oder fast horizontal verlaufen;
- *ursprüngliche laterale Kontinuität* nennt man die Annahme, daß sich Gesteins- bzw. Sedimentschichten kontinuierlich über das gesamte Ablagerungsgebiet, z. B. ein natürlich entstandenes Becken, erstrecken bzw. an den Rändern einer natürlichen Senke so weit ausdünnen, bis sie nicht mehr nachweisbar sind.

Auf der Grundlage dieser Vereinbarungen lassen sich anhand spezifischer Eigenschaften von Gesteins- oder Sedimentschichten sowie darin enthaltener Fossilien oder aufgrund anderer Eigenschaften, z. B. absolute Zeitstellung von Gesteins- bzw. Sedimentschichten, stratigraphische Einheiten bilden. Die wesentlichen sind *litho-*, *bio-* und *chronostratigraphische Einheiten* (Tattersall et al. 1988).

Ein bedeutender Aspekt in der Stratigraphie ist die Unterscheidung zwischen Schicht (*Stratum*) und Zeit. Daher werden zusätzliche Angaben wie z. B. 'frühes Mittelpleistozän' oder 'untere Kreide' erforderlich, um einen speziellen Sachverhalt eines Stratums, wie z. B. die Fundlage eines Fossils, zu präzisieren. Die unterschiedlichen stratigraphischen Einheiten lassen sich demnach weiter untergliedern, wobei für die Charakterisierung der jeweiligen stratigraphischen Einheit eine exklusive Nomenklatur zur Verfügung steht (Übersicht in Ager 1981; Tattersall et al. 1988; Abb. 2.1).

Lithostratigraphische Einheiten werden auf der Basis spezifischer und homogener Gesteinszusammensetzung bzw. -eigenschaften definiert. In ihnen enthaltene Fossilien können zur Identifizierung einer bestimmten lithostratigraphischen Einheit herangezogen werden, sie sind aber nicht Bestandteil der Definition. Diese stützt sich auf eine typische Schichtenfolge (*Stratotyp*), die in der Regel hierarchisch in *Zone*, *Stufe*, *Serie*, *Formation* und *Gruppe* unterteilt wird (Hesemann 1978). Lithostratigraphische Einheiten werden binär nach einem geographischen Ort, an dem die typische Einheit vorkommt und der entsprechenden Bezeichnung für die Untergliederung bzw. für das dominierende Gestein benannt, z. B. Olduvai Bed I, Hadar Formation oder Turkana Grits (Tattersall et al. 1988).

Quantitative und qualitative Unterschiede in der Fossilführung eines Stratums bilden die Grundlage für die Klassifikation biostratigraphischer Einheiten. Jede biostratigraphische Einheit ist eine *Biozone*. Sie läßt sich nach Tattersall et al. (1988) spezifizieren in:

- *Gruppen-Zone* (engl. *assemblage zone*): Sie setzt sich aus einer Gruppe von Strata zusammen, die alle fossilen Taxa einer Region enthält.
- *Bereichs-Zone* (engl. *range zone*): Sie gibt alle Strata an - von den jüngsten bis zu den ältesten -, in denen sich ein bestimmtes fossiles Taxon nachweisen läßt. Da sich Bereichs-Zonen über sehr große Gebiete erstrecken können, ist der quantitative Eintrag der entsprechenden Fossilien lokal sehr unterschiedlich.
- *Spitzen-Zone* (engl. *acme zone*): Sie umfaßt ein Stratum, in dem Fossilien eines Taxons besonders gehäuft vorkommen.

Gesteine, die während eines bestimmten Zeitintervalls entstanden sind, bilden chronostratigraphische Einheiten. Sie sind unabhängig von der spezifischen Qualität und Schichtdicke des Gesteins. Ziel der Chronostratigraphie ist, die Altersbeziehungen der Strata einer Region zu bestimmen und eine Hierarchie lokal und überregional anwendbarer chronostratigraphischer Einheiten zu schaffen. Diese werden übereinkunftsgemäß in *Erathem, System, Serie, Stadium* und *Chronozone* hierarchisch nach abnehmender Größe gegliedert (Tattersall et al. 1988; Abb. 2.1).

Die Definition chronostratigraphischer Einheiten und ihre Abgrenzung gegen biostratigraphische Einheiten birgt zum Teil erhebliche konzeptuelle Probleme, die hier allerdings nicht näher erörtert werden können (Übersicht in Ager 1981; Tattersall et al. 1988).

2.4.2 Spezielle Methoden der Altersbestimmung

Grundsätzlich werden zwei methodische Ansätze zur Datierung von Funden und Fundstätten unterschieden:

- die *relative Datierung* und
- die *absolute* oder *chronometrische Datierung*.

Während die relative Datierung nur eine Angabe über die zeitliche Beziehung von zwei Funden zuläßt, z. B. Fossil A ist jünger als Fossil B, erlaubt die absolute Altersbestimmung eine exakte Zeitangabe, z. B. Fossil A ist 1 MJ alt. Von den relativen Methoden ist das Prinzip der stratigraphischen Superposition das bedeutendste; bei der absoluten Datierung stehen radiometrische Verfahren im Vordergrund (Tabelle 2.6).

Alle radiometrischen Methoden zur Altersbestimmung fußen auf dem mit konstanter Geschwindigkeit und von äußeren Einflüssen (u. a. Temperatur,

Tabelle 2.6 Verfahren der Altersbestimmung (n. Angaben von Bishop u. Miller 1972; Geyh 1980, 1983; Klein 1989a).

Verfahren bzw. Isotop	Material	Datierungszeitraum (Jahre vor heute bzw. Zeitraum)
I. Absolute Methoden (radiometrisch)		
Radiokarbon (^{14}C)	organisches Material	40 Tsd. (konventionelles Verfahren) 100 Tsd. (Linearbeschleuniger)
Optische Lumineszenzmethode	Minerale, Sedimente	100 Tsd.
Protactinium (^{231}Pa)	Tiefseesedimente, Muschelschalen, Korallen, Travertin	150 Tsd.
Thorium (^{230}Th)	Tiefseesedimente, Muschelschalen, Korallen, Travertin	350 Tsd.
Chlor (^{36}Cl)	Grundwasser	500 Tsd.
Uranium (^{234}U)	Korallen	1 MJ
Thermolumineszenzmethode	gebrannte Erden u. Gestein, Flinte	1 MJ
Elektronen-Spin-Resonanz (ESR)	gebrannte Erden u. Gestein, Flinte	1 MJ
Beryllium (^{10}Be)	Tiefseesedimente, Polareis	1,6 MJ
Kalium/Argon (^{40}K/^{40}Ar)	vulkanische Aschen, Lava	unbegrenzt
Rubidium (^{87}Ru)	Eruptivgestein	unbegrenzt
Kernspaltungsspurenmethode	natürliche Glase, Minerale vulkanisches Gestein, Lava	unbegrenzt
II. Absolute Methoden (nicht-radiometrisch)		
Paläomagnetismus	ungestörte Sediment- und Lavablöcke	unbegrenzt
Warven-Analyse	Sediment- und Eisschichten	10-15 Tsd.
Aminosäure-Razemisation	eiweißhaltige Substanzen	40-100 Tsd.
Dendrochronologie	Wachstumsringe der Bäume	7,5 Tsd.
III. Relative Methoden		
Biostratigraphie	ungestörte Sedimentabfolgen	
Fluormethode	Knochen, Zähne	
Obsidianmethode	Artefakte aus Obsidian	

Feuchtigkeit) unabhängigen Zerfall radioaktiver Elemente oder Isotope (Geyh 1980). Die Zerfallsgeschwindigkeit wird durch die Halbwertszeit ausgedrückt. Für die radiometrische Datierung müssen mindestens drei Voraussetzungen erfüllt sein (Geyh 1980, 1983):

- das zu datierende Objekt muß radioaktive Elemente oder Isotope enthalten;
- zur Zeit der Bildung oder Entstehung des Objekts darf nur das Mutterelement bzw. -isotop vorliegen;
- die Relation von Mutter- zu Tochterelement bzw. -isotop muß meßbar sein.

Legt man die Halbwertszeit des Mutterelementes oder -isotopes zugrunde, ist es möglich, die Zeit zu bestimmen, die seit Einschluß des Objektes in Gestein bzw. seit seiner Entstehung vergangen ist.

In den seltensten Fällen, z. B. bei der ^{14}C-Methode (Tabelle 2.6), wird das Objekt selbst radiometrisch datiert, sondern vielmehr das umgebende Gestein bzw. die Sedimentschicht. Daher ist in einigen Fällen eine absolute radiometrische Datierung ohne Einbeziehung relativer Verfahren (stratigraphische Superposition) nicht möglich, in anderen zumindest ungenau.

Absolute Datierungsmethoden, insbesondere das K-/Ar-Verfahren, haben unser Wissen und unsere Vorstellungen von der Evolution des Menschen in erheblichem Maße beeinflußt und bereichert, zum Teil sogar revolutioniert (Übersicht in Bishop u. Miller 1972; Geyh 1980, 1983; Klein 1989a).

2.4.3 Paläogenetische Methoden und molekulare Uhr

Allen paläogenetischen Untersuchungsmethoden liegt das Rationale zugrunde, daß sich molekulare Strukturen (z.B. Proteinketten, Enzyme, DNA-Stränge) ebenso wie morphologische Merkmale im Laufe der Phylogenese eines Taxons ändern und aus dem Grad ihrer molekularen Divergenz ihre phylogenetischen Beziehungen erschlossen werden können. Je weniger sich zwei Arten in ihren molekularen Merkmalen voneinander unterscheiden, desto berechtigter ist die Schlußfolgerung, daß sie sehr eng miteinander verwandt sind. Bereits Nuttall (1904) hat auf diese Beziehung hingewiesen, nachdem es ihm gelungen war, durch Kreuzreaktionen mit Blut verschiedener Spezies anhand der unterschiedlichen Agglutinationsstärke sog. genetische Distanzen zwischen Taxa zu ermitteln.

In den sechziger Jahren haben Zuckerkandl u. Pauling (1962) erstmals vermutet, daß der Grad molekularer Divergenz zwischen zwei Taxa eine direkte Funktion der Zeitdauer sein könne. Die Autoren betonten, daß es dadurch möglich sei, Gabelungspunkte von Stammlinien zu datieren, sofern ein durch Fossilfunde gesichertes Referenzdatum vorläge, auf das die zwischen Taxa festgestellten molekularen Unterschiede geeicht werden können, z. B. die Aufspaltung der spät-eozänen bzw. früh-oligozänen Primates in Cercopithecoidea und Hominoidea. Dieses Konzept einer *molekularen Uhr* (engl. *molecular clock*) berechnet als den für die Etablierung einer Mutation in einer molekularen Struktur verstrichenen

Zeitraum und ermittelt auf dieser Grundlage den Zeitpunkt der Gabelung der betreffenden Stammlinien.

Das Konzept der molekularen Uhr ist besonders durch die frühen Arbeiten von Goodman (1962, 1963a, b, 1976), Sarich u. A. Wilson (1967, 1973), Sarich (1971) sowie Sarich u. Cronin (1976) über die immunologische Distanz zwischen Taxa sowie über die Unterschiede in den Aminosäuresequenzen der unterschiedlichsten Proteine von Mammalia-Spezies fortentwickelt und als paläogenetisches Datierungsverfahren etabliert worden. Das 'molecular-clock'-Verfahren verwendet als einzige Methode zur absoluten Datierung von Verzweigungsereignissen als materielle Grundlage nicht Fossilien, Steinartefakte oder Sedimentschichten, sondern lebende Organismen.

Während die Tauglichkeit paläogenetischer Analysen für die Rekonstruktion phylogenetischer Beziehungen durch die Entwicklung optimierter und sparsamster Kladogramme (vgl. Kap. 2.5.6.2, Kap. 2.5.7.2) heute auch von den morphologisch arbeitenden Paläontologen allgemein anerkannt wird, ist die Brauchbarkeit der 'molecular-clock'-Methode als absolutes Datierungsverfahren noch immer umstritten. Neuere Untersuchungen haben ergeben, daß je nach molekularem Merkmal die Rate der Veränderungen unterschiedlich ist. Es gibt demnach keine universelle und streng metronomisch arbeitende molekulare Uhr, sondern viele und nur annähernd genau gehende Uhren, da unterschiedliche Systeme, z. B. bestimmte Proteine, unterschiedlich schnell mutieren (Bonner et al. 1980; Goodman 1981, 1982, 1986; Avise u. Aquadro 1982; Jeffreys et al. 1983). Ferner konnte gezeigt werden, daß beispielsweise bestimmte molekulare Merkmale in verschiedenen Stammlinien und in verschiedenen Etappen der Phylogenese unterschiedliche Änderungsraten aufweisen (S. Harris et al. 1986). Nach Ansicht einiger Autoren soll sich beispielsweise die Mutationsgeschwindigkeit bei höheren Primaten, insbesondere bei den Hominiden, im Vergleich zu der anderer Mammalia verlangsamt haben (Goodman 1981; Hayashida u. Miyata 1983; Chang u. Slightom 1984; Darga et al. 1984; Goodman et al. 1984; Britten 1986). Das hat unter anderem die Frage aufgeworfen, ob die Änderungen in den Aminosäuresequenzen auf Selektionsdrücke zurückzuführen sind oder ob es sich um neutrale Mutationen handelt. Gillespie (1986) hat aufgrund statistischer Untersuchungen über die Mutationsraten von Proteinen gefolgert, daß die Proteinevolution mit episodischem, nicht aber mit konstantem und regelmäßigem Wandel kompatibel ist. Demnach sind auch in molekularen Strukturen primär Selektionsdrücke für die Änderungen verantwortlich zu machen. Das Konzept der molekularen Uhr als Datierungsverfahren ist daher nach Gillespie (1986) zu verwerfen, da ein unabhängiger Taktgeber fehlt. Andere Autoren vertreten dagegen die Auffassung, daß die meisten Mutationen keinen oder nur einen sehr geringfügigen Effekt auf den Selektionswert einer molekularen Struktur ausüben und insofern doch als Grundlage für eine molekulare Uhr geeignet seien (M. Kimura 1968, 1983, 1986; A. Wilson et al. 1977; Nei u. Graur 1984). Andere Kritiker wenden ein, daß Rückmutationen nicht erkannt werden können, was folglich zu einer Fehleinschätzung der Mutationsrate und somit auch des Gabelungszeitpunktes der betreffenden Stammlinien führen kann (Übersicht in Weiss 1987). Schließlich hat der direkte Vergleich der Mutationsraten der scnDNA (engl. *single copy nuclear DNA*) und der mtDNA (engl. *mitochondrial DNA*) verschiedener Primatenspezies eine 5-10fach höhere Rate für die mtDNA ergeben (Vawter u. W. Brown 1986); dies wird als weiterer Beleg gegen die Existenz einer universellen, metronomischen molekularen Uhr angesehen (Syvanen 1987; Weiss 1987).

Die Anwendung paläogenetischer Methoden zur Rekonstruktion der Stammesgeschichte der Primaten hat durch die Ausdehnung der Analysen auf die Struktur der DNA, also auf die primäre genetische Information eines Organismus bzw. Taxons einen neuen Impuls bekommen, insbesondere in Zusammenhang mit der Klärung der phylogenetischen Beziehungen der Hominoidea und der Frage nach der Herkunft des anatomisch modernen Menschen (Kohne et al. 1972; Sibley u. Ahlquist 1983, 1984, 1987; Hasegawa et al. 1985; Cann et al. 1987; Marks et al. 1988; Übersicht in Smith et al. 1989; vgl. Kap. 3.4, Kap. 5.5 und Kap. 8.4). Sie haben bisher allerdings nicht dazu beitragen können, die generellen Probleme, die mit der Erstellung und Kalibrierung einer molekularen Uhr verbunden sind, abzumildern bzw. zu lösen (Übersicht in Weiss 1987; Smith et al. 1989; Wolpoff 1992).

Zwei grundsätzliche Verfahren werden bei der DNA-Analyse unterschieden:

- erstens die *DNA-Hybridisierung* [DNA-DNA-Flüssig-Hybridisierung; Hybridisierung nach Southern (1975)] und
- zweitens die *DNA-Sequenzierung* (chemische Sequenzierung; enzymatische Sequenzierung oder Restriktionsanalyse).

Die DNA-DNA-Hybridisierung und die Restriktionsanalyse sind die beiden gebräuchlichsten Verfahren im Rahmen der Rekonstruktion phylogenetischer Beziehungen von Taxa und werden im folgenden näher erläutert [zu den anderen Verfahren vgl. Maxam u. Gilbert (1977, 1980) und Southern (1975)]. Die genannten Analysemethoden lassen sich auf alle DNA-Typen anwenden.

Bei der DNA-DNA-Hybridisierung werden zunächst von verschiedenen Arten (z. B. *Pan* und *Homo*) Einzelstränge bestimmter Länge gewonnen, indem man die entsprechenden Doppelstränge durch Erhitzen in die zwei komplementären Einzelstränge zerlegt. Bringt man die Einzelstränge der verschiedenen Arten, von denen einer radioaktiv markiert ist, zusammen, so bilden sich beim Abkühlen des Reaktionsgemisches an den Stellen, an denen die beiden Einzelstränge komplementäre Nukleotidsequenzen aufweisen, Hybrid-Doppelstränge aus. Je mehr solcher komplementärer Regionen vorliegen, um so stabiler ist der reassoziierte Hybrid-Doppelstrang und um so größer ist die Übereinstimmung der Nukleotidsequenzen in den verglichenen Arten und damit ihr Verwandtschaftsgrad.

Als Maß für die Komplementarität wird die Thermostabilität des Hybrid-Doppelstranges zugrundegelegt. Es handelt sich demnach um ein indirektes Nachweisverfahren. Empirisch ließ sich ermitteln, daß 1,5% nichtkomplementärer Nukleotidpaare die Thermostabilität um 1°C senken, d. h. daß sich ein aus Menschen- und Schimpansen-DNA hybridisierter Doppelstrang mit 1,5% nichtkomplementären Nukleotidpaaren bereits bei einer um 1°C geringeren Temperatur spalten läßt als der entsprechende DNA-Doppelstrang des Menschen. Als Maß für den Verwandtschaftsgrad zweier Taxa dient die Ermittlung des delta-T_{50}-H-Wertes, d. h. der Temperatur, bei der 50% der DNA dissoziiert und 50% als Hybridstränge vorliegen (Sibley u. Ahlquist 1984). Je kleiner der delta-T_{50}-H-Wert, desto enger sind die verglichenen Taxa miteinander verwandt. Sibley u. Ahlquist (1984) ermittelten beispielsweise für den DNA-Hybridstrang von *Homo* und *Pan* einen delta-T_{50}-H-Wert von 1,8, für den von *Homo* und *Pongo* dagegen einen delta-T_{50}-H-Wert von 3,6 (vgl. Kap. 5.5). Auf der Grundlage von delta-T_{50}-H-Werten lassen sich Dendrogramme darstellen (vgl. Kap. 2.5.6.3, Kap. 2.5.7.2).

Bei DNA-Restriktionsanalysen werden mit verschiedenen, von Bakterien produzierten Endonukleasen, die jeweils spezifische DNA-Abschnitte erkennen, kurze palindromische[6] Basensequenzen des DNA-Stranges 'herausgeschnitten' und über schrittweises 'Verdauen' durch die Endonuklease sequenziert. Auf diese Weise läßt sich nicht nur die Struktur einzelner DNA-Abschnitte ermitteln, sondern auch längere DNA-Bereiche können kartiert werden (engl. *restriction mapping*). Der Grad der Ähnlichkeit bzw. Unähnlichkeit der DNA verschiedener Taxa wird mit der Restriktionsanalyse also direkt nachgewiesen (Übersicht in Weiss 1987).

Eine besondere Bedeutung bei der Rekonstruktion phylogenetischer Beziehungen von Taxa, besonders aber bei der Klärung der Frage nach der Herkunft des anatomisch modernen Menschen, hat die mitochondriale DNA erlangt (vgl. Kap. 8.4). Die mtDNA-Stränge sind relativ kurz und alle Nukleotide kodieren eine begrenzte Anzahl von Polypeptiden sowie ribosomale RNA (rRNA) und/oder Transfer-RNA (tRNA). Die Nukleotidsequenzen der mtDNA variieren bei den Mammalia einschließlich des modernen Menschen nur in sehr engen Grenzen (W. Brown 1980). Da die mtDNA in den Mitochondrien lokalisiert ist, die sich im Zytoplasma befinden, und das Zytoplama der Zygote fast ausschließlich von der Eizelle stammt, wird die mtDNA nur über die mütterliche Linie, d.h. *uniparental* an die nächste Generation weitergegeben.

Die uniparentale Vererbung und die geringe Variabilität machen die mtDNA nach Ansicht von W. Brown (1980), Cann et al. (1982, 1987), A. Wilson et al. (1985) und Cann (1992) zu einem höchst geeigneten Merkmal, die Verwandtschaftsbeziehungen und die Herkunft rezenter Populationen zu klären. Die genannten Autoren nehmen an, daß die Mutationen der mtDNA selektionsneutral sind und kontinuierlich erfolgen. Die geringe Zahl der mtDNA-Linien unter rezenten Populationen sei daher ein Beleg für eine erst jüngst erfolgte Abzweigung von einem letzten gemeinsamen und hinsichtlich der mtDNA monomorphen Vorfahren. Nach Cann und Mitarbeitern läßt sich daher nicht nur über den Zeitpunkt der Abzweigung der zu den rezenten Populationen führenden Entwicklungslinien eine Aussage machen, sondern auch über die Gründerpopulation

---

[6] Unter einer palindromischen Basensequenz wird eine Sequenz verstanden, die auf dem einen DNA-Strang von links nach rechts und auf dem komplementären Strang von rechts nach links gelesen dieselbe Basenreihenfolge aufweist, z. B: GAATTC und CTTAAG.

des rezenten Menschen und natürlich auch anderer Säugetierarten (eingehende Diskussion des auch als Garten-Eden-Hypothese bezeichneten Herkunftmodells des anatomisch modernen Menschen, vgl. Kap. 8.4.2).

Die Annahme, daß die Variabilität der mtDNA rezenter Populationen auf regelmäßige und selektionsneutrale Mutationen zurückzuführen sei, ist von zahlreichen Autoren kritisiert worden. Whittam et al. (1986), Hale u. Singh (1987) und Holt et al. (1988) schätzen, daß 30% der mtDNA-Nukleotide, eventuell sogar eine mit der Kern-DNA vergleichbare Rate, Selektionsdrücken unterworfen ist. Danach würden Nukleotidveränderungen episodisch erfolgen und seien daher als molekulare Uhr nicht geeignet. MacRae u. Anderson (1988) schließen ferner nicht aus, daß sich die auf mtDNA und Kern-DNA wirkenden Selektionsdrücke sogar wechselseitig beeinflussen. Die gegenwärtig vorliegenden Ergebnisse sprechen mehrheitlich gegen selektionsneutrale Mutationen in der mtDNA.

Einen völlig anderen Erklärungsansatz für die geringe Variabilität der mtDNA rezenter Populationen liefern Avise et al. (1984, 1988), Avise (1986) und Latorre et al. (1986). Diese Autoren argumentieren, daß das Überleben von mtDNA-Linien von stochastischen Prozessen abhängig ist. Sie können somit wegen ihrer uniparentalen Vererbung auch aussterben, wenn keine weiblichen Nachkommen geboren werden, was für etwa 30% der Eltern einer stabilen Population angenommen werden muß. Avise et al. (1988) haben in Wahrscheinlichkeits-Modellen nachgewiesen, daß infolge stochastischer Prozesse sogar sämtliche mtDNA-Linien einer Population aussterben können bzw. daß die Wahrscheinlichkeit für das infinite Überleben einer mtDNA-Linie außerordentlich gering ist.

Avise et al. (1984) hat an Tierpopulationen gezeigt, daß das Aussterben von mtDNA-Linien einer Anzahl von Gründerweibchen von der Populationsgröße, vom Populationswachstum und von den Schwankungen der Anzahl je Generation geborener Weibchen beeinflußt ist. Nach diesen Untersuchungen ist die Wahrscheinlichkeit für das Fortbestehen mehrerer mtDNA-Linien nur dann hoch, wenn die Anzahl der Generationen seit Gründung der Population weniger als 50% der Anzahl der Gründerweibchen beträgt. Ferner haben größere Schwankungen in der Anzahl der pro Generation geborenen Weibchen die Überlebensdauer von mtDNA-Linien erheblich verkürzt.

Ein weiterer ganz wesentlicher Einflußfaktor auf das Überleben bzw. Aussterben einer mtDNA-Linie ist die Geschwindigkeit des Populationswachstums (Avise et al. 1984, 1988). Modellberechnungen haben ergeben, daß langsames Populationswachstum selbst dann zu einem schnellen Aussterben von mtDNA-Linien führt, wenn die Gründerpopulation groß ist (gegenteiliger Effekt bei schnellem Wachstum). Weiss (1984) hat beispielsweise berechnet, daß bis zum Pleistozän menschliche Populationen sehr langsam bzw. gar nicht gewachsen sind, so daß bis dahin bereits eine erhebliche Verminderung der mtDNA-Linien stattgefunden haben muß, die mit großer Wahrscheinlichkeit auch durch das anschließend schnellere Wachstum menschlicher Populationen nicht mehr ausgeglichen werden konnte. Daher läßt sich nach Weiss (1984) über den vorpleistozänen 'mitochondrialen DNA-Vorfahr' heutiger Populationen keine zuverlässige

Aussage mehr treffen (*contra* Cann et al. 1987; vgl. Kap. 8.4.2, Kap. 8.5). Weiterhin betont der Autor, daß die mtDNA-Daten nichts über den Beitrag belegen, den männliche und weibliche Individuen geleistet haben, deren mtDNA-Linie nicht überlebt hat. Jedes rezente Lebewesen trägt eine Kern-DNA-Kombination und die Gene von 2^n Ahnen, die vor n Generationen gelebt haben. Dagegen hat es nur von einem Vorfahren die mtDNA geerbt. Daraus folgt nach Weiss (1984) aber nicht, daß das betreffende Individuum von eben diesem Ahnen abstammt.

Verschiedene Autoren haben kritisiert, daß Cann und Mitarbeiter in ihrer Hypothese der 'single unique source population' offenbar davon ausgehen, daß frühere Populationen vollständig voneinander isoliert waren. Es ist allerdings vielmehr anzunehmen, daß zu jeder Zeit und unabhängig von der phänotypischen Beschaffenheit einzelner Populationen erheblicher Genfluß bestanden hat. Die Annahme, nur eine einzige Population sei die Quelle der mtDNA-Differenzierung aller nachfolgenden, ist aus diesem Grund nicht haltbar. Es ist ferner anzuzweifeln, daß die von Cann und Mitarbeitern postulierte Gründerpopulation nur *eine* mtDNA-Linie aufgewiesen hat und nicht doch polymorph gewesen ist. Letzteres ist nach Wahrscheinlichkeitsmodellen zur Überlebensdauer von mtDNA-Linien zwingend anzunehmen, zumal selbst einzelne Individuen infolge horizontaler mtDNA-Übertragung - möglicherweise durch Viren - offenbar heteromorph sein können (Avise et al. 1984, 1988; Horai et al. 1986; Latorre et al. 1986; Harihara et al. 1988; Excoffier u. Langaney 1989; Wolpoff 1989, 1992).

Der unterschiedliche Vererbungsmechanismus der Kern-DNA und der mtDNA kann nach Avise u. Saunders (1984) und Avise (1986) die Topologie der aus Kern-DNA- bzw. mtDNA-Daten derselben Taxa erstellten Kladogramme erheblich beeinflussen (vgl. Kap. 2.5.6.2, Kap. 2.5.7) und zu völlig verschiedenen Verzweigungsmustern führen. Nach Avise (1986) werden Speziationsereignisse durch die mtDNA-Daten möglicherweise auch deshalb nicht korrekt erfaßt, weil beispielsweise durch horizontale mtDNA-Verbreitung entstandene Hybridindividuen als polyphyletisch angesehen werden können, während andere wegen des Aussterbens von mtDNA-Linien fälschlich als monophyletisch betrachtet werden. Gegenwärtig läßt sich über die Bedeutung der durch horizontale mtDNA-Verbreitung entstandenen Polymorphismen noch nichts aussagen. Ferris et al. (1981a) betont aber, daß es unmöglich ist, den Gabelungszeitpunkt eng verwandter Stammlinien zu bestimmen, solange es keine Informationen darüber gibt, wie lange nachgewiesene mtDNA-Polymorphismen bereits bestehen.

W. Brown et al. (1979) und Ferris et al. (1981a, b) fanden mit Restriktionsanalysen heraus, daß die Basensubstitutionsrate in den einzelnen mtDNA-Linien fünf- bis zehnmal höher liegt, als die der Kern-DNA. Cann et al. (1984) führen die hohe Austauschrate auf die kurzen Stränge der mtDNA zurück. Daraus folgt allerdings, daß verhältnismäßig schnell Mehrfachsubstitutionen von Basen bzw. Rückmutationen erfolgen, was zur Unterschätzung der Mutationsrate führt. W. Brown et al. (1982) konnten beispielsweise zeigen, daß über 90% der Basensubstitutionen Transitionen innerhalb der Purin- bzw. Pyrimidinbasenreihe sind und daher davon auszugehen ist, daß eine erhebliche Anzahl von Rückmutationen erfolgte. Brown und Mitarbeiter wiesen ferner nach, daß die mtDNA von Taxa, deren Stammlinien sich vor mehr als 25 MJ getrennt haben, kaum Unterschiede aufweist. Mehrere Autoren vertreten daher die Ansicht, daß eine auf mtDNA-Daten basierende molekulare Uhr zu erheblichen Fehlbestimmungen der Gabelungszeitpunkte führen kann und somit nicht die in sie gesetzten Erwartungen erfüllt bzw. wegen der Abhängigkeit der Überlebenswahrscheinlichkeit der mtDNA-Linien von stochastischen demographischen Prozessen hierzu sogar gänzlich untauglich ist. Sehr viele Vorgänge der Basensubstitution der mtDNA sind gegenwärtig noch nicht vollständig aufgeklärt, so daß alle auf mtDNA-Daten aufbauenden Rekonstruktionen phylogenetischer Beziehungen von Taxa besonders kritisch betrachtet werden müssen (W. Brown et al. 1979, 1982; W. Brown 1985; Nei u. Tajima 1985; Honeycutt u. Wheeler 1987; Saitou u. Omoto 1987; Weiss 1987; Excoffier u. Langaney 1989; Wolpoff 1989, 1992; Lewin 1990; Maddison 1991).

Die Diskussion über die Tauglichkeit der molekularen Uhr ist längst nicht abgeschlossen, und sie soll hier auch nicht weiter vertieft werden. Das Konzept hat aber in jedem Fall dazu beigetragen, daß neue Hypothesen über den speziellen Verlauf der Stammesgeschichte verschiedener Taxa entwickelt wurden, z.B. über den Divergenzzeitpunkt der einzelnen Stammlinien der Hominoidea (vgl. Kap. 5.5). Ferner hat es dazu geführt, daß Modelle der morphologisch orientierten Paläontologie zu diesem Fragenkomplex überdacht werden mußten. Sofern es beiden Schulen gelingen sollte, künftig aufeinander zuzugehen und die Ergebnisse der anderen Disziplin zu respektieren und in eigene Hypothesen einzuarbeiten, wird ein geeignetes methodisches Instrumentarium für die Rekonstruktion phylogenetischer Beziehungen von Taxa zur Verfügung stehen (vgl. Kap. 5.5).

Wesentlich weniger Beachtung als die mtDNA-Analysen haben *karyologische Untersuchungen* an rezenten Spezies gefunden. Morphologische Merkmale der Chromosomen lassen sich ebenfalls zur Analyse von Verwandtschaftsbeziehungen und zu einer sehr groben Abschätzung von Verzweigungszeitpunkten heranziehen. Karyologische Untersuchungen haben für die jüngste Stammesgeschichte des Menschen bisher nicht die Bedeutung erlangt, wie sie der mtDNA zukommt, so daß auf eine Detaildarstellung der Methoden verzichtet wird (Übersicht in Seuánez 1979; Rothe 1990; Lucotte 1992; vgl. Kap. 5.5; Kap. 8.5).

2.5   Klassifikation und phylogenetische Rekonstruktion

2.5.1   Was ist ein Merkmal?

Eine fundamentale Methode biologischer Forschung ist der Vergleich lebender und ausgestorbener Organismen anhand detailliert beschreib- und meßbarer morphologischer, anatomischer, physiologischer oder ethologischer Eigenschaften mit dem Ziel, Gemeinsamkeiten oder Unterschiede aufzudecken. Wir bezeichnen diese Eigenschaften als Merkmale. "...so ist Merk-Mal ein Mal oder Zeichen, das man 1. bemerkt, 2. sich merkt und auf das man 3. auch andere aufmerksam macht; mit anderen Worten eine Einheit, die man beobachtet, festlegt und mitteilt. Daraus folgt...: das Merkmal ist eine gesondert erfaßbare, abgrenzbare Eigentümlichkeit oder Eigenschaft, die ihren Träger kennzeichnet, die ihn zu beschreiben erlaubt." (Werner 1970, S. 30). Diese Definition des Begriffs Merkmal in der Biologie entspricht nach Ax (1984, S. 115) "...der elementaren Forderung der Systematik nach der Separabilität von Merkmalen" (vgl. W. Hennig 1979). In unserer Sprache werden Merkmale eines Lebewesens zu *Eigenschaften, Eigentümlichkeiten, Charakteren* oder auch *Charakteristika* (Ax 1984).

Merkmale können in verschiedenen Zuständen (Phänotypen, phänetische Ausprägungen) vorliegen, d. h. ein Merkmal läßt sich bei verschiedenen Taxa feststellen, seine Ausprägungen sind aber phänetisch nicht identisch, z. B. das Merkmal Augenhöhle oder Hirn bei verschiedenen Primatenarten. Jede Spezies bzw. jede Abstammungsreihe besitzt ein einzigartiges art- oder gruppenspezifisches Mosaik heterochron evolvierter Merkmale (Ax 1984; vgl. Kap. 2.5.6.2). Taxa, die einander ähnlich sind, verfügen über dasselbe Merkmalsgefüge (vgl. Kap. 2.5.2). Merkmale sind die stoffliche Grundlage für sämtliche Analysen zur Rekonstruktion phylogenetischer Beziehungen und Stammbäume (vgl. Kap. 2.5.7).

2.5.1.1   Merkmale als Einheit von Form und Funktion

Merkmale haben neben einer strukturellen auch eine funktionale Komponente. Unter der strukturellen Komponente oder Form eines Merkmals wird ein *materielles Areal* verstanden, welches räumlich eingegrenzt werden kann (Bock u. von Wahlert 1965; Dullemeijer u. Barel 1977). Die Form eines Merkmals umfaßt fünf Aspekte: *Anwesenheit, Lage, Gestalt, Größe* und *Aufbau*. Unter Funktion des Merkmals werden seine physikalischen und chemischen Fähigkeiten verstanden. Es handelt sich demnach um einen *Form-Funktions-Komplex* oder eine *Fakultät*, die mit der Umwelt interagiert, ihr angepaßt ist und somit die evolutionäre Einheit des Merkmals darstellt (Bock u. von Wahlert 1965). Ein Merkmal kann bei einer Form gleichzeitig mehrere funktionale Komponenten haben. Hat das Merkmal mehrere Formen, so resultieren daraus auch mehrere Funktionen. Ändert sich die Form eines Merkmals, ändert sich auch seine Funktion.

Ein Organismus hat stets mehrere Fakultäten. Die Analyse der Beziehungen zwischen Form und Funktion ist Gegenstand der *Funktionsmorphologie,* die Untersuchung der Beziehung zwischen den einzelnen Form-Funktions-Komplexen ist dagegen Aufgabe der *Konstruktionsmorphologie* (Dullemeijer u. Barel 1977; Abb. 2.11). Die stammesgeschichtlichen Interpretationen der Form-Funktions-Zusammenhänge fallen in die Kompetenz der *Evolutionsmorphologie* (vgl. Kap. 6, Kap. 7).

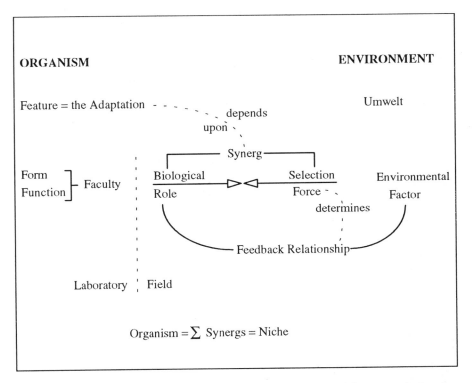

Abb. 2.11 Schema zur Illustration der Hierarchie und Wechselbeziehungen zwischen den Komponenten der Organismen und dem Lebensraum (aus Bock u. von Wahlert 1965).

2.5.1.2 Biologische Rolle von Merkmalen

Die Anwendung der Fakultät eines Merkmals während des Lebens eines Organismus wird als *biologische Rolle* des Merkmals definiert. Beispielsweise liegt die biologische Rolle der langen Arme der Hylobatidae in ihrer großen Reichweite bei der Nahrungssuche und in der vorteilhafteren Verteilung des Körpergewichts (Ellefson 1967; Grand 1972; Fleagle 1976; vgl. Kap. 4.1.3.1). Das Konzept der biologischen Rolle eines Merkmals ist somit von dem der Funktion verschieden und daher gesondert zu betrachten (Bock u. von Wahlert 1965). Die biologische Rolle eines Merkmals ist nur im natürlichen Lebensraum eines Organismus zu ermitteln. Aus der bloßen Analyse von struktureller und funktionaler Komponente ist die biologische Rolle des Merkmals im Labor nicht zu klären. Aus diesem Grund sind Untersuchungen zur biologischen Rolle von Eigenschaften bei fossilen Formen besonders schwierig, vielfach überhaupt nicht möglich. Jede vom Organismus genutzte Fakultät hat mindestens eine biologische Rolle, die eine spezifische Beziehung mit der Umwelt aufbaut. Biologische Rolle und Umwelt stehen in einem Anpassungsverhältnis zueinander (Bock u. von Wahlert 1965; vgl. auch Konzept der Ökomorphologie in Goldschmid u. Kotrschal 1989; Abb. 2.11).

2.5.1.3 Die Anpassung von Merkmalen

Selektionsdrücke wirken nicht direkt auf die Form oder die Funktion eines Merkmals, sondern über die biologische Rolle seiner Fakultät. Die Verbindung eines Organismus zu seiner Umwelt wird also durch ein dualistisches Paar geprägt - biologische Rolle und Selektionsdruck. Dieses von Bock u. von Wahlert (1965) als *Synerge* bezeichnete Paar beschreibt die Interaktion zwischen individuellen Selektionsdrücken und individuellen biologischen Rollen eines Merkmals.

Die Summe aller Synergen eines Organismus wird als *Nische* bezeichnet. Sie bestimmt die Selektionsdrücke, die auf einer Spezies lasten, und somit auch die Richtung des evolutionären Wandels und der Anpassung, d. h. eine langfristige genetische Abstimmung einer Spezies an ein besonderes Spektrum von Umweltbedingungen (*evolutionary adaptation sensu strictu* nach Bock u. von Wahlert 1965).

Die Einnischung eines Organismus ist an zwei Voraussetzungen gebunden: Einerseits kann sie nur erfolgen, sofern noch ungenutzte Ressourcen als *ökologische Lizenzen* für eine Art zur Verfügung stehen, andererseits muß die Art über Eigenschaften verfügen, die es ihr gestatten, diese ökologischen Lizenzen zu nutzen (Günther 1949, 1950). Osche (1983) nannte letztere Eigenschaften *organismische Lizenzen*, zu denen nicht nur körperliche Merkmale, sondern auch Verhaltenseigenschaften zählen. In diesem Kontext spielen die *Praeadaptationen* bzw. *Praedispositionen* eine entscheidende Rolle. Simpson (1961) beschrieb sie als die Existenz einer prospektiven Funktion vor ihrer Realisation, und Osche (1962) kennzeichnete sie als Eigenschaften eines Organismus, die für noch nicht realisierte Situationen oder Funktionen Adaptationswert besitzen. Bei ökologischer Sonderung bieten sie im neuen Funktionskreis die entscheidende Chance zur Einnischung und stellen damit die initialen Voraussetzungen zur *adaptiven Radiation* dar. Um die Spezialisierung in ihrem Adaptationswert zu verstehen, gilt es, die Nischenbreite der verschiedenen Arten auszuloten. Mit Pianka (1978) wird darunter die Summe der verschiedenen Ressourcen verstanden, die von einer organismischen Einheit genutzt werden (vgl. auch Osche 1983). Sie hängt von den organismischen Lizenzen und von der interspezifischen Konkurrenz ab, die zur

Einengung der Nischen führt, also zur Auslese von Spezialisten. Nach Van Valens (1964) Nischenvariationsmodell führt *intraspezifische Konkurrenz* umgekehrt zur *Nischenexpansion*, d. h. zur Evolution von *Generalisten*.

Die Definition der Anpassung eines Merkmals umfaßt zwei getrennte und unterschiedliche Aspekte: die biologische Rolle des Merkmals im Leben des Organismus, z. B. Futtersuche oder Flucht vor einem Raubfeind, und den Grad von Wirksamkeit, mit dem diese Rolle ausgeübt wird. *Anpassung ist Prozeß und Zustand zugleich.* Beide können nach Bock u. von Wahlert (1965) am besten über den Energiebedarf beschrieben werden. Danach ist der Zustand der Anpassung als der geringste Energieaufwand eines Organismus zu definieren, um die Synerge bzw. Nische erfolgreich aufrechtzuerhalten. Der Prozeß der Anpassung läßt sich als evolutionärer Wandel bezeichnen, der den geforderten Energieaufwand vermindert (Abb. 2.11).

In der praktischen Arbeit bestehen nach wie vor erhebliche Schwierigkeiten, Anpassungen von Merkmalen zweifelsfrei nachzuweisen. Nach Bock (1980) führt nur eine synthetische Vorgehensweise, d. h. eine Kombination von gründlicher funktionsmorphologischer Analyse des Merkmals (vgl. Kap. 2.5.5) und dem Studium der Lebensweise des betreffenden Organismus, zu gesicherten Ergebnissen (vgl. auch Goldschmid u. Kotrschal 1989). Daraus folgt allerdings, daß Merkmale fossiler Spezies zwar eingehend funktionsmorphologisch analysier- und interpretierbar sind, über ihre Anpassung aber nur Hypothesen formuliert werden können, die nicht überprüfbar sind (vgl. Kap. 2.3).

2.5.2 Merkmal und Ähnlichkeit

Übereinkunftsgemäß sind Taxa mit demselben Merkmalsgefüge einander ähnlich (vgl. Kap. 2.5.1). Die Gesamtähnlichkeit zwischen Organismengruppen kann sich aus mehreren Komponenten zusammensetzen (Mayr 1975; Abb. 2.12):

- Ähnlichkeiten, die auf dem gemeinsamen Besitz von Merkmalen beruhen und auf einen *gemeinsamen Vorfahren* zurückgehen;
- Ähnlichkeiten, die auf dem Besitz unabhängig erworbener phänotypischer Eigenschaften beruhen, die aber von einem gemeinsamen Genotypus hervorgebracht worden sind, der von einem gemeinsamen Vorfahren herrührt (Ähnlichkeit infolge *paralleler Evolution*).

Merkmale, die diese beiden Formen von Ähnlichkeit zwischen Taxa begründen, werden *homologe Merkmale* genannt. Unabhängig von ihrer Funktion haben sie gleiche stammesgeschichtliche Herkunft (*Abstammungsähnlichkeit*). Nur homologe Merkmale sind für die Rekonstruktion von Stammbäumen und für die Klärung phylogenetischer Beziehungen von Bedeutung (Remane 1952b; Mayr 1975; Ax 1984; Übersicht in Joysey u. Friday 1982; vgl. Kap. 2.5.2.1).

- Ähnlichkeiten, die auf dem gemeinsamen Besitz unabhängiger phänotypischer Besonderheiten beruhen, aber nicht durch einen Genotypus hervorgebracht

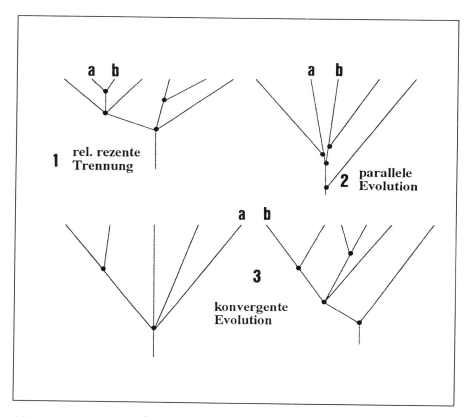

Abb. 2.12 Gründe für die Ähnlichkeit von Taxa (n. Mayr 1975).

worden sind, der von einem gemeinsamen Vorfahren herrührt (Ähnlichkeit infolge *konvergenter Evolution*).

Merkmale, die derartige Ähnlichkeiten begründen, werden *analoge* oder *homoplastische Merkmale* genannt. Sie haben keine gemeinsame stammesgeschichtliche Herkunft, üben aber gleiche Funktionen aus (*Anpassungsähnlichkeit*). Für die Rekonstruktion von Stammbäumen und phylogenetischen Beziehungen sind sie nicht geeignet, da sie über Verwandtschaftsbeziehungen keine Aussage erlauben. In der Praxis ist es häufig jedoch außerordentlich schwierig, konvergente von homologen Merkmalen zu unterscheiden (Übersicht in Cain 1982).

2.5.2.1 Nachweis homologer Merkmale

Remane (1952a) hat einen Kriterienkatalog erarbeitet, der es ermöglicht, mit ausreichender Sicherheit Homologien festzustellen. Für Remane ist das Aufzeigen von Homologien nicht bloße Ähnlichkeits-, sondern Identitätsforschung.

- 1. Hauptkriterium: *Kriterium der Lage*
Merkmale, die in vergleichbaren Organismen, z. B. anderen Wirbeltieren, die
gleiche Lage einnehmen, sind homolog; die Funktion der Merkmale wird
dabei nicht berücksichtigt. Ein Vogelflügel und die Vorderextremität eines
Säugetieres sind homologe Merkmale.
- 2. Hauptkriterium: *Kriterium der speziellen Qualität*
Merkmale, die in einer Vielzahl von Details übereinstimmen, sind homolog,
unabhängig von ihrer Lage im Organismus. Die Wahrscheinlichkeit für
Homologie steigt mit zunehmender Komplexität dieser Merkmale. Der
Schneidezahn eines Raubtieres und der Stoßzahn eines Elefanten sind homologe Wirbeltierzähne. Das 2. Hauptkriterium erlaubt, isolierte Einzelorgane zu
homologisieren, was für die paläoanthropologische Forschung von großer
Bedeutung ist (vgl. Kap. 2.3).
- 3. Hauptkriterium: *Kriterium der Verknüpfung durch Zwischenformen*
(Stetigkeitskriterium)
Merkmale, die im Organismus eine verschiedene Lage einnehmen und einander unähnlich sind, sind dann homolog, wenn sie sich durch ontogenetische
Entwicklungsprozesse oder durch Zwischenformen verbinden lassen. Durch
die Untersuchung der Embryonalentwicklung der Wirbeltiere wurde
beispielsweise nachgewiesen, daß das Mittelohr und die Gehörknöchelchen als
abgeleitete Teile des Kiemenapparates der Fische anzusehen und daher
homolog sind.

Neben den drei Hauptkriterien unterscheidet Remane (1952a) noch drei
Hilfskriterien zum Nachweis homologer Merkmale. Die Homologiekriterien
lassen sich nicht nur auf anatomische und morphologische, sondern auch auf
physiologische und ethologische Merkmale anwenden (Wickler 1965). W. Hennig
(1966, S. 94) hat allerdings darauf hingewiesen, daß das zweite und dritte Hauptkriterium von Remane "...are in reality only accessory criteria of lower rank that
are not usable without the criterion of the sameness of position" (vgl. auch Jardine
1969; Riedl 1975).

Das Homologie-Theorem ist Rückgrat der biologischen Strukturforschung. Es
bildet den Kern ihrer Prinzipienlehre und enthüllt demnach die Erkenntnisgrund-
lagen des Vergleichs lebendiger Strukturen (Riedl 1975). Eine kritische und
umfassende Übersicht über die Probleme der Homologieforschung gibt
C. Patterson (1982).

2.5.2.2 Ursprüngliche und abgeleitete homologe Merkmale

Homologe Merkmale können *ursprünglich* (*anzestral*) sein. Wir sprechen nach
Mayr (1975, S. 195) dann von einem anzestralen Merkmal, "...wenn es sich im
Vergleich mit dem homologen Merkmal des Vorfahren nicht nennenswert verän-
dert hat. Anzestrale Merkmale neigen dazu, innerhalb eines weitgespannten
Bereichs verwandter Taxa unregelmäßig verstreut aufzutreten." Beispiele solcher
ursprünglichen Merkmale sind Sinneshaare im Gesicht, am Hand- und Fußgelenk

der Strepsirhini (*Sinushaare* oder *Vibrissen*; vgl. Kap. 3.4) oder der große Riech-
kolben (Bulbus olfactorius) der Insectivora und Strepsirhini oder die epithelio-
choriale Plazenta der Strepsirhini. Sie werden auch als *plesiomorphe Merkmale*
bezeichnet. Weisen Taxa plesiomorphe Merkmale auf, die beim letzten gemeinsamen Vorfahren vorhanden waren, sprechen wir von *symplesiomorphen Merkmalen* (Abb. 2.13).

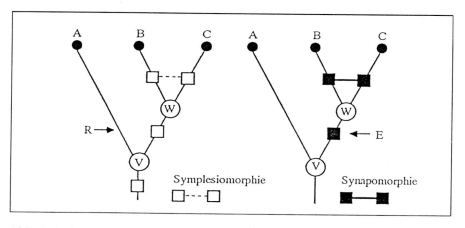

Abb. 2.13 Symplesiomorphie und Synapomorphie. R: Merkmalsreduktion; E: Merkmals-
entstehung; V, W: Stammarten (aus Ax 1984).

Nach Mayr (1975, S. 195) ist ein Merkmal nicht mehr ursprünglich, sondern
abgeleitet, "...wenn es sich im Vergleich mit dem homologen Merkmal des
Vorfahren entscheidend gewandelt hat; abgeleitete Merkmale sind gewöhnlich auf
eine ganz bestimmte Gruppe unmittelbar verwandter Formen beschränkt". So ist
die haemochoriale Plazenta der Haplorhini (vgl. Kap. 3.4) ein abgeleitetes Merkmal im Vergleich zur epitheliochorialen Plazenta der Strepsirhini. Abgeleitete
Merkmale werden auch als *apomorphe Merkmale* bezeichnet. Weisen Taxa
apomorphe Merkmale auf, die auf einen unmittelbaren Vorfahren zurückgehen,
spricht man von *synapomorphen Merkmalen*. Zum Beispiel ist die Plazenta ein
synapomorphes Merkmal der Placentalia, aber ein symplesiomorphes Merkmal,
wenn zwei Mammalia-Taxa, etwa Rodentia und Primates miteinander verglichen
werden (Abb. 2.12, Abb. 2.13). Plesiomorphie und Apomorphie sind streng relative Konzepte (Riepell 1980); die Ausprägung b des Merkmals B in einer Transformationsserie A(a) - B(b) - C(c) ist in bezug zu a als apomorph zu bezeichnen,
in Relation zu c hingegen als plesiomorph.

Apomorphe Merkmale sind nach W. Hennig (1950) nur einmal aus plesiomorphen Merkmalen entstanden und nicht mehr in die ursprüngliche Ausprägung
rückführbar, sie sind demnach irreversibel. Plesiomorphe und apomorphe Merkmale können in einem Organismus bzw. einer Formengruppe zeitgleich auftreten
bzw. nachweisbar sein (*evolutionäre Mosaikentwicklung*). Die fünfstrahlige

Vorderextremität des modernen Menschen ist z. B. ein plesiomorphes, die zentrale Stellung des Hinterhauptloches (Foramen occipitale magnum; vgl. Kap. 4.1.2) ein apomorphes Merkmal innerhalb der Ordo Primates. Nur synapomorphe Merkmale sind taxonomisch von Bedeutung, da sie über den letzten gemeinsamen Vorfahren zweier Taxa Auskunft geben (Übersicht in W. Hennig 1979; Joysey u. Friday 1982; Ax 1984; R. Martin 1990).

Die jeweiligen phänotypischen Ausprägungen eines Merkmals beim graduellen, aber stetigen Wandel vom plesiomorphen Zustand bei Vorfahren zur apomorphen Ausprägung bei Nachfahren, wird als *Transformationsserie* oder *Morphokline* bezeichnet (engl. *morphocline sensu* Maslin 1952; Abb. 2.14). Bei der Aufstellung des Morphokline ist zu beachten, daß jede Merkmalsausprägung von den in der Serie benachbarten logisch herzuleiten ist (vgl. Kap. 2.5.7.2). Die Bestimmung der Richtung bzw. Polarität des Morphokline bereitet mitunter große Schwierigkeiten, besonders bei (fragmentarisch vertretenen) fossilen Formen oder wenn die Vorfahrengruppe nicht bekannt ist bzw. wenn über das Merkmal in der Vorfahrengruppe keine Aussage gemacht werden kann. Es läßt sich daher nicht immer zweifelsfrei zwischen plesiomorphem und apomorphem Zustand unterscheiden; für die Rekonstruktion von Stammbäumen und phylogenetischer Beziehungen ist dies jedoch eine notwendige Voraussetzung (vgl. Kap. 2.5.7.2).

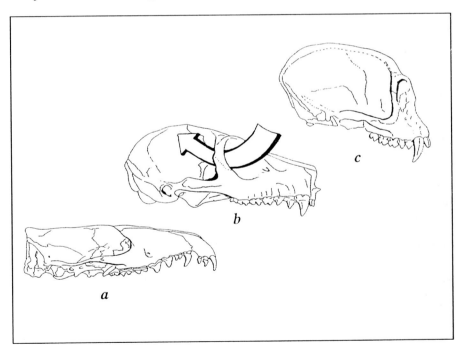

Abb. 2.14 Orbitaregion bei Placentalia. **a** Orbita nicht von einem Knochenring umgeben (Waschbär) **b** Postorbitale Knochenspange vorhanden (Lemur) **c** Orbita vollständig geschlossen (Gibbon). Der Morphokline verläuft von **a** nach **c**.

2.5.3   Gewichtung von Merkmalen

Bestimmte Merkmale bzw. Merkmalskomplexe evolvieren offenbar häufig und
schnell (z. B. molekulare Merkmale eines Organismus), während sich andere vergleichsweise weniger evolutionsfreudig, also konservativ verhalten (z. B.
morphologische Merkmale). Selbst innerhalb des molekularen und morphologischen Bereichs lassen sich Merkmale bezüglich der Evolutionsfreudigkeit in eine
Rangordnung bringen (vgl. Kap. 2.4.3).

Für die evolutionäre Taxonomie ist ein entscheidendes Element bei der Rekonstruktion phylogenetischer Beziehungen (vgl. Kap. 2.5.7) neben der faktischen
Genauigkeit (exakte Merkmalsbeschreibung) und der methodischen Genauigkeit
(exakte Interpretation der Merkmale als Indikator für phylogenetische Beziehungen) die Gewichtung der Merkmale zur Ermittlung ihres stammesgeschichtlichen
Informationsgehaltes (Simpson 1961; Mayr 1975; zur Auffassung der anderen
wissenschaftlichen Schulen zu diesem Problem vgl. Kap. 2.5.6.2, Kap. 2.5.6.3).
Danach lassen sich Merkmale mit hohem und solche mit geringerem Aussage-
wert - dominante und subordinierte Merkmale *sensu* Dullemeijer u. Barel (1977) -
für die phylogenetischen Beziehungen von Taxa unterscheiden. Übereinkunftsgemäß werden Merkmale, die sich konservativ verhalten und somit wenig Änderung
erfahren haben, höher gewichtet als schneller evolvierende Eigenschaften (Tabelle
2.7). Kein Merkmal hat jedoch *a priori* mehr Gewicht als andere im Sinne einer
aristotelischen *Scala naturae* (Mayr 1975).

Tabelle 2.7 Kriterien der Merkmalsgewichtung (n. Mayr 1975).

Kennzeichnung von Merkmalen mit hohem Wert	Kennzeichnung von Merkmalen mit niedrigem Wert
komplexe Struktur	hohe Variabilität
Konstanz über verschiedene Artengruppen hinweg	völlige Invariabilität
Apomorphien	schwer zu erkennende Merkmale
Regelmäßiges Vorkommen in einer Artengruppe	mono- bzw. oligogene Merkmale
keine Beeinflussung durch ökologische Veränderungen	regressive (Verlust-) Merkmale
keine spezifische Beeinflussung durch bestimmte Lebensgewohnheiten	sehr enge Spezialisierung
Korrelation mit anderen Merkmalen	Zwangskorrelation mit anderen Merkmalen

2.5.4   Merkmalsausprägung und Körpergröße

Die Körpergröße ist ein wichtiger Aspekt in der Evolution der Mammalia. Bei der praktischen Arbeit wird nach Hartwig-Scherer u. R. Martin (1992) häufig das Körpergewicht als Bezugsgröße zugrundegelegt. Ihm kommt bei allen taxonomischen Analysen und bei der Rekonstruktion phylogenetischer Beziehungen rezenter und fossiler Taxa große Bedeutung zu. Die Kernfrage, die sich beim Vergleich von Taxa mit Individuen verschiedener Größe stellt (z. B. Gorilla und Krallenaffe), lautet: Sind Unterschiede bzw. Ähnlichkeiten zwischen Taxa durch die Körpergröße bedingt oder auf eine unterschiedliche körperliche Organisation zurückzuführen? Die Frage, ob die Unterschiede der Hirngröße von Gorilla und Krallenaffen auf der Körpergröße oder auf dem unterschiedlichen Organisationsgrad beider Taxa beruhen, kann ohne Einbeziehung bzw. ohne Analyse möglicher Effekte der Körpergröße auf die Ausprägung von Merkmalen nicht beantwortet werden.

Unter der Annahme, daß der Größenzuwachs eines geometrischen Körpers, z. B. eines Würfels oder einer Kugel, ohne Änderung seiner Gestalt erfolgen soll, muß sich das Verhältnis von Oberfläche zu Volumen ändern, d. h. linear abnehmen, da die Fläche in der zweiten und das Volumen in der dritten Dimension steigt (Abb. 2.15). Aufgrund dieses Zusammenhanges ist zu erwarten, daß große Organismen bzw. Taxa mit großen Individuen unabhängig von ihren verwandtschaftlichen Beziehungen Gemeinsamkeiten in körpergrößenabhängigen Merkmalen aufweisen (z. B. Hirn, innere Organe) und sich hierin von kleineren Formen unterscheiden. Diese zeigen ihrerseits wieder ein ihrer Körpergröße entsprechendes Spektrum körpergrößenabhängiger Gemeinsamkeiten auf. Körpergrößeneffekte lassen sich somit weitgehend voraussagen. Ähnlichkeiten bzw. Unterschiede zwischen Organismen oder Taxa, die allein mit der Körpergröße zusammenhängen, sind für die Klärung phylogenetischer Beziehungen ohne Bedeutung und daher von der Analyse auszuschließen.

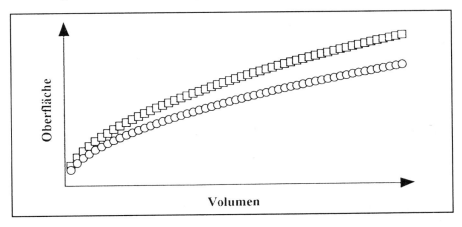

Abb. 2.15 Beziehung von Oberfläche und Volumen (n. R. Martin 1990).

Dagegen spiegeln Ähnlichkeiten oder Unterschiede zwischen Taxa, die unter Berücksichtigung der Körpergrößeneffekte herausgearbeitet wurden, Übereinstimmung oder Abweichung in der allgemeinen Organisation wider und sind aus diesem Grund für taxonomische Analysen geeignet.

Merkmale können sich in ihrer Größenentwicklung bzw. ihrem Wachstum linear oder direkt proportional zur Beziehung der Oberfläche zum Volumen des betreffenden Organismus oder Taxon verhalten (*Isometrie, isometrisches Wachstum*). Manche inneren Organe der Mammalia wie Lunge oder Herz nehmen streng isometrisch mit dem Körpergewicht an Größe zu. Man spricht hingegen von *Allometrie* oder *allometrischem Wachstum*, wenn zwischen einem Merkmal bzw. Merkmalskomplex und der Oberfläche bzw. dem Volumen eines Organismus eine nicht-lineare, z. B. kurvilineare, Wachstumsbeziehung besteht. Gould (1966) definiert Allometrie als Skalierungscharakeristika von Merkmalen in bezug auf die Körpergröße. Nimmt das entsprechende Merkmal langsamer als der Gesamtkörper an Größe oder Gewicht zu, ist das Wachstum *negativ allometrisch*, im umgekehrten Fall nennt man es *positiv allometrisch*. Im Allometrie-Konzept wird *intraspezifische* oder *ontogenetische Allometrie*, d. h. allometrische Beziehungen zwischen Organgröße und dem Körpergewicht in einem bestimmten Lebensalter, worauf im folgenden nicht weiter eingegangen wird, von *interspezifischer Allometrie* unterschieden, d. h. von allometrischen Beziehungen bei verschiedenen Taxa. Um einen Vergleich von Allometrien zu ermöglichen, müssen die kurvilinearen Beziehungen zwischen den betreffenden Merkmalen und der Körpergröße unter Anwendung logarithmischer Koordinaten in lineare Beziehungen umgewandelt werden (Abb. 2.16). Die Datengrundlage für den Einfluß der Körpergröße auf die strukturelle und funktionale Komponente von Merkmalen ist empirisch zu erbringen (R. Martin 1990).

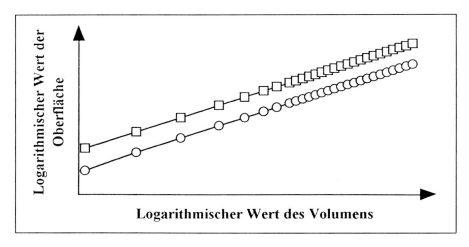

Abb. 2.16 Konvertierung kurvilinearer Beziehungen in lineare Beziehungen (n. R. Martin 1990).

Die allgemeine Formel zur Berechnung allometrischer Beziehungen lautet $y = bx^a$, woraus sich $y = \log b + a \log x$ ergibt. Darin ist y die Größe des untersuchten Merkmals, x die Körpergröße oder ein als Vergleichsgrundlage gewähltes anderes Merkmal, b ein vom Geschlecht und anderen Einflußgrößen abhängiger Faktor (*allometrischer Koeffizient*) und a der Wachstumsfaktor (*allometrischer Exponent*). Bei isometrischem Wachstum ist $a = 1$, bei positiv allometrischem Wachstum ist $a > 1$, bei negativ allometrischem Wachstum ist $a < 1$. Werden die empirisch ermittelten Daten in eine logarithmische bivariate Graphik übertragen, läßt sich der allometrische Exponent a jederzeit an der Steigung der Geraden, der allometrische Koeffizient am Ordinatenabschnitt ablesen. Die empirisch determinierte Allometriegleichung erlaubt es, die Körpergrößeneffekte beim Vergleich der Organismen bzw. Taxa zu berücksichtigen, von denen man annimmt, daß sie sich im Organisationsgrad voneinander unterscheiden würden. Eine vertikale Trennung der für die entsprechenden Taxa ermittelten Daten in der bivariaten logarithmischen Grafik spiegelt den Unterschied des allometrischen Koeffizienten b wider und zeigt an, daß die miteinander verglichenen Taxa zwar demselben Skalierungsprinzip folgen, im Organisationsgrad aber fundamentale Unterschiede aufweisen. Dagegen liefert der auf der Grundlage interspezifischer allometrischer Analysen erfolgte Nachweis gemeinsamer Organisationsprinzipien ein geeignetes Kriterium, um zu entscheiden, ob für die verglichenen Taxa gemeinsame Vorfahren anzunehmen sind.

2.5.5 Methoden und Ziele der Funktionsmorphologie

Ziel der Funktionsmorphologie ist die Analyse der Beziehungen von Form und Funktion eines Merkmals. Sie unterscheidet zwei Analyseverfahren: die *Induktion* und die *Deduktion* (Dullemeijer u. Barel 1977; vgl. auch Popper 1976; Seiffert 1991).

2.5.5.1 Induktion

Die induktive Methode vergleicht die strukturelle Komponente (Form) eines Merkmals an unterschiedlichen Organismen und zieht daraus allgemeine Schlüsse auf die Funktion sowie auf die Beziehungen von Form und Funktion des betreffenden Merkmals (Abb. 2.17). Beispielsweise läßt sich aus der spatelförmigen Gestalt der Frontzähne der Haplorhini in Verbindung mit Beobachtungen bzw. Experimenten zur Ernährungsweise der betreffenden Spezies auf deren Funktion als Schneideinstrumente schließen, während auf der anderen Seite die mehr oder weniger konisch geformten und fast waagerecht nach vorn gestellten Schneidezähne der Strepsirhini auf eine Kämm- bzw. Putzfunktion in unterschiedlichen Zusammenhängen hinweisen (prokumbente Schneidezähne; vgl. Kap. 4.1.5.1; Abb. 4.32, Abb. 4.33).

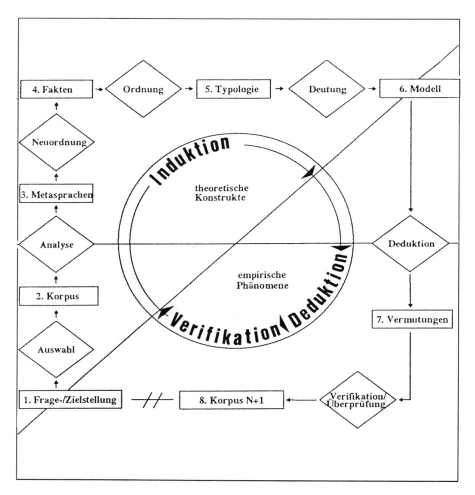

Abb. 2.17 Beziehungsdiagramm induktiver und deduktiver Arbeitsweise (n. Gallay 1978, modifiziert).

Es ist jedoch schwierig, z. B. nach Änderung der strukturellen Komponente, einen möglichen Wandel in den Beziehungen von Form und Funktion eines Merkmals nachzuweisen (Dullemeijer u. Barel 1977; vgl. Kap. 3.5.2.7). Die Analyse ist in jenen Fällen äußerst schwierig, in denen keine Information zur biologischen Rolle des Merkmals mehr verfügbar ist, also vor allem bei fossilen Spezies.

Für das induktive Verfahren gelten drei wesentliche Einschränkungen:

- Die strukturelle Komponente eines Merkmals muß nach einem Funktionswandel nicht vollständig in Beziehung zur neuen Funktion stehen;
- Änderungen der Form eines Merkmals können andere Merkmale in Mitleidenschaft ziehen, so daß sich daraus ergebende Konsequenzen für den gerade untersuchten Form-Funktions-Komplex nicht abschätzbar sind;
- die strukturelle Komponente eines Merkmals oder Teile davon bleiben unverändert, bilden aber dennoch mit der neuen Funktion eine Fakultät.

Die Brauchbarkeit der induktiven Methode besteht daher vor allem darin, der strukturellen Komponente eines Merkmals die funktionale Komponente zuzuordnen sowie den allgemeinen Effekt eines Funktionswandels nachzuweisen.

2.5.5.2 Deduktion

Das deduktive Analyseverfahren leitet die Form eines Merkmals zuallererst von funktionalen Zwängen ab, die als bestimmende Parameter für die Erstellung eines Modells oder Paradigmas erachtet werden (Abb. 2.17). Mit experimentellen Verfahren, besonders aus der Biomechanik, werden die Modelle überprüft und mit der tatsächlichen Form verglichen (*hypothetiko-deduktives Verfahren*; B. Kummer 1959; Badoux 1974; Morbeck et al. 1979; Demes 1985; Preuschoft 1989a; Seiffert 1991; Abb. 2.17, Abb. 2.18).

Die Konstruktion mehrerer Modelle ist, je nach Gewichtung einzelner Komponenten, im Spektrum der funktionalen Zwänge möglich und unterliegt der subjektiven Entscheidung des jeweiligen Autors. Dieser Umstand zwingt dazu, zusätzliche Kriterien für die Konstruktion von Form-Funktions-Modellen und den Vergleich mit dem realen Merkmal einzuführen, um eine optimale Lösung zu erreichen. Hierbei wird im allgemeinen nach dem Prinzip der *optimalen Gestaltung* oder nach dem Minimalprinzip verfahren, doch sind konstruktionsmorphologische Einflüsse auf den zu analysierenden Form-Funktions-Komplex ebenfalls zu beachten und in das zu formulierende Modell einzubeziehen (*holistisches Konzept*; Dullemeijer u. Barel 1977; Demes 1985; Preuschoft 1989a).

Da eine Form mehrere Funktionen haben kann (vgl. Kap. 2.5.1.1), ergeben sich im deduktiven Verfahren immer dann schwerwiegende Probleme, wenn unterschiedliche Funktionen eines Merkmals unterschiedliche oder gar gegensätzliche Anforderungen an seine strukturelle Komponente stellen. In derartigen Situationen läßt sich das Prinzip der optimalen Gestaltung nicht einhalten. Auf der Grundlage einer Abschätzung der relativen Bedeutung jeder Funktion für die Beziehung zur Form des betreffenden Merkmals wird daher immer ein Kompromiß-Modell entstehen oder entwickelt werden müssen.

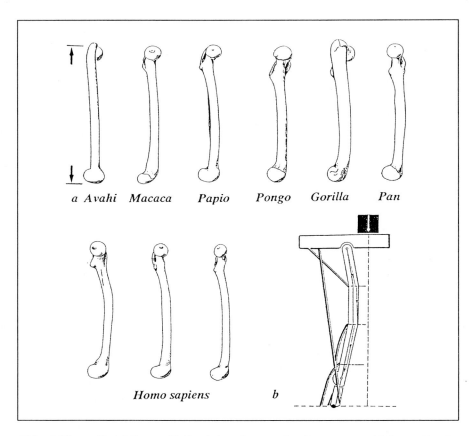

a Avahi Macaca Papio Pongo Gorilla Pan

Homo sapiens   b

Abb. 2.18 a Deduktiv ermittelte Achsenformen der Femora verschiedener Spezies
b Deduktiv ermittelte sagittale Femurkrümmung beim Menschen (n. B. Kummer 1959,
umgezeichnet).

2.5.5.3 Funktionsmorphologie und phylogenetische Analyse

Der Einfluß funktionsmorphologischer Analysen auf die Interpretation evolutionärer Prozesse wird eher als gering eingestuft (Dullemeijer u. Barel 1977).
Begründet wird die Zurückhaltung mit dem Einwand, daß die Beziehungen
zwischen Form und Funktion während des Merkmalswandels stabil blieben, da
die Gesetzmäßigkeiten dieser Beziehungen von evolutionären Vorgängen unabhängig seien (Dullemeijer u. Barel 1977). Dagegen wird der Ausdehnung der
funktionsmorphologischen Analysen auf die wechselseitigen Beziehungen
zwischen den einzelnen Fakultäten eines Organismus, d. h. auf die *Konstruktionsmorphologie* und auf die entsprechend den Regeln des hypothetiko-dedukti-
ven Verfahrens erstellten Konstruktionsmodelle, große Bedeutung für die Erklärung evolutionärer Prozesse beigemessen. In der Praxis stößt dieses Anliegen zur

Zeit noch auf große Probleme, da über die Beziehungen zwischen den einzelnen Fakultäten eines Organismus noch unzureichende Kenntnisse bestehen. Selbst bei sehr kleinen Stichproben erfordert jede funktionsmorphologische Analyse einen hohen technischen Aufwand (Preuschoft 1989b). Vor Durchführung konstruktionsmorphologischer Analysen müssen unter anderem die Fragen gestellt werden:

- Welche funktionalen Komponenten welcher Merkmale sind leicht wandelbar und welche nicht?
- Inwieweit bestimmen die Beziehungen zwischen den funktionalen Komponenten eines Organismus den Formwandel?
- Welche Gründe sind für den Wandel in Form und Funktion zu nennen?

Diese Fragen sind schwierig zu beantworten, ihre Klärung ist aber für phylogenetische Analysen von herausragender Bedeutung (vgl. Kap. 6.1.3.2, Kap. 6.2.3.2 und Kap. 7.3.2).

Evolutionärer Wandel eines Organismus bzw. eines Merkmals läßt sich nur nachvollziehen, wenn über Form und Funktion der betreffenden Merkmale beim Vorfahren Klarheit herrscht. Die Konstruktion eines Modells der anzestralen Form einer Spezies bereitet der Funktionsmorphologie erhebliche Schwierigkeiten. Die Frage, welcher Organisationsgrad eines Merkmals als Startpunkt zur Entwicklung des Modells von der Vorfahrenform gewählt werden soll, läßt sich nicht konkret beantworten. Das Hauptproblem wird in der Gefahr einer zirkulären Argumentation gesehen, also anhand rezenter Spezies Baupläne für anzestrale Formen zu erarbeiten (zum *Bauplankonzept* vgl. Gutmann 1977), die dann ihrerseits zur Interpretation der Form-Funktions-Komplexe rezenter Formen herangezogen werden. Dullemeijer u. Barel (1977) schlagen aus diesem Grund vor, die 'ursprünglichste' rezente Spezies als Konstruktionsvorbild für ein Form-Funktions-Modell des Vorfahren bzw. seiner Merkmale zu verwenden.

Das Prinzip der optimalen Gestaltung (vgl. Kap. 2.5.5.2) wird als Erklärungsansatz für evolutionäre Prozesse nicht einheitlich beurteilt, von Dullemeijer u. Barel (1977) sogar eher zurückhaltend. Solange nicht Gesichtspunkte zur Anpassung von Merkmalen in die Modellkonstruktion einfließen, ist die Anwendung des Prinzips der optimalen Gestaltung von evolutionären Vorgängen unabhängig und nur als Methode der Funktionsmorphologie zu betrachten. Unter der Annahme, daß dieses Prinzip generell gültig ist, würde die Evolution ausschließlich auf Optimierung eines Merkmals ausgerichtet sein. Dagegen sind allerdings mehrere Einwände erhoben worden, z. B. unter Hinweis auf Kompromißmodelle von Form-Funktions-Komplexen oder Redundanzen im molekularen Bereich (Dullemeijer u. Barel 1977).

2.5.6   Schulen biologischer Klassifikation

Vor dem Versuch, die Phylogenese einer Organismengruppe zu rekonstruieren, müssen die zur Anwendung gelangenden Verfahren definiert und begrifflich präzisiert werden, um eine möglichst große Übereinstimmung bei der Datenerhebung, der Interpretation der Ergebnisse und den hieraus resultierenden Schlußfolgerungen zu erreichen. Ein erheblicher Anteil der unterschiedlichen Ansichten von Paläontologen und Paläoanthropologen zum speziellen Verlauf der Phylogenese der Primaten, einschließlich des Menschen, liegt im nachlässigen Umgang mit der Nomenklatur und/oder den beabsichtigten und praktizierten Analyseverfahren ferner in unscharf formulierten Zielsetzungen sowie in der Anwendung unterschiedlicher theoretischer und praktischer Konzepte und Methoden, die in den verschiedenen wissenschaftlichen Schulen begründet sind. Über den besten Weg zur Rekonstruktion phylogenetischer Beziehungen zwischen Taxa und zur Erarbeitung von Stammbäumen besteht allerdings - möglicherweise auch ideologisch bedingt - keine einheitliche Auffassung (eingehende Erörterung bei Riedl 1975; Joysey u. Friday 1982; Ax 1984; Willmann 1985; R. Martin 1990).

2.5.6.1 Evolutionäre Taxonomie

Das Hauptziel der *evolutionären Taxonomie* (Simpson 1961; Mayr 1975) ist es, den stammesgeschichtlichen Werdegang einer Spezies zu rekonstruieren, d. h. den wahrscheinlichsten Weg der Transformation homologer Merkmale (vgl. Kap. 2.5.2.1) aufzuzeigen und zur Analyse phylogenetischer Beziehungen von Taxa zu nutzen. Dabei werden sowohl die Speziationsereignisse (vgl. Kap. 2.5.8) als auch Veränderungen innerhalb der Stammlinien untersucht. Evolutionäre Taxonomie wird fälschlicherweise häufig mit Klassifikation synonym gesetzt. Diese sind zwar miteinander verwoben, da Klassifikationen in irgendeiner Weise auch phylogenetische Beziehungen widerspiegeln, doch sind die Untersuchungsziele von evolutionärer Taxonomie und Klassifikation unterschiedlich (eingehende Diskussion in Joysey u. Friday 1982; R. Martin 1990).

Hauptkriterium für die evolutionäre Taxonomie ist der allgemeine Grad der Divergenz, z. B. der morphologischen Divergenz zwischen Taxa, wobei das Ausmaß der Divergenz sowohl durch die Verzweigung der Stammlinie als auch durch die Merkmalstransformation entlang eines Entwicklungsastes, also zwischen zwei Verzweigungspunkten, bestimmt wird. In der evolutionären Taxonomie wird Divergenz demnach als Mischkriterium aufgefaßt (R. Martin 1990). Die Einbeziehung der Transformationsprozesse entlang einer Stammlinie ist nach Auffassung der Vertreter der evolutionären Taxonomie deshalb von besonderer Bedeutung, weil Merkmale eines Taxons unterschiedlich schnell evolvieren können (vgl. Kap. 2.4.2). Die Vernachlässigung dieses Anteils von Divergenz würde die Klärung bzw. die Interpretation der phylogenetischen Beziehungen zwischen Taxa nachhaltig beeinflussen (Abb. 2.19). Ein wesentliches Element der evolutionären Taxonomie ist somit das *Grade-Konzept* (Tabelle 2.8), in welchem die unter-

schiedlich starke Divergenz der Taxa gegenüber der(n) anzestralen Ausgangs-
form(en) gewertet wird. Insbesondere bei der mitunter sehr schwierigen Klassifikation früher fossiler Primaten hat sich nach R. Martin (1990) das Grade-Konzept
bewährt (vgl. Kap. 2.5.6.2).

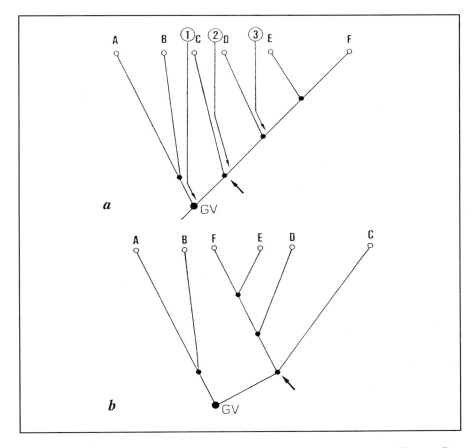

Abb. 2.19   Grade-Konzept und phylogenetische Beziehungen zwischen Taxa. **a** Das
Verzweigungsdiagramm berücksichtigt nicht das Ausmaß der Divergenz zwischen Taxa, es
lassen sich aber verschiedene Implikationen ableiten. Man kann z. B. annehmen, daß die
Taxa A, B und C langsam, die Taxa D, E und F dagegen schnell evolviert worden sind.
Unter Zugrundelegung der allgemeinen Divergenz wird das Taxon C den Taxa A und B
mehr ähneln als den Taxa D, E und F, trotz eines gemeinsamen Vorfahren. **b** Das
Verzweigungsdiagramm ist teilweise rotiert (Pfeil). Die Verzweigungsverhältnisse sind
zwar gleich geblieben, aber der Grad der Divergenz zwischen den Taxa hat sich verändert.
Taxon C könnte danach sehr schnell evolviert worden sein und einen hohen Divergenzgrad
gegenüber den Taxa F, E und D aufweisen. GV: gemeinsamer Vorfahr; Ziffern 1, 2 und 3
markieren drei unterschiedliche Gabelungspunkte (n. R. Martin 1990).

Die zur Bestimmung des Divergenzgrades herangezogenen Merkmale werden
nach ihrer Eignung für die entsprechenden Analysen gewichtet (vgl. Kap. 2.5.3).
Die graphische Darstellung der Ergebnisse der evolutionären Taxonomie erfolgt
in einem *Stammbaum* (Abb. 2.20). Die Gabelungspunkte (*Nodien*) des Stammbaums repräsentieren die Speziationsereignisse (vgl. Kap. 2.5.8), während die
Strecken zwischen den Gabelungspunkten (*Internodien*) die Spezies darstellen.
Stammbäume enthalten daher Aussagen über die Zeitstellung der Verzweigung
von Stammlinien und zur Dauer der Existenz von Taxa.

Tabelle 2.8 Unterschiede zwischen Grade und Klade.

Klade	**Grade**
Gruppe aller Individuen, die von einem einzigen gemeinsamen Vorfahren abstammen; monophyletische Gruppe.	Organisationsgrad; Gruppe von Individuen, die Merkmale gleichen Organisationsgrades gemeinsam haben; sie unterscheiden sich von anderen Gruppen durch einen ursprüng-licheren bzw. abgeleiteten Organisations-grad der betreffenden Merkmale, bilden mit diesen aber nicht notwendigerweise ein Klade.

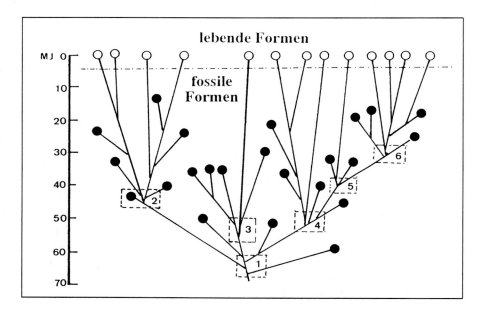

Abb. 2.20 Beispiel für einen Stammbaum (Erläuterungen im Text).

In der evolutionären Taxonomie können Stammbäume monophyletische Gruppen umfassen. Sie schließen dann den letzten gemeinsamen Vorfahren aller im Stammbaum vertretenen Taxa ein; oder sie berücksichtigen holophyletische Gruppen, d. h. alle Nachkommen eines gemeinsamen Vorfahren sind aufgeführt. Schließlich können Stammbäume paraphyletische Gruppen darstellen, also Taxa, deren phylogenetische Beziehungen zu späteren Taxa nicht eindeutig geklärt werden können (Abb. 2.21). Weitere Aspekte im Zusammenhang mit der Rekonstruktion von Stammbäumen vgl. Kap. 2.5.7.

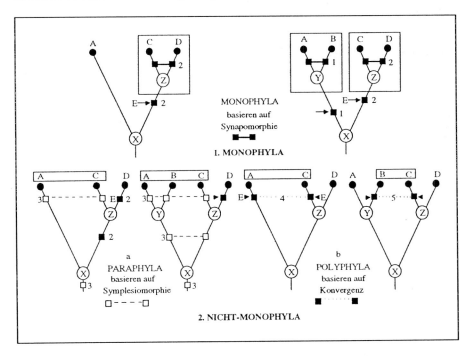

Abb. 2.21 Monophylie, Polyphylie, Paraphylie. A, B, C, D: Taxa; 1, 2, 3, 4: Merkmale; x, y: Stammarten; E: evolutive Neuheit (aus Ax, 1984).

2.5.6.2 Phylogenetische Systematik oder Kladistik[7]

Hauptziel der *phylogenetischen Systematik* ist die Rekonstruktion phylogenetischer Beziehungen von Taxa ausschließlich auf der Grundlage der Verzweigung von Stammlinien (W. Hennig 1950; Ax 1984; Abb. 2.22). Die kladistische Schule berücksichtigt also nicht die Veränderung von Merkmalen entlang einer Stammlinie. Im Gegensatz zu evolutionären Taxonomie wird das Ausmaß der Divergenz allein durch das dichotome Verzweigungsmuster der Stammlinien bestimmt. Das

---

[7] Gebräuchlich ist in der Literatur auch der Begriff Kladismus.

methodologische Prinzip der Kladistik ist die Analyse der Verteilung bestimmter Merkmale in einer Gruppe verwandter Organismen, einem *Klade* (Tabelle 2.8; vgl. Kap. 2.5.2).

Die phylogenetische Systematik schließt alle Merkmale, die nicht synapomorph sind (vgl. Kap. 2.5.2.2), von der Analyse aus, so daß auch autapomorphe Merkmale (Abb. 2.13), die das Ausmaß der Divergenz zwischen zwei Schwestertaxa entscheidend bestimmen können, nicht in die Untersuchung der phylogenetischen Beziehung von Taxa einbezogen werden. Ein Beispiel hierzu ist das Brocasche Zentrum, welches im Hirn des Menschen ausgebildet ist, aber nicht in dem des Schwestertaxons, den Menschenaffen. In der Kladistik werden die Merkmale nicht gewichtet. Für den puristischen Kladistiker ist Phylogenese nichts weiter als eine Abfolge von dichotomen Verzweigungen, die die Aufspaltung eines Elterntaxons in zwei Tochtertaxa repräsentieren (Abb. 2.22). Die phylogenetische Systematik fordert, daß Schwestergruppen denselben taxonomischen Rang haben und daß das Elterntaxon nach Aufspaltung in die Tochterstammlinien erlischt.

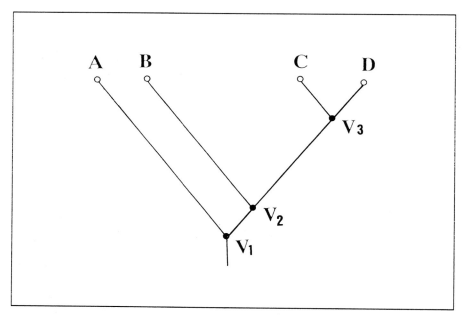

Abb. 2.22 Beispiel für ein Kladogramm. A, B, C, D: Taxa; V_1, V_2, V_3: Verzweigungspunkte.

Die graphische Darstellung der Ergebnisse der phylogenetischen Systematik erfolgt in einem *Kladogramm* (Abb. 2.22). Ein Kladogramm ist ein Konstrukt, das die Reihenfolge bzw. das Verzweigungsmuster der Artaufspaltung zeigt und somit angibt, welche Arten am nächsten miteinander verwandt sind. Die Nodien des Kladogramms repräsentieren Arten, die Endpunkte symbolisieren Arten oder Klades. Die Internodien verdeutlichen die phylogenetischen Beziehungen zwischen den Arten. Kladogramme und Stammbäume sind nicht identisch, da letztere zusätzliche, nicht durch Methoden der Kladistik erarbeitete Informationen enthalten können. Aus diesem Grund sagt ein Kladogramm nichts über die Zeitstellung der Verzweigungen aus. In der Praxis wird nicht immer derart puristisch verfahren, so daß entsprechend der Erstellung von Stammbäumen durch die evolutionäre Taxonomie immer dann Aussagen zur Zeitstellung von Verzweigungen der Stammlinien in das Kladogramm aufgenommen werden, wenn sich die Verzweigungspunkte datieren lassen, z. B. anhand fossiler Formen. Kladogramme schließen nur monophyletische Taxa ein.

Wenn die Entwicklungsrichtung der Stammlinie bekannt ist, lassen sich sog. hierarchische Kladogramme erstellen, d. h. Kladogramme mit einem Ausgangspunkt oder einer Wurzel (engl. *rooted trees*). Können hingegen keine Angaben zur Entwicklungsrichtung gemacht werden, sind das Ergebnis sog. *Wagner-Bäume*, also nicht-hierarchische Kladogramme oder Kladogramme ohne Ausgangspunkt bzw. Wurzel (engl. *unrooted trees*; vgl. Kap. 2.5.7.1).

Die Berücksichtigung von Fossilformen bei der Erstellung von Kladogrammen wird unterschiedlich und aus theoretischen Überlegungen überwiegend kritisch beurteilt (Nelson 1970; Bonde 1977; Forey 1982; Fortey u. Jeffries 1982; Ax 1984; vgl. Kap. 2.5.1, Kap. 2.5.7). Vorfahren einer Spezies (*Morphotyp sensu* Nelson 1970) sind rein hypothetische Konstrukte bzw. Modelle und können aus diesem Grund nur so genau beschrieben werden, wie es unsere Hypothesen über plesio- und apomorphe Merkmale erlauben, wobei gemäß Übereinkunft die plesiomorphen Merkmale der anzestralen Form zugewiesen werden (vgl. Kap. 2.5.2.2). Die Rekonstruktion des Morphotyps hängt von der Erstellung der Transformationsserien und damit von der Verteilung apomorpher Merkmale ab (Bonde 1977). Ändern sich nämlich die Hypothesen über die phylogenetischen Beziehungen von Taxa, wird sich auch der Morphotyp ändern müssen. Daher werden dann neue Hypothesen über sein Aussehen erforderlich. Fossilien sollen aus diesem Grund für die Rekonstruktion des Morphotyps weniger geeignet sein als rezente Formen (Ax 1984), da unsere Kenntnisse über Merkmale an Fossilien in der Regel wesentlich lückenhafter sind (vgl. Kap. 2.3). Die Vertreter der phylogenetischen Systematik sind darüberhinaus der Ansicht, daß der Nachweis, daß fossile Formen tatsächlich die anzestrale Spezies repräsentieren, nicht möglich ist, auch wenn sie dem aufgrund bestimmter Hypothesen und Vorstellungen über phylogenetische Beziehungen der Taxa konstruierten Morphotyp gleichen. Der Vorfahr weist definitionsgemäß nur plesiomorphe, niemals apomorphe Merkmale der Gruppe auf, deren Vorläufer er ist. Viele Autoren betonen daher auch, daß in der phylogenetischen Systematik nur die Suche nach den Schwestertaxa, nicht aber nach dem hypothetischen Vorfahren sinnvoll ist (Übersicht in Bonde 1977; Josey u. Friday 1982; Ax 1984; vgl. Kap. 2.5.7).

2.5.6.3 Numerische Taxonomie oder Phänetik

Die *numerische Taxonomie* (Sneath u. Sokal 1973) versucht, verwandtschaftliche Beziehungen nur auf der Grundlage der Anzahl von Ähnlichkeiten zwischen Taxa zu ermitteln. Die für die Ähnlichkeitsanalyse herangezogenen, überwiegend molekularen Merkmale (Proteine, DNA) werden nicht gewichtet. Im Gegensatz zu den beiden zuvor besprochenen Verfahren ist es für die Phänetik unbedeutend, ob es plesio- oder apomorphe Merkmale sind. Die Frage nach dem letzten gemeinsamen Vorfahren wird in der numerischen Taxonomie nicht gestellt.

Den Merkmalen wird mit Hilfe spezieller Algorithmen ein numerischer Wert zugeordnet (Sneath u. Sokal 1973). Aus mehreren solcher Werte wird für jedes Taxon ein *Allgemeinwert* errechnet. Aus dem Vergleich der Allgemeinwerte läßt sich der Grad der phänetischen Ähnlichkeit oder Verschiedenheit von Taxa ermitteln. Die numerische Taxonomie fordert nicht, daß Taxa monophyletischen Ursprungs sind. Klassifikationen auf der Grundlage phänetischer Analysen spiegeln daher nicht notwendigerweise phylogenetische Beziehungen zwischen den Taxa wider. Die graphische Darstellung der Ergebnisse der Phänetik erfolgt in einem *Phäno-* oder *Dendrogramm* (Abb. 2.23).

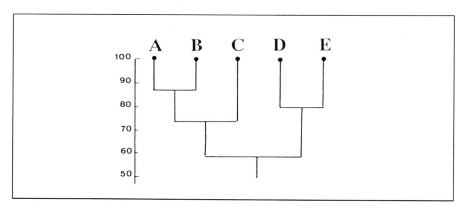

Abb. 2.23 Beispiel für ein Phänogramm. Die Zahlen auf der Ordinate geben das Ausmaß der Verschiedenheit oder Ähnlichkeit zwischen den Taxa an, die auf der Abszisse verzeichnet sind. A, B, C, D, E: Taxa.

Die numerische Taxonomie hat in der Stammesgeschichtsforschung keinen festen Platz erobert. Der ausschließlich auf quantitativer Bestimmung von Ähnlichkeit fußende Vergleich von Taxa sowie die Einbeziehung plesiomorpher Merkmale in die Untersuchung werden als erhebliche methodologische Schwächen der numerischen Taxonomie angesehen. Ihre größte Stärke liegt unbestreitbar darin, zur Formulierung inspirierender und z. T. auch provozierender Hypothesen zur Stammesgeschichte und zu den verwandtschaftlichen Beziehungen von Taxa beigetragen zu haben (Übersicht in Joysey u. Friday 1982; Tattersall et al. 1988; R. Martin 1990).

2.5.7   Verfahren der Stammbaumrekonstruktion

Die evolutionäre Taxonomie hat keine theoretischen Konzepte und Grundlagen für die Erstellung von Stammbäumen und für die Rekonstruktion phylogenetischer Beziehungen erarbeitet, sondern verläßt sich im großen und ganzen auf die subjektive Bewertung von anatomischen und morphologischen Merkmalen rezenter und fossiler Taxa. Derartig konstruierte Stammbäume enthalten sehr häufig die ganz persönlichen Ansichten eines Autors und sind nicht unbedingt Ergebnis einer stringenten, auf einem theoretischen Konzept fußenden Analyse. Dieser methodologischen Schwäche sind sich die Vertreter der evolutionären Taxonomie bewußt, doch hat es bisher keine Lösungsvorschläge für dieses grundsätzliche Problem gegeben (kritische Übersicht in Felsenstein 1982; Joysey u. Friday 1982).

Demgegenüber haben die kladistische Schule und die numerische Taxonomie überwiegend anhand molekularer Eigenschaften rezenter Spezies ein methodologisches Konzept erarbeitet und aufwendige Algorithmen für die mathematische Bewältigung der teilweise erheblichen praktischen und theoretischen Probleme bei der Erstellung von Kladogrammen und Phänogrammen sowie der Rekonstruktion phylogenetischer Beziehungen entwickelt (Übersicht in Felsenstein 1982). Die einzelnen Etappen der phylogenetischen Analyse werden aus diesem Grund anhand kladistischer Analyseverfahren erläutert.

Unabhängig vom gewählten Verfahren zur Erstellung von Stammbäumen sollte man sich allerdings immer darüber im klaren sein, daß Stammbäume nur Hypothesen und niemals bewiesene Fakten sind. Ax (1984, S. 21) stellt fest:

Auf der Suche nach Wahrheit als Übereinstimmung ihrer Aussagen mit den von der Natur geschaffenen Tatsachen kann die phylogenetische Systematik grundsätzlich niemals 'beweisbare' Erkenntnisse erzielen. Als Einsichten einer historischen Naturwissenschaft behalten ihre Aussagen immer den Charakter von Hypothesen. Mit Entschiedenheit trennt sich die phylogenetische Systematik allerdings von jeglicher Form unbegründeter und nicht überprüfbarer Spekulationen. Sie orientiert sich ausschließlich an empirisch begründbaren Hypothesen über die Verwandtschaftsbeziehungen zwischen Arten, welche im Rahmen einer widerspruchsfreien Methodologie jederzeit der intersubjektiven Prüfung offenstehen und in ihr Bestätigung ebenso wie Zurückweisung erfahren können.

Nach Popper (1968, 1974) ist Phylogenese von Organismen ein einmaliges historisches Ereignis, welches man nur *a posteriori* möglichst genau zu beschreiben versuchen kann. Phylogenese ist nicht reproduzierbar und phylogenetische Entwicklung ist nicht vorhersagbar, folglich sind nach Popper sämtliche Hypothesen über phylogenetische Beziehungen von Taxa streng genommen nicht überprüfbar. Der Anspruch der Überprüfbarkeit muß auf die Frage zurückgeschraubt werden, ob eine bestimmte Hypothese, d. h. ein Stammbaum oder ein Kladogramm, besser als andere konkurrierende Modelle in der Lage ist, das Problem auf der Grundlage beobachtbarer Fakten zufriedenstellend und logisch zu lösen.

2.5.7.1 Methodische Schritte der phylogenetischen Analyse

Die Rekonstruktion phylogenetischer Beziehungen umfaßt eine Serie logischer
Schritte, die nachfolgend besprochen werden (Skelton et al. 1986; ausführliche
Diskussion in Joysey u. Friday 1982):

- 1. *Aufstellung eines Morphokline*;
- 2. *Bestimmung der Richtung des Gestaltwandels.*

Aussagen zur Richtung des Morphokline lassen sich nur auf einer Datengrundlage vornehmen, die von der Transformationsserie selbst unabhängig ist. Nach Ax
(1984) gibt es weder Gesetze noch Kriterien, mit Hilfe derer die Richtung der
Evolution direkt beweisbar oder ablesbar wäre. Jong (1980) führt jedoch
Argumente an, nach denen eine logische Deduktion der Verlaufsrichtung evolutionärer Transformationen möglich ist (*directional arguments for evolutionary
change*; Ax 1984, S. 125).
   Vier Verfahren werden zur Bestimmung der Verlaufsrichtung der Transformationsserie vorgeschlagen:

- Diejenigen Merkmalsausprägungen, die früher als andere im Fossilreport nachzuweisen
  sind, werden als plesiomorph angenommen (vgl. Kap. 2.5.2.2). Die Richtung des
  Gestaltwandels würde dann von den ältesten zu den jüngsten Formen verlaufen
  (Einschränkungen vgl. Kap. 2.5.6.2). Ax (1984, S. 129) formuliert dieses Verfahren
  folgendermaßen: "Tritt ein Merkmal in einer mutmaßlich monophyletischen Artengruppe in Alternativen auf, so ist jener Zustand, der in der Stammlinie des Taxons vorkommt, wahrscheinlich die Plesiomorphie".
- Zur Bewertung der Merkmalsausprägung in einem Taxon, der sog. *Innengruppe* (engl.
  ingroup), z. B. *Australopithecus africanus* und *Australopithecus afarensis*, wird ein
  Merkmalsvergleich mit einem phylogenetisch verwandten Taxon (z. B. *Proconsul*), der
  sog. *Außengruppe* (engl. *outgroup*), herangezogen. Sofern ein Merkmal in einer mutmaßlich monophyletischen Artengruppe in Alternativen auftritt, ist jener Zustand, der
  auch in der Außengruppe vorkommt, wahrscheinlich die Plesiomorphie. Die Außengruppe kann sehr weit gefaßt sein. Es genügt daher, daß die Außengruppe Organismen
  einschließt, die eine der beiden Merkmalsalternativen der Innengruppe besitzen. Die
  Richtung des Morphokline verliefe dann von der Außen- zur Innengruppe (weitere
  Details bei Ax 1984).
- Eine Merkmalsausprägung, die bei allen bzw. bei fast allen (engverwandten) Taxa einer
  Innengruppe vorkommt, ist die plesiomorphe Ausprägung. Daher ist der Zustand eines
  Merkmals, der die höchste Verbreitung unter den Arten eines mutmaßlich monophyletischen Taxons aufweist, wahrscheinlich die Plesiomorphie (Ax 1984). Der Morphokline
  nähme dann seinen Ausgangspunkt von der letzten gemeinsamen Stammart der verglichenen Taxa aus der Innengruppe.
- Diejenige Merkmalsausprägung, die in der ontogenetischen Entwicklung eines Taxons
  am frühesten auftritt, ist die ursprüngliche. Wahrscheinlich ist dann derjenige Zustand
  eines Merkmals die Plesiomorphie, der innerhalb einer mutmaßlichen monophyletischen Gruppe bei einem Teil der Arten nur in der Ontogenese auftritt (bei dem anderen

Teil dagegen auch in der Adultphase). Die Richtung der Merkmalstransformation liefe dann von der ersten zur letzten Gruppe (Ax 1984, dort weitere Details).

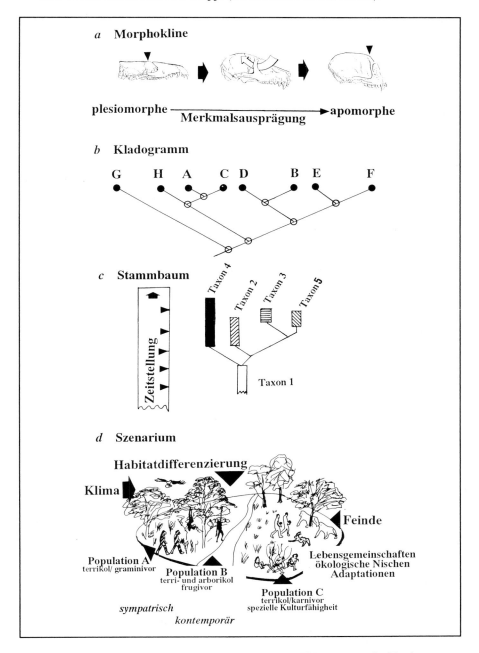

Abb. 2.24 Ablaufschema der Stammbaumrekonstruktion (Erläuterungen im Text).

In der Praxis können sich durchaus mehrere und unterschiedliche Transformationsserien ergeben. Man muß daher zusätzliche Analysen durchführen, um ein Kladogramm mit dem größten Wahrscheinlichkeitsgrad zu erhalten (vgl. Kap. 2.5.7.2).

- 3. *Konstruktion eines Kladogramms.*

Ein Kladogramm ist am einfachsten von einem polarisierten Morphokline abzuleiten, in dem Arten, die ein oder mehrere apomorphe Merkmale gemeinsam haben, auf demselben Ast des Kladogramms angeordnet werden. Hiermit wird angedeutet, daß sie miteinander näher verwandt sind als mit Spezies, mit denen sie keine apomorphen Merkmale teilen (Skelton et al. 1986). Wenn sich mehrere Kladogramme ergeben, also die angenommenen phylogenetischen Beziehungen der verglichenen Taxa widersprüchlich und die Kladogramme demnach inkompatibel sind (sog. *Hennig'sches Dilemma*, vgl. Kap. 2.5.7.2), müssen weitere geeignete Verfahren herangezogen werden, um die Widersprüche aufzulösen (z. B. *Parsimonie-Konzepte*; Übersicht in Felsenstein 1982, 1983; Ax 1984).

- 4. *Konstruktion eines Stammbaumes.*

Die Konstruktion von Stammbäumen fußt auf dem Prinzip der maximalen Nutzung von Information, die nicht aus dem Kladogramm hervorgehen, also z. B. Angaben über Stratigraphie, Chronologie, geographische Verbreitung eines Taxons. Derjenige Stammbaum bzw. diejenige Stammbaumhypothese, die die meisten Informationen kompatibel vereint, hat den höchsten Wahrscheinlichkeitsgrad (Skelton et al. 1986).

- 5. *Formulierung eines Szenariums.*

Die Erstellung eines Szenariums ist die logische Schlußfolgerung aus einem Stammbaum. Das Szenarium stützt sich auf die Aussagen des Stammbaumes und versucht, den Ablauf der Evolution einer Spezies unter Einbeziehung von Ergebnissen zu ihrer Ökologie zu klären (Entwicklung eines Lebensbildes; Skelton et al. 1986).

Bei ausgestorbenen Formen lassen sich die genannten Kriterien nur dann anwenden, wenn die Fossilserie mehr oder weniger vollständig ist und die fossilen Formen substantielle (engl. *substantial fossils*) und nicht nur fragmentarische Fossilien sind (engl. *fragmentary* oder *dental fossils*; R. Martin 1990).

2.5.7.2 Optimierungsverfahren zur Stammbaumrekonstruktion

Ein entscheidender Anlaß für die Entwicklung theoretischer Konzepte und Algorithmen zur Optimierung von Kladogrammen und Stammbäumen war die Einsicht, daß die phylogenetische Systematik nur dann erfolgversprechend sein kann, wenn in den Daten keine 'internen Konflikte' auftreten, d. h. keine inkompatiblen Kladogramme aus unterschiedlichen Transformationsserien resultieren (Felsenstein 1982, 1983; Abb. 2.17; vgl. Kap. 3.5.2.7).

Drei grundsätzliche Verfahren zur Optimierung von Kladogrammen werden unterschieden (Felsenstein 1982):

- *Sparsamkeitsmethode* (Parsimoniemethode).

Sie versucht, Kladogramme zu erstellen und phylogenetische Beziehungen von Taxa zu rekonstruieren, indem von *dem geringsten Maß möglicher Veränderungen* während der Evolution ausgegangen wird.

- *Vereinbarkeitsmethode* (Kompatibilitätsmethode).

Sie legt bei der Erstellung von Kladogrammen und bei der Klärung phylogenetischer Beziehungen von Taxa die *größtmögliche Anzahl von Übereinstimmungen* zugrunde.

- *Abstandsmethode* (Distanzmethode).

Dieses Verfahren geht bei der Konstruktion von Kladogrammen von der *Anzahl der Unterschiede* zwischen Taxa aus, d. h. sie berechnet auf der Grundlage morphologischer oder molekularer Merkmale sog. phylogenetische Abstände.

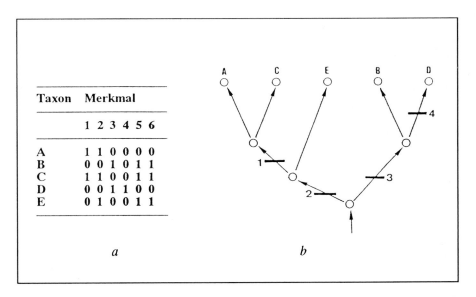

Taxon	Merkmal					
	1	2	3	4	5	6
A	1	1	0	0	0	0
B	0	0	1	0	1	1
C	1	1	0	0	1	1
D	0	0	1	1	0	0
E	0	1	0	0	1	1

a   *b*

Abb. 2.25 Hennig'sches Dilemma. **a** Bei Zugrundelegung verschiedener synapomorpher Merkmale (1-6) lassen sich die Taxa A-E in unterschiedliche Klades gruppieren; z. B. die Taxa A und C, wenn die Merkmale 1 und 2 zugrundegelegt werden oder die Taxa B, C und E, wenn die Merkmale 5 und 6 bewertet werden. **b** Das resultierende Kladogramm gibt die Anzahl der Merkmalsveränderungen an, die notwendig wären, um die entsprechenden Klades zu bilden; je weniger Änderungen notwendig sind, desto wahrscheinlicher ist das Klade (n. Felsenstein 1982).

Den vorgestellten Optimierungsverfahren liegt als Rationale die Annahme zugrunde, daß die einfachste Lösung die größte Wahrscheinlichkeit für die tatsächlichen phylogenetischen Beziehungen zwischen den verglichenen Taxa hat (Felsenstein 1982, 1983). Die drei Modelle setzen die Entwicklung und Anwendung komplizierter Algorithmen voraus.

Parsimoniemethode: Es lassen sich unterschiedliche Parsimoniemethoden unterscheiden, z. B. *Wagner-, Dollo- oder Polymorphismus-Parsimonie*: Sie verfolgen zwar identische Ziele, weichen aber in den theoretischen Konzepten und den entsprechenden Algorithmen nur graduell voneinander ab (Details in Felsenstein 1982, 1983). In allen Parsimonie-Modellen werden sämtliche Änderungen in den Merkmalsausprägungen gleichermaßen gewichtet (vgl. Kap. 2.5.3). Weiterhin setzen die Verfahren voraus, daß die Merkmale eines Organismus unabhängig voneinander evolvieren. Felsenstein (1982) konnte allerdings mit aufwendigen mathematisch-statistischen Prozeduren nachweisen, daß die Wahrscheinlichkeit von Merkmalen, einen evolutionären Wandel zu erfahren, nicht gleich groß ist. Daraus folgt logischerweise eine unterschiedliche Merkmalsgewichtung, da den konservativen Merkmalen ein größeres Gewicht als den evolutionsfreudigeren zugesprochen wird (vgl. Kap. 2.5.3).

Die Annahme, daß sämtliche Merkmale voneinander unabhängig evolvieren, wird als erhebliche Schwäche der Parsimoniemethoden angesehen. Nach Felsenstein (1982, 1983) gibt es bislang auch kein Verfahren bzw. keinen Algorithmus, der das Dilemma lösen könnte. Ein weiteres ähnlich schwerwiegendes Problem bei der Anwendung der Parsimoniemodelle liegt in der Frage, ob sie vom theoretischen Ansatz her überhaupt geeignet sind, Kladogramme zu optimieren und phylogenetische Beziehungen zwischen Taxa zu rekonstruieren. Im allgemeinen werden neben empirisch begründeten in erster Linie mathematisch-statistische Argumente für die Rechtfertigung der Methode angeführt. So wird z. B. betont, daß die Verfahren als statistische Schätzungen einer unbekannten Gesamtheit angesehen werden könnten und aus diesem Grund einer Anwendung zur Bearbeitung oben skizzierter Aufgaben nichts im Wege stünde. Trotz der erwähnten Argumente bleibt die Frage nach der Anwendungsberechtigung letztlich unbeantwortbar, da sie nicht mittels eines unabhängigen theoretischen Ansatzes überprüft werden kann (Übersicht in Felsenstein 1982).

Kompatibilitätsmethode: Die Kompatibilitätsmethode ist den Parsimoniemodellen insofern artverwandt (*close in spirit* nach Felsenstein 1982), als beide Verfahren bei der Erstellung von Kladogrammen und bei der Rekonstruktion phylogenetischer Beziehungen einen Faktor zu minimieren versuchen: entweder die Gesamtzahl der Änderungen (Parsimoniemethode) oder die Anzahl nicht vereinbarer Merkmalsausprägungen. Das theoretische Konzept der Kompatibilitätsmethode stützt sich ebenfalls auf stringente mathematisch-statistische Prozeduren, insbesondere Algorithmen zur Berechnung von Wahrscheinlichkeiten (engl. *maximum likelihood estimation*). Dieser Umstand rechtfertigt nach Felsenstein

(1982) den Einsatz dieses Verfahrens zur Optimierung von Kladogrammen, jedoch lassen sich die gewonnenen Ergebnisse auch hier nicht durch andere, von der Kompatibilitätsmethode unabhängige Erkenntniswege überprüfen.

Distanzmethode: Die Distanzmethode ist eng mit den in der Phänetik gebräuchlichen Verfahren verwandt (Cluster-Methoden). Sie nimmt an, daß die verwandtschaftliche Distanz zwischen Taxa durch die Summe von Segmentlängen auf den Verzweigungsästen eines Stammbaums angegeben werden kann, die phänotypische Distanz zwischen zwei Taxa also proportional zur Zeitspanne ist, in der sich die betreffenden Taxa separat weiterentwickelt haben. Die Verwendung der Bezugsgröße 'Segmentlänge' bzw. 'Zeit' zur Abschätzung phylogenetischer Beziehungen wird von Kritikern als schwerwiegende Schwäche der Distanzmethode angesehen. Zur Lösung der erheblichen theoretischen und praktischen Probleme stehen dieser Methode bisher nur unzureichende Algorithmen zur Verfügung; daher wird sie noch nicht als Optimierungsverfahren für die Erstellung von Kladogrammen und für die Rekonstruktion verwandtschaftlicher Beziehungen betrachtet (Felsenstein 1982). Sollten diese konzeptionellen Schwächen sowie der mit diesem Verfahren verbundene hohe Rechenaufwand vermindert werden können, dann würde die Distanzmethode allerdings als 'robustes' Modell für die Rekonstruktion von Phylogenien gelten (Felsenstein 1982). Eine unabhängige Überprüfung von Ergebnissen der Distanzmethode ist ebenso wie bei den vorgenannten Verfahren nicht möglich.

Die vorgestellten mathematisch-statistischen Modelle zur Konstruktion von Kladogrammen und daraus abgeleiteten Stammbäumen sind trotz ihrer Schwächen in den methodologischen Grundlagen und der praktischen Durchführung durch ihre klaren und theoretisch begründeten Handlungsanweisungen gegenüber den mehr oder weniger individuellen und subjektiven Methoden der evolutionären Taxonomie zweifelsohne dann von Vorteil, wenn sie nicht nur voll ausgeschöpft, sondern auch ihre Grenzen erkannt werden. Alle Verfahren haben in nicht zu unterschätzendem Ausmaß dazu beigetragen, neue Hypothesen zur Stammesgeschichte der Primaten zu formulieren und einer systemimmanenten Prüfung zu unterziehen. Gegenwärtig kann man mit diesen Verfahren allein keine unwidersprochenen Phylogenien erarbeiten, so daß nach dem Prinzip der maximalen Information von den genannten Modellen unabhängige Ergebnisse, z. B. aus der evolutionären Taxonomie, in die Analyse einbezogen werden müssen. Nach Popper (1976) sind Optimierungsmodelle keine Tests zur Überprüfung von Hypothesen über phylogenetische Beziehungen von Taxa.

2.5.8   Artkonzepte und Modelle der Artentstehung

Ein zentrales Anliegen der Evolutionsforschung ist die Erarbeitung von Konzepten zur Definition der Einheit der Evolution - der Art. Das *typologische* oder *essentialistische Artkonzept* (z. B. von Linné angewandt) gruppiert Organismen ausschließlich nach ihrer morphologischen Ähnlichkeit. Es entstehen *Morphotypen* oder *typologische Arten*. Das in der Erstbeschreibung genannte Exemplar einer typologischen Art bezeichnet man als *Holotypus* (Übersicht in Mayr 1975; Willmann 1985). Das *nominalistische Artkonzept* (z. B. von Buffon und Lamarck angewandt) leugnet die Existenz von Arten in der Natur. Arten seien vom Menschen erfundene Abstrakta, die Einheit der Natur sei ausschließlich das Individuum. Beide Konzepte spielen in der modernen Biologie keine Rolle mehr (Übersicht in Mayr 1975; Willmann 1985), so daß im folgenden nur die beiden heute akzeptierten und praktizierten Artkonzepte genauer besprochen werden: das *biologische* und das *evolutionäre Artkonzept* (Übersicht in Simpson 1961; Mayr 1975; Ax 1984; Willmann 1985).

2.5.8.1 Biologisches Artkonzept

Mayr (1975, S. 31) definiert Arten als "...Gruppen sich untereinander kreuzender natürlicher Populationen, die hinsichtlich ihrer Fortpflanzung von anderen derartigen Gruppen isoliert sind." Die auch als *Biospezies* benannte Art zeichnet sich dadurch aus, daß ihre Mitglieder eine Fortpflanzungs-, eine ökologische sowie eine genetische Einheit bilden. Dabei steht die Bewahrung eines gemeinsamen Genpools durch Kreuzungen innerhalb der Population sowie durch die Errichtung von Reproduktionsbarrieren zwischen Mitgliedern verschiedener Populationen im Vordergrund.

Das Biospezies-Konzept ist von verschiedenen Autoren vor allem aus zwei Gründen kritisiert worden (z. B. Simpson 1961; Wiley 1978; Ax 1984): Die Biospezies wird *per definitionem* raum-zeitlich nicht begrenzt und Organismen mit eingeschlechtlicher oder ungeschlechtlicher Vermehrung werden nicht erfaßt. Im Gegensatz zu Mayr (1975) und Willmann (1985) hält Ax (1984, S. 23) das Biospezies-Konzept daher "...zur Interpretation der Art als Grundeinheit der Evolution für unzulänglich". Allerdings unterstreicht auch Willmann (1985) die Schwierigkeit, das 'Taxon Art' mit der 'natürlichen Art', der Biospezies, in Einklang zu bringen, denn nach dem Biospezies-Konzept definierte Arten sind immer nur als Annäherung an die tatsächliche Biospezies zu verstehen. Willmann (1985, S. 60) unterscheidet daher auch das 'Taxon Art' von der Biospezies: "Das Taxon ist eine Klasse, der Individuen vom Untersuchenden zugeordnet werden, eine Biospezies ist ein Individuum, dem mehrere Individuen als Bestandteile angehören...". Die taxonomische Art wird immer durch das *Hypodigma* bestimmt, d. h. durch alle Individuen einer Spezies, die einer Untersuchung zugänglich sind. Je größer das Hypodigma, desto genauer wird auch die Annäherung der taxonomischen Art an die Biospezies sein. Dieser Aspekt hat große Bedeutung für die Klassifikation von Fossilformen (vgl. Kap. 6.1.3, Kap. 6.2.3 und Kap. 7.3). Auch Wiley (1981) weist auf den Unterschied von 'definierten' und 'natürlichen' Taxa hin. Letztere sind unabhängig von der menschlichen Wahrnehmungsfähigkeit und existieren demnach auch dann, wenn sie vom Systematiker weder erfaßt noch benannt werden (zit. in Willmann 1985, S. 63).

2.5.8.2 Evolutionäres Artkonzept

Das evolutionäre Artkonzept definiert Art folgendermaßen: "Eine evolutionäre Art ist eine Abstammungslinie (eine Vorfahren-Nachfahren-Reihe von Populationen), welche getrennt von anderen evolviert und über eigene evolutionäre Rollen und Tendenzen verfügt" (Simpson 1961, S. 153; übersetzt). Wiley (1978, 1981) hat die von Simpson vorgeschlagene Definition der evolutionären Art modifiziert: "Eine evolutionäre Art ist eine einzelne (Abstammungs)-Linie von Vorfahren-Nachkommen-Populationen, welche ihre Identität gegen andere derartige Linien aufrechterhält und die eigene evolutionäre Tendenzen und ein eigenes historisches Schicksal hat" (Übersetzung zit. aus Ax 1984, S. 24).

Das evolutionäre Artkonzept bezieht uniparentale Organismen in die Definition ein, da auch sie ununterbrochene Abstammungslinien bilden können. Organismen mit parthenogenetischer oder vegetativer Fortpflanzung stehen zwar nicht horizontal über Paarungspartner aus derselben Population miteinander in Beziehung, jedoch sind sie vertikal über die Eltern-Nachkommen-Linie verbunden. Aus diesem Grund werden sie ohne Einschränkung von der Definition der evolutionären Art erfaßt. Die räumliche Abgrenzung der evolutionären Art wird nach Ax (1984) durch die Annahme gelöst, daß beim Fehlen evolutionärer Differenzierungen allopatrischer Populationen die evolutionären Tendenzen identisch geblieben seien und somit allopatrische Populationen eine (evolutionäre) Art bildeten. Nach Ax (1984, S. 25) ist es dabei "...gleichgültig, ob Kreuzpaarungen zwischen den Individuen der verschiedenen allopatrischen Populationen noch möglich sind oder die ursprüngliche Fähigkeit zur Kreuzung erloschen sein mag." Die Existenz der evolutionären Art in der Zeit wird durch ihre Herkunft aus einer Stammart und Aufspaltung in zwei reproduktiv getrennte Tochterarten definiert (Ax 1984). Die gesetzmäßig fixierte Existenz der evolutionären Art in der Zeit, d. h. die Forderung des obligatorischen Erlöschens von Stammarten im Spaltungsprozeß wird von den evolutionären Taxonomen nicht anerkannt. Dagegen halten die Vertreter der phylogenetischen Systematik die zeitliche Abgrenzung der Art auf der Grundlage der Artumwandlung in der Zeit für problematisch (phyletische Evolution), da der allmähliche Wandel der Art A in die Art B und die Abgrenzung dieser sog. *Chronospezies* willkürlich und mit dem evolutionären Artkonzept unvereinbar sei (Übersicht in Bonde 1977; Ax 1984; Willmann 1985).

2.5.8.3 Modelle zur Artentstehung

Modelle zur Artentstehung (*Speziation*) sind unmittelbar mit Artkonzepten verknüpft, insbesondere mit der Frage, welche Faktoren die Lebensspanne einer Art
bestimmen. Artentstehung ist auf folgenden Wegen möglich (Ax 1984):

-   durch Spaltung von Populationen einer Art über die Errichtung von Fortpflanzungs-
    barrieren (*phyletischer Punktualismus*; Abb. 2.26a; Tabelle 2.9);
-   durch Transformation von Populationen infolge Erwerbs evolutionärer Neuheiten
    (*phyletischer Gradualismus*; Abb. 2.26b; Tabelle 2.9);
-   durch Kreuzung von Mitgliedern aus Populationen zweier unterschiedlicher Arten
    (*Hybridisierung*; Abb. 2.26c). Diese Form der Artentstehung ist im Tierreich ein sehr
    seltenes Ereignis, so daß hierauf im folgenden nicht mehr eingegangen wird.

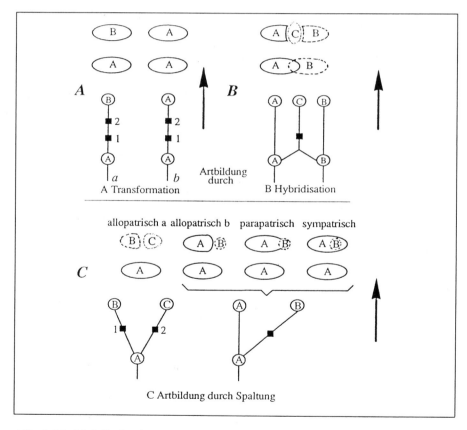

Abb. 2.26 Modelle der Artentstehung. **A** Artbildung durch Transformation: **a** Transformation einer Art A in eine neue Art B **b** Transformation des Phänotyps einer Art A durch
den Erwerb evolutiver Neuheiten. **B** Artbildung durch Hybridisierung. **C** Artbildung durch
Spaltung. ■ : evolutive Neuheit; ↑ : Zeit (n. Ax 1984, umgezeichnet).

Tabelle 2.9 Vergleich von Punktualismus und Gradualismus.

Kriterien	Gradualismus	Punktualismus
Rate des phänotypischen Wandels	gleichbleibend gering; keine Steigerung nach Aufspaltung	hoch während Artbildung; gering innerhalb der Art
Richtung des phänotypischen Wandels innerhalb der Art	unidirektional; phyletische Evolution	oszilliert um ein stabiles Mittel
Populationsgröße für Artbildung	gering bis hoch; gesamte Art kann betroffen sein	nur in kleinen isolierten Populationen
Artbildung ist eine Funktion der Zeit	ja; Beschleunigung durch Umweltwandel, davon aber nicht abhängig	nein; vom Umweltwandel abhängig
Entstehung einer neuen Art	durch phyletische oder allopatrische Speziation in großen oder kleinen Populationen	durch allopatrische Speziation in kleinen, isolierten Populationen
Implikationen für die Arten	Arten sind willkürliche Untergliederungen einer kontinuierlichen Evolutionslinie	Arten sind reale und diskrete Ereignisse mit Beginn und Ende

Die Vertreter des Punktualismus (engl. *punctuated equilibrium*) nehmen eine rasche Artbildung durch Aufspaltung bestehender Stammlinien an, wobei nur eine kleine Subpopulation aus einem Teil des Verbreitungsgebietes der Gesamtpopulation als 'Keimzelle' für die neue Art angesehen wird. Für Punktualisten wird demnach morphologischer Wandel von plötzlichen Speziationsereignissen dominiert. Die Arten bleiben für die Dauer ihrer Existenz, d. h. bis zur Aufspaltung in zwei Tochterarten, unverändert. Arten sind für Punktualisten diskrete Ereignisse mit zeitlich festgelegtem Beginn und Ende (vgl. Kap. 2.5.6.2). Die Anhänger des Gradualismus gehen dagegen davon aus, daß sich Arten allmählich und gleichförmig, aber kontinuierlich, aus einer anzestralen Population entwickeln, die das gesamte Verbreitungsgebiet umfaßt. Arten bleiben nach diesem Modell nicht unverändert, sondern sind einem stetigen Wandel unterworfen. Für Gradualisten ist Speziation ein Spezialfall phyletischer Evolution, und Arten werden von ihnen als willkürliche Einheiten angesehen, d. h. sie werden auf der Grundlage von Lücken (engl. *fossil gaps*) in der Fossildokumentation definiert.

Beide Modelle der Speziation haben wichtige Auswirkungen auf die praktische Arbeit der Paläontologen und Paläoanthropologen. Die Vertreter beider Schulen räumen ein, daß sowohl allmählicher wie plötzlicher morphologischer Wandel durch den Fossilreport gestützt werden. Dennoch besteht in der Interpretation der Daten keine Übereinstimmung. Gradualisten interpretieren beispielsweise Sprünge der Merkmalsausprägung in einer Fossilreihe als bloße Lücke im Fossilreport. Nach dieser Auffassung sind die verbindenden Formen im Merkmalskontinuum bislang noch nicht gefunden oder ihre physische Organisation ist nicht erschlossen worden. Derart zufällige, nur vom Umfang des Fossilreports abhängige, Ereignisse werden von Gradualisten häufig als geeignet angesehen, die fossile Stammreihe in zwei Arten aufzuteilen (Ax 1984). Punktualisten interpretieren dieselben Daten hingegen völlig anders. Sprünge in der Merkmalsausprägung werden als rasche Speziationsereignisse nach kürzerer oder längerer Dauer morphologischer Konstanz der Merkmale angesehen. Was für die eine Schule nichts weiter als eine Datenlücke ist, wird von der anderen als kritisches Evolutionsereignis interpretiert (Ax 1984). Die Diskussion über diese beiden Modelle der Artbildung wird nach wie vor vehement und kontrovers geführt, ohne Aussicht auf baldigen Konsens (Übersicht in Ax 1984; Willmann 1985; R. Martin 1990).

3 Ursprung und Radiation der Primaten

3.1 Vorfahren der Primaten

Substantielle Primatenfossilien sind nur aus dem Känozoikum bekannt (R. Martin 1986). Über die Ursprungsgruppe der Primaten[1], die nach übereinstimmender Auffassung in der späten Oberkreide (Abb. 2.1) gelebt haben muß, besteht nach wie vor Unklarheit. Auch der Beginn der Radiation der Primaten sowie der Placentalia ist überhaupt denkbar schlecht fossil dokumentiert, so daß gegenwärtig die phylogenetischen Beziehungen der Primaten zu anderen Mammalia-Ordnungen nicht zweifelsfrei bestimmt werden können (Fleagle 1988; Conroy 1990; R. Martin 1990; Abb. 3.1, Abb. 3.2).

Eine große Rolle in der Diskussion über die Ursprungsgruppe der Primaten spielen noch immer die Spitzhörnchen (Tupaiiformes; Abb. 3.1). Sie werden vielfach als Modell des ursprünglichsten Vertreters der Primaten bzw. eines Vorfahren der Primaten bezeichnet (Übersicht in Fleagle 1988; Conroy 1990; R. Martin 1990). Einige Autoren rechnen sie der Subordo Menotyphla der Insectivora, andere den Primaten zu. Wieder andere betrachten sie als Zwischenformen der Insectivora und der Primaten, während sie manche Autoren für eine selbständige Mammalia-Ordnung halten, die Scandentia (Übersicht in R. Martin 1990). Die Rekonstruktion der phylogenetischen Beziehungen der Tupaiiformes zu den Insectivora und den Primaten wird durch die Tatsache erschwert, daß die frühe Radiation der Placentalia sowie der spezielle Verlauf der Stammesgeschichte der Spitzhörnchen fossil völlig unzureichend dokumentiert sind. Vor allem liegen aus dem frühen Tertiär keine Fundstücke vor, die eindeutig zu den Tupaiiformes zu stellen sind. Mit einiger Sicherheit kann lediglich der miozäne Fund *Palaeotupaia sivalicus* (Schnauzen- und Orbitaregion) aus den Siwaliks Indiens als fossiler Vertreter der Tupaiiformes angesehen werden (Chopra u. Vasishat 1979). Auf der Grundlage des derzeitigen Forschungsstandes läßt sich also weder die Ursprungsgruppe der Primaten charakterisieren, noch sind die phylogenetischen Beziehungen zwischen Tupaiiformes, Insectivora und Primates zu klären. Möglicherweise müssen die Stellung der Tupaiiformes innerhalb der Mammalia

---

[1] Im nachfolgenden Text wird der zoologisch-systematische Terminus Primates im Gegensatz zur Trivialbezeichnung Primaten nur dann verwendet, wenn die Ordo Primates diskutiert bzw. mit anderen Taxa verglichen wird

und ihre Beziehungen zu den Primates und anderen Mammalia-Ordnungen völlig
neu bewertet werden (Romer 1968).

Derzeit sprechen paläontologische, anatomische und molekulare Befunde für
eine engere Verwandtschaft der Primaten mit den Spitzhörnchen (Tabelle 3.1) und
den Pelzflatterern (Dermoptera) als mit anderen Mammalia-Ordnungen (McKenna
1975; Szalay 1975, 1977; Cronin u. Sarich 1980; R. Martin 1990).

Abb. 3.1 Spitzhörnchen (*Tupaia spec.*).

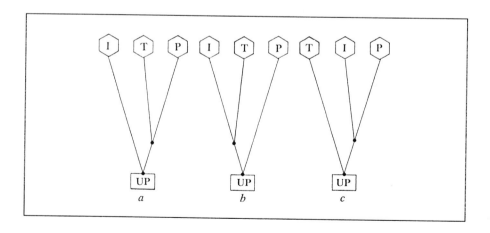

Abb. 3.2 Hypothesen zu den phylogenetischen Beziehungen der Tupaiiformes innerhalb
der Placentalia. I: Insectivora, P: Primates, T: Tupaiiformes, UP: Ursprungsgruppe der
Placentalia (aus R. Martin 1990).

Tabelle 3.1 Merkmalsähnlichkeiten zwischen Spitzhörnchen und Primaten (aus R. Martin 1990).

Körperregion bzw. Kontext	Merkmalsähnlichkeit
Schädel	Schnauzenregion relativ kurz; Turbinalia einfach gestaltet; vergrößerte, nach vorn gerichtete Orbitae; postorbitale Spange vorhanden; Exposition des Os ethmoidale in der medialen Orbitawand; gut entwickeltes Os zygomaticum; vergrößerter Hirnschädel; aufgeblähte Bulla auditiva mit ringförmigem Ectotympanicum; Verlauf der A. carotis interna; modern gestaltete Gehörknöchelchen
Bezahnung	Frontzähne des Unterkiefers prokumbent; gesägte Unterzunge; reduzierte Zahnzahl; ursprünglich gestaltete Molaren
Postkranium	sehr bewegliche Gliedmaßen; Extremitätenmuskulatur; Osteologie der Vorder- und Hinterextremitäten; Hautleisten auf Palmar- und Plantarfläche
Hirn und Sinnesorgane	Riechapparat reduziert; optischer Sinn verbessert; retinale Fovea centralis; Hirn und insbesondere Neocortex vergrößert; Sulcus calcarinus vorhanden
Reproduktionsorgane bzw. -biologie	Penis pendulus; Hoden im Skrotum; discoidale Plazenta; Jungenzahl pro Wurf reduziert; Anzahl der Zitzen reduziert
sonstige Merkmale	Blinddarm vorhanden; Aminosäuresequenz der Körpereiweiße

3.2 Definition der Primaten

Die Definition einer Organismengruppe und deren Abgrenzung gegen andere Taxa beruht auf der Feststellung von homologen Ähnlichkeiten ihrer Mitglieder (vgl. Kap. 2.5.2.1). Durch Konvergenz erworbene Ähnlichkeiten dürfen nicht in die Definition einbezogen werden. Während für die Rekonstruktion phylogenetischer Beziehungen nur synapomorphe Merkmale geeignet sind, können für die bloße Beschreibung einer Organismengruppe auch plesiomorphe Merkmale herangezogen werden. Diese lassen jedoch über die Verzweigung von Stammlinien keine Aussagen zu (R. Martin 1986; vgl. Kap. 2.5.2.2). Beispielsweise ist der Besitz einer fünfstrahligen Vorderextremität ein ursprüngliches Merkmal der Säugetiere. Es ist in mehreren Säugetierordnungen vertreten und aus diesem

Grund als Definitionsmerkmal für die Primaten nicht geeignet. Dagegen sind eine echte *Sylvische Furche* (Sulcus cerebri lateralis) und der *Sulcus calcarinus* synapomorphe Merkmale der Primaten, denen große differentialdiagnostische Aussagekraft bei rezenten und fossilen Formen zukommt (R. Martin 1986, 1990; Abb. 3.3).

Mivarts (1873) Definition der Primaten (Tabelle 3.2) - ergänzt und modifiziert von Le Gros Clark (1959) und Napier u. Napier (1967; Tabelle 3.3) - bezieht plesiomorphe und in anderen Mammalia-Gruppen konvergent entstandene Merkmale ein (R. Martin 1986). Mivarts Kriterienkatalog ist daher nur geeignet, die Primaten zu beschreiben, nicht jedoch, sie zu definieren. Wood-Jones (1929) hat ferner darauf hingewiesen, daß kein einzelnes der Mivartschen Definitionskriterien ausschließlich für die Primaten typisch sei, sondern daß allenfalls der Gesamtkatalog der Merkmale für eine hinreichende Beschreibung taugen würde.

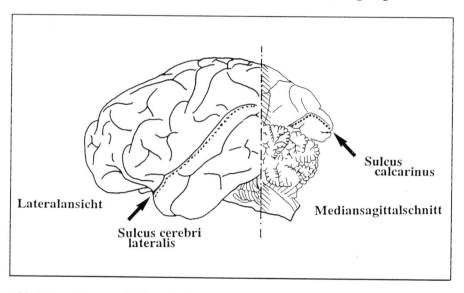

Abb. 3.3 a Sulcus cerebri lateralis **b** Sulcus calcarinus am Primatenhirn (Schimpanse; n. Brauer u. Schober 1970, umgezeichnet).

Nach R. Martin (1986) sind auch sog. *evolutive Trends* (Le Gros Clark 1959; C. Vogel 1975; Tabelle 3.3) zur Definition der Primaten unbrauchbar, da sie sich häufig auf Entwicklungen beziehen, die nicht für alle Primaten typisch sind, sondern vielfach nur einige Taxa betreffen (z. B. die progressive Hirnentwicklung). Die Berücksichtigung evolutiver Trends im Merkmalskatalog fußt nach der Einschätzung von R. Martin (1986) offenbar auf der irrtümlichen Annahme vieler Autoren, daß die Primaten aufgrund der extremen Spannweite des evolutiven Niveaus (vom Mausmaki bis zum Menschen) keine eigenständigen Merkmale aufweisen würden.

Tabelle 3.2 Kriterienkatalog von Mivart zur Beschreibung der Primaten (aus R. Martin 1986).

- Finger und Zehen mit Krallen- oder Plattnägeln versehen
- Schlüsselbeine vorhanden
- Augenhöhlen nach vorne gerichtet und von Knochenspange umgeben
- drei Zahntypen, zumindest in einem Lebensabschnitt
- Hirn stets mit Lobus posterior und Sulcus calcarinus
- Daumen und/oder Großzehe opponierbar
- Großzehe mit Plattnagel
- gut entwickelter Blinddarm
- Penis pendulus; Hoden im Skrotum
- stets zwei pektorale Zitzen

Tabelle 3.3 Evolutionstrends der Ordo Primates (n. Le Gros Clark 1959 und Napier u. Napier 1967; aus R. Martin 1986).

- Bewahrung einer generalisierten Extremitätenmorphologie mit Fünfstrahligkeit von Händen und Füßen
- Steigerung der Beweglichkeit der Finger, insbesondere des Daumens sowie der Großzehe
- Ersatz der scharfen, seitlich stark komprimierten Krallen durch Plattnägel
- Entwicklung sehr berührungsempfindlicher Fingerbeeren
- zunehmende Verkürzung der Schnauzenregion
- Verbesserung des optischen Apparates; zunehmende Fähigkeit zum binokularen Sehen
- fortschreitende Reduktion des Riechapparates
- Verlust ursprünglicher Zahnmerkmale; Bewahrung eines einfachen Musters der Molarenhöcker
- zunehmende Verbesserung zerebraler Strukturen, insbesondere des Neocortex
- zunehmende Intensivierung der physiologischen Prozesse während der Trächtigkeit
- Verlängerung der postnatalen Lebensabschnitte;
- fortschreitende Entwicklung einer aufrechten Körperhaltung

Nach R. Martin (1986) ist es allerdings möglich, die Primaten nicht nur zu beschreiben, sondern sie auch aufgrund synapomorpher Merkmale zu definieren. Der Autor betont aber, daß ein Kriterienkatalog, der sowohl rezente als auch fossile Formen einbeziehen soll, naturgemäß weniger umfassend ist, da sich die Definitionskriterien nur auf fossilisierbares Material stützen (z. B. Knochen und Zähne). Daher können zahlreiche an rezenten Formen beobachtbare Eigenschaften nicht berücksichtigt werden (Tabelle 3.4; Abb. 3.4).

Tabelle 3.4 Kriterienkatalog zur Definition rezenter und fossiler Primaten (n. R. Martin 1986).

Rezente Primaten

- arborikol in tropischen/subtropischen Ökosystemen (1)
- Hände und Füße zum Greifen geeignet (2)
- Großzehe weit abduzierbar, außer bei *Homo* (3)
- Finger und Zehen mit Plattnägeln (4)
- Palmar- und Plantarflächen stets mit Tastballen, Hautleisten vorhanden (5)

- Hinterextremität dominiert bei Lokomotion, Körperschwerpunkt nahe bei den Hinterextremitäten gelegen (6)
- diagonale Schrittfolge (7)
- Fulcrum im Tarsus, distaler Abschnitt des Calcaneus verlängert (8, 9)
- olfaktorischer Sinn unspezifisch bei nachtaktiven Formen, reduziert bei tagaktiven Arten (16)
- Hirn relativ zur Körpergröße mäßig vergrößert (17); Sulcus sylvii (18) und Sulcus calcarinus (19) vorhanden
- während pränataler Entwicklung Hirngewicht relativ zum Körpergewicht stets größer als bei den übrigen Mammalia
- Os praemaxillare klein (20)
- Molaren relativ unspezialisiert (25), Höcker flach und rundlich, Talonid vergrößert (26)

- optischer Sinn dominiert
- relativ große Augen (10), Orbitae mit postorbitaler Spange bzw. postorbitalem Septum (12) Orbitae nach anterior und medial gerichtet (11)
- Sehnerven überkreuzen sich nicht vollständig, binokulares Sehen (13)
- Exposition des Os ethmoidale in medialer Orbitawand (14)
- ventraler Boden der Bulla auditiva überwiegend von Pars petrosa des Os temporale gebildet (15)
- Hoden stets im Skrotum, Hoden postpenial gelegen
- Sinus urogenitalis fehlt (21)
- bei Plazentation keine Dottersackentwicklung, Plazenta discoidalis (22)
- lange intrauterine Entwicklung
- bezogen auf das Körpergewicht der Mutter langsame prä- und postnatale Entwicklung und lange Lebensdauer
- max. 36 Zähne (2.1.3.3/2.1.3.3)
- Incisivi mehr in Transversal- als in Longitudinalebene des Kiefers (24)

Fossile Primaten

- relativ große Hirnschädelkapsel
- Sulcus sylvii (am Schädelausguß);
- relativ große, nach medial konvergierende Orbitae, postorbitale Spange vorhanden
- schmaler Interorbitalpfeiler
- Boden der Bulla auditiva von der Pars petrosa des Os occipitale gebildet
- max. 36 Zähne (2.1.3.3/2.1.3.3)
- niedrige und rundliche Molarenhöcker

- obere Incisivi mehr in Transversal- als Longitudinalebene des Kiefers
- Talonid vergrößert, über Trigonidebene gelegen
- gut entwickelte Großzehe, terminales Glied abgeflacht
- distaler Abschnitt des Calcaneus verlängert

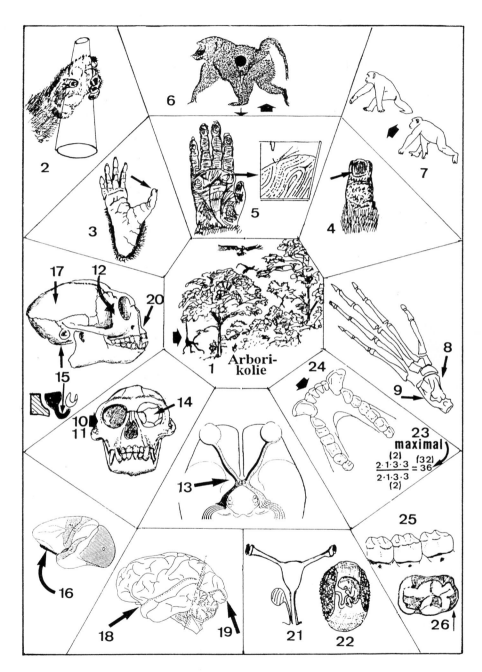

Abb. 3.4 Merkmale zur Definition der Primaten (die Bezifferung korrespondiert mit der Numerierung im Kriterienkatalog in Tabelle 3.4).

3.3   Primatenradiation vom Paläozän bis zum Miozän (ohne Hominoidea)

Die spät-kreidezeitliche bzw. früh-paläozäne Form *Purgatorius* aus Nordamerika, von der mehrere Unterkieferbruchstücke und Einzelzähne bekannt sind, wird von einigen Autoren als frühester Vertreter der Primaten angesehen (Übersicht in Fleagle 1988; Conroy 1990; R. Martin 1990; Tabelle 3.5). Diese Zuordnung erfolgte ursprünglich auf der Grundlage eines einzigen unteren Molaren (*Purgatorius ceratops*). Die Unterkieferbruchstücke werden *Purgatorius uno* zugeordnet. Diese Form zeigt im Unterkiefer die Zahnformel der ursprünglichen Mammalia (3.1.4.3)[2]. Sie setzt sich aber in mehreren Merkmalen von früh-paläozänen Säugetieren ab und ähnelt eher den späteren Primaten. So sind beispielsweise die inneren Schneidezähne verbreitert, der letzte Vorbackenzahn (P_4) ist molarisiert, das Trigonid der unteren Backenzähne ist flach, die Talonidgrube ist breit und der letzte Backenzahn (M_3) ist verlängert (Van Valen u. Sloan 1965; vgl. Kap. 4.1.5).

Tabelle 3.5 Merkmale der Plesiadapiformes (aus Schmid 1989a).

- Zahnhöcker gegenüber denen reiner Insektenfresser breiter und stumpfer, primatenähnliche Molaren mit niedrigen Höckern, funktionaler Übergang vom vertikalen Schneiden zum mehr transversalen Schneiden und Zerdrücken der Nahrung

- 36 Zähne, oft Reduktion der postcaninen Zahnzahl

- Frontzähne prokumbent

- Schädel lang und flach

- Hirnschädel klein

- postorbitale Spange fehlt

- Bulla auditiva möglicherweise von der Pars petrosa des Os temporale gebildet

- Fußgelenke beweglich, Anpassung an Arborikolie

- Extremitäten kurz

- Daumen und Großzehe nicht opponierbar

- Krallen an Fingern und Zehen

---

[2] Die Zahnformel gibt die Anzahl der Zähne je Zahntyp für eine Kieferhälfte an; im vorliegenden Fall also 3 Schneidezähne (Incisivi), 1 Eckzahn (Caninus), 4 Vorbackenzähne (Praemolaren), 3 Backenzähne (Molaren).

Purgatorius wird von einigen Autoren zu den Plesiadapiformes gestellt (Übersicht in Fleagle 1988; Conroy 1990; R. Martin 1990). Diese Mammalia-Gruppe wurde ursprünglich ebenfalls nur auf der Grundlage weniger Zahnfossilien den Primaten zugeordnet (Simpson 1935). Neuere Funde, vor allem auch postkraniale Skeletteile sowie eine gründliche Neubearbeitung der Plesiadapiformes durch Gingerich (1986) belegen, daß diese systematische Einordnung nicht mehr aufrechtzuerhalten ist. Infolgedessen ist auch der Primatenstatus von *Purgatorius* nicht länger zu rechtfertigen. Daher läßt sich noch immer nicht zweifelsfrei entscheiden, wo und wann die Radiation der Primaten begonnen hat. Die Vermutung, daß die Region Nordamerikas in der späten Kreidezeit bzw. im frühen Paläozän der raum-zeitliche Ausgangspunkt der Primatenradiation war, ist ausschließlich an den Primatenstatus von *Purgatorius* geknüpft (Savage u. D. Russell 1983).

Aus dem Paläozän, vor allem aus dem mittleren bis späten Paläozän Nordamerikas und Europas sind die Plesiadapiformes fossil verhältnismäßig gut belegt; insbesondere *Plesiadapis tricuspidens* aus Europa, *Plesiadapis gidleyi* und *Palaechthon* aus Nordamerika, sind von Simpson (1935) aufgrund morphologischer Ähnlichkeiten im Bau der Backenzähne von *Plesiadapis* und der eozänen nordamerikanischen Form *Pelycodus* - zweifellos ein Vertreter der Ordo Primates (Notharctinae) - als basale Primaten anerkannt worden (Abb. 3.5). Mit zunehmender Funddichte, besonders auch der Bergung postkranialer Skeletteile, wurde allerdings deutlich, daß der von Simpson (1935) erstmalig vertretene und von vielen nachfolgenden Autoren bekräftigte Primatenstatus der Plesiadapiformes kaum mehr aufrechtzuerhalten ist (Übersicht in Gingerich 1976; 1986). Auch die Abgrenzung der Plesiadapiformes als *archaische Primaten* oder *Subprimaten* (Remane 1956) gegenüber den *Euprimaten* (Simons 1972) bzw. den 'primates of modern aspect' läßt sich nur noch schwer rechtfertigen, da Primates und Plesiadapiformes keine synapomorphen Merkmale aufweisen. R. Martin (1990) belegte, daß sich die Plesiadapiformes im postkranialen Skelett und in der Orbitaregion von den Primates unterscheiden. So findet sich beispielsweise an den von *Plesiadapis* erhaltenen postkranialen Skeletteilen kein Hinweis auf die für Primaten so typische Greiffähigkeit des Fußes bzw. auf die Opponierbarkeit der Großzehe (vgl. Kap. 4.1.2.1, Kap. 4.2.2.5). Ferner sind die Orbitae nicht nach anterior ausgerichtet, eine postorbitale Spange oder ein postorbitales Septum fehlen (vgl. Kap. 4.1.1). Weiterhin wird nach Gingerich (1975) der Boden der Bulla auditiva der Plesiadapiformes offenbar nicht bzw. nicht ausschließlich aus dem Felsenbein (Pars petrosa) des Schläfenbeins (Os temporale) gebildet, sondern möglicherweise aus dem Entotympanicum bzw. unter Beteiligung des Entotympanicums (vgl. Kap. 4.1.2; Abb. 4.24).

Bei vielen Genera der Plesiadapiformes ist die Zahl der Incisivi und Praemolaren reduziert. Einige Formen haben keinen Caninus mehr. In der Morphologie der Molaren zeigen die Plesiadapiformes, insbesondere *Plesiadapis*, in der Tat viele Übereinstimmungen mit *Pelycodus*, doch sind diese offenbar durch konvergente Evolution entstanden und aus diesem Grund nicht für die Rekonstruktion phylogenetischer Beziehungen geeignet. Konvergente Evolution liegt nach R. Martin (1990) auch für die Reduktion der Zahl der Schneidezähne bei Plesiadapiformes und den Primaten vor. Solange nicht eindeutig geklärt ist, wie der jeweils ursprünglichste Vertreter der Plesiadapiformes und der Primates ausgesehen hat, läßt sich über den letzten gemeinsamen Vorfahren dieser beiden Gruppen nur spekulieren, da über die Richtung des Morphokline (vgl. Kap. 2.5.2.2) keine Aussagen getroffen werden können und sich daher synapomorphe Merkmale nicht belegen lassen. Nach dem jetzigen Kenntnisstand ist nicht auszuschließen, daß Plesiadapiformes und Primates Schwestertaxa sind, doch hält die Diskussion hierüber unvermindert an (Übersicht in Covert 1986; Gingerich 1986; Wible u. Covert 1987; Fleagle 1988; Conroy 1990; R. Martin 1990).

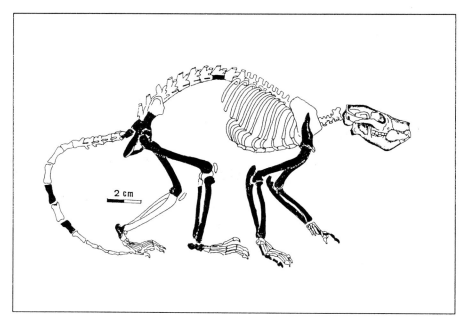

Abb. 3.5 *Plesiadapis tricuspidens*; überliefertes postkraniales Material schwarz wiedergegeben (n. D. Russell 1964; Tattersall 1970, umgezeichnet).

Während die Stammesgeschichte der Primaten im Paläozän weitgehend ungeklärt ist, liegen aus dem Eozän Nordamerikas und Europas - nicht jedoch Asiens und Afrikas - zahlreiche Funde vor, die mit Sicherheit in die Ordo Primates zu stellen sind. Die eozänen Funde werden zwei Familien, den Adapidae und den Omomyidae, zugeordnet. Die Trennung der beiden Stammlinien erfolgte offenbar bereits im frühen Eozän (Übersicht in Fleagle 1988; Conroy 1990; Tabelle 3.6).

Die Adapidae (Abb. 3.6) zeigen einige Übereinstimmungen mit den Lemuriformes, so z. B. die Putzkralle an der 2. Zehe, die kleinen spatelförmigen oberen Incisivi, die Konstruktion des Fußgelenks. Sie weisen andererseits aber auch Unterschiede zu den modernen Lemuriformes auf, z. B. fehlt der für diese Infraordo der Primates so charakteristische Putzkamm (Rosenberger et al. 1985; Beard et al. 1988; Dagosto 1988). Die Zahnformel der Adapidae ist 2.1.3.3; nur das Genus *Cantius* weist noch vier Praemolaren in jeder Kieferhälfte auf. Die Unterkiefersymphyse ist nicht geschlossen (vgl. Kap. 4.1.4). Die Adapidae waren offensichtlich tagaktiv. Während die nordamerikanischen und europäischen Arten bis gegen Ende des Eozäns bzw. zu Beginn des Oligozäns ausstarben, haben in Asien einige Adapidae (z. B. *Sivaladapis*) bis ins Miozän gelebt.

Tabelle 3.6 Merkmale der Adapidae und Omomyidae (aus Schmid 1989a).

Adapidae

- Vordergebiß dem höherer Primaten ähnlich, 40 Zähne
- Gebißtypen von Insekten- und Pflanzenfressern
- breite und lange Schnauzen
- Orbitae nach anterior gerichtet, postorbitale Spange vorhanden
- Ohrregion und Verlauf der Hirngefäße wie bei heutigen strepsirhinen Primaten
- schlanke Extremitäten
- Cheiridien zum Greifen geeignet, Daumen und Großzehe opponierbar
- Nägel an Zehen und Fingern

Omomyidae

- 36–40 Zähne
- große Frontzähne, äußere Schneidezähne kleiner als innere
- kleine Eckzähne
- Schnauzenregion kurz
- große Orbitae, nach anterior gerichtet, postorbitale Spange vorhanden
- verlängerte Fußwurzelknochen, Anpassung an springende Lokomotionsweise
- kleine Formen, in der Regel leichter als 500 g

Die Omomyidae, die sich besonders in Nordamerika entfaltet haben, werden sowohl mit den Lorisiformes als auch mit den Tarsiiformes in Verbindung gebracht (Abb. 3.7; Tabelle 3.6). Sie waren offensichtlich nachtaktiv und kleiner als die Adapidae. Die Zahnformel der Omomyidae ist ebenfalls 2.1.3.3. Die Unterkiefersymphyse ist geschlossen. Zahlreiche Merkmale der Omomyidae, aufgrund derer sie zunächst mit *Tarsius* in Verbindung gebracht wurden, z. B. die großen Orbitae oder die Ohrregion, zeigen bei genauerer Analyse mehr Überein-

stimmung mit den entsprechenden Strukturen der Lorisiformes. Nur die Lage des
Bulbus olfactorius über dem Interorbitalseptum weist auf eine engere Beziehung
der Omomyidae mit den Tarsiiformes bzw. mit den Haplorhini hin. Dieser Einzel-
befund ist aber mit der gebotenen Zurückhaltung bei der Rekonstruktion phylogenetischer Beziehungen zwischen Omomyidae und Haplorhini zu bewerten
(Übersicht in Fleagle 1988; Conroy 1990). Bedeutsam sind in diesem Zusammenhang die neuesten Funde von *Shoshonius cooperi* aus früheozänen Schichten
Nordamerikas (Beard et al. 1991). Diese Formen weisen am Schädel zahlreiche
Übereinstimmungen mit *Tarsius* auf. Sollten sich diese Beziehungen durch weitere Fossilfunde absichern lassen, wäre die Trennung der Tarsiiformes von der
simischen Stammlinie der Haplorhini bereits im frühen Eozän erfolgt.

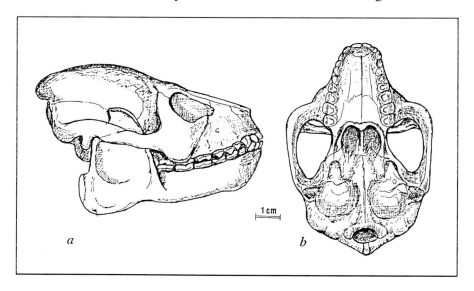

Abb. 3.6 *Adapis parisiensis* (n. Szalay u. Delson 1979; Gingerich 1981, umgezeichnet).

Über die Vorläufer der modernen Prosimii besteht trotz der spektakulären
Funde von *Shoshonius* noch immer Unklarheit. Sie können nicht ohne weiteres
aus den bekannten adapiden und omomyiden Fossilformen der Nordhemisphäre
abgeleitet werden. Oligozäne bzw. miozäne Omomyidae aus Nordafrika (z. B.
Progalago, Komba, Mioeuoticus, Afrotarsius) legen die Vermutung nahe, daß die
weitere Radiation der Prosimii und die Evolution der Simii auf diesem Kontinent
erfolgt sind (Übersicht in Fleagle 1988; Conroy 1990; R. Martin 1990). Insbesondere der spektakuläre neue Fund *Catopithecus browni* aus eozänen Schichten in
Fayum (Oberägypten), der von Simons (1990) zu den Simii gestellt wird, scheint
diese Ansicht nicht nur zu bestätigen, sondern erlaubt die Annahme, daß der
Beginn der Radiation der Simii früher eingesetzt hat, als bisher angenommen
wurde.

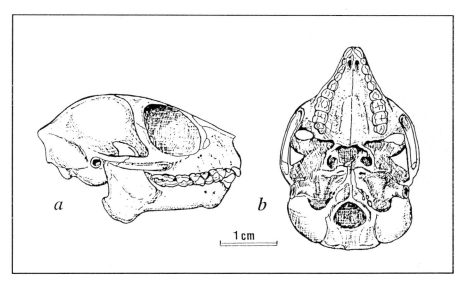

1 cm

Abb. 3.7 *Necrolemur antiquus* (n. Szalay u. Delson 1979; Fleagle 1988, umgezeichnet).

Gegen Ende des Eozäns bzw. zu Beginn des Oligozäns hat sich die Primaten-radiation von der Nord- auf die Südhemisphäre verlagert. In Nordamerika lebten zu Beginn des Oligozäns nur noch wenige Formen der Adapidae bzw. Omo-myidae, in Europa waren sie mit Beginn des Oligozäns ausgestorben. Aus spät-eozänen Schichten Burmas sind Mandibelbruchstücke geborgen worden, die vorläufig als erste Simii klassifiziert worden sind (*Amphipithecus mongaungensis* und *Pondaungia cotteri*). Weitere, insbesondere substantielle Funde müssen aber abgewartet werden, um diese Auffassung zu bestätigen (Übersicht in Fleagle 1988; Conroy 1990).

Die einzige ergiebige Fundstelle von Primatenfossilien aus dem Oligozän Afrikas ist die Region um die Oase Fayum in Oberägypten. Mit Ausnahme von *Catopithecus browni* sind ältere als oligozäne Primatenfunde bisher aus Afrika nicht bekannt. Die meisten in Fayum geborgenen Primaten sind sehr viel moder-ner als die eozänen nordamerikanischen und eurasischen Formen. Es handelt sich eindeutig um Simii. Erst seit jüngster Zeit sind aus Fayum auch Funde bekannt, die zu den Prosimii zu stellen sind (Mandibelbruchstück von *Afrotarsius chatrathi*; einige Zähne, die mit Omomyidae und Lorisidae in Verbindung gebracht werden; Simons u. Bown 1985; Simons et al. 1986). Das Ungleich-gewicht der Fundsituation zuungunsten prosimischer Primaten ist lange Zeit als Beweis angesehen worden, daß in Afrika die Radiation der Prosimii nicht vor dem Oligozän bzw. nicht einmal vor dem Miozän stattgefunden habe. R. Martin (1990) betont aber zu Recht, daß das geringe Vorkommen der Prosimii im Fossilreport auch auf die schlechteren Fossilisierungschancen dieser kleinen und offensichtlich arborikolen Formen zurückgeführt werden kann und nicht ausschließlich als

Zeichen fehlender faunistischer Repräsentanz der betreffenden Formen aufzufassen ist. Nach dem Fund von *Afrotarsius* (und *Catopithecus*) hat sich das Bild insofern erheblich gewandelt, als nunmehr in Afrika eine vielfältige Radiation der Prosimii (und Simii) vor dem Oligozän angenommen wird (Übersicht in Fleagle 1988). Solange allerdings nur aus der Fundstätte Fayum Primatenfossilien geborgen werden, kann über die Radiation der Primaten in Gesamtafrika keine verbindliche Aussage gemacht werden.

Im Oligozän ist die Aufspaltung der Primates in Prosimii und Simii bereits vollzogen, wie die sechs heute allgemein als simische Primaten anerkannten Genera - *Aegyptopithecus, Apidium, Oligopithecus, Qatrania, Parapithecus* und *Propliopithecus* - belegen (Simons 1972; Simons u. R. Kay 1983). Allerdings liegen nur *Aegyptopithecus* und *Apidium* als substantielle Fossilien vor (Abb. 3.8). Alle in Fayum geborgenen Formen sind wesentlich ursprünglicher als spätere simische Primaten (Tabelle 3.7).

Tabelle 3.7 Merkmale oligozäner Primaten aus Fayum (aus Schmid 1989a).

Parapithecidae

- 36 Zähne (2.1.3.3 / 2.1.3.3)
- untere Incisivi fehlend oder schmal und spatelförmig
- Canini klein und spitz, bei *P. grangeri* lang und vorstehend
- untere Praemolaren nach distal größer und komplexer werdend
- P_4 mit kleinem Metaconid, nach distal verlagert
- Praemolaren des Oberkiefers breit, drei Höcker
- Molaren mit rundlichen und flachen Höckern
- obere Molaren quadratisch mit gut entwickeltem Conulus und großem Hypoconus
- untere Molaren mit kleinem Trigonid, manchmal mit Paraconid; großes Talonid, häufig mit akzessorischen Höckern; häufig bukkolinguale Ausrichtung der Höcker
- untere Molaren bei einigen Spezies bukkolingual tailliert;
- Unterkiefersymphyse verknöchert
- Frontalnaht des Schädels geschlossen; postorbitales Septum vorhanden
- großer Bulbus olfactorius (am Endokranialausguß erkennbar)
- knöcherner äußerer Gehörgang nicht vorhanden

Propliopithecidae

- 32 Zähne (2.1.2.3 / 2.1.2.3)
- untere Incisivi relativ breit, spatelförmig
- Caninus lang, sexualdimorph
- P_3 mit mesialer Schneidekante, funktionale Einheit mit C_1
- P_4 semimolariform, Protoconid und Metaconid etwa gleich groß
- untere Molaren gleich groß mit breiter Talonidgrube und kleinem Trigonid, fünf rundliche und flache Höcker
- obere Praemolaren zweihöckerig
- obere Molaren breit und quadratisch mit kleinem Hypoconus und gut entwickeltem lingualen Cingulum
- mittelgroße Formen, bis ca. 4 kg schwer, arborikol

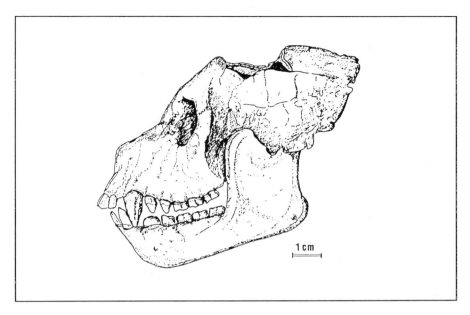

Abb. 3.8 *Aegyptopithecus zeuxis* (n. Simons 1972, umgezeichnet).

Tabelle 3.8 Merkmale oligozäner Primaten in Südamerika (aus Fleagle 1988).

- 36 Zähne (2.1.3.3 / 2.1.3.3),
- kurze Schnauzenregion
- Canini relativ klein
- P^3 klein
- Molaren mit flachen und rundlichen Höckern, Anpassung an frugivore Ernährung
- obere Molaren mit kleinem bis mäßig großem Hypoconus und gut entwickeltem lingualen Cingulum
- untere Molaren mit kleinem Trigonid und breitem Talonid, ausgeprägte Crista obliqua

Im Oligozän ist der südamerikanische Kontinent mit simischen Primaten besiedelt worden. Die ersten Fossilfunde (*Branisella*) stammen aus spät-oligozänen Schichten Boliviens. Sie sind demnach etwa 5-10 MJ jünger als die Fossilien aus Fayum. Zahlreiche miozäne Funde liegen aus Kolumbien (z. B. *Cebupithecia, Mohanamico, Neosaimiri, Stirtonia*), Argentinien (z. B. *Tremacebus, Homunculus*), aus Mittelamerika und von den Karibischen Inseln vor (z. B. *Xenothrix*; Tabelle 3.8). Als Vorfahren der südamerikanischen Primaten werden von einigen Autoren parapithecidae-ähnliche Formen angenommen, die als

'Flößer' von Afrika nach Südamerika eingewandert seien (Hoffstetter 1974, 1980; Lavocat 1974). McKenna (1980) sieht eine Verwandtschaft der Platyrrhini mit nordamerikanischen Omomyidae als gegeben an. Die Diskussion über die Herkunft der südamerikanischen Primaten ist allerdings noch nicht abgeschlossen. Nach jetzigem Kenntnisstand ist aber davon auszugehen, daß sämtliche Primaten monophyletischen Ursprungs sind (Übersicht in Fleagle 1988; Ciochon u. Chiarelli 1980; Ciochon u. Fleagle 1985; Conroy 1990).

Die miozäne Primatenfauna ist durch eine dynamische frühe Radiation der Hominoidea (vgl. Kap. 5) und durch ein ebenso stürmische späte, bis ins Pliozän reichende, Radiation der Cercopithecoidea gekennzeichnet. Gegen Ende des Miozäns sind die meisten Menschenaffen bereits wieder ausgestorben. Nur zwei Genera der Hylobatidae (*Hylobates, Symphalangus*) sowie drei Genera der großen Menschenaffen (*Pongo, Gorilla, Pan*), jedoch zahlreiche Arten der Cercopithecoidea gehören zur rezenten Primatenfauna (vgl. Kap. 3.4).

Aus dem frühen bis mittleren Miozän Afrikas sind die beiden fossilen Cercopithecoidea-Genera *Prohylobates* und *Victoriapithecus* überliefert. Vom Ende des Miozäns bzw. vom Beginn des Pliozäns an sind zahlreiche Funde aus Europa (z. B. *Macaca, Paradolichopithecus*), aus Afrika (z. B. *Cercocebus, Macaca, Papio, Parapapio*) und Asien bekannt (z. B. *Macaca, Procynocephalus, Theropithecus*; Übersicht in Fleagle 1988; Conroy 1990; Abb. 3.9). Während die frühen afrikanischen Funde *Prohylobates* und *Victoriapithecus* noch sehr viel ursprünglicher als die modernen Cercopithecoidea sind und ein Merkmalsmosaik ursprünglicher und moderner Cercopithecoidea aufweisen, unterscheiden sich die späteren Formen kaum mehr von den rezenten Spezies (Übersicht in Delson u. Rosenberger 1984; Fleagle 1988; Tabelle 3.9).

Tabelle 3.9 Merkmale frühmiozäner Cercopithecoidea (aus Fleagle 1988).

- 32 Zähne (2.1.2.3 / 2.1.2.3)
- Canini relativ groß, sexualdimorph
- P_4 mit ausgedehntem bukkalem Anteil
- Molaren mit bilophodontem Muster, Höcker niedrig
- obere Molaren mit ausgedehntem Trigon, häufig mit Crista obliqua
- untere Molaren niedrig, mit breiter Basis und kleiner Kronenfläche, häufig mit kleinem Hypoconulid, Trigonid klein
- Mandibula hoch
- Extremitätenskelett ähnelt dem moderner, kleiner Cercopithecoidea, quadrupede Lokomotionsweise

---

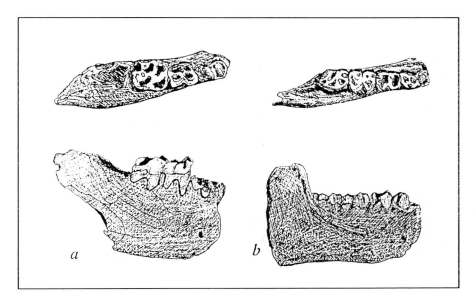

Abb. 3.9 a *Prohylobates spec.* b *Victoriapithecus spec.* (n. Szalay u. Delson 1979; Fleagle 1988, umgezeichnet).

3.4 Verbreitung und Systematik der rezenten Primaten

Der Erforschung unserer nächsten rezenten Verwandten, der nicht-menschlichen Primaten, kommt im Hinblick auf die Fragen zur Anthropogenese und zur Sonderstellung des Menschen ein besonderer Stellenwert zu. C. Vogel (1966a, S. 416-417) nennt zwei wichtige Gesichtspunkte, nach denen das Studium der nichtmenschlichen Primaten für die Rekonstruktion des Hominisationsprozesses und die Beurteilung der biologischen Grundlagen der Menschwerdung von Interesse sind:

(1) Für die Wesensbestimmung dessen, was wir als spezifisch menschlich bezeichnen. Hier kommt es besonders auf die Unterschiede, also die Charakteristika der sog. Sonderstellung des Menschen an. Die Primatologie liefert gewissermaßen die Kontrastmodelle und

(2) für die Frage nach der stammesgeschichtlichen Herkunft und nach dem spezifischen Verlauf dieser Geschichte. Im ersten Falle kommt es besonders auf die Übereinstimmungen an, worunter ...nicht nur oberflächliche Ähnlichkeit zu verstehen ist. Im Falle der biologischen Etappen des Evolutionsweges wird der Vergleich mit dem weiten Spektrum der Spezialisations- und Adaptationsmöglichkeiten des Primatenkreises wesentlich. Hier zeigt die Primatologie sowohl Kontrast- als auch Analogmodelle auf, an welchen erst die Beurteilungskriterien für den Entwicklungsweg des Menschen ermittelt werden können...

Die Evolutionsspanne der rezenten Primatentaxa ist ungewöhnlich breit. Sie reicht von den noch recht ursprünglichen Katzenmakis (Cheirogaleidae, Lemuriformes; Abb. 3.11) bis zu den höchstentwickelten nicht-menschlichen Primaten, dem Orang-Utan, Gorilla und Schimpansen (Pongidae[3], Hominoidea; Abb. 3.18).

Die rezenten Primaten gliedern sich in sechs natürliche Gruppen (Abb. 3.10; Tabelle 3.10):

- Lemuriformes (Tabelle 3.11; Abb. 3.11),
- Lorisiformes (Tabelle 3.12; Abb. 3.12),
- Tarsiiformes (Tabelle 3.13; Abb. 3.13, Abb. 3.14),
- Platyrrhini (Tabelle 3.14; Abb. 3.15, Abb. 3.16),
- Cercopithecoidea (Tabelle 3.15; Abb. 3.17)
- Hominoidea (Tabelle 3.16; Abb. 3.18).

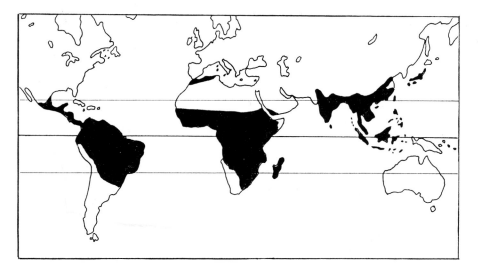

Abb. 3.10 Verbreitung der rezenten Primaten.

---

[3] Die kladistische Schule stellt die afrikanischen Menschenaffen vorwiegend auf der Grundlage nicht-morphologischer Merkmale zusammen mit dem rezenten Menschen in die Familie Hominidae und nur noch den Orang-Utan in das Taxon Pongidae. Der überwiegende Teil morphologisch arbeitender Primatologen und Paläoanthropologen hält dagegen an der traditionellen Klassifikation fest, betont jedoch ebenfalls die entschieden nähere Verwandtschaft des rezenten Menschen mit den afrikanischen Menschenaffen als mit dem Orang-Utan. Die Verfasser schließen sich aus pragmatischen und didaktischen Gründen der letzteren Klassifikation an, da die jüngere Stammesgeschichte des Menschen überwiegend an morphologischen Merkmalen von Fossilien diskutiert wird und deren Einbeziehung bei der Erstellung von Kladogrammen umstritten ist.

Tabelle 3.10 Systematik der rezenten Primaten (aus Rothe 1990).

Unterordnung: Halbaffen (Prosimii)

Zwischenord.: Lemuriformes

Fam.: Lemuren (Lemuridae)
  Gatt.: Maki (*Lemur*)
  Gatt.: Halbmaki (*Hapalemur*)
  Gatt.: Wieselmaki (*Lepilemur*)
  Gatt.: Vari (*Varecia*)
  Gatt.: Katzenmaki (*Cheirogaleus*)
  Gatt.: Zwergmaki (*Microcebus*)
Fam.: Indris (Indriidae)
  Gatt.: Indri (Indri)
  Gatt.: Wollmaki (*Avahi*)
  Gatt.: Sifaka (*Propithecus*)
Fam.: Fingertiere (Daubentoniidae)
  Gatt.: Fingertier (*Daubentonia*)

Zwischenord.: Lorisiformes

Fam.: Loris (Lorisidae)
  Gatt.: Lori (*Loris*)
  Gatt.: Plumplori (*Nycticebus*)
  Gatt.: Potto (*Perodicticus*)
  Gatt.: Bärenmaki (*Arctocebus*)
Fam.: Galagos (Galagidae)
  Gatt.: Buschbaby (*Galago*)

Zwischenord.: Tarsiiformes

Fam.: Tarsiidae
  Gatt.: Koboldmaki (*Tarsius*)

Unterordnung: Echte Affen (Simii)

Zwischenord.: Neuweltaffen (Platyrrhini)

Fam.: Kapuzinerartige (Cebidae)
  Unterfam.: Nacht- und Springaffen
    (Aotinae)
  Gatt.: Nachtaffe (*Aotus*)
  Gatt.: Springaffe (*Callicebus*)
  Unterfam.: Sakiaffen (Pitheciinae)
  Gatt.: Saki (Pithecia)
  Gatt.: Bartsaki (*Chiropotes*)
  Gatt.: Uakari (*Cacajao*)
  Unterfam.: Brüllaffen (Alouattinae)
  Gatt.: Brüllaffe (*Alouatta*)
  Unterfam.: Kapuzineraffen (Cebinae)
  Gatt.: Kapuziner (*Cebus*)
  Gatt.: Totenkopfaffe (*Saimiri*)
  Unterfam.: Greifschwanzaffen (Atelinae)
  Gatt.: Klammeraffe (*Ateles*)
  Gatt.: Wollaffe (*Lagothrix*)
  Gatt.: Spinnenaffe (*Brachyteles*)
Fam.: Krallenaffen (Callitrichidae)
  Gatt.: Krallenaffe (Callithrix)
  Gatt.: Zwergseidenaffe (*Cebuella*)
  Gatt.: Tamarin (*Saguinus*)
  Gatt.: Goelditamarin (*Callimico*)

Zwischenord.: Altweltaffen (Catarrhini)

Überfamilie: Cercopithecoidea
Fam.: Cercopithecidae
  Unterfam.: Cercopithecinae
  Gatt.: Makak (*Macaca*)
  Gatt.: Husarenaffe (*Erythrocebus*)
  Gatt.: Schopfmakak (*Cynopithecus*)
  Gatt.: Meerkatze (*Cercopithecus*)
  Gatt.: Mangabe (*Cercocebus*)
  Gatt.: Mandrill und Drill (*Mandrillus*)
  Gatt.: Pavian (*Papio*)
  Gatt.: Blutbrustpavian (*Theropithecus*)
  Unterfam.: Colobinae
  Gatt.: Stummelaffe (*Colobus*)
  Gatt.: Langur (*Presbytis*)
  Gatt.: Nasenaffe (*Nasalis*)
  Gatt.: Stumpfnasenaffe (*Rhinopithecus*)
  Gatt.: Kleideraffe (*Pygathrix*)
  Gatt.: Pageh-Stumpfnasenaffe (*Simias*)
Überfamilie: Hominoidea
Fam.: Gibbons (Hylobatidae)
  Gatt.: Gibbon (*Hylobates*)
  Gatt.: Siamang (*Symphalangus*)
Fam.: Menschenaffen (Pongidae)
  Gatt.: Orang-Utan (*Pongo*)
  Gatt.: Schimpanse und Bonobo (*Pan*)
  Gatt.: Gorilla (*Gorilla*)
Fam.: Hominidae
  Gatt.: Mensch (*Homo*)

Tabelle 3.11 Merkmale der Lemuriformes (n. Fiedler 1956; Napier u. Napier 1967)

- 36 Zähne (2.1.3.3 / 2.1.3.3), Abweichungen bei *Lepilemur*, Indriidae und Daubentoni-idae; untere Incisivi und Canini prokumbent
- kein äußerer knöcherner Gehörgang, Annulus tympanicus liegt frei in der Bulla auditiva;
- Ohren beweglich, nicht faltbar
- feuchter Nasenspiegel (Rhinarium)
- faziale und carpale Vibrissen vorhanden
- Sublingua vorhanden
- Plattnägel an Fingern und Zehen, Ausnahme zweite Zehe
- längere Hinter- als Vorderextremitäten, Calcaneus und Naviculare verlängert
- einfach strukturiertes Hirn (lissencephal)
- in der Regel ein Paar brustständige Zitzen
- tag-, dämmerungs- oder nachtaktiv
- arborikol, Ausnahme *Lemur catta*
- frugi-, foli- bis omnivor.

Die Lemuriformes, Lorisiformes und Tarsiiformes werden als Prosimii (Halbaffen), die übrigen Primaten als Simii (echte Affen) bezeichnet. Alternativ lassen sich die Primaten nach dem Vorhandensein oder Fehlen eines feuchten *Nasenspiegels* (Rhinarium) als Strepsirhini (Lemuriformes und Lorisiformes) und Haplorhini (übrige Primates) klassifizieren (Abb. 3.12). Die Simii werden nach der Breite ihrer knorpeligen Nasenscheidewand in Catarrhini (Schmalnasenaffen) und Platyrrhini (Breitnasenaffen) untergliedert (Abb. 3.15).

Abb. 3.11 Lemuriformes. **a** *Microcebus murinus* **b** *Lemur catta*, ungleicher Maßstab.

Tabelle 3.12 Merkmale der Lorisiformes (n. Fiedler 1956; Napier u. Napier 1967).

Lorisidae	Galagidae
- 36 Zähne (2.1.3.3 / 2.1.3.3), untere Incisivi und Canini prokumbent	- 36 Zähne (2.1.3.3 / 2.1.3.3), untere Incisivi und Canini prokumbent
- bewegliche, faltbare membranöse Ohren	- große bewegliche und faltbare Ohren
- mehr als ein Paar Zitzen	- ein Paar brustständige Zitzen
- freiliegende Spinalfortsätze der Halswirbelsäule	- Hinterextremitäten wesentlich länger als Vorderextremitäten
- Vorder- und Hinterextremitäten gleich lang Hinterextremitäten sehr kräftig	- Calcaneus und Naviculare verlängert
- zweiter Finger und zweite Zehe reduziert, Zangengriff; zweite Zehe mit Kralle, übrige Strahlen mit Plattnägeln	- Plattnägel an Fingern und Zehen, zweite Zehe mit Putzkralle
- Rete mirabilis in den Vorderextremitäten	- arborikol, 'vertical clinging and leaping', gelegentlich terrikol
- arborikole, extrem langsame Kletterer	- nachtaktiv
- insekti- bis omnivor, nachtaktiv	- insekti- bis omnivor

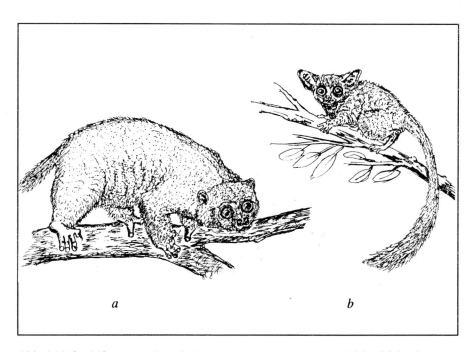

a   *b*

Abb. 3.12 Lorisiformes **a** *Perodicticus spec.* **b** *Galago spec.*, ungleicher Maßstab.

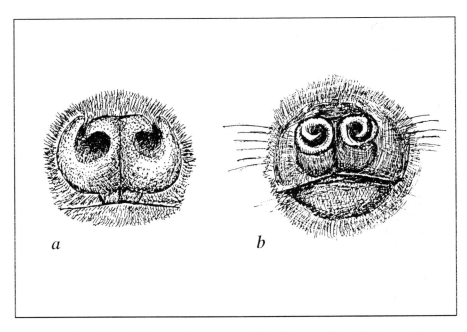

Abb. 3.13 Vergleich der Nasenregion. **a** strepsirhine Primaten (*Perodicticus potto*) **b** haplorhine Primaten (*Lemur catta*).

Tabelle 3.13 Merkmale der Tarsiiformes (n. Fiedler 1956; Napier u. Napier 1967).

- 34 Zähne (2.1.3.3/1.1.3.3)
- sehr große Orbitae
- Hirn lissencephal, mikrosmatisch
- Ohren membranös und beweglich
- optische Projektionsfelder stark vergrößert
- Oberlippe behaart, kein feuchtes Rhinarium
- Hinterextremitäten wesentlich länger als Vorderextremitäten
- Calcaneus und Naviculare sehr stark verlängert
- scheibenförmig verbreiterte Finger- und Zehenballen
- nachtaktiv
- insekti- bis karnivor

- Schädel extrem kurz
- Foramen occipitale magnum zentral gelegen
- äußerer Gehörgang vorhanden
- Netzhaut mit Macula lutea und Fovea centralis
- zwei Paar Zitzen
- Uterus bicornis
- Plazenta haemochorial
- Hände und Füße fast nackt, Ferse behaart
- Tibia und Fibula distal verschmolzen
- arborikol, vertikales Springen und Anklammern

Abb. 3.14 Tarsiiformes (*Tarsius spec.*).

Tabelle 3.14 Merkmale der Platyrrhini (n. Fiedler 1956; Napier u. Napier 1967).

Cebidae	Callitrichidae
- 36 Zähne (2.1.3.3 / 2.1.3.3)	- 32 Zähne (2.1.3.2 / 2.1.3.2)
- einfach strukturiertes (Aotinae) bis hochentwickeltes Hirn (Cebinae)	- einfach strukturiertes Hirn
	- gut entwickeltes Jacobson'sches Organ
- Daumen kurz, nicht opponierbar, manchmal fehlend	- Daumen nicht opponierbar
	- krallenartig gestaltete Nägel,
- Platt- bis Kuppennägel	außer an Großzehe
- einige Formen mit Greifschwanz	- gut entwickelte Markierdrüsen
	- regelmäßig mehrlingsgebärend

- Molaren meist vierhöckerig
- Bulla auditiva aufgebläht, sehr kurzer äußerer Gehörgang
- knorpelige Nasenscheidewand meist breit, Nasenlöcher nach lateral gerichtet
- Großzehe meist groß und opponierbar
- discoidale Plazenta, haemochorial
- Menstruationsblutungen äußerlich nicht sichtbar
- tagaktiv (außer *Aotus*), arborikol,
- foli-, frugi- bis omnivor

Abb. 3.15   Platyrrhini. **a** *Callithrix spec.* **b** *Cebus spec.* **c** *Ateles spec.* (ungleicher Maßstab).

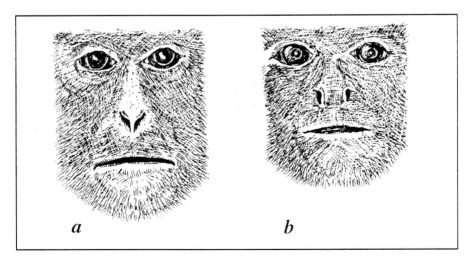

Abb. 3.16 Vergleich der Nasenregion. **a** Schmalnasenaffen **b** Breitnasenaffen.

Tabelle 3.15 Merkmale der Cercopithecoidea (n. Fiedler 1956; Napier u. Napier 1967).

- 32 Zähne (2.1.3.3 / 2.1.3.3)
- langer, äußerer Gehörgang
- kielförmiger Thorax
- Backentaschen meistens vorhanden (nicht bei Colobidae)
- Platt- oder Kuppennägel an Fingern und Zehen
- Vorder- und Hinterextremitäten gleich lang (Cercopithecidae) bzw. Hinterextremitäten länger als Vorderextremitäten (Colobidae)
- planti- bis digitigrad
- tagaktiv
- viele Arten sexualdimorph

- Molaren mit vier Höckern, bilophodont
- Nasenscheidewand schmal, Nasenlöcher nach vorn und/oder unten gerichtet
- Gesäßschwielen meistens vorhanden
- Finger und Zehen gut entwickelt, bei Colobidae Daumen reduziert
- einkammeriger Magen bei Cercopithecidae, mehrkammerig bei Colobidae
- niemals Greifschwanz ausgebildet
- Plazenta bidiscoidalis
- Menstruationsblutung äußerlich sichtbar
- arborikol, semiarborikol oder terrestrisch
- folivor (Colobidae), graminivor (*Erythrocebus*), frugivor

Abb. 3.17 Cercopithecoidea. **a, b** *Cercopithecus spec.* **c** *Presbytis spec.* **d** *Papio spec.*

Tabelle 3.16 Merkmale der Hominoidea (n. Fiedler 1956; Napier u. Napier 1967).

Hylobatidae	Pongidae
- 32 Zähne (2.1.2.3 / 2.1.2.3)	- 32 Zähne (2.1.2.3 / 2.1.2.3)

Molaren mit Dryopithecus-Muster

Hylobatidae	Pongidae
- dichte Behaarung - kleine Gesäßschwielen - sichtbarer Schwanz fehlt - keine Backentaschen - sehr kurzes breites Sternum - Vorderextremitäten wesentlich länger als Hinterextremitäten - arborikol, Brachiation - foli- bis frugivor	- U-förmiger Zahnbogen - sehr große Canini, sexualdimorph - stark ausgeprägte Diastemata - Vorderextremitäten länger als Hinterextremitäten - Orang-Utan arborikol, Stemm-Greif-Kletterer - Schimpanse und Gorilla semiarborikol, Knöchelgänger

Abb. 3.18 Hominoidea. **a** *Hylobates spec.* **b** *Pongo* **c** *Gorilla* **d** *Pan spec.*

4 Adaptationen der Primaten

4.1 Adaptationen des kranialen Skeletts und der Zähne

Kennzeichnende Merkmale des Schädels sind die Lagebeziehung[1] und das Größenverhältnis des Gesichtsschädels (Viszerokranium)[2] zum Hirnschädel (Neurokranium; Übersicht in Delattre u. Fenart 1956; Biegert 1957; Hofer 1960, 1965; Moss u. Young 1960; C. Vogel 1966b[3]; Shea 1985, 1988). Bei fast allen Primaten liegt das Viszerokranium nicht mehr in der direkten Verlängerung des Neurokraniums (*orthokranialer Schädel*; Hofer 1965; Abb. 4.1), sondern er ist unterschiedlich stark gegenüber der Schädelbasis gesenkt (dekliniert), so daß daraus ein *klinorhyncher Schädel* entsteht (Hofer 1965; Abb. 4.1). Beim Orang-Utan ist der Gesichtsschädel gegenüber der Schädelbasis etwas nach superior rotiert, so daß ein *airorhyncher Schädel* resultiert (*sensu* Hofer 1965; simognath *sensu* Preuss 1982; Sonntag 1924; Abb. 4.1). Nach Shea (1985, 1988) ist Airorhynchie des Viszerokraniums ein plesiomorphes Merkmal (vgl. auch Pilbeam 1979; Greenfield 1980; R. Kay 1981; Wolpoff 1982; *contra* S. Ward u. Kimbel 1983; S. Ward u. Pilbeam 1983).

Da die Lagebeziehung von Referenz- bzw. Meßpunkten auf dem Schädel verschiedener Spezies unterschiedlich ist, läßt sich die Orientierung des Gesichtsschädels zum Hirnschädel vergleichend anatomisch am besten durch die Größe des kraniofazialen oder sphenomaxillaren Winkels[4] (*sensu* Huxley 1863) beschreiben (Übersicht in Ashton 1957; Hofer 1957, 1960; C. Vogel 1966b; Shea 1985; Bilsborough u. Wood 1988). Die Größe dieses Winkels bestimmt das Ausmaß der kyphotischen Deklination des Viszerokraniums gegenüber der Schädelbasis (*kyphotische Schädelbasisknickung*). Der kraniofaziale Winkel beträgt beim modernen Menschen etwa 90° und liegt damit erheblich unter demjenigen

---

[1] Richtungs- und Lagebezeichungen am Skelett siehe Anhang (vgl. Kap. 10).

[2] In der vergleichenden Anatomie wird das Viszerokranium auch als Splanchnokranium bezeichnet (Starck 1979).

[3] Die traditionelle Gliederung des Säugetierschädels in Gesichts- und Hirnschädel ist umstritten. Eine eingehende Erörterung dieses Problems findet sich bei C. Vogel (1966b).

[4] Winkel zwischen dem jeweils am weitesten anterior gelegenen Punkt des Oberkiefers, des Keilbeins und des Hinterhauptsloches.

aller übrigen Primaten (Abb. 4.1). Der Gesichtsschädel des modernen Menschen ist demgemäß *orthognath*, d. h. er liegt unter dem Hirnschädel. Dagegen haben alle übrigen Primaten einen mehr oder weniger *prognathen Schädel*, der durch einen großen kraniofazialen Winkel charakterisiert ist (Schnauzenbildung). Aufgrund der Airorhynchie des Gesichtsschädels hat der Orang-Utan einen kleineren kraniofazialen Winkel als die afrikanischen Menschenaffen (Shea 1985). Nach Delattre u. Fenart (1956) unterscheidet sich der Gesichtsschädel von *Pongo* von dem der afrikanischen Menschenaffen nur durch seine Lage zum Hirnschädel und nicht durch seine allgemeine Form. In der Ontogenese kann sich der kraniofaziale Winkel erheblich verändern (Ashton 1957). So haben beispielsweise infantile Schimpansen einen fast orthognathen, adulte Individuen dagegen einen stark prognathen Gesichtsschädel.

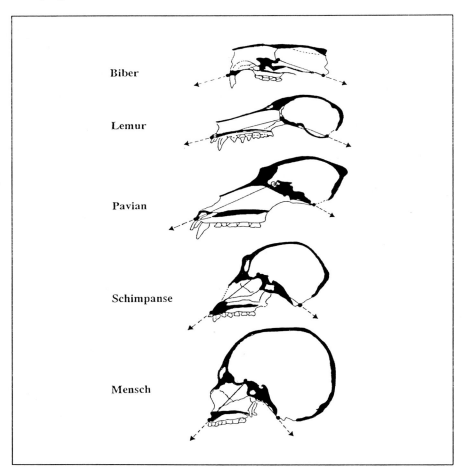

Abb. 4.1 Schädelformen. Lagebeziehung von Gesichts- und Hirnschädel. Kraniofazialer Winkel (n. Aiello u. Dean 1990, umgezeichnet).

Die Schädelgestalt wird ferner durch die Größenbeziehung der beiden Schädelteile bestimmt. Beim modernen Menschen ist der Hirnschädel wesentlich größer
als der Gesichtsschädel (vgl. Kap. 4.1.2.1). Bei den nicht-menschlichen Primaten
ist das Viszerokranium massiver als das Neurokranium. Die Pongidae nehmen
eine vermittelnde Stellung zwischen den Cercopithecoidea/Ceboidea und dem
modernen Menschen ein. Die starke kyphotische Abknickung des Gesichtsschädels beim modernen Menschen steht offenbar mit der progressiven Entfaltung des
Stirnhirns in Zusammenhang (Hofer 1957, 1960, 1965; Starck 1979; vgl. Kap.
4.1.2.1).

4.1.1 Morphologie des Gesichtsschädels

Das Gesichtsskelett besteht aus der Überaugenregion (Supraorbitalregion), den
Augenhöhlen (Orbitae), der Nasenregion (Nasalregion) sowie dem Ober- und
Unterkiefer (Maxilla und Mandibula). Diese Bereiche werden auch als obere,
mittlere und untere Gesichtsregion bezeichnet. Sie haben unterschiedliche Funktionen und bestimmen aus diesem Grund in charakteristischer Weise die Morphologie des gesamten Schädels (Übersicht in C. Vogel 1966b). Das Keilbein (Os
sphenoidale), das Scheitelbein (Os parietale) und das Siebbein (Os ethmoidale)
trennen den Gesichts- vom Hirnschädel.

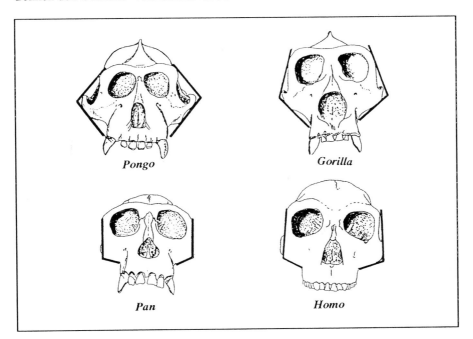

Abb. 4.2 Gesichtsschädelform bei Pongiden und beim modernen Menschen. Frontalansicht
(in Anlehnung an Rak 1983).

In Frontalansicht sind der Gesichtsschädel der Pongiden und der des modernen
Menschen etwa rechteckig, wobei die vertikalen Schenkel des Rechtecks am seit-
lichen Orbitarand verlaufen und somit den Jochbogen einschließen (Rak 1983;
Abb. 4.2). Die Form des Gesichtsschädels wird am stärksten durch den Funk-
tionskomplex des Kauapparates mit seinen hohen statisch-mechanischen Ansprü-
chen an das Gesichtsskelett bestimmt - Druckbeanspruchung von seiten des
Gebisses, Zugbeanspruchung von seiten der Kaumuskulatur (Übersicht in C.
Vogel 1966b; Demes 1985; Preuschoft 1989a; vgl. Kap. 4.1.10).

4.1.1.1 Orbita- und Überaugenregion

Die Orbitae sind bei den Primaten nach anterior gerichtet, sie konvergieren etwas
nach medial und sind bei den Strepsirhini posterior durch eine Knochenspange,
bei den Haplorhini durch ein knöchernes Septum zur Schläfengrube (Fossa
temporalis) geschlossen (Cartmill 1972; Abb. 4.3). Die Orbitagröße verhält sich
negativ allometrisch zur Schädelgröße (R. Martin 1990). Von den Pongiden hat
der Orang-Utan die kleinsten, der Gorilla die größten Augenhöhlen. Die Form der
Orbitaöffnung (Aditus orbitae) ist vergleichsweise variabel. Bei den Pongiden ist
sie ovoid bis rund - beim Orang-Utan höher als breit - beim rezenten Menschen
mehr quadratisch (Abb. 4.2). Die beiden Augenhöhlen sind durch den Interorbitalpfeiler voneinander getrennt. Bezogen auf die Schädellänge haben die Simii
einen schmalen Interorbitalpfeiler (C. Vogel 1966b; Cartmill 1971). Unter den
Hominoidea ist der Orbitaengstand besonders deutlich beim Orang-Utan ausgeprägt. Bei den Catarrhini ist nach C. Vogel (1966b) ein schmaler Interorbitalpfeiler der apomorphe Zustand. Unter der Orbita liegt das Foramen infraorbitale.
Es ist bei den Pongiden wesentlich größer als beim modernen Menschen.

Bei allen Primaten bildet das Stirnbein (Os frontale) das Dach der Augenhöhle.
Am unteren inneren Augenhöhlenrand liegt das Tränenbein (Os lacrimale) mit
dem Tränenkanal. Bei den Lemuriformes und den Tarsiiformes liegt die Öffnung
des Tränenkanals vor der Augenhöhle. Die Lorisiformes haben ein sehr kleines Os
lacrimale, der Tränenkanal mündet im unteren Augenhöhlenrand. Bei den Simii
liegen das Tränenbein und die Öffnung des Tränenkanals in der Orbita. Die posteriore innere Augenhöhlenwand wird bei allen Simii vom orbito- und alisphenoi-
dalen Teil[5] des Keilbeins gebildet. Der Orbitaboden besteht aus dem Gaumenbein
(Os palatinum) und Teilen der Maxilla. Zur Temporalgrube wird die Augenhöhle
superior durch das Os frontale, lateral durch das Jochbein (Os zygomaticum) und
nach posteroinferior durch das Alisphenoid abgeschlossen (postorbitales Septum;
Abb. 4.3). Das postorbitale Septum ist nach Cartmill (1980) ein apomorphes
Merkmal und eignet sich daher zur Rekonstruktion phylogenetischer Beziehungen
von Taxa. Die Funktion des postorbitalen Septums wird kontrovers diskutiert.
Nach Ansicht der meisten Autoren liegt seine Hauptfunktion in der Abschirmung
des Augapfels vom Schläfenmuskel (M. temporalis; vgl. Kap. 4.1.11). Die von

---

[5] Vergleichend-anatomisch sind diese Teile des Os sphenoidale mit dem Alisphenoid und
Oligosphenoid der Säugetiere identisch.

Ehara (1969) und Cachel (1979) vertretende Ansicht, daß die Entwicklung eines postorbitalen Septums mit der Vergrößerung der Ursprungsfläche für den M. temporalis zusammenhängt, wird sehr kritisch beurteilt (Übersicht in Cartmill 1980; R. Martin 1990).

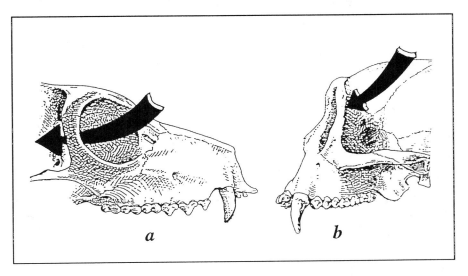

Abb. 4.3 Posteriore Orbitaregion. **a** Postorbitale Spange **b** postorbitales Septum.

An der medialen Wand der Orbita der Primaten tritt zwischen das Os frontale und die Maxilla eine dünne Lamelle des Siebbeins. Bei den Lemuriformes ist es nur ausnahmsweise vorhanden, z. B. beim Indri (Cartmill 1975, 1978; Cartmill u. Gingerich 1978; Abb. 4.4). Ob diese Konfiguration als apomorphes Merkmal eingestuft werden muß, ist noch umstritten (R. Martin 1990). Die Fossilformen geben hierüber keinen hinreichenden Aufschluß, da der Nahtverlauf in den Orbitae oft nicht mehr zweifelsfrei festzustellen ist (Übersicht in Cartmill 1981; Conroy 1990; R. Martin 1990). Nach R. Kay u. Cartmill (1977) hängt die Exposition des Os ethmoidale in der Orbita mit der Verringerung des Interorbitalabstandes zusammen. Der direkte Kontakt der Maxilla mit dem Os frontale in der Orbita wird von einigen Autoren als das plesiomorphe Merkmal angesehen (Le Gros Clark 1959). Muller (1935), R. Martin (1967) und Cartmill (1975) betrachten dagegen den Kontakt der Maxilla mit dem Os lacrimale als den ursprünglichen Zustand. In jedem Fall ist aber die Exposition des Os ethmoidale in der medialen Wand der Orbita ein wichtiges differentialdiagnostisches Merkmal. Bei den Haplorhini und den Lorisiformes hat das Os palatinum nur einen geringen Anteil an der Bildung der hinteren Orbitawand. Die spezifische osteologische Struktur der Orbita ist insgesamt ein taugliches Merkmal zur Rekonstruktion phylogenetischer Beziehungen von Taxa (R. Martin 1990).

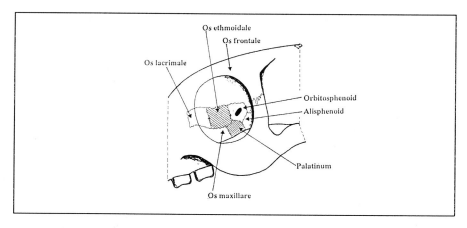

Abb. 4.4 Exposition des Os ethmoidale in der Orbita der Primaten.

Über den Orbitae ist bei nicht-menschlichen Primaten und frühen Hominiden ein Überaugenwulst ausgebildet (Torus supraorbitalis; Abb. 4.5; vgl. Kap. 6.1.3 und Kap. 7.3). Er verläuft über beide Orbitae und schließt die Region der Nasenwurzel ein (Übersicht in C. Vogel 1966b).[6] Santa-Luca (1980) untergliedert den Torus in eine laterale Region (supraorbitales Trigon), in einen medialen Bereich (Arcus superciliaris) und in einen zentralen Anteil (Torus glabellaris; Abb. 4.6). Der moderne Mensch hat keinen Torus supraorbitalis, dagegen ist er bei den afrikanischen Menschenaffen stark, fast balkonförmig ausgebildet. Über die Funktion des Torus supraorbitalis bestehen unterschiedliche Ansichten. Übereinstimmung herrscht in der Auffassung, daß zwar die Gestalt der Überaugenregion vom Kauapparat beeinflußt werden kann (Biegert 1957), sein generelles Vorhandensein oder Fehlen jedoch nicht allein auf die mit dem Kauapparat verbundenen mechanischen Zwänge zurückgeführt werden können, da auch bei Spezies mit einem vergleichsweise schwachen Kauapparat, wie z. B. den Hylobatidae, starke Tori supraorbitales ausgebildet sind (Übersicht in C. Vogel 1966b; Rak 1983; Shea 1988; Aiello u. Dean 1990; R. Martin 1990). Diese Ansicht wird ferner dadurch bestärkt, daß beim Orang-Utan trotz des sehr kräftigen Kauapparates kein deutlicher Überaugenwulst, sondern nur eine schwach entwickelte knöcherne Erhöhung vorhanden ist. Clarke (1977) beschreibt diesen supraorbitalen Knochenwulst, der von der Glabellarregion über die Orbita bis zur Nahtstelle zwischen dem Os frontale und dem Os zygomaticum (Sutura frontozygomatica) verläuft, als Costa supraorbitalis (Übersicht in Kimbel et al. 1984; Shea 1985, 1988). Das Fehlen des Torus supraorbitalis beim Orang-Utan wird mit der Airorhynchie des Gesichtsschädels und der damit einhergehenden

---

[6] Der Begriff Torus supraorbitalis geht auf Schwalbe (1901) zurück und bezeichnet einen über die Nasenregion hinweglaufenden Knochenwulst. Davon unterschieden werden die Arcus superciliares, die im supranasalen Bereich unterbrochen sind.

Änderung der Hebelverhältnisse des Kauapparates in Verbindung gebracht (Delattre u. Fenart 1956; Biegert 1957; Moss u. Young 1960; C. Vogel 1966b; Greaves 1985; Shea 1986; *contra* M. Russell 1985). Das konkave Mittelgesicht des Orang-Utans und die fehlenden Überaugenwülste wurden lange Zeit als autapomorphe Merkmale angesehen, sie werden heute jedoch aufgrund ähnlicher Merkmalsausprägung bei miozänen Pongiden von einigen Autoren als plesiomorphe Eigenschaften eingestuft (Übersicht in Rak 1983; Shea 1985, 1988). Bei den afrikanischen Menschenaffen ist stirnwärts vom Torus ein Sulcus supratoralis zu erkennen. Hinter dem Torus bzw. der Costa supraorbitalis ist der Schädel der Pongiden stark eingeschnürt (postorbitale Einschnürung; Abb. 4.9; vgl. Kap. 7.3.1).

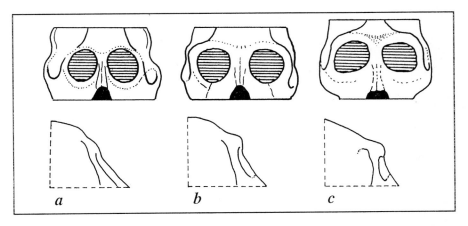

Abb. 4.5 Torus supraorbitalis (Frontal- und Seitenansicht). **a** *Pongo* **b** *Pan* **c** *Gorilla* (n. Aiello u. Dean 1990, umgezeichnet).

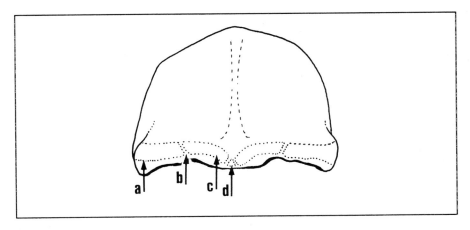

Abb. 4.6 Untergliederung des Torus supraorbitalis. **a** Trigonum supraorbitale **b** Fissura supraorbitalis **c** Arcus superciliaris **d** Torus glabellaris (n. Santa-Luca 1980).

4.1.1.2 Suborbitalregion

Das Mittelgesicht wird durch die Morphologie der Nasenregion und des Kauapparates bestimmt. In Seitenansicht ist der Gesichtsschädel der afrikanischen
Pongiden flach, beim Orang-Utan konkav. Zwischen dem unteren Orbitarand und
dem Foramen infraorbitale ist bei den Pongiden ein deutlich zu erkennender
transversal verlaufender Wulst ausgebildet. Beim modernen Menschen ist er nur
schwach ausgeprägt, und häufig ist nur sein medialer Anteil erkennbar. Das
Foramen infraorbitale liegt bei den Pongiden tiefer auf der Maxilla als beim
modernen Menschen.

Nur beim modernen Menschen treten die Nasenbeine (Ossa nasalia) aus dem
Gesichtsprofil hervor. Ihre Form ist innerhalb der Hominoidea unterschiedlich und
für die einzelnen Genera charakteristisch, beim Orang-Utan sind sie z. B. sehr
schmal (C. Vogel 1966b). Die Öffnung zur knöchernen Nasenhöhle ist beim
Orang-Utan länglich-oval (ovoid), bei den afrikanischen Pongiden gerundet bis
quadratisch und beim modernen Menschen birnenförmig (Apertura piriformis;
Abb. 4.7). Der untere Rand der Nasenöffnung ist beim Menschen in einen Nasen-
beinstachel ausgezogen (Spina nasalis anterior). Bei den Pongiden geht der untere
Rand der Apertura kontinuierlich in den nasoalveolaren Clivus über. Die seitliche
Begrenzung der Nasenöffnung ist bei den Pongiden und beim modernen
Menschen verhältnismäßig scharfkantig, dünn und flach (Rak 1983). Die Ränder
der Apertura sind nicht durch Pfeiler verstärkt (engl. *anterior pillar*). Dennoch
bezeichnen einige Autoren den lateralen Aperturarand als 'anterioren' oder
'Caninus-Pfeiler' (engl. *anterior buttress*). Nach Rak (1983) handelt es sich hierbei
um eine osteologische Struktur, die durch die alveolare Aufwölbung des Caninus
(Jugum) entsteht und mit dem 'anterior pillar' nicht identisch ist (eingehende
Diskussion in C. Vogel 1966b).

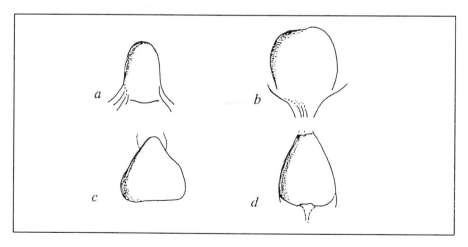

Abb. 4.7 Form der knöchernen Nasenöffnung (Frontalansicht). **a** *Pongo* **b** *Gorilla*
c *Pan* **d** *Homo sapiens.*

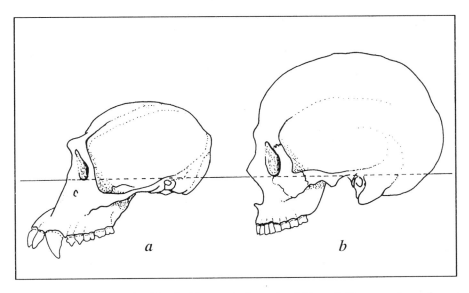

Abb. 4.8 Lage und Verlauf des Jochbogens in Lateralansicht. **a** Schimpanse **b** moderner Mensch.

Bei den Pongiden ist eine weite Grube im lateralen Bereich der Maxilla angelegt (Fossa maxillaris). Sie erstreckt sich oberhalb des Alveolarsaumes vom Caninuspfeiler bis zur Nahtverbindung zwischen der Maxilla und dem Os zygomaticum (Sutura zygomaticomaxillaris) bzw. sogar noch auf das Os zygomaticum selbst. Beim modernen Menschen ist sie kleiner und nach lateral nicht so weit ausgezogen. Einige Primatengenera weisen ferner noch eine Fossa suborbitalis auf, der nach C. Vogel (1966b) großer differentialdiagnostischer Wert zukommt. Beide Fossae können ineinander übergehen. Die Fossa maxillaris wird fälschlicherweise häufig mit der Fossa canina, der Insertionsstelle des M. levator anguli oris, gleichgesetzt. Aufgrund des kurzen Kiefergerüstes ist die Fossa maxillaris beim modernen Menschen stark eingeengt, so daß sie vielfach auf den Bereich der Fossa canina zusammenschrumpfen kann, was jedoch nicht morphologische Identität bedeutet (eingehende Diskussion in C. Vogel 1966b; Tobias 1967; Clarke 1977; Rak 1983). Eine Fossa canina kommt regelmäßig auch bei den Pongiden vor. Beim Orang-Utan liegt sie weiter superior als bei den afrikanischen Menschenaffen. Beim Gorilla ist die Insertionsstelle des M. levator anguli oris häufig nur als Rauhigkeit und nicht als Fossa ausgebildet (C. Vogel 1966b). Der untere Rand des Proc. zygomaticus der Maxilla (Crista zygomaticoalveolaris) verläuft horizontal. In Seitenansicht bilden der Proc. frontalis und der Proc. temporalis des Jochbeins bei den Menschenaffen und beim modernen Menschen einen rechten oder sogar stumpfen Winkel (Rak 1983).

Der Oberrand des Proc. temporalis des Jochbeins liegt beim modernen Menschen etwa auf Höhe des unteren Orbitarandes. Bei den Pongiden verläuft er dagegen deutlich tiefer (Abb. 4.8). Die Wurzel des Proc. temporalis des Jochbeins wölbt sich weder bei den Pongiden noch beim modernen Menschen vor. Eine derartige Wulstbildung (engl. *zygomatic prominence*) ist dagegen bei frühen Hominiden beschrieben worden (Rak 1983). Der Proc. temporalis des Os zygomaticum henkelt beim Orang-Utan nach lateral stark aus, was zu einer erheblichen Vergrößerung des Foramen temporale führt (Abb. 4.9; vgl. Kap. 4.1.1, Kap. 4.1.2).

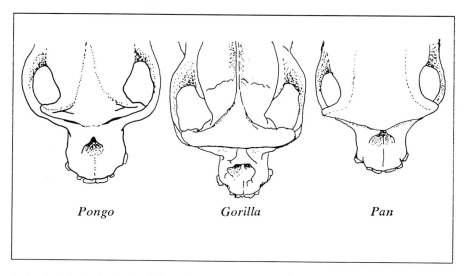

Abb. 4.9 Laterale Aushenkelung der Jochbögen bei den Pongiden. Vertikalansicht (n. S. Ward u. F. Brown 1986, umgezeichnet).

Große diagnostische Bedeutung kommt der Morphologie des subnasalen Gesichts zu. Der nasoalveolare Bereich (*nasoalveolarer Clivus*) ist beim modernen Menschen im Vergleich zu dem der Menschenaffen verhältnismäßig steil gestellt (Abb. 4.10). Das Os incisivum[7] steigt zunächst stark an, knickt anschließend auf der Höhe des vorderen Nasenbeinstachels horizontal nach posterior in die Nasenhöhle ab und stößt an die anteriore Kante des Pflugscharbeins (Vomer). Der anteriore Teil des harten Gaumens (Proc. palatinus der Maxilla) ist im Bereich der Mündung des Canalis incisivus am Foramen incisivum posterior und inferior vom nasoalveolaren Clivus nach inferior abgeknickt (S. Ward u. Kimbel 1983; Abb. 4.11). Bei den afrikanischen Menschenaffen ist der nasoalveolare Clivus bedeutend dicker als beim modernen Menschen und von länglich-ovaler (Schimpanse) bzw. etwa stumpf-pyramidaler Gestalt (Gorilla; Abb. 4.11). Er steigt gleichmäßig zum unteren Rand der Apertura an. Beim Schimpansen ist er in

---

[7] Vergleichend anatomisch ist das Os incisivum mit dem Os prae- bzw. intermaxillare identisch (Zwischenkieferknochen).

Seitenansicht leicht nach superior konvex. Bei beiden Pongidenspezies schiebt sich das Os intermaxillare zwar ebenfalls posterior in die Nasenöffnung, es knickt jedoch nicht wie beim modernen Menschen horizontal nach posterior ab und lagert sich auch nicht an den anterioren Rand des Vomer an.

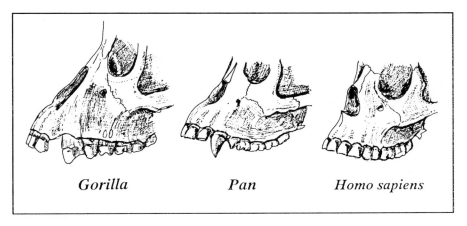

Gorilla   *Pan*   *Homo sapiens*

Abb. 4.10 Gestalt des subnasalen Bereichs bei Pongiden und beim modernen Menschen. Lateralansicht.

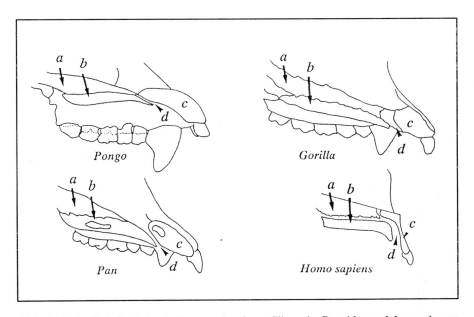

Abb. 4.11 Sagittalschnitt durch den nasoalveolaren Clivus der Pongiden und des modernen Menschen. **a** Vomer **b** Proc. palatinus der Maxilla **c** Nasoalveolarer Clivus **d** Canalis incisivus (n. S. Ward u. Kimbel 1983, umgezeichnet).

Beim Schimpansen verläuft ein schmaler Canalis incisivus zwischen dem Os praemaxillare und dem Proc. palatinus der Maxilla. Beim Gorilla ist der Canalis incisivus breiter und posterior vom anterioren Rand des Vomer begrenzt. Bei männlichen Gorillas entsteht in der Transversalebene des Clivus durch die kräftigen Juga der Caninuswurzeln eine Rinne. Sie ist morphologisch allerdings anders zu begründen als die bei frühen Hominiden zu beobachtende Vertiefung des subnasalen Bereichs (Shea 1985). Der nasoalveolare Clivus des Orang-Utans unterscheidet sich grundlegend von dem der afrikanischen Menschenaffen und dem des modernen Menschen (S. Ward u. Kimbel 1983). Er ist in Seitenansicht stark nach superior konvex, sein höchster Punkt liegt etwa auf der Ebene des Nasenbodens. Die deutliche superiore Aufbiegung des nasoalveolaren Bereichs beim Orang-Utan ist auf die Airorhynchie des Gesichtsschädels zurückzuführen (Shea 1985). Posterior endet das Os intermaxillare des Orang-Utans etwa auf der gleichen Ebene wie der Proc. palatinus der Maxilla. Der Canalis incisivus und das Foramen incisivum sind außerordentlich eng und nicht durch eine knöcherne Lamelle geteilt (Abb. 4.11).

Der Zahnbogen des Oberkiefers ist beim modernen Menschen parabolisch, bei den Pongiden hingegen U-förmig (vgl. Kap. 4.1.3). Die Zähne sind beim modernen Menschen vertikal eingepflanzt, bei den großen Menschenaffen, besonders beim Schimpansen stehen die Incisivi leicht nach anteroinferior. Die seitlichen Flügel des Gaumenbeins sind beim modernen Menschen kurz und dünn, bei den Pongiden lang und dick. Der Anteil des Gaumenbeins am knöchernen Gaumendach ist beim modernen Menschen reduziert (S. Ward u. Pilbeam 1983). Die Anzahl der Gaumenleisten ist variabel. Beim modernen Menschen sind sie in der Regel nur bis zum P^4, bei den Pongiden bis zum M^1 ausgebildet (Schultz 1969a).

4.1.2   Morphologie des Hirnschädels

4.1.2.1   Hirnschädelform

Der Hirnschädel des modernen Menschen ist etwa kugelförmig und wölbt sich über den Gesichtsschädel (Abb. 4.12; vgl. Kap. 4.1.1). Die Kugelform hat biomechanische Vorteile, da sie beispielsweise eine geringere Wandstärke des Schädels ermöglicht (Demes 1985). Der Hirnschädel des modernen Menschen ist absolut größer als der Gesichtsschädel. Das Neurokranium der nicht-menschlichen Primaten ist ovoid bis elliptisch. Es liegt hinter dem Viszerokranium und ist absolut kleiner (Abb. 4.1).

In Seitenansicht ist die Stirnregion beim modernen Menschen steil, bei den Pongiden fliehend. Der Orang-Utan hat eine etwas stärker aufsteigende Frontalregion als die afrikanischen Menschenaffen (Schultz 1969a; Shea 1985, 1988; Abb. 4.13). Diese besitzen ebenso wie der Mensch Stirnbeinhöhlen (Sinus frontales). Das Schläfenbein (Os temporale) und das Os frontale haben beim modernen Menschen, beim Zwergschimpansen und beim Orang-Utan keinen

Kontakt, sondern vielmehr die Ala major des Os sphenoidale und das Os parietale. Beim Schimpansen und Gorilla stoßen dagegen das Os frontale und das Os temporale direkt aufeinander, während das Os sphenoidale und das Os parietale nicht in Kontakt treten (Ashley-Montagu 1933; Abb. 4.14).

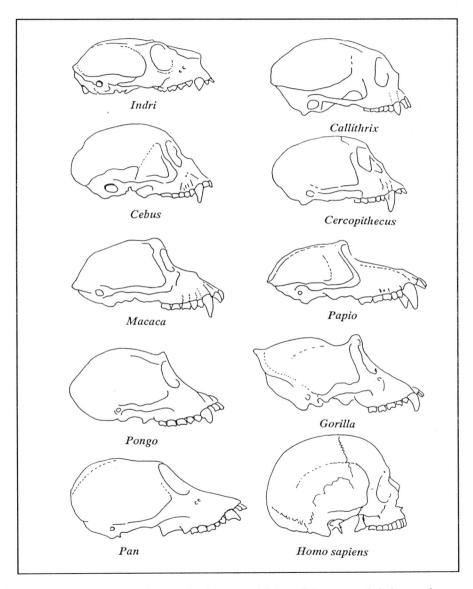

Abb. 4.12 Hirnschädelform bei nicht-menschlichen Primaten und beim modernen Menschen. Lateralansicht (ungleicher Maßstab).

Tabelle 4.1 Hirnschädelvolumina bei Primaten (aus Aiello u. Dean 1990).

Spezies	Hirnschädelvolumen (cm^3)
Hylobates lar	99,9
Symphalangus syndactylus	123,7
Pongo pygmaeus	418,0
Pan troglodytes	393,0
Gorilla gorilla	465,0
Homo sapiens	1409,0

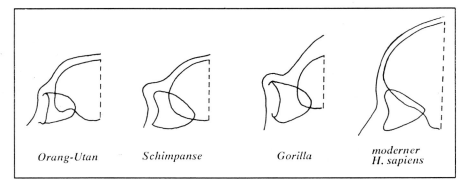

Orang-Utan   *Schimpanse*   *Gorilla*   *moderner H. sapiens*

Abb. 4.13 Stirnregion bei Pongiden und beim modernen Menschen. Lateralansicht.

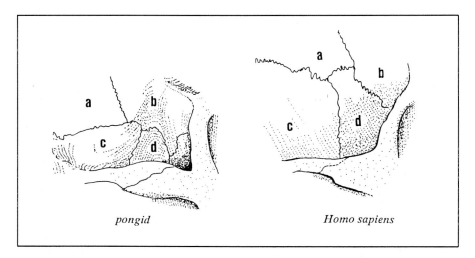

pongid   *Homo sapiens*

Abb. 4.14 Verlauf der Schädelnähte in der Temporalregion der Pongiden und des modernen Menschen. **a** Os parietale **b** Os frontale **c** Os temporale **d** Os sphenoidale.

Im Mediansagittalschnitt des Hirnschädels wird deutlich, daß die vordere Schädelgrube (Fossa cranii anterior) der Pongiden entsprechend dem wesentlich kleineren Stirnlappen des Großhirns ein geringeres Volumen hat als die des modernen Menschen (Abb. 4.15). Ihr vom Os frontale gebildeter Boden ist beim Menschen etwa horizontal, allerdings nach superior leicht konvex. Im medialen Bereich senkt sich der Boden der vorderen Schädelgrube mit der Crista galli zur Siebplatte (Lamina cribrosa) des Os ethmoidale ab. Bei den Pongiden verläuft der Boden der vorderen Schädelgrube nicht horizontal, sondern neigt sich nach posteroinferior zur mittleren Schädelgrube (Fossa cranii media). Die Lamina cribrosa liegt in einer tiefen, in Form und Größe bei den Pongiden aber variablen Rinne. Die Crista galli des Os ethmoidale fehlt oder ist reduziert (Aiello u. Dean 1990).

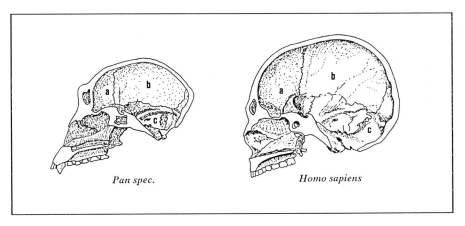

Pan spec.   *Homo sapiens*

Abb. 4.15 Lage und Größe der Schädelgruben bei Pongiden (*Pan spec.*) und bei *Homo sapiens*. Mediansagittalschnitt. **a** vordere **b** mittlere **c** hintere Schädelgrube.

Die mittlere Schädelgrube wird vom Schläfenlappen des Großhirns ausgefüllt. Durch die Erhebung der Pars petrosa des Schläfenbeins wird sie gegen die hintere Schädelgrube (Fossa cranii posterior) abgegrenzt (Abb. 4.15). Sie ist beim modernen Menschen weiter nach lateral ausgebuchtet als bei den Pongiden. Nach anterior steht sie mit den Orbitae über die Fissura orbitalis superior und den Kanal des Sehnervs (Canalis opticus) in Verbindung. Im Boden der mittleren Schädelgrube liegen die Durchtrittsöffnungen für die Gefäße und Nerven des Kopfes (Foramen rotundum, Foramen ovale, Foramen spinosum, Foramen lacerum). Die Pars sellaris des Keilbeins trennt medial die beiden mittleren Schädelgruben. Die Sella turcica ist bei den Pongiden weniger prominent entwickelt als beim modernen Menschen. Ihr posteriorer Teil geht mehr oder weniger kontinuierlich in den Clivus der Pars basilaris des Os occipitale über. Der Canalis sphenoidalis kann bei den Pongiden verstreichen (Aiello u. Dean 1990).

Die hintere Schädelgrube, die das Kleinhirn birgt, liegt tiefer als die mittlere (Abb. 4.15). Sie wird nach anterior vom Felsenbein begrenzt. Hier mündet auch der Porus acusticus internus, der in den inneren Gehörgang (Meatus acusticus internus) führt. Zwischen den beiden hinteren Schädelgruben liegt das Foramen occipitale magnum. Gegenüber dem modernen Menschen haben die Pongiden eine stark abgeflachte hintere Schädelgrube. Der Clivus der Pars basilaris des Hinterhauptsbeins (Os occipitale) ist wesentlich länger als beim modernen Menschen. Ferner ist die posteriore Fläche der Pars petrosa des Os temporale bei den Menschenaffen weniger steil gestellt (Aiello u. Dean 1990). Aufgrund der kurzen Pars basilaris des Hinterhauptbeins liegen beim modernen Menschen die Fossae cerebellares für die Hinterhauptslappen des Großhirns bzw. für die Lobi des Kleinhirns weiter anteroinferior als bei den Pongiden (Moss 1958). Die intraspezifische Formvariabilität ist allerdings erheblich (Dean 1988).

Die Hinterhauptsregion ist in Seitenansicht beim modernen Menschen gerundet, bei den übrigen Primaten mehr oder weniger stark abgeknickt (Abb. 4.16). Der Torus occipitalis der Pongiden liegt weit über der Linea nuchae superior des modernen Menschen (Abb. 4.17). Nach Demes (1985) hat der Torus keine das okzipitale Schädelgewölbe stabilisierende Funktion, sondern er führt lediglich zu einer Vergrößerung der Ursprungsfläche der Nackenmuskulatur und damit allerdings zu einer Verbesserung der Hebelwirkung der entsprechenden Muskeln. Die Querschnittsform des Torus läßt nach Demes (1985) auf einseitige Zugkräfte schließen. Der Schädel des modernen Menschen hat keine Knochenleisten oder -kämme, dagegen sind solche bei männlichen Gorillas und Orang-Utans in der Regel vorhanden (Crista sagittalis und Crista nuchalis; Schultz 1969a; Abb. 4.18). Sie dienen der Vergrößerung der Ursprungsfelder der mächtig entwickelten Kau- (M. temporalis) und Nackenmuskulatur (z. B. M. trapezius) und sind entsprechend der beidseitigen Zugkräfte durch den M. temporalis bzw. durch die posterioren Fasern des M. temporalis auf der einen und durch die Nackenmuskeln auf der anderen Seite in der biomechanisch zu erwartenden Form ausgeprägt. Nach Demes (1985) ist die starke Entwicklung des okzipitalen Knochenkamms mit der großen Zugkraft des posterioren Teils des M. temporalis und der erforderlich werdenden Kompensation der Zugkräfte durch die Nackenmuskulatur zu erklären.

Die Verlagerung des Gesichtsschädels unter den Hirnschädel führt beim modernen Menschen zu einer starken Abknickung der Pars basilaris des Os occipitale gegenüber der vorderen Schädelgrube. Entsprechend ist der Schädelbasiswinkel[8] kleiner als derjenige der Pongiden (Übersicht in Hofer 1960; Abb. 4.19). Die Gründe für die starke Abknickung liegen nach Ansicht einiger Autoren im Erwerb der Bipedie des modernen Menschen (z. B. DuBrul u. Laskin 1961), andere sehen die Ursachen in der starken Vergrößerung des menschlichen Frontalhirns (z. B. Kummer 1952; Biegert 1957; Hofer 1965; Moss et al. 1982; Abb. 4.20) oder in der Orbitagröße (z. B. Biegert 1957) oder schließlich in der Lage des oberen Respirationssystems (Laitman u. Heimbuch 1982).

---

[8] Winkel zwischen dem Foramen caecum, dem Mittelpunkt des Tuberculum sellae und dem am weitesten anterior gelegenen Punkt des Foramen occipitale magnum.

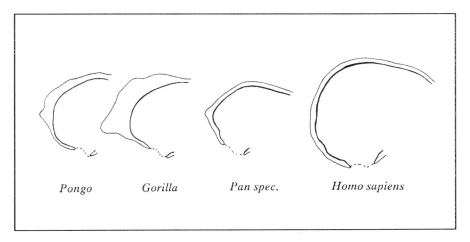

Abb. 4.16 Hinterhauptsform bei Pongiden und beim modernen Menschen. Mediansagittal-schnitt (n. Aiello u. Dean 1990, umgezeichnet).

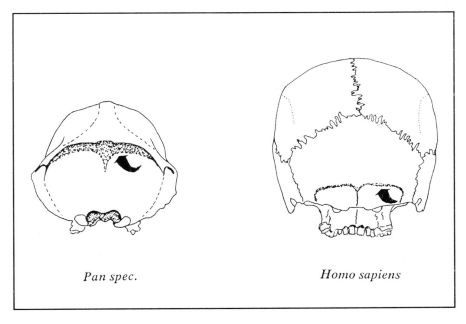

Abb. 4.17 a Lage des Torus occipitalis bei *Pan spec.* und **b** Lage der Linea nuchae superior bei *Homo sapiens*. Okzipitalansichten (n. Rak 1983, umgezeichnet).

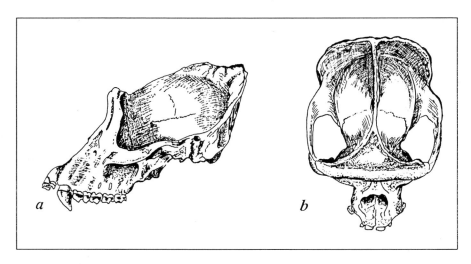

Abb. 4.18 Schädelkämme beim Gorilla. **a** Lateralansicht **b** Vertikalansicht (n. Schultz 1969a, umgezeichnet).

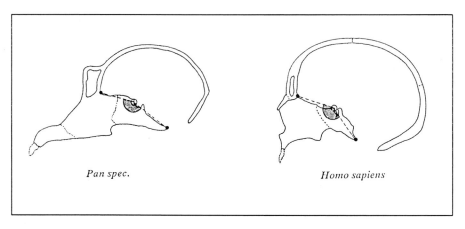

Abb. 4.19 Schädelbasiswinkel bei Pongiden (*Pan spec.*) und bei *Homo sapiens* (aus Aiello u. Dean 1990, umgezeichnet).

Nach Demes (1985) sind die etwa ovale Grundform der Schädelbasis und die Schädelbasisknickung wichtige Merkmalskomplexe, um die beim Kauvorgang wirkenden Druckkräfte über die seitlichen Schädelwände abzuleiten und hierdurch den anterior der Gelenkhöcker des Kopfgelenkes (Condyli articulares) gelegenen Bereich der Schädelbasis zu entlasten. Ob allerdings die Schädelbasisknickung und dieser Mechanismus in ursächlichem Zusammenhang stehen, läßt sich gegenwärtig noch nicht entscheiden.

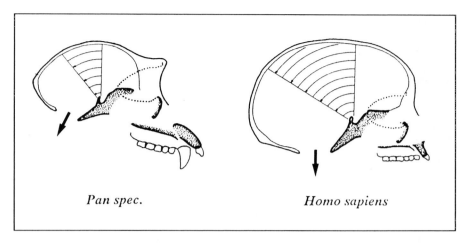

Abb. 4.20 Vergrößerung des Frontalhirns und Lage des Hinterhauptsloches. **a** *Pan spec.*
b *Homo sapiens* (aus Biegert 1963).

In Aufsicht henkeln die Jochbeine der Pongiden weit nach lateral aus (Abb.
4.21). Die postorbitale Einschnürung und das Foramen temporale sind groß,
besonders beim Orang-Utan (vgl. Kap. 4.1.1). Im Okzipitalbereich lädt der
Nackenkamm der männlichen Gorillas und Orang-Utans weit nach lateral aus.

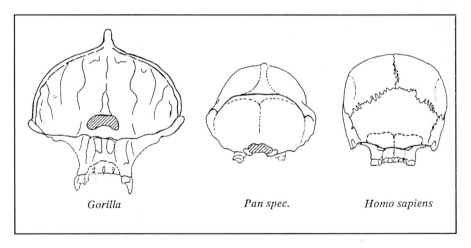

Abb. 4.21 Schädelform der Pongiden und des modernen Menschen. Okzipitalansicht.

In der Okzipitalansicht ist die Scheitelwölbung beim modernen Menschen
gerundet. Die größte Schädelbreite liegt auf den Ossa parietalia. Der Pongiden-
schädel ist dagegen flacher und in der Ohrregion ausladender (Abb. 4.22)

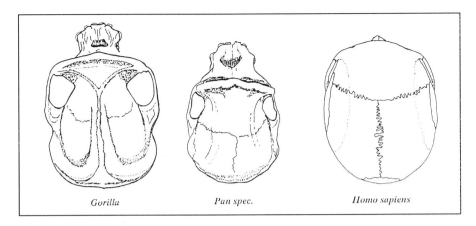

Gorilla   *Pan spec.*   *Homo sapiens*

Abb. 4.22 Schädelform der Pongiden und des modernen Menschen. Vertikalansicht.

Die Pars basilaris des Os occipitale ist beim modernen Menschen breit und kurz, bei den Pongiden lang und schmal. Das Foramen occipitale magnum ist gegenüber dem der Menschenaffen weit nach anterior gerückt (Übersicht in Cramer 1977; Aiello u. Dean 1990). Entsprechend liegen die Gelenkhöcker für die Halswirbelsäule (Condyli occipitales) beim modernen Menschen weiter anterior als bei den Pongiden. Das Foramen magnum occipitale weist beim modernen Menschen nach inferior, bei den Pongiden in unterschiedlichem Ausmaß nach posteroinferior (Abb. 4.20). Die Pars petrosa des Os temporale bildet dagegen mit der den rechten und linken Canalis carotis verbindenden Linie einen Winkel von etwa 45° gegenüber 60° bei den Pongiden (Aiello u. Dean 1990). Der Proc. styloideus ist beim Menschen gut ausgebildet, bei den Pongiden ist er reduziert. Bei adulten Menschenaffen sind verhältnismäßig gut entwickelte Mastoidfortsätze (Proc. mastoidei) zu erkennen (Schultz 1969a).

4.1.2.2 Kiefergelenk

Das Kiefergelenk (Art. temporomandibularis) liegt weit über der Okklusionsebene der Zähne (vgl. Kap. 4.1.4). In der Grundkonstruktion dieses Gelenks unterscheiden sich die Pongiden nicht vom modernen Menschen (Biegert 1956). Die Gelenkpfanne an der Schädelbasis wird ausschließlich von der Pars squamosa des Os temporale gebildet (Biegert 1956). Sie liegt beim modernen Menschen inferior der Squama ossis temporalis, bei den Pongiden mehr lateral unter der Wurzel des Jochbeins (Abb. 4.23). Auch im Kiefergelenk der Pongiden sind Scharnier-, Schlitten-(Transversal-)bewegungen und, infolge seiner Lage weit über der Okklusionsfläche des Gebisses, auch Rotations-(Mahl-)bewegungen möglich (Carlson 1977; R. Smith 1984). Die Kongruenz der Gelenkflächen des Proc. condylaris und der Fossa glenoidalis ist bei den Menschenaffen stärker ausgebildet als beim modernen Menschen. Die Fossa glenoidalis ist bei den Menschenaffen flacher, dagegen zeigt das Tuberculum articulare[9] innerhalb der Hominoidea keine grundlegenden Formunterschiede. Allerdings ist die Formvariabilität intraspezifisch verhältnismäßig groß (Biegert 1956). Die Facies praeglenoidalis ist bei den Hominoidea großflächig entwickelt, so daß Translationsbewegungen des Unterkiefers uneingeschränkt möglich sind (Carlson 1977). Der Proc. postglenoidalis ist bei den Pongiden kräftiger entwickelt als beim modernen Menschen und verhindert dadurch offenbar, daß der Proc. condylaris nach posterior weggleitet. Eine entsprechende Eindellung ist z. B. am Caput des Proc. condylaris der Mandibula des Gorillas angelegt (Aiello u. Dean 1990). Der Proc. entoglenoidalis ist beim Menschen wesentlich schwächer ausgeprägt und weiter medial gelegen als bei den Menschenaffen. Das führt dazu, daß das Caput des Proc. condylaris nicht unmittelbar dem Proc. entoglenoidalis anliegt, so daß der Unterkiefer des modernen Menschen in transversaler Richtung mehr Bewegungsmöglichkeit hat als derjenige der Pongiden.

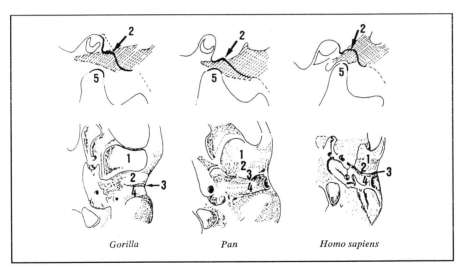

Gorilla   *Pan*   *Homo sapiens*

Abb. 4.23   Form und Lage des Kiefergelenks bei *Gorilla*, *Pan* und *Homo sapiens*; Lateralansicht (oben) und Ventralansicht (unten). 1 Eminentia articularis 2 Fossa glenoidalis 3 Pars tympanica ossis temporalis 5 Proc. condylaris (n. Biegert 1957, umgezeichnet).

Auf das Kiefergelenk wirken beim Kauvorgang erhebliche Druckkräfte, da die Mandibula als Hebel (Brehnan et al. 1981) und nicht nur als Verbindungsglied zwischen Hirn- und Gesichtsschädel wirkt, wie Gingerich (1971), Tattersall (1973) sowie D. Roberts u. Tattersall (1974) ursprünglich annahmen (Übersicht in Demes 1985).

---

[9] Das Tuberculum articulare entspricht vergleichend-anatomisch der Eminentia articularis.

4.1.2.3 Ohrregion

Die einzelnen Säugetierordnungen zeichnen sich durch eine charakteristische osteologische Zusammensetzung der Mittelohrregion aus, so daß ihre Morphologie für die Rekonstruktion phylogenetischer Beziehungen von Taxa sehr gut geeignet ist (Novacek 1977; Cartmill u. MacPhee 1980; MacPhee 1981; Moore 1981; MacPhee u. Cartmill 1986). Einzigartig unter den Säugetieren ist bei den Primaten die Bildung des ventralen Bodens der Bulla auditiva ausschließlich aus dem Felsenbein (Pars petrosa des Os temporale; Abb. 4.24). Diese besondere osteologische Konfiguration der Ohrregion ist ein synapomorphes Merkmal der Primaten und für die Rekonstruktion ihrer Herkunft und ihrer phylogenetischen Beziehungen zu anderen Säugetiertaxa von hohem diagnostischem Wert. Insbesondere geben die ontogenetischen Entwicklungsprozesse der Ohrregion innerhalb der Mammalia wertvollen Aufschluß über die Evolution der Ohrregion und über die verwandtschaftlichen Beziehungen von Taxa, vor allem auch fossiler Gruppen.

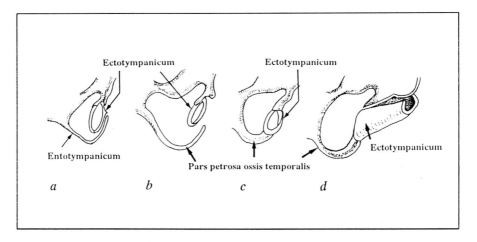

Abb. 4.24 Osteologische Konfiguration der Bulla auditiva bei Scandentia und Primates. **a** Tupaiiformes **b** Lemuriformes **c** Lorisiformes u. Ceboidea **d** Catarrhini (n. Hershkovitz 1977, umgezeichnet).

Innerhalb der Primaten sind zur Differentialdiagnose geeignete Unterschiede in strukturellen Details der Bulla auditiva festzustellen (MacPhee u. Cartmill 1986; Abb. 4.24). Sie betreffen vor allem die Form der Pars tympanica[10] des Schläfenbeins sowie deren Lagebeziehung zur Pars petrosa der Bulla auditiva. Drei Konstruktionstypen lassen sich unterscheiden:

---

[10] Die Pars tympanica des Os temporale ist vergleichend-anatomisch mit dem Ectotypanicum der übrigen Mammalia identisch.

- Das Ectotympanicum ist als Ring ausgebildet, der frei in der Bulla auditiva liegt (Lemuriformes).
- Das Ectotympanicum ist als Ring ausgebildet, der am Außenrand des ventralen Bodens der Bulla auditiva befestigt ist. Eine Gehörgangsbildung ist nicht zu erkennen (Lorisiformes; Platyrrhini).
- Das Ectotympanicum ist mit dem Außenrand des ventralen Bodens der Bulla auditiva verschmolzen und als Röhre (Gehörgang) ausgezogen (Tarsiiformes; Catarrhini).

Hoher differentialdiagnostischer Wert für die Rekonstruktion verwandtschaftlicher Beziehungen von Taxa wird auch der relativen Lage der Bulla auditiva zum Verlaufsmuster der Äste der Carotis interna zugesprochen. Auf diesen Merkmalskomplex soll hier jedoch nicht näher eingegangen werden (Übersicht in Cartmill 1975; Presley 1979; Cartmill u. MacPhee 1980).

4.1.3   Zahnbogenform

Die Form des Zahnbogens ist in der Ordo Primates sehr variabel. Hellman (1919) unterscheidet bei den nicht-menschlichen Primaten *pyriforme, lyriforme, O-förmige, U-förmige, V-förmige, sattelförmige* und *divergente Zahnreihen*. Der moderne Mensch hat einen *para-* oder *hyperbolischen Zahnbogen* (Remane 1960; Swindler u. Wood 1973; Abb. 4.25). Demgegenüber weisen die Pongiden U-förmige Zahnreihen auf. Allerdings sind auch beim U-förmigen Zahnbogen die Zahnreihen nicht streng parallel. Darüberhinaus stellte Hellman (1919) fest, daß bei den Menschenaffen nicht ausschließlich U-förmige Zahnbögen, sondern, mit Ausnahme der parabolischen und V-förmigen, auch die übrigen Formen vorkommen können. Desgleichen sind U-förmige Zahnbögen nicht nur auf die Pongiden beschränkt, sondern in seltenen Fällen auch bei den Hylobatiden zu beobachten. Ein gutes diagnostisches Kriterium für den unteren Zahnbogen des Menschen gegenüber dem der Pongiden ist die Einwärtsverlagerung des C_1 und sein dichter Anschluß an den P_3 (Remane 1960). Im Oberkiefer der nicht-menschlichen Primaten, mit Ausnahme der Pongiden, sind lyriforme Zahnbögen sehr häufig. Im Unterkiefer überwiegen dagegen divergente oder V-förmige Zahnreihen (Remane 1960; Swindler u. Wood 1973). Hellman (1919), Le Gros Clark (1959) und Remane (1960) weisen darauf hin, daß aufgrund der unterschiedlichen Länge der Canini bei Männchen und Weibchen ein Sexualdimorphismus in der Zahnbogenform bei einigen Spezies vorliegen kann, da die Eckzahngröße eine Ausweitung des Zahnbogens bei den Männchen bedingt.

Die Zahnreihen müssen nicht geschlossen sein, sondern es kann zur Ausbildung einer Lücke (*Diastema*) kommen. Besonders ausgeprägt ist das Diastema bei den nicht-menschlichen Primaten zwischen dem I^2 und dem C^1 sowie zwischen dem C_1 und dem P_2 bzw. dem P_3. Diese Zahnlücken dienen der Aufnahme der stark verlängerten oberen und unteren Eckzähne (Abb. 4.26). Nach Remane (1921) und Schultz (1948) sind allerdings die Diastemata der Pongiden kein differential-diagnostisches Merkmal zu Abgrenzung der Hominiden, so daß insbesondere dann eine äußerst sorgfältige Analyse notwendig ist, wenn Einzelstücke (z. B. Fossilfunde) auf ihren pongiden bzw. hominiden Status beurteilt werden sollen. Der moderne Mensch hat in der Regel vollständig geschlossene Zahnreihen.

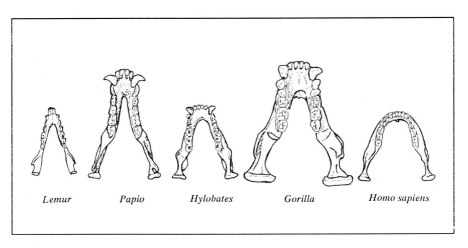

Lemur   *Papio*   *Hylobates*   *Gorilla*   *Homo sapiens*

Abb. 4.25 Zahnbogenformen rezenter Primaten.

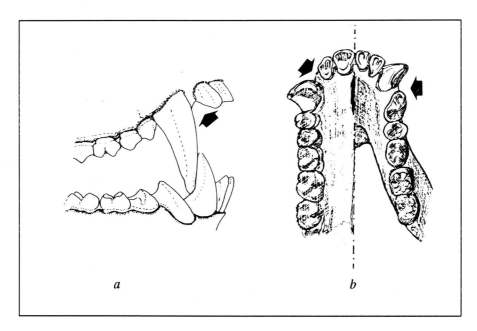

a   *b*

Abb. 4.26   Diastemata im Ober- und Unterkiefer rezenter Primaten. **a** *Papio spec.*, Lateralansicht **b** *Gorilla*, Okklusalansichten.

4.1.4 Morphologie von Unterkieferkörper und -ast

Der Unterkiefer ist ein symmetrisch gebauter Knochen, der sich aus zwei Hälften zusammensetzt, die mesial (Abb. 4.25) miteinander verbunden sind (Unterkiefersymphyse). Bei den Prosimii sind die beiden Unterkieferhälften in der Regel nur ligamentös verbunden, während bei allen Simii die Symphyse verknöchert (Beecher 1977, 1979; Moore 1981). Die Fusion der beiden Unterkieferhälften korreliert nach Tattersall u. Schwartz (1974) und Beecher (1983) offenbar mit der Körpergröße. Jede Unterkieferhälfte besteht aus dem Unterkieferkörper (Corpus mandibulae) mit der Zahnreihe sowie aus dem Unterkieferast (Ramus mandibulae), der über den Proc. condylaris mit dem Schläfenbein des Schädels im Kiefergelenk verbunden ist. Bei den Prosimii befinden sich die Okklusionsfläche der Zahnreihe und der Proc. condylaris etwa auf derselben Ebene. Dagegen liegt das Kiefergelenk bei den Simii weit über der Okklusionsebene der Zähne (Abb. 4.27). Das tragende Gerüst des Unterkieferkörpers ist der Basalbogen, der von der Basis der Mandibula über die Astmitte zum Proc. condylaris zieht. Der untere Rand des Unterkieferkörpers und der hintere Rand des Unterkieferastes bilden einen Winkel (Ast- oder Kieferwinkel, Angulus mandibulae), der bei den einzelnen Spezies der Primaten unterschiedlich groß ist. Die Größe des Kieferwinkels steht mit der funktionalen Belastung des Unterkiefers durch den Zug der Muskeln, die die Mandibula bewegen, in Zusammenhang (M. temporalis, M. masseter, Mm. pterygoideus lateralis und medialis; Übersicht in Hylander 1979; Demes et al. 1984, 1986; Demes 1985; Preuschoft 1989a). Der Astwinkel ist bei den Ceboidea und den Cercopithecoidea größer als bei den Hominoidea. Innerhalb der Hominoidea weist der moderne Mensch den kleinsten Kieferwinkel auf.

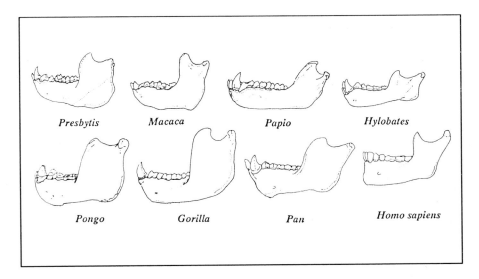

Abb. 4.27 Unterkiefer rezenter Primaten. Lateralansicht.

Die Mandibula der Pongiden unterscheidet sich außer in der Form des Zahn-
bogens (vgl. Kap. 4.1.3) noch in weiteren Merkmalen von der des modernen
Menschen (Hylander 1975; Wolff 1982; Aiello u. Dean 1990; Abb. 4.29). Der
Unterkieferkörper ist bei den Pongiden länger und flacher, der Unterkieferast ist
breiter als beim modernen Menschen. Das Foramen mentale (Austrittstelle der
Kinnerven und -gefäße aus dem Canalis mandibulae) mündet sehr tief am Corpus
mandibulae. Der Proc. condylaris ist bei den Pongiden häufig niedriger als der
Proc. coronoideus und die Incisura mandibulae ist flacher als beim Menschen. Ein
Kinndreieck (Trigonum mentale) mit einer deutlichen Protuberantia mentalis ist
bei den Pongiden nicht ausgeprägt. Der alveolare und der basale Teil des Unterkieferkörpers sind leicht gerundet und gehen direkt in den innen gelegenen Torus
transversus inferior über (*Affenplatte*; engl. *simian shelf*; Abb. 4.28). Die
Unterseite des Corpus mandibulae ist bei den Pongiden flach und breit.

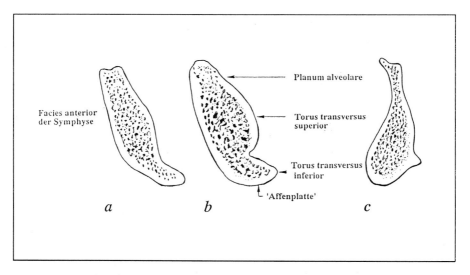

Abb. 4.28 Mediansagittalschnitt durch die Unterkiefersymphyse. **a** *Pongo* **b** *Pan spec.*
c *Homo sapiens* (n. Aiello u. Dean, 1990, umgezeichnet).

Die Mandibula ist erheblichen Beanspruchungen durch vertikale und transver-
sale Biegung sowie durch Torsion ausgesetzt (Übersicht in Demes 1985). Diesen
Kräften wird durch Verstärkung des alveolaren Teils und des unteren Randes des
Corpus mandibulae (Biegung) sowie seiner transversalen Dicke (Torsion)
entgegengewirkt. Aus diesem Grund sind diese Bereiche des Unterkiefers bei den
Spezies, die hohe Kaudrücke entwickeln, besonders kräftig ausgeprägt. Bei den
Pongiden verhindert darüberhinaus die gut entwickelte Affenplatte im Symphy-
senbereich eine Verdrehung des vorderen Unterkieferbereichs gegenüber dem
hinteren beim Kauvorgang (Wolff 1982, 1984). Nach Demes (1985) ist der Unter-

kiefer auch erheblichen Scherkräften ausgesetzt, doch ließ sich bisher nicht klären, ob hierdurch die allgemeine Form und/oder morphologische Details der Mandibula bestimmt werden (Preuschoft et al. 1985; Demes et al. 1986).

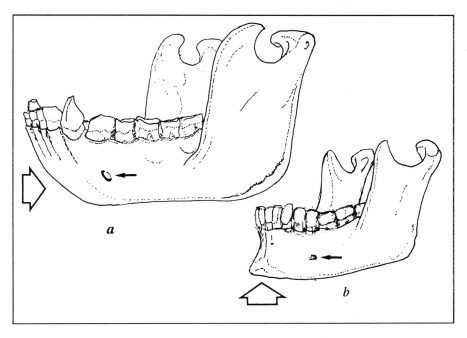

Abb. 4.29   Kinnregion und Lage des Foramen mentale. **a** *Gorilla* **b** *Homo sapiens.* Frontolateralansicht.

4.1.5   Morphologie der Dauerzähne und des Gebisses[11]

Aufgrund ihrer guten Fossilisierbarkeit sind Zähne wichtige Zeugen der Evolution einer Spezies. Sie sind sehr komplexe Strukturen des Säugetier- bzw. Primatenkörpers und können zahlreiche Hinweise auf die Lebensweise der betreffenden Form sowie auf ihre verwandtschaftlichen Beziehungen zu anderen Taxa geben. Von viele ausgestorbenen Säugetierspezies kennen wir ausschließlich deren Zähne als fragmentarische Fossilien (engl. *dental species*; R. Martin 1990). Trotz der Informationsfülle, die aus den Zahnfossilien über das betreffende Taxon erhältlich sind, können naturgemäß doch nicht sämtliche Aussagen getroffen werden, die für die Rekonstruktion des Lebensbildes und der phylogenetischen Beziehungen eines Organismus notwendig sind.

---

[11] Bezüglich der Morphologie der Milchzähne wird auf Remane (1960) verwiesen.

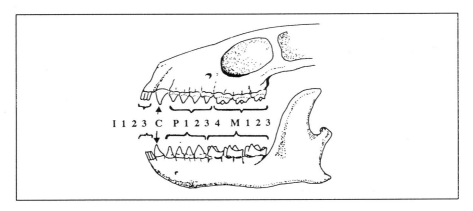

Abb. 4.30 Bezahnung eines hypothetischen Primaten. I: Incisivi, C: Caninus, P: Praemolaren, M: Molaren (n. Campbell 1972, umgezeichnet).

Sämtliche Primaten besitzen ein heterodontes Gebiß mit Schneide- (*Incisivi*), Eck- (*Canini*), Vorbacken- (*Praemolaren*) und Backenzähnen (*Molaren*, Abb. 4.30). In der Ontogenese erfolgt ein einmaliger Zahnwechsel vom Milch- zum Dauergebiß. Nur beim Fingertier (*Daubentonia*; vgl. Kap. 3.4) werden die Schneidezähne nicht gewechselt, sondern sie wachsen wie bei den Nagetieren zeitlebens. Es ist weitgehend anerkannt, daß der gemeinsame Vorfahr der modernen Plazentalia in jeder Kieferhälfte 3 Schneidezähne, 1 Eckzahn, 4 Vorbacken- und 3 Backenzähne hatte, so daß die Zahnformel 3.1.4.3 zugrundegelegt werden kann (Remane 1960). Die Primaten sind in ihrer Zahnzahl und im Zahnbau, besonders der Molaren, viel konservativer geblieben als andere Säugetierordnungen (z. B. Huftiere, Nagetiere), bei denen eine stärkere Spezialisierung stattgefunden hat (Remane 1960). Zur Funktionsmorphologie und biologischen Rolle der Zähne, insbesondere der Molaren, vgl. Kap. 4.1.10.

Während der Evolution der Zähne und des Gebisses der Primaten ist die Zahnzahl bei gleichzeitiger Zunahme der Komplexität der Strukturen der verbliebenen Zähne reduziert worden (R. Martin 1990). Die rezenten Primaten besitzen höchstens zwei Incisivi und höchstens drei Praemolaren (Platyrrhini; vgl. Kap. 3.4). Die Reduktion der Praemolarenzahl erfolgte wahrscheinlich von mesial nach distal, so daß nach heutiger Übereinkunft die Praemolaren P2, P3 und P4 (Neuweltaffen) bzw. P3 und P4 (Altweltaffen) erhalten geblieben sind (Abb. 4.31). Bei den Schneidezähnen ist die Reduktionsrichtung nicht eindeutig geklärt. Einige Autoren sprechen daher nur vom inneren und äußeren Incisivus (z. B. Ankel 1970). Bei keiner rezenten Primatenspezies ist die ursprüngliche Zahnzahl der Plazentalia erhalten geblieben. Die stärkste Reduktion der Zahnzahl hat beim Fingertier stattgefunden (Abb. 4.31). Die durchschnittliche Größe der Zähne der rezenten Primaten sinkt in der Reihenfolge Pongidae, Hominidae, Cercopithecidae, Hylobatidae, Indriidae, Cebidae, Lemuridae, Lorisiformes, Callitrichidae und Tarsius (Remane 1960).

$\dfrac{2 \cdot 1 \cdot 3 \cdot 3}{②①\, 3 \cdot 3}$	$\dfrac{0 \cdot 1 \cdot 3 \cdot 3}{②①\, 3 \cdot 3}$	$\dfrac{2 \cdot 1 \cdot 2 \cdot 3}{②\, 0 \cdot 2 \cdot 3}$
Lemuridae	*Lepilemur*	Indriidae
$\dfrac{1 \cdot 0 \cdot 1 \cdot 3}{1 \cdot 0 \cdot 0 \cdot 3}$	$\dfrac{2 \cdot 1 \cdot 3 \cdot 3}{②①\, 3 \cdot 3}$	$\dfrac{2 \cdot 1 \cdot 3 \cdot 3}{1 \cdot 1 \cdot 3 \cdot 3}$
Daubentoniidae	Lorisiformes	Tarsiiformes
$\dfrac{2 \cdot 1 \cdot 3 \cdot 3}{2 \cdot 1 \cdot 3 \cdot 3}$	$\dfrac{2 \cdot 1 \cdot 3 \cdot 2}{2 \cdot 1 \cdot 3 \cdot 2}$	$\dfrac{2 \cdot 1 \cdot 2 \cdot 3}{2 \cdot 1 \cdot 2 \cdot 3}$
Cebidae	Callitrichidae	Catarrhini

Abb. 4.31 Zahnformeln verschiedener Primatentaxa.   ○ : prokumbent.

4.1.5.1 Morphologie der Schneidezähne

Namengebendes Merkmal der Incisivi ist die horizontal verlaufende Schneidekante zum Abbeißen von z. B. Früchten oder Blättern. Die Form der Schneidezähne der rezenten Primaten leitet sich von einem einspitzigen Zahn her. Bei
manchen Spezies (z. B. beim Gorilla) sind die äußeren Incisivi noch einspitzig
(Abb. 4.32). Der Normaltypus des Primatenschneidezahns hat allerdings immer
eine horizontale Schneidekante und eine spatelförmige Grundform (Abb. 4.32).
Dieser Normaltypus ist am inneren Schneidezahn besser ausgeprägt als am äußeren. Darüberhinaus unterscheidet sich der obere vom unteren Incisivus durch
einen geringeren Längen-Breiten-Index, durch einen geringeren Längen-Höhen-
Index sowie durch eine 'weichere Entwicklung des Reliefs' (Remane 1960). Der
Normaltypus der Incisivi ist bei allen Hominoidea gut erkennbar. Durch gering-
fügige Abweichungen in morphologischen Details vom Normaltypus können
modifizierte Formen entstehen, z. B. sog. schaufelförmige Incisivi (engl. *shovel-
shaped incisor*) bei rezenten und fossilen Hominidae, bei den Hylobatiden und
den Cercopitheciden, die differentialdiagnostisch von Bedeutung sind. Alle
Incisivi sind einwurzelig.

Extreme Abweichungen vom Normaltypus finden sich bei den rezenten Lemuriformes und Lorisiformes, bei denen die oberen Schneidezähne reduziert und
engständig sind, während die unteren nach vorn ragen und einen Kamm bilden,
der bei solitärer und sozialer Haut- und Fellpflege eingesetzt wird. In diesen Putzkamm sind bisweilen die unteren Canini eingereiht (Remane 1960; Seligsohn
1977; Abb. 4.33). Die Incisivi der Lemuriformes und der Lorisiformes erfüllen
keine Funktion mehr bei der Nahrungsaufnahme. Weitere Sonderformen der
Schneidezähne sind bei Remane (1960) und Seligsohn (1977) beschrieben.

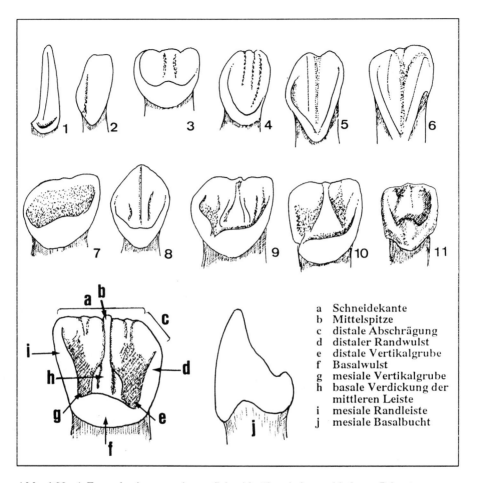

Abb. 4.32 A Form der inneren oberen Schneidezähne bei verschiedenen Primatengenera; Lingualseite. 1 *Tarsius* 2 *Callithrix* 3 *Aotus* 4 *Colobus* 5 *Cercopithecus* 6 *Cercocebus* 7 *Hylobates* 8 *Pongo* 9 *Gorilla* 10 *Pan* 11 *Homo sapiens* **B** Normaltypus eines Schneidezahns (n. Remane 1960, umgezeichnet).

Die oberen Schneidezähne sind ebenfalls einwurzelig und bei den meisten Primatenspezies, bezogen auf ihren mesiodistalen und labiolingualen Durchmesser, sehr heteromorph. Die inneren sind in der Regel größer als die äußeren. Beim rezenten Menschen ist allerdings die Homomorphie der oberen Incisivi recht groß. In diesem Merkmal ähnelt der rezente Schimpanse dem modernen Menschen am meisten, während der Orang-Utan sehr heteromorphe Incisivi besitzt. Die unteren Schneidezähne sind im allgemeinen kleiner als die oberen und bedeutend weniger heteromorph.

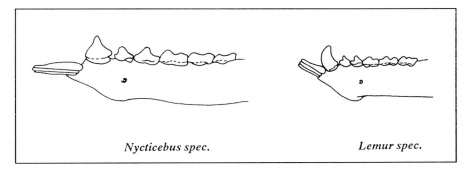

Abb. 4.33 Putzkamm der Lemuriformes (*Nycticebus spec.*) und Lorisiformes (*Lemur spec.*; n. Remane 1960, umgezeichnet).

4.1.5.2 Morphologie der Eckzähne

Die Eckzähne haben sich im Laufe der Evolution der Mammalia ebenfalls recht konservativ verhalten. Sie sind im Unter- und Oberkiefer stets einspitzig und einwurzelig, variieren jedoch besonders im Oberkiefer in morphologischen Details sehr stark, so daß sowohl bei den Prosimii als auch bei den Simii mehrere Formentypen für die oberen Eckzähne (z. B. Lemuriden-, Avahi-, Tarsiustyp bzw. Callicebus-, Alouatta-, Cebus-, Cercopithecoidea- und Pongidentyp) unterschieden werden. Die unteren Canini variieren weniger stark in ihrer Grundform, sie unterscheiden sich jedoch in vielen morphologischen Merkmalen von den oberen Eckzähnen (Abb. 4.34). Die Canini des modernen Menschen nehmen eine Sonderstellung ein. Sie weichen von denen aller übrigen Primatenspezies ab (Remane 1960).

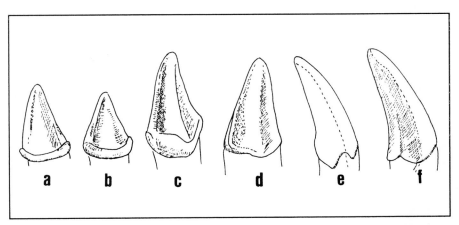

Abb. 4.34 Eckzahntypen bei Primaten. Linker Oberkiefer. **a** *Tarsius* **b** *Callicebus* **c** *Aotus* **d** *Alouatta* **e** *Cercopithecus* **f** *Colobus* (n. Remane 1960, umgezeichnet).

Die Größe des Caninus variiert beträchtlich zwischen den Primatenspezies. Bei vielen Arten einschließlich des modernen Menschen besteht zusätzlich ein Sexualdimorphismus in der Eckzahngröße. Dieser ist besonders stark bei den Cercopithecoidea sowie bei einigen Neuweltaffen und den großen Menschenaffen ausgeprägt. Die Verlängerung ist bei den oberen Eckzähnen bedeutend größer als bei den unteren. Sie können die Kronenhöhe der übrigen Zähne um ein Vielfaches überragen, z. B. sechsfach bei einigen Cercopithecoidea, vierfach bei den Hylobatidae, zwei- bis dreifach bei den Pongidae. Die biologische Rolle dieser extrem verlängerten Eckzähne wird mit antagonistischem Verhalten in Zusammenhang gebracht (Drohgebärde). Diese Interpretation reicht aber nach Remane (1960) aufgrund der z. T. erheblichen Abnutzungsspuren an den Canini für eine alleinige Erklärung der Eckzahnvergrößerung nicht aus. Die kürzesten Eckzähne unter den rezenten Primaten haben die Koboldmakis, gefolgt von den Springaffen und dem modernen Menschen. Die oberen Canini zeigen allgemein die Tendenz zur gestaltlichen Annäherung an die Praemolaren (*Praemolarisierung*), die unteren zur gestaltlichen Annäherung an die Schneidezähne (*Inzisivierung*; Remane 1960).

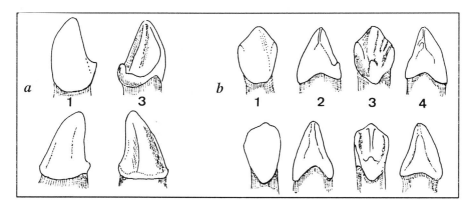

Abb. 4.35   Oberer und unterer Eckzahn (obere Reihe Weibchen, untere Reihe Männchen). **a** *Pan spec.* **b** *Homo sapiens.* 1 Außen- 2 Vorder- 3 Innen- 4 Hinterfläche (n. Remane 1960, umgezeichnet).

Der Spitzenteil des menschlichen C^1 ist bedeutend kürzer als der Basisteil (ca. 1:2). Demgegenüber ist dieses Verhältnis bei allen nicht-menschlichen Primaten umgekehrt. Die besonders lange Wurzel des menschlichen Eckzahns läßt darauf schließen, daß der Kronenteil sekundär erheblich reduziert worden ist. Nach Remane (1960) ist die starke Verkürzung des Spitzenteils der Eckzähne auch für die Weibchen derjenigen Arten kennzeichnend, bei denen starker Sexualdimorphismus auftritt. So zeigen z. B. weibliche Schimpansen in diesem Merkmal weitgehende Übereinstimmung mit dem modernen Menschen. Die Vorderkante des oberen Eckzahns ist beim Menschen kürzer als die Hinterkante, so daß es zu einer deutlichen Inzisivierung kommt. Diese Tendenz wird nach Remane (1960) zusätzlich noch dadurch verstärkt, daß die Spitzenregion des Caninus wie bei den Incisivi dreilappig wird (Abb. 4.35).

Die Reduktion des Spitzenteils ist beim unteren Caninus des modernen Menschen noch weiter fortgeschritten als beim oberen. Die Hinterkante des C_1 ist besonders deutlich ausgeprägt, so daß auch der Inzisivierungsgrad größer ist als beim C^1. Auffallend ist seine große Ähnlichkeit mit den äußeren Schneidezähnen des Schimpansen und des Orang-Utans (Abb. 4.35, Abb. 4.36).

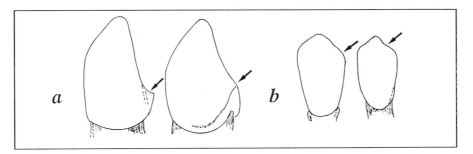

Abb. 4.36 Anteil des Basis- und Spitzenteils des unteren Eckzahns. **a** *Pan spec.* **b** *Homo sapiens.* ━► : Grenze von Basis- und Spitzenteil (n. Remane 1960, umgezeichnet).

4.1.5.3 Morphologie der Praemolaren

Die Vorbackenzähne haben die Aufgabe, die Nahrung zu ergreifen und festzuhalten. Verglichen mit den Molaren sind sie einfacher gebaut. Die oberen Praemolaren haben weder einen Meta- noch einen Hypoconus, die unteren bestehen im wesentlichen aus dem Trigonid. Seine Spitze wird vom Protoconid gebildet, das Metaconid ist gut entwickelt, das Paraconid ist dagegen klein und häufig nicht angelegt (Abb. 4.37).

Der vordere untere Praemolar neigt bei den Prosimii zur *Caninisierung.* Bei den Simii ist diese Tendenz kaum ausgeprägt. Desgleichen ist der Caninisierungsgrad beim oberen vorderen Praemolar allgemein wesentlich schwächer als beim unteren. Nach Remane (1960) ist die Formangleichung an den Eckzahn nur beim Totenkopfaffen deutlich zu erkennen.

Der P4 neigt zur *Molarisierung.* Beim P^4 wird ein Meta-, seltener ein Hypoconus angelegt, während am P_4 die drei Talonidhöcker - Hypoconid, Hypoconulid, Entoconid - nachgewiesen werden können. Die arttypische Molarisierung des vierten Praemolaren ist bei vielen Prosimii stärker fortgeschritten als bei den Simii. Beim modernen Menschen wird häufig das Entoconid als großer akzessorischer Höcker ausgebildet, so daß die P_4 dreihöckerig werden. Der distale Zahnteil (*Talonid*), der für die Molaren so charakteristisch ist, wird bei den Praemolaren allerdings nie vollständig ausgebildet. Der P^3 ist zweiwurzelig, der P^4 hat nur eine Wurzel.

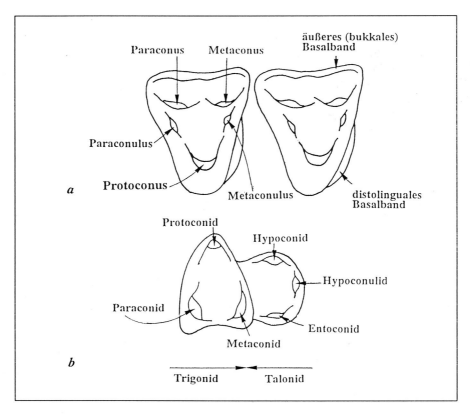

Paraconus   Metaconus   äußeres (bukkales) Basalband

Paraconulus

a   Protoconus   Metaconulus   distolinguales Basalband

Protoconid   Hypoconid

Hypoconulid

Paraconid

Entoconid

Metaconid

b

Trigonid   Talonid

Abb. 4.37 Strukturbezeichnungen der ursprünglichen Molaren bzw. Praemolaren.
a Oberkiefer **b** Unterkiefer (n. R. Martin 1990, umgezeichnet).

Die unteren Praemolaren sind bei den Primaten in der Regel nicht vollständig homomorph. Das Metaconid ist am vorderen Praemolar immer schwächer ausgeprägt als an den anderen. Die Formvariation kann erheblich sein (Abb. 4.38). Der P_3 der Catarrhini bzw. der P_2 der Platyrrhini bildet mit dem langen oberen Caninus eine funktionale Einheit und ist entsprechend als Widerlager für die Schneidekante des C^1 umgestaltet. Remane (1960) unterscheidet einen Catarrhinen-, einen Mycetes- und einen Cebus-Typ. Häufig entsteht am unteren Praemolar sogar eine Gegenschneide, so daß ein sog. *sektorialer* P_2 bzw. P_3 resultiert.

Auch der obere vordere Praemolar kann bei den Catarrhini und den Platyrrhini gegenüber den anderen heteromorph sein und mit dem unteren Caninus eine funktionale Einheit bilden (sektorialer P^2 bzw. P^3). Dieses Merkmal ist besonders bei den Pongiden weniger stark bei den anderen nicht-menschlichen Primaten ausgeprägt. Das Ausmaß der Umgestaltung hängt offensichtlich nicht von der Größe des unteren Caninus ab.

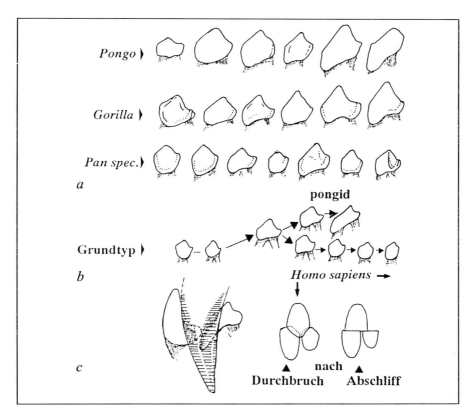

Abb. 4.38   a Formvariabilität des P_3 bei den Pongiden **b** Umgestaltung des P_3
c Artikulation zwischen C^1 und P_3 (n. Remane 1960, umgezeichnet).

Die Gestalt der Praemolaren insbesondere des P_3 wird von verschiedenen Autoren als geeignet angesehen, die Hominiden von den Pongiden zu unterscheiden
(Übersicht in Swindler 1976). Der P_3 der Pongiden ist einspitzig, einhöckerig,
ohne Metaconid, relativ groß, sektorial und zweiwurzelig, der der Hominidae ist
zweihöckerig, mit Metaconid, kleiner als der P_4, nicht sektorial und einwurzelig.
Es handelt sich aber nicht um differentialdiagnostisch verwertbare Merkmale,
sondern nur um graduelle Unterschiede, die sich intraspezifisch sehr variabel
verhalten und sich darüberhinaus interspezifisch z. T. sogar überlappen. Bei
fossilen Hominiden ist das Metaconid in der Regel gut ausgeprägt. Dagegen ist
dieser Höcker beim modernen Menschen schwächer entwickelt oder fehlt vollständig. Der P_3 der Hominiden läßt sich aus dem P_3 der Pongiden herleiten. Die
morphologischen Besonderheiten des vorderen unteren Praemolaren der
Hominiden haben sich offensichtlich erst nach funktionaler Trennung von P_3 und
C^1 herausgebildet (Remane 1960). Dieser Entwicklungstrend läßt sich beim
Schimpansen z. T. noch verfolgen. Die unteren Praemolaren sind einwurzelig.

4.1.5.4 Morphologie der Molaren

Die Molaren dienen dem Zerreiben bzw. Zermahlen der Nahrung (Mahlzähne; vgl. Kap. 4.1.10). Die oberen Molaren der Primaten haben sich aus dem drei-höckerigen (*trituberculären*) und dreiwurzeligen Zahn ursprünglicher Säugetiere entwickelt. Zwei Haupthöcker liegen hintereinander an der Bukkalseite, vorn der Paraconus und dahinter der Metaconus. Der dritte Haupthöcker, der Protoconus, ist flacher als die beiden bukkalen Höcker und liegt an der Lingualseite des Zahnes. Er bildet die Spitze des Dreiecks (*Trigon*).

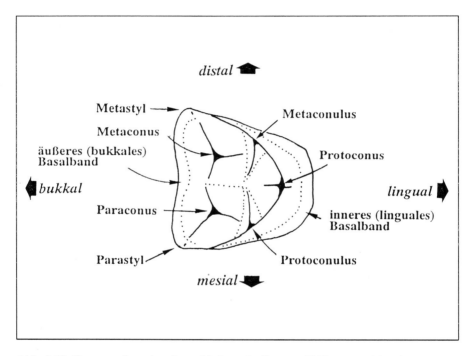

Abb. 4.39 Ursprungsform der oberen Molaren (n. Remane 1960, umgezeichnet).

Von den beiden bukkalen Haupthöckern zieht je eine Randleiste in mesialer bzw. distaler Richtung. An den Spitzen der Randleisten liegen die Nebenhöcker, das Parastyl (distal) und das Metastyl (mesial). Zwischen ihnen kann noch ein Mesostyl ausgebildet werden. In den Randleisten, die vom Protoconus zum Para- bzw. Metastyl ziehen, sind die beiden Zwischenhöcker Protoconulus (mesial) und Metaconulus (distal) eingebettet (Abb. 4.39). Aus dem ursprünglich dreihöckeri-gen Zahn ist durch Anlage der beiden Zwischenhöcker der fünfhöckerige obere Molar gebildet worden.

Auf der Molarenoberfläche befinden sich drei Vertiefungen: die *vordere Hauptsenke* (Fovea anterior), die *mittlere Hauptsenke* (Fovea centralis) und die *hintere Hauptsenke* (Fovea posterior). Diese werden durch zwei Hauptleisten voneinander abgetrennt. Die vordere Hauptleiste (Crista anterior) zieht vom Paraconus zum Protoconulus, und die hintere (Crista posterior) verläuft vom Metaconus zum Metaconulus. An der Bukkal- und an der Lingualseite tragen die oberen Molaren je eine wulstige Verdickung, das *Basalband* (Cingulum; Abb. 4.39). Das bukkale Basalband (Cingulum externum) verläuft vom Parastyl zum Metastyl, das innere Basalband (Cingulum internum) ist besonders kräftig in der Umgebung des Protoconus angelegt, es zieht aber an der Lingualseite bis zum Para- bzw. Metastyl. Das innere Basalband ist bei fossilen Formen bedeutend kräftiger entwickelt als bei rezenten. Bei den rezenten Pongiden und Hominiden ist es häufig nur noch in der Protoconus-Region erhalten geblieben. Die intra- und interspezifische Variation ist allerdings beträchtlich. Das äußere Basalband ist beim Menschen bisweilen als schwacher Wulst an der vorderen und hinteren Bukkalfläche ausgeprägt. Bei den Pongiden, besonders beim Gorilla, ist es sehr viel deutlicher angelegt, jedoch variiert seine Ausbildung intra- und interspezifisch sehr stark.

Eine weitere Abwandlung von der Grundform des oberen Molaren kann dadurch entstehen, daß die Leistenverbindung vom Metaconulus zum Metastyl aufgegeben wird, der Metaconulus weiter auf die Kaufläche rückt und mit dem Protoconus eine neue Leistenverbindung, die *Crista obliqua*, eingeht. Die Ansatzstellen der Crista obliqua sind allerdings nicht fest an die beiden Haupthöcker Proto- und Metaconus gebunden. Während sie z. B. beim Gorilla in die Protoconus-Spitze mündet, endet sie beim Schimpansen und beim Orang-Utan sehr häufig hinter der Protoconus-Spitze und entspringt dann wie bei den Hominiden von der hinteren Protoconus-Randleiste.

Eine besondere Bedeutung kommt dem inneren Basalband zu, da sich aus ihm in vielen Säugetierordnungen der vierte Haupthöcker der oberen Molaren, der Hypoconus, entwickelt hat (andere Entstehungsmöglichkeiten des Hypoconus vgl. Remane 1960). Er wird auf der Lingualseite des Zahnes distal vom Protoconus gebildet (Abb. 4.39). In Verbindung mit einer Reduktion der Größe des M^2 bzw. M^3 kann der Hypoconus allerdings sekundär abgebaut werden bzw. wieder in das innere Cingulum eingehen.

Alle oberen Molaren des modernen Menschen haben drei Wurzeln. Das Ausmaß der Wurzelaufgabelung schwächt sich vom M^1 zum M^3 ab. Die Größe der oberen Molaren nimmt in der Reihenfolge $M^1 > M^2 > M^3$ ab. Die Form des M^1 und des M^2 ist fast quadratisch. Der M^3 kann wegen der Reduktion des Hypoconus eine mehr elliptische Form erhalten. Bei den Pongiden nimmt die Größe der Molaren in der Reihenfolge von $M^1 < M^2 < M^3$ zu.

Die unteren Molaren der Plazentalia bestehen aus zwei phylogenetisch unterschiedlich alten Teilen, dem vorderen älteren Teil, dem *Trigonid*, und dem hinteren jüngeren Bereich, dem *Talonid* (Remane 1960; Abb. 4.40). Das Talonid hat sich aus der Hinterwand des Trigonids bzw. aus einem Basalband entwickelt.

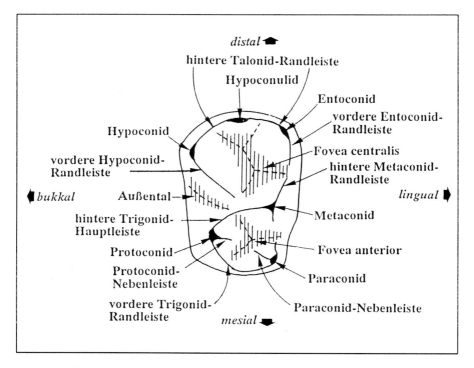

Abb. 4.40 Ursprungsform der unteren Molaren (n. Remane 1960, umgezeichnet).

Flächenmäßig ist der Talonid-Anteil größer als der Trigonid-Bereich, er bleibt aber zunächst in der Höhe deutlich unter dem Trigonid-Niveau.

Das Trigonid weist drei Haupthöcker auf. An der Bukkalseite befindet sich das Protoconid, an der Lingualseite liegt mesial das Paraconid und distal das Metaconid. Vom Protoconid zieht je eine Hauptleiste zu Para- und Metaconid, die durch die hintere Trigonidleiste miteinander verbunden sind. In der Regel sind die beiden lingualen Höcker durch eine Vertiefung voneinander getrennt, so daß die Kaufläche des Trigonids nicht allseitig von einer Randleiste umgeben ist. Die Leistenbegrenzung des Trigonids bildet daher ein nach lingual offenes 'V' (Remane 1960).

Der Talonidteil hat sich stammesgeschichtlich aus einem unmittelbar hinter dem Metaconid gelegenen Trigonidteil entwickelt. Dieser Prozess war zu Beginn der Primatenevolution bereits abgeschlossen. Das Talonid trägt ebenfalls drei Höcker. Auf der Bukkalseite liegt der größte Höcker, das Hypoconid. Distal ist der kleinste, am M_1 und M_2 manchmal kaum mehr erkennbare Haupthöcker, das Hypoconulid, angesiedelt, und auf der lingualen Seite des Talonids liegt das Entoconid. Eine gut entwickelte Randleiste verbindet die drei Höcker miteinander.

Das Metaconid des Trigonidteils und das Entoconid des Talonidteils der unteren Molaren sind durch die hintere Metaconid- und die vordere Entoconid-Randleiste miteinander verbunden. Beide Teilleisten sind durch eine Vertiefung voneinander getrennt. Auf der bukkalen Seite zieht eine gut entwickelte Randleiste vom Hypoconid nach vorn und innen und mündet auf dem Trigonid zwischen Metaconid und Protoconid. Die Randleiste trifft also nicht auf einen Haupthöcker des Trigonids. Auf der Wangenseite der unteren Molaren ist ein gut ausgeprägtes Basalband vorhanden, das vom Paraconid bis zum Hypoconulid zieht.

Im Gegensatz zu den oberen Molaren sind auf den unteren Backenzähnen keine neuen Höcker entwickelt worden. Die Umgestaltungen betreffen vor allem die bukkalen Randleisten und die Reduktion des mesiolingual gelegenen Paraconids, das bei den Simii nur noch bei einzelnen Individuen vorhanden ist bzw. nur noch auf den Milchmolaren erkennbar bleibt. Die Reduktion beginnt beim M_3 und schreitet zum M_1 fort. Die Umgestaltung kann häufig innerhalb der Molarenreihe verfolgt werden. Die Änderungen des Talonid-Anteils der unteren Molaren betreffen in erster Linie den Verlauf und die Ausprägung der Leisten.

Die unteren Molaren des modernen Menschen sind in der Regel zweiwurzelig. Der M_1 ist der größte untere Molar und in mesiodistaler Richtung länger als in bukkolingualer. Der M_2 ist etwas kleiner als der M_1 und fast quadratisch. Der M_3 ist bei den rezenten Europiden der kleinste der unteren Molaren und in der Form verhältnismäßig variabel. Die Molarengröße des Schimpansen ähnelt der des modernen Menschen. Im Unterkiefer nimmt ihre Größe vom M_1 zum M_3 ab, dagegen steigt sie beim Gorilla und dem Orang-Utan vom M_1 zum M_3 an.

Die Molarenhöcker des modernen Menschen sind gegenüber denen der Pongiden gerundeter, insgesamt flacher und stehen in geringerem Abstand zueinander (Gregory 1922; Swindler 1976; Corruccini 1979; Hartman 1988).

4.1.6 Entstehung des bilophodonten Molarenmusters

Bilophodonte Molaren sind nicht nur in der Ordo Primates, sondern in verschiedenen Säugetierstämmen entwickelt worden. Bei den Primaten findet sich ein bilophodontes Molarenmuster bei den Indriidae, einigen Platyrrhini, wie z. B. *Cebus* und *Ateles* und - in vollendeter Form - bei den Cercopithecoidea innerhalb der Catarrhini. Die Entwicklung der Bilophodontie wird als Anpassung an harte Nahrung verstanden (z. B. Blätter, Samen; Übersicht in Happel 1988). Mills (1963) konnte zeigen, daß es beim bilophodonten Zahnmuster zu einer erheblichen Scherwirkung zwischen Ober- und Unterkieferzähnen sowohl in der bukkalen wie auch in der lingualen Phase der Okklusion kommt (vgl. Kap. 4.1.10, Kap. 4.1.11). Auf der Kaufläche der Oberkiefermolaren kommt es zur Ausbildung einer neuen Leiste (nicht bei den Indriidae) zwischen Metaconus und Hypoconus (Crista transversa posterior) und zur Auflösung der Crista obliqua (Abb. 4.41).

Im Unterkiefer sind nach Remane (1960) bilophodonte Zähne häufiger als im Oberkiefer. Der bilophodonten Leistenbildung geht eine Verlagerung der lingualen Höcker nach mesial voraus, so daß sie nicht mehr alternierend zu den bukkalen Höckern ausgerichtet sind, sondern diesen mehr oder weniger genau gegenüberstehen. Die morphologische Ableitung der Querleisten ist bei den einzelnen Primatentaxa verschieden. Bei den Cercopithecoidea wird die distale Querleiste (*Hypolophid*) durch einen Zusammenschluß von Nebenleisten des Entoconids und des Hypoconids gebildet. Die vordere Querleiste (*Metalophid*) entsteht aus der hinteren Trigonidleiste. Charakteristisch für die unteren bilophodonten Molaren der Cercopithecoidea ist ihre verhältnismäßig starke Ausbuchtung in Höhe der Querleisten (Abb. 4.41).

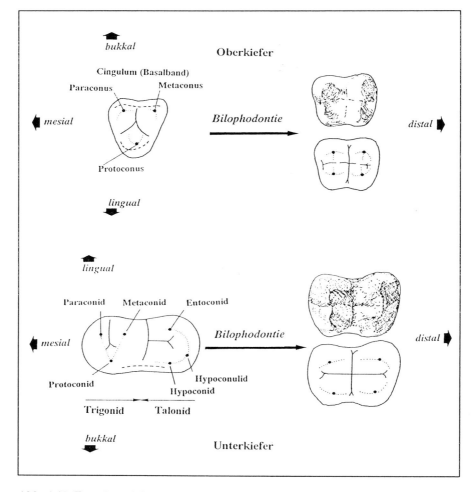

Abb. 4.41 Entstehung bilophodonter Molaren im Ober- und Unterkiefer der Primaten (aus Henke u. Rothe 1980, umgezeichnet).

4.1.7 Entstehung des Dryopithecus-Musters

Das Dryopithecus-Muster ist ein bedeutsames diagnostisch verwertbares Kriterium der Molaren der Hominoidea (Gregory 1916). Sie können aufgrund dieses Merkmals zweifelsfrei von den Cercopithecoidea unterschieden werden. Beim Dryopithecus-Muster wird die Kaufläche der oberen Molaren (im Trigonidteil) und unteren Molaren durch Furchen in Y-Form bestimmt, jedoch nicht durch Leisten wie beim bilophodonten Zahnmuster. Einige Platyrrhini bilden ebenfalls eine Art Dryopithecus-Muster aus, das aber nicht den Komplexitätsgrad des Musters *sensu strictu* der Hominoidea erreicht (Remane 1960; Abb. 4.42). Die Ausbildung des Dryopithecus-Musters umfaßt die Änderung der Lage der Haupt- und Nebenhöcker, weiterhin die des Furchen- und Leistenverlaufs sowie die Reduktion des Paraconids im Unterkiefer. Nach Remane (1960) ist die Lageveränderung der Höcker und Furchen variabel, so daß das Dryopithecus-Muster selbst auf den Molaren einer Zahnreihe nicht identisch sein muß.

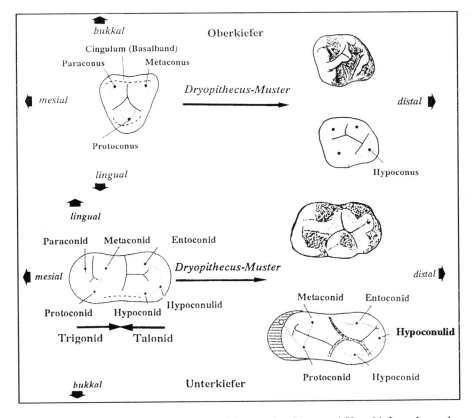

Abb. 4.42 Entstehung des Dryopithecus-Musters der Ober- und Unterkiefermolaren der Hominoidea (aus Henke u. Rothe 1980, umgezeichnet).

Infolge einer Verlagerung des Hypoconulids auf die Bukkalseite und Verringe-
rung des Abstands zwischen Meta- und Hypoconid ergibt sich zwischen den fünf
Haupthöckern ein besonderes Furchenmuster, das *Y5-Muster* (Hellman 1928). Das
Protoconid und das Metaconid liegen sich in linguobukkaler Richtung gegenüber.
Zwischen ihnen verläuft eine Furche, die mesial in die Fovea anterior mündet. Das
Entoconid und das Metaconid sind ebenfalls durch eine Furche (Stiel des Y) von-
einander getrennt. Sie gabelt sich allerdings etwa in der Mitte der Kaufläche des
Molaren (Äste des Y) und umfaßt das Hypoconid mesial und distal. Das
Hypoconid liegt bukkal zwischen Meta- und Entoconid. Die Vertiefung zwischen
Hypoconid und Hypoconulid ist die Fovea posterior. Das Dryopithecus-Muster ist
bei den Pongiden besonders gut ausgeprägt. In der Evolution der Hominiden und
Pongiden wird aber das Hypoconulid zunehmend reduziert, so daß unter Einbe-
ziehung des Kontaktes zwischen Entoconid und Protoconid das sog. *invertierte*
Dryopithecus-Muster oder +-Muster entsteht (Abb. 4.42). Das Molarenmuster
variiert außerordentlich stark zwischen den einzelnen Populationen des rezenten
Menschen sowie auf den drei Molaren einer Zahnreihe. Während auf dem M1 das
Y-Muster überwiegt, findet sich auf dem M2 und M3 hauptsächlich das +-
Muster.

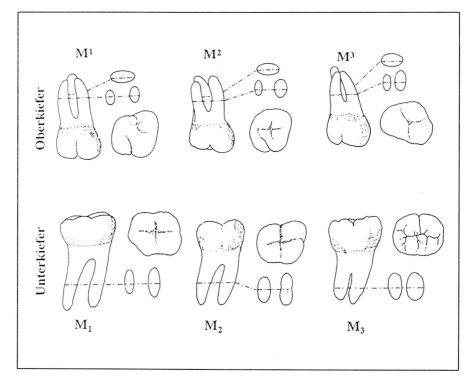

Abb. 4.43 Obere und untere Molaren des modernen Menschen (n. Aiello und Dean 1990,
umgezeichnet).

Hartman (1988) konnte in einer kladistischen Analyse zeigen, daß die Morphologie der Kaufläche der Molaren bei den Hominoidea nur bedingt für die Rekonstruktion phylogenetischer Beziehungen von Taxa geeignet ist, da funktionale Zwänge, die durch die Nahrung gegeben sind, nahezu sämtliche Hinweise auf kladistische Beziehungen verschleiern. Die aus der Untersuchung durch Hartman (1988) resultierenden 'Molaren-Kladogramme' der Hominoidea stimmen nicht mit den aus molekularen Merkmalen gewonnenen überein (vgl. Kap. 2.5.7.2). Es konnte gezeigt werden, daß diejenigen Spezies eines Klade, die zur Aufbereitung von sehr faserreicher Nahrung (z. B. Blätter) erhebliche Beißkräfte aufwenden müssen, verhältnismäßig hohe Molarenhöcker und lange Schmelzleisten, d.h. insgesamt ein sehr prominentes Molarenrelief aufweisen (z. B. bei *Gorilla*, *Symphalangus*; vgl. auch Corruccini 1979). Demgegenüber zeichnen sich die Spezies, die eine weniger faserreiche Nahrung bevorzugen (z. B. Früchte) durch relativ flache, wenig reliefreiche Molaren aus (z. B. bei *Homo sapiens*). Hartman (1988, S. 497) zieht daraus den Schluß, daß "...diet seems to be the prevailing factor responsible for interhominoid *cladistic* affinities suggested by detailed molar measurements" (vgl. auch R. Kay 1975).

4.1.8 Zahnschmelzdicke und -runzeln

Die Dicke des Zahnschmelzes variiert zwischen den einzelnen Primatentaxa einschließlich der Hominoidea. Nach Simons u. Pilbeam (1972) läßt sich die Dicke des Zahnschmelzes für die Klärung phylogenetischer Beziehungen heranziehen (vgl. auch Beynon u. Wood 1986; Grine u. L. Martin 1988). Die unterschiedliche Dicke des Zahnschmelzes wird als spezifische Anpassung an die Ernährungsgewohnheiten bzw. an die Nahrung der betreffenden Spezies angesehen (Pilbeam 1972; R. Kay 1981; L. Martin 1985; Beynon u. Wood 1986). Danach sollen Arten mit dicken Schmelzauflagen auf den Backenzähnen (z. B. *Gigantopithecus*, *Sivapithecus* einschließlich *Ramapithecus*) besonders gut an harte und trockene Kost angepaßt gewesen sein (z. B. 'Nußknacker-Hypothese', '*seed-eater*-Hypothese'; Jolly 1970; Kinzey 1974; Szalay u. Delson 1979; R. Kay 1981; vgl. Kap. 5.2, Kap. 5.3). Da dicker Zahnschmelz in der Ordo Primates offenbar auch mehrmals konvergent entwickelt worden ist, kann aus dem Vorhandensein dieses Merkmals nicht zwangsläufig auf enge Verwandtschaft der betreffenden Taxa geschlossen werden. In diesem Zusammenhang müssen auch die Beziehungen der Hominidae mit *Gigantopithecus* und *Sivapithecus/Ramapithecus* gesehen werden (R. Martin 1990).

L. Martin (1985) wies in einer neuen Analyse an sehr gut erhaltenen Backenzähnen nach, daß die Molaren der Genera *Homo* und *Sivapithecus/Ramapithecus* (vgl. Kap. 5.2) eine dicke Schmelzschicht haben, während die Backenzähne der afrikanischen Menschenaffen und der Gibbons mit einer dünnen Schmelzschicht versehen sind. Der Orang-Utan liegt diesbezüglich zwischen dem modernen Menschen und den afrikanischen Menschenaffen (Abb. 4.44). Aus der Unter-

suchung geht weiterhin hervor, daß der Schmelz nicht nur intergenerisch, sondern
auch intragenerisch unterschiedlich schnell abgelagert wird. Die dünne Schmelzschicht der Molaren der Gibbons und die dicke Schmelzlage auf den Backenzähnen des modernen Menschen werden relativ schnell ausgebildet, während die
Pongiden über der schnell wachsenden dünnen Schmelzschicht eine weitere
aufweisen, die sich langsam anlagert. L. Martin (1985) folgert aus diesen Ergebnissen, daß der letzte gemeinsame Vorfahr des Menschen und der großen
Menschenaffen über Molaren mit einer dicken Schmelzschicht verfügte, die bei
den großen Menschenaffen sekundär reduziert worden ist. Die dünne Schmelzauflage der Molaren der großen Menschenaffen ist demnach ein apomorphes
Merkmal. Diese Auffassung steht allerdings im Gegensatz zu der von Simons u.
Pilbeam (1972), wonach eine dünne Schmelzschicht als das plesiomorphe und die
dicke Schmelzschicht des modernen Menschen als das abgeleitete Merkmal angesehen wird (vgl. auch Molnar u. Gantt 1977; R. Kay 1981).

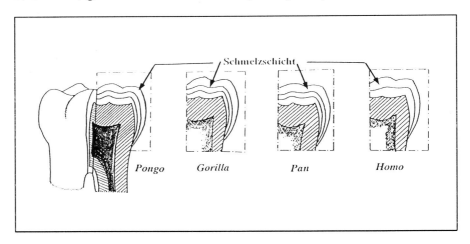

Abb. 4.44 Schmelzdicke der Molaren der Pongiden und von *Homo* (n. L. Martin 1985,
umgezeichnet).

Die Molaren des Orang-Utans weisen außerordentlich viele Nebenleisten auf,
die die sog. *Schmelzrunzelung* ergeben. Die Kaufläche wird dabei in unzählige
kleine Furchen aufgelöst. Remane (1960) bringt die Entstehung der Schmelzrunzeln beim Orang-Utan mit der geringen Höhe der Haupthöcker in Verbindung.
Nach Preuschoft (1989a) verstärken Schmelzrunzeln die Oberfläche der Molaren,
was als Anpassung an die Zerkleinerung harter Nahrung, z. B. von Blättern, angesehen wird (vgl. auch Maier 1980; Maier u. Schneck 1981). Derartige Schmelzrunzeln sind auch bei anderen Pongiden vorhanden, sie sind jedoch wesentlich
weniger zahlreich bzw. nicht so deutlich ausgeprägt. Die Schmelzrunzeln lassen
sich unter günstigen Umständen zur Klärung phylogenetischer Beziehungen von
Taxa heranziehen.

4.1.9   Zahnschmelzprismen

Die Schmelzschicht der Zähne wird aus zahlreichen Schmelzprismen gebildet
(Abb. 4.45; Übersicht in L. Martin et al. 1988). Der Aufbau der Prismen erfolgt
durch die Adamantoblasten in einem circadianen Schnell-langsam-Rhythmus, so
daß es zu einer Querstreifung der Schmelzprismen aufgrund unterschiedlicher
Zusammensetzung kommt (L. Martin et al. 1988; Boyde 1989; Dean u. Beynon
1991). Die Streifung ist unter dem Polarisations- oder Rasterelektronenmikroskop
sichtbar. Die Schmelzprismen bestehen aus einer anorganischen Komponente
[Apatit, $Ca_{10}(PO_4)_6 \cdot (OH)_2$], die die Härte des Schmelzes bestimmt, und einem
organischen Anteil (Proteine), der die Apatitkristalle verkittet und die Prismen
insgesamt geschmeidig hält (Boyde u. L. Martin 1984). Die Schmelzprismen bzw.
ihre Grenzen lassen sich elektronenoptisch an frischem und fossilisiertem Material
nachweisen. Sie haben bei den Säugetieren unterschiedliche Formen und können
daher zur Klärung verwandtschaftlicher Beziehungen eingesetzt werden (Boyde
1971, 1976, 1989; Gantt 1983; Boyde u. Martin 1987).

Drei verschiedene Prismengrundmuster lassen sich bei den Säugetieren unter-
scheiden (Gantt 1983; Boyde 1989; Abb. 4.46). Die Hominoidea zeigen ohne
Ausnahme das Prismenmuster 3. Die Kaulquappenform (engl. *tadpole pattern*;
Muster 3A) läßt sich bei fossilen (z. B. *Proconsul, Gigantopithecus, Sivapithecus /
Ramapithecus*) und rezenten Pongiden sowie bei den Hylobatiden nachweisen.
Beim modernen Menschen und bei den fossilen Hominiden (z. B.
Australopithecus, Homo erectus) tritt ausschließlich das Schlüssellochmuster auf
(engl. *keyhole pattern*; Muster 3B).

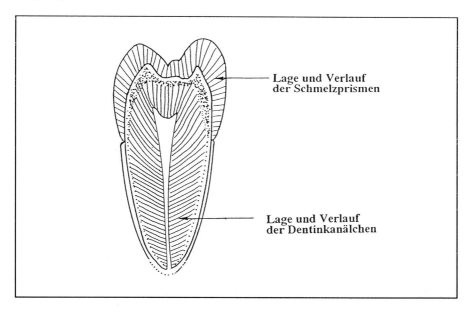

Abb. 4.45 Zahnaufbau und Lage der Schmelzprismen.

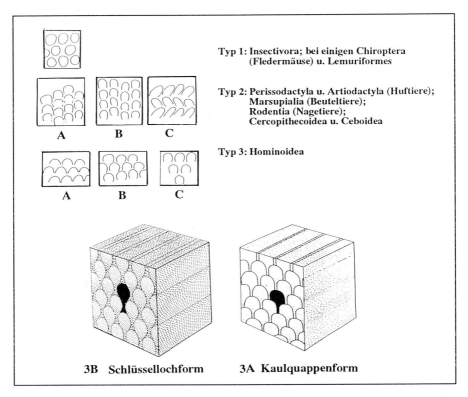

Typ 1: Insectivora; bei einigen Chiroptera
(Fledermäuse) u. Lemuriformes

Typ 2: Perissodactyla u. Artiodactyla (Huftiere);
Marsupialia (Beuteltiere);
Rodentia (Nagetiere);
Cercopithecoidea u. Ceboidea

Typ 3: Hominoidea

3B Schlüssellochform   3A Kaulquappenform

Abb. 4.46 Schmelzprismenmuster der Säugetiere (Erläuterungen im Text; n. Gantt 1983, umgezeichnet).

4.1.10 Funktionsmorphologie der Molaren

Während über die Morphologie der Zähne eine Fülle von Arbeiten vorliegt, sind funktions- und konstruktionsmorphologische Untersuchungen an Zähnen der Säugetiere einschließlich der Primaten erst sehr spät durchgeführt worden. Entsprechend sind unsere Kenntnisse über die biologische Rolle von Zahnstrukturen, insbesondere an der Molarenoberfläche, unvollständig (Übersicht in Maier 1978; Maier u. Schneck 1981; Maier 1984). Verschiedene Autoren haben gezeigt, daß der Kauvorgang und besonders die Okklusionsmechanik der komplementären Molaren des Ober- und Unterkiefers ein höchst komplizierter Vorgang ist, "...bei denen komplementäre Kanten und Flächen unterer und oberer Antagonisten kraftschlüssig gegeneinander abscheren" (Maier u. Schneck 1981, S. 129). Dabei müssen die komplementären Molarenoberflächen so gestaltet sein, daß zwar die zwischen ihnen liegende Nahrung mit maximaler Kraft zermalmt wird, die Molarenoberflächen aber nicht zerstört werden. Maier u. Schneck (1981) nennen die komplementären Kanten- und Fazettenpaare *biotechnische Einrichtungen der*

Zahnkrone, die den Form-Funktions-Komplex des Kauapparates darstellen. Die Funktion des Gebisses liegt ausschließlich in der kaumechanischen Tätigkeit (Maier u. Schneck 1981). Daher sind nach Lucas (1979) für das Verständnis der Gebißkonstruktion auch nur die mechanischen Festigkeitsparameter der Nahrung von Bedeutung, nicht aber die Nahrungsbestandteile (vgl. auch Janis 1984; Maier 1984). Nach Maier u. Schneck (1981, S. 130) "...muß [das Zahnrelief; HeRo] also verstanden werden als evolutiv optimierte Konstruktion zur Bewältigung der artspezifischen Kaumechanik. Der gesamte Kauapparat ist zwar mittelbar mit der Kauaufgabe befaßt, indem er die Kaukräfte erzeugt und deren Reaktionskräfte aufnimmt, die eigentliche Kaufunktion erfolgt jedoch zwischen den antagonistischen Zahnreihen."

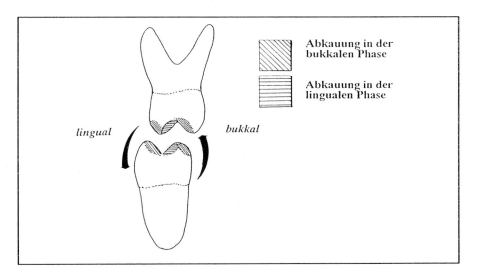

Abb. 4.47 Bukkale und linguale Phase der Okklusion im Kauzyklus (n. Aiello u. Dean 1990, umgezeichnet).

Eine Schlüsselstellung in der Bewegung des Unterkiefers gegen den Oberkiefer hat nach R. Martin (1990) die *zentrische Okklusion* bzw. *maximale Interkuspation* (*sensu* Hiiemae 1978). In dieser Phase der Bewegung greifen die Höcker und Vertiefungen der Zähne des Ober- und Unterkiefers kongruent ineinander (Maier u. Schneck 1981; vgl. Kap. 4.1.5). Nach Mills (1978) läßt sich die Okklusion in eine bukkale und eine linguale Phase einteilen (entsprechen der Phase I und II nach Hiiemae 1978; Abb. 4.47), wobei die bukkale zur zentrischen Okklusion führt und die linguale die zentrische Okklusion beendet. Umstritten ist noch, ob es gleichzeitig auf der Arbeits- und Balanceseite des Unterkiefers zur zentrischen Okklusion kommt, oder ob eine *balancierte Okklusion* vorliegt, bei der sich die Arbeitsseite in der bukkalen Phase und die Balanceseite in der lingualen Phase befindet (Hiiemae 1978; Mills 1978).

Infolge der Okklusion der komplementären oberen und unteren Molaren entstehen an den Höckern und Leisten charakteristische komplementäre *Schliffspurenpaare* (engl. *wear facets*; Abb. 4.48). Aus der spezifischen Form und Lage dieser Schliffazetten an den Molaren des Ober- und Unterkiefers lassen sich die Bewegungen des Unterkiefers während der beiden Okklusionsphasen erschließen (Butler u. Mills 1959; Maier u. Schneck 1981). Kineradiographische Untersuchungen an verschiedenen Säugetiermolaren haben im wesentlichen den aus den Abschliffspuren ermittelten Bewegungszyklus der Mandibula im Kauvorgang bestätigt (Übersicht in Hiiemae 1978; Moore 1981). Die durch *Attrition* entstandenen Schliffazetten unterscheiden sich von den infolge der *Abrasion* durch die Nahrung hervorgerufenen Verschleißspuren. Diese sind unregelmäßig und geben Hinweise auf die Nahrungsbestandteile der betreffenden Spezies, nicht jedoch auf den Zyklus der Kaubewegungen (Hiiemae u. R. Kay 1973). Die Diagnose, ob Abrasions- oder Attritionsspuren vorliegen, ist jedoch nicht immer zweifelsfrei zu stellen (R. Martin 1990).

Durch punktförmige starke Kraftausübung während der Okklusion vor dem eigentlichen Mahlvorgang (engl. *puncture crushing cycles*) kann es zu linsenförmigen Schmelzabsprüngen kommen, die kraterförmige Gruben (engl. *pits*) auf der Molarenoberfläche hinterlassen. Sie sind unter Umständen diagnostisch verwertbar. Teaford u. A. Walker (1984) stellten beispielsweise fest, daß die rezenten afrikanischen Menschenaffen kaum derartige Gruben aufweisen, sondern vielmehr kratzerähnliche Spuren, dagegen kommen beim Orang-Utan zahlreiche dieser Gruben auf der Molarenoberfläche vor (weitere Details in Aiello u. Dean 1990; Maier u. Schneck 1981; Chivers et al. 1984).

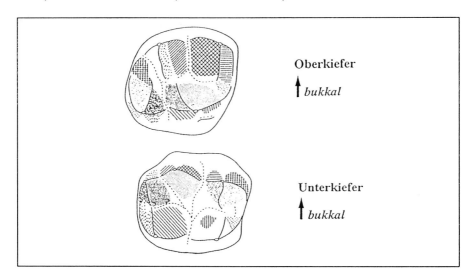

Oberkiefer

↑ *bukkal*

Unterkiefer

↑ *bukkal*

Abb. 4.48 Schliffazetten der Molaren des modernen Menschen; die komplementären Schliffazetten der oberen und unteren Molaren sind in gleicher Schraffur dargestellt (n. Maier u. Schneck 1981, umgezeichnet).

4.1.11 Kaumuskulatur und Kauvorgang (Mastikation)

Der Kauvorgang läßt sich in drei Phasen einteilen: Zubeißen und Festhalten der Nahrung (engl. *closing stroke*), Zerreiben bzw. Zerquetschen der Nahrung (engl. *power stroke*) und Aufhebung der Okklusion (engl. *opening stroke*; Hiiemae 1978; Abb. 4.49). Entsprechend werden im Kiefergelenk ausgeführt: erstens Öffnungs- oder Abduktionsbewegungen und Schließ- oder Adduktionsbewegungen; zweitens Vor- und Rückbewegungen des Unterkiefers; drittens Rotations- oder Mahlbewegungen. Der Kauvorgang ist bei den Simii einseitig, d. h. die komplementären linken und rechten Zahnreihen kommen alternierend zur Okklusion. Die eigentliche Arbeitsbewegung bei der Kautätigkeit ist die Adduktionsbewegung (Zubeißen). Entsprechend sind die Adduktoren der Kaumuskulatur (M. temporalis, M. masseter) sehr kräftig entwickelt (Tabelle 4.2). Neben den Kaumuskeln *sensu strictu*, deren einzige Funktion darin besteht, den Unterkiefer zu bewegen, unterstützen sog. akzessorische Kaumuskeln den Kauvorgang, wie z. B. die Lippen-, Wangen-, einige Halsmuskeln und besonders die beiden oberen Zungenbeinmuskeln, M. digastricus und M. mylohyoideus (Übersicht in Rohen 1975). In der grundlegenden Wirkweise der Kaumuskeln unterscheiden sich die Säugetiere nicht (Hiiemae 1978). Am Kauvorgang können auch Bewegungen des Schädels relativ zur Wirbelsäule beteiligt sein (kraniale Beugung und Streckung; Hiiemae 1976, 1978). Sie sind in jedem Fall aber wesentlich schwächer als die relativen Bewegungen des Unterkiefers zum Kalvarium.

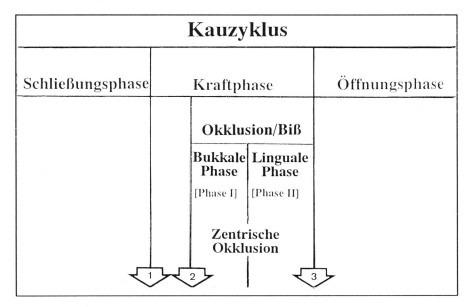

Abb. 4.49 Kauzyklus des modernen Menschen. 1 Zahn-Nahrung-Zahn-Kontakt erreicht 2 Zahn-Zahn-Kontakt findet statt 3 Zahn-Zahn-Kontakt endet (n. Hiiemae 1978, umgezeichnet).

Die Ab- und Adduktionsbewegungen der Mandibula im Kiefergelenk beim Kauvorgang sind keine reinen Scharnierbewegungen um eine durch den Proc. condylaris verlaufende Achse. Anhand kineradiographischer Studien ließ sich feststellen, daß die Bewegungen des Unterkiefers als *Drehgleiten* beschrieben werden können, d. h. die Mandibula führt gleichzeitig eine Vertikal- und eine Horizontalbewegung in anteroposteriorer Richtung aus (DuBrul 1980; Juniper 1981; Stern 1988). Da nach Hiiemae (1976, 1978) die Grundfunktion der Kaumuskulatur bei allen Mammalia gleich ist, müssen Unterschiede in den Bewegungen des Unterkiefers relativ zum Kalvarium sowie Spezialisationen des Kauvorgangs durch eine unterschiedliche Morphologie und Funktionsmorphologie der Zähne und des Schädels, besonders des Kiefergelenks, erklärt werden. Bereits Gregory (1920, 1921, 1922) hat auf die Bedeutung der *occlusal relationships* der unteren und oberen Molaren für den Kauvorgang hingewiesen (vgl. auch Mills 1955, 1963; Butler u. Mills 1959; R. Martin 1990; Konzept der *dynamic occlusion*).

Tabelle 4.2   Kaumuskulatur des modernen Menschen (n. Pernkopf 1960).

Muskel	Ursprung	Ansatz
M. temporalis	Planum temporale, Fascia temporalis	Proc. coronoideus mandibulae
M. masseter	Proc. zygomaticus maxillae, Os zygomaticum, Arcus zygomaticus	Tuberositas masseterica des Angulus mandibulae
M. pterygoideus medialis	Fossa pterygoidea des Os sphenoidale	Tuberositas pterygoidea mandibulae
M. pterygoideus lateralis	Lamina lateralis des Proc. pterygoideus, Crista infratemporalis	Fovea pterygoidea mandibulae, Kapsel und Discus articularis des Kiefergelenkes
M. digastricus[1]	Incisura mastoidea (Venter posterior)	Fossa digastrica (Venter anterior)
M. stylohyoideus[1]	Proc. styloideus	Cornu majus ossis hyoidei
M. mylohyoideus[1]	Linea mylohyoidea mandibulae	Os hyoideum und Raphe
M. geniohyoideus[1]	Spina mentalis mandibulae	Corpus ossis hyoidei

[1] Am Kauvorgang indirekt beteiligte Muskulatur.

Die Ausprägung der drei Hauptkaumuskeln - M. temporalis, M. masseter, M. pterygoideus medialis - ist bei den einzelnen Säugetierordnungen verschieden. Bei anzestralen Mammalia war offenbar der M. temporalis am stärksten entwickelt. Auch bei den Primaten ist er, wie bei den Insectivora und Scandentia, der kräftigste Kaumuskel, dagegen ist in anderen Taxa, z. B. Ruminantia, bei denen im Kauvorgang die linguale Phase der Okklusion dominiert (vgl. Kap. 4.1.10), der M. temporalis reduziert und der M. masseter zum Hauptkaumuskel entwickelt (Übersicht in Moore 1981). Hylander (1983) konnte anhand elektromyographischer Untersuchungen zeigen, daß während des Kauvorgangs die Aktivität des M. temporalis auf der Arbeits- und Balanceseite gleich intensiv ist. Vom M. masseter und M. pterygoideus medialis ließen sich dagegen auf der Arbeitsseite stärkere Potentiale ableiten als auf der Balanceseite.

Die Mandibula, insbesondere die Symphysenregion, wird während des einseitigen Kauvorgangs biomechanisch extrem durch Biege-, Scher- und Torsionskräfte beansprucht (Hiiemae 1978; Demes et al. 1984; Preuschoft et al. 1985; Demes et al. 1986). Die Versteifung der Symphyse der Simii infolge von Verknöcherung wird als Anpassung an die enorme Belastung beim Kauvorgang gesehen. Hylander (1979) konnte beim Vergleich des Kaudruckes im Frontzahnbereich bei *Galago* und *Macaca* zeigen, daß eine verknöcherte Symphyse wesentlich wirkungsvoller den Druck zwischen Arbeits- und Balanceseite verteilt und damit die Gefahr der Verwindung und des Auseinanderweichens der beiden Unterkieferhälften vermindert. Ebenso werden die Vergrößerung der Symphysenhöhe und die Verstärkung der Symphysenregion durch Kinnbildung wie beim modernen Menschen bzw. ihre Versteifung durch Ausprägung einer Affenplatte wie bei den Pongiden mit den starken Kräften, die auf die Symphyse beim Kauvorgang einwirken, in Verbindung gebracht (Übersicht in Hylander 1984; Wolff 1984; vgl. Kap. 4.1.4). Nach Hylander (1984) wirken auf die Unterkiefersymphyse in der letzten Phase des kräftigen Zubeißens im Kauvorgang, in der die Mandibula auf der Arbeitsseite durch die Kaumuskeln nach unten, auf der Balanceseite noch oben gezogen wird, erhebliche dorsoventrale Scherkräfte. Ferner werden durch die Lateralbewegungen des Unterkiefers auf der Arbeitsseite und der sich hierdurch weiter nach medial verlagernden Insertion des M. masseter auf der Balanceseite des Unterkiefers starke transversale Biegekräfte auf die Symphysenregion ausgeübt. Der M. masseter hebt außerdem auf der Arbeitsseite die Unterkante der Mandibula einseitig und auf Höhe der hinteren Molaren leicht nach medial an, so daß im unteren Bereich der Symphyse starke Zugspannungen, im oberen Bereich erhebliche Druckspannungen auftreten (weitere Angaben zur Biomechanik des Kauvorgangs in Hiiemae 1978; Demes et al. 1984; Hylander 1984; Wolff 1984; Sakka 1984; Preuschoft et al. 1985, 1986; Demes et al. 1986).

4.2   Adaptationen des postkranialen Skeletts

4.2.1   Quadrupedie

4.2.1.1   Biomechanische Grundlagen der Quadrupedie

Die tragende Konstruktion eines typischen quadrupeden Landsäugetiers ist eine *Bogen-Sehnen-Konstruktion* (B. Kummer 1959; Tabelle 4.3; Abb. 4.50). Das Schwerelot des Körpers trifft in etwa gleicher Distanz zu den Vorder- bzw. Hinterextremitäten auf die Unterlage auf. Die dorsal gelegene und nach ventral mehr oder weniger stark gekrümmte Wirbelsäule wird durch dorsale, ventrale und ventrolaterale Muskeln verspannt. Hierbei spielen die geraden Bauchmuskeln (M. rectus abdominis) die bedeutendste Rolle, jedoch tragen auch die übrigen Bauchwandmuskeln, wie der äußere und innere schräge Bauchmuskel (Mm. obliquus externus u. internus), der quere Bauchmuskel (M. transversus abdominis) sowie die autochthonen Rückenmuskeln (M. erector spinae) zur elastischen Verspannung des Wirbelsäulenbogens bei. Die Dornfortsätze der Brust- und Lendenwirbel sind in Form und Verlauf so ausgeprägt, daß sie mehr oder weniger genau in Richtung der Resultierenden aus allen an ihnen angreifenden Muskeln eingestellt sind. Damit werden ihre Hebelverhältnisse verbessert. Die Wirbelkörper werden zentrisch auf Druck beansprucht (B. Kummer 1959).

Während der bei den meisten Tieren vergleichsweise leichte Schwanz infolge der Verspannung durch die Schwanzmuskeln mit ihren äußerst langen Sehnen ohne weiteres getragen und gut bewegt werden kann, erfordert der wesentlich schwerere Kopf-Hals-Komplex ebenfalls eine Bogen-Sehnen-Konstruktion der Halswirbelsäule, bei der aber - im Gegensatz zur Rumpf-Konstruktion - die druckfeste Halswirbelsäule ventral gelegen ist und durch dorsale Muskeln (z. B. M. trapezius) und Bänder (z. B. Lig. supraspinale) verspannt wird. Dabei bieten die besonders langen Dornfortsätze der vorderen Brustwirbelsäule den an ihnen entspringenden Nackenmuskeln und Nackenbändern sehr günstige Hebelverhältnisse. Die Halswirbelkörper werden ebenfalls auf Druck beansprucht (B. Kummer 1959).

Bei der vierfüßigen terrestrischen Lokomotion erfolgt der Hauptantrieb des Körpers durch Abstemmen mit den Hinterextremitäten. Aus diesem Grund ist die Verbindung zwischen Becken und Wirbelsäule im Kreuzbein-Darmbein-Gelenk (Art. sacroiliaca) besonders eng. Dagegen ist die Vorderextremität mehr oder weniger federnd in einem Muskelgürtel aufgehängt (Starck 1979). Die Vorderextremitäten tragen etwa 60% des Körpergewichts, während auf die Antriebsextremitäten 40% entfallen. Aufgrund der Biegebeanspruchung sind die langen Skelettelemente der Extremitäten als Röhrenknochen ausgebildet. Die Hauptachsen der großen Extremitätengelenke sind senkrecht zur Bewegungsrichtung, d. h. zur Stammachse ausgerichtet, so daß die Extremitäten parallel zur Körperlängsachse schwingen können.

Tabelle 4.3 Lokomotionsformen der Primaten (aus R. Martin 1990).

Hauptkategorie	Unterkategorie	Spezies/Taxon
Senkrechtes-Anklammern-und-Springen		*Galago, Tarsius, Indri, Propithecus*
arborikole Quadrupedie	mit Einsatz von Krallennägeln	Callitrichidae
	ohne Einsatz von Krallen, behende Lokomotion	Cheirogaleinae
	ohne Einsatz von Krallen, langsames Klettern	*Daubentonia, Lemur,* Lorisidae, *Aotus, Cebus*
	Astsitzen und -laufen	*Cercocebus, Cercopithecus Macaca, Mandrillus*
	suspensorische Lokomotion (Catarrhini)	*Colobus, Nasalis, Presbytis, Pygathrix, Rhinopithecus*
	suspensorische Lokomotion (Platyrrhini)	*Alouatta, Ateles, Brachyteles, Lagothrix*
terrestrische Quadrupedie	digitigrade Lokomotion	*Cercocebus, Macaca, Erythrocebus, Papio*
	Knöchelgang	*Gorilla, Pan;*
Brachiation		Hylobatidae
Bipedie		*Homo*

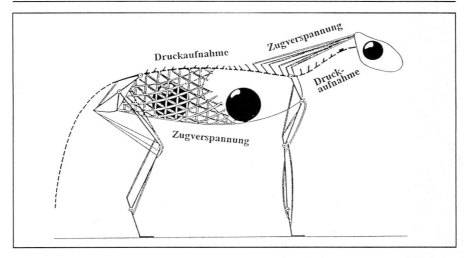

Abb. 4.50 Modell der Bogen-Sehnen-Konstruktion eines quadrupeden Säugetiers (Erläuterungen im Text; n. B. Kummer 1959, umgezeichnet).

4.2.1.2 Morphologie des postkranialen Skeletts quadrupeder Primaten

Wirbelsäule: Unter konstruktiven Gesichtspunkten sowie in der Zahl und Form der Wirbel der einzelnen Bereiche unterscheidet sich die Wirbelsäule vierfüßiger Primaten nicht grundsätzlich von derjenigen anderer quadrupeder Säugetiere. Sie weist im Halsbereich eine leichte, nach ventral konvexe Krümmung (*Lordose*) und im Brust-Rücken-Bereich eine nach dorsal konvexe Biegung (*Kyphose*) auf (Abb. 4.51).

Die Primaten besitzen wie alle Säugetiere sieben Halswirbel (Zervikalwirbel). Ihre Körper sind flach, der Wirbelbogen ist hoch und das Lumen des Neuralkanals ist somit groß (Ankel 1970; Starck 1979). Die Spinalfortsätze der Halswirbel sind mehr oder weniger senkrecht gestellt und zeigen bei verschiedenen Primatenarten Spezialisierungen, die mit der Lebensweise der jeweiligen Spezies in Verbindung gebracht werden können.

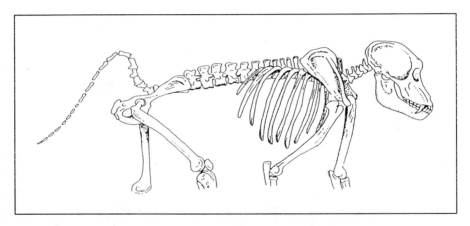

Abb. 4.51 Wirbelsäule eines quadrupeden Primaten (n. Schultz 1969a, umgezeichnet).

Tabelle 4.4 Durchschnittliche Anzahl der Wirbel verschiedener Primatenspezies (n. Schultz 1969a u. Ankel 1970; zusammengestellt).

Taxon	zervikal	thorakal	lumbal	sakral	kaudal
Lemuriformes	7	13	7	3	25
Lorisidae	7	16	7	7	9
Galagidae	7	13	6	3	25
Tarsiiformes	7	13	6	3	29
Callitrichidae	7	13	7	3	27
Cebidae	7	14	5	3	30
Cercopithecoidea	7	13	7	3	17

Rezente Primaten haben bis zu 17 Brustwirbel (Thorakalwirbel; Tabelle 4.4).
Sie nehmen in der unteren Brustregion im Durchmesser stetig zu, d. h. sie werden
in kraniokaudaler Richtung der Wirbelsäule kurz und breit (Ankel 1970). Die
Form ihres Querschnitts verändert sich von nieren- zu herzförmig (Aiello u. Dean
1990). Die Dornfortsätze der ersten vier Brustwirbel sind leicht nach kaudal, die
der übrigen nach dorsal bzw. etwas nach kranial ausgerichtet. Die Länge und
Stellung der Dornfortsätze korrelieren mit den Bewegungsmöglichkeiten der
einzelnen Wirbelsäulenbereiche. So ist bei transversalen Bewegungen (Beugung-
Streckung) eine Steilstellung der Dornfortsätze am günstigsten. Bei Bewegungen
um die dorsoventrale Achse (Seitwärtsbiegung) und um die longitudinale Achse
(Rotation) - beides sind häufige Bewegungen im Brustbereich bei quadrupeden
Primaten - ist bei gleichzeitiger Verlängerung eine stärkere Neigung der Dornfortsätze biomechanisch vorteilhaft. Spezialisierungen im Bereich der Brustwirbelsäule sind selten und stehen in unmittelbarer Beziehung zur Lebensweise der
betreffenden Spezies (Napier u. Napier 1967; Schultz 1969a; Ankel 1970; Starck
1979).

Die Anzahl der Lendenwirbel (Lumbalwirbel) schwankt maximal zwischen drei
und zehn. Die Körper der Lendenwirbel sind kurz und breit. Sie sind die am
kräftigsten ausgebildeten Wirbel, ihre Größe nimmt in kaudaler Richtung stetig
zu. Die Dornfortsätze sind mehr oder weniger nach dorsal ausgerichtet, die Trans-
versalfortsätze setzen relativ weit dorsal am Wirbelkörper an. Im Vergleich zu den
anderen Wirbeln verfügen die Lendenwirbel über sehr ausgeprägte konkave Gelenkflächen (Facies articularis superior) und konvexe Gelenkflächen (Facies
articularis inferior), so daß eine sehr enge Verbindung zwischen den einzelnen
Lendenwirbeln entsteht, die zu einer Stabilisierung des entsprechenden Bereichs
der Wirbelsäule führt, ohne daß ihre Beweglichkeit eingeschränkt wird (Aiello u.
Dean 1990). Beim Übergang zwischen Lenden- und Kreuzbeinregion ist die Wirbelsäule je nach Spezies unterschiedlich stark nach dorsal abgewinkelt (11° bei
Makaken, bis zu 35° beim Schimpansen; *Lumbosakralwinkel* oder *Promontorium*;
Schultz 1961).

Die Anzahl der Kreuzbeinwirbel (Sakralwirbel) schwankt maximal zwischen
zwei und neun (Tabelle 4.4). In der Regel besitzen schwanzlose Spezies mehr
Kreuzbeinwirbel als geschwänzte Arten. Die Körper und Fortsätze dieser Wirbel
sind miteinander mehr oder weniger zu einem einheitlichen Knochen
verschmolzen (Kreuzbein, Os sacrum). Über das Kreuzbein ist die Wirbelsäule
mit dem Becken verbunden. Es bildet den 'Schlußstein' im Becken (Ankel 1970;
Aiello u. Dean 1990).

Die Schwanzregion der quadrupeden Primaten umfaßt je nach Schwanzlänge
bis zu etwa 30 Wirbel (Kaudalwirbel). Diese werden zur Schwanzspitze hin
zunehmend kleiner und weisen dann nur noch reduzierte bzw. gar keine Fortsätze
mehr auf.

Brustkorb: Der Brustkorb quadrupeder cercopithecoider und ceboider Primaten
ist im Vergleich zu dem der Hominoidea (vgl. Kap. 4.2.2.2, Kap. 4.2.4.2) schmal,
wesentlich tiefer als breit und 'hängt' an bzw. unter der Wirbelsäule. Das

Brustbein (Sternum) ist lang und schmal, seine Einzelelemente verschmelzen nicht (Ausnahme bei den Hominoidea). Die Rippen sind in ihrem proximalen Bereich nur wenig gebogen (Schultz 1969a; Ankel 1970; Aiello u. Dean 1990; Abb. 4.52).

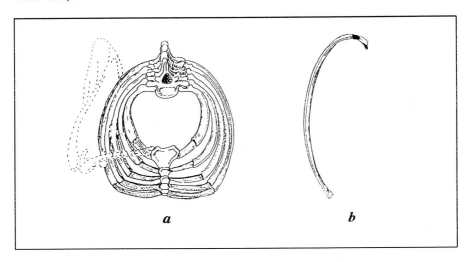

Abb. 4.52 a Brustkorbform (Transversalschnitt) **b** Rippenform der Cercopithecoidea (n. Ankel 1970, umgezeichnet).

Schultergürtel: Alle Primaten besitzen Schlüsselbeine (Claviculae). Sie sind in der Form sehr variabel, aber insgesamt leicht bis stark S-förmig geschwungen und ventral leicht konvex (Ankel 1970). Die Claviculae gelenken mit ihrem lateralen Ende an der Schulterhöhe des Schulterblattes (Akromion; Art. acromio-clavicularis), mit dem medialen am Handgriff des Brustbeins (Manubrium; Art. sternoclavicularis). Die Schlüsselbeine wirken zugleich als Streben und Hebelarme für das Schultergelenk (Art. humeri) und verleihen den Vorderextremitäten einen großen Aktionsradius. Die Schulterblätter (Scapulae) haben eine etwa dreieckige Grundform und sind mit der Wirbelsäule nicht fest verbunden. Sie dienen der Muskulatur, die auf den Schultergürtel bzw. auf das Schultergelenk wirkt, als bewegliche Ursprungsstelle für den M. latissimus dorsi, Mm. teres major u. minor, Mm. supraspinatus u. infraspinatus bzw. als Ansatzstelle für die M. trapezius und die Mm. rhomboideus major u. minor, M. pectoralis minor und M. serratus anterior. Die Schulterblattform korreliert mit den funktionalen Erfordernissen der Lokomotion. Die Scapula ist so gestaltet, daß der Schulter- und Oberarmmuskulatur günstige Hebelverhältnisse geboten werden. Bei Ceboidea und Cercopithecoidea liegen die Schulterblätter seitlich am Brustkorb (Abb. 4.52). Die Gelenkgrube für den Oberarm (Cavitas glenoidalis) ist flach, so daß die Vorderextremitäten Bewegungen in allen Dimensionen des Raumes ausführen können.

Ober- und Unterarm: Der Hals des Oberarmknochens (Humerus) ist leicht bis stark nach medial abgewinkelt (*Humerustorsion*). Bei quadrupeden Menschenaffen mit faßförmigem Rumpf ist die Torsion wesentlich stärker als bei Formen mit schmalem Brustkorb (vgl. Kap. 4.2.2.2). Bei diesen sind die Humerusköpfe nach kaudal, die Schulterpfannen nach ventrolateral bis lateral gerichtet. Die beiden Unterarmknochen - Elle (Ulna) und Speiche (Radius) - sind nicht miteinander verschmolzen, so daß sie gegeneinander gedreht werden können. Infolge der Humerustorsion nimmt das Ellbogengelenk eine Querstellung zur Sagittalebene des Körpers ein. Dadurch läßt sich der Unterarm einschließlich der Hand nach außen (*Supination*) und nach innen (*Pronation*) drehen (Abb. 4.53). Die Fähigkeit zur Supination und Pronation der Vorderextremität wird mit der Entwicklung der Hand zum Greiforgan in Verbindung gebracht, was besonders bei arborikoler Lebensweise von Bedeutung ist. Die Möglichkeit, den Unterarm nach außen und nach innen zu rotieren, ist bei bodenlebenden quadrupeden Formen (z. B. Paviane) und bei arborikolen Spezies (z. B. Meerkatzen) verhältnismäßig gut ausgeprägt und kann daher nicht nur in Zusammenhang mit der Lokomotionsfunktion der Vorderextremitäten gesehen werden.

Je nach Auflagefläche der Hand auf der Unterlage unterscheidet man *digitigrade Formen* (starke Überstreckung im Mittelhand-Finger-Gelenk; Art. metacarpophalangea) und *palmigrade Formen* (starke Überstreckung im Handgelenk; Art. manus; Abb. 4.54).

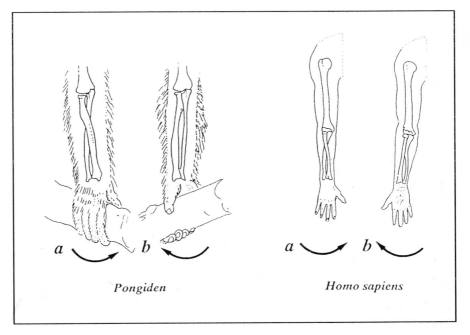

Abb. 4.53 a Pronationsstellung **b** Supinationsstellung der Vorderextremität bei Pongiden und *Homo sapiens* (n. Ankel 1970; Kapandji 1982, umgezeichnet).

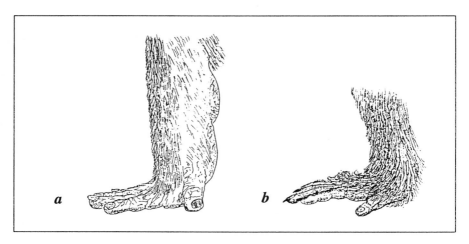

Abb. 4.54 Haltung der Hand eines quadrupeden Primaten. **a** digitigrad **b** palmigrad
(a n. Starck 1979, umgezeichnet).

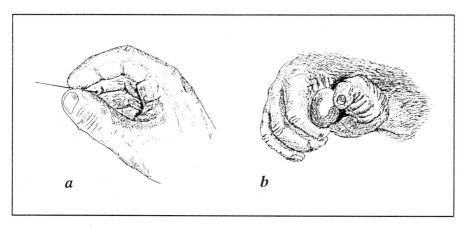

Abb. 4.55 a Opponierbarkeit (*Homo sapiens*) **b** Pseudoopponierbarkeit (*Pan spec.*) des
Daumens der Primaten (n. Napier u. Napier 1967, umgezeichnet).

Hand: Die Hand der quadrupeden Primaten ist in der Regel fünfstrahlig, Aus-
nahmen finden sich bei Prosimii und Colobinae. Die Finger sind entsprechend den
Erfordernissen einer Greifhand unabhängig voneinander spreizbar (*Abduktion* und
Adduktion), beugbar (*Flexion*) und streckbar (*Extension*). Der Daumen kann bei
den Ceboidea und Cercopithecoidea nur zum Teil bzw. sehr unvollkommen den
übrigen Fingern gegenübergestellt werden (*Opponierbarkeit*), so daß die für die
Hominoidea und insbesondere für den modernen Menschen so charakteristischen
Kraft- und Präzisionsgriffe nicht oder nur sehr bedingt möglich sind (Abb. 4.55).

Beckengürtel: Der hintere Extremitätengürtel ist über das Iliosakralgelenk mit der Wirbelsäule durch Bänder und mit zunehmendem Alter auch synostotisch verbunden. Die Hüftknochen der Cercopithecoidea und Ceboidea, insbesondere die Darmbeine (Ossa ilii), sind verhältnismäßig lang und schmal. Sie liegen lateral an der Wirbelsäule und sind nach dorsal mehr oder weniger stark konkav gewölbt. Ihre Verbindung zum Kreuzbein der Wirbelsäule liegt biomechanisch eigentlich sehr ungünstig weit vor den Hüftgelenken (Art. coxae; Abb. 4.56). Die Sitzbeine (Ossa ischii) sind bei den Cercopithecoidea kaudal verdickt, plattenförmig verbreitert. Sie treten ventrolateral der Schwanzwurzel an die Körperoberfläche und bilden Sitzknorren oder Sitzschwielen.

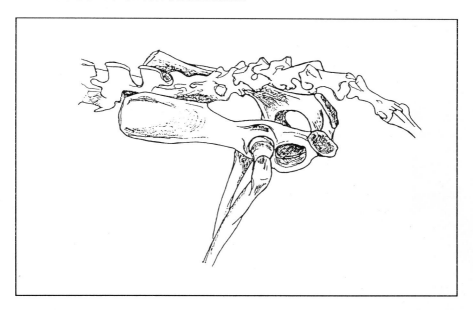

Abb. 4.56 Wirbelsäulen-Becken-Oberschenkel-Komplex eines quadrupeden Primaten (Erläuterungen im Text; n. Ankel 1970, umgezeichnet).

Ober- und Unterschenkel: Der Oberschenkelknochen (Femur) ist bei allen quadrupeden Säugern und somit auch bei den Primaten lang und schlank, dennoch aber kräftig entwickelt. Er steht in einer zur Medianebene des Körpers parallelen Ebene. Da bei vierfüßigen Säugetieren der Oberschenkelknochen hauptsächlich Biegebeanspruchungen ausgesetzt ist, resultiert auch eine mehr oder weniger einheitliche Gestalt. Die bei allen quadrupeden Formen zu beobachtende sagittale Achsenkrümmung des Femur (im Halsbereich nach ventral konvex, im distalen Bereich nach posterior abgewinkelt bzw. abgeknickt) ist als funktionale Anpassung zur Vermeidung bzw. Verminderung von Biegebeanspruchung zu werten (B. Kummer 1959; vgl. Kap. 4.2.1). Der Femurkopf gelenkt mit der Hüftpfanne (Acetabulum) des Beckens. Das Hüftgelenk ermöglicht der Hinterextremität

Bewegungen in allen Dimensionen des Raumes, doch ist ihre allseitige Beweg-
lichkeit im Vergleich zur Vorderextremität weniger gut ausgeprägt, was in
Zusammenhang mit der starken funktionalen Beanspruchung bei der Lokomotion,
insbesondere beim Vorwärtstrieb, gesehen werden muß. Die beiden Rollhügel
(Trochanter major u. minor) des proximalen Femurs sind kräftig entwickelt und
dienen zusammen mit der zwischen den Rollhügeln gelegenen Knochenleiste
(Crista intertrochanterica) sowie der auf der distalen Fläche ausgeprägten rauhen
Linie den kräftigen, auf das Hüftgelenk wirkenden Muskeln als Ansatzstelle (z. B.
M. iliopsoas, Mm. glutaeus maximus, medius u. minimus, M. quadratus femoris,
Mm. adductor longus, brevis u. magnus). Darüberhinaus nehmen einige Muskeln,
die das Kniegelenk stabilisieren, ihren Ursprung am Oberschenkelknochen (z. B.
M. quadriceps femoris, M. biceps femoris). Am distalen Femur befinden sich zwei
in der Regel gleichgroße Gelenkknorren (Condylus medialis u. lateralis).
Zwischen den beiden Kondylen liegt eine große Gelenkfläche (Fossa inter-
condylica) für die Kniescheibe (Patella). Bei den quadrupeden Primaten gelenkt
der Oberschenkel im Kniegelenk nur mit dem kräftigen Schienbein (Tibia),
während das lateral vom Schienbein gelegene, im Querschnitt fast dreieckige
Wadenbein (Fibula) nicht an der Bildung des Kniegelenks beteiligt ist. Die
zwischen Schien- und Wadenbein ausgebildeten Gelenke sind unbedeutend,
dagegen stehen sie mit ihren am distalen Ende gelegenen Knöcheln (Malleolus
lateralis u. medialis)[12] mit dem Sprungbein (Talus) der Fußwurzel gelenkig in
Verbindung (Starck 1979).

Fuß: Die Füße quadruped Primaten sind zugleich Stütz- und Greiforgane. Die
Fußwurzel liegt der Unterlage auf. Die Mittelfußknochen II-V (Metatarsalia)
bilden ein sich selbst tragendes transversales Gewölbe. Der Fuß liegt mit dem
lateralen Bereich auf dem Substrat, während die mediale Kante angehoben ist.
Dadurch gelangt der Fuß in Supinationsstellung (Starck 1979). In der Regel sind
fünf Zehen ausgebildet, die Großzehe (Hallux) ist abspreiz- und opponierbar
(Abb. 4.57).

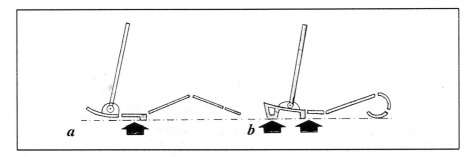

Abb. 4.57 Fußkonstruktion bei quadrupeden Primaten. **a** Cercopithecoidea **b** Pongidae;
▶: Unterstützungspunkte (n. Starck 1979, umgezeichnet).

---

[12] Der Malleolus lateralis ist vergleichend-anatomisch mit dem Malleolus fibularis und der
Malleolus medialis mit dem Malleolus tibialis identisch.

Tabelle 4.5 Extremitätenproportionen bei quadrupeden Primaten (n. Napier u. Napier 1967; Schultz 1969a).

Taxon	Armlänge (cm)	Beinlänge (cm)
Lemuriformes	106	111
Lorisidae	104	91
Galagidae	112	126
Tarsiiformes	148	178
Callitrichidae	98	96
Cebidae	125	118
Cercopithecoidea	113	100
Hylobatidae	243	148
Pongo	200	116
Gorilla	170	124
Pan	172	128
Homo	148	169

Einzelne Bereiche des Skeletts der quadrupeden Primaten können infolge spezieller Erfordernisse bei arborikoler oder terrestrischer Lokomotion von der skizzierten generalisierten Form abweichen und Spezialanpassungen aufweisen. So zeigen vorwiegend springende Primatenspezies (z. B. Indriidae und Tarsiiformes) eine starke Verlängerung des Fersenbeins (Calcaneus) und Kahnbeins (Naviculare) in der Fußwurzel.

Das Längenverhältnis von Vorder- zu Hinterextremität (Intermembralindex) ist bei quadruped laufenden und kletternd-arborikolen bzw. terrestrischen Primatenspezies ausgewogen. Dagegen haben springende Formen wesentlich längere Hinter- als Vorderextremitäten (Tabelle 4.5).

4.2.2 Knöchelgang der afrikanischen Menschenaffen[13]

Die afrikanischen Menschenaffen sind die nächsten Verwandten der Hominiden. Als Schwestergruppen haben sie einen unmittelbaren gemeinsamen Vorfahren. Es ist daher zu erwarten, daß die Hominoidea neben plesiomorphen auch eine Vielzahl synapomorpher Merkmale aufweisen. Ferner ist anzunehmen, daß sowohl die Pongiden als auch die Hominiden autapomorphe Merkmale erworben haben, in denen sie sich nicht nur vom gemeinsamen Vorfahren, sondern auch voneinander unterscheiden.

---

[13] Die Angaben beziehen sich überwiegend auf die afrikanischen Menschenaffen. Nur in besonderen Fällen werden morphologische Details des Orang-Utans und der Gibbons angeführt.

Die mit der Entstehung der Bipedie der Hominiden verknüpften Probleme sind noch längst nicht zufriedenstellend geklärt (vgl. Kap. 4.2.4.7). Insbesondere bereitet die lückenhafte Überlieferung postkranialer Skeletteile fossiler Pongiden und Hominiden sowie der mosaikhafte Verlauf der Evolution in zahlreichen Fällen sehr große Schwierigkeiten, zutreffende Aussagen über die Lokomotionsweise der ausgestorbenen Formen zu machen. Die afrikanischen Menschenaffen weichen z. B. in einigen Konstruktionsmerkmalen vom Bauplan der 'typischen' quadrupeden Primaten ab und ähneln hierin eher dem modernen Menschen. Andererseits zeigen sie mit den Hominiden sowohl zahlreiche Übereinstimmungen als auch erhebliche Abweichungen in der Morphologie und Biomechanik des Bewegungsapparates (vgl. Kap. 4.2.4). Schließlich weisen sie Spezialanpassungen auf, über die weder die Cercopithecoidea noch die Hominiden verfügen (autapomorphe Merkmale). Die Entwicklung sowie die konstruktiven und funktionalen Besonderheiten der Bipedie des Menschen können nur verstanden werden, wenn gleichzeitig die Gemeinsamkeiten und die Unterschiede von bzw. zwischen der Lokomotionsweise der Menschenaffen und der des Menschen bekannt sind. Nur unter dieser Voraussetzung lassen sich einigermaßen gesicherte Aussagen über die Lokomotionsweise fossil überlieferter Mosaikformen machen (vgl. Kap. 5, Kap. 6).

4.2.2.1 Körperhaltung und Gliedmaßenproportionen

Der *Knöchelgang* (engl. *knuckle walking*) der afrikanischen Menschenaffen ist eine Sonderform der Quadrupedie (Tabelle 4.3). Die Hände berühren ausschließlich mit den Dorsalflächen der Mittelglieder der Finger II-IV die Unterlage. Die Vorderextremitäten der Pongiden sind wesentlich länger als die Hinterextremitäten, wodurch die Wirbelsäule in Schrägstellung gerät. Der Körperschwerpunkt

Abb. 4.58 Körperhaltung des Schimpansen.

rückt weiter nach ventral, so daß das Körpergewicht in noch größerem Maße als bei den übrigen quadrupeden Primaten auf den Vorderextremitäten ruht (Abb. 4.58). Der Vortrieb des Körpers erfolgt ausschließlich durch die vorderen Gliedmaßen. Durch sie wird die Bodenkraft ausgeübt, wobei der Körper - gleichsam auf Krücken stehend - nach vorn schwingt (Tuttle 1974).

Der Intermembralindex beträgt beim Schimpansen 102-114, beim Gorilla 110-125 bzw. 135-150 beim Orang-Utan. Nach Jungers (1984a, b) verhält sich die Länge der Vorderextremitäten der Pongiden negativ allometrisch zum Körpergewicht.

Die Menschenaffen nehmen bei der Lokomotion, im Sozialverhalten und beim Objekttransport häufig eine aufrechte zweibeinige Haltung ein. Diese unterscheidet sich jedoch grundlegend von der Bipedie des Menschen (Abb. 4.59; vgl. Kap. 4.2.4.1).

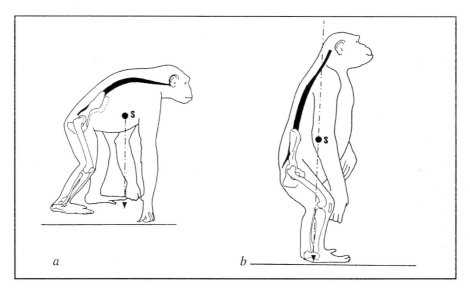

Abb. 4.59   Haltung eines Pongiden (*Pan*). **a** quadruped **b** biped. Beziehung von Wirbelsäule und Schwerelot. S: Schwerpunkt (n. B. Kummer 1975, umgezeichnet).

4.2.2.2   Morphologie der Wirbelsäule und des Brustkorbs

Wirbelsäule: Die Konstruktion und Zusammensetzung der Wirbelsäule der Menschenaffen sind abgesehen von einigen Merkmalen mit denen der quadrupeden Ceboidea und Cercopithecoidea allgemein vergleichbar. Die Wirbelsäule ist wie bei anderen quadrupeden Primaten im Hals- und Lendenbereich schwach bis leicht lordotisch, im Brustbereich ausgeprägt kyphotisch (Abb. 4.60). Die Beweglichkeit der Wirbelsäule ist im Halsbereich am größten (Flexion, Extension, Rotation, Abduktion, Adduktion), gefolgt von der Lendenwirbelsäule (Kombination von Flexion und Abduktion sowie Extension und Adduktion) und dem Brustbereich, in dem infolge des Rippenkorbes nur Rotation der Wirbel möglich ist. Die afrikanischen Menschenaffen haben von allen Primaten die geringste durchschnittliche Anzahl Lendenwirbel (4,0 Orang-Utan, 3,6 Gorilla und Schimpanse), so daß ihre Lendenregion im Vergleich zu der anderer Primaten der relativ kürzeste Wirbelsäulenbereich ist. Damit geht allerdings eine Verringerung der Beweglichkeit der Lendenwirbelsäule einher, besonders im Vergleich zu der des Menschen (Schultz 1969a; Aiello u. Dean 1990; Tabelle 4.6). Die Verkürzung der Lendenwirbelsäule bei den Hominoidea verhält sich positiv allometrisch zur Körpergröße bzw. zum Körpergewicht, so daß diese Längenreduktion nach dem Allometriegradienten der Erwartung entspricht (Biegert u. Maurer 1972; Andrews u. Groves 1976). Nach Cartmill u. Milton (1977) verhindert eine kurze Lendenregion bei den Pongiden das Wegknicken dieses Bereiches beim Klettern. Die Facies articulares inferiores der Lendenwirbel weisen mehr oder weniger nach lateral, beim Menschen hingegen zunehmend nach posterior. Dieser Unterschied ist besonders beim letzten Lendenwirbel ausgeprägt und wird im Zusammenhang mit der Stabilisierung des Lumbosakralgelenks beim bipeden Menschen gesehen (vgl. Kap. 4.2.4.5). Die posteriore Stellung der Facies articulares inferiores erschwert bzw. verhindert in Verbindung mit anderen Faktoren, daß die Lendenwirbelsäule und das Kreuzbein übereinanderschieben oder aneinander vorbeigleiten. Der Lumbosakralwinkel der Pongiden unterscheidet sich nur unwesentlich von dem der Cercopithecoidea, doch ist er nur etwa halb so groß wie der des Menschen (vgl. Kap. 4.2.4.5). Die Menschenaffen besitzen keinen äußerlich sichtbaren Schwanz. Einige Schwanzwirbel sind vestigial erhalten und zu einem einheitlichen Knochen, dem Steißbein (Os coccygis), verschmolzen.

Tabelle 4.6 Anzahl der Wirbel bei den Hominoidea (aus Schultz 1969a u. Ankel 1970).

Taxon	zervikal	thorakal	lumbal	sakral	kaudal
Hylobates	7	12-14	4-6	3-6	0-6
Symphalangus	7	11-14	3-6	4-6	1-4
Pongo	7	11-13	3-5	4-7	1-5
Gorilla	7	12-14	3-5	4-8	1-5
Pan	7	12-14	3-4	4-8	2-5
Homo	7	11-13	4-6	4-7	2-5

Die Dornfortsätze der Halswirbel sind stark verlängert. Dieses Merkmal steht in Zusammenhang mit der Anheftung der besonders kräftig entwickelten Nackenmuskulatur. Allerdings wird hierdurch sowie infolge der verhältnismäßig weit hochgezogenen Schultern die Beweglichkeit der Halswirbelsäule eingeschränkt (Schultz 1969a; Ankel 1970; Aiello u. Dean 1990).

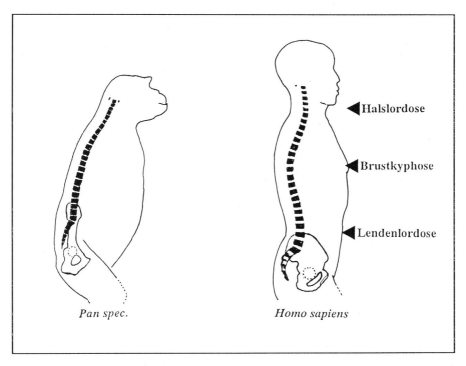

Abb. 4.60 Gestalt der Wirbelsäule von *Pan spec.* und *Homo sapiens* (n. Schultz 1961, umgezeichnet).

Brustkorb: Der Brustkorb ist sehr viel breiter als tief. Die Brustkorbbreite verhält sich positiv allometrisch zur Körperhöhe (Andrews u. Groves 1976). Der Brustkorbindex steigt daher vom Orang-Utan (137) über den Schimpansen (165) zum Gorilla (217) an. Die Wirbelsäule ist dorsal in den Thorax eingesenkt, so daß dieser im Vergleich zu dem anderer vierfüßiger Primaten nicht unter der Wirbelsäule hängt, sondern diese mit seinem dorsalen Bereich praktisch umschließt (Schultz 1969a; Abb. 4.61). In der Grundform ähnelt der Thorax der Pongiden dem des modernen Menschen; er ist bei ersteren mehr trichter- bei letzteren eher tonnenförmig (Schmid 1983; Abb. 4.61).

Die Rippen sind wesentlich stärker gebogen als bei den anderen quadrupeden Primaten, jedoch weniger als bei den Hominiden, die besonders im unteren Teil des Thorax Rippen mit sehr engem Radius aufweisen (Aiello u. Dean 1990). Die Einbeziehung der Wirbelsäule in den faßförmigen Brustkorb wirkt sich besonders bei aufrechter bipeder Haltung günstig aus, da die Tragachse des Körpers näher an das Schwerelot herangeführt wird (vgl. Kap. 4.2.4.2). Die Anzahl der sternalen Rippen ist bei den Menschenaffen und beim modernen Menschen etwa gleich groß, doch besitzen die Pongiden eine größere Anzahl sog. freier Rippen (Abb. 4.61). Im Querschnitt ist die Menschenaffenrippe rundlich bis oval, die

Menschenrippe eher länglich und seitlich stärker abgeplattet (Schmid 1983). Das Brustbein ist bei den Hominoidea relativ länger und breiter als bei den übrigen Primaten. Der Schimpanse ähnelt im Fusionsgrad der einzelnen Glieder des Brustbeins und ihrer relativen Länge zum Manubrium mehr dem modernen Menschen als den übrigen Pongiden (Aiello u. Dean 1990).

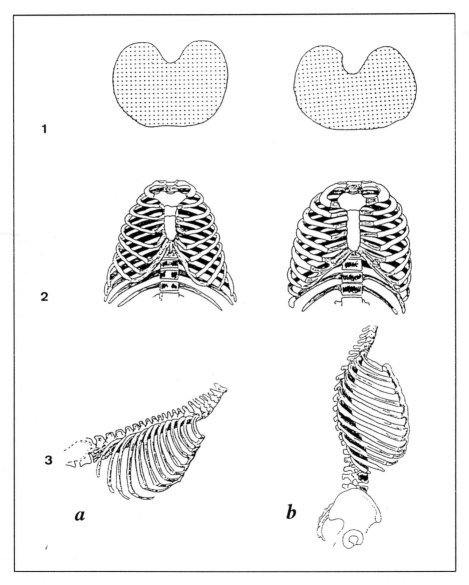

Abb. 4.61   Brustkorbform. **a** *Pan spec.* **b** *Homo sapiens.* 1 Transversalschnitt, 2 Frontalansicht, 3 Lateralansicht (n. Schultz 1956, 1969a, umgezeichnet).

4.2.2.3 Morphologie des Schultergürtels und der Vorderextremität

Schultergürtel: Die Schulterblätter der Pongiden liegen auf der Dorsalseite des Brustkorbs. Sie haben eine etwa dreieckige Grundform, sind aber schmaler und länger als die des modernen Menschen. Die Spina scapulae bildet mit dem lateralen Rand des Schulterblattes einen Winkel von 20° (Orang-Utan), 24° (Gorilla) bzw. 28° (Schimpanse; Ashton et al. 1965). Die Pongiden unterscheiden sich in diesem Merkmal sehr deutlich von den Hylobatiden (vgl. Kap. 4.2.3.2). Die Fossa supraspinata ist kleiner als die Fossa infraspinata (Größenverhältnis ca. 71:100), beide sind aber relativ groß. Auch hierin unterscheiden sich die quadrupeden Menschenaffen von den Hominiden, deren Fossa supraspinata noch kleiner ist, und vor allem von den Hylobatiden, die sich durch eine sehr große Fossa supraspinata auszeichnen (Oxnard 1968; vgl. Kap. 4.2.3.2, Kap. 4.2.4.3). Die Schultergelenke liegen in der Ebene der Wirbelsäule. Die Gelenkpfanne des Schulterblattes (Cavitas glenoidalis) ist mehr oder weniger nach kranial orientiert, während sie beim modernen Menschen und bei den Cercopithecoidea eher nach lateral zeigt (Abb. 4.62). Der Winkel zwischen der Gelenkgrube und dem lateralen Rand des Schulterblattes beträgt beim Orang-Utan 112°, beim Schimpansen 113° und beim Gorilla 120°. Er liegt damit deutlich höher als bei den Hylobatiden (vgl. Kap. 4.2.3.2). Die Schlüsselbeine der Menschenaffen und des modernen Menschen weisen eine verhältnismäßig große Formvariabilität auf (Schultz 1930). Sie sind etwa S-förmig beim Schimpansen und Orang-Utan, verhältnismäßig gerade beim Gorilla und bei allen Pongiden horizontal orientiert (Abb. 4.62).

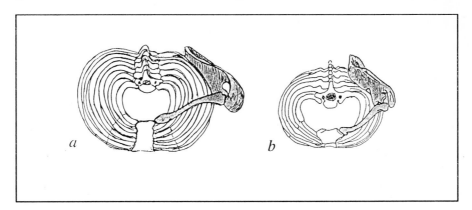

Abb. 4.62 Lage und Form von Schulterblatt und Schlüsselbein. **a** *Pan spec.* **b** *Homo sapiens* (**b** n. Schultz 1969a, umgezeichnet).

Bezogen auf die Körperhöhe haben die afrikanischen Menschenaffen etwa gleichlange Schlüsselbeine (ca. 25% der Rumpfhöhe). Sie unterscheiden sich hierin deutlich von den Hylobatiden und dem Orang-Utan, die entschieden längere Claviculae besitzen (ca. 33-34% der Rumpflänge). Die Länge der Schlüsselbeine

wird bei den Hominoidea durch die dorsale und mehr kraniale Lage der Schulterblätter bestimmt, so daß dieses Merkmal für sich genommen bzw. im Vergleich
mit den Claviculae der Cercopithecoidea wenig Aussagekraft hat (Andrews u.
Groves 1976). Die Torsion der Schlüsselbeine der Pongiden übersteigt mit 52°
(Schimpanse), 53° (Orang-Utan) bzw. 60° (Gorilla) erheblich den Torsionswinkel
der Claviculae des Menschen (12°) und auch den der Hylobatiden (43°; Oxnard
1968).

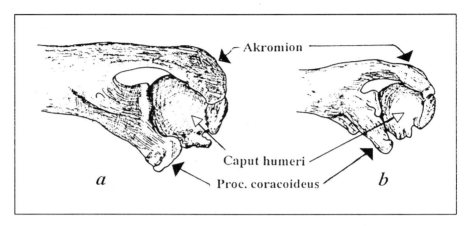

Abb. 4.63 Schultergelenk in Kranialansicht. **a** *Gorilla* **b** *Homo sapiens*   (n. Aiello u.
Dean 1990, umgezeichnet).

   In Verbindung mit der Verbesserung der osteologischen Voraussetzungen für
die Hebelverhältnisse wichtiger Schulter- und Armmuskeln, insbesondere für den
M. deltoideus, M. trapezius und M. serratus anterior sowie in Verbindung mit der
besonderen Gestaltung des Schultergelenkes, vor allem in Zusammenhang mit der
weit nach lateral ausladenden Schulterhöhe, der relativ flachen und runden
Cavitas glenoidalis, einem nur wenig vorspringenden Tuberculum supraglenoidale
(Abb. 4.63) sowie der besonderen Gestalt des Humeruskopfes, erlangt die Vorderextremität große Beweglichkeit in allen Raumebenen. In dieser Fähigkeit unterscheiden sich die Pongiden nicht prinzipiell von den Hominiden, sie weichen
hierin aber von den übrigen quadrupeden Primaten ab (Aiello u. Dean 1990; vgl.
Kap. 4.2.1).
   Die skelettmorphologischen Unterschiede im Schultergürtel der Menschenaffen
und des modernen Menschen einerseits und die größeren Ähnlichkeiten zwischen
dem Menschen und den quadrupeden Cercopithecoidea andererseits deuten auf
divergente Anpassung hin. Die Vorderextremität des modernen Menschen enthält
im Gegensatz zu der der Menschenaffen nicht die Voraussetzungen für eine
kletternde Lokomotionsweise, bei der der Arm mehr oder weniger weit angehoben
ist. Sie ist eher für die Erfüllung von Funktionen konstruiert, bei der der Arm
herabhängen kann (Aiello u. Dean 1990; vgl. Kap. 4.2.4.3, Kap. 4.2.4.7).

Ober- und Unterarm: Die Beweglichkeit der Vorderextremität der Pongiden wird erheblich durch die Form und Orientierung des Humeruskopfes bestimmt. Ein sehr wichtiges Merkmal ist die Lage der beiden Tubercula unterhalb der Ebene des Humeruskopfes. Sie erlaubt ein stärkeres Anheben des Armes im Schultergelenk (Aiello u. Dean 1990). Tief am Humerus gelegene Tubercula sind allerdings keine Besonderheit der Pongiden. Sie sind auch bei anderen Primaten einschließlich des modernen Menschen anzutreffen, bei dem das Tuberculum majus jedoch wesentlich weiter proximal, d. h. unter der Humeruskopfebene gelegen ist als das der Pongiden (Abb. 4.64; vgl. Kap. 4.1.4.3).

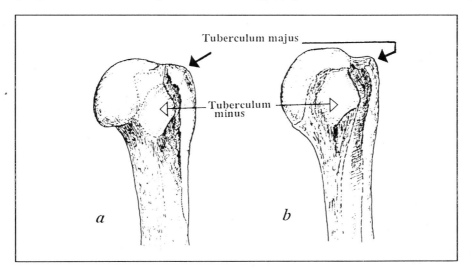

Abb. 4.64 Lage des Tuberculum majus u. minus am proximalen Humerus **a** *Pan spec.* **b** *Homo sapiens.*

Ein herausragendes Merkmal des Humeruskopfes ist seine mediale Drehung gegenüber der Ebene des Ellbogengelenks (Abb. 4.65). Die Humerustorsion ist bei allen Primaten zu beobachten. Bei den afrikanischen Menschenaffen und beim modernen Menschen ist sie am stärksten ausgeprägt, dazwischen liegen die Gibbons und der Orang-Utan (Knußmann 1967a). Je weiter die Gelenkgrube des Schulterblattes nach lateral orientiert ist, desto stärker ist die Drehung des Oberarmknochens - allerdings unter der Bedingung, daß Beugung und Streckung des Armes im Ellbogengelenk in der sagittalen oder anteroposterioren Ebene erfolgt, wie dies bei quadrupeder terrestrischer Lokomotion der Fall ist. Da beim modernen Menschen die Vorderextremität von Lokomotionsfunktionen befreit ist, sieht Larson (1988) die starke Humerusdrehung in der manipulatorischen Funktion des Armes begründet. Darüberhinaus sei dieses Merkmal in paralleler Evolution entstanden und nicht als stammesgeschichtliches lokomotorisches Erbe von einem Knöchelgänger erworben worden (vgl. Kap. 4.1.4.3).

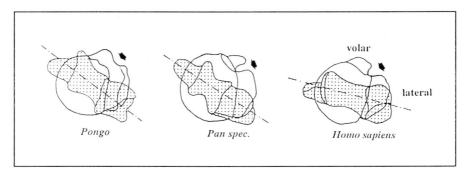

Abb. 4.65   Humerustorsion bei Pongiden und *Homo sapiens*; rechter Humerus von proximal gesehen. → : Lage und Form der Fossa intertubercularis (n. Knußmann 1967a; Aiello u. Dean 1990, umgezeichnet).

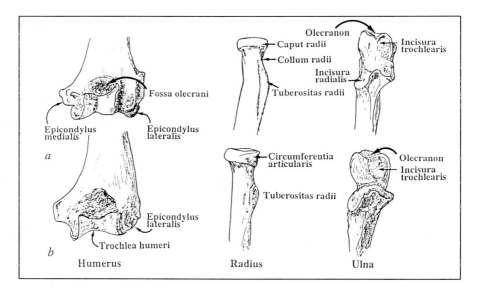

Abb. 4.66 Distaler Humerus (posteriore Ansicht), proximale Ulna und proximaler Radius (anteriore Ansicht). **a** *Pan spec.* **b** *Homo sapiens* (n. Knußmann 1967a, umgezeichnet).

Die Humerustorsion bewirkt, daß die beiden Muskelhöcker am Humeruskopf, das Tuberculum majus und minus, aus einer zentralen in eine mediale Lage geraten. Darüberhinaus führt die Torsion zu einer Größenreduktion des kleinen Höckers. Bei Menschenaffen ist das Tuberculum minus erheblich kleiner als beim Menschen, doch ist es auch hier infolge der Torsion des Oberarmknochens deutlich kleiner als das Tuberculum majus (Aiello u. Dean 1990). Durch die Drehung des Humerus werden auch die Form und die Tiefe der Fossa intertubercularis verändert. Sie wird insgesamt flacher und breiter. Bei den afrikanischen Menschenaffen ist dieses Merkmal allerdings weniger gut ausgeprägt als beim Menschen (vgl. Kap. 4.2.4.3). Insgesamt ist der Oberarmknochen der Pongiden sehr robust und mit kräftigen Muskelmarken versehen (Napier u. Napier 1967).

Elle und Speiche der Hominoidea sind in der Grundform gleich, bei Menschenaffen sind sie jedoch dorsoventral (Elle) bzw. mediolateral (Speiche) stark konvex und bieten daher für die Armpronatoren sehr günstige Hebelverhältnisse (Oxnard 1963; vgl. Kap. 4.2.2.4). Der Brachialindex beträgt beim Orang-Utan 92-109, beim Schimpansen 87-100 und beim Gorilla 73-86 . Die Indizes liegen damit weit unter dem Index für die Hylobatiden charakteristischen Wert von 105-124 (vgl. Kap. 4.2.3.2).

Neben einer Reihe von morphologischen Übereinstimmungen am distalen Humerus, an der proximalen Ulna und am proximalen Radius der afrikanischen Menschenaffen und des modernen Menschen, wie z. B. die gegenüber den Cercopithecoidea relativ breite und flache Fossa olecrani, die Auftrennung der Trochlea humeri in eine laterale und eine mediale Gelenkfläche für die Artikulation von Ulna bzw. Radius mit dem Humerus, das runde Radiusköpfchen oder schließlich das verhältnismäßig wenig prominente Olecranon der Ulna (McHenry u. Corruccini 1975), lassen sich aber auch osteologische Unterschiede, besonders am Ellbogengelenk der afrikanischen Menschenaffen und des Menschen, feststellen (vgl. Kap. 4.2.4.3). Der laterale Kondylus des Humerus ist bei Schimpanse und Gorilla größer als der mediale, zudem ist er nach anterosuperior gerichtet. Im Querschnitt haben beide Kondylen eine dreieckige Grundform (Senut 1981a). Die größte anteroposteriore Dicke des distalen Humerusschaftes liegt medial (B. Patterson u. Howells 1967). Die Fossa olecrani ist relativ schmal und tief und weist lateral eine scharfe Begrenzung auf. Die ulnare und die radiale Gelenkfläche der Trochlea humeri werden durch einen prominenten Wulst getrennt. Der Proc. coronoideus ist kräftig ausgeprägt, die Incisura trochlearis der Ulna ist großflächig und nach anterior gerichtet. Das Capitulum humeri dehnt sich weit nach dorsal aus und ist anterior konvex, wodurch der Radius einen größeren Bewegungsspielraum erhält. Die Tuberositas des Radius liegt relativ weit lateral, so daß für den M. biceps brachii günstige Hebelverhältnisse bei Supination des Armes entstehen (Knußmann 1967a; B. Patterson u. Howells 1967; Trinkaus u. Churchill 1988; Aiello u. Dean 1990). Die genannten Merkmale sind auf die unterschiedlichen funktionalen Anforderungen an die Vorderextremität bei den Pongiden (überwiegend Stütz- und Vortriebfunktion bei der Lokomotion; Schutz vor extremer Überstreckung im Ellbogengelenk) und die damit verbundenen Stabilisierungserfordernisse bei gleichzeitiger Bewahrung der Extremitätenbeweglichkeit für manipulatorische Zwecke zurückzuführen (Senut 1981a, b; Abb. 4.66). Die Konstruktion des Ellbogengelenks von Schimpanse und Gorilla stellt einen Kompromiß zwischen diesen beiden funktionalen Komplexen dar. Insofern stehen die afrikanischen Pongiden zwischen den quadrupeden Cercopithecoidea und dem modernen Menschen (Aiello u. Dean 1990).

Hand: Die Menschenaffenhand hat im Gegensatz zur Menschenhand lokomotorische und manipulatorische Funktionen zu erfüllen. Aus dieser Doppelrolle ergeben sich zwangsläufig Unterschiede in der äußeren Gestalt, der Skelett- und Muskelmorphologie. Außerdem werden osteologische Details der Handwurzel, der Mittelhand und des Fingerbereichs der Menschenaffenhand von der spezifischen Lokomotionsform der betreffenden Spezies bestimmt (Abb. 4.67).

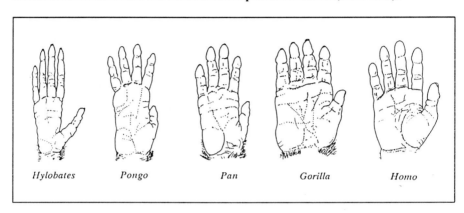

Hylobates Pongo Pan Gorilla Homo

Abb. 4.67 Gestalt und Proportion der Hand der Menschenaffen und des modernen Menschen; auf dieselbe Länge reduziert, Palmaransicht (n. Schultz 1969a; Aiello u. Dean 1990, umgezeichnet).

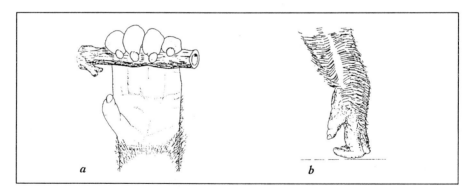

a b

Abb. 4.68 Haltung des Daumens. **a** arborikole Lokomotion (*Pongo*) **b** terrestrische Lokomotion (*Pan*).

Die Hand der Pongiden ist verlängert, der Daumen (Pollex) ist real verkürzt. Die großen Menschenaffen unterscheiden sich in diesem Merkmal von den Hylobatiden (Le Gros Clark 1959; Erikson 1963; Andrews u. Groves 1976). Der Pollex wird weder bei der terrestrischen (Schimpanse, Gorilla) noch bei der arborikolen Lokomotion (Orang-Utan) beansprucht (Abb. 4.68). Die Knöchelgänger setzen die Hand mit den Dorsalflächen der mittleren Glieder der Finger II-IV auf die Unterlage auf (Abb. 4.69). Die Mittelhandknochen (Ossa metacarpalia) werden in gleicher Ebene wie die Handwurzel und das Handgelenk gehalten. Sie sind gegenüber dem Handgelenk weder gebeugt noch gestreckt. Die proximalen Fingerknochen sind gegenüber den Mittelhandknochen sehr stark überstreckt, die medialen und distalen Fingerknochen sind gebeugt (Tuttle 1967).

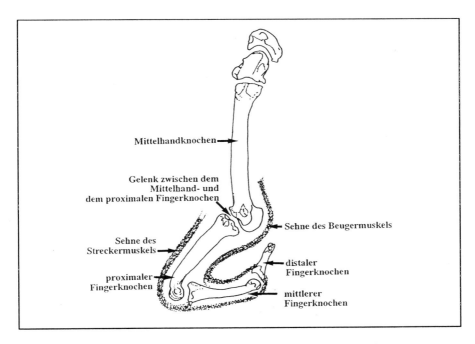

Abb. 4.69 Handhaltung der Knöchelgänger (n. Tuttle 1967, umgezeichnet).

Nach Aiello u. Dean (1990) unterscheiden sich Menschenaffen- und Menschenhand wesentlich in drei Aspekten, deren strukturelle Korrelate vornehmlich im Handwurzelmittelhandgelenk (Art. carpometacarpea) und im proximalen Fingergelenk (Art. interphalangea proximalis) liegen. Es sind Strukturen, die die Stabilität der Hand bei der Lokomotion auf Kosten der Flexibilität bei manipulativen Tätigkeiten erhöhen. Diese Adaptationen sind mit der starken Entwicklung der Fingerbeuger bei den Menschenaffen verbunden und erklären sich speziell aus dem Knöchelgang der afrikanischen Pongiden und dem Klettern des Orang-Utan. Die Handwurzelmittelhandgelenke der Strahlen II-V sind in der Menschenaffenhand wesentlich weniger beweglich als beim modernen Menschen.

Herausragendes Merkmal in der muskulären Versorgung der Menschenaffenhand ist die kräftige Ausprägung der langen (extrinsischen) Fingerbeuger

(M. flexor digitorum longus; vgl. Kap. 4.2.4.6). Die Krümmung der proximalen Phalangen ist als Antwort der knöchernen Struktur auf die starken Biegemomente zu interpretieren, die während der arborikolen Lokomotion auf die proximalen Phalangen einwirken (Preuschoft 1973; Susman 1979). Die Biegung ist besonders deutlich beim arborikol lebenden Orang-Utan, weniger stark bei den überwiegend terrestrisch lebenden afrikanischen Menschenaffen ausgeprägt. An der lateralen und medialen Fläche der proximalen Fingerglieder liegen gut erkennbare Führungsrinnen, in denen die stark entwickelten Sehnenscheiden der Fingerbeuger gleiten (M. flexor digitorum profundus, M. flexor digitorum superficialis). Sie bleiben auf diese Weise immer in Kontakt mit den Fingergliedern und rutschen seitlich auch dann nicht ab, wenn die Finger gebeugt sind. Auf den medialen Phalangengliedern sind ebenfalls beidseitig starke Rinnen für die Insertion der Fingerbeuger ausgebildet (Übersicht in Aiello u. Dean 1990; Abb. 4.70).

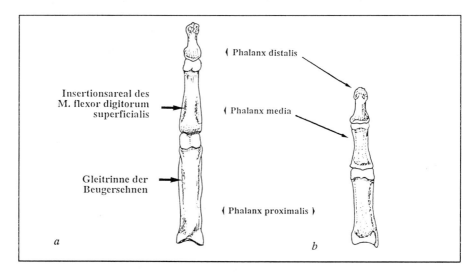

Abb. 4.70 Fingerglieder in Palmaransicht. **a** *Pan spec.* **b** *Homo sapiens* (n. Aiello u. Dean 1990, umgezeichnet).

4.2.2.4 Muskulatur des Schultergürtels und der Vorderextremität

Mit Ausnahme von zwei zusätzlichen Muskeln, dem M. atlantoclavicularis und dem M. pectoralis abdominis, haben die Pongiden und der moderne Mensch die gleiche Schulter- und Oberarmmuskulatur. Unterschiede bestehen hauptsächlich im Ansatz und Ursprung der einzelnen Muskeln, in der Muskelmasse sowie in physiologischen Parametern, wie z. B. EMG-Potentialen (Ashton u. Oxnard 1963; Tuttle u. Basmajian 1977).

Die Rotatoren des Schulterblattes, der M. trapezius und M. rhomboideus, sind bei den großen Menschenaffen und beim modernen Menschen in Insertion und

Ursprung unterschiedlich. Bei Schimpanse und Gorilla sind der okzipitale und zervikale Ursprung des M. trapezius stärker ausgeprägt. Dieser Muskel dehnt sich jedoch nicht auf den letzten Brustwirbel aus, und sein zervikaler Teil ist außerdem kürzer und dicker als beim modernen Menschen (Aiello u. Dean 1990; vgl. Kap. 4.2.4.4). Größere Unterschiede sind im Ursprung des M. rhomboideus zu finden. Während er beim Schimpanse und Gorilla vom Os occipitale bis zum mittleren Brustwirbel reicht, erstreckt er sich beim Menschen nur vom letzten Halswirbel bzw. ersten Brustwirbel bis zum mittleren Brustwirbel. Die unterschiedliche Ursprungsregion des kranialen Teils des M. rhomboideus begünstigt die Hebelwirkung der Schulterblattrotatoren bei den Pongiden. Ursprung und Ansatz des M. trapezius und M. rhomboideus ähneln beim modernen Menschen eher den Verhältnissen bei Hylobatiden als bei Pongiden. Im Ursprung des M. latissimus dorsi bestehen zwischen dem Menschen und den Menschenaffen keine grundlegenden Unterschiede. Allerdings ist bei den Pongiden der iliakale Teil des Muskels stärker entwickelt als der vertebrale Bereich. Hierin drückt sich die unterschiedliche funktionale Beanspruchung des Muskels aus. Der iliakale Teil ist ein wichtiger Retraktor des Armes, der beim arborikolen Klettern das Körpergewicht direkt auf die Arme überträgt (Tuttle u. Basmajian 1977).

Der M. dorsoepitrochlearis der Menschenaffen fehlt beim modernen Menschen. Dieser Muskel entspringt an der Sehne des M. latissimus dorsi und setzt am medialen Epicondylus des Humerus an. Er wirkt als Strecker der Unterarmfaszie. Die übrigen auf das Ellbogengelenk wirkenden Unterarmmuskeln der afrikanischen Menschenaffen unterscheiden sich nur graduell von denen des Menschen. Die Unterarmbeuger (M. biceps brachii, M. brachioradialis, M. brachialis) und die Unterarmsupinatoren (M. supinator, M. biceps brachii, M. brachioradialis) sind bei den Menschenaffen stärker entwickelt. Im Detail sind funktionale Unterschiede bei den Ellbogenbeugern und -streckern (M. anconeus, M. triceps brachii) der Menschenaffen und des modernen Menschen nachzuweisen (elektromyographische Daten nur vom Gorilla; Übersicht in Aiello u. Dean 1990).

Die Muskeln, die auf das Handgelenk wirken, sind bei den afrikanischen Menschenaffen kräftiger als beim Menschen entwickelt und unterscheiden sich zum Teil in ihrer Morphologie einschließlich ihrer Sehnen. Nach Tuttle (1967) sind die langen Handflexoren beim Schimpansen erheblich stärker als beim Menschen. Demgegenüber sind die Muskeln, die mit der Beweglichkeit des Daumens in Verbindung stehen, bei letzterem besser ausgeprägt. Der M. flexor pollicis longus ist nicht bei allen Menschenaffen vorhanden oder nur sehr schwach angelegt oder mit dem radialen Bauch des M. flexor digitorum profundus verbunden, so daß der Daumen von den übrigen Fingern nicht unabhängig gebeugt werden kann. Ebenso fehlt den Pongiden das Caput profundum des mit der Opponierbarkeit des Daumens in Verbindung stehenden M. flexor pollicis brevis. Ferner inseriert der M. adductor pollicis bei einigen Individuen der Menschenaffen sehr viel weiter distal als beim Menschen (Tuttle 1967).

Die Knöchelgänger haben eine kräftig entwickelte kurze (intrinsische) Handmuskulatur (Mm. lumbricales, Mm. interossei dorsales, Mm. interossei palmares),

die der Überstreckung im Metacarpophalangealgelenk vorbeugt. Als eine weitere
Anpassung an den Knöchelgang werden die kurzen, aber mit sehr starken Sehnen
versehenen M. flexor digitorum profundus und M. flexor digitorum superficialis
angesehen, die das Einknicken des Handgelenkes während der Lokomotion
verhindern (Tuttle 1967).

4.2.2.5   Morphologie des Beckengürtels und der Hinterextremität

Beckengürtel: Das Becken der Pongiden unterscheidet sich von dem des
modernen Menschen in einer Vielzahl von Merkmalen, die im Zusammenhang
mit der unterschiedlichen Lokomotionsweise stehen (vgl. Kap. 4.2.4). Das Becken
der Pongiden ist lang und schmal und anders zur Wirbelsäule und zur hinteren
Extremität orientiert als beim bipeden Menschen. Die Bestandteile des Hüftknochens (Os ilium, Os ischii[14], Os pubis) haben gänzlich andere Relationen als
die entsprechenden Elemente im Becken des Menschen. In Seitenansicht liegt bei
den Pongiden das Hüftgelenk hinter dem Kreuzbein, welches in etwa derselben
Ebene wie die Wirbelsäule ausgerichtet ist (Abb. 4.71). Dagegen befindet sich das
Hüftgelenk beim Menschen vor dem Kreuzbein, welches deutlich zur Wirbelsäule
abgewinkelt ist (vgl. Kap. 4.2.4.5). Der Oberschenkelknochen ist bei den
Menschenaffen während der Lokomotion etwa senkrecht zur Längsachse des
Hüftbeins ausgerichtet. Hierdurch werden die Hebelverhältnisse der Hüftstrecker,
die am Sitzbein entspringen sowie der Hüftbeuger, die ihren Ursprung am langen
Darmbein haben, verbessert (vgl. Kap. 4.2.4.6).

Das Darmbein ist bei den Menschenaffen länger als breit (Abb. 4.72). Dieses
Merkmal wird als Anpassung an eine kletternde Lokomotionsweise angesehen.
Das lange Os ilium bietet für den bedeutendsten Klettermuskel, den M. latissimus
dorsi, eine große Ursprungsfläche am Darmbeinkamm (Crista iliaca) und an der
Lumbalwirbelsäule. Die leicht geschwungene Darmbeinschaufel ist nach lateral
orientiert, so daß ihre Innenfläche (Fossa iliaca) nach anterior und ihre Außenfläche nach posterior zeigt. Dadurch gelangen die Muskeln, die den Körper der
Menschenaffen in aufrechter Sitzhaltung stabilisieren, in eine günstige Hebellage.
Die Gelenkflächen zum Kreuzbein (Facies auriculares) und die Tuberositas iliaca
sind verhältnismäßig klein. Der dorsale und ventrale Rand des Darmbeins ist nur
leicht geschwungen, der untere vordere Darmbeinstachel (Spina iliaca anterior
inferior) fehlt.

Das Sitzbein der Pongiden ist bezogen auf die Gesamtlänge und -breite des
Hüftbeins sowie auf den Durchmesser der proximalen Kreuzbeinwirbel relativ
lang. Da die Hüfte der quadrupeden Menschenaffen bei der Lokomotion in der
Regel gebeugt ist, bietet das lange Sitzbein gute Hebelverhältnisse für den M.
semitendinosus, M. semimembranosus und M. biceps femoris (die drei Muskeln
werden in der engl. Literatur auch als 'hamstrings' bezeichnet; vgl. Kap. 4.2.4.6).
Insgesamt ist das Sitzbein infolge der starken Zugwirkung der Hüftstrecker nach
außen gedreht. Dadurch wird deren Hebelwirkung verbessert. Die Tuberositas

---

[14] Ohne Zusatz Os wird das Sitzbein auch als Ischium bezeichnet.

ischiadica ist breit, jedoch nicht hochgezogen bzw. 'aufgekrempelt' wie beim modernen Menschen. Die Ursprungsareale für die Kniegelenksbeuger sind wenig prominent und nicht deutlich gegeneinander abgesetzt. Der Sulcus tubero-acetabularis ist relativ breit.

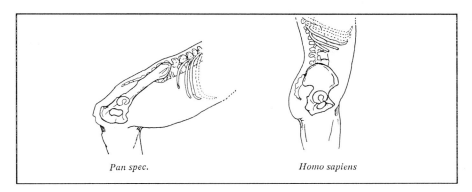

Abb. 4.71 Lage des Beckens. **a** *Pan spec.* **b** *Homo sapiens* (n. Schultz 1969a, umgezeichnet).

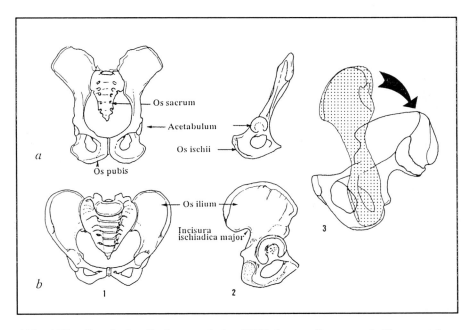

Abb. 4.72 Gestalt des Beckens und des Hüftbeins. **a** *Pan spec.* **b** *Homo sapiens.* Ansicht von **1** anterior, **2** lateral, **3** medial; Illustration der Formdifferenz von pongidem (gepunktet) und hominidem Becken, die nicht als Ausdruck eines stammesgeschichtlichen Prozesses verstanden werden darf (n. Starck 1979; Henke u. Rothe 1980, umgezeichnet).

Der Körper des Schambeins (Corpus ossis pubis) ist verhältnismäßig tief und, bezogen auf die Sitzbeinlänge, mit dem Schambeinkörper des modernen Menschen vergleichbar. Der Schambeinkamm (Pecten ossis pubis), das Schambeinhöckerchen (Tuberculum pubicum), die Verdickung an der Verbindung von Darm- und Schambein (Eminentia iliopectinea) und die Gleitrinne des M. iliopsoas fehlen. Der Schambeinwinkel (Angulus subpubicus) ist kleiner als beim Menschen (Abb. 4.72; vgl. Kap. 4.2.4.5).

Die Hüftgelenkspfanne der Pongiden ist tiefer und enger als beim modernen Menschen. Diese Merkmale sind allerdings sehr variabel. Das Acetabulum weist nach lateral, so daß seine Achse etwa senkrecht zur Längsachse des Hüftknochens steht. Dadurch ist die Beweglichkeit des Oberschenkels weniger gut ausgeprägt als beim Menschen.

Der Hüftknochen der afrikanischen Menschenaffen zeigt insgesamt Anpassungen an quadruped-terrestrische Lokomotion, insbesondere an Kraftentfaltung bei Hüftstreckung. Er unterscheidet sich hierin grundsätzlich von dem des modernen Menschen (vgl. Kap. 4.2.4.5).

Ober- und Unterschenkel: Der Oberschenkelknochen ist bei Menschenaffen absolut und relativ kürzer, dafür aber robuster als der des modernen Menschen. Er enthält jedoch auf seiner posterioren Seite keinen in Längsrichtung des Schaftes verlaufenden Stützpfeiler (Pilaster), woraus eine unterschiedliche Form des Femurquerschnitts resultiert (Abb. 4.73). Das Femur ist zur Lateralseite leicht konvex, nach anterior relativ stark konvex gekrümmt. Der *Bikondylarwinkel*[15] ist mit ca. 1-2° wesentlich geringer als der des menschlichen Femurs (ca. 9-10°; Stern u. Susman 1983). Beim modernen Menschen überkreuzen sich die Lastachse des Körpers und die Schaftachse des Femur etwa auf halber Höhe des Oberschenkelknochens und ermöglichen hierdurch eine biomechanisch günstige Gewichtsübertragung (vgl. Kap. 4.2.4.5). Der geringe Bikondylarwinkel der Menschenaffen führt dazu, daß die Kniegelenke und die Füße unter den Hüftgelenken liegen und somit eine Stellung einnehmen, die biomechanisch für die Gewichtsübertragung bei bipeder Lokomotion äußerst ungünstig ist, da der Schwerpunkt weit vom jeweiligen Standbein entfernt liegt bzw. weit auslenken muß, um über das Standbein zu gelangen. Die Lastachse des Körpers kreuzt die Schaftachse des Femurs nicht (B. Kummer 1959, 1991; vgl. Kap. 4.2.4.1).

Der Femurkopf ist bei den Menschenaffen kleiner als beim modernen Menschen und steht offensichtlich in keiner positiv-allometrischen Beziehung zur Körpergröße bzw. zum Körpergewicht (Ruff 1988). Die Femurtorsion ist bei den Pongiden kleiner als beim modernen Menschen, doch besteht sehr große intra- und interspezifische Variabilität, so daß Aussagen zur Lokomotionsform der betreffenden Spezies auf der Grundlage dieses Merkmals vorsichtig beurteilt werden müssen.

---

[15] Der Bikondylarwinkel gibt den Winkel der Schaftachse des Femurs zur Vertikalen an, wenn beide Femurkondylen auf der Unterlage ruhen.

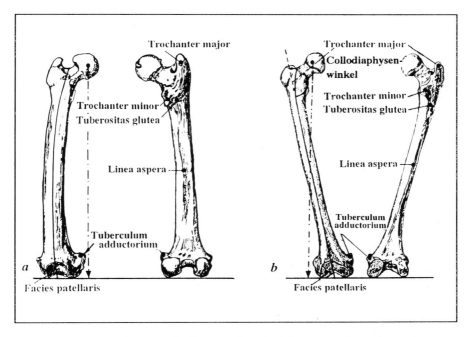

Abb. 4.73 Femur. **a** *Pan spec.* **b** *Homo sapiens.* Ansicht von anterior und posterior.

Der Femurhals-Femurschaft-Winkel (*Collodiaphysenwinkel*) der Menschenaffen fällt mit ca. 129° in die Variationsbreite des entsprechenden Winkels beim modernen Menschen. Der Femurhals ist bei den Pongiden im Durchschnitt kürzer als der des Menschen, doch überschneiden sich ihre Variationsbreiten (Napier 1964). Im Querschnitt weist der gesamte Femurhals eine gleichstarke Wandverdickung auf, während er beim Menschen nur in der distalen Hälfte verstärkt ist.

Die Gelenkknorren am distalen Femurende sind bei den Menschenaffen in Lateralansicht etwa kreisförmig. Der mediale Kondylus ist größer als der laterale, was mit der ungleichen Lastübertragung über den medialen Knorren begründet wird. Die Trochlea femoris ist relativ flach und ihr proximaler Rand verläuft fast symmetrisch (Preuschoft 1970; Heiple u. Lovejoy 1971; Wanner 1977; vgl. Kap. 4.2.4.5).

Der Trochanter major ragt über den oberen Rand des Femurhalses weit hinaus. Er ist größer als beim Menschen, kragt nach lateral allerdings nicht über (Abb. 4.73). Die Fossa trochanterica ist sehr tief. Der Trochanter minor ist absolut gesehen so groß wie beim Menschen, relativ zur Femurlänge aber größer. Seine Lage auf dem Femur wird durch das Ausmaß der Femurtorsion bestimmt. Sie ist demnach sehr variabel und reicht von einer zentralen Lage auf der posterioren Fläche bis zu einer mehr medialen Lage, so daß der Trochanter minor bei den Menschenaffen von anterior zu sehen ist (Lovejoy u. Heiple 1972). Die Linea intertrochanterica fehlt, die Linea aspera ist nur mäßig ausgeprägt.

Die Form der Kniescheibe ist sehr variabel. Die Patella ist relativ und absolut kleiner als beim modernen Menschen. Die posteriore Fläche ist entsprechend der Gestalt der Trochlea femoris flach. Die Größe und die Form der Kniescheibe spiegeln die mit der quadrupeden Lokomotion verbundene Muskel- und Bändermorphologie wider (schwächerer M. quadriceps femoris, anderer Ansatz des M. vastus medialis; vgl. Kap. 4.2.4.6).

Das Schienbein der Pongiden ist, bezogen auf das Körpergewicht, dicker als beim Menschen. Es ist über die proximale Schafthälfte nach anterior leicht konvex, über die distale Hälfte nach anterior etwas konkav, nach lateral dagegen über die gesamte Schaftlänge deutlich konkav. Eine gut ausgeprägte scharfe Vorderkante (Margo anterior tibiae) fehlt. Der Querschnitt hat die Form eines langen Ovals. Der mediale Kondylus der Tibia ist massiger als der laterale, in der Länge und in der proximalen Kurvatur bestehen allerdings keine Unterschiede. Beide Epicondylen sind schmal. Die Gewichtsübertragung erfolgt in erster Linie über den wuchtigeren medialen Kondylus. Der laterale Gelenkknorren ist in Seitenansicht nach anterior stark konvex. Dieses Merkmal wird als Anpassung an die starke mediale Rotation der Tibia bei Beugung im Kniegelenk erklärt (Abb. 4.74). Der Retroversions-[16] und der Inklinationswinkel[17] der proximalen Tibia sind sehr variabel, insgesamt aber verhältnismäßig groß. Überschneidungen mit den entsprechenden Maßen an der menschlichen Tibia kommen vor. Nach Trinkaus (1975) sind diese Winkel nicht geeignet, auf Bipedie oder Quadrupedie zu schließen. Die Kongruenz des Kniegelenks ist zwischen den medialen Kondylen der Tibia und des Femur recht gut ausgebildet, zwischen den lateralen ist sie allerdings weniger gut entwickelt. Insgesamt ist das Kniegelenk der großen Menschenaffen osteologisch sowie vom Muskel- und Bänderapparat her gesehen wesentlich weniger auf Festigkeit als auf Rotationsfähigkeit konstruiert. Das Knie kann aufgrund der gleichlangen und im Umriß gleichförmigen Kondylen und wegen der stärker medial orientierten Anheftung des posterioren Kreuzbandes nicht vollständig gestreckt werden. Daher ist das für den Menschen typische 'Einrasten' (engl. *locking*) des gestreckten Kniegelenks bei den Menschenaffen nicht möglich (Tardieu 1981; vgl. Kap 4.2.4.5).

Am Tibiaschaft weisen die Menschenaffen weitere osteologische Unterschiede zum modernen Menschen auf, die im Zusammenhang mit der anderen Lokomotionsweise zu sehen sind und vornehmlich Vorhandensein bzw. Fehlen, Lage, Verlauf und Form von Detailstrukturen betreffen, die mit anderen Ursprungs- bzw. Insertionsverhältnissen der Muskulatur bzw. der Ligamente in Verbindung stehen. So ist z. B. die Ursprungsfläche des M. semimembranosus am posteromedialen Rand der proximalen Tibia stark konkav, die Grenze zwischen extra- und intrakapsulärer Tuberositas tibiae ist weit, der laterale Tibiarand (Margo

---

[16] Winkel, den die an die Gelenkfläche des Condylus medialis angelegte, sagittal gerichtete Tangente mit der Längsachse der Diaphyse bildet.

[17] Winkel, den die an die Gelenkfläche des Condylus medialis angelegte, sagittal gerichtete Tangente mit der als mechanische Knochenachse bezeichneten Achse bildet, die durch die Mittelpunkte der oberen medialen und der unteren Gelenkfläche verläuft.

interosseus) ist relativ variabel gestaltet. Er biegt im proximalen Teil der Tibia nach anterior und vereinigt sich mit der lateralen Seite der Tuberositas tibiae (Abb. 4.74). Die anteriore Seite der Tibia hat im proximalen Teil eine relativ gut entwickelte Kante, die die vordere Ausdehnung einer Grube markiert, in der der bei den großen Menschenaffen gut ausgeprägte M. gracilis inseriert (vgl. Kap. 4.2.4.6). Eine prominente Ursprungsfläche für den M. soleus fehlt.

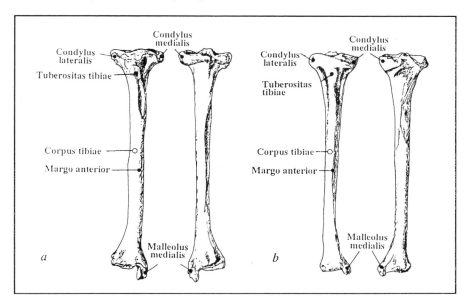

Abb. 4.74 Tibia. **a** *Pan spec.* **b** *Homo sapiens.* Ansicht von anterior und posterior.

Die Form der distalen Tibia, besonders der tibiotalaren Gelenkfläche, spiegelt die Erfordernisse für die Konstruktion des Fußgelenks bei quadrupeder Lokomotion wider (Latimer et al. 1987). Die tibiotalare Gelenkfläche neigt sich zur Lateralseite (Winkel mit der Längsachse >90°) und kippt posterior etwas ab (Stern u. Susman 1983; Susman et al. 1984). Die laterale Torsion der distalen Tibiagelenkfläche ist gering (Lewis 1981). Die genannten Merkmale werden als Anpassung an die schwachen Scherkräfte, die auf das Fußgelenk der quadrupeden Menschenaffen wirken sowie als Reaktion auf die stärkere plantare Beugung des Fußes verstanden. Nach Latimer et al. (1987) sind diese Eigenschaften allerdings sehr variabel und ohne funktionale bzw. diagnostische Relevanz für Quadrupedie.

Das Wadenbein der großen Menschenaffen ist verhältnismäßig robust, seine Schaftform sehr variabel; im allgemeinen ist die Fibula aber nach anterior konvex gekrümmt (Abb. 4.75). Der Fibulakopf lenkt unter dem lateralen Epicondylus an der lateralen Seite der Tibia. Seine Gestalt ist ebenfalls sehr variabel. Ein ausgeprägter Styloidfortsatz fehlt an der proximalen Fibula. Die distale Gelenkfläche des Wadenbeins weist nach medial und inferior, so daß sie mit der Schaftachse

einen Winkel von etwa 20-35° bildet (Stern u. Susman 1983). Der Malleolus
fibularis ist nach lateral ausgezogen. Er ist länger als der Malleolus tibialis und
trägt eine deutliche Leiste am Übergang der Facies subcutanea und der Ursprungsfläche des M. peroneus. Diese Peronealgrube an der posterioren Fläche der Fibula
ist aufgrund des nach lateral ausgedehnten Malleolus relativ weit, wodurch die
Ursprungsfläche für den M. peroneus vergrößert wird. Dieser Muskel ist nach
Stern u. Susman (1983) ein bedeutender Fußstabilisator beim Klettern (vgl. Kap.
4.2.4.6). Die proximale Begrenzung der distalen Gelenkfläche verläuft schräg
nach inferior und ist relativ scharf abgesetzt. Die Zuordnung dieses Merkmals zu
stärkerer dorsaler Beugung des Fußes ist umstritten (Stern u. Susman 1983;
Latimer et al. 1987). Die Gesamtgestalt und konstruktive Details belegen, daß das
Wadenbein der großen Menschenaffen erheblich an der Übertragung des Körpergewichts beteiligt ist (vgl. Kap. 4.2.4.5).

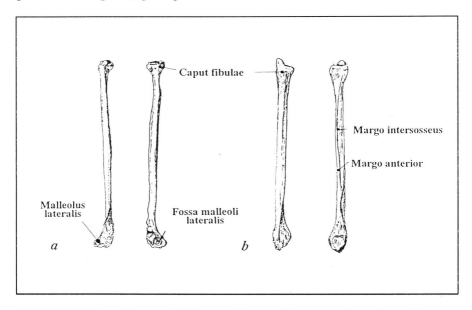

Abb. 4.75 Fibula. **a** *Pan spec.* **b** *Homo sapiens.* Ansicht von anterior und posterior.

Fuß: Äußerlich sichtbare Charakteristika des Menschenaffenfußes sind die
opponierbare Großzehe, die relativ zur Gesamtlänge des Fußes längeren Zehen
(ca. 33-35%) und das fehlende Longitudinalgewölbe. Die Menschenaffen besitzen
nur das phylogenetisch ältere Transversalgewölbe (Abb. 4.76; Schultz 1969a;
Ankel 1970; Starck 1979). Die Länge der Zehen nimmt in der Reihenfolge III, II,
IV, V, I ab (Abb. 4.77). Im Zusammenhang mit der quadrupeden Lokomotion
finden sich in allen Bereichen des Fußes konstruktive bzw. osteologische Details,
in denen sich die afrikanischen Menschenaffen vom bipeden Menschen unterscheiden (vgl. Kap. 4.2.4.5).

Das obere Sprunggelenk (Art. talocruralis) ist weniger straff als das des Menschen. Es erlaubt neben Bewegungen in der Sagittalebene des Körpers ein erhebliches Ausmaß an Rotation. Die Trochlea des Sprungbeins (Talus) ist nach anterior relativ stark abfallend (keilförmig) und posterior sehr viel schmaler als anterior, so daß der Malleolus lateralis und der Malleolus medialis bei Plantarflexion des Fußes weniger fest mit dem Talus gelenken als bei Dorsalflexion. Das Sprunggelenk ist daher bei Dorsalflexion wesentlich stabiler als bei Plantarflexion (Abb. 4.78). Die Trochlea ist in mediolateraler Richtung asymmetrisch, d. h. ihr lateraler Rand hat einen größeren Durchmesser als ihr medialer. Infolge dieser Konstruktion wird nach Lewis (1980) der Fuß bei Plantarflexion automatisch nach medial ausgelenkt und nach außen gedreht (*Eversion*), bei Dorsalflexion hingegen nach lateral ausgelenkt und nach innen gedreht (*Inversion*). Die starke mediolaterale Asymmetrie der Trochlea des Sprungbeins in Verbindung mit der posterioren Verschmälerung des Talus ermöglichen der Tibia beim Übergang von extremer Dorsalflexion zu extremer Plantarflexion eine longitudinale Rotation von ca. 17° (Latimer et al. 1987). Wegen der Inversion des Menschenaffenfußes bei Dorsalflexion, z. B. beim Klettern, wird über den Malleolus medialis ein Großteil des Körpergewichts auf den medialen Bereich des Sprungbeins übertragen (Lewis 1980; vgl. Kap. 4.2.4.5).

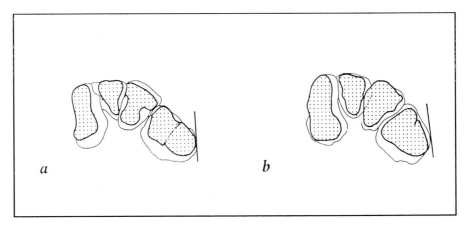

Abb. 4.76 Transversales Fußgewölbe. **a** *Pan spec.* **b** *Homo sapiens* (n. Oxnard u. Lisowski 1980, umgezeichnet).

Die hintere Abteilung des unteren Sprunggelenks (Art. subtalaris) der Pongiden weist relativ wenige Unterschiede zu derjenigen des Menschen auf. Die Gelenkflächen auf Sprungbein (Talus) und Fersenbein (Calcaneus) sind allerdings kleiner als beim Menschen und ermöglichen hierdurch in Verbindung mit den oben bereits beschriebenen Konstruktionsdetails eine stärkere Inversion und Eversion des Menschenaffenfußes (Lewis 1981). Ferner ist die Achse des subtalaren

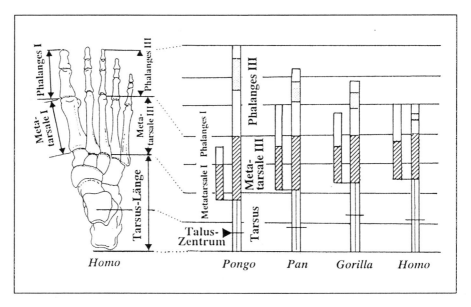

Abb. 4.77 Proportionen des Menschenaffen- und Menschenfußes (Erläuterungen im Text; n. Aiello u. Dean 1990, umgezeichnet).

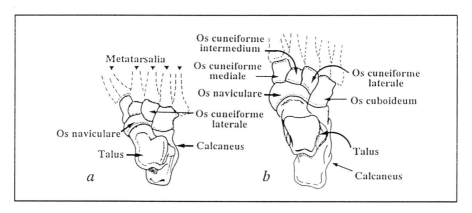

Abb. 4.78 Fußwurzel. **a** *Pan spec.* **b** *Homo sapiens.*

Gelenks in dorsoplantarer Richtung weniger steil und bildet mit der Längsachse des Fußes einen wesentlich größeren Winkel als beim Menschen. Der Mittelfuß ist weniger 'dicht gepackt' (engl. *close packed*), und die Metatarsalia I und II sind stärker abduziert (Abb. 4.79). Die Konstruktion des subtalaren Gelenks bestimmt in Verbindung mit weiteren osteologischen Details des Sprung- und Fersenbeins die Gesamtgestalt des Fußes. So sind bei den großen Menschenaffen die Torsion des Taluskopfes und der Inklinationswinkel des Talushalses[18], der in direkter Beziehung zur Ausbildung des longitudinalen Fußgewölbes steht, kleiner. Der Talushals selbst ist länger als beim modernen Menschen (Day u. Wood 1968). Problematisch erscheint die Interpretation des Torsionswinkels des Taluskopfes[19]. Nach Day u. Wood (1968) beschreibt dieser Winkel eher die Orientierung der Trochlea des Talus, als die Drehung des Taluskopfes. Wenn nämlich die Achsen des subtalaren Gelenkes bei den Menschenaffen und beim modernen Menschen parallel zur Längsachse des jeweiligen Fußes orientiert werden, resultiert zwar eine vergleichbare Ausrichtung der Talusköpfe, jedoch eine unterschiedliche Orientierung der Trochlea des Sprungbeins. An der Lateralseite des Talus verläuft etwa parallel zur Gelenkfläche eine mehr oder weniger tiefe Rinne für die Anheftung des Lig. talofibulare, dem bei Dorsalflexion des Fußes insbesondere eine stabilisierende Rolle zukommt. Entsprechend der Drehbewegung des Fußes bei Dorsalflexion verläuft die Sehne des M. flexor hallucis longus an der Lateralseite des Talus in einer nach anterior leicht geneigten trapezförmigen Furche (Abb. 4.80; vgl. Kap. 4.2.4.5).

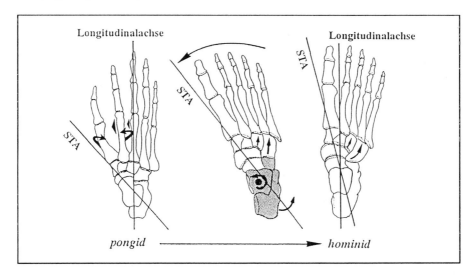

Abb. 4.79 Achse des subtalaren Gelenkes (STA) im Fuß eines Menschenaffen und des modernen Menschen (Erläuterungen im Text; n. Aiello u. Dean 1990, umgezeichnet).

Das Fersenbein der Menschenaffen ist insgesamt zierlicher und, bezogen auf die dorsoplantare Dicke, mediolateral schmaler als das des Menschen (Abb. 4.81). Seine Längsachse ist vermutlich infolge der gut entwickelten Trochlea peronealis

---

[18] Winkel, den die Trochleasagittale mit der Längsachse des Collum tali bildet.
[19] Winkel, den die mittlere Längsachse der Facies articularis navicularis mit der Trochlea-Caput-Ebene bildet, auf der der Talus - in umgekehrter Lage - ruht.

nach anterior und lateral abgeknickt. Ein laterales plantares Tuberculum fehlt, was sich offenbar in einer Größenzunahme der Trochlea peronealis auswirkt. Umstritten ist die Orientierung des Sustentaculum tali. Es verläuft bei den Menschenaffen nicht rechtwinklig wie beim modernen Menschen, sondern im spitzen Winkel zur Längsachse der Tuberositas calcanei. Bezogen auf die subtalare Achse ist nach Latimer u. Lovejoy (1989) die Ausrichtung des Sustentaculum am Fersenbein der Menschenaffen und des modernen Menschen allerdings gleich, so daß der jeweilige Verlauf eher mit der unterschiedlichen Orientierung des gesamten Calcaneus zusammenzuhängen scheint. Das Fersenbein gelenkt anterior mit einer kleinen länglichen Fläche am Kahnbein (Os naviculare; Art. calcaneonavicularis), lateral vom Kahnbeinwürfelbeingelenk (Os cuboideum; Art. naviculariscuboidea). Dieses Gelenk fehlt beim Menschen. Den Menschenaffen ermöglicht es, den Vorderfuß gegenüber dem Hinterfuß medial zu rotieren. Es stabilisiert somit den beim Klettern nach innen gedrehten Fuß. Dagegen hat das Fersenbeinwürfelbeingelenk (Art. calcaneocuboidea) bei Menschenaffen nicht die Bedeutung, die ihm im Menschenfuß zukommt. Die Gelenkfläche ist fast symmetrisch und nahezu eben. Der Fuß kann in diesem Gelenk zwar nach lateral nicht ausgelenkt, jedoch erheblich rotiert werden, beim Greifen von Ästen fast bis zur Senkrechtstellung. Aus diesem Grund ist die Fußwurzel der großen Menschenaffen beim zweibeinigen Stand nicht so 'dicht gepackt' wie die des modernen Menschen (vgl. Kap. 4.2.4.5).

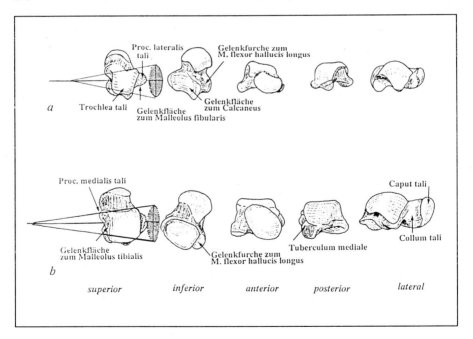

Abb. 4.80 Sprungbein. **a** *Pan spec.* **b** *Homo sapiens*; verschiedene Ansichten (n. Aiello u. Dean 1990, umgezeichnet).

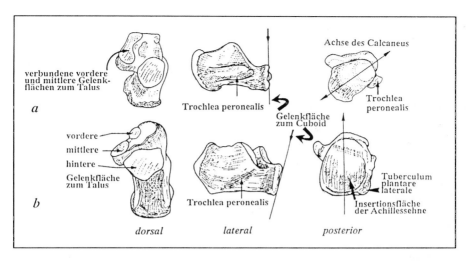

verbundene vordere
und mittlere Gelenk-
flächen zum Talus

a

Achse des Calcaneus

Trochlea peronealis

Gelenkfläche
zum Cuboid

Trochlea
peronealis

vordere

mittlere

hintere

Gelenkfläche
zum Talus

b

Trochlea peronealis

Tuberculum
plantare
laterale

Insertionsfläche
der Achillessehne

dorsal   *lateral*   *posterior*

Abb. 4.81 Fersenbein. **a** *Pan spec.* **b** *Homo sapiens*; verschiedene Ansichten (n. Aiello u. Dean 1990, umgezeichnet).

Das Würfelbein der Menschenaffen zeichnet sich gegenüber dem des Menschen durch eine breite Peronealgrube und eine nur angedeutete Knochenleiste auf der Unterseite aus, die der Anheftung der plantaren Bänder dient (Susman 1983; vgl. Kap. 4.2.4.5). Das Kuboid hat bei den Pongiden nicht die Bedeutung, die ihm im Menschenfuß als sog. Schlußstein im lateralen Bereich des Fußgewölbes zukommt.

Das Kahnbein hat ebenfalls nur geringen diagnostischen Wert bei der Bestimmung der Lokomotionsform einer Spezies. Es ist im Verhältnis zu den Fußwurzel- und Mittelfußknochen kurz und artikuliert mit fast ebener Fläche am Würfelbein und mit konvexer Fläche am medialen Keilbein (Os cuneiforme mediale).

Die Keilbeine (Ossa cuneiformia) geben einen relativ guten Aufschluß über die Lokomotionsweise einer Spezies, insbesondere liefern sie Hinweise auf Bipedie (vgl. Kap. 4.2.4.5). Die Ossa cuneiformia der Menschenaffen sind kurz in bezug auf die Länge der Tarsalia und Metatarsalia. Ferner weist die distale, im oberen Bereich konvexe, im unteren Bereich konkave Gelenkfläche des medialen Keilbeins stärker nach medial als beim Menschen, so daß die Großzehe bei Abduktion weit nach medial auslenkt und zusätzlich rotieren kann. Das Gelenk zwischen dem Metatarsale II und dem Os cuneiforme intermedium ist gegenüber den anderen Gelenken zwischen Keilbeinen und Mittelfußknochen weiter posterior gelagert, insbesondere beim obligat quadruped terrestrischen Gorilla, wesentlich weniger beim Schimpansen. Die Lage dieses Gelenkes gibt einen guten Hinweis auf terrestrische Lokomotion vor allem auf Bipedie. Die Keilbeine der Menschenaffen haben posteriore und anteriore Gelenkflächen (Lewis 1980).

Auch die Mittelfußknochen haben morphologische Charakteristika, die auf die Lokomotionsweise einer Spezies schließen lassen. Der Mittelfußknochen der

Großzehe ist, bezogen auf seine Länge, grazil und steht bei Menschenaffen weiter medial als beim modernen Menschen (Abb. 4.82). Seine Gelenkfläche zum medialen Keilbein ist medial weiter anterior, lateral weiter posterior ausgezogen, so daß die Großzehe weit abduziert und zum Greifen eingesetzt werden kann. Das Metatarsale I ist lateral verhältnismäßig stark konkav gekrümmt, die Form ist zylindrisch, der Kopf des Mittelfußknochens ist weder rotiert noch abgeplattet. Die Metatarsalia II-V sind gerade, ihre posterioren Gelenkflächen sind nicht durch eine Furche von der Epiphyse abgesetzt; Epicondylen sind kaum ausgeprägt. Die mittleren Mittelfußknochen sind die kräftigsten, da sie beim Klettern am stärksten beansprucht werden. Das Metatarsale V ist am grazilsten. Die genannten Merkmale werden mit dem für die Menschenaffen typischen Abrollverhalten des Fußes (relativ geringe Dorsalflexion) in Zusammenhang gebracht.

Bis auf die Phalangen der II. Zehe sind die Zehenknochen der Menschenaffen gebogen. Sie sind lateral konkav (I. Strahl) oder medial konkav (III. bis V. Strahl; Abb. 4.82). Die proximalen Zehenglieder sind an der posterioren Seite verbreitert und tragen prominente Knochenleisten für die Sehnen der gut entwickelten Beuger. Das distale Glied der Großzehe ist nach lateral nicht abgewinkelt. Die Köpfe der Zehenglieder sind im Querschnitt rundlich bis oval und an der Unterseite nicht konkav. Die genannten Merkmale werden als Anpassungen an eine arborikole Lebensweise gedeutet (Stern u. Susman 1983).

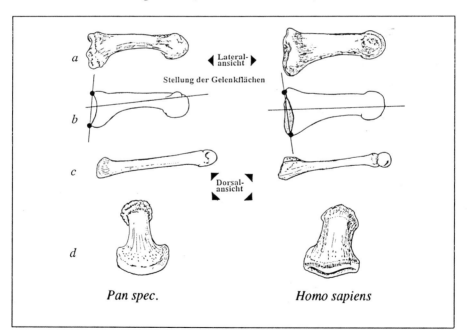

Abb. 4.82 a Metatarsalia I **b** Metatarsalia I, Stellung der tarsometatarsalen Gelenkfläche; Erläuterungen im Text **c** Metatarsale III **d** distale Phalangen der Großzehen von *Pan spec.* und *Homo sapiens* (n. Aiello u. Dean 1990, umgezeichnet).

4.2.3 Brachiation

Die von den Vorderextremitäten dominierte Fortbewegung der rezenten Gibbons und Siamangs wird als *Armschwingen, Schwinghangeln* oder *Brachiation* bezeichnet (Napier u. Napier 1967). Die ausschließlich mit den Armen erfolgende Fortbewegung ist im Tierreich selten. Sie erfordert eine zugfeste Verankerung des Armes, der das gesamte Körpergewicht trägt (Demes 1991). Primaten bringen wegen ihrer Greifhände und -füße gute Voraussetzungen für das Schwinghangeln mit. Nach Fleagle (1976) ist Brachiation die am häufigsten gezeigte Fortbewegungsweise im Lokomotionsrepertoire der Hylobatiden (ca. 60% bei Siamangs, ca. 70% bei Gibbons; vgl. Tabelle 4.7). Ihre biologische Rolle (vgl. Kap. 2.5.1.2) wird im besseren Zugang zu Nahrung und in Raubfeindvermeidung gesehen (Fortbewegung *unter* Ästen; Fleagle 1974, 1977). Bei der Brachiation rotiert der Körper etwa 180° um seinen Aufhängepunkt (Fleagle 1974; Jungers u. Stern 1984; Abb. 4.83).

Der Begriff Brachiation wird nicht einheitlich verwendet. Verschiedene Autoren bezeichnen fälschlicherweise auch die gewöhnliche suspensorische arborikole Lokomotion von Ceboidea (z. B. *Ateles, Alouatta*), Cercopithecoidea (z. B. *Colobus, Presbytis*) und besonders der großen Menschenaffen als Brachiation, obwohl sie sich grundlegend vom Schwinghangeln der Hylobatiden unterscheidet (Übersicht in Jungers u.Stern 1984; Preuschoft u. Demes 1984; Martin 1990; Demes 1991; Tabelle 4.7). Um auf den Unterschied zum *ricochetal Schwinghangeln*[20] oder *bimanual saltation* (*sensu* Tuttle 1969, 1972) der Hylobatiden hinzuweisen, unterscheidet Napier (1963) die *echte* Brachiation der Hylobatiden, die *modifizierte* Brachiation der großen Menschenaffen, die *Semibrachiation* bei Ceboidea und Cercopithecoidea sowie die *Praebrachiation* bei einigen fossilen Pongidae (z. B. *Proconsul*). Nach Tuttle (1975) verfügen einzig die Hylobatiden über die skelettmorphologischen und muskulären Anpassungen an die Brachiation (Autapomorphien), so daß auch nur sie als Brachiatoren bezeichnet werden sollten (vgl. Kap. 4.2.3.2).

Aufgrund der engen Verwandtschaft des Menschen mit den Menschenaffen und der vielen Übereinstimmungen in morphologischen Merkmalen einschließlich der Körperproportionen und der orthograden Haltung (Übersicht in Tuttle 1975; Andrews u. Groves 1976) haben einige Autoren einen brachiatorischen Vorfahren für die Hominoidea gefordert. Darüberhinaus ist wegen der Vorstellung, daß Brachiation praeadaptiv für den zweibeinigen aufrechten Gang sein soll, die Brachiation auch mit der Entwicklung der Bipedie des Menschen in Verbindung gebracht worden (Gregory 1916, 1929; Keith 1923; Morton 1926; Morton u. Fuller 1952; Avis 1962; Le Gros Clark 1969; vgl. Kap. 4.2.4.7). Gegen diese Auffassung sprechen zahlreiche skelett- und muskelmorphologische, vor allem auch biomechanische Befunde, so daß sie wenig wahrscheinlich ist (Übersicht in

---

[20] Es gibt in der deutschen Sprache keine adäquate Übersetzung für den Begriff 'ricochetal'. Er besagt, daß das Schwinghangeln unter einem Ast durch freie Flüge unterbrochen ist.

Le Gros Clark 1959; Napier 1963; Cartmill 1974; Tuttle 1975; Hollihn 1984; Jungers 1984a, b; Jungers u. Stern 1984; Preuschoft u. Demes 1984; R. Martin 1990; Preuschoft 1990; Demes 1991; Rose 1991; vgl. Kap. 4.2.3.1, Kap. 4.2.3.2).

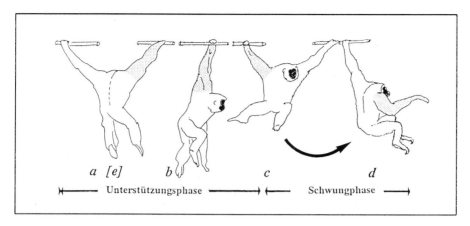

Abb. 4.83 Bewegungsphasen bei der Brachiation. **a** Unterstützungsphase 1 **b** Unterstützungsphase 2 **c** intermediäre Phase **d** Schwungphase **e** Unterstützungsphase 1 (Erläuterungen im Text; n. Jungers u. Stern 1984, umgezeichnet).

Tabelle 4.7 Anteil der suspensorischen Lokomotion im Lokomotionsrepertoire der großen Menschenaffen (n. Tuttle 1975).

Genus/Spezies	Suspensorische Lokomotion
Pongo	gelegentlich
Gorilla	keine
Pan paniscus	ca. 20%
Pan troglodytes	gelegentlich

4.2.3.1 Biomechanische Grundlagen der Brachiation

Ein hängender Körper befindet sich in einem stabilen Gleichgewicht. Dieses kann ohne großen Energieaufwand eingenommen und beibehalten werden (Preuschoft u. Demes 1984). Für das Schwinghangeln ist genügend Muskelkraft unabdingbare Voraussetzung, z. B. um die Finger, an denen der Körper letztlich hängt, zu beugen und an die Unterlage zu pressen (Preuschoft u. Demes 1984). Da die Wirklinie des Körpergewichts dicht am Handgelenk vorbeiläuft, ist die Kraft der Fingerbeuger ausreichend, das Handgelenk ohne Unterstützung durch die Beuger und Strecker der Hand zu stabilisieren (Abb. 4.84). Auch Ellbogen- und Schulter-

gelenk liegen dicht an der Wirklinie des Körpergewichts, so daß keine Drehmomente in den Gelenken auftreten und die Muskulatur, die das Gleichgewicht in
den Gelenken aufrechterhält, in der Ruhephase wenig beansprucht wird (Jungers
u. Stern 1984; Preuschoft u. Demes 1984 ; vgl. Kap. 4.2.3.2). Nach Fleagle et al.
(1981) erfordert die Brachiation keine auf die Vergrößerung der Muskelkraft
abzielende Anpassung.

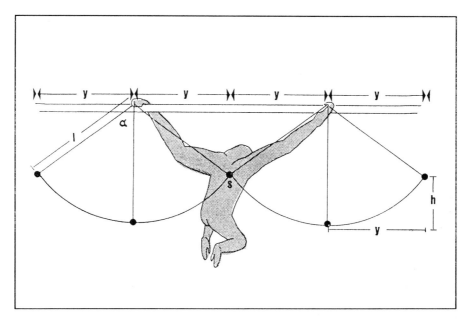

Abb. 4.84 Gibbons als Pendel. l: Pendellänge = Abstand zwischen dem Schwerpunkt S
und dem Haltepunkt α : halber Exkursionswinkel y: horizontale Distanz, die in einem
Viertelschwung zurückgelegt wird h: Abstand zwischen höchstem und tiefstem Punkt der
Bahn des Schwerpunkts (n. Demes 1991, umgezeichnet).

Das 'ricochetal' Schwinghangeln der Hylobatiden ist mit dem Schwingen eines
Pendels zu vergleichen (Tuttle 1968; B. Kummer 1970; Fleagle 1974, 1977;
Parsons u. Taylor 1977; Hollihn 1984; Jungers 1984a, b; Jungers u. Stern 1984;
Preuschoft u. Demes 1984; Swartz 1989; Yamazaki 1990; Demes 1991; Abb.
4.84). Das Hin- und Rückschwingen des Pendels in die Ausgangssituation
entspricht zwei aufeinanderfolgenden Schwüngen der hangelnden Gibbons
(Demes 1991). Nach den Berechnungen von Swartz (1989) und Yamazaki (1990)
weicht das 'Gibbonpendel' nur um ca. 10% vom Schwingungsverhalten eines
physikalischen Pendels ab, d. h. Gibbons schwingen bei nicht zu schnellen
Geschwindigkeiten mit einer ähnlichen Schwingdauer wie theoretisch berechnete
Pendel gleicher Länge (Preuschoft u. Demes 1984; Demes 1991). Bei der

Pendelschwingung wird potentielle in kinetische Energie verwandelt und umgekehrt. Um beim Abschwung viel kinetische Energie zu gewinnen, sollte die Pendellänge möglichst groß sein. Eine genaue Beobachtung des Bewegungs-ablaufs der Hylobatiden bestätigt tatsächlich diese Voraussetzung des Pendelmodells. Die Gibbons strecken beim Abschwung Beine und Arme und verlagern dadurch den Körperschwerpunkt nach unten. Beim Aufschwung wird hingegen die Pendellänge durch Beugung im Kniegelenk und Anheben des freien Armes verkürzt. Dadurch wird der Körperschwerpunkt dem nächsten Griffpunkt genähert, so daß der Verlust kinetischer Energie gering ist (Fleagle 1974; Abb. 4.83). Beim 'ricocheting' wird zwischen zwei Pendelschwüngen eine Schwebphase eingeschaltet.

Wegen des fortwährenden und wechselnden Umsatzes von potentieller in kine-tische bzw. kinetischer in potentielle Energie wird der Pendelschwung in der Bewegung eines Organismus allgemein als energiesparender Mechanismus betrachtet (z. B. Maynard-Smith u. Savage 1956; Cavagna et al. 1977; Preuschoft u. Demes 1984; Demes 1991). Diese Annahme läßt sich durch elektromyogra-phische Untersuchungen auch für das 'Gibbonpendel' bestätigen (z. B. Tuttle u. Basmajian 1974, 1977; Jungers u. Stern 1984; Abb. 4.86; Kap. 4.2.3.2).

Die Hylobatiden haben von allen Primaten die längsten Arme, unabhängig davon, auf welches andere Maß die Armlänge bezogen wird (z. B. Rumpflänge, Körpergewicht, Beinlänge; Jungers 1984a, b; Demes 1991; vgl. Kap. 4.2.3.2; Abb. 4.85). Die Verlängerung der Vorderextremitäten betrifft vor allem die Unterarme. Die Armlänge (Humerus plus Radius) übersteigt um etwa 70% die Rumpf- und um fast 50% die Beinlänge (Femur plus Tibia).

Die Frage nach der biologischen Rolle langer Arme wird unterschiedlich beant-wortet. Grand (1972) und Ellefson (1967) betonen die Vorteile der Reichweite bei der Nahrungssuche, d. h. eine einmal eingenommene Position kann über längere Zeit beibehalten werden. Fleagle (1976) hebt die Vorteile bei der Verteilung des Körpergewichts über mehr als einen Ast hervor und sieht zudem die Möglichkeit gesteigert, im schnellen Bewegungsablauf einen geeigneten Halt zu finden. Aus biomechanischer Sicht sind nach B. Kummer (1970) und Fleagle (1974, 1977) lange Arme für die Vergrößerung der Pendellänge und damit der Amplitude des Pendelschwunges günstig. Preuschoft u. Demes (1984) und Demes (1991) betonen, daß sich die Hylobatiden aufgrund ihrer langen Arme, d. h. nur aufgrund des Pendelschwungs und ohne zusätzlichen Kraftaufwand, schnell fortbewegen können. Auch für die aktive Beschleunigung und für den aktiven Ausgleich von Reibungsverlusten sind nach Demes (1991) lange Arme sehr vorteilhaft. Sie bewirken, daß das Ellbogengelenk weniger stark gebeugt werden muß, um eine bestimmte Hubhöhe zu erreichen. Das Verhältnis von Last- zu Kraftarm ist günstiger und erlaubt einen schnellen Start aus der Ruheposition, da der Gewinn an kinetischer Energie umso größer ist, je tiefer sich das Tier beim Einschwung fallen lassen kann. Biomechanisch gesehen, sind lange Arme demnach wichtige Anpassungen an die Brachiation.

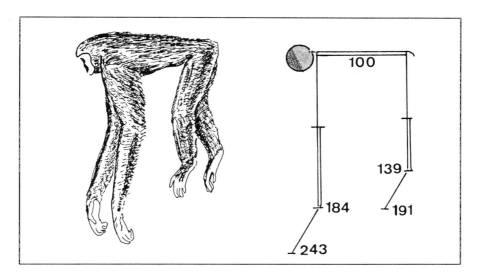

Abb. 4.85 Körperproportionen von *Hylobates* (aus Napier u. Napier 1967).

Nach den Berechnungen von Preuschoft u. Demes (1984) und Demes (1991) würde eine weitere Armverlängerung bei der brachiatorischen Fortbewegung keine zusätzlichen Vorteile, sondern infolge des erheblich steigenden Bedarfs an Muskelkraft, Nachteile erbringen. Desgleichen konnte die Frage nach eventuellen Vor- oder Nachteilen einer Körpergewichtsreduzierung für die brachiatorische Fortbewegung dahingehend beantwortet werden, daß die rezenten Hylobatiden mit 5-11 kg ein für die Brachiation ideales Körpergewicht haben. Kleinere Hangler würden die vorhandenen Kraftreserven nicht optimal nutzen und daher keine hinreichend schnelle Beschleunigung und angemessene Geschwindigkeit erreichen. Die Hylobatiden bestätigen die Physik der Pendelschwingungen, nach der weder sehr große noch ganz kleine Hangler zu erwarten sind (Demes 1991). Nach den Analysen von Hollihn u. Jungers (1984) ist der Pendelschwung eine vergleichsweise langsame Fortbewegungsweise. Rezente Gibbons und Siamangs erlangen nicht die Geschwindigkeit eines gleichgroßen quadruped-terrestrischen Läufers.

4.2.3.2 Morphologie des postkranialen Skeletts der Hylobatiden

Das Skelett der Schwinghangler ist mit dem der übrigen Hominoidea weitgehend vergleichbar. Es ist jedoch wesentlich graziler als das der Pongiden und des modernen Menschen. Der Thorax ist sehr viel breiter als tief, der Brustkorbindex beträgt bei den Gibbons 152, bei Siamangs 170 (Schultz 1956). Er ist damit weitaus größer als bei allen anderen Primaten. Die Brustkorbbreite der Hylobatiden verhält sich nicht positiv allometrisch, d. h. der Brustkorb ist breiter als nach dem Allometriegradienten zu erwarten ist (Jungers 1984a, b; Jungers u. Stern

1984). Die Hylobatiden sind nach Cartmill u. Milton (1977) die einzigen catarrhinen Primaten, bei denen eine Verlängerung des Brustkorbs stattgefunden hat. Dieses Merkmal wird als Anpassung an die Überbrückung relativ großer Distanzen zwischen Ästen im arborikolen Lebensraum angesehen. Die Rippen sind stark gebogen, aber weniger als beim modernen Menschen und bei den Pongiden (Schultz 1963; vgl. Kap. 4.2.2.2, Kap. 4.2.4.2). Die Hylobatiden haben 12-13 Brust-, 4-6 Lenden-, 4-5 Kreuzbein- und 2-4 Steißbeinwirbel. Intragenerische Unterschiede treten auf (Schultz 1973; Andrews u. Groves 1976). Die Lendenregion ist wie bei allen Hominoidea verkürzt, allerdings nicht so extrem wie bei den Pongiden (Schultz 1963, 1973; vgl. Kap. 4.2.2.5). Cartmill u. Milton (1977) bringen die Verkürzung der Lendenregion der Hylobatiden mit einer besseren Bewegungskontrolle von Ober- und Unterkörper beim 'ricocheting' in Verbindung. Die Wirbel ähneln denen des modernen Menschen und der großen Menschenaffen, sie sind allerdings weniger robust. Das gilt besonders für die Lendenwirbel, die nach kaudal kaum an Größe bzw. Dicke zunehmen (Schultz 1973; Andrews u. Groves 1976).

Der Schulterbereich der Hylobatiden ist außerordentlich beweglich (Le Gros Clark 1959). Die Exkursionsmöglichkeit der Oberarme in Relation zum Schulterblatt wird von den übrigen Hominoidea bei weitem nicht erreicht. Die Schulterblätter sind in Longitudinalrichtung stark verlängert (Erikson 1963; Oxnard 1963). Die Spina scapulae ist schräg auf dem Schulterblatt orientiert, so daß sie mit dem lateralen Rand der Scapula einen Winkel von ca. 13° bildet (gegenüber >20° bei den Pongiden; Ashton et al. 1965; Napier u. Napier 1967; Oxnard 1968). Die Fossa supraspinata ist wesentlich größer als die Fossa infraspinata (Oxnard 1967). Auch in diesem Merkmal bestehen graduelle Unterschiede zu den großen Menschenaffen. Die Cavitas glenoidalis ist stärker nach kranial orientiert als bei den anderen Hominoidea (Oxnard 1963, 1968). Die Schlüsselbeine sind länger als bei den afrikanischen Pongiden; sie weisen im lateralen Teil eine geringere Torsion auf (ca. 43° gegenüber 52° bis 60° bei den großen Menschenaffen). Sie sind nach inferior gerichtet und gelenken mit dem Brustbein in einem Winkel von etwa 45° (Schultz 1965; Napier u. Napier 1967; Oxnard 1968). Länge und Orientierung der Schlüsselbeine sind überwiegend auf die dorsale und relativ weit nach kranial verschobene Lage der Schulterblätter zurückzuführen, so daß diese beiden Merkmale für sich genommen wenig Aussagekraft haben (Andrews u. Groves 1976).

Die Arme sind im Verhältnis zur Körperhöhe lang (Schultz 1930, 1969a, 1973; Biegert u. Maurer 1972; Andrews u. Groves 1976; Cartmill u. Milton 1977; Jungers 1984a, b; vgl. Kap. 4.2.3.1). Die Armlänge der Hylobatiden verhält sich allerdings ebenfalls nicht positiv allometrisch, da auch die Arme länger sind als nach dem Allometriegradienten zu erwarten ist (Jungers 1984a, b; Jungers u. Stern 1984). Der Intermembralindex der Gibbons (121-135) und Siamangs (140-150) ist höher als der der afrikanischen Menschenaffen (102-114 Schimpanse, 110-125 Gorilla), er ist aber mit dem des Orang-Utans (135-150) vergleichbar (Erikson 1963; Napier u. Napier 1967; Schultz 1969a). Der Humerus ist lang, grazil und nicht gebogen. Der Humeruskopf ist groß, seine Torsion ist aber schwächer als bei den übrigen Hominoidea (Erikson 1963; vgl. Kap. 4.2.2.3). Le Gros Clark (1959) bringt die geringere Drehung des Humeruskopfes mit der dorsalen und mehr nach kranial verschobenen Lage der Schulterblätter in Zusammenhang. Der Oberarm-knochen der Hylobatiden weist kräftigere Muskelmarken und eine flachere Fossa intertubercularis auf als der der Pongiden und der des modernen Menschen (Andrews u. Groves 1976). Das Ellbogengelenk kann vollständig gestreckt werden (vgl. Kap. 4.2.3.1). Das distale Gelenk des Humerus neigt sich nicht nach medial, sondern steht senkrecht zur Schaftachse. Die Fossa olecrani ist sehr tief, manchmal sogar perforiert und lateral nicht scharf begrenzt (Oxnard 1963). Das Capitulum humeri ist gerundet und von der flächenmäßig größeren Trochlea nicht durch eine Leiste abgesetzt wie bei den Pongiden. Der mediale Epicondylus ist im Vergleich zu dem der Pongiden klein, er springt nach medial vor und dehnt sich posterior nicht flächenhaft aus (Schultz 1973; Andrews u. Groves 1976).

Der Unterarm ist stark verlängert: der Radius ist länger als der Humerus. Der Brachialindex liegt bei etwa 109-117 und ist damit einmalig unter den Primaten (Andrews u. Groves 1976). Radius und Ulna sind schlank und gestreckt. Der Radiushals ist lang, der Kopf ist gerundet. Der Proc. olecrani der Ulna ist kurz und fast krallenförmig. Die distalen Enden von Radius und Ulna sind nicht verbreitert wie bei den Pongiden. Der Proc. styloideus des Radius und der Ulna sind klein. Das Dreiecksbein (Os triquetrum) der Handwurzel ist nicht reduziert. Die Ulna bildet zu ihm eine kleine Gelenkfläche aus (Lewis 1969). Das Handgelenk ist etwa so beweglich wie das des Orang-Utans, jedoch wesentlich beweglicher als das der afrikanischen Pongiden (Tuttle 1969). Es zeigt weniger Spezialisierungen als das der afrikanischen Menschenaffen und des modernen Menschen.

Die Hand ist verlängert, hakenförmig und, bezogen auf ihre Länge, sehr schmal (Le Gros Clark 1959; Erikson 1963; Campbell 1966). Die Mittelhandknochen sind nur wenig, die Fingerglieder der Strahlen I-IV dagegen sehr stark gebogen, sogar stärker als beim Schimpansen und Gorilla (Erikson 1963; Oxnard 1963). Der Daumen ist im Vergleich zur Handlänge kurz, nicht aber im Verhältnis zur Rumpflänge, d. h. die Hand ist verlängert, der Daumen aber nicht verkürzt worden. Er ist länger als der der Pongiden und sehr beweglich (Van Horn 1972). Sein Metacarpale bildet mit dem Trapezium kein Sattelgelenk wie bei den übrigen Hominoidea, sondern ein Kugelgelenk (Lewis 1969).

Der Beckengürtel der Hylobatiden ähnelt dem der Pongiden (vgl. Kap. 4.2.2.5). Die Darmbeinschaufeln sind allerdings noch schmaler, gestreckt und, ebenso wie das Sitzbein, stark verlängert. Die untere Extremität ist wie beim modernen Menschen verlängert, und sie unterscheidet sich hierin von der aller übrigen nicht-menschlichen Primaten (Andrews u. Groves 1976).

Eine Überprüfung der für die Brachiatoren von verschiedenen Autoren als typisch angesehenen Merkmale des postkranialen Skelettes durch Andrews u. Groves (1976) zeigte, daß außer den speziellen Körperproportionen nur wenige Merkmale tatsächlich einzigartig für die Hylobatiden sind und offensichtlich Anpassungen an die brachiatorische Fortbewegung darstellen (vgl. Kap. 4.2.3.3). Hierzu gehören die Brustkorbbreite und -länge, die Beweglichkeit des Schulter-

gelenks, die longitudinale Ausdehnung des Schulterblattes, die Lage und Aus-
richtung der Spina scapulae, das Größenverhältnis von Fossa supraspinata zu
Fossa infraspinata, die nach kranial weisende Cavitas glenoidalis und die Haken-
hand mit dem sehr beweglichen Daumen. Die Merkmale, die bei Hylobatiden und
Pongiden gemeinsam auftreten, wie die Fähigkeit, den Ellbogen vollkommen
strecken sowie den Unterarm rotieren zu können oder die große Beweglichkeit im
Handgelenk und die aufrechte Körperhaltung beim Fressen oder im sozialen
Kontext, sind Synapomorphien der Hominoidea und sagen über die Lokomotionsform nichts aus. Die robusten Armknochen, der mächtige M. deltoideus sowie der
Stabilisierungsmechanismus des Ellbogengelenks (afrikanische Menschenaffen)
und/oder des Handgelenks sind Autapomorphien der Pongiden und stellen daher
keine Anpassung an Brachiation dar (Andrews u. Groves 1976).

4.2.3.3 Besonderheiten der Schulter- und Oberarmmuskulatur der Hylobatiden

Nach Andrews u. Groves (1976) stellen Gibbons[21] eine 'Masse funktionaler und
miteinander interagierender Muskelketten' dar. Eine derartige *funktionale
Muskelkette* wird z. B. vom M. pectoralis major, M. biceps brachii und M. flexor
digitorum sublimis oder vom M. latissimus dorsi, M. dorsoepitrochlearis und M.
biceps brachii gebildet. Funktionale Muskelketten sind nach Andrews u. Groves
(1976) eine wichtige Voraussetzung für brachiatorische Fortbewegung, da sie
Muskelkontraktionen sehr schnell auf den ganzen Arm übertragen sowie Zugkräfte weitgehend abfedern, denen der Arm während der brachiatorischen Fortbewegung bzw. während des ein- oder zweiarmigen Hängens ausgesetzt ist. Dieses
Zusammenwirken der Muskeln konnte auch von Jungers u. Stern (1984) durch
elektromyographische Analysen festgestellt werden. Nur vom M. deltoideus
ließen sich keine Potentiale ableiten, d. h. er erfüllt nur während der Vortriebsphase gemeinsam mit dem oberen Teil des M. trapezius und dem M. serratus
anterior eine bedeutende Funktion (Abb. 4.86).

Nach Andrews u. Groves (1976) unterscheiden sich die Hylobatiden in folgenden Merkmalen, z.T. allerdings nur graduell, von den Pongiden: der claviculare
Teil des M. pectoralis major ist sehr kräftig entwickelt und hat eine große
Ursprungsfläche; der abdominale Bereich des M. pectoralis major ist vorhanden;
der M. pectoralis minor entspringt nur von 2-3 Rippen; der akromiale Teil des M.
deltoideus ist aponeurotisch und sein Ansatz ist auf die proximale Humerushälfte
beschränkt; der sternale Anteil des M. deltoideus ist reduziert; der M. latissimus
dorsi hat eine sehr große costale Ursprungsregion; die Ursprungsfläche für den M.
brachioradialis am Humerus ist sehr weit ausgedehnt. Insgesamt sehen Andrews u.
Groves (1976) aber nur vier bedeutsame Unterschiede in der Schulter- und Oberarmmuskulatur zwischen den Hylobatiden und den Pongiden: die funktionalen

---

[21] Die Autoren beziehen ihre Aussage in Ermangelung weiterer Daten nur auf *Hylobates
lar.*

Muskelketten; gut entwickelte Stabilisatoren für das Schultergelenk (M. levator scapulae, M. subscapularis); gut ausgeprägte Stabilisatoren für das Ellbogengelenk (M. brachioradialis) und eine kräftige Muskulatur für den Vortrieb des Körpers (M. pectoralis major, M. latissimus dorsi, M. teres major).

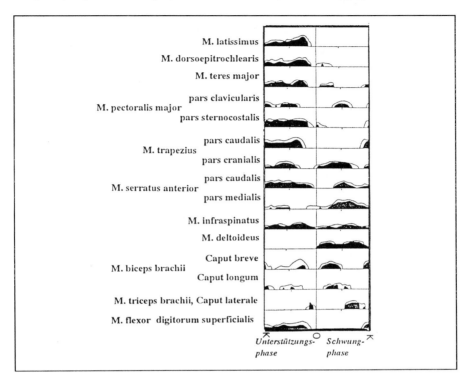

Abb. 4.86   Aktivität der Schulter- und Oberarmmuskulatur bei der Brachiation. K: Kontakt des Armes mit der Unterlage   O: Arm ohne Kontakt zur Unterlage (aus Jungers u. Stern 1984, umgezeichnet; s. auch Abb. 4.83).

Neben den synapomorphen Merkmalen im postkranialen Skelett zeigen die Hylobatiden und die Pongiden auch in der Schulter- und Armmuskulatur Übereinstimmungen. So ist der M. deltoideus gut entwickelt, bei den Pongiden sind seine drei Teile allerdings keine getrennten Muskelindividuen wie bei den Hylobatiden. Der Ursprung des M. pectoralis major ist kurz, sein abdominaler Teil ist reduziert oder fehlt (Pongiden). Der M. trapezius setzt am Schlüsselbein an (vgl. Kap. 4.2.4.4). Der Ursprung des M. latissimus dorsi ist nach kaudal ausgedehnt, seine costale Ursprungsregion ist stark vergrößert. Der Ursprung des M. teres major ist sehnig, der M. dorsoepitrochlearis und der M. latissimus dorsi bilden eine Muskelkette, der M. dorsoepitrochlearis setzt am medialen Epicondylus des Humerus an. Diese z. T. allerdings nur graduellen Übereinstimmungen in der

Schulter- und Oberarmmuskulatur zwischen Hylobatiden und Pongiden stehen im wesentlichen mit der Oberarmbeweglichkeit im Schultergelenk und mit der aufrechten Oberkörperhaltung in Zusammenhang. Andrews u. Groves (1976) führen diese Gemeinsamkeiten auf eine vergleichbare Körperhaltung bei der Futtersuche bzw. beim Fressen zurück. Die Merkmale stellen keine Anpassungen an das Schwinghangeln dar und sagen daher auch nichts über eine Hanglervorfahrenschaft der Hominoidea aus.

4.2.4 Bipedie

4.2.4.1 Biomechanische Grundlagen der Bipedie

Der fakultativ- und der obligatorisch-zweibeinige Gang sind im Tierreich offensichtlich mehrfach konvergent bei Reptilien, Vögeln und Säugetieren evoliert worden (B. Kummer 1959, 1991; Starck 1979; Rose 1991). Die bipede Lokomotion und der bipede Stand erfordern, daß das Schwerelot des Körpers innerhalb der von den Hinterextremitäten gebildeten Unterstützungsfläche auf die Unterlage auftrifft. Nach Prost (1985) ist diese Bedingung der Schlüssel für die Evolution der Bipedie des Menschen (Übersicht in Kondo 1985). Quadrupede Tiere erfüllen bei der Aufrichtung auf die Hinterbeine diese Voraussetzung nur, wenn die Hinterextremitäten in Hüft- und Kniegelenk gebeugt sind (Abb. 4.87).

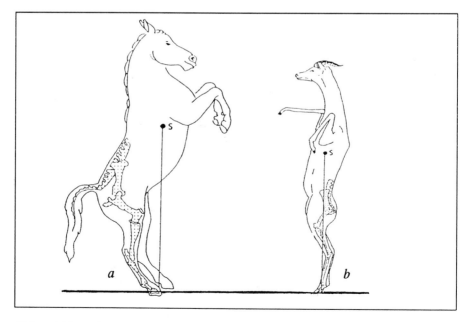

Abb. 4.87   Bipede Haltung quadrupeder Säugetiere. **a** Pferd **b** Giraffengazelle; S: Schwerpunkt (Erläuterungen im Text; n. B. Kummer 1965; Starck 1979, umgezeichnet).

Die einzigartige bipede Lokomotion des modernen Menschen wurde durch erhebliche Um- und Neukonstruktionen im Achsen-, Becken- und Extremitätenskelett während der Evolution der Hominiden ermöglicht. Die evolutionären Neuerungen führten insgesamt zu einer dorsalen Verlagerung des Körperschwerpunktes, d. h. etwa vor den zweiten Kreuzbeinwirbel (MacConaill u. Basmajian 1969). Hierdurch rückt die Traglinie des Körpers unter den Gesamtschwerpunkt und trifft innerhalb der von den Füßen gebildeten Unterstützungsfläche auf die Unterlage auf. Das Schwerelot verläuft demnach unmittelbar posterior der Hüft- und anterior der Knie- und Fußgelenke (Zihlman u. Brunker 1979; Abb. 4.88).

Die konstruktiven Neuerungen am postkranialen Skelett schufen die Voraussetzungen für eine bedeutend geringere vertikale und horizontale Auslenkung des Körperschwerpunktes während der Fortbewegung und führten somit zu einer entscheidenden Verminderung der Haltearbeit durch die Hüft- und Oberschenkelmuskulatur - eine *conditio sine qua non* für eine energetisch wirkungsvolle bipede Fortbewegungsweise.

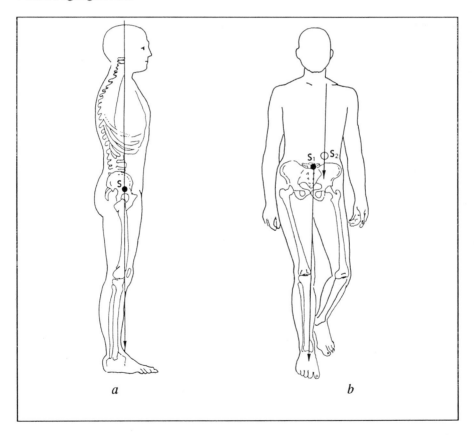

Abb. 4.88 Bipede Haltung des modernen Menschen. **a** Stand **b** Schreiten S: Schwerpunkt (Erläuterungen im Text; n. B. Kummer 1991, umgezeichnet).

Im einzelnen betreffen die konstruktiven Neuerungen die Körperproportionen (Abb. 4.89), die Entwicklung der *doppel-S-förmig gebogenen Wirbelsäule* (vgl. Kap. 4.2.4.2; Abb. 4.60), wodurch der Schwerpunkt dorsal verlagert wird, ferner die Reduktion der Beckenhöhe bei gleichzeitiger Verbreiterung der Darmbeinschaufeln und anteriorer Ausrichtung ihrer Kurvatur (vgl. Kap. 4.2.4.5; Abb. 4.72). Dadurch werden die Hebelverhältnisse der Hüft- und Oberschenkelmuskulatur verbessert. Weiterhin sind als Anpassungen zu nennen: die Entwicklung einer *physiologischen X-Bein-Stellung* (vgl. Kap. 4.2.4.5; Abb. 4.96), die die horizontale Auslenkung des Schwerpunktes verringert, sowie die Entwicklung eines Standfußes mit einem transversalen und einem logitudinalen Gewölbe, welche die Standsicherheit und Druckabfederung des Körpers vergrößern und das Abrollverhalten des Fußes verbessern (B. Kummer 1959; Debrunner 1985).

Energetisch gesehen ist das zweibeinige Schreiten des modernen Menschen nicht aufwendiger als die quadruped-terrestrische Lokomotion anderer Primaten (Taylor u. Rowntree 1973; Okada u. Kondo 1980). Es ist sogar entschieden günstiger als der vierfüßige oder zweibeinige Gang der afrikanischen Menschenaffen. Erstaunlicherweise unterscheiden sich diese beiden Lokomotionsformen der afrikanischen Pongiden energetisch nicht. Dagegen ist das schnelle zweibeinige Rennen des modernen Menschen sehr energieverzehrend und in dieser Hinsicht der quadrupeden Lokomotion unterlegen (Taylor u. Rowntree 1973; Rodman u. McHenry 1980; R. Suzuki 1985).

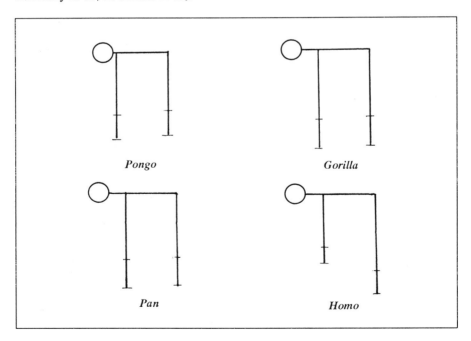

Abb. 4.89 Körperproportionen der Hominoidea (n. Erickson 1963; T. Kimura 1989, umgezeichnet).

Der bipede Gang des Menschen läßt sich grob in sechs Teilphasen untergliedern (Ducroquet et al. 1965; Debrunner 1985; R. Suzuki 1985; Abb. 4.90). Der Schwerpunkt des Körpers lenkt am weitesten nach kranial aus, wenn das Standbein völlig gestreckt ist und gleichzeitig das Schwungbein unter Rotation des Körpers seitlich am Standbein vorbeigeführt wird. Der Schwerpunkt liegt am tiefsten, wenn beide Beine den Boden kurzfristig berühren, d. h. wenn sich der Körper im Übergang von der Stand- zur Vortriebsphase befindet, während die nicht unterstützte Beckenhälfte geringfügig absackt. Die Rotation des Körpers sowie zahlreiche fein abgestufte Bewegungen in den Knie- und Fußgelenken verringern die vertikale Auslenkung des Körperschwerpunktes während der Fortbewegung. Die Abwinkelung des Femurs mit Bildung der 'physiologischen X-Bein-Stellung' schränkt die horizontale Verlagerung des Schwerpunktes ein und stabilisiert dadurch den zweibeinigen Gang (Saunders et al. 1953; Carlsoo 1972; Okada 1985; Yamazaki 1985). Bei biped schreitenden afrikanischen Menschenaffen kommt es hingegen aufgrund des wesentlich kleineren Bikondylarwinkels des Femurs (vgl. Kap. 4.2.2.5), der anterior der Hüfte gelegenen Knie- und Fußgelenke sowie aufgrund der Kipphaltung des Beckens infolge Anhebens des Gesamtkörpers beim Vorschwung des Spielbeins zu großen und nicht kompensierbaren vertikalen und horizontalen Verschiebungen des Körperschwerpunktes (Abb. 4.91). Die starke Beugung der Hinterextremitäten in den Hüft- und Kniegelenken sowie die starke Aktivität der Hüft- und Kniestrecker, die die gebeugten Gelenke stabilisieren (Tuttle et al. 1979; Ishida et al. 1984, 1985), deuten, ebenso wie die bereits genannten Merkmale und Mechanismen, die für den zweibeinigen Gang der Menschenaffen charakteristisch sind, auf grundlegende Unterschiede zu den konstruktiven Voraussetzungen für die Bipedie des modernen Menschen hin (B. Kummer 1959, 1975; Starck 1979; Rodman u. McHenry 1980; Taylor u. Rowntree 1985; Coppens u. Senut 1991).

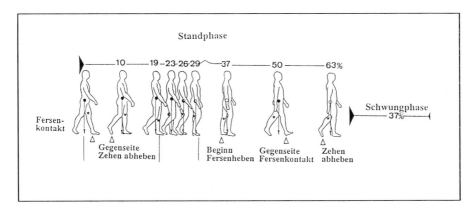

Abb. 4.90 Phasen des bipeden Schreitens (Erläuterungen im Text; n. Debrunner 1985, umgezeichnet).

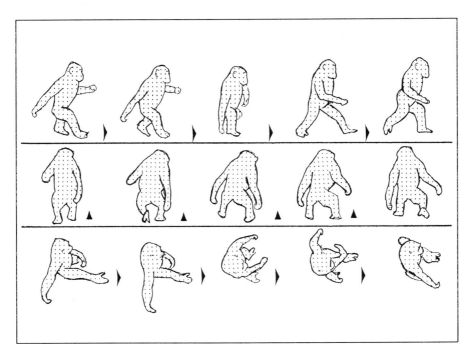

Abb. 4.91 Bipedes Schreiten des Schimpansen. Vertikale und horizontale Auslenkung des Körperschwerpunktes (n. Zihlman 1967, umgezeichnet).

4.2.4.2 Morphologie der Wirbelsäule und des Brustkorbs des modernen Menschen

Wirbelsäule: Herausragendes Merkmal der Wirbelsäule des modernen erwachsenen Menschen ist die ausgeprägte Doppel-S-Form mit je einer *Lordose* in der Hals- und Lendenregion sowie je einer *Kyphose* im Brust- und Kreuzbeinbereich (Abb. 4.60). Das Promontorium ist mit 60° (Frauen) bis 64° (Männer) fast doppelt so groß wie bei den Menschenaffen (vgl. Kap. 4.2.2.2). Die Wirbelsäulenform beim modernen Menschen ist einmalig in der Ordo Primates. Sie führt zu einer dorsalen Verlagerung des Körperschwerpunktes und ist daher als Anpassung an die speziellen Erfordernisse des aufrechten zweibeinigen Ganges zu sehen (B. Kummer 1959, 1991; Schultz 1969a; Ankel 1970; Aiello u. Dean 1990; Preuschoft u. Witte 1991).

Die Wirbelsäule des Menschen besteht aus 7 Hals-, 12 (11-13) Brust-, 5 (4-6) Lenden-, 5 (4-7) Kreuz- und 4 (2-5) Steißbeinwirbeln. Die Lendenregion ist beim Menschen länger und beweglicher als bei den Menschenaffen. Die Lumbalwirbel des Menschen sind im Vergleich zu denen anderer Primaten sehr breit. Sie nehmen in Höhe und Durchmesser nach kaudal zu und ihre unteren Gelenkflächen (Facies articulares inferiores) weisen zunehmend nach posterior. Dieses Merkmal ist besonders beim letzten Lendenwirbel ausgeprägt und steht in Zusammenhang mit der Stabilisierung des Lumbosakralgelenks bei der bipeden Lokomotion. Die posteriore Stellung der Facies articularis inferior erschwert bzw. verhindert, daß die Lendenwirbelsäule und das Kreuzbein wegen des starken Druckes durch den Oberkörper übereinander bzw. aneinander vorbeigleiten (Schultz 1961; Ankel 1970; Rose 1974; Starck 1979). Das Kreuzbein ist breiter als bei nicht-menschlichen Primaten und nach dorsal stark gegen die Wirbelsäule abgeknickt. Beide Merkmale stehen in engem Zusammenhang mit der Bipedie des Menschen. Durch das breite Os sacrum wird der Abstand zwischen den Artt. sacroiliacae vergrößert, so daß sie näher an die Hüftgelenke heranrücken. Diese Lage vermindert den Druck auf die Symphyse des Os pubis, da die Rotation des Beckens um die Kreuzbeindarmbeingelenke vermindert wird (B. Kummer 1959, 1991; vgl. Kap. 4.2.4.5).

Brustkorb: Der Brustkorb ist breiter als tief; die Wirbelsäule ist dorsal noch weiter als bei den Menschenaffen eingesenkt und liegt somit dicht an der Wirklinie des Körpergewichts (Schultz 1969a). Der Thorax ist tonnenförmig und unterscheidet sich hierin von dem der Menschenaffen (vgl. Kap. 4.2.2.2; Abb. 4.61). Die Rippen sind in ihrem Halsbereich sehr stark gebogen, im Querschnitt länglich und seitlich stark abgeplattet (Schmid 1983). Mit Ausnahme der genannten Merkmale stimmen Mensch und Menschenaffen in der Skelettmorphologie des Brustkorbs im wesentlichen überein.

4.2.4.3 Morphologie des Schultergürtels und der oberen Extremität des modernen Menschen

Schultergürtel: Die Skelettmorphologie des Schultergürtels des modernen Menschen und der großen Menschenaffen weist nur wenige prinzipielle Unterschiede an Scapula und Clavicula auf, so daß auf Kap. 4.2.2.3 verwiesen werden kann. Es muß allerdings noch einmal hervorgehoben werden, daß insbesondere aus der Gestalt des Schulterblattes und aus den Insertionsverhältnissen der für die Drehung der Scapula verantwortlichen Muskeln zu schließen ist, daß die Vorderextremität des modernen Menschen mehr für Funktionen, die mit herabhängendem und nicht für solche, die mit erhobenem Arm verrichtet werden, geeignet ist und insofern zahlreiche Übereinstimmungen mit den Vordergliedmaßen der quadrupeden Cercopithecoidea aufweist (Larson u. Stern 1969; vgl. Kap. 4.2.2.4, Kap. 4.2.4.7).

Ober- und Unterarm: Ober- und Unterarm der Menschenaffen und des Menschen weisen eine Fülle von Übereinstimmungen, im Detail aber auch zahlreiche Unterschiede auf (McHenry u. Corruccini 1975; vgl. Kap. 4.2.2.3). Die osteologischen Unterschiede betreffen vor allem das Ellbogengelenk, das beim Menschen nicht in lokomotorische Funktionen einbezogen ist (B. Patterson u. Howells 1967; Senut 1981a, b). Der mediale Epicondylus des Humerus ist größer und höher als der laterale. Im Querschnitt ist der mediale Epicondylus etwa dreieckig und der laterale eher rechteckig (Senut 1981a). Die größte anteroposteriore

Dicke des distalen Humerusschaftes liegt zentral und nicht medial wie bei den Pongiden. Die Fossa olecrani ist relativ flach und lateral nicht scharf begrenzt. Der laterale Wulst der Trochlea humeri ist wenig prominent. Ulna und Radius des Menschen sind fast gestreckt und nicht so extrem dorsoventral (Ulna) bzw. mediolateral (Radius) gekrümmt wie bei den großen Menschenaffen. Daraus ergeben sich ungünstigere Hebelverhältnisse für die Pronatoren des Armes (M. pronator teres, M. pronator quadratus) und eine entsprechend geringere Kraftentfaltung bei der Pronation (vgl. Kap. 4.2.2.4, Kap. 4.2.4.4). Der Proc. coronoideus und die Incisura trochlearis der Ulna sind kleiner als bei den Pongiden. Die Incisura ist bei anatomischer Haltung der Elle nach medial gerichtet. Das Capitulum humeri erstreckt sich nicht nach dorsal, und es ist anterior weniger konvex, so daß die Bewegungsmöglichkeiten des Radius eingeschränkt sind. Die Tuberositas des Radius liegt nicht medial, sondern mehr anterior, so daß sie auch bei Pronation des Armes nicht so weit nach lateral reicht wie bei den Menschenaffen. Für den M. biceps brachii entstehen dadurch ungünstigere Hebelverhältnisse bei der Supination des Armes (Knußmann 1967a; B. Patterson u. Howells 1967; Trinkaus u. Churchill 1988; vgl. Kap. 4.2.2.3, Kap. 4.2.2.4).

Hand: Schreiber (1934) hat die Hand als Kulturorgan bezeichnet, um auszudrücken, daß der moderne Mensch ohne die vielfältigen Bewegungsmöglichkeiten der Hand und der Finger sowie der damit verbundenen manipulativen Leistungen durch *Präzisions-* und *Kraftgriffe* seine Kulturfähigkeit kaum erlangt hätte. Der Bewegungsspielraum der menschlichen Hand und besonders der des Daumens ist in der Ordo Primates unerreicht (Napier 1980; Aiello u. Dean 1990; Abb. 4.92).

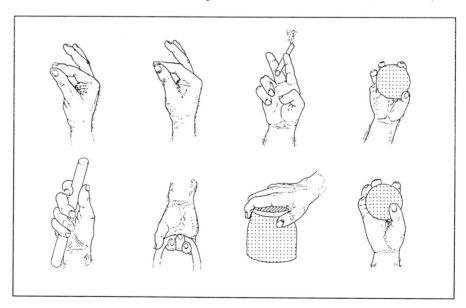

Abb. 4.92 Präzisions- und Kraftgriffe des modernen Menschen (n. Aiello u. Dean 1990, umgezeichnet).

Das proximale Handgelenk (Art. radiocarpea) ist wie das der Pongiden ein radiocarpales Gelenk. Die Ulna artikuliert nicht mit den Handwurzelknochen (Abb. 4.93). Diese Konstruktionseigenschaft erhöht den Adduktionsradius und die Supinationsfähigkeit der Hand (Lewis 1974). Die drei proximalen Handwurzelknochen (von radial nach ulnar: Os scaphoideum, Os lunatum, Os triquetrum) sind 'dicht gepackt' und bilden proximal eine gemeinsame, stark konvexe Gelenkfläche zum Radius (Abb. 4.93). Im Radiocarpalgelenk kann die Hand zur ulnaren Seite adduziert und dorsal gebeugt werden. Die Präzisions- und Kraftgriffe, die die Menschenhand ausführen kann, sind am genauesten und erzeugen die größte Kraft, wenn das proximale Handgelenk etwa 30°-40° dorsal gebeugt ist (Napier 1980).

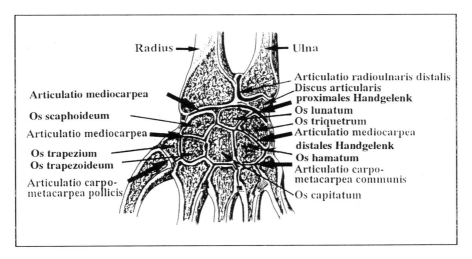

Abb. 4.93 Proximales und distales Handgelenk des modernen Menschen (n. Voss u. Herrlinger 1966, umgezeichnet).

Ein weiteres sehr bedeutsames Gelenk in der Menschenhand ist das distale Handgelenk (Art. mediocarpea) zwischen der proximalen und distalen Reihe der Handwurzelknochen (von radial nach ulnar: Os trapezium, Os trapezoideum, Os capitatum, Os hamatum). In diesem Gelenk wird die Hand bei gestrecktem proximalen Gelenk nach medial rotiert, woraus eine von der ulnaren Seite der Hand ausgehende schraubenförmige Drehung und 'dichte Packung' der proximalen Carpalia resultiert (Lewis 1977). Durch diese Rotationsbewegung wird nicht nur das gesamte Handgelenk stabilisiert, sondern gleichzeitig gelangt der Daumen in eine fast senkrechte Stellung zur Handfläche, so daß er wirkungsvoll bei Präzisions- und Kraftgriffen eingesetzt werden kann. Eine besondere Funktion hat das Gelenk zwischen dem radial gelegenen Os capitatum und dem Os trapezium. Hierüber wird bei Kraftgriffen der Hauptdruck auf die Hand ausgeübt. Die

Gelenkflächen sind daher flach, und sie liegen nicht wie bei den Pongiden auf der dorsalen, sondern auf der palmaren Hälfte von Os capitatum und Os trapezium.

Die Metacarpalia II und III sind größer und robuster als die lateralen Mittelhandknochen und der des Daumen (II>III>IV>V>I; Susman 1979). Die Gelenke der Mittelhandknochen mit den distalen Handwurzelknochen, insbesondere aber das sattelförmige Gelenk zwischen dem Metacarpale I und dem Os trapezium, spielen bei Präzisions- und Kraftgriffen der menschlichen Hand eine bedeutende Rolle. Die Gelenkflächen dieser beiden Skelettelemente sind derart gestaltet, daß der Daumen bei Beugung gleichzeitig zur Lateralseite der Hand rotiert und den übrigen Fingern gegenübergestellt wird (Napier 1980; Kapandji 1982; Abb. 4.92). Wesentlich weniger beweglich als das Carpometacarpalgelenk des Daumens ist das des Zeigefingers. Dieser kann im wesentlichen nur gebeugt, aber aufgrund seiner allseitig konvexen proximalen Gelenkfläche zum Os trapezoideum sowie eines weiteren kleineren und ulnar zum Metacarpale III gelegenen Gelenks auch leicht in Richtung Daumen geführt und um die Längsachse rotiert werden. Hierdurch unterstützt der Zeigefinger den Daumen bei Präzisions- und Kraftgriffen (Lewis 1977; Kapandji 1982). Die geringste Bewegungsmöglichkeit hat das Metacarpale III. Es stabilisiert aber durch einen als Widerlager auf seiner Radialseite gelegenen, weit nach proximal reichenden und mit dem Os capitatum gelenkenden Fortsatz die Hand bei Kraftgriffen und erlangt durch diese Funktion ebenfalls eine besondere Bedeutung unter den Mittelhandknochen (Marzke 1983; Marzke u. Marzke 1987). Die Gelenke der Metacarpalia IV und V sind sehr beweglich, so daß sie mehr oder weniger mühelos die ulnare Handseite nach radial führen ('Tütenbildung' der Hand) und den lateralen Mittelhandknochen eine wichtige Rolle bei Präzisions- und Kraftgriffen ermöglichen können. Die Köpfe der Metacarpalia sind von konischer Grundgestalt, die der Metacarpalia II, III und V sind im Gegensatz zu denen der afrikanischen Menschenaffen zusätzlich asymmetrisch (Susman 1979). Sie können daher bei Beugung gleichzeitig zum Daumen rotiert werden und hierdurch die 'Tütenbildung' der Hand bei Präzisionsgriffen unterstützen.

Die Fingerglieder des Menschen sind kürzer als die der Pongiden. Sie sind kaum gebogen und dorsoventral stärker abgeplattet. Sie weisen an der palmaren Fläche nicht die für die afrikanischen Menschenaffen so typischen Knochenleisten für die Ansatzsehnen der Fingerbeuger auf. Den proximalen Gliedern fehlen die ausgeprägten Führungsrinnen für die Sehnenscheiden der Fingerbeuger (vgl. Kap. 4.2.2.3, Kap. 4.2.2.4). Die distalen Fingerglieder sind an ihrer Spitze spatel- bis haubenförmig verbreitert. Sie unterscheiden sich hierin von denen aller übrigen Primaten. Das Daumenendglied hat auf der palmaren Fläche eine kräftige Tuberositas für die Endsehne des M. flexor pollicis longus.

Die Hand des modernen Menschen unterscheidet sich von der der Menschenaffen durch eine viel größere Beweglichkeit in allen Gelenken der Handwurzel und der Mittelhand. Ihre Konstruktion ist nicht auf Stabilität und Kraftentwicklung, sondern auf die Vielfältigkeit von Greifbewegungen ausgerichtet. Die Skelettmorphologie der Hand des modernen Menschen zeigt ein Mosaik von

plesiomorphen und apomorphen Merkmalen, die neben ihrer Befähigung zu vielfältigen Manipulationen auch ihre funktionale Vergangenheit widerspiegeln, d. h.
es finden sich Merkmale, die auf die Beteiligung der Hand bei der terrestrischen
und arborikolen Lokomotion hinweisen (Marzke 1992).

4.2.4.4 Muskulatur des Schultergürtels und der oberen Extremität des modernen Menschen

Die Morphologie der Muskulatur des Schultergürtels sowie des Ober- und Unter-
arms des modernen Menschen und der Pongiden zeigen große Übereinstimmungen. Unterschiede bestehen in den Insertions- und Ursprungsverhältnissen der einzelnen Muskeln und ihrer sich hieraus ergebenden anderen Hebelwirkungen. In
Verbindung mit der Skelettmorphologie des Schultergürtels und des Armes zeigt
die Schulter- und Armmuskulatur keine spezifischen Merkmale eines Kletterers
oder gar Brachiators (vgl. Kap. 4.2.3.3), sondern vielmehr Gemeinsamkeiten mit
terrestrisch lebenden quadrupeden Primaten (D. Roberts 1974; Larson u. Stern
1986; vgl. Kap. 4.2.2.4, Kap. 4.2.4.3). Größere Unterschiede zwischen dem
Menschen und den Pongiden sind hingegen in der Handmuskulatur zu erkennen,
worauf bereits in Kap. 4.2.2.4 hingewiesen wurde.

4.2.4.5 Morphologie des Beckengürtels und der unteren Extremität des modernen Menschen

Beckengürtel: Das Becken des modernen Menschen ist niedrig und breit, insgesamt wannenförmig. Dadurch gelangt das Kreuzbeindarmbeingelenk (Art.
sacroiliaca) dicht an das Hüftgelenk (Art. coxae), wodurch der Druck des Ober-
körpers, den die Darmbeine auf das Hüftgelenk übertragen, vermindert wird. Das
Becken des Menschen zeigt in der Grundform einen ausgeprägten Sexualdimorphismus (Abb. 4.94). Es ist im Vergleich zu dem der Menschenaffen gänzlich
anders zur Wirbelsäule und zu den unteren Extremitäten orientiert (Abb. 4.71).
Form und Lage des menschlichen Beckens sind in engem Zusammenhang mit den
biomechanischen Voraussetzungen für bipedes Stehen und Schreiten zu sehen (B.
Kummer 1959, 1991; vgl. Kap. 4.2.4.1).

Die Darmbeinschaufel ist in der Grundform dreieckig und nur beim Menschen
breiter als hoch (Abb. 4.72). Dadurch wird das Kreuzbeindarmbeingelenk in eine
statisch günstige Lage dicht am Hüftgelenk gebracht. Nach Straus (1929) ist daher
nicht die große Breite des Os ilium das entscheidende Merkmal, sondern seine
geringe Höhe. Ein weiteres herausragendes Merkmal des Darmbeins ist seine
Orientierung nach anterior und nach lateral. Dadurch wird die posterolaterale
Außenfläche konvex, die anteromediale Innenfläche der Darmbeinschaufel
konkav. Der Darmbeinkamm erhält die für das menschliche Becken so typische
sigmoide Krümmung. Die Abduktoren und Rotatoren der Hüfte (M. glutaeus
medius, M. glutaeus minimus) gelangen in eine laterale Lage und somit in eine
günstige Hebelposition (vgl. Kap. 4.2.4.6; Abb. 4.101, Abb. 4.102). Dem Zug, den

sie auf die großflächige Darmbeinschaufel ausüben, wird durch einen vertikal und anterior der Ursprungsfläche des großen Gesäßmuskels verlaufenden Knochenpfeiler entgegengewirkt (engl. *iliac pillar*). Ein wichtiges Merkmal am anterioren acetabularen Rand der Darmbeinschaufel ist die deutlich ausgeprägte Spina iliaca anterior inferior. Hier setzt der beim Menschen besonders kräftig entwickelte M. rectus femoris an, der das Kniegelenk streckt. Ferner ist diese Spina Ansatzstelle für das Lig. iliofemorale, das das Hüftgelenk stabilisiert. Der posteriore Rand der Darmbeinschaufel zeichnet sich durch eine tiefe Incisura ischiadica major aus. Sie steht in unmittelbar funktionalem Zusammenhang mit dem Kreuzbeindarmbeingelenk, das sich beim Menschen anteroposterior ausdehnt und über eine sehr große Gelenkfläche (Facies auricularis) verfügt. Die tiefe Incisura ischiadica major und der anteroposteriore Verlauf der Längsachse des Kreuzbeindarmbeingelenks sind als spezifische Anpassungen an die Bipedie des Menschen zu werten. In diesem Zusammenhang ist auch die weite posteriore Ausdehnung der Darmbeinschaufel zu sehen, die eine große Ursprungsfläche für den M. glutaeus maximus bietet, der insgesamt als Hüftstrecker wirkt. Desgleichen bietet die posteriore Ausdehnung des Os ilium günstige Hebelverhältnisse für den M. erector spinae, dessen Hauptfunktion die Stützung der Wirbelsäule oberhalb des Beckens ist (vgl. Kap. 4.2.2.5; Abb. 4.101, Abb. 4.102).

Das Sitzbein des Menschen ist, bezogen auf die Gesamtlänge des Hüftbeins, kürzer als das der Pongiden (Stern u. Susman 1983; Abb. 4.72). Auffallendes Merkmal ist der gut entwickelte Sitzbeinknorren am Ramus ossis ischii. Hier entspringen die Hüftstrecker und der mächtige M. adductor magnus. Darüberhinaus ist am Tuber ischiadicum das kräftige Lig. sacrotuberale angeheftet, das eine wichtige Funktion bei der Stabilisierung des Kreuzbeindarmbeingelenks hat, indem es das dorsale Wegknicken des Kreuzbeins vom Darmbein infolge der Körperlast verhindert. Der Sitzbeinknorren ist beim Menschen wesentlich größer als bei den Menschenaffen. Er ist jedoch nicht nach außen gedreht oder zur Hüftgelenkspfanne 'aufgekrempelt', so daß die Ursprungsstellen für die Hüftstrecker, insbesondere für den M. semimembranosus, dicht an das Acetabulum heranrücken, wodurch sich ihre Hebelverhältnisse entscheidend verbessern. Nach Stern u. Susman (1983) ist die Verkleinerung des Sulcus tuberoacetabularis auch mit dem Druck zu erklären, der bei aufrechter Körperhaltung auf dem Kreuz- und dem Sitzbein lastet. Die gut ausgebildete Spina ischiadica am oberen Sitzbeinast unmittelbar unter der Incisura ischiadica major wird ebenfalls als eine direkte Anpassung an den aufrechten zweibeinigen Gang des Menschen gesehen. Nach Abitbol (1988) steht sie mit der Anheftung des Beckenbodens, der aus dem Lig. ischiococcygeum, Lig. pubococcygeum und Lig. iliococcygeum gebildet wird, in direktem Zusammenhang. Über den ligamentösen Beckenboden, der die Eingeweide trägt, wird ein erheblicher Druck auf die Sitzbeine ausgeübt. Insgesamt ist das relativ kurze menschliche Sitzbein eher für Schnelligkeit und Beweglichkeit bei der Lokomotion konstruiert, während das längere und weit hinter dem Hüftgelenk liegende Os ischii der Menschenaffen mehr an Kraftentfaltung angepaßt ist. Dieser Schluß liegt aufgrund der andersartigen Hebelverhältnisse für die Hüftstrecker sowie aufgrund der ständigen Beugung der Hüft- und Kniegelenke bei den Pongiden nahe (Sigmon u. Farslow 1986; vgl. Kap. 4.2.2.5).

Der Schambeinkörper ist relativ etwa genauso lang wie derjenige der großen Menschenaffen, aber wesentlich tiefer, d. h. robuster. Am Ramus superior ist ein deutlicher Knochenkamm (Pecten ossis pubis) ausgebildet, an dem der beim Menschen sehr kräftige M. rectus abdominis ansetzt (Abb. 4.72). Ferner ist ein gut ausgeprägtes Tuberculum pubicum für die Anheftung des Lig. inguinale vorhanden, das der starken Zugkraft des M. rectus abdominis auf die Schambeinäste bei bipeder Lokomotion entgegenwirkt. Auf dem oberen Schambeinast ist eine Führungsrinne für den M. psoas major, den bedeutendsten Laufmuskel des Menschen, ausgebildet. Sie ist ein deutlicher Hinweis auf habituelle Bipedie. Entsprechend der abweichenden Becken- und Oberschenkelstellung bei den Menschenaffen nimmt der M. psoas major im Becken einen anderen Verlauf, so daß es nicht zur Ausbildung einer Vertiefung auf dem oberen Schambeinast kommen kann. Das Vorhandensein oder Fehlen der Iliopsoas-Rinne erlaubt daher Rückschlüsse auf Bipedie. Der Schambeinwinkel ist größer als bei den Menschenaffen und zeigt darüberhinaus einen deutlichen Sexualdimorphismus (70°-75° beim Mann, 90°-100° bei der Frau; vgl. Kap. 4.1.2.5; Abb. 4.94).

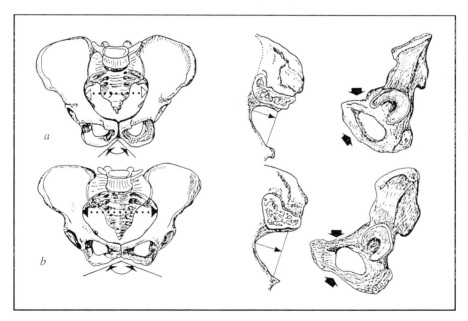

Abb. 4.94 Sexualdimorphismus des menschlichen Beckens. **a** männlich **b** weiblich.

Die Hüftgelenkspfanne zeigt nach anterior, nach inferior und nach lateral. Sie ist groß im Vergleich zu den Abmessungen des Beckens (Abb. 4.72). Ihre Größe verhält sich wie die des Femurkopfes zur Körperhöhe positiv allometrisch (Kapandji 1987; Jungers 1988a). Das Acetabulum ist flacher als das der Pongiden, allerdings ist die intra- und interspezifische Variabilität dieses Merkmals erheblich (Schultz 1969b; Ruff 1988). Der obere Rand der Hüftgelenkspfanne kragt stark über und kann hierdurch den Femurkopf weiter umschließen, als es ihr unterer Rand vermag. Das Hüftgelenk ist aus diesem Grund bei aufrechter Körperhaltung anterior weitgehend offen (Abb. 4.95). Diese Konstruktion verleiht dem Gelenk in Verbindung mit außerordentlich kräftigen anterior und posterior gelegenen Bändern (Lig. ischiofemorale, Lig. pubofemorale bzw. Lig. iliofemorale) hohe Stabilität im Standbein sowie große Beweglichkeit in den drei Hauptachsen im Spielbein (vgl. Kap. 4.2.2.5).

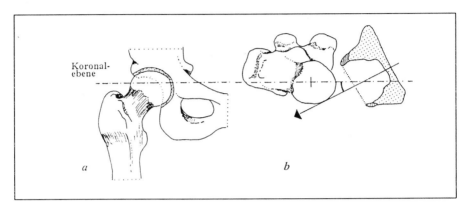

Abb. 4.95 Gelenkung des Femurkopfes im Acetabulum des modernen Menschen. **a** Ansicht von anterior **b** Ansicht von superior (Erläuterungen im Text; n. Aiello u. Dean 1990, umgezeichnet).

Ober- und Unterschenkel: Das Femur des modernen Menschen ist absolut und relativ länger als das der großen Menschenaffen. Der Bikondylarwinkel beträgt ca. 9°-10° (Abb. 4.73). Das distale Femurende rückt somit dicht an die Körpermittellinie, und es kommt zur Ausbildung der physiologischen X-Bein-Stellung (Abb. 4.96). Die Lastachse des Körpers kreuzt die Schaftachse des Femurs etwa auf halber Höhe und verläuft anschließend dicht am lateralen Kondylus. Die Lastübertragung beim bipeden Menschen ist demnach völlig anders als bei den quadrupeden Menschenaffen. Der Körperschwerpunkt lenkt bei der bipeden Fortbewegung nur geringfügig horizontal aus (vgl. Kap. 4.2.4.1).

Der Femurkopf ist größer als der afrikanischer Menschenaffen und verhält sich positiv allometrisch zur Körpergröße (Aiello u. Dean 1990). Die Maße des Femurkopfes variieren auch intraspezifisch (Abb. 4.73). Der große Femurkopf ist als Anpassung an die enorme Belastung bei der bipeden Fortbewegung zu werten. Die Gelenkfläche des Femurkopfes ist von anterolateral nach posteromedial ausgedehnt, so daß eine große Gleitfläche mit dem Acetabulum entsteht. Dieses Merkmal ist auch bei Menschenaffen anzutreffen und offenbar sehr variabel (Jenkins 1972; Asfaw 1985). Der Collodiaphysenwinkel ist mit 126,8°-128,5°

größer als der der Menschenaffen. Das Winkelausmaß steht mit der größeren Bewegungsmöglichkeit des Femur im Hüftgelenk in Verbindung (Kapandji 1987). Allerdings variiert die Größe des Oberschenkelhalswinkels intraspezifisch verhältnismäßig stark, so daß selbst Überschneidungen mit den bei den Menschenaffen gemessenen Werten vorkommen können (Zapfe 1960). Der Femurhals ist länger als bei den Pongiden; doch auch dieses Merkmal variiert beim modernen Menschen, so daß es zu Überlappungen mit den entsprechenden Daten der Menschenaffen kommt (Napier 1964; vgl. Kap. 4.2.2.5). In der distalen Hälfte des Femurhalses ist die Kompakta im dorsalen Halsbereich verstärkt.

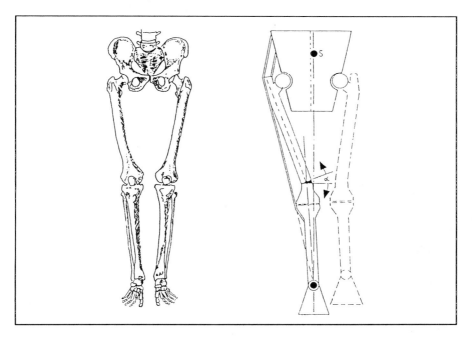

Abb. 4.96 Physiologische X-Bein-Stellung beim modernen Menschen. S: Schwerpunkt α : Dia-Epiphysen-Winkel (n. B. Kummer 1959, umgezeichnet).

Der Trochanter major ragt weniger weit über den Femurhals hinaus und ist kleiner als der der Menschenaffen. Dagegen ist der Trochanter minor bezogen auf die Femurlänge größer. Dieser Unterschied steht offenbar im Zusammenhang mit dem Ansatz des beim Menschen besonders kräftig entwickelten M. iliopsoas (Aiello u. Dean 1990). Die Lage des Trochanter minor ist sehr variabel, und sie spiegelt nach Lovejoy u. Heiple (1972) nicht den Lokomotionstyp wider, sondern wird vom Ausmaß der ebenfalls variablen Femurtorsion bestimmt (vgl. Kap. 4.2.2.5). Die Linea intertrochanterica ist entsprechend der wichtigen Funktion des Lig. iliofemorale sehr gut ausgebildet, um zu verhindern, daß der Körper im Hüftgelenk nach dorsal wegkippt.

Der Femurschaft ist graziler als bei den Menschenaffen und in der proximalen Hälfte nach lateral leicht konvex. Die anteroposteriore Kurvatur ist schwächer ausgeprägt als bei den Pongiden. Die Kompakta ist auf der Lateralseite verstärkt. Die Linea aspera ist deutlich angelegt und pfeilerartig versteift. Der Femurquerschnitt verhält sich positiv allometrisch und kann in Zusammenhang mit einer schnellen Übertragung und Verteilung der Körperlast gesehen werden.

Die distalen Kondylen sind etwa gleichgroß. Das Körpergewicht wird daher gleichmäßig übertragen (Abb. 4.73). In Seitenansicht sind beide Gelenkknorren elliptisch. Dadurch wird die Kontaktfläche im Kniegelenk bei Streckung erhöht, was wiederum die auf das Kniegelenk wirkende Last vermindert. Zusätzlich verlagert sich die Kniescheibe stärker nach anterior, so daß der Hebelarm des bedeutendsten Kniestreckers, des M. quadriceps femoris, vergrößert wird. Der grobe Umriß des distalen Femurendes ist etwa quadratisch.

Die Trochlea femoris ist tiefer als bei den Pongiden, ihr lateraler Rand springt weiter als der mediale anterior vor, so daß der Abstand vom lateralen Rand zur tiefsten Stelle der Trochlea größer als der vom medialen Rand ist (Abb. 4.74). Die tiefe Trochlea und deren ausgeprägt hoher lateraler Rand werden als Anpassung an die Bipedie gewertet. Der prominente laterale Rand vermindert nach Heiple u. Lovejoy (1971) die Gefahr einer Auslenkung der Patella zur Lateralseite infolge der erheblichen Zugwirkung des M. quadriceps femoris. Wanner (1977) argumentiert hingegen, daß die Zugwirkung des M. quadriceps femoris und die damit verbundene Gefahr der Dislokation der Patella durch die Aktivität des M. vastus medialis verhindert wird. Nach Stern u. Susman (1983) schwächen eine tiefe Trochlea femoris und ihr hoher lateraler Rand zwar die Gefahr der Verschiebung der Patella ab, jedoch bringen sie die beiden Merkmale nicht in Verbindung zur Bipedie des modernen Menschen.

Die Tibia des Menschen ist insgesamt graziler und gestreckter als die der Menschenaffen (Abb. 4.74). Im proximalen Bereich weist sie eine Reihe von Merkmalen auf, die in enger Verbindung mit der Bedeutung des Knies bei bipeder Lokomotion stehen. Insgesamt ist das Kniegelenk ein sehr festes Gelenk, dessen Stabilität aber vorwiegend durch starke Kreuz- und Seitenbänder gewährleistet wird (Aiello u. Dean 1990). Es kann vollständig gestreckt werden und unterscheidet sich in dieser Eigenschaft grundlegend von dem aller übrigen Primaten (vgl. Kap. 4.2.2.5). Das gestreckte und durch das Körpergewicht belastete Kniegelenk des modernen Menschen kann durch mediale Rotation des Femurs gegenüber der belasteten Tibia zusätzlich gesichert werden. Die mediale Rotation des Femurs bewirkt, daß die Gelenkflächen der beiden Extremitätenknochen vollständig kongruent 'aufeinander eingepaßt werden', so daß das Kniegelenk 'dicht gepackt' ist und quasi einrastet. Die das Knie stabilisierenden Bänder sind dabei vollständig gespannt. Insgesamt ist die Rotationsmöglichkeit des menschlichen Knies gegenüber dem der Menschenaffen stark eingeschränkt (Tardieu 1981; Corbridge 1987).

Der laterale Kondylus ist wesentlich größer als der mediale, in Seitenansicht ist er leicht konkav, flach oder sogar konvex (Abb. 4.74). Die Epicondylen sind relativ breit. Aufgrund des großen Bikondylarwinkels des Femurs erfolgt beim Menschen die Lastübertragung auf die Tibia hauptsächlich über den kräftiger entwickelten lateralen Kondylus. Die Kongruenz im Kniegelenk ist daher auch zwischen den lateralen Kondylen des Ober- und des Unterschenkelbeins am größten (Tardieu 1981). Der Retroversions- und der Inklinationswinkel sind kleiner als bei Menschenaffen, doch kommen Überschneidungen der Variationsbreiten vor, so daß diese Maße keine Aussage auf den Lokomotionstyp bzw. auf die Fähigkeit zulassen, das Kniegelenk strecken zu können (Trinkaus 1975; vgl. Kap. 4.2.2.5).

Der Tibiaschaft ist in der proximalen Hälfte nach lateral leicht konkav, in der distalen Hälfte nach lateral leicht konvex (Abb. 4.74). Der Schaft ist, bezogen auf die Gesamtlänge der Tibia, graziler als der der Menschenaffen. Der Querschnitt des Schienbeins ist insgesamt etwa mandelförmig, er variiert aber in der Form, ausgehend vom gleichseitigen Dreieck bis zum länglichen Oval. Die Vorderkante ist in der Regel scharf abgesetzt. Der laterale Rand der Tibia verläuft gerade und endet etwa zwei Finger breit unter dem lateralen Kondylus. Er schwenkt nicht wie bei den Menschenaffen im proximalen Teil nach anterior und vereinigt sich auch nicht mit der Tuberositas tibiae (vgl. Kap. 4.2.2.5; Abb. 4.74). Auf der Dorsalseite der Tibia ist die Linea poplitea sehr gut ausgeprägt. Sie fehlt bei den Pongiden.

Die distale Tibia spiegelt die Erfordernisse für das Fußgelenk bei bipeder Lokomotion wider. Die tibiale Gelenkfläche des Fußgelenks steht senkrecht zur Längsachse des Schienbeins (Abb. 4.74). Dadurch werden die auf das Fußgelenk wirkenden Scherkräfte vermindert und die sagittalen Bewegungen des Beins beim Schreiten unterstützt (Lewis 1981). Zusätzlich ist das distale Tibiaende stark nach lateral gedreht, so daß die lange Fußachse und die subtalare Achse näher zusammengeführt werden, wodurch der Fuß zusätzlich stabilisiert wird (Lewis 1981). Der Malleolus tibialis ist gut entwickelt und etwas nach medial gestellt.

Die Fibula ist graziler als die der Menschenaffen. Sie ist gerade oder anterior etwas konkav. Der Fibulahals ist dünner als der Schaftkörper, und die Form von Fibulakopf und -schaft ist sehr variabel. Der Wadenbeinkopf hat einen deutlich ausgeprägten Styloidfortsatz und gelenkt seitlich am lateralen Epicondylus der Tibia. Die distale Gelenkfläche der Fibula zum Talus weist nach medial. Der Winkel zwischen Gelenkfläche und Schaftachse ist aber mit <5° wesentlich geringer als das entsprechende Maß bei den Menschenaffen. Das Wadenbein stabilisiert das Fußgelenk auf der lateralen Seite, es kommt aber nicht zu einer nennenswerten Gewichtsübertragung. Hieraus erklärt sich die gegenüber der Fibula der Menschenaffen abweichende Orientierung des distalen Gelenks (Stern u. Susman 1983). Die proximale Begrenzung dieser Gelenkfläche verläuft horizontal. Der fibulare Malleolus springt in Schaftrichtung vor und ist kürzer als der tibiale. Er ist nach lateral nicht verbreitert. Die Furche für die Sehnen der Mm. peronei auf der posterioren Fläche des Malleolus ist flach und nach lateral nicht ausgedehnt. Die bei den Menschenaffen so deutlich angelegte Knochenleiste an der distalen Begrenzung der Peronealgrube fehlt (vgl. Kap. 4.2.2.5).

Fuß: Der Fuß des modernen Menschen ist ein hochspezialisierter Standfuß mit einem Transversal- und einem Longitudinalgewölbe (Übersicht in Debrunner 1985; Abb. 4.97). Das Längsgewölbe erlaubt, die enormen Kräfte, die zunächst auf dem lateralen Rand des Fußes während der Bewegung und im Stand lasten, über den gesamten Sohlenbereich zu verteilen. Die Pfeiler des Längsgewölbes sind proximal das Fersenbein und distal die Köpfe der Metatarsalia. Die höchste Stelle des Gewölbes liegt am medialen Fußrand. Nach Basmajian u. Luca (1985) ist für die Aufrechterhaltung des Longitudinalgewölbes beim bipeden Stand keine Muskelaktivität notwendig. Herausragend ist zudem die Konstruktion des Calcaneocuboidgelenks, die das Abreißen der Abrollbewegung des Fußes während der Vorwärtsbewegung verhindert sowie den Mittelfuß stabilisieren hilft (Susman 1983; vgl. Kap. 4.2.4.1). Der gesamte Fuß ist ferner durch sehr starke Bänder gefestigt.

Charakteristisch für den Menschenfuß ist sein kurzer Zehenbereich (ca. 18% der Gesamtlänge). Bezogen auf die Rumpflänge besitzt der Mensch einen kürzeren Fuß als die Menschenaffen, doch sind die Hebelverhältnisse des Fußes im Verhältnis zur Körperhöhe beim modernen Menschen wesentlich besser als bei den Pongiden (Schultz 1963). Die Zehenlänge nimmt in der Regel von der Großzehe zur Kleinzehe kontinuierlich ab. Nach Stern u. Susman (1983) haben die lateralen Zehen eine Längenreduktion erfahren.

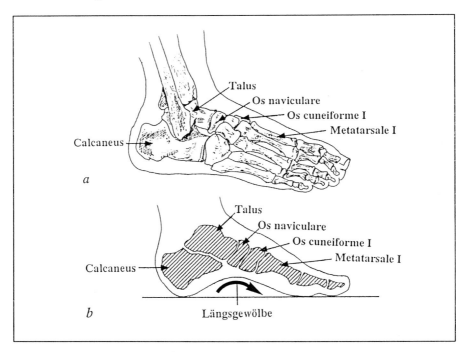

Abb. 4.97 Rechter Fuß des modernen Menschen. **a** Lateralansicht **b** Längsschnitt durch den ersten Strahl (n. Starck 1979, umgezeichnet).

Das obere Sprunggelenk unterscheidet sich in den wesentlichen Merkmalen nicht von dem der Menschenaffen (vgl. Kap. 4.2.2.5; Abb. 4.78). Abweichungen ergeben sich in der stärkeren Versteifung des Gelenks durch laterale und mediale Bänder, in dem anterior breiteren und dorsoplantar weniger keilförmigen Talus sowie im größeren Radius des medialen Randes der asymmetrischen Trochleafläche. Der breitere und weniger keilförmige Talus führt zu einer festeren Gelenkung der Malleoli bei Plantar-, insbesondere aber bei Dorsalflexion des Fußes. Der geringere Größenunterschied zwischen lateralem und medialem Rand der Trochlea des Sprungbeins führt dazu, daß die Tibia bei Dorsalflexion des Fußes wesentlich weniger stark nach medial, bei Plantarflexion weniger nach lateral rotiert als das Schienbein der Menschenaffen (ca. 11,5°; Latimer et al. 1987). Aus diesem Grund wird auch der Menschenfuß bei Dorsalflexion weniger nach lateral verschoben und weniger nach innen gedreht, bei Plantarflexion weniger nach medial verschoben und weniger nach außen gedreht (Lewis 1980; vgl. Kap. 4.2.2.5).

Die hintere Abteilung des unteren Sprunggelenks zeigt große Übereinstimmung mit der entsprechenden Region des Menschenaffenfußes. Die subtalare Achse verläuft dagegen steiler (42°; Abb. 4.79). Diese Eigenschaft ist auf den sehr großen Radius der subtalaren Gelenkflächen, die das Ausmaß von Innen- und Außendrehung des Fußes begrenzen, zurückzuführen (Lewis 1981). Die Längsachse und die subtalare Achse des Fußes bilden einen sehr spitzen Winkel, d. h. die mediale Fußseite beim Menschen ist im Vergleich zu der bei Menschenaffen in der Horizontalebene nach lateral gedreht worden.

Das Sprungbein zeigt einige Unterschiede zu dem der afrikanischen Menschenaffen (Abb. 4.80). Der Taluskopf ist wesentlich stärker gedreht. Allerdings gilt auch hier der Einwand von Day u. Wood (1968), daß der Torsionswinkel des Taluskopfes eher ein Maß für die Orientierung der Trochlea als für die Drehung des Sprungbeinkopfes ist. Der Talushals ist kurz, der Inklinationswinkel dagegen sehr groß. Dieses Merkmal steht nach Day u. Wood (1968) in direktem Zusammenhang mit der Konstruktion des longitudinalen Fußgewölbes. Die lateral gelegene Rinne für das Lig. talofibulare fehlt, die Vertiefung für die Sehne des M. flexor hallucis longus verläuft eher vertikal, was nach Latimer et al. (1987) die mehr sagittal orientierten Fußbewegungen widerspiegelt.

Das Fersenbein ist robuster und, bezogen auf die dorsoplantare Dicke, in mediolateraler Richtung breiter als das der Menschenaffen (Abb. 4.81). Der Calcaneus ist nach lateral nicht abgewinkelt, so daß sich seine Längsachse der subtalaren Achse annähert. Ein Tuberculum plantare laterale ist vorhanden. Das Sustentaculum tali verläuft senkrecht zur Längsachse der Tuberositas des Fersenbeins und parallel zur Unterlage. Die Trochlea peronealis ist klein. Das Fersenbein gelenkt nicht mit dem Kahnbein. Aus diesem Grund ist der Mensch nicht in der Lage, den Vorder- gegenüber dem Hinterfuß nach medial zu rotieren (Aiello u. Dean 1990). Die Tuberositas des Calcaneus, an der die Achillessehne ansetzt, ist sehr gut ausgeprägt (Abb. 4.81).

Ein weiteres herausragendes Merkmal des Menschenfußes ist nach Lewis (1981) das Fersenbeinwürfelbeingelenk (Übersicht in Bojsen-Moller 1979; Debrunner 1985; Abb. 4.98). Der auf die lange Achse des Fersenbeins bezogene obere Rand springt anterior weit vor. Die Gelenkfläche des Fersenbeins zum Würfelbein verläuft daher nicht vertikal, sondern in posteriorer Richtung zur Plantarfläche. Sie ist stark asymmetrisch gestaltet, d. h. medial konkav und lateral konvex. Nach Bojsen-Moller (1979) stellt das Gelenk gleichsam einen Ausschnitt aus einem sanduhrförmigen Sattelgelenk dar. Die Facies articularis des Os cuboideum ist komplementär zu dieser Gelenkfläche. In der Art. calcaneo-cuboidea kann der Fuß Rotations- und Lateralbewegungen ausführen. Hierdurch wird die Fußwurzel 'dicht gepackt', so daß bei der kontinuierlichen Abrollbewegung des Fußes der Mittelfuß als starker Hebel gegenüber der Fußwurzel wirken kann, ohne daß diese destabilisiert wird oder der Abrollvorgang abreißt (Lewis 1981). Die Morphologie des Fersenbeinwürfelbeingelenks ist eine sehr spezielle Anpassung an die Bipedie des Menschen.

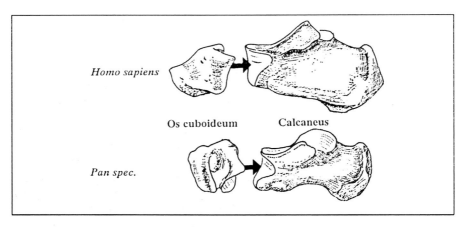

Abb. 4.98 Fersenbeinwürfelbeingelenk von *Homo sapiens* und *Pan spec.* (n. Aiello u. Dean 1990, umgezeichnet).

Das Würfelbein hat neben seiner wichtigen Funktion bei der Bildung des Gelenks zum Fersenbein auch konstruktive Bedeutung für das Längsgewölbe des Fußes. Es ist gegenüber dem der Menschenaffen verlängert und bildet quasi den lateralen Schlußstein des Longitudinalgewölbes (Lewis 1980; Abb. 4.97). An der Plantarfläche weist es einen prominenten Knochengrad auf, seine Peronealgrube ist schmal (Susman 1983). Die Form der Gelenkflächen zu den Metatarsalia IV und V ist sehr variabel und reicht von konkav über flach oder sattelförmig bis konvex (vgl. Kap. 4.2.2.5).

Das Kahnbein ist im Verhältnis zu den Fußwurzel- und Mittelfußknochen lang und in dorsoplantarer Ebene relativ stark. Es artikuliert nicht mit dem Würfelbein und seine Gelenkfläche zum medialen Keilbein ist flach oder konkav. Obwohl das

Os naviculare des modernen Menschen sich in einigen Merkmalen von dem der Menschenaffen unterscheidet, ist es nach Aiello u. Dean (1990) für Aussagen zur Lokomotionsweise der betreffenden Spezies wenig geeignet.

Die drei Keilbeine sind relativ zu den Tarsalia und Metatarsalia verlängert. Dieses Merkmal weist auf Bipedie hin. Das mediale Keilbein unterscheidet sich am stärksten von dem der Menschenaffen. Es ist entsprechend der nicht opponierbaren Großzehe des Menschen weiter nach anterior und weniger nach medial orientiert. Seine Gelenkfläche zum Metatarsale I ist flach und nicht konvex wie bei den Pongiden. Die Gelenkfläche des mittleren Keilbeins zum Metatarsale II liegt weit posterior. Diese Lage des Gelenks wird als Anpassung an Bipedie bzw. bei den afrikanischen Menschenaffen als Adaptation an obligatorisch terrestrische Quadrupedie gewertet. Am lateralen Keilbein kann die proximale Gelenkfläche zum Metatarsale V und diejenige zum mittleren Keilbein fehlen (vgl. Kap. 4.2.2.5).

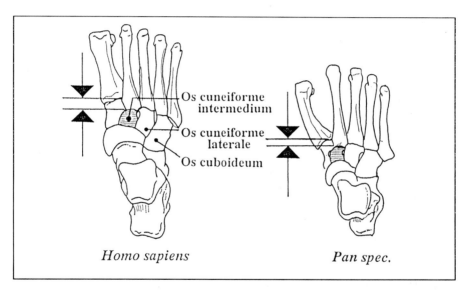

Os cuneiforme intermedium

Os cuneiforme laterale

Os cuboideum

Homo sapiens   *Pan spec.*

Abb. 4.99 Lage des mittleren Keilbeins im Fuß von *Homo sapiens* und *Pan spec*. Die Pfeile kennzeichnen das Ausmaß der Einbuchtung in der distalen Reihe der Tarsalia (n. Aiello u. Dean 1990, umgezeichnet).

Die Mittelfußknochen bilden die anteriore Stütze des Longitudinalgewölbes des Menschenfußes. Das Metatarsale I ist, bezogen auf den dorsoplantaren Durchmesser, wesentlich robuster als das der Menschenaffen. Es ist verhältnismäßig gerade, jedoch axial etwas rotiert und proximal abgeplattet und bietet einen guten Widerstand in der letzten Abrollphase des Fußes über die Großzehe. Da seine Gelenkfläche zum medialen Keilbein an der Medialseite weiter posterior als an der Lateralseite liegt, kann das Metatarsale der Großzehe näher an die lateralen Metatarsalia herangeführt und parallel zu ihnen ausgerichtet werden. Die distalen Gelenkköpfe der Metatarsalia II bis V sind kugelförmig und deutlich durch eine umlaufende Furche von den Epicondylen abgesetzt. Hierdurch wird das Ausmaß der beim Abrollen des Hinterfußes über die Zehen so wichtigen Dorsalflexion in den Metatarsophalangealgelenken vergrößert (Aiello u. Dean 1990; vgl. Kap. 4.2.2.5; Abb. 4.100).

Die Zehenglieder sind gestreckt. Die Basis der proximalen Glieder ist nicht wie bei den Pongiden verbreitert. Ferner fehlen die für letztere so typischen Gleitfurchen für die Sehnenscheiden der Zehenbeuger. Die Köpfe der distalen Zehenglieder sind flach und ihre plantare Fläche ist konkav. Der distale Teil des Endglieds der Großzehe ist in bezug auf das Interphalangealgelenk um ca. 14° nach lateral abgewinkelt und zusätzlich axial rotiert. Beide Merkmale werden als spezifische Anpassung an die Bipedie gewertet.

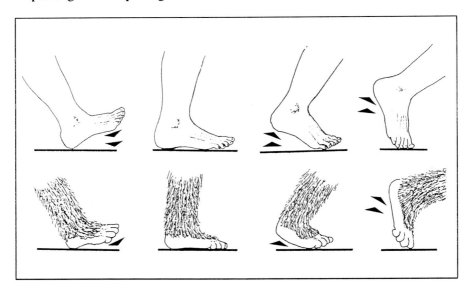

Abb. 4.100 Abrollphasen des Menschen- und des Schimpansenfußes während des bipeden Schreitens (n. Susman 1983, umgezeichnet).

4.2.4.6 Muskulatur des Beckengürtels und der Hinterextremität der Pongiden und des modernen Menschen

Die Muskulatur des Beckengürtels und der Hinterextremität der großen Menschenaffen, insbesondere die Ursprungs- und Ansatzverhältnisse, weisen auf eine quadruped-arborikole Lokomotion hin. Die unterschiedliche funktionale Beanspruchung der Muskulatur bzw. einzelner Muskeln erfordert unterschiedliche Hebelverhältnisse bei Quadrupedie und Bipedie. In diesem Zusammenhang lassen sich die speziellen Gegebenheiten der Morphologie des Beckens und der Hinterextremität bei den Menschenaffen und der unteren Extremität beim modernen Menschen einordnen. Andererseits weisen die Pongiden und der Mensch aber auch so viele Übereinstimmungen in der Morphologie und der speziellen Funktion der Muskeln des Lokomotionsapparates auf, daß im folgenden nur die wesentlichen Eigenschaften herausgestellt werden.

Die Hüftbeuger der Menschenaffen unterscheiden sich in Funktion, Ursprung und Ansatz nicht essentiell von denen des Menschen. Der M. psoas major ist beim Menschen, entsprechend seiner Funktion als typischer Laufmuskel, der den Oberschenkel des Spielbeins beim Laufen oder Gehen nach vorn und oben reißt, sehr kräftig ausgebildet (vgl. Kap. 4.2.4.5). Der M. psoas minor kommt selten beim Menschen, der M. iliotrochantericus nur bei den Menschenaffen vor. Der M. rectus femoris ist beim Menschen sehr kräftig entwickelt. Aufgrund seines Ursprungs am Darmbein kann er auch als Hüftgelenksbeuger wirken, überwiegend ist er jedoch Kniestrecker. Der M. tensor fasciae latae fehlt beim Orang-Utan, bei den afrikanischen Menschenaffen ist er relativ schwach entwickelt. Er entspringt bei letzteren an der Faszie der Glutealmuskulatur, beim Menschen jedoch am vorderen Ende des Darmbeinkammes und an der Spina iliaca anterior superior.

Die Hüftstrecker der Menschenaffen und des Menschen unterscheiden sich demgegenüber deutlich voneinander. Der M. biceps femoris, M. semimembranosus und M. semitendinosus haben bei den Menschenaffen und dem modernen Menschen gleiche Ursprungs- und Ansatzstellen, doch verfügen sie bei den Pongiden aufgrund des längeren Sitzbeins sowie infolge der bei quadrupeder Lokomotion gebeugten Hüft- und Kniegelenke über günstigere Hebelverhältnisse. Nach Zihlman u. Brunker (1979) sind sie bei den Pongiden im Gegensatz zum Menschen ebenso massig entwickelt wie der M. quadriceps femoris, was auf ihre große funktionale Bedeutung hinweist. Noch deutlichere Unterschiede ergeben sich in der Glutaealmuskulatur der Menschenaffen und des Menschen. Der M. glutaeus maximus der Pongiden hat eine völlig andere Form und aufgrund der anderen Beckenform auch einen viel längeren Ursprung als der große Gesäßmuskel des Menschen. Er ist bei den Pongiden in einen proximalen, sehr dünnen und flächigen Muskel (M. glutaeus maximus proprius), der dem M. glutaeus maximus des Menschen äquivalent ist, und in einen kaudalen, sehr kräftigen Teil (M. ischiofemoralis) gegliedert, der dem Menschen fehlt. Beim Orang-Utan sind beide Teile selbständige Muskelindividuen (Tuttle et al. 1979; Abb. 4.101). Den speziellen Ursprungs- und Ansatzverhältnissen entsprechend wirkt der proximale Teil als Abduktor und lateraler Rotator, der kaudale Teil dagegen als kräftiger Strecker der Hüfte. Der M. glutaeus maximus ist der größte Muskel des Menschen. Er ist deutlich kräftiger als bei den quadrupeden Menschenaffen ausgeprägt. Bei langsamer bipeder Lokomotion bleibt er inaktiv und tritt erst bei anstrengenden Tätigkeiten wie z. B. Berg- oder Treppensteigen, Klettern und Rennen in Aktion. Er stabilisiert nach Marzke et al. (1988) zusätzlich den Rumpf bei Aktivitäten der Vorderextremität, z. B. beim Werfen.

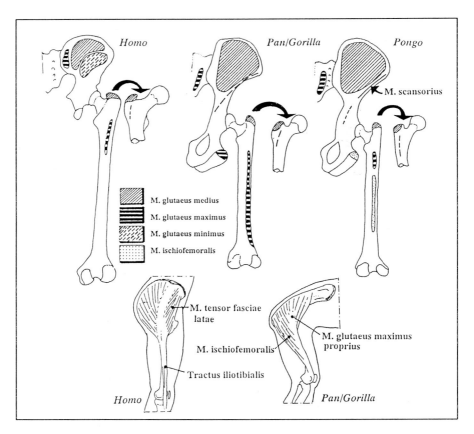

Abb. 4.101 Glutaealmuskulatur des modernen Menschen und der großen Menschenaffen (n. Sigmon 1974, umgezeichnet).

Die kleine Glutaealmuskulatur (M. glutaeus medius, M. glutaeus minimus) ist bei den Menschenaffen viel kräftiger entwickelt als der M. glutaeus maximus. Er steht hierin in deutlichem Gegensatz zu dem des Menschen (Abb. 4.101). Die beiden Muskeln abduzieren nach Lovejoy (1988) bei den Pongiden die gestreckte Hüfte bzw. strecken den Oberschenkel im Hüftgelenk. Nach Susman u. Stern (1991) wirken sie nur beim modernen Menschen als Abduktoren der Hüfte. Weiterhin wirken sie bei gebeugtem Hüftgelenk entsprechend ihrer seitlichen Lage am Becken als Abduktoren und laterale Rotatoren. Diese Funktionen der beiden Muskeln sind besonders gut beim bipeden Menschen ausgeprägt (Sigmon 1974; Zihlman u. Brunker 1979; Stern u. Susman 1983). Der anterolaterale Teil des M. glutaeus minimus kann bei einigen Individuen von *Pan* und *Gorilla* teilweise oder ganz vom übrigen Muskelkörper getrennt und zu einem eigenen Muskel entwickelt sein (M. scansorius). Er gilt als wichtiger Klettermuskel bei arborikolen Formen (z. B. Orang-Utan; Sigmon 1974).

Insgesamt gesehen sind die Hüftstrecker bei den Menschenaffen entsprechend den anderen Hebelverhältnissen des Beckens mehr auf Kraftentfaltung, beim Menschen hingegen mehr auf Beweglichkeit und Schnelligkeit ausgelegt. Elektromyographische Untersuchungen haben gezeigt, daß bei bipeder Lokomotion und beim zweibeinigen Stand der afrikanischen Menschenaffen alle Hüftstrecker wegen der gebeugten Hüft- und Kniegelenke aktiv sind. Sie unterscheiden sich hierin grundlegend vom Menschen (Tuttle et al. 1979; vgl. Kap. 4.2.4.5).

Die Muskeln, die ausschließlich auf das Kniegelenk wirken, sind bei den Pongiden und beim modernen Menschen von ihrer Funktion sowie von Ursprung und Ansatz her im wesentlichen vergleichbar (Stern 1971; Jungers et al. 1983). Der M. popliteus der Menschenaffen wirkt jedoch im Vergleich zu dem des Menschen überwiegend als Innendreher der Tibia und weniger als Beuger des Kniegelenks.

Größere Unterschiede zwischen den afrikanischen Menschenaffen und dem Menschen ergeben sich sowohl in der langen Fußmuskulatur, die hauptsächlich für Plantar- und Dorsalflexion, für Außen- und Innendrehung des Fußes im peritalaren Gelenk sowie für Beugung und Streckung der Zehen verantwortlich ist, als auch in der kurzen Fußmuskulatur, die bei den Menschenaffen eine wichtige Rolle beim Greifvorgang spielt und beim Menschen für die Festigkeit des Fußes in der Abrollphase sorgt (vgl. Kap. 4.2.4.5; Abb. 4.100). Die intrinsische Fußmuskulatur ist bei Schimpanse und Gorilla kräftiger entwickelt als beim Menschen (Reeser et al. 1983).

Die extrinsische Fußmuskulatur der Menschenaffen zeigt größere Unterschiede zu der des Menschen bei den Innenrotatoren, den Plantarflexoren und den Zehenbeugern. Der wichtigste allgemeine Unterschied besteht in einer Verstärkung der Muskulatur für die Großzehe im Menschenfuß, besonders der Beuger und der Außenrotatoren, und ihrer weitgehenden Trennung von der Muskulatur der übrigen Zehen. Die Dorsalflexoren, Innenrotatoren und Zehenstrecker sind dagegen bei den Pongiden und dem Menschen in der Funktion, im Ursprung und im Ansatz weitgehend gleich, wenn auch die Innenrotatoren des Fußes bei den Pongiden größere Bedeutung beim Greifklettern, diejenigen des Menschen hingegen mehr Gewicht bei der Stabilisierung des Fußes zu Beginn der Standphase der bipeden Lokomotion haben (Reeser et al. 1983; Stern u. Susman 1983).

Die langen Zehenbeuger der Menschenaffen und des Menschen, die auch als wichtige Plantarflexoren wirken können, haben zwar den gleichen Ursprung, zeigen jedoch Unterschiede in der Aufgliederung der Ansatzsehnen und -orte. Der dem M. flexor hallucis longus des Menschen vergleichend-anatomisch adäquate M. flexor digitorum fibularis der Pongiden inseriert nicht nur am Hallux, sondern seine Sehne spaltet sich beim Eintritt in den Fuß in drei Teile auf, die zur Großzehe sowie zu den lateralen Zehen III und IV führen, während beim Menschen der M. flexor hallucis longus ausschließlich am ersten Strahl ansetzt. Der zweite extrinsische Zehenbeuger der Menschenaffen (M. flexor digitorum tibialis) inseriert an den Zehen II und IV, während der zu diesem Muskel vergleichend-

anatomisch adäquate M. flexor digitorum longus des Menschen mit vier End-
sehnen an den lateralen Phalangen ansetzt.

Die Plantarflexoren (M. triceps surae) der quadrupeden Menschenaffen sind
einschließlich der gemeinsamen Ansatzsehne (*Achillessehne*) der drei Muskeln
schwächer entwickelt als beim bipeden Menschen, bei dem sie den gesamten
Rumpf in der Abrollphase des Fußes anheben müssen und daher entsprechend
kräftig ausgebildet sind.

Die intrinsische Streckermuskulatur im Fuß der Menschenaffen unterscheidet
sich nicht wesentlich von der des Menschenfußes. Der M. extensor digitorum
brevis inseriert beim Menschen allerdings nicht am Strahl V.

Die intrinsische Beugermuskulatur des Fußes ist in vier Lagen übereinander
geschichtet. Insbesondere die Muskeln der obersten Lage, der M. flexor digitorum
brevis, der M. abductor hallucis und der M. abductor digiti quinti, spiegeln bei den
Menschenaffen ihre wichtige Funktion beim Greifklettern, vor allem bei der
Opposition der Großzehe wider. Beim Menschen ist ihre wichtigste Funktion die
Stabilisierung des Vorderfußes gegenüber dem Hinterfuß in Verbindung mit
Beugung und Spreizung der Großzehe. Von den Muskeln der zweiten Lage der
intrinsischen Beuger sind die Mm. lumbricales bei den afrikanischen Menschen-
affen besonders stark entwickelt, um der Gefahr der Überstreckung der Hand beim
Knöchelgang entgegenzuwirken. In den kurzen Beugermuskeln der dritten und
vierten Lage unterscheidet sich der moderne Mensch nicht wesentlich von den
Menschenaffen. Die Wirkung der Hüft- und Extremitätenmuskulatur beim
bipeden Gang ist in Abb. 4.102 dargestellt.

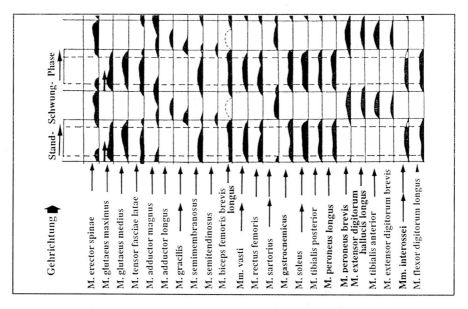

Abb. 4.102 Wirkweise der Hüft- und Extremitätenmuskulatur beim bipeden Gang des
Menschen und des Schimpansen (aus Debrunner 1985, umgezeichnet).

4.2.4.7 Hypothesen zu Herleitung der Bipedie des Menschen

Nicht-menschliche Primaten, selbst lokomotorisch sehr spezialisierte Formen wie
z. B. die Koboldmakis oder die Gibbons und Siamangs, verfügen in ihrem
Verhaltensrepertoire über mehrere Lokomotionsformen, z. B. Laufen, Klettern,
Hangeln. Je nach ökologischem oder sozialem Kontext wird die eine oder andere
bevorzugt eingesetzt (Übersicht in Rose 1991). Die gewählte Bewegungsweise
muß im Sinne ihrer energetischen Bilanz nicht immer wirkungsvoll sein, sondern
es genügt, wenn sie tauglich ist, das Ziel zu erreichen, z. B. beim Nahrungserwerb
oder der Raubfeindvermeidung. Die Fähigkeit, mehrere Lokomotionsformen
nutzen zu können, liegt in der Überschneidung biomechanischer Voraussetzungen
für verschiedene Varianten der Quadrupedie einerseits (z. B. Klettern, Laufen,
Springen, aufrechtes zweibeiniges Laufen, suspendiertes Hangeln) und für die
bipede Lokomotion andererseits. Diese Überschneidungen betreffen die Körperproportionen (T. Kimura et al. 1979), die Gelenkexkursionen (Okada 1985) sowie
die allgemeinen skelett- und muskelmorphologischen Konstruktionsprinzipien bei
den von den Hinterextremitäten dominierten Lokomotionsformen (T. Kimura et
al. 1979; Reynolds 1985; Rose 1991).

Das Bewegungsrepertoire des modernen Menschen ist dagegen eng begrenzt.
Eine energetisch günstige Alternative zur bipeden Fortbewegung besteht nicht
(Sparrow u. Zrizarry-Lopez 1987). Der Mensch ist demnach im Vergleich zu den
quadrupeden nicht-menschlichen Primaten keine 'lokomotorische bzw. morphologische Kompromißform', sondern hoch spezialisiert. Nach Rose (1991, S. 39) sind
die "...*committed* and *compromise* morphologies [...] the biomechanical
components of *specialized* and *generalized* morphologies."

Abb. 4.103 Potential für Bipedie bei rezenten nicht-menschlichen Primaten (n. Yamazaki
1985, umgezeichnet).

Das bipede Schreiten ist bei den nicht-menschlichen Primaten wegen der enormen Muskelarbeit, die zur Stabilisierung der gebeugten Hüft- und Kniegelenke sowie zur Kontrolle des relativ weit auslenkenden Körperschwerpunktes notwendig ist, energetisch außerordentlich aufwendig (Okada et al. 1976; Okada u. Kondo 1980; Yamazaki et al. 1983). Schimpansen sind lokomotorische Kompromißformen. Ihr bipeder Gang ist zwar weniger energieaufwendig als der der Cercopithecoidea, jedoch ist ihre quadrupede Lokomotion energetisch ungünstiger als die der letzteren (Taylor u. Rowntree 1973; T. Kimura 1989; Tardieu 1991). In der Definition von Parsons u. Taylor (1977) ist daher der zweibeinige Gang bei den nicht-menschlichen Primaten zwar tauglich, aber nicht wirkungsvoll. Die bipede Lokomotion ist bei den nicht-menschlichen Primaten ein seltenes Ereignis (Abb. 4.103). Sie ist überwiegend beim Nahrungserwerb und häufiger bei infantilen und juvenilen als bei adulten Tieren zu beobachten (Rose 1974, 1977). Aufrechtes Sitzen tritt dagegen wesentlich häufiger auf, vor allem im sozialen Kontext und bei der Nahrungsaufnahme (Fleagle 1976, 1988; Rose 1976, 1977, 1991).

Tabelle 4.8 Modelle zur Entwicklung der Bipedie aus anderen Lokomotionsformen (aus Rose 1991).

Vorläufer			
arborikol		**terrestrisch / aquatisch**	
suspensorisch	**andere**	**quadruped**	**andere**
Brachiation	plantigrade	Knöchelgang	Sitzen
schimpansenähnlich	Quadrupedie	schimpansenähn-	Schlurfen
gibbonähnlich	Klettern	lich	Waten
orang-utanähnlich	schimpansen-	gorillaähnlich	Schwimmen
Suspensorische Kör-	ähnlich	plantigrade	
perhaltung	Semibrachiation	Quadrupedie	
	Anklammern		
	tarsiusähnlich		

Die Diskussion um den 'lokomotorischen Vorläufer' der menschlichen Bipedie wird nach wie vor sehr kontrovers geführt (Übersicht in Rose 1991; Tabelle 4.8). Die Modelle zum lokomotorischen Vorläufer der Bipedie wurden entweder auf der Grundlage funktionaler Erfordernisse der verschiedenen Lokomotionsformen bei rezenten Primaten erstellt oder entsprechend einer phylogenetischen Hypothese postuliert. Aufgrund der Skelett- und Muskelmorphologie des Bewegungsapparates hat nach Rose (1991) eine von den Hinterextremitäten dominierte, arborikol-quadrupede, überwiegend kletternde, sich gelegentlich arborikol-biped fortbewegende Form als Substrat für die Entwicklung der menschlichen Bipedie

die größte Wahrscheinlichkeit (*climbing troglodytian*-Modell). Auch Starck (1979) hält aufgrund skelett- und muskelmorphologischer Eigenschaften die Entwicklung der menschlichen Bipedie aus einer unspezialisierten Quadrupedie für sehr wahrscheinlich. Er hält den hypothetischen Vorfahren aber mehr für semiarborikol-terrestrisch als für arborikol-quadruped bis arborikol-biped. Nach Rose (1991) sind Modelle, die dem lokomotorischen Vorfahren des Menschen einen erheblichen Anteil bipeder Lokomotion zuschreiben, nicht tragfähig (*contra* Tuttle 1975; Abb. 4.104).

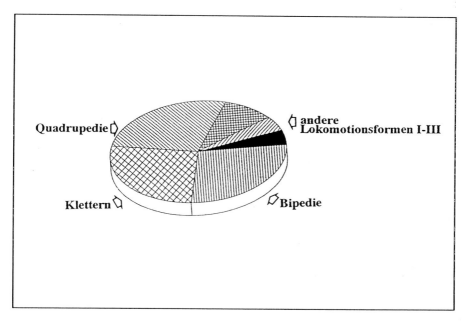

Abb. 4.104 Lokomotionsrepertoire des hypothetischen Protohominiden (aus Rose 1991).

Rose (1991) weist zu Recht darauf hin, daß Modelle zur anatomisch-morphologischen Entwicklung der Bipedie der Hominiden, d. h. ihre 'Lokomotionsphylogenie', mit unseren Vorstellungen über die verwandtschaftlichen Beziehungen zwischen dem modernen Menschen und den rezenten Primatentaxa verknüpft sind. Die Lokomotionskladogramme in Abb. 4.105 verdeutlichen beispielsweise, daß unterschiedliche Hypothesen zur verwandtschaftlichen Beziehung zwischen den großen Menschenaffen und dem Menschen auch unterschiedliche lokomotorische Vorfahren für Bipedie implizieren. Daraus folgt allerdings, daß die in derartigen Lokomotionskladogrammen angenommenen Morphoklines (vgl. Kap. 2.5.2.2) sich nicht immer zwanglos mit den anatomisch-morphologischen Fakten in Einklang bringen lassen. Bei Annahme des Kladogramms (a) der Abb. 4.105 würde das Lokomotionsmodell einen quadrupeden Kletterer bzw. einen in quadruped-suspensorischer Haltung sich fortbewegenden Vorfahren annehmen

(Tuttle 1975). Diese Hypothese ist unter der Voraussetzung, daß die Hinterextremität des Vorfahren bei der Lokomotion dominierte, recht gut vereinbar mit der Skelett- und Muskelmorphologie des bipeden Menschen. Dieses Kladogramm sieht aber den Menschen als Schwestergruppe aller großen Menschenaffen, eine Auffassung, die nicht uneingeschränkt geteilt wird (Übersicht in Seuanez 1979; McHenry 1984; Ax 1984; Fleagle 1988; Senut 1989a; R. Martin 1990; Andrews u. L. Martin 1991; vgl. Kap. 5.4). Kladogramm (b) nimmt nur die afrikanischen Menschenaffen als Schwestergruppe der Hominiden an. Daraus folgt, daß der gemeinsame lokomotorische Vorfahr der Hominiden und der afrikanischen Menschenaffen ein unspezialisierter Kletterer gewesen sein muß. Diese Annahme ist ebenfalls mit dem Habitus des modernen Menschen und dem der afrikanischen Menschenaffen vereinbar und schließt darüberhinaus den Orang-Utan nicht aus.

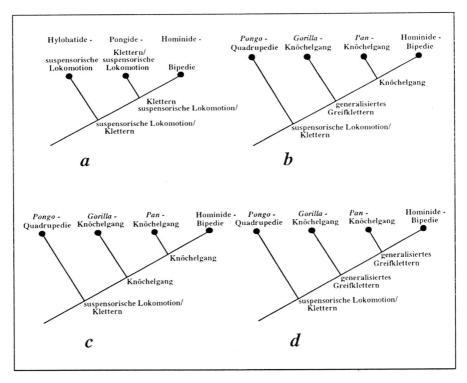

Abb. 4.105   Lokomotionskladogramme (Erläuterungen im Text; aus Rose 1991, umgezeichnet).

Die Annahme der Hypothese (c) würde bedeuten, daß sich die Bipedie aus einem Knöchelgängerstadium entwickelt hat (*Knöchelgänger-Hypothese*; z. B. Washburn 1967; Washburn u. McCown 1972; Lovejoy 1981). Es finden sich allerdings nach Tuttle (1981) und Stern (1975) in der Skelett- und Muskelmorphologie der Hand des Menschen keinerlei Anzeichen, die für ihre Ableitung aus der sehr speziellen Handkonstruktion der afrikanischen Menschenaffen sprechen. Das Sparsamkeitsprinzip bei der Rekonstruktion phylogenetischer Beziehungen macht daher Modell (c) wenig wahrscheinlich. Die Annahme der Hypothese (d) bereitet insofern Schwierigkeiten, als sich der Knöchelgang von Gorilla und Schimpanse in paralleler Evolution entwickelt haben müßte, was ebenfalls wenig wahrscheinlich ist. Nach Rose (1991) ist nach jetzigem Kenntnisstand ein Modell, das die Kladogramme (b) und (d) vereint, erfolgversprechend bzw. eine gute Grundlage für die Formulierung weiterer Hypothesen über die lokomotorische Vorfahrenschaft des Menschen. Weitgehende Übereinstimmung herrscht in der Auffassung, daß sich die Bipedie des modernen Menschen nicht über eine 'Menschenaffen- oder Schimpansenbipedie' entwickelt hat (Prost 1985; Übersicht in Kondo 1985).

Die Überprüfung der Hypothesen über die Entwicklung der Bipedie der Hominiden anhand fossilen Materials aus dem Miozän ist wegen der immer noch unzureichenden Fundsituation nicht möglich (Übersicht in Rose 1991; vgl. Kap. 5.2). Nach Langdon (1986) gibt es keine zweifelsfreien Anzeichen dafür, daß miozäne Hominoidea terrestrisch lebten. Aufgrund ihrer bisher bekannten bzw. rekonstruierbaren Morphologie besteht allerdings auch kein vernünftiger Grund, die Fähigkeit miozäner Hominoidea zur terrestrischen Lokomotion auszuschließen. Für *Proconsul nyanzae*, *Kenyapithecus* und *Sivapithecus* ist ein gewisser Anteil terrestrischer Lokomotion anzunehmen (Harrison 1982; Andrews 1983; Fleagle 1983; Pilbeam 1985; Senut 1989b), was nach Rose (1984) auch terrestrisch-bipede Fortbewegung von *Proconsul* nicht völlig ausschließt. Insofern ist *Proconsul* ein geeigneter Kandidat für die lokomotorische Vorfahrenschaft des Menschen. Dennoch bleibt *Proconsul* nach Rose (1991) auch ein ebenso brauchbares Modell für die Quadrupedie einschließlich des Knöchelgangs und selbst für suspensorische Lokomotion.

Die Interpretation des Lokomotionsrepertoires der frühen Hominiden ist ebenfalls nicht einheitlich (Übersicht in Coppens u. Senut 1991; vgl. Kap. 6.1.3.1, Kap. 6.1.3.2). Übereinstimmung herrscht aber darüber, daß sich die Australopithecinen auch im postkranialen Skelett vom modernen Menschen unterscheiden. In der Beurteilung ihrer Fähigkeit zu einer Form der Bipedie, die mit der des modernen Menschen identisch ist, gibt es unterschiedliche Auffassungen. Einige Autoren sehen im bipeden Gang der Australopithecinen und des modernen Menschen keine Unterschiede (z. B. Gomberg u. Latimer 1984; Latimer et al. 1987; White u. Suwa 1987; Latimer 1991; Rak 1991a), während andere die Australopithecinen als bipede Kletterer einstufen (z. B. Senut 1980; Tardieu 1981; Jungers 1982; Stern u. Susman 1983; Susman et al. 1984; Berge 1991; Preuschoft u. Witte 1991). Für Rose (1991) sind die im Zusammenhang mit bipeder Lokomotion 'nicht funktionalen Relikte' im Habitus der Australopithecinen ein möglicher Hinweis auf die speziellen Komponenten einer Kompromißmorphologie im Sinne von Pinshaw et al. (1977). Mehrere Untersucher haben bei Australopithecinen auch im postkranialen Skelett Merkmale beschrieben, die diese frühen Hominiden

mit quadrupeden Primaten (z. B. Oxnard 1975; Sarmiento 1987, 1988, 1991) bzw.
mit dem modernen Menschen teilen (Straus 1949, 1962). Das ist auch zu
erwarten, da sich eine biomechanische Überlappung, insbesondere in der
Hinterextremität, nicht nur bei der Bipedie und der Quadrupedie, sondern auch in
Vorder- und Hinterextremität beim Klettern und vierfüßigem Laufen ergibt (Rose
1991; *contra* Latimer 1991; vgl. Kap. 4.2.2.3 bis Kap. 4.2.2.5).

Nach Rose (1991) hat beim lokomotorischen Vorfahren der Hominiden eine
Verlagerung im Lokomotionsrepertoire zugunsten der Bipedie und zu Lasten der
Quadrupedie stattgefunden (vgl. Kap. 5.3, Kap. 6.4). Die Anpassung an arbori-
koles Klettern unter Einbeziehung einer aufrechten Körperhaltung, ferner der
zunehmende Einsatz der Hinterextremitäten als Stützen sowie die verminderte
Wirksamkeit von terrestrischer Fortbewegung sollen entscheidende Faktoren
gewesen sein, die Verlagerung des Lokomotionsrepertoires zugunsten der Bipedie
weniger 'traumatisch' zu machen (Fleagle et al. 1981; Tuttle 1981; Langdon 1985;
Langdon et al. 1991). Entscheidend ist für Rose (1984) die Frage, in welchem
Maße die aufrechte bipede Haltung nicht nur allgemein im Verhaltensrepertoire
der Vorfahren der Hominiden verankert war, sondern auch, für welche speziellen
Aktivitäten sie wirkungsvoll genutzt wurde. Langdon et al. (1991) betonen
ebenfalls, daß anatomische Hypothesen die bipede Fortbewegung und ganz
allgemein die aufrechte Körperhaltung in bestimmten Kontexten arborikoler und
terrestrischer Lebensweise (z. B. Nahrungssuche und -transport) gegenüber den
quadrupeden Lokomotionsformen als überlegen ansehen. Rose (1991, S. 45)
warnt aber: "...it is probably unwise to use being 'a biped' as a defining character
of hominids. This could lead to some embarrassment if the earliest hominid is
recovered and found to have an australopithecine-like head and a 'non-bipedal'
postcranium." Langdon et al. (1991) sehen darüberhinaus bei dem Versuch, die
Entwicklung der Bipedie des modernen Menschen zu erklären, eine große Gefahr,
wenn anatomisch-morphologische sowie kulturelle Hypothesen miteinander
vermischt werden. Sie schlagen aus diesem Grund die Erstellung einer zeitlichen
Abfolge der morphologischen, funktionalen und Verhaltensänderungen vor, die
zur Bipedie geführt haben bzw. geführt haben könnten, um die Implikationen der
beiden Hypothesenkomplexe auf den Hominisationsprozeß von der Zeitstellung
her richtig bewerten zu können (Übersicht in Tuttle et al. 1991). Auch Latimer
(1991, S. 169) warnt vor einer "...direct linkage between 'degrees' of morphology
and 'degrees' of behavior...". Die kulturellen Hypothesen über die adaptiven
Schritte, die zur Entwicklung der Bipedie geführt haben, werden in Kap. 5.3 und
Kap. 6.4 besprochen.

5 Differenzierung der miozänen Hominoidea

Hominoidea =
Fam. Gibbons (Hylobatidae)
Fam. Menschenaffen (Pongidae)
Fam. Mensch (Homo)

Aus dem Miozän ist eine Vielzahl fossiler Hominoidea aus der Zeit zwischen etwa 20-10 MJ aus Afrika, Europa und Asien bekannt. Die Frage, welche Region bzw. welches fossile Genus als Vorfahrengruppe für die Entwicklung der Hominidae angenommen werden kann, wird jedoch noch immer kontrovers diskutiert, da aus der Zeit zwischen 8-4 MJ bisher sehr wenige Fossilien pongider und hominider Primaten geborgen werden konnten, die zudem in ihrer systematischen Zuordnung und Datierung unsicher sind (vgl. Kap. 6; Tabelle 5.1). Eine Antwort auf die Frage nach dem letzten gemeinsamen Vorfahren der Menschenaffen und des Menschen wird aus diesem Grund vorläufig durch die Analyse der Verwandtschaftsbeziehungen der rezenten Hominoidea zu klären versucht.

Tabelle 5.1 Hominoidenfunde zwischen 8-4 MJ vor heute (aus Schmid 1989a).

Fundjahr	Ort	Fund	Alter
1968	Ngorora	Zahn[*]	12,0 - 9,0 MJ[**]
1973	Lukeino	Zahn	6,5 MJ
1965	Chemeron	Schädelfragment[*]	4,0 - 2,0 MJ[**]
1967	Lothagam	Unterkieferfragment[*]	8,3 - 3,7 MJ[**]
1965	Kanapoi	Oberarmknochenfragment[*]	4,5 - 2,3 MJ[**]
1982	Samburu Hills	Oberkieferfragment[*]	8,0 MJ

[*] = Zuordnung zu Hominiden unsicher
[**] = verschiedene Datierungen

Die phylogenetischen Beziehungen und die Klassifikation der miozänen Hominoidea sind nach wie vor heftig umstritten (Übersicht in Fleagle 1988; Conroy 1990; R. Martin 1990; Andrews 1992). Wir schließen uns im Rahmen dieses Buches der von Kelley u. Pilbeam (1986) vorgeschlagenen Klassifikation an.

5.1   Die *Proconsul*-Gruppe[1]

5.1.1   Fundorte und Zeitstellung

Aus früh- und mittel-miozänen Schichten (23-14 MJ) Kenyas und Ugandas sind
die ältesten fossilen Hominoidea geborgen worden, die Proconsulidae (Abb. 5.1,
Abb. 5.2; Tabelle 5.2). Sie sind gegenüber den oligozänen Primatenspezies bereits
deutlich moderner, weisen aber noch ein Mosaik cercopithecoider und pongider
Merkmale auf (Übersicht in Kelley u. Pilbeam 1986; Fleagle 1988; Conroy 1990;
Andrews 1992).

Die geographische Verbreitung der Funde läßt vermuten, daß im frühen Miozän
Ostafrikas mindestens zwei Populationszentren großer Hominoidea existiert
haben: eine nördliche um Songhor, Koru, Napak und Moroto sowie eine südliche
um Rusinga- und Mfwangano Island (Andrews 1978; Bosler 1981; Abb. 5.1).

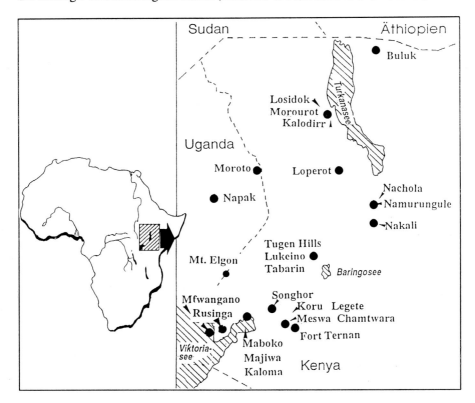

Abb. 5.1 Fundorte miozäner Primaten Ostafrikas (n. Fleagle 1988, umgezeichnet).

---

[1] Die Genusbezeichnung der im folgenden Text erwähnten Taxa wird nur bei der ersten
Nennung ausgeschrieben.

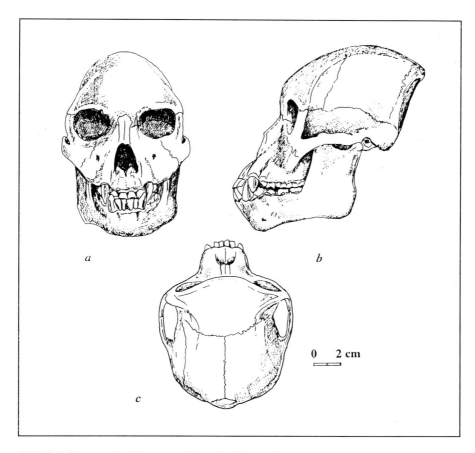

Abb. 5.2 *Proconsul africanus*. **a** Frontalansicht **b** Lateralansicht **c** Vertikalansicht.

Tabelle 5.2 Genera der *Proconsul*-Gruppe. Fundorte und Zeitstellung (n. Kelley u. Pilbeam 1986).

Spezies	Fundort	Alter (MJ)		
Proconsul africanus	Songhor, Koru	20	-	19
Pronconsul nyanzae	Rusinga, Mfwangano	18,5	-	17,5
Proconsul major	Songhor, Koru, Napak	20	-	19
Rangwapithecus gordoni	Songhor, Koru, Rusinga, Maboko Fort Ternan	20	-	14

5.1.2   Morphologische Kennzeichnung

Das bedeutendste Genus der miozänen Proconsulidae ist zweifellos *Proconsul* mit
den drei Arten *P. africanus, P. nyanzae* und *P. major.* Die am besten dokumentierte Form ist *P. africanus* (Abb. 5.2). Zahlreiche kraniale und postkraniale Funde
- darunter ein fast vollständiges Skelett eines juvenilen Individuums - liegen
mittlerweile vor, so daß wir uns über die Lebensweise dieser ersten Menschenaffen ein verhältnismäßig gutes Bild machen können (Andrews 1978, 1992;
Kelley u. Pilbeam 1986; Pickford 1986; Fleagle 1988; Conroy 1990; C. Ward et
al. 1991). *Proconsul* zeichnet sich durch folgende Merkmale aus:

Kennzeichen von *Proconsul*

- Nase schmal
- Interorbitalpfeiler breit
- frontoethmoidaler Sinus klein
- Mandibula grazil
- Zahnbogen eher V-förmig (nicht bei *P. major*)
- Affenplatte fehlt oder nur sehr schwach entwickelt
- Zahnformel für Ober- und Unterkiefer 2.1.2.3
- innere obere Incisivi breit*
- untere Incisivi lang und schmal
- Canini schlank
- obere Canini sehr lang, sexualdimorph
- P3 niedrigkronig, einhöckerig, wenig heteromorph*
- obere P relativ breit, zweihöckerig
- P_4 breit und semimolariform
- Molaren mit dünner Schmelzschicht
- untere Molaren mit Dryopithecus-Muster*
- obere Molaren fast quadratisch*, großer Hypoconus, deutliches linguales Cingulum
- untere Molaren mit großem Talonid, großem Hypoconulid, Höcker prismenförmig
- Molarenoberfläche mit gut entwickelten Leisten und spitzen Höckern
- vergrößertes Hirn gegenüber Cercopithecoidea gleicher Größe*
- starke nach medial gerichtete Humerustorsion*
- medialer Rand der Scapula vergrößert*
- Trochlea humeri mit starkem lateralem und medialem Kiel*
- große Beweglichkeit der ulnaren Seite des Handgelenks*
- Großzehe mit breiten, robusten Phalangen*
- Daumen opponierbar*
- Schwanz fehlt*

Andrews (1992) stellt *Proconsul* aufgrund der in der vorstehenden Auflistung mit einem Stern (*) gekennzeichneten Merkmale zu den Hominoidea. Danach hat *Proconsul* am postkranialen Skelett offenbar mehr apomorphe Merkmale als am Schädel, der überwiegend plesiomorphe Catarrhini-Merkmale zeigt (Übersicht in A. Walker u. Teaford 1989; Conroy 1990).

P. africanus ist mit etwa 10-12 kg die kleinste der drei *Proconsul*-Spezies. Sie ist durch neue Funde von Rusinga Island auch postkranial sehr gut dokumentiert (Rose 1983; A. Walker u. Pickford 1983). Ihr Skelett ist durch ein Mosaik von pongiden Merkmalen (z. B. Morphologie des Schulterblatts, große Beweglichkeit im Schultergelenk, eher hominoide Konstruktion des Ellbogengelenks, Brachialindex von 96, Morphologie des distalen Humerus, der Fibula und des Metatarsale I) sowie Cercopithecoidea-Merkmalen (z. B. Handgelenk, Intermembralindex von 89, Hirnsulci) gekennzeichnet (Napier u. Davis 1959; Rose 1983, 1988; A. Walker u. Pickford 1983; Conroy 1990; Andrews 1992). Die Morphologie des postkranialen Skeletts deutet auf eine palmigrade, eher arborikol- als terrestrisch-quadrupede Lokomotion hin (A. Walker et al. 1985; Beard et al. 1986; vgl. Kap. 4.1.4.7).

P. nyanzae ist wesentlich schlechter dokumentiert als *P. africanus.* Diese Spezies wird aufgrund der Größe und Gestalt der kürzlich entdeckten postkranialen Skelettelemente auf etwa 40 kg Körpergewicht geschätzt (A. Walker u. Pickford 1983). Nach der Morphologie der proximalen Ulna (Proc. olecrani) muß angenommen werden, daß *P. nyanzae* mehr an terrestrische Lokomotion angepaßt war.

P. major ist fossil nur sehr schlecht überliefert. Das Hypodigma umfaßt eine Mandibula, Teile der Maxilla mit fast vollständiger Bezahnung und Gaumendach sowie Lendenwirbelbruchstücke. Nach der Bezahnung zu schließen war *P. major* etwa so groß wie ein weiblicher Gorilla. *P. major* und *P. nyanzae* sind, abgesehen von der Körpergröße, in sehr vielen Merkmalen einander ähnlich. Allerdings weisen die beiden Spezies in der Bezahnung auch diagnostisch verwertbare Unterschiede auf (Pilbeam 1969; Andrews 1978).

Nach den Zahn- und Gebißmerkmalen zu schließen hat sich *Proconsul* überwiegend pflanzlich ernährt (Früchte, Blätter, Rinde; Andrews 1981, 1992; Pickford 1985).

Das Genus *Proconsul* ist lange Zeit als möglicher Vorfahr der modernen afrikanischen Menschenaffen angesehen worden. Nach jetzigem Kenntnisstand ist allerdings eher davon auszugehen, daß die Proconsulidae und die afrikanischen Pongiden Schwestertaxa sind (Übersicht in Conroy 1990).

Zum Genus *Proconsul* wurde von einigen Autoren (z. B. Andrews 1978) auch die Spezies *Rangwapithecus gordoni* gerechnet, von der jeweils ein nahezu vollständiger Ober- und Unterkiefer mit vollständiger Bezahnung, jedoch keine postkranialen Skelettteile bekannt sind. *Rangwapithecus* unterscheidet sich in einigen Merkmalen von *Proconsul* (z. B. verlängerte obere Praemolaren und Molaren mit starken Cingula; grazile Maxilla mit ausgedehntem maxillarem Sinus; grazile Mandibula mit hohem Corpus bezogen auf den transversalen Durchmesser), so daß die generische Abtrennung vom Genus *Proconsul* gerechtfertigt erscheint (R. Kay 1977; Conroy 1990; Andrews 1992). *Rangwapithecus* ähnelt in der Größe *P. africanus.*

Der Lebensraum des frühmiozänen *Proconsul* war ein tropisch-warmer immergrüner Regenwald, der erst im mittleren Miozän in größerem Ausmaß durch offenen Savannen- und Buschwald aufgelockert bzw. zunehmend verdrängt worden ist (Andrews et al. 1979; Nesbit-Evans et al. 1981; A. Walker u. Teaford 1989; vgl. Kap. 6.4).

5.2   Die *Dryopithecus*-Gruppe

5.2.1   Fundorte und Zeitstellung

Dryopithecus-Funde sind aus verschiedenen mittel- bis spät-miozänen (12-8 MJ) Fundstätten West- und Südeuropas bekannt (Tabelle 5.3). Die namengebende Form *Dryopithecus fontani* wurde in St. Gaudens, Frankreich, Mitte des 19. Jahrhunderts geborgen (Abb. 5.3). Die meisten Autoren unterscheiden nur noch eine zweite Art - *Dryopithecus laietanus.* Die Einbeziehung von *Dryopithecus keiyuanensis* aus China und *Rudapithecus hungaricus* aus Ungarn in die *Dryopithecus*-Gruppe bzw. in das Genus *Dryopithecus* ist nach wie vor umstritten (Übersicht in Kelley u. Pilbeam 1986; Fleagle 1988; Conroy 1990; Andrews 1992).

Tabelle 5.3 Genera der *Dryopithecus*-Gruppe. Fundorte und Zeitstellung (n. Kelley u. Pilbeam 1986).

Spezies	Fundort	Alter (MJ)
Dryopithecus fontani	St. Gaudens (Frankreich), St. Stefan (Österreich), Seo de Urgell (Spanien), Eppelsheim ? (Deutschland)	13 - 11
Dryopithecus laietanus	Can Llobateres (Spanien)	12,5 - 11
Dryopithecus keiyuanensis	Keiyuan (China)	?
Rudapithecus hungaricus	Rudabanya (Ungarn)	11,5

5.2.2 Morphologische Kennzeichnung

Das Genus *Dryopithecus* ist insgesamt wesentlich schlechter fossil dokumentiert als die afrikanische *Proconsul*-Gruppe. Überwiegend kennen wir diese miozänen Hominoidea nur von Kieferbruchstücken und Zähnen. Mit Ausnahme eines distalen Humerusfragmentes, das zur Nominatform gestellt wird, sind die postkranialen Skelettelemente aus Ungarn und China noch nicht detailliert untersucht worden bzw. in ihrer Zuordnung zu *Dryopithecus* unsicher (Übersicht in R. Kay u. Simons 1983; Conroy 1990; Andrews 1992). Das Humerusfragment zeigt mehr Übereinstimmungen mit rezenten Pongidae als mit den miozänen Proconsulidae (Fleagle 1988).

Die Morphologie des Gebisses und der Zähne von *Dryopithecus* läßt sich dagegen genauer kennzeichnen (Andrews 1978, 1992; R. Kay u. Simons 1983; Harrison 1988):

Kennzeichen von *Dryopithecus*

- Incisivi schmal, kaum spatelförmig
- grazile Canini, lateral zusammengedrückt
- untere Molaren mit Dryopithecus-Muster
- Molaren mit dünner Schmelzschicht
- obere P verlängert
- P^3 mit niedrigem bukkalem und hohem lingualem Höcker
- untere P breit
- obere Molaren ohne prominente Schmelzleisten, Protoconulus schwach entwickelt
- obere Molaren mit schwachem lingualem Cingulum
- untere Molaren mit schwachem bukkalem Cingulum
- Molarenhöcker flach, breit und gerundet
- kurze Praemaxilla
- grazile Mandibula
- Torus transversus inferior gut entwickelt
- Torus transversus superior schwach entwickelt
- Humerusschaft rundlich
- distaler Humerus mit rundlichem Capitulum humeri
- Fossa olecrani tief
- Trochlea humeri mit deutlichen Kielen

Aufgrund der Morphologie der Zähne kann mit einiger Sicherheit angenommen werden, daß Früchte ein Hauptbestandteil der Ernährung bildeten. Die spärlichen postkranialen Funde lassen keine genauen Aussagen über die Lokomotionsweise dieser frühen Hominoidea zu. Nach Andrews (1992) ist nicht auszuschließen, daß *Dryopithecus* arborikol in einem subtropischen, feucht-warmen Regenwald lebte.

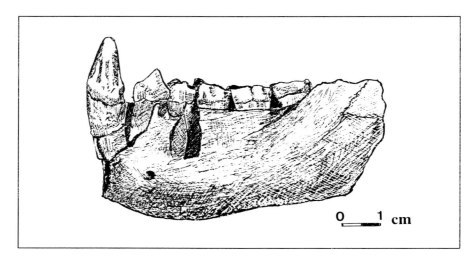

0 ___ 1 cm

Abb. 5.3 *Dryopithecus fontani*, Unterkiefer, Lateralansicht.

Aufgrund der Paläoflora der Fundstätte von *D. fontani* (z. B. Eichenblätter) ist jedoch auch ein von Jahreszeiten beeinflußter Laubwald anzunehmen.

Die Systematik der *Dryopithecus*-Gruppe sowie die phylogenetischen Beziehungen zu den übrigen miozänen und späteren Hominoidea einschließlich der rezenten Formen sind immer noch äußerst umstritten (Fleagle 1988; Andrews 1992). Die meisten Autoren sind sich im wesentlichen jedoch darin einig, daß der gemeinsame Vorfahr der rezenten Hominoidea nicht in der *Dryopithecus*-Gruppe zu suchen ist.

5.3   Die *Sivapithecus*-Gruppe

5.3.1   Fundorte und Zeitstellung

Die *Sivapithecus*-Gruppe zeigt die weiteste Verbreitung. Fossilien - überwiegend Schädel- und Unterkieferfragmente sowie Zähne - sind aus mittel- bis spätmiozänen (16-5,5 MJ) Fundstätten Afrikas, Europas und Asiens bekannt (Tabelle 5.4). Diese Hominoidea zeichnen sich durch eine viel größere Formenvielfalt aus als die *Proconsul*- und die *Dryopithecus*-Gruppe, so daß über den generischen Umfang der *Sivapithecus*-Gruppe und über die phylogenetischen Beziehungen der einzelnen Taxa innerhalb der *Sivapithecus*-Gruppe sowie zu den anderen früh- bis mittel-miozänen Hominoidea keineswegs Einigkeit herrscht. Die Klassifikation der Taxa der *Sivapithecus*-Gruppe ist so uneinheitlich und kontrovers, daß im Rahmen dieses Buches auf eine Detailbeschreibung verzichtet werden muß. Conroy (1990) hält es beispielsweise aufgrund dieser Sachlage im Augenblick für angemessener die Vertreter dieser Gruppe nach Fundregionen zu kennzeichnen und nicht einzelne Genera zu beschreiben. Auch Fleagle (1988, S. 388) ist der Ansicht, daß "At present, however, it is impossible to sort out the number of lineages present within this group, or to evaluate their likely adaptive diversity" (Übersicht in R. Kay 1981; Andrews 1983, 1992; Kelley u. Pilbeam 1986; Fleagle 1988; Conroy 1990; R. Martin 1990).

Tabelle 5.4   Genera der *Sivapithecus*-Gruppe. Fundorte und Zeitstellung (n. Kelley u. Pilbeam 1986).

Spezies	Fundort	Alter (MJ)
Sivapithecus sivalensis	Potwar Plateau, ?Haritalyangar (Indien/Pakistan)	9,5 - 7
Sivapithecus indicus	Potwar Plateau, Ramnagar (Indien/Pakistan)	12 - 9,5
Sivapithecus brevirostris	Haritalyangar, ?Potwar Plateau	12 - 7
?*Sivapithecus simonsi*	Potwar Plateau, ?Haritalyangar	11 - 7
Sivapithecus meteai	Yassioren (Türkei)	11
Sivapithecus darwini	Neudorf (Tschechische R.), ?Pasalar (Türkei)	16 - 14
Sivapithecus lufengensis	Lufeng (China)	8 - 7
Ouranopithecus macedoniensis	Ravin de la Pluie (Griechenland)	11
Kenyapithecus africanus	Maboko, Majiwa, Kaloma (alle Ostafrika)	16 - 15
Kenyapithecus wickeri	Fort Ternan (Ostafrika)	14
Gigantopithecus giganteus	Chandighar (Indien), Potwar Plateau	6

Die spät-miozänen (12-9 MJ) Formen des Genus *Sivapithecus* zeigen am Schädel sehr viele morphologische Übereinstimmungen mit dem rezenten Orang-Utan, so daß sie als Vorfahrengruppe für diesen südostasiatischen Menschenaffen angenommen werden (Andrews 1983, 1986, 1992; Kelley u. Pilbeam 1986; vgl. Kap. 5.3.2., Kap. 5.5). Andererseits zeigen neueste mit *Sivapithecus* in Verbindung gebrachte Humerusfunde aus Pakistan keine Übereinstimmungen mit dem rezenten Orang-Utan, so daß auch die alternative Hypothese, nach der *Sivapithecus* und der Orang-Utan keine Schwestertaxa sind, in Erwägung gezogen werden muß (Pilbeam et al. 1990). Nach der derzeitigen Fundlage ist aber keine Entscheidung möglich. Heute mehrheitlich zu *Sivapithecus* gestellte Fossilien des Genus *Ramapithecus* wurden bis vor kurzer Zeit von einigen Autoren (z. B. Simons 1961) als früheste Hominidae und damit als Bindeglied zwischen den früh- bis mittel-miozänen pongiden Formen und den ersten sicheren Hominidae, den Australopithecinen, angesehen. Diese Auffassung kann heute aufgrund der morphologischen Merkmale zahlreicher neuer Funde nicht mehr aufrechterhalten werden. *Ramapithecus* wird heute ins Genus *Sivapithecus* gestellt bzw. die bisher als *Ramapithecus* bezeichneten Formen werden als weibliche Individuen von *Sivapithecus* angesehen (Pilbeam 1986; Kelley u. Pilbeam 1986). *Sivapithecus* wird von einigen Autoren als möglicher gemeinsamer Vorfahr der rezenten Menschenaffen und des Menschen bezeichnet (vgl. Kap. 5.5, Kap. 6).

5.3.2 Morphologische Kennzeichnung

Aufgrund der außerordentlich breiten morphologischen Vielfalt der in die *Sivapithecus*-Gruppe gestellten Genera muß sich in diesem Rahmen die Kennzeichnung auf das Genus *Sivapithecus* beschränken. Nach Kelley u. Pilbeam (1986) variiert selbst diese Form erheblich in der Zeit sowie zwischen den einzelnen Verbreitungsregionen. Da überwiegend kraniale Skeletteile vorliegen, können darüberhinaus über das postkraniale Skelett kaum Aussagen gemacht werden (Übersicht in Fleagle 1988; Shea 1988; Conroy 1990; Pilbeam et al. 1990; Andrews 1992).

Kennzeichen von Sivapithecus

- airorhyncher Gesichtsschädel
- Torus supraorbitalis sehr schwach oder fehlend
- Sulcus supratoralis fehlt
- Jochbeine weit nach lateral aushenkelnd
- nasoalveolarer Clivus nach superior konvex
- Interorbitalpfeiler schmal
- Orbitaform ovoid, höher als breit
- obere innere Incisivi breit mit ausgeprägtem lingualem Cingulum
- obere äußere Incisivi sehr schmal
- Canini robust, kaum sexualdimorph
- untere Praemolaren breit
- Molaren groß, geringe Kronenhöhe, flache und rundliche Höcker
- Molaren mit dicker Schmelzschicht
- Molaren mit Schmelzrunzeln
- obere Molaren ohne Cingulum
- proximaler Humerusschaft nach lateral konvex
- Insertionsfläche des M. deltoideus flach, nicht konvex

Die Vertreter der *Sivapithecus*-Gruppe waren im Durchschnitt größer als die der *Proconsul*- und *Dryopithecus*-Gruppe. Nach der Variabilität der Eckzahngröße zu schließen, bestand zwischen den Geschlechtern offensichtlich ein mehr oder weniger deutlicher Sexualdimorphismus (Pilbeam 1986). Auf der Grundlage der Molarengröße errechneten Andrews (1983) bzw. Gingerich et al. (1982) für *S. indicus* 46,1 kg bzw. 46,5 kg und für *Ouranopithecus* 65,1 kg bzw. 72,6-84,3 kg. Das Körpergewicht von *Gigantopithecus giganteus* wird auf 125 kg geschätzt (Gingerich et al. 1982); für *G. blacki* werden unter Zugrundelegung der riesigen Mandibula sogar 300 kg angenommen (Simons 1972). Während die schweren Formen mit Sicherheit obligatorisch terrestrisch gelebt haben, ist nicht auszuschließen, daß die kleineren Spezies noch habituell arborikol waren und sich 'stemm-greif-kletternd' wie die heutigen Orang-Utans fortbewegten (Jantschke 1972; Andrews 1983; Kelley u. Pilbeam 1986; Schwartz 1988). An neuen postkranialen Skelettfunden von *Sivapithecus* fanden Pilbeam et al. (1990) keine Hinweise auf rein terrestrische Lebensweise. Insgesamt ist aber das postkraniale Skelett äußerst spärlich dokumentiert, so daß nicht abgeschätzt werden kann, ob *Sivapithecus* die ursprüngliche Quadrupedie von *Proconsul* bewahrt oder sich bereits der 'progressiveren' Quadrupedie der afrikanischen Pongiden mit verlängerten Vorderextremitäten und stärker aufgerichteter Haltung genähert hat (Langdon 1985).

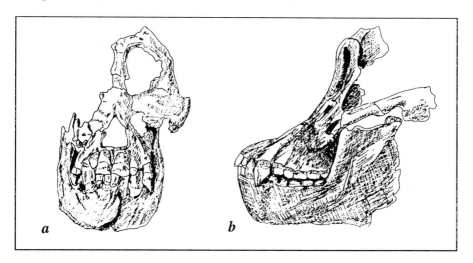

Abb. 5.4 *Sivapithecus indicus.* **a** Frontalansicht **b** Lateralansicht (n. S. Ward u. F. Brown 1986, umgezeichnet).

Die Morphologie der großflächigen Molaren, insbesondere die dicke Schmelzschicht sowie die großen, flachen und rundlichen Höcker zeigt an, daß sich *Sivapithecus* von harten Pflanzen bzw. deren Früchten (z. B. Nüssen) ernährt hat (R. Kay 1981). Die genaue Analyse der Molarenoberfläche hat jedoch nicht die für sehr harte Kost typischen grubenartigen Abnutzungsspuren im Zahnschmelz ergeben, sondern die für einen Früchtefresser charakteristischen Kratzspuren

(Teaford u. A. Walker 1984; Teaford 1988). R. Kays (1981) 'Nußknacker-Hypothese' für die Ernährungsweise von *Sivapithecus* ist daher möglicherweise revisionsbedürftig. Die für einen Grasfresser typischen Schmelzleisten auf den Molaren fehlen, so daß Gras offenbar nicht Hauptbestandteil seiner Nahrung war (Covert u. R. Kay 1980).

Die Rekonstruktion des Paläobiotops der Fundstätten von *Sivapithecus* ist äußerst unzureichend, da nur von Lufeng (China) Paläoflora bekannt ist (Andrews 1983). Danach lebte *S. lufengensis* in einem mäßig warmen, jahreszeitlichen Klimaänderungen unterworfenen Waldgebiet, das sich überwiegend aus laubab-werfenden und nur wenigen immergrünen Bäumen zusammensetzte (Andrews 1983). Die Fundregion in den pakistanischen Siwaliks läßt dagegen aufgrund der Begleitfauna (herbivore Mammalia) auf einen offeneren Biotop mit Wald- und Grasflächen schließen. Das würde allerdings bedeuten, daß die indo-pakistani-schen Formen stärker terrestrisch gewesen sein müssen als die chinesischen (Andrews 1983).

5.4   Evolutionsökologie

Aus dem postkranialen Fossilmaterial miozäner Hominoidea (und früher Australopithecinen, vgl. Kap. 6) muß geschlossen werden, daß der unmittelbare Vorläufer der Hominiden von der Lokomotionsweise her gesehen eine recht gene-ralisierte Form gewesen sein muß, mit Adaptationen für überwiegend kletternde, weniger suspensorische Fortbewegung im Geäst. Das Fundmaterial belegt keine Adaptationen der Vorderextremität an eine terrestrische Lokomotion, so daß die Annahme, die menschliche Bipedie habe sich über ein terrestrisch-quadrupedes Stadium miozäner Hominoidea entwickelt, wenig wahrscheinlich ist (Langdon 1985; vgl. Kap. 4.2.4.7). Nach Langdon (1985) kann angenommen werden, daß die 'protohominide' Form bereits einen hohen Intermembralindex hatte, den Körper mehr oder weniger aufrecht hielt, daß die Hinterextremitäten eine unter-stützende und propulsive Rolle einnahmen und die Vorderextremitäten für klet-ternde und suspensorische Aktivitäten angepaßt waren. Für eine solche Form würde der Wechsel von einer arborikolen zu einer wirkungsvollen terrestrischen Quadrupedie schwieriger gewesen sein als seine Spezialisierung auf bipede Lokomotion (Langdon 1985).

In einer neueren Studie zur Schmelzdicke der Molaren miozäner Hominoidea konnten Andrews u. L. Martin (1991) zeigen, daß der Orang-Utan und die Hominidae eine dicke Schmelzschicht als plesiomorphes Merkmal gemeinsam haben (vgl. Kap. 4.1.8). Die frühen Australopithecinen haben dieses plesiomorphe Merkmal beibehalten und offensichtlich ihre Ernährungsweise gegenüber ihren hominoiden Vorfahren noch nicht geändert, obwohl der Biotop der frühen Australopithecinen stärker von saisonalen Klimaschwankungen beeinflußt war.

Mikromorphologische Studien an den Molaren von *Australopithecus afarensis* (Grine 1986; Beynon u. Dean 1988) und Analysen am postkranialen Skelett, die bei *A. afarensis* noch Adaptationen für arborikole Lebensweise anzeigen, bestätigen diese Annahme (Stern u. Susman 1983; vgl. Kap. 6).

Nach Andrews u. L. Martin (1991) genügte das 'zahnmorphologische Erbe' der miozänen Hominoidea offenbar den Ernährungsansprüchen der frühen Hominiden. Erst mit der weiteren Diversifikation des *Australopithecus*-Klade und dem Auftreten des frühen *Homo* mit seiner Fähigkeit, Geräte herzustellen sowie der damit einhergehenden Erschließung neuer Nahrungsquellen, traten Veränderungen in der Gebißmorphologie auf, die zur Reduktion derjenigen Eigenschaften und Strukturen führten, die nicht mehr zur Nahrungszubereitung benötigt wurden (z. B. Größe und Robustizität der Zähne). Die Frage bleibt allerdings bestehen, ob die frühen Hominiden überhaupt Werkzeuge herstellten und benutzten und, wenn ja, ob sie sich hierin von ihren pongiden Vorfahren unterschieden (Andrews u. L. Martin 1991).

McGrew (1987, 1992), Wynn u. McGrew (1989) sowie Boesch u. Boesch (1990, 1992) konnten zeigen, daß die 'materielle Kultur' des Schimpansen und die Oldowan-Industrie des frühen *Homo* insofern Parallelen aufweisen, als Werkzeugherstellung und Werkzeuggebrauch für spezielle Aufgaben funktionsbestimmt sind, d. h. sowohl die frühen Hominiden als auch der rezente Schimpanse haben offensichtlich Werkzeuge opportunistisch und nicht nach einem vorgefaßten Konzept hergestellt. Nach Potts (1988a,b), Wynn u. McGrew (1989) und McGrew (1992) ist allerdings denkbar, daß die frühen Hominiden ihre Werkzeuge in einer intelligenteren Art und Weise verwendet haben. Die Freilandforschung an Schimpansen hat bisher nicht nachweisen können, daß diese Menschenaffen mit Werkzeugen andere Geräte herstellen oder Steine zur Werkzeugherstellung verwenden.

Potts' (1988a) archäologische Analysen der Fundstätten der Oldowan-Industrie ergaben, daß diese Orte keine Wohnplätze oder Werkstätten der frühen Hominiden waren, sondern Plätze, zu denen über Entfernungen zwischen 2-10 km sowohl die Nahrung als auch die Geräte zu deren Bearbeitung befördert worden sind. Ähnliche Beobachtungen machten Boesch u. Boesch (1990, 1992) und McGrew (1992) an Schimpansen, die beispielsweise Nüsse und Steine zu geeigneten 'Amboßplätzen' bzw. letztere zum Nahrungsfundplatz über Strecken bis zu 500 m transportierten.

Nach Andrews u. L. Martin (1991) ist nicht auszuschließen, daß auch die gemeinsamen miozänen Vorfahren der Hominidae und Pongidae sich in dieser Weise verhielten. Nach Ansicht dieser Autoren ist davon auszugehen, daß *A. afarensis* zumindest über die beim Schimpansen beobachteten Fähigkeiten zur Werkzeugherstellung, zum Werkzeugtransport und zur Nahrungszubereitung verfügte. Hinweise hierüber sollten sich nach Andrews u. L. Martin (1991) in der Morphologie dieser frühen Hominiden finden (vgl. Kap. 6). Beispielsweise lassen die Körper- und Hirngröße, Hirn-, Zahn- und Gebißmorphologie sowie die Konstruktion des Lokomotionsapparates einschließlich der Vorderextremität Aussagen

über die Fähigkeiten der frühen Hominiden zu. Der Körpergröße kommt dabei
besondere Bedeutung zu, da große Formen absolut größere Hirnvolumina haben
(Stephan et al. 1970; Jerison 1973; Passingham 1981; R. Martin u. Harvey 1985;
R. Martin 1990), mobiler sind als kleinere Spezies und damit ein größeres Streifgebiet nach Nahrung absuchen können. Andererseits hat ein großes Hirn einen
erheblichen Energiebedarf, so daß, insbesondere wenn die Nahrungsressourcen
spärlich verteilt sind, ein größeres Nahrungseinzugsgebiet abgesucht werden muß,
was wiederum nur bei großer Mobilität möglich ist (Clutton-Brock u. Harvey
1980; MacDonald 1983; vgl. Kap. 6.4).

Clutton-Brock u. Harvey (1980) stellten bei frugivoren Spezies größere Hirne
fest als bei folivoren. Nach Milton (1988) stehen Hirngröße und -entwicklung und
kognitive Fähigkeiten mit der Nahrungsverteilung im Streifgebiet, besonders der
von Früchten, und mit der Ernährungsweise in direktem Zusammenhang. Früchte
sind im Streifgebiet spärlicher verteilt als Blätter und Gras, so daß Früchtefresser
einen größeren energetischen Aufwand beim Nahrungserwerb haben als andere
Pflanzenfresser. Früchte treten ferner saisonabhängig und nur an bestimmten
Stellen des Streifgebietes auf, was nach Milton (1988) einen hohen Selektionsdruck auf Lernfähigkeit und Erinnerungsvermögen und damit auf die Hirnevolution der betreffenden Spezies ausübt. Parker u. Gibson (1979) sowie Milton
(1988) messen diesem Zusammenhang größere Bedeutung für die Hirnevolution
zu als dem Einfluß des Sozialverhaltens. Nach Andrews u. L. Martin (1991) ist
anzunehmen, daß sich miozäne Hominoidea, deren Molaren mit einer dicken
Schmelzschicht ausgestattet waren, überwiegend von Früchten ernährten und
daher bereits ein verhältnismäßig großes Hirn besaßen.

A. Walker et al. (1983) konnten zeigen, daß *Proconsul* in der Hirngröße mit
dem rezenten Schimpansen und den Australopithecinen durchaus vergleichbar
war, aber gegenüber dem rezenten Gorilla und den Cercopithecoidea ein deutlich
größeres Hirn hatte (Aiello u. Dean 1990). Inwieweit die manipulativen Fähigkeiten der frühen Australopithecinen denen der miozänen Hominoidea ähnelten
oder diese sogar übertrafen, läßt sich anhand der Fossilien noch nicht abschätzen.
Andererseits unterscheiden sich nach Andrews u. L. Martin (1991) die frühen
Hominiden in vielen morphologischen Merkmalen (z. B. Hirngröße, Zähne, Körpergröße) wenig oder gar nicht von den miozänen Hominoidea, so daß nicht auszuschließen ist, daß sich beide Formenkreise auf demselben 'kulturellen Niveau'
befanden. Hirnvergrößerung und Reduktion der Zahngröße beim frühen *Homo*
lassen auf eine Veränderung der Ernährungsweise in Richtung höherwertiger
Nahrung schließen, die auch im Zusammenhang mit der Entwicklung und dem
Gebrauch besserer Geräte zu sehen ist (Milton 1988; vgl. Kap. 6.1.3, Kap. 6.4).

5.5   Phylogenetische Beziehungen der rezenten Hominoidea und Wurzeln der Hominidae

Auf der Grundlage ausschließlich morphologischer Merkmale wurden lange Zeit die rezenten Hominoidea in drei Familien, die kleinen Menschenaffen (Hylobatidae), die großen Menschenaffen (Pongidae) und die Menschen (Hominidae) gegliedert. Die drei Familien werden von der evolutionären Taxonomie als unterschiedlich progressive Grades der Hominoidea betrachtet, wobei jedes Grade Spezialanpassungen, wie z. B. die brachiatorische Lokomotion, den Knöchelgang oder die Bipedie, entwickelt habe (Übersicht in R. Martin 1990). Kernpunkt dieser hier als traditionell bezeichneten Auffassung über die phylogenetischen Beziehungen der Hominoidea sind:

- die zu den rezenten Menschenaffen und zum modernen Menschen führenden Stammlinien haben sich sehr früh getrennt; der letzte gemeinsame Vorfahr ist unter früh- bis mittel-miozänen Formen zu suchen (früher als *Dryopithecus*-Kreis bezeichnet);
- die Pongidae sind die Schwestergruppe der Hominidae.

Diese Auffassung schien sich zunächst auch durch die Fundsituation zu bestätigen. Insbesondere führte die Annahme dazu, daß der früh- bis mittel-miozäne *Proconsul* in der direkten Vorfahrenlinie der rezenten afrikanischen Menschenaffen stünde, eine sehr frühe Trennung der zu den afrikanischen Menschenaffen und zum Menschen führenden Stammlinien anzunehmen. Eine Bestätigung dieser Auffassung schien durch die Einbeziehung von *Ramapithecus* (Asien) bzw. *Kenyapithecus* (Afrika) in die Hominidenlinie gegeben zu sein, da hierdurch belegt würde, daß die pongiden und hominiden Hominoidea bereits gegen Ende des mittleren Miozäns eigenständige Entwicklungslinien waren. Dieses simplifizierende Modell der phylogenetischen Beziehungen der Hominoidea mußte aufgrund mehrerer Ereignisse grundlegend überdacht werden.

Die erweiterte Fundsituation miozäner Hominoidea aus Ostafrika und Asien hat gezeigt, daß keine der früh- bis mittel-miozänen Formen als Vorfahren der rezenten Spezies in Frage kommt. Nach Ansicht vieler Autoren spricht augenblicklich viel für die Annahme, daß die spät-miozänen *Sivapithecus* Afrikas und Asiens in die direkte Vorfahrenschaft der rezenten Menschenaffen und des Menschen gestellt werden können (Übersicht in Langdon 1985; Andrews 1986; Fleagle 1988). Im wesentlichen werden zwei Argumente für die Stützung dieses Modells angeführt: der Nachweis von *Sivapithecus* in Ostafrika, der Fundregion des bisher frühesten Hominiden *A. afarensis* (Langdon 1985), und die aufgrund von DNA-Hybridisierungsdaten anzunehmende späte Trennung der zu den afrikanischen Menschenaffen und zum Menschen führenden Stammlinien (Übersicht in Marks et al. 1988). Während in zunehmendem Maße molekulare Daten eine späte Trennung der pongiden und hominiden Hominoidea unzweifelhaft belegen, kann *Sivapithecus* allerdings nur als der derzeit beste 'morphologische Vorfahren-

Kandidat' unter den derzeit möglichen Alternativen aus dem Fossilreport angesehen werden (Langdon 1985). Die bisher wenig zufriedenstellend verlaufene Suche nach dem letzten gemeinsamen Vorfahren liegt allerdings nicht allein in der unzureichenden Fossildokumentation, sondern auch in dem bisher nicht gelösten und bislang auch nicht zu lösenden Problem begründet, wie der letzte gemeinsame Vorfahr der afrikanischen Menschenaffen und des Menschen auszusehen habe, um sämtliche Spezialanpassungen der rezenten Formen (z. B. bipedes Schreiten, Knöchelgang) möglich erscheinen zu lassen (vgl. Kap. 2.5.7). Daher ist auch *Sivapithecus* nur insofern ein geeigneter Kandidat, als er keine Spezialanpassungen aufweist, die nicht mit rezenten Formen in Einklang zu bringen wären. Die positiven Hinweise, nämlich die dicke Schmelzauflage der Molaren, die breiten P_3 oder die robuste Mandibula finden sich auch bei anderen mittel- bis spät-miozänen Formen, oder es sind plesiomorphe Merkmale, die keine Verwandtschaftsanalysen zulassen (L. Martin 1985; Andrews 1986; R. Martin 1986; vgl. Kap. 4.1.9). Es kann allerdings nach jetzigem Kenntnisstand als relativ sicher gelten, daß der spät-miozäne *Sivapithecus* in die Vorfahrenschaft des Orang-Utans zu stellen ist, zumal auch molekulare Daten eine Abspaltung der zum modernen Orang-Utan führenden Linie um 16-10 MJ vor heute annehmen (Andrews u. Cronin 1982; Andrews 1986).

Die phylogenetische Systematik hat in den letzten Jahren mehrere Kladogramme der verwandtschaftlichen Beziehungen von rezenten Hominoidea erstellt (Abb. 5.5). Alle Autoren stimmen darin überein, daß die zu den Hylobatidae führende Stammlinie sich sehr früh von den übrigen Hominoidea-Linien abgespalten hat, d. h. die rezenten Gibbons und Siamangs sind die lebenden Vertreter der ältesten Hominoidea. Uneinigkeit herrscht dagegen über die Verwandtschaftsbeziehungen von *Pongo, Gorilla, Pan* und *Homo* (Abb. 5.5). Morphologische und karyologische Merkmale sprechen für eine frühe Separierung der zum rezenten Orang-Utan führenden Stammlinie (Uhlmann 1968, 1972, 1973; Seuánez 1979; Kluge 1983; Marks 1983; Templeton 1983). Bereits Gregory (1916) und Elliot Smith (1924) haben eine engere morphologische Verwandtschaft zwischen den modernen Menschen und den afrikanischen Menschenaffen als zwischen ersterem und dem Orang-Utan gesehen und deshalb bezweifelt, daß die Einbeziehung der drei großen Menschenaffen in die Familie Pongidae gerechtfertigt sei. Die Ergebnisse aus den unterschiedlichsten Analysen sprechen gegenwärtig dafür, daß der Orang-Utan und die afrikanischen Menschenaffen Schwestergruppen sind. Nach Daten aus der mtDNA-Sequenzierung und DNA-DNA-Hybridisierung (delta-T_{50}-H-Werte; Sibley u. Ahlquist 1984, 1987) ist es ebenfalls sehr unwahrscheinlich, daß die großen Menschenaffen ein Klade mit dem Genus *Homo* als Schwestergruppe bilden (*contra* Kluge 1983; vgl. Fußnote S. 88). Schwartz (1984a,b, 1987, 1988) vertritt die Ansicht, daß sich die Genera *Pongo* und *Homo* durch eine Reihe synapomorpher Merkmale, wie z. B.:

- weniger als fünf Sakralwirbel;
- vollständiger Kontakt des Os ethmoidale mit dem Os lacrimale;
- fehlender Kontakt zwischen Os frontale und der Maxilla;
- dicke Schmelzschicht auf den Molaren;
- keine transversalen Knochenleisten auf den Dorsalflächen der Ossa metacarpalia;
- keine Ausdehnung der Gelenkflächen der Ossa metacarpalia nach dorsal;
- keine dorsalen Knochenleisten auf dem distalen Radius;
- keine dorsalen Knochenleisten auf dem Os scaphoideum;
- mäßig entwickelte Knochenleiste auf der Trochlea humeri;
- mäßig tiefe Fossa olecrani;

auszeichnen würden, ein Klade bildeten und somit die Schwestergruppe von *Pan* und *Gorilla* seien. Die meisten der von Schwartz (1987, 1988) als synapomorph angesehenen Merkmale von *Pongo* und *Homo* sind jedoch plesiomorph. Die Unterschiede im postkranialen Skelett zu *Gorilla* und *Pan* sind als spezifische Anpassungen letzterer an den Knöchelgang zu werten. Auch die Struktur des Ψη-Gens der Hominoidea spricht gegen ein *Pongo-Homo*-Klade, dagegen für eine engere Verwandtschaft von *Homo* mit *Pan* und *Gorilla*, wobei *Pongo* als Schwestergruppe eingestuft wird und somit einziges Genus des Taxons Pongidae wäre (Goodman et al. 1984; Koop et al. 1986; vgl. Kap. 3.4).

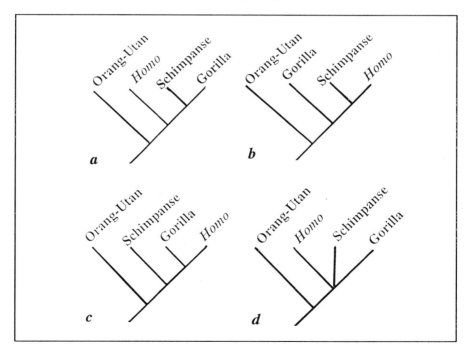

Abb. 5.5 Hypothesen über die verwandtschaftlichen Beziehungen (Kladogramme) der rezenten Hominoidea.

Unter der Annahme, daß *Homo* und die afrikanischen Menschenaffen einen gemeinsamen Vorfahren haben, lassen sich vier Hypothesen über die phylogenetischen Beziehungen zwischen diesen drei Genera bilden. Erstens: *Pan* und *Gorilla* bilden ein Klade und sind die Schwestergruppe des Genus *Homo* (a in Abb. 5.5). Zweitens: *Pan* und *Homo* sind ein Klade und die Schwestergruppe von *Gorilla* (b in Abb. 5.5). Drittens: *Gorilla* und *Homo* bilden ein Klade und sind die Schwestergruppe von *Pan* (*c*. in Abb. 5.5) und viertens: *Gorilla*, *Pan* und *Homo* haben sich gleichzeitig von der gemeinsamen Stammlinie abgespalten (*Trichotomie* oder *Trifurkation*; *d*. in Abb. 5.5).

Auf der Grundlage von morphologischen Merkmalen, von Synapomorphien in der Morphologie der Autosomen, der Sequenz langer mtDNA-Stränge und der Struktur des $\psi\eta$-Gens hat das Kladogramm (*b*) in Abb. 5.5 großen Wahrscheinlichkeitswert (Seuánez 1979; Corruccini u. McHenry 1980; Andrews u. Cronin 1982; DeBonis 1983; Gantt 1983; R. Kay u. Simons 1983; Kluge 1983; Mai 1983; S. Ward u. Pilbeam 1983; White et al. 1983; Goodman et al. 1984; L. Martin 1985; Andrews u. L. Martin 1987; Übersicht in Ciochon 1985; Koop et al. 1986; R. Martin 1990). Ciochon (1985) bezeichnet den hypothetischen Vorfahren der beiden Schwestergruppen als *Pre-African ape/human morphotype*, der durch zwölf synapomorphe Merkmale (davon drei fragliche) der rezenten afrikanischen Menschenaffen und des modernen Menschen gekennzeichnet ist (Abb. 5.6; Tabelle 5.5). Die zu *Pan* und *Gorilla* führende Stammlinie ist nach Ciochon (1985) als *Proto-African ape morphotype* (Tabelle 5.6) und die zum Genus *Homo* führende als *Proto-human morphotype* zu charakterisieren (Abb. 5.6; Tabelle 5.7).

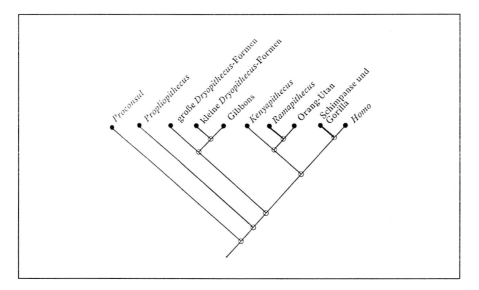

Abb. 5.6 Kladogramm der Hominoidea auf der Grundlage von Ergebnissen aus 43 Studien (aus Ciochon 1985).

Tabelle 5.5 Kennzeichen des hypothetischen letzten gemeinsamen Vorfahren der rezenten afrikanischen Menschenaffen und der Hominiden (*Pre-African ape/human morphotype*; aus Ciochon 1985).

- breites Interorbitalseptum	- nasoalveolarer Clivus erstreckt sich
- große Fossa sphenopalatina	bis in Nasenhöhle, knickt scharf zur
- frontoethmoidaler Sinus vorhanden	Fossa incisiva ab
- P_3 sektorial, bilateral kompreß	- Fossa incisiva in zwei Kammern geteilt,
- Trigonid der unteren Molaren	Ausbildung eines echten Canalis incisivus
deutlich reduziert	- Schmelzschicht der Molaren mäßig dick
- Caninuswurzeln in Achse der Zahn-	- Os centrale u. Os scaphoideum frühzeitig
reihe gelegen, im Querschnitt	miteinander verschmolzen
elliptisch	- plantigrader Fuß mit ausgeprägter
- Darmbeinschaufeln kurz und breit,	Fähigkeit zur plantaren Beugung
weisen nach lateral	- vertikales Klettern, suspensorische
- diploider Chromosomensatz n=48	Körperhaltung, beginnende Bipedie mit
- Reduktion oder Verlust der dor-	gebeugten Hüft- und Kniegelenken
salen Behaarung der mittleren	
Finger- und Zehenphalangen	

Tabelle 5.6 Kennzeichen des hypothetischen gemeinsamen Vorfahren der afrikanischen Menschenaffen (*Proto-African ape morphotype*; aus Ciochon 1985).

- Molaren mit dünner Schmelzschicht	- Neigung der distalen Gelenkfläche des
- distale Gelenkfläche des Radius mit	Radius nach inferolateral
deutlicher dorsodistal gelegener	- Os scaphoideum mit ausgeprägter Knochen-
Knochenleiste	leiste auf distaler Gelenkfläche
- deutliche transversale Leiste an der	- Os capitatum mit konkavokonvexer
Basis der dorsalen Gelenkfläche	Gelenkfläche für Os centrale
der Metatarsaliaköpfe	- distale Gelenkflächen der Metatarsalia
- Knöchelgängermerkmale an den	II-V nach dorsal ausgezogen
mittleren Phalangen der Hände	- M. flexor digitorum superficialis gut
- kurze Lumbalregion	ausgeprägt
- Glans penis kaum differenziert,	- tiefe Fossa olecrani
Corona glandis fehlt	- urethrovaginales Septum und Labia
- Sehnen des M. flexor hallucis	majora kaum ausgeprägt
longus und des M. flexor digitorum	- M. flexor pollicis longus stark reduziert
longus getrennt, ungleich auf die	- Änderungen in den Chromosomen 1, 2, 4, 5,
Zehen verteilt	7, 8, 9, 10, 12, 13, 14, 16, 17 und 22
	gegenüber anderen Formen

Tabelle 5.7 Kennzeichen des hypothetischen Vorfahren der Hominiden (*Proto-human morphotype*; aus Ciochon 1985).

- progressive Entwicklung der Hirn-
  schädelkapazität
- Verlagerung des Foramen occipitale
  magnum nach anterior
- Verlust der funktionalen Einheit
  von P3 und Caninus, Bildung eines
  Metaconids am P_3, Vergrößerung von
  Protoconus und Paraconus am P^3 und
  P^4, Herausbildung zweihöckeriger
  oberer Praemolaren
- Molaren mit mittlerer Schmelzdicke
- Corpus mandibulae flach und breit
- kurze Sitzbeine, breite Darmbeine
- Spina iliaca anterior inferior gut
  ausgeprägt
- großer Bikondylarwinkel
- Großzehe ständig adduziert
- Verlagerung des unteren Anteils
  des M. glutaeus maximus nach
  kranial
- diploider Chromosomensatz n=46

- Sulcus frontoorbitalis auf dem Lobus
  frontalis nicht feststellbar
- nasoalveolarer Clivus nach superior
  konvex
- Länge der Canini reduziert
- geringer Sexualdimorphismus der Canini,
  kleine Diastemata
- größter Durchmesser der oberen Canini
  in bukkolingualer Richtung
- kurze Molaren bezogen auf ihre Breite
- 3B-Schmelzprismenmuster
- kurze Vorderextremitäten bezogen auf
  Rumpflänge
- ausgeprägtes Promontorium
- Gleitrinne des M. iliopsoas am
- Schambeinast angelegt
- langes Collum femoris
- tiefe Facies patellaris am Femur
- bipede Lokomotion
- Sitzschwielen fehlen

Tabelle 5.8 Kennzeichen des hypothetischen letzten gemeinsamen Vorfahren der zum Orang-Utan sowie der zu den afrikanischen Menschenaffen und dem Menschen führenden Stammlinien (*Pre-Great ape/human morphotype*; aus Ciochon 1985).

- Choanen eng und hoch
- Ulna gelenkt nicht mit Handwurzel
- Os hamatum mit deutlichem Haken
- Tuberculum dorsale des Radius
  nach lateral verlagert
- große Beweglichkeit im Hand-,
  Ellbogen- und Schultergelenk
- diploider Chromosomensatz n=48

- Molaren mit mittlerer bis dicker Schmelzschicht,
- Os pisiforme reduziert, keine Gelenkfläche
  zur Ulna,
- deutliche Fossa für Anheftung d. interartikularen
  Meniskus an distaler Ulna,
- Os scaphoideum sichelförmig,
- späte ontogenetische Entwicklung der
  Sitzschwielen,
- Lobus frontalis mit Sulcus angularis.

Das Kladogramm in Abb. 5.6 sieht ferner eine frühe Abspaltung der zum Orang-Utan führenden Stammlinie vor. Die von Ciochon (1985) zusammengestellten Ergebnisse unterstützen *nicht* die Annahme eines von Schwartz (1987, 1988) favorisierten *Pongo-Homo*-Klade. Ciochon (1985) bezeichnet den letzten gemeinsamen Vorfahren der zum Orang-Utan sowie der zu den afrikanischen Menschenaffen und zum Menschen führenden Stammlinie als *Pre-Great ape/human morphotype* (Tabelle 5.8).

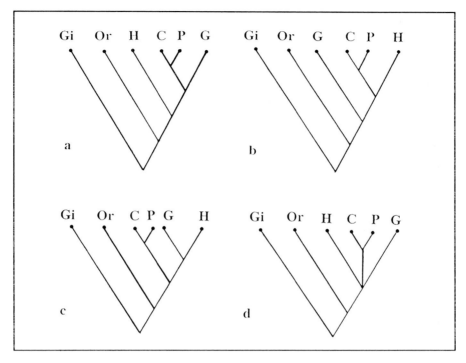

Abb. 5.7 Kladogramme der Hominoidea auf der Grundlage von mtDNA-Restriktions-analysen. Optimiert mit Parsimonie-Methoden. Gi: Gibbons Or: Orang-Utan G: Gorilla C: *Pan troglodytes* P: *Pan paniscus* H: *Homo sapiens* (Erläuterungen im Text; n. Ferris et al. 1981a, umgezeichnet).

Die Auffassung, daß die afrikanischen Menschenaffen in ein Klade zu stellen und als Schwestergruppe der Hominidae aufzufassen seien, wird nicht von allen Autoren geteilt. Nach Ergebnissen aus der DNA-DNA-Hybridisierung bzw. der mtDNA-Restriktionsanalyse (vgl. Kap. 2.4.3) und der Ermittlung der genetischen Distanz anhand von 240 durch zweidimensionale Elektrophorese bestimmten Merkmalen ist Kladogramm (*b*) aus Abb. 5.5 zu favorisieren (z. B. Hasegawa u. Yano 1984a, b; Hasegawa et al. 1985, 1987; Willard et al. 1985; Bishop u. Friday 1986; Lanave et al. 1986; Goldman et al. 1987; Sibley u. Ahlquist 1987). Statisti-sche Analysen (z. B. maximum-likelihood-Verfahren; vgl. Kap. 2.5.7.2) bestäti-gen diese Hypothese (Ruvolo u. Smith 1985; Templeton 1985; Fitch 1986; Saitou 1986; Felsenstein 1987). In der rDNA-Struktur zeigt *Homo* ebenfalls die größten Übereinstimmungen mit *Pan*, weshalb G. Wilson et al. (1984) die beiden Genera in ein Klade stellen. Auch die Struktur des $\psi\eta$-Gens läßt neben einem *Pan-Gorilla*-Klade auch ein *Pan-Homo*-Klade als 'sparsamste' phylogenetische Lösung zu (Goodman et al. 1984; Koop et al. 1986). Ebenso zeigt die Struktur der 3'-Region der ß-Globulin-Gene ein *Homo-Pan*-Klade an (Slightom et al. 1985). Ferris et al. (1981a, b) stellten dagegen auf der Basis von Ergebnissen aus mtDNA-Restriktionsanalysen und nach Optimierung der erschlossenen Klado-gramme durch Parsimonie-Modelle die Genera *Pan* und *Gorilla* in ein Klade und stützen damit Kladogramm (*a*). Die Autoren zeigen allerdings, daß nur *eine* weitere Mutation, d. h. die nächst 'sparsamste' Lösung, auch das Klade *Pan-Homo* wahrscheinlich macht. Die Arbeiten von Ferris et al. (1981a, b) belegen ferner, daß selbst als eher unwahrscheinlich geltende Kladogramme durch die Annahme nur einer oder zweier weiterer Mutationen der mtDNA erstellt werden könnten (Abb. 5.7). Auch Marks et al. (1988) kommen nach einer Revision der von Sibley u. Ahlquist (1984, 1987) vorgelegten Daten der DNA-DNA-Hybridisierung zu dem Schluß, daß ein *Pan-Homo*-Klade unter Ausschluß von *Gorilla* wenig wahr-scheinlich ist. Marks et al. (1988) folgern weiterhin, daß die aus der DNA-DNA-Hybridisierung ermittelten Verwandtschaftsverhältnisse von Taxa nur ein grobes Bild vermitteln können, die phylogenetischen Beziehungen zwischen den afrika-nischen Menschenaffen und dem Menschen würden sie jedoch nicht aufhellen. Die Autoren bezweifeln in Übereinstimmung mit Cracraft (1987), daß die Ermittlung der Denaturierungstemperatur (delta-T_{50}) der DNA-Hybridstränge (vgl. Kap. 2.4.3) überhaupt ein geeignetes Verfahren ist, die phylogenetischen Beziehungen sehr nahe verwandter Taxa zu klären.

Das Kladogramm (*c*) aus Abb. 5.5 ist aufgrund synapomorpher karyologischer Merkmale, wie z. B.

- Y-Chromosom mit glänzend fluoreszierenden Q-Banden;
- Chromosom 4 von *Homo* und Chromosom 3 von *Gorilla* im Centromerbereich mit glänzend fluoreszierenden Q-Banden;
- Chromosom 16 von *Homo* und Chromosom 12 von *Gorilla* mit *einer* sekundären Einschnürung;
- Chromosomen 4, 15, 16 von *Homo* und Chromosomen 4, 15, 17 von *Gorilla* mit 5-Methylcytosinreicher Region,

nicht von vornherein auszuschließen (D. Miller 1977; Seuánez 1979). Allerdings weist das Karyogramm von *Gorilla* mehr morphologische Änderungen gegenüber dem des Menschen auf als das Karyogramm von *Pan*, das sich nur in drei statt fünf *perizentrischen Inversionen* vom Karyogramm des Menschen unterscheidet. Diese Befunde sowie morphologische Merkmale und die Ergebnisse aus der mtDNA-Restriktionsanalyse (Abb. 5.7) machen ein *Gorilla-Homo*-Klade daher eher unwahrscheinlich. Die DNA-Daten belegen aber, daß die Annahme eines *Gorilla-Homo*-Klade mit *Pan* als Schwestergruppe gegenüber dem sparsamsten phylogenetischen Modell nur drei weitere Mutationen der mtDNA erfordern würde (Abb. 5.7).

Die von verschiedenen Autoren insbesondere anhand molekularer Merkmale favorisierte Topologie des Kladogramms (*d*) in Abb. 5.5 (Benveniste u. Todaro 1976; Sarich u. Cronin 1976; W. Brown et al. 1982; Goodman et al. 1982; Benveniste 1985) ist eher unwahrscheinlich. Es ist vielmehr anzunehmen, daß keine Trichotomie bzw. Trifurkation vorliegt, sondern daß das Internodium zwischen der Abspaltung zweier Stammlinien so kurz ist, daß es mit den gegenwärtigen Analyseverfahren technisch nicht mehr nachgewiesen werden kann (Marks et al. 1988). Man muß daher eher davon ausgehen, daß die erschlossene Trifurkation der zu *Gorilla*, *Pan* und *Homo* führenden Stammlinien in Wirklichkeit zwei aufeinanderfolgende *Bifurkationen* mit unterschiedlich langen Internodien sind. Diese Auffassung wird durch zahlreiche Analysen der Proteinstruktur der Hominoidea gestützt. Danach ist das Internodium zwischen den Abzweigungen der zu *Homo* und zu *Pan* führenden Stammlinie wesentlich länger als das der zu *Pan* und *Gorilla* führende Linie (Hixson u. W. Brown 1986; Koop et al. 1986; Maeda et al. 1988).

Selbst unter Berücksichtigung aller verfügbaren Ergebnisse können nicht alle Fragen zu den phylogenetischen Beziehungen der rezenten Hominoidea und damit zum Ursprung der Hominidae beantwortet werden. Gegenwärtig ergibt sich folgendes Bild:

- Erstens: Die zum Orang-Utan führende Stammlinie hat sich im Miozän als erste von der zu den afrikanischen Menschenaffen und zum Menschen führenden Stammlinie abgespalten. Der Orang-Utan bildet die Schwestergruppe von *Gorilla*, *Pan* und *Homo*.
- Zweitens: *Homo*, *Pan* und *Gorilla* sind aufgrund synapomorpher Merkmale in ein Klade zu stellen.
- Drittens: Die phylogenetischen Beziehungen von *Homo*, *Pan* und *Gorilla* sind ungeklärt. Den größten Wahrscheinlichkeitsgehalt hat aufgrund der Anzahl der synapomorphen Merkmale und aufgrund des sparsamsten Kladogramms das Klade *Pan-Gorilla* mit *Homo* als Schwestergruppe. Nur unwesentlich weniger wahrscheinlich ist jedoch das Klade *Homo-Pan* mit *Gorilla* als Schwestergruppe. Ein *Homo-Gorilla*-Klade mit *Pan* als Schwestergruppe sowie eine Trifurkation sind wenig wahrscheinlich.
- Viertens: Eine Aufspaltung des *Homo-Pan-Gorilla*-Klade ist in der Zeit zwischen 5,5-8 MJ vor heute erfolgt. Primatenfossilien, die älter als 8 MJ alt sind, können unter dieser Annahme nicht mehr als hominid angesehen werden.

Über die Morphologie, die systematische Stellung und über das Verbreitungsgebiet des letzten gemeinsamen Vorfahren des Menschen und der afrikanischen Menschenaffen können wir uns bis jetzt kein Bild machen. Aus der durch molekulare Daten belegten wahrscheinlichen Phase der Aufspaltung der Stammlinien liegen bislang keine Fossilien vor.

6   Australopithecinen[1] und *Homo habilis*

6.1   *Australopithecus* - frühes Genus der Hominidae

6.1.1   Fundgeschichtliche Aspekte

Im Jahre 1924 wurde ein kindlicher Primatenschädel aus den Buxton-Kalkstein-brüchen von Taung, 320 km südwestlich von Johannesburg, geborgen. Ein Jahr später beschrieb Raymond Dart dieses Fossil in dem renommierten Wissenschaftsorgan *Nature* als ein Bindeglied zwischen lebenden Menschenaffen und Menschen (Dart 1925). In seiner Analyse des Schädels erkannte er neben einigen unzweifelhaft hominiden Kennzeichen (ventrale Position des Foramen occipitale magnum, die er als Hinweis für die zweibeinige Lokomotionsweise erachtete; relativ kleine Eckzähne) auch einige Merkmale mit ursprünglicheren, menschenaffenähnlichen Ausprägungen, wie z. B. ein relativ weit vorspringendes Gesichtsskelett und ein kleines Hirn. Aufgrund der Kleinhirnigkeit schloß er eine Zugehörigkeit des Fossils zum Genus *Homo* aus. Die erwähnten hominiden Merkmale erlaubten aber auch keine direkte Zuordnung zu den bekannten Menschenaffen, weshalb er ein neues Taxon, *Australopithecus africanus* Dart, 1925, schuf, welchem eine Stellung zwischen den Pongidae und Hominidae zugeschrieben wurde.

Darts Interpretation des Taung-Kindes wurde von den führenden Paläoanthropologen jener Zeit heftig kritisiert (Woodward 1925; Keith 1931). Neben zahlreichen subjektiven Argumenten, die offenbar einer von Neid diktierten Skepsis entsprangen, waren einige Vorbehalte gegen das neue Taxon durchaus berechtigt. Dazu zählte der Einwand, daß es keine verläßliche Datierung gab. Insbesondere die assoziierten Schädelreste von vermeintlich rezenten Pavianen ließen Zweifel an einem hohen Alter aufkommen. Am stärksten trug jedoch das Vorurteil, Asien sei die 'Wiege der Menschheit', zur harschen Kritik an Darts Auslegung des Taung-Fundes bei (Keith 1931). Dabei hatte kein Geringerer als Charles Darwin

---

[1] Die Bezeichnung 'Australopithecinen' ist aus klassifikatorischer Sicht insofern irreführend, als sie nach Gregory u. Hellman (1939) eine Subfamilie kennzeichnet. Dennoch wird an diesem Begriff in Übereinstimmung mit anderen Autoren zur Beschreibung der pliozänen und früh-pleistozänen Hominiden Süd- und Ostafrikas, die nicht zum Genus *Homo* gehören, festgehalten (Grine 1987, 1993; Klein 1989a). Es wird jedoch ausdrücklich darauf hingewiesen, daß der Begriff als Konnotation zu *Australopithecus (sensu lato)* verstanden wird (Tattersall et al. 1988).

in seinem anthropologischen Werk von 1872 spekuliert: "...daß Afrika früher von jetzt ausgestorbenen Affenarten bewohnt war, die mit dem Gorilla und dem Schimpansen nahe verwandt waren; und da diese beiden Arten jetzt die nächsten Verwandten des Menschen sind, ist es wahrscheinlicher, daß unsere ältesten Vorfahren auf dem afrikanischen Festland gelebt haben als anderswo" (Darwin 1871; dt. Übersetzung 1982, S. 202).

Darwins Vermutung hinsichtlich der verwandtschaftlichen Nähe des Menschen zu den heute lebenden afrikanischen Menschenaffen war richtig. Das haben neben der vergleichenden Morphologie insbesondere die Molekularbiologie, die Biochemie und die Zytogenetik bestätigt (Dutrillaux 1988; R. Martin 1990; Urich 1990; vgl. Kap. 2.4.3). Nicht nur wegen der erwähnten Vorurteile fand das neue Taxon zunächst kaum Anerkennung, sondern auch, weil es sich um fossile Über-reste eines Kindes handelte (Abb. 6.1). Aufgrund eines oberflächlichen morpho-logischen Vergleichs nahm man an, daß junge Affen dem Menschen in zahlreichen Merkmalen ähnlicher seien als adulte. Nach dieser Anschauung, die auch der damals intensiv diskutierten *Fetalisationshypothese* von Bolk (1926) zugrunde-liegt (Übersicht in Starck 1962), zog man den Schluß, daß das Taung-Kind aufgrund ontogenetischer Veränderungen als Erwachsener entschieden stärker den Menschenaffen geähnelt hätte. Damit nivellierte man einige als hominid erachtete Merkmale, zu denen neben der Stirnwölbung und dem fehlenden Überaugenwulst eine im Vergleich zu den Pongiden gemäßigtere Vorkiefrigkeit und insbesondere die vorverlagerte Position des Foramen occipitale magnum zählten (vgl. Kap. 4.2.1, Kap. 4.2.2).

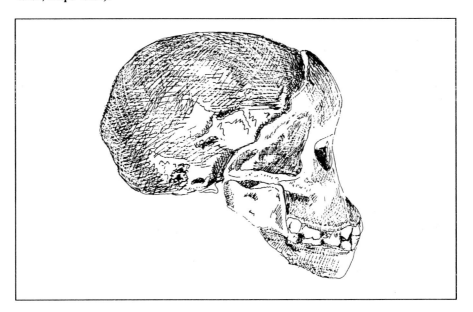

Abb. 6.1 *A. africanus*, von Dart im Jahre 1924 gefundener Kinderschädel aus dem Buxton Quarry von Taung (Südafrika), Lateralansicht.

Gerade das letztgenannte Merkmal wertete Dart aber als zwingendes Indiz für die von ihm behauptete Bipedie der neuen Spezies. Diese These sah er auch durch paläogeographische Befunde gestützt. Seinen geologischen Studien zufolge mußte das Taung-Kind in einem Savannenbiotop gelebt haben, in dem Menschenaffen nicht existiert haben könnten. Wegen der Adaptation der rezenten Pongiden an einen Biotop mit Baumbestand hielt Dart deren fossiles Vorkommen in einer weitgehend baumlosen Region für wenig wahrscheinlich. Die ursprüngliche Vegetation war nämlich nach Darts Untersuchungen der gegenwärtigen sehr ähnlich und für einen Menschenaffen im engeren Sinne ungeeignet, aber offenbar paßte sie zu einer hominide Merkmale evolvierenden Übergangsform. Obwohl keine Fossilien des Postkraniums vorlagen, schloß Dart dennoch, daß *Australopithecus* terrikol lebte und sich biped fortbewegte. Diese Anschauung paßte auch zu den Vorstellungen von Haeckel (1866) und Darwin (1871), daß die Entwicklung der bipeden Lokomotionsweise eine Voraussetzung für die außerordentliche Hirnvergrößerung (Enkephalisation) gewesen sei. Ein kleinhirniges Wesen, dessen Hirnschädelkapazität von Dart im erwachsenen Zustand auf rund ein Drittel derjenigen der rezenten Gattung *Homo* geschätzt wurde, entsprach also durchaus den frühesten Vorstellungen über die Hominidenevolution. Nach Washburn (1985) gab es jedoch zur Zeit der Entdeckung des Taung-Fossils zwei abweichende Auffassungen: Eine Theorie nahm an, daß unsere menschlichen Vorfahren allgemein ursprünglich (generalisiert) waren; ein Mosaik plesiomorpher und apomorpher Merkmale erschien daher ausgeschlossen; eine andere Theorie ging davon aus, daß sich die Hirnentwicklung *vor* der Bipedie und den Anpassungen des Kauapparates vollzogen habe. Diese Auffassung wurde durch die Piltdown-Fälschung, den *Eoanthropus dawsoni*, bestehend aus einem täuschend echt präparierten subfossilen *Homo*-Kalvarium und einem Schimpansen-Unterkiefer, gestützt. Darts Befund widersprach also beiden Theorien.

Trotz intensiver Studien von Dart (1926, 1929, 1934), Broom (1925a, b, 1929), Romer (1930) und anderen hielt sich lange Zeit die Ansicht, daß Dart offenbar allzu voreilige Schlüsse gezogen habe. Eines hatte die Kontroverse um das Taung-Kind jedoch erreicht: Afrika war damit unweigerlich in den Blickpunkt paläoanthropologischen Interesses gerückt. Der einzige Weg, die Kontroverse um die Stellung des Taung-Kindes in der Hominidenevolution zu lösen, waren weitere aussagekräftige Fossilien.

Im Jahre 1936 wurde die Diskussion um unsere Vorfahren durch neue Funde belebt, als Broom erstmals ein adultes Individuum aus Sterkfontein als *Australopithecus* beschrieb. Obwohl er große Ähnlichkeiten mit dem Taung-Schädel sah, ordnete er den Fund einer eigenen Art, *Australopithecus transvaalensis*, zu und zwei Jahre später sogar einem eigenen Genus, *Plesianthropus* (daher der Name '*Mrs. Ples*' für das STs[2] 5-Kalvarium, Abb. 6.2). Auch an anderen Fundplätzen hatte Broom Erfolg. Im Jahre 1938 entdeckte er in Kromdraai den Schädel eines erwachsenen Individuums (Abb. 6.3), das nach

---

[2] STs = Abk. für Sterkfontein, Type Site, Katalogbezeichnung.

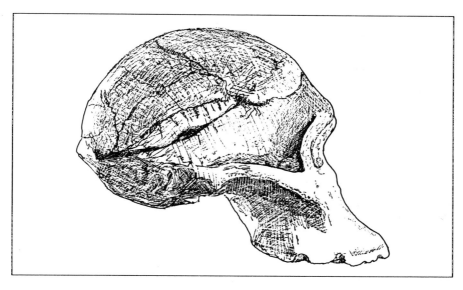

Abb. 6.2 *A. africanus transvaalensis*, von Broom und Robinson im Jahre 1947 gefundenes Kalvarium STs 5 ('*Mrs. Ples*') aus Sterkfontein (Transvaal, Südafrika), Lateralansicht.

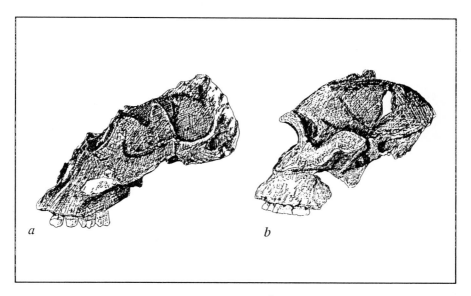

Abb. 6.3 a *A. robustus robustus*, Kalvarium TM[3] 1517 aus Kromdraai **b** *A. robustus crassidens*, Kalvarium SK[4] 48 aus Swartkrans. Lateralansichten.

---

[3] TM = Abk. für Transvaal Museum, Katalogbezeichnung.
[4] SK = Abk. für Swartkrans, Katalogbezeichnung.

seiner Einschätzung noch ein weiteres australopithecines Taxon repräsentierte, *Paranthropus robustus* Broom, 1938. Die Funde, deren taxonomischer Status bis heute unterschiedlich bewertet wird (Grine 1993), belegten deutlich, daß die adulten Australopithecinen keineswegs menschenaffenähnlicher waren als das Taung-Kind. Da von Broom in Sterkfontein auch postkraniale Elemente geborgen worden waren, darunter eine Scapula und ein Humerus (beide STs 7), ein nahezu vollständiges Becken (STs 14) und Wirbel (StW⁵ 8), konnte die von Dart aufgestellte Hypothese, daß die Australopithecinen aufrecht gingen, erhärtet werden (Broom u. Schepers 1946). Bis heute ist jedoch ungeklärt, ob ihre Bipedie mit unserer zweibeinigen Lokomotionsweise identisch war und welche Rolle die Arborikolie noch spielte (Schmid 1983; McHenry 1992; Stanley 1992; vgl. Kap. 4.1.4.7).

Ende der vierziger Jahre wurden aus einer Kalksteinhöhle bei Makapansgat im nördlichen Transvaal neue Funde beschrieben. Darts Urteil zufolge gehörte das Fossilmaterial demselben Genus an wie das von Taung und Sterkfontein, jedoch einer eigenen Spezies, *Australopithecus prometheus* Dart, 1948. Der Artname spiegelt die Anschauung wider, nach der die schwarze Färbung der assoziierten fossilen Tierknochen durch Feuer verursacht worden sei, welches von den Hominiden entfacht worden war. Heute weiß man, daß diese Annahme falsch war, da es sich um eine Mangandioxid-Verfärbung handelte. Auch die Annahme einer *osteodontokeratischen Kultur* (Dart 1957) mußte verworfen werden, da das entsprechend interpretierte Knochen-, Zahn- und Hornmaterial offenbar durch Beutegreifer und Aasfresser wie Leoparden und Hyänen akkumuliert worden war. *Australopithecus* war demnach *eher Gejagter als Jäger* (C. Brain 1981).

Die meisten Paläoanthropologen sehen heute in dem Fundmaterial von Taung, Sterkfontein (Member 4) und Makapansgat (Member 3 u. 4) eine einzige Spezies repräsentiert, *A. africanus*, die häufig als *grazile* Form beschrieben wird. Dagegen wird der taxonomische Status der Kromdraai-Funde und weiterer süd- als auch ostafrikanischer *Paranthropus*-Materials, der sog. *robusten* Form, gegenwärtig intensiv diskutiert (Übersicht in Grine 1988a).

Zehn Jahre nach der Entdeckung des *P. robustus* in Kromdraai fand Broom zusammen mit Robinson weitere Fossilien eines frühen Hominiden in Swartkrans, die er einer neuen Spezies, *Paranthropus crassidens* Broom, 1949, zuschrieb. Während er also in Kromdraai und Swartkrans zwei Hominidenspezies repräsentiert sah, vertrat Robinson (1954) die Meinung, daß die Unterschiede nur subspezifisch seien. Heute teilen die meisten Anthropologen Robinsons Auffassung, daß es sich bei dem Fundmaterial nur um eine einzige Art handelt, obwohl einige die Argumente für eine artspezifische Differenzierung des Hypodigmas für stichhaltig erachten (Howell 1978a; Grine 1982, 1985a, 1988b, 1993; vgl. Kap. 6.3). Trotz neuerer Funde sowie intensiver jüngerer Studien am Fossilmaterial und den Fundplätzen von Swartkrans und Kromdraai (C. Brain 1976, 1982, 1988; C. Brain et al. 1988; Grine 1982, 1989; Vrba 1981, 1982, 1988) hält die Diskussion um eine spezifische Trennung von *P. robustus* und *P. crassidens* an. Einige Paläoanthro-

---

⁵ StW = Abk. für Sterkfontein, West Pit, Katalogbezeichnung.

pologen sind sogar der Auffassung, daß die beiden Genera *Australopithecus* und *Paranthropus* zu vereinigen seien. Deren populäre Bezeichnung als graziler und robuster Typus wird in zunehmendem Maße als unzutreffend erachtet, da die Unterschiede in der Körpermassigkeit und anderen assoziierten Merkmalen offenbar geringer waren, als man aufgrund der Bezeichnungen vermuten würde (McHenry 1992). Nach heutigen Befunden haben sich die beiden Formen wohl hauptsächlich in den Adaptationen des Kauapparates unterschieden. Das zeigen Untersuchungen an rund 40 Schädeln bzw. Schädelfragmenten, mehr als 100 Unterkiefern bzw. Unterkieferfragmenten, hunderten von isolierten Zähnen sowie mehr als 30 postkranialen Fragmenten (Day 1986; Klein 1989a; Skelton u. McHenry 1992).

Südafrika blieb über lange Zeit die einzige Fundregion von Australopithecinen, obwohl der deutsche Zoologe Kattwinkel bereits 1911 auf die Olduvai-Schlucht als möglichen Fundplatz plio-pleistozäner Fossilien hingewiesen hatte (M. Leakey 1978a, b; Glowatzki 1979). Louis und Mary Leakey gruben im Jahre 1935 an einer heute als Laetoli bezeichneten Fundstelle, ca. 50 km südlich von Olduvai, in fossilführenden Straten, jedoch blieben Grabungserfolge damals noch aus. Ein 1936 von Kohl-Larsen gefundenes, bezahntes Maxillen-Fragment - die sog. Garusi-Maxille - aus dem ostafrikanischen Garusi (Laetoli, Nord-Tanzania) wurde erst viel später als hominid eingestuft (Johanson et al. 1978; Protsch 1981), so daß der erste direkt als hominid erkannte Fossilfund Ostafrikas in das Jahr 1955 datiert wird.

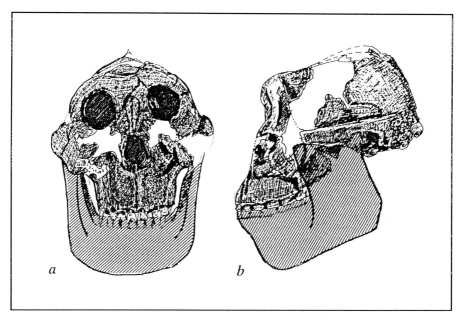

a   *b*

Abb. 6.4 *A. boisei*, Rekonstruktion des Schädels O.H. 5 (*Dear Boy*) unter Einbeziehung der Peninj-Mandibula. **a** Frontalansicht **b** Lateralansicht.

Im Jahre 1959 entdeckten M. und L. Leakey in Bed I von Olduvai (Abb. 6.9) einen als hyperrobust gekennzeichneten Australopithecinen, der einem neuen Taxon, *Zinjanthropus boisei* Leakey, 1959, zugeordnet wurde. Der als O.H.[6] 5 bzw. *Dear Boy* (Abb. 6.4) bezeichnete Fund wird heute als die Nominatform von *Australopithecus* oder *Paranthropus boisei* geführt. Weitere Fossilien dieser Spezies fand das Ehepaar Leakey nicht nur an anderen Lokalitäten von Bed I und II in Olduvai, sondern auch in Peninj am Lake Natron (Tanzania, L. Leakey u. M. Leakey 1964; M. Leakey 1978a; Abb. 6.9). Auch andere Grabungsteams waren bei der Fossiliensuche in plio-pleistozänen Schichten erfolgreich. Clarke Howell und Yves Coppens entdeckten zahlreiche Unterkiefer und Zähne in den Shungura-Sedimenten des äthiopischen Omo-Tals (Howell 1978b; Grine 1985a; White 1988), und aus der Chemoigut-Formation nahe Chesowanja (Kenya) wurde ein Teilschädel geborgen (Carney et al. 1971; Abb. 6.9).

Unter Leitung von Richard Leakey erbrachte eine Grabung in Koobi Fora (Kenya) am Ostufer des Lake Turkana (früher: Rudolfsee) zahlreiche gut erhaltene *A. (P.) boisei*-Funde und entscheidende Erkenntnisse für die Paläoanthropologie, da in den vulkanischen Regionen des ostafrikanischen Grabenbruchs erstmals absolute Datierungen der Fundhorizonte mit der K/Ar-Methode möglich waren (R. Leakey 1970a, b; M. G. Leakey u. R. Leakey 1978; R. Leakey et al. 1978; R. Leakey u. A. Walker 1985, 1988). Auch Grabungen in West-Turkana förderten zahlreiches Fundmaterial, dessen Zuordnung zu *A.* bzw. *P. boisei* erfolgte (R. Leakey u. A. Walker 1988).

Als M. Leakey die bereits 1935 begonnenen Grabungen in Laetoli im Jahre 1970 wieder aufnahm, fand sie neben frühhominiden Fossilien in endpliozänen Vulkanaschen auch rund 3,8 MJ alte Fußspuren von sich biped fortbewegenden Hominiden (M. Leakey et al. 1976; Day u. Wickens 1980; Day 1985; M. Leakey u. J. Harris 1987; White u. Suwa 1987; Deloison 1991, 1992).

Zu den bislang erfolgreichsten Grabungen zählt die Afar-Research-Expedition unter der Leitung von Donald Johanson. Das amerikanisch-französische Expeditionsteam entdeckte Ende der siebziger Jahre bei Hadar am Awash River die bisher ältesten *Australopithecus*-Fossilien, darunter auch ein zu 40% erhaltenes weibliches Skelett. Der Fossilfund A.L.[7] 288-1 wurde unter dem Namen *Lucy* bekannt (Johanson u. Edey 1981). Ein weiterer spektakulärer Fund von 13 Individuen unterschiedlichen Individualalters und Geschlechts, der unter der mißverständlichen Bezeichnung *first family* beschrieben wurde, krönte den Erfolg der Expedition. Nachdem das Fundmaterial in der ersten Bearbeitung verschiedenen Hominidenspezies und sogar unterschiedlichen Genera zugeordnet worden war, gelangte man schließlich zu der Auffassung, daß das Material zusammen mit den Laetoli-Funden nur ein einziges neues Taxon repräsentiere, *Australopithecus afarensis* Johanson, White, Coppens, 1978. Holotypus dieser Spezies ist der in Abb. 6.5 abgebildete Unterkiefer L.H.[8] 4 von Laetoli. Die Homogenität des

---

[6] O.H. = Abk. für Olduvai Hominid, Katalogbezeichnung.

[7] A.L. = Abk. für Afar Locality, Katalogbezeichnung.

[8] L.H. = Abk. für Laetolil (abgeändert auf Laetoli) Hominid, Katalogbezeichnung.

Taxons ist nach wie vor umstritten (Schmid 1983; Senut u. Tardieu 1985; Hartwig-Scherer u. R. Martin 1991). Das gilt auch für die Zuordnung weiterer ostafrikanischen Fundmaterials zu dieser Spezies. Neben isolierten Zähnen aus Fejej und der Usno-Formation im Omo-Becken werden Teilunterkiefer aus Lothagam und Tabarin in der Nähe des Lake Baringo (Kenya) mit *A. afarensis* assoziiert. Auch ein Schädelfragment vom Tulu Bor-Member (Koobi Fora-Formation) sowie ein proximales Femurfragment eines zweifelsfrei bipeden Primaten aus Maka (Awash, Äthiopien), welches unter den auf 4 MJ datierten Cindery Tuffs geborgen wurde, zählen dazu. Ferner werden in dem aus Belohdelie (Äthiopien) stammenden Stirnbein Affinitäten zu Funden aus Hadar und Laetoli gesehen (White 1984; Asfaw 1987; S. Ward u. Hill 1987; Kimbel 1988; Fleagle et al. 1991; Grine 1993; Abb. 6.9).

Daß der Fossilreport über die frühen Hominiden noch zahlreiche Überraschungen birgt, zeigt ein exzellent erhaltenes Kalvarium, welches von R. Leakey in Lomekwi an der Westseite des Turkanasees in Schichten der Nachukui-Formation gefunden wurde (A. Walker et al. 1986). Nach Auffassung von A. Walker u. R. Leakey (1988) handelt es sich bei dem als KNM-WT[9] 17000 gekennzeichneten *black skull* um ein Fossil, das durch das beschriebene 'hyperrobuste' Taxon *A. boisei* nicht abgedeckt ist, sondern einer eigenen Spezies, *Australopithecus aethiopicus*, zugerechnet werden sollte (Abb. 6.6). Es gehört damit zu demselben Taxon wie ein extrem massiver Unterkiefer aus der Shungura-Formation (Omo 18-1967-18), der im Jahre 1967, ohne größere Beachtung zu finden, als *Paraustralopithecus aethiopicus* Arambourg, Coppens, 1968 beschrieben worden war (Arambourg u. Coppens 1968; A. Walker u. R. Leakey 1988; Tattersal et al. 1988; Grine 1993).

Die Grabungen in Ost- und Südafrika dauern an, und weitere Erfolge sind zu erwarten (Johanson u. Shreeve, 1990; White 1991). Um mehr Klarheit über die Beziehung der süd- und ostafrikanischen Hauptfundgebiete zu gewinnen, wurden bisher zwei Grabungsexpeditionen des *Hominid Corridor Research Project* in Malawi durchgeführt. Außer einem im Jahre 1991 gefundenen Unterkiefer sowie einem 1992 geborgenem, zu demselben Individuum gehörenden Molarenfragment wurden bislang keine Hominidenfossilien entdeckt (vgl. Kap. 6.2.1).

In Kap. 5.4 wurde dargelegt, daß für die Zeitspanne zwischen 8-4 MJ nur ein sehr spärlicher Fossilreport der Hominoiden vorliegt. Zwar hängt dies teilweise mit mangelnden Untersuchungen der zeitspezifischen geologischen Schichten in den potentiell fossilführenden Regionen zusammen, jedoch sind auch taphonomische und insbesondere paläoökologische Gründe zur Erklärung dieser Fundlücke einzuräumen. Das den Australopithecinen mit Sicherheit zuzurechnende Fundmaterial umfaßt eine Zeitspanne zwischen etwa 4,0 und 1,3 MJ. Trotz der relativen Funddichte in dieser Periode haben wir wenig Klarheit über den Hominisationsprozeß. Aufgrund des zum Teil kontemporären und sympatrischen Auftretens der verschiedenen Taxa liegen jedoch vielfältige Hypothesen über die Evolution der plio-pleistozänen Hominiden vor. In dieser Phase der Hominisation ist mit inter-

---

[9] KNM-WT = Abk. für Kenya National Museum, West Turkana, Katalogbezeichnung.

spezifischer Konkurrenzvermeidung und einer komplexen adaptiven Radiation (Osche 1983) zu rechnen, d.h. in der Frühphase der menschlichen Entwicklungslinie ist es offensichtlich zu mehrfachen Nischenseparationen gekommen; dies erschwert die phylogenetische Rekonstruktion erheblich.

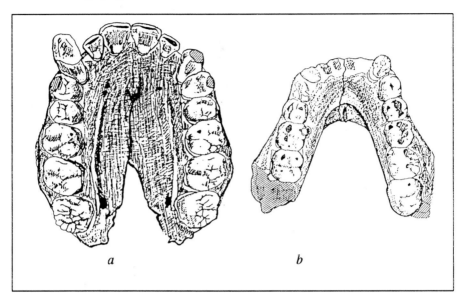

a *b*

Abb. 6.5 *A. afarensis.* **a** Oberkiefer A.L. 200-1a mit Bezahnung aus Hadar **b** Unterkiefer L.H. 4 Bezahnung aus Laetoli (n. Johanson in Day 1986, umgezeichnet).

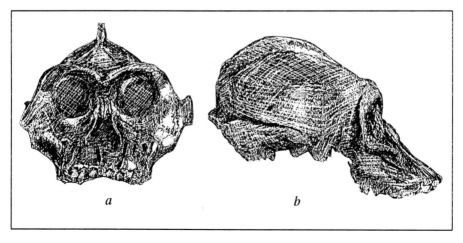

a *b*

Abb. 6.6 *A. aethiopicus,* Schädelrekonstruktion des KNM-WT 17000 aus Lomekwi. **a** Frontalansicht **b** Lateralansicht (n. Shipman 1986, umgezeichnet).

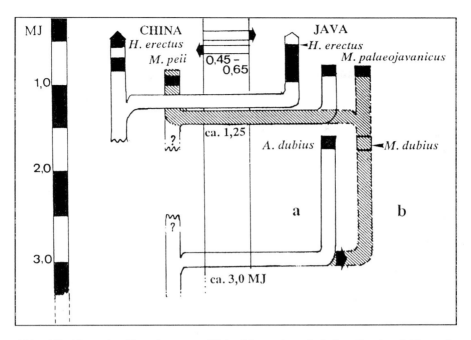

Abb. 6.7 Alternative Hypothesen zur Einbeziehung der asiatischen Spezies *dubius* **a** in das Genus *Australopithecus* **b** in das Genus *Meganthropus* (n. Franzen 1985a, umgezeichnet).

Eine in diesem Zusammenhang immer wieder gestellte Frage ist, ob die Australopithecinen den afrikanischen Kontinent jemals verlassen haben (Robinson 1953, 1954; v. Koenigswald 1954a, b; Franzen 1985a). Schon Robinson (1953, 1954) wies auf die Möglichkeit hin, daß der *Meganthropus palaeojavanicus* Weidenreich, 1945 aus Java ein asiatischer Vertreter der robusten Australopithecinen gewesen sein könnte. Er schlug deshalb eine Umbenennung in Brooms Genus *Paranthropus* vor. v. Koenigswald (1954a, b) verwarf diese Hypothese aufgrund zahnmorphologischer Detailmerkmale. Nach einer weiteren vergleichenden Analyse javanischer und ostafrikanischer Hominidenfunde kamen Tobias u. v. Koenigswald (1964) zu dem Ergebnis, daß der *Meganthropus* von Java gegenüber den Australopithecinen einen höheren hominiden Organisationsgrad aufweist. Wie Franzen (1985a) mitteilt, akzeptierte v. Koenigswald (1973a, b) erst sehr spät einen *australopithecoiden* Status von *Meganthropus* und kam letztlich zu dem Schluß, daß *M. palaeojavanicus* als Australopithecine zu betrachten sei (Franzen 1985a). Auch das als *Pithecanthropus dubius* v. Koenigswald, 1950 beschriebene Material wurde zu *Australopithecus* gerechnet, da apomorphe Merkmale von *Homo erectus* fehlen (vgl. Kap. 7.3.1). Nach Franzen (1985a) sind zwei Alternativen denkbar, von denen die eine die Spezies *dubius* in *Australopithecus* einschließt, wobei *Meganthropus* als unabhängig abgeleitetes

Taxon angesehen wird, welches entweder von derselben Spezies oder einem schon bekannten robusten Australopithecinen abstammt; eine andere Möglichkeit wäre es, *Meganthropus dubius* als eine ursprüngliche Spezies des Genus *Meganthropus* zu betrachten, aus der sich *M. palaeojavanicus* abgeleitet haben könnte (Abb. 6.7). Nach Franzen (1985a) besteht gegenwärtig keine Möglichkeit, die Alternativen zu überprüfen. Es ist aber offenbar einfacher, *M. palaeojavanicus* von *M. dubius* abzuleiten. Aber Einfachheit ist kein hinreichendes Argument für eine Hypothesenprüfung. Bislang ist also offen, ob *Australopithecus* jemals den afrikanischen Kontinent verlassen hat. Auch für den Fall, daß die ältesten Hominidenfunde Asiens Relikte einer frühen Radiation von *Australopithecus* darstellen, ist *Afrika mit an Sicherheit grenzender Wahrscheinlichkeit als die Urheimat der Hominiden* anzusehen.

6.1.2   Geographische und zeitliche Verbreitung

Aus unterschiedlichen Gründen ist es wenig wahrscheinlich, daß sich die regionale Fundverteilung, so wie sie sich in den Fossilfunden repräsentiert, mit dem tatsächlichen Verbreitungsgebiet der frühen Hominiden deckt (Abb. 6.8, Abb. 6.9; Tabelle 6.1). Pickford (1989) vermutet, daß wir mit systematischen Fehlern in der Einschätzung des Biotops der frühen Hominiden rechnen müssen. Trotz dieser potentiellen Fehleinschätzungen sprechen hinreichende Belege dafür, daß der Ursprung der Hominiden mit der Besiedlung offener Habitate durch Hominoide einherging.

In diesem Zusammenhang ist das vollständige Fehlen von Fossilien afrikanischer Menschenaffen an ostafrikanischen Fundplätzen auffallend. Man darf deshalb annehmen, daß die Pongiden im Plio-Pleistozän auf andere Gebiete Afrikas beschränkt waren, höchstwahrscheinlich auf die tropischen Regenwälder West- und Zentral-Afrikas. Vieles spricht für eine paläozoogeographische Verbreitung der frühen Hominiden im Sinne der *taxon pulse*-Theorie von Erwin (1981). Diese Theorie bringt die Speziation von Organismen mit der Verteilung der Biotope in Zusammenhang (vgl. Kap. 2.1.1). Die Verbreitung eines Taxons soll danach bevorzugt von äquatorialen Flachländern mit üppig bewaldeten, humiden Regionen zu höheren Breiten, Bergregionen, Wüsten und randständigeren Habitaten gerichtet sein. Ein sich populationsmäßig vergrößerndes Taxon breitet sich nicht nur geographisch in vertrauten Habitaten aus, sondern wird auch andersartige benachbarte Zonen erschließen. Bekanntlich führt aber die Besiedlung anderer Habitate zu abweichenden Selektionsdrücken im Vergleich zu den im Ursprungshabitat herrschenden. Falls ein Taxon nicht nur *ein* neues Habitat besiedelt, könnte es zu einer fast gleichzeitigen Entwicklung verschiedener neuer Spezies kommen. Nach Erwin läge in einem solchen Fall ein *taxon pulse* vor. Daß dieses Modell auch für die frühen Hominiden zutrifft, wurde von Pickford (1989) durch zahlreiche Befunde untermauert. Die Möglichkeit, daß gerade für Schimpansen reversible Vektoren gelten, diese also von offenen Landschaften aus wieder in bewaldete Zonen zurückgegangen sein könnten, entkräftet das *taxon pulse*-Modell nicht, da auch verschiedene andere Ausnahmen bekannt sind (Pickford 1989). Nach Coppens (1983) sind die Menschenaffen Ostafrikas nach dem Oligozän ausgestorben (vgl. Kap. 5.1). Selbst Jahrzehnte der Feldforschung haben in Ostafrika keine Fossilien hervorgebracht, die als Pongidae klassifiziert werden konnten. Dagegen wurden in derselben Region zahlreiche hominide Fossilien gefunden. Es ist also sehr wahrscheinlich, daß die geographische Verbreitung der afrikanischen Menschenaffen während des Pliozäns im wesentlichen bereits der heutigen entsprach.

Das Verschwinden der großen Menschenaffen aus Ostafrika während des Pliozäns steht nun aber in auffälligem Kontrast zum Erscheinen der Australopithecinen, die offensichtlich an Habitate adaptiert waren, in denen Menschenaffen nicht überleben konnten. Die frühen Hominiden verbreiteten sich dagegen in Afrika bis über die Tropen hinaus. Die Einnischung der Australopithecinen in semiaride und subhumide Zonen sowie der Beginn eines weiteren *taxon pulse*, der zur Gattung *Homo* führte, wird in Kap. 6.4 diskutiert.

Entgegen einer früheren Anschauung, wonach das Tier-Mensch-Übergangsfeld (Heberer 1958) nur einmal durchschritten wurde, gibt es heute Hinweise dafür, daß dieser Schritt offenbar mehrfach erfolgte. R. Martin (1990) berechnete aufgrund der Anzahl der Hominoidenfossilien, daß in den vergangenen 35 MJ insgesamt 84 Hominoidenarten existierten, von denen bislang wohl nur die Hälfte dokumentiert ist. Auch für die Hominiden können wir mit unzureichender Repräsentation rechnen. Neben dem unvollständigen Fossilreport liegt ein zentrales Problem in unseren Methoden der Arterkennung (vgl. Kap. 2.5.8), die von der Annahme ausgehen, daß morphologische Distanz genetische Distanz reflektieren würde. Da aber keine direkte Korrelation zwischen Artbildung und morphologischem Wandel vorliegt, können Artdifferenzierungen sowohl ohne als auch mit großem Gestaltwandel einhergehen. Die Einschätzung von Unterschieden bei Fossilien als *interspezifisch* oder *intraspezifisch* ist damit eine Kernfrage.

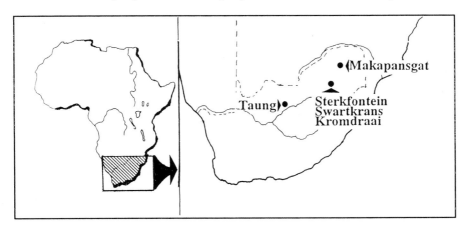

Abb. 6.8 Südafrikanische Fundplätze von *Australopithecus* (einschl. *Paranthropus*).

Foley (1991) stellte die Frage: "How many species of hominids should there be?" Er suchte eine Antwort durch den Vergleich empirischer Befunde zur zeitlichen und räumlichen Verteilung der Primatenfossilien mit Daten über Existenzdauer, Speziation und räumliche Verteilung rezenter Primaten (Kurtén 1959; Gingerich 1977; Van Valen 1973). Stanley (1978) kam für europäische Säugetiere auf eine mittlere Existenzdauer von 1 MJ. Die beste Schätzung für das Alter des Hominiden-Klade ist nach Holmes et al. (1989) 7,5 MJ, so daß man insgesamt mit 7,5 Hominidenspezies rechnen kann.

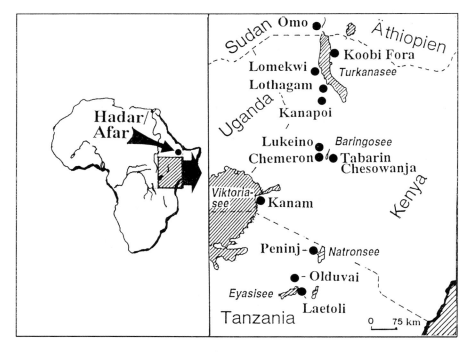

Abb. 6.9 Ostafrikanische Fundplätze von *Australopithecus* (einschl. *Paranthropus*).

Nach Foley (1991) haben in den vergangenen 7,5 MJ sogar maximal 17 Hominidenspezies gelebt, von denen bislang aber nur ein kleiner Teil bekannt ist. Aufgrund dieser Befunde erscheint die Warnung Tuttles (1988, S. 397): "Students, teachers, and palaeophils, beware! A new era of taxonomic splitting is upon us." nicht gerechtfertigt. Wir können ferner aus evolutionsökologischer Sicht für den Zeitabschnitt der Existenz von Australopithecinen mit einer größeren Artenvielfalt rechnen als für die späteren Phasen der Hominidenevolution. Zu diesem Bild tragen insbesondere Erkenntnisse der Paläogeographie bei, wonach im Miozän und Pliozän der Regenwald immer weniger Fläche des tropischen Afrikas einnahm und sich östlich des afrikanischen Grabenbruchs offene Waldlandschaften (engl. *woodlands*) und Savannen ausbreiteten. Das hatte offenbar entscheidende Konsequenzen für die Primatenradiation (vgl. Kap. 6.4). Die Annahme, daß die

Australopithecinen in baumlosen Biotopen lebten, ist nach Analysen der Kohlenstoff-Isotope an Palaeosolen nicht zu halten (Cerling 1992). Vielmehr haben wir in den Habitaten der Australopithecinen zwischen 4 - 2,5 MJ mit *mainly grassy woodland* zu rechnen (Stanley 1992). Erst seit dieser Zeit schrumpften die Wälder und Graslandschaften breiteten sich aus, die neue adaptive Anforderungen an die frühen Hominiden stellten (vgl. Kap. 5.4, Kap. 6.4).

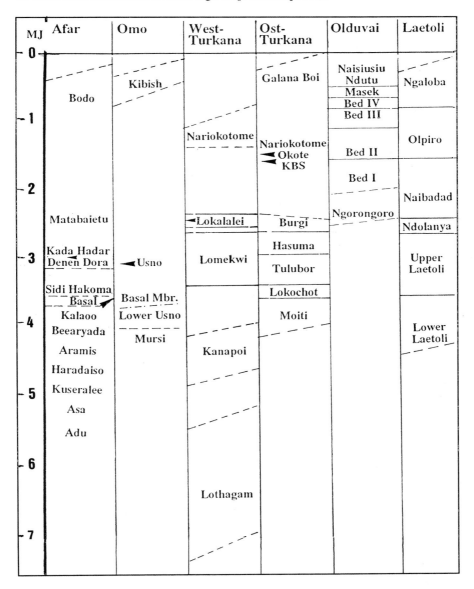

Abb. 6.10 Vergleichende Darstellung miozäner bis pleistozäner Sequenzen Ostafrikas.

Tabelle 6.1 Bedeutende *Australopithecus*-Fundorte und -Funde (Südafrika).

Ort/Datum	Fossilien/Datierung	Klassifikation/Referenzen
Taung [Südafrika] (1924)	infantiler Gesichtsschädel und Hirnschädelausguß; [? - 2 MJ]	*A. africanus* (Dart 1925, 1926; Falk 1983b; Holloway 1984), zeitweise auch als *A. robustus* diskutiert (Tobias 1973)
Sterkfontein [Südafrika] (1936-1938, 1947-1958, 1966 -)	> 48 Individuen TM 1511: Teilschädel STs 5: *Mrs. Ples* STs 7: Schulterblatt, Oberarm STs 14: Wirbel u. Becken StW 13: Gesichtsschädel StW 252: Kalvarium; ca. 3 - 2,5 MJ	*A. transvaalensis* (Broom 1936), *Plesianthropus transvaalensis* (Broom 1937), *A. africanus transvaalensis* (Robinson 1954b)
Kromdraai [Südafrika] (1938-1941, 1954-1955, 1977-1980)	TM 1517a: Teilschädel TM 1517b: Unterkiefer TM 1517g: fragm. Oberarm TM 1517e: fragm. Elle TM 1601: Teilschädel, umfangreiches Zahnmaterial; ca. [2 ?] 1,2 - 1,0 MJ	*P. robustus* (Broom 1938a), *P. crassidens* (Broom 1949), *A. robustus robustus* (Oakley 1954; Campbell 1964), *P. robustus* (Grine 1988b)
Makapansgat [Südafrika] (1947-1962, 1974 -)	MLD 37, MLD 38: Teilschädel, Oberkieferfragmente MLD 2, MLD 40: Unterkiefer MLD 7, MLD 25: infantile Darmbeine MLD 8: Sitzbein; ca. 3,3 - 2,5 MJ	*A. prometheus* (Dart 1948), *A. africanus transvaalensis* (Robinson 1954b)
Swartkrans [Südafrika] (1948-1949, 1952, 1965, 1972, 1979-1983)	SK 48: Kalvarium SK 23: Unterkiefer SK 1585: Schädelausguß SK 3981a, b: Wirbel, Zähne (> 140), 37 postkraniale Fossilien der letzten Grabung z. T. als *H.* cf. *erectus* klassifiziert); Zeitstellung: 1,8 - 1,5? MJ	*P. crassidens* (Broom 1949), *A. (P.) crassidens* (Oakley 1954), *P. robustus crassidens* (Robinson 1954a), *A. crassidens* (Oakley 1954), *P. robustus* (C. Brain 1970), *A. robustus crassidens* (Campbell 1964)

Tabelle 6.1 (Fortsetzung, Ostafrika).

Ort/Datum	Fossilien/Datierung	Klassifikation/Referenz
Garusi [Tanzania] (1939)	Maxillenfragment mit P^3, P^4; Zeitstellung ca. 3,75 MJ	*A. afarensis* (Johanson et al. 1978)
Laetoli [Tanzania] [1935] (1974 -1975, 1981)	L.H. 2: infantiler Unterkiefer, L.H. 4: adulter Unterkiefer, Verhaltensfossil: Fußspuren; ca. 3,75 - 3,6 MJ	*A. afarensis* (Johanson et al. 1978)
Olduvai [Tanzania] (1959, 1969, 1982 -)	O.H. 5: Kalvarium *dear boy*, O.H. 26: M3, O.H. 60: M3; Bed I, ca. 2,1 - 1,7 MJ	*Zinjanthropus boisei* (L. Leakey 1959), *P. boisei* (Robinson 1960), *A. (Zinjanthropus) boisei* (L. Leakey et al. 1964; Tobias 1967)
East Turkana Koobi Fora [Kenya] (1968-1975, 1990)	KNM-ER 406: Kalvarium, KNM-ER 729: Unterkiefer, KNM-ER 1813: Kalvarium, KNM-ER 23000: Kalvaria postkr. Frag. (> 32 Individuen); ca. 3,4 - 1,8 MJ	a. *A. cf. boisei* (R. Leakey 1970c) b. *Australopithecus spec.* (R. Leakey 1971) c. *A. boisei* (Brown et al. 1993)
Lomekwi [Kenya]	KNM-WT 17 000: Kalvarium *black skull*; 2,6 - 2, 3 MJ	*A. boisei* (A. Walker et al. 1986), *P. aethiopicus* (Grine 1993)
Omo [Äthiopien] (1967-1972)	Aus Shungura- u. Usno- Formation *Australopithecus*- Fossilien von > 30 Individuen, die unterschiedlichen Taxa zugerechnet werden. Omo 18-1967-18: Unterkiefer, Omo L40-19: Ulna; ca. 3,1 - 1,8 MJ	a. *Paraustralopithecus aethiopicus* (Arambourg u. Coppens 1968), *A. aethiopicus* (A. Walker et al. 1986), *P. aethiopicus* (Grine 1988b, 1993) b. *A. cf. africanus* (Howell 1969), *A. aff. africanus* (Howell 1978b) c. *A. boisei* (Howell 1978b) d. *A. afarensis* (Bilsborough 1992)
Hadar/Afar [Äthiopien] (1973-1977; 1992-)	A.L. 288-1 *Lucy*, Teilskelett, A.L. 200-1a Oberkiefer, insgesamt 316 Fossilreste von ca. 35 - 65 Individuen; ca. 3,75 - 3,4 [2,8?] MJ	*A. afarensis* (Johanson et al. 1978; Johanson u. White 1979; Johanson 1989a)

Fundmaterial aus Middle Awash (Äthiopien; *A. afarensis*) sowie Peninj (Kenya; *A. boisei*) siehe Text. - Die Klassifikation der Fossilien aus Ngorora (12 - 9 MJ), Lukeino (6,5 MJ), Lothagam (5,5 MJ), Tabarin (4,5 MJ), Kanapoi (4 MJ) ist umstritten.

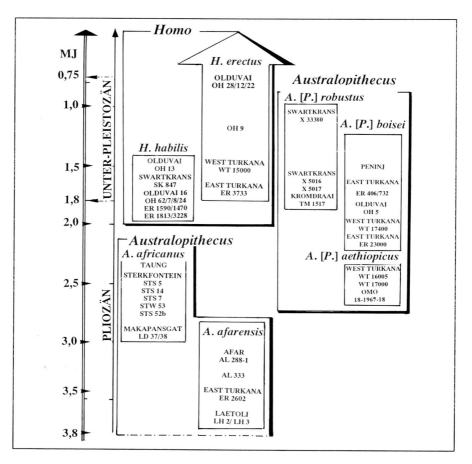

Abb. 6.11 Chronologische Zuordnung der bedeutendsten plio-pleistozänen Hominiden-Fundplätze Süd- und Ostafrikas.

Über die Datierung des südafrikanischen *Australopithecus*-Materials bestand lange Zeit Unsicherheit. Die Fossilfunde Südafrikas stammen aus unterirdischen Höhlensystemen der Karstgebiete, in welche das Material über Einbruchstrichter (Dolinen) eingeschwemmt und zu Knochenbrekzien verbacken wurde. Da keine radiometrische Datierung möglich ist, liefert der faunistische Vergleich mit anderen, datierbaren Zonen Aufschluß über das Alter der Fossillagerstätten (Vrba 1982).

Der große Vorteil ostafrikanischer Fundstätten liegt in der eindeutigen Stratigraphie und der hervorragenden absoluten Datierbarkeit der fossilführenden Schichten. So kann mit absoluter radiometrischer Datierung eine weitgehend gesicherte Altersbestimmung des Hominidenfundmaterials erfolgen (Abb. 6.10, Abb. 6.11; vgl. Kap. 2.4).

Aus Tabelle 6.1, welche das süd- und ostafrikanische Australopithecinen-Fundmaterial nach regionalen und chronologischen Kriterien auflistet, wird ebenso wie aus den Abb. 6.10 und 6.11 deutlich, daß die Funde von Laetoli zusammen mit denen von Hadar bei weitem das älteste Fundmaterial stellen. Die grazilen Typen lebten also früher als die robusten Typen. Zu letzteren ist auch der Fund von Lomekwi zu rechnen, der ein zeitlicher Vorläufer, aber nicht unbedingt Vorfahr, der anderen robusten Formen ist. Der Befund, daß die Australopithecinen-Taxa zeitgleich in derselben Region lebten, wirft die Frage auf, in welcher Weise sie unterschiedlich angepaßt waren (vgl. Kap. 6.1.3, Kap. 6.4.)

6.1.3 Morphologie der Australopithecinen

6.1.3.1 Morphologische Kennzeichnung

Die taxonomische Bewertung des Genus *Australopithecus* ist seit der Beschreibung der Nominatform umstritten. Tuttle (1988) betonte, daß Taung stammesgeschichtlich betrachtet ein 'Problemkind' war und periodisch zu Kontroversen Anlaß gab. Analog trifft dies auf alle nachfolgend entdeckten Australopithecinen zu. Zwar ist, bezogen auf das Taung-Fossil, seit langem unbestritten, daß seine Bezahnung eher menschlich als menschenaffenähnlich ist. Es ist auch nicht länger kontrovers, daß aus der Lage des Foramen occipitale magnum auf Bipedie geschlossen werden kann (Le Gros Clark 1947, 1967). Wir erleben aber gegenwärtig eine Phase, in der die Rolle der Australopithecinen in der Hominidenevolution aufgrund neuer Befunde offenbar kritischer diskutiert wird als je zuvor (Grine 1987, 1988a; B. Isaac 1989; Tuttle 1988; Skelton u. McHenry 1992). Als Tobias (1973, 1978) gar mit dem Gedanken spielte, daß es sich beim Taung-Kind um einen robusten *Australopithecus* handeln könne, war die Konfusion vollständig. Zwar hat Grine (1985a) Tobias' Argumente widerlegt, jedoch waren neue Kontroversen programmiert, als Bromage (1985) das aus dem Zahndurchbruchsmuster erschlossene Sterbealter des Taung-Kindes von 6,5 ± 1 Jahren nach neuen vergleichend-ontogenetischen Studien an Primaten auf 3,3 Jahre bezifferte. Danach waren die grazilen Australopithecinen in ihrer Entwicklungsrate entschieden äffischer und gleichzeitig weniger menschenähnlich als bislang angenommen wurde. Tuttle (1988) folgerte, daß die so mühsam zusammengetragenen Befunde für den Hominidenstatus offenbar sukzessive schwinden würden.

Auch die 'Entlarvung' der osteodontokeratischen Kultur als fehlinterpretierte Abfallreste von Beutefängern und Aasfressern sowie völlig veränderte Jäger-Sammler-Modelle (Foley 1987; Isaac 1989) trugen zu einem Wandel der evolutionsökologischen und stammesgeschichtlichen Einschätzung der Australopithecinen bei. Bislang halten die meisten Paläoanthropologen noch an einem einzigen Genus, *Australopithecus*, fest, das alle nicht zu *Homo* gehörenden plio-pleistozänen Hominiden einschließt. Grine (1988a) favorisiert hingegen die

Klassifikation der robusten Formen von *Australopithecus* als *Paranthropus* (Tabelle 6.2). Diese Differenzierung von robusten und grazilen Formen auf Genus-Niveau besagt, daß die morphologische Heterogenität der robusten Australopithecinen eine eigene und hochspezialisierte Entwicklung innerhalb der Hominidae kennnzeichnet. Das wird auch durch *A. aethiopicus* von Lomekwi deutlich, der die bisherigen Klassifikationen erheblich durcheinandergewirbelt hat (Szalay u. Delson 1979; Skelton et al. 1986; Grine 1987; Groves 1989b; Skelton u. McHenry 1992; Tabelle 6.2).

Nach Johanson (1989a) sowie Skelton u. McHenry (1992) erscheint die Untergliederung des Taxons *Australopithecus s.l.* in folgende Spezies konsensfähig:

Australopithecus afarensis
Australopithecus africanus
Australopithecus (oder Paranthropus[10]) robustus
Australopithecus (oder Paranthropus[10]) boisei
Australopithecus aethiopicus.

Tabelle 6.2 Hier berücksichtigte Spezies des Genus *Australopithecus (s.l.)* im Vergleich mit alternativen Klassifikationen des identischen oder teilweise identischen Fundmaterials (Übersicht in Groves 1989b).

Speziesbezeichnung	Alternative Speziesbezeichnungen
A. africanus Dart, 1925	*A. transvaalensis* Broom, 1936 *Plesianthropus transvaalensis* Broom, 1937 *A. prometheus* Dart, 1948
A. robustus Oakley, 1954	*Paranthropus robustus* Broom, 1938a, b *Paranthropus crassidens* Broom, 1949 *A. crassidens* Oakley, 1954
A. boisei Tobias, 1967	*Zinjanthropus boisei* Leakey, 1959 *Paranthropus boisei* Robinson, 1960
A. afarensis Johanson, White, Coppens, 1978 *A. aethiopicus* Coppens, 1979	*A. africanus tanzaniensis* und *A. africanus aethiopicus* (n. Tobias 1980) *Paraustralopithecus aethiopicus* Arambourg, Coppens, 1968 *Paranthropus aethiopicus* (n. Kimbel et al. 1988)

Die sich zunächst anschließende Frage lautet: Welche allgemeinen Kennzeichen charakterisieren das Genus *Australopithecus*? Die nachfolgend aufgeführten

---

[10] Bei der Diskussion der Stammbaumrekonstruktionen wird die von den dort zitierten Autoren verwendete Nomenklatur beibehalten (vgl. Kap. 6.3).

Merkmale beziehen sich auf solche Strukturen, die sich an dem vorhandenen Fossilmaterial hinreichend diagnostizieren lassen.

Kennzeichen des Genus *Australopithecus*[11]

Neuro- und Viszerokranium (Abb. 6.12, Abb. 6.13)

- Hirnschädel größer als bei Pongiden, absolutes Hirnvolumen in der Variationsbreite rezenter Menschenaffen, aber bezogen auf das geschätzte Körpergewicht von 20-30 kg deutlich evolviert;
- Neurokranium dünnwandig, größte Breite oberhalb des Mastoidfortsatzes;
- Schädelhöhe größer, Scheitelwölbung gerundeter als bei Pongiden, Scheitelpunkt des Hirnschädels deutlich höher;
- Crista sagittalis bei einigen Formen noch vorhanden;
- Planum nuchae kleiner, mehr nach inferior als nach posterior gerichtet, z. T. noch durch eine Crista occipitalis begrenzt;
- Foramen occipitale magnum weiter nach anterior verlagert;
- Schädelbasisknickung größer als bei Pongiden;
- Fossa glenoidalis flach, transversal verlängert, sehr weit lateral gelegen;
- Eminentia articularis stark aufgewölbt;
- Rückwand der Fossa glenoidalis z. T. noch wie bei Pongiden vom knöchernen äußeren Gehörgang gebildet, bei einigen Formen dagegen vom Proc. postglenoidalis;
- Meatus acusticus externus kürzer als bei Pongiden;
- Proc. mastoideus unterschiedlich stark entwickelt;
- Torus supraorbitalis prominent, aber nicht massiv;
- Prognathie schwächer, Schnauze gegenüber Pongiden verkürzt; bei einigen Spezies noch vorgebauter nasoalveolarer Clivus;
- Nasenöffnung pongid, inferiorer Rand nicht scharfkantig, Spina nasalis fehlt;
- Nasenbeine nach inferior breiter werdend (umgekehrt V-förmig);
- Infraorbitalregion anterosuperior gekippt;
- Jochbogen lädt lateral weit aus, Gesichtsumriß daher rautenförmig;
- Kinnvorsprung fehlend, Unterkiefersymphyse weniger zurückweichend als bei Pongiden;
- Unterkiefer massiver als bei Pongiden, Affenplatte fehlt;
- Foramen mentale auf halber Höhe des Corpus mandibulae, höher als bei Pongiden.

---

[11] Die funktionelle Interpretation der nachfolgend aufgelisteten morphologischen Kennzeichen erfolgt in Kap. 6.1.3.2, weshalb hier mit wenigen Ausnahmen nur eine Deskription erfolgt. Bei einigen morphologischen Bezeichnungen herrscht nomenklatorische Unsicherheit; daher wurden zur besseren Vergleichbarkeit die in der Literatur gebräuchlichen Trivialbezeichnungen aufgenommen. Unterschiedliche Benennungen für homologe Strukturen sind deshalb nicht völlig auszuschließen.

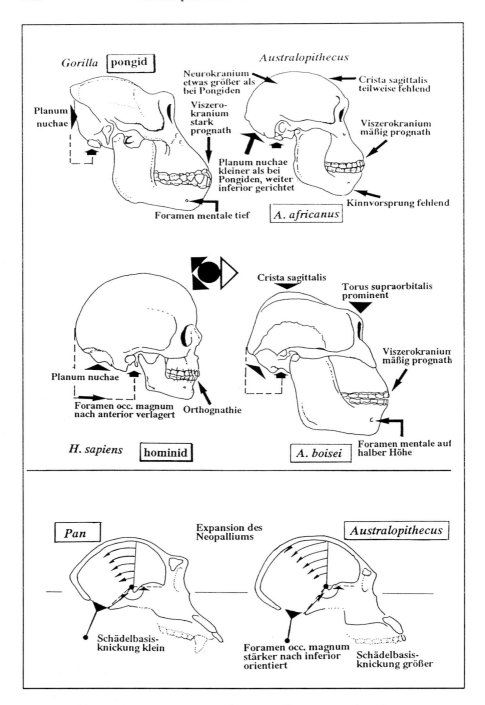

Abb. 6.12 Kennzeichen des Genus *Australopithecus* (Erläuterungsskizzen).

Kennzeichen des Genus *Australopithecus*

Gebiß und Zähne (Abb. 6.15)

- Zahnbogenform variiert erheblich von parabolisch bis V-förmig oder von V- bis U-förmig;
- Frontzahnbogen im Incisivenbereich abgeflacht;
- Diastema im Oberkiefer in der Regel nicht vorhanden;
- Frontzähne relativ klein, postcanine Zähne vergrößert;
- homomorphe Incisivi, I^2 mit Schneidekante, nicht kegelförmig wie bei Pongiden (außer *Pan*);
- homomorphe Canini nicht spitz, sondern incisiviform, Spitzenanteil der Krone niedrig, Kronenbasis hoch, Okklusionsniveau kaum überragend;
- Abnutzung des Caninus horizontal;
- Praemolaren und Molaren mit dickem Zahnschmelz;
- P verbreitert, größere Kaufläche als bei Pongiden (molarisiert);
- P^3 zweihöckerig, großer Innenhöcker, auf gleicher bukkolingualer Höhe wie Außenhöcker, nicht sektorial wie bei Pongiden;
- Molaren groß und besonders breit, Molarenhöcker flach, basales Schmelzband z. T. noch vorhanden;
- verzögerter Durchbruch der Molaren; C brechen vor M2, I_1 manchmal vor M_1 durch (bei Pongiden C nach M2; M_1 vor I_1).

Der vorstehende Merkmalskanon enthält keine paläoneurologischen Befunde, weil diese nach wie vor kontrovers sind (Radinsky 1979; Holloway 1981c, 1983b, 1988; Holloway u. Kimbel 1986; Falk 1983a, b, 1985, 1987, 1988). Das gilt insbesondere für die Bewertung der Lage des Sulcus lunatus (Abb. 6.14). Die Debatte begann mit Radinskys' (1979) Frage, ob der Sulcus lunatus am natürlichen Endokranialausguß des Taung-Schädels mehr pongid oder hominid sei. Während Falk (1980, 1983b, 1985) aufgrund vergleichender Studien an sieben australopithecinen Endokranialausgüssen die Auffassung vertrat, daß sie entschieden mehr äffisch als menschlich seien, kam Holloway (1981b, 1984, 1985) zum gegenteiligen Befund. Die gegensätzlichen Standpunkte wurden in Schriften von Falk (1983b, 1985) und Holloway (1984, 1985) vertieft und um eine kritische Diskussion der sehr schwierigen paläoneurologischen Methoden erweitert (Stereoplotting; Messungen und Indexberechungen direkt am Endokranialausguß oder an der Fotografie). Auch wenn man zugesteht, daß die Bewertung der Lage des Sulcus lunatus beim Taung-Kind problematisch ist, so ist nach Falk (1987) dennoch aufgrund des Verlaufs anderer Sulci sichergestellt, daß das *Australopithecus*-Hirn ein menschenaffenähnliches Furchenmuster aufweist, ein Befund, den Holloway (1981d, 1984) nicht teilt. Eine eindeutige Differentialdiagnose aufgrund dieses Merkmalskomplexes ist zur Zeit nicht möglich.

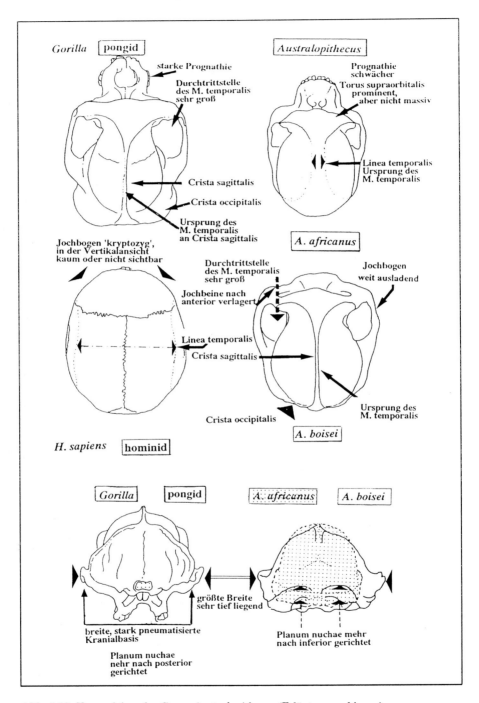

Abb. 6.13 Kennzeichen des Genus *Australopithecus* (Erläuterungsskizzen).

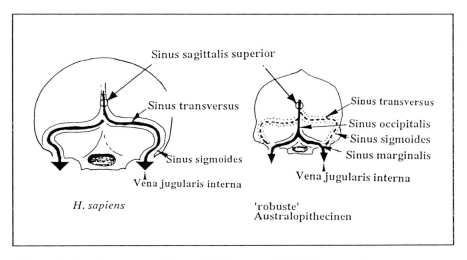

Abb. 6.14 Okzipitomarginaler Sinus (O/M-Sinus; n. Falk 1985, umgezeichnet).

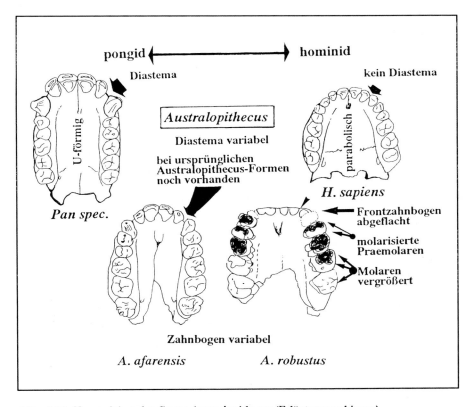

Abb. 6.15 Kennzeichen des Genus *Australopithecus* (Erläuterungsskizzen).

Kennzeichen des Genus *Australopithecus*

Postkranium (Abb. 6.16)

- Wirbelsäule doppelt-S-förmig gekrümmt (z. B. bei STs 14);
- Kreuzbein breiter als bei Pongiden, vergrößerte sacroiliacale Gelenkflächen;
- Skelettelemente der oberen Extremität hinsichtlich der Muskelmarken und der Ausrichtung der Gelenke weitgehend hominid;
- Mittelhandknochen und Fingerglieder dorsal konvex gebogen, gegenüber *Homo* abweichende Morphologie der Gelenkflächen, pongidenähnlicher;
- Daumenendglied relativ breiter als bei Pongiden;
- Darmbein niedrig und breit, keine sigmoide Krümmung der Crista iliaca;
- Darmbeinschaufeln breit ausladend, Spina iliaca anterior deutlich angelegt, in Lage und Orientierung hominid;
- Hüftgelenkspfanne im Vergleich zu Pongiden etwas weiter nach ventral geschwenkt, Traglot des Körperschwerpunkts vor der Wirbelsäule liegend;
- Schambein im Symphysenabschnitt niedrig, eher hominidenähnlich;
- Gleitrinne für den M. iliopsoas auf dem Ramus superior ossis pubis vorhanden, hominid;
- Darmbeinpfeiler vorhanden, hominid;
- Durchmesser des Oberschenkelkopfes klein, eher pongid;
- Oberschenkelhals etwas länger als bei *Homo*;
- Collo-Diaphysen-Winkel klein, hominidenähnlich;
- Bikondylarwinkel (Valgus-Winkel) größer, hominid;
- Führungsrinne der Facies patellaris femoris hominid;
- distale Femurkondylen in Lateralansicht breit-elliptisch abgeflacht, hominid;
- Intermembralindizes (Verhältnis oberer zu unterer Extremität) bei einigen *Australopithecus*-Spezies relativ hoch, eher pongid.

Nach Einschätzung der meisten Anthropologen waren alle Australopithecinen bereits biped, aber ihr aufrechter Gang unterschied sich ganz offensichtlich von dem des heutigen Menschen (Stern u. Susman 1983; Zihlman 1985, 1985/86; Hartwig-Scherer u. R. Martin 1991; Rak 1991a). Es läßt sich auch nicht ausschließen, daß sie noch fakultativ baumlebend waren und Kletterfähigkeiten zum Aufsuchen von Schlafplätzen und zur Nahrungssuche in den Bäumen bewahrt hatten (Robinson 1972; McHenry et al. 1976; Ciochon u. Corruccini 1976; Übersicht in Tuttle 1988; Aiello u. Dean 1990; Coppens u. Senut 1991; Stanley 1992). Wegen ihrer großen Bedeutung für die Kennzeichnung der frühen Hominiden werden die evolutionsökologischen Hypothesen zur Entwicklung der Bipedie gesondert behandelt (vgl. Kap. 6.4). Hier gilt es zunächst, das Postkranium zu kennzeichnen, das offenbar differentialdiagnostisch eindeutige Merkmale gegenüber den nicht-hominiden Vorläufern aufweist.

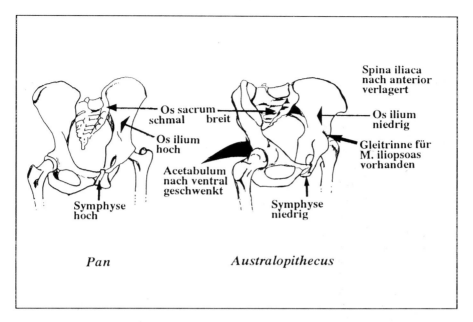

Spina iliaca
nach anterior
verlagert

Os ilium
niedrig

Gleitrinne für
M. iliopsoas
vorhanden

Os sacrum
schmal   breit

Os ilium
hoch

Acetabulum
nach ventral
geschwenkt

Symphyse
hoch

Symphyse
niedrig

Pan   *Australopithecus*

Abb. 6.16 Kennzeichen des Genus *Australopithecus* (Erläuterungsskizzen).

Das *Australopithecus* zugeschriebene Fossilmaterial zeigt eine beachtliche inter- und intraspezifische Variabilität, was erhebliche Probleme bei der Abgrenzung der Taxa aufwirft. Nachfolgend werden die wichtigsten Kennzeichen der einzelnen Spezies vorgestellt.

A. afarensis ist ganz offensichtlich die ursprünglichste Hominidenspezies und gegenüber den anderen *Australopithecus*-Arten noch deutlich stärker pongid als hominid. Das Hypodigma dieser Spezies stammt aus der Afar-Region und Laetoli. Weitere Funde aus Tabarin (Chemeron), Kanapoi, Lothagam, Fejej, Maka, Belohdelie, Omo (Usno- u. Shungura-Formation, Member B), dem Tulu Bor-Member von Koobi Fora- sowie Lower Lomekwi-Member und Middle Awash von West-Turkana sind umstritten (Grine 1993).

Nach ihrer Erstbeschreibung durch Johanson et al. (1978) wurde die Spezies von verschiedenen Paläoanthropologen in Frage gestellt. Die von Tobias (1980) zeitweise vertretene Auffassung, *A. afarensis* sei als lokale Subspezies von *A. africanus* zu verstehen (*A. africanus aethiopicus* und *A. africanus tanzaniensis*), ist aus nomenklatorischen Gründen (Groves 1989b) sowie insbesondere aufgrund umfangreicher kraniodentologischer Befunde nicht länger haltbar (Übersicht in Kimbel et al. 1985; Tobias 1987). Wie zahlreiche Studien belegen, handelt es sich um eine eigenständige frühe Hominidenform (Tobias 1985; Kimbel et al. 1985; Skelton et al. 1986; Kimbel u. White 1988; Skelton u. McHenry 1992), die insbesondere durch eine Reihe ursprünglicher Schädel- und Zahnmerkmale gegenüber den progressiveren Australopithecinen-Taxa gekennzeichnet ist.

Kennzeichen von *A. afarensis*[12]

Neuro- und Viszerokranium (Abb. 6.17)

- geschätzte Hirnschädelkapazität für drei Hadar-Funde zwischen 310 und 485 cm^3 (Holloway 1988), also durchschnittlich bei 400 cm^3 (415 cm^3 nach Klein 1989a), niedriger als bei anderen *Australopithecus*-Spezies, im Variationsbereich von *Pan*;
- Enkephalisationsquotient (EQ) von *A. afarensis* niedriger als bei anderen Australopithecinen, höher als bei *Pan* (2,4 *vs.* 2,0; McHenry 1992);
- Hirnschädel im Verhältnis zum betont prognathen Gesichtsschädel sehr klein;
- Schädelbasisknickung gering, eher pongid;
- temporale und nuchale Kämme vorhanden, miteinander verbunden, posteriorer Anteil des M. temporalis im Vergleich zum anterioren Anteil größer;
- Distanz zwischen Lambda (Kontaktpunkt von Sagittal- und Lambdanaht) und Inion (Meßpunkt in der Mediansagittalebene, in dem Planum nuchae und Squama ossis occipitalis zusammentreffen) gering;
- steiles Planum nuchae;
- nach lateral ausgezogene Asterionregion, Asteriongrube ausgebildet;
- Mastoidfortsätze und laterale Schädelbasis stark pneumatisiert;
- Unterkiefergelenkgrube relativ flach, Eminentia articularis fehlt;
- Proc. postglenoidalis vorhanden;
- äußerer Gehörgang zylindrisch, nicht konisch verjüngt;
- starke alveolare Prognathie;
- Nasenbeine setzen unmittelbar inferior vom glabellaren Teil des Torus supraorbitalis an (Glabella fällt mit Nasion zusammen);
- Wurzeln der C des Oberkiefers bilden starke Juga aus;
- Wangenbeine sind relativ grazil und kurz, sehr weit posterior an der Maxilla ansetzend, vom Eckzahnjugum durch knöcherne Vertiefung (Fossa canina[13]) getrennt;
- schmaler Gaumen, in Mediansagittalebene niedrig, im praemaxillaren Bereich nach anteroinferior abgeflacht;
- nasoalveolarer Clivus in mediolateraler und superoinferiorer Ausdehnung konvex, Saumbildung am anterioren Rand des Nasenbodens;
- Corpus mandibulae an bukkaler Fläche gekehlt;
- Distanz zwischen M^3 und Kiefergelenk groß;
- Foramen mentale nach anterior ausgerichtet; Canalis mandibulae konisch angeschnitten;
- okzipitomarginaler Sinus (O/M-Sinus) vorhanden.

---

[12] In Kap. 6.1.3.2 werden die kraniodentologischen Unterschiede zwischen den grazilen und robusten Australopithecinen funktionsmorphologisch erklärt.

[13] In der angelsächsischen Literatur wird in der Regel nicht zwischen der Fossa maxillaris, der echten Fossa canina (Insertionsstelle des M. levator angularis) und der Fossa suborbitalis differenziert (vgl. Kap. 4.1.1.12).

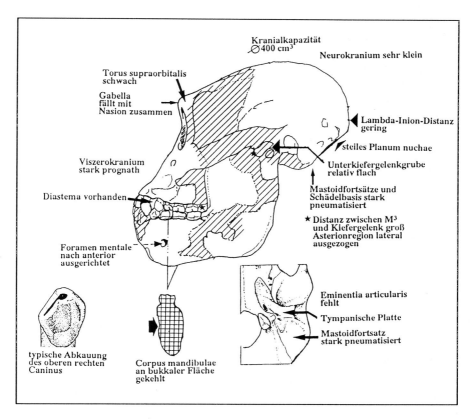

Abb. 6.17 Kennzeichen von *A. afarensis* (Erläuterungsskizzen).

Kennzeichen von *A. afarensis*

Gebiß und Zähne

- Diastema im Oberkiefer häufig vorhanden;
- obere I relativ groß und etwas prokumbent;
- innere I des Oberkiefers deutlich breiter als die äußeren;
- Kronen der oberen C in der Regel asymmetrisch, vorspringend, mesial häufig Kontaktfazette vom unteren C, distale Kontaktfazette vom P_3 ;
- sexualdimorphe C;
- Diastema im Unterkiefer häufig vorhanden;
- unterer C vorstehend, distale Fläche mit Schliffazette vom oberen C;
- P_3 relativ lang und schmal, im Horizontalumriß oval, sektorial bis semisektorial, sehr kleines Metaconid.

Das postkraniale Skelett von *A. afarensis* weist einige Merkmalsmuster auf, die mit der Annahme, daß habituelle Bipedie die einzige Lokomotionsweise dieser Art darstellte, nicht vereinbar erscheint. Die Abb. 6.18 zeigt Lucy sowohl in aufrechter als auch in suspensorischer Haltung. Die Proportionen der Extremitäten und zahlreiche Detailmerkmale lassen vermuten, daß *A. afarensis* nicht ausschließlich biped war, sondern noch partiell arborikol lebte und pongiden-ähnliche Merkmale aufwies (vgl. Kap. 6.4).

Kennzeichen von *A. afarensis*

Postkranium

- Intermembralindex hoch, pongid;
- kraniale Orientierung der Cavitas glenoidalis, pongid;
- trichterförmiger Brustkorb, Torsion der Rippen in Corpusmitte, pongid;
- Becken mit ventral orientierten Darmbeinschaufeln, als hominid oder intermediär pongid-hominid interpretierbar;
- Lage und Orientierung der Muskelansatzstellen am proximalen Humerus sind Indizien für suspensorische Lokomotion;
- Sulcus intertubercularis eng und tief, wie bei hangelnden Primaten;
- distaler Humerus mit medial und lateral der Fossa olecrani liegenden Pfeilern, pongid;
- Handwurzel zeigt Adaptationen an wirksamen Kraftgriff;
- Mittelhandknochen mit großen proximalen und distalen Epiphysen, Diaphyse gebogen, pongid, aber keine spezifischen Anpassungen an den Knöchelgang;
- distale Phalangen in Form und Dimensionen pongid;
- Konstruktion des Fußes schließt Greiffähigkeit nicht aus, Ausmaß jedoch umstritten;
- Struktur der Metatarsophalangealgelenke weist auf Bipedie hin, eher hominid;
- Fußabdrücke aus Laetoli zeigen großen Interdigitalraum zwischen I. und II. Zehe, eher pongid;
- an Fußspuren nachweisbarer Fersendruck und fehlende Abduzierbarkeit der Großzehe weisen auf bipedes Schreiten hin; Interpretation der Fußspuren sehr kontrovers.

In der vorstehenden Auflistung ist bereits hinreichend deutlich geworden, wie problematisch die Interpretation einiger Merkmale ist (Übersicht in Jungers 1982; Stern u. Susman 1983; Susman et al. 1984, 1985; Aiello u. Dean 1990).

Neben den anhaltenden Kontroversen über die Lokomotionsform von *A. afarensis*, auf die wir nochmals im Kap. 6.4 (Evolutionsökologie) zurückkommen werden, ist bislang auch ungelöst, ob die im Hypodigma vorhandenen Form- und Größenunterschiede hinreichend als Sexualdimorphismus zu werten sind oder ob es sich doch um heterogenes Fundmaterial von verschiedenen Spezies handelt, wie T. Olson (1981, 1985), Schmid (1983, 1989a, b), Zihlman (1985) und andere Autoren vermuten, was Johanson (1989a) und White u. Johanson (1989) jedoch vehement bestreiten. Die Morphologie der Kranialbasis sowie der Nase, der Kiefer und der Zähne wurde auch herangezogen, um das Hypodigma von *A. afarensis* in zwei Spezies zu zerlegen, eine frühe robuste Hominiden-Spezies und eine frühe *Homo*-Spezies, die *A. africanus* möglicherweise noch einschließt (T. Olson 1981, 1985). Die robuste Spezies würde danach die im Fossilreport häufiger vorkommende Art repräsentieren. Zwar wurden alle Argumente, die aufgrund des kranialen Materials vorgebracht wurden, systematisch und heftig zurückgewiesen (Kimbel et al. 1985), jedoch bleiben Zweifel, zumal auch das Extremitätenmaterial zwei Spezies repräsentieren könnte (Senut u. Tardieu 1985). Nach Stern u. Susman (1983) könnten die extremen postkranialen Unterschiede vielleicht damit zu erklären sein, daß die grazileren Frauen entscheidend weniger terrestrisch als die robusten Männer waren (Stanley 1992). Nur eine größere Stichprobe aussagekräftiger Fossilien könnte Aufschluß geben. Die meisten Autoren sind gegenwärtig jedoch der Auffassung, daß es sich bei dem *A. afarensis* zugeschriebenen Material nicht um zwei oder mehr Spezies handelt.

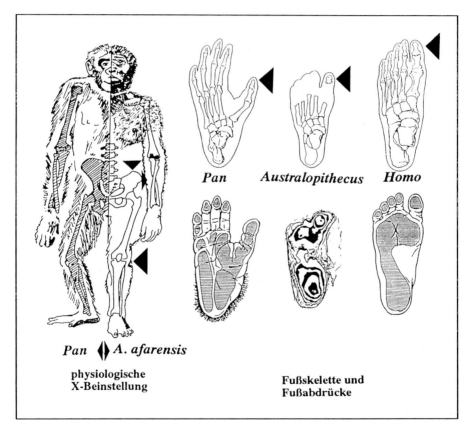

Abb. 6.18 Kennzeichen von *A. afarensis* (Erläuterungsskizzen).

Die kranialen und postkranialen Überreste von *A. afarensis* weisen einen sehr starken Sexualdimorphismus auf. Die ermittelten Differenzen zwischen den als weiblich und männlich bestimmten Individuen entsprechen denjenigen, die für lebende Gorillas und Orang-Utans angegeben werden. Nach Schmid u. Stratil (1986) beträgt der Geschlechtsunterschied beim Gorilla für den Hirnschädel im Durchschnitt 10% und für Strecken der Schädelbasis 20%, der Gesichtsregion 21% und des Unterkiefers 17%. Ein ähnlich großer Sexualdimorphismus wird für *A. afarensis* angenommen, sofern die Bedingung zutrifft, daß das berücksichtigte Fossilmaterial *ein* Hypodigma bildet.

Die glaubwürdigsten Schätzungen des Körpergewichts fußen auf der Gelenkflächengröße der unteren Extremitäten. McHenry (1992) unterschied in dem Hominidenfundmaterial von *A. afarensis* zwei Gruppen, die er als weiblich bzw. männlich ansieht. Die berechneten Duchschnittswerte für das Körpergewicht liegen bei 29 kg für die weiblichen und 45 kg für die männlichen Individuen. Diese Berechnungen liegen im Durchschnitt deutlich niedriger als frühere Schätzungen (Mittelwert für beide Geschlechter 50,6 kg; McHenry 1988). Das gilt auch im Vergleich mit Daten von Jungers (1988b; Variationsbreite für beide Geschlechter von *A. afarensis* 30,4 kg und 80,8 kg).

Die Körperhöhenschätzungen für *A. afarensis* liegen im Mittel bei 151 cm für Männer und 105 cm für Frauen. Insbesondere aufgrund der Körperhöhenschätzung von Lucy wurde der Hominidenstatus von *A. afarensis* wiederholt in Frage gestellt (Jungers 1982; Schmid 1983; Susman et al. 1984; Weaver 1985; Geissmann 1986; Simons 1989; McHenry 1991a, 1992) und wird kontrovers diskutiert. Die diagnostischen Kennzeichen von *A. africanus* sind gegenüber denen von *A. afarensis* unzweifelhaft progressiv. Das Hypodigma, bestehend aus dem Individuum von Taung sowie Fundmaterial aus Member 4 der Sterkfontein-Formation und dem Member 3 und 4 der Makapansgat-Formation weist noch zahlreiche ursprüngliche Kennzeichen auf. Die Zeitstellung der Funde aus Makapansgat ist mit etwa 3 MJ, die von Sterkfontein mit 2,5 MJ und jünger zu beziffern, während Taung zwischen ca. 2,3 - 2,0 MJ eingestuft wird (vgl. Kap. 6.1.3.1). Da bisher keine jüngeren Funde bekannt sind, ist das Aussterben der Art vor ca. 2 MJ anzunehmen.

Kennzeichen von *A. africanus*

Neuro- und Viszerokranium (Abb. 6.19)

- Hirnschädelkapazität zwischen 430 - 520 cm^3, durchschnittlich 440 cm^3 (Holloway 1975, 1983a); ca. 10% mehr als bei *A. afarensis*; Enkephalisationsquotient 2,6 (McHenry 1992);
- Os frontale stärker gewölbt als bei *A. afarensis*, schwächer als bei *H. habilis*;
- Glabella deutlich vom Nasion separiert;
- temporomastoidale Region weniger stark aufgebläht; Schädelbasis schwächer pneumatisiert als bei *A. afarensis*;

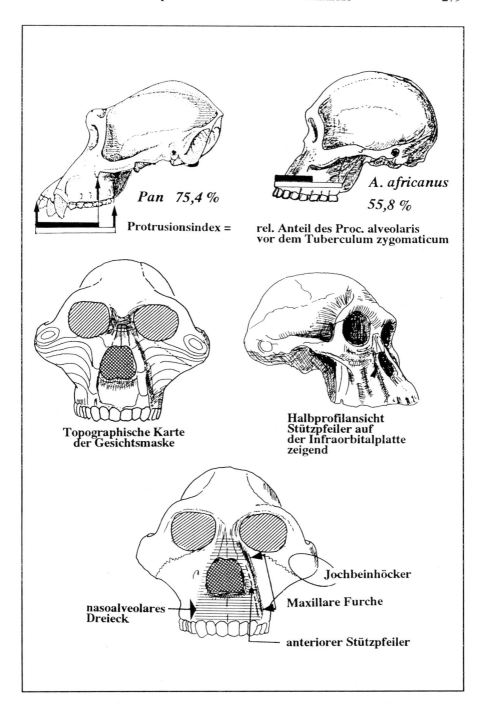

Pan 75,4 %

Protrusionsindex =

A. africanus 55,8 %

rel. Anteil des Proc. alveolaris vor dem Tuberculum zygomaticum

Topographische Karte der Gesichtsmaske

Halbprofilansicht Stützpfeiler auf der Infraorbitalplatte zeigend

Jochbeinhöcker

Maxillare Furche

nasoalveolares Dreieck

anteriorer Stützpfeiler

Abb. 6.19 Kennzeichen von *A. africanus* (Erläuterungsskizzen).

- Planum nuchae ist etwas steiler gestellt als bei *A. afarensis*;
- Lambda und Inion weiter auseinanderliegend als bei *A. afarensis*;
- tiefe Fossa glenoidalis, ausgeprägte Eminentia articularis;
- Lineae temporales liegen weiter lateral als bei *A. afarensis*, Crista sagittalis fehlt;
- Schädelbasisknickung nur wenig stärker als bei *A. afarensis*;
- Viszerokranium deutlich weniger prognath als bei *A. afarensis*, insbesondere schwache alveolare Prognathie;
- inferiore Position der größten Breite der Ossa nasalia, pongid;
- Ausbildung eines nasoalveolaren Dreiecks;
- anteriorer Stützpfeiler von der Zwischenaugenregion zum lateralen Zahnbogen auf Höhe des I^2 und C verlaufend;
- maxillare Furche (engl. *maxillary furrow*) lateral und parallel zum anterioren Stützpfeiler auf der Infraorbitalplatte verlaufend;
- Wurzel des Proc. temporalis des Jochbeins höckerartig vorgewölbt (Jochbeinhöcker, engl. *zygomatic prominence*);
- Gaumendach relativ tief, deutliche Abwinkelung nach anteroinferior im praemaxillaren Abschnitt;
- Corpus mandibulae deutlich robuster als bei *A. afarensis*, auffällig verstärkte Symphyse, Ramus ascendens vergleichsweise breit und hoch, tiefer und weiter lateral am Corpus ansetzend, Corpus-Querschnitt bukkal konvex.

Gebiß und Zähne

- Frontzähne kleiner als bei *A. afarensis*;
- I^1 und I^2 ungleich groß;
- C im Vergleich zu dem von *A. afarensis* sehr kurz, Abnutzungsspuren horizontal, nicht an den mesialen und distalen Rändern, geringer oder kein Sexualdimorphismus der Eckzahngröße;
- Diastemata im Ober- und Unterkiefer selten;
- Molaren vergrößert, mit Tendenz zur Molarisierung, Praemolaren gegenüber *A. afarensis* vergrößert;
- Abkauungsunterschied zwischen bukkalen und lingualen Molarenhöckern intermediär pongid bis hominid;
- P_3 robust, Robustizitätsgrad 7,3 (*Homo* 9,1; Skelton u. McHenry 1992);
- P_4 robust, Robustizitätsgrad 5,0 (*Homo* 4,8; Skelton u. McHenry 1992);
- P_3 und P_4 zweiwurzelig oder fusionierte Wurzel (engl. *Tomes' root*);
- durchschnittlich große postcanine Kaufläche von 516 mm^2 im Vergleich zu *Homo* mit 479 mm^2 (Skelton u. McHenry 1992).

Das Postkranium von *A. africanus* ist nach Untersuchungen von Schmid (1983), McHenry (1986) und anderen Anthropologen dem von *A. afarensis* sehr ähnlich. Es besteht kein Zweifel, daß es sich um eine eindeutig bipede und hochgradig terrestrische Form handelte. Zahlreiche strukturelle Eigenschaften lassen jedoch, ebenso wie für *A. afarensis*, auf einen hohen Anteil suspensorischer Lokomotion schließen. Dazu zählen neben der kranialen Orientierung der Cavitas glenoidalis ein trichterförmiger Thorax, breit ausladende Darmbeinschaufeln sowie lange Pubisäste, die die Hebelwirkung der Rumpfmuskulatur und der Adduktoren der unteren Extremität begünstigen.

Bei allen aufgezeigten Ähnlichkeiten dieses frühen Hominiden mit heutigen afrikanischen Pongiden sollte jedoch nicht vergessen werden, die rezenten afrikanischen Menschenaffen als eine abgeleitete Form zu betrachten, die eine gleichlange eigenständige Entwicklung wie der Mensch hat. Die heutigen Pongiden geben mit Sicherheit nicht den ursprünglichen Zustand der gemeinsamen Vorfahren wieder (Schmid 1983; vgl. Kap. 6.1.3.2). Für *A. africanus* ist eine generalisierte Lokomotion anzunehmen, die als eigenständige Lösung zu betrachten ist. Sie entsprach weder der Lokomotionsweise rezenter Hominiden, noch derjenigen der lebenden afrikanischen Menschenaffen (Robinson 1972; Vrba 1979; McHenry 1986).

Die aufgrund vergleichend-primatologischer Befunde ermittelten Körpergewichtsschätzungen nach Steudel (1980), McHenry (1982, 1988, 1992) und Jungers (1988b, c) variieren beachtlich und hängen erheblich davon ab, welche Körperdimensionen gewählt und welche rezenten Primaten als Modell herangezogen werden. Die jüngsten Schätzungen von McHenry (1992) liegen bei 30 kg für die weiblichen und 41 kg für die männlichen Individuen. Jungers (1988c) gibt dagegen mittlere Schätzungen von 33,5 bis 67,5 kg für weibliche bzw. männliche *A. africanus* an (vgl. auch Grine 1993). Die durchschnittliche Körperhöhe bezifferte er mit 145 cm, während McHenry (1992) einen geringeren Wert von 138 cm für die als männlich und 115 cm für die als weiblich erachteten Individuen nennt. *A. africanus* wies nach diesen Schätzungen noch einen erheblichen Sexualdimorphismus auf.

Der Holotypus *A. robustus* stammt aus Kromdraai (TM 1517; Abb. 6.3). Broom (1938a, b) sah in dem Fundmaterial, welches wahrscheinlich aus Member 3 (Vrba 1981) stammt, sogar ein eigenes Genus, *Paranthropus*, repräsentiert. Der Hauptanteil des Hypodigmas stammt jedoch aus Swartkrans (Member 1 - Hanging Remnant und Lower Bank - sowie aus Member 2 und 3; C. Brain et al. 1988). Die von Broom (1949) vorgenommene Trennung des Materials in zwei Spezies, *P. robustus* und *P. crassidens*, sah Robinson (1954) als nicht gerechtfertigt an und schlug deshalb eine subspezifische Klassifikation vor. In jüngerer Zeit wurde eine Aufspaltung des Hypodigmas von Kromdraai und Swartkrans erneut erwogen (Howell 1978a; Grine 1982, 1985, 1988b; Jungers u. Grine 1986). Der überwiegende Teil der Experten nimmt jedoch an, daß die Variabilität durch eine einzige Spezies hinreichend abgedeckt sei. Darüberhinaus halten zahlreiche Paläoanthropologen sogar an der Auffassung fest, daß *Australopithecus* und *Paranthropus* problemlos in einem Genus zu vereinigen seien. Wir schließen uns hier dieser Klassifikation an, obwohl zahlreiche Argumente der Befürworter eines eigenen Genus *Paranthropus* sehr überzeugend vorgetragen wurden (Grine 1988a).

Nach C. Brain (1988) ist eine Datierung des Swartkrans-Materials zwischen 1,8 und 1,5 MJ anzunehmen, wobei nicht auszuschließen ist, daß die aus Member 3 stammenden Funde entschieden jünger sind, d. h. nur rund 1,0 MJ alt. Delson (1988) nimmt für Kromdraai eine ähnliche Datierung an.

Im allgemeinen werden *A. robustus* und die nachstehend beschriebene Spezies *A. boisei* als *robuste Australopithecus*-Formen zusammengefaßt und der *grazilen* Art gegenübergestellt. Einige Anthropologen betrachteten die robusten Arten wegen ihres weitgehend zeitgleichen Auftretens sogar als geographische Varianten einer Spezies, welche Süd- und Ostafrika zeitgleich besiedelte. Aufgrund beachtlicher gemeinsamer Unterschiede gegenüber *A. africanus* halten einige Experten eine Separierung als Genus *Paranthropus* mit zwei Subspezies, *P. robustus* und *P. boisei*, für angemessen. Ob der Fund KNM-WT 17000 auch zu *Paranthropus* zu stellen ist, wird diskutiert (A. Walker u. R. Leakey 1988).

Kennzeichen von *A. robustus*[14]

Neuro- und Viszerokranium (Abb. 6.20)

- Hirnschädelkapazität etwa 530 cm^3 (Wert von einem einzigen verläßlichen Fund aus Swartkrans), EQ mit 3,1 etwas höher als diejenigen von *A. afarensis* und *A. africanus*, entspricht dem von *H. habilis* (McHenry 1992);
- Schädelbasisknickung deutlich stärker als bei *A. africanus*;
- Os frontale niedrig, mit konkavem Trigonum frontale;
- kein Torus supraorbitalis, sondern Costa supraorbitalis ausgebildet;
- postorbitale Einschnürung in der Norma verticalis stark;
- Glabella prominent, tief unter dem Niveau der Costae supraorbitales;
- Nasion und Glabella liegen weit auseinander;
- Crista sagittalis zumindest bei allen als männlich diagnostizierten Individuen ausgebildet, Temporallinien konvergieren vor dem Bregma, relativ kleiner posteriorer und starker anteriorer Anteil des M. temporalis;
- Fossae cerebellares weiter nach medial und anterior als bei *A. africanus* verlagert;
- Mastoidregion in Okzipitalansicht knollig verdickt und posterior vom supramastoidalen Wulst aufgetrieben;
- temporoparietale Überlappung des Os occipitale in der Asterionregion;
- Winkel zwischen Pars petrosa und Transversalebene ca. 45° (bei *A. africanus* und *A. afarensis* 60°), eher pongid;
- Fossa glenoidalis tief, Eminentia articularis ausgeprägt;
- posteriore Begrenzung der Fossa glenoidalis (Tympanische Fläche; engl. *tympanic plate*) fast vertikal;
- Distanz zwischen M^3 und dem Temporomandibulargelenk kürzer als bei Pongiden;

---

[14] Zahlreiche Unterschiede gegenüber *A. afarensis* entsprechen tendenziell denen von *A. africanus* gegenüber *A. afarensis*, aber in beträchtlicherem Ausmaß.

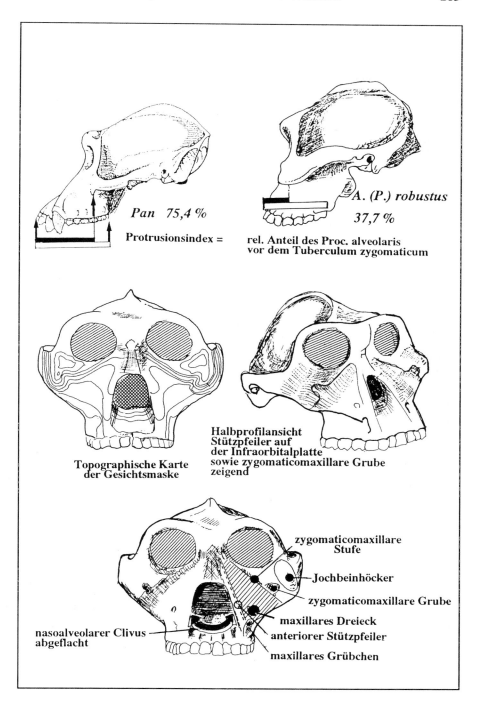

Pan   75,4 %

Protrusionsindex =

A. (P.) robustus

37,7 %

rel. Anteil des Proc. alveolaris
vor dem Tuberculum zygomaticum

Topographische Karte
der Gesichtsmaske

Halbprofilansicht
Stützpfeiler auf
der Infraorbitalplatte
sowie zygomaticomaxillare Grube
zeigend

zygomaticomaxillare
Stufe

Jochbeinhöcker

zygomaticomaxillare Grube

maxillares Dreieck

anteriorer Stützpfeiler

maxillares Grübchen

nasoalveolarer Clivus
abgeflacht

Abb. 6.20 Kennzeichen von *A. robustus* (Erläuterungsskizzen).

- okzipitomarginaler Sinus im Gegensatz zu *A. africanus* häufig vorhanden;
- hohe Anheftung des Viszero- am Neurokranium;
- superiore Position der größten Breite der Ossa nasalia;
- eingedelltes Mittelgesicht, Wangenbeine weiter anterior gelegen als Rand der Nasen-öffnung (engl. *dished face*);
- anteriore Stützpfeiler vorhanden;
- maxillares Dreieck (engl. *maxillary trigon*; Vertiefung auf der Infraorbitalplatte des Wangenbeins) ausgebildet;
- maxillares Grübchen vorhanden;
- zygomaticomaxillare Stufe (Absatz am lateralen Schenkel des maxillaren Dreiecks) ausgebildet;
- Jochbeinhöcker vorhanden;
- zygomaticomaxillare Grube (engl. *zygomaticomaxillary fossa*) ausgeprägt;
- nasoalveolarer Clivus abgeflacht, kontinuierlich in den Nasenboden übergehend, konkave anteriore Vertiefung zwischen oberem Saum des Proc. alveolaris und dem Nasenboden;
- anteriore Insertion des Vomer fällt mit Spina nasalis anterior zusammen;
- medial verdickter Proc. palatinus ossis maxillaris;
- Jochbögen extrem ausladend;
- Corpus mandibulae sehr dick und massiv verstärkt;
- vertikale Orientierung der Unterkiefersymphyse;
- Lage des Foramen mentale auf halber Höhe oder im oberen Drittel des Corpus mandibulae;
- niedriger Ursprung des sehr hohen Ramus, von der Ausprägung bei Pongiden, *A. afarensis* und den meisten *A. africanus* abweichend.

Gebiß und Zähne

- schmale Schneidekante der inneren I des Oberkiefers;
- C des Oberkiefers in den Zahnbogen integriert, nicht vorspringend;
- labiales Kronenprofil des oberen C symmetrisch, nicht pongid;
- distale okklusale Kantenlänge des unteren C kurz, nicht pongid;
- kein Diastema im Unterkiefer;
- P_3 robust, Robustizitätsgrad 14,5 (*Homo* 9,1; Skelton u. McHenry 1992);
- P_4 robust, Robustizitätsgrad 7,0 (*Homo* 4,8; Skelton u. McHenry 1992);
- P_3 und P_4 zweiwurzelig oder fusionierte Wurzel;
- große postcanine Kaufläche von 588 mm^2 (Skelton u. McHenry 1992);
- horizontale Abkauung der bukkalen und lingualen Molarenhöcker, nicht pongid.

Das Postkranium von *A. robustus* ist prinzipiell demjenigen von *A. afarensis* bzw. *A. africanus* in Detailstrukturen ähnlich. Das gilt für die kleinen Femurköpfe ebenso wie für das lange, in anteroposteriorer Richtung abgeflachte Collum femoris (Robinson 1972). Nach Susman u. Grine (1989) ist die Morphologie des proximalen Radius pongidentypisch und entspricht der älterer Australopithecinen. Auch das untere Extremitätenskelett weist auf bipede terrestrische Lokomotion hin (Robinson 1972; Susman u. T. Brain 1988). Ob die von Susman (1988) begutachteten Handknochen von Swartkrans, die denen des modernen Menschen ähneln, tatsächlich zu *A. robustus* gehören, ist fraglich, da nach C. Brain et al. (1988) *H. erectus*-Fossilien in demselben Stratum vorkommen.

Die von McHenry (1992) mitgeteilten Berechnungen der Körperhöhe liegen sogar unter den für *A. africanus* ermittelten (Männer: 132 cm, Frauen: 110 cm). Die Körpergewichte betragen im Durchschnitt bei Männern 40 kg und bei Frauen 32 kg; andere Berechnungen legen ein entschieden höheres durchschnittliches Gewicht von 42,5 kg bzw. 65,5 kg nahe (Jungers 1988c).

Das dem Taxon *A. boisei* zugerechnete Fundmaterial stammt aus den Schichten Member D, E, F, G und K der Shungura-Formation, dem Bed I und II von Olduvai, der Chemoigut- und Humba-Formation, den Kaitio- und Lokalalei-Member der Nachukui-Formation sowie dem Burgi-, KBS- und Okote-Member der Koobi Fora-Formation. Diese als *hyperrobuster Australopithecus* gekennzeichnete Form trat in der Zeitspanne zwischen max. 2,4 MJ evtl. sogar nur 2,2 MJ und 1,3 MJ auf.

Zahlreiche Merkmalsausprägungen, die für *A. robustus* kennzeichnend sind, treffen auch für dieses Taxon zu, jedoch sind offenbar alle mit der Mastikation verbundenen Merkmale deutlich stärker ausgeprägt (Rak 1983; vgl. Kap. 6.1.3.2).

Kennzeichen von *A. boisei*

Neuro- und Viszerokranium (Abb. 6.21)

- Hirnschädelkapazität zwischen 500 - 530 cm^3, Mittelwert von vier Schädeln 515 cm^3 (Holloway 1988);
- Trigonum frontale konkav;
- tiefliegende Glabella fällt fast mit dem Nasion zusammen;
- Verbindung des temporalen und nuchalen Knochenkamms in der Asterionregion variabel;
- großflächige Überlappung des Os temporale und Os occipitale durch das Os parietale in der Asterionregion;
- Foramen occipitale magnum herzförmig mit geradem oder posterior konvexem Vorderrand;
- Ausbildung eines okzipitomarginalen Sinus wahrscheinlicher als eines transversalen Sinus (Falk 1986, 1987);
- hohe Anheftung des Viszero- am Neurokranium;
- Mittelgesicht sehr stark eingedellt;
- Jugum des oberen C schwach entwickelt oder fehlend;
- anteriore Stützpfeiler nicht vorhanden;

- nasomaxillare Mulde (engl. *nasomaxillary basin*; ovale Vertiefung zwischen Orbita und Nasenöffnung);
- extrem stark ausgehenkelte (engl. *visor-like*) Jochbeine, superiore und laterale Verlagerung der Ursprungsfläche des M. masseter;
- sehr schwache alveolare Prognathie;
- nasoalveolare Rinne vorhanden; nasoalveolarer Clivus in Transversalebene konkav, gleitend in den Nasenboden übergehend;
- Proc. zygomaticus entspringt weit anterior auf Höhe des P^4/M^1 bis P^3 (bei Pongiden M^1/P^4);
- Gaumen vergleichsweise hoch;
- niedriger Ursprung des sehr hohen Ramus mandibulae, nicht pongid.

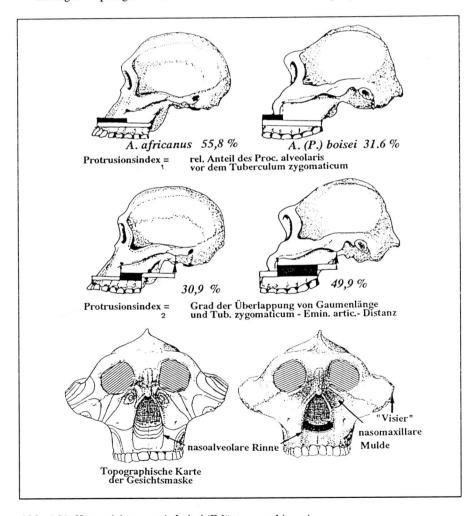

Abb. 6.21 Kennzeichen von *A. boisei* (Erläuterungsskizzen).

Gebiß und Zähne

- Frontzähne sehr klein im Verhältnis zu postcaninen Zähnen;
- kein Diastema im Unterkiefer;
- P_3 sehr robust, Robustizitätsgrad 15,6 (*Homo* 9,1; Skelton u. McHenry 1992);
- P_4 robust, Robustizitätsgrad 8,8 (*Homo* 4,8; Skelton u. McHenry 1992);
- P_3 und P_4 zweiwurzelig;
- postcanine Kaufläche stark vergrößert, 799 mm^2 (Skelton u. McHenry 1992);
- horizontale Abkauung der bukkalen und lingualen Molarenhöcker, nicht pongid;
- sehr große Molarenhöcker, nicht pongid.

Nach McHenry (1992) liegt der Durchschnittswert des Gewichts für Männer bei 49 kg, für Frauen bei 34 kg. Nach McHenry (1992) könnten die männlichen Individuen von *A. boisei* ein durchschnittliches Gewicht von bis zu 76 kg erreicht haben. Noch problematischer sind die Körperhöhenschätzungen, da das einzige Femur (KNM-ER 1500), das mit Sicherheit zu *A. boisei* zählt, sehr bruchstückhaft ist, so daß die Berechnungen von 137 cm für Männer und 124 cm für Frauen auf einer Kette von Annahmen beruhen, welche hochgradig spekulativ sind. Aufgrund der wenigen Funde kann angenommen werden, daß es sich um eine terrestrisch-bipede Form handelte, die nach den relativ langen Armen und dem äffischen proximalen Radius zu schließen, Adaptationen an arborikole Lokomotion bewahrt hat (Grausz et al. 1988; vgl. Kap. 6.1.3.2, Kap. 6.4).

Das Taxon *A. aethiopicus* ist bislang nur durch ein einziges, fast zahnloses Kalvarium (KNM-WT 17000) sowie einen unvollständigen zahnlosen Unterkiefer aus Omo (Omo 18-1967-18) bekannt. Einige kraniodentale Fragmente könnten noch dazugehören. Das Fundmaterial stammt aus dem Lomekwi-Member der Nachukui-Formation und Member C sowie möglicherweise auch aus dem Member D und E der Shungura-Formation. Die Zeitstellung der Fossilien wird mit 2,6 - 2,3 MJ angegeben.

Aufgrund der großen Unterschiede zwischen den beiden *A. aethiopicus* zugerechneten Fossilien schließt Grine (1993) auf einen beachtlichen Sexualdimorphismus, sofern beide Fundstücke tatsächlich demselben Taxon angehören.

Obwohl kein Postkranium von *A. aethiopicus* vorliegt, vertritt Grine (1993) bereits die Ansicht, daß das Taxon eine beachtliche Größendifferenzierung aufwies sowie eine Morphologie, die zu sowohl zu biped-terrestrischer Fortbewegungsweise als auch zum Klettern in den Bäumen befähigt haben soll. Die phylogenetischen Beziehungen von *A. aethiopicus* werden sehr unterschiedlich eingeschätzt (vgl. Kap. 6.3).

Kennzeichen von *A. aethiopicus*

Neuro- und Viszerokranium (Abb. 6.22)

- Hirnschädelkapazität 419 cm^3;
- Nasion fällt mit einer hochgelegenen Glabella zusammen;
- großer anteriorer Anteil des M. temporalis;
- Verbindung zwischen dem temporalen und dem nuchalen Kamm vorhanden;
- stark ausgestellte parietomastoidale Asterionregion;
- starke Pneumatisierung des Os temporale;
- Fossa glenoidalis flach;
- Proc. postglenoidalis liegt vollständig anterior zur tympanischen Fläche;
- Eminentia articularis fehlt;
- Schädelbasisknickung schwach;
- Fossae cerebellares der Kleinhirnlappen lateral gelegen und nicht nach anterior verlagert, pongid;
- Ast der mittleren A. meningea wie bei *A. afarensis* fehlend;
- großflächige Überlappung des Os temporale und Os occipitale durch das Os parietale in der Asterionregion;
- Distanz zwischen M^3 und dem Temporomandibulargelenk groß, eher pongid;
- okzipitomarginaler Sinus fehlt;
- tympanische Fläche hoch, in mediolateraler Richtung konkav;
- Winkel zwischen Pars petrosa und Transversalebene groß, eher pongid;
- posteriorer Anteil des M. temporalis im Vergleich zum anterioren Anteil sehr groß;
- herzförmiges Foramen magnum occipitale mit geradem Vorderrand;
- alveolare Prognathie stark ausgeprägt;
- nasoalveolarer Clivus konvex bis gerade, gleitend in den Nasenboden übergehend;
- Mittelgesicht eingedellt, Wangenbeine weiter anterior gelegen als der Rand der Nasenöffnung;
- maxillares Dreieck vorhanden;
- Gaumendach eben und niedrig, aber medial verdickt;
- hoher Ansatz des Ramus mandibulae am Corpus mandibulae.

Gebiß und Zähne

- postcanine Zahnfläche nach Schätzung 688 mm^2 (Skelton u. McHenry 1992);
- P^3 und Zahnfächer der M weisen auf robuste und große postcanine Zähne hin.

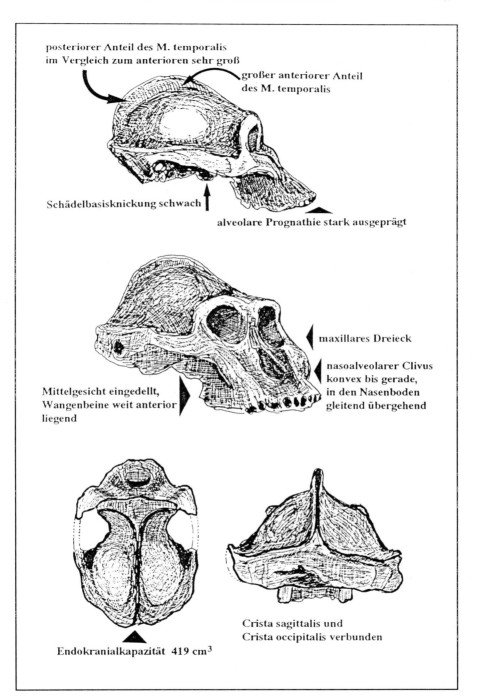

posteriorer Anteil des M. temporalis
im Vergleich zum anterioren sehr groß

großer anteriorer Anteil
des M. temporalis

Schädelbasisknickung schwach

alveolare Prognathie stark ausgeprägt

maxillares Dreieck

nasoalveolarer Clivus
konvex bis gerade,
in den Nasenboden
gleitend übergehend

Mittelgesicht eingedellt,
Wangenbeine weit anterior
liegend

Crista sagittalis und
Crista occipitalis verbunden

Endokranialkapazität 419 cm^3

Abb. 6.22 Kennzeichen von *A. aethiopicus* (Erläuterungsskizzen).

6.1.3.2 Evolutionsmorphologische Interpretationen

Kraniodentale Adaptationen: Nach Foley (1987) hat die Paläoanthropologie Hypothesen über den allgemeinen, ursprünglichen Status der Hominoidea zu erarbeiten, deren Veränderungen in ihrer spezifischen Dynamik aufzuzeigen und insbesondere die einen Funktionswandel verursachenden Selektionsmuster aufzudecken. Da die Australopithecinen in den vorherigen Kapiteln nur deskriptiv gekennzeichnet wurden, wird nachstehend versucht, deren Erscheinungsbild evolutionsmorphologisch zu erklären. Ein umfassender Vergleich der miozänen und plio-pleistozänen Hominoidea zeigt, daß die als Hominidenvorfahren betrachteten Formen noch bis in das mittlere Miozän ausgesprochen menschenaffenähnliche Kiefer aufwiesen. Erst nach einer chronologischen Fundlücke traten im Pliozän mit starken und breit ausladenden Jochbeinen und großflächigen postcaninen Zahnreihen ausgestattete Australopithecinen auf. Die Verkürzung der Schnauzenlänge und die Vergrößerung der Gesichtshöhe führten bei den frühen Hominiden zu einer radikalen Umgestaltung der Schädelkonstruktion: Der Kieferapparat ist dem Hirnschädel nicht mehr wie bei den meisten Mammalia vorgelagert, sondern liegt jetzt zum größten Teil darunter (vgl. Kap. 4.2). Ferner werden die Incisivi verkleinert und die Canini zusätzlich incisiviert, während die Kaufläche der postcaninen Zähne, insbesondere der Praemolaren, wächst (Molarisierung).

Wie kann diese *morphologische Revolution* (*sensu* Preuschoft 1989a) von lang- zu kurzschnauzigen Gesichtsskeletten kausal verstanden werden? Welche übergreifende Theorie macht die Veränderungen von äffischen Formen zu den frühesten Hominiden verständlich? DuBrul (1977), S. Ward u. Molnar (1980), Rak (1983), Demes u. Creel (1988), Preuschoft (1989a, b) und andere Funktionsmorphologen versuchten, diese Veränderungen durch eine stringente biomechanische Analyse des Kraniums zu erklären. Ihr Ansatz ist hypothetikodeduktiv und besteht darin, den anthropogenetischen Formenwandel des Schädels durch gezielte Hypothesen auf der Grundlage biomechanischer Gesetzmäßigkeiten vollständig als Konsequenz veränderter mechanischer Anforderungen zu erklären (vgl. Kap. 2.5.5.2). Eine naheliegende Hypothese zum Verständnis der Morphologie des Hominidenschädels ist die Annahme einer Anpassung an unterschiedliche Ernährungsbedingungen.

Nach DuBrul (1972, 1974, 1977) haben drei Prozesse den Hominidenschädel entscheidend geformt:

- die Entwicklung der bipeden Lokomotion,
- die enorme Vergrößerung des Hirns,
- die Ernährungsweise und Mastikation.

Die komplexe Interaktion zwischen den unterschiedlichen adaptiven Anforderungen jedes einzelnen Merkmals macht die evolutionsmorphologische Interpretation der Schädelstrukturen äußerst schwierig. DuBrul (1977) bewertete die verschiedenartige Ausprägung der *Australopithecus*-Kranien als ein Modell divergenter Ernährungsanpassungen, welches gleichsam als *ein natürliches Experiment* zur Funktionsanalyse zu betrachten ist. Er zeigte, daß der Einfluß der Enkephalisation auf die Schädelform bei den grazilen und robusten Australopithecinen noch sehr gering war und erst bei den späteren Hominiden entscheidend zur Umgestaltung beitrug. Die neueren Schätzungen der Hirnschädelkapazitäten der Australopithecinen (McHenry 1992) lassen annehmen, daß der Einfluß des Hirns auf den Wandel der Schädelform auf der spät-pliozänen bis früh-pleistozänen Hominidenstufe niedrig war. In DuBruls Modell konnte diese Variable damit von Anfang an vernachlässigt werden. Ferner waren beide Formen offenbar schon biped, wiesen jedoch deutliche Differenzen in der Konstruktion des Kauapparates auf. Da die zweibeinige Lokomotionsweise bereits ein Charakteristikum der Australopithecinen war, ist es vernünftig, anzunehmen, daß dadurch annähernd dieselben adaptiven Veränderungen in den Schädeln der in dem Modell polarisierten Taxa verursacht wurden. Der Grad dieser Veränderungen brauchte jedoch nicht gleich zu sein, da diese eine Funktion der Größe (Masse) und der Proportionen der zwei Schädeltypen sind, was im Vergleich zu den Verhältnissen beim rezenten Menschen dargestellt ist (Abb. 6.23).

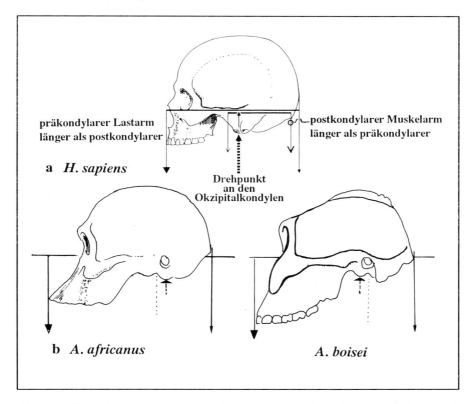

Abb. 6.23 Vergleich der Schädel von **a** *Homo sapiens* **b** *Australopithecus africanus* und *Australopithecus bosei* (n. DuBrul 1977, umgezeichnet).

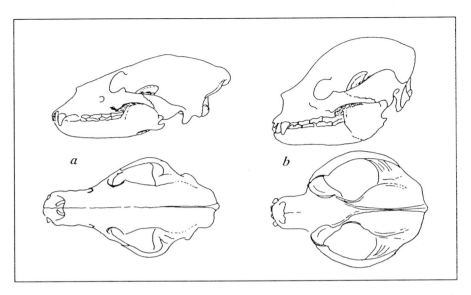

Abb. 6.24   Schädel von **a** *Ursus* **b** *Ailuropoda*. Analoge Anpassung verglichen mit *Australopithecus* und *Homo* (n. DuBrul 1977, umgezeichnet).

Die Trennung der Einflüsse von Bipedie und Enkephalisation ermöglicht eine isolierte Analyse der adaptiven Unterschiede in der Biomechanik des Kauapparates. DuBrul (1977) interpretierte die Unterschiede im Kauapparat der Australopithecinen dahingehend, daß *A. africanus* den weniger spezialisierten Schädel aufweist, während das robuste Taxon, *A. boisei*, die entschieden spezialisiertere Form dargestellt haben soll. Die morphologischen Strukturunterschiede der fossilen Hominiden sind als Anpassungswandel von *vermuteter Omnivorie* zu *extremer Herbivorie* zu deuten. Zur Untermauerung dieser Hypothese wies der Autor auf analoge Verhältnisse bei rezenten Säugern hin. Unter den Bärenartigen (Fam. Ursidae) befinden sich mit *Ursus* (Schwarz- und Braunbären) sowie *Ailuropoda* (Großer Panda; vgl. Starck 1978) zwei Genera mit ähnlichen Anpassungsunterschieden des Kauapparates. Während die erste Gattung Allesfresser repräsentiert, ist der Große Panda ein hochspezialisierter Bambusfresser (Abb. 6.24).

Rak (1983) hat die von DuBrul (1977) dargelegten Adaptationsmuster an dem derzeit verfügbaren Fossilmaterial eingehend analysiert und einen Morphokline von *A. afarensis* über *A. africanus* und *A. robustus* zu *A. boisei* angenommen. Obwohl das von ihm beschriebene Adaptationsmodell durch den erst später gefundenen *A. aethiopicus* in Frage gestellt worden ist, soll seine Interpretation des Gesichtsskeletts der Australopithecinen exemplarisch dargelegt werden. Wie aus der Übersichtstafel (Abb. 6.25) ersichtlich, lassen sich nach Rak (1983) schrittweise folgende Adaptationen herausarbeiten und funktionsmorphologisch erklären:

Adaptationsmodell des 'australopithecinen Gesichtsskeletts'
(n. Rak 1983)

1. In der frühesten Hominisationsphase kommt es zu einer Reduktion der Vorkiefrigkeit (Prognathie) und einer Verlagerung des Gaumens unter den Hirnschädel (Reposition); gleichzeitig erfolgt eine anteriore Verlagerung (Projektion) der Wangenbeinregion. *Funktionsmorphologischer Effekt*: Verringerung der Biege- und Torsionsbeanspruchungen des vorderen Gaumens.

2. Der Kauapparat wird nach inferior verlagert, was gleichzeitig mit einer Erhöhung des Gesichtsskeletts verbunden ist; dieser Prozeß ist bei den robusten Australopithecinen besonders deutlich erkennbar. *Funktionsmorphologischer Effekt*: Steigerung der Beißkraft durch Verkürzung des Lastarms.

3. Vorverlagerung und Vergrößerung der Ursprungsfläche des M. masseter am Wangenbein. Auch die Fossa infratemporalis, die vom Jochbogen lateral umrahmte Durchtrittstelle des M. temporalis, der seinen Ursprung am Stirn- und Scheitelbein (bei robusten Australopithecinen an der Crista sagittalis) hat und am Kronenfortsatz des Unterkieferastes ansetzt, wird stark vergrößert. *Funktionsmorphologischer Effekt*: Steigerung der Kaueffizienz durch Optimierung der Hebelarme sowie Vergrößerung der Muskelmasse von M. masseter und M. temporalis; präzisere Abstimmung der Kaubewegungen.

4. Während eine als mechanische Stütze zu interpretierende Struktur, der anteriore Stützpfeiler, bei *A. afarensis* fehlt, tritt er bei *A. africanus* und *A. robustus* auf, ist jedoch bei *A. boisei* nicht vorhanden; das wirft die Frage auf, ob das Fehlen bei der hyperrobusten Form als ein ursprüngliches Merkmal (Plesiomorphie) zu deuten ist oder aber eine Neuentwicklung (Apomorphie) darstellt. *Funktionsmorphologischer Effekt*: Der anteriore Stützpfeiler stellt eine morphologische Manifestation der erhöhten Kaubelastung wegen der Verlagerung des Kauzentrums in den vorderen Backenzahnbereich dar. Bei der hyperrobusten Spezies *A. boisei* wird dieser Stützpfeiler wegen der geringeren Prognathie und des in der Mittelregion eingedellten Gesichtsskeletts nach Raks Modell funktional entbehrlich. Auch der morphologische Wandel vom nasomaxillaren Dreieck bei *A. africanus* zur subnasalen Rinne bei *A. robustus* und *A. boisei* läßt sich mit zunehmender Geradkiefrigkeit (Orthognathie) erklären. Bei der Reposition des Gaumens wird die Neigung der anterioren Flächen des Alveolarbogens beibehalten, wodurch sich eine nasoalveolare Rinne entwickelt.

5. Ausgehend von der ursprünglichsten *Australopithecus*-Spezies, *A. afarensis*, kommt es bereits bei *A. africanus* zu einer Vergrößerung der Molaren und Praemolaren. *Funktionsmorphologischer Effekt*: Die Molarisierung der Praemolaren sowie die Vergrößerung der Molaren stellen eine signifikante Zunahme der Kaufläche dar. Sie initiierte nach Raks Ansicht die funktionsmorphologischen Umgestaltungen im Gesichtsskelett infolge veränderter Kaubelastungen.

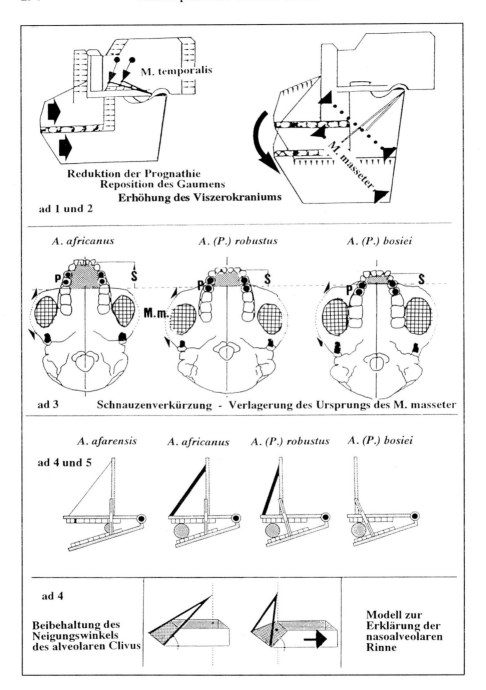

Abb. 6.25 Erläuterungsskizzen zum Adaptationsmodell von Rak (1983).

Läßt sich Raks Modell einer zunehmenden Spezialisierung von *A. afarensis* über *A. africanus* und *A. robustus* zu *A. boisei* durch vergleichend-primatologische Untersuchungen an rezenten und fossilen Primaten überprüfen? Demes u. Creel (1988) setzten experimentell ermittelte Beißkräfte lebender Primaten und die Größe der Kauflächen von Praemolaren und Molaren zueinander in Beziehung, um dann in einem Modellansatz sog. Beißkraftäquivalente berechnen zu können. Dadurch wird auch die Schätzung der Beißkräfte fossiler Primaten ermöglicht (Abb. 6.26).

Zunächst wurde eine quantitative Erfassung der Ursprungsfläche des M. masseter sowie des M. temporalis vorgenommen; ferner wurden die Hebel- und Lastarme des Kieferapparates gemessen. Ermittelt man nun die Beißkraftäquivalente nach der angegebenen Formel, so ergeben sich für *A. boisei* außergewöhnlich hohe Beißkräfte, die selbst die des Gorillas noch übertreffen. Setzt man jedoch die ermittelten Beißkraftäquivalente zu der Okklusionsfläche der Backenzähne in Beziehung, so weichen die Australopithecinen keineswegs signifikant von der für die lebenden Menschenaffen und den Menschen ermittelten Regressionsgeraden ab (Abb. 6.27). Die Beißkräfte sind demnach nur proportional zu den Kauflächen gestiegen. Nach Demes u. Creel (1988) besteht daher die begründete Annahme, daß die hohen Beißkräfte der robusten Australopithecinen die evolutionsmorphologische Konsequenz der Vergrößerung von Praemolaren und Molaren war. Es handele sich um eine Ernährungsanpassung, die einerseits durch den Verzehr sehr großer Mengen energiearmer pflanzlicher Nahrung zu erklären wäre, andererseits aber auch durch die Aufnahme harter und zäher Nahrung. Dazu nimmt man an, daß der Kontakt zwischen Zahn und Nahrungsobjekten - als solche kommen Körner und kleine Nüsse in Betracht - klein war oder daß nur eine kleine Portion gleichzeitig gekaut wurde.

Die großen Kauflächen der Praemolaren und Molaren lassen im Zusammenhang mit den beschriebenen Adaptationen des Kauapparates beide Ernährungsformen möglich erscheinen, sowohl das Zerkauen großer Nahrungsmengen (A. Walker 1981a), als auch das Zerkleinern kleiner, harter Objekte (Lucas et al. 1985). Es kann daher mit hoher Wahrscheinlichkeit angenommen werden, daß die Australopithecinen herbivor waren. Hypothesen, wonach sie sich als Jäger oder Kleptoparasiten karnivor ernährten, sind auszuschließen (vgl. Kap. 6.4). Insbesondere bei den stark spezialisierten robusten Formen spricht alles für eine Anpassung an energiearme, harte Pflanzenkost. Wie makroskopische Abrasionsmuster sowie lichtmikroskopische und REM-Untersuchungen an Milch- und Dauerzähnen graziler und robuster Australopithecinen erkennen lassen, bestehen deutliche Unterschiede der Abnutzungsspuren in den beiden Gruppen (Grine 1981, 1986). Die modellhaft ermittelten Unterschiede im Kaumodus sprechen dafür, daß die robusten Formen habituell oder doch zumindest saisonal härtere, widerstandsfähigere und vermutlich kleinere Nahrungsobjekte kauten als die grazilen. Die Vergrößerung der Kaufläche ist nach Lucas et al. (1985) ein Indiz für die Effizienz eines Kauapparates.

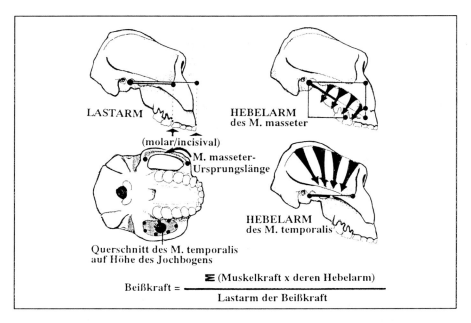

Abb. 6.26 Funktionsmorphologische Analyse zur Beißkraft der Australopithecinen (n. Demes u. Creel 1988, umgezeichnet).

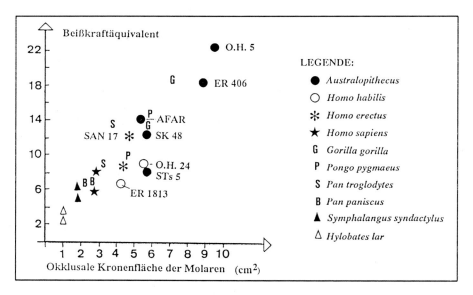

Abb. 6.27 Regression von Beißkraftäquivalent zu Molarengröße bei rezenten und fossilen Primaten einschl. Australopithecinen (n. Demes u. Creel 1988, umgezeichnet).

R. Kay (1985) und McHenry (1986, 1988) stellten eine positive Allometrie (vgl. Kap. 2.5.4) der Molarenflächen bei Australopithecinen fest. Da aber vergrößerte Flächen zu einer Verminderung der Kaudrücke auf die Substanz zwischen den Kauflächen führen (Demes et al. 1986), kann eine Verringerung des Kaudruckes nur durch allometrische Veränderungen der Schädelform aufgefangen werden. Eine Verminderung des Kaudruckes ist auch dann gegeben, wenn die oberen und unteren Molaren auf der Gesamtfläche Kontakt haben. Spezifische Merkmalsmuster der Kronen, wie z. B. stumpfe, gewölbte Höcker (engl. *blunt dome-shaped cusps*) oder Schmelzfalten (engl. *wrinkles*) haben denselben Effekt wie das Kauen harter und spröder Partikel. Die Strukturen der Molarenoberfläche führen durch Reduktion der Kontaktfläche zur Steigerung des lokalen Druckes. Demes (1985) sowie Preuschoft (1989a) haben die Druckbelastungen auf den Schmelzrunzeln der Molaren analysiert und zeigten, daß diese bei modernen Hominoidea mit dem zunehmenden Anteil von Früchten in der Nahrung abnimmt. Der mehr folivore Orang-Utan hat gegenüber den stärker frugivoren afrikanischen Menschenaffen entsprechend mehr Schmelzrunzeln.

Im REM lassen sich Belastungsspuren am Schmelz feststellen, die für *Australopithecus* häufiger Gruben (engl. *pits*) als Riefen oder Streifen (engl. *scratches, striations*) in bukkolingualer Richtung erkennen lassen (Grine 1981). Nach Preuschoft (1989a) ist bei Drücken auf kleine Flächen mit konzentrischem Druck unterhalb der Oberfläche zu rechnen. Sobald der Druck oberhalb der maximalen Belastungsgrenze liegt, springen linsenförmige Partikel (engl. *chips*) ab, welche kraterartige Vertiefungen (engl. *scars, pits*) hinterlassen. Bei den modernen Menschenaffen sind streifige Abnutzungsspuren häufiger als grubenförmige. Nach Teaford u. A. Walker (1984) zeigen die postcaninen Zähne von *Sivapithecus* Ähnlichkeiten mit denen von *Pan*, während die von *Pongo*, ebenso wie die von *Australopithecus*, mehr Gruben als Streifungen aufweisen, jedoch ist die Variation beträchtlich (vgl. Kap. 4.1.9).

REM-Untersuchungen lassen ferner eine Verdickung des Zahnschmelzes als Anpassung an veränderte Kaudrücke bei den Australopithecinen erkennen. Man kann annehmen, daß eine dicke Schicht des harten Schmelzes den Zahn besser gegen die Kräfte schützt, die auf sehr kleine Flächen konzentriert wirken, als dies bei einer dünnen Schmelzlage der Fall wäre. Für Australopithecinen wurden ebenso wie für *Homo* und Sivapithecinen/Ramapithecinen dicke Schmelzschichten der Molaren beschrieben (L. Martin 1985; *contra* R. Kay 1981, 1985; S. Ward u. Pilbeam 1983). L. Martin (1985) differenzierte noch weiter zwischen *Australopithecus s. str.* (dick) und *Paranthropus* (sehr dick).

Die Funktion der Incisivi wird sehr unterschiedlich interpretiert. Die Beißkraft der Schneidezähne beträgt bei den Australopithecinen im Vergleich zu der des zweiten Molaren ca. 63% - 73% und liegt damit über derjenigen von *Gorilla* und *Pan* (Mittelwert für beide Geschlechter 60%; Demes u. Creel 1988). Szalay (1972) sah in der Tendenz zu höheren Beißkräften bei robusten Australopithecinen eine Anpassung an das Zerbrechen von Knochen, während Grine (1986) darin eine Adaptation an das Zermalmen kleiner, harter Objekte annimmt.

Demes u. Creel (1988) interpretieren die relative Erhöhung der Beißkraft der Schneidezähne hominider Spezies nur als Sekundäreffekt und nicht als direkte Anpassung. Nach Hylander (1979) legt die Größenreduktion der Incisivi nahe, daß die Schneidezähne nicht länger in gleichem Maße wie bei den Pongiden zum Abschneiden und Abbrechen von Teilen aus größeren Nahrungsbrocken gebraucht wurden. Große starke Schneidezähne hatten bei den Australopithecinen somit keinen Selektionswert mehr.

Daß die Canini bei den Hominiden auf das Okklusionsniveau der anderen Zähne reduziert wurden, könnte damit zusammenhängen, daß die Kaubewegungen des Unterkiefers dadurch weniger eingeschränkt sind (Hylander 1975, 1979). Experimentell stellte man jedoch fest, daß die Extraktion der Eckzähne die Kaubewegungen bei Makaken nicht verändert (C. Kay et al. 1986). Es wird auch vermutet, daß die Befreiung der Hände von Lokomotionsaufgaben die Möglichkeit schuf, sie sowohl als Waffen als auch für manipulatorische Zwecke einzusetzen, wofür nicht-menschliche Primaten in der Regel ihre Frontzähne gebrauchen. Da das Postkranium eine parallele bzw. bereits erfolgte Entwicklung der Bipedie erkennen läßt, erscheint dieses Modell plausibel.

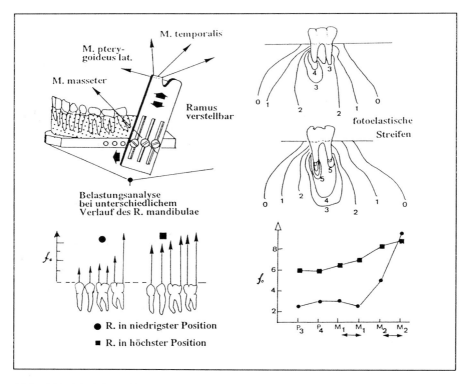

Abb. 6.28 Modell zur Darstellung der Kaudruckverteilung im Unterkiefer (in Anlehnung an S. Ward u. Molnar 1980).

Die besonderen Konstruktionsverhältnisse im Asterionbereich (squamöse Schädelnähte, Überlappungen von Os temporale, Os parietale und Os occipitale, starke Pneumatisierung) sind nach Rak (1978) und Kimbel u. Rak (1985) eine direkte Reaktion im Sinne einer Stabilisierung dieser Region auf starke Kaudrucke, die auf das Kiefergelenk der robusten Australopithecinen gewirkt haben.

Neben traditionellen Analysen, bei denen osteologische Merkmale der Muskelansatzstellen als Referenzsystem für die Vektorgeometrie des mastikatorischen Kräftesystems und der resultierenden Kaukräfte vorausgesagt werden, haben S. Ward u. Molnar (1980) ein Simulationsmodell entwickelt, um menschliche und nichtmenschliche Kaubewegungen zu replizieren. Die Okklusionskräfte wurden in fotoelastischen Streifen in einem Urethan-Unterkiefermodell gespeichert. Simulationen, welche die funktionalen Korrelate der topographischen Unterschiede in der Wurzel des Jochbeins und der Unterkieferasthöhe bei frühen Hominiden berücksichtigen, lassen erkennen, daß die Unterkiefer sowie die Bezahnung der robusten Australopithecinen in hohem Maße an extreme und sich langsam abbauende Drücke angepaßt waren (Abb. 6.28). Weitere experimentelle Ansätzen zur Evolutionsmorphologie werden in Kap. 6.2.3.2 vorgestellt.

Postkraniale Adaptationen: Allein aufgrund weniger Schädelmerkmale des Taung-Fundes hatte Dart (1925) den Schluß gezogen, daß es sich bei *Australopithecus* um eine bipede hominide Vorfahrenform handele. Überzeugende Belege für diese Annahme konnten jedoch erst nach Entdeckung von postkranialen Funden vorgelegt werden. Heute verfügen wir über ein breites Spektrum vergleichend-morphologischer Befunde, die keinen Zweifel daran lassen, daß die Australopithecinen bereits habituell aufrecht gingen. Es konnte jedoch auch gezeigt werden, daß ihre Lokomotionsform *eine Lösung ganz eigener Art*[15] und mit der moderner Hominiden keineswegs identisch war (Rak 1991a). Funktionsmorphologische Analysen lassen nach Auffassung einiger Paläoanthropologen sogar "...einen hohen Grad hängender Körperhaltung und damit ein verstärktes Baumleben vermuten" (Schmid 1983, S. 303). Diese von Tuttle (1981, 1985), Jungers (1982, 1988a, b), Jungers u. Stern (1983), Stern u. Susman (1983), Susman et al. (1984), McHenry (1986, 1992) und weiteren Autoren geteilte Interpretation widerspricht den Ergebnissen von Lovejoy (1979, 1981, 1989), Latimer et al. (1982), Lovejoy et al. (1982a, b, c), Latimer (1983, 1984) sowie Tague u. Lovejoy (1986), denn nach der Interpretation der Arbeitsgruppe um Lovejoy war *A. afarensis* nicht bloß fähig, aufrecht zu gehen, die Art hatte gar keine andere Wahl mehr.

Nachfolgend sollen die gegensätzlichen Auffassungen über die Lokomotionsweise der frühen Hominiden näher begründet werden, da den morphologischen Befunden entscheidende Bedeutung für die evolutionsökologische Interpretation der Australopithecinen zukommt (vgl. Kap. 6.4).

Das Becken weist die stärksten morphologischen Umgestaltungen im Zusammenhang mit der Aufrichtung und der bipeden Fortbewegungsweise auf (vgl. Kap.

---

[15] Rak (1991a, S. 283) formulierte: "Lucy evidently achieved this mode of locomotion through a solution all her own."

4.2.4). Die meisten Beckenfunde von *Australopithecus* sind bruchstückhaft, stark deformiert oder stammen von jugendlichen Individuen. Ein gut erhaltenes Fundstück wurde in Sterkfontein (STs 14) gefunden, weist aber eine Distorsion des Os pubis auf. Das bei weitem am besten erhaltene Fossil ist A.L. 288-1 von Hadar, welches aus dem Os sacrum und einem kompletten Os coxae besteht, das in der Sitzbeinregion jedoch stark verdreht ist. Lovejoy (1979) hat das Becken von Hadar aus 40 Einzelfragmenten akribisch rekonstruiert, so daß wir uns einen detaillierten Eindruck von Lucys Becken machen können. Es teilt mit dem Pelvis des rezenten Menschen unter anderem folgende Merkmale: das kurze und breite Os ilium, die gut entwickelte Incisura ischiadica major, die betonte Spina iliaca anterior inferior, das breite Os sacrum und das verkürzte Os ischii.

Wie Abb. 6.29 zeigt, ist auch der Sagittaldurchmesser demjenigen rezenter Becken ähnlich. Es liegt jedoch eine entschieden höhere transversale Ausdehnung vor, und zwar nicht nur auf Höhe der Darmbeinkämme, sondern auch auf Höhe der Acetabula. Diese Besonderheit des *A. afarensis*-Beckens kommt in einer starken Verlängerung des Ramus ossis pubis, einem großen Angulus subpubicus und einem querovalen (platypelloiden) Beckenkanal zum Ausdruck.

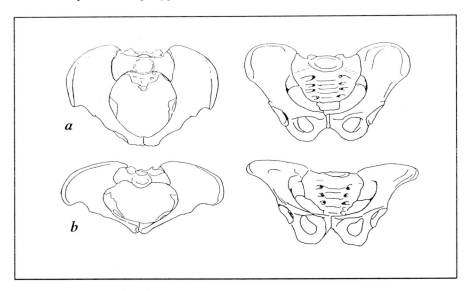

Abb. 6.29 Vergleich der Becken. **a** *H. sapiens* **b** Lucy (n. Lovejoy 1989, umgezeichnet).

Nach Lovejoys Rekonstruktion weist das Becken alle Kennzeichen für Bipedie auf. Die Verringerung der Beckenhöhe hat bezüglich der Funktion des M. glutaeus maximus einen wichtigen biomechanischen Effekt. Die im Vergleich mit dem pongiden Becken verkürzten Ossa ilii von Lucy verlagern den Schwerpunkt des Rumpfes weiter nach posterior, wodurch biomechanische Vorteile für die aufrechte Haltung gegeben sind (vgl. Kap. 4.2.4.).

Die nach lateral ausladenden und nach ventral gezogenen Darmbeinschaufeln
bilden eine große Ursprungsfläche für die Hauptabduktoren und lateralen Rotatoren (M. glutaeus medius u. minimus). Nach Lovejoy (1989) bedeuten die große
Breite des Beckens von *Australopithecus*, die Verlängerung des Collum femoris
und der sehr weit vom Hüftgelenk entfernt liegende Trochanter major eine Verbesserung der Hebelwirkung der Abduktoren (Abb. 6.30; vgl. Kap. 4.2.4.6).
Lovejoy (1989) behauptet, daß der gegenüber *Homo* längere Schenkelhals bei
Australopithecus, der typische Spongiosa-Strukturen einer bipeden Belastung
aufweist, ausschließlich für Zweibeinigkeit geeignet war.

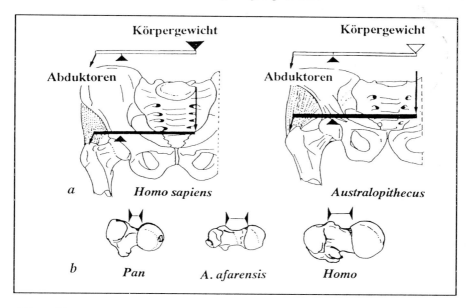

Abb. 6.30 **a** Verlauf der Abduktoren-Muskulatur bei *H. sapiens* und *A. afarensis*
b Collum femoris von *Pan, A. afarensis* und *Homo* (n. Lovejoy 1989; Aiello u. Dean 1990,
umgezeichnet).

Neben dem M. glutaeus maximus erfahren auch die anderen Hüftstrecker einen
Funktionswandel. Zu ihnen gehört der M. biceps femoris, der aus einem zwei-
gelenkigen Caput longum und einem eingelenkigen Caput breve besteht. Das
Caput longum entspringt zusammen mit dem M. semitendinosus in einem Caput
commune am Tuber ischiadicum und setzt am Caput fibulae an. Seine Endsehne
ist als kräftiger Strang an der lateralen Kniekehle zu fühlen. Der M. biceps
femoris trägt bei quadrupeder Lokomotion zur Bodenkraft bei, während er bei
bipeder Fortbewegung die untere Extremität nicht streckt, sondern nur stabilisiert.
Die Verkürzung des Tuber ischiadicum bei Lucys Becken trägt dieser veränderten
Funktion Rechnung und weicht darin nicht wesentlich vom modernen Menschen
ab (vgl. Kap. 4.2.4.5, Kap. 4.2.4.6).

Ein deutlicher Hinweis auf bipede Lokomotion von Lucy ist die auch beim rezenten Menschen auf der lateralen Kante des Ramus superior ossis pubis ausgebildete Gleitrinne des M. iliopsoas. Dieser wichtigste Laufmuskel hat bei bipeder Lokomotion die Funktion, das fast gestreckte Spielbein anzuheben und nach vorn zu schwingen. Da der Schwerpunkt des unbelasteten Beins sehr tief, d. h. weit vom Becken entfernt liegt, ist, wie bei einem Pendel vergleichbarer Länge, ein großes Trägheitsmoment zu überwinden. Das erklärt die kräftige Ausprägung des M. iliopsoas bei Bipeden (Abb. 6.31).

Die gut ausgeprägte Spina iliaca anterior inferior an Lucys Becken ist ein Indiz für einen kräftig entwickelten M. rectus femoris und bipede Lokomotion. Dieser Muskel nimmt seinen Ursprung am vorderen unteren Darmbeinstachel und setzt mit einer dicken Sehne unterhalb der Patella an der Tuberositas tibiae an. Aufgrund seines Verlaufs ist er ein Beuger des Hüftgelenks und ein Strecker des Kniegelenks (vgl. Kap. 4.2.4.6; Abb. 6.31).

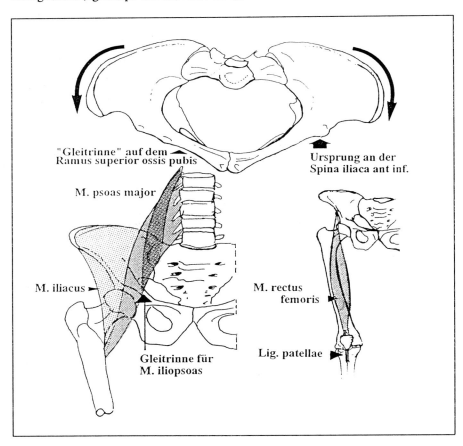

Abb. 6.31 Beckenmerkmale und Verlauf des M. iliopsoas und des M. rectus femoris von *A. afarensis* (n. Lovejoy 1989, umgezeichnet).

Während Lovejoy (1989) Lucy für vollbiped ansieht und ihr eine rein terrestrische Lebensweise zuschreibt, bezweifeln zahlreiche andere Autoren, daß sie überhaupt zur habituellen bipeden Lokomotion befähigt war (Schmid 1983; Berge 1992, Rak 1991a). Es darf nämlich nicht übersehen werden, daß das Becken von *A. afarensis* trotz zahlreicher Ähnlichkeiten mit dem des rezenten *Homo* auch eine Reihe von Unterschieden aufweist. Zu diesen Merkmalen zählen: die relativen kleinen sakroiliacalen und acetabularen Gelenke, der kleine Sakrumwinkel, das relativ flache Sakrum, der nicht 'aufgekrempelte' Sitzbeinhöcker sowie die abgeflachte Darmbeinschaufel und die sehr kleine Tuberositas iliaca (Aiello u. Dean 1990). Ein weiterer auffälliger Unterschied zwischen *A. afarensis* und modernen Menschen liegt in dem entschieden kürzeren sagittalen Durchmesser des kleinen Beckens; der Transversaldurchmesser ist dagegen nahezu gleich lang. Dennoch sind nach Lovejoy (1989) für *A. afarensis* kaum Geburtskomplikationen anzunehmen, da die progressive Hirnentfaltung und die damit verbundene Vergrößerung des Kopfes in der Phylogenese offenbar erst später einsetzte (Hemmer 1986; vgl. Kap. 6.2.3).

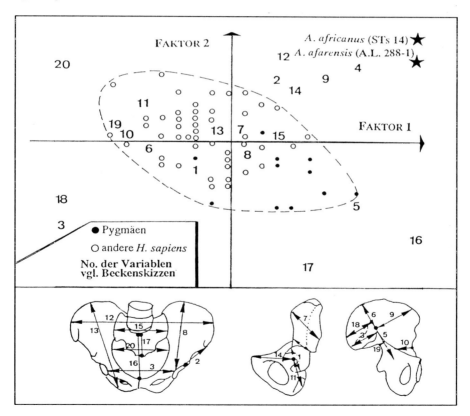

Abb. 6.32 Faktorenanalytischer Vergleich der Becken von *A. afarensis* und *A. africanus* mit dem von *H. sapiens* (n. Berge 1992, umgezeichnet).

Berge (1991, 1992) kam aufgrund einer multidimensionalen morphometrischen Analyse (logarithmische Faktorenanalyse), in welcher sie *A. afarensis* (A.L. 288-1) und das Becken von *A. africanus* (STs 14) mit dem des rezenten Menschen verglich, zu völlig anderen Ergebnissen (vgl. auch Berge u. Kazmierczak 1986; Abb. 6.32). Danach weicht die Bipedie von *Australopithecus* deutlich von der des modernen Menschen ab; zum einen war die aufrechte Haltung offensichtlich weniger stabil, zum anderen soll *Australopithecus* mit schwingenden Armen gelaufen sein und weitgreifende Rotationsbewegungen des Schulter- und Beckengürtels um die Wirbelsäule vollzogen haben. Dagegen war die Geburtsmechanik bei *Australopithecus* derjenigen rezenter Hominiden offenbar sehr ähnlich. Berge (1991, 1992) nimmt sogar an, daß die Adaptationen, die zur Optimierung der Bipedie und zu einer Verkleinerung des Beckens geführt haben, ein Hindernis für die Neenkephalisation waren, die das Genus *Homo* kennzeichnet.

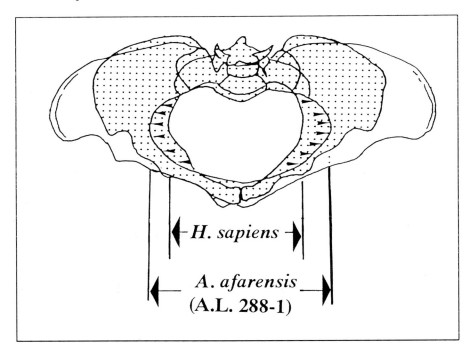

Abb. 6.33 Lucys Becken in Superposition mit dem eines modernen *H. sapiens*; beide auf das Körpergewicht skaliert (n. Rak 1991a, umgezeichnet).

Die jüngste Analyse des Lucy-Beckens stammt von Rak (1991a). Nach den metrischen Befunden (Tabelle 6.3) wies das Becken, bezogen auf die geschätzte Körperhöhe, eine extreme Breite auf (Abb. 6.33). Diese Verbreiterung minimiert in Kombination mit der horizontalen Rotation des Beckens die vertikale Verlagerung des Schwerpunkzentrums beim bipeden Gang (Abb. 6.34).

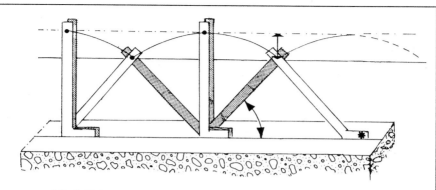

Modell A: koronal orientiertes 'Hüftgelenk' in schmalem Becken

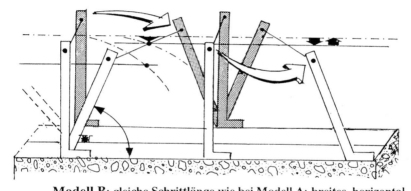

Modell B: gleiche Schrittlänge wie bei Modell A; breites, horizontal rotierendes Becken;
beachte die Unterschiede in der Größe der Winkel, die das Bein mit dem Untergrund bildet, sowie das Absenken der Gelenke.

Horizontalschnitt durch Becken, Femurkopf und -hals:

horizontale Rotation des Beckens im Hüftgelenk bewirkt eine Verlagerung auf Bogen A;

kumulative Rotation im Hüftgelenk und Femurschaft steigern die Verlagerung beträchtlich (Bogen B).

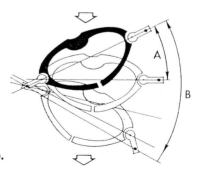

Abb. 6.34 Zwei Modelle für bipedes Schreiten **A** enges Becken, Auf- und Seitenansicht. **B** weites Becken, Seitenansicht (n. Rak 1991a, umgezeichnet).

Tabelle 6.3 Maße des Kleinen Beckens von Lucy im Vergleich mit entsprechenden Dimensionen bei *H. sapiens* und *P. troglodytes* (aus Rak 1991a).

Individuum/Spezies	Breite des Kleinen Beckens (mm)	Anteroposteriorer Durchmesser des Kleinen Beckens (mm)
Lucy (A.L. 288-1)	132	76
H. sapiens (weibl.)		
Mittelwert	134	104
n	119	106
s	6,0	12,0
P. troglodytes (weibl.)		
Mittelwert	105	o. A.
n	25	-
s	7,0	-

Eine weitere Reduktion dieser vertikalen Exkursion des Schwerpunktes und biomechanisch unerwünschter Effekte ergibt sich durch die Verlängerung der unteren Extremitäten (vgl. Kap. 4.2.4.1). Dieser adaptive Schritt erlaubt die relative Verengung des kleinen Beckendurchmessers und damit auch eine Verkürzung der Distanz zwischen den Hüftgelenken, allerdings wohl erst bei den späteren Hominiden. Das Becken von *A. afarensis* ist weder als konstruktive Zwischenform des Beckens pongidenähnlicher Quadrupeder und von *H. sapiens* zu verstehen, noch ist es ein grundsätzlich modernes menschliches Becken. Nach Rak (1991a) sprechen die Merkmale des Beckens von Lucy für eine eigenständige Lösung der habituellen bipeden Lokomotion (vgl. Fußnote 15, S. 299). Es stellt sich deshalb die berechtigte Frage, ob diese frühen Hominiden fakultativ noch baumlebend waren (Übersicht in Coppens u. Senut 1991). Eine suspensorische Lokomotion spiegelt sich am stärksten im Bau des Schultergürtels und der Extremitäten sowie im Gewicht und den Körperproportionen wider. Von besonderem Interesse für die Beurteilung des Baumlebens eines Taxons ist die Scapula (Ashton u. Oxnard 1964; D. Roberts 1974; Aiello u. Dean 1990). Insbesondere die Orientierung der Cavitas glenoidalis ist von diagnostischer Bedeutung. Nach Stern u. Susman (1983) zeigt die in Abb. 6.35 wiedergegebene Scapula A.L. 288-11 gegenüber der eines rezenten *H. sapiens* einen entschieden kleineren Winkel[16] zwischen dem axillaren Rand und der Ebene der Cavitas glenoidalis. Das Hadar-Fossil weicht mit einem Winkel von 130° signifikant von dem Mittelwert dieses Maßes bei modernen Hominiden ab. Der kleinste Pfeiler-Glenoid-Winkel der *H. sapiens*-Vergleichsstichprobe betrug 137°. Der Wert fällt in den Variationsbereich jedes Menschenaffen, so daß Stern u. Susman (1983) schließen, daß dieses Merkmal eine Adaptation an kletternde Lokomotion darstellt, bei der die Vorderextremitäten häufiger über den Körper erhoben werden

---

[16] Der Winkel wird als Pfeiler-Glenoid-Winkel bezeichnet (Stern u. Susman 1983).

(vgl. Kap. 4.2.2.4). Auch Befunde von Vbra (1979) an der Scapula des *A. africanus* von Sterkfontein zeigen, daß die Cavitas glenoidalis in bezug auf die Margo axillaris mehr nach kranial ausgerichtet war (Schmid 1983).

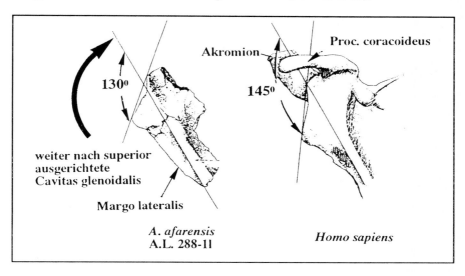

Abb. 6.35 Kennzeichen der Scapula von *A. afarensis* und *H. sapiens* (nach Stern u. Susman 1983, umgezeichnet)

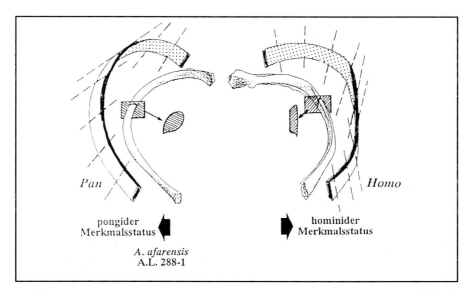

Abb. 6.36 Torsion und Querschnitt der Rippen von *Australopithecus* (n. Schmid 1983, umgezeichnet).

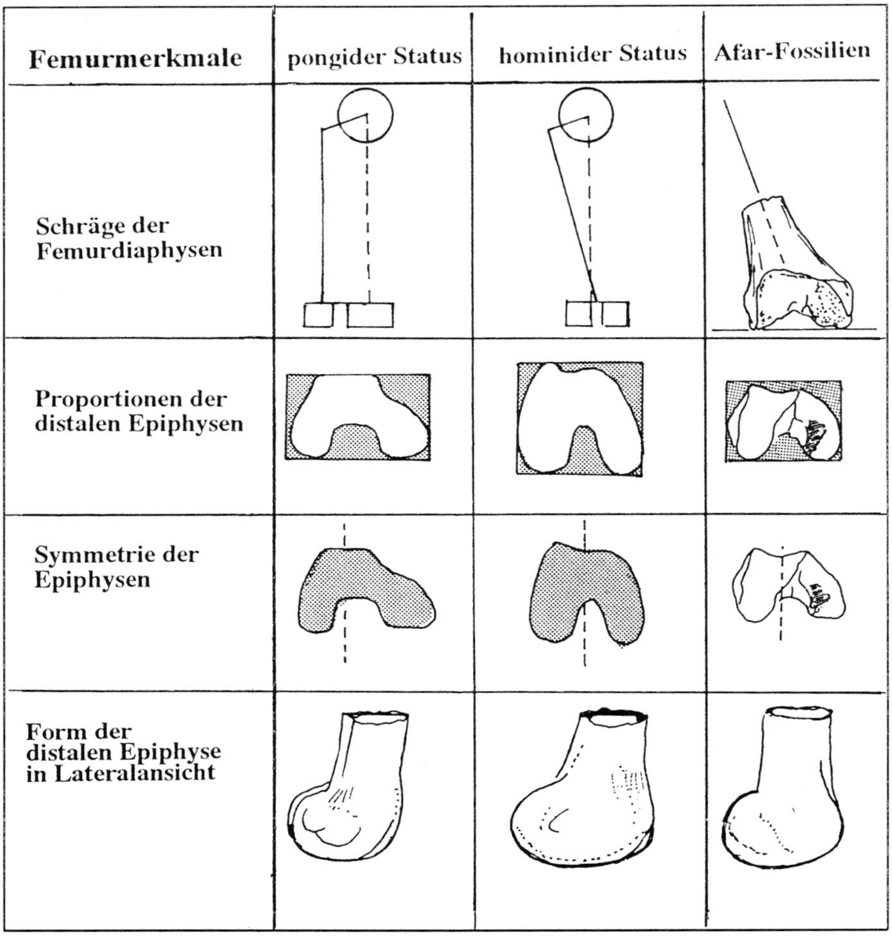

Femurmerkmale	pongider Status	hominider Status	Afar-Fossilien
Schräge der Femurdiaphysen			
Proportionen der distalen Epiphysen			
Symmetrie der Epiphysen			
Form der distalen Epiphyse in Lateralansicht			

Abb. 6.37 Vergleich der Femurmerkmale von A.L. 288 mit quadrupeden Primaten (n. Tardieu 1981, umgezeichnet und ergänzt).

Es liegen weitere Hinweise vor, daß *A. afarensis* noch an das Baumleben adaptiert war; so ist z. B. der Rippenquerschnitt bei Pongiden gerundet und weist am Unterrand eine leichte Kante auf; ferner läßt sich die für *Homo* kennzeichnende schraubenartige Verdrehung um die Längsachse nicht erkennen (vgl. Kap. 4.2.2.3, Kap. 4.2.4.3; Abb. 6.36). Diese Torsion fehlt auch bei dem Rippenfragment A.L. 288-1, so daß die Rekonstruktion eines menschlichen Thorax nach Schmid (1983, 1991) offenbar nicht möglich ist. Damit ist ein weiteres Argument für die suspensorische Funktion der Vorderextremität gegeben. Obwohl diese Befunde eine suspensorische Lebensweise annehmen lassen, schließen sie die Möglichkeit nicht aus, daß sich die plio-pleistozänen Hominiden sehr gut zweibeinig bewegt haben.

Vergleichende Befunde an den Extremitäten der frühen Hominiden unterstreichen deren spezielles Adaptationsmuster. Am distalen Humerus von Pongiden und Hominiden durchgeführte vergleichende Studien lassen deutliche Differenzen der beiden Familien erkennen (Knußmann 1967a; vgl. Kap. 4.2.2.3, Kap. 4.2.4.3). Nach Senut (1981a, b) weist A.L. 288-1M Ähnlichkeiten mit der Morphologie des Humerus vom Schimpansen auf. Von Tardieu (1981) durchgeführte morphologische Studien an den distalen Femurgelenken zeigen, daß die fossilen Hominiden sich durch einen großen Bikondylarwinkel, eine tiefe Patella-Grube mit hohem lateralen Rand sowie elliptischem Profil des lateralen Kondylus von Pongiden unterscheiden (Abb. 6.37). Der Vergleich dieser Merkmale zwischen Fossilien von Hadar sowie verschiedenen ost- und südafrikanischen Fundstätten unterstreicht die beachtliche Variabilität des Fossilmaterials. Lucy läßt sich jeweils der ursprünglicheren Fossilgruppe zuordnen.

Detailstrukturen der Extremitäten geben weiteren Aufschluß über Adaptationen der Australopithecinen an das Baumleben, jedoch gehen die Interpretationen der morphognostischen und -metrischen Befunde weit auseinander. Jungers (1982, 1988a, b), Jungers u. Stern (1983), Stern u. Susman (1983), Susman et al. (1984), Tuttle (1985) und McHenry (1986) gehen sogar so weit, daß sie in dem Merkmalsmuster von *A. afarensis* keine Kombination von arborikolen und bipeden Merkmalen sehen, "...but rather the anatomy of a generalized ape" (Stern u. Susman 1983, S. 279).

Dagegen kommen Lovejoy (1979, 1981, 1989), Latimer et al. (1982), Lovejoy et al. (1982a, b, c) und Latimer (1983, 1984) aufgrund ihrer Analysen am Postkranium zu grundsätzlich anderen Ergebnissen. Latimer u. Lovejoy (1990a, b) analysierten zahlreiche Extremitätenknochen von *A. afarensis* und konnten hochgradige Ähnlichkeiten mit *Homo* in solchen Detailmerkmalen feststellen, in denen Abweichungen gegenüber *Gorilla* und *Pan* vorliegen (Abb. 6.38). Einige morphognostische und -metrische Resultate seien hier wiedergegeben (vgl. Kap. 4.2.2.3, Kap. 4.2.2.5; Übersicht in Aiello u. Dean 1990; Coppens u. Senut 1991).

Latimer u. Lovejoy (1990b) verglichen die Metatarsophalangealgelenke afrikanischer Pongiden und moderner Menschen mit denen von *A. afarensis*. Ihre morphologische Analyse der Form und Orientierung der distalen Gelenkfläche des Metatarsale II, der metrische Vergleich des Exkursionswinkels am Metatarsophalangealgelenk sowie der Orientierung der basalen Gelenkfläche der proximalen Phalangen macht die Affinitäten des plio-pleistozänen Hominiden zu *Homo* und große Unterschiede zu den Pongiden deutlich (Abb. 6.39). Man sollte jedoch nicht vergessen, daß die Pongiden selbst abgeleitete Formen sind. Unter diesem Blickwinkel ist der Schluß, daß die Hadar-Hominiden Adaptationen für eine dem modernen Menschen entsprechende habituelle Bipedie aufwiesen, möglicherweise revisionsbedürftig, sofern man in Anlehnung an Rak (1991a) nicht nur unterstellt, daß sie ein eigenes bipedes Lokomotionsmuster entwickelt hatten, sondern sich wohl auch in ihrer arborikolen Lokomotion von rezenten Pongiden unterschieden.

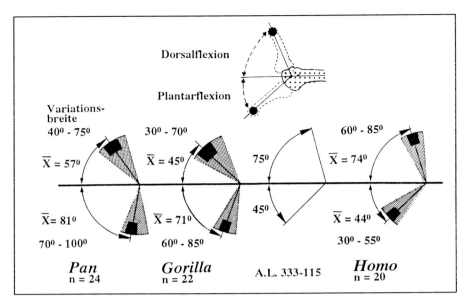

Abb. 6.38 Vergleich der mediansagittalen Konturen der Gelenkköpfe der Metatarsalia (MT) I und II von *Homo*, *Gorilla* und *Pan* mit denen von *A. afarensis* (A.L. 333-115; n. Latimer u. Lovejoy 1990b, umgezeichnet).

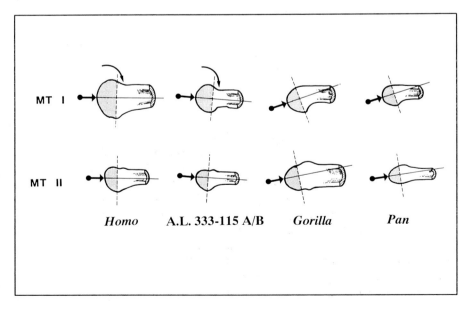

Abb. 6.39 Vergleich der Metatarsophalangealgelenke von *A. afarensis* mit denen von *Pan*, *Gorilla* und *Homo* (n. Latimer u. Lovejoy 1990b, umgezeichnet).

Die Befunde von Latimer u. Lovejoy (1990a, b) widersprechen in ihrer zentralen Aussage denen anderer Anthropologen. Susman et al. (1984) verglichen z. B. die Hand- und Fußphalangen von *A. afarensis* mit denen rezenter Pongiden und Hominiden und stellten große Ähnlichkeiten mit den afrikanischen Menschenaffen fest.

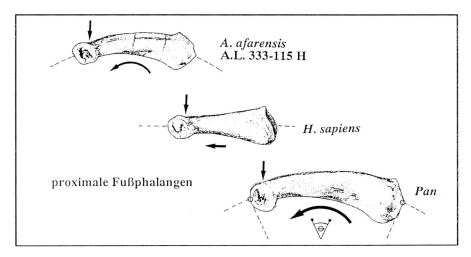

Abb. 6.40 Morphognostischer Vergleich der proximalen Fußphalangen von *Pan*, *Homo* und *Australopithecus* (n. Susman et al. 1984, umgezeichnet).

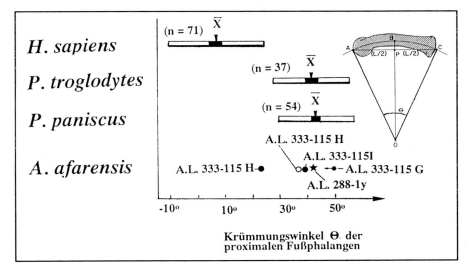

Abb. 6.41 Metrischer Vergleich der proximalen Fußphalangen (Krümmungswinkel) von *Pan*, *Homo* und *Australopithecus* (n. Susman et al. 1984, umgezeichnet).

In Abb. 6.40 und Abb. 6.41 wird die proximale Phalanx des III. Zehenstrahls von A.L. 333-115H mit der eines rezenten Menschen und derjenigen eines Schimpansen verglichen. Die Vertiefung im dorsalen Abschnitt der proximalen Gelenkfläche wird von Stern u. Susman (1983) als Indikator für eine verbesserte Dorsalflexion des Fußes angesehen. Das wird als Hinweis auf Zweibeinigkeit gewertet, da die Dorsalflexion der Zehen am Ende der Standphase zur Optimierung des bipeden Schreitens beitrage. Weitere Merkmale, die Aufschluß über die Beweglichkeit des Fußes von *A. afarensis* geben, sind eher intermediär zwischen denen von Pongidae und *Homo* einzustufen (vgl. Kap. 4.2.4.6; Abb. 6.42).

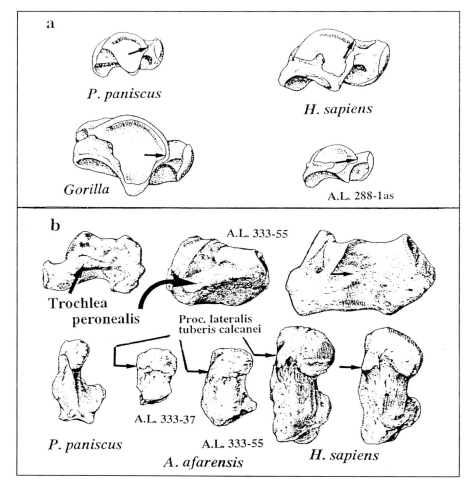

Abb. 6.42 a Lateralansicht des Talus von *Pan, Gorilla, Homo* sowie A.L. 288-1as (n. Stern u. Susman 1983, umgezeichnet) **b** Lateral- und Plantaransicht des Calcaneus von *P. paniscus*, A.L. 333-55 und dem eines modernen Menschen (n. Susman et al. 1984, umgezeichnet).

Der laterale Rand der oberen Gelenkfläche des Sprungbeins (Trochlea tali) ist bei A.L. 288-1a ebenso wie bei *Gorilla* und *Pan* weiter nach distal gerichtet als bei *Homo*. Abb. 6.42 illustriert, daß Lucy den Fuß schwächer nach dorsal, hingegen stärker nach plantar beugen konnte als *H. sapiens*. Auch die Fersenbeine A.L. 333-37 und A.L. 333-55 ähneln mehr denen von *P. paniscus* als denen des modernen Menschen. So fehlen beiden Fossilien die bei *H. sapiens* gut ausgeprägte Trochlea peronealis und das prominente Tuberculum plantare laterale (vgl. Kap. 4.2.4.5).

Stern u. Susman (1985) sowie Susman et al. (1985) legen neben den Befunden an den Fußphalangen, der Fußwurzel sowie den Metatarsophalangealgelenken auch zahlreiche Daten über die Körperproportionen vor, die sie als Argument für das Baumleben der Hadar-Hominiden werten. Die Autoren gelangen zu der Auffassung, daß die von den Hadar-Hominiden praktizierte Bipedie von der moderner Hominiden abgewichen sei, da nach ihrer Einschätzung *A. afarensis* am Boden noch mit gebeugten Knien und gebeugter Hüfte zweibeinig lief. Ferner wird vermutet, daß *A. afarensis* einen beachtlichen Teil seiner Aktivitäten im Baumbereich verrichtete, da die Art noch zahlreiche Adaptationen an Arborikolie aufweist.

Alle postkranialen Befunde zeigen, daß die Spezies *A. afarensis* und *A. africanus* einander sehr ähnlich waren. Schmid (1983, S. 302) äußerte sogar "...im postkraniellen Bereich [gibt es] keinen Charakterzug, der mehr als eine intraspezifische Variation innerhalb der Spezies *A. africanus* darstellt." Diese Einschätzung wird offenbar von anderen nicht geteilt (Übersicht in Coppens u. Senut 1991).

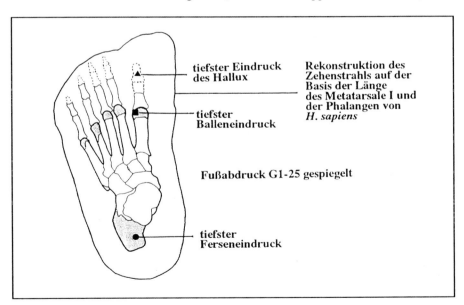

Abb. 6.43 Rekonstruktion der Fußspuren von Laetoli und des Fußskeletts von Hadar (nach White u. Suwa 1987, umgezeichnet).

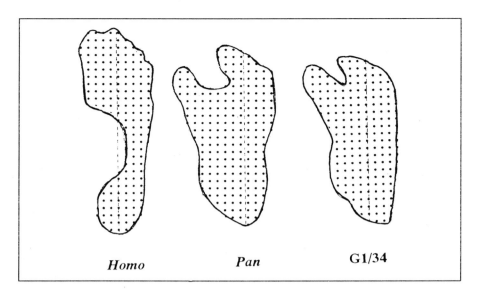

Homo   Pan   G1/34

Abb. 6.44 Fußabdruck von *Homo*, *Pan* und Fußspur Laetoli G1-34 (aus Deloison 1992).

Die Diskussion über die Lokomotionsweise der frühen Hominiden stützt sich nicht nur auf fossiles Knochenmaterial, sondern auch auf ein 'Verhaltensfossil', die Fußspuren G1 und G2, die im Jahre 1978 von M. Leakey in 3,5 MJ alten vulkanischen Schichten (Tuff 7, Site G, Garusi River Valley) in Laetoli entdeckt wurden (M. Leakey u. Hay 1979). Während Tuttle (1985) die Auffassung vertritt, daß die Fußspuren nicht von *A. afarensis* verursacht worden seien, sondern von einer progressiveren Form stammten, kommen Stern u. Susman (1983) und Susman et al. (1985) zu der Ansicht, daß sowohl die Fußspuren von Laetoli als auch die Skelettelemente von Hadar einen morphologischen Übergang (engl. *transitional morphology*) kennzeichneten. Nach White u. Suwa (1987, S. 485) treffen beide Anschauungen nicht zu, da nach ihrer Rekonstruktion des Fußes *A. afarensis* "...the best candidate for the maker of the Laetoli hominid trails" sei (Abb. 6.43).

Nach Deloison (1992) weisen die Spuren von Laetoli Merkmale auf, wonach der Fuß Greiffähigkeit besaß (Abb. 6.44). Neben der morphologischen Analyse der Fußspuren von Laetoli wurde die Schrittlänge ermittelt. Reynolds (1987) verglich deren Determinanten beim modernen Menschen, frühen Hominiden, nicht-menschlichen Primaten und anderen Säugetieren. Er kam zu dem Schluß, daß die Schrittlänge quadruped er Primaten viel größer als die der meisten anderen Mammalia sei. Das ergebe sich aus der größeren unteren Extremitätenlänge und den größeren Exkursionswinkeln der Gelenke. Auch die Schrittlänge des modernen Menschen ist größer als die eines vergleichbar schweren Säugetiers. Sie liegt aber an der unteren Grenze der Variationsbreite quadruped er Primaten. Die große Schrittlänge des modernen Menschen ist nicht das Resultat besonders großer Exkursionswinkel, sondern Folge langer unterer Extremitäten in Kombination mit niedrigen energetischen Anforderungen beim Laufen. Da die frühesten Hominiden keine außergewöhnlich langen Beine hatten und ihre Gelenke auch keine auffällig großen Exkursionswinkel, nimmt Reynolds an, daß deren Schrittlänge in der Variationsbreite der meisten quadrupeden Mammalia gleicher Größe gelegen habe. Es ist deshalb wahrscheinlich, daß das früheste Auftreten habitueller Bipedie in der Hominidenlinie mit einer Reduktion der Schrittlänge verbunden war, oder wie Reynolds (1987, S. 114) formulierte: "...long strides are not a selection advantage that resulted in the evolution of bipedalism in hominids".

Die vorstehenden Überlegungen führen zu der Frage der Körperproportionen und den Schätzungen der Körpergröße und des -gewichts der frühen Hominiden. Daß diese Merkmale eng mit der Lokomotionsweise korreliert sind, wurde bereits in Kap. 6.1.3.1 deutlich. Aus vergleichend-verhaltensbiologischen Studien wissen wir, daß offenbar schwere Individuen seltener klettern und sich häufiger terrestrisch fortbewegen. Wegen der ontogenetischen Verschiebungen des Gewichts ist daher auch mit unterschiedlichen Anteilen der Lokomotionsformen bei subadulten gegenüber adulten Tieren zu rechnen (vgl. Kap. 4.2, Kap. 4.7).

Die bislang verfügbaren Informationen über *Australopithecus* lassen mit hoher Wahrscheinlichkeit annehmen, daß diese frühen Hominiden in ihren Körperproportionen erheblich von denen moderner Menschen abwichen. Das Skelett A.L. 288-1 erlaubt weitgehend zuverlässige Berechnungen des Intermembral-Index und des Humero-Femoral-Index. Danach besaß *A. afarensis* vergleichsweise kurze Beine und ähnelte diesbezüglich den afrikanischen Pongiden mehr als dem modernen Menschen. Dagegen nahm der Humero-Femoral-Index eine Mittelstellung ein. Beim Vergleich der Humerus- und Femurlängen (McHenry 1992) wird deutlich, daß der höhere Humero-Femoral-Index von *A. afarensis* im Vergleich zu dem des Menschen auf recht kurze Beine und nicht besonders lange Arme zurückzuführen ist (Jungers 1982; Jungers u. Stern 1983; Wolpoff 1983a, b).

Die Abb. 6.45 zeigt die Körperproportionen von A.L. 288-1 im Vergleich zu denen rezenter Pygmäen. Der direkte Vergleich verdeutlicht neben Ähnlichkeiten in vielen Merkmalen u. a. auffällige Unterschiede in den Schätzungen der Femurschaftbreite, der Breite des Sakrums und der Femurlänge.

Nach den Befunden von McHenry (1991b, 1992) ist das Hadar-Material stark sexualdimorph, die Unterschiede liegen deutlich über den für *A. africanus*, *A. robustus* und *A. boisei* festgestellten Vergleichswerten. Während auf die verhaltensökologische Erklärung in Kap. 6.4 eingegangen wird, soll hier nur kurz dargelegt werden, worauf die Berechnungen des Sexualdimorphismus von *Australopithecus* beruhen. Erste Analysen stammen von Johanson et al. (1978) sowie Johanson u. White (1979), denen zahlreiche weitere Untersuchungen folgten (Frayer u. Wolpoff 1985; Zihlman 1985; McHenry 1986, 1991b, 1992; Leutenegger u. Shell 1987; Jungers 1988a, b, c; Kimbel u. White 1988; Lovejoy et al. 1989; Aiello 1990; Literaturübersicht in Borgognini Tarli u. Marini 1990).

Der Geschlechtsunterschied in der Dentition von *Australopithecus* wird von Leutenegger u. Shell (1987) für die Eckzahngröße mit einem Maskulinitätsindex von 120 angegeben (*P. troglodytes* 124, *P. paniscus* 120, *Gorilla* 139, *P. pygmaeus* 138, *Homo* 105). Die in Tab. 6.4 aufgelisteten Körpergrößen- und Körpergewichtsschätzungen nach McHenry (1992) zeigen für *A. afarensis* bedeutend größere Unterschiede zwischen den Geschlechtern als für die anderen *Australopithecus*-Spezies. Einige Studien kamen deshalb zu dem Schluß, daß die zu *A. afarensis* gerechneten Funde von Hadar und Laetoli zu mehr als einer Spezies gehören könnten (Coppens 1981, 1983; T. Olson 1981, 1985; Tuttle 1981; Schmid 1983, 1989a; Senut u. Tardieu 1985; Zihlman 1985; Falk 1986). Die Erstbearbeiter der Funde haben jedoch immer wieder Argumente für ihre Mono-Spezies-Hypothese geliefert (Johanson 1989a; Lovejoy et al. 1989). Am überzeugendsten erscheinen die jüngsten Daten von McHenry (1992), wonach *A. afarensis* sehr wahrscheinlich durch einen starken Sexualdimorphismus der Arme gekennzeichnet war, während für die Beine nur ein mittlerer Sexualdimorphismus belegt werden kann. Berechnungen des Körpergewichts aus der Gelenkgröße der unteren Extremität lassen folgenden Schluß zu: "The moderate level of body size sexual dimorphism found in this study removes one objection to the lumping of all Hadar hominids into a single species." (McHenry 1992, S. 30). Nach Aiello u. Dean (1990) hatten die frühen Hominiden kurze Beine sowohl im Verhältnis zur Armlänge als auch zu der geschätzten Körperhöhe.

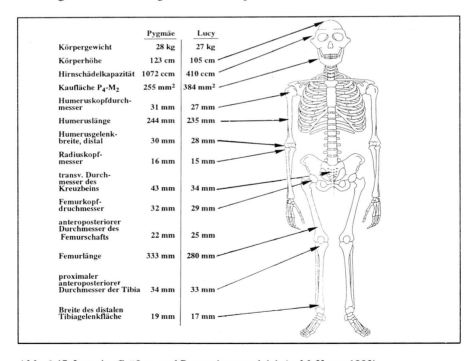

	Pygmäe	Lucy
Körpergewicht	28 kg	27 kg
Körperhöhe	123 cm	105 cm
Hirnschädelkapazität	1072 ccm	410 ccm
Kaufläche P_4-M_2	255 mm^2	384 mm^2
Humeruskopfdurch-messer	31 mm	27 mm
Humeruslänge	244 mm	235 mm
Humerusgelenk-breite, distal	30 mm	28 mm
Radiuskopf-messer	16 mm	15 mm
transv. Durch-messer des Kreuzbeins	43 mm	34 mm
Femurkopf-druchmesser	32 mm	29 mm
anteroposteriorer Durchmesser des Femurschafts	22 mm	25 mm
Femurlänge	333 mm	280 mm
proximaler anteroposteriorer Durchmesser der Tibia	34 mm	33 mm
Breite des distalen Tibiagelenkfläche	19 mm	17 mm

Abb. 6.45 Lucy im Größen- und Proportionsvergleich (n. McHenry 1992).

Tabelle 6.4 Durchschnittliche Körpergewichts- und Körperhöhenschätzungen für die verschiedenen Spezies von *Australopithecus* (n. McHenry 1992).

Spezies	Körpergewicht (kg)		Körpergröße (cm)	
	männlich	weiblich	männlich	weiblich
A. afarensis	45	29	151	105
A. africanus	41	30	138	115
A. robustus	40	32	132	110
A. boisei	49	34	137	124

Nach Aiello u. Dean (1990) war Lucy in bezug auf ihr Gewicht klein. War sie wirklich so klein? Nach Helmuths (1992) Untersuchung zur Körperhöhe muß Lucy größer als 106 cm gewesen sein, wenn ihre Körperproportionen mehr pongid waren. Dieses Ergebnis stimmt mit Befunden von Johanson u. White (1979), Wolpoff (1983a, b) sowie Feldesman u. Lundy (1988) überein (vgl. Kap. 6.1.3.1). Die Adaptationen der Australopithecinen belegen eine offenbar ganz eigene Entwicklung des Taxons, so daß Vorfahrenmodelle sich nicht am Habitus rezenter Pongiden orientieren können (Schmid 1983; vgl. Kap. 4.2.4.7). Da von dem letzten gemeinsamen Vorfahren bislang keine Fossildokumente vorliegen, kann dieser nur modellhaft durch die Entwicklung evolutionsökologischer Szenarien erschlossen werden (vgl. Kap. 6.4).

6.2   *Homo habilis* - älteste Spezies des Genus *Homo*

6.2.1   Fundgeschichtliche Aspekte

Das erste als *Homo habilis* klassifizierte Fossil wurde im Jahre 1960 in Olduvai (F.L.K.N.N. Site - Bed I) entdeckt. Seine Beschreibung durch L. Leakey et al. (1964) erfolgte aber erst vier Jahre später. Tobias (1989b) nannte den Fund retrospektiv eine verfrühte Entdeckung. Nach Stent (1972, S. 84) ist das so zu verstehen: "A discovery is premature if its implications cannot be connected by a series of simple logical steps to canonical, or generally accepted knowledge". In der Tat wurde diese Art erst in den achtziger Jahren allgemein akzeptiert. Dafür waren verschiedene Gründe maßgebend: Einerseits war man überwiegend davon überzeugt, daß die morphologische Distanz zwischen *A. africanus* (*A. afarensis* war

damals noch nicht bekannt) und *H. erectus* so gering war, daß keine weitere Art
dazwischen angesiedelt sein könne; andererseits ging man davon aus, daß eine
zum Genus *Homo* zu rechnende Art bereits eine beachtliche Hirnvergrößerung
zeigen müsse und daß Hominide mit einer so geringen Steigerung des Hirnvolumens nicht aus dem Kreis der *Australopithecinen* herausgenommen werden
könnten. Andere Argumente wie die Annahme, daß *Homo* nur im Quartär und
nicht bereits im Tertiär existierte, rundeten die Vorurteile gegenüber der neuen
Spezies ab. Jedoch selbst heute sind zahlreiche Zweifel an der 'Glaubwürdigkeit
von *H. habilis*' - wie Stringer (1986) es formulierte - nicht ausgeräumt. Die
Spezialisten sind sich keineswegs darüber einig, was das Taxon *H. habilis* eigentlich einschließt (Stringer 1986; Tobias 1991b; Wood 1992a, b). Das trifft
insbesondere deshalb zu, weil das heute vorliegende Material aus Ost- und
Südafrika (vgl. Kap. 6.2.2.) recht heterogen ist und traditionelle Erwartungen an
das Genus *Homo*, worunter nach Wood (1992a) unter anderem die Hirnvergrößerung, Kulturfähigkeit, Reduktion des Kieferapparates in Anpassung an veränderte
Nahrungspräparation und vollständige Aufrichtung zu verstehen sind, nicht erfüllt
werden. Jeder Behauptung, den ältesten *Homo* entdeckt zu haben, mußte der
Nachweis eindeutiger Veränderungen von einem *australopithecinen* zu einem
homininen Grade folgen. Je enger die stammesgeschichtliche Beziehung aber ist,
umso schwieriger ist deren Nachweis.

Der Holotypus O.H. 7, zwei Parietalknochenfragmente sowie der zahntragende
Alveolarfortsatz eines Unterkiefers und 13 Handknochen eines juvenilen Individuums aus Bed I von Olduvai wurden von L. Leakey et al. (1964) zusammen mit
sechs weiteren Fossilfundstücken - sog. Paratypen - als *Homo habilis sp. nov.*
beschrieben. Letztere ähneln dem Typusexemplar und schließen Schädelfragmente, Zähne (O.H. 4, O.H. 6) sowie den Fuß eines Erwachsenen (O.H. 8)
und den inkompletten Schädel eines in Bed II gefundenen Jugendlichen (O.H. 13)
ein. Weiteres Bezugsmaterial aus Olduvai Bed II sind eine Reihe kranialer Fragmente eines Juvenilen (O.H. 14) und ein bruchstückhaft erhaltener Hirnschädel
sowie Zähne eines Frühadulten (O.H. 16).

Die Erstbeschreiber, L. Leakey, Tobias und Napier, kennzeichneten das Taxon
H. habilis im Vergleich zu *Australopithecus* als evolvierter und wiesen gleichzeitig darauf hin, daß die neue Art bezüglich der Hirn- und Zahngröße deutlich
ursprünglicher war als *H. erectus*, die bis dahin älteste dokumentierte *Homo*-
Spezies. Robinson (1965) behauptete, *H. habilis* sei eine Chimäre aus dem frühen
Australopithecus und ursprünglichen *H. erectus*. Das Urteil der Fachkollegen war
geteilt. Während einige die Unterschiede gegenüber *Australopithecus* als zu
gering ansahen, um damit eine Artabgrenzung zu begründen (Le Gros Clark 1964;
Holloway 1975), behaupteten andere, daß eine Separation von *H. erectus* nicht
möglich sei (Robinson 1965; Brace et al. 1973). Die spezifischen Kennzeichen
von *H. habilis* (vgl. Kap. 6.2.3.1) wurden über lange Zeit als differentialdiagnostisch unzureichend angesehen, so daß Tobias (1989b) rückblickend auch
einen anhaltenden Widerstand gegen den Wechsel der herrschenden Vorstellungen sah. Die Entdeckung und das Erkennen von *H. habilis* stellten eine ernste

Herausforderung an das damals bestehende stammesgeschichtliche Szenarium dar. Heute gibt es nur wenig Widerspruch, *H. habilis* als Spezies zu akzeptieren. Wolpoff (1980) drückte es so aus: *H. habilis* ist ein Taxon, dessen Zeit gekommen ist. Zu dieser Einschätzung hat insbesondere das seit der Erstbeschreibung deutlich angewachsene Fundmaterial beigetragen (Day 1986; Tobias 1989a; 1991a, b; Wood 1992a).

6.2.2 Geographische und zeitliche Verbreitung

Die Erstbeschreibung von *H. habilis* fußte auf nur sieben kranialen und postkranialen Einzelfunden aus Olduvai. In der Folgezeit kamen weitere Funde hinzu, darunter auch das Kranium O.H. 24, ein Oberflächenfund aus Bed I unterhalb des Tuffs 1B, was jedoch nicht unumstritten ist. Der aus kranialen und postkranialen Fragmenten bestehende jüngste Fund aus Olduvai (O.H. 62) ist eine reichhaltige Quelle für Hinweise auf die spezielle Morphologie von *H. habilis* (Johanson 1989b; White 1991; vgl. Kap. 6.2.3.1). O.H. 62 löste aber auch zahlreiche Kontroversen bezüglich der Homogenität des Materials aus, die bis heute nicht ausgeräumt sind (Hartwig-Scherer u. R. Martin 1991; Tobias 1991b; Wood 1992a).

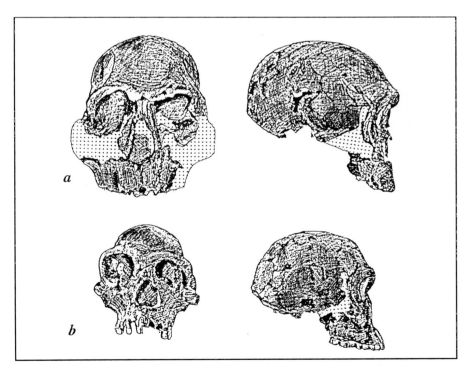

Abb. 6.46 *H. habilis*-Schädel. **a** KNM-ER 1470 **b** KNM-ER 1813.

Aus Koobi Fora sind die meisten und aussagekräftigsten *H. habilis*-Funde bekannt. Dazu zählen die Schädelfunde KNM-ER 1470 und KNM-ER 1813, die etwas älter als das Olduvai-Material sind (Abb. 6.46). Sie entfachten eine beachtliche Diskussion darüber, ob es sich hierbei nur um eine hochgradig polymorphe oder aber um zwei distinkte Spezies handelt. Weiteres Fundmaterial ist aus dem Turkana-Becken (Omo, Schichten G und H, Shungura-Formation) geborgen worden, darunter ein Teilschädel, zwei Unterkiefer und über 20 isolierte Zähne.

Weniger bedeutende und in ihrer Zuordnung umstrittene Funde stammen aus Chemeron, einem Fundplatz südlich vom Lake Turkana sowie aus Kangaki I Site an der Westküste des Lake Turkana.

Von einem Höhlenfundplatz aus Sterkfontein stammt ein fragmentarischer Schädel (StW 53), der zusammen mit einigen Zähnen aus dem Member 5 zu *H. habilis* gehören soll. Auch Member 4, aus dem auch *A. africanus*-Funde bekannt sind, enthielt *H. habilis*-Fossilien.

Das als SK 847 und SK 27 bezeichnete Schädelmaterial aus Swartkrans weist zusammen mit einigen Zähnen aus Member 1 (SK 2635) Ähnlichkeiten mit *H. habilis* auf. Einige Paläoanthropologen klassifizieren jedoch SK 847 als *H. erectus*. Da dieser Fund aber auch Übereinstimmungen mit StW 53 besitzt, ist ein Bezug zu *H. habilis* gegeben.

Außerafrikanisches Material, das aus Ubeidiya (Israel; vgl. Kap. 7.1, Kap. 7.2) sowie aus Indonesien (*M. palaeojavanicus*) beschrieben worden ist, wurde ebenfalls mit *H. habilis* in Verbindung gebracht (Tobias u. v. Koenigswald 1964; Campbell 1978). Diese Einschätzung konnte jedoch später nicht bestätigt werden (Tobias 1989a, 1991b; Wood 1992a). Der heutige Fundbestand läßt keinen Zweifel daran, daß mit *H. habilis* eine sowohl von *Australopithecus* als auch von *H. erectus* zu unterscheidende Spezies vorliegt. Es ist jedoch keineswegs geklärt, ob das Fundmaterial, welches als *H. habilis* angesprochen wird, auch wirklich diesem Taxon zuzurechnen ist, da die sehr große Variationsbreite im Postkranium zahlreiche Fragen aufwirft.

Enthält die Liste der Fossilien, die zu *H. habilis* gestellt wird, möglicherweise zwei Spezies - und gehören sie, sofern dies zutrifft, beide zum Genus *Homo*? Sind so unterschiedliche Schädel wie KNM-ER 1813 und KNM-ER 1470 derselben Spezies zuzurechnen? Wurden nicht vielleicht Individuen aus zwei verschiedenen Taxa vermischt, von denen eines *H. habilis sensu strictu* repräsentiert, während das andere einer weiteren Spezies von *Homo* angehören könnte? Ist vielleicht auch ein Teil dem Genus *Australopithecus* zuzuordnen? Gehören einige Fossilien aus Swartkrans überhaupt zu *H. habilis*, was von Campbell (1978) und Howell (1980) behauptet, aber von Clarke (1985a) bestritten wird. Obwohl kein Konsens vorliegt, kann nach Tobias (1989b, 1991b) und Wood (1992a, b) die geographische Verteilung des zu *H. habilis* zählenden Fundmaterials auf eine Region, die sich von Transvaal bis Südäthiopien erstreckt, eingegrenzt werden (Abb. 6.47). Ebenso wie bei den verschiedenen *Australopithecus ssp.* ergeben sich damit zwei Cluster *habiliner* Fossilien, von denen das aus dem südlichen Transvaal als

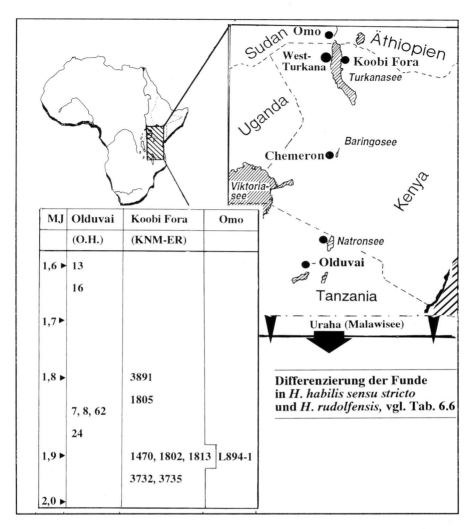

MJ	Olduvai	Koobi Fora	Omo
	(O.H.)	(KNM-ER)	
1,6 ▶	13		
	16		
1,7 ▶			
1,8 ▶		3891	
		1805	
	7, 8, 62		
	24		
1,9 ▶		1470, 1802, 1813	L894-1
		3732, 3735	
2,0 ▶			

**Differenzierung der Funde
in *H. habilis sensu stricto*
und *H. rudolfensis*, vgl. Tab. 6.6**

Abb. 6.47 Regionale Verbreitung und chronologische Zuordnung von *H. habilis* (n. Wood 1992a, b).

subtropisch, das ostafrikanische hingegen als tropisch zu kennzeichnen ist. Um die Fundlücke zwischen diesen beiden geographischen Fundkomplexen zu schließen, wird zur Zeit im Rahmen des *Hominid Corridor Research Project* (Leitung F. Schrenk und T. Bromage) am Westufer des nördlichen Lake Malawi gegraben (vgl. Kap. 6.1.1). Ein 1991 in Uraha gefundener pliozäner Unterkiefer mit Bezahnung (Katalogbezeichnung UR 501) weist hochgradige Ähnlichkeiten mit dem Fossil KNM-ER 1802 auf, was seine Zuordnung zu *Homo rudolfensis* Alekseev, 1964 nahelegt.

Trotz bislang negativer Aussagen bezüglich der vermuteten Beziehungen zwischen den afrikanischen und den asiatischen Hominiden kann aufgrund der gegenwärtigen Fundverteilung die Möglichkeit nicht ausgeschlossen werden, daß sich einige Hominide des *habilis*-Grade (vgl. Kap. 6.2.3.1) in nördlicher und östlicher Richtung ausbreiteten und aus Afrika nach Ost- und Südostasien gelangten (Tobias 1989a). In diesem Kontext ist erwähnenswert, daß nördlich von Omo gefundenes Fossilmaterial, welches heute *A. afarensis* zugerechnet wird, früher z. T. als *H. habilis* klassifiziert wurde. Über die nördliche Verbreitung des Taxons bleiben einige Unsicherheiten, zumal Vorbehalte gegen die Homogenität des Hypodigmas der Spezies *A. afarensis* nach wie vor bestehen (vgl. Kap. 6.2.4).

Mit der Entdeckung von *H. habilis* wurde erstmals eine Spezies des Genus *Homo* beschrieben, die nach heute allgemein anerkannter Datierung bereits im End-Pliozän lebte. Die bislang ältesten Fossilien des *H. habilis*, denen ein Alter zwischen ca. 2,3 - 2,2 MJ zugesprochen wird, sind aus den Schichten E und F von Omo bekannt (Abb. 6.10). Besondere Beachtung fanden kulturelle Hinterlassenschaften des sog. Oldowan, die auf ein Alter von 2,7 - 2,6 MJ beziffert werden. Es ist jedoch methodisch fragwürdig, diese Artefakte nicht nur als einen Hinweis, sondern gar als Beweis für ein früheres Erscheinen von *H. habilis* zu werten (Tobias 1989a).

Das erste Auftreten von *H. habilis* in Olduvai (Bed II, Upper Lemuta Member) wird für die Zeit um 1,6 MJ angenommen. Auch Zahnfunde aus Omo belegen ein entsprechend junges Alter des *H. habilis*; auch die Sterkfontein-Funde (Member 5) dürften nur wenig älter sein. Die aus der Fossildokumentation zu ermittelnde Überlebensdauer der Art *H. habilis* wird mit 2,3 - 1,6 MJ vor heute angegeben. Nach Tobias (1989a) ist sogar von einer Zeitspanne zwischen 2,5 - 1,5 MJ vor heute auszugehen.

6.2.3 Morphologie von *Homo habilis* (*sensu lato*)

6.2.3.1 Morphologische Kennzeichnung von *Homo habilis* (*sensu lato*)

Als *Homo habilis sensu lato* wird im folgenden Fundmaterial zusammengefaßt, das von verschiedenen Autoren unterschiedlichen Taxa zugerechnet wurde:

Robinson (1965):	*Australopithecus* aff. *A. africanus* und *Homo* aff. *H. erectus*[17]
M. Leakey et al. (1971):	*H. habilis* und *H. habilis/H. sp.*
Groves (1989b):	*H. habilis, H. rudolfensis* und *H. ergaster*
R. Leakey et al. (1978):	*H. habilis, A.* aff. *A. africanus*
Stringer (1986):	*H. habilis* (Gruppe 1), *H. habilis* (Gruppe 2) oder *H. ergaster*
Chamberlain (1989):	*H. habilis sensu stricto* und *Homo sp.*.
Wood (1991, 1992a, b):	*H. habilis* und *H. rudolfensis*.

---

[17] aff. = Abk. für *affinitas*, d. h. Ähnlichkeiten aufweisend mit der genannten Art.

Aufgrund zahlreicher seit der Erstbeschreibung entdeckter Funde wurde der *H. habilis* kennzeichnende Merkmalskatalog von verschiedenen Autoren erheblich erweitert (Vandebroek 1969; White et al. 1981; Falk 1983a, 1987; Tobias 1988, 1989a, 1991b; Bilsborough 1986; Skelton et al. 1986; Wood u. Chamberlain 1986; Skelton u. McHenry 1992; Wood 1992a). In der nachstehenden Liste sind daher, neben den diagnostischen Merkmalen der Erstbeschreibung des Taxons, einige weitere ergänzend aufgeführt [Kennzeichnung mit Stern (*)]:

Kennzeichen von *H. habilis*

Neuro- und Viszerokranium (Abb. 6.48)

- *Hirnschädelkapazität größer als bei *Australopithecus*, aber kleiner als bei *H. erectus*;
- *Muskelmarken im kranialen Bereich schwach bis stark;
- *mediansagittale Scheitelbeinkrümmung von leicht (z. B. hominine Ausprägung) bis mäßig (z. B. australopithecine Ausprägung) variierend;
- verlängerte Stirn- und Scheitelbeinregion;
- Stirnbereich in Überaugenregion schwach modelliert, fliehend und niedrig;
- Sulcus supratoralis vorhanden;
- *externe Sagittalkrümmung zum Hinterhaupt relativ weitwinkelig;
- mediansagittale Okzipitalkurvatur gerundet;
- Anteil der Hinterhauptsschuppe im Vergleich zum Planum nuchae vergrößert;
- Pneumatisierung des Neurokraniums in der Asterionregion schwach;
- Basikranium kurz;
- Foramen occipitale magnum im Vergleich zu *Australopithecus* weiter anterior gelegen;
- Winkel zwischen Pars petrosa des Os temporale und der Transversalebene klein (ca. 45°);
- Hirnfurchen im lateralen Stirnbereich *H. sapiens*-ähnlich, gut entwickelte Wölbung in der Brocaschen Region (unterer Parietallappen);
- prognathes Gesicht mit geringer alveolarer Prognathie;
- niedriges Mittelgesicht, *H. sapiens*-ähnlich;
- Jochbogen wenig ausladend;
- *Ober- und Unterkiefer kleiner als bei *Australopithecus*, aber größengleich mit *H. erectus* und *H. sapiens*;
- Zahnbogen mehr parabolisch, *H. sapiens*-ähnlich.
- Juga der oberen C fehlen;
- *Kinn fliehend, leicht angedeutetes oder fehlendes Trigonum mentale;

Gebiß und Zähne

- *Incisivi groß im Vergleich zu denen von *Australopithecus* und *H. erectus*;
- *Canini groß im Verhältnis zu den Praemolaren;
- *Praemolaren, insbesondere untere P, bukkolingual schmal und mesiodistal verlängert, schmaler als bei *Australopithecus*, in der Variationsbreite von *H. erectus* liegend;

- *Molaren, insbesondere untere M, bukkolingual schmal und mesiodistal verlängert, Variationsbreite von *Australopithecus* und *H. erectus* überlappend;
- M^1 mesiodistal verlängert;
- Größendifferenzierung der Molaren: M3 > M2;
- Molaren mit dünnem Zahnschmelz;

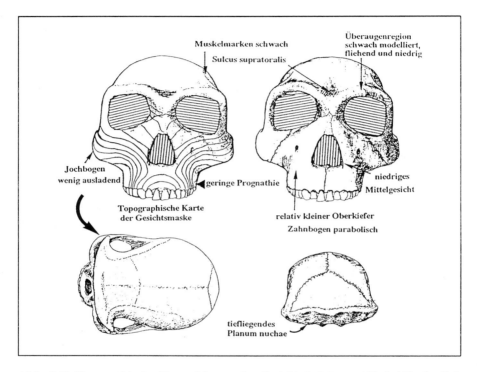

Abb. 6.48 Topographische Kennzeichnung des Gesichtsskeletts von *H. habilis* (n. Rak 1983, umgezeichnet).

Postkranium

- *Schlüsselbein *H. sapiens*-ähnlich ;
- *Endphalangen der Finger breit, *H. sapiens*-ähnlich;
- *Os capitatum und Metacarpophalangealgelenke *H. sapiens*-ähnlich;
- *Os scaphoideum, Os trapezium *H. sapiens*-unähnlich;
- *Ansatzstellen der superfiziellen Beugersehnen, Robustizität und Krümmung der Phalangen *H. sapiens*-unähnlich;
- Fußgestalt *H. sapiens*-ähnlich (kräftige, adduzierte Großzehe);
- *gut ausgebildetes Fußgewölbe, *H. sapiens*-ähnlich;
- *Trochlea-Fläche des Talus *H. sapiens*-unähnlich;
- *Metatarsale III relativ robust, *H. sapiens*-unähnlich.

Eine bis heute anhaltend kontrovers diskutierte Frage ist, ob die von L. Leakey et al. (1964) definierte Spezies *H. habilis* auch bei Berücksichtigung neueren Fundmaterials in der ursprünglichen Form zu halten ist (Campbell 1978; Howell 1978a; Stringer 1986; Tobias 1988; Wood 1992a). Von den genannten und mit Stern gekennzeichneten Merkmalen des Kraniums (Abb. 6.48) und der Dentition sind allein vier - darunter das Hirnvolumen, die absolute Größe von Ober- und Unterkiefer und die Kronenfläche der Molaren - als intermediär zwischen *Australopithecus* und *H. erectus* zu beschreiben. Dagegen ist der Verlauf der Hinterhauptskurvatur *H. sapiens*-ähnlich, während die Breite der Praemolaren *H. erectus* ähnelt. Das fliehende Kinn zeigt keinen Unterschied gegenüber dem der Australopithecinen, und der Grad der kranialen Muskelmarken ist nach Wood (1992a) zu unspezifisch, als daß er für die Diagnose hilfreich sein könnte. Als diagnostische Kennzeichen der Zähne sind die relative Schneide- und Eckzahngröße und die Form der Zahnkronen mit der bukkolingualen Verschmälerung der unteren Praemolaren und Molaren besonders wichtig. Von Robinson (1965, 1966) sowie White et al. (1981) wird jedoch bestritten, daß *H. habilis* schmale Praemolaren hatte.

Das Postkranium läßt nach Wood (1992a) sowie Tattersall et al. (1988) auf Bipedie schließen. Welche Bedeutung jedoch das Klettern bei *H. habilis* noch hatte, wird widersprüchlich diskutiert (Prost 1980; Rose 1984, 1991; Hartwig-Scherer u. R. Martin 1991; vgl. Kap. 6.2.3.2). Insbesondere das Teilskelett O.H. 62 hat erhebliche Kontroversen ausgelöst, denn die morphologischen Analysen lassen keinen Zweifel daran, daß es sich bei dem als *H. habilis* etikettierten Hypodigma um extrem polymorphes Material handelt (Johanson 1989b; White 1991). Obwohl die erste Begutachtung des *H. habilis*-Fußes O.H. 8 die Ähnlichkeiten mit *H. sapiens* unterstrich, ließen nachfolgende funktionsmorphologische Analysen an den Fuß- und Beinknochen (O.H. 8, O.H. 10 bzw. O.H. 35) bereits Zweifel an einem vollbipeden Gang aufkommen (Davis 1964). An einem Sprungbein aus Koobi Fora (KNM-ER 813) finden sich entschieden stärkere Ähnlichkeiten zu *H. sapiens* und Abweichungen gegenüber den *Australopithecus* ähnlicheren Funden aus Olduvai. Es sollen jedoch Übereinstimmungen zwischen dem *H. habilis* KNM-ER 3735 und dem erst jüngst gefundenen O.H. 62 bestehen. Dieses Teilskelett gibt bislang unlösbare Rätsel hinsichtlich des Postkraniums auf (Johanson et al. 1987; Schmid 1988; Johanson 1989b; Johanson u. Shreeve 1990; White 1991; Hartwig-Scherer u. R. Martin 1991). Letztgenannte Autoren verglichen die Extremitätendimensionen und -proportionen von O.H. 62 mit denen von *A. afarensis*, modernen Menschenaffen und Menschen. O.H. 62 zeigt danach größere Ähnlichkeiten mit den Menschenaffen als A.L. 288-1, was insofern irritiert, als *A. afarensis*, dessen Skelett um mehr als 1 MJ älter einzustufen ist, allgemein als Vorfahr des *H. habilis* angesehen wird. Im Hinblick auf die gegenwärtig diskutierten Evolutionsmodelle bieten sich nach Hartwig-Scherer und R. Martin (1991) vier Erklärungen an:

(1) Diejenigen Schädelfragmente, die die Diagnose *H. habilis* stützen, gehören möglicherweise zu einem anderen Individuum als 'O.H. 62'. Da kein Skelettelement doppelt vorhanden ist, ist dies eine recht unwahrscheinliche Erklärung.

(2) O.H. 62 ist nicht hominid. Sofern diese Interpretation zutrifft, sind aber die Ähnlichkeiten mit StW 53, einem südafrikanischen *H. habilis*, kaum zu erklären.

(3) O.H. 62 ist zwar ein Hominide, aber kein *H. habilis*. Wegen der Extremitätenproportionen und seines geologischen Alters wäre es sehr unwahrscheinlich, daß dieser Hominide in der zu *H. erectus* führenden Linie stand.

(4) O.H. 62 ist tatsächlich ein Fossildokument von *H. habilis*. Unter dieser Annahme wäre *H. habilis* im Hinblick auf die durch O.H. 62 repräsentierten Merkmale aus der direkten menschlichen Vorfahrenschaft herauszunehmen.

Hartwig-Scherer u. R. Martin (1991) schließen daraus, daß O.H. 62 in Wirklichkeit als eine Entwicklungsstufe (engl. *stage*) zwischen *A. afarensis* und dem späteren *Homo* anzusehen ist. Bislang muß der phylogenetische Status von *Lucy's child* als ungeklärt gelten.

Zu der allein 334 kraniale, mandibulare und dentale Merkmale auflistenden Untersuchung von Tobias (1988) bemerkt Wood (1992a) mit Recht, daß zwar die Ausprägungen der Merkmale minutiös für *H. habilis* sowie *A. africanus*, *A. robustus*, *A. boisei* und *H. erectus* aufgezeigt werden, jedoch der weitere morphologische Kontext und somit deren taxonomischer und phylogenetischer Wert bislang noch nicht hinreichend demonstriert wurden. Auch verschiedene kladistische Analysen haben nur begrenzte Erkenntnisse über die diagnostischen Merkmale von *H. habilis* gebracht. Eldredge u. Tattersall (1975) nannten z. B. eine Kranialkapazität von 600 cm^3 als entscheidendes Abgrenzungskriterium gegenüber *A. africanus*. Das Ansteigen der Hirnschädelkapazität im Vergleich zu Australopithecinen ist insofern bedeutungsvoll, als es offenbar nur mit geringer, wenn nicht sogar fehlender Körperhöhensteigerung verbunden ist (McHenry 1982, 1984, 1988, 1992). Daß einige Autoren (Delson et al. 1977; T. Olson 1978) keine Autapomorphien feststellen konnten, erklärt Wood (1992a) durch die unzureichende Stichprobe. Anhand quantitativer Schädelmerkmale bestimmten Wood u. Chamberlain (1986) ein schmales Mittelgesicht als einzige Autapomorphie, während in einer jüngeren Studie eine relativ verlängerte anteriore Schädelbasis und mesiodistal verlängerte M^1 als weitere Neuerwerbungen nachgewiesen wurden (Chamberlain u. Wood 1987).

Wie bereits einführend dargelegt wurde, hat das Hypodigma von *H. habilis* aufgrund unterschiedlicher Beurteilungen eine multiple taxonomische Zuordnung erfahren, so daß auf die Frage, ob es in mehrere Taxa aufgeteilt werden muß, näher eingegangen wird (vgl. Kap. 6.2.4). Selbst wenn man eine Trennung des Fundmaterials in zwei Taxa vornimmt (A. Walker u. R. Leakey 1978; A. Walker 1981b, 1984; Wood 1985, 1987, 1992a; Bilsborough 1986; Stringer 1986), ist nicht zu vergessen, daß trotz wachsender Popularität der *Zwei-Spezies-Hypothese* einige Autoren an der These festhalten, daß die hochgradig unterschiedlichen Funde von einer einzigen, extrem dimorphen Spezies stammten (Howell 1978a; Johanson et al. 1987).

6.2.3.2 Evolutionsmorphologische Interpretation

Kraniodentale Adaptationen: Was waren die wesentlichen Adaptationen des Genus *Homo* im allgemeinen und der Spezies *H. habilis* im besonderen? Unter den Merkmalen, die *H. habilis* von den früheren sowie den zum Teil zeitgleichen Australopithecinen abgrenzen, ist an erster Stelle die deutliche Steigerung der Hirnschädelkapazität im Zusammenhang mit Veränderungen der neurokranialen Morphologie aufzugreifen (vgl. Kap. 4.1). Die Variationsbreite der Schädelkapazität, die für den 'frühen *Homo*' zwischen 509 cm^3 (KNM-ER 1813)[18] und 674 cm^3 (O.H. 7) liegt, zeigt auch bei Berücksichtigung allometrischer Effekte der Körpergröße offensichtlich eine Steigerung des relativen Hirnschädelvolumens von den frühen zu den späteren Hominiden (vgl. Kap. 2.5.4). Hemmers (1986) vergleichende Untersuchung der diachronen Veränderungen sog. *Kephalisationskonstanten* lassen einen klaren Bruch zwischen der Hirngrößenevolution der *Homo*-Linie und derjenigen der Pongiden und Australopithecinen erkennen. Die Verlaufskurven der Kephalisationskonstanten ergeben sich aus der Berechnung sog. Kephalisationsgewichte. Diese lassen sich korrelativ aus Hirn- und Körpergewichten ermitteln und erlauben Rückschlüsse auf die intellektuelle Leistungsfähigkeit der plio-pleistozänen Hominiden.

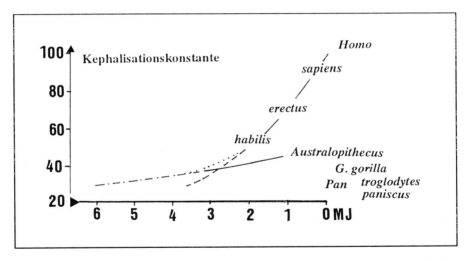

Abb. 6.49 Hirngrößenevolution in bezug zur Zeit; Kephalisationskonstanten der Spezies von *Homo* und des Genus *Australopithecus* im Vergleich mit rezenten afrikanischen Pongiden (n. Hemmer 1986, umgezeichnet).

---

[18] Nach Holloway (1976) zeigt KNM-ER 1813 enge Beziehungen zum grazilen *Australopithecus*, während beispielsweise KNM-ER 1805 dem robusten *Australopithecus* nähersteht und KNM-ER 1470 zwischen dem robusten *Australopithecus* und *H. erectus* aus Indonesien einzuordnen ist. Falk (1983a) bezeichnet KNM-ER 1805 sogar als menschenaffenähnlich. Im Hypodigma von *H. habilis* ist mit einer Variationsbreite zu rechnen, die eine taxonomische Revision erfordert.

Die Kephalisationskurve der Hominiden (Abb. 6.49) zeigt, daß die Hirnentwicklung im Genus *Australopithecus* nahezu gleichbleibend verlief, während sie bei
Homo durch extrem große Evolutionsdynamik gekennzeichnet ist. Neben dem
quantitativen interessiert der qualitative Aspekt der neurokranialen Entwicklung.
Die paläoneurologischen Merkmale von *H. habilis* werden sehr unterschiedlich
interpretiert. Holloway (1974), Falk (1983), Tobias u. Falk (1988) und Tobias
(1989a, 1991b) sind sich jedoch darin einig, daß es klare Anzeichen für eine
progressive Umgestaltung des cerebralen Cortex bereits beim frühen *Homo* gibt.
Der für den Hominisationsprozeß so wichtige Befund, daß offenbar im Rahmen
einer Mosaikevolution erst nach rund 2 MJ bipeder Lokomotion der entscheidende
Cerebralisationsprozeß bei den australopithecinen Hominiden einsetzte, zeigt, daß
das Modell einer einfachen Rückkopplung zwischen der Befreiung der Hände von
Lokomotionsaufgaben und der Steigerung der Hirnentwicklung nicht stimmig ist.
Es kann vielmehr die Hypothese formuliert werden, daß erst die Kulturentwick-
lung, wie sie initial in der Erscheinung der lithischen Geräte-Herstellung zum
Ausdruck kommt, die entscheidende Rolle in der Genese des Genus *Homo* spielte
(Tobias 1989a). Das Auftreten der bislang ältesten lithischen Geräte, des sog.
Oldowan, geht nach vorliegenden chronostratigraphischen Daten mit dem
Erscheinen des frühen *Homo* einher, was große Bedeutung für unsere evolutions-
ökologische Modellbildung hat (vgl. Kap. 6.4).

Nach neuroanatomischen Befunden waren Veränderungen in der Blutversor-
gung des Kopfes und damit verbundene thermoregulatorische Anpassungen in der
Homo-Linie von entscheidender Bedeutung für die Hominisation (Falk 1988).
Aufgrund vergleichend-kranialmorphologischer Befunde an Australopithecinen
und Vertretern des Genus *Homo* konnte festgestellt werden, daß die robusten
Australopithecinen offenbar in Zusammenhang mit der Aufrichtung ein
Venendrainage-System entwickelten, welches von dem der grazilen Australopithecinen abwich. Nach Falk (1988) soll erst diese Selektion zur Ausbildung
eines Plexus venosus vertebralis geführt haben, welcher zur 'Kühlung' des Hirns
beitrug und somit eine Hyperthermie verhinderte. Nach Falk (1988) hat erst dieser
Merkmalskomplex jene Zwänge beseitigt, die vorher eine Hirnvergrößerung
hemmten.

Saban (1986a, b) beschrieb an Endokranialausgüssen von *H. habilis* die in ihrer
adaptiven Bedeutung umstrittenen Venae meningeae mediae. Ihre Konfiguration
weicht von der für die Australopithecinen beschriebenen ab und weist bereits
Merkmale auf, die für die spätere *Homo*-Linie kennzeichnend sind. Ferner ist zu
vermuten, daß das Ausmaß der meningealen arteriellen Versorgung mit der Hirngröße korreliert. Es ist daher nicht auszuschließen, daß die zwischen fossilen
Hominiden feststellbaren Unterschiede im Cerebralisationsgrad darauf zurückzuführen sind (Aiello u. Dean 1990).

Auch der Kauapparat von *H. habilis* weist gegenüber dem von *Australopithecus*
abweichende Adaptationen auf (vgl. Kap. 4.1, Kap. 6.1.3.2). Die evolutionsmorphologische Analyse des Gesichtsskeletts der Australopithecinen zeigte, daß
zahlreiche Spezialisierungen des Viszerokraniums von *A. africanus* sowie der

robusten Australopithecinen als spezifische Ernährungsanpassung zu erklären sind. Das Genus *Homo* bewahrt dagegen eine anzestrale Merkmalskonfiguration, so daß Rak (1983) in einem Morphokline die direkte Ableitung des frühen *Homo* von *A. afarensis* im Sinne der von Johanson u. White (1979) vorgeschlagenen Phylogenie bestätigt sah. Während *H. habilis* im Gesichtsskelett eine relativ ursprüngliche Merkmalskonfiguration bewahrte, z. B. kurze und mehr parabolische Zahnbögen sowie eine weniger pongide und mehr hominide Nasenregion, besaß er offenbar ein energetisch bzw. metabolisch entschieden aufwendigeres Hirn (Kap. 6.4). Die Gesichtsmorphologie von *H. habilis (sensu lato)* variiert intraspezifisch beträchtlich. Es wurde deshalb bereits gefragt, ob es sich etwa um zwei getrennte Spezies handeln könne oder ob ein besonders auffälliger Sexualdimorphismus eine hinreichende Erklärung sei. Einige Anthropologen plädierten für eine taxonomische Aufspaltung des Materials, jedoch ist bislang nicht klar, ob nicht sogar ein Teil des Hypodigmas zu *Australopithecus* zu stellen ist (vgl. Kap. 6.2.4). Wenn aber das gesamte Material dem Genus *Homo* zuzurechnen ist, d. h. wenn wir auch im Genus *Homo*, ebenso wie bei *Australopithecus*, mit einer adaptiven Radiation zu rechnen haben, dann stellt sich die Frage, welches der zeitgleichen Taxa an der Basis der zu *H. erectus* führenden Linie steht.

Erinnern wir uns zunächst daran, daß die Etablierung der Spezies *H. habilis* durch L. Leakey et al. (1964) unter anderem darauf aufbaute, daß die neue Spezies gegenüber *Australopithecus* kleinere, mehr *Homo erectus*-ähnelnde Praemolaren aufweist. Wood u. Uytterschaut (1987) haben in einer vergleichend-odontometrischen Studie früher Hominiden gezeigt, daß die P_3-Kronen des frühen *Homo* die geringste bukkolinguale Ausdehnung im Vergleich zu ihrer Länge zeigen, während *A. afarensis* den oberen Variationsbereich abdeckt. In diesem Zusammenhang ist von Interesse, daß die P_3 und P_4 beim modernen Menschen und dem frühen *Homo* in der Regel einwurzelig sind. Dagegen sind die aus Sterkfontein und Swartkrans stammenden und zu *Australopithecus* gestellten Funde entweder einwurzelig oder besitzen eine Tomes' Wurzel (Aiello u. Dean 1990). Die P_4 des frühen *Homo* sind im Vergleich zu den P_3 gleichgroß oder reduziert. Auch an den unteren Molaren des frühen *Homo* finden sich deutliche und taxonomisch auswertbare Unterschiede gegenüber den Australopithecinen; die bukkolingualen Durchmesser der *H. habilis*-Molaren sind die kleinsten aller frühen Hominiden, aber der durchschnittliche mesiodistale Durchmesser der Molaren übertrifft sogar denjenigen von *A. afarensis*, der ihm am ähnlichsten ist. Die von Howell (1978a), White et al. (1981) und Wood u. Engleman (1988) analysierten postcaninen Zähne des frühen *Homo* sind als lang und schmal zu kennzeichnen. Auch die Incisivi und Canini von *H. habilis* folgen in ihrer Merkmalsstruktur dem für die Australopithecinen beschriebenen Trend einer relativen Verkleinerung der Frontzähne (Tattersall et al. 1988). Oxnards (1985) Aussage, daß grundlegende Unterschiede zwischen allen Australopithecinen und *Homo* existieren würden, ist zutreffend.

Mikroanatomische Untersuchungen an den Zähnen zeigen für alle frühen Hominiden dicke Schmelzschichten, für *A. boisei* sogar extreme Schmelzdicken (Grine u. L. Martin 1988; Beynon u. Wood 1986).

Das aufgezeigte Muster viszerokranialer sowie dentaler Merkmale läßt mit hoher Wahrscheinlichkeit auf einen evolutionären Trend bei *H. habilis* schließen, der durch die Umstellung auf eine omnivore Ernährungsweise eingeleitet wurde. Es ist auszuschließen, daß die Vertreter der frühen *Homo*-Linie Pflanzen mit geringem Ernährungswert fraßen; das ist hingegen für die robusten Australopithecinen anzunehmen. *H. habilis* erschloß offenbar Ressourcen hochqualitativer Nahrung, um 'magere Zeiten' zu überbrücken (vgl. Kap. 6.4). Im spät-pliozänen bis früh-pleistozänen Lebensraum Ost- und Südafrikas bestand ein saisonal stark wechselndes Nahrungsangebot. Insbesondere einweißhaltige Bestandteile deckten neben unterirdischen pflanzlichen Speicherorganen den Nahrungsbedarf des frühen *Homo*. Diese Hypothese ist durchaus plausibel, da Hominide durch die Umstellung auf fleischliche sowie hochwertige pflanzliche Nahrung einen hochgradig wechselhaften und damit problematischen Lebensraum so nutzten, daß saisonale Variationen durch wechselnde Ressourcen ausgeglichen wurden (Foley 1987). Die Frage, ob *H. habilis* bereits ein Jäger oder aber 'nur' ein Aasfresser war, wird an anderer Stelle aufgegriffen, da alle evolutionsökologischen Befunde in die Analyse der evolutionsbiologischen Rolle früher Hominiden einzubeziehen sind (vgl. Kap. 6.4).

Zweifellos hat *H. habilis* kranialmorphologisch die Entwicklungslinie des Genus *Homo* eingeschlagen. Da offenbar alle nicht robusten Vertreter der plio-pleistozänen Hominiden, die nicht zu *H. erectus* gestellt werden, in diese polymorphe Spezies (*H. habilis s. l.*) einbezogen werden, bestehen jedoch Meinungsverschiedenheiten über die Zugehörigkeit einzelner Funde zu diesem Taxon.

Postkraniale Adaptationen: Die postkranialen Skelettfunde von *H. habilis* werden kontrovers interpretiert (vgl. Kap. 6.2.3.1). Johanson (1989b) erklärt die ursprünglichen Merkmale der Hand- und Fußknochen von *H. habilis* sowie die relativ langen und kräftigen Arme als ein Ergebnis der Mosaikevolution. Nach seiner Auffassung verlief die evolutionäre Transition von einem ursprünglichen zu einem abgeleiteten Postkranium in Ostafrika sehr abrupt. Er weist in diesem Zusammenhang auf *Australopithecus*-ähnliche Merkmale am Becken sowie am proximalen Femur des KNM-WT 15000 hin, gesteht aber auch ein, daß der Humerofemoral-Index von 95% bei O.H. 62 bislang keineswegs vollständig verstanden wird. Damit ist dieser Fund ein Beleg, daß die Anschauung 'Mehr Funde - mehr Wissen' nicht zutrifft.

Die detaillierte Auflistung und evolutionsmorphologische Bewertung des zu *H. habilis s.l.* zu rechnenden Materials, wie sie von Stringer (1986) und von Wood (1992a) vorgenommen wurde, spricht weniger für eine polymorphe Spezies als für mindestens drei plio-pleistozäne Arten des frühen *Homo*. Aufgrund der Heterogenität des zu *H. habilis s. l.* gerechneten Materials sind die Adaptationen des Postkraniums noch kaum verstanden.

6.2.4 Taxonomie von *Homo habilis:*
Homo habilis sensu stricto und *Homo rudolfensis*[19]

Zweifel an der taxonomischen Homogenität des *H. habilis*-Hypodigmas tauchten bereits kurz nach der Erstbeschreibung des Taxons auf. Die Heterogenität des Fundmaterials wurde als durchaus vertretbare Variabilität einer frühen *H. sapiens*-ähnlichen Stammlinie erachtet (L. Leakey 1966). Nach einer näheren Prüfung der Funde wurde jedoch für eine taxonomische Aufspaltung des Materials plädiert. Auch die Koobi Fora-Funde brachten keine Klarheit, denn während einige Autoren die taxonomische Einheit bestätigt sahen (Howells 1978; White et al. 1981; Tobias 1985; Johanson 1989b), erkannten andere an verschiedenen Funden Affinitäten zu *Australopithecus* (L. Leakey 1974; T. Olson 1978; R. Leakey u. A. Walker 1980). Funde mit großen Zähnen, großer Hirnschädelkapazität und vermuteter großer Körperhöhe (O.H. 7, O.H. 16) wurden gegen Fossilien, die diese Merkmalsausstattung nicht aufwiesen (O.H. 13, O.H. 14, KNM-ER 1805, KNM-ER 1813) abgegrenzt. Letztere Funde wurden als späte grazile Australopithecinen bezeichnet, die mit den aufeinanderfolgenden *H. habilis* und *H. erectus* kontemporär gelebt haben sollen (R. Leakey u. A. Walker 1980). Die Herausnahme eines großen Teils des *H. habilis*-Fundgutes aus dem Genus *Homo* fand keineswegs allgemeine Anerkennung, da die Auffassung überwog, daß das Material zumindest generisch einheitlich sei. Neben den Zahnmaßen und der Hirnschädelkapazität wurden auch andere Merkmale zur Trennung herangezogen (Stringer 1986, 1987; Wood 1985, 1992a). Auch eine geographische Trennung des Fundgutes wurde vorgeschlagen, wonach die Olduvai-Funde *H. habilis*, die Koobi Fora-Fossilien hingegen ein oder zwei neue *Homo*-Spezies repräsentieren sollen (Groves u. Mazák 1975; Chamberlain 1989; vgl. auch Wood 1992a)[20]. Um zu einer Lösung des taxonomischen Problems zu gelangen, wurde die intraspezifische Variabilität von *H. habilis* mit derjenigen rezenter nicht-menschlicher Primaten verglichen. Lieberman et al. (1988) untersuchten die Kranialmaße der Funde KNM-ER 1470 und KNM-ER 1813 und sahen die Zweifel an der Zugehörigkeit dieser Fossilien zu einer einzigen Spezies durchaus bestätigt, daß die Unterschiede am Schädel sogar den Sexualdimorphismus bei *Gorilla* übertreffen (Schmid u. Stratil 1986). Die Trennung des Taxons *H. habilis* in zwei Spezies bedeutet, daß vor 2 MJ zwei grazile Hominiden kontemporär mit *A. boisei* in Ostafrika lebten. Mit einer Neudefinition des Taxons ergeben sich deshalb zahlreiche Probleme: Es gilt zu klären, welches Fundmaterial, das zu *H. habilis s. l.* gestellt wird, als *H. habilis s. str.* aufgefaßt werden soll, und welches zum zweiten, bislang noch unbenannten, Taxon gehört. Wie ist das Verwandtschaftsverhältnis zwischen den beiden Formen und wie deren Beziehung zu *H. erectus*?

---

[19] Die Möglichkeit, daß ein drittes Taxon - *Homo ergaster* oder *Homo cf. erectus* - zeitgleich existierte, wird an anderer Stelle diskutiert (vgl. Kap. 7.4).
[20] Groves u. Mazák (1975) schlugen den Namen *Homo ergaster* für eine der neuen Arten vor, während andere dieses Taxon nur für ein Synonym von *H. erectus* oder aber ein Teiltaxon davon halten (Wood 1992a).

Welche funktionalen, adaptiven und Verhaltensunterschiede wiesen die beiden Spezies auf (Lieberman et al. 1988)? Neben diesen ungelösten Problemen stehen der Aufteilung (engl. *splitting*) des *H. habilis*-Hypodigmas auch Untersuchungsbefunde von J. Miller (1991) zur Variabilität der Hirnschädelkapazität entgegen. Er fragte, ob die Hirnschädelkapazitäten Hinweise auf mehrere Arten von *H. habilis* liefern. Die Ergebnisse sprechen gegen eine empirische Basis für die Annahme mehrerer Spezies, da der von ihm ermittelte Variabilitätskoeffizient 12,7 beträgt. Der Grad intraspezifischer Variation übersteigt nach J. Miller (1991) denjenigen sexualdimorpher höherer Primaten nicht. Bei der Annahme, daß ein Koeffizient von 10 mehrere Spezies anzeigt, ist dies bei einem 95%-Konfidenzintervall von 5,1 - 20,3 offenbar nicht zu rechtfertigen. Man suchte deshalb nach 'guten' und 'schlechten' taxonomischen Diskriminatoren, da die widersprüchlichen Befunde offenbar auch auf methodische Mängel zurückzuführen sind (Wood et al. 1991). Unter ersteren verstand man solche Variablen, die bei frühen Hominiden stärker inter- als intraspezifisch variieren. Nach Tobias (1991b) haben die Diagnostika, die ursprünglich für *H. habilis* eingeführt wurden (vgl. Kap. 6.2.3.1), die Bewährungsprobe bestanden. Er zögert nicht, alle zu *H. habilis* gestellten Funde aus Olduvai in diesem Taxon zu belassen und auch das *H. habilis*-Material von Koobi Fora einzubeziehen, d. h. Tobias sieht die *single-species-hypothesis* bestätigt.

Wood et al. (1991) wählten zur Überprüfung der Nullhypothese 'of a single early *Homo* species' (Wood 1992a) einen anderen empirischen Ansatz, indem sie den intraspezifischen Variationsgrad der Fossilstichprobe mit dem des synchron lebenden *A. boisei*, dem von *H. erectus* sowie demjenigen von *Gorilla* verglichen. Die Variation der Merkmale des frühen *Homo* wurde mit derjenigen von *H. sapiens* und *P. troglodytes* verglichen, jenen beiden Arten, die mit den frühen Hominiden am nächsten verwandt sind. Die Ergebnisse zeigen, daß nur in wenigen Fällen die Variation im Gesamtmaterial von *H. habilis* größer ist als in den Vergleichsstichproben. In der Schädel- und Zahnvariation ergeben sich jedoch Unterschiede gegenüber den beiden regionalen Vergleichsstichproben. Da das Olduvai-Material homogener ist als das von Koobi Fora, wird es von Wood und seinen Mitarbeitern als Hypodigma von *H. habilis* betrachtet und demzufolge als *H. habilis sensu stricto* bezeichnet. Das Koobi Fora-Material stellt dagegen eine gemischte Stichprobe dar, bestehend aus zwei Arten des frühen *Homo*. Eine ist mit *H. habilis s. str.* konspezifisch, während die andere eine neue Art des frühen *Homo* darstellt, die bereits von Alekseev (1986) als *H. rudolfensis* beschrieben wurde. Der Vorschlag von Groves u. Mazák (1975), diese frühe Hominidenspezies als *H. ergaster* zu bezeichnen, ist nicht akzeptabel, da das Typusexemplar KNM-ER 992 *H. erectus* ähnelt, wenn es mit diesem auch nicht notwendigerweise konspezifisch ist. Wood (1992a) schlägt vor, die Bezeichnung *H. ergaster* für den möglichen afrikanischen Vorläufer von *H. erectus* zu reservieren. Danach würde

Tabelle 6.5 Vergleich der Kennzeichen von *H. habilis s. str.* und *H. rudolfensis* (n. Wood 1992a).

Kranien, Zähne und Postkranium	*Homo habilis s.str.*	*Homo rudolfensis*
Hirnschädelkapazität	$\overline{X} = 610$ cm^3	$\overline{X} = 751$ cm^3
Schädelkapsel	vergr. Anteil des Okziptale am Sagittalbogen*	ursprünglicher Zustand
Endokranium	ursprüngliches Sulcus-Muster**	Asymmetrie des Lobus frontalis
Schädelnahtmuster	komplex	einfach
Stirnbein	angedeuteter Torus supraorbitalis	fehlender Torus
Scheitelbein	Koronalbogen > Sagittalbogen	ursprünglicher Zustand
Gesichtsskelett, gesamt	Obergesichts- > Mittelgesichtsbreite	Mittelgesichts- > Obergesichtsbreite, ausgeprägt orthognath
Nase	Nasenränder scharfkantig und evertiert, Nasensaumbildung	weniger evert. Nasenrand Nasensaum fehlend
nasoalveolarer Clivus	vertikal oder beinahe vertikal	anterior geneigt
Gaumen	verkürzt	relativ lang
Oberkieferzähne	vermutlich zweiwurzelige Praemolaren	Praemolaren dreiwurzelig, Frontzähne absolut und relativ groß
Unterkiefergelenkgrube	relativ tief	flach
Unterkieferkörper	schwaches Relief der äußeren Oberfläche, gerundete Basis	betontes Relief der äusseren Oberfläche; lateral verbreiterte Basis
untere Zähne	bukkolingual schmale postcanine Kronen; reduziertes Talonid auf P_4, M_3 reduziert	breite postcanine Kronen rel. großes P_4-Talonid, M_3 nicht reduziert
	Praemolaren überwiegend einwurzelig	P_3 mit Doppelwurzel, flächig fusioniert oder Spitzenanteil gespalten, P_4 mit Doppelwurzel, flächig fusioniert
Gliedmaßenproportionen	pongid	?
Robustizität der Arme	pongid	?
Hand	Mosaik pongider und moderner hominider Merkmale	?
Fuß	Greiffähigkeit vorhanden	Standfuß, späterem *Homo* ähnlich
Oberschenkelbein	'australopithecin', kleines Caput, langes Collum	*H. sapiens* ähnlich, grosses Caput, kurzes Collum

*) *contra* Tobias (1991b); **) *sensu* Falk (1983a), *contra* Holloway (1984)

dieses Taxon die Schädelfunde KNM-ER 3733 und KNM-ER 3883 sowie eventuell auch das Skelett KNM-WT 15000 einschließen. Die Fundstücke, welche den Arten *H. habilis s. str.* und *H. rudolfensis* zugeordnet werden, sind nachstehend aufgeführt (Tabelle 6.6).

Tabelle 6.6 Aufspaltung des Fundmaterials von *H. habilis s.l.* in zwei Taxa (n. Wood 1992a).

	Homo habilis sensu stricto
Olduvai	O.H. 4, 6-8, 10, 13-16, 21, 24, 27, 35, 37, 39-45, 48-50, 52, 62
Koobi Fora	KNM-ER 1478, 1501, 1502, 1805, 1813, 3735

	Homo rudolfensis
Koobi Fora	KNM-ER 813, 819, 1470, 1472, 1481-1483, 1590, 1801, 1802, 3732 KNM-ER 3891

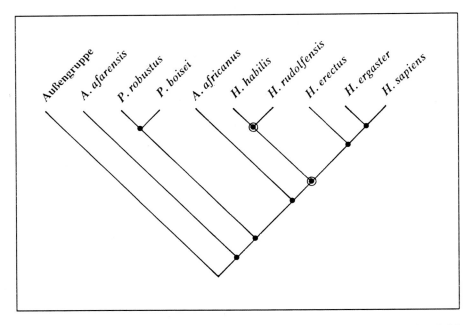

Abb. 6.50 Phylogenetische Beziehungen von *Homo*, Kladogramm basierend auf 90 kranialen, mandibularen und dentalen Merkmalen (n. Chamberlain u. Wood 1987; Wood 1991).

In einem kladistischen Ansatz haben Chamberlain u. Wood (1987) und Wood (1992a) gezeigt, daß sich das hominide Fundmaterial bei Berücksichtigung von 90 kranialen, mandibularen und dentalen Merkmalen nach dem Parsimonie-Prinzip in dem Kladogramm Abb. 6.50 wiedergeben läßt (vgl. Kap. 2.5.6.2, Kap. 2.5.7.1 und Kap. 2.5.7.2). Das *Homo*-Klade läßt sich durch folgende Veränderungen von Merkmalszuständen am Nodium A erklären:

- größere Schädeldicke;
- reduzierte postorbitale Einschnürung;
- Vergrößerung des Anteils des Os occipitale am Sagittalbogen;
- vergrößerte Schädelhöhe;
- nach anterior verlagertes Foramen occipitale magnum;
- reduzierte Untergesichtsprognathie;
- schmalere Zahnkronen, insbesondere der Unterkieferpraemolaren;
- Reduktion der mesiodistalen Länge der Molarenreihe.

Nach der Hypothese von Wood (1992a, b) besaßen *H. habilis s. str.* und *H. rudolfensis* einen gemeinsamen Vorfahren, den sie mit keinem anderen Taxon teilten, d. h. sie sind Schwestergruppen, die durch fünf Synapomorphien am Nodium B gekennzeichnet sind:

- verlängerte anteriore Schädelbasis;
- höhere Wölbung des Schädels;
- mesiodistale Verlängerung des M_1;
- mesiodistale Verlängerung des M_2;
- engere Fossa glenoidalis.

Die von Wood (1992a, b) vorgeschlagene Klassifikation konkurriert mit anderen Vorstellungen (Stringer 1987; Tobias 1991b; vgl. Kap. 6.3).

6.3 Phylogenetische Beziehungen von *Australopithecus* und *Homo habilis*

Die Rekonstruktion der phylogenetischen Beziehungen zwischen den verschiedenen *Australopithecus*-Spezies einerseits sowie zwischen diesen frühen Hominiden-Taxa und *H. habilis* andererseits gehört zu den gegenwärtig umstrittensten Themen der Paläoanthropologie. Neben anhaltenden Kontroversen um die adäquaten Prinzipien und Methoden der Stammbaumrekonstruktion (vgl. Kap. 2.5.7) trugen immer wieder in ihrer Morphologie und/oder zeitlichen Zuordnung problematische Neufunde zur Revision der Stammbaumentwürfe bei. Ende der siebziger Jahre führte das Hadar-Material zur Neueinschätzung aller frühen Hominiden (Johanson et al. 1978; Johanson u. White 1979; White et al. 1981), und Mitte der achtziger Jahre zwang der *black skull* (KNM-WT 17000) zum

Überdenken der Verwandtschaftsmodelle (A. Walker et al. 1986; Kimbel et al. 1988). Da sich die Paläoanthropologen in vielen Fällen nicht über die Klassifikation der plio-pleistozänen Hominidenfossilien einig sind, ergibt sich ein breites Spektrum phylogenetischer Entwürfe (Wolpoff 1983c; White et al. 1984; T. Olson 1985; Bilsborough 1986; Delson 1986; Kimbel et al. 1986, 1988; Skelton et al. 1986; Grine 1987, 1989 1993; Wood u. Chamberlain 1987; Boaz 1988; Tuttle 1988; Groves 1989b; A. Walker u. R. Leakey 1988; Skelton u. McHenry 1992; Wood 1992a).

In den meisten Hypothesen wird das rezente Genus *Homo* von einer Art der fossilen Gattung *Australopithecus* abgeleitet (*contra* R. Leakey 1981), jedoch besteht keineswegs Einigkeit darüber, welche Spezies der letzte gemeinsame Vorfahr von *H. habilis* und den robusten Australopithecinen war. Während Johanson u. White (1979) und White et al. (1981) *A. afarensis* als letzten gemeinsamen Vorfahren der beiden Klades in Anspruch nehmen, sehen Tobias (1980), Delson (1986) sowie Skelton et al. (1986) *A. africanus* in dieser Rolle. Obwohl mit der Entdeckung des *A. aethiopicus* eine Vielzahl neuer Hypothesen formuliert wurde, sollen zunächst die für die Diskussion der Hominidenentwicklung bedeutsamen älteren Hypothesen vorgestellt werden.

Hypothese I: Johanson u. White (1979) sehen in *A. afarensis* den letzten gemeinsamen Vorfahren aller späteren Hominiden (Abb. 6.51). Sie wurden in dieser Auffassung durch Raks (1983) kraniodentale Analyse und den daraus ermittelten Morphokline bestätigt (vgl. Kap. 6.1.3.2). Diesem Modell zufolge weist *A. africanus* zusammen mit *A. robustus* und *A. boisei* eine Reihe synapomorpher Merkmale auf. Die gleichen Merkmale sind bei *A. afarensis* und *Homo* sowie den rezenten afrikanischen Pongiden jedoch als symplesiomorphe Ausprägungen anzusehen. Diese Merkmalskonfiguration würde *A. africanus* aus der direkten Vorfahrenschaft von *Homo* ausschließen. Mit der Entdeckung des *black skull* wurde diese Hypothese von den meisten Paläoanthropologen verworfen.

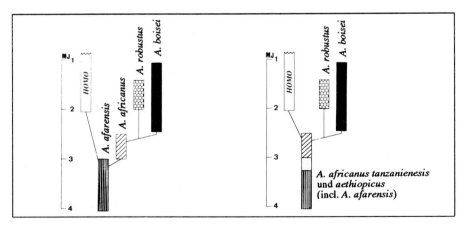

Abb. 6.51 Hypothese I
(n. Johanson u. White 1979).

Abb. 6.52 Hypothese II
(n. Tobias 1983, 1988).

Hypothese II: Tobias (1980, 1983, 1988) betrachtete die als *A. afarensis* beschriebenen Fossilien von Laetoli und Hadar nur als geographisch getrennte Subspezies von *A. africanus*; er nahm daher diese Art als Stammform von *A. robustus/boisei* und der *Homo*-Linie an (Abb. 6.52). Neben Tobias (1980) hatten z. B. auch T. Olson (1981), Ferguson (1983), Schmid (1983) und Zihlman (1985) Schwierigkeiten, die Existenz bzw. Homogenität von *A. afarensis* zu erkennen. Mittlerweile liegen einige recht überzeugende Belege für eine taxonomische Trennung von *A. afarensis* und *A. africanus* vor (Johanson 1989a; Kimbel et al. 1988), jedoch bleiben Zweifel an der Homogenität des von Johanson et al. (1978) beschriebenen Hypodigmas (Delson 1985; T. Olson 1985). In einer neueren Analyse fand Tobias (1988) zahlreiche synapomorphe Merkmale bei *A. robustus*, *A. boisei* und *H. habilis*, die er als eine wesentliche Stütze der Skelton-McHenry-Drawhorn-Hypothese (Hypothese III) wertete.

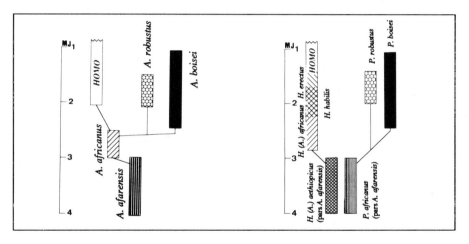

Abb. 6.53 Hypothese III (n. Skelton et al. 1986).

Abb. 6.54 Hypothese IV (n. T. Olson 1985).

Hypothese III: Nach Skelton et al. (1986) spricht die Vielzahl synapomorpher Merkmale von *A. africanus*, *A. robustus/boisei* und *H. habilis* für eine enge Verwandtschaft dieser Spezies (Abb. 6.53). Die sparsamste phylogenetische Interpretation einer kladistischen Analyse auf der Basis von 12 Merkmals-komplexen mit insgesamt 60 kraniodentalen Merkmalen läßt vermuten, daß sich die genannten Arten als evolutionäre Gruppe von *A. afarensis* und älteren Spezies absetzten. Ferner spricht eine Reihe gemeinsamer abgeleiteter Merkmale von *A. robustus/boisei* und *H. habilis* dafür, daß eine frühe Population des Genus *Australopithecus*, welche nur wenig ursprünglicher als *A. africanus* war, den letzten gemeinsamen Vorfahren von robusten Australopithecinen und *H. habilis* stellte. Damit unterscheidet sich dieses Modell von Hypothese II nur in der Klassi-fikation der Spezies, während es im Gegensatz zur Hypothese I von Johanson u.

White (1979) *A. africanus* von *A. afarensis* ableitet und einen entwickelteren *A. africanus* als den letzten gemeinsamen Vorfahren der beiden jüngeren Hominidenlinien ansieht. Bei Berücksichtigung des KNM-WT 17000 ist die Skelton-McHenry-Drawhorn-Hypothese nach Ansicht von Delson (1987) und Tuttle (1988) zu verwerfen. Während es noch möglich erscheint, daß die robusten Australopithecinen Südafrikas sich aus dem südafrikanischen *A. africanus* oder einer ähnlichen Form entwickelten, kann dies für *A. boisei* nicht länger angenommen werden, weil eine hyperrobuste Form, die konservative Merkmale mit *A. afarensis*, aber nicht mit *A. africanus* teilte, bereits vor ≥ 2,5 MJ lebte (vgl. Hypothese VIII).

Hypothese IV: T. Olson (1985) entwarf in Anlehnung an Vorstellungen von Robinson (1972) eine Hypothese, die von den besprochenen Modellen gänzlich abweicht (Abb. 6.54). Er schreibt das von Johanson et al. (1978) als einheitlich beschriebene Hadar- und Laetoli-Fundmaterial unterschiedlichen Taxa zu. Nur den als grazil beschriebenen Teil des *A. afarensis*-Hypodigmas, den er *H. (A.) aethiopicus*[21] nannte, stellte er in die Vorfahrenlinie des Genus *Homo*. Nach seiner Einschätzung gehören auch die *A. africanus*-Funde zum Genus *Homo*. Die robusten Australopithecinen entwickelten sich demnach parallel zur *Homo*-Linie. Nach T. Olson (1981) ist das Laetoli-Material ein Teil der *Paranthropus*-Linie (*P. africanus*; vgl. Fußnote 10, S. 266), welcher nach seiner Auffassung auch der nicht zu *H. aethiopicus* zuzurechnende Teil des Hadar-Materials angehört. Die Hypothese gewann durch den Lomekwi-Fund an Aktualität, da dieses als *P. aethiopicus* eingestufte Fossil wichtige Argumente für die Abstammung der robusten Australopithecinen von *A. africanus*-ähnlichen Vorfahren liefert (Grine 1993). Über einen letzten gemeinsamen Vorfahren von *Homo* und dem robusten *Australopithecus (Paranthropus)* gibt das Modell keine Auskunft, abgesehen von dem Hinweis, daß die unbekannte Stammform älter als 4 MJ gewesen sein müsse.

Hypothese V: Die Entdeckung des KNM-WT 17000 (*A. sive P. aethiopicus*) führte zu einer Überprüfung des von Johanson u. White (1979) ursprünglich angenommenen Verzweigungsmusters. In Kooperation mit Kimbel entwickelten die beiden Paläoanthropologen aufgrund kladistischer Analysen verschiedene, nach ihrer Auffassung gleichermaßen wahrscheinliche Hypothesen (Kimbel et al. 1988). Allen Kladogrammen ist gemeinsam, daß *A. aethiopicus* eine Verbindung zwischen *A. afarensis* und *A. robustus* und/oder *A. boisei* darstellt. Das neue Taxon schließt *A. africanus* von der Rolle eines alleinigen Vorfahren der robusten Australopithecinen aus und schafft damit vielfältige Probleme bezüglich der Bestimmung seiner phylogenetischen Position. Ferner ist KNM-WT 17000 nicht dem Taxon *A. boisei* zuzuordnen. Eine der vier von Kimbel et al. (1988) entwor-

---

[21] Priorität für den Artnamen *aethiopicus* besitzt das von Arambourg u. Coppens (1968) beschriebene Taxon *Paraustralopithecus aethiopicus* (Typusexemplar Omo 18-1967-18). Die Verwendung des Namens durch Tobias (1980) zur Kennzeichnung des gesamten Hadar-Fundmaterials als Subspezies *A. africanus aethiopicus* stiftete erhebliche Verwirrung; denselben Effekt hatte die durch T. Olson (1985) vorgenommene Beschreibung eines Teils der Hadar-Kollektion als *H. (A.) aethiopicus* (Grine 1993).

fenen Hypothesen ist in Abb. 6.55 wiedergegeben. Ein entsprechender, drei parallele Entwicklungslinien aufweisender Stammbaum wurde von Lewin (1986) und Boaz (1988) unter Bezug auf Johanson und White (1979) vorgestellt.

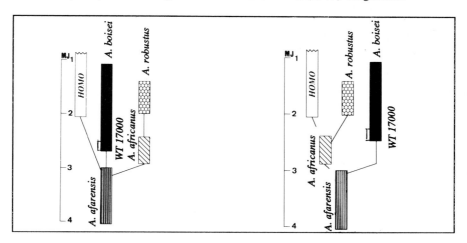

Abb. 6.55 Hypothese V
(n. Kimbel et al. 1988).

Abb. 6.56 Hypothese VI
(n. A. Walker et al. 1986).

Hypothese VI: A. Walker et al. (1986) sehen in *A. afarensis* die gemeinsame Stammform, aus der sich *A. boisei* entwickelte oder, sofern man die ostafrikanischen robusten Australopithecinen taxonomisch trennt, *A. aethiopicus* und *A. boisei*. Ferner ist *A. afarensis* auch Vorfahr einer südafrikanischen Linie, die über *A. africanus* einerseits zu *A. robustus* und andererseits zu *Homo* evolvierte (Abb. 6.56). Morphologische Übereinstimmungen zwischen *A. robustus* und *A. boisei* erklären die Autoren durch funktionale Konvergenz. Grine (1993) hat diese Interpretation stark kritisiert und ein nach seiner Bewertung plausibleres Modell vorgestellt (Hypothese VII).

Hypothese VII: Grine (1988 a, b, 1993) hält das in Abb. 6.57 wiedergegebene Stammbaummodell für das wahrscheinlichste. Er bewertet *P. robustus* und *P. boisei* (vgl. Fußnote 10, S. 266), also die robusten Australopithecinen Süd- und Ostafrikas, als Klade. Diese Auffassung entspricht zunächst der Hypothese IV, faßt jedoch das Hadar- und Laetoli-Material als Taxon *A. afarensis* zusammen. Diese Spezies gilt als letzter gemeinsamer Vorfahr des *Paranthropus*-Klade und einer zu *Homo* führenden Linie, die über ein dem *A. africanus* ähnelndes Taxon verlaufen sein soll. Grine begründet seine Hypothese damit, daß KNM-WT 17000 eine Anzahl ursprünglicher Merkmale mit *A. afarensis* teilt, aber auch eine Reihe synapomorpher Merkmale mit *P. robustus* und *P. boisei* besitzt. *A. africanus* ist aus der näheren Verwandtschaft der robusten Australopithecinen auszuschließen, sofern man solche Merkmale, die *A. africanus* und die späteren robusten Formen aufweisen, als parallel evolviert ansieht.

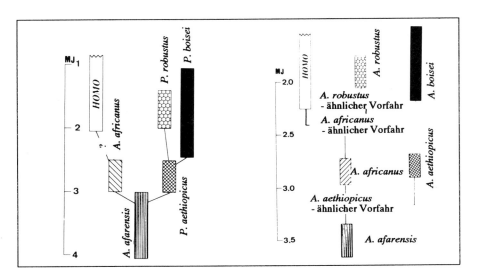

Abb. 6.57 Hypothese VII
(n. Grine 1988a, b, 1993).

Abb. 6.58 Hypothese VIII
(n. Skelton u. McHenry 1992).

Hypothese VIII: Die jüngste Studie, die mit kladistischen Verfahren die phylogenetischen Beziehungen zwischen den frühen Hominiden rekonstruiert, stammt
von Skelton u. McHenry (1992). Sie baut auf älteren Untersuchungen auf, die zur
Hypothese III geführt hatten. Die neue Verwandtschaftsanalyse bezieht 77
morphologische Merkmale ein. Einerseits erfolgte eine Merkmalssegregation in
sieben anatomisch definierte Merkmalsgruppen, andererseits wurden die Merkmale nach ihrer Funktion gegliedert, wobei die fünf analysierten Funktions-
komplexe eine enge Beziehung zu adaptiven Trends in der frühen Hominidenevolution aufweisen.

Das aus dem sparsamsten Kladogramm abgeleitete phylogenetische Schema
(Abb. 6.58) sieht *A. afarensis* als den ursprünglichsten Hominiden an, aber nicht
als den letzten gemeinsamen Vorfahren aller späteren Hominiden. *A. aethiopicus*,
A. africanus, A. robustus sowie *A. boisei* und der frühe *Homo* besitzen einen auf
A. afarensis folgenden gemeinsamen Vorfahren, von dem zunächst *A. aethiopicus*
abzweigte und eine Linie zu *A. africanus* weiterführte, wodurch *Homo, A.*
robustus und *A. boisei* ein Klade bilden. Von einem *A. africanus*-ähnlichen
Vorfahren gabelten sich die *Homo*-Linie und eine *A. robustus*-ähnliche Vorfahrenlinie ab, die sich in die am stärksten abgeleiteten Spezies *A. robustus* und *A. boisei*
aufspaltete.

Im Gegensatz zu den Hypothesen V-VII nimmt dieses Modell an, daß
A. aethiopicus eine eigene, ausgestorbene Entwicklungslinie bildete. Dies spricht
also für hochgradig parallele Einnischungen der frühen Hominiden.
A. aethiopicus ist aufgrund seiner auf kräftiges Kauen ausgerichteten Anpassungsmerkmale zu stark abgeleitet, um als Vorfahr gelten zu können, da diese

Stellung einen reversiblen Prozeß in der Entwicklung zum letzten gemeinsamen Vorfahren von *A. africanus, A. robustus* und *Homo* notwendig machen würde. Detailanalysen am Kauapparat sprechen dafür, daß die späteren robusten Australopithecinen diese Anpassungen parallel zu *A. aethiopicus* entwickelten. Alle anderen post-*afarensis* Hominiden scheiden wegen ihrer Orthognathie, zu stark abgeleiteter Merkmale der Schädelbasis und stärkerer Enkephalisation als Vorfahren von *A. aethiopicus* aus.

Die Annahme, daß die *Homo*-Linie und die robusten Australopithecinen (*A. aethiopicus* ausgenommen) einen gemeinsamen Vorfahren besaßen, der als eine Teilpopulation von *A. africanus* angenommen wird, schließt an die Hypothese III an. Dieser Vorfahr, dessen Merkmalskonfiguration von Skelton u. McHenry präzise prognostiziert wird, ist nur unsicher dokumentiert. Tobias (1988) sieht in dem Taung-Kind einen geeigneten Kandidaten wegen dessen anteriorer Orientierung der Pars petrosa des Os temporale sowie der Form der unteren Canini und der anterioren Stützpfeiler des Gesichtsskeletts. Auch das aufgrund biostratigraphischer Daten revidierte Alter von mehr als 2 MJ (Delson 1988) spricht für diese Annahme. Während in der *Homo*-Linie die Anpassungen an starke Kaudrücke offenbar reduziert wurden, verstärkte sich der Selektionsdruck in der zu *A. robustus* und *A. boisei* führenden Linie. Die Annahme, daß nach der Abspaltung der *Homo*-Linie ein gemeinsamer Vorfahr der beiden letztgenannten Taxa existierte, der als '*A. robustus*-ähnlich' beschrieben wird, findet insofern eine Stütze in den Befunden von White et al. (1981) sowie Rak (1983), als *A. robustus* sehr gut als Ausgangsform des hyperrobusten *A. boisei* angenommen werden kann. Dieser Vorfahr war nach Ansicht von Skelton u. McHenry (1992) *A. robustus* in seinen Anpassungen des Kauapparates recht ähnlich und wies auch ähnliche Entwicklungen in der Frontbezahnung, der Schädelbasisknickung, der Orthognathie und der Enkephalisation auf. Der geeignetste Kandidat ist *A. robustus* selbst, jedoch fehlen bislang Fossilien, die älter als *A. boisei* sind.

Der funktionsmorphologisch orientierte kladistische Ansatz von Skelton u. McHenry (1992) macht deutlich, daß die meisten Hypothesen zur Hominidenevolution aufgrund mangelnder Berücksichtigung der Homoplasien des Mastikationsapparates, aber auch der Merkmalskomplexe Orthognathie und Enkephalisation sehr wahrscheinlich fehlerhaft sind. Die Autoren räumen selbstkritisch ein, daß auch ihre Hypothese wegen der zahlreichen ungelösten Probleme nur als Diskussionsbeitrag zur Optimierung von Methoden der Stammbaumrekonstruktion gelten kann.

Hypothese IX: Abschließend sei eine von Wood (1992a) entworfene Hypothese vorgestellt (Abb. 6.59), die sich ausschließlich auf den Merkmalskomplex 'Kauapparat' stützt. Sie ist insofern von Interesse, als sie auf neuere Befunde zur Taxonomie des Genus *Homo* Bezug nimmt (vgl. Kap. 6.2.4). In allen bisher diskutierten Hypothesen wurde *H. habilis* als eine separate und einheitliche Spezies betrachtet, die zusammen mit *H. erectus* und *H. sapiens* ein Klade bildet. Es wurde gezeigt, daß *H. habilis* in der Regel als Schwestertaxon von *H. erectus* und *H. sapiens* betrachtet wird (Johanson u. White 1979; Skelton et al. 1986; Wood u.

Chamberlain 1986; Chamberlain u. Wood 1987; Stringer 1987; vgl. Kap. 7.4).
Nach Befunden von Wood (1991, 1992a, b) läßt sich das *H. habilis*-Hypodigma in
H. habilis s. str. und *H. rudolfensis* aufteilen. Beide Spezies sind Schwestertaxa.
Die drei Arten *H. habilis s. str.*, *H. rudolfensis* und *H. ergaster* sind Zeugen einer
bedeutenden adaptiven Radiation der frühen Hominiden, in deren Verlauf sich
jede dieser Spezies deutlich vom australopithecinen Adaptationsniveau absetzte.

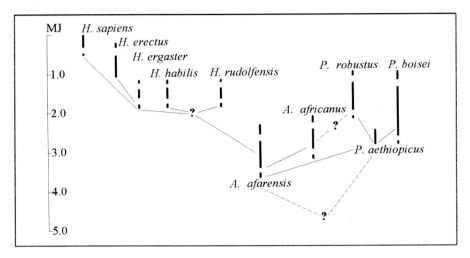

Abb. 6.59 Hypothese IX (n. Wood 1992a).

In dem Stammbaummodell (Abb. 6.59) werden die frühen Hominiden horizontal so getrennt, daß die Formen mit relativ und absolut großen postcaninen Zahnreihen rechts gruppiert sind, während sich die Arten mit kleineren Praemolaren
und Molaren links befinden. Verfolgt man den Verlauf der fett gestrichelten
Linien, so nimmt Woods phylogenetisches Modell einen gemeinsamen Vorfahren
von *P. robustus* und *P. boisei* an, der *P. aethiopicus* nicht unähnlich war, was die
generische Abtrennung dieses Klade begründet. Die Zugehörigkeit von
Paranthropus zu diesem Klade ist jedoch nur geringfügig wahrscheinlicher als die
Hypothese, daß *P. robustus* von *A. africanus* abstamme. Ähnlichkeiten in den
Gesichtsmerkmalen von *H. rudolfensis* und denen des *Paranthropus*-Klade sind
nach Woods Hypothese am ehesten als parallele Merkmalsentwicklungen zu
deuten.

Da die Vielzahl heterogener Stammbaum-Hypothesen im allgemeinen als
Hinweis auf erhebliche Forschungsdefizite der Paläoanthropologie gewertet wird,
sei zur Korrektur dieses Eindrucks an eine Aussage von Darwin (1871; dt.
Übersetzung von H. Schmidt 1982, 4. Aufl., S. 262) erinnert:

Falsche Tatsachen sind äußerst schädlich für den Fortschritt der Wissenschaft, denn sie erhalten sich oft lange; falsche Theorien dagegen, die einigermaßen durch Beweise gestützt werden, tun keinen Schaden; denn jedermann bestrebt sich mit löblichem Eifer ihre Unrichtigkeit zu beweisen. Und wenn diese Arbeit getan ist, so ist ein Weg zum Irrtum gesperrt, und der Weg zur Wahrheit ist oft in demselben Moment eröffnet.

Über die Evolutionsökologie der frühen Hominiden wird gegenwärtig intensiv diskutiert (vgl. Kap. 6.4). Nach Wood (1992a) bilden phylogenetische Interpretationen des Fossilberichts jedoch die Grundlage, auf der komplexere Hypothesen zur Evolutionsökologie erst aufbauen können.

6.4 Evolutionsökologie der frühen Hominiden (Australopithecinen und *Homo habilis*)

Welchen ökologischen Problemen waren die frühen Hominiden ausgesetzt, und mit welchen adaptiven Strategien wurden diese gelöst? Wesentliche Antworten auf die Frage, welche *ökologischen Nischen* die verschiedenen *Australopithecus*-Spezies und *H. habilis* erschlossen hatten, ergeben sich durch die Analyse ihrer Probleme als *Großsäuger, bodenlebende Primaten, tropische Savannenbewohner* und als *Konkurrenten im interspezifischen Wettbewerb*.

Daß die *Körpergröße* einen entscheidenden Einfluß auf die Ökologie einer Tierform hat und Anpassungszwänge bedingt, welche die Voraussage und Beschreibung von evolutionärem und ökologischem Wandel ermöglichen, wurde vielfach belegt (vgl. Kap. 2.5.4; Kleiber 1961; R.A. Martin 1981; Hennemann 1983; Foley 1984, 1987). Im weitesten Sinn leiten sich die Zwänge aus den allometrischen Beziehungen zwischen den linearen Maßen der Körpergröße und dem exponentiellen Charakter metabolischer Merkmale ab. Nach MacMahon u. J. Bonner (1983) ist Körpergröße sowohl integrale Ursache als auch Konsequenz der Adaptation. Aufgrund geometrischer und bioenergetischer Regeln sind aus der Körpergröße bestimmte adaptive Konsequenzen im ökologischen Kontext vorhersagbar. Das versetzt die Paläoanthropologen in die Lage, einzelne Komponenten ihrer Hominisationsmodelle zu präzisieren. Aufgrund des mit der Körpergrößensteigerung verbundenen höheren Metabolismus läßt sich zunächst die Notwendigkeit vermehrter Nahrungsaufnahme ableiten. Eine Steigerung kann beispielsweise durch Ausweitung des Nahrungseinzugsgebietes geschehen. Da dieses in einem reziproken Verhältnis zur Populationsdichte steht, kommt es zur Abnahme der Bevölkerungsdichte. Nach Kleiber (1961) nimmt der gestiegene Nahrungsbedarf jedoch nicht linear zur Körpergröße zu, da die metabolischen Anforderungen relativ zur Körpergröße abnehmen. Das ermöglicht den Wechsel zu qualitativ minderwertigerer Nahrung.

Größere Tiere haben ferner auch einen weiteren Aktionsradius und bringen die körperlichen Voraussetzungen mit sich, auch weit verstreute Nahrungsquellen zu erreichen. Das schafft den Vorteil, auch seltene und kurzlebige Ressourcen mit z. T. recht hohem Nährwert in den Ernährungsplan aufnehmen zu können, was in einem Hominisationsmodell zu berücksichtigen ist. Jedoch ist der nach der Bergmannschen Regel mit einem größeren Körper verbundene Vorteil besserer Kälteanpassung für tropische Primaten während des Pliozäns und unteren Pleistozäns nicht kennzeichnend. Ein Körpergrößenanstieg steigert jedoch die thermoregulatorischen Probleme. Diese können nur durch einen effektiveren Transpirationsapparat, eine günstigere Wasserversorgung sowie ausgeprägte Ruhephasen ausgeglichen werden. Bei den frühen Hominiden lagen also rivalisierende Anpassungen bezüglich reduzierter Aktivitäten und gestiegenem Nahrungsbedarf vor. Eine weitere Konsequenz der Körpergrößensteigerung ist ein Wandel der Jäger-Beute-Beziehung. Jäger sind, insbesondere, wenn sie alleine jagen, auf bestimmte Beutegrößen beschränkt. Einerseits führt die Vergrößerung eines Organismus aus der Gefahr, gejagt zu werden, andererseits ermöglicht sie, sofern der Organismus selbst omni- oder karnivor ist, das Jagen größerer Beutetiere, was zur Selektion noch größerer Nahrungsnischen führt (Foley 1987).

Eine weitere wichtige Konsequenz der Körpergrößensteigerung oder aber veränderter Verhaltensstrategien ist die *Hirnvergrößerung*. Sie führt zu sehr hohen metabolischen Kosten, so daß man davon ausgehen kann, daß sie nur dort auftrat, wo ausreichender Selektionsdruck für die damit verbundenen Vorteile gegeben war. Bezüglich der frühen Hominiden können diese beispielsweise in der Ausbeutung sehr komplexer Ressourcen, gesteigerter Flexibilität und differenzierterem Sozialverhalten gesehen werden. Nach Western (1979) besteht auch eine positive Korrelation zwischen Langlebigkeit und Körpergröße, was nach Trivers (1972) aus Gründen der gestiegenen reproduktiven und metabolischen Investitionen verständlich wird, denn ein langlebiges Individuum ist mit höherer Wahrscheinlichkeit Umweltveränderungen ausgesetzt, denen es mit gesteigerter Flexibilität begegnen kann. Ein langes Leben gibt die Möglichkeit, von früheren Erfahrungen zu profitieren und im Zusammenleben mit anderen Individuen eine höhere soziale Komplexität zu entwickeln. Schließlich sind die mit der verlängerten Lebensspanne zusammenhängenden Aspekte, wie längere Trächtigkeitsdauer, verlängerte Entwicklungs- und Wachstumsphasen und ein größeres Geburtenintervall zu erwähnen (vgl. Kap. 3.4). Nach Lovejoy (1981) haben die großen Säugetiere - und damit auch die Hominiden - ihre Reproduktionsspanne durch Verlängerung der Lebensdauer zwar erhöht, aber ihre aktuellen Reproduktionskosten stiegen und ihr Reproduktionsausstoß sank. Sie mußten daher das Problem bewältigen, den niedrigen Reproduktionsausstoß mit einem Maximum an überlebenden Nachkommen durch verstärktes Elterninvestment zu kompensieren. Wir haben daher mit einem Wechsel von der r- zur K-Selektion zu rechnen, d. h. mit Veränderungen der Fortpflanzungsstrategien, was im Zusammenhang mit den soziokulturellen Adaptationen der frühen Hominiden noch näher zu diskutieren sein wird. Nach Foley (1984) sind die mit der Körpergrößensteigerung der frühen Hominidae verbundenen adaptiven Konsequenzen, neben einer erheblichen Erweiterung des Verhaltensrepertoires, eine komplexere Ressourcenplanung sowie erweiterte Nahrungsnischen, eine höhere Mobilität und Verhaltensflexibilität, eine gesteigerte intellektuelle Leistungsfähigkeit und Lernkapazität sowie verstärkte soziale und elterliche Fürsorge.

Worin liegt überhaupt der adaptive Vorteil der *terrestrischen Lebensweise* früher Hominiden? Eine evolutionsökologisch begründete Antwort stellt einen essentiellen Beitrag zum Verständnis der Menschwerdung dar. In diesem Kontext sei daran erinnert, daß die Hominiden keineswegs die einzigen bodenlebenden Primaten sind, sondern nach Napier u. Napier (1967) rund 40 ausgestorbene und lebende Spezies, einschließlich der Hominiden, zum Bodenleben wechselten (vgl. Kap. 3.4). Vielfach wird für diese Anpassung der globale Abfall der Temperaturen seit dem späten Miozän und die damit korrelierte Entwicklung zunehmend offener Landschaften - kurz das *Savannen-Problem* - genannt. Man geht davon aus, daß der Rückgang bewaldeter Regionen während des Mittelmiozäns und in den nachfolgenden Perioden zur terrestrischen Adaptation verschiedener Primatenspezies führte. In diesem Falle würde der Baumschwund das Bodenleben vorgeben, ein Prozeß, der wegen seiner Monokausalität recht skeptisch beurteilt werden muß. Es ist nämlich auch denkbar, daß wegen des Evolutionstrends zur Körpergrößensteigerung der arboreale Lebensraum nicht länger genutzt werden konnte und zumindest ein zeitweiliges Bodenleben notwendig wurde (Übersicht in Coppens u. Senut 1991). Der Übergang zum Bodenleben schuf das Problem einer effizienten terrestrischen Lokomotion, eines wirkungsvollen Schutzes vor Beutegreifern und eines erfolgreichen Wettstreits um die Ressourcen.

Das Modell, wonach die Lokomotionweise rezenter Primaten aus einer ursprünglichen pronograden, quadrupeden, arborikolen Form abgeleitet wird (Abb. 6.60) macht deutlich, daß alle terrestrisch lebenden Primaten Veränderungen der Fortbewegungsweise durchlaufen haben und somit die *Entwicklung der Bipedie* keine Ausnahme darstellt, sondern nur *eine* Problemlösung unter anderen Lösungsmöglichkeiten war, darunter die Quadrupedie, die Brachiation und der Knöchelgang der afrikanischen Pongiden. Die Fußabdrücke von Laetoli sind ein *Verhaltensfossil*, welches aufgrund zahlreicher funktionsmorphologischer Befunde auf eine sehr frühe Entwicklung der Bipedie schließen läßt. Die Konstruktionsmorphologie (vgl. Kap. 2.5.5.3) von Australopithecinen und *H. habilis* zeigt aber auch, daß die frühen Hominiden Adaptationen beibehielten, die sie - wenn auch nicht unumstritten - noch zur Arborikolie befähigten (vgl. Kap. 6.2.3.1, Kap. 6.2.3.2). Das Mosaik plesio- und apomorpher Merkmale eröffnete, neben der Möglichkeit zum Nahrungserwerb in einem weiten und offenen Lebensraum mit sporadisch verstreuten Nahrungsquellen, auch noch das Erreichen von Nahrung oder Schlafplätzen in den Bäumen.

Auch überwiegend terrestrisch lebende Primaten suchen höher gelegene Schlafplätze in Bäumen oder in felsigem Gelände auf, um besseren *Schutz vor Freßfeinden* zu haben. Nur der Gorilla, der wegen seiner Körpergröße keine Freßfeinde hat, baut Bodennester.

Mit der terrestrischen Lebensweise verändert sich die *Nahrungskonkurrenz* entscheidend. Viele Primaten sind ausgesprochene Nahrungsspezialisten und an hochqualitative Nahrung gebunden, die nur in den Bäumen zu finden ist, so daß der Übergang zum Bodenleben spezifische Adaptationen erforderte. Denkbare Lösungen, die Nahrungskonkurrenz auszuschließen, könnten eine extreme Spezialisierung oder aber eine breitere Nutzung des Nahrungsspektrums der Nische gewesen sein. In älteren Hominisationsmodellen wird angenommen, daß die Nahrungsnische durch Jagd erweitert wurde. Die jagende Lebensweise in tropischen Regionen und die damit verbundene Aufnahme von Fleisch in das Nahrungsspektrum wurde weitgehend kritiklos als die grundlegende Anpassung der frühen Hominiden angesehen. Die megadonte Bezahnung der Australopithecinen interpretierte man nämlich als Anpassung an Karnivorie.

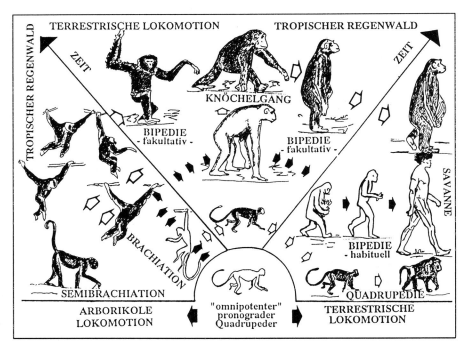

Abb. 6.60 Modell zur Entwicklung der Bipedie (n. Franzen 1973, umgezeichnet).

Die *Anpassung an den Savannenbiotop* ist ein weiteres Kernproblem terrestrischer Lebensweise. Im allgemeinen wird als Lebensraum der frühen Hominiden die *Savanne* angenommen, da ab dem mittleren Miozän eine Schrumpfung der Regenwälder eingesetzt hat und sich offene Landschaften ausbreiteten (Abb. 6.61). Der Begriff Savanne ist jedoch schillernd und vielfältig. Nach D. Harris (1980) leitet er sich von dem spanischen Begriff *sabana* (ursprünglich *zabana*) ab. Definitionsgemäß bezeichnet der Begriff nicht nur eine Graslandschaft "...but also an open-canopy association of grasses and trees: a parklike landscape with mature trees scattered here and there among the grasses" (D. Harris 1980, S. 5). Dieser

Autor unterscheidet Savannenwälder, Baum-, Busch- und Grassavannen (Abb. 6.62). Die abiotischen Elemente, die die Unterschiedlichkeit der Savannen prägen, sind Niederschlag, Verdunstung, Temperatur, Höhe und Neigung des Geländes, Drainage, Bodenbeschaffenheit und Feuer. Während der Biologe unter Savanne homogene Pflanzengemeinschaften aus verstreut stehenden Bäumen, Sträuchern oder Büschen in einer weitgehend geschlossenen Grasschicht versteht, schließt dieser Landschaftstyp für den Geographen z. B. auch Galeriewälder ein.

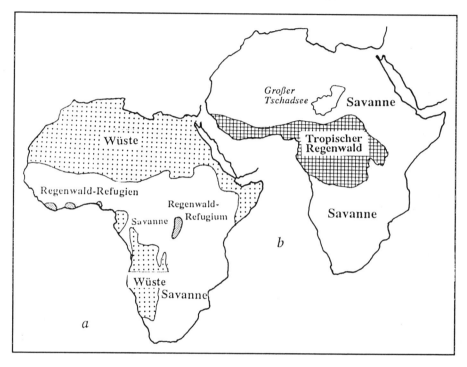

Abb. 6.61 Ausbreitung der Savanne. **a** während plio-pleistozäner Glaziale (Pluviale) **b** während der Interglaziale (n. Foley 1987, umgezeichnet).

Die in ost- und südafrikanischen Savannen lebenden frühen Hominiden hatten in diesem Lebensraum offenbar zahlreiche adaptive Probleme zu lösen, darunter die Regulierung ihrer Körpertemperatur. Das Aufsuchen der weit auseinanderliegenden Wasserstellen stellte extreme Anforderungen an die Hitzetoleranz der Individuen. Verhagen (1987) hält es deshalb sogar für unwahrscheinlich, daß unsere hominiden Vorfahren jemals in Savannen lebten, wofür er zahlreiche mit dem Savannenleben unvereinbare Anpassungen des Menschen anführt (u.a. wasser- und salzzehrendes Kühlsystem aus zahlreichen Schweißdrüsen; viel zu niedrige maximale Urinkonzentration; Fellosigkeit und Vorhandensein von wärmeregulierenden Unterhautfettschichten).

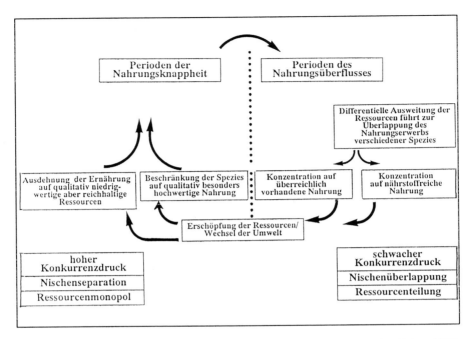

Abb. 6.62 Saisonalität als kennzeichnendes Merkmal der Savanne (n. Foley 1987, umgezeichnet).

Saisonalität ist ein bedeutendes ökologisches Kennzeichen der Savanne (Abb. 6.62). Sie erfordert eine komplexe und flexible Nahrungsstrategie, eine breite Nahrungsnische und eine hohe Mobilität. Ferner zeichnet sich die Savanne durch eine im Vergleich zum Regenwald niedrigere Qualität der Pflanzennahrung aus. Wegen hoher Kosten bei der Suche von Pflanzennahrung und wegen des intensiven Wettstreits um hochwertige Nahrung hat Karnivorie einen hohen Selektionsvorteil. Das führt unter den verschiedenen Fleischfressern zu intensiver Konkurrenz um die tierischen Nahrungsressourcen und macht gleichzeitig eine effektive Freßfeindvermeidung notwendig. Die wenigen Bäume bieten nur geringen Schutz und Schatten und schränken ein habituelles Bodenleben in der Savanne stark ein. Hohe Temperaturen in diesem Lebensraum reduzieren die Aktivitäten, führen zur Abhängigkeit von weit verstreuten Wasserressourcen und induzieren die Selektion einer effektiven Wärmeregulation. Clark (1980) fragte nach den besonderen Kennzeichen der afrikanischen Savanne, die zur Entwicklung eines Werkzeuge herstellenden Menschen, des *H. habilis* (*man the toolmaker*), vor mehr als 2,5 MJ beitrugen. Nach seiner Ansicht war es einerseits die Kombination von Verschiedenartigkeit und Reichtum pflanzlicher und tierischer Ressourcen, speziell die enorme Biomasse, und andererseits die Auflösung der geschlossenen Waldbedeckung im späten Miozän und frühen Pliozän (Hsu et al. 1977), die zu Expansion und Isolation von Hominidenpopulationen führten.

Die ökologischen Nischen und *Habitatpräferenzen* der frühen Hominiden wurden durch multidisziplinäre Forschungen analysiert. Aufgrund der Pionierarbeiten von Solomon (1931) wurde ein enger Zusammenhang zwischen den Eiszeiten in hohen Breitengraden und den Pluvialen, Perioden stärkeren Regenfalls in den Tropen, rekonstruiert. Daraus wurde geschlossen, daß der tropische Regenwald im Pleistozän möglicherweise weiter verbreitet war als im Holozän (N. Roberts 1984). Nach Untersuchungen von G. Isaac (1972), Street u. Grove (1975) und Butzer (1982) führen dagegen fallende Welttemperaturen zu geringeren Niederschlägen und größerer Aridität; die Ausweitung des Regenwaldes korrelierte mit den frühen Abschnitten des Interglazials. Mit dieser neuen Interpretation der Auswirkungen des globalen Temperaturabfalls ergibt sich biogeographisch gesehen eine über lange erdgeschichtliche Perioden reichende Isolation von Pflanzen- und Tierpopulationen. Der Wechsel der tropischen Vegetation ist in Abb. 6.61 wiedergegeben. Die alternierenden Floren- und Faunenformationen sowie der zyklische Aufbau und Zusammenbruch geographischer Barrieren begünstigten offenbar Speziation und adaptive Radiation der Hominiden (D. Harris 1980; Foley 1987).

Nach paläoklimatologischen Befunden sind die trockenen Savannenmosaike nicht das Ergebnis rezenter anthropogener Einflüsse. Sie beruhen auf langfristigen Entwicklungen und bilden einen bedeutenden Aspekt der Evolutionsgeschichte tropischer Faunen, insbesondere im Hinblick auf die Hominisation (Foley 1987). Da die Verteilung und Ausdehnung der Paläobiotope über lange Phasen nicht stabil waren, trugen sie durch ihren Wandel signifikant zum evolutionären und ökologischen Entwicklungsmuster der Hominiden bei. Der Biotopwandel schuf neuartige Überlebensstrategien. Die Expansion der Savannen und die damit verbundene Saisonalität gegenüber den tropischen Regenwäldern während der Endphase des Tertiärs sowie des frühen Quartärs erforderte entweder eine Spezialisierung innerhalb der kontinuierlich zurückweichenden Tropenwälder oder aber die Adaptation an den neuen Lebensraum Savanne. Mit der Schrumpfung des Regenwaldgürtels und der Entstehung offener Landschaften wurden isolierte *Landschaftsinseln* und ein Landschaftsmosaik von Ökotopen mit engen Habitatgrenzen geschaffen (D. Harris 1980), in denen kleine isolierte Populationen lebten, die in ihren Refugien allopatrischer Speziation unterlagen (vgl. Kap. 2.5.8.3). Nach Mayr (1963) bietet diese Form der Umweltveränderung die Möglichkeit zur Entwicklung evolutionärer Neuheiten aufgrund von Gendrift und disruptiver Selektion. Allgemein gilt, daß eine in Raum und Zeit variable Umwelt evolutionären Wandel begünstigt. Nach allen vorliegenden evolutionsökologischen Befunden eröffnete der Biotopwechsel den Hominiden und ihren Vorläufern vielfältige Möglichkeiten der Einnischung (*Annidation*). Die tiefgreifenden plio- und pleistozänen Veränderungen in Afrika, die u. a. auf klimatischen, aber auch vulkanischen und tektonischen Faktoren beruhen, schufen die notwendigen Voraussetzungen für die adaptiven Schritte zur Evolution und Radiation der Hominiden. Die Rekonstruktion der evolutionsökologischen Szenarien der frühen

Hominisationsphase muß der Komplexität dieses Ereignisses Rechnung tragen, was nur durch multi- und interdisziplinäre Forschung zu leisten ist.

Ein außer-anthropologischer Beitrag zur Erklärung der Hominisation stellt der ^{18}O-Isotopenbericht der Tiefsee dar. Nach Prentice u. Denton (1988) gibt es klare Hinweise auf eine klimatische Umwälzung vor 2,5 - 2,4 MJ. Weitere Belege für einen in diesen Zeitraum fallenden Klimawandel stammen aus Asien. Quade et al. (1989) stellten durch Paläosol-Analysen an Sedimenten der pakistanischen Siwaliks einen dramatischen Wechsel von C3-Pflanzen (Bäume und Sträucher) zu C4-Pflanzen (Gräser) für die Zeit vor 6 MJ fest. Sie korrelierten die Boden-kohlenstoff-Isotope mit den Kohlenstoff-Isotopen des Zahnschmelzes von Mammalia der Siwaliks und fanden eine vollständige Konkordanz bezüglich der C3-C4-Verschiebung. Gegenwärtig laufen Untersuchungen am Lake Baringo (Übersicht in Stanley 1992). Es wird von besonderem Interesse sein, ob in dieser Region ein erkennbarer Biomassen-Wechsel vor rund 2,5 MJ stattfand. Vrba (1988) befaßte sich detailliert mit diesem Ereignis und formulierte allein neun Hypothesen, die auf die globale Abkühlung im Pliozän und deren möglichen Effekt auf die Hominidenevolution Bezug nehmen. Einfache Kausalbeziehungen zwischen einer weltweiten Abkühlung, der Ausdehnung arider Biotope und der Hominidenspeziation bestehen offenbar nicht. Es sind jedoch direkte Beziehungen zwischen einem globalen Klimawechsel und regionalen Vegetationsstrukturen zu erwarten, wobei dem Vegetationswechsel unmittelbar ein Wandel der Fauna folgen sollte.

Eine Verifikation dieser *turnover-pulse*-Hypothese wäre in der Synchronie faunaler und klimatischer Rhythmen gegeben, jedoch liegen Daten bisher nur von eng umgrenzten Gebieten vor. Es gibt wichtige Hinweise für solche Prozesse, jedoch sind gerade für Ostafrika aufgrund von Paläosol-Untersuchungen viel abwechslungsreichere Florenkompositionen belegt (Kabuye u. B. Jacobs 1986; Jacobs u. Kabuye 1987; Yemane et al. 1985; Williamson 1985; Stanley 1992). Die lokalen Habitate waren offenbar sehr unterschiedlich und variierten mit der Höhe, Regenschatteneffekten, lokaler und regionaler Tektonik sowie mit terrestrisch und extraterrestrisch induzierten Klimawechseln. Die Rekonstruktion der Paläobiotope früher Hominiden muß zukünftig auf die Kleinbiotope gerichtet sein. Habitat-präferenzen lassen sich jedoch nur sehr eingeschränkt aus den Fundverteilungen der verschiedenen Hominidentaxa ableiten. Die meisten Fossilien früher Hominiden stammen aus schlammigen oder sandigen Flußbetten, aus sumpfigen Deltamündungen sowie saisonal trockenliegenden Schlamm- und Uferbereichen. Aufgrund der Fundverteilung wurde vermutet, daß *A. boisei* in Flußuferwäldern lebte, während *A. africanus* in offeneren Habitaten endemisch war (Shipman u. J. Harris 1988). Nach White (1988) erlaubt der gegenwärtige Forschungsstand keine gesicherten Aussagen über die Habitatpräferenzen früher Hominiden, da tapho-nomische Stichproben- und Beobachtungsfehler kaum auszuschließen sind (vgl. Kap. 2.3). Solange uns archäologisches Begleitmaterial, wie z. B. Steinwerkzeuge oder anthropogene Knochenanhäufungen, fehlt, können wir die Fundstellen der

Fossilien nur als *Einbettungsorte* interpretieren, die mit dem *Aktivitätsraum* früher Hominiden nicht identisch zu sein brauchen.

Während die paläoökologische Information über die Kleinbiotope früher Hominiden bislang nur vage ist, lassen sich den Befunden vom Lake Turkana durchaus Hinweise auf eine Nischentrennung von *Australopithecus* und *Homo* entnehmen. Es ist jedoch nicht zwingend, daß die frühen Hominiden ausschließlich auf ein spezifisches Habitat beschränkt waren, denn das Wohngebiet von Hominiden könnte nach Mann (1981) auch verschiedene Habitate eines Umweltmosaiks umfaßt haben. Nach Colinvaux (1973) ist *Konkurrenzvermeidung* der erste 'Glaubenssatz' der modernen Ökologie. Aufgrund der Kosten eines Wettstreits ist es für eine Population im allgemeinen vorteilhafter, einen kleinen Teil eines ökologischen Raumes exklusiv zu besetzen, als einen größeren mit anderen Populationen zu teilen (Foley 1987). Durch eine derartige Strategie der Konkurrenzvermeidung dürfte es bei den frühen Hominiden zu einer komplexen Nischenvielfalt gekommen sein, indem verschiedene Spezies unterschiedliche Ernährungsstrategien entwickelten. Es ist prinzipiell nicht möglich, daß zwei Hominidenarten auf unbestimmte Zeit eine völlig gleichartige Nische einnahmen; stets wird die eine diese Nische effektvoller genutzt haben als die andere und sich auf deren Kosten so lange ausgeweitet haben, bis jene ausstarb. Sofern es nicht zu einer Konkurrenzvermeidung kam, wird es immer einen Verlierer gegeben haben. Das individuelle Sterben führte schließlich zum *Artentod*, während der Gewinner aufgrund der Monopolisierung der Ressourcen begünstigt wurde. In diesem Zusammenhang ist die Frage von Bedeutung, warum *Australopithecus* überhaupt ausstarb und welche Rolle *Homo* dabei möglicherweise spielte. Für Wechselbeziehungen zwischen Adaptationsphänomenen zweier oder mehrerer Arten wurde der Begriff *Koevolutionen* geprägt. Zwischenartliche Beziehungen zum Vorteil aller Beteiligten liegen in der Regel nur dem Anschein nach vor. Die nähere Analyse enthüllt, daß die angeblich harmonische Kooperation durch erhebliche Interessenkonflikte und evolutiven Machtkampf geprägt ist, d. h. jeder der Partner wird darauf selektiert, seinen eigenen Vorteil auf Kosten des anderen auszubauen. Das schließt nicht aus, daß jeder Partner einen Nettogewinn erzielen kann (Krebs u. Davies 1984). Aber nicht nur die koevolutiven Beziehungen von Australopithecinen und *H. habilis* zu anderen sympatrischen und kontemporären Spezies sind in die evolutionsökologische Modellbildung zu integrieren, sondern auch die Wechselbeziehungen der frühen Hominiden zu anderen Arten. Aufgabe der *Synökologie* ist es, ein heterotypisches Organismenkollektiv, d. h. die Gemeinschaft verschiedenartiger Organismen und deren Beziehungen zur Umwelt, zu untersuchen (Schwerdtfeger 1963). Bezogen auf die ökologische Gemeinschaft der plio-pleistozänen Arten im tropischen Afrika ist deshalb zu fragen, welche Artenvielfalt vom Miozän bis zum Pleistozän vorlag, welche Spezies die direkten herbivoren Nahrungskonkurrenten und welche eine potentielle Jagdbeute oder Aasnahrung omnivorer Hominidenspezies gewesen sein mögen. Ferner gilt es zu klären, welche Großraubtiere als Beutegreifer oder Aasfresser den frühen

---

ÖKOLOGISCHE GEMEINSCHAFT
DER FRÜHEN HOMINIDEN

Bodenlebende Primaten

Pan (2)	Gorgopithecus (1)*
Gorilla (1)	Dinopithecus (1)*
Australopithecus (2)*	Papio (9)
Cercopithecus (1)	Parapapio (5)*
Theropithecus (4)	Macaca (2)

**Herbivore Konkurrenten und
potentielle Beute**

Makapania*	Oryx
Numidocapra*	Hippotragus
Tossunnoria*	Thalerocerus*
Gazella	Menelikia*
Antidorcas	Kobus
Madoqua	Redunca
Qurebia	Cephalophus
Oreotragus	Sylvicapra
Raphicerus	Hemibos*
Aepycerus	Simatherium*
Beatragus*	Pelorovis*
Parmularius*	Ugandax*
Damaliscus	Eotragus*
Oreonagor*	Tragelaphus
Connochaetes	Taurotragus.
Megalotragus	Equus (8)

Beutegreifer und Jagdkonkurrenten

Lycaeon (1)	Crocuta (2)
Leecyaena (1)*	Machairodus (3)*
Euryboas (2)*	Homotherium (4)*
Hyaena (4)	Panthera (4)

Großtierfauna (Aasnahrung)

Anancus (2)*	Diceros (1)
Stegodon (1)*	Dicerorhinus (1)
Stegotetrabelodon (1)*	Brachypotherium (1)*
Primelephas (1)*	Hipparion (2)*
Mammuthus (1)*	Hexaprotodon (2)*
Loxodonta (2)	Hippopotamus (3)
Deinotherium (1)*	Giraffa (3)
Chalicotherium (1)*	Sivatherium (1)

**Konkurrenten um im Boden
verborgene pflanzliche Speicher**

Hylochoerus (1)	Notochoerus (3)*
Potamochoerus (4)	Stylochoerus (1)*
Sus (1)	Kolpochoerus (6)*
Phacochoerus (4)	Metridiochoerus (3)*
Potamochoeroides (1)*	Nyanzachoerus (6)*

Abb. 6.63   Artenspektrum des späten Känozoikums. * : ausgestorbene Gattungen (n. Maglio 1978; aus Foley 1987, umgezeichnet).

Hominiden gefährlich wurden bzw. ihnen den Zugang zu den Nahrungsquellen oder ihrer Beute streitig machten.

Das Artenspektrum während des späten Känozoikums ist in Abb. 6.63 nach den Befunden von Maglio (1978) wiedergegeben. Danach zählen die Katzenartigen (Felidae) neben den Hyänen (Hyaenidae) zu den gefährlichsten Karnivoren, denen die Hominiden auszuweichen hatten, an deren Beute sie andererseits aber auch als Kleptoparasiten partizipieren konnten. Insbesondere von anderen bodenlebenden Primaten wie *Parapapio*, *Papio*, *Macaca* und *Theropithecus* ausgehende Konkurrenzdrücke dürften erheblich gewesen sein. Gleiches gilt für die auf hochwertige, z. B. im Boden verborgene Nahrungsquellen spezialisierten Schweine (Suidae) sowie die in großer Zahl auftretenden herbivoren Huftiere. Diese sind aber nicht nur als Konkurrenten um Nahrungsressourcen anzusehen, sondern zusammen mit anderen in der Savanne lebenden Tieren als ein enormes Potential an Biomasse für einen zur Karnivorie tendierenden Hominiden zu betrachten. Ganz offensichtlich können die spezifischen Nischen der physisch weder zu schneller Flucht noch zu großer Körperstärke befähigten, also körperlich im Vergleich zu anderen Großsäugern weitgehend wehrlosen Hominiden, nur dann richtig verstanden werden, wenn man ihnen die psychischen Fähigkeiten zuerkennt, die zahlreichen Bedrohungen in dem neuartigen Lebensraum abzuwehren sowie den harten Wettbewerb um Nahrungsressourcen zu bestehen. Dabei dürften in der *Homo*-Linie neuartige adaptive Strategien verfolgt worden sein, die sich als einmalig erfolgreich erwiesen. Während *A. boisei* sein Ernährungsverhalten spezialisierte, überlebte *Homo* als 'Generalist', d. h. als eine Form, die das breite Nahrungsspektrum der Savanne einschließlich des reichhaltigen Angebots fleischlicher Nahrung nutzte. Die Artenvielfalt (Diversität) und die Individuenhäufigkeit (Abundanz) der Hominiden lassen jedoch für Fundstätten wie Koobi Fora (Wood 1991) oder Omo (Howell 1978b) und die Höhlen Südafrikas (Brain 1981) erkennen, daß Australopithecinen in Relation zum Genus *Homo* mehr als doppelt so zahlreich gewesen sein dürften; dieser Befund könnte nach Foley (1987) die Überlegenheit von *Homo* im Konkurrenzkampf in Frage stellen. Es gilt stets, die Adaptationen der Hominiden in spezifischen Zusammenhängen zu sehen, um wechselnden evolutionären Erfolg zu erklären. In diesem Kontext sind die Abundanzverschiebungen unter anderen terrestrischen Primaten von Interesse. So war *Theropithecus* im Frühpleistozän noch die am weitesten verbreitete Gattung der Pavianartigen und übertraf das Genus *Papio* deutlich an Diversität und Abundanz. Heute haben sich die Verhältnisse umgekehrt, *Theropithecus* ist in Rückzugsgebiete des äthiopischen Hochlandes abgedrängt worden, wo nur *T. gelada*, der Blutbrustpavian, überlebte, während *Papio* ubiquitär in Ost- und Südafrika vorkommt. *Theropithecus* erscheint - ebenso wie *Australopithecus* im Vergleich mit *Homo* - stärker spezialisiert als das Schwestertaxon *Papio*. Nach Dunbar (1977) ernährte sich der ausgestorbene Riesengelada (*T. oswaldi*) hauptsächlich von Gras und Speicherwurzeln. Die Zahnadaptationen weisen auf diese Nahrungselemente hin. Das spezialisierte Gebiß von *T. oswaldi* steht somit im Kontrast zu der generalisierteren und frugivoren Ernährung der Paviane. *Theropithecus* und *Australopithecus* scheinen aufgrund des Fossilreports während des Pliozäns und des frühen Pleistozäns die erfolgreicher adaptierten Taxa gewesen zu sein, die vermutlich an engere Nahrungsnischen angepaßt waren. Sie gerieten unter ähnliche Selektionsdrücke wie andere herbivore Arten und evolvierten unter dem steigenden Konkurrenzdruck der sich ausbreitenden Großsäugerfauna. Da ihre Nahrungsressourcen reichlich und breit gestreut waren, entwickelten sie sich zu einem weitverbreiteten Faunenelement, während *Papio* und *Homo* als die in dieser Hinsicht weniger spezialisierte Formen deren Abundanz einengten, d. h. sie wiesen nur geringe Bevölkerungsdichten und große Streifgebiete (engl. *home ranges*) auf. Die alternativen Ernährungsstrategien der frühen Hominiden finden sich also offenbar auch bei anderen Mammalia und bestärken die Anschauung, daß die Hominidenevolution primär als koevolutionäres Phänomen zu betrachten ist, also durch die Wechselwirkungen zwischen den sympatrischen Spezies geprägt wurde. Die weniger spezialisierte Nahrungsstrategie von *H. habilis* erwies sich im Wettstreit mit den Konkurrenten der pleistozänen ökologischen Gesellschaft als die erfolgreichere. Der gesteigerte Verzehr von Fleisch spielte dabei offenbar eine entscheidende Rolle, jedoch erlauben die Fossilien allein keinen Aufschluß darüber, ob das Fleisch durch Jagen oder aber Kleptoparasitismus und andere Strategien von Aasfressern erworben wurde. Entgegen früheren Auffassungen wurde dieser Nahrungsbestandteil wohl nicht durch Jagd gewonnen, denn zahlreiche neuere Befunde sprechen dafür, daß der frühe *Homo* sich verhaltensökologisch von *Australopithecus* separierte. Das war eine Antwort auf die Saisonalität und die Umweltbedingungen der Savanne, die er sich als spezielle Nische als Sammler schwer zugänglicher Pflanzennahrung und als Aasfresser erschloß. Nachdem er diesen evolutionären Weg erst einmal eingeschlagen hatte, entwickelte er in der Nahrungskonkurrenz mit sympatrischen Organismen vollkommen neue adaptive Strategien, wozu neben soziosexuellen Organisationsformen, d. h. einem veränderten Paarungs- und Fortpflanzungsverhalten, vermutlich auch die ökonomische Kontrolle über Erwerb, Verteilung und Tausch von Nahrungsressourcen und intraspezifische Kooperationsbeziehungen zählten. Schließlich erlangte die Werkzeugherstellung entscheidende Bedeutung. Mit den *H. habilis* zugesprochenen ältesten lithischen Artefakten liegen unzweifelhafte Dokumente für Werkzeugherstellung und -nutzung vor, deren Bedeutung für den initialen Hominisationsprozeß aus vergleichend-primatologischer Sicht im Hinblick auf die Prädispositionen jedoch nicht überschätzt werden sollte (C. Vogel 1974, 1986; Markl 1986; vgl. Kap. 1).

Trotz der umfangreichen Kenntnisse, die uns aus der Paläoanthropologie und ihren Nachbardisziplinen vorliegen, fehlt es bislang an einem schlüssigen evolutionsökologischen Hominisationsmodell. Die aufgezeigten Erklärungsansätze lassen aber keinen Zweifel daran, daß die frühe Hominidenevolution als adaptive Radiation ablief. Wollen wir diesen Prozeß im Rahmen des teleonomischen Konzeptes - "...einer zwangsläufigen Entstehung und 'Kanalisierung' organismischer Formenvielfalt und unterschiedlicher Organsysteme durch 'natürliche Selektion' [verstehen]" (C. Vogel 1983, S. 226), - so müssen die verfügbaren Fakten der an der Rekonstruktion beteiligten Disziplinen im Rahmen der allgemeinen Prinzipien der modernen Evolutionstheorie widerspruchsfrei zu schlüssigen Hypothesen und Modellen zusammengefügt werden und 'jeder Hilfe von außen beraubt' (H. Kummer 1981), empirisch getestet werden. Die Paläoanthropologie trägt diesem Anspruch bisher nur unzureichend Rechnung. Die Kritik von Tooby u. DeVore (1987) richtet sich gegen die häufig vorgenommene Modellbildung, bei der z. B. ethologische Ergebnisse des Sozialverhaltens von Großkatzen oder Primaten oder aber humanethologische Befunde an Jäger-Sammler-Bevölkerungen zur Entwicklung eines Hominisationsmodells herangezogen werden. Ein Problem der Modelle zur frühmenschlichen Ökologie liegt darin, daß sie gewöhnlich mehr als Antworten denn als Fragen verstanden werden und in den seltensten Fällen Testvorschläge zur Überprüfung enthalten. Diese sog. Referenzmodelle sollten nach Tooby u. DeVore (1987) durch Konzeptmodelle (*sensu* Lethmate 1990; Potts 1988a, b) ersetzt werden. Solche Konzeptmodelle liegen mittlerweile aus der Verhaltensökologie (Krebs u. Davies 1984) oder der Soziobiologie (Maynard Smith 1964; Markl 1980; C. Vogel 1986; Voland u. Winkler 1990) vor und bestimmten wesentlich den

Wandel unserer evolutionsökologischen Vorstellungen

- vom *Jäger-Modell* (Lee u. DeVore 1968)
- *Nahrungsteilungs-Modell* (G. Isaac 1978)
- *Sammler-Modell* (Zihlman u. Tanner 1978)
- *Paarbindungs-Modell* (Lovejoy 1981)
- *Ernährungsstrategie-Modell* (K. Hill 1982)
- zum *Aasfresser-Modell* (Blumenschine u. Cavallo 1992).

Das **Jäger-Modell**, welches Jagdaktivitäten und Fleischverzehr als die entscheidenden Schritte zur Nischenexpansion in der frühen Hominisation ansieht, geht auf Darwin zurück und prägte bis in die sechziger Jahre die evolutionsökologischen Vorstellungen (Darwin 1871; G. King 1975; Binford 1981; Harding u. Teleki 1981; Potts 1987). *Man - the Hunter*, der Titel eines Symposiums und der Sammelschrift von Lee u. DeVore (1968) spiegelt die lange Zeit vorherrschende Auffassung wider, wonach die Jagd als primäre Anpassung der frühen Hominiden angesehen wurde. Die Ansicht, daß der Verzehr von erjagten Großtieren zur Formung der physischen und sozialen Umwelt der frühen Hominiden beitrug und jene Merkmale selektierte, die für den Hominisationsprozeß entscheidend waren, war mehr von Mythen und sexistischen Vorurteilen sowie der Projektion gegenwärtiger Lebensformen auf archaische Bevölkerungen geprägt, als daß es das Ergebnis einer fundierten interdisziplinären Analyse gewesen wäre. Aufgrund stereotyper Vorstellungen über die modernen Jäger-Sammler-Bevölkerungen ging man davon aus, daß die Jagd wegen der Vorhersagbarkeit des Erfolgs eine sichere Ernährungsweise gewesen sei, während Aasfressen als zufällig, risikoreich und - was unausgesprochen blieb - als eines frühen Hominiden unwürdig betrachtet wurde (*contra* Blumenschine u. Cavallo 1992). Man hielt trotz gegenteiliger Indizien an der Vorstellung vom idyllischen Leben der Wildbeuter fest. Daß sich die Jagd-Hypothese so lange halten konnte, ist umso erstaunlicher, als keine stichhaltigen archäologischen Fakten vorlagen und die Hypothese auch ethnologischen und verhaltensökologischen Befunden widersprach. In Ermangelung lithischer Artefakte berief sich Dart (1957) auf die - seit ihrer ersten Präsentation umstrittenen - Dokumente einer *osteodontokeratischen Kultur*. Er vertrat die Ansicht, daß *Australopithecus* Säugetierknochen, -zähne sowie Hornmaterial als Werkzeuge verwendete. Neben der statistisch nicht zufälligen Anhäufung von Organismenresten sah er in vermeintlichen Gebrauchsspuren an den Knochen-, Zahn- und Hornfragmenten Indizien für deren Verwendung als Werkzeuge (vgl. Kap. 2.4). Shipman u. Phillips-Conroy (1977) konnten hingegen die auch von anderen Autoren (z. B. Brain 1978) vertretene Ansicht bestärken, daß es sich hierbei um Fraßreste von Karnivorenbeute handelt. Der eindrucksvolle Nachweis, daß die überwiegend aus Huftier- und Hominidenresten bestehenden Knochenhaufen

durch Leoparden entstanden, welche die Kadaver ihrer Beute von ihren Freß-
bäumen fallen ließen, oder daß die erwähnten Knochenansammlungen aber auch
Beutereste von Hyänen repräsentieren könnten, führte jedoch nicht dazu, die Jagd-
Hypothese grundsätzlich aufzugeben. Aufgrund der taphonomischen Befunde
waren die Australopithecinen nicht länger für die Anhäufung von Tierknochen
verantwortlich zu machen. Man hielt jedoch bis in die siebziger Jahre an dem
Jagd-Modell fest, indem man *H. habilis* wegen der mit ihm assoziierten ältesten
lithischen Artefakte jagdliche Verhaltensweisen zuerkannte. Die Jagd wurde
weiterhin als die Triebfeder der Anthropogenese und Anthroposoziogenese
erachtet. Heute liegen faktisch und theoretisch begründete Einwände gegen die
Auffassung vor, daß die Jagd ein wesentlicher Bestandteil der Sozioökonomie
früher Hominiden war (G. Isaac 1978, 1981; Zihlman u. Tanner 1978; K. Hill
1982; Potts 1984, 1987; Zihlman 1985; Blumenschine u. Cavallo 1992). Daß die
Australopithecinen sehr wahrscheinlich Frucht- oder Samenfresser waren, also
herbivore Nahrungsspezialisten, wirft sogar die Frage auf, ob diese frühen
Hominiden nicht viel eher Gejagte denn Jäger waren. Gleiches gilt für *H. habilis*,
der aufgrund verhaltensökologischer Befunde eher die Nische eines Sammlers und
Aasfressers als die eines Jägers einnahm. Dies wurde daraus abgeleitet, daß der
Verzehr von Tierfleisch auch für andere terrestrische Primaten gilt (z. B. Paviane
oder Schimpansen; Teleki 1973, 1975; Harding 1981; Strum 1987). Weitere
Impulse für die Abkehr von der Jagdhypothese lieferte die Ethnologie. Sie konnte
in verschiedenen Untersuchungen nachweisen, daß die Pflanzennahrung heutiger
Wildbeuter- bzw. Jäger-Sammler-Populationen der Tropen einen höheren Anteil
an der Gesamtnahrung ausmacht als die Fleischanteile. So decken Buschleute bis
zu 70% ihrer Kost durch pflanzliche Bestandteile, jedoch stellen neuere Untersuchungen dieses Verteilungsmuster pflanzlicher und tierischer Kost in Frage
(Tooby u. DeVore 1987). Wenn auch *H. habilis* kein archaischer Jäger war, wie
erklärt sich dann die Zunahme des Hirnvolumens gegenüber den Australopithecinen, und wozu verwendete er die ihm zugeschriebenen primitiven Werkzeuge?

Das **Nahrungsteilungs-Modell** (Abb. 6.64) bezieht sich auschließlich auf die
Gattung *Homo* und ist damit synökologisch betrachtet von vornherein defizitär
(G. Isaac 1978). Es baut auf der subtilen Rekonstruktion ostafrikanischer
Fundplätze (HAS-Stelle = hippopotamus artifact site und KBS-Stelle = Kay
Behrensmeyer site) in der Nähe des Turkana-Sees auf und verknüpft diese
Befunde mit verhaltensökologischen Vorstellungen vom Fleischverzehr. Nach
G. Isaac ist aus der Verteilung des paläontologischen und archäologischen
Fundmaterials zu schließen, daß es sich um Basislager von *H. habilis* handelte,
welcher für den Hersteller der gefundenen Werkzeuge gehalten wird.
Offensichtlich waren die erjagte Beute oder aber das zum Verzehr geeignete Aas
ebenso wie die Steinwerkzeuge zur KBS-Stelle transportiert worden. Nach
G. Isaac (1978) hat die Hominidengruppe temporär an diesem Lagerplatz in einem
sandigen Flußbett gelebt. Schattenspendende Bäume boten Fluchtmöglichkeiten
für die möglicherweise noch zu behendem Klettern befähigten Hominiden. Die
nähere Umgebung bot vielfältige pflanzliche Nahrung, und die an den

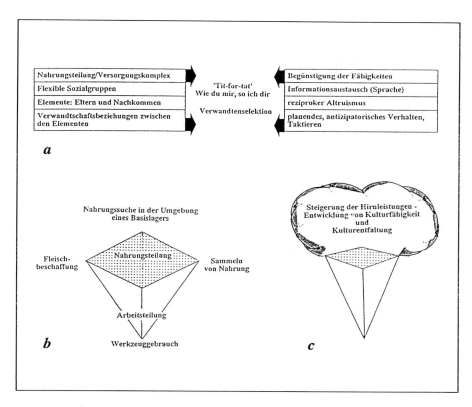

Nahrungsteilung/Versorgungskomplex		Begünstigung der Fähigkeiten
Flexible Sozialgruppen	'Tit-for-tat'	Informationsaustausch (Sprache)
Elemente: Eltern und Nachkommen	Wie du mir, so ich dir	reziproker Altruismus
Verwandtschaftsbeziehungen zwischen den Elementen	Verwandtenselektion	planendes, antizipatorisches Verhalten, Taktieren

a

Nahrungssuche in der Umgebung eines Basislagers

Steigerung der Hirnleistungen - Entwicklung von Kulturfähigkeit und Kulturentfaltung

Fleisch-beschaffung — Nahrungsteilung — Sammeln von Nahrung

Arbeitsteilung

b   Werkzeuggebrauch

c

Abb. 6.64 Nahrungsteilungsmodelle (n. G. Isaac 1978). **a** Verhaltensmuster, die für die Hominisation grundlegend waren, stellen bei lebenden Menschenaffen (Beispiel *Pan*) isolierte Elemente dar; Jagd wird in geringem Ausmaß betrieben, führt aber nur zu einem 'tolerierten Schnorren' **b** Bei den frühen Hominiden stellt Nahrungsteilung das zentrale Strukturelement dar, welches die anderen Verhaltensweisen integriert **c** In modernen Gesellschaften wurde die Struktur des Nahrungsteilens sozioökonomisch verfeinert und schließt die gesamte Technologie ein; die dazugehörende übergeordnete Struktur schließt die zusammenfassend als Kultur bezeichneten Elemente mit ein.

nahegelegenen Wasserstellen eintreffenden kleineren Säuger waren eine leicht zu erjagende Beute. Kernstück von Isaacs Modell ist das von ihm angenommene Teilen der Nahrung innerhalb der Gemeinschaft (engl. *food sharing*).

Er ging von einer Arbeitsteilung aus, indem er den Männern das Jagen, Frauen hingegen das Sammeln von Früchten, Knollen und Kleintieren zuordnete. Nach dem Nahrungsteilungs-Modell wurden altruistisches Verhalten und Kooperation der Gruppenmitglieder zum Fundament der Kultur. Taphonomische und archäologische Analysen an Knochen- und Artefaktansammlungen von Olduvai und anderen Fundstätten (Binford 1981; Bunn 1981; Shipman 1983; Potts 1984) begründeten neben zahlreichen theoretischen Einwänden Zweifel an der Gültigkeit dieses Modells. Nach Binfords Auffassung war *H. habilis* nur ein 'marginaler Aasfresser', d. h. er kam in der Kette der Aasverwerter ganz zum Schluß. Das Knochenmark, an das er unter Einsatz seiner Werkzeuge gelangte, reichte bei weitem nicht zur Versorgung der Kleingruppe aus. Schnittspuren legen nahe, daß Hominide die gesammelten Knochen verwerteten, aber die Frage, ob es sich um erjagte Beute oder aufbereitetes Aas handelte, ist ungelöst.

Auch theoretische Einwände gegen das Modell wiegen schwer. Es wurde bemängelt, daß Isaacs Hypothese keine hinreichend fundierte biologische Begründung der geschlechtsspezifischen Arbeitsteilung lieferte. Zwar sprechen soziobiologische Befunde an Primaten dafür, daß das Teilen von Nahrung die Paarungschancen der männlichen Individuen steigert (Übersicht in Smuts et al. 1987), aber warum sollten Frauen ihre Nahrung mit den Männern teilen? Auch die Berechnungen der von den Männern herbeizuschaffenden Nahrungsmengen deuten auf Schwächen des Modells, daß sich offenbar zu stark an ethnologischen Befunden rezenter Jäger-Sammler-Populationen orientiert (Hill 1982; Potts 1984; Lethmate 1990). Insbesondere die These geschlechtsspezifischer Arbeitsteilung war erheblicher Kritik ausgesetzt (Zihlman u. Tanner 1978), obwohl es dafür Verhaltensbeispiele aus der Primatologie gibt. Intraspezifische Arbeitsteilung wurde bei nicht-menschlichen Primaten beobachtet (Teleki 1973; Hamilton u. Busse 1982; McGrew 1979; Goodall 1986). Die 'sekundären Räuber' (Osche 1983) unterscheiden sich in diesem Verhalten von den meisten primären Beutegreifern, von denen in der Regel beide Geschlechter jagen. Auch der starke Sexualdimorphismus früher Hominiden (vgl. Kap. 6.2.3.2) paßt zur Vorstellung, daß ausschließlich die Männer auf Jagd gingen, schreibt den Frauen aber nicht zwingend eine passive Rolle bei der Nahrungsbeschaffung zu. Diesem Einwand trägt das folgende Modell Rechnung.

Das **Sammler-Modell** sieht im Sammeln von Nahrung den ersten spezifischen Schritt einer hominiden Ernährungsstrategie (Zihlman u. Tanner 1978; Zihlman 1985). Diesem Modell zufolge ermöglichten technologische Innovationen sowie biologische und soziale Anpassungen die Erschließung einer neuen Nische im plio-pleistozänen Savannenbiotop. Der frühe Mensch war also kein Wildbeuter sondern ein Sammler vegetarischer und eiweißreicher tierischer Nahrung (z. B. Kleintiere, Eier). Die pflanzliche Kost bestand weniger aus den Früchten vereinzelt auftretender Bäume, sondern bevorzugt aus hartschaligen Pflanzen und schwer zugänglichen Wurzeln und Knollen, die den tierischen Nahrungskonkurrenten, die nicht über Grabstöcke verfügten, verschlossen blieben. Die archaischen Sammler durchstreiften insbesondere in Zeiten saisonalen Mangels größere Einzugsgebiete und transportierten die gesammelte Nahrung in geeigneten Behältnissen zu geschützten Plätzen, wo deren Aufbereitung und Verteilung erfolgte (vgl. Kap. 5.5). Neben dem aufrechten Gang gehören die Herstellung geeigneter Werkzeuge und das Teilen von Nahrung ebenso zu den Komponenten dieses Modells wie die Gleichstellung der Frau. Aber auch dieses Modell weist unter verhaltensökologischen und soziobiologischen Gesichtspunkten Erklärungsdefizite auf. Nach dem Optimalitätsmodell (Krebs u. Davies 1984), welches vorauszusagen versucht, welcher spezifische Kompromiß bei Abwägung aller Kosten und Nutzen den maximalen Nettogewinn für das Individuum ergibt, müßten die Männer offenbar Jagen als effektivere Ernährungsstrategie wählen. Nach Lethmate (1990) sollte der relative Anpassungswert der Nahrungsstrategien beider Geschlechter berücksichtigt werden, anstatt nur eine der alternativen Strategien als kennzeichnend anzunehmen. Ebenso wie beim Nahrungsteilungs-Modell bleibt der selektive Vorteil ungeklärt, der zum Teilen der Nahrung unter den Gruppenmitgliedern führte. Wie wurde der von der Nahrungs- und Paarungs-konkurrenz ausgehende Selektionsdruck gesteuert? An der veränderten Paarungs-strategie der frühen Hominiden setzt das nachstehend beschriebene Modell an.

Das **Paarbindungs-Modell**, welches zur Erklärung der Bipedie, der Schlüsseladaptation der Hominiden, entworfen wurde, sieht im Gegensatz zu den vorher diskutierten Modellen keine spezifische Nahrungsstrategie, sondern ein verändertes Paarungsverhalten als fundamentale Anpassung der frühen Hominiden (Lovejoy 1981; Johanson u. Edey 1981; Abb. 6.65). Der Wechsel von einem promisken, polygamen Paarungsverhalten zur Monogamie war von einer zunehmend unverwechselbaren Individualisierung der Partner zwecks Steigerung der Selektivität bei der Paarung sowie durch physiologische und verhaltensbio-logische Adaptationen im Sexualverhalten begleitet. Die zunehmende Unabhän-gigkeit sexueller Paarungsbereitschaft der Weibchen vom Menstruationszyklus, der Verlust sichtbarer Zeichen der Ovulation und eine kontinuierliche weibliche sexuelle Reproduktivität begünstigten monogame Partnerbindungen. Die Verrin-gerung der Geburtenabstände führte zur Steigerung der Reproduktionsrate und zu veränderten Mutter-Kind- und Geschwisterbeziehungen, aber auch zur Entwick-lung der Vaterrolle, d. h. es entstand eine Kernfamilie. In der Savanne als neuem Lebensraum mögen die Männchen ein größeres Streifgebiet erschlossen haben als die Weibchen, die sich auf einen engeren Kernraum beschränkt und den Schutz der Kinder gewährleistet haben könnten, während das Männchen nach diesem Ansatz einen Teil der Versorgung des Weibchens und der Nachkommen über-nahm. Basislager ermöglichten eine Arbeitsteilung in der Gruppe, so daß sich auch die Weibchen vermehrt in die Nachkommenfürsorge einschalten und ihren Aktionsradius vergrößern konnten.

Vergleichende Untersuchungen an rezenten Primaten zeigen nun aber, daß z. B. monogam lebende Hylobatiden einen Sexualmonomorphismus zeigen, während die polygamen Pongiden einen ausgeprägten Sexualdimorphismus aufweisen, der - in Widerspruch zu dem Modell - auch bei frühen Hominiden zu finden ist. K. Hill (1982) bemängelt ferner, daß das Modell einem rigorosen Test nach den Prinzipien der Selektionstheorie nicht standhält und auch mit *life history tactics* (Dunbar 1988) der evolutionären Biologie nicht in Einklang ist. So wird ange-nommen, daß natürliche Selektion auf einem dem Individuum übergeordneten Niveau abläuft, um beispielsweise das männliche Vertrauen in die Vaterschaft und das männliche Fürsorgeverhalten zu steigern. Aufgrund heutiger Befunde zur Konstruktionsmorphologie der frühen Hominiden wissen wir, daß Lovejoys

Modell, das primär nur die Entwicklung der Bipedie evolutionsökologisch erklären sollte, im Hinblick auf die Australopithecinen, aber auch bezogen auf *H. habilis*, keineswegs widerspruchsfrei ist; es hat jedoch den Blickwinkel der Evolutionsbiologie erweitert. Nachfolgende Hominisationsmodelle verlangten daher plausible Antworten hinsichtlich der Geschlechternischen, was zahlreiche vergleichend-primatologische Untersuchungen aus soziobiologischer Sicht notwendig machte (Harvey u. Harcourt 1985, Harvey u. May 1989; van Schaik u. Dunbar 1990).

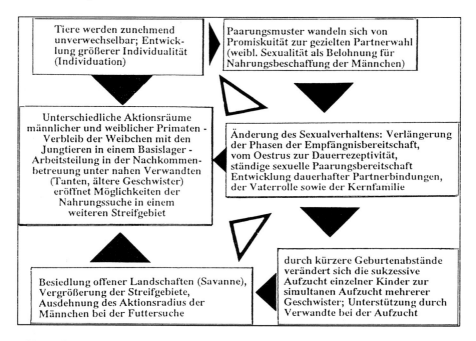

Abb. 6.65 Komponenten des Paarbindungsmodells von Lovejoy (1981).

Das **Ernährungsstrategie-Modell** zum Hominiden-Ursprung von K. Hill (1982) geht zwar wiederum von Divergenzen in den Ernährungsstrategien aus, vernachlässigt jedoch nicht die von G. Isaac (1978), Zihlman u. Tanner (1978) und Lovejoy (1981) postulierten Schlüsseladaptationen. K. Hill (1982) geht von der kritischen Frage aus, warum das Jagen, das in den meisten Hominisationsmodellen als hominidentypische Art der Nahrungsversorgung angesehen wird (Washburn u. Lancaster 1968), überhaupt wesentlich für die frühmenschliche Subsistenz gewesen sein soll. Eine Antwort auf die Frage, warum und unter welchen Bedingungen Menschen jagen, anstatt Pflanzenquellen auszuschöpfen, liefert die Optimalitätstheorie der Nahrungsversorgung (engl. *optimal foraging theory*; Pyke et al. 1977). Diese Theorie geht von einer Kosten-Nutzen-Analyse und der Annahme aus, daß ein Organismus bestrebt ist, den Kaloriengewinn in

Relation zu der Zeit zu maximieren, die für die Nahrungsbeschaffung in Anspruch genommen wird. Wenn also die frühen Hominiden das Jagen favorisierten, so müßten sie modellkonform eine weitaus größere Kalorienmenge pro investierter Zeit als beim Sammeln pflanzlicher Kost erzielt haben. K. Hill folgert aus diesen theoretischen Voraussetzungen für einen Wechsel der Ernährungsstrategie, daß Subpopulationen der miozänen Vorläufer von Pongiden und Hominiden in Ökotopen lebten, in denen unter Gesichtspunkten der *inclusive fitness* ein problemloser Jagderfolg die Spezialisierung als Beutegreifer vorteilhaft machte (vgl. Kap. 5.5). Primatologische Felduntersuchungen von Strum (1981a, b; 1987) an Anubispavianen belegen, daß unter adäquaten ökologischen Bedingungen (z. B. keine konkurrierenden Beutegreifer) Primatenarten, entsprechend der Modellprognose, auf Fleischnahrung zur Erfüllung ihrer Nahrungsansprüche zurückgreifen. Telekis (1973) Untersuchungen an Schimpansen zeigen, daß das Beutegreifen fast uneingeschränkt eine Aktivität der Männchen ist. Diesen Beobachtungen zufolge wäre es plausibel, daß die Männer in den frühhominiden Subpopulationen ihre eigenen Ernährungsansprüche in recht kurzer Zeit abdecken konnten, während die Frauen den ganzen Tag auf Nahrungssuche gingen, weil ihnen die Fleischressourcen nicht ohne weiteres verfügbar waren. K. Hill sieht in der 'Freizeit' der Männer die Chance, neue, die Fitness maximierende Strategien zu verfolgen. Sie könnten ihre Jagdaktivitäten ausgedehnt haben, um die überschüssigen Fleischressourcen dann für Kopulationsprivilegien bei östrischen Frauen anzubieten. Der Vorteil der Frauen bestand darin, Nahrung zu erhalten, und die Kopulation mit dem besten Versorger sicherte Nachwuchs mit höchster Fitness. Monogamie sieht dieses Modell - im Gegensatz zu dem von Lovejoy (1981) - nicht vor, so daß nach soziobiologischen Befunden zu schließen (Fleagle et al. 1980) der Sexualdimorphismus groß gewesen sein sollte; Fossilbefunde bestätigen diese Annahme. Immer längere Östrusperioden führten schließlich zur Dauerrezeptivität der Frauen und zu verdeckten Ovulationen, woraus sich erhebliche strategische Vorteile für die Frauen ergaben. Die Fitnessmaximierung durch das Versorgungsverhalten der Männer selektierte die bipede Lokomotion (Schaller u. Lowther 1969) und die damit verbundene Fähigkeit zum einfacheren Nahrungstransport. Diese Fähigkeiten beeinflußten die Kosten-Nutzen-Bilanz der Herstellung von entwickelteren Geräten, die zur Gewinnung seltener, aber gewinnbringender Ressourcen eingesetzt werden konnten. In diesem Kontext erklärt sich auch die Optimierung der Manipulationsfunktionen der Hand. Werkzeugherstellung und -gebrauch trugen nach und nach zu Reorganisation und Optimierung des Zentralnervensystems bei. Schließlich nimmt K. Hills Modell an, daß ein gesteigertes Elterninvestment zur Reduktion der kindlichen Mortalität führte. Die Versorgung der Frauen durch Männer schaffte die Möglichkeit zu einer intensiveren Betreuung der Nachkommen, dies führte zur Reduktion der Kindersterblichkeit und Steigerung der durchschnittlichen Lebenserwartung. Mit der größeren Anzahl von Individuen, die ein höheres Alter erreichten, vergrößerten sich die mit einer höheren Lebensdauer verbundenen Vorteile. Mit der Verlängerung der kindlichen Abhängigkeitsperiode, die einen intensiveren

Lernprozeß ermöglichte und in der Erwachsenenphase Konkurrenzvorteile schaffte, wuchs die Notwendigkeit eines größeren Geburtenintervalls. Eine andere Konsequenz ist noch bedeutungsvoller. Um für die Nachkommen von Müttern mit einem fortgeschrittenen Alter die Wahrscheinlichkeit zu erhöhen, den Tod der Mutter zu überleben, entwickelten sich neue Reproduktionsstrategien. Die optimale Strategie für eine ältere Frau wäre es, nicht selbst noch Kinder zur Welt zu bringen, sondern in die Fürsorge des Nachwuchses der eigenen Tochter zu investieren. Die 'Erfindung der Großmutter' läßt sich damit soziobiologisch erklären (Sommer 1991; C. Vogel 1985) und ist wahrscheinlich die ultimate Ursache der weiblichen Menopause. Das durch die großmütterliche Fürsorge noch gesteigerte Elterninvestment und die Versorgung der Familien durch Männer schufen die demographisch wichtige Voraussetzung für eine geringe Verkürzung des Geburtenintervalls. Daß die Männer keine entsprechenden physiologischen Adaptationen zeigen, wird von K. Hill damit interpretiert, daß direkte Elternfürsorge für das eigene Kind eines Mannes nicht von entscheidender Bedeutung für die Hominidenevolution war. Es ist aber auch denkbar, daß die durchschnittlich entschieden geringere Lebenserwartung der Männer die Entwicklung der Großvaterrolle über eine lange Periode der Hominidenevolution verhinderte.

K. Hills Modell integriert erstmals Befunde der Morphologie, Primatenethologie, Evolutionsökologie und Physiologie sowie Ethnologie und in geringem Umfang auch solche der Archäologie. Es stellt ein Pongiden-Hominiden-Divergenz-Modell mit hohem Erklärungswert dar, kann aber auch als Konzeptmodell (Tooby u. DeVore 1987) nicht über dessen plausibel-hypothetischen Charakter hinausgehen (Markl 1986; Lethmate 1990). Da dieses Modell jedoch einige Hypothesen formuliert, die mit wesentlichen Konzepten von Soziobiologie und Verhaltensökologie übereinstimmen, wurde es Ausgangspunkt für weiterführende Studien. Dazu zählen die Arbeiten von Potts (1984, 1987), in denen versucht wurde, den Problemkomplex Karnivorie im Hinblick auf die Hominisation unter verschiedenen Aspekten zu gewichten und mit empirischen Daten in Einklang zu bringen. Dabei zeigte sich, wie schon in Binfords (1981) Analysen, daß sich die omnivoren frühen Hominiden mit hoher Wahrscheinlichkeit eine Aasfressernische erschlossen hatten. Neuere empirische Studien von Blumenschine u. Cavallo (1992) bestätigen diese Auffassung.

Das **Aasfresser-Modell** baut auf Feldbeobachtungen an jagenden und aasfressenden Raubtieren der afrikanischen Savanne auf und integriert die gewonnenen verhaltensbiologischen, archäologischen und paläobiologischen Daten (Blumenschine u. Cavallo 1992). Die Autoren sehen es durch die archäologischen Befunde (Steinwerkzeuge, Schnittspuren an Knochenmaterial) als erwiesen an, daß körperlich eher schwächliche Primaten in die Nische der Karnivoren expandierten. Da es sich aber überwiegend um Knochen sehr wehrhafter Beutetiere handelt, stellte sich die Frage, wie die Hominiden diese getötet haben könnten. Wegen fehlender plausibler Argumente für eine Jagd-Hypothese prüften Blumenschine u. Cavallo (1992) die Möglichkeiten alternativer Strategien der

Fleischbeschaffung und räumen ein, daß das Aufsuchen geeigneter Kadaver nicht zufällig erfolgt sein dürfte, um effektiv gewesen zu sein. Die Nahrungsnische der Hominiden sehen sie in den Uferwaldzonen, wo - wie Beobachtungen in der Savanne zeigen - Reste von Großkatzenbeute sowie Kadaver natürlichen Todes gestorbener oder ertrunkener Tiere ausreichende Ressourcen bieten. Diese Nische eröffnet Möglichkeiten für Zuflucht und für das Verstecken der Kadaver vor Geiern, den wohl aggressivsten Nahrungskonkurrenten. Im saisonalen Rhythmus der Savanne boten insbesondere in der Trockenperiode die Beutereste der Löwen reichliche Nahrung, während die Leoparden- und Säbelzahnkatzenbeute ganzjährig verfügbar gewesen sein dürfte. In Regenzeiten wandelte sich das Bild. Die Kadaver konzentrierten sich nicht mehr auf die Uferzonen, sondern verteilten sich auf die offenen, wenig Schutz bietenden Lebensräume, in denen der Konkurrenzdruck durch Kleptoparasiten ein erhebliches Risiko für die frühen Hominiden bedeutete. Als Allesfresser verfügten sie jedoch über komplementäre Ernährungsstrategien, was einen saisonalen Wechsel zu verstärkter Herbivorie ermöglichte. Kosten-Nutzen-Analysen sprechen dafür, daß die hominiden Aasfresser in Perioden des Überschusses tierischer Kadaver, in denen die pflanzlichen Nahrungsquellen komplementär versiegten, ihren täglichen Kalorienbedarf durch Karnivorie deckten. Blumenschine u. Cavallo (1992) räumen ein, daß sich für die Jagd eine ähnliche Kosten-Nutzen-Analyse aufzeigen läßt, jedoch birgt Aasfressen ein geringeres Risiko. Sie untersuchten in diesem Zusammenhang, wielange Kadaver von Raubkatzen und Hyänen unbeaufsichtigt bleiben und stellten fest, daß die Freßgewohnheiten der einzelnen Beutegreifer und Aasfresser stark variieren. Sofern Hominide die Gewohnheiten ihrer Freßfeinde beachteten, waren sie in den Uferwaldzonen nicht stärker gefährdet als bei der Pflanzensuche, was jedoch nicht für offene Landschaften ohne geeignete Zufluchtsmöglichkeiten gilt. Gleiches trifft für jagende Hominide zu.

Mehrfach vorgebrachte Einwände, daß Aasfressen ernährungsphysiologisch schädlich sei, werden durch ethologische Studien an Pongiden (Goodall 1986) entkräftet, aber auch durch ethnologische Befunde an *Hadza* und *San*, subsaharische Populationen, die nachweislich gewohnheitsmäßige Aasfresser sind. Auch Studien an den *Ache* belegen dies, wobei auch der Nachweis erbracht wurde, daß effektives Jagen von Kleintieren mit bloßen Händen möglich ist (K. Hill 1982). Einen einmaligen, für die Hominisation essentiellen Schritt sehen Blumenschine u. Cavallo (1992) in der Verwendung lithischer Geräte zur Zerlegung der Kadaver. Ferner entkräften sie das Vorurteil, Aasfressen sei eine ausgesprochen einfache Ernährungsweise. Sie zeigten Selektionsdrücke für kooperatives Verhalten auf, wobei sie Elemente von Isaacs Modell entlehnten: Arbeitsteilung, gemeinschaftliche Nahrungssuche in der peripheren Umgebung des Wohnplatzes und Nahrungsteilung. Boesch u. Boesch (1989) haben nachgewiesen, daß Schimpansen bereits über beachtliche planerische Fähigkeiten verfügen und Steinwerkzeuge (Nußmühlen) zu Futterquellen transportieren, die sie saisonal aufsuchen (vgl. Kap. 5.4). *H. habilis* transportierte seine zum Zerlegen der Kadaver und Zerschlagen der Knochen geeigneten Steinwerkzeuge entschieden weiter, bis zu 10 km, jedoch fehlen eindeutig identifizierbare Jagdwaffen. Dem Modell zufolge könnten *Australopithecus*-Populationen bereits zu Zeiten des globalen Klimawechsels die Aasfressernische erschlossen haben. Ferner wird angenommen, daß das Aussterben verschiedener Hyänenarten vor rund 2 MJ in koevolutivem Zusammenhang mit den frühen Hominiden steht, da diese als frühe Werkzeughersteller in der Lage waren, ihnen die Großsäuger-Aasfresser-Nische streitig zu machen. Blumenschine u. Cavallo (1992) vermuten auch, daß der Artentod der afrikanischen Säbelzahnkatzen vor rund 1,5 MJ durch Hominide verursacht worden sein könnte. Das Aasfresser-Modell schließt die Jagd auf Kleintiere als Ernährungsstrategie nicht aus, mißt ihr aber erst mit der späteren Entwicklung von Distanzwaffen evolutionsökologisch entscheidende Bedeutung zu.

In den meisten vorgestellten Modellen wird unterstellt, daß die Entwicklung der Bipedie der essentielle Auslösemechanismus der Hominisation war und die Entwicklung materieller Kultur der entscheidende neuartige ökologische Anpassungskomplex zur optimalen Ressourcennutzung in Trockenzeiten war. Während das Thema Bipedie relativ detailliert behandelt wurde (vgl. Kap. 6.1.3.2), haben wir die ältesten Kulturbelege bislang nur wenig beachtet. Die Olduvai-Grabungen (M. Leakey 1971a) haben starke Argumente für die Assoziation des Oldowan-Komplexes mit *H. habilis* geliefert. Dieser Zusammenhang wird durch Hinweise aus Sterkfontein (Member 5), Koobi Fora und Omo (Member E und F der Shungura-Formation) erhärtet. Tobias (1989a) wies darauf hin, daß die 2,0 bis 2,2 MJ alten Steinwerkzeuge um einige 100 000 Jahre älter sind als die ältesten Nachweise von *H. habilis*. Ferner darf angenommen werden, daß sich *H. erectus* einige Jahrtausende vor dem Aussterben von *H. habilis* entwickelt haben könnte. Neuere Grabungen in den oberen Beds der Hadar-Formation brachten die bisher ältesten lithischen Artefakte ans Licht, die durch das Einschneiden des Gona River freigelegt wurden. Corvinius (1976), Roche u. Tiercelien (1977) und J. Harris (1983) fanden in Kado Gona 2-3-4 und West Gona vermutlich zum Oldowan-Komplex gehörende Steinwerkzeuge, die auf ein Alter zwischen 2,4 und 2,7 MJ datiert wurden. Damit sind die ältesten Steinwerkzeuge 0,2 - 0,7 MJ älter als die ältesten bekannten *H. habilis*-Fossilien. Bei Berücksichtigung der Fehlergrenzen der Datierung ist die Diskrepanz zwischen dem Auftreten von *H. habilis* und der Steinwerkzeugherstellung nicht gravierend, jedoch stützen die gut datierten Sequenzen von Omo und West Gona die Vermutung, daß bereits vor der Verzweigung der Hominidenlinie, die *H. habilis* hervorbrachte, die Steinwerkzeugherstellung einsetzte. Diese Befunde sprechen für ein evolutionäres Szenarium, in dessen Rahmen litho-kulturelle Aktivitäten ein kritisches Element in der Umwelt eines progressiven *Australopithecus*-Taxons darstellten. Die Entwicklung lithischer Kulturen ist danach nicht eine Folge der kladogenetischen Aufspaltung, sondern ein integrierter Teil der Verbindung katalytischer und kausaler Ereignisse der Hominisation, die einen evolutionären Flaschenhals schufen und damit zur Artspaltung führten. Nach Tobias (1989a) spiegeln die Dokumente der ältesten Steingeräteherstellung deren bedeutende, möglicherweise sogar entscheidende Rolle für die Genese von *Homo* und seiner ersten Spezies *H. habilis* wider. Er betont, daß nicht nur die Bio-, Kosmo- und Geosphäre den Hintergrund für das Erscheinen von *H. habilis* bildeten. Die kulturelle Domäne oder Soziosphäre war ein weiterer ökologischer Faktor für die Herausbildung und frühe Entwicklung des Genus *Homo*. Die lithische Kultur, die möglicherweise schon auf eine abgeleitete *Australopithecus*-Spezies des späten Pliozäns zurückgeht, bildete einen Teil der überlebensnotwendigen Adaptationen des frühen *Homo*, aber auch einen Teil seiner Umwelt. In dieser frühen Hominisationsphase dürften die subtilen Wechselbeziehungen zwischen Mensch, Kultur und Umwelt zum Tragen gekommen sein, die folgender Aphorismus wiedergibt: "Man-plus-culture makes the environment; environment-plus-culture makes man; therefore man makes himself" (Tobias 1989a, S. 148).

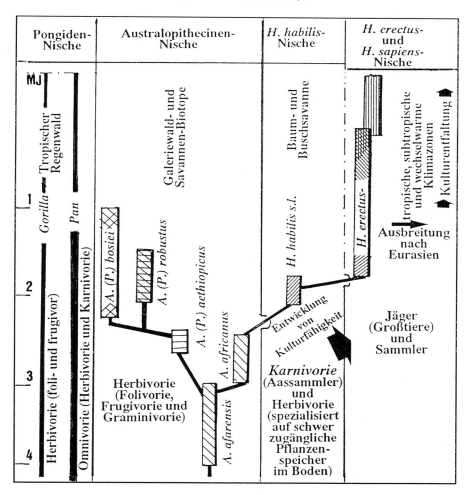

Abb. 6.66 Allgemeines Nischen-Divergenzmodell.

Nach Markl (1986, S. 46) können wir uns als biologische Wesen nur begreifen, wenn wir uns die Grundstrukturen dieser Verhaltens-Umwelt-Beziehungen verdeutlichen:

Die vielfältigen Blütenformen menschlicher Kulturen und Zivilisationen haben sich von Anbeginn bis heute sozusagen an ein und demselben Stamm entfaltet, dessen grundlegende Wuchsform angelegt wurde, als es galt, aus einem baumlebenden, vegetarischen Tierprimaten ohne allzu tiefgreifende ökologisch-ökonomische Rollenaufteilung der Geschlechter in der Nutzung der Nahrungsnische eine Lebensform zu entwickeln, der wir das Attribut "menschlich" zuerkennen.

Alle bisherigen Versuche, die für die adaptive Radiation der afrikanischen Hominoiden entscheidenden Prozesse graphisch umzusetzen, sind unzureichend und zum Teil aufgrund neuerer phylogenetischer und paläoökologischer Befunde überholt. Das gilt auch für das von Vancata (1983, 1987) entworfene "allgemeine ökologische Schema der Hominoidenevolution in Afrika". Auf diesem von Lethmate (1990) als **Nischen-Modell** bezeichneten Schema baut das in Abb. 6.66 dargestellte *allgemeine Divergenz-Modell* auf.

7 Homo erectus

7.1 Fundgeschichtliche Aspekte

7.1.1 Asiatische Region

Bereits 1866 hatte Ernst Haeckel eine hypothetische Übergangsform zwischen tertiären gibbonartigen Menschenaffen (*Prothylobates*) und dem Menschen postuliert. Das von ihm als *Pithecanthropus alalus* bezeichnete Zwischenglied vermutete er in Lemurien, einem untergegangenen Kontinent, der sich östlich von Afrika bis zu den Philippinen erstreckt haben sollte, jedoch fehlte zu diesem Zeitpunkt jeder Fossilbeleg einer derartigen Übergangsform (engl. *missing link*). Angeregt durch die Haeckelsche Hypothese suchte der niederländische Arzt Eugène Dubois seit 1887 zunächst auf Sumatra und später auf Java nach Fossilien dieses hypothetischen menschenähnlichen Vorfahren. Im Jahre 1890 entdeckte er im mitteljavanischen Kedung Brubus ein hominides Mandibelfragment, welches

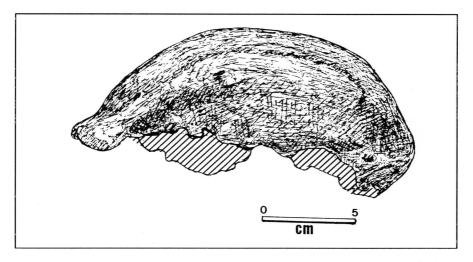

Abb. 7.1 Kalotte Trinil 2 (Pithecanthropus I), Holotypus von *H. erectus*, Lateralansicht.

er in seine Faunenliste als *Homo sp.* indet.[1] eintrug. Im darauffolgenden Jahr barg
er nahe Trinil eine Schädelkalotte (Trinil 2 bzw. Pithecanthropus[2] I; Abb. 7.1) und
einen Zahn (Trinil 1; rechter M^3). Dubois (1891a, b) hielt die Fundstücke für
Fossilien von *Anthropopithecus (Troglodytes)*, vermutete also, daß es sich hierbei
um einen Schimpansen handeln würde. Als er im Jahre 1892 ein komplettes
Femur (Trinil 3) fand, welches aufgrund der Fundnähe zur Kalotte demselben
Individuum zugerechnet wurde, war er überzeugt, einen aufrechtgehenden
Menschenaffen nachgewiesen zu haben, den er *Anthropopithecus erectus* nannte
(Dubois 1892). Aufgrund verschiedener Merkmale der Kalotte, die nicht zu einem
Menschenaffen paßten, änderte Dubois (1894) schließlich den Gattungsnamen
Anthropopithecus in *Pithecanthropus*, das von Haeckel vorgeschlagene Genus,
behielt aber die Artbezeichnung *erectus* bei. Die Interpretation der Fossilien Trinil
1 bis Trinil 3 sowie eines linken M^3 (Trinil 4) als das gesuchte *missing link* stieß
auf vielfältige Kritik, der sich Dubois nicht stellte. Dies erklärt auch, warum
weitere javanische Fossilfunde, darunter ein P$_3$ (Trinil 5) und vier Femurfrag-
mente (Trinil 6 bis Trinil 9) über 30 Jahre lang von ihm verborgen gehalten
wurden.

Eines hatte Dubois' Forschung jedoch erreicht - den Wandel von einem
eurozentrisch geprägten Bild der Anthropogenese zur Hypothese eines außereuropäischen Ursprungs der Menschheit. Interpretation und taxonomische Bewertung
des Fossilmaterials von Dubois ließen sich nicht aufrechterhalten. Später entdeckte Fossilien in China und Java deuteten auf eine entschieden jüngere Zeitstellung des *Pithecanthropus*-Materials hin. Dubois' klassischer Fund, die Kalotte
Trinil 2, wird heute als *Homo erectus* Weidenreich, 1940, ssp. *Homo erectus
erectus* Dobzhansky, 1944 geführt, während die entsprechende Klassifikation von
Trinil 3, einem sehr wahrscheinlich jüngeren Femur mit einer kennzeichnenden
Myositis ossificans, umstritten ist (Bartstra 1982; Kennedy 1983b; Day 1984;
Rightmire 1990).

Nach den aufsehenerregenden Funden gegen Ende des letzten Jahrhunderts blieben weitere Grabungserfolge in Indonesien für längere Zeit aus. Das paläoanthropologische Interesse verlagerte sich deshalb zunächst nach China (Shapiro 1971,
1974), konzentrierte sich jedoch erneut auf Java, als in der Nähe von Perning
(auch Modjokerto) in der Puncangan-Formation (auch Putjangan- oder
Puchangan-Formation) ein kindliches Kalvarium entdeckt wurde (Pope 1988).
Trotz des infantilen Alters wies das Fossil zahlreiche ursprüngliche Kennzeichen
auf, weshalb sein Entdecker es zunächst als *Homo modjokertensis* und wenig
später als *Pithecanthropus modjokertensis* beschrieb (v. Koenigswald 1936). In
Sangiran (westl. von Trinil, Zentraljava, Indonesien) wurde v. Koenigswald im
selben Jahr fündig. Die Entdeckung des berühmten Unterkiefers B (neuere

---

[1] *sp.* indet., Abk. für *species* indeterminatus, d. h. unbestimmte Art.
[2] Jacob (1973) nahm eine Neu-Katalogisierung der südostasiatischen Fossilien vor; im
Gegensatz zur Genusbezeichnung wird die Katalogbezeichnung nicht *kursiv* geschrieben.

Bezeichnung: Sangiran 1b)[3] stand am Anfang einer Fundserie, die Sangiran heute als einen der reichsten Fundplätze Südostasiens ausweist, welcher bislang Fossilien von mehr als 40 Individuen lieferte (Oakley et al. 1975; Sartono 1982; Rightmire 1990). Das erste, aus Einzelstücken gut rekonstruierbare Hirnschädeldach mit vollständiger Schläfenbeinregion, einschließlich Kiefergelenkgrube und

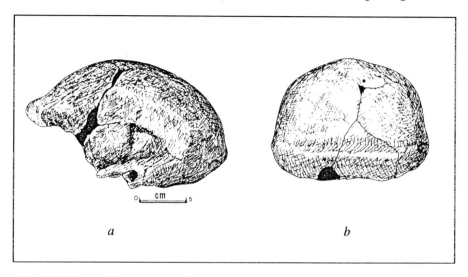

a   b

Abb. 7.2 Kalvaria Pithecanthropus II (Sangiran 2). **a** Lateralansicht **b** Okzipitalansicht.

Teilen der Schädelbasis, wurde als Pithecanthropus II bekannt, erhielt jedoch später die Bezeichnung Sangiran 2 (Abb. 7.2). Die Kalvaria ist klein und weist eine Hirnschädelkapazität von wenig mehr als 800 cm^3 auf. Es wurde deshalb vermutet, daß es sich trotz der offensichtlich sehr massiven Überaugenregion um ein weibliches Individuum handelt. Viele Details von Sangiran 2 spiegeln die Morphologie der Trinil 2-Kalotte wider, was auch für zwei weitere, in den Jahren 1938-1939 gefundene Schädel (Pithecanthropus III und Pithecanthropus IV bzw. Sangiran 3 und Sangiran 4) zutrifft. Dazu zählen der flache Mediansagittalriß, die sagittale Kielung des Neurokraniums, die postorbitale Einschnürung sowie die starke okzipitale Knickung und eine massive Schädelwandung (vgl. Kap. 7.3). Während die Funde Sangiran 2 und Sangiran 3 aufgrund der Assoziation mit der Trinil-Fauna der mittleren Kabuh-Formation (auch Kabush-Formation) zeitgleich mit Dubois' Kalotte eingestuft wurden, nahm v. Koenigswald (1962) für Sangiran 4 wegen der assoziierten Djetis-Fauna ein höheres Alter an (Abb. 7.7). Die von v. Koenigswald u. Weidenreich (1939) als 'Pithecanthropus IV'

---

[3] Da die Bezeichnungen der Fossilfundorte häufig geändert wurden und in der Literatur sehr uneinheitlich verwendet werden, sind neben den aktuellen Bezeichnungen auch die älteren Katalogbezeichnungen wiedergegeben.

beschriebene unvollständige Kalvaria und eine bezahnte Maxilla klassifizierte Weidenreich (1945) wegen auffälliger Robustizität als Holotypus von *Pithecanthropus robustus*. v. Koenigswald ordnete das Material dagegen *Pithecanthropus modjokertensis* zu. Nominatform dieses Taxons ist das Kind von Modjokerto. Zu diesem Material gehören verschiedene Unterkiefer und Zähne, die ebenfalls aus der Puncangan-Formation stammen sollen. Ein als Sangiran 5 inventarisierter rechter Unterkiefer mit M_1 und M_2 (Abb. 7.3) stellt den 1939 in der Puncangan-Formation gefundenen Holotypus des *Pithecanthropus dubius* v. Koenigswald, 1950 dar, den bislang ältesten Hominiden von Java. Dieses Fossil wurde von einigen Anthropologen als Orang-Utan-artiger Anthropoide

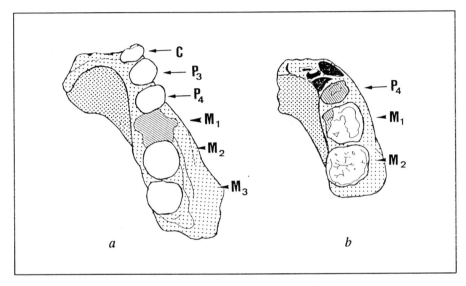

Abb. 7.3 Okklusalansichten. **a** Sangiran 5 **b** Sangiran 9; Sangiran 5 mit zerstörten P_4 und M_{1-2} ist der Holotypus von *P. dubius* v. Koenigswald, 1950; Sangiran 9 wird demselben Taxon zugerechnet (n. Franzen 1984, 1985b, umgezeichnet).

(Menschenaffe) angesehen, während andere ihn als frühen *H. erectus* (*Pithecanthropus*) oder als weiblichen *Meganthropus palaeojavanicus* Weidenreich, 1945 einstuften. Untersuchungen von Franzen (1985a) ergaben, daß es sich mit Sicherheit um keinen Menschenaffen handelt, sondern um einen frühen Hominiden, der *Australopithecus*-ähnliche Kennzeichen aufweist (vgl. Kap. 6.1.1).

Ein weiterer zu *P. dubius* gestellter Fund wurde 1960 in der Umgebung von Sangiran bei Mlandingan entdeckt (Sartono 1961; v. Koenigswald 1968). Diese Mandibel C (auch Sangiran 9; Abb. 7.3) stammt aus der mittleren Pucangan-Formation und weist nach paläomagnetischer Datierung der Fundschicht ein Mindestalter von 1,4 MJ auf.

Ein weiteres Unterkieferfragment, die 1941 gefundene Mandibel D (auch Sangiran 6) mit P_3 bis M_1, repräsentiert den Holotypus von *Meganthropus palaeojavanicus* (heute *H. erectus modjokertensis*). Nach langer Grabungspause wurden bereits 1952 in den Kabuh Beds weitere Unterkieferfragmente entdeckt (Meganthropus B; auch Sangiran 8). Seit 1963 durchgeführte Grabungen haben nicht nur neues Fundmaterial gebracht, sondern auch wichtige Datierungshinweise (Jacob 1966; Sartono 1975; Matsu'ura 1982). Das vollständigste Fossil ist der von Sartono (1975) als Pithecanthropus VIII (auch Sangiran 17) beschriebene Schädel, von dem auch der überwiegende Teil des Viszerokraniums erhalten ist (Abb. 7.5).

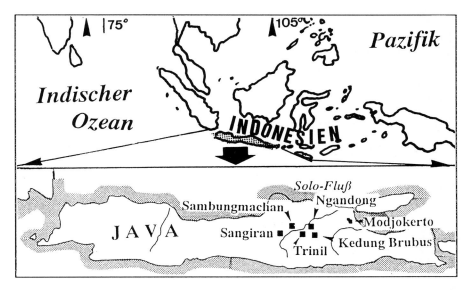

Abb. 7.4 Fundkarte javanischer Hominiden-Fossilien, die als *H. erectus* klassifiziert wurden.

Neben den Fossilien der javanischen Fundplätze Kedung Brubus, Trinil, Modjokerto und Sangiran wurden zwischen 1931 und 1933 zwölf Teilschädel sowie postkraniale Skelettreste aus Ngandong beschrieben (Abb. 7.4). Die ersten sechs Kalvarien (Ngandong 1 bis Ngandong 6) bezeichnete Oppenoorth (1932) als *Homo (Javanthropus) soloensis*. v. Koenigswald (1934) sah in ihnen asiatische Neandertalide (*Homo neanderthalensis soloensis*), nachdem Weidenreich (1932) das Material als *Homo primigenius asiaticus* eingestuft hatte. Eine unvollendete Studie von Weidenreich (1951) über elf Schädel und zwei Tibien schuf auch keine taxonomische Klarheit, denn während Campbell (1964) das Material als *Homo sapiens soloensis* klassifizierte, wählte Sartono (1982) dieselbe Bezeichnung wie Oppenoorth. Pope u. Cronin (1984) halten die Zuordnung zu *H. erectus* oder *H. sapiens* für willkürlich. Bräuer u. Mbua (1992) bezeichneten die Fossilien dennoch als archaischen *H. sapiens*. Seit dem Jahre 1976 liegt noch weiteres, bisher unzureichend bearbeitetes Material vor. Da die Beurteilung des Ngandong-Materials wegen seines vermutlich jüngeren Alters und der im Vergleich zu *H. erectus* weniger ursprünglichen Merkmale umstritten ist, stellt deren Beschreibung an dieser Stelle einen Kompromiß dar (Pope u. Cronin 1984; Rightmire 1990; vgl. Kap. 8.2.2).

Auch die 1973 in Sambungmachan gefundene Kalvaria (Abb. 7.5, Abb. 7.6) ist in ihrer Zuordnung zu *H. erectus* umstritten. Jacob (1975) beschrieb zahlreiche Merkmale, welche das Fossil einerseits mit den Ngandong-Schädeln und andererseits mit den Sangiran-Funden teilt.

Anfang dieses Jahrhunderts wies Schlosser (1903) auf China als potentiellen Fundplatz hominider Fossilien hin. Er hatte bei der Untersuchung von Knochenfragmenten und Zähnen, die von dem deutschen Naturforscher Karl Haberer in chinesischen Drogerien erworben worden waren, einen Zahn entdeckt, der nach dessen Befund darauf schließen ließ, "...daß dort entweder ein neuer fossiler *Anthropoide* oder der *Tertiärmensch* oder doch ein *altpleistozäner Mensch* zu finden sein dürfte" (Hervorhebungen im Original; zit. n. Gieseler 1974, S. 351).

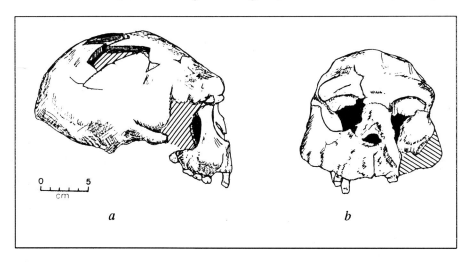

Abb. 7.5 Kalvarium Sangiran 17 (Pithecanthropus VIII). **a** Lateralansicht **b** Frontalansicht (n. Rightmire 1990, umgezeichnet).

Geologisch-paläontologische Untersuchungen des Schweden Andersson in den Höhlen von Zhoukoudian (auch Choukoutien) nahe Beijing bekräftigten die Erwartung, daß es in China reichhaltige Fossillager geben würde. Das von ihm gesammelte Fossilmaterial wurde von Zdansky (1927) gesichtet und enthielt zwei Zähne eines fossilen Hominiden, der als *Homo sp.* indet. bezeichnet wurde.

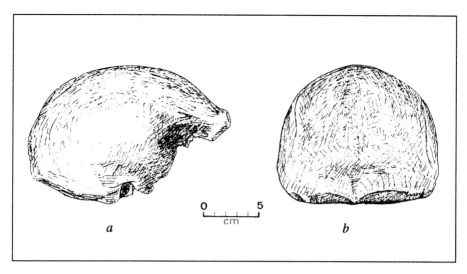

Abb. 7.6 Kalvaria von Sambungmachan. **a** Lateralansicht **b** Okzipitalansicht (n. Rightmire 1990, umgezeichnet).

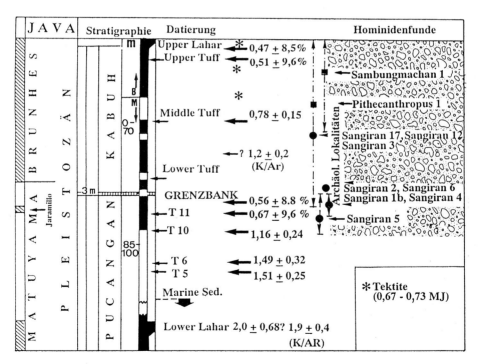

Abb. 7.7 Chronologische Zuordnung der javanischen Hominidenfundorte (n. Pope 1988, umgezeichnet).

Angeregt durch diese Entdeckungen grub Davidson Black an diesem fundträchtigen Ort weiter und beschrieb aufgrund eines einzigen Molaren, der eine stark gerunzelte Schmelzoberfläche aufwies, die Spezies *Sinanthropus pekinensis* Black, 1927. In der Zeit von 1928 bis 1937 erbrachten intensive Grabungen 14 Kalvarien und 11 Unterkiefer unterschiedlichen Erhaltungszustandes, ungefähr 150 Zähne und verschiedene postkraniale Knochenfragmente (7 Femora, 2 Humeri, 1 Clavicula, 1 Os lunatum). Das gesamte Fundmaterial von rund 40 Individuen ging in den Wirren des II. Weltkriegs verloren (Shapiro 1971, 1974). Nur dank der detaillierten Studien von Weidenreich (1936, 1937, 1939, 1941, 1943a) sowie der akribisch gefertigten Abgüsse der Fossilien aus Zhoukoudian, liegen Informationen über die Funde vor (Abb. 7.8, Abb. 7.9).

Abb. 7.8 Fundkarte chinesischer, vietnamesischer und indischer Hominidenfossilien, die als *H. erectus* klassifiziert wurden.

In der Nachkriegszeit wurden die Grabungen in der Zhoukoudian-Höhle schleppend fortgeführt. Zunächst förderte man nur einige Einzelzähne zutage, 1959 fand man einen Unterkiefer und in der Folgezeit Extremitätenfragmente. 1966 wurden Frontal- und Okzipitalfragmente entdeckt, die offenbar zu einem der früher gefundenen Individuen passen und, im Vergleich zu den javanischen Funden, auf eine höhere Hirnschädelkapazität schließen lassen.

Da die meisten Schädel von Zhoukoudian an ihrer Basis künstlich eröffnet sind, wertete man dies als Hinweis auf Kannibalismus bzw. Kopfjägerei (vgl. Kap. 7.5). Neuere Untersuchungen der Höhle weisen auf ein mittel-pleistozänes Alter der als *Homo erectus pekinensis* Weidenreich, 1940 beschriebenen Menschenform hin (Abb. 7.9). Die über mehrere 100 000 Jahre nachweisbare kontinuierliche Besiedlung der Höhle erschwert jedoch die zeitliche Zuordnung (Pope u. Cronin 1984; Z. Liu 1985; R. Wu 1985; vgl. Kap. 7.2.1).

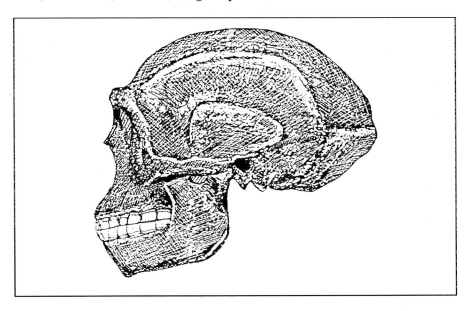

Abb. 7.9 Schädelrekonstruktion des *H. erectus pekinensis* von Zhoukoudian. Lateralansicht (n. Weidenreich 1943a, umgezeichnet).

Weiteres mit *H. erectus* in Verbindung gebrachtes Fossilmaterial stammt aus den Provinzen Shaanxi (auch Shoanxi, Nordchina) und Anhui (Nordchina) sowie Jianshi (Südchina) und Yunnan (Südchina; R. Wu 1985). Aus den Kungwangling-Bergen (auch Gongwangling, Bezirk Lantian, Shaanxi) stammt eine stark zerstörte Kalotte (Lantian 2) und aus demselben Bezirk wurde in Chenjiawo (auch Chenjiawou oder Chenchiawo) ein Unterkiefer (Lantian 1) geborgen. Der Lantian-Mensch (Oakley et al. 1975) wurde von Woo (1964) als *Sinanthropus lantianensis* und von Wu (1982) als *H. erectus* bezeichnet.

Unter den aus verschiedenen chinesischen Provinzen stammenden Zähnen ist
das Material von Yuanmou (Jianshi, Südchina), das von Zhou u. Hu (1979)
beschrieben wurde, von besonderem Interesse, da es paläomagnetisch ursprünglich auf 1,7 MJ datiert wurde (Jia 1980). Nach Pope u. Cronin (1984) ist die stratigraphische Zuordnung umstritten und der Fundhorizont von Yuanmou wahrscheinlich nur zwischen 0,90 und 0,73 MJ alt (Pope 1988). Die in Abb. 7.10
wiedergegebenen zwei oberen Incisivi repräsentieren dennoch einen der ältesten
Hominiden Chinas. Die Schneidezähne sind wie diejenigen aus Zhoukoudian
schaufelförmig mit hervorstehenden mesialen und distalen Randleisten und einem
betonten Basalhöcker.

Im Vergleich zu dem Yuanmou-Material sind die Funde von Jiefang (westl.
Bezirk Dali, Provinz Shaanxi) und Longtangdong (Bezirk Hexian, Provinz Anhui)
entschieden jünger und gehören nach Ansicht vieler Anthropologen nicht mehr zu
H. erectus. Das Kalvarium aus Jiefang wurde von Y. Wang et al. (1979) zunächst
als *H. erectus* beschrieben. Der 'Mensch von Dali', dessen Alter auf
250 000 - 128 000 Jahre (T. Liu u. Ding 1984) bzw. 230 000 - 180 000 Jahre
(Chen u. Yuan 1988) bestimmt wurde, weist gegenüber *H. erectus* jedoch so viele
abgeleitete Merkmale auf, daß X. Wu (1981) ihn als *Homo sapiens daliensis*
bezeichnete. Die Auffassung, daß es sich um einen frühen oder archaischen *H.
sapiens* handelt, fand breite Zustimmung (Rightmire 1990; Bräuer u. Mbua 1992;
Wolpoff 1992; vgl. Kap. 7.3, Kap. 7.4).

Die aus einer Höhle bei Longtandong stammende, vermutlich mittel-pleistozäne
Kalvaria paßt nach R. Wu u. Dong (1982) am besten zu den jüngeren *H. erectus*-
Funden aus Zhoukoudian. Aus Jianshi (Provinz Hupei, Südchina) und Liucheng
(Provinz Guangxi, Südchina) wurden zusammen mit *Gigantopithecus*-Fossilien
(vgl. Kap. 5) Hominidenzähne und -kiefer aus Horizonten des Mittelpleistozäns
oder des späten Frühpleistozäns geborgen (Zhang 1985).

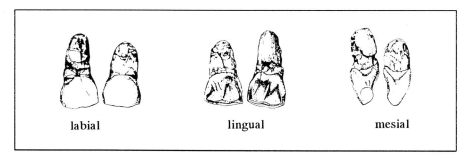

labial   lingual   mesial

Abb. 7.10 Obere mittlere Schneidezähne (I^1) aus Yuanmou; beachte die Schaufelform und
die Basalhöcker (aus Pope und Cronin 1984).

In Tham Khuyen Cave (Nordvietnam) konnte Ciochon (1986) die gleichzeitige
Existenz von *Gigantopithecus* und einer *H. erectus*-Form nachweisen. Schließlich
sei noch auf ein 1982 in Ablagerungen des Narmada-Flusses nahe Hathnora

(Hoshangabad, Provinz Madhya Pradesh, Indien) gefundenes Fossil hingewiesen (H. de Lumley u. Sonakia 1985; Sonakia 1985). Die bruchstückhafte Kalvaria zeigt einige Merkmale, die diesen Fund in die Nähe des *H. erectus* rücken: massiver, weit vorspringender Torus supraorbitalis, dicke Schädelwände, die wenig superior des Porus acusticus liegende größte Hirnschädelbreite. Ferner sind eine etwas steilere Stirn, ein gerundetes Hinterhaupt und gewölbtere Scheitelbeine sowie ein höheres Hirnschädelvolumen von ca. 1200 cm^3 als 'anteneandertaloide' Kennzeichen zu beobachten; diese Befunde machen eine Zuordnung zu *H. erectus* problematisch. Deshalb wird die Bezeichnung als *Homo erectus narmadensis* Sonakia, 1984 nur von wenigen Anthropologen akzeptiert (vgl. auch Groves 1989b).

7.1.2 Afrikanische Region

Über lange Zeit nahm man an, daß *H. erectus* Afrika nicht besiedelt habe. Erst im Jahre 1949 wurden in den Karsthöhlen von Swartkrans, Südafrika, Hominidenfossilien entdeckt, die sich von den in denselben Horizonten gefundenen Australopithecinen abgrenzen ließen (vgl. Kap. 6.1.2). Broom u. Robinson (1949) gaben ihnen den Artnamen *Telanthropus capensis*. Diese Zuordnung der Funde wurde von Dart (1955) nicht geteilt, da er in ihnen einen weiblichen *Paranthropus* vermutete. Nachuntersuchungen durch Robinson (1961) führten zur umstrittenen Umbenennung in *H. erectus*. Nach neueren Untersuchungen scheint das Material heterogen zu sein (Le Gros Clark 1964; Oakley 1964; Clarke et al. 1970; Read 1975; Day 1986). Während Tobias (1978) vermutet, daß es sich um eine Zwischenform von *H. habilis* und *H. erectus* handelt, schließen Blumenberg u. Lloyd (1983) Teile des Fundmaterials, z. B. den Unterkiefer Sk 15 sowie das Gesichtsskelett Sk 847, in das Hypodigma von *H. habilis* ein. Dagegen bezeichnet Howell (1978a) das Fossil Sk 15 als *H. erectus* und Sk 847 als *H. habilis*, während Tobias (1991b) beide Fundstücke für *H. erectus* hält (Übersicht in Day 1986).

Auch das zwischen 1921 und 1925 in einem Bergwerk von Broken Hill (auch Kabwe bei Lusaka, Zambia) entdeckte Skelettmaterial wurde mit *H. erectus* in Verbindung gebracht (Coon 1962; Howells 1980). Das sehr gut erhaltene Kalvarium (Abb. 8.17) sowie die postkranialen Fragmente von drei oder vier Individuen beschrieb Woodward (1921) als *Homo rhodesiensis*. Rightmire (1976) favorisiert dagegen die von Campbell (1964) vorgeschlagene Klassifikation als *Homo sapiens rhodesiensis*. Auch Stringer et al. (1979) setzten den Fund eindeutig von *H. erectus* ab, indem sie ihn dem 'grade 1' einer graduellen Abstufung des Taxons *H. sapiens* zuordneten (vgl. Kap. 8.2.3.1).

Eine entsprechende Beurteilung gilt für eine Schädel-Kalotte und das Bruchstück eines Unterkieferastes aus Saldanha Bay (Elandsfontein, Hopefield, Cape Province, Südafrika), die nach assoziierten Acheuléen-Faustkeilen zu urteilen zwischen 0,5 und 0,2 MJ alt sind (Klein 1989a; vgl. Kap. 7.5). Die Überaugenregion und die fliehende Stirn weisen *H.erectus*-Ähnlichkeiten auf, während andere Merkmale deutlich evolvierter sind, so daß der Fund eher als früh-archaischer *H. sapiens*, denn als *H. erectus* anzusehen ist (vgl. Kap. 8.2.3.1; Abb. 8.17).

Der erste Hominidenfund aus Nordwestafrika, der mit *H. erectus* in Verbindung gebracht wurde, stammt aus Kébibat (bei Rabat, Marokko). Der 1933 von Stein-brucharbeitern entdeckte 'Rabat Man' (Marcais 1934), bestehend aus einem zer-störten Hirnschädel, der linken Maxilla und dem Unterkiefer eines subadulten Individuums, ließ sich nicht sicher datieren. Nach Th/U-Datierungen an über-lagernden Schichten kann wohl ein spät-mittel-pleistozänes Alter angenommen werden (Stearns u. Thurber 1965). Die Morphologie des Fundes ist nach Saban (1977) als intermediär zwischen der archaischer und moderner Menschen einzu-stufen, während Howell (1978a) die Zuordnung zu *H. sapiens* für gerechtfertigt hält. Auch Rightmire (1990) sieht keine Hinweise auf eine Zuordnung zu *H. erectus* (vgl. Kap. 8.2.3.1).

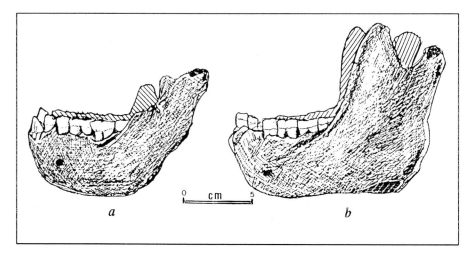

Abb. 7.11 Unterkiefer aus Ternifine. **a** Ternifine I **b** Ternifine III. Lateralansicht (n. Rightmire 1990, umgezeichnet).

Der kommerzielle Abbau eines Steinbruchs bei Ternifine (auch Tighennif, bei Palikao, Algerien) brachte in den Jahren 1954 und 1955 neben einigen hundert Steinwerkzeugen des Acheuléen II und einer reichhaltigen Fauna auch drei Unter-kiefer (Ternifine I bis Ternifine III) sowie ein Scheitelbein und einige isolierte Zähne zutage (Abb. 7.11, Abb. 7.12). Arambourg (1954) beschrieb das Material als *Atlanthropus mauritanicus*. Der Fund Atlanthropus III ist der größte vollstän-dige Unterkiefer eines fossilen Vertreters der Gattung *Homo* (Arambourg 1963; Rightmire 1990). Tilliers (1980) vergleichende Zahnstudien legen ebenso wie Howells' Übersichtsstudie von 1980 die Klassifikation als *H. erectus* bzw. *H. erectus mauritanicus* nahe. Nach Rightmire (1990) läßt sich das Material, das

nach paläomagnetischen und biostratigraphischen Befunden zeitlich dem Mittelpleistozän zuzurechnen ist (Geraads 1981; Geraads et al. 1986), sehr leicht von *H.
sapiens* abgrenzen und *H. erectus* zuordnen.

Im Jahre 1955 wurden zwei weitere Unterkieferfragmente nahe Sidi
Abderrahman (bei Casablanca, Marokko) geborgen (Arambourg u. Biberson
1956; Howell 1960). Nach Rightmire (1990) ist die Beurteilung ihrer Morphologie durch den schlechten Erhaltungszustand erschwert, jedoch sieht er bei einem
der Kieferfragmente Ähnlichkeiten mit dem Fund Ternifine II.

Aus den Thomas Quarries (bei Casablanca) wurden im Jahre 1969 Unterkiefer-
bruchstücke, später auch Schädelfragmente geborgen. Thomas Quarry I, die linke
Hälfte eines bezahnten Unterkiefers, wurde von Sausse (1975) beschrieben.
Rightmire (1990) und Howells (1980) zählen den Fund zu *H. erectus*, jedoch läßt
der fragmentarische Erhaltungszustand zahlreiche Probleme ungelöst. Die
Thomas Quarry III-Fossilien können zur Zeit noch nicht klassifiziert werden
(Ennouchi 1972, 1976; Rightmire 1990).

Aufschlußreicher ist eine Kalvaria aus Douar Caïd (bei Salé, Marokko), die ins
mittlere Pleistozän zu datieren ist, aber max. 0,4 MJ alt sein könnte (Jaeger 1975;
Hublin 1985). Sie weist einen sagittalen Kiel und eine sehr niedrige Hirnschädelkapazität von 930 - 960 cm^3 auf. Neben diesen *H. erectus*-Affinitäten finden sich
auch Ähnlichkeiten mit dem frühen anatomisch modernen Menschen. Dazu zählen
ein gut gerundetes Hinterhauptsbein mit einem schwachen Torus occipitalis. Die
morphologische Beurteilung ist aber aufgrund pathologischer Veränderungen eingeschränkt (Hublin 1985; Rightmire 1990). Während Jaeger (1975) und Rightmire
(1990) den Fund zu *H. erectus* stellen, gruppiert Klein (1989a) ihn zum frühen *H.
sapiens*.

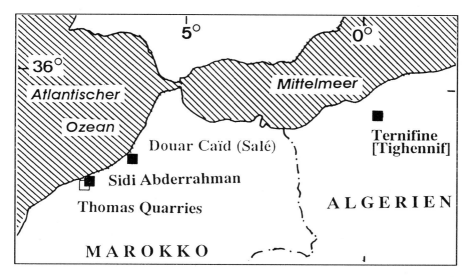

Abb. 7.12 Fundkarte nordwestafrikanischer Hominidenfossilien, die als *H. erectus* klassifiziert wurden.

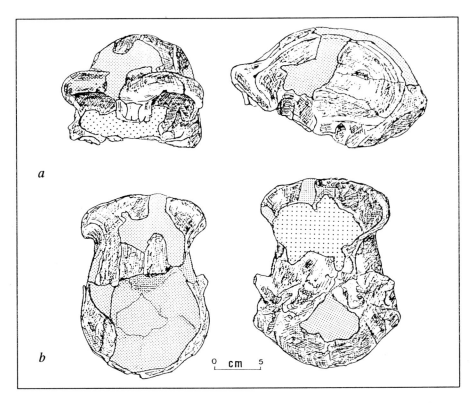

Abb. 7.13 Kalvaria O.H. 9. **a** Frontal- und Lateralansicht **b** Vertikal- und Basalansicht.

In Ostafrika wurden nicht nur sehr aufschlußreiche Fossilien von *Australo-pithecus* und *H. habilis*, sondern auch Überreste jüngerer Taxa geborgen. Als eine der fundträchtigsten Regionen erwies sich die Olduvai-Schlucht, aus der die Kalvaria O.H. 9 stammt (Abb. 7.13). Obwohl der Fund nicht *in situ* ergraben wurde, kann er mit dem Upper Bed II in Verbindung gebracht werden, was einem Alter von 1,25 MJ entspricht (M. Leakey 1971a; M. Leakey u. Hay 1982). Aufbauend auf Studien von Tobias (1968), Rightmire (1979) und Maier u. Nkini (1984) stellte Rightmire (1990) enge Beziehungen zu den *H. erectus*-Funden Sangiran 4 und Sangiran 17 sowie robusteren Schädeln aus Zhoukoudian fest (vgl. Kap. 7.4).

Zwischen 1960 und 1970 wurden in Olduvai aus verschiedenen Fundhorizonten (z. B. Bed IV, Bed III, Mesak Beds) weitere mit *H. erectus* in Verbindung gebrachte Fossilien geborgen, z. B. ein fragmentarischer Hirnschädel (O.H. 12), einige bezahnte Unterkiefer-Fragmente (O.H. 22, O.H. 23, O.H. 51) sowie Femur- und Beckenfragmente (O.H. 28), die von L. Leakey (1961), Day (1971), Rightmire (1979, 1990) und anderen Anthropologen bearbeitet wurden.

Im Jahr 1975 entdeckte man in Koobi Fora unter dem 'Koobi Fora Tuff Complex' ein Kalvarium, das unter der Bezeichnung KNM-ER 3733 beschrieben wurde (R. Leakey u. A. Walker 1985; vgl. Kap. 6.2.4; Abb. 7.15). Nach Cerling u. F. Brown (1982), McDougall et al. (1985) und Rightmire (1990) wurde sein Alter auf 1,6 MJ geschätzt. Unter der Annahme, daß es sich um einen weiblichen Fund handelt, lassen sich nach Rightmire (1990) zahlreiche Ähnlichkeiten mit indonesischem Fundmaterial feststellen.

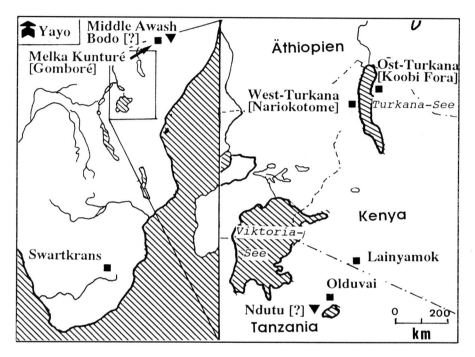

Abb. 7.14 Fundkarte ost- und südafrikanischer Hominidenfossilien, die als *H. erectus* oder als früh-archaischer *H. sapiens* klassifiziert werden.

Relativ gut erhaltene Fossilien wurden aus Ileret geborgen (KNM-ER 3883: Neurokranium, partielles Viszerokranium; KNM-ER 730: Kranium, Kranialfragmente; R. Leakey u. A. Walker 1985; Rightmire 1990). Aus dieser Region liegen weitere, mit *H. erectus* in Verbindung gebrachte, jedoch wenig aussagekräftige Funde vor (KNM-ER 1466 und KNM-ER 1821: Stirn- und Scheitelbeinfragmente; KNM-ER 807: fragmentarische Maxilla; KNM-ER 2598: Okzipitalfragment; KNM-ER 737, KNM-ER 803, KNM-ER 1481, KNM-ER 1809: Femora; KNM-ER 3228: Hüftbein; R. Leakey u. Wood 1973; Howell 1978a; Rightmire 1990). Das Fundmaterial stammt aus Horizonten oberhalb des KBS-Tuffs, dessen Alter auf 1,8 - 1,6 MJ datiert wurde. Diese Fossilien sind somit bedeutend älter als die javanischen und chinesischen *H. erectus*-Funde.

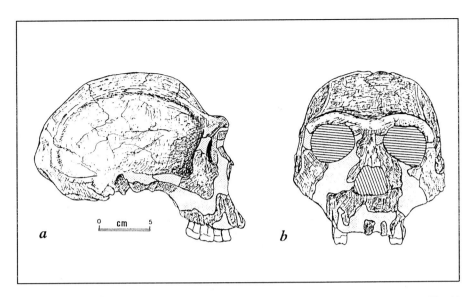

Abb. 7.15 KNM-ER 3733, das am besten erhaltene *H. erectus*-Kalvarium von Koobi Fora. **a** Lateralansicht **b** Frontalansicht (n. Rightmire 1990, umgezeichnet).

Das fast vollständig erhaltene Skelett (KNM-WT 15000) eines zwölfjährigen männlichen Individuums wurde 1984 in Nariokotome III (West-Turkana, Kenya) entdeckt. Da alle Epiphysen der Langknochen noch unverschlossen sind, ist die über eine multiple Regression ermittelte Körperhöhe von mehr als 163 cm für einen Knaben erstaunlich groß. Das Kranium läßt noch keinen betonten Torus supraorbitalis erkennen, jedoch ist die Überaugenregion massiver als bei der Kalvaria KNM-ER 3733. Das Alter des Fossils ist mit rund 1,6 MJ nur etwas jünger als das von KNM-ER 3733 (F. Brown u. Feibel 1985).

Weitere Funde aus Ostafrika sind in ihrer Zuordnung zu *H. erectus* umstritten. Dazu zählen ein fast vollständiger Unterkiefer (KNM-BK 67)[4] sowie postkraniale Skelettelemente aus der Kapthurin-Formation von Lake Baringo (M. Leakey et al. 1969). Dieser Fund scheint deutlich jünger zu sein als die vom Lake Turkana beschriebenen Fossilien. Rightmire (1990) hält sowohl eine Zuordnung zu *H. erectus*, als auch zum archaischen *H. sapiens* für möglich, während Day (1986) genügend Belege für eine klare Zuordnung zu *H. erectus* sieht.

Im Jahre 1982 wurde am Lake Baringo ein weiterer Unterkiefer gefunden. Das Fossil KNM-BK 8518 zeigt hochgradige Ähnlichkeiten zu ostafrikanischem *H. erectus*-Material (z. B. O.H. 13, KNM-ER 1805, BK 67), aber auch zu javanischen Unterkiefern (Sangiran 1b, Sangiran 9; Wood u. Van Noten 1986; Day 1986; Rightmire 1990; Uytterschaut 1992). Day (1986) bezeichnet diesen Kapthurin-Unterkiefer als *Homo sp.* indet. (aff. *erectus*), weist aber ausdrücklich

---

[4] KNM-BK, Abk. für Kenya National Museum, Baringo Kenya.

darauf hin, daß es sich nicht um einen Australopithecinen handelt und daß der Fund mit Sicherheit demselben Taxon angehört wie KNM-BK 67. Uytterschaut (1992) sieht in dem Fund einen frühen *H. erectus* oder aber einen späten *H. habilis.*

Außer einem Scheitelbein aus Gomboré II (Melka Kunturé, bei Addis Abeba, Äthiopien), das auf ein Alter von 1,30 - 0,73 MJ datiert wurde (Chavaillon 1982), sind aus derselben Region von Gomboré IB ein distaler Humerus sowie aus Garba III einige Schädelfragmente und isolierte Zähne als *H. erectus*-Fossilien beschrieben worden (Chavaillon et al. 1974, 1977, 1979).

Aus Bodo (Awash, Äthiopien) stammt ein 1976 gefundenes Gesichtsskelett mit Stirnbein und zentralen Teilen des Hirnschädels (Kalb et al. 1982). Im Jahre 1983 wurde noch das Parietalfragment eines zweiten Schädels entdeckt (Asfaw 1983; Clark et al. 1984). Das erstgenannte Fossil zeigt hochgradige Ähnlichkeiten mit dem Kabwe-Schädel, ist jedoch im Mittelgesichtsbereich etwas robuster. Während einige Autoren das Fossil als *H. erectus* klassifizieren, sehen andere in dem Fund überwiegende Ähnlichkeiten mit dem archaischen *H. sapiens* (Stringer et al. 1979; Rightmire 1990; vgl. Kap. 8.2.3.1; Abb. 8.21).

Eine entsprechende intermediäre Zuordnung hat ein relativ vollständiges Kalvarium vom Lake Ndutu (Tanzania) erfahren. Der knapp 0,4 MJ alte Fund zeigt ein breites Mosaik typischer *H. erectus*-Kennzeichen und abgeleiteter Merkmale (Clarke 1976; Rightmire 1984b; vgl. Kap. 8.1.3.1; Abb. 8.20).

Ein in seiner Zuordnung umstrittenes Fossil stammt aus Yayo (auch Koro-Toro, Tschad). Der aus dem Viszerokranium und dem vorderen Abschnitt des Neurokraniums bestehende, stark verwitterte Fund wurde von Coppens (1961) als *Tchadanthropus uxoris* beschrieben und ist aufgrund der gegenüber *Australopithecus* abgeleiteten Merkmale zwischen diesem und *H. erectus* einzuordnen (Coppens 1966). L. Leakey et al. (1964) sehen dagegen eine Verbindung zu *H. habilis.*

7.1.3 Europäische Fundregion (einschl. Naher Osten)

Der älteste Fossilbeleg Europas[5] ist der 1907 in den Neckarschottern von Mauer nahe Heidelberg gefundene Unterkiefer (Schoetensack 1908; Abb. 7.16). Während Cook et al. (1982) ein Alter von < 450 000 Jahren angeben, sprechen Faunenvergleiche mit anderen Fundplätzen (Arago, Mosbach) für ein Alter von 0,65 - 0,60 MJ (Kraatz 1992). Das zuerst als *Homo heidelbergensis* beschriebene Fossil läßt sich nach Campbell (1964) durchaus einer der Unterarten von *H. erectus* zuordnen, begründet aber nicht die Aufstellung eines eigenen Subgenus *H. erectus heidelbergensis.* Diese Klassifikation wird dennoch von einigen Bearbeitern als zutreffend angesehen (Kraatz 1992; Übersicht in Beinhauer u. Wagner

---

[5] Da die von Gabunia et al. (1989, Erscheinungsjahr 1992) mitgeteilte altpaläolithische Datierung für den Unterkiefer von Dmanisi (Georgien) noch nicht durch eine Paralleldatierung bestätigt wurde, gilt diese Bewertung bislang noch.

1992). Dagegen haben sich andere Autoren sehr skeptisch zu der Frage geäußert, ob Europa überhaupt jemals von *H. erectus* besiedelt wurde (Howells 1980, 1981a, b; Andrews 1984; Day 1984, 1986; Stringer 1984, 1993; Wood 1984; Klein 1989a; Rightmire 1990; vgl. Kap. 7.4, Kap. 8.3).

Ein sehr gut erhaltenes Kalvarium wurde 1960 in einer Kalksteinhöhle in Petralona (Chalkidiki, Griechenland) entdeckt (Abb. 8.3). Nach Hemmer (1972) handelt es sich um einen auf der Evolutionslinie zum klassischen Neandertaler befindlichen, fortgeschrittenen *H. erectus.* Poulianos (1982) nannte ihn *Archanthropus [europaeus] petraloniensis*, während Murril (1983) den Fund als *H. erectus petraloniensis* beschrieb. Xirotiris u. Henke (1981) stuften den zwischen 0,35 - 0,20 MJ alten Fund (vgl. Kap. 8.1.1.1) als progressiven *H. erectus*

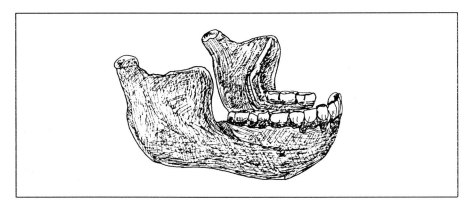

Abb. 7.16 Unterkiefer von Mauer (*H. [erectus] heidelbergensis*).

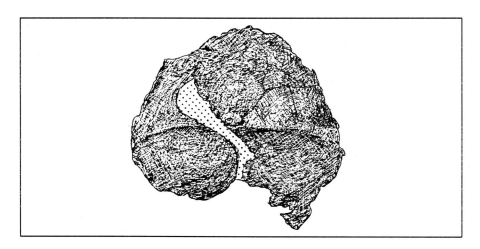

Abb. 7.17 Hinterhauptsbein von Vértesszöllös. Okzipitalansicht.

bzw. ursprünglichen *H. sapiens* ein. Auch Stringer et al. (1979) betonen den Mosaikcharakter des Fossils. Nach Day (1986) und Rightmire (1990) handelt es sich weder um einen *H. erectus*, noch um einen Neandertaler. Die auffälligen Ähnlichkeiten mit dem Kabwe-Schädel sowie zeitgleichem oder älterem europäischen Fundmaterial (vgl. Kap. 8.2.1) berühren eines der zentralen Probleme der Paläoanthropologie, nämlich die Frage nach dem Ursprung des anatomisch modernen Menschen (Wolpoff 1980; Rightmire 1990; vgl. Kap. 8.1, Kap. 8.3).

Weitere zum späten *H. erectus* oder früh-archaischen *H. sapiens* zu stellende Fossilien sind ein Hinterhauptsbein sowie Zahnfragmente aus Vértesszöllös (bei Budapest, Ungarn; Abb. 7.17). Thoma (1966, 1967) klassifizierte das Material als *Homo (erectus seu sapiens) palaeohungaricus*[6]. Nach Wolpoff (1971, 1977) gehört der ca. 0,35 MJ alte Fund zu *H. erectus*, während andere Autoren das Okzipitalfragment als einen ursprünglichen *H. sapiens* klassifizieren (Stringer et al. 1979; Day 1986).

Die Funde von Arago (Tautavel, Frankreich) wurden bereits mehrfach erwähnt. Aus der Pyrenäen-Höhle sind seit 1964 mehr als 50 Hominidenfossilien geborgen worden. Der Gesichtsschädel (Arago XXI), das später gefundene Scheitelbein (Arago XLVII) und zwei Unterkiefer (Arago II und Arago III) sowie ein Hüftbein (Arago XLIV) gehören zu dem vor-neandertaliden Fundmaterial, welches zunächst als intermediär zwischen *H. erectus* und den Neandertalern eingeschätzt wurde (Trinkaus 1973). H. de Lumley u. M. de Lumley (1979), Howells (1980) und Piveteau (1982) bezeichnete das Material als *Homo erectus tautavelensis*, während Stringer et al. (1984) die progressiven Merkmale der Fossilien herausstellten und sie als *H. sapiens neanderthalensis* bezeichneten. Day (1986) sieht in dem Fossil Arago XXI eine transitionale Form zwischen *H. erectus* und *H. sapiens*. Nach Rightmire (1990) gehört der ca. 0,45 MJ alte, möglicherweise aber auch jüngere Fund zum selben Taxon wie die Fossilien von Petralona und Bilzingsleben.

Aus Bilzingsleben, einer seit 1969 systematisch erschlossenen Fundstelle eiszeitlicher Artefakt- und Faunenreste, wurden seit 1972 insgesamt 17 Hominidenreste geborgen, darunter Schädelfragmente vom Stirn-, Hinterhaupts- und Scheitelbein (Mania 1975; Vlcek u. Mania 1977; Vlcek 1978, 1983a, b, 1991). Das Alter der als *Homo erectus bilzingslebenensis* beschriebenen Fossilien wird auf 425 000 - 200 000 Jahre geschätzt (Mittelwert 280 000 MJ; Schwarcz et al. 1988). Während Wolpoff (1980), Vandermeersch (1984) und Day (1986) das Material ebenfalls als *H. erectus* einstuften, beschrieben Stringer et al. (1984) Ähnlichkeiten mit archaischen *H. sapiens*-Formen. Nach Rightmire (1990) könnte eine adäquate Klassifikation auch *H. heidelbergensis* lauten, sofern *H. erectus* nur in Afrika und/oder Asien auftrat (vgl. Kap. 7.4).

In der Höhle Cueva Mayor (Ibeas, Atapuerça, Spanien) wurden fast 90 Hominidenfragmente geborgen, darunter 21 Schädelteile und in jüngerer Zeit auch weitgehend komplette Schädel (Aguirre u. M. de Lumley 1977; Aguirre u. Rosas 1985; Rosas 1987; Arsuaga et al. 1992; Stringer 1993). Das zwischen 0,35 und

---

[6] *seu* gleichbedeutend mit *sive*, d. h. alternativ.

0,20 MJ alte Material ist in der Schädelwanddicke, der Robustizität des Unterkiefers und der Molarengröße *H. erectus*-ähnlich, während z. B. die retromolare Lücke auf neandertalide Beziehungen hinweist (vgl. Kap. 8.2.1).

Aus einer Kiesgrube bei Reilingen (bei Heidelberg) stammen bereits 1978 geborgene Fragmente des Neurokraniums, die jedoch erst 1983 von Czarnetzki (1991) als Fossilien erkannt wurden. Die stratigraphische Zuordnung zum Mindel-Riss- oder zum Riss-Würm-Interglazial wird diskutiert, wobei das höhere Alter wahrscheinlicher ist. Das aus den Ossa parietalia sowie den getrennt geborgenen Os temporale dextrum und Os occipitale bestehende Fossil weist nach Czarnetzkis Interpretation ein Merkmalsmosaik auf, das seine Zuordnung zu einer eigenen Subspezies, *Homo erectus reilingensis*, rechtfertigt. Schott (1989, 1990) hat diese Klassifikation kritisiert. Nach seiner Bewertung läßt das Schädelbruchstück "...bestimmte Beziehungen zu *Homo sapiens* erkennen, doch sind bestimmte archemorphe Züge nicht zu übersehen" (Schott 1990, S. 231).

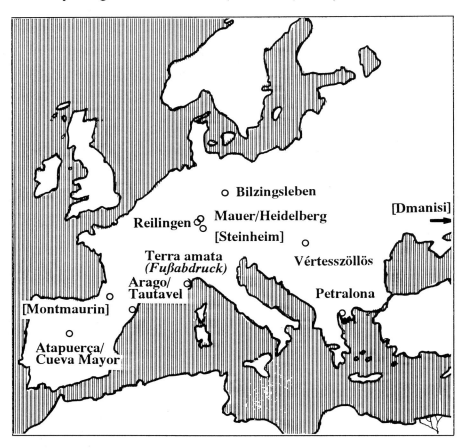

Abb. 7.18 Fundkarte europäischer Hominiden-Fossilien, die in ihrer Zuordnung zu *H. erectus* umstritten sind.

Ohne Spezies-Zuordnung sind zwei pleistozäne, vermutlich zwischen 0,3 und 0,1 MJ alte Schädel aus Apidimia (Laconia, Peloponnes, Griechenland). Die 1978 und 1980 gefundenen Fossilien wurden bislang noch keiner aussagefähigen Vergleichsanalyse unterzogen (Pitsios 1985; Coutselinis et al. 1991).

Gleiches gilt für den aufsehenerregenden Unterkiefer von Dmanisi (Georgien). Die 1991 von Antje Justus entdeckte Mandibula, welche aufgrund der Abkauung der 16 Zähne auf ein frühadultes Individualalter geschätzt werden kann, weist nach Gabunia et al. (1989, S. 111) "...ein Mosaik von Merkmalen auf, von denen einige für den archaischen *Homo erectus* und noch ältere Menschenformen charakteristisch sind, andere jedoch für den Anteneandertaler und selbst noch jüngere Menschenformen." Diese heterogene Zuordnung des Fundes ist offenbar wesentlich durch das vermutete hohe Alter des Fundes geprägt, das auf 1,7 - 1,6 MJ geschätzt wird (Majsuradze et al. 1989). Sofern sich diese Datierung bestätigen läßt, wäre Dmanisi älter als jeder andere bisher beschriebene Hominidenfundplatz Europas und auch älter als Ubeidiya (Jordantal, Israel). Von diesem Fundplatz liegen drei Schädelfragmente, zwei Zähne, Acheuléen-Werkzeuge sowie faunistische Überreste vor, die auf 1,4 MJ datiert werden (Bar-Yosef 1989).

7.2 Geographische und zeitliche Verbreitung

H. erectus wird als erste Hominidenspezies angesehen, die alle drei Kontinente der Alten Welt besiedelte. Die Definition dieser Art basiert auf Fossilien des späten Unter- und mittleren Mittelpleistozäns des Fernen Ostens (Zhoukoudian und Java), jedoch haben zahlreiche regional weitgestreute Fossilien das Fundspektrum chronologisch so stark erweitert, daß zu fragen ist,

- ob die Art während der 1,5 MJ ihrer Existenz Stasis oder phyletischen Wandel widerspiegelt und
- ob die verschiedenen Hominidenformen Asiens, Afrikas und Europas wirklich demselben Taxon zuzurechnen sind.

Die Beantwortung beider Fragen hängt in hohem Maße davon ab, wie sicher die Datierung der Fossilien ist. Es werden deshalb zunächst die geographische Verbreitung von *H. erectus* und der chronologische Rahmen dargestellt. Die Daten sollen Aufschluß darüber liefern, wann und wo diese Spezies erstmals auftrat, wie sie sich diachron entwickelte und wo sie am längsten überdauerte. Die systematische Sortierung des Fundmaterials von Java bis Algerien, von Swartkrans bis Mauer und eine gründliche vergleichend-morphologische Analyse sind die wesentlichen Voraussetzungen, um mehr Klarheit über dieses Taxon zu erlangen. Erst bei hinreichender Kenntnis der Variabilität und deren möglichen Ursachen können wir zu einer begründeten interspezifischen Bewertung des Materials gelangen. Erst auf dieser Basis lassen sich die zentralen Fragen beantworten,

welche Fossilien überhaupt zum *H. erectus*-Hypodigma zählen, welche Funde
jedoch anderen Taxa angehören könnten und wie deren phylogenetische Beziehungen zu interpretieren sind (vgl. Kap. 7.4).

Um den phylogenetischen Status von *H. erectus* zu ermitteln, muß neben der
interspezifischen auch die intraspezifische Variabilität sorgfältig beleuchtet
werden. Howells (1980, S. 20) forderte, bei der Benennung neuer Subspezies-
Taxa äußerst zurückhaltend zu verfahren: "To be too liberal with the subspecific
names, even awarding them to single specimens [...], rather than to recognizable
populations, is both to injure their use and to confuse the search for real lineages".
Dieser Aufruf ist jedoch kaum berücksichtigt worden, wenn man an die seit 1980
eingeführten neuen Subspezies denkt (z. B. *H. erectus narmadensis, H. erectus
reilingensis*; vgl. Kap. 6.1). Die mangelnde Disziplin in der Anwendung paläobiologischer Prinzipien und Methoden (vgl. Kap. 2) ist kein triviales Problem, da
sie häufig die Orientierung an begründbaren Hypothesen über die Verwandtschaftsbeziehungen zwischen Arten mißachtet (Campbell 1972; Tattersall 1986).
Die wichtigsten Fundorte von *H. erectus*-Fossilien wurden bereits in Kap. 6.1,
geordnet nach den Hauptfundregionen, getrennt wiedergegeben (Asien: Abb. 7.4,
Abb. 7.8; Afrika: Abb. 7.13, Abb. 7.15; Europa: Abb. 7.18). Aufgrund der unterschiedlichen taxonomischen Bewertung wurden auch jene Fossilien kartiert, die

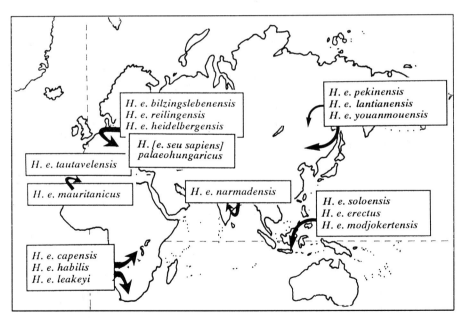

Abb. 7.19 Regionale Verbreitung der verschiedenen Subspezies von *H. erectus* unter
Einbeziehung einiger in ihrer taxonomischen Zuordnung alternativ als archaischer *H.
sapiens* oder *H. heidelbergensis* klassifizierter Fossilien.

Tabelle 7.1 *H. erectus*-Fundstätten und bedeutende Funde aus Afrika einschließlich einiger umstrittener früher und später *H. erectus*-Formen.

Fundort/Datum	Fossilien/Datierung	Klassifikation/Referenzen
Ternifine = **Tighennif** bei Palikao [Algerien] (1954 - 1955)	Ternifine I - III: Unterkiefer, Scheitelbeinfragment, Zähne; frühes Mittelpleistozän	*Atlanthropus mauritanicus* (Arambourg 1954), *H. erectus* (Tillier 1980), *H. erectus mauritanicuss* (Howells 1980)
Sidi Aberrahman [Marokko] (1955, 1969)	*Casablanca Man:* rechter Unterkiefer, linke Unterkieferhälfte; mittl.-oberes Mittelpleistozän	*cf. Atlanthropus mauritanicus* (Arambourg u. Biberson 1956), *H. erectus* (Howell 1960; Rightmire 1990)
Thomas Quarries [Marokko] (1969, 1972)	Thomas 1 u. 2: Unterkiefer, Schädelfragmente; mittl.-oberes Mittelpleistozän	aff. *H. erectus* (Ennouchi 1972; Sausse 1975; Howell 1978a; Rightmire 1990)
Koobi Fora (Ost-Turkana) [Kenya] (1973-1975)	KNM-ER 1808: Teilskelett, KNM-ER 3733: Kalvarium, KNM-ER 3883: Kalvaria; 1,8 - 1,6 MJ	*Homo sp.* (R. Leakey 1971), *H. ergaster* (Groves u. Mazák 1975), *H. erectus* (Rightmire 1990)
Nariokotome [West-Turkana]	KNM-WT 15000: fast vollständiges Skelett, subadult; 1,6 MJ	*H. erectus* (F. Brown et al. 1985; R. Leakey u. A. Walker 1985; Day 1986; Rightmire 1990)
Olduvai Upper Bed II, Bed III- Bed IV [Tanzania] (1960 -)	O.H. 9: Kalvaria (1,2 MJ), O.H. 12: Kranialfragmente, O.H. 22: O.H. 23: Unterkiefer, O.H. 28: linkes Becken u. Femur, O.H. 36: Ulna; ca. 1,8 MJ	*H. erectus* (M. D. Leakey 1971a, b), *H. erectus leakeyi* (Howells 1980)
Swartkrans [Südafrika]	SK 15: Unterkiefer, SK 847: Teilschädel; aus Member 1 - 3 1,5 - 1,0 MJ	*Telanthropus capensis* (Broom u. Robinson 1949), *H. erectus* (Robinson 1961), *H. species indet.* (Clarke et al. 1970; Rightmire 1990), *H. erectus* (Tobias 1988)

Kranialfragmente aus Gomboré (Melka Kunturé, Äthiopien), Omo (Shungura-Formation, Äthiopien) sowie Lainyamok (Kenya) werden überwiegend als *H. erectus* beschrieben. Fossilien aus Rabat (=Kébibat; Marokko), Salé (Marokko), Wadi Dagadlé (Djibuti), Garba III (Äthiopien), Kapthurin (Baringo, Kenya) und Ndutu (Tanzania) werden dagegen zusammen mit den Funden aus Kabwe (Broken Hill, Zambia) und aus Elandsfontein (Südafrika) überwiegend als archaische oder frühe *H. sapiens* klassifiziert.

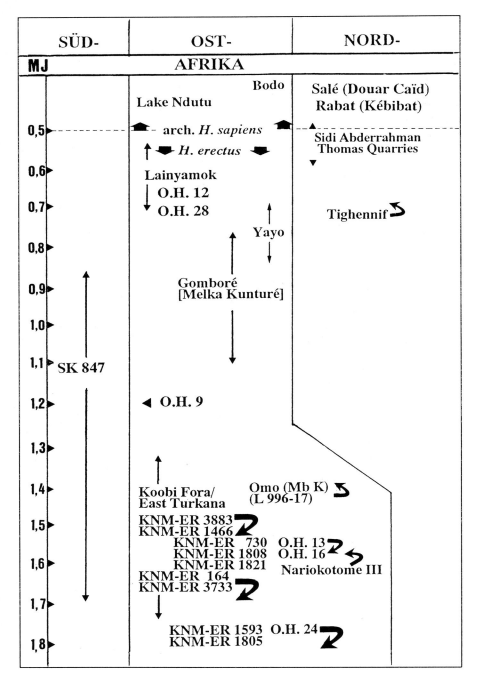

Abb. 7.20   Zeittafel des *H. erectus* Fundmaterials aus Afrika unter Berücksichtigung einiger Funde des *H. habilis s.l.* und *H. ergaster* sowie des archaischen *H. sapiens*.

von einigen Autoren alternativ *H. erectus*, dem frühen *H. sapiens* oder anderen Taxa (z. B. *H. heidelbergensis*) zugeordnet werden. In Abb. 7.19 sind die großräumigen regionalen Bezüge der beschriebenen Subtaxa von *H. erectus* wiedergegeben. Die Darstellung berücksichtigt auch jene Taxa, die in ihrer Zuordnung zu *H. erectus* umstritten sind (*H. ergaster*; *H. heidelbergensis*; *H. rhodesiensis*; *H. leakeyi*) sowie weiteres, klassifikatorisch problematisches Material (z. B. *P. dubius*). Die Heterogenität der Paläospezies *H. erectus* wird uns noch näher beschäftigen. Das gilt insbesondere für das europäische Fundmaterial, das nach Bonde (1989), Klein (1989a), Rightmire (1990) und anderen Autoren nicht mehr zu dem weit verbreiteten Taxon *H. erectus* gezählt werden kann, womit sich die Frage nach der Definition dieses Taxons neu stellt (vgl. Kap. 7.4). Trotz der sich gegenwärtig abzeichnenden Tendenz, das europäische Fundmaterial von *H. erectus* aus dem Hypodigma dieses Taxons auszugrenzen (Bonde 1989; Klein 1989a; Rightmire 1990) und in ein eigenes Taxon (z. B. *H. heidelbergensis*) zu stellen, werden die von zahlreichen Anthropologen nach wie vor als *H. erectus* klassifizierten europäischen Fossilien hier neben dem aus Afrika (Tabelle 7.1, Abb. 7.20) sowie Asien (Tabelle 7.2, Abb. 7.21) beschriebenen Material berücksichtigt (Tabelle 7.3, Abb. 7.23).

Der älteste archäometrisch gesicherte Nachweis des *H. erectus* liegt aus afrikanischen Fundschichten Ost- und West-Turkanas vor. K/Ar-Datierungen der vulkanischen Tuffe ergaben ein Alter von ca. 1,8 - 1,7 MJ für die Fossilien KNM-ER 3733 und das Teilskelett KNM-ER 1808. Für weitere Fossilien wurde ein nur wenig geringeres Alter ermittelt, darunter Nariokotome III (1,6 MJ; M. Leakey u. Hay 1982; Partridge 1982; F. Brown u. Feibel 1985; Clarke 1985; Feibel et al. 1989; Klein 1989a, b). Das Schädelmaterial aus der Shungura-Formation sowie aus Omo ist mit 1,4 - 1,3 MJ nur noch etwas jünger (Abb. 7.20).

Fundmaterial aus Bed II von Olduvai (z. B. O.H. 9) weist nach paläomagnetischen und geostratigraphischen Vergleichsdaten ein Alter von ca 1,2 MJ auf. Auch aus den jüngeren Beds III und IV sowie den Mesak Beds wurden kraniale und postkraniale Hominidenreste geborgen, die *H. erectus* zugerechnet werden. So werden z. B. der Schädel O.H. 12 und das postkraniale Material O.H. 28 aus Ablagerungen des Bed IV auf ein Alter von 0,83 - 0,62 MJ geschätzt (M. Leakey u. Hay 1982; Hay 1976; Rightmire 1988a, b).

Das Fundmaterial Nordwestafrikas (Algerien und Marokko) ist deutlich jünger als die meisten ostafrikanischen *H. erectus*-Fossilien. Tighennif wird zeitlich ins frühe Mittelpleistozän gestellt. Tattersall et al. (1988) nehmen ein Alter von 0,7 - 0,5 MJ an, welches stratigraphisch dem Übergang zwischen Bed IV und den Mesak Beds entspricht (Abb. 7.20). Deutlich jünger sind dagegen die Funde von Lake Ndutu und Bodo, beides Fossilien, die heute nicht mehr als 'auslaufende' *H. erectus*, sondern als früh-archaische *H. sapiens* verstanden werden (vgl. Kap. 8).

Im Vergleich zur Datierung ostafrikanischer Fundorte sind die Altersbestimmungen der indonesischen Funde recht unsicher, und die Zuordnung erfolgte konventionell nach zwei lithostratigraphischen Einheiten mit assoziierten

Tabelle 7.2 Asiatische *H. erectus*-Fundstätten und bedeutende Funde einschließlich einiger umstrittener früher und später *H. erectus*-Formen.

Fundort/Datum	Fossilien/Datierung	Klassifikation/Referenzen
Kedung Brubus und **Trinil** [Java] (1890-1892)	Klassische Funde: Unterkiefer-Fragment, Kalotte, Femur; unt. Mittel-Pleistozän	*Pithecanthropus erectus* (Dubois 1894), *H. erectus erectus* (Dobzhansky 1944; Campbell 1964), *H. erectus* (Rightmire 1990)
Modjokerto (Perning) [Java] (1936)	Kinderschädel; 1,0 - 0,8 MJ ?	*H. modjokertensis* (v. Koenigswald 1936), *H. erectus modjokertensis* (Howells 1980), *H. erectus* (Rightmire 1990)
Sangiran [Java] (seit 1936 - 1980)	aus Pucangan u. Kabuh Beds umfangreiches Fundmaterial, vorwiegend Kalvarien und Kieferfragmente, Zuordung der Fossilien zu verschiedenen Taxa; Kabuh-Funde 0,75 - 0,5 MJ Pucangan-Funde 1,0 - 0,8 MJ	a. *Meganthropus palaeojavanicus* (Weidenreich 1945), *Paranthropus palaeojavanicus* (Robinson 1954), *H. erectus* (Lovejoy 1970) b. *Pithecanthropus dubius* (v. Koenigswald 1950; Franzen 1985a), *H. erectus* (Pope u. Cronin 1984) c. *H. erectus erectus* (Dobzhansky 1944; Campbell 1964), *H. erectus* (Pope u. Cronin 1984)
Sambungmachan [Java] (1973)	fast vollständige Kalvaria; Oberpleistozän, 0,5 - 0,1 [?] MJ	*Pithecanthropus soloensis* (Jacob 1973) *H. erectus ngandongensis* (Sartono 1982), *H. erectus* (Rightmire 1990)
Ngandong [Java] (1931-1933)	12 Kalvarien und 2 Tibien; Oberpleistozän, 0,5 - 0,1 [?] MJ	*H. (Javanthropus) soloensis* (Oppenoorth 1932), *H. erectus erectus* (Santa Luca 1980), *H. erectus* (Pope u. Cronin 1984)
Zhoukoudian (China) (1921 - 1937;) 1966 -)	14 Kalvarien, 11 Unterkiefer, Zähne, postkraniale Fossilien (> 40 Ind.), Material verschollen, neuere Grabungen; Mittelpleistozän, ca. 0,35 MJ	*Sinanthropus pekinensis* (Black 1927), *H. erectus pekinensis* (Weidenreich 1940; Campbell 1964)
Lantian a. Chenjiawo b. Kungwangling [China] (1963/64)	Lantian 1 : Unterkiefer; max. 0,59 MJ Lantian 2: Kalotte; max. 0,8 MJ	*Sinanthropus lantianensis* (Woo 1964), *H. erectus* (R. Wu 1982)

Weitere als H. erectus klassifizierte Fossilien stammen aus Yuanmou, Liucheng und Longtandong (China) sowie aus Narmada (Mahdya Pradesh, Indien); siehe Text.

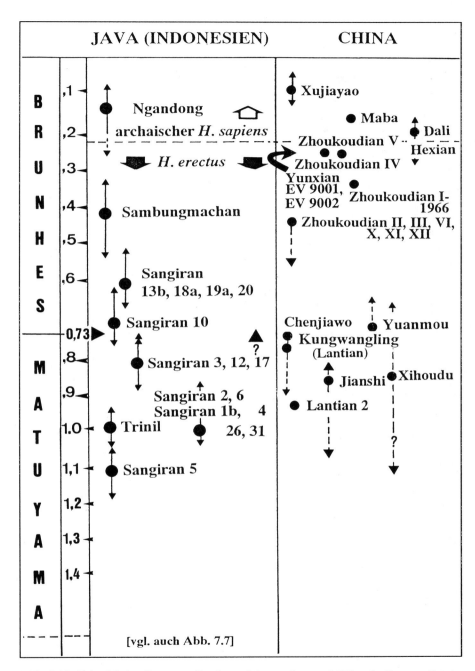

Abb. 7.21 Zeittafel des *H. erectus*-Fundmaterials aus Java und China (n. Pope u. Cronin 1984; Pope 1988; Bräuer u. Mbua 1992; s. auch Abb. 7.7).

Faunenkomplexen (v. Koenigswald 1982; Bartstra 1983). Die Gliederung in die Pucangan Beds mit assoziierter Djetis-Fauna und die überlagernden Kabuh Beds mit der Trinil-Fauna stellt nach Sondaar (1984) eine starke Vereinfachung der sehr komplexen Stratigraphie dar. Pope (1988) nimmt an, daß das Alter der frühesten Bewohner Asiens erheblich überschätzt wurde. Übereinstimmung besteht unter den Paläoanthropologen darüber, daß die älteren bio- und lithostratigraphischen Datierungen auf unpräzisen und sogar falschen Kriterien beruhten, so daß eine Neubestimmung notwendig wurde. Aufgrund der aktuellen Stratigraphien und Chronologien am 'Sangiran Dome', einer Geoantiklinalen nördlich von Surakarta in Zentraljava, ergeben sich folgende chronolithostratigraphische Unterteilungen und Assoziationen zu den kennzeichnenden Faunen (Pope 1988):

- Notopuro-Formation, Spätpleistozän, Ngandong-Fauna;
- Kabuh-Formation, Mittelpleistozän, Trinil-Fauna mit sinomalaischen Beziehungen;
- Pucangan-Formation, Frühpleistozän, Djetis-Fauna mit sivamalaischen Beziehungen;
- Kalibeng-Formation, Spätpliozän, marine Fauna.

Da Pope (1988) auf die vorgeschlagene Umbenennung der Formationen verzichtete, werden die oben genannten Bezeichnungen beibehalten, jedoch in Abb. 7.21 die Parallelbezeichnungen nach der 'Kendeng Gruppe' angegeben.

Die paläomagnetischen und K/Ar-Altersbestimmungen sowie Fisson-track-Datierungen der vulkanischen Tuffe der Pucangan-Formation decken eine Zeitspanne zwischen 2,0 und 0,57 MJ ab, während für die Kabuh-Formation die entsprechenden Daten zwischen 1,6 MJ und 0,47 MJ variieren. Nach Pope u. Cronin (1984), Pope (1988) und Klein (1989a) sind erhebliche Vorbehalte gegenüber den Datierungen der javanischen Hominiden angebracht. Das häufig für Perning 1 (*H. modjokertensis*) zitierte Alter von 1,9 MJ ist mit Sicherheit zu hoch. Sartono (1985) nennt für diesen Fund eine mittel- oder spät-pleistozäne Datierung. Für Sangiran 5 (*P. dubius*) wird ein Alter von 1,3 - 0,96 MJ geschätzt. Nach faunistischen und stratigraphischen Datierungen sind die *H. erectus*-Funde von Sangiran 1,2 - 0,5 MJ alt (Howells 1980; Pope u. Cronin 1984; Pope 1988; Bräuer u. Mbua 1992; Tabelle 7.2). Danach stammen die meisten Funde aus der Kabuh-Formation und nur wenige aus den Pucangan-Schichten. Besondere Schwierigkeiten der zeitlichen Zuordnung ergeben sich aus der unzureichenden Kenntnis der genauen Fundlagen, so daß versucht wurde, das relative Alter der Funde durch Fluor-Datierungen zu bestimmen. Matsu'ura (1982) konnte nachweisen, daß Sangiran 4 sehr wahrscheinlich aus der oberen Pucangan-Formation stammt und damit unterhalb der Fundschicht von Sangiran 2 liegt, welches in der Grenzbank bzw. in der untersten Schicht der Kabuh-Formation gefunden wurde. Dagegen sind die Funde Sangiran 12 und Sangiran 17 nach dem Fluorgehalt unterhalb des mittleren Tuffs in den mittleren oder unteren Kabuh-Horizonten einzuordnen.

Unter Berücksichtigung der Unsicherheiten in der magnetischen Polarität sowie der radiometrischen Datierungen kann angenommen werden, daß die meisten Sangiran-Hominiden nicht mehr als 1 MJ alt sind (Pope 1988). Nur wenige Funde

(z. B. Sangiran 4, Sangiran 26 und Sangiran 31) reichen an die 1,2 MJ-Grenze heran. Der Sambungmachan-Schädel wird sogar nur auf ca. 0,50 - 0,28 MJ datiert. Das Ngandong-Material ist deutlich jünger (vgl. Kap. 8.2.2.1). Nach der Morphologie ist ein Alter von 0,30 - 0,25 MJ wahrscheinlich (Jacob 1982). Es ist aber nicht auszuschließen, daß die Fossilien aufgrund faunistischer Beifunde nur bei 0,2 - 0,1 MJ einzustufen sind. In diesem Zusammenhang schwankt auch ihre Bewertung als späte *H. erectus*-Form oder archaischer *H. sapiens* (Pope 1988; Klein 1989a; Bräuer u. Mbua 1992).

Das chinesische Fundmaterial ist stratigraphisch und paläomagnetisch sowie nach Parallelisierungen von Sauerstoff-Isotopenraten auf 0,80 - 0,24 MJ datiert worden (Klein 1989a). Die Kungwangling-Fossilien sind mit 0,80 - 0,75 MJ die ältesten. Nach Tattersall et al. (1988) ist ein Alter von 0,9 MJ (Jaramillo-Wende) durchaus noch denkbar. Mit einem Alter zwischen 0,59 und 0,50 MJ (Untergrenze der Brunhes-Normalen) ist der Unterkiefer von Chenjiawo etwas jünger. An diese Zeitphase schließen sich die Funde von Zhoukoudian mit einem Alter von 0,50 - 0,24 MJ an, wobei nach Faunen- und Pollenanalysen sowie sedimentären Befunden das höhere Alter wahrscheinlicher ist. Die zwischen 0,28 und 0,24 MJ alten Fossilien aus Hexian überlappen zeitlich mit den späten Zhoukoudian-Material. Die Funde aus Jinniushan, Dali, Maba und Xujiayao werden als archaische Vertreter des *H. sapiens* angesehen. Das gilt auch für zwei in mittel-pleistozänen Terrassen des Han-Flusses im Bezirk Yun (Yunxian, Provinz Hubei, China) gefundene Kalvarien (Tianyuan u. Etler 1992; vgl. Kap. 8.1.2.1).

Das von der Mehrzahl der Paläoanthropologen als *H. erectus* beschriebene europäische Fossilmaterial ist in Tab. 7.3 aufgelistet. Mit einem maximalen Alter von 0,6 MJ (Cromer II) ist der Unterkiefer von Mauer der älteste Hominidenfund Europas, sofern man den in seiner extrem hohen Datierung unbestätigten Fund aus Dmanisi ausklammert (vgl. Kap. 7.1.1). Nach Bosinski et al. (1989) liefert die Artefakt-Fundstelle Kärlich A (bei Koblenz) Hinweise auf eine Besiedlung vor etwa 0,9 MJ (Jaramillo-Periode; Würges 1986). Gesichert ist der Aufenthalt von Menschen in Mitteleuropa jedoch erst für die Zeit vor 0,7 MJ. Älteste unzweifelhafte Nachweise von Feuergebrauch fanden sich in der Höhle von Escale (Frankreich; M.-F. Bonifay u. E. Bonifay 1963; vgl. Kap. 7.5).

Deutlich ältere Besiedlungsspuren liegen aus Yiron (Israel). Dort wurden Steinartefakte entdeckt, die unter einem mehr als 2 MJ alten Basaltlavastrom lagen (Bosinski et al. 1989; Ronen 1991). Bislang fehlt aber jeder Fossilbeleg von dem Hominiden, der die Artefakte herstellte.

Die synoptische Betrachtung der Datierungen des *H. erectus*-Fundmaterials läßt keinen Zweifel daran, daß die ältesten Vertreter dieser Spezies auf dem afrikanischen Kontinent lebten und daß die asiatischen Funde deutlich jünger sind. Damit ist aber keineswegs eine direkte stammesgeschichtliche Ableitung der asiatischen Formen von afrikanischen Vorfahren anzunehmen, wie z. B. von Franzen (1985a; vgl. Kap. 6.1.1) vorgeschlagen. Neben der Abstammung von *H. erectus* ist auch dessen Verbleib ein ungelöstes Problem. Wenn auch die Annahme, daß *H. sapiens* sich aus *H. erectus* entwickelte, von vielen

Paläoanthropologen geteilt wird, bedeutet das keineswegs, daß alle *H. erectus*-Populationen an dieser Transition beteiligt waren (vgl. Kap. 7.4). In diesem Zusammenhang stellt sich die entscheidende Frage, welche Fossilien dieses Taxon überhaupt einschließt und welche diagnostischen Kennzeichen es aufweist.

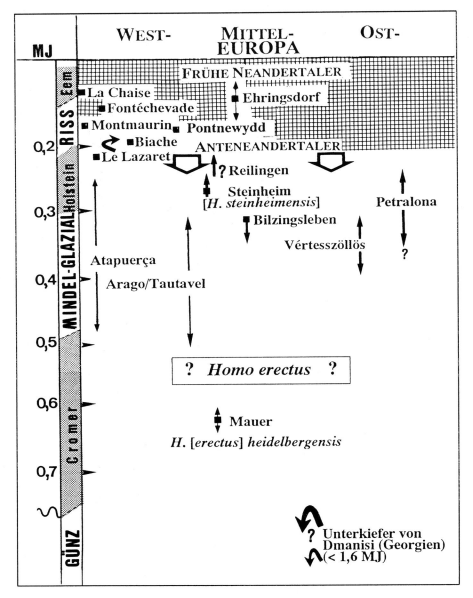

Abb. 7.22 Zeittafel des europäischen Fundmaterials, das alternativ als *H. erectus*, als archaischer *H. sapiens* oder als *H. heidelbergensis* klassifiziert wird.

Tabelle 7.3 Einige als *H. erectus* beschriebene Fossilien Europas, die in dieser Klassifikation umstritten sind (vgl. auch Tabelle 8.1).

Fundort/Datum	Fossilien/Datierung	Klassifikation/Referenzen
Mauer bei Heidelberg [Deutschland]	vollständiger Unterkiefer, mit vollem Gebiß; 0,65 - 0,60 MJ	*H. heidelbergensis* (Schoetensack 1908) *H. erectus heidelbergensis* (Howells 1980; Kraatz 1992), arch. *H. sapiens* (Bilsborough 1992)
Bilzingsleben in Thüringen [Deutschland] 1972-1989)	Schädelfragmente, Zähne; ca. 0,45- 0,2 MJ	*H. erectus bilzingslebenensis* (Vlcek 1978), *H. erectus* (Mania et al. 1980), arch. *H. sapiens* (Stringer et al. 1979)
Reilingen bei Heidelberg [Deutschland] (1978/1983)	Teilschädel (Scheitelbeine, Hinterhauptsfragment), rechtes Schläfenbein; Mindel-Riss-Interstadial [?]	*H. erectus reilingensis* (Czarnetzki 1991), aff. *H. sapiens* (Schott 1989, 1990)
Vértesszöllös bei Budapest [Ungarn] (1973-1975)	Hinterhauptsbein, Milchzähne; ca. 0,34 MJ	*Homo (erectus seu sapiens) palaeo-hungaricus* (Thoma 1966), *H. erectus* (Wolpoff 1971b, c)
Petralona Thessalien [Griechenland] (1960)	vollständiges Kalvarium; 0,35 - 0,20 MJ	*H. erectus petraloniensis* (Murrill 1983); arch. *H. sapiens* (Stringer et al. 1979; Day 1986)
Tautavel bei Arago [Frankreich] (1964 -)	Arago XI: vollständiges-Gesichtsskelett, weitere kraniale und postkraniale Fragmente; unter 0,45 MJ	"anténéanderthalien", Übergangs-form von *H. erectus* zum Neandertaler (H. de Lumley u. M. de Lumley 1979), *H. erectus tautavelensis* (Howells 1980; Piveteau 1982)

7.3 Morphologie von *Homo erectus*

7.3.1 Morphologische Kennzeichnung

Die Spezies *H. erectus* hat eine sehr lange Zeitspanne überdauert und war regional weit verbreitet. Aufgrund der beachtlichen Variabilität dieses Taxons stellt sich daher die Frage, ob es verschiedene Arten oder möglicherweise sogar noch höhere Kategorien enthält. Die Anschauungen hierüber gehen weit auseinander (Andrews 1984; Rightmire 1986a, b, 1990; Tattersall 1986; vgl. Kap. 7.1, Kap. 7.4). Während einige Autoren allein auf Java mehrere unabhängige Linien beschrieben (z. B. v. Koenigswald 1968), betonen andere die großen Übereinstimmungen der zu *H. erectus* gestellten Fossilien. Nach Rightmire (1986a, b, 1988, 1990) gibt es keinen überzeugenden Grund, für das Fundmaterial von Sangiran mehr als eine

Spezies anzunehmen und ebensowenig stichhaltige Argumente für die Aufspaltung von asiatischen und afrikanischen *H. erectus*-Formen (*contra* Andrews 1984; Tattersall 1986; Clarke 1990). Bezüglich der Ngandong-Funde schränkt Rightmire diese Aussage wegen der offenen Datierungsfragen jedoch ein (vgl. auch Bartstra et al. 1988). Obwohl die meisten Anthropologen die Ngandong-Funde als intermediär zwischen *H. erectus* und *H. sapiens* bewerten, sieht Rightmire (1988, 1990) ebenso wie Santa Luca (1980) unzweifelhafte morphologische Ähnlichkeiten dieser Hominiden mit anderen *H. erectus*-Formen Indonesiens, so daß er trotz einiger Zweifel an deren Einbeziehung in das Taxon *H. erectus* festhält.

Die meisten morphologischen Kennzeichnungen von *H. erectus* basieren auf den javanischen und chinesischen Fossilien. Die Funde aller anderen Regionen müssen an deren Merkmalsausprägungen gemessen werden. Aufgrund des Fehlens einer einheitlichen Definition des Taxons sind in den letzten zehn Jahren erhebliche Anstrengungen unternommen worden, um zu einer konsensfähigen Kennzeichnung zu gelangen. Hierzu wurden die vorhandenen Fossilien Asiens, Afrikas und Europas systematisch analysiert und einer ausführlichen Beschreibung unterzogen (Howells 1980; Andrews 1984; Stringer 1984; Wood 1984; Hublin 1986; Rightmire 1988, 1990; Turner u. Chamberlain 1989; Clarke 1990; Kennedy 1991; Bräuer u. Mbua 1992). Dabei dominieren die Schädel- und Zahnbefunde gegenüber denen des Postkraniums, d. h. die Fundsituation präjudiziert eine möglicherweise unzulässige Gewichtung (vgl. Kap. 2.3). Auch die verschiedenen Teile des Schädels sind unterschiedlich stark repräsentiert, z. B. fehlen in den meisten Fällen Gesichtsknochen mit Ausnahme der Unterkiefer. Vom Postkranium liegen aus Afrika qualitativ und quantitativ entschieden aussagekräftigere Funde vor als aus Asien, während von den als *H. erectus* beschriebenen europäischen Fossilien keine postkranialen Skelettelemente bekannt sind.

Wenn nachfolgend eine Liste diagnostischer Merkmale gegeben wird, die sich unter anderem an den Beschreibungen von Weidenreich (1936, 1943a), Le Gros Clark (1964), C. Vogel (1974), Howell (1978a, 1986), Howells (1980) und Rightmire (1990) orientiert, so ist zu betonen, daß dieser *traditionelle* Merkmalskatalog, insbesondere seit Andrews massiver Kritik auf dem 'v. Koenigswald Memorial Symposium' von 1983, sehr umstritten ist (Andrews 1984; Stringer 1984; Wood 1984; Bilsborough u. Wood 1986; Howell 1986; Hublin 1986; Rightmire 1986a, b, 1988, 1990; Tattersall 1986; Habgood 1989; Klein 1989a; Pope 1989; Turner u. Chamberlain 1989; Clarke 1990; Kennedy 1991; Bräuer u. Mbua 1992). Andrews behauptete, daß die meisten als *H. erectus*-Diagnostika beschriebenen Merkmale plesiomorph seien und nur wenige als artkennzeichnend gewertet werden könnten. Nach seiner Einschätzung gehören die asiatischen und afrikanischen *H. erectus*-Formen nicht demselben Taxon an, d. h. die ostasiatische Linie soll wenig oder gar nicht zur Vorfahrenschaft des modernen Menschen beigetragen haben (vgl. auch Stringer 1984; vgl. Kap. 7.4). Bevor auf die Kritik und deren Folgen näher Bezug genommen wird, werden die als Autapomorphien umstrittenen morphologischen Kennzeichen von *H. erectus* nachfolgend aufgelistet:

Kennzeichen von *Homo erectus*

Neuro- und Viszerokranium[7]

- *Hirnschädelkapazität zwischen 700 und 1250 cm³, Volumen durchschnittlich etwas weniger als 1000 cm³, frühe Vertreter wie KNM-ER 3733 ca. 850 cm³, spätere Formen von Zhoukoudian ca. 1225 cm³;
- nach Enkephalisationsindex ca. 87% des Hirns des modernen Menschen;
- *Neurokranium dickwandig, Dicke des Schädeldachs am Bregma zwischen 6 und 11 mm; am Lambda zwischen 6,5 und 14 mm und am Inion ziwschen 13 und 26 mm[8], vorwiegend Verdickung der Tabula interna und externa, weniger der Diploe wie bei Neandertalern;
- Hirnschädel in Lateralansicht lang und niedrig, Anteil der Scheitelbeine an den Seitenwänden gering;
- größte Hirnschädelbreite auf Höhe der Jochbeinwurzel, in Okzipitalansicht nach superior konvergierende Seitenwände, Zeltform;
- Hinterhauptsloch weit anterior, *H. sapiens*-ähnlich;
- Stirn fliehend;
- postorbitale Einschnürung vorhanden, Hinweis auf schmales Frontalhirn;
- prominenter Torus supraorbitalis, über der Nasenwurzel stark verdickt; auch bei kleineren, möglicherweise weiblichen Individuen vorhanden (z. B. Sangiran 10; KNM-ER 3883);
- Sulcus supratoralis frontalis schwach oder fehlend;
- Linea temporalis anterior aufgewölbt, in einigen Fällen bis zur Mitte des supraorbitalen Randes reichend, erst dann nach posterior abbiegend;
- *Torus sagittalis vorhanden oder Kielung, die von der Frontalschuppe (engl. *frontal keeling*) bis in die Scheitelbeinregion (engl. *parietal keeling*) verläuft;
- Gratbildung im Bereich der Sutura coronalis (engl. *coronal ridge*), Vorwölbung der Bregmaregion;
- *parasagittale Vertiefung (engl. *parasagittal depression*) variabel ausgeprägt;
- *obere Ursprungslinie des M. temporalis konvergiert im okzipitalen Abschnitt mit der oberen Nuchallinie und bildet im parietalen Mastoidwinkel am Asterion manchmal einen flachen, plateauartigen mastoidalen Wulst (Torus angularis; engl. *angular torus* oder *angular swelling*);
- sagittale Parietalsehne und sagittaler Parietalbogen im Verhältnis zu denen des modernen *Homo* kurz;
- Scheitelbeine nach posterior ausgedehnt, insbesondere bei den größeren asiatischen Formen;

---

[7] Die mit einem Stern (*) gekennzeichneten Merkmale von *H. erectus* sind nach Hublin (1986, S. 179) "...true derived characters and some of them are even cited as autapomorphies of the *erectus* species".

[8] Maße der Schädeldicke nach Bräuer u. Mbua (1992).

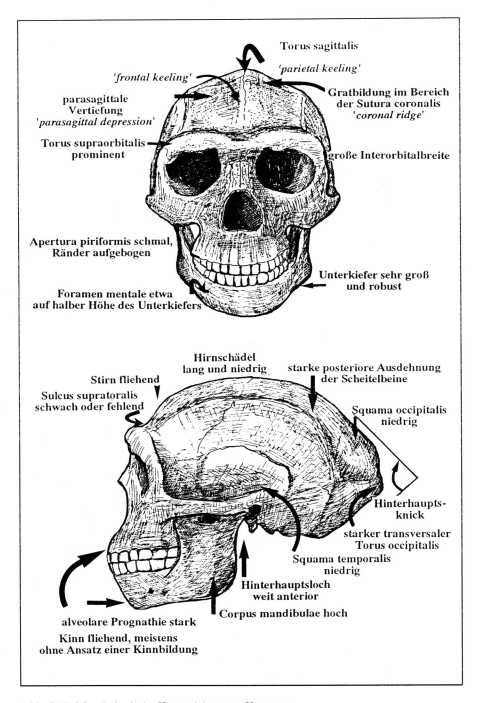

Abb. 7.23 Morphologische Kennzeichen von *H. erectus*.

- *Os occipitale in Lateralansicht scharf gewinkelt (Hinterhauptsknick); Lambda-Inion-Opisthion-Winkel ≤107°, unterhalb der Vergleichswerte von *H. sapiens* sowie von grazilen Australopithecinen;
- Nackenmuskelfeld groß, mit ausgeprägtem Relief, in der Mediansagittalen am weitesten nach posterior ausladend;
- Hinterhauptsschuppe breit und niedrig;
- *starker transversaler Torus occipitalis, eher stumpf als vorspringend, Verbindung mit Torus angularis, Torus supramastoidalis und Torus occipitomastoidalis aufweisend; okzipitale Protuberanz fehlt;
- *Torus supratoralis occipitalis und Sulcus supratoralis occipitalis, Vertiefung zwischen Linea nuchae superior und suprema vorhanden;
- Schläfenbeinschuppe (Squama temporalis) niedriger als beim modernen *H. sapiens*, gerader Verlauf ihres posterioren Randes zur Incisura parietalis;
- Sulcus angularis, Fortsetzung des Sulcus supramastoidalis auf dem Scheitelbein selten; Jochbeinwurzel entspringt waagerecht vom supramastoidalen Wulst, bei größeren indonesischen Schädeln sehr prominent;
- Warzenfortsätze in der Größe sehr variabel, nach medial geneigt;
- *Eminentia juxtamastoidea (okzipitomastoidaler Wulst *sensu* Weidenreich 1943a) vorhanden, vom Warzenfortsatz durch Vertiefung (Incisura digastrica) getrennt, Verlauf parallel zu oder über der okzipitomastoidalen Naht;
- *Pars tympanica des Os temporale kräftig entwickelt, in anteroposteriorer Richtung langgestreckt;
- Fossa glenoidalis anterior muldenartig, nach medial verengt; Übergang von der posterioren Gelenkfläche zum Planum praeglenoidale kontinuierlich; erhabenes Tuberculum articulare fehlt;
- Proc. entoglenoidalis ohne Spina sphenoidalis;
- tympanische Platte inferior dick, gerundet, medial in einem stumpfen Höckerchen endend (*process supratubarius sensu* Weidenreich 1943a);
- Schädelbasisknickung stärker als bei *Australopithecus*;
- Gehörgangsöffnung gerundet;
- äußerer Gehörgang lang;
- sehr flaches oberes Mittelgesicht;
- große Interorbitalbreite;
- alveolare Prognathie stark;
- Nasenbeine breit, mediansagittal flach gekielt;
- kräftiges Kiefergerüst, flacher nasoalveolarer Clivus;
- Eckzahnjugum auffällig entwickelt;
- Apertura piriformis schmal, Ränder aufgebogen;
- Unterkiefer sehr groß und robust, Corpus mandibulae hoch, Frontzahnregion breit, Ramus mandibulae sehr massiv;
- Kinn fliehend, in der Regel kein echtes Trigonum mentale, jedoch bei einigen Formen Ansatz einer Kinnbildung;
- Foramen mentale relativ hoch, etwa auf halber Höhe des Unterkieferkörpers gelegen;

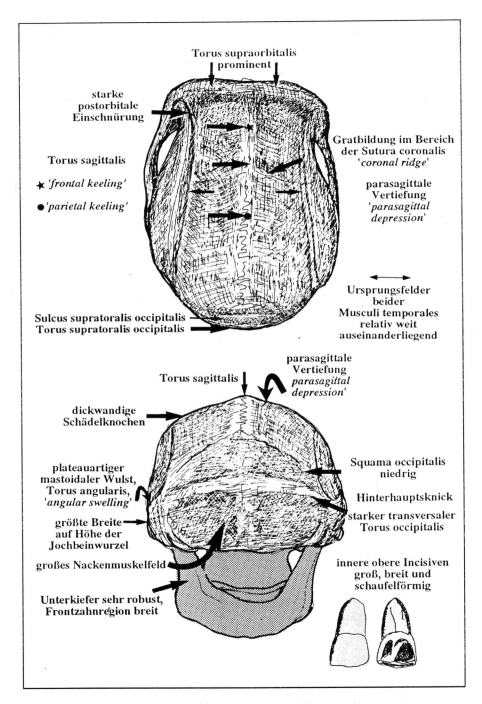

Abb. 7.24 Morphologische Kennzeichen von *H. erectus* (Fortsetzung)

Gebiß und Zähne

- Zahnbogen parabolisch, sehr breit, bei älteren *H. erectus*-Formen postcanine Zahnreihen noch gerade;
- Diastema zwischen I^2 und C bei älteren Formen noch vorhanden;
- Zähne groß, Größenverhältnis der Zähne *H. sapiens*-ähnlich;
- innere obere Schneidezähne groß, breit und schaufelförmig;
- Eckzähne klein, bei älteren Formen z. T. mit betonter, das Okklusionsniveau überragender Spitze;
- horizontale Abkauung der unteren Eckzähne;
- obere Eckzähne mit kleiner mesial gelegener Schliffazette durch unteren Caninus;
- obere Praemolaren (P^3 und P^4) bei älteren Formen noch dreiwurzelig;
- P_3 relativ lang, in einigen Fällen länger als P_4, zweihöckerig, heteromorph, Außenhöcker stärker als Innenhöcker;
- P_4 einwurzelig;
- Molaren klein, schmal und taurodont, mit gerundeter Kaufläche, z. T. basales Schmelzband vorhanden;
- Längenrelationen der Molaren: $M^1 \leq M^2 > M^3$; $M_1 \leq M_2 = $ (bei Altformen $<$) M_3, Zhoukoudian-Zähne: $M_1 < M_2 \geq M_3$;

Postkranium

- postkraniales Skelett allgemein robust;
- Körperhöhen im Durchschnitt auf ca. 160 cm oder mehr geschätzt;
- Körpergewicht im Durchschnitt ca. 47 kg bzw. 50 kg (ostafrikanische Formen);
- Darmbeinschaufel lateral ausladend, vertikaler Hüftpfeiler stark ausgeprägt;
- Facies auricularis relativ klein;
- Sitzbeinhöcker posterolateral gerichtet;
- Kompakta der Femora von asiatischen und afrikanischen Funden extrem verdickt, Markhöhlen verengt (Stenosis);
- ausgeprägte Platymerie[9], d. h. Femurdiaphyse anteroposterior abgeflacht, nach distal verschmälert; kleinster Umfang verhältnismäßig weit distal;
  Umfang verhältnismäßig weit distal;
- betont laterale Ausdehnung des Femur auf Höhe der Tuberositas glutaea femoris;
- Linea aspera schwach ausgebildet, Pilaster[10] fehlt;
- Femurhals bei KNM-WT 15 000 außergewöhnlich lang.

Das Kernproblem bei der Definition von *H. erectus* liegt darin, daß keine Klarheit darüber besteht, welche der genannten Merkmale apomorph sind (vgl. Kap. 2.5.2.2). Verfährt man nach den Regeln der Kladistik, so sind nur jene Merkmale für *H. erectus* diagnostisch bedeutsam, die sowohl gegenüber den älteren Spezies, *H. habilis* oder *H. ergaster*, als auch gegenüber *H. sapiens*

---

[9] Index platymericus, Verhältnis von sagittalem oberen Diaphysendurchmesser zu transversalem Diaphysendurchmesser des Os femoris, kleiner als 85.
[10] Pilaster = pfeilerartige Struktur an der posterioren Fläche des Os femoris.

abweichen. Differentialdiagnostisch ist *H. erectus* gegenüber *H. habilis* durch ein sehr robustes Postkranium und folgende kraniale Merkmale abzugrenzen:

- größere und dickwandigere Schädel,
- stärker prognathe Gesichter (z. B. im Vergleich zu KNM-ER 1470),
- entschieden massivere Überaugenwülste,
- eine ausgeprägte Kielung des Stirnbeins,
- einen Torus angularis,
- einen kleinen Proc. postglenoidalis und
- eine dickere tympanische Platte.

Mit Sicherheit sind einige der Merkmale von *H. erectus* und *H. sapiens* Synapomorphien. Dazu zählt zweifellos das vergrößerte Hirn, obwohl dieses bei *H. erectus* noch deutlich kleiner ist als beim modernen Menschen. Ferner besitzen die Fossilien aus Lake Ndutu, Kabwe, Petralona und Arago massive Überaugenbögen, eine fliehende Stirn, eine stark abgeknickte Okzipitalregion sowie in einigen Fällen extrem verdickte Schädelknochen. Diese und andere mittel-pleistozäne Funde Afrikas und Europas weichen jedoch in zahlreichen anderen Merkmalen bereits deutlich von *H. erectus* ab. Sie teilen mit dem modernen *Homo* einen Anteil apomorpher Merkmale, so daß sie nach Ansicht vieler Anthropologen dem Taxon *H. sapiens* zuzuordnen sind (Klein 1989a; Rightmire 1990). Aus dem gleichen Grund werden die Ngandong-Fossilien nicht mehr als späte Ausläufer der *H. erectus*-Gruppe betrachtet (Rightmire 1990), sondern als archaischer *H. sapiens* klassifiziert (Bräuer u. Mbua 1992).

Hublin (1986) hat neben Andrews (1984), Stringer (1984) Wood (1984) und anderen Anthropologen die Schwierigkeiten diskutiert, die sich bei Festlegung der diagnostischen Kennzeichen von *H. erectus* ergeben. Aufgrund von Merkmalsreversionen und paralleler Evolution ist es in der Praxis häufig nicht möglich, Synapomorphien bei vermuteten Schwesterarten festzustellen. Die mit der Definition von *H. erectus* verbundenen Probleme sind kein Sonderfall, sondern ein allgemeines Problem der Arterkennung (Tattersall 1986). Es ist deshalb nur konsequent, die sukzessive Ausweitung des Taxons von einer ehemals nur fernöstlich vertretenen Spezies auf europäisches und afrikanisches Fundmaterial nachdrücklich in Frage zu stellen. Hublin (1986) hat ebenso wie Andrews (1984) kritisiert, daß die meisten morphognostischen und morphometrischen Merkmale des traditionellen Merkmalskatalogs von *H. erectus* Plesiomorphien sind, die für das gesamte Genus *Homo*, in einigen Fällen sogar für die Hominidae, Hominoidea oder aber die gesamten Catarrhini gelten. Neben der Unsicherheit über den plesio- oder apomorphen Zustand der meisten Merkmale betonen die meisten Autoren, daß die Merkmale sehr variabel ausgeprägt sind und/oder die Polarität des Morphoklines nicht geklärt ist (vgl. Kap. 2.5.7.1). Schließlich bleibt nur eine kleine Gruppe von Merkmalen übrig, welche nach Hublin (1986) tatsächlich als Autapomorphien von *H. erectus* gelten können und die in dem Merkmalskatalog mit einem Stern (*) gekennzeichnet sind. Die meisten dieser Merkmale werden auch von Rightmire (1990) als diagnostisch aussagekräftig für das Taxon erachtet, jedoch weist er darauf hin, daß eine erhebliche Variationsbreite vorliegt und nicht alle zu *H. erectus* zählenden Individuen diese Merkmale aufweisen.

Die lange Zeit herrschende Meinung, daß *H. erectus* einen ursprünglichen Schädel, aber ein anatomisch modernes Postkranium besaß, läßt sich nach neuen Untersuchungen nicht mehr aufrechterhalten (Kennedy 1973, 1977, 1983a, b, 1991, 1992; Day 1984). Das Skelett weicht von demjenigen des *H. sapiens* sowohl in der Robustizität als auch den äußeren Dimensionen und der Knochendicke deutlich ab. Bereits Weidenreich (1941, 1943a, 1947a, b) wies auf die starke Entwicklung des kortikalen Knochens im Verhältnis zur Markhöhle hin. Obwohl dieses Merkmal stark variiert, wird es dennoch als diagnostisches Kennzeichen der Gruppe angesehen (Day 1971; Kennedy 1983a, b). Das Femur weist eine für *H. erectus* typische Merkmalskombination auf, z. B. ausgeprägte Platymerie, distale Lage der kleinsten Diaphysenbreite, Konvexität des medialen Randes, betont laterale Ausdehnung auf Höhe der Tuberositas glutaea femoris, eine schwach ausgebildete Linea aspera und das Fehlen eines Pilasters (Day 1971, 1972, 1984; Kennedy 1973, 1977, 1983a, b, 1991).

Am Becken fällt der starke Darmbeinpfeiler auf (Day 1971, 1982; Rose 1984; Susman et al. 1985), jedoch zeigen jüngere Funde wie Nariokotome III (F. Brown et al. 1985), daß wir bislang nur sehr begrenzte Vorstellungen vom Körperbau des *H. erectus* haben. Wegen der hohen Variabilität beim modernen Menschen und der mangelhaften Dokumentation der ursprünglichen Formen kommt dem Postkranium bei taxonomischen und phylogenetischen Diskussionen nur eine sehr begrenzte Bedeutung zu (Rightmire 1990; vgl. Kap. 7.4).

Die großen definitorischen Probleme und die erhebliche Variabilität des Fundmaterials werfen die Frage nach der Validität des Taxons *H. erectus* auf, d. h. insbesondere, ob die Einbeziehung der asiatischen, afrikanischen und europäischen Funde in ein einziges Taxon vertretbar ist (Andrews 1984; Day 1984; Wolpoff 1984; Howell 1986; Rightmire 1990; Clarke 1990; Kennedy 1991, 1992; Bräuer u. Mbua 1992). Die Beantwortung dieser Frage hängt wesentlich davon ab, ob man *H. erectus* als eine ausgestorbene Paläospezies, ein Klade unseres Genus, betrachtet oder aber nur als ein Grade ansieht.

Nach Weidenreich (1943a) verkörpert *H. erectus* ein Grade, aus dem sich durch phyletischen Gradualismus der moderne Mensch entwickelte. Man könnte *H. erectus* damit als eine Chronospezies betrachten und ihn sogar in *H. sapiens* einschließen (Campbell 1972; Thoma 1973; J. Jelinek 1976, 1978, 1981; Wolpoff 1980; Coon 1982). Danach wird eine lokale Kontinuität zwischen einheimischen Bevölkerungen von *H. erectus* und dem anatomisch modernen Menschen angenommen (*Modell der multiregionalen Menschheitsentwicklung*; Wolpoff et al. 1984; vgl. Kap. 8.4.1).

Andere Autoren sind dagegen der Auffassung, daß *H. sapiens* durch phyletischen Punktualismus entstanden ist, d. h. die meisten Populationen von *H. erectus* wären danach als Vorläufer von *H. sapiens* auszuschließen. Welche *H. erectus*-Population nach diesem Modell als potentielle Ursprungspopulation anzunehmen ist, wird in Kap. 7.4 diskutiert.

7.3.2   Evolutionsmorphologische Interpretation

Im Vergleich zu den zahlreichen evolutionsmorphologischen Studien an Australopithecinen (vgl. Kap. 6.1.3.2) und Neandertalern (vgl. Kap. 8.2.2.2) liegen nur relativ wenige entsprechende Untersuchungen an *H. erectus* vor (Aiello u. Dean 1990). Beispielsweise ist die größere Hirnschädelkapazität von *H. erectus* gegenüber *H. habilis* als ein kennzeichnendes Merkmal genannt worden. Die an *H. erectus*-Schädeln erhobenen Werte variieren jedoch beträchtlich (Tabelle 7.4).

Tabelle 7.4 Hirnschädelkapazitäten von *H. erectus*.[11]

Fundbezeichnung	cm^3	Autor
KNM-ER 3733	848	Holloway 1983b
KNM-WT 15 000	900	A. Walker u. R. Leakey 1986
KNM-ER 3883	804	Holloway 1983b
O.H. 9	1067	Holloway 1973b
Sangiran 4	908	Holloway 1981a
Sangiran 2	813	Holloway 1981a
Trinil 2	940	Holloway 1981a
Kungwangling (Lantian)	780	Woo 1966
Sangiran 17	1004	Holloway 1981a
Sangiran 12	1059	Holloway 1981a
Sangiran 10	855	Holloway 1981a
O.H. 12	757	Holloway 1973
Zhoukoudian II	1030	Weidenreich 1943a
Zhoukoudian III	915	Weidenreich 1943a
Zhoukoudian VI	850	Weidenreich 1943a
Zhoukoudian X	1225	Weidenreich 1943a
Zhoukoudian XI	1015	Weidenreich 1943a
Zhoukoudian XII	1030	Weidenreich 1943a
Zhoukoudian V	1140	Weidenreich 1943a
Salé	880	Holloway 1981b
Hexian	1025	R. Wu u. Dong 1982
Solo (Ngandong) I	1172	Holloway 1980
Solo (Ngandong) IV	1251	Holloway 1980
Solo (Ngandong) VI	1013	Holloway 1980
Solo (Ngandong) IX	1135	Holloway 1980
Solo (Ngandong) X	1231	Holloway 1980
Solo (Ngandong) XI	1090	Holloway 1980

[11] Die Funde sind annähernd chronologisch geordnet (vgl. auch Aiello u. Dean 1990; Rightmire 1990).

Auch wenn man den allometrischen Effekt der Körpergröße auf das Hirnvolumen in Rechnung stellt, ist eine Steigerung der Hirnschädelkapazität von frühen Hominiden zu *H. erectus* gegeben (Passingham 1975; Falk 1985; Hemmer 1986; Holloway 1988; McHenry 1988). Hemmer (1986) berechnete für die plio-pleistozänen Hominiden Kephalisationswerte aus korrelativen Schätzungen von Hirngewichten und Körpergewichten. Seine Berechnungen zeigen, daß nach einer Phase mit sehr geringen evolutiven Veränderungen während der intragenerischen *Australopithecus*-Entwicklung (*Stasis*) ein Übergang zu höchster evolutiver Dynamik in der *Homo*-Linie zu verzeichnen ist. Dieser Enkephalisationstrend setzte sich auch innerhalb der *H. erectus*-Gruppe von frühen zu späten Formen fort (Abb. 7.25). Nach den von Rightmire (1980) ermittelten zeitspezifischen Hirnschädelkapazitäten von *H. erectus* lassen sich für die javanische Gruppe Hirngewichte zwischen 700 g und 960 g berechnen (Passingham 1975). Cronin et al. (1981) schätzen das mittlere Körpergewicht von *H. erectus* auf 48,5 kg.

Hemmer (1986) schätzt daher für eine ca. 1 MJ alte *H. erectus*-Form den Enkephalisationswert auf 70 Einheiten. Für die frühen mittel-pleistozänen chinesischen *H. erectus*-Populationen von Zhoukoudian führen seine Berechnungen zu einem Kephalisationswert von 81 Einheiten, während er für die mittel-pleistozänen europäischen Anteneandertaler einen Wert von ca. 90 ermittelte (vgl. Kap. 8.2.1.1, Kap. 8.3.1.1). Damit liegen die Kephalisationswerte der beschriebenen Taxa deutlich über denen von *H. habilis* (50) und Australopithecinen (41 - 42), was deren zerebrale Höherentwicklung gegenüber den frühen Hominiden nahelegt. Auch die in Tabelle 7.5 aufgeführten Enkephalisationsquotienten[12], die von McHenry (1988, 1992) nach Formeln von Jerison (1973) und R. A. Martin (1981, 1983) mitgeteilt werden, lassen diesen Trend erkennen (Aiello u. Dean 1990; McHenry 1992).

Neuroanatomische Untersuchungen am Endokranium von *H. erectus* sind, ebenso wie die an anderen fossilen Hominiden, nur begrenzt aussagefähig (Holloway 1974; Jerison 1973; Falk 1985; Aiello u. Dean 1990). Nach Steele-Russell (1979) bleibt die Anzahl der Hirnzellen in der Säugetierreihe bemerkenswerterweise konstant; nur die Anzahl der Verknüpfungen steigt an, d. h. die Zelldichte nimmt ab, während die Komplexität des neuronalen Netzwerks steigt (Aiello u. Dean 1990). Damit wird deutlich, daß Volumenvergleiche allein höchst problematisch sind, zumal auch die Bezugsgrößen, wie das Körpergewicht, ebenfalls nur auf groben Schätzungen beruhen. Da keine direkten Beziehungen zwischen den Hirnschädelkapazitäten und Verhaltensweisen, Intelligenz und spezifischen Fähigkeiten des Menschen ermittelt werden können, kann man nur Falks (1986) Schlußfolgerung zitieren, daß trotz der nützlichen Informationen, die uns Endokranialausgüsse liefern, diese - im wahrsten Sinne des Wortes - nur *oberflächlich* sind (vgl. auch Aiello u. Dean 1990). Jerisons (1973) Kennzeichnung zahlreicher

---

[12] Formeln zur Berechnung der beobachteten Hirngröße in Relation zur erwarteten; vgl. Legende zu Tabelle 7.5.

Aussagen der Paläoneurologie von Hominiden als *Paläophrenologie*[13] charakterisiert den gegenwärtigen Forschungsstand noch kritischer. Natürliche oder künstliche Ausgüsse der Schädelkapsel von Hominiden sind allein deshalb ein mangelhaftes Dokument der Hirnoberfläche, da die innere Hirnschädelwandung (Tabula interna) nicht die detaillierte Hirnoberfläche widerspiegelt, weil diese durch Liquorräume und Hirnhäute separiert ist (Holloway 1974, 1975). Außer den Veränderungen der Größen- und Proportionsverhältnisse der verschiedenen Hirnlappen läßt sich eine intensivere meningeale Gefäßversorgung erkennen (Saban 1984, 1986a, b). Alle Vermutungen über deren Komplexitätsgrad und die Hirnleistung sind jedoch spekulativ (Brandt 1992). Auch die Dimensionen des Schläfenlappens (Lobus parietalis) mit den darin enthaltenen Assoziationszentren nehmen zu, während der Stirnlappen (Lobus frontalis) bei *H. erectus* noch recht schwach entwickelt ist, wie die postorbitale Einschnürung des Hirnschädels erkennen läßt. Holloways (1980, 1981) Untersuchung an Endokranialausgüssen von indonesischen *H. erectus* läßt eine bilaterale Spezialisierung im Sinne einer stärkeren Ausprägung des linken Lobus occipitalis und des rechten Lobus frontalis erkennen. Nach Holloway u. De La Coste-Lareymondie (1982) gibt dieser Befund Anlaß zu der Spekulation, daß die Hirnasymmetrien auf Selektionsdrücke zurückzuführen seien, die sowohl über symbolische als auch

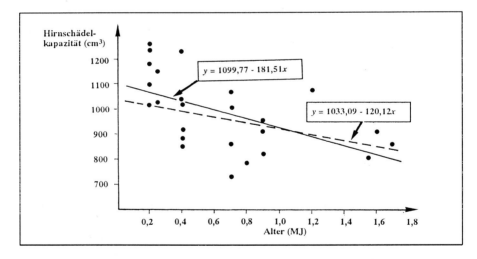

Abb. 7.25 Beziehung zwischen Hirnschädelkapazität und geologischem Alter von *H. erectus*-Fossilien (n = 26) nach den in Tabelle 7.4 angegebenen Daten. Die Regressionsgerade zeigt einen Anstieg der Hirnschädelkapazität bei den rezenten Formen. Sofern die mangelhaft datierten Ngandong-Schädel aus der Berechnung ausgeschlossen werden, verläuft die Regressionslinie flacher und ist nicht mehr signifikant von der Nullinie unterschieden (n. Rightmire 1990, umgezeichnet).

---

[13] Als Phrenologie wird jene Scheinwissenschaft bezeichnet, die aus der Schädelform den Charakter erschließen will.

räumlich-visuelle Integration liefen, was mit dem archäologischen Bericht über-einstimmt. Untersuchungen am Schädel O.H. 12 (Falk 1986) zeigten am rechten Lobus occipitalis einen Sulcus calcarinus lateralis sowie einen Sulcus lunatus, den häufig auch als *Affenfurche* beschriebenen anterioren Rand der Sehrinde des Großhirns, der in typisch menschlicher Position dorsal von der Sutura lambdoidea liegt (vgl. Brandt 1992).

Tabelle 7.5 Geschätzte Körper- und Hirngewichte sowie daraus ermittelte Enkephali-sationsquotienten (aus McHenry 1988, 1992 und Aiello u. Dean 1990).

Spezies	Körper-gewicht (kg)[a]	Hirn-gewicht (g)	EQ[b]	EQ[c]	EQ[d]
A. afarensis	50,6 (45)	415	1,87	2,44	2,4
A. africanus	45,5 (41)	442	2,16	2,79	2,6
A. robustus	47,7 (40)	530	2,50	3,24	2,2
A. boisei	46,1 (49)	515	2,50	3,22	2,7
H. habilis	40,5 (42)	631	3,38	4,31	3,1
H. erectus	58,6 (68)[e]	826	3,34	4,40	3,3
H. sapiens	44,0 (65)[f]	1250	6,28	8,07	5,8

a   Die in Klammern angegebenen Schätzwerte geben die jüngsten Daten der Stichproben männlicher Individuen nach McHenry (1992) wieder.

b   Die erwartete Hirngröße wurde nach folgender Formel berechnet:
Log^{10} (Hirngewicht/mg) = 0,76 Log^{10} (Körpergewicht/g) + 1,77 (R. Martin 1983).

c   Die erwartete Hirngröße wurde nach der von Aiello u. Dean (1990) konvertierten Formel von Jerison (1973) berechnet:
Log^{10} (Hirngewicht/mg) = 0,67 Log^{10} (Körpergewicht/g) + 2,08.

d   McHenry (1992) ermittelte den EQ nach folgender Formel von R. Martin (1981):
EQ = beob. Hirnvolumen / 0,0589 (Körpergewicht)^{0,76}.

e   Schätzwert in Klammern und EQ[c] für den afrikanischen *H. erectus*.

f   Die hohe Diskrepanz zwischen den Körpergewichtsdaten wird in der Literatur nicht erklärt.

Mit den gestiegenen Enkephalisationsquotienten in der Hominidenreihe wird eine intellektuelle Leistungssteigerung verbunden und ein Zusammenhang mit dem kulturellen Fortschritt gesehen. Letzterer ist archäologisch durch das Auftre-ten der Acheuléen-Industrien vor ca. 1,5 - 1,4 MJ und die Ausbreitung des *H. erectus* von Afrika nach Asien und vielleicht auch nach Europa dokumentiert. Holloway (1975) vertritt jedoch nachdrücklich die Auffassung, daß die enorme Steigerung der Hirnschädelkapazität in der *Homo*-Linie nicht direkt mit der Herstellung von Steinwerkzeugen zusammenhängt. Er vermutet, daß die

Bedeutung lithischer Geräte als direkte Indikatoren für die zerebrale Organisation und motorische Fähigkeiten weitaus überschätzt wurde. Nach seiner Überzeugung sind die Geräteindustrien gemeinsam mit faunistischen Spuren und den zu rekonstruierenden Behausungen nur Ausdruck von entscheidend bedeutungsvolleren sozialen Verhaltensanpassungen, die er als *soziale Kontrolle* bezeichnet (vgl. Kap. 7.5).

Nach Aiello u. Dean (1990) ist auch eine stetige Vergrößerung des Brocaschen Sprachzentrums, des mit dem motorischen Sprechvermögen korrespondierenden morphologischen Areals der Großhirnrinde, zu erkennen (Brandt 1992; vgl. Kap. 7.5). Nach Laitman (1985) gibt die Kranialbasis von KNM-ER 3733 Hinweise darauf, daß sich bei *H. erectus* erste Anzeichen einer Schädelbasisknickung zeigen, welche als intermediär zwischen der flachen Knickung der rezenten Menschenaffen sowie der Australopithecinen und der starken Knickung beim modernen Menschen einzustufen ist (Laitman u. Heimbuch 1982). Die Umgestaltung der Schädelbasis läßt auf eine Umstrukturierung des oberen Respirationsapparates schließen, die von der pongiden Merkmalsausprägung der Australopithecinen zu der des *H. sapiens* überleitet. Die schwache Schädelbasisknickung bei *H. erectus* läßt die Annahme zu, daß der Kehlkopf (Larynx) bereits in den Hals abgesenkt war. Die ursprüngliche Konstruktion des oberen Respirationsapparates der Säugetiere, die bei den Australopithecinen noch vorliegt, wandelte sich allmählich. Mit der Absenkung des Kehlkopfes war eine Vergrößerung des Rachenraumes (Pharynx) verbunden, die die Möglichkeit zur Modulation von Kehlkopflauten eröffnete. Laitman (1985) sieht zwar den Beginn dieser Entwicklung bereits bei *H. erectus*; eine mit der des modernen Menschen vergleichbare Schädelbasisknickung kann aber erst für den archaischen *H. sapiens* aus der Zeit vor 0,4 - 0,3 MJ nachgewiesen werden. Erst während dieser Zeit dürften Hominide existiert haben, deren obere Atmungswege denen des modernen Menschen glichen. Da von *H. habilis* bislang keine verläßlichen Vergleichsdaten vorliegen, gilt *H. erectus* als die früheste Hominidenspezies, die zu einer verbalen Kommunikation befähigt war (*contra* Tobias 1991b; vgl. Kap. 6.4).

Zu den auffallendsten Merkmalen des *H. erectus*-Neurokraniums gehören der Torus supraorbitalis und der Torus occipitalis. Beide Strukturen unterscheiden sich in ihrer Morphologie insofern, als der Überaugenwulst aus spongiösem Gewebe gebaut ist, während der Hinterhauptswulst eine Verdickung der Lamina externa darstellt. Letzteres trifft nach Hublin (1986) auch für das Relief der Asterionregion einschließlich des Torus angularis zu. Die biomechanische Interpretation sowie die taxonomische Bedeutung dieses anatomischen Merkmalskomplexes sind bislang noch nicht geklärt. Hublin (1986, 1989) stellte fest, daß die Mehrzahl der *H. erectus*-Merkmale durch Zunahme der Knochenmasse zu charakterisieren ist, wie z. B. Tabula interna und externa der Schädelknochen, Torus occipitalis, Torus angularis, Pars tympanica ossis temporalis, mediansagittaler Kiel, Kompakta der Langknochen (vgl. Kap. 7.3). Nach früheren Untersuchungen von Hublin (1978) wird der Torus occipitalis zwar durch die Funktion der Nackenmuskeln mit geformt (vgl. auch Demes 1985), sein Vorhandensein ist aber nicht allein ein Effekt ihrer Aktion oder irgendeiner anderen mechanischen Ursache. Twiesselmann (1941) hatte an rezenten Bevölkerungen auf die Korrelation zwischen allgemeiner Knochendicke des Schädels und der Verstärkung in der Okzipital- und Asterionregion hingewiesen. Auch an akromegalen Schädeln konnten Saban (1963) und Hublin (1978) entsprechende Beobachtungen bestätigen. Hublin (1978, 1986) stellte daher die Hypothese auf, daß zumindest einige der Autapomorphien des Schädels und des postkranialen Skeletts der pleistozänen Hominiden als Hypertrophie zu interpretieren seien. Kennedy (1983b, 1985) und Lovejoy (1982) hatten neben biomechanischen Erklärungen der Adaptationen des Postkraniums pleistozäner Menschen bereits auf mögliche Veränderungen ihres endokrinen Status hingewiesen (z. B. Veränderungen des Titers von Calcitonin, Parathormon, Andro- und Östrogenen). Nach Hublin (1986) ist auch eine auf der Änderung des endokrinen Status fußende Hypothese zur Interpretation der robusten Schädelmerkmale pleistozäner Hominiden plausibel, doch kann diese Hypothese an Fossilmaterial bislang nicht überprüft werden. Aufgrund der zitierten populationsbiologischen und osteopathologischen Befunde haben Modelle, denen zufolge die Knochendicke genetisch mit anderen physiologischen Parametern durch pleiotrope Effekte verknüpft sein könnte, eine gewisse Plausibilität. Da mit der Ausbreitung früher Hominiden über den afrikanischen Raum hinaus Veränderungen in der frühmenschlichen Lebensweise verbunden gewesen sein dürften, ist die Vermutung begründet, daß veränderte Anpassungsstrategien und Ressourcen entscheidende Rückwirkungen auf die Skelettmorphologie hatten. Deren Analyse steht jedoch erst am Anfang (Übersicht in Sillen 1986; Stinson 1992; Grupe u. Garland 1993; Lambert u. Grupe 1993; vgl. Kap. 7.5). Die Tatsache, daß die nach Hublin (1986) als autapomorph angenommenen *H. erectus*-Merkmale bei den asiatischen Formen kennzeichnender ausgeprägt sind als bei den afrikanischen Funden wie KNM-ER 3733 und KNM-ER 3883, stützt diese Annahme.

Wolpoff (1980) vermutet in den spezifischen *H. erectus*-Merkmalen des Stirnbeins sowie des Gesichtsskeletts und der Dentition einen einheitlichen Funktionskomplex. Er interpretiert den prominenten Torus supraorbitalis sowie die relativ kleinen Backenzähne und die schaufelförmigen Schneidezähne als Adaptationen an erhöhte Kaubelastungen der Frontzähne. Sein Modell schließt auch den Torus occipitalis in einen Adaptationskomplex ein, der außer dem Ergreifen, Zerbeißen und Zerreißen von Nahrung paramastikatorische Funktionen umfaßt (*Zähne-als-Werkzeug-Hypothese* von Smith 1983; vgl. Kap. 8.2.2.2).

Aufbauend auf Arbeiten von Endo (1966) hat M. Russell (1985) ein Funktionsmodell der Biegebeanspruchung des Torus supraorbitalis entwickelt. Sie prüfte die Hypothese, ob die Struktur der Überaugenregion eine vorhersagbare Funktion der Biegebelastung ist, anhand folgender Komponenten: der parallel zum Gesichtsskelett verlaufenden vertikalen Beißkraft, der Prognathie, des Metopion-Nasion-Prosthion-Winkels, der Muskelkraft und der Dicke des Stirnbeins.

Die an Schädeln adulter australischer Eingeborener durchgeführten Vergleichsanalysen zeigen, daß die Morphologie der Überaugenregion durch den Gesichtswinkel und die Prognathie bestimmt wird. Die Befunde erlauben die Annahme, daß der Torus supraorbitalis ein Widerlager gegen die Biegebeanspruchung durch habituelle Belastung der Frontzähne darstellt. Durch die großen Dimensionen und die spezifische Form der Schneidezähne wird sowohl die Kaufläche vergrößert als auch die Druckbelastung vermindert, was deren Abkauung reduziert und somit die Lebensdauer erhöht.

Neben den Erklärungsansätzen für die neurokranialen Strukturen von *H. erectus* liegen auch entsprechende Interpretationen für das Viszerokranium vor, z. B. für das vorspringende Nasenskelett (Franciscus u. Trinkaus 1988). Einige Merkmale der Nasenform von *H. erectus* und *H. sapiens* sind synapomorph und von denen der rezenten Menschenaffen und der Australopithecinen abzusetzen. *H. erectus* soll in der Hominidenreihe erstmals eine typisch menschliche Nase mit nach unten gerichteten Nasenlöchern aufgewiesen haben, die sich von den pongiden und australopithecinen Nasen deutlich unterscheidet (vgl. Kap. 4.1.2). Die aus der Konvexität und Verbreiterung der Nasenbeine resultierende Vergrößerung des oberen Naseninnenraumes hatte offenbar entscheidende physiologische Bedeutung für die Nasenatmung. Obwohl der beschriebene morphologische Wandel natürlich auch im Zusammenhang mit kraniodentalen Veränderungen steht, sehen Franciscus u. Trinkaus (1988) darin primär eine Anpassung zur Verhinderung des Feuchtigkeitsverlustes in einer ariden Umwelt. In Verbindung mit dem ermüdungsfreien Bewegungsapparat der archaischen Vertreter des Genus *Homo* zeichnet sich damit für *H. erectus* und die späteren Hominiden die Fähigkeit zu verlängerten Aktivitätsphasen in offenen und ariden Biotopen ab (vgl. Kap. 6.5).

Der Lokomotionsapparat von *H. erectus* läßt keine kennzeichnenden Unterschiede gegenüber *H. sapiens* erkennen. *H. erectus* ist die älteste unzweifelhaft habituell bipede Hominidenart (vgl. Kap. 6.1.3.2, Kap. 6.2.3.2). Die massiven Muskelmarken an den robusten unteren und oberen Extremitäten weisen nach Trinkaus (1988, 1989b) auf außerordentliche Belastungsfähigkeit des Postkraniums hin. Im Vergleich zum modernen Menschen zeichnete sich der Körperbau durch muskuläre Hypertrophie aus, die in Verbindung mit einer Hypertrophie der Kompakta der Langknochen außergewöhnliche Widerstandsfähigkeit und Körperstärke anzeigt.

Körperhöhenschätzungen nach Jungers (1988b, c, 1990) und Feldesman u. Lundy (1988) schwanken für die einzelnen Individuen zwischen 146,8 cm (Zhoukoudian I) und 171,9 cm (O.H. 28). Der auf eine Körperhöhe von 160 cm und ein Gewicht von 48 kg geschätzte ca. 12-jährige Junge aus Nariokotome würde im ausgewachsenen Zustand sogar eine Körperhöhe von 183-185 cm und ein Gewicht von 68 kg erreicht haben (F. Brown et al. 1985). Auch für das Teilskelett KNM-ER 1808 wird eine Körperhöhe von 181 cm geschätzt. Ehemals angenommene Durchschnittswerte von 167 cm liegen, ebenso wie die angegebenen Extremwerte, in der Variationsbreite heutiger Bevölkerungen und übertreffen die in der Regel weniger als 150 cm großen Individuen älterer Hominidenspezies (Klein 1989a; Aiello u. Dean 1990; McHenry 1992).

7.4 Phylogenetische Beziehungen von *Homo erectus*

"...it seems certain that *Homo sapiens* was not born one day by a *Pithecanthropus* mother", diese Aussage von Weidenreich (1943a, S. 259) bringt sein *gradualistisches Evolutionsmodell* treffend zum Ausdruck. Die heutigen Vertreter des phyletischen Gradualismus nehmen in ihrem *Modell der multiregionalen Evolution des anatomisch modernen Menschen* eine kontinuierliche Evolution von späten *H. erectus-* zu *H. sapiens*-Populationen in den meisten Regionen der Alten Welt an (z. B. Wolpoff 1980; Wolpoff et al. 1984; Thorne u. Wolpoff 1992). *H. erectus* stellt in diesem Modell ein geographisch sehr weit verbreitetes Grade der Menschheitsentwicklung dar und wird sowohl zeitlich als auch morphologisch intermediär zwischen plio-pleistozänen Hominiden der Taxa *A. africanus*, *H. habilis* oder *H. ergaster* und späteren mittel-pleistozänen Hominiden eingeordnet, die dem frühen oder archaischen *H. sapiens* nahestehen. Diese Einstufung entspricht in groben Zügen einer phyletischen Evolution im Sinne eines *anagenetischen Wandels*, bei dem die Artgrenzen fließend und damit aber auch weitgehend willkürlich sind. Im Rahmen der unterschiedlichen Artkonzepte (vgl. Kap. 2.58) wäre *H. erectus* danach eine *Chronospezies*, also eine räumlich und - worauf die Bezeichnung hinweist - zeitlich dimensionierte Art.

Andere Autoren vertreten eine Gegenposition (Übersicht in Delson et al. 1977; Eldredge u. Tattersall 1982; Tattersall 1986; Kimbel 1991), in dem sie *H. erectus* als ein valides Taxon bezeichnen und annehmen, daß archaische Bevölkerungen durch die Ausbreitung neuer Formen des Genus *Homo* in einigen Regionen verdrängt und ausgelöscht wurden. Rightmire (1990, S. 9) spricht von *H. erectus* als einer Paläospezies: "...which can be recognized morphologically, without reference to chronology or gaps in the fossil record". Nach seiner Auffassung war *H. erectus* ein geographisch weitverbreitetes, aber ausgesprochen konservatives Taxon, das sich während des Mittelpleistozäns kaum veränderte. Nicht nur letzteres wird bezweifelt (Clausen 1989), sondern es besteht auch weitgehend Uneinigkeit darüber, ob die *H. erectus*-Gruppen Asiens, Afrikas und Europas zur selben Art gehören oder ob wir mit mehreren Linien rechnen müssen. Bis in die siebziger Jahre bestand Konsens darüber, daß *H. erectus* in allen drei Kontinenten der Alten Welt lebte (Howells 1980). Howell (1976, 1978a) und Stringer (1980) bezweifelten aber damals bereits, daß die europäischen Funde überhaupt zum Hypodigma gehören. Auch die Zugehörigkeit der afrikanischen Funde zu *H. erectus* wurde in Frage gestellt, als Andrews (1984) und Stringer (1984) behaupteten, nur der asiatische *H. erectus* besäße autapomorphe Schädelmerkmale. Seitdem sind zwar sehr ideenreiche Untersuchungen zur Klärung der phylogenetischen Beziehungen von *H. erectus* durchgeführt worden, sie haben aber nicht abschließend zur Lösung der offenen Probleme beigetragen (Wolpoff 1980, 1985, 1989, 1992; Rightmire 1981, 1986a, b, 1988, 1990; Bilsborough u. Wood 1986; Hublin 1986, 1989; Pope 1988; Habgood 1989; Turner u. Chamberlain 1989; Clarke 1990; Kennedy 1991; Bräuer u. Mbua 1992).

Die Vertreter des phyletischen Gradualismus sehen den modernen Menschen als direkten Nachkommen einer *H. erectus*-Form an, die vor über 1 MJ aus Afrika auswanderte. Nach dieser Hypothese besteht ein Netz untereinander verflochtener Abstammungslinien, in welches auch alle heutigen Populationen, wenn auch - je nach Region und Zeitphase in unterschiedlichem Maße - mit ihrem Genpool eingewoben sind (Thorne u. Wolpoff 1992; vgl. Kap. 8.3). Zur Stützung ihres Modells führten die *Multiregionalisten* zahlreiche anatomische Belege für regionale Kontinuität der Hominiden vom mittleren Pleistozän bis ins Holozän an. Sie wiesen besonders auf die intermediäre Stellung der Ngandong-Fossilien zwischen früheren *H. erectus*-Formen und rezenten Populationen hin. Nach Auffassung dieser Autoren sprechen morphognostische und morphometrische Merkmale des Schädels und der Zähne für eine regionale Kontinuität in Australasien. Beispielsweise zeigen die ältesten spät-pleistozänen und früh-holozänen Funde Australiens Ähnlichkeiten mit Funden aus Java (Thorne 1980a, b, 1981, 1984; Wolpoff 1992). Da sich die damaligen indoaustralischen Populationen von zeitgleichen Bevölkerungen anderer Regionen der Alten Welt in derselben Weise unterschieden wie heutige australische Eingeborene von anderen rezenten Bevölkerungen, sehen sie hierin einen weiteren Beleg *für regionale Kontinuität* und *gegen die Einwanderung afrikanischer Bevölkerungen*. Bei afrikanischen Nachfahren dürfte es diese Kontinuität nicht geben, da es äußerst unwahrscheinlich ist, daß die gesamte Merkmalskonfiguration parallel evolvierte (Thorne u. Wolpoff 1992).

Sind die Befunde wirklich überzeugend? Nach Ansicht von Kritikern wie Rightmire (1988a, b, 1990, 1991) ist die vermutete Kontinuität in Südostasien durchaus fraglich, denn die Merkmale bei indonesischen *H. erectus*-Funden und anatomisch modernen Skeletten aus dem australischen Kow Swamp, welche als Argument für Kontinuität angeführt werden, sollen sich auch in Populationen anderer Regionen nachweisen lassen. Ein häufiges Gegenargument ist ferner, daß Merkmale wie *facial massiveness* und *dental megadonty* zu allgemein seien, um spezielle Verwandtschaftsbeziehungen zwischen Populationen zu begründen oder auszuschließen. Nach Rightmire (1990) ist evolutionäre Kontinuität nicht durch die Ähnlichkeit von Gesichtshöhen- und Zahndimensionen der Sangiran- und Kow Swamp-Individuen[14] nachzuweisen. Weitere Argumente gegen die Kontinuitätshypothese lieferte Kennedy (1984b). Sie stellte fest, daß den ältesten australischen Femora archaische Kennzeichen, wie z. B. Verdickung der Kompakta und die Ausbildung eines Pilasters, fehlen. Dagegen gleichen sie denjenigen rezenter Eingeborener Australiens. Da Rightmire (1990) bestreitet, daß unwiderlegbare Befunde für eine evolutionäre Kontinuität vorlägen und daß die Ngandong-Funde aus Ostjava die Lücke zwischen den Sangiran-Funden und den bereits modernen Populationen Südostasiens schließen würden, gibt es aber zu denken, wenn dieser Autor die Ngandong-Funde, die viele Merkmale mit dem *H. erectus* von Sangiran teilen, noch in dasselbe Taxon stellt (vgl. auch Santa

---

[14] Die Kow Swamp-Fossilien (vgl. Kap. 8.2.4) könnten nach P. Brown (1987) sogar künstlich deformiert sein, was sie für den Nachweis einer direkten Abstammung vom indonesischen *H. erectus* untauglich machen würde.

Luca 1980; Stringer 1984, 1990), während andere Bearbeiter diese bereits als eine archaische *H. sapiens*-Form ansehen (Bräuer u. Mbua 1992). Nach Pope (1988) können die Ngandong-Funde durchaus als *H. erectus* bezeichnet werden, jedoch ist diese Zuordnung nach seiner Einschätzung ebenso diskussionswürdig wie die Frage, ob die Ngandong- und Wajak-Hominiden[15] spezifische Ähnlichkeiten mit ausgestorbenen oder rezenten australischen Populationen zeigen. Dagegen sieht er im chinesischen Fundmaterial überzeugende Belege für eine regionale Kontinuität.

Nach Ansicht der 'Multiregionalisten' wird die Hypothese zur regionalen morphologischen Kontinuität und Eigenständigkeit chinesischer *H. erectus* gegenüber Populationen anderer Regionen mit vergleichbar vollständigem Fossilreport gestützt (Aigner 1976; X. Wu u. Zhang 1978; R. Wu u. X. Wu 1982; Pope 1988, 1991; Wolpoff 1992). Obwohl der Merkmalskatalog, den Weidenreich (1939) zur Stützung seiner Kontinuitätshypothese anführte, zahlreiche plesiomorphe Merkmale enthielt, läßt sich das Modell gradualistischer Evolution nach Wolpoff et al. (1984) und Wolpoff (1992) dennoch aufrechterhalten. Sie führten als Belege für Kontinuität in diesem Raum Merkmale wie z. B. Gesichtsflachheit, Konturen des Nasensattels und -daches an (Aigner 1976; X. Wu 1981; Wolpoff et al. 1984; Pope 1991).

Nach Wolpoff (1992) liefert das Fossilmaterial aus China - ebenso wie das Südostasiens und Australiens - unzweifelhafte Hinweise auf regionale Kontinuität von *H. erectus* über den archaischen *H. sapiens* zum frühen modernen *H. sapiens*. Danach ließen sich die modernen Populationen dieses Raumes aus autochthonen archaischen Bevölkerungen ableiten. Bereits Coon (1962) brachte diese gradualistische Auffassung in Kapitelüberschriften seiner Publikation, wie z. B. '*Pithecanthropus* and the Australoids' und '*Sinanthropus* and the Mongoloids', zum Ausdruck (vgl. auch Wolpoff 1992).

Auch für die Hominiden Europas wurde versucht, Kontinuität zwischen archaischen und modernen Populationen nachzuweisen (Frayer 1978, 1986, 1992a, b; J. Jelinek 1983; Smith 1984). Aufgrund der engen Verknüpfung dieser Frage mit dem sog. *Neandertaler-Problem* wird an dieser Stelle auf eine ausführliche Diskussion der unterschiedlichen Hypothesen verzichtet (vgl. Kap. 8.3). Zwar werden die in Kap. 7.1. beschriebenen europäischen Funde traditionell als *H. erectus* bezeichnet, jedoch vermuten einige Paläoanthropologen, daß die Fossilien von Mauer, Arago und Petralona zusammen mit denen von Kabwe und Bodo eher ein ursprüngliches Grade unserer eigenen Spezies darstellen (Stringer et al. 1979). Dieses Material sollte nach Rightmire (1990) zusammen mit den Funden von Ndutu, Elandsfontein sowie Mauer und Bilzingsleben nicht als ein archaisches Grade von *H. sapiens*, sondern als eine eigene Spezies klassifiziert werden. Er betont aber, daß die Abtrennung dieser Spezies von den Neandertalern und dem modernen Menschen schwierig und wegen der unzureichenden Fossil-

---

[15] Hominidenfunde aus Java (früher auch als Wadjak bezeichnet), deren anatomisch moderner Status in der Regel nicht angezweifelt wird.

dokumentation nur provisorisch sein kann. Diese Interpretation des Fundmaterials spräche gegen eine gradualistische Transition in Europa (vgl. auch Stringer 1993).

Um die phylogenetischen Beziehungen von *H. erectus* zu *H. sapiens* zu ermitteln, richtete sich das Interesse der Paläoanthropologie deshalb besonders auf Afrika. Sollten die späten mittel-pleistozänen Populationen Europas und Afrikas zu einem Taxon gehören, das zwar von *H. erectus* abstammt, sich aber noch von *H. sapiens* unterschied, dann würde - wie Tattersall (1986) prophezeite - der Verlauf der Evolution des Menschen komplexer sein, als bislang angenommen wurde. Die Befürworter eines multiregionalen Evolutionsmodells stimmen mit ihren Kontrahenten, den Befürwortern eines rezenten afrikanischen Ursprungs der modernen Menschheit, darin überein, daß in dieser Region Kontinuität in der *Homo*-Linie vorliegt; sie behaupten aber vehement "...that none of the earlier Australasian, Chinese, or European 'modern *Homo sapiens*' specimens possess features which uniquely resemble archaic or modern Africans" (Wolpoff 1992, S. 53).

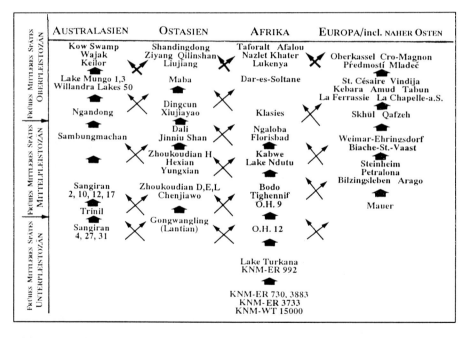

Abb. 7.26 Multiregionale Entstehung des *H. sapiens* aus mittel-pleistozänen *H. erectus*-Formen; *vernetztes Kandelaber-Modell*.

Diese Behauptung, die sich auf Untersuchungen von Thoma (1964), Jacob (1967), Thorne (1980a, b, 1984), Wolpoff (1980, 1992), Wolpoff et al. (1984), X. Wu u. M. Wu (1985), X. Wu (1987), Pope (1989) und anderen Anthropologen stützt, blieb natürlich nicht unwidersprochen (z. B. Rightmire 1990; Stringer

1992; vgl. Kap. 8.1). Hier interessiert vornehmlich, daß die harte Kontroverse zum Problem *Kontinuität oder Verdrängung* zu einem systematischen Vergleich des geographisch weit gestreuten *H. erectus*- und post-*H. erectus*-Materials führte. Die Befunde sind sehr irritierend, da sie von dem Modell eines multiregionalen Ursprungs bis zum Ausschluß von *H. erectus* aus der Vorfahrenschaft des *H. sapiens* reichen (L. Leakey 1966; Andrews 1984; Clarke 1990).

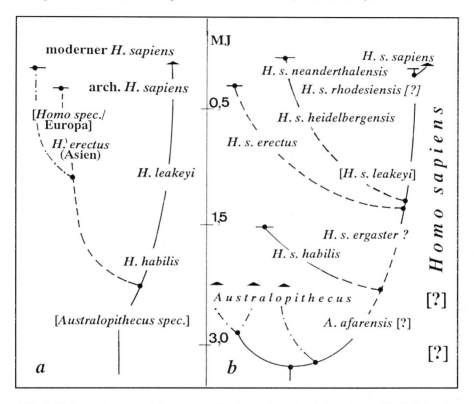

Abb. 7.27 Stammbaummodelle zur mittel- und spät-pleistozänen Evolution der Hominiden. **a** Hypothese n. Clarke (1990, rekonstruiert) **b** Hypthese n. Bonde (1989, umgezeichnet).

Nach Rightmire (1990) existierte *H. erectus* als Paläospezies in Indonesien, China, Nordwestafrika und der subsaharischen Region. Er hält es für nicht ausgeschlossen, daß während des späten Mittelpleistozäns in Afrika und/oder Europa andere Taxa als *H. erectus* lebten, z. B. *H. heidelbergensis*. Solange diese Taxa nicht erfaßbar sind, sieht er keine Möglichkeit; die Stammesgeschichte des *Homo*-Klade zu rekonstruieren. Eine von Kennedy (1991) vorgenommene Verwandtschaftsdiagnose an den regionalen *H. erectus*-Populationen ergab, daß *H. erectus* in der gegenwärtigen Definition ein valides Taxon darstellt. Die Autorin behauptet jedoch, daß die Probleme weniger in der biologischen Realität dieses Taxons liegen, als vielmehr in der Schwierigkeit, die Hominiden des Mittelpleistozäns und frühen Spätpleistozäns zu klassifizieren.

Bräuer u. Mbua (1992) führten ebenfalls eine kladistische Analyse an asiatischen und afrikanischen *H. erectus*-Fossilien durch und bezogen auch Fossilien von *Australopithecus*, *H. habilis* und dem archaischen *H. sapiens* in die Untersuchungen mit ein. Die häufig als Autapomorphien von *H. erectus* angesehenen Merkmale (Stirnbein- und Scheitelbeinkiel, Dicke der Schädelknochen, Torus angularis, Endinion-Inion-Distanz, Mastoidfurche und Winkel zwischen Proc. entoglenoidalis und Tympanischer Platte) wurden nicht nur bei afrikanischen *H. erectus* gefunden, sondern zum Teil auch bei *H. habilis*, *A. africanus* und dem afrikanischen archaischen *H. sapiens*. Die Verfasser halten es daher für kaum zulässig, die genannten Merkmale weiterhin als asiatische *H. erectus*-Autapomorphien zu betrachten. Nach Bräuer (1992a, S. 29) "...besteht gegenwärtig wenig Grund, daran zu zweifeln, daß in Afrika und Asien und wohl auch in Europa dieselbe Art *H. erectus* existierte".

Eine grundsätzlich andere Einschätzung des Fundmaterials findet sich bei Clarke (1990). Er stuft den Ndutu-Schädel (vgl. Kap. 8.2.3) als archaischen *H. sapiens* ein, der sich in Afrika entwickelte. Der Unterschied des Modells von Clarke gegenüber anderen Out-of-Africa-Modellen (Kap. 8.4.2) liegt darin, daß es den Vorläufer des archaischen *H. sapiens* in einer afrikanischen *H. erectus*-Form sieht, die Clarke als eigene Spezies, *Homo leakeyi*, führt (Abb. 7.27). Diese Art soll sich vor ca. 1,5 MJ aus *H. habilis* entwickelt haben und die Acheuléen-Faustkeilkultur (vgl. Kap. 7.5) fortgeführt haben, die mit *H. habilis* begann. *H. erectus* betrachtet er als Spezies, die sich in Asien, östlich vom indischen Subkontinent, möglicherweise aus einer *H. habilis*-Population entwickelte und auf diese Region beschränkt war. Als Hinweis auf dieses Modell wertet er die Tatsache, daß der in dieser Region lebende *H. erectus* nicht mit der Acheuleén-Faustkeiltechnik vertraut war.

Auch nach Bonde (1989) fehlen den mittelpaläolithischen Hominiden Europas und Afrikas die Spezialisierungen, die für den asiatischen *H. erectus* (einschl. Ngandong) kennzeichnend sind, obwohl einige der ostafrikanischen Hominiden des Frühpleistozäns (z. B. O.H. 9) als *H. erectus*-Kandidaten in Frage kommen. Nach Bonde ist der asiatische *H. erectus* ein spezialisierter, ausgestorbener Seitenzweig. Die afrikanischen Zeitgenossen - und vielleicht auch die ältesten europäischen Hominiden, *H. sapiens heidelbergensis*, - sind nach seiner Auffassung noch hinreichend generalisiert, um in unserer direkten Vorfahrenlinie zu stehen. Nach Bonde (1989) ist es ungeklärt, ob die asiatischen Formen eine eigene Spezies bilden. Alle früh- und mittel-pleistozänen *Homo* sind einander so ähnlich, daß sie ein *H. erectus*-Grade bilden könnten. Diese Formenreihe würde sich wahrscheinlich aus zwei oder sogar drei Subspezies einer alten *H. sapiens-time-*

biospecies[16] zusammensetzen. Wenn O.H. 9 einbezogen wird, sollte auch die afrikanische Form *H. sapiens leakeyi* genannt werden. Über den Ursprung dieser Spezies bestehen Zweifel, da unsicher ist, ob zwischen 2 und 1,5 MJ nur eine einzige sehr variable oder aber zwei sympatrische Spezies des Genus *Homo* existierten. Sofern es nur eine einzige Art war, müßte sie nach Bonde (1989) *H. sapiens habilis* heißen; sofern einige grazile Vertreter (z. B. KNM-ER 1813) jedoch in eine eigene Linie gehören, die zu KNM-WT 15 000 und KNM-ER 3733 sowie KNM-ER 992 führte, dann wären sie als Stammform der späteren *H. sapiens*-Linie einzustufen. Diese Stammform würde den ältesten Teil der time-bio-species repräsentieren und könnte als *H. sapiens ergaster* - oder bei Einschluß von O.H. 9 - *H. sapiens leakeyi* heißen (Abb. 7.27).

Wood (1992a, b) hält dagegen an der Speziesbezeichnung *H. ergaster* fest. Die Koobi Fora-Funde KNM-ER 730, 830, 992, 3733 und 3883 gehören ohne Zweifel zum *H. erectus*-Grade, da sie ursprüngliche Merkmale des Hirnschädels, des Unterkiefers und der Bezahnung beibehalten haben. Wegen ihrer Synapomorphien mit dem archaischen *H. sapiens* werden sie jedoch als eigenes Taxon, *H. ergaster*, geführt (Abb. 6.59).

Zusammenfassung: Es besteht eine erhebliche Unsicherheit bezüglich der phylogenetischen Beziehungen von *H. erectus*, und es ist vorauszusehen, daß die Probleme wohl nicht gelöst werden, solange nicht Einigkeit über das Hypodigma und die Definition dieses Taxons besteht (Lewin 1986; Tattersall 1986; Rightmire 1986a, b). Wesentlich ist, zu klären, ob *H. erectus* auf Asien beschränkt war oder auch afrikanische und europäische Funde einschließt. Die Versuche, Autapomorphien asiatischer *H. erectus*-Funde gegenüber den Stichproben anderer Regionen nachzuweisen, führten überwiegend zu dem Schluß, daß zumindest die afrikanischen und asiatischen Fundgruppen trotz ihrer variablen Merkmalsausprägungen nicht zu trennen sind. Sofern es gelingen sollte, das *H. erectus* zugeschriebene Hypodigma enger zu definieren, wären die Paläoanthropologen paradoxerweise mit einer neuen Schwierigkeit konfrontiert - nämlich die nun präziser definierte Spezies in eine gemeinsame, zu *H. sapiens* führende Stammlinie zu stellen.

7.5   Evolutionsökologie von *Homo erectus*

Nach archäologischen Befunden zu schließen, besiedelte *H. erectus* im Gegensatz zu den Australopithecinen und zu *H. habilis* ganz Afrika mit Ausnahme der extremen Wüstengebiete des Nordens und Südens sowie der Flachlandregenwälder des Kongo-Beckens (Abb. 7.14). Die Verteilung der archäologischen

---

[16] Bonde (1977) versteht unter dem informellen Begriff 'time-bio-species' die Einheit eines phylogenetischen Systems, die der 'evolutionären Spezies' von Wiley (1981) weitgehend entspricht.

Fundstätten läßt darauf schließen, daß vor etwa 1,5 MJ, also kurz nach dem Auftreten des *H. erectus*, die trockenere Peripherie des Sedimentbeckens des ostafrikanischen Grabenbruchs und die äthiopische Hochebene (2300 - 2400 m) besiedelt wurden (G. Clark u. Lindly 1989; J. Harris 1983). Die Befunde sprechen dafür, daß in Ostafrika gegen 1,5 - 1,4 MJ Acheuléen-Industrien die Oldowan-Tradition verdrängten (G. Isaac 1975; G. Isaac u. J. Harris 1978). Typologisch und aus technischer Sicht sind die Acheuléen-Faustkeile und andere zweiseitig behauene Werkzeuge die direkte Weiterentwicklung der älteren zweiseitigen Oldowan-Chopper. Um die Kontinuität der Werkzeugtypen deutlich zu machen, wurden in Olduvai und an anderen ostafrikanischen Fundplätzen zweiseitig behauene Artefakte als *entwickeltes Oldowan B* beschrieben, wobei angenommen wird, daß sich diese aus dem Oldowan A, einer späten Variante des reinen Oldowan, abgeleitet haben soll (M. Leakey 1971b, 1975). Das Oldowan B wird häufig auch der Acheuléen-Tradition zugerechnet.

Älteste archäologische Nachweise sind aus dem äthiopischen Gadeb 2 und Gadeb 8 bekannt, welche auf 1,5 - 0,73 MJ datiert wurden, sowie aus Melka Kunturé mit einer Zeitspanne von 1,3 - 0,7 MJ. Nahezu zeitgleich sind einige Artefakt-Fundstätten in Kenya (z. B. Kariandusi 0,9 - 0,8 MJ; Kilombe 0,73 MJ; Olorgesailie 0,9 - 0,7 MJ; Evernden u. Curtis 1965; G. Isaac 1977; Gowlett 1978; Bye et al. 1987). Archäologische Fundstätten, von denen auch *H. erectus*-Fossilien stammen, sind z. B. Swartkrans, Olduvai Bed II und IV, Lainyamok, Gomboré II, Thomas Quarries, Sidi Abderrahman und Tighennif (vgl. Kap. 7.1, Kap. 7.2). Die Acheuléen-Artefakte sind auch mit jüngeren, früharchaischen und frühen *H. sapiens* assoziiert, was die Kontinuität der Acheuléen-Industrien für die Zeitspanne von ca. 1,5 - 0,2 MJ dokumentiert (Übersicht in Tattersall et al. 1988; Klein 1989a).

Mit einiger Wahrscheinlichkeit expandierte *H. erectus* bereits vor mehr als 1 MJ bis in die nördlichsten und südlichsten Regionen Afrikas und wanderte sukzessive in die subtropischen Regionen der Alten Welt. Für die Besiedlung Westasiens liegen von Ubeidiya Besiedlungsspuren vor, die nach Faunenzusammensetzung, paläomagnetischer Datierung und wegen der Art der Geräte (Oldowan-ähnlich, frühes Acheuléen) zwischen 2 und 1 MJ datiert werden (Bar-Yosef 1980; Goren 1981; Repenning u. Fejfar 1982; Tchernov 1987; Tattersall et al. 1988).

Nach der vorläufigen Datierung des Unterkiefers von Dmanisi zu urteilen, könnte die Ausbreitung nach Norden bereits vor mehr als 1,6 MJ erfolgt sein (vgl. Kap. 7.2). Ob die Wanderung nach Asien und Europa über die östliche Landpassage (Naher Osten, Kleinasien) erfolgte oder während der Hochglaziale durch 'Inselhüpfen' über die Große Syrte oder Gibraltar, ist nicht entschieden (Alimen 1975). Hauptargument gegen die beiden westlichen Routen ist, daß selbst während der Hochglaziale keine direkte Landverbindung zwischen Nordafrika und dem westlichen Südeuropa bestand. Dagegen waren die Dardanellen während der Hochglaziale passierbar.

Älteste Besiedlungsspuren Europas werden für Chilhac (Auvergne) mit 1,9 MJ angegeben (Tattersall et al. 1988). Fridrich (1976) nennt für einige Fundplätze

Ost- und Zentraleuropas ein Alter von 1 MJ. Die möglicherweise einzigen zuverlässigen Fundplätze sind Le Vallonnet (bei Nizza; H. de Lumley 1976) und Soleihac (bei Le Puy, Zentralmassiv; E. Bonifay u. Tiercelin 1977). Paläomagnetische und faunistische Datierungen der Fundhorizonte und Artefakte liegen zwischen 0,97 und 0,90 MJ (Thouvenay u. E. Bonifay 1984).

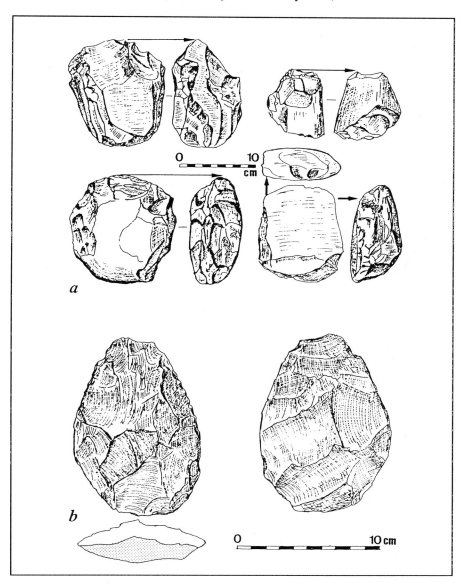

Abb. 7.28 Mittelpaläolithische Artefakte. **a** chopper von Zhoukoudian **b** Acheuléen-Faustkeil (n. Tattersall et al. 1988; umgezeichnet).

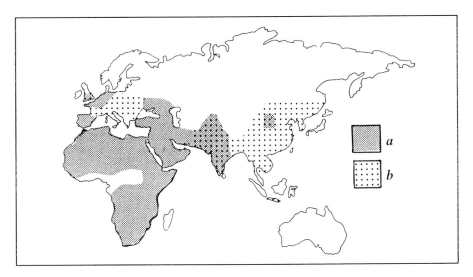

Abb. 7.29 Frühe paläolithische Industrien während des Mittelpleistozäns. **a** Faustkeil-Industrien (z. B. Acheuléen) **b** Industrien ohne Faustkeile (z. B. Clactonien, Tayacien, Zhoukoudien; n. Tattersall et al. 1988; Klein 1989a, umgezeichnet).

Auch an jüngeren Fundplätzen, z. B. Isernia La Pineta (Mittelitalien), Prezletice (bei Prag), Kärlich (bei Koblenz), die etwas über 0,73 MJ alt sein könnten, wurden Acheuléen-Faustkeile gefunden. An noch jüngeren, auf 0,6 - 0,3 MJ datierte Fundstätten wie Fontana Ranuccio (bei Rom), Hoxne und Boxgrove (Suffolk), Abbeville (Somme-Tal) und dem für die Kulturstufe namengebenden St. Acheul (Somme-Tal) sowie Terra Amata (bei Nizza), Torralba und Ambrona (Zentralspanien) sind zwar Artefakte, aber keine Hominidenfossilien entdeckt worden, so daß eine Assoziation zu *H. erectus* oder *H. sapiens* ungeklärt ist. Beachtlich ist, daß das archäologische Fundmaterial von Vértesszöllös und Bilzingsleben keine Faustkeile aufweist.

Ost-Asien fällt durch paläoökologische Eigenständigkeit auf, da keine Artefakte in direkter Assoziation mit den *H. erectus*-Fossilien Javas gefunden wurden (Pope 1992). Lange Zeit wurden auch die *chopper-chopping-tools* der sog. Pacitanian-(auch Patjitanian-) Industrie Süd-Zentral-Javas mit *H. erectus* oder dem jüngeren Solo-Menschen in Verbindung gebracht, jedoch sind diese nach neueren Befunden möglicherweise aus dem späten Mittel- oder Spätpleistozän (Bartstra 1984). Klein (1989a) nimmt an, daß diese Kultur nach *H. erectus* auftrat und mit der end-pleistozänen/früh-holozänen Hoabinhian-Industrie des südostasiatischen Festlandes zeitgleich einzustufen ist. Die gegenwärtig bekannten ältesten Artefakte Javas sind sehr undifferenzierte Kern- und Abschlaggeräte aus alluvialen Sedimenten nahe Sangiran. Diese von v. Koenigswald entdeckten Artefakte könnten nach Klein (1989a) aus dem unteren Spätpleistozän, aber auch von der Ngandong-Bevölkerung des oberen Mittelpleistozäns gefertigt worden sein.

Vom ostasiatischen Festland sind von Riwat (Rawalpindi, Nordost-Pakistan) bis zu 2 MJ alte Artefakte beschrieben worden, deren Echtheit jedoch höchst fraglich ist (Dennell et al. 1988a, b). Entschieden jünger und ebenfalls als Artefakte umstritten sind die *pebble tools* von Ban Mae Tha (Nord-Thailand), deren Alter annähernd bei 0,73 MJ liegen soll (Pope et al. 1986). Nach Rendell u. Dennell (1985) liegen die mit 0,73 - 0,40 MJ ältesten Artefakte Mittelasiens aus der Nähe von Dina (Nordost-Pakistan) vor. Ihre Identifikation als Acheuléen-Faustkeile ist aber nicht gesichert.

Die bislang ältesten Artefakte Chinas wurden in Kungwangling und Chenjiawo (0,8 - 0,5 MJ) entdeckt. Weitere zusammen mit Hominiden-Fossilien gefundene Artefakte stammen von Yuanmou und Zhoukoudian (Wolpoff 1980; Pope 1988). *H. erectus* lebte während der Interglaziale offensichtlich in Regionen mittlerer und niedriger Breite. Zhoukoudian zählt mit 39° 50' N zu den nördlichsten Fundplätzen, denn sibirische Artefakte, die *H. erectus* zugerechnet werden könnten, sind deutlich jünger (Yi u. G. Clark 1983).

Von Zhoukoudian (Lokalität 1) wurde sehr umfangreiches archäologisches Fundmaterial beschrieben, dem jedoch Faustkeile und andere zweiseitig behauene Werkzeuge fehlen, wie sie aus Afrika und Europa bekannt sind. Movius (1955) nahm zwei große Komplexe früher Altsteinzeitkulturen an, von denen sich die Acheuléen-Region vom indischen Subkontinent nach Westen bis Afrika und Europa erstreckte, während die chopper/chopping-tool-Region von Nordindien bis Ost- und Südostasien reichte (Abb. 7.28). Diese Auffassung ist heute aus verschiedenen Gründen nicht mehr haltbar (Hutterer 1985; Pope 1988; Klein 1989a). Es trifft aber zu, daß Faustkeile und andere Bifazies in Ostasien entschieden seltener auftreten als in Südwestasien, Afrika und Europa. Nach Pope (1988) kann die Fundsituation in Asien nur dann richtig verstanden werden, wenn für die asiatischen Regionen eigene Hominisationsmodelle entwickelt werden, die sich von den für die afrikanischen Populationen entworfenen unterscheiden.

Ob ein kausaler Zusammenhang zwischen dem erkennbaren Wandel der Werkzeugindustrie und der beschriebenen geographischen Verbreitung der Hominiden besteht, ist unklar. Es ist jedoch unbestritten, daß der technologische Wandel klare adaptive Konsequenzen hatte und offenbar auch die Richtung der morphologischen Entwicklung steuerte. Die Acheuléen-Industrie ist nicht nur dadurch gekennzeichnet, daß zahlreiche, sondern daß auch sehr komplexe und unterschiedlich gestaltete Werkzeuge hergestellt wurden. Erstmals werden die Werkzeuge nicht - wie die des Oldowan - mehr oder weniger zufällig gestaltet, sondern standardisiert und formbeständig zugerichtet, was nur durch größere Geschicklichkeit und komplexere Arbeitsschritte erreicht werden konnte. Während des Acheuléens zeichnet sich erstmals auch eine geographische Differenzierung der materiellen Kulturen ab (Abb. 7.27, Abb. 7.28).

Die von *H. erectus* hergestellten Steinwerkzeuge wurden zweifellos für vielfältige Zwecke eingesetzt, z. B. zum Schneiden, Schnitzen, Schaben, Schrammen und Schlachten. Die Verwendungsart und noch mehr die Art des Materials, auf welches die Werkzeuge angesetzt wurden, kann aus der Zerstörungsform sowie

der Politur an den Werkzeugen erschlossen werden (Keeley 1977, 1980; vgl. Kap.
2.3). Die Abnutzungsspuren der Werkzeuge von Fundplätzen, die von *H. erectus*
oder aber dem frühen *H. sapiens* besiedelt wurden, lassen auf die Verwendung
einer breiten Materialspanne schließen, z. B. Knochen, Geweihstangen, Fleisch,
Haut, Holz und nichthölzerne Pflanzengewebe. Ein geringer Teil des bearbeiteten
Materials hinterläßt diagnostizierbare Spuren an den Werkzeugen. Da es ferner
sehr schwierig ist, von der Form eines Werkzeugs auf seine Funktion zu
schließen, ist es nicht immer möglich, das vollständige Spektrum der an einer
Fundstätte geborgenen Werkzeuge zu erfassen. Abschläge und andere Werkzeuge
für leichte Tätigkeiten sind an einigen Fundplätzen mit Tierknochenhaufen viel
zahlreicher als Faustkeile. Daher ist zu vermuten, daß weniger Faustkeile, sondern
eher Abschläge die primären Schlachtwerkzeuge waren. Experimente sprechen
jedoch dafür, daß mit Faustkeilen und anderen großen zweiseitig bearbeiteten
Schneidewerkzeugen große Tiere besser zerlegt werden konnten. Aus der bloßen
Anzahl der Faustkeile einer Fundstätte läßt sich aber nicht ableiten, ob sie zum
Zerlegen von Kadavern oder Beutetieren verwendet wurden, denn es ist nicht auszuschließen, daß Faustkeile für viele andere Tätigkeiten eingesetzt wurden, z. B.
als Kerngeräte zur Herstellung kleiner, scharfer Abschläge. Das Material wurde
gezielt ausgewählt, denn es wurden die für die beabsichtigte Funktion geeignete-
sten Gesteine bearbeitet. Jedoch selbst qualitativ hochwertiges Material konnte
nicht alle Anforderungen erfüllen. Es darf mit großer Wahrscheinlichkeit
angenommen werden, daß einige Artefakte aus vergänglichem Material wie Holz,
Rohr, Schilf und Häuten gefertigt wurden. Die typologische Armut einiger
ostasiatischer Steinartefaktsammlungen im Vergleich zu den zeitgleichen
Acheuléen-Industrien im Westen könnte bedeuten, daß in dieser Region verderb-
liches Material - darunter insbesondere *Bambus* - häufiger eingesetzt wurde. *H.
erectus* hat offenbar nur wenig Gebrauch von Knochenmaterial gemacht, welches
an vielen bedeutenden Fundstätten reichlich vorhanden war. Tierknochen, die als
Hammer, Retuchier-Werkzeug, Ambosse, Schneidetische usw. gebraucht wurden,
finden sich zwar, jedoch gibt es keine Geräte, die als standardisierte Spitzen,
Ahlen, Bohrer u.ä. geformt worden sind (A. Jelinek 1977; Binford 1984; Klein
1989a; Mellars 1989b). Standardisiert gefertigte Knochengeräte treten erst vor
50 000 - 40 000 Jahren auf. Aufgrund der geringen typologischen Vielfalt und der
über einen langen Zeitraum kaum feststellbaren Veränderung der Artefakte kann
geschlossen werden, daß *H. erectus* im Vergleich zum anatomisch modernen
Menschen noch recht ursprünglich war. G. Isaac (1977) spekulierte, daß z. B. in
Olorgesailie und an anderen Acheuléen-Fundplätzen in Ost- und Südafrika die
großen Anhäufungen von Werkzeugen als Vorratslager angesehen werden
können. *H. erectus* wies sehr wahrscheinlich bereits ein komplexes antizipato-
risches Verhalten auf, was auch in den Werkzeugformen und der darin sich wider-
spiegelnden funktionalen Bedeutung zum Ausdruck kommt. Bessere Werkzeuge
vergrößerten offenbar die erreichbare Ressourcenbasis und effektivere Ausnut-
zung der Nische (vgl. Kap. 2.5.1.2). Nach Foley (1987) wurden zunächst
savannenähnliche Habitate erschlossen. *H. erectus* nutzte offenbar solche

tierischen und pflanzlichen Ressourcen, die durch schnelles Wachstum und Reproduktion gekennzeichnet waren.

Turner (1984) zeigte anhand tiergeographischer Befunde, daß gleichzeitig mit den Hominiden große Karnivoren wie Löwe, Leopard, Hyäne und Wolf außerhalb Afrikas gelegene nördliche Breiten besiedelten. Offenbar war dieser Prozeß an bestimmte adaptive Voraussetzungen gekoppelt, wie eine Mindestkörpergröße, Karnivorie und ein Leben im Sozialverband. Damit stellt sich die Frage, welche allgemeinen Prinzipien diesem Prozeß zugrunde lagen. Foley (1987) gibt folgende Antwort:

- Fleischfresser sind stärker *eurytop*, d. h. weniger an einen spezifischen Biotop gebunden. Deshalb können sie ohne weitere morphologische Veränderungen stärker expandieren als Pflanzenfresser, was durch die Tiergeographie eindrucksvoll belegt wird. Fleischfressende Säugetiere sind geographisch entschieden weniger variabel als große Pflanzenfresser. Aus der Kongruenz in der Radiation von Hominiden und großen Karnivoren ist der Schluß zu ziehen, daß erstere in hohem Maße auf Fleischressourcen angewiesen waren und Karnivorie eine entscheidende Komponente ihres Erfolgs darstellte.
- *Exogenie*[17] ist offenbar ein weiteres allgemeines Prinzip, das gegenüber den eng spezialisierten Arten in der Regel aber erst dann einen adaptiven Vorteil bringt, wenn die Umweltverhältnisse nicht stabil sind und die Fähigkeit, ein breiteres Nischenspektrum zu erobern, strategisch von Vorteil ist. Man kann deshalb annehmen, daß die stark generalisierten Beutegreifer in den gemäßigten Breiten Eurasiens Vorteile hatten.
- *Umweltphysiologische Aspekte* kennzeichnen das dritte allgemeine Prinzip zur Erklärung der Hominidenexpansion. Über die klimatischen Anpassungen können jedoch nur vage Vermutungen angestellt werden. Durch die Verkürzung der Körperanhänge (Extremitäten) und der exponierten Körperteile (z. B. Nase, Ohr) erreichen in kälteren Klimaten lebende Populationen einer warmblütigen Spezies ein günstigeres Verhältnis von Wärmeerzeugung zu Wärmeabgabe als ihre in wärmeren Klimazonen lebenden Artgenossen (Allensche Regel: Reduzierung der Körperspitzen, geringere Erfrierungsgefahr). Mit der steigenden Körpergröße wird das Verhältnis von Körperoberfläche zu Körpervolumen energetisch günstiger (Bergmannsche Regel: relativ kleine Oberfläche, geringere Wärmeabgabe in kälteren Klimaten; relativ große Oberfläche in heißen Klimaten, stärkere Wärmeabgabe). Daher läßt sich die Zunahme der Körpergröße bei *H. erectus* im Zusammenhang mit der erfolgreichen Expansion in die gemäßigten Breiten sehen, jedoch fehlt zur Hypothesenprüfung geeignetes postkraniales Fundmaterial.

Die beachtliche körperliche Stärke sowie die besondere Konstruktion des Nasenraumes haben *H. erectus* eine große physische Ausdauer bei alltäglichen Anforderungen und wohl auch bei Wanderungen ermöglicht. Shipman u. A. Walker (1989) analysierten die Kosten, die der Ernährungswechsel eines Hominiden von einem Pflanzen- zum Fleischfresser mit sich brachte. Danach war *H. erectus* der erste Hominide, der den Erwartungen entsprach, die an einen menschlichen Fleischfresser gestellt werden. Speth (1989) bezweifelte jedoch, daß

---

[17] Exogenie ist nach Foley (1987) die Eigenschaft einer Spezies, aufgrund relativ geringer Spezialisierungen an einen bestimmten Lebensraum, insbesondere an eng begrenzte Nahrungsressourcen, eine sehr breite Nahrungsnische nutzen zu können, verbunden mit dem Vorteil, bei Änderungen der Lebensbedingungen einen Nischenwechsel leichter vollziehen zu können.

er sich ausschließlich karnivor ernährte. Er begründet diese Annahme mit der begrenzten Aufnahmefähigkeit pflanzlicher und tierischer Proteine, dem geringen Fettanteil der meisten afrikanischen Huftiere und dem vergleichsweise hohen Eiweißanteil vieler Pflanzen. Ferner hält er die frühen Hominiden für unfähig, die Fettanteile des Knochengewebes nutzbar zu machen, so daß zumindest saisonal der Fleischanteil in der Nahrung sehr begrenzt war.

Durch die nachgewiesene Fähigkeit des *H. erectus*, Feuer zu entfachen und zu nutzen, könnten sich völlig neuartige Perspektiven in der Lebensgestaltung früher Hominiden ergeben haben. Die Entfachung und Beherrschung des licht- und wärmespendenden Elements dürfte eine lebenswichtige Voraussetzung für die Besiedlung Eurasiens gewesen sein, aber der direkte archäologische Beweis ist problematisch. Die ältesten Hinweise auf Feuergebrauch stammen von Erdklumpen in 1,5 - 1,4 MJ alten Ablagerungen von Koobi Fora und Chesowanja, jedoch ist nicht auzuschließen, daß auch natürlich entzündete, schwelende Vegetation ähnliche Spuren hinterlassen haben könnte. An den meisten frühpaläolithischen Fundplätzen lassen sich auch andere Brandreste auf natürlich entfachtes Feuer zurückführen (z. B. die verbrannte Erde in Olorgesailie, verkohlte Knochen in Terra Amata und verstreute Holzkohle in Prezletice, Torralba und Ambrona). Der älteste gesicherte Hinweis auf Feuergebrauch stammt von einer 0,7 MJ alten Feuerstelle von Escale (bei St. Estève-Janson, Bouches-du-Rhône; M.-F. Bonifay u. E. Bonifay 1963) und der überzeugendste Beweis für frühen Feuergebrauch aus Zhoukoudian (Lokalität 1; Jia 1975). Hier wurden verbrannte Knochen, dicke Aschenschichten, dünne Aschenlinsen, Holzkohle und angekohlte Knochen entdeckt. Es ist nicht auszuschließen, daß nur die Aschenlinsen tätsächlich von Herdstellen herrühren. Von Vértesszöllös sind in 50 - 60 cm tiefen Gruben Aschen von verkohlten Knochen festgestellt worden, deren Alter auf 0,4 MJ geschätzt wird.

Wir können zwar davon ausgehen, daß *H. erectus* seine Nahrung erhitzte, jedoch sind die Hinweise auf seine Ernährungsweise insgesamt nur sehr hypothetisch. Eine ausschließlich karnivore Ernährung erscheint aufgrund ethnologischer und archäologischer Beobachtungen an Jäger-Sammler-Populationen sehr unwahrscheinlich (vgl. Kap. 6.4). Da aber Pflanzenreste fossil nicht erhalten sind, ist die Ernährungsweise von *H. erectus* bislang nicht zu klären. Paläochemische Analysen an Fossilien könnten eines Tages die Wissenslücke schließen, aber Spurenelementanalysen an Fossilien haben gravierende Dekompositionen des Materials zu berücksichtigen (vgl. Kap. 2.3). Versuche eines prinzipiellen und methodischen Zugangs zur Ernährungsadaptation stehen erst am Anfang (Sillen 1986; Stinson 1992; Grupe und Garland 1993; Lambert u. Grupe 1993).

Das bislang einzige Fossil von *H. erectus*, das einen Hinweis auf die Ernährung liefert, ist das Teilskelett KNM-ER 1808 von Koobi Fora (1,7 - 1,6 MJ). Nach A. Walker et al. (1982) weisen die Langknochen des Individuums eine anormale Knochenschicht von bis zu 7 mm Dicke auf. Die osteopathologische Diagnose könnte 'A-Hypervitaminose' lauten und ist durchaus plausibel, denn die wahrscheinlichste Quelle für hohe Vitamin A-Dosen ist bei modernen Jäger-Sammler-

Bevölkerungen die Leber von Fleischfressern. Aber aus ernährungsphysiologischen Gründen ist eher anzunehmen, daß es sich um ein pathologisch verändertes Individuum handelte und die dicke Knochenschicht kein populationsspezifisches Kennzeichen darstellte.

Mit Ausnahme von Koobi Fora müssen alle Annahmen über die Ernährung von *H. erectus* ausschließlich auf der Assoziation von Knochen und Artefakten aufbauen. Bis in die siebziger Jahre nahmen die meisten Archäologen an, daß die frühen Menschen erfolgreich große Beutetiere jagten, z. B. Elefanten in Torralba und Ambrona, Großgeladas in Olorgesailie (Howell 1966; G. Isaac 1977). Aufgrund verfeinerter Arbeitsweisen der Taphonomie (vgl. Kap. 2.3) kamen die Paläontologen und Archäologen zu dem Schluß, daß die funktionale Erklärung der Artefakte entschieden problematischer ist, als bis dahin angenommen wurde. Die *H. erectus* zugeschriebenen Fundplätze befinden sich meistens an Schlüsselpositionen, in der Nähe von alten Flußläufen oder Seen, zu denen sich sowohl Menschen als auch Tiere natürlich hingezogen sahen. Ob die an derartigen Stellen gefundenen Knochen menschliche Beute oder Fraßreste anderer Beutegreifer repräsentieren, ist ungeklärt. Auch ein natürlicher Tod infolge Nahrungsmangels oder Erschöpfung könnte an exponierten Plätzen zur Ansammlung von Kadavern geführt haben, die vom Menschen oder aber von Karnivoren als Aas verzehrt wurden. Bestimmungen des Individualalters der an diesen Plätzen gefundenen Tierknochen machen diese Annahme plausibel.

Das Vorhandensein von Steinwerkzeugen und 'Spurfossilien' (vgl. Kap. 2.3) legt eine Jäger- oder Aasfresserrolle der Hominiden nahe. Da Koprolithen von Karnivoren sowie offensichtlich durch Zähne zerstörte und durch Wasser abradierte Knochen alternative Erklärungen zulassen, sind frühere, eindeutig auf menschliche Aktivitäten bezogene Schlußfolgerungen umstritten. In der Zusammensetzung des Knochenmaterials fällt die relative Häufigkeit der Achsenelemente (Schädel, Wirbel, Becken) gegenüber den Gliedmaßenknochen auf. Dieser Befund spricht dafür, daß Beutefänger oder Aasfresser häufig die muskelreichen Teile der Beute von den Fundstellen abtransportierten. Die verfügbaren Daten der meisten Fundplätze lassen bislang keine Differenzierung der Rolle des Menschen im Vergleich zu fleischfressenden Großsäugern zu (Behrensmeyer 1975; Boaz u. Behrensmeyer 1976; Behrensmeyer u. Hill 1980; Wolpoff 1980; Binford 1983; Shipman 1986; Turner 1986; Blumenschine 1989; Klein 1989a). Leider geben die archäologischen Fundplätze bislang keine sichere Auskunft darüber, wie *H. erectus* seine Fleischrationen beschaffte und wie effektiv er dabei vorging. Solange keine Fundstätte vorliegt, die den Nachweis liefert, daß die Knochenanhäufungen ausschließlich auf Aktivitäten der frühen Hominiden zurückgehen, wird es keine Lösung dieses Problems geben (Noe-Nygaard 1989; vgl. Kap. 2.3). Eine gewisse Chance bietet die systematische Untersuchung von Höhlen, da die meisten Beutetiere Höhlen nicht freiwillig aufsuchen. Es kann deshalb als weitgehend sicher angenommen werden, daß ihre Knochen durch einen Beutegreifer oder Aasfresser dorthin gelangten. Sofern die Höhlenablagerungen keine Hinweise für karnivore Aktivitäten enthalten, jedoch zahlreiche Artefakte, Herde und andere anthropogene Spuren vorliegen, sind dafür sehr wahrscheinlich frühe Menschen verantwortlich. Leider sind Höhlen aus der *H. erectus*-Periode nur selten erhalten. Eine der bedeutendsten ist die von Zhoukoudian. Die Lokalität 1 enthält unzählige Knochen von Nagern, Insektenfressern, aber auch von Groß-säugern wie Nashörnern und Elefanten. Aufgrund der sehr zahlreichen Skelett-elemente zweier ausgestorbener Hirscharten wurde *H. erectus pekinensis* als 'passionierter Hirschjäger' bezeichnet. Von Hyänen stammende Koprolithen stellen diese Auffassung aber in Frage. Aktivitäten dieser mit einem überaus kräftigen Gebiß zum Zerkleinern von Knochen ausgestatteten Carnivora sowie verschiedene taphonomische Prozesse (z. B. postmortale Umlagerungen, Zerdrückungen aufgrund von Erdverschiebungen) könnten auch die Anschauung widerlegen, daß die starke Zerstörung der Zhoukoudian-Schädel das Werk von Kannibalen war. Ob die Eröffnungen der Schädelbasis auf natürlichen Prozessen oder rituellen Handlungen beruhen, bedarf weiterer Überprüfung (Pope 1988).

Die an *H. erectus* erkennbaren Evolutionstrends wurden bislang mit geplanter und koordinierter Jagd, effizientem Sammeln sowie mit neuen Techniken in der Nahrungsaufbereitung in Zusammenhang gebracht. Wenn auch die jagdlichen Qualitäten dieses frühen Menschen etwas skeptischer zu beurteilen sind als bisher (Blumenschine u. Cavallo 1992), so lassen sich doch grundlegende morphologi-sche und kulturelle Innovationen, die möglicherweise durch die Verbesserung der verbalen Kommunikation gefördert wurden, für *H. erectus* feststellen (Wolpoff 1980). Die Neuerungen führten zu einem Verhaltenswandel, der wiederum neue Selektionsdrücke erzeugte. Vieles spricht dafür, daß *H. erectus* als hominider Jäger sowohl morphologisch als auch kulturell völlig neue Ressourcen erschloß, seine ökologische Nische vergrößerte und seine geographische Verbreitung gegenüber früheren Hominiden enorm steigerte. Die Entwicklung von 'Kultur aus der Natur' (Markl 1986; C. Vogel 1986), dieser die Hominiden kennzeichnende Adaptationsmechanismus, war damit in vollem Gange. Wolpoff (1980, S. 211) behauptet: "...the effects of this commitment played the single most critical role in the evolution of *Homo erectus* morphology". Die auf *H. erectus* gerichtete Selektion steigerte dessen Verhaltenskomplexität und Anpassungsfähigkeit (Adaptabilität). Ferner sprechen viele Befunde dafür, daß insbesondere an der Peripherie des Verbreitungsgebietes von *H. erectus* eine verstärkte regionale Populationsdifferenzierung einsetzte.[18]

---

[18] Vgl. hierzu die Erläuterungen zur *centre-and-edge-theory* von Wolpoff et al. (1984) in Kap. 8.4.1.

8 Ursprung und Entwicklung des modernen Menschen (*Homo sapiens*)

8.1 Fundgeschichtliche Aspekte

Das gegenwärtig wohl umstrittenste Thema menschlicher Stammesgeschichte ist die Evolution von *H. sapiens* (Übersicht in Wolpoff 1980, 1992; F. Smith u. F. Spencer 1984; Henke 1988; F. Smith et al. 1989; Mellars u. Stringer 1989; Stringer 1989a, b; Trinkaus 1989a; Hublin u. Tillier 1991; Cavalli-Sforza 1992; A. Wilson u. Cann 1992; Thorne u. Wolpoff 1992; Bräuer u. F. Smith 1992). Anlaß für das große aktuelle Interesse an den Fragen des Ursprungs und der Entwicklung des modernen Menschen sind - sehr ungewöhnlich für die Paläoanthropologie - nicht neue Fossilfunde, sondern vielmehr Impulse aus Nachbardisziplinen. So führten neue archäometrische Verfahren (vgl. Kap. 2.4.2) zur Revision der Datierungen bekannter Fundplätze wie Qafzeh oder Skhul und damit zum Überdenken der derzeit bestehenden phylogenetischen Modelle (Schwarcz et al. 1988; Stringer et al. 1989; Stringer 1990; Bar-Yosef u. Vandermeersch 1993). Ferner begründeten innovative molekularbiologische und zytogenetische Analysen an rezenten Populationen die Etablierung einer neuen Forschungsdisziplin, der Paläogenetik (Lewin 1987; Cann 1988; Vigilant et al. 1991; Lucotte 1992; A. Wilson u. Cann 1992; vgl. Kap. 2.4.3). Vergleichende Befunde an mütterlicher (maternaler) mitochondrialer DNA wurden von Cann et al. (1987) als Hinweis auf einen gemeinsamen afrikanischen Ursprung aller modernen Menschen vor rund 200 000 Jahren interpretiert. Die Bezeichnung der ältesten gemeinsamen Vorfahrin aller modernen Menschen als *afrikanische Eva* oder *lucky mother* (A. Wilson u. Cann 1992) gab dem Modell eines monogenetischen afrikanischen Ursprungs des *H. sapiens* breite Popularität. Da diese Interpretation auch mit den stammesgeschichtlichen Hypothesen zahlreicher Paläoanthropologen koinzidierte, die aufgrund der Fossilbelege für ein *out-of-Africa*-Modell eintraten, wurde die Kontroverse um einen multi- oder uniregionalen Ursprung des *H. sapiens* zum zentralen stammesgeschichtlichen Thema (Protsch 1975, 1978a, b; Bräuer 1984a; Stringer et al. 1984; Stringer 1985, Stringer u. Andrews 1988a, b). Die Diskussion zwischen den für Kontinuität und Gradualismus plädierenden *Multiregionalisten* (vgl. Kap. 7.4, Kap. 8.4.1) und den für einen monogenetischen rezenten afrikanischen Ursprung der modernen Menschheit mit sukzessiver Verdrängung (engl. *replacement*) aller archaischen Populationen argumentierenden *Migrationisten* wurde in ungewöhnlich intensiver Form geführt (Howells 1976; F. Smith u. F. Spencer 1984; Mellars u. Stringer 1989; Bräuer u. F. Smith 1992).

In der nachdarwinschen Ära des vorigen und in der ersten Hälfte dieses Jahrhunderts belegte man *H. sapiens*-Fossilien mit einer Vielzahl von Art- und Unterartnamen. Dies ist zum einen als Indiz für die große Variationsbreite dieses polytypischen Taxons, zum anderen aber auch als zeitgenössisches Phänomen der damals üblichen systematischen Vorstellungen zu verstehen. Die Kennzeichnung des Neandertalers aus der Kleinen Feldhofer Grotte als *Homo neanderthalensis* sowie die Bezeichnung der Fossilien aus dem belgischen Spy als *Homo spyensis* und der Funde von Le Moustier und La Chapelle-aux-Saints als *Homo transprimigenius mousteriensis* bzw. *Homo chapellensis* sind neben dem *Homo steinheimensis* aus Steinheim a. d. Murr und dem jungpaläolithischen *Homo Aurignaciensis Hauseri*[1] aus Combe Capelle nur wenige Beispiele aus der europäischen Fundregion (Campbell 1965, 1972; Oakley et al. 1971; Groves 1989b). Auch außereuropäisches Fundmaterial wurde eigenen Taxa zugerechnet, z. B. das Skhul-Material einem *Palaeanthropus palestinus* und der Kabwe-Schädel einem *Homo rhodesiensis*, der später in *Cyphanthropus rhodesiensis* umbenannt wurde.

Mayr (1950) erklärte in einem neuartigen biologischen Artkonzept zahlreiche Klassifikationen innerhalb der Hominidae für obsolet und leitete damit die heute jedoch zunehmend kritisierte klassifikatorische Vereinheitlichung ein (Tattersall 1986). Die Revision der fossilen Hominidae wurde von Campbell (1965, 1972) fortgeführt und von dem Gros der Paläoanthropologen akzeptiert. Er ging von dem formalen Standpunkt aus, daß im Pleistozän nie mehr als eine einzige Hominidenspezies existierte und daß die Taxa *H. erectus* und *H. sapiens* polytypische Spezies repräsentieren. Campbell (1972) schlug daher eine Gliederung von *H. sapiens* Linnaeus, 1758 in vier fossile Subspezies vor: *H. sapiens neanderthalensis* King, 1864; *H. sapiens palestinus* McCown u. Keith, 1932; *H. sapiens rhodesiensis* Woodward, 1921; *H. sapiens soloensis* Oppenoorth, 1932 sowie das rezente Taxon *H. sapiens sapiens* L., 1758 und weitere rezente Subspezies.

In der Folgezeit wurde es üblich, nur noch zwischen dem 'anatomisch modernen' *H. sapiens* und dem 'archaischen' oder 'frühen' *H. sapiens* zu unterscheiden. Als archaische Formen werden die mittel- und spät-pleistozänen Hominiden angesehen, die sich vom modernen Menschen zwar morphologisch absetzen, diesem aber vermutlich verwandtschaftlich recht nahe stehen. Aber auch die Abgrenzung von *H. sapiens* gegenüber der Vorfahrenspezies erweist sich als problematisch (vgl. Kap. 7.4). Aufgrund ihres Mosaiks aus *H. erectus*-Kennzeichen und progressiven *H. sapiens*-Merkmalen werden verschiedene mittelpleistozäne Hominidenfossilien im allgemeinen nicht mehr als *H. erectus* klassifiziert. Da sie wegen verschiedener archaischer Merkmale aber auch nicht zum anatomisch modernen *H. sapiens* zu rechnen sind, bezeichnet man sie meistens als archaische *H. sapiens*. Das gilt nicht nur für diejenigen Funde, die außerhalb der angenommenen Zeitspanne des Auftretens von *H. erectus* liegen und deren diagnostische Zuordnung zu diesem Taxon aufgrund des schlechten Erhaltungszustandes Zweifel begründet, sondern auch für verschiedene relativ vollständige

---

[1] Originalschreibweise in Abweichung von der zoologischen Nomenklatur.

Hominidenfunde, die zwar noch viele Merkmale mit *H. erectus* teilen, aber bereits einige Autapomorphien besitzen.

Die Plesiomorphien des archaischen *H. sapiens* umfassen massive Überaugenwülste, ein niedriges, fliehendes Stirnbein, eine relativ breite Schädelbasis, dicke Schädelwände und relativ massive, kinnlose Unterkiefer mit großen Zähnen. Die Autapomorphien des archaischen *H. sapiens* betreffen dagegen das allgemein größere Hirnschädelvolumen, welches weit über dem Durchschnittswert von *H. erectus* liegt, ferner die breiteren Stirnbeine mit den stärker gebogenen Überaugenwülsten, die stärker aufgewölbten Scheitelbeine und die deutlicher gerundeten Hinterhauptsbeine.

Die Praxis, die Fossilien aufgrund des Vorhandenseins und der Ausprägung gegenüber *H. erectus* progressiver Merkmale als 'evolvierten' *H. erectus* bzw. als 'archaischen' oder 'frühen' *H. sapiens* zu bezeichnen (Wolpoff 1980; Klein 1989a), wurde von Kladisten aus prinzipiellen und methodischen Gründen heftig kritisiert (vgl. Kap. 7.2). Tattersall (1986) betont mit Recht, daß Paläontologen es sehr selten für notwendig erachtet haben, zwischen 'archaischen' und 'anatomisch modernen' Typen derselben Spezies zu unterscheiden, jedoch wird hier möglicherweise den speziellen Bedingungen der Hominisation und den mit der kulturellen Evolution verbundenen Isolationsphänomenen nicht hinreichend Rechnung getragen, weil interdisziplinäre Aspekte unberücksichtigt bleiben. Die klassifikatorischen Schwierigkeiten werden teilweise dann verständlich, wenn man bedenkt, daß *H. sapiens* eine polytypische Spezies ist, zu deren Variationsbreite auch der heutige Mensch mit seiner großen Variabilität in der Merkmalsausprägung beiträgt.

Ein weiteres Problem ergibt sich dadurch, daß einige der fossilen *H. sapiens*-Bevölkerungen in einem Kontinuum mit regionalen *H. erectus*-Populationen stehen, während andere, offenbar aufgrund veränderter Selektionsdrücke, neuartige Merkmale entwickelt haben. Die Gradualisten argumentieren, daß - ebenso wie die heute zu unterscheidenden Bevölkerungen (z.B. Negride, Mongolide, Europide, Australide) ihre physischen Differenzen trotz Kreuzungen und Migrationen bewahrten - dies auch schon seit der frühesten Besiedlung Europas und Asiens zutreffen könnte.

Tattersall (1986) sieht dagegen in dem von Mayr (1950) eingeleiteten Konzept, alle seit dem Oberpleistozän existierenden Hominidae in eine Art zu stellen (engl. *lumping*), 'die vielleicht größte Vernebelung der tatsächlich erfolgten Speziation' (Eldredge u. Tattersall 1982; Tattersall 1986). Aufbauend auf Tattersalls Kritik prophezeite Klein (1989a), daß sich durch zukünftige Entdeckungen heute als früher oder archaischer *H. sapiens* bezeichnetes Fossilmaterial als ein Gemisch unterschiedlicher Spezies erweisen könnte. Diese Prognose scheint nach Auffassung einiger Anthropologen hinsichtlich der archaischen mittel- und spät-pleistozänen Populationen Europas sowie der Levante und des Mittleren Ostens bereits zuzutreffen, denn nach Stringer (1984), Rak (1986) und anderen Autoren repräsentieren die Neandertaler-Fossilien eine eigene Art. Nach F. Smith et al. (1989), Frayer (1992a, b), Thorne u. Wolpoff (1992) sowie Wolpoff (1992) sind die

Neandertaler trotz ihrer kennzeichnenden morphologischen Adaptationen jedoch die stammesgeschichtlichen Vorfahren der europäischen Jungpaläolithiker und damit eine fossile Rasse unserer eigenen Art.

Die Vorstellungen über die phylogenetische Rolle und das Schicksal der Neandertaler sind ein essentieller Bestandteil der Hypothesen zum Ursprung und zur Entstehung des modernen Menschen (Brace 1962; F. Spencer 1984; Trinkaus u. F. Smith 1985; Henke 1988; Trinkaus 1989). Stringer (1982, S. 431) umreißt in diesem Kontext das 'Neandertaler-Problem' treffend, wenn er schreibt, daß nur wenig Hoffnung zur Lösung der komplexeren Fragen der Hominidenevolution besteht, sofern es uns nicht gelingen wird, das Neandertaler-Problem zu lösen und zu einem Verständnis der Beziehungen zwischen den Neandertalern und dem anatomisch modernen Menschen zu gelangen. Er begründet seine kritische Einschätzung damit, daß wir keine andere fossile Menschenform solange kennen wie den Neandertaler, der ja bekanntlich der erste als 'diluvial' eingestufte Hominidenfund war, und daß keine andere archaische Hominidenfundgruppe existiert, die ausführlicher und besser dokumentiert ist, und daß wir trotz dieser vergleichsweise optimalen Voraussetzungen bislang keineswegs Klarheit über die stammesgeschichtliche Stellung der Neandertaliden haben. Obwohl zahlreiche Argumente für eine Speziesabgrenzung der Neandertaler vorgetragen wurden, wird hier die Auffassung vertreten, daß die Belege für eine taxonomische Separierung auf Artniveau bislang nicht überzeugend sind (Frayer 1992b; Wolpoff 1992; *contra* Stringer 1992a, 1993; A. Wilson u. Cann 1992). Die Neandertaler werden deshalb nachfolgend nur als eine Fossilrasse von *H. sapiens* beschrieben, d.h. als diejenige fossile Subspezies unserer Art, die am längsten überdauerte. Interessanterweise wird diese Einschätzung nicht nur von Multiregionalisten geteilt, sondern auch von einigen Vertretern des 'out-of-Africa-Modells', die Hybridisierung zwischen den aus Afrika ausgewanderten Populationen mit autochthonen Neandertalern nicht ausschließen (Bräuer 1984a, b, 1992a, b). Durch den Fossilfund von St. Césaire ist nachgewiesen, daß die klassischen Neandertaler zumindest bis vor ca. 32 000 Jahren existierten. Nahezu zeitgleich tritt in Europa der anatomisch moderne Mensch auf. Dieser Schritt erfolgte in anderen Regionen der Alten Welt offenbar entschieden früher. Die zeitliche Verschiebung ist nach Ansicht der Paläoanthropologen, die eine multiregionale gradualistische Entwicklung des Genus *Homo* im mittleren und späten Pleistozän sehen, jedoch durchaus modellkonform. Demzufolge reichen die Spuren aller modernen Bevölkerungen bis zu dem Zeitpunkt zurück, an dem Menschen erstmals Afrika verließen. Wegen des angenommenen multiregionalen Evolutionskontinuums, d.h. der vielfältigen zeitlichen und räumlichen Vernetzungen morphologischer Merkmale, ist nach dem Chronospezies-Konzept *prinzipiell* keine Trennung zwischen *H. erectus* und *H. sapiens* möglich (Wolpoff 1980; Wolpoff et al. 1984; Thorne u. Wolpoff 1992; vgl. Kap. 2.5.8).

Das Modell eines rezenten afrikanischen Ursprungs der lebenden Menschheit sieht wegen der uniregionalen Ableitung des *H. sapiens* aus subsaharischen *H. erectus*-Populationen und der sukzessiven Verdrängung aller außerafrikanischen archaischen Bevölkerungen Diskontinuität der dort vor und nach der Ablösung lebenden regionalen Populationen vor. Die Befürworter des 'out-of-Africa-Modells' ohne Hybridisierung, welches auch als 'Arche-Noah-' oder 'Garten-Eden-Modell' bezeichnet wurde, sehen in Fossilfunden Südafrikas unzweifelhafte Dokumente für das früheste Auftreten des anatomisch modernen *H. sapiens*. Sie schließen eine gradualistische Transition in Europa und Asien aus, d. h. es erfolgte eine vollständige Ablösung der autochthonen archaischen Populationen dieser Regionen der Alten Welt. Um die Hypothese eines rezenten monogenetischen afrikanischen Ursprungs zu stützen und damit gleichzeitig das Modell einer multiregionalen Evolution zu widerlegen, gilt es nach Wolpoff (1992) nachzuweisen,

- daß die ältesten anatomisch modernen Menschen aus Afrika stammen und alle außerafrikanischen Menschenformen komplett verdrängten;
- daß die ältesten anatomisch modernen Menschen in außerafrikanischen Regionen ebenfalls afrikanische Merkmalsmuster aufgewiesen haben;
- daß die anatomisch modernen Menschen und die archaischen Populationen, die von ihnen verdrängt worden sein sollen, sich niemals vermischt/gekreuzt haben;
- daß eine morphologische Unstetigkeit oder ein Bruch (Diskontinuität) zwischen den Fossilien aus der Zeit vor und nach der Verdrängung vorliegt.

Um das Für und Wider der alternativen Evolutionsmodelle auf der Basis der zahlreichen zum archaischen oder zum anatomisch modernen *H. sapiens* zählenden Fossilien diskutieren zu können, wird nachfolgend ein Überblick zur geographischen und chronologischen Variabilität des maßgeblichen Fossilmaterials der drei Kontinente der Alten Welt gegeben.

8.2 Intraspezifische Variabilität von *Homo sapiens*

8.2.1 Europäische und vorderasiatische Region

Die Diskussion über die *H. erectus*-Funde zeigte bereits, daß die Klassifikation der mittelpaläolithischen Hominiden Europas sehr kontrovers beurteilt wird (Rightmire 1990; vgl. Kap. 7.1.3). Während vielfach an der Klassifikation nach Campbell (1972) festgehalten wird und z. B. der Unterkiefer von Mauer als Subspezies des Taxons *H. erectus* (*H. erectus heidelbergensis*) benannt wird (Beinhauer u. Wagner 1992; Kraatz 1992; Protsch v. Zieten 1992) und obwohl auch jüngeres Fundmaterial aus Bilzingsleben (*H. erectus bilzingslebenensis*), Reilingen (*H. erectus reilingensis*), Vértesszöllös (*H. erectus palaeohungaricus*) sowie Tautavel (Arago; *H. erectus tautavelensis*) und Petralona (*H. erectus petraloniensis*) häufig zum *H. erectus*-Formenkreis gestellt wird, sehen andere bei

den europäischen Fossilien autapomorphe Merkmale, die für eine eigenständige
Homo-Linie (*H. heidelbergensis*) sprechen (Bonde 1989; Rightmire 1990; vgl.
Kap. 7.1.3, Kap. 7.4). Tattersall (1986) schließt nicht aus, daß neben einem *H.
heidelbergensis* noch eine zweite Art, *Homo steinheimensis*, im Mittelpleistozän
existierte. Letztere lassen jedoch *H. erectus*-Ähnlichkeiten vermissen und stellen
offensichtlich Mosaiktypen zwischen dem Neandertaler und dem modernen
Menschen dar. Die meisten Bearbeiter des Fundmaterials halten jedoch an dem
H. erectus-Status der älteren europäischen Hominiden fest oder betrachten sie als
europäische Linie des archaischen *H. sapiens*. Schließt man sich der letzten
Auffassung an, so lassen sich folgende Grades unterscheiden:

- Ante-Neandertaler oder Vor-Neandertaler,
- frühe Neandertaler oder Praeneandertaler,
- späte Neandertaler oder klassische Neandertaler.

8.2.1.1 Ante-Neandertaler

Der Terminus Ante-Neandertaler stammt aus der französischen Fachliteratur.
M.-A. de Lumley-Woodyear (1973) beschrieb mittel-pleistozänes Fundmaterial
aus der Arago-Höhle bei Tautavel sowie von Cova Negra, Lazaret und Grotte du
Prince als *Anténéandertaliens*. In der Folgezeit wurde weiteres französisches und
auch anderes europäisches Fundmaterial diesem Grade zugerechnet (Tabelle 8.1),
da die lange geltende Auffassung, daß zwei getrennte Hominiden-Linien in
Europa existiert hätten, verworfen wurde.

Nach der *Praesapiens-Hypothese* sollte eine der beiden Linien zum klassischen
Neandertaler führen, während die andere den Ursprung des *H. sapiens sapiens*
bildete. Diese Hypothese geht auf Boule (1913) zurück, der aufgrund seiner
empirischen Studien am Neandertaler von La Chapelle-aux-Saints einen deutlichen Hiatus zwischen dem Neandertaler und dem anatomisch modernen
Menschen sah; und der daraus den Schluß zog, daß der Neandertaler notwendigerweise nicht der Vorfahr des letzteren sein könne, sondern als eine archaische,
ausgestorbene Spezies zu betrachten sei und somit aus der direkten Stammlinie
des *H. sapiens sapiens* ausscheide.

Vallois (1954, 1958) griff diese Hypothese in der zweiten Hälfte dieses
Jahrhunderts erneut auf und sah in den Funden von Fontéchevade und
Swanscombe zwingende Beweise für die Existenz der Praesapiens-Formen. Heute
ist bekannt, daß die beiden 'Kronzeugen' der Praesapiens-Hypothese in hohem
Maße Zweifel an diesem Modell begründeten. So wies Vallois (1958) selbst auf
neandertalide Merkmale der Ossa parietalia von Fontéchevade 5 (früher
Fontéchevade II) hin. Ferner führten neuere Untersuchungen von Trinkaus (1973)
und Vandermeersch et al. (1976) am Stirnbeinfragment Fontéchevade 4 (früher
Fontéchevade I) zu der Auffassung, daß es sich hierbei entweder um ein adultes
Individuum handelt, dem der Torus supraorbitalis vollständig fehlt, oder um

Tabelle 8.1 Als *H. erectus*, Übergangsformen von *H. erectus* oder archaischer *H. sapiens* klassifiziertes europäisches Fundmaterial (Ante-Neandertaler).[2]

Fundort	Fundjahr	Fossil / Datierung (MJ)		Referenz
Mauer/Heidelberg	1907	Mandibula	ca. 0,6	Beinhauer u. Wagner 1992
Steinheim a. d. M.	1933	Kalvarium	[250 000]	Adam 1988
Bilzingsleben	1972-1989	Hirnschädel-, fragmente, Zähne	[350 000]	Vlček u. Mania 1977; Vlček 1991
Petralona	1960	Kalvarium	0,35-0,20	Stringer et al. 1979; Xirotiris u.Henke 1981
Vértesszöllös	1964/65	Okziput, Zähne	[340 000]	Thoma 1966
Arago (Tautavel)	1964	kraniale u. postk. Skeletteile, Zähne	< 0,45	de Lumley-Woodyear 1973
Fontéchevade	1947	Hirnschädelfr.	[Tayacien]	Stringer et al. 1984
Montmaurin	1949-1953	Kiefer,Zähne, Wirbel	0,19-0,13	Billy u. Vallois 1977
Le Lazaret	1953/58/64	Schädelfr.,Zähne	[210 000]	de Lumley-Woodyear 1973
La Chaise	1949-1975	Schädelfr.,Zähne	0,25-0,13	Stringer et al. 1984
Biache-St.-Vaast	1976	Hirnschädelfr.	[176 000]	Vandermeersch 1978b
Atapuerça (Cueva Mayor)	1976 1983-1986 -1993	kraniale u. postk. Skeletteile, Zähne	0,49-0,25	Aguirre u. M. de Lumley 1977; Arsuaga et al. 1993; Stringer 1993
Swanscombe	1935/36/55	Hirnschädelfr.	0,40-0,25	Weiner u. Campbell 1964
Pontnewydd	1980-1988	Kieferfragmente, Wirbel, Zähne	0,25-0,19	Stringer et al. 1984

[2] Unsicher bestimmtes oder wenig aussagekräftiges Fundmaterial aus Frankeich (Orgnac), Italien (Castel di Guido, Pofi, Ponte Mammolo) sowie weitere Fossilien aus Spanien (Cova Negra), Kroatien (Sandalja) und Aserbaidschan (Azych) bleiben hier unberücksichtigt (Übersicht in H. de Lumley u. M. de Lumley 1990; J. Herrmann u. Ullrich 1991).

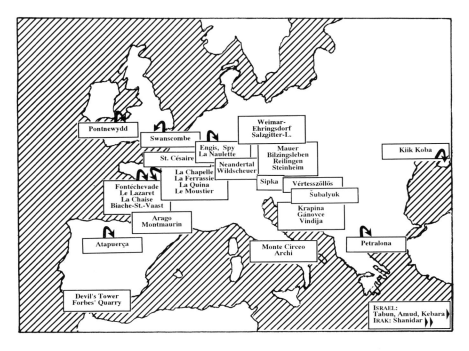

Abb. 8.1 Fundkarte der als Ante-Neandertaler, frühe Neandertaler oder späte Neandertaler klassifizierten Fossilien aus Europa.

ein subadultes, ca. 12jähriges Neandertalerkind, bei dem der Torus noch nicht ganz ausgebildet war und erst im fortgeschrittenen Alter angelegt worden wäre (Hublin 1982).

Nicht nur die von Vallois (1954) angeführten Befunde waren nicht aussagekräftig genug, um die Praesapiens-Hypothese zu stützen, auch die Befunde an den Hirnschädelfragmenten von Swanscombe erwiesen sich als untauglich (Ovey 1964; Weiner u. Campbell 1964). Cook et al. (1982) sowie Stringer et al. (1984) stellten die klaren Beziehungen des hoxnian-zeitlichen Swanscombe-Fundes mit dem holstein-zeitlichen Steinheimer Schädel (Adam 1984) und dem zeitlich intermediären Fund von Biache-St.-Vaast her (Vandermeersch 1978b). Auch das vorstehend erwähnte Kalvarium von Steinheim, das Heberer (1950a,b, 1951) und Gieseler (1974) als Praesapiens bezeichneten, ist nach neuen vergleichenden Befunden eher als Neandertaler-Vorfahr einzustufen. Eine selbständige Praesapiens - Cro-Magnon - Linie hat es offenbar nicht gegeben (Bräuer 1985; Stringer 1985; Henke 1988). Damit kennzeichnet der Terminus *Ante-Neandertaler* nicht nur die chronologisch vor den frühen Neandertalern einzustufenden Hominidenfossilien Europas als zeitliche Vorläufer, sondern auch als *direkte Vorfahren der Neandertaler.*

Cook et al. (1982) und Stringer et al. (1984) haben neben Klein (1989a) Fundbeschreibungen der in Tabelle 8.1 aufgelisteten mittel-pleistozänen Funde geliefert. Das Fundmaterial aus Fontéchevade (bei Angoulême) wurde bereits als angeblicher Praesapiens erwähnt. Alle Kennzeichen passen sich sehr gut in das Spektrum der Variationsbreite vorneandertalider Hominiden ein. Gleiches gilt für die aus der Arago-Höhle beschriebenen südfranzösischen Hominidenfossilien, zu denen neben einem sehr gut erhaltenen Gesichtsschädel (Arago XXI; Abb. 8.2) ein später entdecktes und zu demselben Individuum gezähltes Os parietale (Arago XLVII) sowie Unterkiefer und Unterkieferfragmente (Arago II, XIII) aber auch Beckenfragmente (Arago XLIX) gehören. H. de Lumley u. M. de Lumley (1990) beschreiben das Gesichtsskelett als sehr breit mit betonter alveolarer Prognathie, jedoch fehlt noch die für Neandertaler typische 'Spitzgesichtigkeit'. Das Os parietale ist massiv und ähnelt dem von Swanscombe. Die nur vage zu ermittelnde Hirnschädelkapazität wird mit ca. 1160 cm³ angegeben. Nach der unterschiedlichen Größe der Unterkiefer ist mit einem hohen Sexualdimorphismus der max. 0,45 MJ alten Population zu rechnen. Die retromolare Lücke bei Arago II ist ein neandertalides Merkmal, während Arago XIII sich nicht von *H. erectus* oder frühen *H. sapiens* absetzt. Gleiches trifft für Beckenmerkmale zu.

Aus Montmaurin (Haute-Garonne) liegen Kiefer-, Zahn- und Wirbelfragmente vor. Billy u. Vallois (1977) bearbeiteten den fast kompletten Unterkiefer, der nach Isotopenanalysen auf ein Alter von 0,19 - 0,13 MJ datiert wird. Der massive Unterkiefer mit relativ kleiner Bezahnung hat keine Kinnbildung, zeigt jedoch ebenso wie Arago II eine Lücke zwischen dem M_3 und dem Vorderrand des Unterkieferastes. Dieses Merkmal sowie molare Taurodontie sind ebenfalls als neandertalid zu werten.

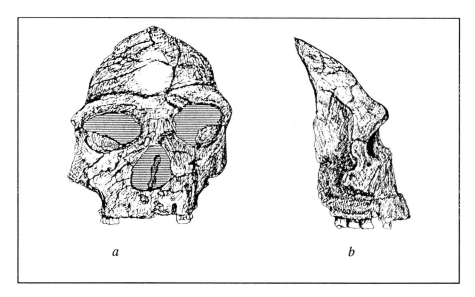

a   *b*

Abb. 8.2 Gesichtsschädel Arago XXI. **a** Frontalansicht **b** Lateralansicht.

Entsprechendes gilt für die Funde aus La Chaise (auch Bourgois-Delaunay und Suard, Charente; Debénath 1976, 1977, 1988), die überwiegend isolierte Zähne sowie kraniale und postkraniale Fragmente umfassen. Nach radiometrischen und paläobiologischen Datierungen sind die Funde zwischen 0,25 und 0,13 MJ alt, jedoch scheinen einige Fossilien deutlich jünger zu sein (< 80 000 Jahre; Blackwell et al. 1983), was sie als Ante-Neandertaler ausschließen würde.

Aus Biache-St.-Vaast (Pas de Calais) stammen ein Teilschädel, ferner ein Maxillenfragment mit Molaren sowie fünf isolierte Zähne (Tuffreau et al. 1982). Nach Aitken et al. (1986) lassen TL-Datierungen ein Alter zwischen 196 000 und 156 000 Jahren annehmen, was durch stratigraphische Befunde gestützt wird (Sommé et al. 1986). Der von Vandermeersch (1978b) analysierte Teilschädel soll eine Hirnschädelkapazität von 1 200 cm^3 aufweisen und zahlreiche neandertalide Merkmale besitzen.

Das Fundmaterial aus der Höhle von Lazaret in Nizza umfaßt neben isoliert gefundenen Zähnen ein sehr problematisches Scheitelbein. Nach de Lumley-Woodyear (1973, S. 104) sind die Funde "...moins évolués que les Néandertaliens".

Die aus der Cueva Mayor von Atapuerça stammenden Hominidenfossilien, darunter zahlreiche Schädelbruchstücke und auch komplette Schädel sowie fragmentarische Unterkiefer und zahlreiches Zahn- und Postkraniummaterial, sind ausschließlich aufgrund faunistischer Assoziationen (u. a. *Ursus dingeri*) auf 0,49 - 0,25 MJ einzustufen (Aguirre u. M. de Lumley 1977; Rosas 1987; Stringer 1993). Nach Klein (1989a) sowie H. de Lumley und M. de Lumley (1990) sind intermediäre morphologische Merkmale zwischen *H. erectus* und Neandertalern nachweisbar (vgl. Kap. 6.1.3).

Fundmaterial aus Bañolas und der Cova Negra, das von de Lumley-Woodyear (1973) als Ante-Neandertaler beschrieben wurde, muß hier unbeachtet bleiben, solange nur vage Datierungen vorliegen (Stringer et al. 1984; H. de Lumley u. M. de Lumley 1990). Stringer (1992b) stellt die Funde von Bañolas zu den klassischen Neandertalern.

Aus Großbritannien sind zwei Hominidenfossilien zu beschreiben, der Fund von Swanscombe, bestehend aus einem 1935 gefundenen Os occipitale sowie später geborgenen Ossa parietalia. Der Fund aus den Themseschottern (Barnfield Pit, Kent) kann aufgrund der assoziierten Tierknochen und Acheuléen-Werkzeuge auf 0,4 - 0,25 MJ datiert werden. Die geschätzte Hirnschädelkapazität von 1325 cm^3 liegt weit über dem *H. erectus*-Niveau. Lange galt der Fund wegen seiner gegenüber den klassischen Neandertalern progressiv erscheinenden Merkmale als Praesapiens, jedoch blieben die beschriebenen Neandertaler-Affinitäten offenbar unbeachtet (Weiner u. Campbell 1964). Da er eine über dem Inion gelegene Furche (Fossa suprainiaca) aufweist und eine Lambdaabflachung zeigt, ist eine große Ähnlichkeit mit dem Fund von Biache-St.-Vaast sowie mit dem Merkmalsmuster der Neandertaler festzustellen (Stringer et al. 1984; vgl. Kap. 8.3.1.1).

In Pontnewydd (Nordwales) sind ein rechtes Maxillenfragment und drei Zähne zusammen mit Artefakten des oberen Acheuléen gefunden worden (Green et al.

1981; Green 1984; Stringer et al. 1984). Weiteres Fundmaterial (ein Unterkieferfragment, ein Zahn und ein Wirbel) stammen aus Abraummaterial früherer Grabungen. Nach Aitken et al. (1986) könnte das Fossilmaterial zwischen 245 000 und 190 000 Jahre alt sein. Die Zahnmorphologie zeigt aufgrund der Wurzelfusion und der Pulpaausdehnung Ähnlichkeiten mit Neandertalern.

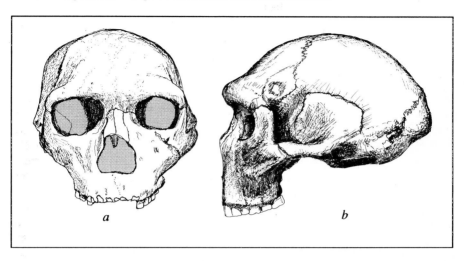

Abb. 8.3 Kalvarium von Petralona. **a** Frontalansicht **b** Lateralansicht.

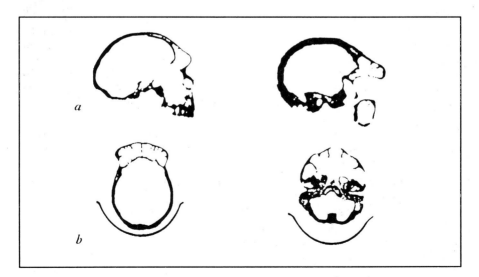

Abb. 8.4 Computertomographische Aufnahmen des Petralona-Schädels. **a** Parasagittalschnitt **b** Horizontalschnitt (n. Xirotiris, unv.).

Der Petralona-Fund (vgl. Kap. 7.1.3) wurde von Kokkoros u. Kanellis (1960) 'ohne Zweifel' zu *H. sapiens neanderthalenis* gestellt. Hemmer (1972), Xirotiris u. Henke (1981), Murrill (1983) und andere Autoren bewerten das Merkmalsbild als deutlich archaischer. Der dickwandige Schädel zeigt neben einem massiv entwickelten Torus supraorbitalis und einer *H. erectus*-ähnlichen Abknickung des Hinterhauptes auch Merkmale, die eine intermediäre Position auf der *Homo*-Linie zu den späten Neandertalern annehmen lassen (z. B. starke Ausdehnung der Scheitelbeine, ausgeprägte Pneumatisierung des Gesichts- und Hirnschädels, relativ großes Hirnschädelvolumen von 1230 cm^3; Abb. 8.2). Nach G. Hennig et al. (1982), Wintle u. J. Jacobs (1982) und Papamarinopoulos et al. (1987) liegen U-S- und ESR- sowie paläomagnetische Datierungen vor, die eine Variationsbreite von 0,73 - 0,16 MJ zeigen. Nach Day (1986) erscheint ein Alter von 0,4 - 0,35 MJ konsensfähig, andere Autoren sehen das jüngere Alter als wahrscheinlicher an. Da hochgradige Ähnlichkeiten mit 0,4 - 0,2 MJ alten europäischen und afrikanischen Fossilien bestehen, ist der Fund am besten als archaischer *H. sapiens* anzusprechen (Stringer 1992b). Rightmire (1990) sieht neben Ähnlichkeiten mit *H. erectus* auch deutliche Unterschiede, die nach seiner Interpretation auch eine Zuordnung zu einer eigenen *Homo*-Linie (*H. heidelbergensis*) diskussionswürdig machen (vgl. Kap. 7.1.3).

Das von Thoma (1966) beschriebene Hinterhauptsbein aus Vértesszöllös (vgl. Kap. 7.1.3) ist nach Day (1986) aufgrund neuerer Vergleichsstudien als 'primitiver' *H. sapiens* einzustufen, was seine Zugehörigkeit zu den Ante-Neandertalern unterstreicht.

Der älteste Hominidenfund aus Deutschland, der Unterkiefer von Mauer (vgl. Kap. 7.1.3), wurde bereits zusammen mit dem Fundmaterial aus Bilzingsleben und Reilingen im Zusammenhang mit den *H. erectus*-Funden abgehandelt. Seine Zuordnung zu *H. erectus* wird nicht allgemein anerkannt. So wies Klein (1989a) darauf hin, daß die Größe der Molaren an der unteren Grenze der *H. erectus*-Variation liegt, aber sehr gut zu den späten mittel- und spät-pleistozänen *H. sapiens*-Fossilien paßt. Außer einer gemäßigten Taurodontie sind jedoch bei diesem vergleichsweise sehr alten Fossil noch keine neandertaliden Merkmale vorhanden.

Die Klassifikation der Fossilien von Bilzingsleben (vgl. Kap. 7.1.3) als *H. erectus* ist nicht zwingend, aber die Funde sind auch nicht ohne weiteres zu den Neandertalern zu stellen (Klein 1989a).

Die Bewertung der Schädelfragmente von Reilingen (vgl. Kap. 7.1.3) als *H. erectus reilingensis* ist nicht überzeugend (Schott 1989, 1990).

Das am besten erhaltene Fossil aus Deutschland ist das bislang nur sehr unzureichend beschriebene Kalvarium von Steinheim a. d. M. (Gieseler 1974; Adam 1984, 1988; Abb. 8.5). Dieses ehemals als *Homo steinheimensis* Berckhemer, 1936 sowie als *Homo (Protanthropus) steinheimensis* Berckhemer, 1937 beschriebene Fossil, wurde von Campbell (1964) als *Homo sapiens steinheimensis* bezeichnet und galt lange Zeit als Praesapiens (vgl. Kap. 8.1). Die Gründe dafür waren neben der Grazilität des vermutlich weiblichen Schädels insbesondere die fehlende, für Neandertaler typische Mittelgesichtsprognathie, die - wenn auch aufgrund der Verdrückung im Boden schwer zu beurteilende - Existenz einer Fossa canina sowie der lange, niedrige und leicht abgeflachte Hirnschädel mit seiner *H. sapiens*-artigen Ausdehnung des Os parietale und der Verrundung des Os occipitale (Bräuer 1985). Hublin (1982), Day (1986) und andere Autoren wiesen jedoch auf eine Reihe von Ähnlichkeiten zwischen Steinheim und Neandertalern hin, z.B. eine schwach entwickelte Fossa suprainiaca und die Form der Scheitelbeine. Nach Day (1986) kann das aus dem II. Interglazial (Mindel-Riss-Interglazial) stammende Individuum als eine Übergangsform zwischen *H. erectus* und *H. sapiens* gesehen werden, welche nach dieser Interpretation zur Ausgangsgruppe europäischer Neandertaler gezählt werden muß.

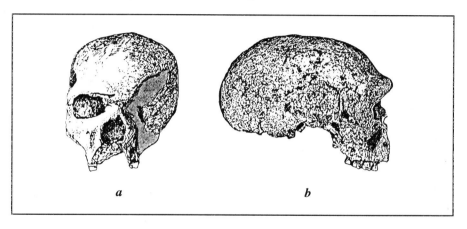

a   *b*

Abb. 8.5 Kalvarium von Steinheim a. d. Murr. **a** Frontalansicht **b** Lateralansicht.

8.2.1.2 Frühe Neandertaler (Praeneandertaler)

Im Gegensatz zu den Ante-Neandertalern stellen die Praeneandertaler eine Hominidengruppe dar, die bereits unzweifelhafte neandertalide Merkmalszüge aufweist, wenn auch noch nicht in vollständiger Ausprägung wie bei den zeitlich späteren 'klassischen' Neandertalern. Einige Funde wie z.B. Biache-St.-Vaast bilden einen fließenden Übergang zu den Praeneandertalern und werden nur wegen ihres höheren mittel-pleistozänen Alters zu den Ante-Neandertalern gezählt. Da die Praeneandertaler in einigen Merkmalen den frühen *H. sapiens*-Formen und dem rezenten Menschen näher stehen als den spezialisierten späten Neandertalern, wurden sie nach Elliot Smith (1924) aufgrund ihrer geringeren Spezialisierung als mögliche direkte Vorfahren des anatomisch modernen Menschen in Betracht gezogen (Howell 1951, 1958, 1959; Sergi 1953, 1958; Übersicht in Henke 1988). Ihr erstmaliges Auftreten ist für die letzte Zwischen-eiszeit vor etwa 130 000 Jahren nachgewiesen (Tabelle 8.2; Abb. 8.1).

Tabelle 8.2 Die wichtigsten frühen Neandertaler-Funde (Praeneandertaler)[3].

Fundort	Fundjahr	Fossilien	Archäologie	Datierung
Weimar-Ehringsdorf	1908-1913 1914/16/25	Kalvaria Scheitelbein 2 Uk, Pk[4]	Moustérien	Strat.: 130 000 - 115 000 U/Th: 245 000 - 190 000
Saccopastore	1929	Kalvarium, Schädelfr., Ok		Strat.: 127 000 - 115 000 Riss-Würm-Intergl.
Forbes' Quarry	1848	Kalvarium		[14]C: > 47 000
Krapina	1899-1905	> 670 kraniale u. postkraniale Fragmente, Zähne	Moustérien	Riss - Würm I, frühes Würm I
Gánovce	1926, 1955	Hirnschädel-ausguß, Abdrücke des Postkraniums	Moustérien	Riss-Würm-Interglazial
[Zuttiyeh][5]	1925	Frontalfragment	Levalloiso-Moustérien	U/Th: 150 000 - 100 000

Die Einbeziehung der Hominidenfunde von Weimar-Ehringsdorf in die Gruppe der Praeneandertaler ist aufgrund stark divergierender Datierungen ein Kompromiß. Während Cook et al. (1982) die zwischen 1908 und 1925 geborgenen Schädelfragmente, Unterkiefer und postkranialen Funde, die von vielleicht neun Individuen stammen nach Faunen- und Florenassoziation auf 130 000 - 115 000 Jahre datiert, halten Blackwell u. Schwarcz (1986) nach U/Th-Datierung ein höheres Alter von 245 000 - 190 000 Jahren für eher wahrscheinlich. Das höhere Alter würde die Klassifikation als Ante-Neandertaler rechtfertigen, was gleichzeitig erklären würde, warum der Fund sehr schwache Ausprägungen neandertalider Merkmale zeigt. Vlcek (1985) nimmt deshalb sogar an, daß dieser Hominide in die direkte Vorfahrenschaft des rezenten Menschen gehört, eine Remineszenz an die Praesapiens-Hypothese (vgl. Kap. 8.1).

---

[3] Weitere potentielle Praeneandertaler vgl. Übersicht in Cook et al. (1982), F. Smith (1984) sowie Stringer et al. (1984).
[4] Uk = Abk. für Unterkiefer; Ok = Abk. für Oberkiefer; Pk = Abk. für Postkranium.
[5] Für die Einbeziehung des Fundes von Zuttiyeh in die Gruppe der frühen Neandertaler sprach sich Trinkaus (1982) aus, während Vandermeersch (1982) und Bar-Yosef u. Vandermeersch (1993) darin eher einen anzestralen Vorläufer von robusten, anatomisch modernen Bevölkerungen aus Skhul und Qafzeh sehen (vgl. Kap. 8.2.1.3).

Die in Taubach 1887 - 1892 geborgenen isolierten Zähne werden aufgrund morphologischer und paläofaunistischer Ähnlichkeiten mit dem Fundmaterial von Ehringsdorf den Praeneandertalern zugerechnet.

In Saccopastore sind 1929 ein nahezu vollständiges, vermutlich weibliches Kalvarium (Saccopastore I; Abb. 8.6) und im Jahre 1935 ein Oberkiefer und weitere Schädelfragmente (Saccopastore II) eines männlichen Individuums geborgen worden. Das Fundmaterial stammt nach stratigraphischen Befunden vermutlich aus dem letzten Interglazial. Nach Stringer et al. (1984) zeigt Saccopastore I ein Mosaik von Merkmalen früher und später Neandertaler.

Aus Krapina stammt reichhaltiges Fossilmaterial, das nach faunistischen Befunden zum letzten Interglazial (Riss-Würm-Zwischeneiszeit) gerechnet wird, jedoch lassen sich die Funde nach F. Smith (1982, 1983, 1984) auch einer Warmphase in der frühen Periode der letzten Eiszeit zuordnen (Würm I). Die zwischen 1899 und 1905 entdeckten über 670 z. T. angebrannten Skelettreste gehören zu mindestens 23 Individuen (Malez 1970; Wolpoff 1980, 1988; F. Smith 1984). Am Fundort sind Steinwerkzeuge des Acheuléen und Moustérien, aber auch des Pré-Aurignacien geborgen worden. Ferner sind Hinweise auf Kannibalismus oder Kulthandlungen gegeben (Ullrich 1978).

Nach Payá u. M. Walker (1980) stammt das bereits 1848 in Forbes' Quarry (Gibraltar) entdeckte Kalvarium, das weder stratigraphisch noch faunistisch oder archäologisch datiert ist, möglicherweise aus dem letzten Interglazial. Wegen seiner morphologischen Ähnlichkeiten mit Saccopastore I und Krapina C sowie aufgrund einer geschätzten Hirnschädelkapazität von 1280 cm^3 wird der im Vergleich zu späten Neandertalern grazile Fund als früher Neandertaler eingestuft (C. Vogel 1974; Stringer et al. 1984).

In Zuttiyeh (auch Mugharet el-Zuttiyeh; Palästina) wurde 1925 ein Stirnbein mit vollständiger Überaugenregion, rechter Schläfenbeinregion und weitgehend vollständiger Augenhöhlen-Umrandung entdeckt. Es handelt sich um das älteste Fossil eines archaischen *Homo* im Nahen Osten. Dieser sog. Galiläa-Schädel soll aus dem späten Mittelpleistozän stammen und damit deutlich älter sein als die klassischen Neandertaler aus Tabun, Amud und Kebara (vgl. Kap. 8.2.1.2). Das Fossil weist einen geraden und lateral stark entwickelten Torus supraorbitalis auf. Das Obergesicht ist flach und weicht damit von der neandertaliden Ausprägung ab, was zu Diskussionen über den phylogenetischen Status führte (vgl. Fußnote zu Tabelle 8.2).

Weiteres, in der Zuordnung zu den Praeneandertalern jedoch umstrittenes und morphologisch wenig aussagekräftiges, europäisches Fundmaterial wurde 1926 - 1955 bei Gánovce (Slowakei) entdeckt. Es handelt sich um einen natürlichen Schädelausguß, Kranialfragmente und natürliche Abgüsse vom Postkranium. Die mit Moustérien-Werkzeugen assoziierten Fossilien gehören nach geologischen Befunden ins Riss-Würm-Interglazial.

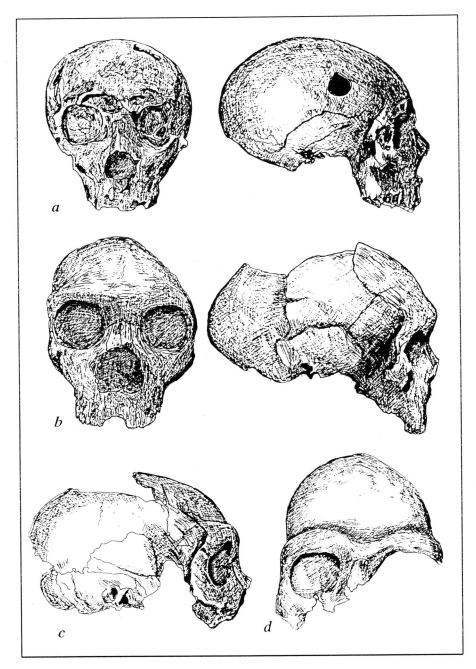

Abb. 8.6 Als Praeneandertaler eingestufte Schädelfunde. **a** Saccopastore I **b** Gibraltar I **c** Krapina C **d** Zuttiyeh.

8.2.1.3 Späte oder klassische Neandertaler

Der für die Neandertaler namengebende Fund wurde 1856 bei Steinbrucharbeiten in der Kleinen Feldhofer Grotte im Neandertal (bei Erkrath u. Mettmann) entdeckt. Sein Name leitet sich von der Bezeichnung eines Talabschnitts der Düssel ab, das nach dem Lieddichter Joachim Neander (1650-1680) benannt wurde. Die Interpretation des Fossils durch seinen Entdecker Johann Carl Fuhlrott und den Bonner Anatomen Hermann Joseph Schaaffhausen als fossile Menschenform (Fuhlrott u. Schaaffhausen 1857; Schaaffhausen 1858; Fuhlrott 1865) und dessen Rolle in der Diskussion um Darwins Abstammungslehre stimulierten Fragen zur Anthropogenese. Die wissenschaftsgeschichtlichen Aspekte dieses Fundes, inbesondere die von dem Pathologen Rudolf Virchow vertretene Auffassung, daß es sich um ein pathologisch verändertes rezentes Individuum handele, sind hinreichend beschrieben (Schott 1977, 1979, 1981; F. Spencer 1984; Bosinski 1985; Zängl-Kumpf 1990).

T. H. Huxley (1863) ordnete den aus einer Kalotte sowie gut erhaltenen postkranialen Skeletteilen bestehenden Fund in seinem Werk 'Zeugnisse für die Stellung des Menschen in der Natur' dem Genus *Homo* zu, und erst W. King (1864a, b) klassifizierte ihn als *Homo neanderthalensis*. Diese Bewertung wird heute wieder aktuell (vgl. Kap. 8.1), nachdem lange Zeit die Auffassung vertreten wurde, daß es sich bei den klassischen Neandertalern um eine fossile Rasse unserer eigenen Art handeln würde (*H. sapiens neanderthalensis*).

Wie Tabelle 8.3 zeigt, war der Neandertal-Fund aber nicht das erste Fossil dieses Taxons. Bereits 1830 wurden im belgischen Engis (bei Liège) ein fragmentarisches Neurokranium eines Kindes sowie Zähne entdeckt (Schmerling 1833; Stringer et al. 1984). Schon 1826 hatte man in Devil's Tower (Gibraltar; Busk 1864) Schädelreste eines Kindes gefunden. Auch der bereits beschriebene Praeneandertaler von Forbes' Quarry (vgl. Kap. 8.2.1.2) wurde deutlich früher gefunden. Alle drei bereits vor dem Skelett aus dem Neandertal entdeckten Funde blieben jedoch wegen der erst später erfolgten Formulierung der Darwinschen Theorie eines 'real-historisch-genetischen Ursprungs der Menschheit' als Dokumente eines 'homme fossile' *sensu* Cuvier unbeachtet. Fuhlrotts großes Verdienst ist darin zu sehen, daß er seinem Fund bezüglich der Frage nach der Herkunft des Menschen vor der Verbreitung von Darwins Evolutionstheorie bereits große Bedeutung beigemessen hat. Das unbestimmte Alters des Fossils und der verhängnisvolle Irrtum, auf eine Fundassoziation mit zwei geschliffenen Beilen hingewiesen zu haben, sowie die vorwiegend medizinisch-kasuistische Beurteilung der Fossils durch Rudolf Virchow bewirkten, daß die wissenschaftliche Kontroverse zu Fuhlrotts Lebzeiten (1803-1877) ungelöst blieb. Erst weitere, 1886 entdeckte Fossilfunde aus dem belgischen Spy führten zur Anerkennung des Neandertalers. Bis heute ist die Fundgruppe auf Fossilreste von mehr als 300 Individuen angewachsen.

Tabelle 8.3 Die wichtigsten späten oder klassischen Neandertaler.[6]

Fundort	Fundjahr	Archäologie/ Datierung	Referenz
Deutschland Neandertal	1856	keine	Fuhlrott u. Schaaffhausen 1857; Czarnetzki 1977
Wildscheuer	1953	Moustérien frühes Würm	Knußmann 1967b
Salzgitter-Lebenstedt	1956	Moustérien 55 600 ± 900	Kleinschmidt 1965; Hublin 1984
Hohlenstein-Stadel	?	Mittelpaläolithikum	Kunter u. Wahl 1992
Frankreich La Chapelle-aux-Saints	1908	Charantien Würm II	Boule 1913
La Ferrassie	1909-1912 1920/21/73	Charantien Würm II > 38 000	Capitan und Peyrony 1909; Heim 1976, 1982a, b
La Quina	1908-1915 1920/1965	Moustérien, ^{14}C 34 100; 35 250	H. Martin 1911
Le Moustier	1908/1914	Moustérien TL 43 000	Hauser 1909; B. Herrmann 1977
St. Césaire	1979	Châtelperronien ^{14}C 35 000 - 33 000	Lévêque u. Vandermeersch 1980
Belgien Engis	1829-1930	Moustérien	Schmerling 1833
La Naulette	1866	Würm I	Leguebe u. Toussaint 1988
Spy	1886	Würm I, ^{14}C 47 000	Fraipont u. Lohest 1886; Thoma 1975
Italien Monte Circeo	1939, 1950 1953-1954	Würm I/Würm II Moustérien	Blanc 1939, 1954; Piperno u. Scichilone 1991
Archi (Kalabrien)	1970	keine	Ascenzi u. Segre 1971
Gibraltar Devil's Tower	1826	ca. 48 000	Busk 1864

[6] Weitere Funde siehe Oakley et al. (1971), F. Smith u. F. Spencer (1984), J. Herrmann u. Ullrich (1991).

Tabelle 8.3 Die wichtigsten späten oder klassischen Neandertaler (Fortsetzung).

Fundort	Fundjahr	Archäologie/ Datierung	Referenz
Tschechische R./Slowakei			
Šipka	1880	Moustérien Würm I/II	Vlček 1969,1991
Ochoz	1905/1964	Moustérien Riss-Würm/ Würm I	Vlček 1969,1991
Ungarn			
Šubalyuk	1932	Moustérien Würm I [60 000]	Thoma 1963; Vlček 1986, 1991
Kroatien Vindija G_1-F	1975-1981	[Moustérien unteres Würm]	Smith et al. 1985
Ukraine Kiik-Koba	1924	Moustérien Würm I	Ullrich 1958; Vlček 1977
Usbekistan Teshik-Tash	1938	Moustérien Würm I	Weidenreich 1945
Israel Tabun	1929-1934	Levalloiso- Moustérien 60 000 - 50 000	McCown u. Keith 1939; Trinkaus 1984b
Amud	1961/1964	Levalloiso- Moustérien 50 000 - 40 000	H. Suzuki u. Takai 1970; Trinkaus 1984b
Kebara	1964-1965 1983	Levalloiso- Moustérien TL 59 000 ESR 64 300 U/Th 60 000	Arensburg et al. 1985, 1989 Rak u. Arensburg 1987
Irak Shanidar	1953-1960	Moustérien [70 000 - 60 000]	Solecki 1960; Trinkaus 1983c

Das Fundmaterial (Abb. 8.7; Tabelle 8.3) stammt von Fundplätzen Europas sowie des Nahen Ostens. Die Hauptfunde sollen kurz vorgestellt werden.[7]

---

[7] Als Naher Osten wird definitionsgemäß die westasiatische Region von der Mittelmeerküste bis zum Iran bezeichnet; bisweilen werden der Irak und der Iran jedoch als Mittlerer Osten beschrieben.

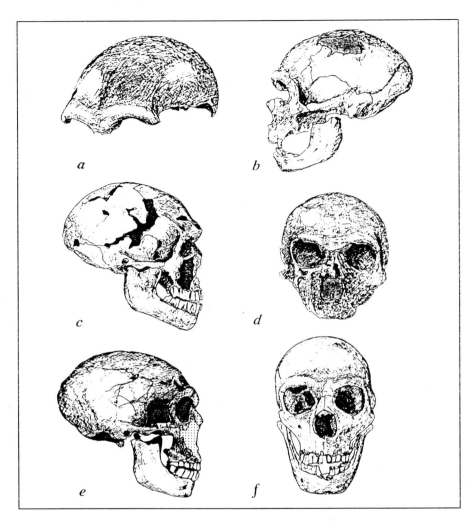

Abb. 8.7 Als späte oder klassische Neandertaler bezeichnete Funde. **a** Neandertal **b** La Chapelle-aux-Saints **c** La Ferrassie 1 **d** Circeo 1 **e** Amud I **f** Shanidar 1.

Der erste Fund, der mit den Fossilien aus dem Neandertal in Beziehung gebracht wurde, stammt aus La Naulette (bei Namur). Die Fundstücke, eine Ulna, ein Metacarpale III sowie eine Mandibula waren lange als zum Neandertaler gehörend umstritten, zumal keine gesicherte Datierung vorliegt. Eine vergleichend-morphologische Studie von Leguebe u. Toussaint (1988) zeigt in Detailmerkmalen sehr große Ähnlichkeiten mit klassischen Neandertalern (z. B. La Quina und La Ferrassie), aber auch mit Ante-Neandertalern.

Nachdem 1880 aus der nordmährischen Sipka-Höhle ein fragmentarischer Unterkieferkörper eines Kindes entdeckt worden war, welcher die Kritiker der Abstammungslehre auch nicht zu überzeugen vermochte, kam erst mit weiterer belgischen Fossilien die Anerkennung der Neandertaler als fossile Menschenform. In Spy (bei Namur) wurden 1886 zwei Schädel und zahlreiche postkraniale Skelettreste geborgen. Nach Thoma (1975a) weisen die Fossilien keine Übergangsmerkmale zum modernen Menschen auf. Die letztlich jeden Zweifel an der Existenz einer fossilen Menschenform in Europa ausschließenden Fossilien stammen aus Frankreich. In der Dordogne und der Charente wurden zwischen 1908 und 1921 aus den berühmten Höhlen und Abris von La Chapelle-aux-Saints, Le Moustier, La Ferrassie, Pech de l'Azé, Arcy-sur-Cure sowie La Quina nicht nur sehr aufschlußreiche Skelettreste, sondern auch vielfältiges archäologisches Fundmaterial entdeckt, das reichhaltigen Aufschluß über die Lebensweise der Neandertaler brachte.

Neben den erwähnten Skelettresten stammt weiteres westeuropäisches Fundmaterial von verschiedenen englischen (St. Brelade, Jersey) spanischen (Cariguela, Boquette des Zafarraya), schweizerischen (St. Brais) und deutschen Fundplätzen (Wildscheuer/Steeden, Knußmann 1967b; Salzgitter-Lebenstedt, Hublin 1984). In Frankreich waren in der zweiten Hälfte dieses Jahrhunderts Grabungen in La Crouzade, Genay, Hortus, Le Portel, Regourdou, René Simard, Rigabe, Roc de Marsal und an verschiedenen anderen Plätzen erfolgreich.

Der bei weitem interessanteste Fund stammt aus dem nordfranzösischen St. Césaire, wo ein unvollständiges Skelett, dessen Alter nach ^{14}C-Datierung 35 000 - 33 000 beträgt, entdeckt wurde. Damit handelt es sich um den jüngsten Neandertalerfund, der, je nach Interpretation des gefundenen Inventars, zum Mittelpaläolithikum (*Moustérien de tradition acheuléenne - Typ C*) oder zum Châtelperronien, der ältesten jungpaläolithischen Kulturstufe, gezählt wird (Vandermeersch 1978a, b; Tuffreau 1979, 1982; Bosinski 1987).

In Monte Circeo (Guattari Höhle, San Felice) wurde 1939 ein Kalvarium entdeckt. Aufgrund der angenommenen intentionalen Eröffnung der Schädelbasis und der Lage in einem angeblich künstlich errichteten Steinkreis wurde der Fund als Kopfbestattung interpretiert. Eine beachtenswert ideenreiche Studie des Fundobjektes, die von Piperno u. Scichilone (1991) herausgegeben wurde, stellt die Annahme eines Schädelkults in Frage und kann als beispielhaft für innovative multidisziplinäre Analysen von Hominidenfossilien gelten (vgl. Kap. 8.5).

Weitere Neandertaler-Funde stammen aus Zentral-, Südost- und Osteuropa. Während die Zuordnung der zahlreichen Fossilien von Krapina (vgl. Kap. 8.2.1.2) umstritten ist, werden Funde aus der Slowakei und Tschechien, z. B. Šipka, Gánovce, Ochoz und Šala (Vlček 1969, 1991), von den meisten Autoren zu den Neandertalern gestellt.

Aus Ungarn wurden die Skelettreste einer Frau und eines Kindes von Šubalyuk (Bükkgebirge) beschrieben (Thoma 1963). Die östlichsten Funde, 1924 entdeckte postkraniale Skelettelemente eines Erwachsenen und eines Kindes, stammen aus einer Höhle bei Kiik-Koba (Krim, Ukraine). Im Jahre 1938 wurde Teshik-Tash

(Usbekistan) das Skelett eines 6-9 Jahre alten Kindes entdeckt, welches offensichtlich zusammen mit Bergziegen bestattet worden war.

Ende der zwanziger Jahre begann man im Nahen Osten mit intensiven archäologischen Ausgrabungen, nachdem sich diese Region bereits 1925 durch den Fund des Galiläa-Schädels in der Mugharet el-Zuttiyeh als fundträchtig erwiesen hatte (vgl. Kap. 8.2.1.1, Kap. 8.2.1.2). Dorothy Garrods Grabungen in den Mount-Carmel-Höhlen Skhul, Tabun und el-Wad im heutigen Nahal HaMe'arot zeigten eine eindrucksvolle Stratigraphie. Die Schichtensequenz der Tabun-Höhle ist 23 m mächtig und umfaßt Kulturstufen des Acheuléen (Schichten G-F), Acheulo-Yabrudien (Schicht E) und des mittelpaläolithischen Moustérien (B, C, D sowie die Schlotfüllung). Eines der drei bis vier Skelette aus Schicht B oder C stammt von einer Frau und soll nach jüngsten chronologischen Berechnungen 60 000 Jahre alt sein (Bar-Yosef u. Vandermeersch 1993). Zeitlich könnte es sogar noch als früher Neandertaler eingestuft werden. McCown u. Keith (1939) beschrieben die Tabun-Fossilien als neandertaloid, d. h. sie sahen deutliche Abweichungen von den europäischen Fossilien, weshalb sie ein neues Taxon, *Palaeoanthropus palestinensis*, schufen (vgl. Kap. 8.2.1.4).

Spätestens durch die Funde aus der Amud-Höhle (bei Genezareth, Israel) wurde belegt, daß im Oberpleistozän Neandertaler in der Levante lebten. Das zwischen 1961 und 1964 von H. Suzuki u. Takai (1970) entdeckte und detailliert beschriebene Fundmaterial besteht aus dem nahezu vollständigen Skelett eines Mannes (Amud I) sowie dentalen, kranialen und postkranialen Elementen von vier weiteren Individuen, darunter zwei Kindern. Der Schädel zeichnet sich durch eine sehr hohe Hirnschädelkapazität von 1740 cm³ aus, weist jedoch relativ kleine Zähne und eine leichte Kinnbildung auf. Die Körperhöhe dieses Individuums wird auf 179 cm geschätzt. Seine Datierung auf 50 000 - 40 000 Jahre könnte die Zuordnung zu späten Neandertalern rechtfertigen, jedoch weist dieser Fund nicht alle für die klassischen Neandertaler typischen Merkmale, z. B. das Spitzgesicht, auf.

Bereits seit 1931 ist die Höhle von Kebara (bei Haifa, Israel) als Hominidenfundplatz bekannt, doch erst der Fund eines auf 60 000 Jahre datierten Skeletts, welches von einem männlichen Individuum stammt und, von Kalvarium und Beinknochen abgesehen, weitgehend erhalten ist, gab diesem Fundplatz größere Bedeutung. Alle Anzeichen sprechen dafür, daß der Mann, nachdem die Weichteile verwest waren, enthauptet wurde, da der Unterkiefer und das postkraniale Skelett offenbar in ihrer Lage unverändert blieben. Einmalig ist der Fund eines Zungenbeins (Os hyoideum), dessen Anatomie nach Arensburg et al. (1989) den Schluß zuläßt, daß der Kebara-Mann zu einer Lautsprache fähig war. Das Becken weicht in zahlreichen Detailmerkmalen von demjenigen moderner Menschen ab (Rak u. Arensburg 1987; Rak 1991b; vgl. Kap. 8.3.2.2).

Aus der Shanidar-Höhle (Irak) wurden in der Zeit von 1953-1960 Skelettreste von sieben Neandertalern geborgen. Ein fast vollständiger Schädel (Shanidar 1) ähnelt in vielen Merkmalen Amud I. Alle Fundumstände sprechen für eine Bestattung der Individuen (Trinkaus 1983c).

8.2.1.4 Proto-Cromagnoide

Als Proto-Cromagnoide, 'Proto-Cromagnons' oder Cro-Magnon-Menschen, wird eine Hominidenfundgruppe des Nahen Ostens bezeichnet, die von zwei levantinischen Fundplätzen, Mugharet es-Skhul und Jebel Qafzeh, stammt und als Vorläufer der europäischen Jungpaläolithiker gilt (Howell 1958; Vandermeersch 1981, 1982; Bar-Yosef 1987).

Aus der Skhul-Höhle (bei Haifa), die sich an der Mündung des Nahal HaMe'arot (auch Wadi el-Mugharah) in unmittelbarer Nachbarschaft zur Tabun-Höhle (vgl. Kap. 8.2.1.3) sowie zur el-Wad-Höhle befindet, wurden 1931/1932 von Garrod Skelettreste von zehn Individuen, darunter drei Kinder im Alter von vier, fünf und ca. neun Jahren, geborgen. Während McCown u. Keith (1939) das Hominidenmaterial von Skhul und Tabun zunächst zwei unterschiedlichen Menschenformen zuschrieben, kamen sie später zu dem Schluß, daß es sich um dieselbe Population *einer* Spezies oder Rasse handele (*Palaeoanthropus palestinensis*). Die Funde von Skhul, die eine hohe Variabilität aufweisen, wurden dennoch gegenüber denen von Tabun als die progressivere Form betrachtet. Ihre phylogenetische Bewertung schwankte von 'progressive Neandertaler' bis 'anatomisch moderner Mensch'. Heute werden die Hominiden von Skhul von vielen Anthropologen als unzweifelhaft modern angesehen (Howell 1958; Brothwell 1961; Howells 1970; Santa Luca 1978; Stringer 1978; Trinkaus 1984b; Vandermeersch 1989, 1990; Bar-Yosef u. Vandermeersch 1991, 1993; Abb. 8.8).

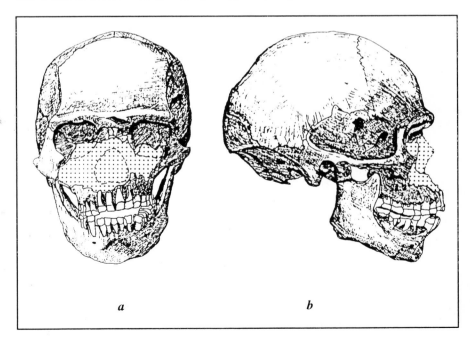

a   *b*

Abb. 8.8 Skhul V. **a** Frontalansicht **b** Lateralansicht.

Neuere vergleichend-morphometrische Arbeiten von Corruccini (1992), Henke (1992a, b, c, d) und Kidder et al. (1992) weisen jedoch darauf hin, daß die Kennzeichnung der extrem variablen Skhul-Funde sowie der Qafzeh-Fossilien zu überdenken ist (vgl. Kap. 8.4). Das trifft auch wegen des hohen Alters dieser mit mittelpaläolithischem Inventar assoziierten Funde zu. Während die Skhul-Skelette im Vergleich zu den Neandertalern des Nahen Ostens zunächst als jünger eingestuft wurden (Masters 1982), ergibt sich aufgrund neuerer Datierungen ein entschieden höheres Alter (ESR-Datierungen von 101 000 - 81 000 Jahren (Stringer et al. 1989; Übersicht in Bar-Yosef 1992).

Das Hominidenmaterial von Jebel Qafzeh (bei Genezareth) wurde zum Teil bereits in den dreißiger Jahren von Neuville gefunden. In den sechziger Jahren wurden die Arbeit mit großem Erfolg weitergeführt (Vandermeersch 1970, 1971, 1981; (Abb. 8.9)). Heute wird das mindestens elf Individuen umfassende Material den ältesten anatomisch modernen Menschen zugeschrieben. Die TL-Datierungen machen ein Alter von 92 000 Jahren und ESR-Datierungen sogar ein Alter von 115 000 Jahren wahrscheinlich (Valladas et al. 1988; Schwarcz et al. 1989). Die Skelette von acht Erwachsenen und drei oder vier Kindern lassen auf intentionale Bestattungen schließen. Anatomische, archäologische und faunistisch-stratigraphische Daten belegen, daß der anatomisch moderne Mensch bereits vor den Neandertalern in der Levante gelebt hat (Bar-Yosef u. Vandermeersch 1991, 1993). Damit stellt sich die Frage nach seinen phylogenetischen Verbindungen zu den Hominiden anderer Regionen.

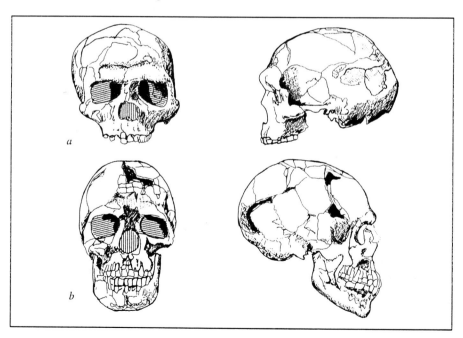

Abb. 8.9 a Qafzeh 6 **b** Qafzeh 9. Frontal- und Lateralansicht.

8.2.1.5 Jungpaläolithiker (anatomisch moderner *Homo sapiens*)

In der Mitte der letzten Eiszeit, mit dem Übergang von Würm II zu Würm III, ist in Europa ein einschneidender Wechsel der Kulturstufen zu beobachten, indem das einfache und durchweg unspezialisierte Wildbeutertum oder die Kulturstufe der 'niederen Jäger und Sammler' durch die 'höhere Jägerkultur' abgelöst wird. In Mitteleuropa ist diese Phase mit dem Hengelo-Interstadial vor ca. 39 000 Jahren gleichzusetzen und archäologisch durch den Wandel der kulturellen Hinterlassenschaften gekennzeichnet, die für eine Akkumulation von Sachkulturgütern bei einer noch rein aneignenden, nicht erzeugenden Form der Nahrungsmittelbeschaffung sprechen. Dieser kulturelle Wechsel, der den Übergang vom Mittel- zum Jungpaläolithikum kennzeichnet, ist anthropologisch insofern von besonderem Interesse, als zu diesem Zeitpunkt ein neuer Hominidentypus erscheint, der sich in seiner Morphologie von seinem Vorgänger unterscheidet: der anatomisch moderne Mensch (*H. sapiens sapiens*; vgl. Kap. 8.3). Da dieser offensichtlich auch in seinem Verhalten von seinen Vorläufern abwich, was durch zahlreiche Dokumente seines Kulturschaffens belegt ist (vgl. Kap. 8.5), stellt sich die Frage nach der Kontinuität oder Diskontinuität der Bevölkerungen (Frayer 1978, 1984, 1992a, b; F. Smith 1984, 1991, 1992; F. Smith et al. 1989; Henke 1989, 1992c; vgl. Kap. 8.3). Das Argument, die morphologische Veränderung der Hominiden sei zu rasch erfolgt, um einen *in-situ*-Wandel noch als wahrscheinlich annehmen zu können, wurde in jüngerer Zeit mehrfach zurückgewiesen (Frayer 1992b; Wolpoff u. Frayer 1992). Auch für die Beziehung von Mittel- und Jungpaläolithikum ergeben sich völlig neuartige Aspekte, seitdem durch den Fund des Neandertalers von St. Césaire die Assoziation eines klassischen Neandertalers mit Châtelperronien-Inventar[8] nachgewiesen worden ist. Die korrelative Einheit mittelpaläolithischer Kulturen mit dem Neandertaler und jungpaläolithischer Kulturen mit dem anatomisch modernen Menschen, die für den Nahen Osten schon längst widerlegt wurde, ist auch für Europa nicht mehr haltbar (vgl. auch Bar-Yosef u. Vandermeersch 1993).

Ferner ist daran zu erinnern, daß wir bislang nicht wissen, wer die Urheber der ältesten Aurignacien-Werkzeuge sind (Stringer 1992a). Da auch im Nahen Osten keine Voraussage über die Hominiden aus den archäologischen Hinterlassenschaften möglich ist (Bar-Yosef 1992), betont Frayer (1992b) mit Recht, daß dies *a priori* auch nicht für Europa angenommen werden kann. Solange wir diese Fundlücke haben, gilt es, die Informationen aus dem vorhandenen Fossilbestand zu ziehen. Da dieser zu einem großen Teil bereits im vergangenen Jahrhundert zusammengetragen wurde, gingen aufgrund mangelhafter Dokumentation der Fundsituation wichtige Informationen verloren. Zu den bekanntesten Funden gehören die Fossilien von Cro-Magnon, die 1868 von Eisenbahnarbeitern nahe Les Eyzies (Dordogne) entdeckt wurden (Lartet 1868). Die gefundenen

---

[8] Nach einer anderen Interpretation handelt es sich um ein Moustérien de tradition acheuléenne C (Bosinski 1987).

Tabelle 8.4 Wichtiges jungpaläolithisches Fundmaterial (n. Henke 1989).[9]

Fundort	Zeitstufe	Datierung
Frühes Jungpaläolithikum		
Velika pecina	Aurignacien	< 33 850 ± 520
Brno 2	östl. Gravettien	Mittel-Würm
Combe Capelle	[Châtelperr.-Aurignacien]	[32 000-30 000] Würm II/III
Les Cottés	'Typisches Aurignacien'	31 200
Hahnöfersand	---	36 300 ± 600
Kelsterbach	---	31 200 ± 1600
Mladec	Aurignacien/Pohdradem	33 000 - 31 000
Paderborn	---	27 400 ± 600 / 26 000
Veternica	Aurignacien oder älter	Würm II/III
Mittleres Jungpaläolithikum		
Abri Pataud	Proto-Magdalénien	19 300 - 21940
Arene Candide	Gravettien	18 560
Binshof/Speyer	---	21 300 ± 320 / 22 000
Cioclovina	Aurignacien	Würm-Interstadial
Cro-Magnon	Spätes Aurignacien	[30 000]
Dolni Vestonice	östl. Gravettien	25 820 ± 170
Grotte des Enfants	Aurignacien	Würm
Paglicci	Epigravettien	---
Pavlov	östl. Gravettien	24 800 - 26 400
Predmosti	östl Gravettien	26 320 ± 240
Shungir	Kostenki-Shungir-Kultur	[ca. 24 000]
Stetten	Aurignacien	24 000
Spätes Jungpaläolithikum		
Barma Grande	Gravettien/Epigravettien	Würm III/IV
Bruniquel	Spätes Magdalénien	11 750 / Würm III
Cap Blanc	Magdalénien III	Würm III
Chancelade	Magdalénien III/IV	Würm III
Döbritz	Magdalénien	10 235
Duruthy (Sorde)	Magdalénien IV	Würm III
El Castillo (jüng. Material)	Magdalénien	Würm III
Flint Jack's Cave	Magdalénien ?/Cheddar	Würm III
Kent's Cavern (jüng. Material)	[Magdalénien]	11 880 - 12 320
Kostenki Markina Gora	Magdalénien o. Mesolithikum	---
Kostenki Zamyatnin	Magdalénien	10 800 - 14 460
La Punta	Gravettien	> 10580
Laugerie Basse	Magdalénien III/IV	Würm III
Mas d'Azil	Magdalénien	13 400 - 13 600
Oberkassel	Magdalénien IV	Bölling
Parpalló	Magdalénien	Würm
Romanelli	Gravettien	11 800
Roc de Sers	Frühes Magdalénien	Würm III
St. Germaine-la-R.	Magdalénien III	14 100 - 15 300
St. Vincent	Magdalénien III	Würm III
Veyrier	Spätes Magdalénien	Würm III

---

[9] Übersicht in Ferembach et al. (1986) Henke (1989); J. Herrmann u. Ullrich 1991.

Skelettreste gehören zu mindestens fünf Individuen, wozu auch der zwar nur mature, aber als 'Le Vieillard' titulierte 'Alte Mann' von Cro-Magnon gehört (Abb. 8.11), nach dem die Gruppe der europäischen (und nach einigen Autoren auch die nahöstlichen und nordafrikanischen) anatomisch modernen Menschen des Jungpaläolithikums benannt wurden (Ferembach 1970, 1985). In Tabelle 8.4 sind die wichtigsten europäischen Fossilien dieser Fundgruppe aufgeführt. Nordafrikanisches Fundmaterial entsprechender Zeitstellungen (Ibéromaurusien, Capsien, Columnatien) wird in Kap. 8.2.3.2 beschrieben.

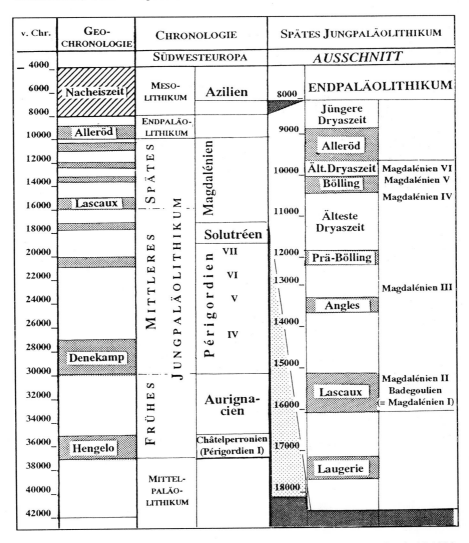

Abb. 8.10 Gliederung des Jungpaläolithikums im westlichen Europa (n. Bosinski 1982; Henke 1989, umgezeichnet).

Paläoanthropologisch ist von besonderem Interesse, ob der anatomisch moderne
Mensch seit dem frühen Jungpaläolithikum morphologische Veränderungen
durchlief. Wie Frayer (1978) erstmals in einer großen Vergleichsstudie zeigte,
sind das Jungpaläolithikum und das Mesolithikum keine evolutionsstatischen,
sondern durchaus evolutionsdynamische Perioden. Der diachrone Vergleich der
Bevölkerungsstichproben zeigt einen ausgeprägten Trend kranialer Grazilisierung.
Bei den Analysen des Postkraniums kam Jacobs (1984) zu ähnlichen Befunden.
Ferner konnte Henke (1989, 1992a, b, c, d) durch vergleichend-statistische
Befunde nachweisen, daß sich die Jungpaläolithiker durch ein gegenüber den
Mesolithikern recht heterogenes Merkmalsbild unterscheiden. Die Vielfalt im
Erscheinungsbild der Jungpaläolithiker spiegelt sich in den wiedergegebenen
Fundbeispielen (Abb. 8.11) sowie in dem Streudiagramm der individuellen
Faktorwerte einer multivariaten Vergleichsanalyse wider (Abb. 8.13). Von beson-
derem Interesse ist in diesem Zusammenhang, daß die Polarität der Funde von
Cro-Magnon und Combe Capelle, welche neben weiteren Funden, z. B.
Oberkassel, Brno (auch Brünn), die typologische Aufspaltung der jungpaläolithi-
schen Populationen über Jahrzehnte prägte, durchaus zu einer kontinuierlichen
Variationsreihe paßt.

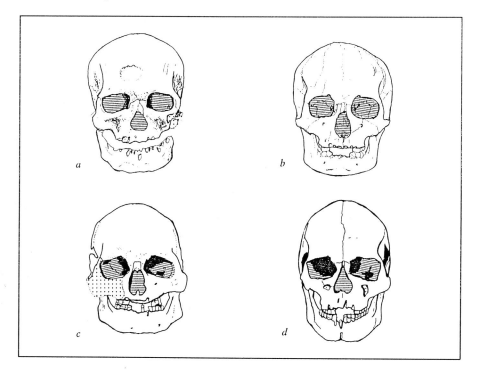

Abb. 8.11 Ausgewählte Schädelfunde zur Kennzeichnung der kranialmorphologischen
Variabilität der Jungpaläolithiker   **a** Cro-Magnon 1 **b** Abri Pataud **c** Oberkassel I
d Oberkassel II.

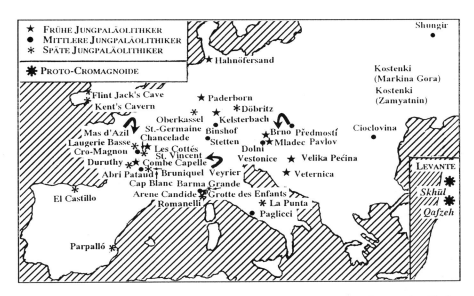

Abb. 8.12 Fundkarte von Jungpaläolithikern Europas und des Nahen Ostens einschl. der Proto-Cromagnoiden.

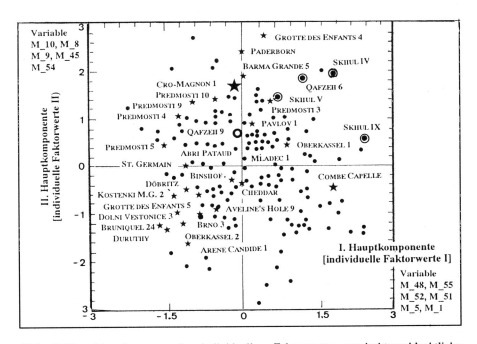

Abb. 8.13 Streudiagramm der individuellen Faktorwerte; gemischtgeschlechtliche Stichprobe (n = 278) von Mittelpaläolithikern und Jungpaläolithikern (mit Bezeichnung) sowie Epipaläo- und Mesolithikern (ohne Bezeichnung; n. Henke 1992a, umgezeichnet).

8.2.2   Ostasiatische Region

8.2.2.1   Archaischer *Homo sapiens*

Die Diskussion der *H. erectus*-Funde des Fernen Ostens (Kap. 7.2.1) zeigte bereits, daß die Ansicht vieler Paläoanthropologen, dieses Taxon könne aufgrund zahlreicher Autapomorphien nicht der Vorfahr des anatomisch modernen Menschen sein, keineswegs unumstritten ist (Pope 1988, 1992; Thorne u. Wolpoff 1992; Wolpoff 1992). Da jedoch keine Einigkeit darüber besteht, welche Merkmale als autapomorph gelten können (Andrews 1984; Stringer 1984; Wood 1984; Rightmire 1990; Bräuer u. Mbua 1992; Kennedy 1992), nimmt Pope (1988, S. 61) an "...that the number of autapomorphic features of Asian *Homo erectus* has probably been overestimated". Die Vertreter eines gradualistischen multiregionalen Ursprungs des modernen Menschen wiesen stets darauf hin, daß man eine Anzahl von parallelen Entwicklungen in beiden Taxa annehmen müsse, sofern *H. erectus* nicht der Vorfahr des modernen Menschen war. Diachrone Trends, wie vergrößerte Hirnschädelkapazität, zunehmend gewölbtere und steilere Stirnbeine, Verdünnung der Schädelwände, weniger lateral ausgedehnte Tori supraorbitales, Verringerung der postorbitalen Einschnürung und superiore Vergrößerung der Schläfenbeinschuppe, lassen sich beim Vergleich chinesischen Fundmaterials nachweisen (R. Wu u. Dong 1985). Auch für Java läßt sich eine entsprechende Entwicklung aufzeigen. Dieser Trend setzt sich bei Funden aus dem spätesten Mittelpleistozän, wenn nicht sogar dem frühen Spätpleistozän fort. Dies wird durch sog. intermediäre Formen in der chinesischen, indischen und javanischen Region gestützt, die als entwickelte *H. erectus* oder als archaische *H. sapiens* beschrieben wurden (Pope 1988, 1992; Wolpoff 1989, 1992; Thorne u. Wolpoff 1992). Neuere, aus mittel-pleistozänen Schichten von Yunxian (Provinz Hubei, China) beschriebene Funde des anatomisch modernen Menschen bestätigen die Auffassung einer *in-situ*-Evolution (Tianyuan u. Etler 1992).

Das wichtigste Fundmaterial Ostasiens, das seit den dreißiger Jahren alternativ als eigene Spezies, *H. soloensis*, als asiatischer Neandertaler, als archaischer *H. sapiens* oder aber als *H. erectus* bezeichnet wurde, stammt aus dem javanischen Ngandong (auch Solo, Java; vgl. Kap. 7.1.1; Abb. 8.14). Zusammen mit dem Schädel aus Sambungmachan sind diese Fossilien auch heute noch in ihrer Zuordnung umstritten. Mit Sicherheit sind es keine Neandertaler, wie Klein (1989a) betont, aber die Klassifikation als *späte Ausläufer* von *H. erectus* (Klein 1989a; Stringer 1992b) oder als früher *H. sapiens* (Bräuer u. Mbua 1992) ist offenbar unentscheidbar, was als starkes Argument für die Gültigkeit des multiregionalen Modells der Entstehung des anatomisch modernen Menschen von dessen Befürwortern aufgenommen wird (Pope 1988, 1992; Thorne u. Wolpoff 1992; Wolpoff 1992).

Der 1978 in Dali (Provinz Shaanxi, Nordchina) gefundene, nahezu komplette Schädel wird heute von zahlreichen Autoren als archaischer *H. sapiens* eingestuft (X. Wu u. M. Wu 1985; vgl. Kap. 7.1.1). Zwar zeigt das Kalvarium zahlreiche

H. erectus-Plesiomorphien (z. B. relativ niedrige Hirnschädelkapazität, massiver Torus supraorbitalis, niedrige und fliehende Stirn, abgeknicktes Hinterhauptsbein mit prominentem Torus transversus), jedoch sind die Scheitelbeine anteroposterior und nach lateral stärker ausgedehnt und die postorbitale Einschnürung ist schwächer als bei *H. erectus*. Das Mittelgesicht ist insgesamt recht flach und springt nicht in der für die Neandertaler kennzeichnenden Weise vor (Abb. 8.15).

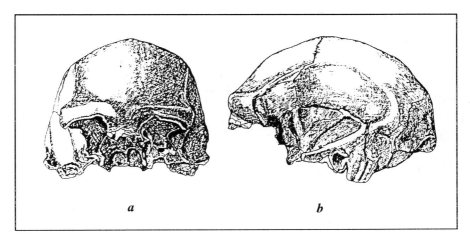

Abb. 8.14 Kalvaria von Ngandong (Solo XI), entwickelter *H. erectus* bzw. früher oder archaischer *H. sapiens*. **a** Frontalansicht **b** Lateralansicht.

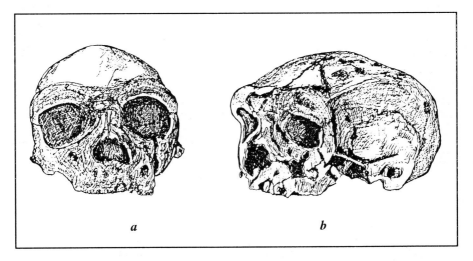

Abb. 8.15 Kalvarium von Dali. **a** Frontalansicht **b** Semi-Lateralansicht (n. Thorne u. Wolpoff 1992, umgezeichnet).

Abb. 8.16 Fundkarte von Hominiden des Fernen Ostens aus dem späten Mittel- und frühen Oberpleistozän sowie aus dem sehr späten Pleistozän oder Holozän.

In den Jahren 1976-1977 wurden in Flußablagerungen bei Xujiayao (Provinz Shaanxi, Nordchina) ein Scheitelbein und ein Hinterhauptsbein sowie Kieferfragmente und isolierte Zähne mehrerer Individuen in direkter Assoziation mit Abschlaggeräten und Tierknochen gefunden, die 125 000 - 100 000 Jahre alt sind (X. Wu u. M. Wu 1985; Chen u. Yuan 1988). Das ober-pleistozäne Fundmaterial läßt ein Mosaik von *H. erectus*- und *H. sapiens*-Merkmalen erkennen. Das Os parietale ist recht dick, zeigt aber gleichzeitig eine für *H. erectus* untypische anteroposteriore Ausdehnung, und das nur mäßig abgeknickte Os occipitale weist einen betonten Torus transversus auf.

Bei Maba (auch Mapa, Provinz Guangdong, Südchina) wurde 1958 ein Teilschädel geborgen (X. Wu u. M. Wu 1985). Da archäologische Beifunde fehlen und auch die Stratigraphie des Fundes unsicher ist, nehmen die Bearbeiter aufgrund der Datierung assoziierter Tierknochen ein Alter von 140 000 - 119 000 Jahren an (Chen u. Yuan 1988). Nach Klein (1989a) ist nicht auszuschließen, daß Maba, ebenso wie Dali und Xujiayao, zu einer frühen *H. sapiens*-Population des ausgehenden Mittel- oder frühen Spätpleistozäns gehören könnte.

Aus der Höhle von Jinniushan (Bezirk Yinkou, Nordchina) stammt ein Teilskelett mit Schädel. Nach sehr problematischer U/Th-Datierung ist ein Alter von 263 000 ± 30 000 Jahren möglich (Chen u. Yuan 1988). Der Schädel weist ein Mosaik von *H. erectus*-Merkmalen, z. B. fliehende Stirn, prominenter Überaugenwulst, große Molaren, und modernen *H. sapiens*-Merkmalen, z. B. eine Hirnschädelkapazität von ca. 1400 cm^3, ein gerundetes Hinterhaupt, dünne Schädelwände, auf (Bunney 1986). Aufgrund der morphologischen Übereinstimmung mit dem wesentlich jüngeren Fund von Dali wird hierin ein Nachweis gesehen, daß seit über 200 000 Jahren ein archaischer *H. sapiens* in der chinesischen Region lebte.

In den Jahren 1989 und 1990 wurden in einer mittel-pleistozänen Terrasse des Han-Flusses bei Yunxian (Bezirk Yun, Provinz Hubei) zwei Schädel ohne Unterkiefer gefunden (Tianyuan und Etler 1992). Die relativ kompletten Kalvarien zeigen ein Merkmalsmosaik des *H. erectus* und des archaischen *H. sapiens*. Trotz der Verdrückungen und Torsionen sind die Yunxian-Schädel in zahlreichen Details des Neurokraniums einschließlich der Basis sowie des Viszerokraniums aussagekräftig. Es handelt sich um die bislang am besten erhaltenen Hominidenfunde dieser Zeitstufe. Die Ergebnisse aus dem Vergleich der Schädel EV 9001 und EV 9002 mit den Funden aus Olduvai, Sangiran, Ngandong, Kungwangling, Zhoukoudian, Hexian, Dali, Petralona und Broken Hill belegen, daß in dieser Region eine polytypische mittel-pleistozäne Hominidenspezies gelebt hat, möglicherweise auf demischem Niveau (Tianyuan u. Etler 1992).

Die aus Narmada (bei Hathnora, Madhya Pradesh, Indien) stammende Kalvaria wird von einigen Autoren als *H. erectus*, von anderen als archaischer *H. sapiens* klassifiziert (vgl. Kap. 7.1.1). Das als Mosaikfund anzusprechende Fossil wurde in Assoziation mit Acheuléen-Artefakten und Tierknochen gefunden (H. de Lumley u. Sonakia 1985).

8.2.2.2 Anatomisch moderner *Homo sapiens*

Hominidenfundmaterial des frühen und mittleren Spätpleistozäns Nord- und
Zentral-Ostasiens, das einen wesentlichen Beitrag zur Frage der Transition
zwischen dem archaischen und modernen *H. sapiens* leisten könnte, ist kaum
vorhanden (Aigner 1976; X. Wu u. Zhang 1978; Wolpoff 1980, 1992; R. Wu u. X.
Wu 1982; Zhou et al. 1982; Brace et al. 1984; Bräuer 1984b; L. Wang u. Bräuer
1984; Wolpoff et al. 1984; Pope 1988; Klein 1989a; Habgood 1992; Thorne u.
Wolpoff 1992). Das Fundmaterial, wenige isolierte Zähne aus Dingcun (auch
Tingstsun), ein Oberkieferfragment aus Changyang und kindliche Hirnschädel-
fragmente aus Xujiayao (vgl. Kap. 8.2.2.1) lassen viele Fragen zur Klassifikation
der jüngeren Hominiden dieser Region offen (Zhou et al. 1982; Bräuer 1984b).
Wolpoff (1992) nennt einige weitere, end-pleistozäne oder vielleicht sogar holo-
zäne Funde aus Chilinshan (auch Qilinshan), Laiban, Muchienchiao sowie eine
Kalvaria aus Huanglong.

Während das chinesische Fundmaterial nur wenige schlüssige Befunde zur
Klärung der Frage der regionalen Evolution respektive der Verdrängungsfrage
erlaubt, wurden die aus der Oberhöhle von Zhoukoudian stammenden späten
ober-pleistozänen Schädel (Katalog-Nr. 101-103) von Weidenreich (1939) zur
Stützung seines regionalen Evolutionsmodells herangezogen. Sie werden auf
10 500 - 18 300 Jahre datiert. Nach Weidenreich (1939, 1943a) sind z. B. der
mediansagittale Torus, die parasagittale Abflachung, hohe Wangenbeine und
schaufelförmige Schneidezähne Merkmale, die eine Transition belegen. Auch
Aigner (1976), Wolpoff (1980, 1992) und andere Autoren sehen durch das Fundmaterial aus Zhoukoudian (Oberhöhle) sowie durch weitere Funde aus Liujiang
(auch Liukiang) sowie Ziyang (auch Tzeyang) eine Kontinuität in dieser Region
als erwiesen an. Nach Coon (1962), Thoma (1964) und Howells (1983) steht
außer Zweifel, daß die Schädel Merkmale rezenter Populationen dieses Raumes
aufweisen, was jedoch nicht bedeutet, daß sie denjenigen rezenter Mongoliden
gleichen. So weist z. B. Zhoukoudian Nr. 101 einen sehr robusten, flachen und
langen Hirnschädel, starke Überaugenwülste und niedrige Orbitae auf und zeigt
damit Ähnlichkeiten mit den europäischen Jungpaläolithikern (vgl. Kap. 8.2.1.5).
Nach Chang (1962) hat der Schädel von Liujiang eine robuste Morphologie, und
auch der Schädel von Ziyang besitzt gut entwickelte Arcus superciliares und
prominente Tori supramastoidales (Bräuer 1984b).

Während nach Bräuer (1984b) die Möglichkeit nicht auszuschließen ist, daß ein
beachtlicher Anteil des Genpools der ostasiatischen end-pleistozänen und eventuell bereits früh-holozänen Populationen von westlichen und südwestlichen Populationen der Alten Welt stammt, sieht Wolpoff (1992) im Fossilmaterial aus
Nordchina eindeutige Belege für regionale Kontinuität. Auch Van Valen (1986)
wertet die morphologischen Befunde als Hinweis auf eine mehr oder weniger
gradualistische Transformation: "This evidence cannot simply be ignored with
impunity." (zit. nach Wolpoff 1992, S. 53).

Ebenso wie in China besteht in Südostasien eine große Lücke zwischen dem Ngandong-Material und Fossilfunden des späten Mittelpleistozäns und frühen Oberpleistozäns (Wolpoff 1980, 1992; Jacob 1981; Sartono 1982; Bräuer 1984b; Wolpoff et al. 1984; Habgood 1992; Thorne u. Wolpoff 1992). Der aus der Niah-Höhle (Borneo) stammende Fund soll Ähnlichkeiten mit Schädeln australischer Eingeborener aufweisen. Das angenommene Alter von 40 000 Jahren ist umstritten. Zu den Fossilien gehört das sehr bruchstückhafte und verdrückte Skelett einer vermutlich bestatteten jungen Frau. Das Gesicht hat eine kurze und breite Nase, einen langen und breiten Gaumen, aber keinen Überaugenwulst. Es weist damit Ähnlichkeiten mit rezenten Individuen aus Australien und Tasmanien auf (vgl. Kap. 8.2.4).

Aus Wajak (Java; vgl. Fußnote S. 415) liegen ein fast vollständiges Kalvarium mit Unterkieferbruchstück (Wadjak 1) und ein vollständiges Kranium (Wadjak 2) vor (Abb. 8.17). Die Funde sind bereits vor *Pithecanthropus* entdeckt worden (Dubois 1922). Beide Fossilien, die als männlich bzw. weiblich bestimmt wurden, sind groß und robust, liegen jedoch in der Variationsbreite rezenter und fossiler australischer Eingeborener, denen sie in der Prognathie und der Nasenbreite stark ähneln. Nach Wolpoff (1980) belegen die kräftig ausladenden Wangenbeine und das flache Gesicht Übereinstimmungen mit den Funden von Zhoukoudian. Das Wajak-Material wird von Wolpoff (1980) als Bindeglied zwischen den Ngandong-Funden und rezenten australasiatischen Bevölkerungen betrachtet.

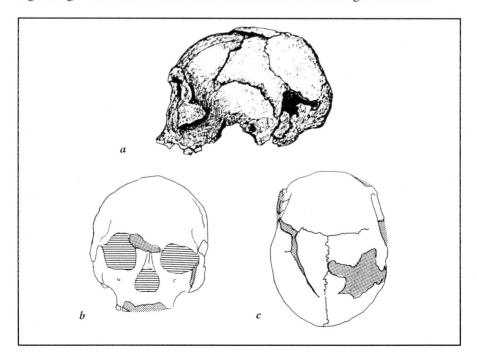

Abb. 8.17 Kalvarium. Wadjak 1 **a** Lateralansicht **b** Frontalansicht **c** Vertikalansicht.

Nach Jacob (1967) und Wolpoff et al. (1984) weist auch ein Stirnbeinfund aus Tabon (Palawan Island, Philippinen) Ähnlichkeiten mit dem Schädel Nr. 101 aus Zhoukoudian auf, so daß offensichtlich eine weit verbreitete ursprüngliche Bevölkerung des anatomisch modernen Menschen den Fernen Osten besiedelte (Bräuer 1984b). Nach Santa Luca (1980) ist jedoch keine Kontinuität zwischen dem Ngandong-Material und den jüngeren Funden vorhanden. Diese Ansicht wird von Pope (1988, 1992), Wolpoff (1992), Thorne u. Wolpoff (1992) und andere Bearbeiter nicht geteilt (vgl. Kap. 8.2.4, Kap. 8.3). Sofern man den unbefriedigenden Schluß, daß das vorhandene Material nicht ausreicht, um zwischen mono- oder polyzentrischer Entwicklung des anatomisch modernen Menschen zu entscheiden, nicht akzeptiert, bleibt nach Habgood (1992, S. 283) als wahrscheinlichste Erklärung "...regional continuity with some gene flow or gene flow and migration with some regional continuity". Da aber nicht differenziert werden kann, ob regionale morphologische Kontinuität oder Migration/Genfluß die treibende Kraft für die Entwicklung des anatomisch modernen Menschen in Ostasien war, ist eine Lösung dieses Problems offenbar nur durch neue Hypothesen und innovative Forschungsansätze zu erwarten (vgl. Kap. 8.3.3).

8.2.3 Afrikanische Region

Solange die *Praesapiens-Hypothese*, das eurozentrische Modell einer parallel zur Neandertaler-Linie verlaufenden Entwicklung zum anatomisch modernen Menschen neben dem *Neandertaler-Stufen-Modell*, der direkten gradualistischen Ableitung der Jungpaläolithiker aus den Neandertalern, die wichtigsten Hypothesen zum Ursprung des modernen Menschen bildeten, wurde als potentielles Ursprungsgebiet nur noch der Nahe Osten diskutiert (*Praeneandertaler-Hypothese*; Howell 1951; Übersicht in Brace 1964; Bräuer 1984a, b, 1985; Henke 1988; vgl. Kap. 8.1). Afrika spielte in der Diskussion um die Urheimat unserer Spezies bis in die sechziger Jahre kaum eine Rolle. Nur die Fragmente von den bereits im Jahre 1932 entdeckten fünf anatomisch modernen Schädeln aus Kanjera (Kenya), die nach Oakley (1974) in mittel-pleistozänen Schichten lagen, aber offenbar entschieden jünger waren, warfen Fragen auf (M. Leakey 1977). Als Ende der sechziger Jahre in Omo (Äthiopien) Skelettreste des modernen Menschen geborgen wurden, steigerte sich die Aufmerksamkeit für das Fundmaterial des lange Zeit vernachlässigten Kontinents (R. Leakey 1981). Da sich gleichzeitig eine entscheidende Revision der bis dahin angenommenen Datierungen des 'Stone Age' abzeichnete (Beaumont u. J. Vogel 1972; J. Clark 1975) und das vorhandene ober-pleistozäne Hominidenfundmaterial mit verschiedenen absoluten Datierungsverfahren neu altersbestimmt wurde, wurden die phylogenetischen Beziehungen der subsaharischen Hominiden völlig neu bewertet (De Villiers 1973; Protsch 1974, 1975; Butzer et al. 1978). Aufgrund der neuen absoluten Datierungen formulierte Protsch (1975, S. 319) als wahrscheinlichstes Evolutionsmodell "...the world-wide evolution of all earliest anatomically modern fossil hominids from *Homo sapiens capensis* of Africa". Abgesehen davon, daß zahlreiche Datierungen revidiert werden mußten (J. Clarke 1985; Mehlman 1987), war Afrika durch dieses Modell - zusätzlich zu der Diskussion um die Australopithecinen - in das Zentrum paläoanthropologischen Interesses gerückt. Systematische vergleichend-morphologische Analysen am Teilschädel von Lake Ndutu (Tanzania), der lange Zeit als *H. erectus* angesehen wurde, führten zur Einschätzung, daß die Zuordnung zu einer archaischen *H. sapiens*-Subspezies zutreffender sei, "...even if the pattern of relationships between such archaic populations and recent humans is still unclear" (Rightmire 1983, S. 245).

In einer umfassenden Vergleichsstudie analysierte Bräuer das verfügbare afrikanische Hominidenmaterial des Mittel- und Oberpleistozäns und stellte die 'afro-europäische *Sapiens*-Hypothese' auf (vgl. Kap. 8.3.2.1), die er in der Folgezeit systematisch zum '[African] Hybridization and Replacement model' ausbaute (Bräuer 1984a, b, 1985, 1992b). Insbesondere durch neue paläogenetische Befunde (Cann et al. 1987) wurde das Modell von Stringer u. Andrews (1988a, b) und anderen Paläoanthropologen modifiziert und zu einer umfassenden 'out-of-Africa-Hypothese' im Sinne eines 'Speciation/Replacement model' fortgeschrieben (vgl. Kap. 8.3.2.2).

8.2.3.1 Archaischer *Homo sapiens*

Früh-archaischer *H. sapiens*: Zu den wichtigsten früh-archaischen Hominiden Afrikas zählen die südafrikanischen Funde von Kabwe und Elandsfontein sowie die ostafrikanischen Fossilien von Bodo, Eyasi und Lake Ndutu, die zwischen 0,4 und 0,2 MJ alt sein sollen (Bräuer 1992; vgl. Kap. 7.2.2). Die Funde weisen noch einige *H. erectus*-Plesiomorphien auf, sind jedoch in vielen Merkmalen *H. sapiens*-ähnlich, weshalb sie von Bräuer (1984a, 1992) als früh-archaische *H. sapiens* zusammengefaßt wurden.

Das Kalvarium (Abb. 8.18) sowie weiteres Fundmaterial aus Kabwe soll nach Klein (1989a) älter als 130 000 Jahre sein und nach faunistischen Vergleichen vermutlich ins späte Mittelpleistozän zu datieren sein (Partridge 1982; Vrba 1982). Der fast vollständig erhaltene Schädel hat ein massives Gesicht mit großen Überaugenbögen und fliehender Stirn. Das Hinterhaupt zeigt nicht mehr die für *H. erectus* typische Abknickung und ist ebenso wie die Hirnschädelkapazität von 1280 cm^3 *H. sapiens*-ähnlich. Das gilt auch für die isolierte Maxilla eines zweiten Individuums. Das Postkranium zeigt ein Mosaik archaischer *H. erectus*- und moderner *H. sapiens*-Merkmale. Einschätzungen des Fundes als neandertaloid sind nicht haltbar (Day 1986; Klein 1989a), jedoch sieht Rightmire (1990) enge Beziehungen zu den europäischen Ante-Neandertalern.

Die Kalotte von Elandsfontein (Abb. 8.19) und ein Unterkieferfragment weisen beide nach Drennan (1953) ein Mosaik von *H. erectus*- und *H. sapiens*-Merkmalen auf (vgl. Kap. 7.2.2). Aufgrund faunistischer und archäologischer Befunde sind sie auf 0,5 - 0,2 MJ datiert worden.

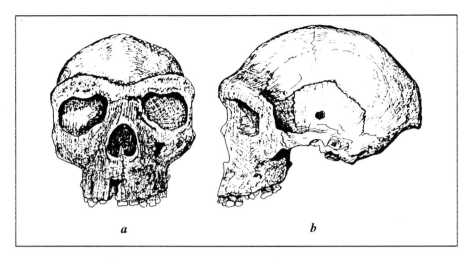

Abb. 8.18 Kabwe-Kalvarium ('Rhodesian Man', 'Broken Hill Man'), entwickelter *H. erectus* bzw. früh-archaischer *H. sapiens.* **a** Frontalansicht **b** Lateralansicht.

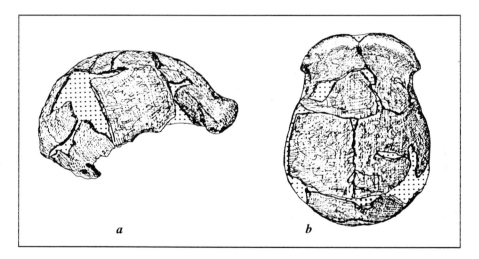

Abb. 8.19 Kalotte von Elandsfontein (Saldanha). **a** Lateralansicht **b** Vertikalansicht.

An der NO-Küste des Lake Eyasi wurden 1936 durch die Kohl-Larsen-Expedition sehr bruchstückhafte Kranialfragmente von drei Individuen geborgen. Protsch (1981) stellte die Eyasi-Funde zusammen mit Kabwe 1 und Elandsfontein zum *H. sapiens rhodesiensis*, dessen Alter mit 100 000 - 35 000 Jahren jedoch erheblich unterschätzt wurde. Nach Mehlman (1987) sind die Fossilien 0,2 MJ alt oder noch älter.

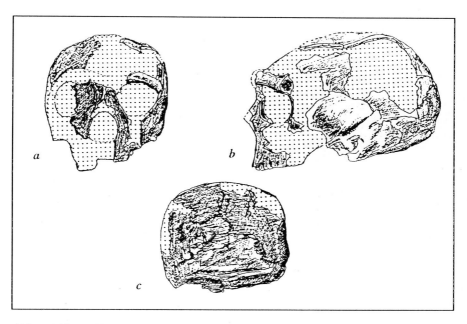

Abb. 8.20 Kalvarium von Lake Ndutu. **a** Frontalansicht **b** Lateralansicht **c** Okzipitalansicht (n. Rightmire 1990, umgezeichnet).

Zu den bereits erwähnten mittel-pleistozänen Hominidenfossilien, die das neue Bild von der afrikanischen Hominidenevolution prägten, gehört auch das vermutlich weibliche Kalvarium von Lake Ndutu (Tanzania; Rightmire 1983, 1984b, 1990; vgl. Kap. 7.2.2). Der in Abb. 8.20 wiedergegebene Schädel erinnert in zahlreichen Details an die Funde aus Kabwe und Elandsfontein, obwohl die berechnete Hirnschädelkapazität von 1100 cm³ deutlich geringer ist. Die Überaugenbögen sind massiv und das Stirnbein ist niedrig, während der Torus occipitalis nur schwach entwickelt ist. In der Hinterhauptsansicht weist der Hirnschädel aufgrund der steilen Seitenwände und der Breite der Scheitelbeine Ähnlichkeiten mit typischen *H. sapiens*-Schädeln auf. Nach Klein (1989a) könnte der im Jahre 1968 zusammen mit Acheuléen-Artefakten gefundene Unterkiefer O.H. 23 derselben Population angehört haben.

Eine wichtige Ergänzung der hier diskutierten Hominidenfundgruppe war der 1976 gefundene Teilschädel von Bodo (vgl. Kap. 7.1.2; Abb. 8.21), der große Ähnlichkeit mit Kabwe 1, aber auch mit dem Petralona-Fund aufweist. Das aus dem mittleren Mittelpleistozän stammende, vermutlich männliche Fossil aus dem Middle Awash Valley (Äthiopien) weist Schnittmarken auf, die auf intentionale Entfernung der Weichteile durch einen anderen Hominiden hinweisen (Tattersall et al. 1988). In der Nähe der Fundstelle wurde 1983 ein Scheitelbeinfragment eines weiteren Individuums entdeckt.

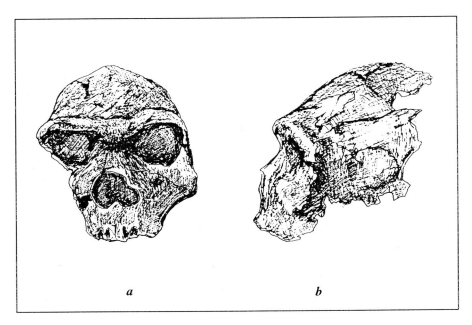

Abb. 8.21 Teilschädel von Bodo. **a** Frontalansicht **b** Lateralansicht   (n. Bräuer 1985;
Tattersall et al. 1988).

Möglicherweise kann eine von de Bonis et al. (1984) in Wadi Dagadlé (bei
Djibouti) gefundene Maxilla mit der Zahnreihe P^4-M^3 sowie den Wurzeln von
drei weiteren Zähnen, die nach TL-Datierung jünger als 0,25 MJ sein dürfte,
aufgrund der ausgeprägten alveolaren Prognathie noch dem früh-archaischen *H.
sapiens* zugerechnet werden.

Schließlich können noch ein spät-mittel-pleistozäner Unterkiefer, ein Ober-
kieferbruchstück sowie ein Okzipitalfragment von Kébibat (Mifsud-Giudice
Quarry, Rabat, Marokko), die auch als 'Rabat Man' bekannt wurden, zu dem
Grade der spät-archaischen afrikanischen Hominiden gezählt werden (vgl. Kap.
7.1.2; Saban 1977; Klein 1989a; Rightmire 1990). Dagegen ist der Fund von Salé
(Jaeger 1975; Hublin 1985) nach Rightmire (1990) aufgrund seiner Morphologie
besser im Taxon *H. erectus* aufgehoben (vgl. Kap. 7.1.2).

Spät-archaischer *Homo sapiens*: Fließende Übergänge von den oben beschriebenen früh-archaischen Hominiden Afrikas zu spät-archaischen, die auf
0,2 - 0,1 MJ datiert werden und nach Bräuer (1984a, 1985) ein eigenes Grade
bilden, werden durch Funde aus Cave of Hearths, Florisbad, Eliye Springs, Ileret,
Laetoli und Omo belegt, während das Material aus Klasies River trotz der
Kontroversen um deren chronologische Einstufung, sehr wahrscheinlich bereits
dem nächsten Grade, dem anatomisch modernen *H. sapiens*, zuzurechnen ist
(Bräuer 1992b; Wolpoff 1992).

Der sehr bruchstückhafte Hominidenfund aus Florisbad (bei Bloemfontein, Südafrika; Abb. 8.22), weist Affinitäten zu Kabwe 1 auf (Tobias 1961). Bräuer (1984a, b) beschreibt die Überaugenregion als torusähnlich und die Margo supraorbitalis als recht breit und gerundet. Das Schädeldach ist mit 11 mm Dicke ausgesprochen robust.

Aus der Cave of Hearths (Nord-Transvaal, Südafrika) stammt eine 1947 gefundene, verhältnismäßig robuste und vermutlich kinnlose, rechte Unterkieferhälfte eines juvenilen Individuums, die nach faunistischen und archäologischen Befunden ein mittel-pleistozänes Alter aufweist (Volman 1984).

Die drei im Jahre 1967 in Omo (Kibish, Äthiopien) gefundenen Teilschädel (Howell 1969) repräsentieren offenbar unterschiedliche Evolutionsstufen von *H. sapiens*. Nur das Fossil Omo 2, das z. T. auffallende Ähnlichkeiten mit Kabwe 1 zeigt, gehört zum spät-archaischen *H. sapiens*. Als besonders archaisches Merkmal beschreibt Bräuer (1985) das gewinkelte Os occipitale mit einem hoch liegenden Torus, auf dem Inion und Opisthokranion zusammenfallen. Der Überaugenbereich ist dagegen modern gestaltet; er läßt eine Trennung von Arcus superciliaris und Trigonum supraorbitale erkennen. Eine postorbitale Einschnürung fehlt; insofern ist der Schädel moderner als Kabwe 1. Day u. Stringer (1982) und Day (1986) sehen vorwiegend Beziehungen zu *H. erectus* (vgl. Kap. 7.1.2). Die Datierung des Fundes ins obere Mittel- oder ins frühe Oberpleistozän ist unsicher (Day u. Stringer 1991).

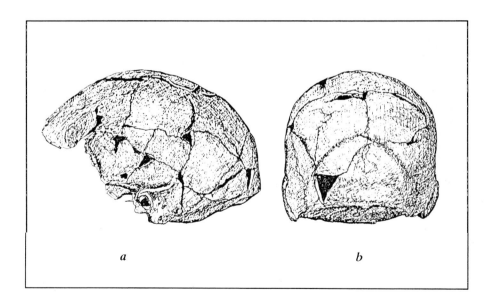

a   *b*

Abb. 8.22 Kalvaria Omo 2. **a** Lateralansicht **b** Okzipitalansicht (n. Day u. Stringer 1991, umgezeichnet).

Aus Laetoli (Ngaloba, Tanzania), einer bereits als Australopithecinen-Fundplatz erwähnten Region (vgl. Kap. 6.1.1), stammt das 1976 entdeckte bruchstückhafte Kalvarium L.H. 18, das nach Bräuer (1984b) in dem flachen Gesamtprofil des Hirnschädels auffallende Ähnlichkeiten zu dem nur wenige Kilometer entfernt gefundenen Eyasi 1 aufweist. Die Überaugenregion ist durch eine torusähnliche Struktur gekennzeichnet und auch weitere Merkmale sind archaisch, z. B. das flache Stirnbeinprofil und die kurzen Mastoidfortsätze. Dagegen sind die schwache postorbitale Einschnürung, die steilen Lateralflächen des Neuro-kraniums, die schwache Abwinkelung des Os occipitale und die deutlich ausge-prägte Wangengrube morphologisch dem anatomisch modernen Menschen ähnlich (Bräuer 1985; Rightmire 1986a, b). Neuere Datierungen (Th-200) lieferten ein Alter von 129 000 ± 4000 Jahren, während die Pa-231-Methode nur 108 000 ± 30 000 Jahre ergab (Hay 1987).

Der aus Eliye Springs (West-Turkana, Kenya) stammende Schädel ES-11 693 ist bislang nicht datiert (Bräuer u. R. Leakey 1986; Bräuer 1989b). Er zeigt nach Bräuer (1989b) ein neuartiges Mosaik archaischer und moderner Merkmale, weshalb seine Zuordnung zum spät-archaischen Grade gerechtfertigt erscheint.

Die in Ileret (Ost-Turkana, Kenya) gefundenen Oberkiefer- und Hirnschädel-fragmente (KNM-ER 3884) zeigen ebenfalls ein Merkmalsmosaik des archaischen und des anatomisch modernen *H. sapiens*, jedoch ist die phylogenetische Zuord-nung aufgrund des bislang noch unbestimmten Alters unsicher (Bräuer et al. 1992a).

8.2.3.2 Anatomisch moderner *Homo sapiens*

Fundmaterial, das die Anwesenheit des anatomisch modernen Menschen im subsaharischen Afrika um ca. 0,1 MJ belegt, ist seit 1968 von Klasies River Mouth (Cape Province, Südafrika) bekannt. Die von Singer u. Wymer (1982) beschriebenen Skelettreste, darunter das Fragment eines Stirnbeins mit Fronto-nasalbereich (Klasies River 16425) sowie Unterkieferfragmente (Klasies River 13 400, 16424 und 41815) wurden durch neueres, von Deacon (1989) und Deacon u. Shuurman (1992) beschriebenes Material ergänzt. Die neuen Grabungen haben zwar das sehr hohe Alter von ca. 125 000 Jahren für den Unterkiefer 41815 auf 100 000 - 90 000 Jahre zurückgeschraubt, jedoch sind zwei neu gefundene Maxillenfragmente möglicherweise älter als 120 000 Jahre. Dagegen werden das Frontonasalfragment 16425 und die grazile Mandibula 16424 zwischen 100 000 und 80 000 Jahren eingestuft (Bräuer 1992b). Obwohl die Funde nach Morris (1992) eindeutig anatomisch modern sind, zeigen sie keine Beziehung zu Merk-malsausprägungen der holozänen Bevölkerung dieser Region.

Von Border Cave stammen verschiedene Schädelreste, darunter zahlreiche neurokraniale Fragmente sowie ein Jochbein (Border Cave 1; Abb. 8.23), zwei Mandibulae (Border Cave 2, Border Cave 5), ein frühkindlicher, fragmentarischer Schädel (Border Cave 3) sowie subfossiles Hominidenmaterial. Die Funde wurden überwiegend Anfang der vierziger Jahre geborgen (De Villiers 1973), während

Border Cave 5 erst 1974 mit assoziierten Artefakten entdeckt wurde. Der anatomisch moderne Teilschädel Border Cave 1 ist ein ca. 90 000 Jahe alt (Bräuer 1992). Nach multivariaten Analysen von Van Vark (1986) und Van Vark et al. (1989) unterscheidet sich der Schädel von rezenten afrikanischen und außerafrikanischen Bevölkerungen, obwohl er unzweifelhaft modern ist.

Aus Omo stammt neben dem bereits beschriebenen Fund Omo 2 (vgl. Kap. 8.2.3.1) ein weiteres Fossil, Omo 1, bestehend aus einem unvollständigen Hirnschädel, einem Jochbein sowie Teilen von Ober- und Unterkiefer (Day 1972; Day und Stringer 1982). Diese Fossilien wurden zusammen mit wenigen Abschlägen und Faunenresten aus dem Omo Kibish Member I geborgen, welches nach $^{234}U/^{230}Th$-Datierung auf 130 000 Jahre bestimmt wird. Omo 1 ist danach vermutlich etwas jünger als Omo 2 und möglicherweise älter als Omo 3, ein massiv gebautes Frontoparietalfragment mit Andeutung einer breiten Brauenregion und geneigtem Os frontale. Omo 1 kann nach Bräuer (1984c) als 'fast völlig modern' angesehen werden und zeigt hochgradige Affinitäten zu den späten ober-pleistozänen Skeletten von Afalou-bou-Rhummel und Taforalt.

Weitere Funde des anatomisch modernen Menschen liegen vor aus:
-   Mumba Rock Shelter (Tanzania, Bräuer u. Mehlman 1988);
-   Die Kelders Cave (Südafrika, Klein 1989a);
-   Diré-Dawa (Äthiopien, Briggs 1968; Bräuer 1984a);
-   Singa (Sudan, Wells 1951; Bräuer 1984a);
-   Kanjera (Kenya, Bräuer 1984a) und
-   Equus Cave (Südafrika, Grine u. Klein 1985; Morris 1992).

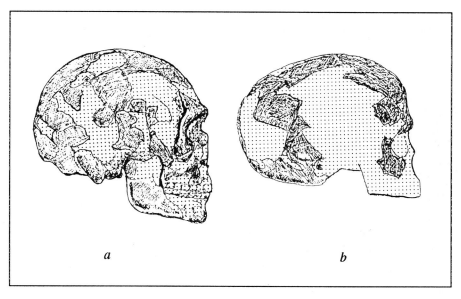

a   *b*

Abb. 8.23 a Omo 1 **b** Border Cave 1. Lateralansicht (n. Bräuer 1984a, umgezeichnet).

Tabelle 8.5 Fundmaterial des archaischen und des anatomisch modernen *H. sapiens* aus Afrika; TJ = 1000 Jahre.

Fundstelle	Fundjahr/ Fossil	Lage	Datierungs- verfahren	Datiert auf/ Probleme
Bodo Äthiopien	Teilschädel 1977 früh-arch. *H. sapiens*	Schicht B der oberen Bodo-Beds	assoziiert mit Fauna (Mittel- pleistozän), Artefakte (Acheuléen)	mittleres bis oberes Mittel- paläolithikum, nicht nachzu- prüfen
Ndutu Tanzania	Kalvarium 1973 früh-arch. *H. sapiens*	stratigraphisch unter Tuff- Schicht von Olduvai	Tuffschicht korreliert mit Narkali-Schicht	200-400 TJ oder älter, Korrelation problematisch
Hopefield Elandsfontein Südafrika	'Saldanha' Kalotte 1953; Nach- grabungen früh-arch. *H. sapiens*	ohne Verband; erodiert	angeblich aus Schicht mit 200-500 TJ alter Fauna	200-500 TJ, Korrelation Schädelfund- schicht
Cave of Hearths Südafrika	Mandibula 1947 früh-arch. *H. sapiens*	aus Bed III der Acheuléen- Sequenz	assoziiert mit Fauna (150-300 TJ), Acheuléen-Arte- fakte	150-300 TJ
Kabwe [Broken Hill] Zambia	Kalvarium Kabwe/ 1921 früh-arch. *H. sapiens*	Lage unsicher, angeblich un- terste Schicht	angeblich unterste Schicht mit früh- oberpleist. Fauna, Artefakte (MSA) Asparaginsäure- Razemisation von Femur um 110 TJ	150-350 TJ, Korrelation mit Schädelfund- schicht (Zink- gehalt), Amino- säure-Dat.
Eyasi Tanzania	Schädel Eyasi 1 1935 früh-arch. *H. sapiens*	?	Aminosäure-Dat. 34-36 TJ, auch oberplei- stozäne Fauna, Artefakte (Acheuléen)	spätes Mittel- pl., Korrelation Fundschichten unklar, Amino- säure-Datierung unsicher
Florisbad Südafrika	Schädel 1932 spät-arch. *H. sapiens*	nach ver- schiedenen Autoren auf, in, unter oder über Peat 1 MSA-Schicht	für Peat 1 Uran-Dat. um 100 TJ, Fauna spätes Mittel- bis frühes Oberpleistozän	spätes bis frühes Mittelpleistozän, stratigraphisch unsicher

Tabelle 8.5 (Fortsetzung).

Fundstelle	Fundjahr/ Fossil	Lage	Datierungs- verfahren	Datiert auf/ Probleme
Eliye Springs Kenya	Schädel ES-11693 1984 spät-arch. *H.s.*	umgelagert	---	nicht datierbar
Ileret Kenya	Schädel 1976 spät-arch. *H.s.*	am Boden einer Spät-oberpleisto-/ Holozän-Schicht	---	nicht datierbar
Laetoli/ Ngaloba Tanzania	Schädel (Laetoli 1) 1976 spät-arch. *H. sapiens*	*in situ* ?	Assoziiert mit MSA Tuff unter dem Fossil Korreliert mit Markerschicht des Ndutu-Beds (30-120 TJ). Uran-Dat. an Fauna, Th-230 um 129 TJ Pa-231 um 108 TJ Aminosäure(Isoleu-cin) um 100-200 TJ	um 110 TJ Absolute Datierung
Omo Kibish Äthiopien	Schädel Omo 1 1967 früh-moderner *H. sapiens*	*in situ* Member I	U-234/Th-230 um 130 TJ (Mollusken) Fauna (ob. Mittelpl. bis frühes Oberpl.-O., O18/O-16, Member I-III, ca. Stufe 5	Letztes Interglazial
	Schädel Omo 2 spät-arch. *H. sapiens*	Oberflächen-fund	nach Uran- und Nitrogen-Wert gleichzeitig mit Omo 1	Älter als 75 TJ Omo 2 nicht datiert
	Schädel Omo 3 früh-mod. *H. s.*	Member III	älter als 37 TJ	älter als 37 TJ
Klasies River Mouth Südafrika	Maxillareste 1968 spät-arch. *H. sapiens*	LSB-Schicht *in situ*	O-18/O-16 um Stufe 5a-e, Asparagin-Dat. 110-130 TJ eingewaschene Sande (Transgression)	ca. 110 TJ
	Mandibel 41815 1988 ff. frühmod. *H. s.*	SAS-Schicht (Abri 1B)	O-18/O-16 um Stufe 5-4, Aminosäure um 90 TJ.Artefakte MSA	ca. 90 TJ

Tabelle 8.5 (Fortsetzung).

Fundstelle	Fundjahr/ Fossil	Lage	Datierungs- verfahren	Datiert auf/ Probleme
Border Cave Südafrika	Schädel BC 1 Mandibel BC 2 Kinderskelett BC 3 1940/'42 Mandibel BC 5 1974 früh-mod. *H. sapiens*	Lage BC 1-3 unsicher; nach Nitro- genwert sind BC 1-3, B 5 gleichzeitig	angeblich assozi- iert mit Artefakten (Früh-MSA) Amino- säure um 90 TJ O-18/O-16 um 65-90 TJ (Mollusken)	ca. 90-120 TJ, Korrelation mit Fundschichten
Mumba Rock Shelter Tanzania	3 Zähne 1977 früh-mod. *H. sapiens*	*in situ* Schicht VI B	assoziiert mit Artefakte MSA, Uran-Dat. an Fauna unter den Zähnen Th-230 ca. 131 TJ Pa-231 um 109 ± 30 TJ	ca. 110 TJ
Kanjera Kenya	Schädelreste Kanjera 1-5 1932/'35 mod. *H. sapiens*	wohl alles umgelagert	---	70-100 TJ, nicht datierbar
Diré Dawa Äthiopien	Mandibel 1932 moderner *H. sapiens*	?	---	60 TJ, Orientierung un- sicher, Korrelat. mit MSA sicher
Singa Sudan	Schädel 1924 moderner *H. sapiens*	?	^{14}C-Dat. um 17 TJ (Krokodilzahn) u.U. zu korrelieren mit Spät-Acheuléen und Fauna des frühen Oberpl.	70-90 TJ, Korrelation zu Fundschichten
Die Kelders Cave Südafrika	Zähne 1969-'73 moderner *H. sapiens*	*in situ*	assoziiert mit Artefakten MSA	60-75 TJ (25-80 TJ)
Equus Cave Südafrika	Zähne ca. 1985 moderner *H. sapiens*	*in situ*	angeblich assoziiert mit MSA ^{14}C ca. 16,3 TJ	MSA-Artefakte, eingeschwemmte Artefakte sind jünger

Über lange Zeit bestand im nordafrikanischen Raum eine problematische Fossillücke zwischen den marokkanischen Schädeln von Salé (vgl. Kap. 7.2.2) und den vermeintlich entschieden jüngeren Funden aus Jebel Irhoud, Dar-es-Soltane und Témara. Neuere ESR-Datierungen ergaben für die beiden Hominiden-funde aus Jebel Irhoud, die nach Jaeger (1975) nur auf 60 000 - 40 000 Jahre geschätzt wurden, ein Alter von über 75 000 Jahren. Möglicherweise kann ihr Alter sogar 90 000 Jahre betragen (Bräuer 1992b). Ebenso wie ein weiterer Fund aus Haua Fteah (Libyen) weisen die Schädel nach Hublin (1985) keine Neandertaler-Kennzeichen auf. Die Hominiden von Irhoud sollen nur etwas archaischer als die Proto-Cromagnoiden des Nahen Ostens sein. Auch die aus dem Atérien[10] stammenden Hominidenfunde Dar-es-Soltane II und Témara sind offenbar älter als 40 000 Jahre (J. Clark 1988), woraus geschlossen wurde, daß die nordafrikanische nicht von der subsaharischen Region getrennt war. Multivariate Analysen stützen die Annahme, daß zwischen den Bevölkerungen dieser Region, Europas und des subsaharischen Afrikas Genfluß bestand (Bräuer u. Rimbach 1990).

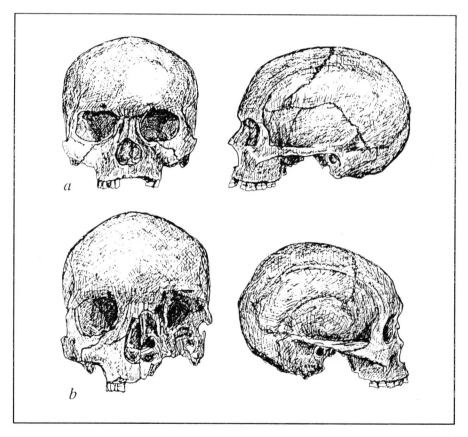

Abb. 8.24 a Kalvarium Taforalt VIII C (weiblich) **b** Kalvarium Taforalt XII C_1. (männlich) Frontal- und Lateralansicht (n. Ferembach 1986, umgezeichnet).

---

[10] Als Atérien wird die z. T. aus dem Moustérien abzuleitende und über einen kurzen Zeitraum mit dem europäischen Jungpaläolithikum gleichzeitig existierende maghrebinische Kulturstufe in Nordafrika bezeichnet.

Aus Nazlet Khater (bei Thata, Ägypten) stammt ein jungpaläolithisches Skelett, das 35 000 - 30 000 Jahre alt sein soll. Während der Unterkiefer archaische Merkmale besitzt, ist die übrige Struktur des Skeletts anatomisch modern (Thoma 1984).

Neben verschiedenen weiteren Funden, unter anderem aus Mugharet el'Aliya (Tanger) und den Skelettserien Jebel Sahaba und Wadi Halfa (beide Sudan) sind die iberomaurusischen Skelette von Taforalt (Abb. 8.24) und Afalou von großer Bedeutung für die Fragen der afro-europäischen Beziehungen im Oberpleistozän (Bräuer u. Rimbach 1990; Henke 1992a, b, c).

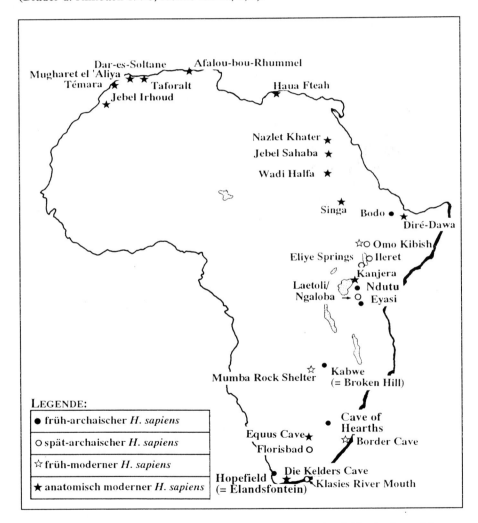

Abb. 8.25 Fundkarte des mittel- und ober-pleistozänen Hominidenfundmaterials von Afrika.

8.2.4 Australien

Die spärlichen Hominidenfossilien Australiens lassen vermuten, daß dieser Kontinent erst im Oberpleistozän besiedelt wurde (Thorne 1980a, b; Wolpoff et al. 1984; Groves 1989a; Habgood 1989, 1992; Fagan 1990; Jones 1992; Thorne u. Wolpoff 1992). Zusammen mit Neu-Guinea und Tasmanien bildete der Inselkontinent eine Landmasse, als Sahul bekannt. Sahul war immer von der südostasiatischen Festlandmasse und dem größten Teil Indonesiens, dem sog. Sundaland, getrennt. Die dazwischenliegenden Inseln bildeten das ehemalige Wallacea. Nach paläogeographischen Daten erfolgte die erste Immigration von Hominiden nach Sahul vor ca. 53 000 Jahren (Tattersall et al. 1988). Besiedlungsspuren reichen bis vor ca. 40 000 Jahre zurück. Die ältesten archäologischen Dokumente sind Artefakte von Upper Swan River (Westaustralien) und vermutlich 47 000 - 43 000 Jahre alte Funde vom Nepean River.

Abb. 8.26 Sundaland und Sahul (n. Pope 1988, umgezeichnet).

Die bedeutendste Hominidenfundstätte ist Lake Mungo (New South Wales) in der Willandra Lake-Region, einer seit 15 000 Jahren ausgetrockneten Seenplatte (Bowler et al. 1970; Jones u. Bowler 1980; Jones 1992). Mungo I, ein weibliches Individuum, wurde möglicherweise absichtlich zerstückelt und nach Einäscherung in einer Grube beigesetzt. Nach ^{14}C-Datierung ist dieses Fossil ca. 26 000 Jahre alt. Nicht näher zu diagnostizieren ist der Fund Mungo II, während ein weiteres, vermutlich männliches Individuum, Mungo III, unverbrannt bestattet wurde. Letzteres kann nicht nur aus der Fundlage, sondern auch aus dem rotem Ocker auf dem Skelett geschlossen werden. Diese Befunde sprechen für Bestattungsrituale bei 30 000 Jahre alten Bevölkerungen Australiens.

Ebenso wie die wohl überwiegend zeitgleichen oder aber jüngeren Funde aus Keilor (Victoria) und Lake Tandou (New South Wales) besaßen die Hominiden von Lake Mungo relativ dünnwandige, gerundete Hirnschädel mit schwach prominenten Überaugenbögen und relativ flache Gesichter. In diesem Merkmalsbild unterscheiden sie sich deutlich von der durch Funde aus Kow Swamp (Northern Victora) und Cohuna (Victoria) sowie Talgai (Queensland) repräsentierten Bevölkerung, die vor ca. 14 000 bis 9 000 Jahren lebte. Diese Population besaß grobe, dickwandige, niedrige Schädel mit fliehendem Stirnbein, starken Überaugenbögen und vorspringenden Gesichtern. Thorne (1977, 1980a, b) und andere Bearbeiter nehmen aufgrund der außerordentlichen Variabilität der Funde eine mehrfache Besiedlung des Kontinents an. Die auffälligen Merkmalsunterschiede an den Schädeln Kow Swamp 1 und Keilor sind in Abb. 8.27 dargestellt.

In der Kontroverse um eine einmalig oder mehrfach erfolgte ober-pleistozäne Besiedlung Australiens spielt die Beurteilung eines Hominidenfundes von den Willandra Lakes (nördl. von Lake Mungo, New South Wales) eine besondere Rolle (Jones 1992; Stringer 1992a; Thorne u. Wolpoff 1992; Wolpoff 1992). Obwohl die fragmentarische Kalvaria WLH-50 (Abb 8.27) vermutlich doch nur gleichalt wie Mungo I zu sein scheint, d. h. ca. 30 000 - 25 000 Jahre, und nicht über 50 000 Jahre, wie zunächst vermutet wurde, sieht Wolpoff (1992, S. 42) in dem Fossil "...a very convincing morphological and temporal intermediary between the Ngandong specimens and the recent and modern aboriginals of the continent".

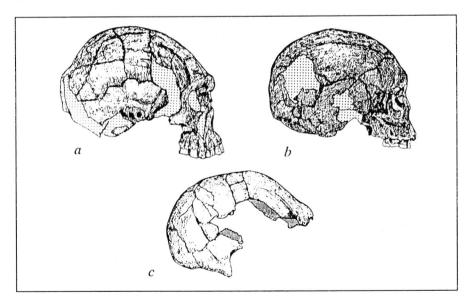

Abb. 8.27 Kraniale Fossilien aus Australien. **a** Kow Swamp 1 **b** Keilor **c** WLH-50, spiegelbildlich (n. Wolpoff 1980; Stringer 1992a, umgezeichnet).

Stringer (1992a) vermutet dagegen, daß einige angeblich archaische Kennzeichen eher individuelle als populationsspezifische Merkmale sind und damit keine Beziehung zu indonesischen Funden anzunehmen ist. Zu den kritisch zu bewertenden Merkmalen zählt die mit 15 mm ungewöhnlich starke Kalottenwand, die nach histologischen Befunden pathologisch verändert sein dürfte. Aber auch andere Merkmale, z. B. die morphologischen Strukturunterschiede im Hinterhaupt von Ngandong-Schädeln und WLH-50, sprechen für separate Hominiden-Linien. Es ist nach Ansicht der Befürworter des 'Replacement'-Modells durchaus möglich, daß es nur *eine* anatomisch moderne Gründerpopulation im Spätpleistozän in Australien gab, gefolgt von einer schnellen Entwicklung der lokalen Variation (vgl. Kap. 7.5). Die 'Replacement'-Hypothese schließt aber Genfluß zwischen dem späten *H. erectus* Javas und Populationen Australiens auch nicht ganz aus (Bartstra et al. 1988).

Sorgfältig durchgeführte Ausgrabungen nordöstlich von Perth auf der Guilford Terrasse des Upper Swan River und südlich von Perth in der Kalksteinhöhle von Devil's Lair brachten zwar keine Hominidenfossilien zutage, jedoch sehr eindrucksvolle Besiedlungsspuren (Feuerstellen, Knochen- und Steinartefakte) und durch Menschen zertrümmerte Knochenreste, die nach ^{14}C-Datierungen bis an die Grenze von 40 000 Jahren heranreichen.

8.2.5 Amerika

Wenn auch allgemeiner Konsens besteht, daß die frühe Hominidenevolution in der Alten Welt erfolgte, so gehen doch die Anschauungen darüber, wann die ersten anatomisch modernen Menschen Amerika erreichten, weit auseinander (Owen 1984). Während einige Autoren es als wahrscheinlich ansehen, daß die ersten Hominiden im mittleren oder frühen Wisconsin, also vor mindestens 40 000 Jahren (< 200 000 Jahren) Amerika betraten, nehmen andere die Erstbesiedlung nicht früher als vor 12 000 Jahren an (Bray 1988). Nach Owen (1984) geht der weitaus überwiegende Teil der mit der amerikanischen Fundsituation vertrauten Archäologen davon aus, daß der Mensch vor 20 000 Jahren während des Spätpleistozäns amerikanischen Boden betrat. Tattersall et al. (1988) nennen 30 000 Jahre als verläßlichstes Datum des ersten Auftretens von Paläoindianiden.

Bislang lassen die archäologischen, anthropologischen und linguistischen Daten sehr heterogene Schlüsse zu. Owen (1984) tabellierte das datierte archäologische und paläoanthropologische Fundmaterial, jedoch trägt die Status-Spalte überwiegend die Vermerke 'fraglich', 'ungewiß' und 'zurückgewiesen'. Die einzige archäologische Datierung mit dem Kommentar 'möglich' stammt von Fort Rock Cave (Oregon), die mit der ^{14}C-Methode auf 13 200 Jahre datiert wurde. Besonderes Interesse galt der archäologischen Analyse entlang der potentiellen Einwanderungsroute *via* Bering-Landbrücke, Alaska und einem eisfreien Korridor in Westkanada. Die ältesten archäologischen Fundpätze dieser Region sind älter als 12 000 Jahre und für Bluefish Caves im Yukon-Territorium sind nach Morlan

(1987) Artefakte von annähernd 20 000 Jahren nachgewiesen. Daß die Einwanderung über eine Landbrücke zwischen Sibirien und Alaska erfolgte, wird durch geologische und paläoklimatologische Daten gestützt, aber auch serologische und dentologische Befunde legen diesen Schluß nahe (Greenberg et al. 1986; Zegura 1987). Die fast 1000 km lange Bering-Landbrücke stellt einen Schelfabsatz dar, der während des Endpleistozäns, aufgrund der Bindung großer Wassermassen an die riesigen Gletscher Nordamerikas und Europas, trockenlag, so daß Jäger- und Sammlerpopulationen aus dem vor mehr als 35 000 Jahren besiedelten sibirischen Raum nach Amerika vordringen konnten. Nach paläogeographischen Daten war eine Passage zwischen ca. 100 000 bis 12 000 Jahren vor heute möglich (Fagan 1990). Danach führte das Abschmelzen der Eiskappen zum Ansteigen des Meeresspiegels und machte eine Passage der Bering-Straße zu Lande unmöglich.

Da die indianiden Populationen eine starke linguistische Differenzierung zeigen, wurde für diesen Prozeß eine Zeitspanne von 12 000 Jahren (Swandesh 1964) bis 15 000 Jahren (Greenberg 1983) angesetzt. Dieser Befund stimmt mit der Datierung von Artefaktfundstätten Nordamerikas überein. Die für die Erstbesiedlung kennzeichnenden Artefakte gehören zum Clovis-Komplex, der auf die Periode vor 11 500 bis 11 000 Jahren einzugrenzen ist. Das bestimmende Artefakt ist eine ca. sieben Zentimeter lange Speerspitze, die in den Spalt eines Speerschaftes gesteckt und mit Tierhaut befestigt wurde. Faunistische Befunde belegen, daß während der Existenzspanne der Clovis- und der darauf folgenden Folsom-Populationen ein Massensterben der nord- und südamerikanischen Megafauna erfolgte. Die von (P. Martin 1984) aufgestellte Hypothese eines direkten anthropogenen Einflusses im Sinne eines *overkill* hat zahlreiche Argumente für sich, bedarf jedoch weiterer sorgfältiger Überprüfung der paläoökologischen Fakten.

Verbindungen des Clovis-Komplexes sind zu den südamerikanischen Fischschwanz-Geschossen von El Inga (Kolumbien) gegeben und reichen offenbar bis zur Südspitze des Kontinents und ostwärts bis in die argentinische Tiefebene. Aus Südamerika sind von Monte Verde (Venezuela) und Taima-Taima (Venezuela), der Höhle Los Toldos (Argentinien) und von Tagua-Tagua (Chile) Fundplätze aus der Periode vor 13 000 bis 11 000 Jahren bekannt. Die nicht abgesicherten Datierungen ergeben für alle Fundplätze ein jüngeres Alter als für die bedeutendste nordamerikanische Fundstätte, die möglicherweise knapp 20 000 Jahre alte Meadowcroft Cave bei Pittsburgh (Pennsylvania).

Die hier vorwiegend interessierenden physisch-anthropologischen Fakten harmonieren nach Harper (1980) mit einem Modell, das eine unabhängige Separation der amerikanischen Indianiden von sibirischen Populationen vor ca. 15 000 Jahren annimmt. Auch nach Brues (1977) spiegeln die populationsgenetischen Befunde nur eine kurze ethnische Differenzierungsperiode wider.

Owen (1984) gliederte die paläoanthropologischen Fossilien Nord- und Südamerikas in drei paläoamerikanische Zeitkategorien, eine frühe Periode (vor 28 000 Jahren), eine mittlere Periode (vor 28 000 - 12 000 Jahren) und eine späte Periode (vor 12 000 - 7 000 Jahren). Das Material der ersten Fossilgruppe stammt aus Sunnyvale sowie Del Mar (Kalifornien), Taber (Alberta, Kanada) und Otovalo

(Quito, Equador). Keines der ursprünglich mitgeteilten Daten ist haltbar. Die 'Sunnyvale bones' könnten ca. 5 000 - 3 500 Jahre alt sein, die 'Del Mar bones' (auch Scripps Estate, La Jolla, San Diego Man) und auch das Kinderskelett von Taber sind ebenso, wie der Fund aus Quito, wahrscheinlich auch nur holozän.

Auch die in die zweite Kategorie eingestuften Funde von Los Angeles (L.A. Woman), Yuha (Kalifornien) und Laguna Beach (Laguna Man) gehören offenbar nicht ins Pleistozän (Altersschätzungen 6 000, 5 000 bzw. 7 100 Jahre).

Mit 8 500 Jahren dürfte der früher auf 12 000 Jahre geschätzte Fund aus Brown's Valley etwas älter sein. Die bislang ältesten, auf ca. 10 000 Jahre geschätzten Fossilien stammen aus Lagoa Santa (Brasilien) und Arlington Springs (Kalifornien).

Die Revision der Fossilien durch Owen (1984) zeigt, daß alle ehemals als pleistozän eingestuften Skelette deutlich jünger sind.

8.3 Entwicklungstendenzen bei *Homo sapiens*

Die in Kap. 8.1 angesprochenen Schwierigkeiten der Differentialdiagnose von *H. sapiens* gegenüber *H. erectus* ließen bereits erkennen, daß eine klare definitorische Abgrenzung der beiden Taxa anhand der vorliegenden Fossilfunde nicht möglich ist. Außer den Problemen, die sich aufgrund unterschiedlicher Spezieskonzepte sowie prinzipieller und methodischer Fragen der Arterkennung ergeben (vgl. Kap. 2.5.8), kommt die außerordentlich starke Variabilität im räumlichen und zeitlichen Erscheinungsbild von *H. sapiens* erschwerend hinzu. Die Tatsache, daß *H. sapiens* eine polytypische Spezies ist und daß sie es sehr wahrscheinlich schon lange ist, wie die Gradualisten meinen, führt zu unüberbrückbaren Gegensätzen in den Anschauungen gegenüber den Kladisten, die in den *H. sapiens*-Fossilien mehrere separate Linien erkennen und entsprechendes auch für *H. erectus* annehmen.

Da die Fossilgeschichte polytypischer Spezies praktisch nicht bekannt ist und die Hominiden offenbar eine seltene Ausnahme bilden (Van Valen 1986; Wolpoff 1989), erklärt sich auch hieraus die große Unsicherheit in der morphologischen Definition unserer eigenen Spezies. Der anatomisch moderne *H. sapiens* kann durch eine Vielzahl von Merkmalen beschrieben werden, die in allen lebenden Populationen vorkommen; zahlreiche davon sind durch eine allgemeine Grazilität gegenüber dem Skelett der archaischen Hominiden geprägt. Die gegenwärtig lebenden Populationen von *H. sapiens* zeigen eine beachtliche intra- und interpopulationsspezifische Variabilität in ihren körperlichen Merkmalen, was zu einem großen Teil auf Umweltadaptationen und Ernährungsfaktoren beruht (Übersicht in Walter 1974; Baker 1988). Insgesamt haben die heutigen Bevölkerungen einen weniger kräftig gebauten Knochenbau und schwächere Muskulatur. Dieser generelle Grazilisierungstrend, der bei Neandertalern gar nicht oder aber nur nicht über eine längere Periode zu beobachten ist (vgl. Kap. 8.3.1), wird im allgemeinen als Anzeichen eines verminderten Selektionsdruckes betrachtet. Aufgrund zunehmend komplexerer Verhaltensweisen und der damit verbundenen Steigerung der Effizienz in der Nahrungsbeschaffung und bei alltäglichen Auseinandersetzungen mit der Natur wurden hohe Aktivität und Muskelkraft, im allgemeinen grundlegende Verhaltensadaptationen einer Art, zweitrangig. Dieser Adaptationsprozeß verlief über eine lange Hominisationsphase sehr langsam, beschleunigte sich dann aber offenbar im Oberpleistozän beträchtlich (vgl. Kap. 8.5.1).

Eine allgemeingültige Kennzeichnung von *H. sapiens*, die auf die lebende Menschheit und alle mit diesem Taxon in Zusammenhang gebrachten Fossilfunde zutrifft, ist nicht möglich (C. Vogel 1974; Wolpoff 1980, 1986, 1989; Tattersall 1986; Klein 1989a; F. Smith et al. 1989). Die taxonomisch problematischen Bezeichnungen der Fossilfunde als archaischer und anatomisch moderner *H. sapiens* sowie die Bewertung der Neandertaler als Subspezies von *H. sapiens* sind daher als Kompromiß zu verstehen, dem einige Paläoanthropologen nicht zustimmen (z. B. Tattersall 1986). Das gilt insbesondere für die Klassifikation der Neandertaler als *H. sapiens neanderthalensis*. Da Stringer (1984, 1993), Tattersall (1986) und andere Anthropologen den Speziesstatus, *Homo neanderthalensis*, für gerechtfertigt halten, ist den morphologischen Adaptationen dieses Taxons das nächste Kapitel gewidmet (Kap. 8.3.1). Bevor aber die morphologischen Merkmale der Neandertaler dargestellt und diskutiert werden, seien einzelne *allgemeine Entwicklungstendenzen* der jüngeren Hominidenevolution aufgezeigt (Übersicht in C. Vogel 1974; Tattersall et al. 1988; Klein 1989a).

Zunächst ist festzustellen, daß die durchschnittliche Hirnschädelkapazität auf 1400 cm³ ansteigt. Insbesondere nimmt die Höhe der Hirnschädel zu und die größte Hirnschädelbreite verlagert sich nach superior in den Bereich der Scheitelbeine. Das Hinterhaupt zeigt gegenüber demjenigen von *H. erectus* einen schwächer entwickelten Torus occipitalis, der in zwei seitliche Bögen zerfällt, die in der Mediansagittalen auf Höhe des Inion einen Hinterhauptshöcker, die Protuberantia occipitalis externa, bilden. Das Foramen occipitale magnum verlagert sich zunehmend weiter anterior und ist sogar etwas in die Transversalebene geneigt. Die Schädelbasisknickung nimmt zu, d. h. der Sphenoidalwinkel wird kleiner (vgl. Kap. 4.2.1; Abb. 8.28). Im Stirnbereich kommt es zu einer fast vollständigen Überlagerung der Orbitae durch das vergrößerte Frontalhirn; der Torus supraorbitalis wird im mediansagittalen Bereich mehr oder weniger stark abgesenkt.

Während die Neandertaler sehr spezielle Gesichtsmerkmale entwickeln (vgl. Kap. 8.3.1.1), ist ansonsten eine Tendenz zur Verringerung der Vorkiefrigkeit bis zur Geradkiefrigkeit festzustellen. Die schon bei *H. erectus* auftretende Prominenz der Ossa nasalia nimmt zu, und am Unterrand der knöchernen Nasenöffnung ist meistens eine Spina nasalis anterior ausgebildet.

Mit Ausnahme der Neandertaler entwickeln die jüngeren Hominiden ein weniger fliehendes Kinn mit einer leichten basalen Vorwölbung und schließlich einen knöchernen Kinnvorsprung (Mentum). Der gerundete Zahnbogen weist in der Regel keine Diastemata auf. Die Weisheitszähne sind verkleinert, was häufig auch für die zweiten Molaren zutreffen kann.

Bis vor kurzem wurde noch angenommen, daß sich das Postkranium der frühen Mitglieder des Genus *Homo*, insbesondere des *H. erectus*, kaum von dem des modernen Menschen unterschied. Dagegen wurde immer wieder auf die Abweichungen des neandertaliden Körperbaus hingewiesen (vgl. Kap. 8.3.1.2). *H. erectus*, der Neandertaler und der archaische *H. sapiens* haben eine ausgeprägte kortikale Hyperostosis an Femur, Tibia, Ulna und anderen Röhrenknochen, die beim modernen *H. sapiens* fehlt (Kennedy 1983b, 1984a, 1985, 1992; vgl. Kap. 8.3.2).

8.3.1 *Homo sapiens neanderthalensis* versus *Homo sapiens sapiens*

Durch polarisierende typologische Forschungsansätze, die die qualitativen Unterschiede zwischen den Neandertalern und dem modernen Menschen überhöhten, blieben Fragen nach der adaptiven und verhaltensbiologischen Bedeutung der morphologischen Unterschiede lange unbeantwortet. Erst in der zweiten Hälfte dieses Jahrhunderts wurde immer klarer, daß vergleichend-metrische und -morphognostische Analysen allein keine Lösungen des Neandertaler-Problems bringen können, so daß Howell (1951, 1952, 1957, 1960), Coon (1962) und andere Autoren auf die Notwendigkeit hinwiesen, die spezifischen Adaptationen der Neandertaler zu erklären. Es galt nicht nur festzustellen, ob die Neandertaler anders gebaut waren, sondern insbesondere herauszufinden, *warum* sie anders gebaut waren. Wesentliche Impulse für eine evolutionsmorphologische Betrachtungsweise lieferte die vehemente Kritik von Brace (1962, 1964) an den eingefahrenen Modellen der Paläoanthropologie. Sein Vorwurf 'anti-evolutionistischen' Denkens an diejenigen, die die klassischen Neandertaler als aberranten, ausgestorbenen Seitenzweig der Evolution ansahen, zog erregte Diskussionen nach sich (Brace 1964). Eine eindeutige Lösung der Fragen fehlt zwar immer noch (Übersicht in Mellars u. Stringer 1989; Bräuer u. F. Smith 1992), jedoch wurde die wissenschaftliche Vorgehensweise entscheidend präzisiert, so daß wir gegenwärtig über unvergleichlich mehr Befunde zu folgenden Fragen verfügen:

1. Wie ist das spezifische Muster der neandertaliden Morphologie zu erklären und damit der morphologische Unterschied zu den Vorläufern, archaischen Zeitgenossen und Nachfolgern?
2. Wie kam es dazu, daß anatomische Muster und Verhaltensweisen des frühen anatomisch modernen Menschen sich so erfolgreich gegenüber den neandertaliden Strukturen durchsetzen konnten?

Es ist aber nicht nur zu fragen, was der relative selektive Vorteil derjenigen Strukturen war, die beim anatomisch modernen *H. sapiens* in Abweichung vom Neandertaler festgestellt werden können, sondern es gilt auch zu klären, wie der

anatomische Wandel und die Verhaltensänderungen funktional, entwicklungs-
biologisch und biokulturell miteinander verflochten sind (Übersicht in Howells
1974, 1975, 1976; Trinkaus u. Howells 1979; Wolpoff 1980, 1986, 1992;
Trinkaus 1983b, 1986; Henke 1988; Klein 1989a; Aiello u. Dean 1990; Harrold
1992).

In Abb. 8.28 sind die Unterschiede zwischen *H. sapiens neanderthalensis* und
H. sapiens sapiens gegenüber den älteren Vertretern des Genus *Homo* aufgeführt.

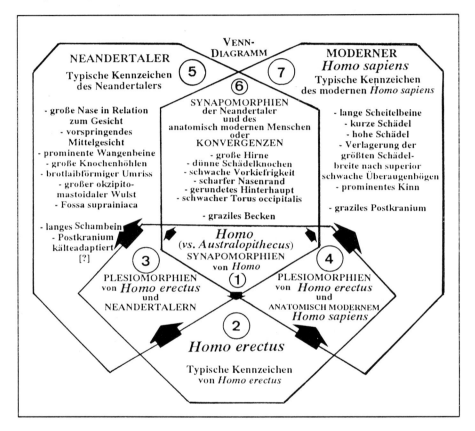

Abb. 8.28   Vereinfachtes Diagramm zur Kennzeichnung der typischen Merkmale von
H. erectus, dem Neandertaler und dem modernen *H. sapiens* (n. Stringer 1984, verändert).

8.3.1.1   Morphologie von *Homo sapiens neanderthalensis*

Die auffälligsten Unterschiede zwischen dem Kranium der Neandertaler und dem
des modernen Menschen, die den Fund aus dem Neandertal abstammungs-
geschichtlich so brisant machten, sind an dem heute sehr zahlreichen neandertaliden Fundmaterial ausführlich beschrieben worden (Howell 1951, 1957;

Howells 1974; Santa Luca 1978; Trinkaus u. Howells 1979; Trinkaus 1983a, b, 1984b, 1986; F. Smith 1984; Heim 1986; Henke 1988; Klein 1989a; Aiello u. Dean 1990). Vieles spricht dafür, daß es sich bei den Neandertalern im Vergleich zu anderen Hominiden um eine relativ homogene Gruppe handelt, jedoch lassen sich beim Vergleich der europäischen und vorderasiatischen Regionalstichproben nach Vandermeersch (1989) deutliche Populationsunterschiede feststellen, so daß sich die hier gegebene Beschreibung zunächst im wesentlichen auf das Merkmalsbild der westeuropäischen Neandertaler stützt (vgl. Kap. 8.1.1.3):

Kennzeichen der Neandertaler

Neuro- und Viszerokranium (Abb. 8.29, Abb. 8.30)

- Hirnschädelkapazität zwischen 1245 cm^3 (Saccopastore) und 1750 cm^3 (Amud I) variierend, Mittelwert ca. 1520 cm^3 (Holloway 1985; Aiello u. Dean 1990) im Vergleich zum Mittelwert von 1560 cm^3 beim frühen anatomisch modernen Menschen (Klein 1989a) und von ca. 1400 cm^3 in rezenten Populationen;
- Hirnschädel in Lateralansicht langgestreckt und relativ flach (brotlaibförmig);
- Stirn flach und stark nach posterior geneigt (fliehend);
- Hirnschädel in Okzipitalansicht breit und queroval mit ausgewölbten Seitenwänden;
- okzipitaler Abschnitt des Hirnschädels mit knotenartiger Vorwölbung (frz. *chignon*; engl. *occipital bunning*);
- Lambdaregion abgeflacht (Lambda-Depression);
- prominenter und nahezu horizontaler Verlauf des Torus occipitalis;
- Fossa suprainiaca, etwa dreieckige Vertiefung superior vom Torus occipitalis, vorhanden;
- weit nach superior ausgedehntes, großes Nackenmuskelfeld;
- Proc. mastoideus in der Regel recht klein, wallartige Tuberositas mastoidalis posterior der knöchernen Gehörgangsöffnung;
- großer juxtamastoidaler Kamm vorhanden, von ausgeprägten Vertiefungen flankiert;
- Schädelbasiswinkel größer als bei *H. sapiens sapiens* (Mittelwert ca. 134°), d. h. Schädelbasisknickung geringer;
- Fossa glenoidalis flacher als bei *H. sapiens sapiens*;
- Torus supraorbitalis sehr kräftig, in Vorderansicht über den Orbitae flachbogig, in der Glabellaregion ohne nennenswerte Einziehung, keine Unterteilung in medianen Arcus superciliaris und lateralen Arcus supraorbitalis wie bei *H. sapiens sapiens*;
- Sulcus supratoralis frontalis deutlich ausgebildet;
- Sinus frontalis allgemein recht groß, auf Torus supraorbitalis beschränkt;
- Orbitae groß und gerundet;
- Mittelgesicht stark prognath und besonders lang, in Vertikalansicht anterior zugespitzt ('Spitzgesichtigkeit');
- Wangenbeingrube fehlt, Abwinkelung der Jochbeinwurzel geringer als bei *H. sapiens sapiens*;

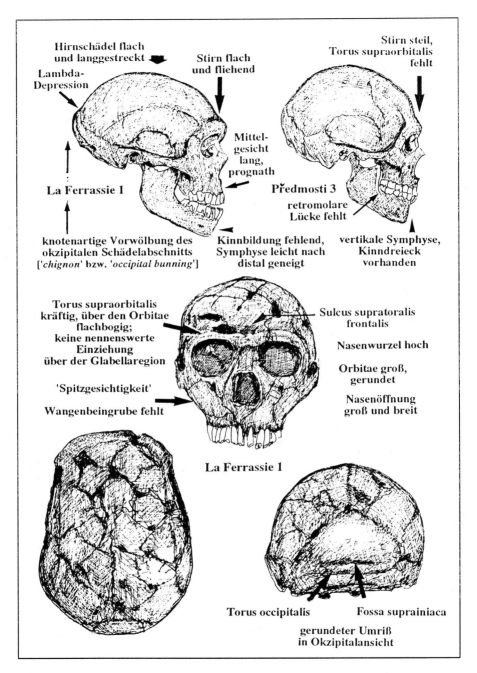

Abb. 8.29 Schematisierte Darstellung der Schädelmerkmale der Neandertaler am Beispiel des Kraniums von La Ferrassie im Vergleich zu dem Schädel eines Jungpaläolithikers von Predmosti (Nr. 3).

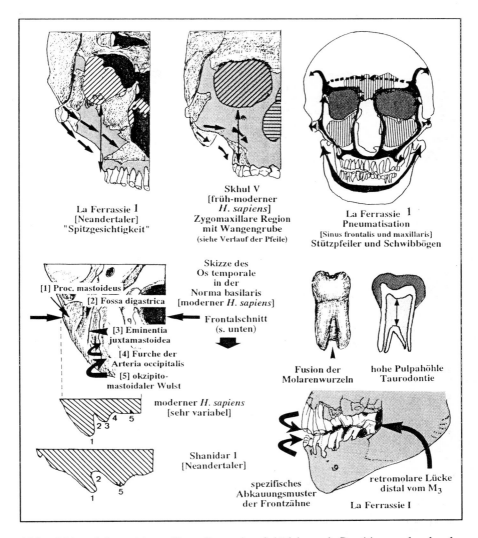

La Ferrassie 1
[Neandertaler]
"Spitzgesichtigkeit"

Skhul V
[früh-moderner
H. sapiens]
Zygomaxillare Region
mit Wangengrube
(siehe Verlauf der Pfeile)

La Ferrassie 1
[Sinus frontalis und maxillaris]
Stützpfeiler und Schwibbögen

[1] Proc. mastoideus
[2] Fossa digastrica
[3] Eminentia juxtamastoidea
[4] Furche der Arteria occipitalis
[5] okzipito- mastoidaler Wulst

Skizze des
Os temporale
in der
Norma basilaris
[moderner *H. sapiens*]

Frontalschnitt
(s. unten)

Fusion der
Molarenwurzeln

hohe Pulpahöhle
Taurodontie

moderner *H. sapiens*
[sehr variabel]

Shanidar 1
[Neandertaler]

spezifisches
Abkauungsmuster
der Frontzähne

retromolare Lücke
distal vom M$_3$

La Ferrassie I

Abb. 8.30 Schematisierte Darstellung der Schädel- und Dentitionsmerkmale der Neandertaler (n. Walensky 1964; Heim 1976, 1978, umgezeichnet).

- Foramen infraorbitale groß;
- Nasenskelett stark hervortretend, Nasenwurzel relativ hoch ansetzend;
- knöcherne Nasenöffnung groß und breit;
- Unterkiefer groß, Symphyse leicht nach distal geneigt, knöchernes Kinndreieck fehlt, basaler Wulst z. T. schon vorhanden;
- Unterkieferäste nach superior divergierend;
- Foramen mentale meistens auffallend groß und horizontal-oval.

Gebiß und Zähne

- Zahnbogen gerundet und breit;
- Incisivi größer als die älterer Hominiden, sehr viel größer als bei rezenten Populationen, im allgemeinen schaufelförmig mit basalem Tuberkel, auffällige labiale Abkauung bei älteren Individuen;
- Abkauungen der postcaninen Zähne geringer als die der Frontzähne, von *H. sapiens sapiens* abweichend;
- deutlicher Abstand zwischen dem distalen Rand des M_3 und dem anterioren Rand des Unterkieferastes (retromolare Lücke);
- Molaren klein gegenüber denen älterer Hominiden, in der Variationsbreite mit denen der Jungpaläolithiker überlappend;
- Fusion der Molarenwurzeln;
- ausgeprägte Taurodontie.

Postkranium

- Körpergröße europäischer Funde im Durchschnitt ca. 155 - 165 cm, Funde aus dem Nahen Osten ca. 155 - 173 cm;
- allgemein größere Robustizität im Vergleich zum modernen *H. sapiens*, insbesondere die Gliedmaßenknochen etwas derber wirkend, mit großen Gelenkflächen und markanten Muskelmarken;
- inferiore Halswirbel mit langem Proc. spinosus, Länge und Neigung der Dornfortsätze jedoch in der Variationsbreite des modernen *H. sapiens* liegend;
- Schlüsselbeine bei europäischen Neandertalern ungewöhnlich lang;
- Schulterblätter mediolateral im Vergleich zum modernen *H. sapiens* verbreitert, Akromion lateral verlagert, vorwiegend dorsaler Sulcus am Margo axillaris;
- Brust- und Lendenwirbel mit robusten Wirbelkörpern und -bögen, Proc. transversus der Thorakalwirbel bei westeuropäischen Neandertalern etwas stärker nach lateral gerichtet als beim modernen *H. sapiens*, Lumbalwirbel mit dorsaler Keilbildung (engl. *dorsal wedging*);
- Brustkorb anteroposterior weniger abgeflacht, d. h. mit größerem sagittalen Durchmesser, eher tonnenförmig tief, rund und breit;
- Rippen sehr kräftig, Muskelmarken der Nacken- und Schultermuskulatur stark ausgeprägt, Transversaldurchmesser entschieden größer als beim modernen *H. sapiens*, superoinferiorer Durchmesser in der Variationsbreite des modernen Menschen;
- obere Schambeinäste ungewöhnlich lang und schlank;
- Kreuzbein nach ventral verlagert;
- Darmbeinschaufeln nach außen gedreht, in Lateralansicht symmetrisch nach anterior und posterior ausladend;
- Acetabulum nach lateral ausgerichtet;
- Incisura ischiadica major flach;
- Intermembral-, Brachial- und Crural-Indizes in der Variationsbreite des modernen *H. sapiens*, jedoch deutliche Tendenz zu kurzen distalen Extremitätenknochen;

- Oberarmknochen mit proximaler Verlagerung des Epicondylus lateralis und stark entwickelten suprakondylaren Kämmen als Hinweis auf einen starken M. extensor carpi radialis longus;
- Speiche mit starker Schaftkrümmung, Tuberositas radii in stärkerer medialer Lage als beim modernen Menschen;
- Ulna mit stärker gebogenem Schaft und mehr anterior ausgerichteter Trochlea im Vergleich zum modernen Menschen;
- Hand sehr kräftig, morphologisch der des modernen Menschen in verschiedenen Merkmalen nicht identisch, jedoch zu komplexen Manipulationen fähig;
- Daumen in der Form des ersten Carpometacarpalgelenks vom modernen *H. sapiens* abweichend, distale und proximale Daumenphalangen ungleich lang, im Verhältnis zum modernen Menschen distale Phalanx verlängert und proximale verkürzt, große Insertionsfläche des M. flexor pollicis longus, kammartige Insertionsfläche des M. abductor pollicis am distalen radialen Rand des Metacarpale I;
- Gelenkfläche des Trapezium am Metacarpale I nicht gleichförmig konvex in der dorsopalmaren Dimension und konkav in der radioulnaren Dimension wie beim modernen Menschen, sondern bei einigen Funden zylindrisch geformt, d. h. konvex in der radioulnaren Ebene und eben in der dorsopalmaren Ebene, bei anderen dagegen kondyloid, d. h. in beiden vorgenannten Ebenen konvex;
- Gelenkfläche des Metacarpale I am Trapezium sattelförmig wie beim modernen *H. sapiens*, aber flacher;
- Metacarpalia II - V lang, transversal schmal mit großen Gelenkköpfen; Kamm (Crista dorsalis) am proximalen Schaftviertel des Dorsums des Metacarpale II als Ansatzstelle des ersten M. interosseus dorsalis;
- proximale Phalangen, insbesondere die Basis des II. Fingerstrahls, sehr groß;
- Tuberkel des Os scaphoideum und des Os trapezium sowie des Hamulus des Os hamatum sehr groß;
- Oberschenkelknochen mit anteroposteriorer Abflachung des Schaftes und Fehlen oder weitgehendem Fehlen eines Pilasters, Caput überdurchschnittlich groß, Fossa hypotrochanterica häufig vorhanden, Insertionsfläche des M. glutaeus maximus stark ausgeprägt, Diaphyse medial konvex gestaltet, kleinste Schaftbreite weit distal gelegen, mediale Seite des mittleren Schaftes kortikal stark verdickt;
- Schienbein mit stark ausgeprägter, nach anterior vorspringender Tuberositas tibiae, Querschnitt des Schaftes mandelförmig, Kondylen weiter nach posterior verschoben;
- Kniescheibe absolut und relativ dicker als beim modernen *H. sapiens*;
- Fuß sehr robust und in den Proportionen von dem des modernen Menschen abweichend;
- Großzehe mit relativ kurzer proximaler Phalanx, offenbar nicht opponierbar;
- Os cuneiforme mediale mit in der Regel konvexer Gelenkfläche für das Metatarsale I;
- Sprungbein mit relativ kurzem Hals, offensichtlich als Resultat der Hypertrophie der trochlearen Gelenkfläche, laterale maleolare Gelenkfläche ausgedehnter und Talushöhe größer als beim modernen Menschen.

8.3.1.2 Evolutionsmorphologische Interpretation

Kraniodentale Adaptationen: Es galt lange Zeit als Lehrbuchwissen, daß das große vorspringende Mittelgesicht der Neandertaler eine Kälteadaptation darstelle. Coon (1962) hypothetisierte, daß das kälteempfindliche Hirn durch diese Konstruktion weiter von den Nasenhöhlen entfernt sei und das größere Volumen des Nasenraumes bessere Möglichkeiten zum Vorwärmen der eingeatmeten Luft böte. Abgesehen davon, daß diese Hypothese offenbar nicht bestätigt werden konnte (Wolpoff 1968; Hylander 1977; F. Smith 1983), stellte sich die Frage, warum ähnliche Verhältnisse bei den in subtropischen Klimaten lebenden asiatischen Neandertalern auftraten und Veränderungen bei den Nachfolgern, den Jungpaläolithikern, die ebenfalls noch im Hochglazial lebten, fehlten. Wenn diese Hypothese auch weder verifiziert noch falsifiziert ist, so scheint es nach Trinkaus (1987b) eher wahrscheinlich, daß die große Neandertalernase nicht ein kälteadaptives Merkmal darstellt, sondern dazu diente, die Körperwärme in den Phasen erhöhter Aktivität zu verteilen. Auch andere Erklärungen sind denkbar. Brace (1962, 1964, 1967, 1979) und vor ihm bereits Hrdlicka (1911, 1920) sowie Stewart (1959) vermuteten, daß die Nasenkonstruktion der Neandertaler eine Folge der erweiterten Funktion des Mastikationsapparates darstellt, da die Frontzähne nicht nur zum Kauen und Beißen genutzt wurden, sondern auch zum Festhalten von Gegenständen und zum Bearbeiten von Tierfellen eingesetzt wurden.

F. Smith (1983) formulierte die 'teeth-as-tool'-Hypothese, die von der Annahme ausgeht, daß ein Verhaltenswechsel zum Wandel der Gesichtsmorphologie führte und daß para- und nichtmastikatorischer Einsatz der Frontzähne für das spezifische kraniofaziale Merkmalsbild des archaischen *H. sapiens* und insbesondere für das der Neandertaler verantwortlich ist. Die Hypothese, daß die Zähne als Werkzeug benutzt wurden, läßt sich funktionsmorphologisch prüfen. Zunächst ist zu erwarten, daß aufgrund der verstärkten mechanischen Belastung der Frontzähne die Incisivi vergrößert werden, und ferner sollte die Abrasion im Frontzahnbereich wegen des intensiven Einsatzes stärker und auch spezifisch ausgebildet sein. Zum effektiven Einsatz der Kauwerkzeuge sollten größere Gesichter mit spezifischen Größen- und Formmerkmalen zur Bewältigung der biomechanischen Beanspruchung entwickelt worden sein (Abb. 8.31). Systematische Gebißuntersuchungen durch Wolpoff (1971), Frayer (1978) und andere Bearbeiter belegen, daß die Schneidezähne der Neandertaler trotz marginaler schaufelförmiger Verstärkungen und basaler Tuberkel stärkere Abkauungen als die Backenzahnreihen aufweisen (Hrdlicka 1920; Coon 1962; Carbonell 1963). Die extremen, bevorzugt labialen Abkauungen im Frontzahngebiß sprechen für den Einsatz der Zähne als eine Art Schraubstock oder Zange. Schmelzsplitterungen, die sich im mikroskopischen Bild der Frontzähne nachweisen lassen, stützen diese Hypothese (Ryan 1980; Brace et al. 1981; F. Smith 1983; *contra* Puech 1981). Auch mikroskopisch nachweisbare Streifungen an den labialen Kronenflächen der Incisivi sprechen für diese Vermutung (Kopy 1956; Patte 1960; Trinkaus 1986). Ähnliche Zerstörungen

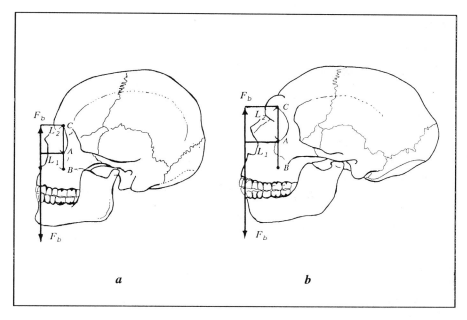

Abb. 8.31 Biomechanik des Gesichtsschädels. **a** moderner *H. sapiens* **b** Neandertaler. F: Beißkraftäquivalent L: Hebelarm (n. Hylander 1977, umgezeichnet).

des Schmelzes sind bei den Inuit zu beobachten, die ihr anteriores Gebiß häufig paramastikatorisch einsetzen (Brace et al. 1981; M. Spencer u. Demes 1993).

Auch die Zahndimensionen, die von Brace (1962, 1979), Wolpoff (1971), P. Smith (1976), Frayer (1978), und anderen Autoren vergleichend untersucht wurden, lassen eine extreme Beanspruchung der Zähne bei den Neandertalern annehmen. Die höheren Prozentsätze pathologischer Kiefergelenksbefunde bei Neandertaliden stehen wahrscheinlich mit dem höheren Beanspruchungsgrad im Zusammenhang (F. Smith 1983).

Neben den Zahnmerkmalen, die die 'Zähne-als-Werkzeug'-Hypothese stützen, stimmen auch viele kranialmorphologische Befunde mit der Annahme überein, daß der archaische *H. sapiens* und speziell die Neandertaler ihr Gebiß im Frontzahnbereich extrem beanspruchten (Boule u. Vallois 1952; Howell 1952; Coon 1962; Heim 1974; Hylander 1977; Trinkaus 1978; Trinkaus u. Howells 1979; Wolpoff 1980; Rak 1986; Demes 1987). Die Alveolen der Frontzähne, deren Größe diejenige des modernen Menschen übertrifft, deuten darauf hin, daß die Vergrößerung nicht nur allometrisch in bezug auf die Kronendimensionen zu verstehen ist, sondern als Anpassung an eine bessere Verteilung der ausgeübten Druckkräfte erklärt werden kann. Die biomechanische Analyse des Gesichtsskeletts zeigt, daß die vertikale Ausdehnung des Neandertalergesichts funktionsmorphologisch als eine optimale Anpassung an eine hohe Beanspruchung des Frontzahnbereichs zu verstehen ist. Hylander (1977) nennt drei Möglichkeiten zur

Steigerung einer effizienten Verteilung der Kaukräfte, sofern man das Gesicht als
einen unter Biegebeanspruchung stehenden Knochenbalken betrachtet: erstens die
Reduzierung der Prognathie; zweitens die anteriore Verlagerung der vorderen
Jochbeinwurzel und drittens die Verlängerung der vertikalen Gesichtsdimension
(Abb. 8.32). Da das neandertalide Gesicht eine Verlängerung der Hebel aufgrund
verstärkter Prognathie und posteriorer Verlagerung der anterioren Jochbeinwurzel
zeigt, ist die Gesichtsverlängerung nach Hylander als Kompensation zu interpretieren (Abb. 8.31). Die theoretisch zu erwartenden morphologischen Strukturen
zur Verteilung starker Kaudrücke entsprechen der Gesichtskonstruktion der Neandertaler. Das gilt für den verstärkten Alveolarbogen ebenso wie für die in die
Interorbitalregion ziehenden Nasenpfeiler und die bei den Neandertalern deutlich
verstärkten lateralen Orbitaränder (F. Smith u. Ranyard 1980). Letztlich trifft das
auch für den Torus supraorbitalis zu, der das Gesichtsskelett am Neurokranium
verankert (M. Russell 1985).

Daß die Funktionsmorphologie des Neandertalerschädels bislang keineswegs
vollständig verstanden ist, zeigen die unterschiedlichen Erklärungsmodelle von
Rak (1986) und Demes (1987). Rak (1986) betrachtet die Anpassungen im
Gesichtsskelett der Neandertaler als Adaptation an einen ungewöhnlichen Einsatz
der Frontzähne und beschreibt die Umgestaltung als eine Verlagerung der infra-
orbitalen Gesichtsfläche von einer bevorzugt transveralen Orientierung in eine
mehr sagittale Ausrichtung. Diese Konstruktionsänderung bringt die infraorbitale
Gesichtsfläche in eine effizientere Lage, um der Rotation des anterioren Alveolarbogens zur Sagittalebene hin zu widerstehen.

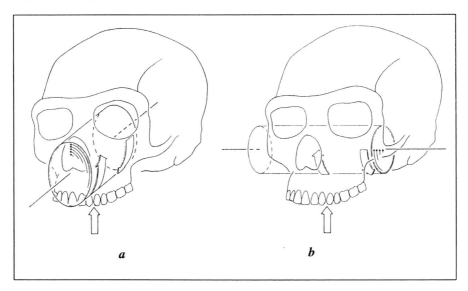

a   *b*

Abb. 8.32 Biomechanik des Schädels der Neandertaler. **a** Modell aus Demes (1987)
b Modell aus Rak (1986). Pfeile kennzeichnen die Kaukraft, das Drehmoment und die
Verteilung der Kaudrücke in einer Sektion.

Demes (1987) betrachtet die charakteristischen Gesichtsmerkmale der Neandertaler ebenfalls als Adaptation an hohe Kaudrücke. Nach ihrer Auffassung sind jedoch in Abweichung von Raks Modell eher jene Drehmomente für die spezielle neandertalide Gesichtsmorphologie prägend, die durch die hohen Kaudrücke resultieren, welche auf die lateral liegenden Canini wirken. Nach Demes beruhen die Selektionsdrücke, die den Form-Funktions-Komplex erzeugt haben, ebenfalls auf einem abweichenden Gebrauch des frontalen Kauapparates, jedoch sieht sie einige Phänomene als noch ungelöst an. Dazu zählt die posteriore Verlagerung der Kaumuskeln, da dadurch die Fähigkeit zur Entwicklung hoher Kaukräfte bei einer bestimmten Muskelkraft reduziert wurde (Trinkaus 1978; Rak 1986; Demes 1987). Evolutionsmorphologisch sind spezifische Strukturen der Überaugenregion (Tappen 1978, 1979; M. Russell 1983, 1985) sowie auch die aufgrund computer-tomographischer Analysen immer besser zu erfassenden Strukturen der Stirn- und Kieferhöhlen noch nicht ausreichend erklärt (Tillier 1977; Salvadei et al. 1991).

Interessanterweise bietet das Modell von F. Smith (1983) auch eine Interpretation des chignonartig ausgestellten Hinterhaupts. Während Holloway (1985) und Klein (1989a) eine Beziehung zwischen dieser Struktur und der Hirnentwicklung für möglich halten, bieten sich auch biomechanische Erklärungen durch die 'Zähne-als-Werkzeug'-Hypothese an. Betrachtet man nämlich die Hebelverhältnisse am Kranium, so kompensiert diese Struktur die vom Kauapparat erzeugten Hebelwirkungen auf den Schädel (Lavelle et al. 1977; Oyen u. Enlow 1981). Der Lastarm wird durch den praekondylaren Abschnitt gekennzeichnet, so daß jede Ausdehnung und damit auch Gewichtserhöhung im Frontalabschnitt einer Kompensation in der postkondylaren Komponente bedarf. Diese kann durch die Verlängerung des okzipitalen Abschnitts oder aber durch verstärkte Muskelkräfte erfolgen. Das große Planum nuchae ließe sich unter diesem Gesichtspunkt ebenso erklären wie die verlängerten zervikalen Wirbelfortsätze.

Nach Trinkaus u. Le May (1982) spiegelt der lange, flache Hirnschädel mit dem stark vorgewölbten Os occipitale möglicherweise ein langsames postnatales Hirnwachstum im Vergleich zur Entwicklung der Schädelkapsel wider. Dies könnte mit einer insgesamt langsameren und letztlich begrenzten intellektuellen Entwicklung korreliert sein (Klein 1989a). Das große Neandertalerhirn steht am Ende einer Entwicklung in der Hominisation und bedeutet, daß die Neandertaler offenbar intelligenter als ihre kleinerhirnigen Vorfahren waren. Die große Hirnschädelkapazität der Neandertaler findet vielleicht in der Beobachtung eine Erklärung, daß die frühen Jungpaläolithiker ebenfalls größere Hirne besaßen und daß die Inuit die vergleichsweise größten Hirne der rezenten Populationen besitzen (Klein 1989a). Somit könnte dieses Merkmal möglicherweise auch nur die gesteigerte metabolische Effizienz größerer Hirne in kälteren Klimaten widerspiegeln (Holloway 1985).

Neben der Tendenz, daß die Hirnschädelkapazitäten der Neandertaler gleichgroß oder größer als die des modernen Menschen sind, ist festzustellen, daß die Sehhirnrinde des Okzipitallappens bei Neandertalern etwas vergrößert ist, was im Zusammenhang mit dem *occipital bunning* stehen könnte (Holloway 1985).

Dieses Merkmal läßt sich jedoch ebensowenig wie die nur vermeintlich kleineren Frontallappen neurologisch interpretieren.

Die von Lieberman u. Crelin (1971), Lieberman (1975), Mellars (1989a, b), Whallon (1989) und anderen Autoren vertretene Auffassung, daß die Neandertaler sprachunfähig oder nur sehr begrenzt sprachfähig waren, ist aufgrund neuerer Befunde sowie der komplexen Technologie, sozialen Organisation und Riten der Neandertaler stark in Frage gestellt worden (Übersicht in Hayden 1993; vgl. Kap. 8.5). Le May (1975) wies auf morphologische Übereinstimmungen der für die Sprachfähigkeit kennzeichnenden Regionen am Endokranialausguß des Schädels von La Chapelle-aux-Saints hin und vermutete, daß die Neandertaler die für Sprachfähigkeit notwendige neuronale Entwicklung des Hirns aufwiesen. Nach Deacon (1989) hat seit dem Erscheinen des archaischen *H. sapiens* kein kennzeichnender neurologischer Wandel stattgefunden. Auch das von Arensburg et al. (1989) als vollständig modern beschriebene Zungenbein aus Kebara läßt die volle Sprachfähigkeit der Neandertaler vermuten. Dieser Befund wird auch durch die von Cornford (1986) beschriebene Händigkeit, die weitgehend mit Sprachfähigkeit und zerebraler Dominanz zusammenfällt, gestützt.

Postkraniale Adaptationen: Die Anschauungen von Boule (1914) und Fraipont (1912, 1925), daß die Neandertaler keine voll durchzudrückenden Knie, spezifisch gestaltete Fußgewölbe und eine abduzierte Großzehe besessen hätten, treffen ebensowenig zu wie die Annahme verkürzter Halslängen (Arambourg 1955). Das Fehlen derart auffälliger Unterschiede zwischen den Postkranien der Neandertaler und des anatomisch modernen Menschen bedeutet keineswegs, daß die beiden Subspezies in ihrem Körperskelett identisch waren. Neuere Untersuchungen haben vielmehr gezeigt, daß eine beträchtliche Anzahl postkranialer Unterschiede vorliegt (vgl. Kap. 8.3.1.1), von denen die Mehrzahl eine höhere Robustizität der Neandertaliden widerspiegelt, während andere mit Mustern der Manipulation, Reproduktion und Kälteadaptation in Zusammenhang gebracht werden (Übersicht in Trinkaus 1983b, 1986; Henke 1988; Aiello u. Dean 1990).

Bereits am Skelett des Fundes aus dem Neandertal wies Schaaffhausen (1858) auf die allgemein größere Robustizität gegenüber dem modernen *H. sapiens* hin. Nach McCown u. Keith (1939), Stewart (1962), Trinkaus u. Howells (1979) und Trinkaus (1983b) weisen die inferioren Halswirbel aufgrund der Massivität sowie der Länge und Neigung der Proc. spinosi auf eine hypertrophierte Nackenmuskulatur bei den Neandertalern hin, was auch im Kontext mit dem paramastikatorischen Einsatz der Frontzähne stehen könnte (Ryan 1980; F. Smith 1983; Trinkaus 1983b, 1984b, 1986). Die Brustwirbel weisen relativ robuste Wirbelkörper und -bögen auf, und auch die Lendenwirbel sind durch ungewöhnliche Robustizität gekennzeichnet. Letztere besitzen verhältnismäßig lange Proc. transversi, was als Indikator für kräftige Muskulatur zur Aufrichtung des Rumpfes zu werten ist. Die unteren Lumbalwirbel zeigen einen hohen Grad dorsaler Keilbildung, was nach Trinkaus (1983b) ein Hinweis auf eine dem modernen Menschen entsprechende Lumballordose ist.

Die schwächer gebogenen, sehr robusten Rippen erlauben die Rekonstruktion eines insbesondere in der sagittalen Dimension größeren Brustkorbes als beim modernen Menschen. Aufgrund der prominenten Muskelmarken ist auf eine sehr starke Brust- und Rückenmuskulatur (Mm. pectoralis major und minor; M. serratus anterior bzw. M. erector spinae) zu schließen.

Am Schultergürtel und der oberen Extremität sind neben den vergrößerten Ursprungs- und Ansatzflächen der Muskulatur Proportionen zu beobachten, die zu einer Optimierung der effektiven Muskelkräfte beitragen (Abb. 8.33). Die Scapulae der Neandertaler sind durch eine Verlagerung des Akromions und einer damit verbundenen Ursprungsänderung des M. deltoideus gekennzeichnet, was eine bessere Hebelwirkung dieses primären Abduktors erlaubt. Ferner weist das Schulterblatt eine durchschnittlich größere mediolaterale Ausdehnung auf, was als Antwort auf die Hypertrophie des M. supraspinatus, M. infraspinatus sowie des M. subscapularis verstanden werden muß. Während alle klassischen Neandertaler eine breitere Scapula als die anatomisch modernen Menschen zeigen, sind nur die Claviculae der europäischen Neandertaler ungewöhnlich lang, während die Formen des Nahen Ostens bezüglich der Proportionen des Schlüsselbeins dem modernen *H. sapiens* entsprechen.

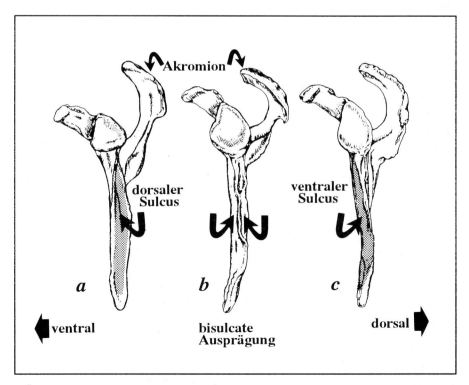

Abb. 8.33 Morphologie des Schulterblattes. **a** Neandertaler **b** Jungpaläolithiker **c** rezenter Mensch (n. Trinkaus u. Howells 1979, umgezeichnet).

Am axillaren Rand des neandertaliden Schulterblattes befindet sich in der Regel ein tiefer dorsaler Sulcus, der für einen stark ausgebildeten M. teres minor spricht, welcher den Arm im Schultergelenk nach außen rollt und ihn abduziert. Er wirkt damit den großen Muskeln, wie dem M. pectoralis major, dem M. latissimus dorsi und dem M. teres major, die den Arm adduzieren und beim Stoßen einwärtsdrehen, entgegen. Trinkaus u. Howells (1979) wiesen darauf hin, daß der M. teres minor demnach relativ kräftig sein muß, um die beschriebenen Bewegungen ohne Verlust der Muskelkraft balancieren zu können und eine abgestufte Steuerung der Armbewegungen zu ermöglichen. Nach Trinkaus (1977, 1983b) ist der tiefe dorsale Sulcus ein Indiz für eine allgemein starke Muskelentwicklung. Jungpaläolithische Schulterblätter zeigen interessanterweise meistens eine bisulcate Ausformung, die nach ihrer Häufigkeit zwischen dem dorsalen Sulcus beim Neandertaler und dem überwiegend ventralen Sulcus beim rezenten Menschen einzuordnen ist. An den Humeri der Neandertaler sind die extrem verstärkten Tuberositates und die akzessorischen Sulci, die für einen hocheffizienten M. deltoideus sprechen, bemerkenswert. Ferner belegen die Muskelmarken einen sehr starken M. pectoralis.

Der Unterarmbereich ist durch Robustizitäts- und Konstruktionsmerkmale gekennzeichnet, die im Zusammenhang mit Pronation und Supination stehen. Dadurch, daß die Tuberositas radii, Ansatzstelle des M. biceps brachii, direkt medial gerichtet ist und nicht wie beim rezenten Menschen anteromedial, kommt es zur Steigerung der Effizienz dieses Muskels in der späten Supinationsphase. Auf eine effizientere Pronation weist insbesondere der M. pronator quadratus hin, der bei den Neandertalern am distalen Ulnaschaft eine prominente Linie oder gar einen Kamm erkennen läßt; bei rezenten Formen sind diese Strukturen schwächer oder gar nicht ausgeprägt. Nach Trinkaus (1983b) weist auch das Verhältnis von kleinstem zu größtem Durchmesser der distalen Ulnadiaphyse auf habituell kräftigere Muskeln hin. Die stärkeren Krümmungen von Radius und Ulna und das dadurch verbreiterte Spatium interosseum bewirken eine Steigerung der Drehmomente von Pronatoren und Supinatoren, d. h. Pronations- und Supinationsleistungen waren bei den Neandertalern entschieden höher als beim anatomisch modernen Menschen.

Zur Manipulationsfähigkeit der Neandertaler liegen sehr unterschiedliche evolutionsmorphologische Interpretationen vor. Vlcek (1975, 1978, 1980) beschreibt grundsätzliche Unterschiede zwischen Neandertalern und dem anatomisch modernen Menschen in der Gestaltung und Funktion der kurzen Daumen- und Fingermuskeln (Abb. 8.34). Nach Vlceks Interpretation waren die Neandertaler nicht imstande, feine und schnelle Bewegungen, insbesondere Abduktion und Abduktion der Finger, durchzuführen. Ferner sollen sie aufgrund der anatomischen Befunde nicht zur vollen Opposition des Daumens befähigt gewesen sein. Schließlich läßt die Anheftung des M. interosseus dorsalis nach Vlcek eine deutlichere Dorsalposition des Daumens gegenüber den übrigen Fingern vermuten, jedoch sind auch andere Interpretationen vorgetragen worden. Nach Trinkaus (1983b, 1986) bestehen deutliche Unterschiede in der

Handmorphologie der Neandertaler und der des modernen Menschen. Beispielsweise sind die Proportionsunterschiede des Daumens, die muskelanatomischen Strukturen und die spezifischen Verhältnisse im carpometacarpalen Sattelgelenk Indizien dafür, daß vom Neandertaler zum modernen Menschen eine Reduktion der potentiellen Stärke des Kraftgriffs bei gleichzeitigem Erhalt der Stärke beim Präzisionsgriff zu verfolgen ist. Weiterhin lassen die Tuberositates der Endphalangen aufgrund von Form und Robustizität auf die habituelle Ausübung beachtlicher Kräfte durch die Fingerkuppen schließen. Nach Trinkaus (1983b, 1986) könnte der Wechsel habitueller Bewegungsmuster des Daumens die Morphologie des Carpometacarpalgelenks verändert haben und im direkten Zusammenhang mit der Entwicklung neuer Geräte in der mittel-jungpaläolithischen Transition stehen. Was die Proportionen der Daumenphalangen betrifft, so lassen diese biomechanisch eine Verringerung des Lastarms zwischen der Interphalangealregion und dem Metacarpophalangealgelenk erkennen und damit eine Steigerung der Effizienz des M. flexor pollicis brevis, des M. abductor pollicis und des M. adductor pollicis, sofern größere Objekte mit dem Daumen gegriffen werden. Gleichzeitig ist mit einer Vergrößerung des Lastarms zwischen dem Interphalangealgelenk und der Fingerkuppe zu rechnen, was zu einer Verminderung der Effizienz des M. flexor pollicis longus beim Ergreifen von Objekten mit den Fingerkuppen führt. Diese geringere Effizienz könnte durch einen größeren M. flexor pollicis longus kompensiert worden sein, wie die großen Insertionsflächen dieses Muskels bei Neandertalern vermuten lassen (Trinkaus 1983b).

Im Gegensatz zu Vlček (1975, 1978, 1980) nehmen Trinkaus (1983b, 1986) und Aiello u. Dean (1990) an, daß die Neandertaler eine kräftige Hand besaßen, die mit der des modernen Menschen zwar nicht identisch war, jedoch zu einem breiten Spektrum komplexer Manipulation befähigte.

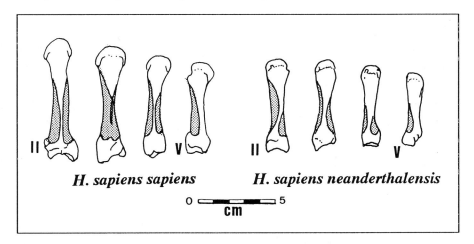

Abb. 8.34 Ansatzstellen der Mm. interossei dorsales beim modernen *H. sapiens* und beim Neandertaler (n. Vlček 1980, umgezeichnet).

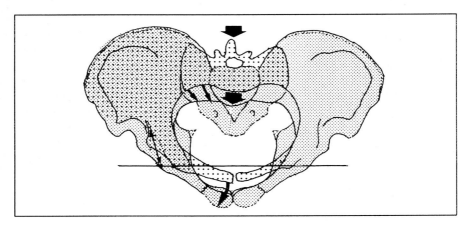

Abb. 8.35 Vergleich des Kebara 2-Beckens (Feinraster) mit den metrischen Verhältnissen beim anatomisch modernen Menschen (Grobraster, n. Rak u. Arensburg 1987, umgezeichnet).

Die besondere Morphologie des Beckens der Neandertaler hat zu kontroversen Interpretationen Anlaß gegeben. Wegen der eigentümlich langen und schlanken oberen Schambeinäste wurde die Vermutung geäußert, daß die Neandertalerinnen einen größeren Geburtskanal besaßen, was es den Feten erlaubte, den Kanal leichter und komplikationsloser zu passieren. Die von Trinkaus (1983b, 1984a, 1987a) aufgestellte Hypothese, daß die Neandertalerinnen entweder problemlosere Geburten hatten, sofern die Gestationsperiode auch nur neun Monate betrug, oder aber längere Schwangerschaften von elf bis zwölf Monaten auftraten, wurde kritisch kommentiert (Rosenberg 1985; Bunney 1986; Stringer 1986; Greene u. Sibley 1986). Durch den Fund Kebara 2 wurden diese Annahmen widerlegt, denn der längere Ramus superior ossis pubis ist nicht mit einem vergrößerten Geburtskanal korreliert. Ferner weicht das vermutlich männliche Becken in zahlreichen anderen Merkmalen von dem moderner Menschen ab, insbesondere hinsichtlich des stärker nach ventral orientierten Os sacrum und der stärker lateral ausgerichteten Hüftgelenkspfannen. Nach Rak u. Arensburg (1987) resultiert die größere Länge des oberen Schambeinastes aus einem stärker nach lateral rotierten Hüftbein und nicht, wie früher angenommen, aus einem vergrößerten Geburtskanal. Die beiden Autoren nehmen daher an, daß die Besonderheit des neandertaliden Beckens im Zusammenhang mit der Lokomotion und der körperhaltungsbezogenen Biomechanik und nicht mit geburtsmechanischen Anforderungen stand. In Frontalansicht erscheint die Pubisregion anteromedial gestreckt und der Angulus subpubicus ist mit 110° ungewöhnlich weit, gleichzeitig erscheint die Region anterior vom Acetabulum anteromedial extrem lang und superoinferior niedrig. Damit weicht das Becken in seinen Proportionen von dem rezenter *H. sapiens*-Populationen kennzeichnend ab. Bislang ist dieser Merkmalskomplex evolutionsmorphologisch noch unzureichend geklärt (Übersicht in Aiello u. Dean 1990; Abb. 8.35).

Die unteren Extremitäten der Neandertaler sind gegenüber denen des modernen *H. sapiens* durch entschieden stärkere Robustizität gekennzeichnet, wie unter anderem durch funktionsmorphologische Proportions- und Querschnittsmaße von Heim (1976) und Trinkaus (1976, 1981, 1983b; Tab. 8.6) belegt ist. Daneben lassen osteologische Befunde diesen Schluß zu, wie die außergewöhnlich robusten Femur- und Tibiadiaphysen der Neandertaler zeigen. Die Fossa hypotrochanterica und die massiv reliefierte Insertionsstelle des M. glutaeus maximus sind Indizien für starke Beanspruchungen. Hinsichtlich der Tibia liegen von Lovejoy u. Trinkaus (1980) Befunde vor, die dafür sprechen, daß der mandelförmige Querschnitt der typischen Neandertaler-Tibia zusammen mit der Stärke und Verteilung der Kompakta eine Verdopplung der Biege- und Torsionsbelastbarkeit im Vergleich zu Tibien des modernen Menschen bedeutet. Die nach anterior verlagerte Tuberositas tibiae, die im Verhältnis zur Achse des Tibiaschaftes mehr posterior gelagerten Condyli tibiae sowie die stärkeren Patellae tragen biomechanisch zur anterioren Verlagerung der Insertion des M. quadriceps femoris gegenüber der Rotationsachse des Kniegelenks bei, wodurch der Hebelarm des Muskels verlängert wird. Daß die Neandertaler beachtliche Kräfte im Kniebereich entwickeln konnten, wurde von Trinkaus (1983b) durch Indizes wie den Tibia-Tuberositas-Projektionsindex und den Patella-Dicken-Index im Vergleich mit modernen *H. sapiens*-Formen nachgewiesen. Beide Indizes erfassen funktionsmorphologische Konstruktionsverhältnisse wie z. B. die Retroversion der Tibia im proximalen Bereich, die die Effizienz des M. quadriceps femoris indirekt widerspiegelt. Neben den zahlreichen beschriebenen Merkmalen weist die sehr robuste Morphologie des Fußskeletts, insbesondere die vergrößerten Fußgelenke und die verstärkte Großzehe, auf eine extreme Beanspruchbarkeit der unteren Extremitäten der Neandertaler hin.

Tabelle 8.6 Indizes zur Kennzeichnung der biomechanischen Unterschiede zwischen dem Neandertaler und dem anatomisch modernen Menschen (n. Trinkaus 1983b).

Taxon		Radiusschaft-kurvatur-Index[a]	Phalangeal-Längen-Index[b] des Daumens	Patella-dicken-Index[c]	Tuberositas-Projektions-Index[d]/Tibia	Femur-schaft-breiten-I.[e]
Neander-	x̄	5,27	92,7	2,82	13,2	7,05
taler	s	1,43	7,5	0,26	1,5	0,35
	n	10	6	7	7	12
früher anat.	x̄	2,73	66,9	2,44	10,5	5,95
moderner-	s	0,86	5,1	0,15	0,8	0,45
H. sapiens	n	14	9	5	4	12

[a] (Längste Sehne des lateralen Umrißbogens des Radius/Bogenlänge) x 100
[b] (Zwischengelenklänge des distalen Daumengliedes/Zwischengelenklänge des proximalen Daumengliedes) x 100
[c] (Größte Dicke der Patella/(größte Femurlänge + größte Tibialänge)) x 100
[d] (Tuberositas-Projektion (Eminentia intercondylaris bis Tuberositas tibiae)/gr. Länge der Tiba) x 100
[e] (Femurdiaphysenbreite/größte Länge des Femur) x 100

Abschließend sei noch auf die Gliedmaßenproportionen der Neandertaler eingegangen. Nach Allen (1877) sollen relativ kurze distale Extremitäten bei Mammalia eine Kälteadaptation darstellen. Coon (1962) zeigte, daß die Neandertaler
gegenüber den Jungpaläolithikern Differenzen in den Gliedmaßenproportionen
aufweisen, die in Richtung der nach der Regel zu erwartenden Unterschiede
zwischen einer kälteadaptierten und einer entsprechend weniger angepaßten
Hominidenform liegen, jedoch hat es keinen chronologisch entsprechenden
Klimawechsel in Europa gegeben, so daß der Befund zunächst verwirrt. Nimmt
man dennoch als Erklärung der Proportionsunterschiede der distalen Extremitäten
einen kälteadaptiven Faktor an, so bleibt einerseits die Hypothese, daß an
wärmere Verhältnisse angepaßte Populationen aus tropischen und subtropischen
Regionen in den Nordwesten der Alten Welt in großer Zahl auswanderten, oder
andererseits die Annahme, daß die Jungpaläolithiker sowohl aufgrund metabolischer als auch kultureller thermischer Adaptationen einen so effektiven
Kälteschutz besaßen, daß eine morphologische Kälteanpassung, relativ gesehen,
weitestgehend bedeutungslos wurde.

Nach den wenigen Vergleichsbefunden mit ante-neandertaliden Hominiden ist
aus evolutionsmorphologischer Sicht anzunehmen, daß die Robustizitätsmuster
der Neandertaler zu einem großen Teil als Anpassungsmerkmale von deren
direkten Vorgängen übernommen und zum Teil intensiviert wurden. Sie gaben
den Neandertalern habituell eine größere Stärke und einen höheren Aktivitätsgrad.
Die Entwicklung, Erhaltung und Bewegung eines derart massiven und muskulö-
sen Körpers ist energetisch aber sehr aufwendig, was für Jäger- und Sammlerpopulationen insofern von besonderer Bedeutung ist, als sie sich häufig am
Existenzminimum bewegen. Es kann deshalb angenommen werden, daß die
Robustizität der Neandertaler ein überlebensnotwendiges Kennzeichen dieser
Hominiden war und daß der rasche Abbau dieser neandertaliden Merkmale in der
mittel-jungpaläolithischen Transition im Zusammenhang mit Veränderungen
stand, welche körperliche Stärke nicht mehr als primären Faktor fürs Überleben
und erfolgreiche Reproduktion notwendig machten. Nach allen vorliegenden
Beobachtungen drängt sich daher der Gedanke auf, daß der technologische
Wandel mit dem morphologischen in direkter Wechselbeziehung stand. Auf derartige Interaktionsmuster haben z. B. Brues (1959) im Zusammenhang mit der
'spearman-archer'-Hypothese sowie insbesondere Frayer (1980) bei seiner Interpretation des biologischen und kulturellen Wechsels in der mittel-jungpaläolithischen sowie der jungpaläo-mesolithischen Transition europäischer Bevölkerungen
hingewiesen. Auf dieser Basis sehen jene Anthropologen, die die Verdrängungshypothese ablehnen und einen gradualistischen Wandel von neandertaliden zu
jungpaläolithischen Populationen annehmen, eine durchaus plausible Erklärung
für den Wandel im Erscheinungsbild der spät-pleistozänen Hominiden. In der
Diskussion der Modelle zur Entstehung des anatomisch modernen Menschen (vgl.
Kap. 8.3.1.2) sowie der Evolutionsökologie von *H. sapiens* (vgl. Kap. 8.5) wird
hierauf näher eingegangen.

8.4 Modelle zur Entwicklung des modernen Menschen

Zahlreiche Hypothesen, die zur Herkunft und Entwicklung des anatomisch modernen Menschen formuliert wurden, mußten aufgrund neuerer Funde und Befunde verworfen werden. Das gilt für die bereits beschriebene Praesapiens-Hypothese (Boule 1911-1913; Heberer 1950a, b; vgl. Kap. 8.1) ebenso wie für die Praeneandertaler-Hypothese (Howell 1951, 1957; Sergi 1953; vgl. Kap. 8.2.1.2). Gegenwärtig konkurrieren folgende diametral entgegengesetzte Modelle:

1. Das 'Modell einer multiregionalen Entwicklung des anatomisch modernen Menschen' (Wolpoff et al. 1984; Thorne u. Wolpoff 1992; Wolpoff 1992; vgl. Kap. 7.4);
2. das 'Modell eines rezenten afrikanischen Ursprungs des modernen Menschen' (vgl. Kap. 8.2.3).

Das letztgenannte Modell, das auch als 'out-of-Africa'-Modell beschrieben wurde, zerfällt in zwei separate Hypothesen eines afrikanischen Ursprungs:

a. die 'afro-europäische-*Sapiens*'-Hypothese oder in neuerer Fassung das 'African Hybridization and Replacement model' (Bräuer 1984a, b, 1992);

b. das 'Modell eines rezenten afrikanischen Ursprungs ohne Hybridisierung' (Stringer u. Andrews 1988a, b).

In das in Abb. 8.36 dargestellte Stammbaumschema wurden die alternativen Modelle integriert, wobei der unterschiedlichen Klassifikation der *H. erectus*- und *H. sapiens*-Funde nur begrenzt Rechnung getragen werden konnte (vgl. Kap. 7.4, Kap. 8.1 f.). Das Für und Wider der beschriebenen Modelle wurde in verschiedenen Sammelbänden (F. Smith u. F. Spencer 1984; Mellars u. Stringer 1989; Hublin u. Tillier 1991; Bräuer u. F. Smith 1992) sowie zahlreichen Übersichtsarbeiten (F. Smith et al. 1989; Stoneking u. Cann 1989; Stringer 1991; Cavalli-Sforza 1992; Thorne u. Wolpoff 1992) diskutiert. Nach dem gegenwärtigen Kenntnisstand ist die Frage der Herkunft und Entwicklung des modernen Menschen und die damit eng verknüpfte Frage des 'Schicksals der Neandertaler' (vgl. Kap. 8.1, Kap. 8.2.1.3) nicht eindeutig zu beantworten, denn kein Modell ist in der Lage, die verfügbaren Daten zu diesem Fragenkomplex - trotz gegenteiliger Äußerungen der Autoren und Befürworter der einzelnen Modelle - ohne Einschränkungen stimmig zu erklären. Apodiktische Stellungnahmen, wann und wo der Ursprung des modernen Menschen anzunehmen ist, und vor allem zu der Frage, wie dessen weitere Entwicklung erfolgte, sind voreilig, wie F. Smith et al. (1989) mit Recht betonen. Auch neuere paläogenetische Befunde ändern an dieser als realistisch zu kennzeichnenden Einschätzung nichts (vgl. Kap. 2.4.3). Die unentschiedene Bewertung der Ursprungsfrage bedeutet nun aber keineswegs, daß wir nicht in der Lage wären, glaubwürdige Aussagen zu einzelnen Fragen des Ursprungs des modernen *H. sapiens* zu formulieren, wie nachfolgend zu zeigen sein wird.

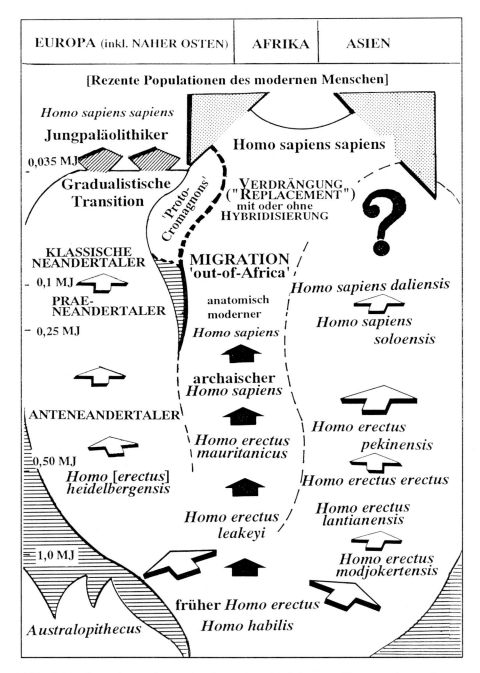

Abb. 8.36 Stammbaumschema der alternativen Modelle zum Ursprung des modernen Menschen (n. Henke 1991).

8.4.1 Modell der multiregionalen Evolution

Die Grundzüge des 'Modells der multiregionalen Evolution des anatomisch modernen Menschen', wie es von Wolpoff et al. (1984) formuliert und in zahlreichen Arbeiten ausgebaut wurde (Übersicht in Wolpoff 1992; vgl. Kap. 7.4, Kap. 8.1), seien hier nochmals thesenartig in Anlehnung an Wolpoff (1992) dargelegt:

- Der anatomisch moderne *H. sapiens* ist keine neue Spezies und auch die modernen Bevölkerungen sind nicht notwendigerweise zeitlich umgrenzte Unterarten in allen geographischen Regionen;
- es gibt keine einzige morphologische Definition des anatomisch modernen *H. sapiens*, die auf die Bevölkerungen aller Regionen gleichermaßen anwendbar ist;
- Übergangsformen werden in den meisten Regionen der Welt erwartet, jedoch nicht unbedingt mit gleichem Alter an den verschiedenen Fundplätzen;
- die ersten modernen menschlichen Populationen könnten in irgendeiner Region der Alten Welt gefunden werden und könnten älter oder auch jünger sein als die afrikanischen Vorkommen, und bei den außerhalb Afrikas oder in den direkt angrenzenden Gebieten gefundenen Hominiden fehlen die kennzeichnenden 'afrikanischen Merkmale'; stattdessen werden sie einige einzigartige Merkmale mit ihren regionalen Vorfahren teilen;
- regionale, populationsspezifische Merkmale, d. h. alternative Merkmalsausprägungen, die in ihrer Kombination geographische Varianten voneinander abgrenzen, treten schon sehr früh in der menschlichen Evolution auf, wobei zumindest einige der Merkmale bereits vor dem ersten Erscheinen der ältesten modernen Bevölkerungen festzustellen sind;
- moderne Rassenmerkmale werden zuerst in den am weitesten peripher gelegenen Regionen der Verbreitung der Menschheit auftreten und zwar bereits vor dem Erscheinen der modernen Menschen; die Rassenmerkmale der modernen Afrikaner werden dagegen als letzte im Fossilbericht festzustellen sein ['centre-and-edge'-Theorie];
- Beziehungen zwischen den frühesten Gruppen mit einzigartigen 'afrikanischen Merkmalen' und deren Vorläufern sind nur sehr schwer festzustellen;
- außerhalb Afrikas wird die den anatomisch modernen Menschen einschließende evolutionäre Abfolge archaischer sein, jedoch in keinem Fall bereits zu einem früheren Zeitpunkt 'afrikanische Merkmale' aufweisen.

Zur Stützung des Modells eines multiregionalen Ursprungs der modernen Menschen wurden von Frayer (1984, 1986, 1992a, b), Wolpoff et al. (1984, 1988), Wolpoff (1986, 1989, 1992), Pope (1988, 1989, 1992), F. Smith (1991, 1992), Wolpoff u. Thorne (1991), Thorne u. Wolpoff (1992) und anderen Autoren umfangreiche Befunde zusammengetragen (vgl. Kap. 7.4, Kap. 8.1). So versuchte Wolpoff (1992) nachzuweisen, daß eine allgemeingültige Definition des anatomisch modernen *H. sapiens* nicht möglich ist (*contra* Day u. Stringer 1982; Stringer u. Andrews 1988a, b). In der Tat sind alle bisherigen Definitionen nicht hinreichend und die von Wolpoff (1992) vorgetragenen exemplarischen Befunde an Kranien australischer Eingeborener, die zu einem großen Teil außerhalb der

Definition des anatomisch modernen *H. sapiens* von Day u. Stringer (1982) und
Stringer u. Andrews (1988a) liegen, belegen dies, denn, wie Wolpoff (1992, S. 39)
treffend feststellt, sind es nicht die australischen Eingeborenen, "...who fail to be
Homo sapiens, but rather it is the definition of *Homo sapiens* that fails".

Die mangelhafte Definition unserer eigenen Spezies als Argument für eine
multiregionale Evolution ist allein wenig überzeugend, so daß die weiteren Forde-
rungen des vorstehend beschriebenen Modells überprüft wurden. Dazu gehört der
Nachweis, daß sog. Übergangsformen oder transitionale Fossilien nicht auf eine
einzige Region (nach dem Garten-Eden-Modell das subsaharische Afrika)
beschränkt waren, sondern in verschiedenen Regionen der Alten Welt auftraten.
Für Afrika wird von den 'out-of-Africa'-Modellen ebenso wie vom multiregionalen Modell die Existenz von Übergangsformen gefordert, während dieser
Anspruch im Sinne des multiregionalen Modells auch für Europa und Asien bzw.
Australasien gelten muß. Neben Hrdlicka (1927, 1930), Brace (1964), J. Jelinek
(1969, 1983, 1985), Brose u. Wolpoff (1971), Bräuer (1981), Wolpoff et al.
(1981), F. Smith (1982, 1984, 1985, 1992), Trinkaus u. F. Smith (1985) versuchte
in jüngerer Zeit insbesondere Frayer (1986, 1992a, b), am europäischen Fundmaterial eine gradualistische Transition von den Neandertalern zu den Jungpaläolithikern nachzuweisen. Die Revision der im allgemeinen als Autapomorphien
beschriebenen Merkmale der Neandertaler (vgl. Kap. 8.3.1.1) an jungpaläolithi-
schem Skelettmaterial ergab, daß viele morphologische Merkmale, die zur Kennzeichnung der Einzigartigkeit der europäischen Neandertaler verwendet wurden,
offenbar auch bei Jungpaläolithikern auftreten. Dazu gehören z. B. die retromolare
Lücke, das Tuberculum mastoideum, die Fossa suprainiaca, die Lambdaabflachung, das Chignon, die Muster des Sinus frontalis und Sinus maxillaris sowie ein
horizontal-ovales Foramen mandibulare und der dorsale Sulcus der Scapula sowie
zahlreiche kontinuierliche metrische Merkmale. Da die Proto-Cromagnoiden von
Skhul/Qafzeh entsprechende Merkmale nicht zeigen, folgert Frayer (1992b, S.
49): "...it is now time to consider European Neanderthals as the probable ancestors
of the people in the Upper Paleolithic".

Es war bereits mehrfach diskutiert worden, daß nach Ansicht der
'Multiregionalisten' auch in Australasien eine gradualistische Entwicklung stattgefunden hat (vgl. Kap. 7.4, Kap. 8.1, Kap. 8.2.2 und 8.2.4). Die von Weidenreich
(1943b) vorgetragenen und von Larnach u. Macintosh (1974), Thorne u. Wolpoff
(1981), Thorne (1984), Pope (1988, 1992), Thorne u. Wolpoff (1992) und
Wolpoff (1992) erweiterten Befunde sprechen für Genfluß zwischen den
Ngandong-Populationen des frühen Oberpleistozäns und den jüngeren Bevölkerungen von Lake Willandra und Lake Mungo sowie den noch jüngeren von
Keilor, Wajak und Kow Swamp. Auch für das chinesische Fundmaterial läßt sich
nach Pope (1988, 1992) und anderen Autoren eine Formenreihe von den mittel-
pleistozänen bis zu den späten ober-pleistozänen Populationen nachweisen, wie
das *vernetzte Kandelabermodell* (Abb. 7.26) zeigt.

Da die evolutionären Merkmalsmuster der mittel- und ober-pleistozänen Hominiden Europas, Chinas und Australasiens nicht dem Merkmalskomplex der frühe-

sten anatomisch modernen Menschen Afrikas entsprechen, verwerfen die Befürworter des multiregionalen Evolutionsmodells die 'out-of-Africa'-Hypothesen.

8.4.2 'Out-of-Africa'-Modelle

Mit der Möglichkeit absoluter Datierungen afrikanischer Fundplätze veränderte
sich in der zweiten Hälfte dieses Jahrhunderts die Chronologie des afrikanischen
'Stone Age' zwar entscheidend (Cooke 1958; Flint 1959), jedoch ging man noch
bis in die siebziger Jahre davon aus, daß das 'Middle Stone Age' (MSA) vor ca.
40 000 Jahren und das 'Later Stone Age' (LSA) erst vor 10 000 Jahren begann.
Diesen Datierungen zufolge vollzog sich der Übergang vom MSA zum LSA zu
der Zeit, als in Europa bereits das Jungpaläolithikum einsetzte, d. h. MSA und
Jungpaläolithikum lagen zeitgleich. Verbesserte Datierungsverfahren zeigten
jedoch bald, daß auch diese Chronologie nicht haltbar war, sondern die Grenzen
zwischen den verschiedenen Kulturstufen noch weiter zurückverlagert werden
mußten. Nach J. Vogel u. Beaumont (1972) lag die Grenze zwischen dem 'Early
Stone Age' (ESA) und dem MSA deutlich über 100 000 Jahre und die zwischen
MSA und LSA deutlich über 37 000 Jahre *ante*. Nach Volman (1984) lösten
MSA-Abschlagindustrien Acheuléen-Industrien sogar bereits vor ca. 200 000
Jahren ab, was zeitlich ungefähr dem frühesten Auftreten entsprechender europäischer mittelpaläolithischer Industrien entspricht (Truffeau 1979, 1982). Über das
älteste LSA liegen dagegen wenig konkrete, zwischen 60 000 und 30 000 Jahren
schwankende Daten vor (Deacon 1984; Phillipson 1985; J. Clark 1988; vgl. Kap.
8.5). Aufgrund der wachsenden Erkenntnis, daß das subsaharische Afrika im
Vergleich zu Europa und dem zirkummediterranen Raum nicht länger als technologisch rückständig gelten konnte und daß jungpaläolithischen Industrien Europas
ähnliche Abschlagindustrien dort annähernd synchron auftraten, mußte das
assoziierte Hominidenfundmaterial neu bewertet werden. Vorwiegend aufgrund
revidierter archäometrischer Datierungen der subsaharischen mittel- und oberpleistozänen Hominiden entwarf Protsch (1975) zwei neue Entwicklungsmodelle:

- Die erste Hypothese nimmt an, daß sich *H. sapiens capensis* vor ca.
   100 000 - 90 000 Jahren in Südafrika aus einer *H. erectus*-Population
   entwickelte und sich vor rund 50 000 Jahren zum *H. sapiens rhodesiensis, H.
   sapiens afer* und vielleicht auch zum *H. sapiens palestinus* differenzierte,
   während der Neandertaler (*H. sapiens neanderthalensis*) als ein Abkömmling
   des *H. sapiens* betrachtet wird.
- Die zweite Hypothese sieht in dem europäischen Neandertaler dagegen eine
   separate Spezies, die sich parallel zum *H. sapiens* aus *H. erectus* entwickelte
   und von allen anderen ober-pleistozänen Hominiden artlich getrennt ist.

Die Hypothese eines subsaharischen Ursprungs der modernen Menschheit war
damit erstmals formuliert, jedoch ergaben sich in der Folgezeit erhebliche Zweifel
an der Datierung sowie der Klassifikation des subsaharischen Fundmaterials

(Rightmire 1978, 1979; Mehlman 1984). Der Grundgedanke, daß Afrika die Wiege der modernen Menschheit sei, blieb jedoch als Alternativmodell zu dem Modell eines multiregionalen Ursprungs erhalten und wurde sukzessiv ausgebaut. Die Befürworter einer 'out-of-Africa'-Hypothese, die als 'Garten Eden-', 'Arche-Noah-' oder 'Eva'-Hypothese bezeichnet wurde, sind sich jedoch keineswegs darüber einig, ob die Verdrängung der archaischen Populationen in Asien und Europa mit oder ohne Hybridisierung erfolgte.

8.4.2.1 'African Hybridization and Replacement Model'

Ausgehend von der sich in den siebziger Jahren abzeichnenden Unhaltbarkeit der 'Praesapiens-Hypothese' (vgl. Kap. 8.1) und der Auffassung zahlreicher Paläo-anthropologen, daß die klassischen Neandertaler nicht als direkte Vorfahren der europäischen Jungpaläolithiker gelten könnten, stellte sich notwendigerweise die Frage nach anderen inner- und außereuropäischen Erklärungen des Ursprungs des anatomisch modernen Menschen. Diejenigen Anthropologen, die einen europäi-schen Ursprung ausschlossen und darin durch den Fund des châtelperronien-zeit-lichen klassischen Neandertalers von St. Césaire erheblich bestärkt wurden (vgl. Kap. 8.2.1.3; Lévêque u. Vandermeersch 1981), richteten ihr Augenmerk zunächst auf den Nahen Osten. Diese Region kam als Urheimat des anatomisch modernen Menschen jedoch kaum in Betracht, da die bis dahin angenommenen Datierungen sich als falsch erwiesen haben (vgl. Kap. 8.2.1.4). Systematische kranialmorpho-logische Untersuchungen des mittel- und ober-pleistozänen Hominidenfundmate-rials Afrikas (vgl. Kap. 8.2.3; Tabelle 8.4) und dessen chronologische Zuordnung durch Bräuer (1984a, b, 1985) führten zur Aufstellung der 'Afro-europäischen Sapiens'-Hypothese. Dieser Hypothese zufolge soll sich aus Populationen des früh-archaischen *H. sapiens*, die z. B. durch Funde aus Bodo, Kabwe und Ndutu repräsentiert sind, über Bevölkerungen des evolvierteren spät-archaischen *H. sapiens* der frühe anatomisch moderne *H. sapiens* in Ost- und Südafrika im späten Mittelpleistozän entwickelt haben. Letzterer ist durch Fundmaterial von Omo, Klasies River Mouth und Border Cave repräsentiert und soll bereits im frühen Oberpleistozän weite Teile Afrikas besiedelt haben und wenig später, nach Phasen der Vermischung, in Nordafrika und im Nahen Osten lebende Neandertaloide abgelöst haben. Nach Norden drängende anatomisch moderne Populationen sollen nach Vermischungen schließlich zum Verschwinden der europäischen Neander-taler beigetragen haben.

Dieses primär nur auf Afrika, Westasien und Europa bezogene Modell wurde erweitert und zum 'African Hybridization and Replacement Model' ausgebaut, in dem die ostasiatische und australasiatische Fundsituation berücksichtigt wurde (Bräuer 1984b, 1992). Der Autor betrachtet das Verdrängungsmodell, welches Hybridisierungen zwischen den aus Afrika emigrierten frühen anatomisch moder-nen Populationen mit den Neandertalern und den autochthonen archaischen Populationen Asiens zuläßt, als einen Kompromiß zwischen dem Modell einer

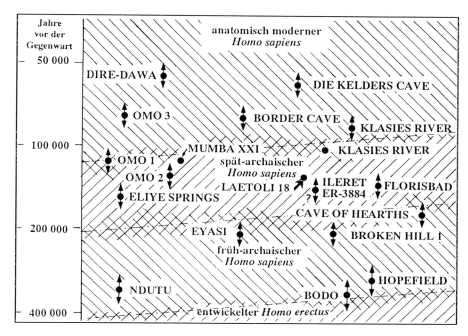

Abb. 8.37 Evolutionäre Kontinuität in subsaharischen Populationen Afrikas (n. Bräuer 1992a, b, umgezeichnet).

multiregionalen Evolution des anatomisch modernen Menschen (Wolpoff et al. 1984) und dem Modell eines rezenten afrikanischen Ursprungs aller modernen Menschen, welches Vermischung mit den archaischen Bevölkerungen anderer Regionen grundsätzlich ausschließt (Stringer u. Andrews 1988a, b; A. Wilson und Cann 1992). Nach Bräuers Hypothese waren die Neandertaler und die archaischen Populationen Asiens vermutlich nicht ganz unbeteiligt an der Zusammensetzung des Genpools früher moderner Hominiden, jedoch "...most likely their contribution was generally so small that replacement may be seen as the decisive process" (Bräuer 1992b, S. 95). Wenn Genfluß zwischen archaischen und modernen Populationen nicht ganz ausgeschlossen wird, ja nominell sogar ein essentieller Bestandteil des Modells ist, so wird dennoch angenommen, daß der bei weitem größte Teil des modernen Genpools afrikanischen Ursprungs ist. Das Modell läßt also einen geringen Grad lokaler Kontinuität zu, wodurch z. B. das Auftreten einiger typischer Neandertalermerkmale bei Jungpaläolithikern erklärt wird (z. B. am Stirnbein von Hahnöfersand; vgl. Kap. 8.2.2.1). Nach Bräuer (1984a, b, 1985) sind die Beispiele für einen diachronen Wandel zum modernen menschlichen Erscheinungsbild in den archaischen Populationen Eurasiens entweder Parallelentwicklungen oder aber auf Stichprobenfehler zurückzuführen.

Insofern steht dieses Modell dem zweiten 'out-of-Africa'-Modell entschieden näher als dem Modell der 'Multiregionalisten'. Letztere teilen zwar die Einschätzung, daß im subsaharischen Afrika eine evolutionäre Kontinuität von progressiven *H. erectus*-Formen über früh- und spät-archaische *H. sapiens* zum anatomisch modernen Menschen erfolgte in groben Zügen (Abb. 8.37), sie kritisieren jedoch, daß das Modell fast gänzlich auf der Behauptung fußt, daß die ersten modernen Menschen in Afrika lebten, obwohl erhebliche Datierungsprobleme nicht ausgeräumt seien (F. Smith et al. 1989; Wolpoff 1992).

Selbst wenn man diesen Standpunkt nicht teilt und z. B. für ein Oberkieferfragment von Klasies River Mouth neuere Sauerstoffisotopen-Datierungen von rund 120 000 Jahren akzeptiert (Bräuer et al. 1992b), bleiben die von Wolpoff (1992) formulierten notwendigen Testkriterien zur Stützung des 'out-of-Africa'-Modells weitgehend unerfüllt (vgl. Kap. 8.1); das gilt z. B. für den Nachweis der erwarteten afrikanischen Merkmalsmuster bei den ältesten anatomisch modernen Menschen in außerafrikanischen Regionen sowie für die eindeutigen Belege, die Diskontinuität in der Morphologie der Populationen aus den Zeitspannen vor und nach der Verdrängung aufzeigen (Frayer 1992a, b; Thorne u. Wolpoff 1992; Wolpoff 1992).

8.4.2.2 'Recent African Evolution Model'

Das Modell, wonach Afrika die Urheimat des modernen *H. sapiens* ist und die heutige Menschheit genealogisch auf einen monogenetischen afrikanischen Ursprung zurückgeführt werden kann, steht im krassen Widerspruch zu dem multiregionalen Modell (vgl. Kap. 8.4.1), weist aber als zweites 'out-of-Africa'-Modell insofern gravierende Unterschiede zum bereits diskutierten Verdrängungsmodell *mit* Hybridisierung auf, als es annimmt, daß der afrikanische Ursprung des modernen Menschen ein Artbildungsprozeß war, was in der Bezeichnung als 'Speciation/Replacement Model' besser zum Ausdruck kommt (vgl. Kap. 8.4.2.1; Übersicht in Mellars u. Stringer 1989; F. Smith et al. 1989; Trinkaus 1989a; Hublin u. Tillier 1991; Bräuer u. F. Smith 1992).

Die von den zahlreichen Verfechtern dieses Modells vorgetragenen Argumente stützen sich nicht nur auf die Interpretation des Fossilmaterials, sondern auch auf paläogenetische Befunde an rezenten Bevölkerungen (vgl. Kap. 2.4.3; Cann 1987, 1988; Cann et al. 1987; Stringer u. Andrews 1988a, b; Stringer 1991, 1992a; Cavalli-Sforza 1992; A. Wilson u. Cann 1992).

Die zum Teil von Stringer u. Andrews (1988a, b) formulierten und von Wolpoff (1992) konsequent präzisierten Voraussagen des Migrationsmodells *ohne* Hybridisierung, d. h. mit totaler Verdrängung der außerafrikanischen archaischen Bevölkerungen, sind im Gegensatz zu denen für das 'Modell einer multiregionalen Evolution' folgende (vgl. Kap. 8.4.1):

- Der anatomisch moderne Mensch ist mit Sicherheit eine neue Spezies, die eindeutig zu definieren ist und unzweifelhaft von früheren menschlichen Populationen durch einen einzigen Merkmalssatz abzusetzen ist, der auf die Bevölkerungen aller geographischen Regionen zutrifft;
- Übergangsformen sind auf Afrika beschränkt und sollten in keiner anderen Region gefunden werden;
- die ersten modernen menschlichen Populationen müssen in Afrika gelebt haben und eindeutige 'afrikanische Merkmale' aufweisen;
- regionale oder populationsspezifische Merkmale dürfen erst recht spät in der Hominidenevolution aufgetreten sein und zwar erst nach der Auswanderung von eindeutig modernen Populationen aus Afrika; alle archaisch erscheinenden Merkmale in eurasischen Populationen stellen Plesiomorphien der eingewanderten Populationen afrikanischer Abstammung dar oder aber Homoplasien;
- moderne rassische Merkmale sollten zuerst in einer afrikanischen Population aufgetreten sein, die als Urbevölkerung aller heute lebenden Populationen zu betrachten ist;
- Beziehungen zwischen den sehr früh auftretenden, einzigartigen 'afrikanischen Merkmalsmustern' mit früheren Populationen sollten nachweisbar sein;
- außerhalb Afrikas sollte die den anatomisch modernen Menschen einschließende evolutionäre Sequenz afrikanischer sein, jedoch in keinem Fall zu einem früheren Zeitpunkt archaischer.

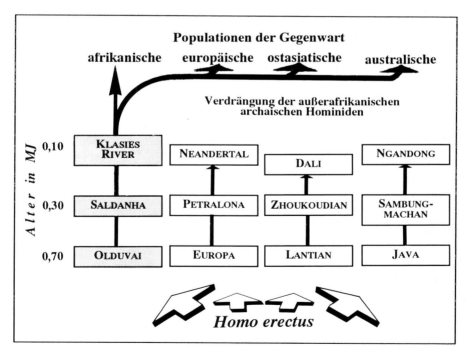

Abb. 8.38 'Out-of-Africa'-Modell (n. Stringer 1990, umgezeichnet).

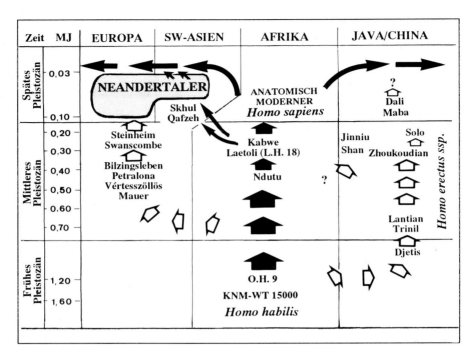

Abb. 8.39 'Out-of-Africa'-Modell sowie hypothetische Wanderungen früher Populationen (n. Aiello u. Dean 1990, umgezeichnet).

Nach Ansicht der 'Multiregionalisten' sind diese Voraussetzungen für das Modell einer totalen Verdrängung nicht erfüllt; selbst Stringer (1992a) räumt ein, daß bislang nicht alle Prämissen des 'Speciation/Replacement Model' zuträfen. Er ist jedoch davon überzeugt, daß das 'out-of-Africa'-Modell gegenwärtig die stimmigste Erklärung zur Entwicklung des modernen Menschen darstellt, und fügt hinzu, daß selbst dann, wenn das ganze 'out-of-Africa'-Szenarium falsifiziert würde, dies keineswegs ein Beweis für ein allgemeines multiregionales Modell wäre.

Daß offenbar unvereinbare Gegensätze in der Interpretation des relevanten Fossilmaterials vorliegen, wurde bereits dargelegt (vgl. Kap. 8.1, Kap. 8.2 und Kap. 8.3). Die anhaltende Kontroverse um die Klassifikation der Neandertaler-Fossilien sowie die gegensätzliche Bewertung der nahöstlichen und australasischen mittel- und ober-pleistozänen Funde als Dokumente für oder gegen eine gradualistische Entwicklung lassen die Vermutung zu, daß eine definitive Lösung des Problems aufgrund konventioneller Forschungsansätze nicht möglich ist; dazu wären innovative Forschungsansätze und neues Fundmaterial, welches eindeutige Aussagen erlaubt, notwendige Voraussetzungen. Stringer (1992a, 1993) nennt als entsprechende Fortschritte während des letzten Dezenniums die folgenden neuen Funde, Befunde und Forschungsansätze:

- die Existenz von ca. 300 000 Jahre alten mittel-pleistozänen Hominiden in Atapuerça (vgl. Kap. 8.2.1.1), denen die meisten *H. erectus* kennzeichnenden Merkmale fehlen, welche aber bereits zahlreiche Kennzeichen der späteren Neandertaler aufweisen und damit signifikante phylogenetische Beziehungen zu diesem Klade oder dieser Spezies besitzen, sofern es als *H. neanderthalensis* definiert wird (Stringer 1993);
- den Fund des klassischen Neandertalers von St. Césaire und dessen überraschend junge Datierung auf weniger als 35 000 Jahre sowie die Assoziation mit Châtelperronien-Inventar (vgl. Kap. 8.2.1.3);
- die neue chronologische Zuordnung der Skhul/Qafzeh-Fossilien und die nach seiner Einschätzung dadurch wenig wahrscheinliche Vermischung mit klassischen Neandertalern; das hohe Alter der levantinischen Funde mindert aber auch die ihnen zugeschriebene Rolle als Proto-Cromagnoide (vgl. Kap. 8.2.1.4);
- der trotz zahlreicher Datierungsunsicherheiten gegebene Nachweis einer sehr frühen Anwesenheit von *H. sapiens* in Afrika im Vergleich zu anderen Regionen (ausgenommen der Nahe Osten);
- das Erscheinen moderner Menschenformen in der Sahul-Region vor ca. 40 000 Jahren und in Australien vor rund 30 000 Jahren (vgl. Kap. 8.2.2, Kap. 8.2.4);
- neuere paläogenetische Befunde, insbesondere vergleichende Studien zur Variabilität der mtDNA (vgl. Kap. 2.4.3, Kap. 8.4.3), welche die Interpretation nahelegen, daß die rezenten menschlichen Populationen keine lange Bevölkerungsgeschichte aufweisen.

Neben den vorstehend genannten Argumenten *für* die Verdrängungshypothese und *gegen* multiregionale Kontinuität hat Stringer (1992a) versucht, die von den 'Multiregionalisten' beschriebenen Regionalmerkmale als Beleg für eine kontinuierliche Entwicklung in den außerafrikanischen Regionen zu entkräften. Außer der allgemeinen Forderung nach einer klaren Präzisierung der Merkmale sowie nach einem Homologienachweis und einem Außengruppenvergleich (vgl. Kap. 2.5.1, Kap. 2.5.7), liefert er verschiedene Beispiele, wonach viele sog. Regionalmerkmale eher als ursprüngliche Merkmale oder aber als spät-pleistozäne Modifikationen einer grundsätzlich modernen Morphologie, die sehr wahrscheinlich afrikanischen Ursprungs ist, zu interpretieren sind (vgl. auch Greene u. Armelagos 1972). Daß die 'Multiregionalisten' diese Interpretation nicht akzeptieren (Wolpoff 1992), zeigt, wie schwierig es ist, einen Konsens in der Herkunftsfrage zu erzielen.

Eine weitere Möglichkeit zur Erklärung der diskrepanten Standpunkte in der Herkunftsfrage sieht Stringer (1992a) in den unterschiedlichen Konzepten der Arterkennung (vgl. Kap. 2.5.8). Er vertritt die Auffassung, daß selbst dann, wenn Hybridisierung zwischen Neandertalern und dem frühen modernen Menschen nachgewiesen werden könnte, damit noch keinesfalls der Beweis erbracht sei, daß sie konspezifisch waren oder daß die Neandertaler signifikant zum Genpool des modernen Menschen außerhalb der - möglicherweise beweglichen - Vermischungszonen beigetragen haben. Diese Einschätzung macht deutlich, daß nicht nur die Fossildokumentation hochgradig defizitär ist, sondern offenbar auch unser Methodeninventar zur Lösung des Problems. Da auch das 'Speciation/Replacement-Model' Hybridisierung in kleinerem Umfang zuläßt, wie Stringer (1992a) betont, verwischen sich die Unterschiede zum 'Hybridization and

Replacement Model', da dieses zwar ausdrücklich Vermischung an der Grenze archaischer und moderner Populationen annimmt, aber nur in minimalem Umfang. Da andererseits die Befürworter des Modells einer multiregionalen Evolution Genfluß zwischen den Regionen nicht ausschließen, d. h. eine Vernetzung der regionalen Entwicklungslinien als modellimmanent erachten, könnte man den voreiligen Schluß ziehen, daß ihr Modell von dem 'Speciation/Replacement-Model' nur graduell verschieden sei. Daß diese Bewertung keineswegs zutreffend wäre, macht die z. T. unnötig scharfe und polarisierende aktuelle Diskussion deutlich (Wolpoff et al. 1988; Frayer 1992a, b; Bräuer u. F. Smith 1992; Thorne u. Wolpoff 1992; A. Wilson u. Cann 1992).

8.4.3 Innovative Ansätze zur Lösung der Ursprungsfrage

Offenbar ist keines der diskutierten Modelle in der Lage, alle verfügbaren Daten zur Ursprungsfrage des modernen Menschen widerspruchslos zu erklären. Jedes Modell hat besondere Stärken und Schwächen, so daß sich dogmatische Stellungnahmen durchaus erübrigen; trotz der enormen Fortschritte im letzten Dezennium sind unsere Kenntnisse in vielen Forschungsbereichen noch sehr lückenhaft. Selbst akribische morphologische Vergleiche (Bräuer 1984a; Frayer 1992a, b; Wolpoff 1992) sowie komplexe multivariat-statistische Analysen (Bräuer 1984a; Henke 1989; Howells 1989; Bräuer u. Rimbach 1990; Kidder et al. 1992; Van Vark et al. 1992) sind offenbar nicht zur Falsifikation der Hypothesen geeignet, so daß sich die Hoffnungen auf eine neue Forschungsdisziplin, die *Paläogenetik*, richten (vgl. Kap. 2.4.3).

An rezenten Bevölkerungen erarbeitete serologische und biochemische Befunde von Cavalli-Sforza (1974, 1992), Nei (1985) Cavalli-Sforza et al. (1988) und anderen Populationsgenetikern zeigen eine Divergenz zwischen afrikanischen und eurasischen Populationen. Diese Ergebnisse unterstützen ein 'out-of-Africa'-Modell und stimmen mit den von den Morphologen behaupteten zeitlichen Abläufen der Migration überein. Der entscheidende Impuls zur Formulierung des 'Recent African Evolution Model' durch Stringer u. Andrews (1988a) erfolgte durch die Arbeiten von Cann (1987, 1988), Cann et al. (1987), Stoneking u. Cann (1989) an mtDNA. Die an Plazenten unterschiedlicher rezenter Bevölkerungen ermittelten populationsgenetischen Befunde zur Variabilität der mtDNA erlangten breite Aufmerksamkeit, da sie paläogenetisch in der Weise interpretiert wurden, daß alle heute lebenden Menschen von einer afrikanischen Vorfahrin abstammen würden, welche vor weniger als 200 000 Jahren in Afrika lebte. Die evolutionär so einzigartig erfolgreiche 'Urmutter' wurde sehr plakativ 'Eva' getauft, jedoch ist diese Bezeichnung irreführend, da man sich vorzustellen hat, daß damals eine Vielzahl von Frauen gleichzeitig lebte. Nach sehr spekulativen Schätzungen könnte die Zahl bei ca. 5000 gelegen haben (A. Wilson u. Cann 1992). Evas Linie war demnach nur durch Zufall besonders begünstigt, weshalb die Bezeichnung der 'Urmutter' als 'lucky mother' passender ist.

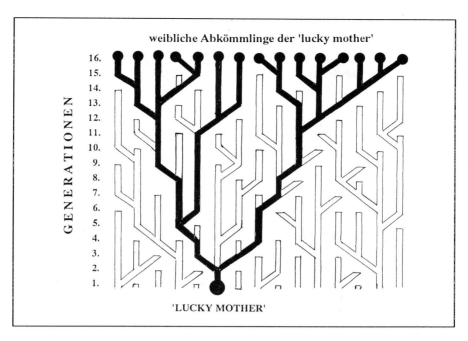

weibliche Abkömmlinge der 'lucky mother'

GENERATIONEN

16.
15.
14.
13.
12.
11.
10.
9.
8.
7.
6.
5.
4.
3.
2.
1.

'LUCKY MOTHER'

Abb. 8.40 Fiktives Beispiel für die Ableitung aller Mitglieder einer stationären Population von einer 'lucky mother' (n. A. Wilson u. Cann 1992, umgezeichnet).

Die genealogische Abstammung aller rezenten Frauen von einer einzigen Mutter wird am Beispiel einer sog. stationären Populationen, d. h. einer Bevölkerung, die über Generationen hinweg unverändert groß bleibt, in Abb. 8.40 verdeutlicht. In dem von A. Wilson und Cann (1992) gewählten Beispiel sind es zu jeder Zeit 15 Mütter, d. h. in jeder neuen Generation gibt es auch 15 Töchter, jedoch haben einige Mütter keine, andere dafür zwei oder mehr weibliche Nachkommen. Das bedeutet, daß einige mütterliche Linien jeweils aussterben und letztlich nur eine einzige - und zwar die der *lucky mother* - erhalten bleibt.

F. Smith et al. (1989) betonen in ihrer Revision der aktuellen Modelle, daß so viele Mißverständnisse in der paläogenetischen Datenanalyse vorlägen, daß Zurückhaltung geboten sei, die Befunde einseitig zugunsten der 'out-of-Africa'-Modelle zu werten. Daß die paläogenetischen Befunde keineswegs zwingend sind und auch andere Schlußfolgerungen zulassen, wurde z. B. von Avise et al. (1984), Excoffier et al. (1987), Excoffier u. Langeney (1989), Spuhler (1988) und Wolpoff (1992) dargelegt (Kap. 2.4.3). Ferner zeigte Maddison (1991), daß zwei gleichartig 'sparsame' Migrationsszenarien aus dem Grundstock aller Parsimonie-Stammbäume konstruiert werden können, von denen das eine Szenarium Afrika als die Urheimat der menschlichen mtDNA ansieht, das andere dagegen Asien. Ein afrikanischer Ursprung ist demnach durch die Daten von Cann et al. (1987) keineswegs bewiesen, d. h. andere Regionen sind als Urheimat ebenso wahrscheinlich. Maddisons (1991, S. 355) Hauptkritik ist jedoch methodologisch: "...in answering an evolutionary question using phylogenetic analysis, the full implications of data are not revealed unless one considers all equally well supported hypotheses".

Während die mtDNA eine Stammlinienrekonstruktion aufgrund strikter matrilinearer Transmission erlaubt, bietet sich als eine entsprechende Informationsquelle zur Rekonstruktion paternaler Verwandtschaftsbeziehungen das hochgradig polymorphe Y-Chromosom an. Lucotte (1989) untersuchte Y-chromosomale DNA-Unterschiede in regional differenzierten autochthonen menschlichen Populationen. Seine Befunde lassen eine frühe Trennung von afrikanischen und eurasischen Bevölkerungen erkennen, wobei die afrikanischen Pygmäen als die ursprünglichste Population erscheinen. Der Autor weist jedoch ausdrücklich darauf hin, daß dieses für einen afrikanischen Ursprung sprechende Ergebnis nur als vorläufig zu bewerten ist.

Neben den Untersuchungen an lebenden Bevölkerungen bietet die Analyse von organischen Spuren in Mumien, fossilen Knochen oder Pflanzenresten ein äußerst innovatives Forschungsfeld der Paläogenetik. Die Analyse winzigster Überreste von Erbmaterial wurde entscheidend durch das als Polymerase-Kettenreaktion (engl. *polymerase chain reaction*; PCR) bezeichnete Genkopierverfahren gefördert (Mullis et al. 1986; Mullis 1990). Die sich durch dieses Verfahren eröffnenden Perspektiven für Paläoanthropologie und prähistorische Anthropologie sind kaum abzuschätzen (Ross 1992). Die Möglichkeit eines direkten Vergleichs des Erbgutes eines fossilen Hominiden mit dem des heutigen Menschen wird sich möglicherweise schon sehr bald ergeben, wenn die Amplifikation von DNA-Spuren aus Knochenresten des Skelettmaterials von Shanidar gelingen sollte (Ross 1992). Vor überzogenen Erwartungen muß jedoch gewarnt werden. Zwar bekommen die Paläogenetiker die durch Kontaminationen des Untersuchungsmaterials verursachten Probleme bei der PCR zunehmend in den Griff, aber die hochgradige Degeneration der Paläo-DNA stellt sie bislang vor beträchtliche, kaum zu lösende Probleme hinsichtlich der Interpretation ihrer Befunde (Hummel 1992).

Cavalli-Sforza et al. (1988) haben nicht nur die populationsgenetischen Forschungskonzepte optimiert, sondern auch bereits im vergangenen Jahrhundert konzipierte linguistische Konzepte neu belebt. Schon Darwin (1859; in Übersetzung von Neumann 1967, S. 587) umriß die Grundzüge ethnolinguistischer Forschung:

> Besäßen wir einen vollständigen Stammbaum der Menschheit, so würde eine genealogische Anordnung der Rassen gleichzeitig am besten die Klassifikation der zahlreichen jetzt auf der Erde verbreiteten Sprachen ermöglichen. Und wenn alle toten Sprachen, alle Übergangssprachen und langsam sich ändernden Dialekte mit einbegriffen wären, so würde eine solche Anordnung die einzig mögliche sein. Es könnte jedoch sein, daß einige alte Sprachen nur wenig abgeändert worden wären und nur wenige neue Sprachen hätten entstehen lassen, während andere (infolge der Verbreitung, der Isolierung und des Kulturzustandes der verschiedenen Rassen gleicher Abstammung) sich stark verändert und also viele neue Dialekte und Sprachen hervorgerufen hätten."

Das populationsgenetische und das linguistische Konzept sind für sich genommen zwar nicht unbedingt innovativ, jedoch trifft dies für einen integrierten multidisziplinären Forschungsansatz unter Einbeziehung von Vor- und Frühgeschichte durchaus zu. Die jüngsten Untersuchungen von Cavalli-Sforza et al. (1988) und Cavalli-Sforza (1992) zeigen, daß die entwickelten genetischen Stammbäume, die ein 'out-of-Africa'-Modell stützen, hochgradige Übereinstimmungen mit ethnolinguistisch gewonnenen Stammbaumentwürfen zeigen (Cavalli-Sforza 1989), jedoch liegen die Stärken dieses fächerübergreifenden Forschungsansatzes weniger in der Paläoanthropologie als der Ethnohistorie (Ferembach et al. 1986; Bernhard 1993).

Daß die Archäologie in der hier aufgezeigten Diskussion um die Ursprungsfrage der rezenten Menschheit nur eine vergleichsweise geringe Rolle spielt, mag z. T. durch den Blickwinkel der Paläobiologen bestimmt sein und der aktuellen Diskussion in der Archäologie nicht genügend Rechnung tragen (Übersicht in Mellars 1988, 1989a, b; Klein 1989a, 1992; Mellars u. Stringer 1989; Hublin u. Tillier 1991; Bräuer u. F. Smith 1992). Eine zutreffendere Erklärung dürfte aber sein, daß die biologische und die kulturelle Entwicklung nicht synchron verliefen. Bereits lange vor dem Auftreten jungpaläolithischer Kulturen existierten vermutlich anatomisch moderne Menschenformen. Die früher angenommene Polarität Neandertaler/Moustérien *versus* moderner *H. sapiens*/Jungpaläolithikum trifft seit langem nicht mehr zu, so daß zumindest für die kritische Transitionsphase ein archäologischer Rückschluß auf die Hominidenform weitgehend spekulativ ist, wie die Beispiele von Skhul/Qafzeh in der Levante und St. Césaire in Europa zeigen. Keiner der bisher unternommenen Versuche, Verbreitungsmuster von Kulturkomplexen zur Verifikation oder Falsifikation der diskutierten Hypothesen nachzuweisen, führte zu eindeutigen Ergebnissen. Wenn auch die Archäologie keine Entscheidung in der Ursprungsfrage des modernen Menschen erlaubt, so liefert sie doch essentielle Beiträge zur Kennzeichnung unserer Vorfahrenformen und zur evolutionsökologischen Rekonstruktion (vgl. Kap. 8.5).

Synopse: Die grundlegende Frage, ob nur eine regionale oder aber mehrere, regional weitgehend separierte archaische Bevölkerungen am Ursprung des modernen Menschen partizipierten, ist trotz gegenteiliger Behauptungen von Vertretern beider Positionen nicht gelöst. Stringer (1992a) hat durchaus recht, wenn er ausdrücklich betont, daß z. B. die Widerlegung seines 'out-of-Africa'-Modells nicht gleichzeitig den Beweis einer multiregionalen gradualistischen Entwicklung bedeuten muß. Die bislang nur zurückhaltend vorgetragene Hypothese, daß die Levante ein Ursprungsraum sein könnte, deutet dies an (Bar-Yosef u. Vandermeersch 1991, 1993). Die Antworten auf die Frage, wann und wo die modernen Menschen erstmals auftraten, haben durch die jüngsten Chronologien des Nahen Ostens eine besondere Brisanz erlangt. Die hohen Datierungen der Skhul/Qafzeh-Fossilien rücken die Levante in 'bedrohliche' zeitliche Nähe zu den Fundstellen des südafrikanischen Fundmaterials. Aufgrund der rapiden Revisionen in der chronologischen Zuordnung der mittel- und spät-pleistozänen Hominiden während des vergangenen Jahrzehnts sollte jeder apodiktischen

Aussage zur Ursprungsfrage, die sich allein an den Datierungen orientiert, mit Skepsis begegnet werden.

Neben der Datierungsfrage, welche die Befürworter eines monozentrischen Ursprungs- und Migrationsmodells verständlicherweise stärker betonen als die 'Multiregionalisten', sind die Kontroversen um die Bewertung der außerafrikanischen Hominidenfossilien kaum auszuräumen. Während die gradualistisch orientierten 'Multiregionalisten' ihnen eine transitionale Morphologie zusprechen, wird dies von den Opponenten aus unterschiedlichsten Gründen bestritten, da es sich um Parallelismen, Homoplasien oder Merkmalsreversionen handeln könne.[11] Wenn von den 'Multiregionalisten' selbst in Europa noch eine gradualistische Transition zwischen Neandertalern und Jungpaläolithikern für möglich gehalten wird, während einige Befürworter des Verdrängungsmodells in den Neandertaliden und dem modernen *H. sapiens* eindeutig definierte Spezies mit sehr weit zurückreichender Isolation sehen (Stringer 1993), ist wohl an eine Lösung dieser ältesten Frage der Paläoanthropologie in naher Zukunft kaum zu denken.

Schließlich bestehen bei den 'Multiregionalisten' und den Befürwortern der 'Replacement-Hypothesen' sehr unterschiedliche Vorstellungen darüber, wie der moderne *H. sapiens* evolvierte. Erstere gehen überwiegend davon aus, daß der Ursprung keinen neuartigen genetischen Wandel einschloß, sondern vorwiegend durch Rekombination bereits vorhandener Gene des archaischen *H. sapiens* bestimmt wurde. F. Smith et al. (1989) spekulieren, daß für viele Veränderungen neben dem Prozeß der Rekombination schon früher existierender Allele insbesondere Veränderungen im regulatorischen Abschnitt des Genoms der entscheidende Faktor für die Entwicklung einer modernen anatomischen Form gewesen sein könnten, z. B. eine Veränderung im Kontrollmechanismus des enchondralen Knochenwachstums. Im Kap. 8.3.1 war bereits auf die Robustizitätskennzeichen der Neandertaler hingewiesen worden, die ebenso wie die Merkmale anderer archaischer *H. sapiens* von beachtlicher adaptiver Bedeutung gewesen sein müssen, da ansonsten die energetisch aufwendige Morphologie bei diesen Hominiden nicht so konsequent erhalten geblieben wäre (Trinkaus 1983a, b, 1986, 1987b; vgl. Kap. 8.3.1.2). F. Smith et al. (1989) nehmen deshalb an, daß die Reduzierung der Robustizitätsmerkmale solange nicht erfolgen konnte, bis die Faktoren, die den Erhalt dieser Hyperrobustizität erforderten, abgeschwächt oder gar beseitigt worden waren. Es wird vemutet, daß die kennzeichnenden technologischen Fortschritte im Moustérien, im MSA und in den asiatischen Äquivalenten entscheidenden Einfluß auf den morphologischen Wandel hatten. Für die gesichtsmorphologischen Veränderungen beim modernen *H. sapiens* gegenüber den archaischen Hominiden sind verhaltensbiologische Faktoren plausibel darge-

---

[11] Johanson u. Shreeve (1990, S. 169) bemerken zu dem grundsätzlichen Problem der Merkmalsbewertung salopp: "Solche taxonomischen Unwägbarkeiten wie Konvergenz, Parallelismus und Umkehr gehören zur traditionellen Trickkiste der Paläoanthropologen, aus der man sich, wenn auch mit gewisser Verlegenheit, nach Bedarf befreit: Wir kramen sie hervor, wenn wir eine Anomalie in einer ansonsten wasserdichten Hypothese zu erklären haben, doch in allen anderen Fällen leugnen wir ihre Existenz."

legt worden (vgl. Kap. 8.3.1.3, 'teeth-as-tool'-Hypothese). Von einer stringenten Erklärung des Gesamtkomplexes sind wir jedoch noch weit entfernt, wie Trinkaus (1989b, S. 17) betont: "A thorough understanding of the events and processes that were involved in the emergence of the biobehavioral pattern we associate with recent human hunter-gatherers is still rather distant."

Ungeklärt ist beispielsweise, warum die Rückbildung der Hyperrobustizität regional so dyschron ablief und welche Faktoren die Rückbildung der Hyper-robustizität in Europa im Vergleich zu anderen Regionen bremsten. Der 'adaptavistische' Standpunkt, d. h. die konsequente Forderung, den Wechsel der morphologischen Merkmalsmuster in der Transition als Anpassungen zu verstehen (vgl. Kap. 2.5.5.3), ist nach F. Smith et al. (1989) in diesem Kontext gegenüber den 'Verdrängungsmodellen' - vordergründig betrachtet - benachteiligt, da es außer den Adaptationen auch die unterschiedliche Evolutionsdynamik in den einzelnen Regionen zu erklären gilt. Die Befürworter der Verdrängungshypothesen sehen dagegen die Verbreitung moderner adaptiver Merkmalskomplexe in ihren Migrationsmodellen *per se* als bewiesen an, ohne jedoch hinreichend zu erklären, warum der adaptive Wandel in einer Region erfolgen konnte und in einer anderen offenbar nicht. Der Zeitfaktor ist - wie auch Frayer (1992b) kritisiert - als häufig vorgebrachtes Argument nicht überzeugend.

Abschließend sei kritisiert, daß die Befürworter der 'out-of-Africa'-Modelle bislang nur unzureichend begründete Szenarien der Migration und Verdrängung unterbreitet haben. Das gilt für die Kernfrage, warum afrikanische Populationen im frühen Würm systematisch in andere Regionen ausgewandert sein sollten. Boaz et al. (1982) sehen als Ursache für den Bevölkerungsdruck aus dem heutigen Sahararaum Wüstenbildung und damit verbundene Verknappung der Nahrungsressourcen. Nach Bräuer (1985, S. 22) liegen "...aufgrund des häufigen Wechsels arider und feuchter Perioden im nördlichen und z. T. auch östlichen Afrika mit wesentlichen Bevölkerungsbewegungen" durchaus wahrscheinliche Ursachen für Auswanderungen vor. Diese Versuche, paläoökologische Umwälzungen als entscheidende Ursache für die Ausbreitung des modernen Menschen von Nordafrika nach Europa zu beschreiben, wurden jedoch systematisch zurückgewiesen (Forgaty u. F. Smith 1987). Alle paläodemographischen Aussagen über frühe Jäger- und Sammlerpopulationen sind hochgradig spekulativ und orientieren sich weitgehend an ethnographischen Analogieschlüssen (Übersicht in Hassan 1979; N. Howell 1986; Henke 1989; vgl. Kap. 8.5).

Wobst (1974) wies nach, daß die einzelnen mittel- und spät-pleistozänen Populationen eine beachtliche Mobilität besessen haben müssen, um dem Aussterben zu entgehen. Auch Bocquet-Appel (1985) analysierte die intra- und inter-populationsspezifischen Komponenten der Mobilität und kennzeichnete die Beziehungen wie folgt: je kleiner die Population war, umso stärker mußte die Migration zwischen ihr und anderen Bevölkerungen gewesen sein und umso höher die Mobilität zwischen den Altersgruppen, um den vernichtenden Effekten der Zufallsschwankungen zu entgehen (vgl. Kap. 8.5). Derartige soziodemographische Strukturen sind in der Lage, die schnelle Verbreitung von sehr vorteilhaften

Merkmalen zu erklären, z. B. auch die Reduktion der Hyperrobustizität in solchen Regionen, wo die lokale selektive Umwelt für derartige morphologische Veränderungen günstig war. Wolpoff et al. (1984) und andere 'Multiregionalisten' schließen in ihren Modellen dramatische Migrations- und Verdrängungsszenarien aus, stattdessen nehmen sie *demische Diffusion* mit Selektion an. F. Smith et al. (1989) sprechen in diesem Kontext von *Assimilation*; im Gegensatz zu einigen 'Multiregionalisten' sind sie durchaus bereit, einen kennzeichnenden genetischen Wandel in der Transition vom archaischen zum modernen Menschen anzunehmen; dieser könnte nach ihrer Auffassung in mehreren Regionen unabhängig voneinander erfolgt sein, aber nach den gegenwärtigen Befunden ist das erstmalige Auftreten in einer einzigen Region und die sich anschließende Verbreitung über die Alte Welt die zutreffendere Erklärung. F. Smith et al. (1989) teilen jedoch nicht die Auffassung der Befürworter beider 'out-of-Africa'-Modelle, daß die Migration von Populationen die entscheidende Rolle spielte und lokale Kontinuität von nachgeordneter Bedeutung sei. Ihr 'Assimilationsmodell' steht insofern dem multiregionalen Modell der Evolution des modernen Menschen näher, als es die Assimilation von neuen Merkmalselementen in einen bestehenden Genpool und in einigen Fällen vielleicht auch alter Elemente in einen neuen Genpool annimmt. Das von F. Smith et al. (1989) entworfene Modell ist kein Kompromißmodell, da es einen Speziationsprozeß konsequent ablehnt (*contra* Stringer u. Andrews 1988a; Tattersall 1986) und die Rolle afrikanischer Populationen im Gegensatz zum 'African Hybridization and Replacement Model' als marginal ansieht. Da es als 'adaptavistisches Modell' verstanden wird und konsequent das populationsgenetische und paläodemographische Umfeld auslotet, teilt es mit dem beschriebenen gradualistischen Modell von Wolpoff et al. (1984) das zentrale Anliegen, den evolutionsmorphologischen Wandel zu erklären und diese primäre Aufgabe der Paläoanthropologie nicht allein als Migrationsprozeß 'herunterzuspielen'.

Die bevorzugt an Migrationen orientierten 'out-of-Africa'-Modelle aber als antievolutionistisch zu kennzeichnen und zu behaupten "...that this has more in common with the 'special creation' views of the proponents of 'creation science' than with the principles of evolutionary biology" (Brace 1986, S. 180), hieße sich selbst zu diskreditieren.

Auch die von Paläoanthropologen vorgebrachten unpassenden und befremdlichen Kennzeichnungen der Verdrängungsszenarien als 'holocaust' (Wolpoff et al. 1988) oder 'killing off' (Spuhler 1988) sind der Sache nicht dienlich (vgl. auch Stringer 1992a). Dagegen erscheint die Forderung durchaus berechtigt, daß sich die Befürworter der 'out-of-Africa'-Modelle stärker an falsifizierbaren Hypothesen orientieren und sich nicht nur auf die Verifikation ihrer Modelle konzentrieren (Wolpoff 1992; Thorne u. Wolpoff 1992).

8.5 Evolutionsökologie und biokulturelle Evolution von *Homo sapiens*

Seit rund 1 Million Jahre - und möglicherweise noch viel länger, wie der Fund von Dmanisi für den Fall seiner korrekten Datierung vermuten läßt (vgl. Kap. 7.1.3) - bewohnen die Hominiden nicht nur tropische und subtropische Lebensräume, sondern auch nördlichere Breiten mit wechselwarmen Klimaten. Während dieser langen Phase waren sie in den nördlichen Breiten beträchtlichen langfristigen Klimaschwankungen ausgesetzt (vgl. Kap. 7.5; Abb. 8.41). Seitdem Penck u. Brückner (1901-1909) in ihrer Pionierstudie für das Pleistozän erstmals vier Glaziale und drei Interglaziale des alpinen Raumes beschrieben, sind die Kenntnisse der Quartärgeologie, Paläoklimatologie und pleistozänen Vegetationsgeschichte ständig erweitert worden (Frenzel 1968; Schwarzbach 1988; Van Donk 1976; Shackleton u. Opdyke 1977; Lowe u. M. Walker 1984; Martinson et al. 1987). Der ursprünglich auf vier alpine Eiszeiten (*Günz-, Mindel-, Riss-* und *Würm-Glazial*) geschätzte Zeitraum, dem vier nordische Eiszeiten (*Elster-, Saale-, Warthe-* und *Weichsel-Glazial*) entsprachen, kann heute durch Sauerstoffisotopen-Messungen an Tiefseesedimenten, die gleichsam als 'geologisches Thermometer' (Urey 1947) fungieren, entschieden präziser unterteilt werden.

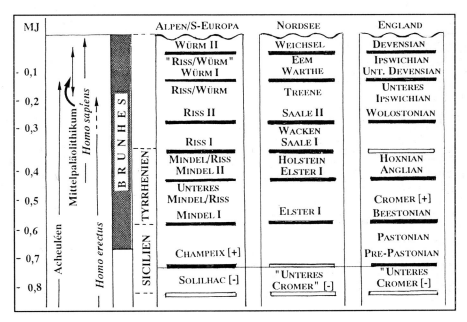

Abb. 8.41   Korrelationen der Glaziale und Interglaziale verschiedener europäischer Regionen für die Zeit nach der paläomagnetischen Matuyama-Brunhes-Grenze (schwarze Balken entsprechen den Kaltphasen (n. Bowen 1978, Tattersall et al. 1988, umgezeichnet).

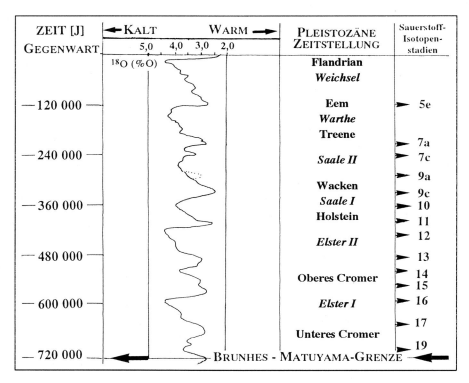

Abb. 8.42 Pleistozäne Klimafluktuation aufgrund von Sauerstoffisotopenanalysen an Tiefseesedimenten (n. Gamble 1986, umgezeichnet).

Diese Analyse mariner Substrate erlaubt allein für die 0,73 MJ dauernde Periode nach der letzten globalen paläomagnetischen Polaritätsänderung die Differenzierung von neunzehn Isotopen-Stadien, die alternierenden Warm- und Kaltphasen zugeordnet werden können (Imbrie et al. 1984; Martinson et al. 1987; Abb. 8.42).

Die gegenüber früheren Hominiden gesteigerte Adaptabilität von *H. erectus* ermöglichte offenbar erst das Verlassen tropischer und subtropischer Lebensräume (vgl. Kap. 7.5). In den eurasischen Regionen waren die Hominiden neuen ökologischen Anforderungen ausgesetzt, die in der Folgezeit die Basis für deren adaptiven Wandel bildeten (Stringer 1984; Foley 1987).

Die Kulturstufe des Acheuléen, deren kennzeichnendes Gerät zweiflächig bearbeitete Faustkeile (Bifaces) waren, wird überwiegend mit *H. erectus* (einschließlich der europäischen Ante-Neandertaler) in Zusammenhang gebracht (vgl. Kap. 7.5). Aus dieser Art der Steinbearbeitung entwickelte sich bereits im Altpaläolithikum kontinuierlich die sog. *Levallois-Technik*, bei der nicht der Steinkern selbst, sondern die Abschläge das Ziel der Steinbearbeitung sind. Als Levallois-Typen werden "...Artefakte mit facettierter Basis verstanden [...], welche ihre endgültige Gestalt durch entsprechende Bearbeitung des Kernsteins präformiert erhielten, sofort oder nach nur geringfügiger Retuschierung in der geplanten Qualität gebrauchsfertig waren" (Feustel 1985, S. 96). Die Auswahl von besonders geeignetem Rohmaterial (z. B. Feuerstein/Flint, Hornstein, Obsidian, Quarzit, Kieselschiefer) und - bei Fehlen entsprechender Vorkommen - die seltenere Verwendung weniger geeigneter Rohstoffe, wie Quarz und Porphyr, deuten auf beachtliche kognitive Fähigkeiten der Bearbeiter hin; das gilt für die Planung sowie für die komplexen Bearbeitungsschritte zur Herstellung der unterschiedlichsten Gerätetypen (z. B. Schaber, Spitzen, Klingen, Bohrer, einseitige Messer). Die Vielfalt der lithischen Instrumente spricht ferner für ein beachtliches manipulatorisches Geschick und ein weites Anwendungsspektrum (vgl. Kap. 7.5). Neben lithischen Geräten finden sich bereits im späteren Altpaläolithikum Hinweise auf die Verwendung von Geweihpickeln, Knochenschabern und -meißeln. Holzgeräte sind zwar erst durch die Lanze von Clacton-on-Sea (England) aus dem Clactonien belegt, nach Keeley (1977) ist jedoch mit der Herstellung und Verwendung unterschiedlicher Holzgeräte schon seit 1,5 MJ zu rechnen.

Der archaische *H. sapiens* führt die kulturellen Traditionen des Acheuléen zum Teil zwar fort, jedoch findet sich neben diesen noch relativ grob gearbeiteten Artefakten zunehmend auch zweckdienlicher retuschiertes, verfeinertes und vielgestaltigeres Geräteinventar im Mittelpaläolithikum, welches nach der räumlichen Verbreitung und den technologischen Kennzeichen z. B. als Moustérien, Prä-Aurignacien, Yabrudien, Atérien, afrikanisches 'Middle Stone Age' (MSA), Lupemban, indisches MSA oder ostasiatische Abschlagkultur bezeichnet wird.

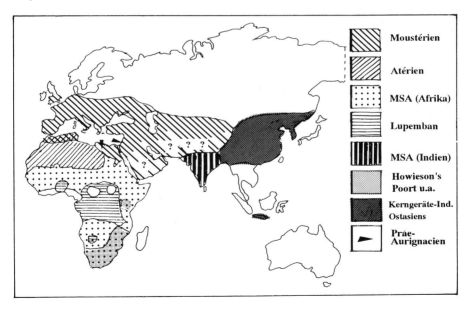

Abb. 8.43 Mittelpaläolithische Kulturen und ihre Hauptverbreitungsgebiete (n. Tattersall et al. 1988; Klein 1989a, umgezeichnet).

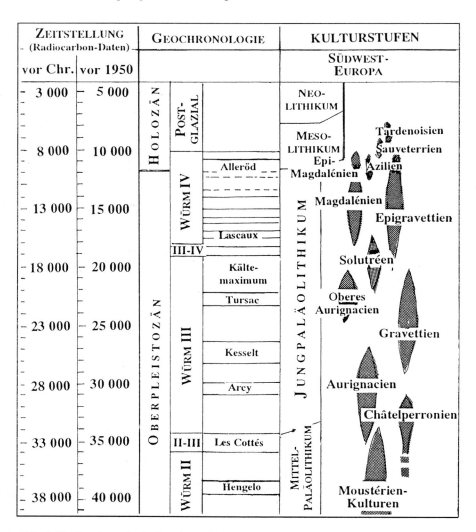

Abb. 8.44 Geochronologie (kontinentale Stratigraphie) und Archäochronologie der letzten Eiszeit und der Nacheiszeit (n. Bosinski 1982; H. de Lumley 1984; Gamble 1986 zusammengestellt).

Die Ableitung der mittelpaläolithischen Kulturen aus den altpaläolithischen erscheint unproblematisch; so läßt sich die Technologie des Moustérien, das heute trotz der Heterogenität der einzelnen Industrien und Gruppen weitgehend als Synonym für das Mittelpaläolithikum gesehen wird, als Weiterentwicklung und Verfeinerung des Levalloisien verstehen; dagegen ist die Ableitung jungpaläolithischer Kulturen aus dem Mittelpaläolithikum umstritten.

Lange Zeit nahm man an, daß ausschließlich Neandertaler die Hersteller der Moustérien-Geräte gewesen seien (Abb. 5.23), jedoch ist diese Auffassung sowohl durch die Fundassoziation von Neandertalern mit frühen jungpaläolithischen Kulturen und frühen modernen *H. sapiens* mit Moustérien-Kulturen widerlegt (Übersicht in Klein 1989a, 1992; Mellars 1989a; Lindly u. G. Clark 1990a, b; vgl. Kap. 8.1, Kap. 8.2.1.4). Da eine enge Korrelation zwischen Menschenform und Kulturstufe fehlt (vgl. Kap. 8.4) stellt sich die wichtige Frage, ob die Biologie überhaupt in der Lage ist, die sich mit dem Jungpaläolithikum abzeichnende 'kulturelle Revolution' zu erklären (Bar-Yosef u. Vandermeersch 1993). So bezeichnet man nämlich das Phänomen, daß sich in der Zeitspanne vor ca. 45 000 - 40 000 Jahren die materielle Kultur im westlichen Eurasien stärker veränderte als während der vorausgegangenen Million Jahre. Während dieser Transition vom Mittel- zum Jungpaläolithikum tritt erstmals eine jungpaläolithische Kultur auf, die durch technologische und künstlerische Kreativität geprägt ist und sich in der Folgezeit durch eine bis dahin nicht vorhandene dynamische Entwicklung auszeichnet (Abb. 8.46). Der technologische Fortschritt der Abschlaggeräte ist durch das Verhältnis von gewonnener Klingenkante und bearbeiteter Materialmenge zu definieren (Klein 1992a) und zeigt sich ferner in der Erfindung neuartiger, häufig aus mehreren Teilen zusammengesetzter Jagdinstrumente, wie Speerschleuder und Harpune. Erst in einer sehr späten Phase werden wohl Pfeil und Bogen entwickelt, die im anschließenden Mesolithikum als Jagdwaffe zur Kleintierjagd dominieren. Daß die Neandertaler über hölzerne Haushaltsgeräte verfügten, ist durch flache Teller für Nahrungsmittel und Schaufeln zum Umwälzen von Glut von einem katalonischen Fundplatz belegt, der aus der Zeit vor ca. 49 000 - 45 000 Jahren stammt und Werkzeuge des Moustérien enthielt. Die Konservierung dieser einmaligen Dokumente ausgefeilter Techniken der Holzbearbeitung erklärt sich aus den besonderen Bodenbedingungen und der Inkrustierung der Holzgeräte mit Kalziumkarbonat (Carbonell u. Castro-Curel 1993).

Als wichtigstes Argument für einen unüberbrückbaren Hiatus zwischen dem Moustérien und dem Jungpaläolithikum wird von denjenigen Archäologen, die eine gradualistische Enstehung *in situ* ablehnen, auf die innovative Entwicklung von Riten, Kunst sowie angeblich völlig neuartiger (sozio-)kultureller Elemente im Jungpaläolithikum hingewiesen (Klein 1989a, 1992; Mellars 1989a, b), während die Opponenten die Unterschiede im Sinne eines kontinuierlichen technologischen und ökonomischen Wandels interpretieren (Bosinski 1986a, 1987, 1990; Lindly u. G. Clark 1990a, b; Hayden 1993). Übereinstimmung besteht aber in der Auffassung, daß eine jungpaläolithische Kultur die erste als modern zu kennzeichnende Kultur war. Wo sie erstmals auftrat und was ihre Entstehung verursachte, ist jedoch ungeklärt. Die Hypothese, daß das Auftreten der ersten modernen Menschen mit dem auffälligen kulturellen Wandel synchron erfolgte, trifft erwiesenermaßen nicht zu, und alle anderen archäologischen Hypothesen über den Ursprung des Jungpaläolithikums werden ebenso kontrovers diskutiert wie die anthropologischen Modelle zum Ursprung des anatomisch modernen Menschen (vgl. Kap. 8.4).

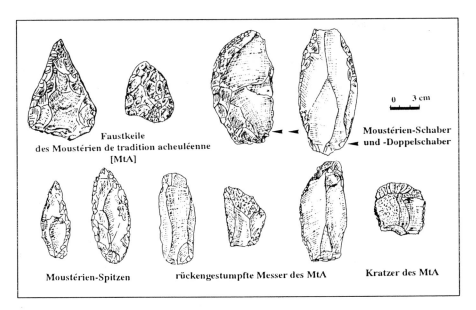

Abb. 8.45 Artefakte des Mittelpaläolithikums (n. Bosinski 1985, umgezeichnet).

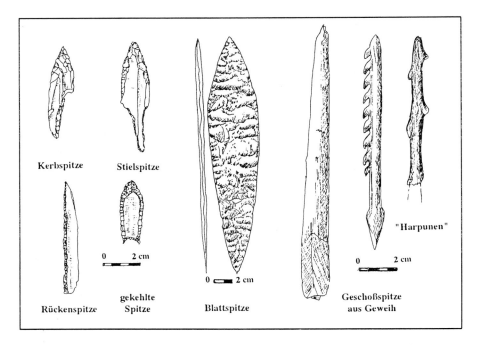

Abb. 8.46 Artefakte des Jungpaläolithikums (n. Bosinski u. Evers 1979, umgezeichnet).

Der *Lebensraum der Neandertaler* war das westliche Eurasien, insbesondere West-, Mittel- und Osteuropa sowie der Nahe Osten, ein weites Gebiet mit unterschiedlichen Klimazonen. In den Kaltphasen der vorletzten Eiszeit war die eurasische Landschaft nördlich der vereisten Hochgebirge durch Steppenlandschaften geprägt und in den extremen Kaltphasen dehnten sich die alpinen Gletscher und die Eiskappen der nordischen Gletscher weit nach Mitteleuropa aus und verwandelten große Teile dieser Region in eine unbewohnbare Kältewüste. Während der Kälteperioden sank der Meeresspiegel um bis zu 100 m und gab breite Küstenbereiche frei, während die Küstenzonen in den Warmzeiten den heutigen weitgehend entsprachen. Nach Bosinski (1985) bestimmten drei Umweltsituationen die *Ökologie der Neandertaler*:

- *Laubwald der warm-gemäßigten Klimaphasen*: eine dichte Bewaldung ließ Wanderungen nur in Flußtälern zu; die Fauna (z. B. Waldelefant, Nashorn und Hirsch) war standorttreu; die nähere Umgebung lieferte ein breites pflanzliches und tierisches Nahrungsangebot, so daß mit relativer Seßhaftigkeit zu rechnen ist (Beispiel: Ehringsdorf und Taubach im Ilmtal);
- *Nadelwald der feucht-kühlen Klimaphasen*: zu Beginn der Glaziale kam es zur Ausbildung ausgedehnter Nadelwälder, insbesondere von Kieferwäldern, den heutigen sibirischen und nordamerikanischen Waldgürteln vergleichbar; große Schneemengen im Winter und niedrige Temperaturen selbst in den Sommermonaten prägten das rauhe Klima und erschwerten die Lebensbedingungen; Pflanzennahrung war nur karg und knapp; potentielle Jagdbeute waren nicht nur standorttreue Großsäuger wie Hirsch und Elch, sondern auch Herden von Rentieren, Wildpferden, Wisenten und Mammuten; letztere waren nicht nur Nahrung, sondern boten Material für vielfältige Zwecke;
- *Steppe der kontinental-trockenen Klimaphasen*: in den Kaltphasen der Eiszeiten bildeten sich offene Graslandschaften aus und Bäume säumten nur die Flußtäler; der Gegensatz zwischen trocken-warmen Sommern und schneearmen-kalten Wintern prägte den Jahresrhythmus; die kalkhaltigen, nährstoffreichen Lößsteppen, die durch aeolische Ablagerungen des von den Stirnflächen der Gletscher ausgeblasenen Materials entstanden, waren reich an Wild, das saisonal wanderte (z. B. Ren, Przewalski-Pferd, Saigaantilope, Wisente, Wollnashorn und Mammut); an den Routen der großen Herden siedelte der Mensch saisonal.

Insbesondere der letztgenannte Lebensraum erforderte völlig neue Überlebensstrategien. Neben natürlichen Behausungen, wie Abris (Felsdächer) und Höhlen (Übersicht in Schaefer 1974), sind Freilandbehausungen aus den Regionen bekannt, die keine schützenden Unterkünfte boten. In Molodova (Ukraine) sind Behausungsüberreste ausgegraben worden, die aus Mammutknochen gebaut wurden. Neben Feuerstellen fanden sich Vertiefungen, in denen möglicherweise Brennmaterial gelagert wurde. Ferner fand man Siedlungsreste, die auf die Herstellung von Stein- und Knochenwerkzeugen schließen lassen. Rote Farbstücke scheinen die Verwendung von Farben zu belegen. Aus Rheindahlen (Stadtkr. Mönchengladbach) sind in den mächtigen Lößschichten vom Beginn der letzten Eiszeit Pfostenlöcher erkennbar, die einen Rundbau von 5 m Durchmesser mit nach Osten gerichtetem Eingang beschreiben. Neben einer Feuerstelle außerhalb der Behausung befanden sich offenbar Arbeitsplätze, an denen unterschiedliche Schritte der Steinbearbeitung vollzogen wurden. Während in Rheindahlen wegen des entkalkten Lösses keine Knochen erhalten sind, fand man im Ariendorf (Kr. Neuwied) Behausungsreste, die auch in Mitteleuropa die Verwendung von Großsäugerknochen als Baumaterial nachweisen. In Kratermulden der Osteifel-Vulkane (Plaidter Hummerich, Schweinskopf) entdeckte Siedlungsplätze lassen auf einen jahreszeitlichen Rhythmus der Besiedlung schließen (Bosinski 1986b). Es kann angenommen werden, daß das Wildaufkommen und die pflanzlichen Ressourcen die Ortswechsel bestimmten, denn Jagd, Fischfang und Sammeln bildeten die wirtschaftliche Grundlage der Neandertaler (Bosinski 1985, 1986b). Die Fundsituation läßt annehmen, daß eine Trennung von Jagdplätzen, an denen die erlegte Beute zerteilt wurde, und Wohnplätzen die Regel war. Das erklärt sich auch aus dem notwendigen arbeitsteiligen Prozeß, wonach die Wildbeuter den durchziehenden Tierherden auflauerten und diese verfolgten, während die übrige Gruppe in der Nähe der Behausungen blieb.

Jagdbeute der Neandertaler waren Groß- und Kleinsäuger aller Art sowie Vögel. Bevorzugte Jagdwaffe war die hölzerne Lanze mit feuergehärteter Spitze oder geschäfteter Steinspitze, deren Einsatz beträchtliche Körperkraft und wegen des körpernahen Einsatzes zur Beute auch Mut erforderte. Distanzwaffen fehlten den Neandertalern im Gegensatz zu den Jungpaläolithikern, die bereits über Speerschleudern verfügten. Damit konnten flinke Kleinsäuger und Vögel, denen die Neandertaler wohl auch schon Fallen stellten (Thieme 1979), viel effizienter gejagt werden. Einige Neandertalergruppen jagten bevorzugt einzelne Arten, z. B. Wisente, Wildpferde und Mammute in der Ukraine, Höhlenbären im Kaukasus, Wildesel und Saigaantilopen auf der Krim und Damhirsche im Nahen Osten (Bosinski 1985; W. v. Koenigswald 1987).

Seit der Entdeckung des ersten Neandertalers hat dessen systematische Diskreditierung als 'tumbe' oder einfältige, nur zu geringen kulturellen Leistungen befähigte Menschenform Tradition. Auch heute noch vertreten zahlreiche Anthropologen und Archäologen die Auffassung, daß die Neandertaler einer Sprache nicht mächtig waren und ihnen die Fähigkeit zur Symbolbildung fehlte (Lieberman 1975; Chase u. Dibble 1987; vgl. Kap. 8.3.1.1, Kap. 8.3.1.2). Andere beschrieben sie als inkompetente Jäger, die nicht zu gezielter Jagd fähig waren, da sie z. B. die Wechsel der Tiere nicht vorauszuberechnen oder die notwendige Ausstattung mit Jagdgeräten nicht zu planen vermochten (Binford 1973; Soffer 1989). Ferner werden ihnen mentale und lokomotorische Fähigkeiten zur Herstellung von Abschlag- und Knochengeräten abgesprochen (Dennell 1985; Gargett 1989), und sie sollen auch noch nicht über abstrakte oder realistische Ausdrucksformen der Kunst verfügt haben (Chase u. Dibble 1987; Benditt 1989). Ebenso wird ihre Befähigung zu Partner- und Familienbindung angezweifelt (Whallon 1989), so daß Kritiker dieser extremen Anschauungen von einem 'Trend zur Dehumanisierung' der Neandertaler sprechen (Hayden 1993).

Hayden (1993) trug eine Vielzahl von Fakten über die kulturellen Fähigkeiten der Neandertaler zusammen. Danach besaßen diese nicht nur eine komplexe Technologie und sehr ausgeprägte planerische, antizipatorische Fähigkeiten, sondern verfügten offenbar schon über *Symbolik* und *Kunst*. Zwar wird man über den Kunstbegriff streiten können, aber es steht außer Frage, daß bereits vor den klassischen Neandertalern weit über die reine Funktion hinausgehende, ausgefeilte Formen, Proportionen und Asymmetrien der Acheuléen-Faustkeile einen *Sinn für Ästhetik* dokumentieren. Gleiches gilt für die Auswahl attraktiver Fossileinschlüsse bei der Auswahl der zu bearbeitenden Steingeräte. Auch die Verwendung roter und gelber Eisenoxide sowie schwarzer Manganknollen, die Abriebfacetten aufweisen oder zugespitzt sind, deuten in diese Richtung. Dagegen sind die als Schmuckstücke betrachteten Gegenstände von Neandertalerfundstätten umstritten (Bosinski 1985; Hayden 1993). Auch die für rituelle Handlungen sprechenden Befunde, z. B. intentionelle Bestattungen in La Ferrassie, Le Moustier, Shanidar, Kebara und anderen Fundorten, werden nicht einheitlich akzeptiert, jedoch sehen die meisten Archäologen Beigaben wie die durch Pollenanalysen nachgewiesenen Blumen aus dem Grab von Shanidar und isolierte Zähne des Höhlenbären in Regourdou als gesichert an. Ferner ist in diesem Zusammenhang auf Befunde hinzuweisen, die spezifische rituelle Handlungen wie Kannibalismus und Leichenzerstückelung (z. B. in Krapina) oder Dekapitierungen (z. B. in Kebara) belegen. Die Neubearbeitung des Fundes von Monte Circeo, der lange Zeit als unzweifelhaftes Dokument für Kannibalismus und Schädelkult galt, zeigt, daß voreilige Schlüsse zu stereotypen Ansschauungen führten. So stellten Giacobini u. Piperno (1991) fest, daß der Schädel im Gegensatz zu früheren Annahmen *keine* Schnittmarken aufweist und daß die Brüche im Bereich der posterioren Schädelgrube und der rechten Temporoorbitalregion *nicht* durch menschlichen Einfluß, sondern durch Carnivora (z. B. Hyänen) enstanden sind. Dagegen bestätigen neuere Untersuchungen an dem Skelett des Neandertalers, daß die Knochen des Mannes aus der Kleinen Feldhofer Grotte "...in entfleischtem Zustand niedergelegt ..." wurden (Schmitz u. Pieper 1992, S. 19). Über die verfolgten Absichten - rituelle Anthropophagie, Leichenzerstückelung oder Wiedergängerfurcht - kann jedoch nur spekuliert werden. Ferner ist in diesem Kontext festzustellen, daß ethnische Untersuchungen zum Endokannibalismus den Schluß zulassen, daß "...freundschaftliche, liebevolle Gefühle motivierend wirkten" (Helmuth 1968, S. 101). Bezogen auf die Neandertaler bedeutet dies, daß Indikatoren für Kannibalismus keineswegs dazu berechtigen, auf inhumanes Verhalten zu schließen oder ausgeprägte 'Primitivität' zu unterstellen.

Läßt sich bei näherer Betrachtung der Funde und Befunde bestätigen, daß die Mittelpaläolithiker 'paläokultural' (*sensu* A. Jelinek 1977) waren? Dieser Frage gingen Lindly u. G. Clark (1990a, b) nach, indem sie alle Fundstellen, die älter als das Jungpaläolithikum sind, aber bereits morphologisch als modern eingestufte Hominiden enthielten, nach Hinweisen auf Symbolverhalten überprüften. Die Autoren kamen zu dem Schluß, daß Symbolik erst im Jungpaläolithikum auftrat und daß die Beweise dafür nicht mit den Hominidentaxa korrelieren. Ihr Fazit lautet: "A model of regional continuity across the cultural transition from the Middle to the Upper Paleolithic and the biological transition from archaic *H. sapiens* to morphologically modern humans appears to be supported by the available evidence. There is no indication that the two transitions coincided in time" (Lindly u. G. Clark 1990a, S. 233). Mellars (1989b) kommt dagegen zu dem Schluß, daß dieses Problem archäologisch nicht lösbar sei. Als Befürworter der Hypothese eines biologischen und demographischen Verdrängungsmodells weist er jedoch auf Befunde hin, die seiner Meinung nach rekapitulationswürdig sind und die das Verhältnis von archaischen und modernen Populationen beleuchten:

- die Koexistenz beider Menschenformen über einen Zeitraum von max. 60 000 Jahren, die durch physiologische Adaptationen beider Bevölkerungen erklärt werden könnte, welche den Neandertalern und anderen archaischen Populationen verschiedene biologische Vorteile einräumte (vgl. Kap. 8.3.1.2); neben diesen Adaptationen müßten die archaischen Menschenformen aber rein verhaltensbiologische und kulturelle Anpassungen an Lebensräume entwickelt haben, die extreme Anforderungen stellen; die Ausbreitung in diese Räume ist ein Beweis für die ihnen eigenen beachtlichen physischen und mentalen Fähigkeiten;
- das lange Überleben der Neandertaler in Westeuropa, welches dadurch erklärt werden könnte, daß die letzten Neandertaler und die ersten anatomisch modernen *H. sapiens*-Populationen an so unterschiedliche ökologische und ökonomische Nischen adaptiert waren, daß geringe Konkurrenz in demographischer oder ökologischer Hinsicht gegeben war; hätte Konkurrenz zwischen Neandertalern und dem modernen *H. sapiens* geherrscht, müßte angenommen werden, daß die Neandertaler über Generationen konkurrenzfähig waren;
- schließlich könnte die Koexistenz archaischer und sich ausbreitender moderner Populationen in einigen Regionen Asiens zur Akkulturation der Neandertaler geführt haben; es ist jedoch nicht eindeutig, ob z. B. die Châtelperronien-Populationen überhaupt deutlich 'einfacher' oder 'weniger entwickelt' waren als die kontemporären Populationen des anatomisch modernen Menschen; offenbar waren die Neandertaler in der Lage, all' die grundlegenden Technologien zu übernehmen, die im allgemeinen als Kennzeichen vollständig moderner Bevölkerungen gewertet werden.

Wo liegt der entscheidende Unterschied, der zum Aussterben der Neandertaler führte? Diese Frage haben die Vertreter der Verdrängungstheorie zu beantworten. Demographisch ließe sich das nach Zubrow (1989) schon durch den Vorteil einer nur um zwei Prozent geringeren Mortalitätsrate von *H. sapiens sapiens* gegenüber *H. sapiens neanderthalensis* erklären, da diese minimale Differenz in ca. 30 Generationen oder einem Jahrtausend zum Aussterben der letzteren Subspezies geführt haben würde. Foley (1987) nennt als 'ökologische Apomorphien des anatomisch modernen Menschen' ein sehr großes Streifgebiet (engl. *day range*), sehr lange Tagesaktivitäten, Großgruppen, differenzierte soziale Substruktur auf Verwandtenbasis und die gezielte Auswahl qualitativ hochwertiger Nahrung. Zweifellos sind alle diese Merkmale für die Jungpaläolithiker kennzeichnend, aber sind es wirklich grundsätzliche Neuerwerbungen und treten sie bereits bei den frühen anatomisch modernen Menschen Afrikas auf? Deacon (1989) behauptet, daß fast alle essentiellen Merkmale der ökonomischen und sozialen Organisation, die man im spätesten Pleistozän und sogar in holozänen Gesellschaften Südafrikas findet, auf ein frühes Stadium der letzten Vereisung im MSA zurückgeführt werden können. Klein (1989a) sieht dagegen den entscheidenden Wandel erst zwischen 40 000 und 30 000 Jahren vor heute, also in einer sehr jungen Periode, was wohl kaum als Argument für ein 'out-of-Africa'-Modell überzeugt. Nach Mellars (1989a, b) gibt es aber doch einige Befunde, die für ein komplexeres und vielleicht auch fortschrittlicheres Verhaltensmuster im MSA Afrikas vor 100 000 - 40 000 Jahren im Vergleich zu dem der zeitgleichen Populationen im nördlichen Eurasien sprechen. Angeblich soll die sog. Howieson's Poort-Industrie, die aus weiten Teilen Südafrikas südlich des Zambesi dokumentiert ist, dem Jungpaläolithikum ähnliche Abschlag-Geräte enthalten sowie sorgfältig gefertige mikrolithische Formen und zusammengesetzte Geräte. Derartige Geräte treten in Europa kaum vor dem mittleren und späten Jungpaläolithikum auf. Die Datierungen dieser Industrie liegen in der weiten Zeitspanne zwischen 100 000 - 40 000 Jahren, und "...is is not presently possible to be certain of their exact age within this range" (F. Smith 1992, S. 148). Neben den lithischen Geräten werden Knochenartefakte sowie Behausungsspuren und Befunde, die das systematische Abbrennen der lokalen Vegetation zur Anregung des Pflanzenwachstums vermuten lassen, von Deacon (1989) als Beleg für die progressiveren mentalen und sozialen Strukturen der südafrikanischen Populationen genannt. Zu überzeugen vermögen diese Befunde bislang nicht, und auch die Argumente dafür, warum eine gradualistische Transition nur in Afrika erfolgte, aber in anderen Regionen der Alten Welt nicht möglich gewesen sein sollte, sind äußerst vage. Mellars (1989b) fragt, ob es die den modernen Populationen inhärente 'Superiorität' war oder ob den Neandertalern einfach nur die Zeit zur Entwicklung entsprechend komplexer Technologien, Sozialorganisationen und Kommunikationsformen fehlte. Eine naheliegende Gegenfrage bei derart vielen Spekulationen und offenen Problemen wäre doch wohl: Könnte es nicht einfach so sein, daß die gradualistische Hypothese, z. B. das adaptavistische Modell, die passendste Erklärung bietet?

Nach Bosinski (1987) läßt sich das Jungpaläolithikum in Europa, dessen Beginn in das Hengelo-Interstadial, also eine Warmphase, fällt, kontinuierlich aus dem vorangegangenen Mittelpaläolithikum ableiten. Während dieser Zeit treten in verschiedenen Teilen Europas die frühesten jungpaläolithischen Kulturen auf (Abb. 8.47), z. B. das Châtelperronien in Frankokantabrien, das Uluzzien in Italien, das Széletien/Jerzmanovicien in Polen und die Kostenki-Strelezkaja-Kultur in Rußland. Im Nahen Osten zeichnet sich in Boker Tachtit (Negev) eine Transition zum Jungpaläolithikum vor 45 000 - 43 000 Jahren ab, die als 'transitionale Industrie' oder Emiran bezeichnet wird (Bar-Yosef 1992). Zeitlich wenig später entwickelte sich in weiten Teilen Europas das Aurignacien, das regional unterschiedlich bald von jüngeren Kulturen abgelöst wurde. Es ist unbestritten, daß sowohl die kulturellen Formen als auch die Ausdrucksformen des Verhaltens anatomisch moderner Populationen im Vergleich zu denen der Neandertaler in ihrer Komplexität enorm gesteigert wurden. Der archäologische Fundbericht des Jungpaläolithikums läßt hieran keinen Zweifel (Gamble 1986; Bosinski 1987, 1990). Wir finden bei den Jungpaläolithikern ein Leistungsspektrum in Technologie, Kunst und Verhalten, das in seiner Innovationsfülle demjenigen heutiger Kulturen durchaus vergleichbar ist. Man ist daher versucht, darin einen Beweis für einen radikalen Wandel in den psychischen Fähigkeiten auf total veränderter neurologischer Basis zu sehen. Dieser Schlußfolgerung wäre der Trugschluß inhärent, daß der *Ausdruck von Kultur* und die *Fähigkeit zur Entfaltung von Kultur* identisch seien. Mellars (1989b) weist ausdrücklich auf die Gefahren dieser Denkweise hin. So wären Bevölkerungen des 19. Jahrhunderts nach dieser Anschauung in bestimmter Weise weniger intelligent als die des 20. Jahrhunderts, da ihnen alle Kenntnisse der Kernphysik, Informatik und Raumfahrt fehlten. Diese Ansicht käme einem Kulturrassismus gleich, worunter man die Auffassung versteht, nach der Kulturen fremder Bevölkerungsgruppen, d. h. die ihnen eigenen Vorbilder, Verhaltensweisen und Werte, rückständig oder aber sogar 'inhuman' seien (*sensu* Tsiakalos 1983; Übersicht in Koch-Hillebrecht 1978; Gould 1988). Nach Hayden (1993) bestünde in diesem Kontext der fatale Irrtum, z. B. aufgrund des Vorhandenseins oder Fehlens von Felszeichnungen einen 'voll-menschlichen' Status einer Hominidengruppe zu akzeptieren oder abzulehnen. Nicht alle australischen Eingeborenen haben Felsenkunst geschaffen, sind diese Bevölkerungen

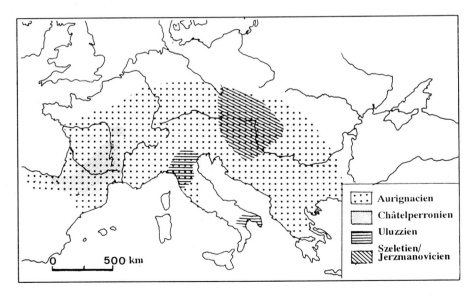

Abb. 8.47 Verteilung der ältesten 'industriellen Varianten' des europäischen Jungpaläolithikums (n. Kozlowski u. Kozlowski 1979, umgezeichnet).

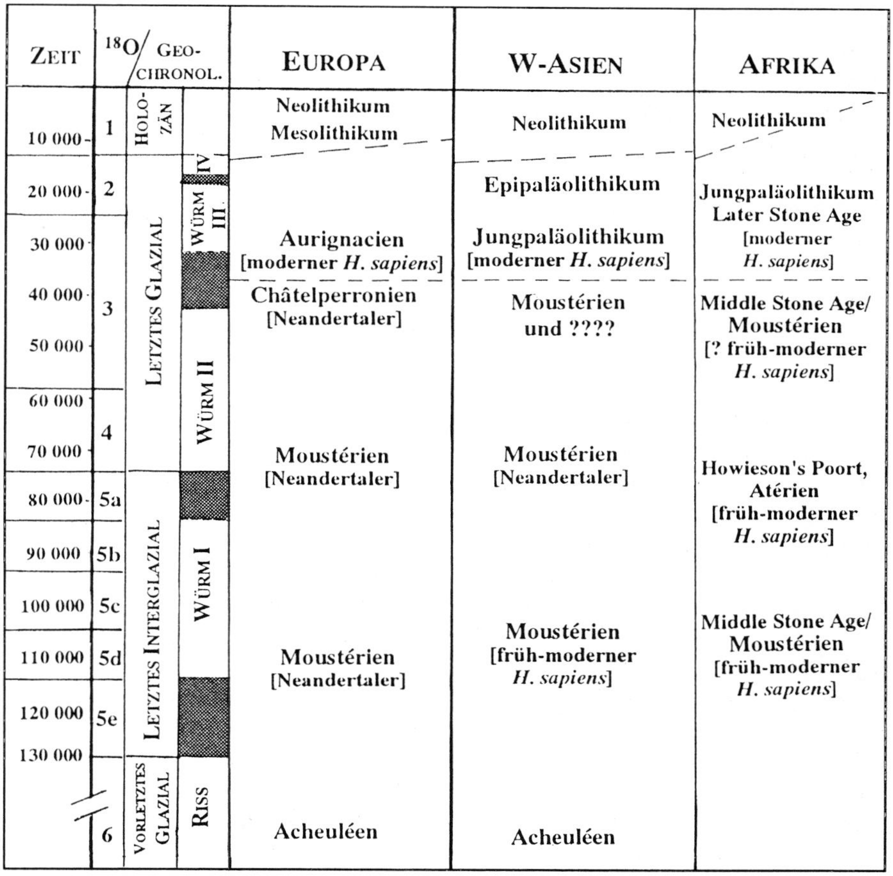

ZEIT	^{18}O/	GEO-CHRONOL.		EUROPA	W-ASIEN	AFRIKA
10 000	1	HOLO-ZÄN		Neolithikum Mesolithikum	Neolithikum	Neolithikum
20 000	2	LETZTES GLAZIAL	WÜRM IV / III		Epipaläolithikum	Jungpaläolithikum Later Stone Age [moderner *H. sapiens*]
30 000				Aurignacien [moderner *H. sapiens*]	Jungpaläolithikum [moderner *H. sapiens*]	
40 000	3			Châtelperronien [Neandertaler]	Moustérien und ????	Middle Stone Age/ Moustérien [? früh-moderner *H. sapiens*]
50 000						
60 000	4		WÜRM II			
70 000				Moustérien [Neandertaler]	Moustérien [Neandertaler]	Howieson's Poort, Atérien [früh-moderner *H. sapiens*]
80 000	5a	LETZTES INTERGLAZIAL	WÜRM I			
90 000	5b					
100 000	5c				Moustérien [früh-moderner *H. sapiens*]	Middle Stone Age/ Moustérien [früh-moderner *H. sapiens*]
110 000	5d			Moustérien [Neandertaler]		
120 000	5e					
130 000						
	6	VORLETZTES GLAZIAL	RISS	Acheuléen	Acheuléen	

Abb. 8.48 Kulturabfolgen im Mittel- und Oberpleistozän von Europa, Westasien und Afrika.

deshalb aber weniger menschlich? Hayden (1993) verfolgt diese Logik weiter, indem er die rhetorische Frage aufwirft, ob die Nachfahren der Jungpaläolithiker, die Mesolithiker, welche die Kunst der Höhlenmalerei aufgaben, etwa genetisch gegenüber ihren Vorfahren degeneriert waren. Eine Möglichkeit, diesen Zirkelschlüssen zu entgehen, wäre es, jede biologische Spekulation dieser Art zu unterlassen und sich nur auf den archäologischen Fundbericht zu konzentrieren. Dann käme man nach Ansicht einiger Archäologen zu dem Schluß, daß seit rund einer Million Jahre kein signifikanter Wandel in den mentalen oder kognitiven Fähigkeiten für Kultur oder Verhalten erfolgt ist (Wynn 1985); allerdings erfolgte ein diachroner dynamischer Anstieg der Komplexität der kulturellen Ausdrucksformen im Jungpaläolithikum, der sich zudem beschleunigte. Den eindrucksvollsten Beweis hierfür liefert die eiszeitliche Kunst. Bereits aus dem Aurignacien sind Knochen- und Elfenbeinschnitzereien, z. B. aus Vogelherd (Lonetal), Hohlenstein-Stadel (Lonetal) und Geißenklösterle (Achtal; Müller-Beck u. Albrecht 1987), dokumentiert, während die berühmte Höhlenkunst von Altamira (Nordspanien) und die zeitgleiche von Lascaux (Vézère-Tal) nur halb so alt ist und erst aus dem unteren Magdalénien stammt (Gamble 1986; Bosinski 1990). Die zahlreichen Dokumente eiszeitlicher Kunst überliefern uns das Bild, nach dem die Existenz eingebunden war "...in ein Universum, in dem die umgebende Natur, vor allem die Tiere, der Mensch und die Vorstellungswelt des Menschen eine Einheit bildeten" (Bosinski 1987, S. 131). Die künstlerisch so beeindruckend kreativen Jungpaläolithiker durchlebten neben gemäßigteren Klimaphasen vor ca. 20 000 - 16 000 Jahren ein Hochglazial. Die 'große Zeit der Eiszeitjäger', wie Bosinski (1987) das Jungpaläolithikum nannte, endete vor rund 12 000 Jahren, als das eiszeitliche Klima nach einzelnen Rückschlägen wärmen Perioden wich und die offenen Waldlandschaften sich in bewaldete Zonen wandelten. Aus dem Jungpaläolithikum sind reichhaltige Siedlungsplätze belegt, die diesen Zeitabschnitt als letzte Menschheitsperiode einer eiszeitlichen Jägerkultur kennzeichnen, in welcher der Tag durch starke Temperaturunterschiede geprägt war und die Jahre durch den Wechsel von sehr warmen Sommern und extrem kalten Wintern. Fellbekleidungen, die mit Knochennadeln genäht wurden, und fellbedeckte Stangenzelte sowie andere Zeltkonstruktionen erlaubten die Unbill der kalten Jahreszeit zu ertragen (Bosinski u. Evers 1979). Pflanzliche Nahrungsressourcen (Moltebeeren, Wacholderbeeren, Grasähren) waren eher marginal, das tierische Nahrungsangebot durch Jagd und Fischfang dagegen reichlich. Häufig konzentrierte sich die Jagd auf wenige Spezies (z. B. Przewalski-Pferd, Ren, Wisent); daneben spielte die Pelztierjagd eine große Rolle (Übersicht in Bosinski 1987, 1990). Konstante Tierwanderungen erlaubten die saisonale Planung der Jagd und die Kenntnis von Konservierungsverfahren eine Vorratshaltung, die Mißerfolge bei der Jagd und Nahrungssuche auszugleichen vermochte. Effektive Bewaffnung und Vorratshaltung waren die Basis für neue soziale Organisationsformen und die Herausbildung neuartiger Siedlungsmuster mit dauerhaften Siedlungen und temporären Jagdlagern.

In der Allerödzeit, vor rund 12 000 Jahren, ist Europa durch ein feuchtes Klima gekennzeichnet. Mit der Bewaldung weichen die großen Graslandschaften. Die großen Huftierherden verschwinden, und die charakteristischen Großsäuger der Eiszeit, Mammut und Wollnashorn, sterben aus. In diese Zeit fällt der Beginn des mitteleuropäischen Mesolithikums, in welchem die Jagd auf Elch, Hirsch, Ur und Biber sowie Fischfang in Seen und Flüssen und Muschelfischen an den Küsten des Atlantiks für gemischte Jagdbeute und eine veränderte Lebensform gegenüber dem Jungpaläolithikum sprechen (Bosinski 1987). Die lithische Kultur 'verarmt' während dieser nacheiszeitlichen Epoche in Europa, während sich im Nahen Osten erstmals aus Jägern und Sammlern Gesellschaften entwickeln, die zunächst Feldbau betreiben und wenig später auch Viehzucht (Übersicht in Hershkovitz 1989).

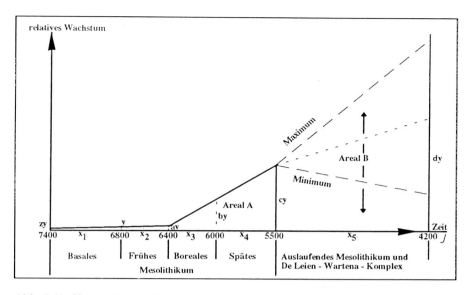

Abb. 8.49 Hypothetisches Bevölkerungswachstum, ermittelt aus der Zahl der zeitspezifischen Fundplätze in Kombination mit Flächendaten der Fundplätze und der Anzahl der Geräte; die Daten markieren Endpunkte der berücksichtigten Perioden (n. Newell u. Constandse-Westermann 1984, umgezeichnet).

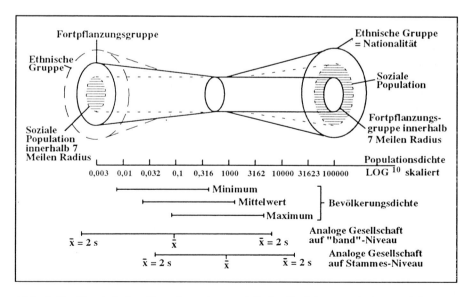

Abb. 8.50 Heuristisches Transformationsmodell der Beziehung zwischen sozialen und biologischen Einheiten bei unterschiedlicher Bevölkerungsdichte (0,003 - 100 000 Einwohner pro km^2 (n. Newell u. Constandse-Westermann 1986, umgezeichnet).

Im Mesolithikum (Übersicht in Doluchanov 1981; Gramsch 1981; Henke 1989) kommt es zu einem rapiden Bevölkerungsanstieg (Abb. 8.49) und damit einhergehend zu einer grundsätzlichen Umgestaltung der sozialen und biologischen Einheiten (Abb. 8.50; Newell u. Constandse-Westermann 1984, 1986; Henke 1989). Mit dieser Phase ist die biologische Evolution des *H. sapiens* keineswegs abgeschlossen, denn es zeichnet sich im diachronen Vergleich eine auffällige Grazilisation der Bevölkerungen ab und der Sexualdimorphismus nimmt ab gegenüber demjenigen jungpaläolithischer Bevölkerungen (Frayer 1980; Henke 1985, 1992d), wofür der sozioökonomische Wandel oder Verschiebungen in der Ernährung als Erklärung gelten könnten (Jacobs 1984, 1985; Tauber 1986; Henke 1989). Die Lebensweise, die Lebensbedingungen und die Determinanten der Bevölkerungsentwicklung dieser Populationen sind nicht mehr Thema der Paläoanthropologie, sondern Forschungsgegenstand der prähistorischen Anthropologie (Übersicht in B. Herrmann 1986; B. Herrmann et al. 1989).

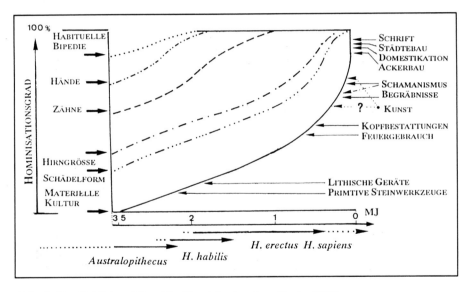

Abb. 8. 51   Zeitlicher Ablauf der Hominisation (aus Henke 1991).

9 Ausblick

Das Lehrbuch sollte deutlich gemacht haben, daß wir trotz der enormen Datenfülle noch sehr weit davon entfernt sind, ein widerspruchsfreies Bild unserer Herkunft und des speziellen Verlaufs unserer Stammesgeschichte zeichnen zu können. Neben der Intensivierung des multidisziplinären Forschungsansatzes und der Optimierung des Methodeninventars sind nicht nur weitere Fossilfunde zur Schließung unserer Wissenslücken notwendig, sondern die Lösung zentraler Probleme des Hominisationsprozesses, z. B. die Adhominisation der Australopithecinen, die Rolle der Neandertaler sowie die Herkunft des anatomisch modernen Menschen, erfordert neuartige Konzepte paläoanthropologischer Forschung. Innovative Forschungsansätze aus den Bereichen Paläogenetik, Funktions- und Konstruktionsmorphologie, Archäometrie und experimentelle Archäologie geben zur Hoffnung Anlaß, hierzu künftig entscheidende Beiträge leisten zu können.

Eine wesentliche Erkenntnis phylogenetischer Forschung ist, daß die Menschen in den allermeisten Merkmalen übereinstimmen, da sie eine geschlossene Abstammungsgemeinschaft bilden und alle rezenten Menschen derselben Art angehören. Daraus erwächst der Anthropologie die Verpflichtung, stets und ohne Einschränkung auf die Gleichwertigkeit aller Menschen hinzuweisen und im Denken und Handeln die entsprechenden Folgerungen zu ziehen. Die in der Stammesgeschichte erworbene Kulturfähigkeit des Menschen und die daraus erwachsende Verantwortlichkeit seines Handelns gegenüber seinen Mitmenschen, der belebten und unbelebten Natur sind Prüfstein seiner Humanität.

10   Illustrationen zur anatomischen Nomenklatur

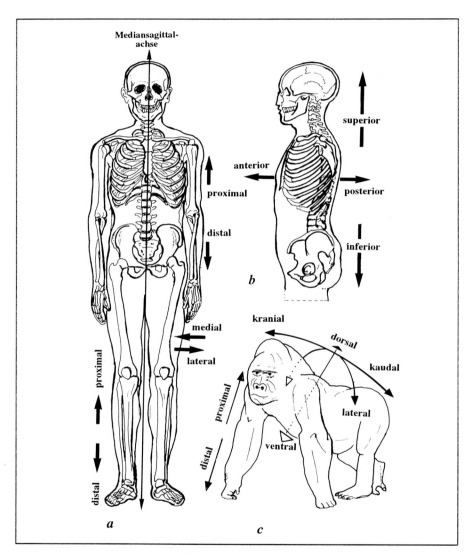

Abb.   10.1 a Richtungsbezeichnungen   am   menschlichen   Körper, Frontalansicht
b Lateralansicht **c** Richtungsbezeichungen am Körper eines quadrupeden Primaten

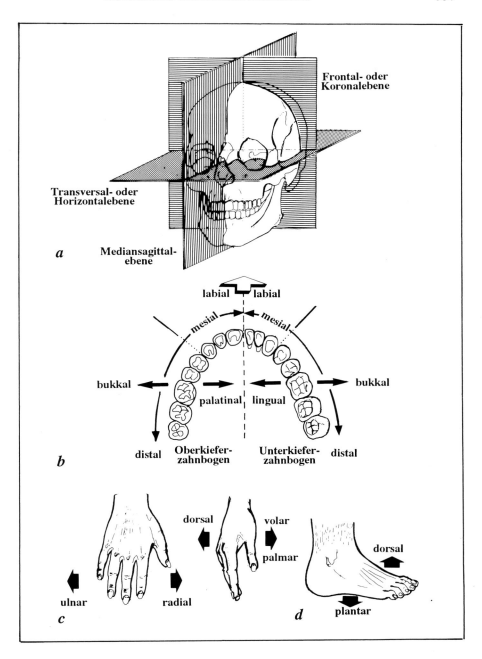

Abb. 10.2 a Anatomische Ebenen am menschlichen Schädel **b** Richtungsbezeichnungen am Zahnbogen des Ober- und Unterkiefers **c** Richtungsbezeichnungen an der Hand **d** Richtungsbezeichnungen am Fuß

11 Glossar

Abduktion: Wegführen der Gliedmaßen von der Medianebene des Körpers
Abbevillien: sehr ursprüngliche Faustkeilkultur des - - Altpaläolithikums
abgeleitetes Merkmal: ➥ apomorphes Merkmal
Abstammungsgemeinschaft (geschlossene A.): Gruppe von - - Arten, die alle Folgearten einer einzigen, nur ihnen gemeinsamen Stammart umfaßt; auch die Stammart selbst ist Teil der A.
Acheuléen: Faustkeil-Industrie des ➥ Altpaläolithikums
Adaptation (evolutive): Anpassung und Toleranz an bzw. gegenüber Umweltfaktoren; Vorgang, der Organe oder Funktionen von Organismen im Sinne einer besseren Eignung zum Leben in einer bestimmten Umgebung ändert; bezeichnet neben dem Prozeß der ➥ Anpassung auch den Zustand eines Organismus, der sich zum Leben in einer bestimmten Umgebung eignet.
adaptive Radiation: evolutive Verzweigung einer phylogenetischen Linie und - - Anpassung an verschiedene ökologische Nischen
Adduktion: Heranziehen der Gliedmaßen zur Medianebene des Körpers
Affenlücke: ➥ Diastema
Allensche Regel: Sie besagt, daß die distalen Körperteile der in kühleren Klimaten lebenden Spezies einer Population einen kleineren Anteil an der Gesamtoberfläche des Körpers haben als die entsprechenden Körperteile der in wärmerem Klima lebenden Spezies einer Population.
allometrisches Wachstum: Die Wachstumsrate eines Organs oder Körperteils eines Organismus weicht von derjenigen eines anderen Teils oder des Gesamtkörpers ab; positiv allometrisches W. bedeutet, der betreffende Körperteil wächst schneller; negativ allometrisches W. bedeutet, der betreffende Körperteil wächst langsamer.
allopatrische Speziation: Entstehung von Arten während räumlicher Separierung
Altpaläolithikum: ältere Altsteinzeit, vor ca. 2,5 - 0,2 MJ
Altruismus: uneigennütziges Verhalten; ein Verhalten, welches die Eignung (Maß für Fortpflanzungserfolg) des nicht eigennützig Handelnden mindert und die des Handlungsempfängers erhöht.
Alveole: Zahnfach; Grube im Kieferknochen für die Zahnwurzel
Anagenese: Prozeß des evolutionären Wandels in Linien, d. h. Entstehung evolutiver Neuheiten in den Populationen von ➥ Arten

Analogie: Funktionsgleichheit, die jedoch nicht auf Bauplangleichheit aufgrund gemeinsamer Abstammung (➤ Homologie) beruht.

Anpassung: ➤ Adaptation

anterior: vorn, vorn gelegen

Anthropogenese: Menschheitsentwicklung, Synonym für ➤ Hominisation

Apomorphie (apomorphes Merkmal): stammesgeschichtliche Neuerwerbung

anzestrales Merkmal: ➤ plesiomorphes Merkmal

Art: Sich faktisch oder potentiell kreuzende Populationen, die von anderen Populationen reproduktiv isoliert sind, d. h. keine Gene austauschen (biologische A.); eine einzelne Linie von Vorfahren-Nachkommen Populationen mit eigener Identität und Historie und eigenen evolutionären Tendenzen (evolutionäre A.)

Artefakte: intentional hergestellte Geräte aus Stein, Holz, Horn oder anderem Material

Assoziationsfeld (-areal): Gebiete der Großhirnrinde, die der Verknüpfung sensorischer und motorischer sowie aus anderen Hirnteilen einlaufender Erregungen dienen.

Aurignacien: Steinklingen-Kultur des ➤ Jungpaläolithikums

Autapomorphie (autapomorphes Merkmal): stammesgeschichtliche Neuerwerbung, die auf eine Stammlinie begrenzt ist.

Basalband: Schmelzleiste an der Peripherie eines Zahnes

Bergmannsche Regel: In kalten Klimaten lebende Populationen einer Spezies sind in der Regel größer als die in wärmeren Gebieten lebenden.

Bevölkerungsbiologie: ➤ Populationsbiologie

Bilophodontie: spezifisches 4-höckriges Kronenmuster der Molaren der Cercopithecoidea; je zwei Höcker sind in bukko-lingualer Richtung durch eine Schmelzleiste miteinander verbunden.

binomiale Nomenklatur: System, nach dem jede Art einen aus zwei Begriffen bestehenden Namen erhält, wovon der erste der Gattungsname und der zweite der Artname ist.

Biomechanik: Wissenschaft von den mechanischen Vorgängen der Lebensprozesse; untersucht mit physikalischen Methoden funktionsmorphologische Zusammenhänge.

Biotop: natürlicher Lebensraum mit relativ einheitlichen Umwelt- und Lebensbedingungen und charakteristischen Pflanzen- und Tierarten

Bipedie: zweibeiniges Laufen mit aufgerichtetem Körper und gestreckten Beinen; neben dauerhafter, habitueller oder notorischer B. unterscheidet man eine nur kurzfristig mögliche, d.h. fakultative Bipedie.

Brachialindex: [Radiuslänge/Humeruslänge] x 100

Brachiation: ausschließlich mit den Vorderextremitäten bewirkte schwinghangelnde Fortbewegungsweise

Brachyodontie: Niedrigkronigkeit der Zähne

Brekzie: durch kalkhaltige Bindemittel verbackene kantige Gesteinsbrocken

bukkal: zur Wange gehörend, auf der Wange gelegen

bunodonte Zähne: Zähne mit niedrigen, rundlichen Höckern

Caninisierung: Angleichung an die Form des Eckzahns

Châtelperronien: Steinspitzen-Kultur des →➤ Mittel- bis →➤ Jungpaläolithikums Europas

'choppers': einflächig behauene Haumesser des →➤ Altpaläolithikums Nordafrikas, Asiens und Europas

'chopping tools': zweiflächig behauene Steinmesser des →➤ Altpaläolithikums Nordafrikas, Asiens und Europas

Cingulum: - - Basalband

Clactonien: Steinklingen-Kultur des →➤ Altpaläolithikums Europas; Geräte in Abschlagtechnik gefertigt

Dendrochronologie: Methode der Altersbestimmung von Fossilfunden mit Hilfe der Jahresringe assoziierter Bäume

Deszendenztheorie: Abstammungstheorie

Diastema: Lücke (→➤ Affenlücke) zwischen oberem äußeren Schneidezahn und Eckzahn bzw. zwischen unterem Eckzahn und vorderem Praemolar

digitigrad: Der Körper wird bei der vierfüßigen Fortbewegung nur von den Fingern/Zehen abgestützt

distal: von der Körpermitte entfernt

dorsal: auf dem Rücken gelegen, zum Rücken gehörig

Dryopithecus-Muster: spezifische Kronenstruktur, bei der die unteren Molaren 5 Höcker und eine Y-förmige Furche aufweisen; Kennzeichen der Hominoidea

Elektromyographie (EMG): Verfahren zur Darstellung der Aktionspotentiale der Muskeln

Endokranialausguß: Hirnschädelausguß; Topographie der Hirnrinde erkennbar

Enkephalisation: phylogenetische und ontogenetische Ausbildung eines fortschreitend feiner differenzierten Hirns

Enkephalisationsquotient (EQ): Verhältnis der tatsächlichen Hirngröße einer Spezies (in cm3) zur erwarteten Hirngröße eines durchschnittlichen Säugetieres gleicher Körpergröße; ist das Hirn kleiner als erwartet, ist der EQ < 1,0, ist das Hirn größer als erwartet, ist der EQ > 1,0.

Eozän: geologische Epoche, Beginn vor ca. 60 MJ, Dauer ca. 20 MJ

Erkenntnistheorie (evolutionäre E.): Theorie der stammesgeschichtlichen Entwicklung des Erkennens und Denkens; Evolution wird als ein informationsgewinnender Prozeß angesehen und auch menschliches Erkennen und Denken werden aus biologischer Sicht auf Bedingungen der organischen Evolution zurückgeführt.

Ethologie: Lehre vom Verhalten der Tiere und des Menschen (Humanethologie)

Eversion: Außendrehung, z. B. des Fußes

Evolution: natürliche Entwicklung und zunehmende Veränderung der Organismen im Verlauf aufeinanderfolgender Generationen; E. wird als fundamentaler Vorgang allen Lebens verstanden.

evolutionäre Taxonomie: Schule biologischer Klassifikation, die bei der Rekonstruktion von Verwandtschaftsbeziehungen von →➤ Taxa sowohl das

Verzweigungsmuster der einzelnen Stammlinien als auch den evolutionären
Wandel entlang einer Stammlinie berücksichtigt.

Evolutionsgenetik: Forschungszweig der Biologie, der nach den Kausalitäten der
Evolution fragt.

Evolutionsmorphologie: Forschungszweig der Biologie, der nicht nur rein
deskriptiv arbeitet, sondern die Zusammenhänge von Form und Funktion
analysiert und stammesgeschichtlich zu erklären versucht; die E. bedient sich
insbesondere experimenteller Verfahren der → Biomechanik zur Überprüfung der angenommenen Modelle (hypothetiko-deduktive Forschung).

Evolutionstrend: in bestimmte Richtung verlaufende Entwicklungskanalisierun-
gen einer Stammlinie

evolviert: höherentwickelt

Exostosen: oberflächliche Knochenwucherungen

Fakultät: Form-Funktions-Komplex (→ biologische Rolle)

folivor: blattfressend

Fossilien: versteinerte Reste von Tieren und Pflanzen der erdgeschichtlichen Vergangenheit

frugivor: früchtefressend

genetische Zufallsdrift: genetische Veränderung von Populationen, die auf
Zufallsprozessen beruhen

Genpool: Gesamtheit der Gene in einer Population zu einer bestimmten Zeit

Genfluß: Austausch von Genen zwischen Populationen

Glazial: Eiszeit

Grade: spezifisches Evolutionsniveau, z. B. Hominoidea

Gradualismus (phyletischer G.): Modell der Evolution, in dem Veränderungen
langsam und nur in kleinen Schritten erfolgen sollen.

graminivor: grasfressend

Grand Coupure: Terminus, der sich auf die Zeit am Ende des → Eozäns
bezieht, als viele Faunengruppen, einschließlich der Primaten, auf der Nordhalbkugel ausstarben.

Gyrisation: Faltung und Furchung der Großhirnrinde

habituell: gewohnheitsmäßig, ständig; die äußere Gestalt betreffend

Halbwertszeit: Zeitspanne, nach der die Hälfte einer gegebenen Anzahl
radioaktiver Atome zerfallen ist.

haplorhin (haplorhine Primaten): Primaten mit behaarter Oberlippe betreffend
(Tarsiiformes, Platyrrhini, Catarrhini)

Hemispezies: 'Halbart', die mit einer weiteren in eine gemeinsame 'Superspezies'
eingeordnet wird.

herbivor: pflanzenfressend

heteromorph: von unterschiedlicher Gestalt

Holotypus: dasjenige Exemplar, welches in der Originalbeschreibung als der
'Typus' bestimmt wird.

Holozän: geologische Epoche, Beginn vor ca. 10 000 Jahren

Hominidae: Familie der Ordnung Primates, die fossile und rezente Menschen einschließt.

hominid: typisch für Angehörige der Familie → Hominidae

Hominisation: (→ Anthropogenese) stammesgeschichtlicher Prozeß der Menschwerdung

Hominoidea: Überfamilie der Ordnung Primates, die die Gibbons, die großen Menschenaffen sowie fossile und rezente Menschen einschließt (Menschenartige).

Homologie: auf gemeinsamer Abstammung beruhende Identität von Bauplänen

homomorph: von gleicher Gestalt

Homonym: einer von zwei oder mehreren identischen Namen, die unabhängig für dasselbe oder verschiedene Taxa eingeführt wurden.

Hypodigma: Gesamtheit des einem Bearbeiter zur Verfügung stehenden Materials einer Art, z. B. alle zu einer fossilen Spezies gehörenden Fundstücke.

incertae sedis: von ungeklärter taxonomischer Position

inferior: unten, unten gelegen

Insertion (eines Muskels): körperferne Anheftung eines Muskels oder eines Ligamentes

Interglazial: warme Periode zwischen den Eiszeiten

Intermembralindex: Maß für die relative Länge der Vorder- und Hinterextremitäten; [Länge des Humerus plus Radius/Länge des Femurs plus Tibia] x 100

Interstadial: warme Periode während einer Eiszeit

Inversion: Innendrehung, z. B. des Fußes

isometrisches Wachstum: Wachstumsrate eines Organs oder eines Körperteils unterscheidet sich nicht von der des Gesamtkörpers

Isotope: Atome eines Elementes mit gleicher Kernladung und verschiedener Masse

Jungpaläolithikum: jüngere Altsteinsteinzeit, vor ca. 35 000 bis 9 000 Jahren

Kalotte: Hirnschädeldach

Kalvaria: Hirnschädel ohne Gesichtsschädel

Kalvarium: Schädel ohne Unterkiefer

karnivor: fleischfressend

kaudal: am Schwanz gelegen, den Schwanz betreffend

Kinesiologie: Bewegungslehre

Kinematographie: Aufzeichnung von Bewegungsabläufen

Klade: Gruppe aller Spezies, die einen einzigen gemeinsamen Vorfahren haben; → monophyletische Gruppe

Kladogenese: Prozeß der Entstehung neuer Linien in der Folge von Artspaltungen

Kladismus, Kladistik: Schule biologischer Klassifikation, die Verwandtschaftsbeziehungen auf der Grundlage synapomorpher Merkmale zu klären versucht; entscheidend ist die Bestimmung des letzten gemeinsamen Vorfahren der betreffenden Taxa.

Kladogramm: auf den Methoden des Kladismus beruhendes Verwandtschafts-diagramm; dichotomes Verzweigungsdiagramm

Klassifikation: Zuordnung zum natürlichen System der Organismen

Knöchelgang: vierfüßige Fortbewegung von Gorilla und Schimpanse, bei der die Vorderextremitäten mit der Dorsalfläche der mittleren Phalangen aufgesetzt werden.

konvergente Evolution: in unabhängigen Stammlinien erfolgte Entwicklung ähnlicher morphologischer Strukturen aufgrund gleichartiger Umweltbedingungen

kranial: am Schädel gelegen, den Schädel betreffend

Kranium: Schädel

Kyphose: dorso-konvexe Krümmung der Wirbelsäule

Levalloisien: Steinklingen-Kultur des ➤ Mittelpaläolithikums; Geräte in Abschlagtechnik gefertigt

lingual: zur Zunge gehörig, auf der Zunge gelegen

Lordose: ventro-konvexe Krümmung der Wirbelsäule

'lumping': sehr weitgehende Zusammenfassung höherer Taxa in niedere Taxa; Gegenteil ➤ splitting

Magdalénien: Steinklingen-Kultur des ➤ Jungpaläolithikums; Geräte in Abschlagtechnik gefertigt

Mastikation: Kauvorgang

maternal: auf die Mutter bezogen

megadonte Zähne: sehr große Zähne relativ zur Körpergröße

mesial: zur Mitte der Zahnfront weisend; der Bezugspunkt liegt zwischen den beiden inneren Schneidezähne.

Miozän: geologische Epoche, Beginn vor ca. 25 MJ, Dauer ca. 14 MJ

Mittelpaläolithikum: mittlere Altsteinzeit, vor ca. 175 000 bis 37 000 Jahren

Modell (Stammbaum-): hypothetische Vorstellung über die realhistorisch-genetischen Verwandtschaftsbeziehungen von Organismen; fußt auf den Methoden der ➤ evolutionären Taxonomie

Molarisation: Angleichung der Gestalt der Praemolaren an die der Molaren

molekulare Uhr (molecular clock): Verfahren zur Bestimmung von Verzweigungsereignissen auf der Grundlage biomolekularer Ähnlichkeiten und der Unterschiede zwischen rezenten ➤ Taxa; geht von konstanter molekularer Evolutionsrate aus.

Monophylum, monophyletisch: auf eine Stammlinie zurückgehende ➤ Abstammungsgemeinschaft

monotypisch: nur eine Art umfassend

morphognostisch: die Gestalt beschreibend

Morphokline: Gradient der Ausprägung morphologischer Merkmale; die Richtung des M. verläuft von der plesiomorphen zur apomorphen Ausprägung.

Morphologie: Wissenschaft vom Bau und der Gestalt des Körpers der Lebewesen und seiner Organe

Morphospezies: typologische Art, die nur aufgrund morphologischer Merkmale angenommen wird.

Mosaikevolution: Evolution, bei der verschiedene Strukturen, Organe u. a. unterschiedlich schnell evolvieren.

Moustérien: Geräte-Industrie des -►- Mittelpaläolithikums; Geräte in Abschlagtechnik gefertigt

Neenkephalisation: Ausbildung des Neocortex

Neocortex: stammesgeschichtlich junger Teil der Großhirnrinde, der eine regelmäßige Anordnung der Nervenzellen in sechs horizontalen Schichten aufweist.

Nische (ökologische): multidimensionales Bezugssystem zwischen einer Art und ihrer Umwelt, in der z. B. die Nahrungsnische eine unter mehreren Nischendimensionen darstellt.

numerische Taxonomie: -►- Phänetik

Ökologie: Wissenschaft, die die Wechselbeziehungen zwischen Pflanzen und Tieren sowie der belebten und unbelebten Umwelt erforscht.

Oldowan: Geröllgeräte-Industrie des -►- Altpaläolithikums Ostafrikas, z. B. Olduvai-Schlucht

Oligozän: geologische Epoche, Beginn vor ca. 34 MJ, Dauer ca. 9 MJ

omnivor: allesfressend

opponierbar: gegenüberstellbar; der Daumen des Menschen ist den Fingern II bis V opponierbar

Orthognathie: Geradkiefrigkeit; Gesichtsschädel und Kiefer springen nicht nach -- anterior vor

Osteodontokeratische Kultur: Knochen-Zahn-Horn-Geräte, die nach R. Dart als materielle Kultur von *Australopithecus africanus* angesehen wurden; heute wird diese Anschauung überwiegend verworfen.

Paläoanthropologie: Wissenschaft von den fossilen Hominiden

Paläolithikum: Altsteinzeit, vor ca. 2 MJ bis 8 000 Jahre

Paläontologie: Lehre von den ausgestorbenen Tieren und Pflanzen vergangener Erdzeitalter

palmigrad: Die gesamte Handfläche wird bei der vierfüßigen Lokomotion auf die Unterlage aufgesetzt.

Paradigma: Beispiel, Muster, Modell; unter einem paradigmatischem Wandel versteht man einen grundsätzlichen Erklärungswandel, z. B. die Darwinsche Evolutionstheorie, die als selbstorganisatorisches Modell ein völlig neues Erklärungsprinzip enthielt und die Schöpfungstheorien der Naturgeschichtler ablöste.

parallele Evolution: unabhängiger Erwerb ähnlicher Merkmale in miteinander verwandten Stammlinien

paramastikatorisch: Einsatz der Zähne zu einem anderen Zweck als dem, die Nahrung zu zerkauen.

'pebble tools': Geröllgeräte-Industrie des -►- Altpaläolithikums Ost- und Südafrikas

Phänetik (Phenetik): Schule biologischer Klassifikation, die die Verwandtschaftsbeziehungen von Taxa durch Berechnung eines allgemeinen Ähnlichkeitswertes zu analysieren versucht.

Phänogramm (Phenogramm): auf der Grundlage der Phänetik erstelltes Verwandtschaftsdiagramm

Phylogenese: Stammesgeschichte

phylogenetische Systematik: ➤ Kladismus

Phylogramm: ➤ Stammbaummodell

plantigrad: Die gesamte Fußfläche wird bei der vierfüßigen Lokomotion auf die Unterlage aufgesetzt.

Pleistozän: geologische Epoche, Beginn vor ca. 3 MJ, Dauer bis vor etwa 10 000 Jahren

Plesiomorphie (plesiomorphes Merkmal): überliefertes, stammesgeschichtlich altes, ➤ anzestrales Merkmal

Pliozän: geologische Epoche, Beginn vor ca. 13 - 14 MJ, Dauer ca. 10 MJ; Endphase des Tertiärs

Polymorphismus: gleichzeitiges Auftreten mehrerer diskontinuierlicher Phänotypen in einer Population

polyphyletisches Taxon: Taxon, welches auf mehrere Stammlinien zurückgeht.

polytypisch: mehr als eine Art umfassend

pongid: menschenaffenähnlich

Population: Fortpflanzungsgemeinschaft; Gruppe von Individuen, die zur gleichen Zeit im gleichen Raum leben und sich potentiell miteinander fortpflanzen können und zum ➤ Genpool der nächsten Generation beitragen (genetische Definition).

Populationsbiologie: Wissenschaftliche Disziplin, die sich mit der biologischen Struktur und Dynamik menschlicher Bevölkerungen befaßt.

Populationsgenetik: Wissenschaftliche Disziplin, die sich mit der Erforschung der genetischen Struktur und Dynamik von Bevölkerungen befaßt.

posterior: hinten, hinten gelegen

postkranial: hinter dem Schädel gelegen; postkraniales Skelett - alle nicht zum Schädel gehörenden Skeletteile

Präadaptation: prospektive Anpassung an noch nicht voll wirksame Umweltanforderungen; sowohl auf den Zustand als auch auf den Prozeß bezogen

Prädisposition: z. T. synonym zur ➤ Präadaptation verwendeter Begriff; präadaptiver Zustand einer Struktur oder Verhaltensweise, eines Komplexmerkmales, eines Organs, eines Organismus oder Verhaltensrepertoires

Primatologie: Wissenschaft, die sich mit den Primaten beschäftigt.

Prognathie: Vorkiefrigkeit; Vorspringen des Gesichts und der Schnauze

prokumbent: bezieht sich auf Schneidezähne, die mehr horizontal als vertikal eingepflanzt sind.

Promontorium: Winkel, der vom Kreuzbein und dem letzten Lendenwirbel gebildet wird.

Pronation: Rotation des Unterarmes nach medial, so daß die Handfläche nach unten zeigt.

proximal: zur Körpermitte hin gelegen

Punktualismus: Modell der Evolution, in dem Änderungen, die zu neuen Spezies führen, sehr schnell durch abrupten genetischen Wandel erfolgen sollen.

Reduktionismus: Zurückführen komplexer Phänomene auf einfachere; die Anschauung, daß sich komplexe Strukturen und ihre Eigenschaften aus den Eigenschaften ihrer Teile erklären lassen.

Regression: Statistisches Verfahren zur Bestimmung des Zusammenhanges zwischen zwei Merkmalen

Rhinarium: feuchter Nasenspiegel, z.B. bei - - Strepsirhini

Rolle (biologische R.): jene Eigenschaft eines Organismus, die alle Aktionen oder den Einsatz von Form-Funktions-Komplexen (-►- Fakultät) in seiner Lebensgeschichte erfassen.

Selektion: natürliche Auslese; allgemein als wichtigste Triebfeder des Evolutionsgeschehens angesehener Prozeß, der im Laufe der Generationenfolge zur Ausbildung von - - Adaptationen führt.

Selektionsdruck: Maß für die Stärke, mit der ein Genotyp ausgelesen wird

Sexualdimorphismus: Unterschiede in Gestalt, Verhalten u.a. zwischen den Geschlechtern

Solutréen: Steinklingen-Kultur des -►- Jungpaläolithikums

Somatologie: Lehre von den Eigenschaften des Körpers

Speziation: Artaufspaltung; führt zur Aufspaltung einer Art in zwei Schwesterarten.

'splitting': sehr weitgehende Aufspaltung niederer Taxa in höhere Taxa; Gegenteil -►- 'lumping'

Stratigraphie: Lehre von der vertikalen Aufeinanderfolge von Sedimentgesteinen und ihrer relativen zeitlichen Zuordnung

superior: oben, oben gelegen

sympatrische Speziation: Entstehung von Arten ohne räumliche Separierung

Symphyse: Knochenfuge, z. B. zwischen den beiden Schambeinen oder zwischen den beiden Unterkieferhälften

Symplesiomorphie (symplesiomorphes Merkmal): Übereinstimmung in einem ursprünglichen Merkmal in mehreren Teilgruppen eines übergeordneten -►- Taxons

Synapomorphie (synapomorphes Merkmal): der gemeinsame Besitz eines neu erworbenen, -►- apomorphen Merkmals; Synapomorphien lassen sich als evolutive Neuheiten aus ihrer gemeinsamen Stammeslinie interpretieren und sind entscheidend für verwandtschaftsdiagnostische Aussagen.

Synerge: interaktive Verbindung eines Organismus und seiner Form-Funktions-Komplexe mit seiner Umwelt, resultierend aus der -►- biologischen Rolle und den Selektionsdrücken; die Summe aller Synergen entspricht einer ökologischen -►- Nische.

Systematik: wissenschaftliches Studium von den Formen der Organismen und von den Unterschieden zwischen ihnen

Taphonomie: Wissenschaft von den Prozessen der Verwesung und Fossilisierung eines Organismus; Beschreibung und Kausalanalyse der Entstehung eines Fossils

Tayacien: Steinklingen-Kultur des ➤ Mittelpaläolithikums Europas; Geräte in Abschlagtechnik gefertigt

taurodonte Zähne: Zähne mit großer Pulpahöhle

Taxon: systematische Einheit, z. B. Art, Gattung, Familie

Taxonomie: Lehre von den Regeln der Systematik

Teleologie: Vorstellung, wonach Naturprozesse absichtsvoll geplant verlaufen; ursprünglich Lehre von der Zweckmäßigkeit; verbunden mit der Vorstellung von einem Schöpfer

Teleonomie: Vorstellung, wonach die Evolution im Sinne Darwins nicht ungerichtet verläuft; die Richtung ist jedoch weder vorgeplant, noch ist sie exakt vorhersagbar, denn Zufälle und unvorhersehbare Umstände prägen das Evolutionsgeschehen; der selbstorganisatorische Prozeß der Evolution und die durch die T. gekennzeichneten 'Kanalisierungen' unterscheiden sich diametral vom finalistischen Konzept der ➤Teleologie.

Topographie: Beschreibung von Körperabschnitten und den Lagebeziehungen einzelner Organe

tradigenetische Evolution: Weitergabe von erworbenen Fähigkeiten und individuellen Erfahrungen; insbesondere auf die kulturelle Evolution des Menschen bezogen, die als Weitergabe (Tradierung) von Ideen zu verstehen ist.

ursprüngliches Merkmal: ➤ plesiomorphes Merkmal

Ursprung (eines Muskels): körpernahe Anheftung eines Muskels oder eines Ligamentes

Variabilität (genetische V.): erbliche Abweichungen von der morphologischen, physiologischen u. a. Norm innerhalb einer Population und Generation

ventral: am Bauch gelegen, den Bauch betreffend

Zerebralisation: Hirnentwicklung, -differenzierung

12 Register

12.1 Verzeichnis der Taxa

Uakari, s. *Cacajao*
Ugandax 352
Ur 532
Ursidae 292, 526, 527
Ursus 292
- *diningeri* 438

Varecia 89
Vari, s. *Varecia*
Victoriapithecus 86, 87
Vögel 13, 526

Waldelefant, s. Elefant
Waschbär 43

Wieselmaki, s. *Lepilemur*
Wirbeltier 41
Wisent 525, 526, 532
Wolf 426
Wollaffe, s. *Lagothrix*
Wollmaki, s. *Avahi*
Wollnashorn, s. Nashorn

Xenothrix 85

Zinjanthropus boisei 254, 263, 266
Zwergmaki, s. *Microcebus*
Zwergseidenaffe, s. *Cebuella*

12.2   Verzeichnis der Fundorte und -regionen

Abbeville 422
Abderrahman, s. Sidi Abderrahman
Abri Pataud 454, 456, 457
Addis Abeba 383
Afalou, s. Afalou-bou-Rhummel
Afalou-bou-Rhummel 416, 471, 476
Afar 254, 260, 261, 264, 273, 308
Altamira 532
Ambrona 422, 426, 427
Amud 416, 436, 443, 447, 448, 450, 485
Anhui 375, 376
Apidimia 387
Arago 383, 385, 386, 396, 404, 415, 416,
   433-437
Archi 436, 446
Arcy-sur-Cure 449
Arene Candide 454, 457
Ariendorf 526
Arlington Springs 481
Atapuerça 385, 386, 396, 435, 436, 438,
   511, s. auch Ibeas, Cueva Mayor
Aveline's Hole 457
Awash, s. Bodo

Azych 435

Ban Mae Tha 423
Bañolas 438
Baringo, s. Lake Baringo
Barma Grande 454, 457
Barnfield Pit 438
Beijing 372
Belohdelie 255, 273
Biache-St.-Vaast 396, 416, 435, 436, 438,
   441
Bilzingsleben 385, 386, 396, 415, 416, 422,
   433, 435, 436, 440, 510
Binshof 454, 457
Bloemfontein, s. Florisbad
Bluefish Caves 479
Bodo 254, 255, 261, 273, 381, 383, 391,
   415, 416, 465, 467, 468, 472, 476, 506,
   507
Boker Tachtit 529
Boquette des Zafaraya 449
Border Cave 470, 471, 474, 476, 506, 507
Boxgrove 422

12.3 Verzeichnis der Fossilfunde

Ternifine III: 378, 389
Thomas [Quarry] I: 379, 389
Thomas [Quarry] III: 379, 389
TM 1517: 248, 251, 264, 281
Trinil 1: 367, 368
Trinil 2: 367-369, 406
Trinil 3: 368
Trinil 4: 368
Trinil 5: 368
Trinil 6: 368
Trinil 7: 368
Trinil 8: 368
Trinil 9: 368

UR 501: 321

Vértesszöllös-Hinterhauptsbein 384, 397, 435
Wadjak 1: 463
Wadjak 2: 463

Weimar-Ehringsdorf-Kalvaria 442
WLH-50 (s. a. Lake Willandra): 478, 479

X 5016: 264
X 5017: 264
X 33380: 264

Yuanmou-I[1]: 376

Zhoukoudian I: 392, 393, 412
Zhoukoudian II: 392, 393, 406
Zhoukoudian III: 392, 393, 406
Zhoukoudian V: 392,406
Zhoukoudian IV: 393
Zhoukoudian VI: 392,406, 393
Zhoukoudian X: 392,393, 406
Zhoukoudian XI: 392,393, 406
Zhoukoudian XII: 392,393, 406
Zhoukoudian Nr. 101: 462, 464
Zuttiyeh-Frontalfragment 442, 444

12.4 Sachverzeichnis

Aasfresser 252, 265, 330, 351, 354, 355, 356, 358, 362-365, 427
Abstammung[s], abstammen 34, 54, 338, 342, 395, 414, 445, 449, 484, 509, 512-514, 535
-linie 67
-reihe 36
Abstandsmethode 63
Acheuléen 377, 378, 387, 409, 418, 420-424, 438, 443, 449, 450, 453, 461, 467, 472, 474, 505, 519-520, 521, 524, 531, 527
Acheulo-Yabrudien 450
Adaptation[s], adaptiv 1-5, 7, 37-40, 51, 61, 78, 81, 85, 87, 97, 135, 139, 140, 147, 148, 155, 157, 158, 164, 169, 172, 174, 176, 177, 184, 185, 187, 188, 190-192, 194, 196, 198, 204, 206, 208, 212-214,

224, 233, 236, 237, 250, 253, 256, 259, 261, 276, 287, 290-295, 297, 298, 299, 304, 306, 308, 309, 313, 317, 318, 327-330, 332, 340, 341-347, 349, 351, 353-355, 358, 359- 362, 364- 366, 410-412, 423, 425, 426, 428, 432, 481-483, 490-494, 516, 517, 520, 528
-wert 38, 359
Kälte- 344, 490, 494, 500
Prae- 38, 185
thermische - 500
Ägypten 82, 83, 476
Ähnlichkeit 32, 39, 40, 45, 46, 73, 79, 87, 303, 309, 315
Anpassungs- 40,
Gesamt- 39
morphologische - 58, 66, 303, 398, 443

12.5   Verzeichnis der anatomischen Begriffe

Neopallium 268

Oberarmknochen, s. Humerus
Oberschenkel 155
 -bein, s. Femur
 -hals, s. Collum femoris
 -knochen, s. Femur
 -kopf, s. Caput femoris
Ohr 81, 90-92, 115, 118, 425
 Mittel- 41, 118
Okklusion 116, 121, 135, 142-145, 147,
  269, 295, 298, 299, 403
Olecranon 166, 167
Oligosphenoid 100
Opisthion 401
Opisthokranion 469
Opponierbarkeit, opponierbar 75, 78, 79,
  81, 93, 154, 156, 171,
  178, 213, 228, 489
Orbita 36, 43 ,75, 99-102, 104, 105, 111,
  112, 234, 286, 443, 462, 482, 485, 486,
  492
Orbitosphenoid 102
Orthognathie, orthognath 98, 268, 333, 341
Os
 - capitatum 201, 202, 243, 323
 - centrale 243
 - coccygis 160
 - coxae 300
 - cuboideum 180, 182, 183, 212, 213
 - cuneiforme intermedium 180, 183, 213
 - - laterale 180, 213
 - - mediale 180, 183, 210, 489
 - ethmoidale 73, 76, 99, 101, 102, 111,
  241
 - frontale 100-102, 108-111, 241, 255,
  278, 282, 293, 323, 333, 381, 383, 385,
  404, 411, 418, 431, 434, 443, 458, 459,
  464, 470, 478, 482, 507
 - hamatum 201, 244, 489
 - hyoideum 146, 450
 - ilium 148, 155, 172, 173, 203, 204, 215,
  272, 273, 300
 - incisivum 106

 - intermaxillare 106
 - ischii 155, 172, 174, 191, 204, 215, 244,
  300
 - lacrimale 100-102, 241
 - lunatum 201, 374
 - maxillae 102
 - metacarpale, s. Ossa metacarpalia
 - naviculare 90-92, 157, 180, 182, 183,
  210-213
 - occipitale 76, 111, 113, 116, 171, 282,
  285, 288, 299, 335, 379, 384-386, 401,
  431, 438, 440, 441, 461, 469-471, 493
 - palatinum 100-102, 106, 108
 - parietale 99, 109, 110, 115, 285, 288,
  293, 299, 323, 333, 377 378, 381, 383,
  385, 386, 399, 400, 401, 418, 431, 434,
  437, 438, 440-442, 459, 461, 467, 482,
  484
 - pisiforme 244
 - praemaxillare 76, 106, 108, 231, 274
 - pubis 172-174, 199, 272, 300, 302, 484
 - sacrum 20, 148, 151, 155, 160, 172-174,
  198, 199, 204, 272, 273, 300, 316, 488,
  498
 - scaphoideum 201, 241, 243, 244, 324,
  489
 - sphenoidale 97, 99, 100, 109-111, 116
 - temporale 76, 78, 79, 100, 108-112, 116,
  118, 147, 285, 288, 299, 323, 341, 369,
  386, 401, 443, 487
 - trapezium 191, 201, 202, 324, 489
 - trapezoideum 201, 202
 - triquetrum 191, 201
 - zygomaticum 73, 100, 102, 105, 106,
  115, 116, 146, 234, 270, 274, 284, 286,
  288-290, 293, 299, 399, 401, 402, 462,
  463, 470, 471, 484, 485, 492
Ossa
 - carpi 201
 .- cuneiformia 183
 - digitorum manus 20, 169, 311
 - - pedis 20, 184, 311, 313
 - metacarpalia 168, 169, 191, 202, 241,
  448, 489

-knochen, s. Ossa digitorum pedis
-strecker, s. Strecker
Groß-, s. Hallux
Zitze, Zitzen 73, 75, 90-92

Zungenbein, s. Os hyoideum
Zwischenkieferknochen 106
zygomatic prominence 106

12.6   Autorenverzeichnis

Abitbol MM, 204
Adam KD, 435
Adams SM, 30, (s. Jeffreys AJ *et al.* 1983)
Ager DV, 26, 27
Aguirre E, 385, 435, 438
Ahlquist JE, 31, 32, 240, 245, 246
Aiello L 98, 102, 103, 110 - 114, 116, 117,
    122, 138, 143, 144, 151, 152, 160 - 162,
    164 - 171, 180 - 184, 198, 200, 206, 207,
    212 - 214, 238, 272, 276, 301, 303, 309,
    315 - 317, 328, 329, 406, 407, 409, 410,
    412, 484, 485, 494, 497, 498, 510
Aigner JS, 415, 462
Aitken MJ, 438, 439
Albrecht G, 532
Alekseev VP, 332
Alimen HM, 420
Allen H, 477, (s. Bowler *et al.* 1970)
Allen JA, 500
Altner G, 3
Anderson WW, 33
Andrews, PJ, 160, 161, 164, 168, 185, 190 -
    192, 194, 222, 223, 225, 226, 228, 230 -
    240, 242, 384, 397, 398, 404, 405, 413,
    417, 429, 465, 501, 503, 504, 507, 508,
    512, 518, (s. Nesbit-Evans EM *et al.*
    1981)
Andy OJ, 238, (s. Stephan H *et al.* 1970)
Ankel F, 124, 150 - 153, 155, 160, 178,
    198, 199
Aquadro CF, 30
Arambourg C, 255, 263, 338, 378, 379,
    389, 494
Arensburg B, 447, 450, 494, 498

Armelagos G, 511
Arnold J, 33, 34, 513, (s. Avise JC *et al.*
    1984, 1988)
Arsuaga JL, 385, 435
Ascenzi A, 446
Asfaw B, 206, 255, 327, 383, (s. Johanson
    DC *et al.* 1987)
Ashley-Montagu MF, 109
Ashton EH, 97, 98, 163, 170, 190, 306
Avis, V, 185
Avise JC, 30, 33, 34, 513
Ax P, 36, 39, 42, 55, 57, 59, 61, 62, 66, 68,
    70, 222
Ayala FJ, 33, 34, (s. Latorre A *et al.* 1986)

Baba ML, 30, (s. Darga LL *et al.* 1984)
Badoux DM, 49
Baker HH, 224, (s. Langdon JH *et al.* 1991)
Baker PT, 481
Ball RM, 33, (s. Avise JC *et al.* 1988)
Bär HF, 123, 147, 197, (s. Preuschoft H *et
    al.* 1985, 1986)
Bar-Yosef O, 387, 420, 429, 442, 447,
    450 - 453, 515, 523, 529, (s. Arensburg B
    et al. 1985; Valladas H *et al.* 1988;
    Schwarcz HP *et al.* 1989)
Barel CDN, 36, 37, 44, 47 - 51
Barr S, 423, (s. Pope GG *et al.* 1986)
Barrie PA, 30, (s. Jeffreys AJ *et al.* 1983)
Barry JC, 233 - 235, (s. Pilbeam DR *et al.*
    1990)
Bartstra, GJ, 368, 394, 398, 422
Basmajian JV, 170, 171, 188, 195, 210
Bauchot R, 238, (s. Stephan H *et al.* 1970)

13 Literaturverzeichnis

Abitbol MM (1988) Evolution of the ischial spine and of the pelvic floor in the Hominoidea. Am J Phys Anthrop 75: 53-67

Adam KD (1984) Der Mensch der Vorzeit. Führer durch das Urmensch-Museum Steinheim an der Murr. Konrad Theiss Verlag, Stuttgart

Adam KD (1988) Der Urmensch von Steinheim an der Murr und seine Umwelt. Ein Lebensbild aus der Zeit vor einer Viertel Million Jahren. Jb Römisch-Germanisches Zentralmuseum Mainz 35: 3-23

Ager DV (1981) The Nature of the Stratigraphical Record. Halsted/Wiley, New York

Aguirre E, Lumley M de (1977) Fossil man from Atapuerça, Spain: their bearing on human evolution in the Middle Pleistocene. J Hum Evol 6: 681-738

Aguirre E, Rosas A (1985) Fossil man from Cueva Mayor, Ibeas, Spain: new findings and taxonomic discussion. In: Tobias PV (ed) Hominid Evolution: Past, Present and Future. Alan R. Liss, New York. pp 319-328

Aiello L (1981) The allometry of primate body proportions. In: Day MH (ed) Vertebrate Locomotion. Academic Press, London. pp 331-358

Aiello L (1990) Patterns of stature and weight in human evolution. Am J Phys Anthrop 81: 149-158

Aiello L, Dean C (1990) An Introduction to Human Evolutionary Anatomy. Academic Press, San Diego

Aigner JS (1976) Chinese Pleistocene cultural and hominid remains: A consideration of their significance in reconstructing the pattern of human bio-cultural development. In: Gosh AK (ed) Le Paléolithique Inférieur et Moyen en Inde, en Asie, en Chine et dans le sud-est Asiatique. Editions CNRS, Paris. pp 65-90

Aitken MJ, Huxtable J, Debenham NC (1986) Thermoluminescence dating in the Paleolithic: burned flint, stalagmitic calcite and sediment. In: Tuffreau A, Sommé J (eds) Chronostratigraphie et faciés culturels du Paléolithique inférieur et moyen dans l'Europe du Nord-Ouest. Suppl Bull Assoc Francaise Etude Quart. Paris. pp 7-14

Alekseev VP (1974) Superpopulationsniveau der Klassifizierung der autochthonen Bevölkerung Afrikas. In: Bernhard W, Kandler A (eds) Bevölkerungsbiologie. Beiträge zur Struktur und Dynamik menschlicher Populationen in anthropologischer Sicht. Gustav Fischer Verlag, Stuttgart. pp 402-413

Alekseev VP (1986) The Origin of the Human Race. Progress Publishers, Moskau

Alimen HM (1975) Les "isthmes" Hispano-Marocain et Siculo-Tunesien aux temps acheuléens. L'Anthropologie 79: 399-436

Allen JA (1877) The influence of physical conditions in the genesis of species. Rad Rev 1: 108-140

Andrews PJ (1978) A revision of the Miocene Hominoidea of East Africa. Bull Brit Mus nat Hist Geol 30: 85-224

Andrews PJ (1981) Species diversity and diet in monkeys and apes during the Miocene. Symp Soc Stud Hum Biol 21: 25-61

Andrews PJ (1983) The natural history of *Sivapithecus*. In: Ciochon RL, Corruccini RS (eds) New Interpretations of Ape and Human Ancestry. Plenum Press, New York. pp 441-463

Andrews PJ (1984) On the characters that define *Homo erectus*. Cour Forsch Senckenb 69: 167-178

Andrews PJ (1986) Molecular evidence for catarrhine evolution. In: Wood BA, Martin LB, Andrews PJ (eds) Major Topics in Primate and Human Evolution. Cambridge University Press, Cambridge. pp 107-129

Andrews PJ (1992) Evolution and environment in the Hominoidea. Nature 360: 641-646

Andrews PJ, Cronin JE (1982) The relationships of *Sivapithecus* and *Ramapithecus* and the evolution of the orang utan. Nature 297: 541-546

Andrews PJ, Groves CP (1976) Gibbons and brachiation. In: Rumbaugh DM (ed) Gibbon and Siamang, vol 4. S. Karger Verlag, Basel. pp 167-218

Andrews PJ, Martin L (1987) Cladistic relationships of extant and fossil hominoids. J Hum Evol 16: 101-118

Andrews PJ, Martin L (1991) Hominoid dietary evolution. Phil Trans R Soc London B 334: 199-209

Andrews PJ, Lord J, Evans E (1979) Patterns of ecological diversity in fossil and modern mammalian faunas. Biol J Linn Soc 11: 177-205

Ankel F (1970) Einführung in die Primatenkunde. Gustav Fischer Verlag, Stuttgart

Arambourg C (1954) L'hominien fossile de Ternifine (Algérie). CR Acad Sci Paris 239: 893-895

Arambourg C (1955) Sur l'attitude en station verticale des Néandertaliens . Comptes rendus de l'Académie des Sciences, Paris Série D, 240: 804-806

Arambourg C (1963) Le gisement de Ternifine. Part IC. Archs Inst Paléont Hum Mém 32: 37-190

Arambourg C, Biberson P (1956) The fossil human remains from the Paleolithic site of Sidi Abderrahman (Morocco). Am J Phys Anthrop 14: 467-490

Arambourg C, Coppens Y (1967) Sur le découverte dans le Pleistocene inférieur de la vallée de l'Omo (Ethiopie) d'une mandible d'Australopithecien. CR Acad Sci Paris 265-D: 589-590

Arensburg B, Bar-Yosef O, Chech M, Goldberg P, Laville H et al (1985) Une sépulture néanderthalien dans la grotte de Kebara (Israel). CR Acad Sci Paris, Sér II, 300: 227-230

Arensburg B, Tillier A, Vandermeersch B, Duday H, Schepartz L, Rak Y (1989) A Middle Palaeolithic human hyoid bone. Nature 338: 758-760

Arsuaga JL, Martinez I, Gracia A, Carretero JM, Carbonell E (1993) Three new human skulls from the Sima de los Huesos Middle Pleistocene site in Sierra de Atapuerça, Spain. Nature 362: 534-537

Ascenzi A, Segre AG (1971) A new Neandertal child mandible from an Upper Pleistocene site in southern Italy. Nature 233: 280-283

Asfaw B (1983) A new hominid parietal from Bodo, Middle Awash Valley, Ethiopia. Am J Phys Anthrop 61: 367-371

Asfaw B (1985) Proximal femur articulation in Pliocene hominids. Am J Phys Anthrop 68: 535-538

Asfaw B (1987) The Belohdelie frontal: new evidence of early hominid cranial morphology from the Afar of Ethiopia. J Hum Evol 16: 611-624

Ashley-Montagu MF (1933) The anthropological significance of the pterion in primates. Am J Phys Anthrop 18: 159-336

Ashton EH (1957) Age changes in the basicranial axis of the anthropoidea. Proc Zool Soc London 129: 61-74

Ashton EH, Oxnard CE (1963) The musculature of the primate shoulder. Trans Zool Soc London 29: 553-650

Ashton EH, Oxnard CE (1964) Functional adaptations in the primate shoulder girdle. Proc Zool Soc Lond 142: 49-66

Ashton EH, Healy MJR, Oxnard CE, Spence TF (1965) Canonical analysis of the primate shoulder. J Zool London 147: 406-429

Avis V (1962) Brachiation: the crucial issue for man's ancestry. Southw J Anthropol 18: 119-148

Avise JC (1986) Mitochondrial DNA and the evolutionary genetics of higher animals. Phil Trans R Soc Lond B 312: 325-342

Avise JC, Aquadro CF (1982) A comparative summary of genetic distances in the vertebrates: Patterns and correlations. In: Hecht, MK, Wallace B, Prance GT (eds) Evolutionary Biology. Plenum Press, New York. pp 151-185

Avise JC, Saunders NC (1984) Hybridization and introgression among species of sunfish (*Lepomis*): Analysis by mitochondrial DNA and allozyme markers. Genetics 108: 237-255

Avise JC, Neigel JE, Arnold J (1984) Demographic influences on mitochondrial DNA lineage survivorship in animal populations. J Mol Evol 20: 99-105

Avise JC, Ball RM, Arnold J (1988) Current versus historical population sizes in vertebrate species with high gene flow: a comparison based on mitochondrial DNA lineages and inbreeding theory for neutral mutations. Mol Biol Evol 5: 331-344

Ax P (1984) Das phylogenetische System. Systematisierung der lebenden Natur aufgrund ihrer Phylogenese. Gustav Fischer Verlag, Stuttgart

Badoux DM (1974) An introduction to biomechanical principles in primate locomotion and structure. In: Jenkins FA jr (ed) Primate Locomotion. Academic Press, New York. pp 1-43

Baker PT (1988) Human Adaptability. In: Harrison GA, Tanner JM, Pilbeam DR, Baker PT (eds) Human Biology. An Introduction to Human Evolution, Variation, Growth and Adaptability, 3rd ed. Oxford University Press, Oxford. pp 439-544

Bartstra GJ (1982) *Homo erectus erectus*: the search for his artifacts. Curr Anthrop 23: 318-320

Bartstra GJ (1983) The fauna from Trinil, type locality of *Homo erectus*: a new interpretation. Geol en Mijnbouw 62: 329-336

Bartstra GJ (1984) Dating the Pacitanian: Some thoughts. Cour Forsch Senckenb 69: 253-258

Bartstra GJ, Soegondho S, Wijk A van der (1988) Ngandong man: age and artifacts. J Hum Evol 17: 325-337

Bar-Yosef O (1980) The prehistory of the Levant. Ann Rev Anthrop 9: 101-133

Bar-Yosef O (1987) Late Pleistocene adaptations in the Levant. In: Soffer O (ed) The Pleistocene Old World: Regional Perspectives. Plenum Press, New York. pp 219-236

Bar-Yosef O (1989) Geochronology of the Levantine Middle Palaeolithic. In: Mellars P, Stringer C (eds) The Human Revolution. Behavioural and Biological Perspectives on the Origins of Modern Humans. Edinburgh University Press, Edinburgh. pp 589-610

Bar-Yosef O (1992) Middle Paleolithic chronology and the transition to the Upper Paleolithic in southwest Asia. In Bräuer G, Smith FH (eds) Continuity or Replacement. Controversies in *Homo sapiens* Evolution. A.A. Balkema, Rotterdam. pp 261-272

Bar-Yosef O, Vandermeersch B (1991) Premier hommes modernes et Néanderthaliens au Proche-Orient: chronologie et culture. In: Hublin JJ, Tillier MA (eds) Aux Origines d'*Homo sapiens*. Presses Universitaires, Paris. pp 217-250

Bar-Yosef O, Vandermeersch B (1993) Koexistenz von Neandertaler und modernem *Homo sapiens*. Spektrum der Wissenschaft, Heft 6: 32-39

Basmajian JV, Luca CJ de (1985) Muscles Alive. Their Functions Revealed by Electromyography, 5th ed. Williams and Wilkins Co, Baltimore

Beard KC, Teaford MF, Walker AC (1986) New wrist bones of *Proconsul africanus* and *P. nyanzae* from Rusinga Island, Kenya. Folia primatol 47: 97-118

Beard KC, Dagosto M, Gebo DL, Godinot M (1988) Interrelationships among primate higher taxa. Nature 331: 712-714

Beard KC, Krishtalka L, Stucky RK (1991) First skulls of the Early Eocene primate *Shoshonius cooperi* and the anthropoid-tarsier dichotomy. Nature 349: 64-66

Beaumont PB, Vogel JC (1972) On a new radiocarbon chronology for Africa south of the Equator. Afr Stud 31: 65-89, 155-182

Beecher RM (1977) Function and fusion at the mandibular symphysis. Am J Phys Anthrop 47: 325-336

Beecher RM (1979) Functional significance of the mandibular symphysis. J Morph 159: 117-130

Beecher RM (1983) Evolution of the mandibular symphysis in Notharctinae (Adapidae, Primates). Int J Primatol 4: 99-112

Behrensmeyer AK (1975) The taphonomy and paleoecology in the hominid fossil record. Yb Phys Anthrop 19: 36-50

Behrensmeyer AK (1978) Taphonomic and ecologic information from bone weathering. Paleobiology 4: 150-162

Behrensmeyer AK (1983) Patterns of natural bone distribution on recent and Pleistocene land surfaces: implications for archaeological site formation. In: Clutton-Brock and C. Grigson (eds) BAR International Services 163, Oxford

Behrensmeyer AK, Hill AP (eds) (1980) Fossils in the Making. University of Chicago Press, Chicago

Behrensmeyer AK, Gordon KD, Yanagi GT (1986) Trampling as a cause of bone surface damage and pseudo-cutmarks. Nature 319: 768-771

Beinhauer KW, Wagner GA (1992) (eds) Schichten von Mauer - 85 Jahre *Homo erectus heidelbergensis*. Edition Braus. Reiß-Museum, Mannheim

Benditt J (1989) Grave doubts. Sci Am 260: 32-33

Benveniste RE (1985) The contribution of retroviruses to the study of mammalian evolution. In: MacIntyre RJ (ed) Molecular Evolutionary Genetics. Plenum Press, New York. pp 359-417

Benveniste RE, Todaro GJ (1976) Evolution of type C viral genes: Evidence for an Asian origin of man. Nature 261: 101-108

Berge C (1991) Quelle est la signification fonctionelle du pelvis très large de *Australopithecus afarensis* (AL 288-1). In: Coppens Y, Senut B (eds) Origine(s) De La Bipédie Chez Les Hominidés. Editions CNRS, Paris. pp 113-120

Berge C (1992) Analyse morphométrique et fonctionelle du pelvis des Australopithèques (*Australopithecus afarensis, A. africanus*): interprétations locomotrices et obstétricales. In: Toussaint M (ed) Cinq Millions d'Années, l'Aventure Humaine. E.R.A.U.L., Liège. pp 49-62

Berge C, Kazmierczak JB (1986) Effects of size and locomotor adaptations on the hominid pelvis: evaluation of australopithecine bipedality with a new multivariate method. Folia primatol 46: 185-204

Bernhard, W. (1993) Südwestasien. Asien IV. In: Schwidetzky I (ed) Anthropologie von Südwestasien. R. Oldenbourg Verlag, München

Beynon AD, Dean MC (1988) Distinct dental development patterns in early fossil hominids. Nature 335: 509-514

Beynon AD, Wood BA (1986) Variations in enamel thickness and structure in East African hominids. Am J Phys Anthrop 70: 177-195

Biegert J (1956) Das Kiefergelenk der Primaten. Morph Jb 97: 249-404

Biegert J (1957) Der Formwandel des Primatenschädels und seine Beziehungen zur ontogenetischen Entwicklung und den phylogenetischen Spezialisationen der Kopforgane. Morph Jb 98: 79-199

Biegert J (1963) The evaluation of characters of the skull, hands and feet for primate taxonomy. In: SL Washburn Classification and Human Evolution. Aldine, Chicago. pp 116-145

Biegert J, Maurer R (1972) Rumpfskelettlänge, Allometrien und Körperproportionen bei catarrhinen Primaten. Folia primatol 17: 142-156

Billy G, Vallois HV (1977) La mandibule pré-Rissienne de Montmaurin. L'Anthropologie 81: 273-312

Bilsborough A (1986) Diversity, evolution and adaptation in early hominids. In: Bailey GN, Callow P (eds) Stone Age Prehistory: Studies in Memory of Charles McBurney. Cambridge University Press, Cambridge. pp 197-220

Bilsborough A (1992) Human Evolution. Blackie Academic & Professional, London.

Bilsborough A, Wood BA (1986) The nature, origin and fate of *Homo erectus*. In: Wood BA, Martin LB, Andrews P (eds) Major Topics in Primate and Human Evolution. Cambridge University Press, Cambridge. pp 295-316

Bilsborough A, Wood BA (1988) Cranial morphometry of early hominids: facial region. Am J Phys Anthrop 76: 61-86

Binford LR (1973) Interassemblage variability - the Mousterian and the 'functional' argument. In: Renfrew C (ed) The Explanation of Culture Change. University of Pittsburgh Press, Pittsburgh. pp 227-254

Binford LR (1981) Bones: Ancient Man and Modern Myths. Academic Press, New York

Binford LR (1983) In Pursuit of the Past. Thames u. Hudson, London

Binford LR (1984) Faunal Remains from Klasies River Mouth. Academic Press, Orlando

Bishop MJ, Friday AE (1986) Molecular sequences and hominoid phylogeny. In: Wood BA, Martin LB, Andrews P (eds) Major Topics in Primate and Human Evolution. Cambridge University Press, Cambridge. pp 150-156

Bishop WW, Miller JA (eds) (1972) Calibration of Hominoid Evolution. Scottish Academic Press, Edinburgh

Black D (1927) On a lower molar hominid tooth from the Chou Kou Tien deposit. Palaeont sin Ser D 7 II: 1-145

Blackwell B, Schwarcz HP (1986) U-series analyses of the lower travertine at Ehringsdorf, DDR. Quart Res 25: 215-222

Blackwell B, Schwarcz HP, Debénath A (1983) Absolute dating of hominids and Palaeolithic artifacts of the cave of La Chaise-de-Vouthon (Charente), France. J Archaeol Sci 10: 493-513

Blanc AC (1939) L'Uomo fossile del Monte Circeo. Un cranio neandertaliano nella Grotta guattari a San Felice Circeo. Atti Acad naz Lincei Rc, Ser 6, 29: 205-210

Blanc AC (1954) Reperti fossili neandertaliani nella grotta del Fossellone al Monte Circeo, Circeo IV. Quaternaria 1: 171-175

Blumenberg B, Lloyd AT (1983) *Australopithecus* and the origin of the genus *Homo*: aspects of biometry and systematics with accompanying catalogue of tooth metric data. BioSystems 16: 127-167

Blumenschine RJ (1989) A landscape taphonomic model of the scale of prehistoric scavenging opportunities. J Hum Evol 18: 345-371

Blumenschine RJ, Cavallo JA (1992) Frühe Hominiden - Aasfresser. Spektrum der Wissenschaft, Heft 12: 88-95

Blumenschine RJ, Selvaggio MM (1988) Percussion marks on bone surfaces as a new diagnostic of hominid behavior. Nature 333: 763-765

Boaz NT (1988) Status of *Australopithecus afarensis*. Yb Phys Anthrop 31: 85-113

Boaz NT, Behrensmeyer AK (1976) Hominid taphonomy: transport of human skeletal parts in an artificial fluviatile environment. Am J Phys Anthrop 45: 53-60

Boaz NT, Ninkovich D, Rossignal-Strick M (1982) Paleoclimatic setting for *Homo sapiens neanderthalensis*. Naturwissenschaften 69: 29-33

Bock WJ (1980) The definition and recognition of biological adaptation. Amer Zool 20: 217-227

Bock WJ, Wahlert G von (1965) Adaptation and the form function complex. Evolution 19: 269-299

Bocquet-Appel JP (1985) Small populations; Demography and paleontological inferences. J Hum Evol 14: 683-691

Boddington A, Garland AN, Janaway RC (eds) (1987) Death, Decay and Reconstruction. Approaches to Archeology and Forensic Science. Manchester University Press, Manchester

Boesch C, Boesch H (1989) Hunting behavior of wild chimpanzees in the Tai National Park. Am J Phys Anthrop 78: 547-573

Boesch C, Boesch H (1990) Tool use and tool making in wild chimpanzees. Folia primatol 54: 86-99

Boesch C, Boesch H (1992) Transmission aspects of tool use in wild chimpanzees. In: Ingold T, Gibson KR (eds) Language and Intelligence: Evolutionary Implications. Oxford University Press, Oxford

Bojsen-Møller F (1979) The calcaneocuboid joint and stability of the longitudinal arch at high and low gear push off. J Anat 129: 163-176

Bolk L (1926) Das Problem der Menschwerdung. Gustav Fischer Verlag, Jena

Bonde N (1977) Cladistic classification as applied to vertebrates. In: Hecht MK, Goody PC, Hecht BM (eds) Major Patterns in Vertebrate Evolution. Plenum Press, New York. pp 741-804

Bonde N (1989) *Erectus* and *neanderthalensis* as species or subspecies of *Homo* - with a model of speciation in Hominids. In: Giacobini G (ed) Hominidae. Proc 2nd Int Congr Hum Paleont, Turin 1987. Jaca Book, Mailand. pp 205-208

Bonifay MF, Bonifay E (1963) Un gisement à faune épi-villafranchienne à St. Estève-Janson (Bouches-du-Rhône). CR Acad Sci Paris 254: 1136-1138

Bonifay E, Tiercelin JJ (1977) Existence d'une activité volcanique et tectonique au début du Pleistocène moyen dans le bassin du Puy (Haut-Loire). CRS Acad Sci Paris, Sér D, 284: 2455-2457

Bonis L de, Geraads D, Guérin, Haga A, Jaeger JJ, Sen S (1984) Découverte d'un Hominidé fossile dans le Pleistocène de la République de Djibuti. CRS Acad Sci Paris, Sér D, 299: 1097-1100

Bonner TI, Heinemann R, Todaro GJ (1980) Evolution of DNA sequences has been retarded in malagasy primates. Nature 286: 420-423

Borgognini Tarli SM, Marini E (1990) Annoted Bibliography on Sexual Dimorphism in Primates. Ets Editrice, Pisa

Bosinski G (1982) Die Kunst der Eiszeit in Deutschland und der Schweiz. Kataloge vor- und frühgeschichtlicher Altertümer, vol 20. Römisch-Germanisches Zentralmuseum. Habelt, Bonn

Bosinski G (1985) Der Neandertaler und seine Zeit. Habelt, Bonn

Bosinski G (1986a) Chronostratigraphie du Paléolithique inférieur et moyen en Rhénanie. In: Tuffreau A, Sommé J (eds) Chronostratigraphie et faciés culturels du Paléolithique inférieur et moyen dans l'Europe du Nord-Ouest. Suppl Bull Assoc Franc Etud Quart 26: 15-34

Bosinski G (1986b) Archäologie des Eiszeitalters. Vulkanismus und Lavaindustrie am Mittelrhein. Römisch-Germanisches Zentralmuseum Mainz: 1-38

Bosinski G (1987) Die große Zeit der Eiszeitjäger: Europa zwischen 40 000 und 10 000 Jahren. Jb Römisch-Germanisches Zentralmuseum Mainz 34: 1-139

Bosinski G (1990) *Homo sapiens.* L'Histoire des Chasseurs du Paléolithique supérieur en Europe (40 000-10 000 avant J.-C.). Editions Errance, Paris

Bosinski G, Evers D (1979) Jagd im Eiszeitalter. Schriften des Jagd- und Naturkundemuseums Burg Brüggen 2. Köln

Bosinski G, Nioradze M, Tusabramisvili D, Vekua A (1989) Dmanisi im Altpaläolithikum Eurasiens. In: Dzaparidze V, Bosinski G, Bugianisvili T, Gabunia L et al (eds) Der Altpaläolithische Fundplatz Dmanisi in Georgien (Kaukasus). Jb Römisch-Germanisches Zentralmuseum Mainz 36: 111-113

Bosler W (1981) Species groupings of early Miocene Dryopithecine teeth from East Africa. J Hum Evol 10: 151-158

Boule M (1911-1913) L'homme fossile de la Chapelle-aux-Saints. Extrait Ann Paléont. (1911) VI: 111-172; (1912) VII: 21-192, 65-208; (1913) VIII: 1-70, 209-278

Boule M (1914) L'Homo néanderthalensis et sa place dans la nature. Congr Int Anthrop Archéol Préhist 1912, II: 392-395

Boule M, Vallois HV (1952) Les Hommes Fossiles. Masson, Paris

Bowen QD (1978) Quartenary Geology: A Stratigraphic Framework for Multidisciplinary Work. Cambridge University Press, Cambridge.

Bowler JM, Jones R, Allen H, Thorne AG (1970) Pleistocene human remains from Australia: a living site and human cremation from Lake Mungo, western New South Wales. World Archaeol 2: 39-60

Boyde A (1971) Comparative histology of mammalian teeth. In: Dahlberg AA (ed) Dental Morphology and Evolution. Chicago Press, Chicago. pp 81-94

Boyde A (1976) Amelogenesis and the development of teeth. In: Cohen B, Kramer IRH (eds) Scientific Foundations of Dentistry. Heinemann, London. pp 335-352

Boyde A (1989) Enamel. In: Handbook of Microscopic Anatomy, vol. V/6. Springer-Verlag, Berlin. pp 309-473

Boyde A, Martin LB (1984) The micro-structure of primate dental enamel. In: Chivers DJ, Wood BA, Bilsborough A (eds) Food Acquisition and Processing in Primates. Plenum Press, New York. pp 341-367

Boyde A, Martin LB (1987) Tandem reflected light microscopy of primate enamel. Scanning Microscopy 1: 1935-1948

Brace CL (1962) Refocusing on the Neanderthal Problem. Am Anthrop 64: 729-741

Brace CL (1964) The fate of the "classic" Neanderthals. A consideration of hominid catastrophism. Curr Anthrop 5: 3-66

Brace CL (1967) Environment, tooth form and size in the Pleistocene. J Dent Res 46: 809-816

Brace CL (1979) Krapina, "Classic" Neanderthals, and evolution of the European face. J Hum Evol 8: 527-550

Brace CL (1986) Modern human origins: narrow focus or broad spectrum? Am J Phys Anthrop 69: 180

Brace CL, Mahler PE, Rosen RB (1973) Tooth maesurements and the rejection of the taxon *"Homo habilis"*. Yb Phys Anthrop 16: 50-68

Brace CL, Ryan AS, Smith BD (1981) Comment on "tooth wear in La Ferrassie man". Curr Anthrop 22: 426-430

Brace CL, Shao Z, Zhang Z (1984) Prehistoric and modern tooth size in China. In: Smith FH, Spencer F (eds) The Origin of Modern Humans: A World Survey of the Fossil Evidence. Alan R. Liss, New York. pp 485-516

Bräuer G (1981) New evidence on the transitional period between Neanderthal and modern man. J Hum Evol 10: 467-474

Bräuer G (1984a) A craniological approach to the origin of anatomically modern *Homo sapiens* in Africa and implications for the appearance of modern Europeans. In: FH Smith, Spencer F (eds) The Origin of Modern Humans: A World Survey of the Fossil Evidence. Alan R. Liss, New York. pp 327-410

Bräuer G (1984b) The "Afro-European sapiens hypothesis", and hominid evolution in East Asia during the late Middle and Upper Pleistocene. Cour Forsch Senckenb 69: 145-165

Bräuer G (1985) Präsapiens-Hypothese und Afro-europäische Sapiens-Hypothese. Z Morph Anthrop 75: 1-25

Bräuer G (1989a) The evolution of modern humans: a comparison of the African and non-African evidence. In: Mellars P, Stringer C (eds) The Human Revolution: Behavioural and Biological Perspectives on the Origins of Modern Humans. Edinburgh University Press, Edinburgh. pp 123-154

Bräuer G (1989b) The ES-11693 hominid from West Turkana and *Homo sapiens* evolution in East Africa. In: Giacobini G (ed) Hominidae. Proc 2nd Int Congr Hum Paleont, Turin 1987. Jaca Book, Mailand. pp 241-245

Bräuer G (1992a) Der Mensch. Anthropologie Heute. Deutsches Institut für Fernstudien an der Universität Tübingen, Tübingen. pp 3-43

Bräuer G (1992b) Africa's place in the evolution of *Homo sapiens*. In: Bräuer G, Smith FH (eds) Continuity or Replacement. Controversies in *Homo sapiens* Evolution. A.A. Balkema, Rotterdam. pp 83-98

Bräuer G, Leakey REF (1986) The ES-1693 cranium from Eliye Springs. West Turkana, Kenya. J Hum Evol 15: 289-312

Bräuer G, Mehlman MJ (1988) Hominid molars from a Middle Stone Age level at the Mumba Rock Shelter, Tanzania. Am J Phys Anthrop 75: 69-76

Bräuer G, Mbua E (1992) *Homo erectus* features used in cladistics and their variability in Asian and African hominids. J Hum Evol 22: 79-108

Bräuer G, Rimbach KW (1990) Late archaic and modern *Homo sapiens* from Europe, Africa, and Southwest Asia: Craniometric comparisons and phylogenetic implications. J Hum Evol 19: 789-807

Bräuer G, Smith FH (eds) (1992) Continuity or Replacement. Controversies in *Homo sapiens* Evolution. A.A. Balkema, Rotterdam

Bräuer G, Leakey REF Mbua E (1992a) A first report on the ER-3884 cranial remains from Ileret/East Turkana, Kenya. In: Bräuer G, Smith FH (eds) Continuity or Replacement. Controversies in *Homo sapiens* Evolution. A.A. Balkema, Rotterdam. pp 111-119

Bräuer G, Zipfel F, Deacon HJ (1992b) Comment on the new maxillary finds from Klasies River, Southafrica. J Hum Evol 23: 419-422

Brain CK (1970) New finds at the Swartkrans site. Nature 225: 1112-1119

Brain CK (1976) Some principles in the interpretation of bone accumulations associated with man. In: Isaac GL, McCown ER (eds) Human Origins: Louis Leakey and the East African Evidence. WA Benjamin, Menlo Park. pp 96-116

Brain CK (1978) Some aspects of the South African australopithecine sites and their bone accumulations: In: Jolly C (ed) Early Hominids of Africa. Duckworth, London. pp 131-161

Brain CK (1981) The Hunters or the Hunted. University of Chicago Press, Chicago

Brain CK (1982) The Swartkrans site: stratigraphy of the fossil hominids and a reconstruction of the environment of the early *Homo*. In: Lumley H de, Lumley MA de (eds) Congr 2nd Int Paleont Hum, Nice. Unesco, Nizza. pp 676-706

Brain CK (1988) New information from the Swartkrans cave of relevance to 'robust' australopithecines. In: Grine FE (ed) The Evolutionary History of the Robust Australopithecines. Aldine de Gruyter, New York. pp 311-316

Brain CK, Churcher CS, Clark JD, Grine FE, Shipman P, Susman RL, Turner A, Watson V (1988) New evidence of early hominids, their culture and environment from the Swartkrans cave, South Africa. S Afr J Sci 84: 828-835

Brandt M (1992) Gehirn und Sprache. Fossile Zeugnisse zum Ursprung des Menschen. >>Pascal<< Verlag, Berlin

Brauer K, Schober W (1970) Katalog der Säugetiergehirne. VEB Gustav Fischer Verlag, Jena

Bray W (1988) The Palaeoindian debate. Nature 332: 107

Brehnan K, Boyd RL, Laskin J, Gibbs CM, Mahan P (1981) Direct measurement of loads at the temporomandibular joint in Macaca arctoides. J Dent Res 60: 1820-1824

Briggs LC (1968) Hominid Evolution in Northwest Africa and the question of the North African "Neanderthaloids". Am J Phys Anthrop 29: 377-386

Britten RJ (1986) Rates of DNA sequence evolution differ between taxonomic groups. Science 231: 1393-1398

Bromage TG (1985) Taung facial remodelling; a growth and development study. In: Tobias PV (ed) Hominid Evolution. Past, Present and Future. Alan R. Liss, New York. pp 239-246

Broom R (1925a) On the newly discovered South African man-ape. Nat Hist 25: 409-418

Broom R (1925b) Some notes on the Taung skull. Nature 115: 569-571

Broom R (1929) Note on the milk dentition of *Australopithecus*. Proc Zool Soc Lond 1928: 85

Broom R (1936) A new fossil anthropoid skull from South Africa. Nature 138: 468-488

Broom R (1937) The Sterkfontein ape. Nature 139: 326

Broom R (1938a) The pleistocene anthropoid apes of South Africa. Nature 142: 377-379

Broom R (1938b) Further evidence on the structure of the South African Pleistocene anthropoids. Nature 142: 897-899

Broom R (1947) Discovery of a new skull of the South African ape-man, *Plesianthropus*. Nature 159: 672

Broom R (1949) Another new type of fossil ape-men. Nature 163: 57

Broom R, Robinson JT (1949) A new type of fossil man. Nature 164: 322-323

Broom R, Robinson JT (1952b) Swartkrans Ape-Man, *Paranthropus crassidens*. Tvl Mus Mem 6: 1-123

Broom R, Schepers GWH (1946) The South African fossil ape-men: the Australopithecinae. Transvaal Mus Mem 2: 1-272

Broom R, Robinson JT, Schepers GWH (1950) Sterkfontein Ape-Man *Plesianthropus*. Tvl Mus Mem 4: 58-63

Brose DS, Wolpoff MH (1971) Early Upper Paleolithic man and late Middle Paleolithic tools. Am Anthrop 73: 1156-1194

Brown B, Walker AC, Ward CV, Leakey REF (1993) New *Australopithecus boisei* calvaria from East Lake Turkana, Kenya. Am J Phys Anthrop 91: 137-159

Brown FH, Feibel CS (1985) Stratigraphical notes on the Okote Tuff Complex at Koobi Fora, Kenya. Nature 316: 794-797

Brown FH, Harris J, Leakey REF, Walker A (1985) Early *Homo erectus* skeleton from west Lake Turkana, Kenya. Nature 316: 788-792

Brown P (1987) Pleistocene homogeneity and Holocene size reduction: The Australian human skeletal evidence. Arch Oceania 22: 41-67

Brown WM (1980) Polymorphism in mitochondrial DNA of humans as revealed by restriction endonuclease analysis. Proc Natl Acad Sci USA 77: 3605-3609

Brown WM (1985) The mitochondrial genome of animals. In: MacIntyre RJ (ed) Molecular Evolutionary Genetics. Plenum Press, New York. pp 95-130

Brown WM, George M jr, Wilson AC (1979) Rapid evolution of animal mitochondrial DNA. Proc Natl Acad Sci USA 76: 1967-1971

Brown WM, Prager EM, Wang A, Wilson AC (1982) Mitochondrial DNA sequences of primates: Tempo and mode of evolution. J Mol Evol 18: 225-239

Brothwell DR (1961) The people of Mount Carmel. Proc Prehist Soc 27: 155-159

Brues AM (1959) The spearman and the archer: an essay on selection in body build. Am Anthrop 61: 457-569

Brues AM (1977) "Peoples and Races". Macmillan, New York

Bunn HT (1981) Archaeological evidence for meat-eating by Plio-Pleistocene hominids from Koobi Fora and Olduvai Gorge. Nature 291: 574-577

Bunney S (1986) Chinese fossil could alter the course of evolution in Asia. New Scientist 111: 25

Busk G (1864) On a very ancient cranium from Gibraltar. Rep Br Ass Advmt Sci (Bath 1864): 91-92

Butler PM, Mills JRE (1959) A contribution to the odontology of *Oreopithecus*. Bull Brit Mus nat Hist Geol 4: 3-26

Butzer KW (1982) Archaeology as Human Ecology. Method and Theory for a Contextual Approach. Cambridge University Press, Cambridge

Butzer KW, Beaumont PB, Vogel JC (1978) Lithostratigraphy of Border Cave, Kwa Zulu, South Africa: a Middle stone Age sequence beginning c. 195,000 B.P.. J Archaeol Sci 5: 317-341

Bye BA, Brown FH, Cerling TE, McDougall I (1987) Increased age estimate for the Lower Paleolithic hominid site at Olorgesailie, Kenya. Nature 329: 237-239

Cachel SM (1979) A functional analysis of the primate masticatory system and the origin of the post-orbital septum. Am J Phys Anthrop 50: 1-18

Campbell BG (1964) Quantitative taxonomy and human evolution. In: Washburn SL (ed) Classification and Human Evolution. Methuen, London. pp 50-74

Campbell BG (1965) The nomenclature of the Hominidae. Occas Pap Roy Anthropol Inst London 22

Campbell BG (1966) Human Evolution. Aldine, Chicago

Campbell BG (1972) Conceptual progress in physical anthropology. Ann Rev Anthrop 1: 27-54

Campbell BG (1978) Some problems in hominid classification and nomenclature. In: Jolly CJ (ed) Early Hominids of Africa. Duckworth, London. pp 567-581

Cain AJ (1982) On homology and convergence. In: Joysey KA, Friday AE (eds) Problems of Phylogenetic Reconstruction. Academic Press, London. pp 1-19

Cann RL (1987) In search of Eve. The Sciences 27: 30-37

Cann RL (1988) DNA and human origins. Ann Rev Anthrop 17: 127-143

Cann RL (1992) A mitochondrial perspective on replacement or continuity in human evolution. In: Bräuer G, Smith FH (eds) Continuity or Replacement. Controversies in *Homo sapiens* Evolution. A.A. Balkema, Rotterdam. pp 65-73

Cann RL, Brown WM, Wilson AC (1982) Evolution of mitochondrial DNA: a preliminary report. In: Bonné-Tamir B, Cohen P, Goodman RN (eds) Human Genetics, part A: The Unfolding Genome. Alan R. Liss, New York. pp 157-165

Cann RL, Brown WM, Wilson AC (1984) Polymorphic sites and the mechanism of evolution in human mitochondrial DNA. Genetics 106: 479-499

Cann RL, Stoneking M, Wilson AC (1987) Mitochondrial DNA and human evolution. Nature 325: 31-36

Capitan L, Peyrony D (1909) Deux squelettes au milieu des foyers de l'époque moustérienne. CR Acad Inscr Lett Paris, 797-806

Carbonell VM (1963) Variation in the frequency of shovel-shaped incisors in different populations. In: Brothwell DR (ed) Dental Anthropology. Pergamon Press, Oxford. pp 211-234

Carbonell VM, Castro-Curel E (1993) Sarah Bunney. New Sci (1), 15

Carlson DS (1977) Condylar translation and the function of the superficial masseter muscle in the Rhesus monkey (*Macaca mulatta*). Am J Phys Anthrop 47: 53-64

Carlsoo S (1972) How Man Moves: Kinesiological Studies and methods. Heinemann, London

Carney J, Hill A, Miller JA, Walker A (1971) Late australopithecine from Baringo District, Kenya. Nature 230: 509-514

Cartmill M (1971) Ethmoid component in the orbit of primates. Nature 232: 566-567

Cartmill M (1972) Arboreal adaptations and the origin of the order Primates. In: Tuttle RH (ed) The Functional and Evolutionary Biology of Primates. Aldine, Chicago. pp 97-122

Cartmill M (1974) Pads and claws in arboreal locomotion. In: Jenkins FA jr (ed) Primate Locomotion. Academic Press, New York. pp 45-83

Cartmill M (1975) Strepsirhine basicranial structures and the affinities of the Cheirogaleidae. In: Luckett WP, Szalay FS (eds) Phylogeny of the Primates. Plenum Press, New York. pp 313-354

Cartmill M (1978) The orbital mosaic in prosimians and the use of variable traits in systematics. Folia primatol 30: 89-114

Cartmill M (1980) Morphology, function, and evolution of the anthropoid postorbital septum. In: Ciochon RL, Chiarelli AB (eds) Evolutionary Biology of the New World Monkeys. Plenum Press, New York. pp 243-274

Cartmill M (1981) Hypothesis testing and phylogenetic reconstruction. Z Zool Syst Evol Forsch 19: 73-96

Cartmill M, Gingerich PD (1978) An ethmoid exposure (Os planum) in the orbit of *Indri indri* (Primates, Lemuriformes). Am J Phys Anthrop 48: 535-538

Cartmill M, MacPhee RDE (1980) Tupaiid affinities: the evidence of the carotid arteries and cranial skeleton. In: Luckett WP (ed) Comparative Biology and Evolutionary Relationships of Tree Shrews. Plenum Press, New York. pp 95-132

Cartmill M, Milton K (1977) The lorisiform wrist joint and the evolution of 'brachiating' adaptations in the Hominoidea. Am J Phys Anthrop 47: 249-272

Cavagna GA, Heglund NC, Taylor CR (1977) Mechanical work in terrestrial locomotion: two basic mechanisms for minimizing energy expenditure. Am J Physiol 233: 243-261

Cavalli-Sforza LL (1974) The role of plasticity in biological and cultural evolution. Mathematical analysis of fundamental biological phenomena. Okan Gurel Ann New York Acad Sci B: 43-59

Cavalli-Sforza LL (1989) The last 1000,000 years of human evolution: the vantage points of genetics and archeology. In: Giacobini G (ed) Hominidae. Proc 2nd Int Congr Hum Paleont, Turin 1987. Jaca Book, Mailand. pp 401-413

Cavalli-Sforza LL (1992) Stammbäume von Völkern und Sprachen. Spektrum der Wissenschaft, Heft 1: 190-198

Cavalli-Sforza LL, Piazza A, Menozzi P, Mountain J (1988) Reconstruction of human evolution: Bringing together genetic, archaeological and linguistic data. Proc Natl Acad Sci USA 85: 6002-6006

Cerling TE (1992) Development of grasslands and savannahs in East Africa during the Neogene. Palaeogeogr Palaeoclimatol Palaeoecol 97: 241-247

Cerling TE, Brown FH (1982) Tuffaceous marker horizons in the Koobi Fora region and the lower Omo Valley. Nature 299: 216-221

Chamberlain AT (1989) Variation within *H. habilis*. In: Giacobini G (ed) Hominidae: Proc 2nd Int Congr Hum Paleont, Turin 1987. Jaca Book, Mailand. pp 175-181

Chamberlain AT, Wood BA (1987) Early hominid phylogeny. J Hum Evol 16: 119-133

Chang K (1962) New evidence on fossil man in China. Science 136: 749-760

Chang LYE, Slightom JL (1984) Isolation and nucleotide sequence analysis of the {b-type globin pseudogene from human, gorilla and chimpanzee. Mol Biol Evol 180: 767-783

Chase PG, Dibble HL (1987) Middle Paleolithic sybolism: a review of current evidence and interpretations. J Anthrop Archaeol 6: 263-296

Chavaillon J (1982) Position chronologique des hominidés fossiles d'Ethiopie. In: Lumley MA de (ed) L'*Homo erectus* et la Place de l'Homme de Tautavel parmi les Hominidés Fossiles. 1er Congr Int Paléont Hum, Nice. Unesco, Nizza. pp 766-797

Chavaillon J, Brahimi C, Coppens Y (1974) Première découverte d'hominidé dans l'un des sites acheuléens de Melka-Kunturé (Ethiopie). CRS Acad Sci Paris, Sér D, 278: 3299-3302

Chavaillon J, Chavaillon N, Coppens Y, Senut B (1977) Présence d'Hominidés dans le site oldowayen de Gomboré I à Melka Kunturé, Ethiopie. CR Acad Sci Paris, Sér D, 285: 961-963.

Chavaillon J, Chavaillon N, Hours F, Piperno M (1979) From the Oldowan to the Middle Stone Age at Melka Kunturé (Ethiopie): understanding cultural changes. Quaternaria 21: 87-114

Chen TS, Yuan S (1988) Uranium-series dating of bones and teeth from Chinese Palaeolithic sites. Archaeometry 30: 59-76

Chivers DJ, Wood BA, Bilsborough A (eds) (1984). Food Acquisition and Processing in Primates. Plenum Press, New York

Chopra SRK, Vasishat RN (1979) Sivalik fossil tree shrews from Haritalyangar, India. Nature 281: 214-215

Ciochon RL (1985) Hominoid cladistics and the ancestry of modern apes and humans. In: Ciochon RL, Fleagle JG (eds) Primate Evolution and Human Origins. The Benjamin/Cummings Publishing Comp., Menlo Park. pp 345-362

Ciochon RL (1986) Paleoanthropological and archaeological research in the Socialist Republic of Vietnam. J Hum Evol 15: 623-633

Ciochon RL, Chiarelli AB (eds) (1980) Evolutionary Biology of the New World Monkeys and Continental Drift. Plenum Press, New York

Ciochon RL, Corruccini RS (1976) Shoulder joint of Sterkfontein *Australopithecus*. S Afr J Sci 72: 80-82

Ciochon RL, Fleagle JG (eds) (1985) Primate Evolution and Human Origins. The Benjamin/Cummings Publishing Comp., Menlo Park

Clark GA, Lindly JM (1989) The case of continuity on the biocultural transition in Europe and Western Asia. In: Mellars P, Stringer C (eds) The Human Revolution. Behavioural and Biological Perspectives on the Origin of Modern Humans. Edinburgh University Press, Edinburgh. pp 626-676

Clark JD (1975) A comparison of the Late acheulian industries of Africa and the Middle East. In: Butzer KW, Isaac GL (eds) After the australopithecines. Mouton Publishers, The Hague. pp 605-659

Clark JD (1980) Early human occupation of African savanna environments. In: Harris DR (ed) Human Ecology in Savanna Environments. Academic Press, London. pp 41-71

Clark JD (1988) The Middle Stone Age of east Africa and the beginning of regional identity. J World Prehist 2: 237-305

Clark JD, Williamson KD, Michels JW, Marean CA (1984) A Middle Stone Age occupation site at Poc-Epic cave, Diré-Dawa. Afr Archaeol Rev 2: 37-71

Clarke RJ (1976) New cranium of *Homo erectus* from Lake Ndutu, Tanzania. Nature 262: 485-487

Clarke RJ (1977) The cranium of the Swartkrans hominid SK 847 and its relevance to human origins. PhD Thesis, University of Witwatersrand

Clarke RJ (1985a) *Australopithecus* and Early *Homo* in Southern Africa. In: Delson E (ed) Ancestors: The Hard Evidence. Alan R. Liss, New York. pp 171-177

Clarke RJ (1985b) A new reconstruction of the Florisbad cranium, with notes on the site. In: Delson E (ed) Ancestors: The Hard Evidence. Alan R. Liss, New York. pp 301-305

Clarke RJ (1990) The Ndutu cranium and the origin of *Homo sapiens*. J Hum Evol 19: 699-736

Clarke RJ (1991) The restoration of Olduvai hominid 24. In: Tobias PV (ed) Olduvai Gorge, Vol 4. The Skulls, Endocasts and Teeth of *Homo habilis*, Appendix 2. Cambridge University Press, Cambridge. pp 853-856

Clarke RJ, Howell FC, Brain CK (1970) More evidence of an advanced hominid at Swartkrans. Nature 225: 1219-1222

Clausen IHS (1989) Cranial capacity in *Homo erectus*: stasis or non-stasis, direction of trend. In: Giacobini G (ed) Hominidae. Proc 2nd Int Congr Paleont Hum, Turin 1987. Jaca Book, Mailand. pp 217-220

Clutton-Brock TH, Harvey PH (1980) Primates, brains and ecology. J Zool 190: 309-323

Colinvaux P (1973) Introduction to Ecology. John Wiley, New York

Cook J, Stringer CB, Currant AP, Schwarcz HP, Wintle AG (1982) A review of the chronology of the European Middle Pleistocene hominid record. Yb Phys Anthrop 25: 19-65

Cooke HBS (1958) Observations relating to Quarternary environments in East and Southern Africa. Alex I. Du Toit Memorial Lecture No. 5. Geol Soc South Afr (Annexure) 60: 1-73

Conroy GC (1990) Primate Evolution. W.W. Norton Comp, New York

Coon CS (1962) The Origin of Races. Jonathan Cape, London

Coon CS (1982) Racial adaptations. A Study of the Origins, Nature and Significance of Racial Variations in Humans. Nelson-Hall, Chicago

Coppens Y (1961) Découverte d'un Australopithécine dans le Villafranchien du Tchad. CR Acad Sci Paris 252: 3851-3852

Coppens Y (1966) An early hominid from Chad. Curr Anthrop 7: 584-585

Coppens Y (1981) Les hominidés du Pliocene et du Pleistocene d'Afrique orientale et leur environnement. In: Sakka M (ed) Morphologie Evolutive - Morphogenese du Crâne et Origine de l'Homme. Editions CRNS, Paris. pp. 155-168

Coppens Y (1983) Systématique, phylogénie, environnement et culture des Australopithèques, hypothèses et synthèse. Bull Mém Soc Anthrop Paris, Sér XIII, 10: 273-284

Coppens Y, Senut B (eds) (1991) Origine(s) de la Bipédie chez les Hominidés. Editions CNRS, Paris

Corbridge R (1987) The knee joint: a functional analysis. B.Sc. Thesis, University College London

Cornford J (1986) Specialized reshaping techniques and evidence of handedness. In: Callow P, Cornford J (eds) La Cotte de St. Brelade 1961-1978: Excavations by CBM McBurney. Geo Books, Norwich. pp 337-351

Corruccini RS (1979) Molar cusp-size variability in relation to odontogenesis in hominoid primates. Archs Oral Biol 24: 633-634

Corruccini RS (1992) Metrical reconsideration of the Skhul IV and IX and Border Cave 1 crania in the context of modern human origins. Am J Phys Anthop 87: 433-445

Corruccini RS, McHenry HM (1980) Cladometric analysis of Pliocene hominids. J Hum Evol 9: 209-221

Corvinius G (1976) Prehistoric exploration at Hadar in the Afar region. Nature 256: 468-471

Coutselinis A, Dritsas C, Pitsios (1991) Expertise médico-légale du crâne pléistocène LA01/S2 (Apidimia II), Apidimia, Laconie, Grèce. L'Anthropologie 95: 401-408

Covert HH (1986) Biology of Early Cenozoic Primates. In: Swindler DR, Erwin J (eds) Comparative primate Biology, vol 1, Systematics, Evolution, and Anatomy. Alan R. Liss, New York. pp 335-359

Covert HH, Kay RF (1980) Dental microwear and diet - implications for early hominoid feeding behavior. Am J Phys Anthrop 52: 216

Cracraft J (1987) DNA hybridization and avian phylogenetics. In: Hecht MK, Wallace B, Prance GT (eds) Evolutionary Biology, vol 21. Plenum Press, New York. pp 47-96

Cramer DL (1977) Craniofacial morphology of *Pan paniscus*. Contrib Primatol 10: 1-64

Cronin JE (1983) Apes, humans and molecular clocks. A reappraisal. In: Ciochon RL, Corruccini RS (eds) New Interpretations of Ape and Human Ancestry. Plenum Press, New York. pp 115-149

Cronin JE, Sarich VM (1980) Tupaiid and Archonta phylogeny: the macromolecular evidence. In: Luckett WP (ed) Comparative Biology and Evolutionary Relationships of the Tree Shrews. Plenum Press, New York. pp 293-312

Cronin JE, Boaz NT, Stringer CB, Rak Y (1981) Tempo and mode in hominid evolution. Nature 292: 113-122

Czarnetzki A (1977) Artefizielle Veränderungen an den Skelettresten aus dem Neandertal? In: Schröter P (ed) 75 Jahre Anthropologische Staatssammlung München, Selbstverlag ASS, München. pp 215-219

Czarnetzki A (1991) Nouvelle découverte d'un fragment de crâne d'un hominidé archaïque dans le sud-ouest de l'Allemagne (rapport préliminaire). L'Anthropologie 95: 103-112

Dagosto M (1988) Implications of postcranial evidence for the origin of euprimates. J Hum Evol 17: 35-56

Darga LL, Baba ML, Weiss MKL, Goodman M (1984) Molecular perspectives on the evolution of the lesser apes. In: Preuschoft H, Chivers DJ, Brockelman WY, Creel N (eds) The Lesser Apes. Edinburgh University Press, Edinburgh. pp 448-485

Dart RA (1925) *Australopithecus africanus*: the man-ape of South Africa. Nature 1125: 195-199

Dart RA (1926) Taung and its significance. Nat Hist 26: 315-327

Dart RA (1929) A note on the Taung skull. S Afr J Sci 26: 648

Dart RA (1934) The dentition of *Australopithecus africanus*. Folia Anat Japon 12: 207-221

Dart RA (1948) The Makapansgat proto-human *Australopithecus prometheus*. Am J Phys Anthrop 6: 259-284

Dart RA (1955) *Australopithecus prometheus* and *Telanthropus capensis*. Am J Phys Anthrop 13: 67-96

Dart RA (1957) The osteodontokeratic culture of Australopithecus africanus. Mem Transvaal Mus 10: 1-105

Dart RA (1959) A tolerably complete Australopithecine cranium from the Makapansgat pink breccia. A Afr J Sci 55: 325-327

Darwin C (1859) On the Orgins of Species by Means of Natural Selection, or The Preservation of Favoured Races in The Struggle for Life. London. Deutsche Übersetzung H. Schmidt 1982, 4. Aufl.

Darwin C (1871) The Descent of Man and Selection in Relation to Sex. John Murray and Sons, London. Deutsche Übersetzung Neumann 1967

Davis PR (1964) Hominid fossils from Bed I, Olduvai Gorge, Tanganyika: a tibia and a fibula. Nature: 201 967-970

Day MH (1971) The postcranial remains of *Homo erectus* from Bed IV, Olduvai Gorge, Tanzania. Nature 232: 383-387

Day MH (1972) The Omo human skeletal human remains. In: Bordes F (ed) The Origin of *Homo sapiens*. Unesco, Paris. pp 31-35

Day MH (1982) The *Homo erectus* pelvis: punctuation or gradualism? 1er Congr Int Paleont Hum, Nice. Unesco, Nizza. pp 411-421

Day MH (1984) The postcranial remains of *Homo erectus* from Africa, Asia, and possibly Europe. Cour Forsch Senckenb 69: 113-121

Day MH (1985) Hominid locomotion - from Taung to the Laetoli footprints. In: Tobias PV (ed) Hominid Evolution: Past, Present and Future. Alan R. Liss, New York. pp 115-128

Day MH (1986) Guide to Fossil Man, 4. ed. Cassels, London

Day MH (1973) Human skeletal remains from Border Cave, Ingwawuma District, Kwa-Zulu, South Africa. Ann Tvl Mus 28: 229-256

Day MH, Stringer CB (1982) A reconsideration of the Omo Kibish remains and the *erectus-sapiens* transition. In: Lumley MA de (ed) L'*Homo erectus* et al Place de l'Homme de Tautavel parmi les Hominidés Fossiles. Editions CNRS, Paris. pp 814-846

Day MH, Stringer CB (1991) Les restes crâniens d'Omo-Kibish et leur classification à l'intérieur du genre *Homo*. L'Anthropologie 95: 573-594

Day MH, Wickens EH (1980) Laetoli Pliocene hominid footprints and bipedalism. Nature 286: 385-387

Day MH, Wood JR (1968) Functional affinities of the Olduvai hominid 8 talus. Man 3: 440-455

Deacon HJ (1984) Later Stone Age people and their descendants in southern Africa. In: Klein RG (ed) Southern African Prehistory and Palaeoenvironments. A.A. Balkema, Rotterdam. pp 221-328

Deacon HJ (1989) Late Pleistocene palaeoecology and archaeology in the Southern Cape, South Africa. In: Mellars P, Stringer C (eds) The Human Revolution: Behavioural and Biological Perspectives on the Origins of Modern Humans. Edinburgh University Press, Edinburgh. pp 547-564

Deacon HJ, Shuurman R (1992) The origins of modern people: The evidence from Klasies River. In: Bräuer G, Smith FH (eds) Continuity or Replacement: Controversies in *Homo sapiens* Evolution. A.A. Balkema, Rotterdam. pp 121-129

Dean MC (1988) Growth processes in the cranial base of hominoids and their bearing on morphological similarities that exist in the cranial base of *Homo* and *Paranthropus*. In: Grine FE (ed) Evolutionary History of the 'Robust' Australopithecines. Aldine de Gruyter, New York. pp 107-112

Dean MC, Beynon AD (1991) Tooth crown heights, tooth wear, sexual dimorphism and jaw growth in hominoids. Z Morph Anthrop 78: 425-440

Debénath A (1976) Les civilisations du Paléolithique inférieur en Charente. In: Lumley H de (ed) La Préhistoire Française. Editions CNRS, Paris. pp 929-935

Debénath A (1977) The latest finds of ante-Würmian human remains in Charente (France). J Hum Evol 6: 297-302

Debénath A (1988) Recent thoughts on the Riss and early Würm assemblages of la Chaise de Vouthon (Charente, France). In: Dibble H, Monte-White A (eds) Upper Pleistocene Prehistory of Western Eurasia. University of Pennsylvania Museum, Philadelphia. pp 85-93

De Bonis L (1983) Phyletic relationships of Miocene hominoids and higher primate classification. In: Ciochon RL, Corruccini RS (eds) New Interpretations of Ape and Human Ancestry. Plenum Press, New York. pp 625-649

Debrunner HU (1985) Biomechanik des Fußes. F. Enke Verlag, Stuttgart

Delattre A, Fenart R (1956) Analyse morphologique du splanchnocrâne chez les primates et ses rapports avec le prognathisme. Mammalia 20: 169-323

Deloison Y (1991) Les Australopithèques marchaient-ils comme nous? In: Coppens Y, Senut B (eds) Origine(s) de la Bipédie chez les Hominidés. Editions CNRS, Paris. pp 177-186

Deloison Y (1992) Sur les traces de pas de laetoli en Tanzanie. In: Toussaint M (ed) Cinq Millions d'Années, l'Aventure Humaine. E.R.A.U.L., Liège. pp 63-72

Delson E (1985) Ancestors: The Hard Evidence. Alan R. Liss, New York

Delson E (1986) Human phylogeny revised again. Nature 322: 496-497

Delson E (1987) Evolution and paleobiology of robust *Australopithecus*. Nature 327: 654-655

Delson E (1988) Chronology of South African australopith site units. In: Grine FE (ed) Evolutionary History of the 'Robust' Australopithecines. Aldine de Gruyter, New York. pp 317-324

Delson E, Rosenberger AL (1980) Phyletic perspectives on platyrrhine origins and anthropoid relationships. In: Ciochon RL, Chiarelli AB (eds) Evolutionary Biology of the New World Monkeys and Continental Drift. Plenum Press, New York. pp 445-458

Delson E, Eldredge N, Tattersall I (1977) Reconstruction of hominid phylogeny: a testable framework based on cladistic analysis. J Hum Evol 6: 263-278

Demes B (1985) Biomechanics of the primate skull base. Adv Anat Embryol Cell Biol 94: 1-59

Demes B (1987) Another look at an old face: biomechanics of the neanderthal facial skeleton reconsidered. J Hum Evol 16: 297-305

Demes B (1991) Biomechanische Allometrie: Wie die Körpergröße Fortbewegung und Körperform von Primaten bestimmt. Cour Forsch Senckenb 141: 1-83

Demes B, Creel N (1988) Bite force, diet and cranial morphology of fossil hominids. J Hum Evol 17: 657-670

Demes B, Creel N, Preuschoft H (1986) Functional significance of allometric trends in the hominoid masticatory apparatus. In: Else JG, Lee PC (eds) Primate Evolution. Cambridge University Press, Cambridge. pp 229-237

Demes B, Preuschoft H, Wolff JEA (1984) Stress-strength relationships in the mandibles of hominoids. In: Chivers DJ, Wood BA, Bilsborough A (eds). Food Acquisition and Processing in Primates. Plenum Press, New York. pp 369-390

Dennell RW (1985) European Economic Prehistory: A New Approach. Academic Press, London

Dennell RW, Rendell H, Hailwood E (1988a) Early tool-making in Asia: two million-year-old artefacts in Pakistan. Antiquity 62: 98-106

Dennell RW, Rendell H, Hailwood E (1988b) Late Pliocene artefacts in Pakistan. Curr Anthrop 29: 495-498

De Villiers H (1973) Human skeletal remains from Border Cave, Ingwawuma District, Kwa-Zulu, South Africa. Ann Tvl Mus 28: 229-256

Dobzhansky T (1944) On the species and races of living and fossil men. Am J Phys Anthrop 2: 251-265

Doluchanov PM (1981) Ökologie und Chronologie des Mesolithikums in Europa. In: Gramsch B (ed) Mesolithikum in Europa. 2. Int Symp Potsdam, 1978. Veröffl Mus Ur- und Frühgeschichte Potsdam 14/15: 211-215

Drennan MR (1953) A preliminary note on the Saldanha Skull. South Afr J Sci 50: 7-11

Dubois E (1891a) Paleontologische onderzoekingen op Java. Verslagen van het Mijnwezen 3: 12-14

Dubois E (1891b) Paleontologische onderzoekingen op Java. Verslagen van het Mijnwezen 4: 12-15

Dubois E (1892) Paleontologische onderzoekingen op Java. Verslagen van het Mijnwezen 5: 10-14

Dubois E (1894) *Pithecanthropus erectus*, eine menschenähnliche Übergangsform aus Java. Batavia

Dubois E (1922) The proto-Australian man from Wadjak. Koninkl Akad Wet Amsterdam, Ser B, 23: 1013-1051

DuBrul LE (1972) Development of the hominid oral apparatus. In: Schumacher GH (ed) Morphology of the Maxillo-Mandibular Apparatus. Georg Thieme Verlag, Stuttgart. pp 40-47

DuBrul LE (1974) Origin and evolution of the oral apparatus. In: Kawamura Y (ed) Frontiers of Oral Physiology, vol 1. Karger Verlag, Basel. pp 1-30

DuBrul LE (1977) Early hominid feeding mechanisms. Am J Phys Anthrop 47: 305-320

DuBrul LE (1980) Sicher's Oral Anatomy. Mosby, St. Louis

DuBrul LE, Laskin DM (1961) Preadaptive potentialities of the mammalian skull: an experiment in growth and form. Am J Anat 109: 117-132

Ducroquet R, Ducroquet J, Ducroquet P (1965) La Marche et les Boiteries. Masson et Cie, Paris

Dullemeijer P, Barel CDN (1977) Functional morphology and evolution. In: Hecht MK, Goody PC, Hecht BM (eds) Major Patterns in Vertebrate Evolution. Plenum Press, New York. pp 83-117

Dunbar RIM (1977) Feeding ecology of gelada baboons: a preliminary report. In: Clutton-Brock TH (ed) Primate Ecology. Academic Press, London. pp 250-273

Dunbar RIM (1988) Primate Social Systems. Comstock Publishing Associates, Cornell University Press, Ithaca

Dutrillaux B (1988) Chromosome evolution in primates. Folia primatol 50: 134-135

Efremov IA (1940) Taphonomy: a new branch of paleontology. Pan Am Geol 74: 81-93

Ehara A (1969) Zur Phylogenese und Funktion des Orbitaseitenrandes der Primaten. Z Morph Anthrop 60: 263-271

Eickhoff S (1984) Die Oberflächenläsionen an neolithischem Skelettmaterial des Kollektivgrabes von Odagsen, Krs. Northeim. Diplomarbeit, Universität Göttingen

Eldredge N, Tattersall I (1975) Evolutionary models, phylogenetic reconstruction and another look at hominid phylogeny. In: Szalay FS (ed) Approaches to Primate Paleobiology. Karger Verlag, Basel. pp 218-242

Eldredge N, Tattersall I (1982) The Myth of Human Evolution. Columbia Press, New York

Ellefson JO (1967) A natural history of Gibbons in the Malay Penninsula. PhD Thesis, University of California, Berkeley

Elliot Smith G (1924) Essays on the Evolution of Man. Oxford University Press, London

Endo B (1966) Experimental studies on the biomechanical significance of the form of the human facial skeleton. J Fac Sci Univ Tokyo, Section 5, 3: 1-106

Ennouchi E (1972) Nouvelle découverte d'un archanthropien au Maroc. CR Acad Sci Paris, Sér D, 269: 763-765

Ennouchi E (1976) Le deuxième archanthropien à la carrière Thomas 3 (Maroc); étude préliminaire. Bull Mus Natl Hist Nat Paris, Sér 3, 56: 273-296

Erikson GE (1963) Brachiation in New World Monkeys and in anthropoid apes. Symp Zool Soc London 10: 135-164

Erwin TL (1981) Taxon pulses, vicariance, and dispersal: an evolutionary synthesis illustrated by carabid beetles. In: Nelson G, Rosen DE (eds) Vicariance Biogeography. A Critique. Columbia University Press, New York. pp 159-196

Evernden JF, Curtis GH (1965) The potassium-argon dating of Late Cenozoic rocks in east Africa and Italy. Curr Anthrop 6: 343-385

Excoffier L, Langaney A (1989) Origin and differentiation of human mitochondrial DNA. Am J Hum Genet 44: 73-85

Excoffier L, Pellegrini B, Sanchez-Mazas A, Simon C, Langaney A (1987) Genetics and history of sub-Saharan Africa. Yb Phys Anthrop 30: 151-194

Fagan BM (1990) The Journey from Eden. The Peopling of our World. Thames and Hudson Ltd., London

Falk D (1980) A reanalysis of the South African australopithecine natural endocasts. Am J Phys Anthrop 53: 525-539

Falk D (1983a) Cerebral cortices of East African early hominids. Science 221: 1072-1074

Falk D (1983b) The Taung endocast: a reply to Holloway. Am J Phys Anthrop 60: 479-489

Falk D (1985) Apples, oranges, and the lunate sulcus. Am J Phys Anthrop 67: 313-315

Falk D (1986) Evolution of cranial blood drainage in hominoids; enlarged occipital-marginal sinuses and emissary foramina. Am J Phys Anthrop 70: 311-324

Falk D (1987) Brain lateralization in primates and its evolution in hominids. Yb Phys Anthrop 30: 107-125

Falk D (1988) Enlarged occipital/marginal sinuses and emissary foramina: their significance in hominid evolution. In: Grine FE (ed) Evolutionary History of the "Robust" Australopithecines. Aldine de Gruyter, New York. pp 85-96

Feibel CS, Brown FH, McDougall I (1989) Stratigraphic context of fossil hominids from the Omo Group deposits: northern Turkana basin, Kenya and Ethiopia. Am J Phys Anthrop 78: 595-622

Feldesman MR, Lundy JK (1988) Stature estimates for some African Plio-Pleistocene fossil hominids. J Hum Evol 17: 583-596

Felsenstein J (1982) Numerical methods for inferring evolutionary trees. Quart Rev Biol 57: 379-404

Felsenstein J (1983) Parsimony in systematics: Biological and statistical issues. Ann Rev Ecol Syst 14: 313-333

Felsenstein J (1987) Estimation of hominoid phylogeny from a DNA hybridization data set. J Mol Evol 26: 123-131

Ferembach D (1970) Les Cromagnoides de l'Afrique du Nord. In: Camps G, Olivier G (eds) 1868-1968, L'Homme de Cro-Magnon. Arts et Metiers Graphiques, Paris. pp 81-91

Ferembach D (1985) On the origin of the Ibéromaurusiens (Upper Paleolithic: North Africa): A new hypothesis. J Hum Evol 14: 393-397

Ferembach D (1986) Les hommes de l'Holocene. *Homo sapiens sapiens* en Asie jusqu'au néolithique. - *Homo sapiens sapiens* en Afrique: des origines au néolithique. In: Ferembach D, Susanne C, Chamla MC (eds) L'Homme, son Evolution, sa Diversité. Editions CNRS, Paris. pp 225-232, 239-244, 245-256

Ferembach D, Susanne C, Chamla, MC (eds) (1986) L'Homme, son Evolution, sa Diversité. Editions CNRS, Paris

Ferguson WW (1983) An alternative interpretation of *Australopithecus afarensis* fossil material. Primates 24: 397-409

Ferris SD, Brown WM, Davidson WS, Wilson AC (1981a) Extensive polymorphism in the mitochondrial DNA of apes. Proc Natl Acad Sci USA 78: 6319-6323

Ferris SD, Sarge RD, Huang CM, Nielsen JT, Ritte U, Wilson AC (1981b) Flow of mitochondrial DNA across a species boundary. Proc Natl Acad Sci USA 80: 2290-2294

Feustel R (1985) Technik der Steinzeit. Archäolithikum - Mesolithikum. H. Böhlhaus Nachfolger, Weimar

Fiedler W (1956) Übersicht über das System der Primates. In: Hofer H, Schultz AH, Starck D (Hrsg) Primatologia, vol 1. Karger Verlag, Basel. pp 1-266

Fitch WM (1986) The estimate of total nucleotide substitution from pairwise differences is biased. Phil Trans R Soc London B 312: 317-324

Fleagle JG (1974) The dynamics of a brachiating siamang (*Hylobates <Symphalangus> syndactylus*) Nature 248: 259-260

Fleagle JG (1976) Locomotion and posture of the Malayan siamang and implications for hominoid evolution. Folia primatol 26: 245-269

Fleagle JG (1977) Brachiating and biomechanics: the siamang as example. Malay Nat J 30: 45-51

Fleagle JG (1983) Locomotor adaptations of Oligocene and Miocene hominoids and their phyletic implications. In: Ciochon RL, Corruccini RS (eds) New Interpretations of Ape and Human Ancestry. Plenum Press, New York. pp 301-324

Fleagle JG (1988) Primate Adaptation and Evolution. Academic Press, San Diego

Fleagle JG, Kay RF, Simons EL (1980) Sexual dimorphism in early anthropoids. Nature 287: 328-330

Fleagle JG, Stern JT jr, Jungers WL, Susman RL, Vangor AK, Wells JP (1981) Climbing: a biomechanical link with brachiation and with bipedalism. Symp Zool Soc London 48: 359-375

Fleagle JG, Rasmussen DT, Yirga S, Bown TM, Grine FE (1991) New hominid fossils from Fejej, Southern Ethopia. J Hum Evol 21: 145-152

Flint RF (1959) Pleistocene climate in eastern and Southern Africa. Bull Geol Soc Am 70: 343-374

Foley RA (1984) Hominid Evolution and Community Ecology. Prehistoric Human Adaptation in Biological Perspective. Academic Press, London

Foley RA (1987) Another Unique Species. Patterns in Human Evolutionary Ecology. Longman, Harlow.

Foley RA (1991) How many species of hominid should there be? J Hum Evol 20: 413-427

Forey PL (1982) Neontological analysis versus paleontological stories. In: Joysey KA, Friday AE (eds) Problems of Phylogenetic Reconstruction. Academic Press, London. pp 119-157

Forgaty ME, Smith FH (1987) Late Pleistocene climatic reconstruction in North Africa and the emergence of modern humans. Hum Evol 2: 311-319

Fortey RA, Jeffries RPS (1982) Fossils and phylogeny - a compromise approach. In: Joysey KA, Friday AE (eds) Problems of Phylogenetic Reconstruction. Academic Press, London. pp 197-234

Fraipont CH (1912) L'astragale de l'homme Moustérien de Spy; ses affinités. Bull Soc Anthrop Bruxelles 31: 2-50

Fraipont CH (1925) Contribution à l'étude de la station verticale: la courbure du fémur. Rev Anthrop 35: 329-340

Fraipont J, Lohest M (1886) La race humaine de Néanderthal ou de Canstadt en Belgique. Bull Acad Roy Belg Cl Sci 12: 741-784

Franciscus RG, Trinkaus E (1988) Nasal morphology and the emergence of *Homo erectus*. Am J Phys Anthrop 75: 517-527

Franzen JL (1973) Versuch einer Rekonstruktion der Evolution des Menschen. Aufsätze u. Reden Senckenb naturf Ges 24: 113-127

Franzen JL (1984) Die Primaten als stammesgeschichtliche Basis des Menschen, In: Wendt H, Loacker N (eds) Kindlers Enzyklopädie des Menschen, vol I. Kindler Verlag, München. pp 557-597

Franzen JL (1985a) Asian Australopithecines? In: Tobias PV (ed) Hominid Evolution: Past, Present and Future. Alan R. Liss, New York. pp 255-263

Franzen JL (1985b) What is '*Pithecanthropus dubius* Koenigswald 1950'?. In: Delson E (ed) Ancestors: The Hard Evidence. Alan R. Liss, New York. pp 221-226

Frayer DW (1978) Evolution of the dentition in Upper Paleolithic and Mesolithic Europe. Publ Anthrop 10. University of Kansas. Lawrence, Kansas

Frayer DW (1980) Sexual dimorphism and cultural evolution in the late Pleistocene and Holocene of Europe. J Hum Evol 9: 399-415

Frayer DW (1984) Biological and cultural change in the European late Pleistocene and Early Holocene. In: Smith FH, Spencer F (eds) The Origins of Modern Humans: A World Survey of the Fossil Evidence. Alan R. Liss, New York. pp 211-250

Frayer DW (1986) Cranial variation at Mladec and the relationship between Mousterian and Upper Paleolithic hominids. In: Novotny V, Mizerova A (eds) Fossil Man - New Facts, New Ideas. Papers in Honour of Jan Jelinek's Life Anniversary. Anthropos (Brno) 23: 243-256

Frayer DW (1992a) The persistence of Neanderthal features in post-Neanderthal Europeans. In: Bräuer G, Smith FH (eds) Continuity or Replacement. Controversies in *Homo sapiens* evolution. A.A. Balkema, Rotterdam. pp 179-188

Frayer DW (1992b) Evolution at the European edge: Neanderthal and upper Paleolithic relationships. Préhist Europ 2: 9-69

Frayer DW, Wolpoff MH (1985) Sexual dimorphism. Ann Rev Anthrop 14: 429-474

Frenzel B (1968) Grundzüge der pleistozänen Vegetationsgeschichte Nord-Eurasiens. Erdwiss Forsch 1. Steiner Verlag, Wiesbaden

Fridrich J (1976) The first industries from Eastern and South-Eastern Central Europe. In: Valoch K (ed) Les Premières Industries de l'Europe (Colloque VIII), 8-23. Union Int Sci Préhist Protohist, Nizza

Fuhlrott C (1865) Der fossile Mensch aus dem Neanderthal und sein Verhältnis zum Alter des Menschengeschlechts. Duisburg

Fuhlrott C, Schaaffhausen H (1857) Correspondenzblatt des naturhistorischen Vereins der preußischen Rheinlande und Westphalens. Verh naturhist Ver preuss Rheinl 14: 50-52

Gabunia L, Justus A, Vekua A (1989) Der menschliche Unterkiefer. In: Dzaparidze V, Bosinski G, Bugianisvili T, Gabunia L et al (eds) Der altpaläolithische Fundplatz Dmanisi in Georgien (Kaukasus). Jb Römisch-Germanisches Zentralmuseum 36. Mainz

Gallay A (1978) Stèles néolithiques et problématique archéologique. Arch Suisse Anthrop Gén (Génève) 42: 75-103

Gamble C (1986) The Palaeolithic Settlement of Europe. Cambridge University Press, Cambridge

Gantt DG (1983) The enamel of Neogene hominoids: Structural and phyletic implications. In: Ciochon RL, Corruccini RS (eds) New Interpretations of Ape and Human Ancestry. Plenum Press, New York. pp 249-298

Gargett RH (1989) The evidence of Neanderthal burial. Curr Anthrop 30: 157-189

Geissmann T (1986a) Estimation of australopithecine stature from long bones: AL 288-1 as a test case. Folia primatol 47: 119-127

Geraads D (1981) Bovidae et Giraffidae (Artiodactyla, Mammalia) du Pleistocène de Ternifine (Algérie). Bull Mus Natl Hist Nat Paris, Sér 4, 3: 47-86

Geraads D, Hublin JJ, Jaeger JJ, Tong H, Sen S, Toubeau P (1986) The Pleistocene hominid site of Ternifine, Algeria: new results on the environment, age and human industries. Quart Res 25: 380-386

Geyh M (1980) Einführung in die Methoden der physikalischen und chemischen Altersbestimmung. Wiss. Buchgesellschaft, Darmstadt

Geyh M (1983) Physikalische und Chemische Datierungsmethoden in der Quartärforschung. Clausthaler Tektonische Hefte: 19

Giacobini G, Piperno M (1991) Taphonomic considerations on the Circeo 1 Neandertal cranium. Comparison of the surface characteristics of the human cranium with faunal remains from the paleosurface. In: Piperno M, Scichilone (eds) Il Cranio Neandertaliano Circeo 1. Studi e Documenti. Istituto Poligrafico E Zecca Dello Stato, Libreira Dello Stato, Rom. pp 457-485

Gieseler W (1974) Die Fossilgeschichte des Menschen. Gustav Fischer Verlag, Stuttgart

Gifford DP (1981) Taphonomy and paleoecology: a critical review of archeology's sister disciplines. In: Schiffer MB (ed) Advances in Archeological Method and Theory, vol 4. Academic Press, New York. pp 365-438

Gillespie JH (1986) Natural selection and the molecular clock. Mol Biol Evol 3: 138-155

Gingerich PD (1971) Cranium of *Plesiadapis*. Nature 232: 566

Gingerich PD (1975) Systematic position of Plesiadapis. Nature 253: 111-113

Gingerich PD (1976) Cranial anatomy and evolution of early Tertiary Plesiadapidae (Mammalia, Primates). Mus Pal Univ Mich Pap Paleont 15: 1-40

Gingerich PD (1977) Patterns of evolution in the mammalian fossil record. In: Hallam A (ed) Patterns of Evolution. Elsevier, Amsterdam. pp 469-500

Gingerich PD (1981) Cranial morphology and adaptations in Eocene Adapidae. I. Sexual dimorphism in *Adapis* magnus and *Adapis parisiensis*. Am J Phys Anthrop 56: 217-234

Gingerich PD (1984) Primate evolution: evidence from the fossil record, comparative morphology, and molecular biology. Yb Phys Anthrop 27: 57-72

Gingerich PD (1986) *Plesiadapis* and the delineation of the order Primates. In: Wood BA, Martin LB, Andrews P (eds) Major Topics in Primate and Human Evolution. Cambridge University Press, Cambridge. pp 32-46

Gingerich PD, Smith PH, Rosenberg K (1982) Allometric scaling in the dentition of primates and prediction of body weight from tooth size in fossils. Am J Phys Anthrop 58: 81-100

Glowatzki G (1979) Wilhelm Kattwinkel, der Entdecker der Oldoway-Schlucht. Homo 30: 124-125

Goldman D, Rathna Giri P, O'Brien SJ (1987) A molecular phylogeny of the hominoid primates as indicated by two-dimensional protein electrophoresis. Proc Natl Acad Sci USA 84: 3307-3311

Goldschmid A, Kotrschal K (1989) Ecomorphology: development and concepts. In: Splechtna H, Hilger H (eds) Trends in Vertebrate Morphology. Gustav Fischer Verlag, Stuttgart. pp 501-512

Gomberg DN, Latimer B (1984) Observations on the transverse tarsal joint of *A. afarensis* and some comments on the interpretation of behavior from morphology. Am J Phys Anthrop 63: 164

Goodall J (1986) The Chimpanzees of Gombe, Harvard University Press, Cambridge, Mass.

Goodman M (1962) Immunochemistry of the primates and primate evolution. Ann NY Acad Sci 102: 219-234

Goodman M (1963a) Man's place in the phylogeny of the primates as reflected in serum proteins. In: Washburn SL (ed) Classification and Human Evolution. Aldine, Chicago. pp 204-234

Goodman M (1963b) Serological analysis of the systematics of recent hominoids. Hum Biol 35: 377-436

Goodman M (1975) Protein sequence and immunological specifity. Their role in phylogenetic studies in primates. In: Luckett WP, Szalay FS (eds) Phylogeny of the Primates. A Multidisciplinary Approach. Plenum Press, New York

Goodman M (1976) Towards a genealogical description of the primates. In: Goodman M, Tashian RE (eds) Molecular Anthropology. Plenum Press, New York. pp 321-353

Goodman M (1981) Decoding the pattern of protein evolution. Progr Biophys Mol Biol 37: 105-164

Goodman M (1982) Biomolecular evidence on human origins from the standpoint of Darwinian theory. Hum Biol 54: 247-264

Goodman M (1986) Rates of molecular evolution: The hominoid slowdown. Bioessays 3: 9-14

Goodman M, Romero-Herrera A, Dene H, Czelusniak J, Tashian RE (1982) Amino acid sequence evidence on the phylogeny of primates and other eutherians. In: Goodman M (ed) Macromolecular Sequences in Systematics and Evolutionary Biology. Plenum Press, New York. pp 115-191

Goodman M, Koop BF, Czelusniak J, Weiss ML, Slightom JL (1984) The {g-globin gene: Its long evolutionary history in the {b-globin gene family of mammals. J Mol Evol 180: 803-823

Goren N (1981) The Lithic Assemblages of the Site of Ubeidiya, Jordan Valley. PhD Thesis, Hebrew University Jerusalem

Gould SJ (1966) Allometry and size in ontogeny and phylogeny. Biol Rev 41: 587-640

Gould SJ (1988) Der falsch vemessene Mensch. Suhrkamp Verlag, Frankfurt/Main

Gowlett JAJ (1978) Kilombe - an Acheulean site complex in Kenya. In: Bishop WW (ed) Geological Background to Fossil Man. Scottish Academic Press, Edinburgh. pp 337-360

Gramsch B (ed) (1981) Mesolithikum in Europa. 2. Int Symp, Potsdam 1978. Veröfftl Mus Ur- und Frühgesch, Potsdam. VEB Deutscher Verlag der Wissenschaft, Berlin

Grand TI (1972) A mechanical interpretation of terminal branch feeding. J Mammal 53: 198-201

Grausz HM, Leakey RE, Walker AC, Ward CV (1988) Associated cranial and postcranial bones of *Australopithecus boisei*. In: Grine FE (ed) Evolutionary History of the "Robust" Australopithecines. Aldine de Gruyter, New York. pp 127-132

Greaves WS (1985) The mammalian postorbital bar as a torsion-resisting helical strut. J Zool London (A) 297: 125-136

Green HS (1984) Pontnewydd Cave: A Lower Paleolithic Hominid Site in Wales: The First report. Nat Mus Wales, Cardiff

Green HS, Stringer CB, Collcutt SN, Currant AP, Huxtable J et al (1981) Pontnewydd Cave in Wales - a new Middle Pleistocene hominid site. Nature 294: 707-713

Greenberg JH (1983) zitiert in A new Wave to the New World, in Currents, Science 83, 14, 10: 7-8

Greenberg JH, Turner CG, Zegura SL (1986) The settlement of the Americas: a comparison of the linguistic, dental and genetic evidence. Curr Anthrop 27: 477-497

Greene DL, Armelagos G (1972) The Wadi Halfa Mesolithic Population. Dept Anthrop, Univ Massachussets, Res Rep No 11. Amherst

Greene DL, Sibley CG (1986) Neandertal pubic morphology and gestation length revisited. Curr Anthrop 27: 516-519

Greenfield LO (1980) A late divergence hypothesis. Am J Phys Anthrop 52: 351-365

Gregory WK (1916) Studies on the evolution of the primates. II. Phylogeny of recent and extinct anthropoids, with special reference to the origin of man. Bull Am Mus Nat Hist 35: 239-255

Gregory WK (1920) The origin and evolution of the human dentition. Part II. Stages of ascent from the Paleocene placental mammals to the lower primates. J. dent. Res. 2: 215-283

Gregory WK (1921) The origin and evolution of the human dentition: a palaeontological review. Part V. Later stages in the evolution of human dentition; with a final summary and a bibliography. J. dent. Res. 3: 87-228

Gregory WK (1922) The Origin and Evolution of Human Dentition: A Palaeontological Review. Williams and Wilkins, Baltimore

Gregory WK (1929) The upright posture of man. A review of its origin and evolution. Proc Am Philos Soc 69: 339-376

Gregory WK, Hellman M (1939) The dentition of the extinct South African man-ape *Australopithecus (Plesianthropus) transvaalensis* Broom: a comparative and phylogenetic study. Ann Tvl Mus 19: 339-373

Grine FE (1981) Trophic differences between "gracile" and "robust" australopithecine: a scanning electron microscope analysis of occlusal events. S Afr J Sci 77: 203-230

Grine FE (1982) A new juvenile hominid (Mammalia; Primates) from Member 3, Kromdraai Formation, Transvaal, South Africa. Ann Tvl Mus 33: 165-239

Grine FE (1985a) Australopithecine evolution: the deciduous dental evidence. In: Delson E (ed) Ancestors: the Hard Evidence. Alan R. Liss, New York. pp 153-167

Grine FE (1985b) Was interspecific competition a motive force in early hominid evolution? In: Vrba ES (ed) Species and Speciation. Transvaal Museum Monographs, Pretoria. pp 143-152

Grine FE (1986) Dental evidence for dietary differences in *Australopithecus* and *Paranthropus*; a quantitative analysis of permanent molar microwear. J Hum Evol 15: 783-822

Grine FE (1987) L'alimentation des australopitèques d'Afrique du Sud, d'après des microtraces d'usure sur les dents. L'Anthropologie 91: 467-482

Grine FE (ed) (1988a) Evolutionary History of the "Robust" Australopithecines. Aldine de Gruyter, New York

Grine FE (1988b) New craniodental fossils of *Paranthropus* from the Swartkrans Formation and their significance in "robust" australopithecine evolution. In: Grine FE (ed) Evolutionary History of the "Robust" Australopithecines. Aldine de Gruyter, New York. pp 223-244

Grine FE (1989) New hominid fossils from the Swartkrans Formation (1979-1986 excavations): craniodental specimens. Am J Phys Anthrop 79: 409-449

Grine FE (1993) Australopithecine taxonomy and phylogeny: historical background and recent interpretation. In: Ciochon RL, Fleagle JG (eds) The Human Evolution Source Book. Prentice Hall, Englewood Cliffs. pp 198-210

Grine FE, Klein RG (1985) Pleistocene and Holocene human remains from Equus Cave, South Africa. Anthropology 8: 55-98

Grine FE, Martin LB (1988) Enamel thickness and development in *Australopithecus* and *Paranthropus*. In: Grine FE (ed) Evolutionary History of the 'Robust' Australopithecines. Aldine de Gruyter, New York. pp 3-42

Groves CP (1989a) A regional approach to the problem of the origin of modern humans in Australasia. In: Mellars P, Stringer C (eds) The Human Revolution. Behavioural and Biological Perspectives on the Origins of Modern Humans. Edinburgh University Press, Edinburgh. pp 274-285

Groves CP (1989b) A Theory of Primate and Human Evolution. Oxford University Press, New York

Groves CP, Mazák V (1975) An approach to the taxonomy of the Hominidae: gracile Villafranchian hominids of Africa. Can Min Geol 20: 225-247

Grupe G (1984) Ein deduktives Modell für die historische Anthropologie - Beitrag zu einem ökosystemorientierten Interpretationsraster. Z Morph Anthrop 75: 189-195

Grupe G (1986) Multielementanalyse: Ein neuer Weg für die Paläodemographie. Bundesinstitut für Bevölkerungswissenschaft, Wiesbaden (ed) Materialien zur Bevölkerungswissenschaft, Sonderheft 7

Grupe G, Garland AN (eds) (1993) Histology of Ancient Human Bone: Methods and Diagnosis. Springer-Verlag, Heidelberg

Günther K (1949) Über Evolutionsfaktoren und die Bedeutung des Begriffs ökologische Lizenz. In: Ornithologie als biologische Wissenschaft. Festschrift Stresemann. C. Winter Universitäts-Verlag, Heidelberg

Günther K (1950) Ökologische und funktionnelle Anmerkungen zur Frage des Nahrungserwerbs bei Tiefseefischen mit einem Exkurs über die ökologischen Zonen und Nischen. In: Grüneberg, H, Ulrich, W (eds) Moderne Biologie. Festschrift Nachtsheim. F W Peters, London.

Gutmann, WF (1977) Phylogenetic Reconstruction: Theory, Methodology, and Application . In: Hecht MK, Goody, PC, Hecht BM (eds) Major Patterns in Vertebrate Evolution. Nato Adv. Study Inst. Series, Series A: Life Sciences 14. Plenum Press, New York, London. pp 645-669

Gutmann WF, Bonik K (1981) Kritische Evolutionstheorie. Ein Beitrag zur Überwindung altdarwinistischer Dogmen. Gutenberg Verlag, Hildesheim

Habgood PJ (1989) The origin of the anatomically-modern human in Australasia. In: Mellars P, Stringer C (eds) The Human Revolution. Behavioural and Biological Perspectives on the Origins of Modern Humans. Edinburgh University Press, Edinburgh. pp 245-273

Habgood PJ (1992) The origin of anatomically modern humans in east Asia. In Bräuer G, Smith FH (eds) Continuity or Replacement. Controversies in *Homo sapiens* Evolution. A.A. Balkema, Rotterdam. pp 273-288

Haeckel E (1866) Generelle Morphologie der Organismen, 2 Bde. G. Reimer Verlag, Berlin

Hale LR, Singh RS (1987) Mitochondrial DNA variation and genetic structure in populations of *Drosophila melanogaster*. Mol Biol Evol 4: 622-637

Hamilton WJ, Busse CD (1982) Social dominance and predatory behavior of chacma baboons. J Hum Evol 11: 567-574

Happel R (1988) Seed-eating by west african cercopithecines, with reference to the possible evolution of bilophodont molars. Am J Phys Anthrop 75: 303-327

Harding RSO (1981) An order of omnivores: non-human primate diets in the wild. In Harding RSO, Teleki G (eds) Omnivorous Primates. Columbia University Press, New York. pp 191-214

Harding RSO, Teleki G (eds) (1981) Omnivorous Primates. Columbia University Press, New York

Harihara S, Saitou N, Hirai M, Gojobori T, Park KS, Misawa S, Ellepola SB, Ishida T, Omoto K (1988) Mitochondrial DNA polymorphism among five Asian populations. Am J Hum Gen 43: 134-143

Harper AB (1980) Origins and divergence of Aleuts, Eskimos and American Indians. Ann Hum Biol 17: 547-554

Harris DR (1980) Human Ecology in Savanna Environments. academic Press, London

Harris JWK (1983) Cultural beginnings: Plio-Pleistocene archaeological occurrences from the Afar, Ethiopia. Afr Archaeol Rev 1: 3-31

Harris S, Thackeray JR, Jeffreys AJ, Weiss ML (1986) Nucleotide sequence analysis of the lemur b-globin gene family: Evidence for major rate fluctuations in globin polypeptide evolution. Mol Biol Evol 3: 465-484

Harrison T (1982) Small bodied apes from the Miocene of East Africa. PhD Dissertation, University of London

Harrison T (1988) A taxonomic revision of the small catarrhine primates from the early Miocene of East Africa. Folia primatol 50: 59-108

Harrold FB (1992) Paleolithic archaeology, ancient behavior, and the transition to modern *Homo*. In: Bräuer G, Smith Fh (eds) Continuity or Replacement. Controversies in *Homo sapiens* Evolution. A.A. Balkema, Rotterdam. pp 219-230

Hartman SE (1988) A cladistic analysis of hominoid molars. J Hum Evol 17: 489-502

Hartwig-Scherer S, Martin RD (1991) Was "Lucy" more human than her "child"? Observations on early hominid postcranial skeletons. J Hum Evol 21: 439-449

Hartwig-Scherer S, Martin RD (1992) Allometry and prediction in hominoids: a solution to the problem of intervening variables. Am J Phys Anthrop 88: 37-57

Harvey PH, Harcourt, AH (1984): Sperm competition, testes sizes and breeding systems in primates. In: Smith RL (ed) Sperm Competition and Evolution of Animal Mating Systems. Academic Press, London, pp 598-600

Harvey PH, May RM (1989) Copulation dynamics: Out for the sperm count. Nature 337: 505-509

Hasegawa M, Yano T (1984a) Maximum likelihood method of phylogenetic inference from DNA sequence data. Bull Biomet Soc Japan 5: 1-7

Hasegawa M, Yano T (1984b) Phylogeny and classification of Hominoidea as inferred from DNA sequence data. Proc Jpn Acad 60B: 389-392

Hasegawa M, Kishino H, Yano T (1985) Dating of the human-ape splitting by a molecular clock of mitochondrial DNA. J Mol Evol 22: 160-174

Hasegawa M, Kishino H, Yano T (1987) Man's place in the Hominoidea as inferred by molecular clocks of DNA. J Mol Evol 26: 132-147

Hassan FA (1979) Demographic Archaeology. Academic Press, New York

Hauser O (1909) Découverte d'un squelette du type Néanderthal sous l'Abri inférieur du Moustier. Homme préhist 1: 1-9

Hay RL (1976) Geology of the Olduvai Gorge: A Study of Sedimentation in a Semiarid Basin. University of California Press, Berkeley

Hay RL (1987) Geology of the Laetoli area. In: Leakey MD, Harris JM (eds) Laetoli: a Pliocene Site in Northern Tanzania. Clarendon Press, Oxford. pp 23-47

Hayashida H, Miyata T (1983) Unusual evolutionary conservation and frequent DNA segment exchange in class I genes of the major histocompatibility complex. Proc Natl Acad Sci USA 80: 2671-2675

Hayden B (1993) The cultural capacities of Neandertals: a review and re-evaluation. J Hum Evol 24: 113-146

Haynes G (1980) Evidence of carnivore gnawing on Pleistocene and recent mammalian bones. Paleobiology 6: 341-351

Haynes G (1982) Utilization and skeletal disturbances of North American prey carcasses. Arctic 35: 266-281

Haynes G (1983) A guide for differentiating mammalian carnivore taxa responsible for gnaw damage to herbivore limb bones. Paleobiology 9: 164-172

Heberer G (1950a) Der Fluortest und seine Bedeutung für das Praesapiensproblem. Forschungen und Fortschritte 13/14: 187-190

Heberer G (1950b) Das Präsapiens-Problem (Mit besonderer Berücksichtigung der Funde von Fontéchevade und Quinzano). In: Grüneberg H, Ulrich W (eds) Moderne Biologie. Festschrift zum 60. Geburtstag von Hans Nachtsheim. Berlin. pp 131-161

Heberer G (1951) Der "Quinzano-Fund" (Oberitalien) und seine Bedeutung für die Herkunftsfrage des heutigen Menschentyps. Naturw Rdsch, Heft 2: 62-64

Heberer G (1958) Das Tier-Mensch-Übergangsfeld. Stud Gen 11: 342-352

Heim Jl (1974) Les hommes fossiles de la Ferrassie (Dordogne) et le problème de la définition des Néandertaliens classiques. L'Anthropologie 74, no 1,2

Heim JL (1976) Les hommes fossiles de la Ferrassie (Tome I). Arch Inst Paléont Hum, Mém 35: 1-331

Heim JL (1978) Contribution du massif facial à la morphogenèse du crâne Néanderthalien. In: Piveteau J (ed) Les Origines Humaines et les Epoques de l'Intelligence. Masson, Paris. pp 183-215

Heim JL (1982a) Les hommes fossiles de la Ferrassie II. Arch Inst Paléont Hum 38: 1-272

Heim JL (1982b) Les Enfants Néandertaliens de La Ferrassie. Etudes Anthropologique et Analyse Ontogénique des Hommes de Néandertal. Fondation Singer-Polignac, Masson, Paris

Heim JL (1986) *Homo erectus* - Les hommes de Néandertal. In: Ferembach D, Susanne C, Chamla MC (eds) Manuel d'Anthropologie Physique. L'Homme, son Evolution, sa Diversité. Editions CNRS, Paris. pp 181-199, 201-216

Heiple KG, Lovejoy CO (1971) The distal femoral anatomy of *Australopithecus*. Am J Phys Anthrop 35: 75-84

Hellman M (1919) Dimensions versus in teeth and their bearing on the morphology of the dental arch. Int J Orthodontia 5: 3-39

Hellman M (1928) Racial characters in human dentition. Proc Am Philos Soc 67: 157-174

Helmuth H (1968) Kannibalismus in Paläoanthropologie und Ethnologie. EAZ 9: 101-119

Helmuth H (1992) "Lucy's" body height and relative leg length: human- or ape-like? Z Morph Anthrop 79: 121-124

Hemmer H (1972) Notes sur la position phylétique de l'homme de Petralona. L'Anthropologie 76: 155-162

Hemmer H (1986) Anmerkungen zur intellektuellen Höherentwicklung des Menschen im Plio-Pleistozän (Primates: Hominidae: Australopithecus und Homo). Quartärpaläontologie 6: 75-81

Henke W (1985) Zur morphologischen Variabilität der Jungpaläolithiker und Mesolithiker Europas. Versuch einer diskriminanzanalytischen Differenzierung. In: Herrmann J, Ullrich H (eds) Menschwerdung - biotischer und gesellschaftlicher Entwicklungsprozeß, Schr Ur-Frühgesch Akad Wiss DDR, 136-154

Henke W (1988) Die Menschen der letzten Eiszeit - Zur Frage der Differenzierung der endpleistozänen Hominiden Europas. Anthrop Anz 46: 289-316

Henke W (1989) Jungpaläolithiker und Mesolithiker - Beiträge zur Anthropologie. Habilitationsschrift, Universität Mainz

Henke W (1991) Der stammesgeschichtliche Weg zum modernen Menschen. Erläuterungen zu Modellen der Menschheitsentwicklung. Selbstverlag, Mainz. pp 1-114

Henke W (1992a) Die Proto-Cromagnoiden - Morphologische Affinitäten und phylogenetische Rolle. Anthropologie 30: 1-36

Henke W (1992b) A comparative approach to the relationships of European and non-European Late Pleistocene and Early Holocene populations. In: Toussaint M (ed) Cinq Millions d'Années, l'Aventure Humaine. Etud Rech Archéol Univ Liège, Liège. pp 229-268

Henke W (1992c) Morphologie und Affinitäten der Proto-Cromagnoiden. Wiss Z Humboldt Univ Berlin, R Med 41: 142-150

Henke W (1992d) Diachrone Veränderungen im Sexualdimorphismus jungpaläo- und mesolithischer Bevölkerungen. In: Krause EB, Mecke B (eds) Ur-Geschichte im Ruhrgebiet. Festschrift Arno Heinrich. Edition Agora, Gelsenkirchen. pp 37-52

Henke W, Rothe H (1980) Der Ursprung des Menschen, 5. Aufl. Gustav Fischer Verlag, Stuttgart

Hennemann WW III (1983) Relationship among body mass, metabolic rate and the intrinsic rate of natural increase in mammals. Oecologia 56: 104-108

Hennig GJ, Herr W, Weber E, Xirotiris NI (1982) Petralona cave dating controversy. Nature 299: 281-282

Hennig W (1950) Grundzüge einer Theorie der Phylogenetischen Systematik. Deutscher Zentralverlag, Berlin

Hennig W (1966) Phylogenetic Systematics. Chicago University Press, Urbana

Hennig W (1979) Phylogenetic Systematics (Reprint of the 1966 edition with a foreword by Rosen DE, Nelson G and Patterson C). University Illinois Press, Urbana

Hennig W (1982) Phylogenetische Systematik. P. Parey, Hamburg

Herrmann B (1977) Über die Reste des postcranialen Skeletts des Neandertalers von Le Moustier. Z Morph Anthrop 68: 129-149

Herrmann B (ed) (1986) Innovative Trends in der prähistorischen Anthropologie. Mitt Berliner Ges Anthop Ethnol Urgesch, vol 7

Herrmann B, Grupe G, Hummel S, Piepenbrink H, Schutkowski H (1990) Prähistorische Anthropologie. Leitfaden der Feld- und Labormethoden. Springer-Verlag, Heidelberg

Herrmann J, Ullrich H (eds) (1991) Menschwerdung. Millionen Jahre Menschheitsentwicklung - Natur- und geisteswissenschaftliche Ergebnisse. Akademie-Verlag, Berlin

Hershkovitz I (1989) People and culture in change. Proc 2nd Symp Upper Paleolith, Mesolith, Neolith Pop Europe Mediterran Basin. B.A.R. Int Ser 508 (I, II)

Hesemann J (1978) Geologie. UTB, Ferdinand Schöningh Verlag, Paderborn

Hiiemae K (1976) Masticatory movements in primitive mammals. In: Anderson DJ, Joysey KA (eds) Mastication. Academic Press, New York. pp 105-108

Hiiemae K (1978) Mammalian mastication, a review of the activity of the jaw muscles and the movements they produce in chewing. In: Butler PM, Joysey KA (eds) Development, Function and Evolution of Teeth. Academic Press, New York. pp 359-398

Hiiemae K (1984) Functional aspects of primate jaw morphology. In: Chivers DJ, Wood BA, Bilsborough A (eds). Food Acquisition and Processing in Primates. Plenum Press, New York. pp 257-281

Hiiemae K, Kay RF (1973) Evolutionary trends in the dynamics of primate mastication. Symp 4th Int Congr Primatol 3: 28-64

Hill A (1978) Taphonomical background to fossil man - problems in palaeoecology. In: Bishop WW (ed) Geological Background to Fossil Man. Recent Research in the Gregory Rift Valley, East Africa. Scottish Academic Press, Edinburgh. pp 87-101

Hill A (1984) Hyaenas and hominids: Taphonomy and hypothesis testing. In: Foley RA (ed) Hominid Evolution and Community Ecology. Academic Press, London. pp 111-128

Hill A (1985) Early hominid from Baringo, Kenya. Nature 315: 222-224

Hill K (1982) Hunting and human evolution. J Hum Evol 11: 521-544

Hixson JE, Brown WM (1986) a comparison of the small ribosomal RNA genes from the mitochondrial DNA of the great apes and humans: sequence, structure, evolution, and phylogenetic implications. Mol Biol Evol 3: 1-18

Hofer HO (1957) Zur Kenntnis der Kyphosen des Primatenschädels. Verh Anat Ges 54: 54-76

Hofer HO (1960) Studien zum Problem des Gestaltwandels der Säugetiere, insbesondere der Primaten. I. Die medianen Krümmungen des Schädels und ihre Erfassung nach der Methode von Landzert. Z Morph Anthrop 50: 299-316

Hofer HO (1965) Die morphologische Analyse des Schädels des Menschen. In: Heberer G (ed) Menschliche Abstammungslehre. G. Fischer Verlag, Stuttgart. pp 145-226

Hofer H, Altner G (1972) Die Sonderstellung des Menschen. Naturwissenschaftliche und geisteswissenschaftliche Aspekte. Gustav Fischer Verlag, Stuttgart

Hoffstetter R (1974) Phylogeny and geographical deployment of the primates. J Hum Evol 3: 327-350

Hoffstetter R (1980) Origin and deployment of New World monkeys emphasizing the southern continents route. In: Ciochon R, Chiarelli AB (eds) Evolutionary Biology of the New World Monkeys and Continental Drift. Plenum Press, New York. pp 103-122

Hollihn U (1984) Bimanual suspensory behaviour: Morphology, selective advantages and phylogeny. In: Preuschoft H, Chivers DJ, Brockelman, WY, Creel N (eds) The Lesser Apes. Evolutionary and Behavioural Biology. Edinburgh University Press, Edinburgh. pp 85-95

Hollihn U, Jungers WL (1984) Kinesiologische Untersuchungen zur Brachiation bei Weißhandgibbons (*Hylobates lar*). Z Morph Anthrop 74: 274-293

Hollowa RL (1965) Cranial capacity of the hominine from Olduvai Bed I. Nature 208: 205-206

Holloway RL (1973a) Endocranial volumes of the early African hominids and the role of the brain in human mosaic evolution. J Hum Evol 2: 449-459

Holloway RL (1973b) New endocranial values of the east African early hominids. Nature 243: 97-99

Holloway RL (1974) The casts of fossil hominid brains. Sci Am 231: 106-115

Holloway RL (1975) Early hominid endocasts: volumes, morphology, and significance for hominid evolution. In: Tuttle RH (ed) Primate Functional Morphology and Evolution. Mouton Publishers, The Hague. pp 393-415

Holloway RL (1976) Some problems of hominid brain endocast reconstruction, allometry, and neural reorganization. In: Tobias PV, Coppens Y (eds) Colloquium VI of the XI Congress of the UISPP, Nice 1976. pp 69-119

Holloway RL (1980) Indonesian "Solo" (Ngandong) endocranial reconstructions: Some preliminary observations and comparisons with Neanderthal and *Homo erectus* groups. Am J Phys Anthrop 53: 285-295

Holloway RL (1981a) The Indonesian *Homo erectus* brain endocasts revisited. Am J Phys Anthrop 55: 43-58

Holloway RL (1981b) Volumetric and asymmetry determinations on recent hominid endocasts: Spy I and II, Djebel Irhoud I, and the Salé *Homo erectus* specimens, with some notes on Neanderthal brain size. Am J Phys Anthrop 55: 385-393

Holloway RL (1981c) Exploring the dorsal surface of hominid brain endocasts by stereoplotter and discriminant analysis. Phil Trans R Soc Lond B 292: 155-166

Holloway RL (1981d) Revisiting the Taung australopithecine endocast; the position of the lunate sulcus as determined by the stereoplotting technique. Am J Phys Anthrop 56: 43-58

Holloway RL (1983a) Cerebral brain endocasts pattern of *Australopithecus afarensis* hominid. Nature 303: 420-422

Holloway RL (1983b) Human brain evolution: a search for units, models and synthesis. Canad J Anthrop 3: 215-230

Holloway RL (1984) The Taung endocast and the lunate sulcus: A rejection of the hypothesis of its anterior position. Am J Phys Anthrop 64: 285-287

Holloway RL (1985) The poor brain of *Homo sapiens* neanderthalensis; see what you please. In: Delson E (ed) Ancestors: The Hard Evidence. Alan R. Liss, New York. pp 319-324

Holloway RL (1988) 'Robust' australopithecine brain endocasts; some preliminary observations. In: Grine FE (ed) Evolutionary History of the "Robust" Australopithecines. Aldine de Gruyter, New York. pp 97-106

Holloway RL, Kimbel WH (1986) Endocast morphology of Hadar hominid AL 162-28. Nature 321: 536-537

Holloway RL, De LaCoste-Lareymondie MC (1982) Brain endocast asymmetry in pongids and hominids: Some preliminary findings on the paleontology of cerebral dominance. Am J Phys Anthrop 58: 101-110

Holmes EC, Pesole G, Saccone C (1989) Stochastic models of molecular evolution and the estimation of phylogeny and rates of nucleotide substitution in the hominoid primates. J Hum Evol 18: 775-794

Holt IJ, Harding AE, Morgan-Hughes JA (1988) deletions of muscle mitochondrial DNA in patients with mitochondrial myopathies. Nature 331: 717-719

Honeycutt RL, Wheeler WC (1987) Mitochondrial DNA: variation in humans and higher primates. In: Dutta SK, Winter W (eds) DNA Systematics: Human and Higher Primates. CRC Press, Boca Ratin

Horai S, Gojobori T, Matsunaga E (1986) Distinct clustering of mitochondrial DNA types among Japanese, Caucasians and Negros. Jap J Gen 61: 271-275

Howell FC (1951) The place of Neanderthal man in human evolution. Am J Phys Anthrop 9: 379-416

Howell FC (1952) Pleistocene glacial ecology and the evolution of "classic Neandertal" man. Southw J Anthrop 8: 377-410

Howell Fc (1957) The evolutionary significance of variation and varieties of "Neanderthal" man. Q Rev Biol 32: 330-410

Howell FC (1958) Upper Pleistocene man of the south-western Asian Mousterian. In: Koenigswald GHR von (ed) Hundert Jahre Neandertaler. Wenner-Gren-Foundation, New York. pp 185-198

Howell FC (1959) The Villafranchian and human origins. Science 130: 831-844

Howell FC (1960) European and northwest African Middle Pleistocene Hominids. Curr Anthrop 1: 195-232

Howell FC (1965) Comment on 'New discoveries in Tanganyika: their bearing on hominid evolution' (by P. V. Tobias). Curr Anthrop 6: 399-401

Howell FC (1966) Observations on the earlier phases of the European Lower Paleolithic. Am Anthrop 68: 88-201

Howell FC (1969) Remains of Hominidae from Pliocene/Pleistocene formations in the lower Omo basin, Ethiopia. Nature 223: 1234-1239

Howell FC (1976) Overview of the Pliocene and earlier Pleistocene of the lower Omo basin, southern Ethopia. In: Isaac GL, McCown ER (eds) L.S.B. Leakey and the East African Evidence. W.A. Benjamin, Menlo Park. pp 331-368 LSB

Howell FC (1978a) Hominidae. In: Maglio VJ, Cooke HBS (eds) Evolution in African Mammals. Harvard University Press, Cambridge, Mass. pp 154-248

Howell FC (1978b) Overview of the Pliocene and earlier Pleistocene of the lower Omo basin, southern Ethopia. In: Jolly C (ed) Early Hominids of Africa. Duckworth, London. pp 85-130

Howell FC (1986) Variabilité chez *Homo erectus* et problème de la présence de cette espèce en Europe. L'Anthropologie 90: 447-481

Howell N (1986) Demographic Anthropology. Ann Rev Anthropol 15: 219-246

Howells WW (1970) Mount Carmel man: Morphological relationships. Int Congr Anthrop Ethnol Sci, Tokyo 1968, 1: 269-272

Howells WW (1973) Cranial variation in man. A study by multivariate analysis of patterns of differences among recent human populations. Pap Peabody Museum Archaeol Ethnol. Harvard University 67. Cambridge, Mass.

Howells WW (1974) Neanderthals; names hypotheses and scientific method. Am Anthrop 76: 24-38

Howells WW (1975) Neanderthal man: facts and figures. In: Tuttle RH (ed) Paleoanthropology, Morphology, and Paleoecology. Mouton Publishers, Paris. pp 389-407

Howells WW (1976) Explaining modern man: Evolutionists versus migrationists. J Hum Evol 5: 477-495

Howells WW (1978) Position phylétique de l'homme de Néanderthal. In: Bordes F (ed) Les Origines Humaines et les Epoques de l'Intelligence. Masson, Paris. pp 217-237

Howells WW (1980) *Homo erectus* - who, when and where: a survey. Yb Phys Anthrop 23: 1-23

Howells WW (1981a) *Homo erectus* in human descent: ideas and problems. In: Sigmon BA, Cybulski JS (eds) Papers in Honor of Davidson Black. University of Toronto Press, Toronto. pp 153-157

Howells WW (1981b) Current theories on the origin of *Homo sapiens sapiens*. In: Ferembach D (ed) Le Processus de l'Hominisation. L'évolution humaine: les faits, les modalités. Editions CNRS, Paris. pp 73-78

Howells WW (1983) Origins of the Chinese people: Interpretations of the recent evidence. In: Keightley DN (ed) The Origins of Chinese Civilization. University of California Press, Berkeley. pp 297-319

Howells WW (1989) Skull Shapes and the Map. Craniometric Analysis in the Dispersion of Modern Humans. Peabody Museum Arch Ethnol, Harvard University. Harvard University Press, Cambridge

Hrdlicka A (1911) Human dentition from the evolutionary standpoint. Dominion Dent J 23: 403-422

Hrdlicka A (1920) "Human Evolution". Lecture series held at American University, Washington D.C.. Manuscript: Hrdlicka Papers, Natl Anthrop Arch, Smiths Inst. Washington D.C.

Hrdlicka A (1927) The Neanderthal phase of man. J Roy Anthrop Inst 67: 249-269

Hrdlicka A (1930) The skeletal remains of early man. Smiths Misc Coll 83: 1-379

Hsu K, Montadert L, Bernoulli C, Cita M, Erickson A, Garrison R, Kidd R et al (1977) History of the mediterranean salinity crises. Nature 267: 399-403

Hublin JJ (1978) Quelques caractères apomorphes du crâne neanderthalien et leur interprétation phylogénique. CR Acad Sci Paris, (D), 287: 923-926

Hublin JJ (1982) Les Antenéandertaliens; Présapiens ou Prénéandertaliens. Geobios 6: 345-357

Hublin JJ (1984) The fossil man from Salzgitter-Lebenstedt (FRG) and his place in human evolution during the Pleistocene in Europe. Z Morph Anthrop 75: 45-56

Hublin JJ (1985) Human fossils from the north African Middle Pleistocene and the origin of *Homo sapiens*. In: Delson E (ed) Ancestors: The Hard Evidence. Alan R. Liss, New York. pp 283-288

Hublin JJ (1986) Some comments on the diagnostic features of *Homo erectus*. Anthropos (Brno) 23: 175-187

Hublin JJ (1989) Les caractères dérivés d'*Homo erectus*: rélation avec l'augmentation de la masse squelettique. In: Giacobini G (ed) Hominidae. Proc 2nd Int Congr Hum Paleont, Turin 1987. Jaca Book, Mailand. pp 199-204

Hublin JJ, Tillier AM (1991) Aux Origines *d'Homo sapiens*. Presses Universitaires de France, Paris

Hummel S (1992) Nachweis spezifisch Y-chromosomaler DNA-Sequenzen aus menschlichem bodengelagerten Skelettmaterial unter Anwendung der Polymerase Chain Reaction. Dissertation, Universität Göttingen, Göttingen

Hutterer KL (1985) The Pleistocene archaeology of Southeast Asia in regional context. Modern Quart Res Southeast Asia 9: 1-23

Huxley TH (1863) Evidence as to Man's Place in Nature. Williams and Norgate, London. Deutsche Übersetzung JV Carus

Hylander WL (1975) Incisor size and diet in anthropoids with special reference to Cercopithecidae. Science 189: 1095-1098

Hylander WL (1977) The adaptive significance of Eskimo craniofacial morphology. In: Dahlberg AA, Graber TM (eds) Orofacial Growth and Development. Mouton Publishers, The Hague. pp 129-169

Hylander WL (1979) The functional significance of primate mandibular form. J Morphol 160: 223-239

Hylander WL (1983) Posterior temporalis function in macaques and humans. Am J Phys Anthrop 60: 208

Hylander WL (1984) Stress and strain in the mandibular symphysis of primates: a test of competing hypotheses. Am J Phys Anthrop 64: 1-46

Imbrie J, Hays JD, Martinson DG, McIntyre A, Mix AC, Morley JJ et al (1984) The orbital theory of Pleistocene climate: support from a revised chronology of the marine delta ^{18}O record. In: Berger AL (ed) Milankovitch and Climate: Understanding the Response to Astronomical Forcing, Part 1. Reidel, Boston. pp 169-305

Isaac B (1989) The Archaeology of Human Origins. Papers by Glynn Isaac. Cambridge University Press, Cambridge

Isaac GL (1972) Chronology and the tempo of cultural change during the Pleistocene. In: Bishop WW, Miller JA (eds) Calibration of Hominoid Evolution. Scottish Academic Press, Edinburgh. pp 381-430

Isaac GL (1975) Stratigraphy and cultural patterns in East Africa during the middle ranges of Pleistocene time. In: Butzer KW, Isaac GL (eds) After the Australopithecines. Mouton Publishers, The Hague. pp 543-569

Isaac GL (1977) Olorgesailie. University of Chicago Press, Chicago

Isaac GL (1978) Food sharing and human evolution. J Anthrop Res 34: 311-325

Isaac GL (1981) Archaeological tests of alternative models of early hominid behaviour: excavation and experiments. Phil Trans R Soc Lond B 292: 177-188

Isaac GL (1983) Bones in contention: competing explanations for the juxtaposition of early Pleistocene artifacts and faunal remains. In: Clutton-Brock J, Grigson C (eds) Animals and Archaeology. Hunters and their Prey. B. A. R. Int Ser 163: 3-19

Isaac GL, Crader D (1981) To what extent were the early hominids carnivorous? An archeological perspective. In: Harding RSO, Teleki G (eds) Omnivorous Primates. Columbia University Press, New York. pp 37-103

Isaac GL, Harris JWK (1978) Archaeology. In: Leakey MG, Leakey REF (eds) Koobi Fora Research Project, vol 1. Clarendon Press, Oxford. pp 64-85

Ishida H, Kimura T, Okada M, Yamazaki N (1984) Kinesiological aspects of bipedal walking in gibbons. In: Preuschoft H, Chivers DJ, Brockelman, WY, Creel N (eds) The Lesser Apes. Evolutionary and Behavioural Biology. Edinburgh University Press, Edinburgh. pp 135-145

Ishida H, Kumakura H, Kondo S (1985) Primate bipedalism and quadrupedalism: comparative elektromyography. In: Kondo S (ed) Primate Morphophysiology, Locomotor Analysis and Human Bipedalism. University of Tokyo Press, Tokyo. pp 59-79

Jacob T (1966) The sixth skull cap of *Pithecanthropus erectus*. Am J Phys Anthrop 25: 243-2269

Jacob T (1967) Recent *Pithecanthropus* finds in Indonesia. Curr Anthrop 8: 501-504

Jacob T (1973) Palaeanthropological discoveries in Indonesia with special reference to the finds of the last two decades. J Hum Evol 2: 473-485

Jacob T (1975) Morphology and paleoecology of early man in Java. In: Tuttle RH (ed) Paleoanthropology, Morphology and paleoecology. Mouton Publishers, The Hague. pp 311-325

Jacob T (1981) Solo man and Peking man. In: Sigmon BA, Cybulski JS (eds) *Homo erectus*. Papers in Honor of Davidson Black. University of Toronto Press, Toronto. pp 87-104

Jacobs B, Kabuye C (1987) Environments of early hominoids: Evidence for middle Miocene forest in East Africa. J Hum Evol 16: 147-155

Jacobs KH (1984) Hominid body size, body proportions, and sexual dimorphism in the European Upper Paleolithic and Mesolithic. PhD, University of Michigan. Ann Arbor

Jacobs KH (1985) Climate and the hominid postcranial skeleton in Würm and early Holocene in Europe. Curr Anthrop 26: 512-514

Jaeger JJ (1975) The mammalian faunas and hominid fossils of the Middle Pleistocene in the Maghreb. In: Butzer KW, Isaac GL (eds). After the Australopithecines. Mouton Publishers, The Hague. pp 399-410

Janis CM (1984) Prediction of primate diets from molar wear pattern. In: Chivers DJ, Wood BA, Bilsborough A (eds). Food Acquisition and Processing in Primates. Plenum Press, New York. pp 331-340

Jantschke F (1972) Orang-Utans in Zoologischen Gärten. Piper Verlag, München

Jardine N (1969) The observational and theoretical components of homology: a study based on the morphology of the dermal skull roofs of rhipidistian fishes. Biol J Linn Soc 1: 327-361

Jeffreys AJ, Harris S, Barrie PA, Wood D, Blanchetot A, Adams SM (1983) Evolution of gene families: The globin gene. In: Bendall DS (ed) Evolution from Molecules to Men. Cambridge University Press, Cambridge. pp 175-195

Jelinek A (1977) The Lower Paleolithic: current evidence and interpretations. Ann Rev Anthrop 6: 11-32

Jelinek J (1969) Neanderthal man and *Homo sapiens* in central and eastern Europe. Curr Anthrop 10: 475-503

Jelinek J (1976) A contribution to the origin of *Homo sapiens sapiens*. J Hum Evol 5: 497-500

Jelinek J (1978) Comparison of Mid-Pleistocene evolutionary process in Europe and in South-East Asia. Proc Symp Nat Select Liblice 1978, Praha. pp 251-257

Jelinek J (1981) Was *Homo erectus* always *Homo sapiens*? In: Ferembach D (ed) Les Processus de l'Hominisation. L'Evolution Humaine. Les Faits. Les Modalités. Editions CNRS, Paris. pp 85-89

Jelinek J (1983) The Mladec finds and their evolutionary importance. Anthropos (Brno) 21: 57-64

Jelinek J (1985) The European Near East, and North African finds after *Australopithecus* and the principal consequences for the picture of human evolution. In: Tobias PV (ed) Hominid Evolution: Past, Present and Future. Alan R. Liss, New York. pp 341-354

Jenkins FA jr (1972) Chimpanzee bipedalism: cineradiographic analysis and implications for the evolution of gait. Science 178: 877-879

Jerison HJ (1973) Evolution of the Brain and Intelligence. Academic Press, New York

Jia L (1975) The Cave Home of Peking Man. Foreign Languages Press, Beijing

Jia L (1980) Early Man in China. Foreign Languages Press, Beijing

Johanson DC (1989a) The current status of *Australopithecus*. In: Giacobini G (ed) Hominidae: Proc 2nd Int Congr Hum Paleont, Turin 1987. Jaca Book, Mailand. pp 77-96

Johanson DC (1989b) a partial *Homo habilis* skeleton from Olduvai Gorge, Tanzania: a summary of preliminary results. In: Giacobini G (ed) Hominidae: Proc 2nd Int Congr Hum Paleont, Turin 1987. Jaca Book, Mailand. pp 155-166

Johanson DC, Edey MA (1981) Lucy: The Beginnings of Humankind. Simon und Schuster, New York

Johanson DC, Shreeve J (1990) Lucy's Kind. Auf der Suche nach den ersten Menschen. Piper Verlag, München

Johanson DC, White TD (1979) A systematic assessment of early African hominids. Science 202: 321-330

Johanson DC, White TD, Coppens Y (1978) A new species of the genus *Australopithecus* (Primates; Hominidae) from the Pliocene of Eastern Africa. Kirtlandia 28: 1-14

Johanson DC, Masao FT, Eck GG, White TD, Walter RC, Kimbel WH, Asfaw B et al. (1987) New partial skeleton of *Homo habilis* from Olduvai Gorge, Tanzania. Nature 327: 205-209

Jolly CJ (1970) The seedeaters: a new model of hominid differentiation based on a baboon analogy. Man ns 5: 5-26

Jones R (1992) The human colonisation of the Australian continent. In: Bräuer G, Smith FH (eds) Continuity or Replacement. Controversies in *Homo sapiens* Evolution. A.A. Balkema, Rotterdam. pp 289-301

Jones R, Bowler J (1980) Struggle for the savanna: Northern Australia in ecological and prehistoric perspective. In: Jones R (ed) Northern Australia: Options and Implications. School Seminar Series, vol 1. Research School of Pacific Studies, Australian National University, Canberra

Jong RDE (1980) Some tools for evolutionary and phylogenetic studies. Z Zool Syst Evol Forsch 18: 1-23

Joysey KA, Friday AE (eds) (1982) Problems of Phylogenetic Reconstruction. Academic Press, London

Jürgens HW, Knußmann R, Schaefer U, Schwidetzky I, Vogel C, Ziegelmayer G (1974) Eine operationale Definition von "Anthropologische Arbeit". Homo 25: 37-39

Jungers WL (1982) Lucy's limbs: skeletal allometry and locomotion in *Australopithecus afarensis*. Nature 297: 676-678

Jungers WL (1984a) Scaling of the hominoid locomotor skeleton with special reference to lesser apes. In: Preuschoft H, Chivers DJ, Brockelman WY, Creel N (eds) The Lesser Apes. Evolutionary and Behavioural Biology. Edinburgh University Press, Edinburgh. pp 146-169

Jungers WL (1984b) Aspects of size and scaling in primate biology with special reference to the locomotor skeleton. Yb Phys Anthrop 27: 73-97

Jungers WL (1985) Body size and scaling of limb proportions in primates. In: Jungers WL (ed) Size and Scaling in Primate Biology. Plenum Press, New York. pp 345-381

Jungers WL (1988a) Relative joint size and hominoid locomotor adaptations with implications for the evolution of hominid bipedalism. J Hum Evol 17: 247-265

Jungers WL (1988b) Lucy's length: stature reconstruction in *Australopithecus afarensis* (Al 288-1) with implications for other small bodied hominids. Am J Phys Anthrop 76: 227-231

Jungers WL (1988c) New estimates of body size in australopithecines. In: Grine FE (ed) Evolutionary History of the "Robust" Australopithecines. Aldine de Gruyter, New York. pp 115-126

Jungers WL (1990) Scaling of hominoid femoral head size and the evolution of hominid bipedalism. Am J Phys Anthrop 81: 246

Jungers WL, Grine FE (1986) Dental trends in the australopithecines; the allometry of mandibular molar dimensions. In: Wood BA, Martin LB, Andrews P (eds) Major Topics in Primate and Human Evolution. Cambridge University Press, Cambridge. pp 205-219

Jungers WL, Stern JT jr (1983) Body proportions, skeletal allometry and locomotion in the Hadar hominids: a reply to Wolpoff. J Hum Evol 12: 673-684

Jungers WL, Stern JT (1984) Kinesiological aspects of brachiation in Gibbons. In: Preuschoft H, Chivers DJ, Brockelman WY, Creel N (eds) The Lesser Apes. Evolutionary and Behavioural Biology. Edinburgh University Press, Edinburgh. pp 119-134

Jungers WL, Stern JT, Jouffroy FK (1983) Functional morphology of the *quadriceps femoris* in primates: a comparative anatomical and experimental analysis. Ann Sci Nat Zool (Paris) 5: 101-116

Juniper RP (1981) The superior pterygoid muscle? Brit J Oral Surg 19: 121-128

Kabuye C, Jacobs B (1986) An interesting record of the genus *Leptaspis bambusoideae* from middle Miocene flora deposits in Kenya, East Africa. Abstracts International Symposium Grass Systematics and Evolution, 1986. Smiths Inst Washington D,C, pp 32

Kalb JE, Jolly C, Mebrate A, Tebedge S, Smart C et al (1982) Fossil mammals and artifacts from the Awash Group, Middle Awash Valley, Afar, Ethiopia. Nature 298: 17-25

Kapandji IA (1982) The Physiology of the Joints, vol. 1, Upper Limb, 5th ed. Churchill Livingstone, Edinburgh

Kapandji IA (1987) The Physiology of the Joints, vol. 2, Lower Limb, 5th ed. Churchill Livingstone, Edinburgh

Kay CN, Scapino RP, Kay ED (1986) A cinephotographic study of the role of the canine in limiting lateral jaw movement in Macaca fascicularis. J Dent Res 65: 1300-1302

Kay RF (1975) The functional adaptations of primate molar teeth. Am J Phys Anthrop 43: 195-215

Kay RF (1977) Diet of early Miocene African hominoids. Nature 268: 628-630

Kay RF (1981) The nut-crackers: a new theory of the adaptation of the Ramapithecinae. Am J Phys Anthrop 455: 141-152

Kay RF (1985) Dental evidence for the diet of *Australopithecus*. Ann Rev Anthrop 14: 315-343

Kay RF, Cartmill M (1977) Cranial morphology and adaptation of *Palaechthon nacimienti* and other Paromomyidae (Plesiadapoidea, Primates), with a description of a new genus and species. J Hum Evol 6: 19-53

Kay RF, Simons EL (1983) A reassessment of the relationship between later Miocene and subsequent Hominoidea. In: Ciochon RL, Corruccini RS (eds) New Interpretations of Ape and Human Ancestry. Plenum Press, New York. pp 577-624

Keeley LH (1977) The functions of paleolithic flint tools. Sci Am 237: 108-126

Keeley LH (1980) Experimental Determination of Stone Tool Use: A Microwear Analysis. University of Chicago Press, Chicago

Keith A (1923) Man's posture: its evolution and disorders. Brit Med J 1: 451-454, 499-502, 545-548, 587-590, 624-626, 699-672

Keith A (1931) New Discoveries Relating to the Antiquity of Man. Williams and Norgate, London

Kelley J, Pilbeam DR (1986) The dryopithecines. Taxonomy, comparative anatomy, and phylogeny of Miocene large hominoids. In: Swindler DR, Erwin J (eds) Comparative Primate Biology, vol 1, Systematics, Evolution, and Anatomy. Alan R. Liss, New York. pp 361-411

Kennedy GE (1973) The anatomy of the Middle and Lower Pleistocene Hominid Femora. PhD Thesis, University of London

Kennedy GE (1977) Evolutionary changes in the hominine femur. Am J Phys Anthrop 47: 142

Kennedy GE (1983a) A morphometric and taxonomic assessment of a hominine femur from the lower member, Koobi Fora, Lake Turkana. Am J Phys Anthrop 61: 429-436

Kennedy GE (1983b) Some aspects of femoral morphology in *Homo erectus*. J Hum Evol 12: 587-616

Kennedy GE (1984a) The emergence of *Homo sapiens*: the postcranial evidence. Man 19: 94-110

Kennedy GE (1984b) Are the Kow swamp hominids 'archaic'? Am J Phys Anthrop 65: 163-169

Kennedy GE (1985) Bone thickness in *Homo erectus*. J Hum Evol 14: 699-708

Kennedy GE (1991) On the autapomorphic traits of *Homo erectus*. J Hum Evol 20: 375-412

Kennedy GE (1992) The evolution of *Homo sapiens* as indicated by features of the postcranium. In: Bräuer G, Smith FH (eds) Continuity or Replacement. Controversies in *Homo sapiens* Evolution. A.A. Balkema, Rotterdam. pp 209-218

Kerl J (1991) Möglichkeiten der Strukturdarstellung an bodengelagerten menschlichen Knochen durch optische Kontrastierverfahren und Färbemethoden. Diplomarbeit, Universität Göttingen, Göttingen

Kichtching JW (1963) Bone, Tooth and Horn Tools of Palaeolithic Man: An Account of the Osteodontokeratic Discoveries in Pin Hole Cave, Derbyshire. Manchester University Press, Manchester

Kidder JH, Jantz RL, Smith FH (1992) Defining modern humans: A multivariate approach. In: Bräuer G, Smith FH (eds) Continuity or Replacement. Controversies in *Homo sapiens* Evolution. A.A. Balkema, Rotterdam. pp 157-177

Kimbel WH (1988) Identification of partial cranium of *Australopithecus afarensis* from the Koobi Fora Formation, Kenya. J Hum Evol 17: 647-656

Kimbel WH (1991) Species, species concepts and hominid evolution. J Hum Evol 20: 355-371

Kimbel WH, Rak Y (1985) Functional morphology of the asterionic region in extant hominoids and fossil hominids. Am J Phys Anthrop 66: 31-54

Kimbel WH, White TD (1988) A revised reconstruction of the adult skull of *Australopithecus afarensis*. J Hum Evol 17: 545-550

Kimbel WH, White TD, Johanson DC (1984) Cranial morphology of *Australopithecus afarensis*: a comparative study based on a composite reconstruction of the adult skull. Am J Phys Anthrop 64: 337-388

Kimbel WH, White TD, Johanson DC (1985) Craniodental morphology of the hominids from Hadar and Laetoli: evidence of "*Paranthropus*" and *Homo* in the mid-Pliocene of Eastern Africa? In: Delson E (ed) Ancestors: The Hard Evidence. Alan R. Liss, New York. pp 120-137

Kimbel WH, White TD, Johanson DC (1986) On the phylogenetic analysis of early hominids. Curr Anthrop 27: 361-362

Kimbel WH, White TD, Johanson DC (1988) Implications of KNM-WT 17000 for the evolution of "robust" *Australopithecus*. In: Grine FE (ed) Evolutionary History of the "Robust" Australopithecines. Aldine de Gruyter, New York. pp 259-268

Kimura M (1968) Genetic variability maintained in a finite population due to mutational production of neutral and nearly neutral isoalleles. Genet Res 11: 247-269

Kimura M (1983) The neutral theory of molecular evolution. In: Nei M, Koehn RK (eds) Evolution of Genes and Proteins. Sinauer Assoc Inc, Sunderland. pp 208-233

Kimura M (1986) DNA and the neutral theory. Phil Trans R Soc Lond B 312: 343-354

Kimura T (1989) Body center of gravity measured by telemetrical accelerometers and force plate in bipedal walking in chimpanzees. Rep Primate Res Inst, Kyoto University, Kyoto. pp 1-21

Kimura T, Okada M, Ishida H (1979) Kinesiological characteristics of primate walking: its significance in human walking. In: Morbeck ME, Preuschoft H, Gomberg N (eds) Environment, Behavior, and Morphology: Dynamic Interactions in Primates. Gustav Fischer Verlag, Stuttgart. pp 297-311

King GE (1975) Socioterritorial units among carnivores and early hominids. J Anthrop Res 31: 69-87

King W (1864a) On the Neanderthal skull, or the reason for believing it to the Clydien Period, and to a species different from that represented by man. Rep Br Ass Advmt Sci. Notices and Abstracts

King W (1864b) The reputed fossil man from the Neanderthal. Quart J Sci 1: 273-338

Kinzey WG (1974) Ceboid models for the evolution of the hominoid dentition. J Hum Evol 3: 193-203

Kleiber M (1961) The Fire of Life: an Introduction to Animal Energetics. Wiley, New York

Klein RG (1982) Age/mortality profiles as a means of distinguishing hunted species from scavenged ones in Stone Age archeological sites. Paleobiology 8: 151-158

Klein RG (1988a) The archaeological significance of animal bones from Acheulean sites in southern Africa. Afr Archaeol Rev 6: 3-26

Klein RG (1988b) The causes of "robust" australopithecine extinction. In: Grine FE (ed) Evolutionary History of the "Robust" Australopithecines. Aldine de Gruyter, New York. pp 499-504

Klein RG (1989a) The Human Career. Human Biological and Cultural Origins. University of Chicago Press, Chicago

Klein RG (1989b) Biological and behavioural perspectives on modern human origins in Southern Africa. In: Mellars P, Stringer C (eds) The Human Revolution. Behavioural and Biological Perspectives on the Origins of Modern Humans. Edinburgh University Press, Edinburgh. pp 529-546

Klein RG (1992) The archeology of modern human origins. Evol Anthrop 1: 5-14

Kleinschmidt A (1965) Wichtigste Untersuchungsergebnisse der paläolithischen Grabung Salzgitter-Lebenstedt. Eiszeitalter u. Gegenwart 16: 257

Kluge AG (1983) Cladistics and the classification of the great apes. In: Ciochon RL, Corruccini RS (eds) New Interpretations of Ape and Human Ancestry. Plenum Press, New York. pp 151-177

Knußmann R (1967a) Humerus, Ulna und Radius der Simiae. Bibl Primatol 5: 1-399

Knußmann R (1967b) Die mittelpaläolithischen menschlichen Knochenfragmente von der Wildscheuer bei Steeden (Oberlahnkreis). Nassauische Annalen 68: 1-25

Koch-Hillebrecht M (1978) Der Stoff aus dem die Dummheit ist. Eine Sozialpsychologie der Vorurteile. C.H. Beck, München

Koenigswald GHR von (1934) Zur Stratigraphie des javanischen Pleistozäns. De Ing Ned-Ind, sect IV, 1: 85-201

Koenigswald GHR von (1936) Erste Mitteilung über einen fossilen Hominiden aus dem Altpleistozän Ostjavas. Proc K ned Akad Wet 39: 1000-1009

Koenigswald GHR von (1950) Fossil Hominids from the lower Pleistocene of Java. Proc Int geol Cong 9, London 1948, Sect 9: 59-61

Koenigswald GHR von (1954a) The Australopithecinae and Pithecanthropus. III. Proc Kon Nederl Akad Wet (B) 57: 85

Koenigswald GHR von (1954b) Pithecanthropus, Meganthropus and the Australopithecinae. Nature 173: 795-796

Koenigswald GHR von (1962) The Evolution of Man. University of Michigan Press, Ann Arbor

Koenigswald GHR von (1968) Observations upon two *Pithecanthropus* mandibles from Sangiran Central Java. Proc Acad Sci Amsterdam, B 71: 99-107

Koenigswald GHR von (1973a) The oldest fossils from Asia and their relation to human evolution. Proc Symp L'origine dell'uomo, Roma 1971. Quaderno N. 182, Academia Nazionale dei Linci, Roma 182: 97-118

Koenigswald GHR von (1973b) *Australopithecus, Meganthropus* and *Ramapithecus*. J Hum Evol 2: 487-491

Koenigswald GHR von (1982) Der Frühmensch tritt auf den Plan. In: Wendt, H, Loacker, N Kindlers Enzyklopädie Der Mensch. Kindler, Zürich, 2: 17-52

Koenigswald GHR von, Weidenreich (1939) The relationship between *Pithecanthropus* and *Sinanthropus*. Nature 144: 926-929

Koenigswald W von (1987) Frühe Jäger im Eiszeitalter Mitteleuropas. Mitt Naturf Ges Luzern 29: 173-191

Kohne DE, Chiscon JA, Hayer BH (1972) Evolution of primate DNA sequences. J Hum Evol 1: 627-644

Kokkoros MP, Kanellis A (1960) Découverte d'un crâne d'homme paléolithique dans la péninsule Chalcidique. L'Anthropologie 64: 438-446

Kondo S (ed) (1985) Primate Morphophysiology, Locomotor Analysis and Human Bipedalism. University of Tokyo Press, Tokyo

Koop BF, Goodman M, Xu P, Chan K, Slightom JL (1986) Primate g-globin DNA sequences and man's place among the great apes. Nature 319: 234-238

Kopy FE (1956) Une incisive néandertalienne trouvée en Suisse. Verh Naturforsch Ges Basel 67: 1-15

Kozlowski JK, Kozlowski SK (1979) Upper Paleolithic and Mesolithic Europe. Taxonomy and Palaeohistory. Polska Akad Nauk. Prace Kosmisji Archeol, Wroclaw, Warszawa, Krakow

Kraatz R (1992) La mandibule de Mauer, *Homo erectus* heidelbergensis. In: Toussaint M (ed) Cinq Millions d'Années, l'Aventure Humaine. Etud Rech Archéol Univ Liège 59. ERAUL, Liège. pp 95-109

Krebs JR, Davies NB (eds) (1984) Behavioural Ecology, 2nd ed. Blackwell, Oxford

Kummer B (1952) Untersuchungen über die Entstehung der Schädelbasisform bei Mensch und Primaten. Verh Anat Ges 50: 122-126

Kummer B (1959) Bauprinzipien des Säugerskelettes. G. Thieme Verlag, Stuttgart

Kummer B (1965) Die Biomechanik der aufrechten Haltung. Mitt Naturf Ges Bern, NF 22: 239-259

Kummer B (1970) Beanspruchung des Armskeletts beim Hangeln. Ein Beitrag zum Brachiatorenproblem. Anthrop Anz 32: 74-82

Kummer B (1975) Functional adaptation to posture in the pelvis of man and other primates. In: Tuttle RH (ed) Primate Functional Morphology and Evolution. Mouton Publishers, The Hague. pp 281-290

Kummer B (1991) Biomechanical foundations of the development of human bipedalism. In: Coppens Y, Senut B (eds) Origine(s) De La Bipédie Chez Les Hominidés. Editions CNRS, Paris. pp 1-8

Kummer H (1981) Soziobiologie. In: Michaelis W (ed) Bericht über 32. Kongreß der Deutschen Gesellschaft für Psychologie in Zürich 1980, vol 1. Verlag Hogrefe, Göttingen. pp 96-105

Kunter M, Wahl J (1992) Das Femurfragment eines Neandertalers aus der Stadelhöhle des Hohlensteins im Lonetal. Fundberichte aus Baden-Württemberg Bd 17/1: 111-124

Kurtén B (1959) Rates of evolution in fossil mammals. In: Wooldridge C (ed) Genetics and Twentieth Century Darwinism. The Biological Laboratory, Cold Spring Harbor, New York. pp 205-215

Laitman JT (1985) Evolution of the hominid upper respiratory tract: the fossil evidence. In: Tobias PV (ed) Hominid Evolution: Past, Present and Future. Alan R. Liss, New York. pp 281-286

Laitman JT, Heimbuch RC (1982) The basicranium of pliopleistocene hominids as an indicator of their upper respiratory systems. Am J Phys Anthrop 59: 323-343

Lambert JB, Grupe G (eds) (1993) Prehistoric Human Bone: Archaeology at the Molecular Level. Springer-Verlag, Berlin

Lanave C, Tommasi S, Preparata G, Saccone C (1986) Transition and transversion rate in the evolution of animal mitochondrial DNA. Biosyst 19: 273-283

Langdon JH (1985) Fossils and the origin of bipedalism. J Hum Evol 14: 615-635

Langdon JH (1986) Functional morphology of the Miocene hominoid foot. Contrib Primatol 22: 1-225

Langdon JH, Bruckner J, Baker HH (1991) Pedal mechanisms in early hominids. In: Coppens Y, Senut B (eds) Origine(s) De La Bipédie Chez Les Hominidés. Editions CNRS, Paris. pp 159-167

Laporte LF, Zihlman AL (1983) Plates, climate and hominoid evolution. S Afr J Sci 79: 96-110

Larnach SL, Macintosh NWG (1974) A comparative study of Solo and Australian Aboriginal crania. In: Elkin AP, Macintosh NWG (eds) Grafton Elliot Smith: The Man and his Work. Sydney University Press, Sydney. pp 95-102

Larson SG (1988) Subscapularis function in gibbons and chimpanzees: implications for interpretation of humeral head torsion in hominoids. Am J Phys Anthrop 76: 449-462

Larson SG, Stern JT jr (1986) EMG of scapulohumeral muscles in the chimpanzee during reaching and 'arboreal' locomotion. Am J Anat 176: 171-190

Larson SG, Stern JT jr (1989) Role of supraspinatus in the quadrupedal locomotion of vervets (*Cercopithecus aethiops*); implications for interpretation of humeral morphology. Am J Phys Anthrop 79: 369-377

Lartet L (1868) Une sépulture des troglodytes du Périgord (crânes des Eyzies). Bull Soc Anthrop Paris 3: 335-349

Latimer BM (1983) The anterior foot skeleton of *Australopithecus afarensis*. Am J Phys Anthrop 60: 217

Latimer BM (1984) The pedal skeleton of *Australopithecus afarensis*. Am J Phys Anthrop 63: 182

Latimer BM (1991) Locomotor adaptations in *Australopithecus afarensis*: the issue of arboreality. In: Coppens Y, Senut B (eds) Origine(s) De La Bipédie Chez Les Hominidés. Editions CNRS, Paris. pp 169-176

Latimer BM, Lovejoy CO (1989) The calcaneus of *Australopithecus afarensis* and its implications for the evolution of bipedality. Am J Phys Anthrop 78: 369-386

Latimer BM, Lovejoy CO (1990a) Hallucal tarsometatarsal joint in *Australopithecus afarensis*. Am J Phys Anthrop 82: 125-134

Latimer BM, Lovejoy CO (1990b) Metatarsophalangeal joints of *Australopithecus afarensis*. Am J Phys Anthrop 83: 13-23

Latimer BM, Lovejoy CO, Johanson DC, Coppens Y (1982) Hominid tarsal, metatarsal and phalangeal bones recovered from the Hadar Formation: 1974-1977 collections. Am J Phys Anthrop 57: 701-719

Latimer BM, Ohman JC, Lovejoy CO (1987) Talocrural joint in African hominoids: implications for *Australopithecus afarensis*. Am J Phys Anthrop 74: 155-175

Latorre A, Moya A, Ayala FJ (1986) Evolution of mitochondrial DNA in *Drosophila subobscura*. Proc Natl Acad Sci USA 83: 8649-8653

Lavelle CLB, Shellis RP, Poole DFG (1977) Evolutionary Changes to the Primate Skull and Dentition. Academic Press, Springfield, Ill.

Lavocat R (1974) The interrelationships between the African and South American rodents and their bearing on the problem of the origin of South American monkeys. J Hum Evol 3: 323-326

Lawrence DR (1968) Taphonomy and information losses in fossil communities. Geol Soc Amer Bull 79: 1315-1330

Leakey LSB (1959) A new fossil skull from Olduvai. Nature 201: 967-970

Leakey LSB (1961) New finds at Olduvai Gorge. Nature 189: 649-650

Leakey LSB (1966) *Homo habilis, Homo erectus* and the australopithecines. Nature 209: 1279-1281

Leakey LSB (1974) By the Evidence: Memoirs, 1932-1951. Harcourt, Brace, Jovanovich, New York

Leakey LSB, Leakey MD (1964) Recent discoveries of fossil hominids in Tanganyika: at Olduvai and near Lake Natron. Nature 202: 5-7

Leakey LSB, Tobias PV, Napier JR (1964) A new species of the genus *Homo* from Olduvai Gorge. Nature 202: 7-9

Leakey MD (1971a) Olduvai Gorge: Excavations in Beds I and II, 1960-1963, vol 3. Cambridge University Press, Cambridge

Leakey MD (1971b) Discovery of postcranial remains of *Homo erectus* and associated artefacts in Bed IV at Olduvai Gorge, Tanzania. Nature 232: 380-383

Leakey MD (1975) Cultural patterns in the Olduvai sequence. In: Butzer KW, Issac GL (eds) After the Australopithecines. Mouton Publishers, The Hague. pp 476-493

Leakey MD (1977) The archaeology of the early hominids. In: Wilson TH (ed) A Survey of the Prehistory of Eastern Africa. VIII Panafr Congr Prehist Quart Stud, Nairobi. pp 61-79

Leakey MD (1978a) Olduvai fossil hominids: their stratigraphic positions and associations. In: Jolly CJ (ed) Early Hominids of Africa. Duckworth, London. pp 3-16

Leakey MD (1978b) Olduvai Gorge 1911-1975: a history of the investigations. In: Bishop WW (ed) Geological Background to Fossil Man. Scottish Academic Press, Edinburgh. pp 151-155

Leakey MD, Harris JM (eds) (1987) Laetoli: A Pliocene Site in Northern Tanzania. Clarendon Press, Oxford

Leakey MD, Hay RL (1979) Pliocene footprints in the Laetolil Beds at Laetoli, northern Tanzania. Nature 278: 317-323

Leakey MD, Hay RL (1982) The chronological position of the fossil hominids of Tanzania. In: Lumley MA de (ed) L'*Homo erectus* et la Place de L'Homme de Tautavel parmi les Hominidés fossiles. 1er Congr Paleont Hum, Nice. Unesco, Nizza. pp 753-765

Leakey MD, Tobias PV, Martyn JE, Leakey REF (1969) An Acheulean industry with prepared core technique and the discovery of a contemporary hominid at Lake Baringo, Kenya. Proc Prehist Soc 25: 48-76

Leakey MD, Clarke RJ, Leakey LSB (1971) New hominid skull from Bed I, Olduvai Gorge, Tanzania. Nature 232: 308-312

Leakey MD, Hay RI, Curtis GH, Drake RE, Jackes MK, White TD (1976) Fossil hominids from the Laetoli beds. Nature 262: 460-466

Leakey MG, Leakey REF (eds) (1978) Koobi Fora Research Project, vol 1, The Fossil Hominids and an Introduction to their Context, 1968-1974. Clarendon Press, Oxford

Leakey REF (1969) Early *Homo sapiens* remains from the Omo river region of south-west Ethiopia. Nature 222: 1132-1133.

Leakey REF (1970a) Fauna and artifacts from a new Plio-Pleistocene locality near Lake Rudolf in Kenya. Nature 226: 223-224

Leakey REF (1970b) In search of man's past at Lake Rudolf. Nat Geogr 137: 712-733

Leakey REF (1970c) New hominid remains and early artefacts from Northern Kenya. Nature 226: 223-224

Leakey REF (1971) Further evidence of Lower Pleistocene hominids from East Rudolf, North Kenya. Nature 231: 241-245

Leakey REF (1981) The Making of Mankind. Dutton, New York

Leakey REF, Walker AC (1980) On the status of *Australopithecus afarensis*. Science 207: 1102-1103

Leakey REF, Walker AC (1985) Further hominids from the Plio-Pleistocene of Koobi Fora, Kenya. Am J Phys Anthrop 67: 135-163

Leakey REF, Walker AC (1988) New *Australopithecus boisei* specimens from East and West Lake Turkana, Kenya. Am J Phys Anthrop 76: 1-24

Leakey REF, Wood BA (1973) New evidence of the genus *Homo* from East Rudolf, Kenya, II. Am J Phys Anthrop 39: 355-363

Leakey REF, Butzer KW, Day MH (1989) Early *Homo sapiens* from the Omo River region of South-West Ethiopia. Nature 222: 1132-1138

Leakey REF, Leakey MG, Behrensmeyer AK (1978) The hominid catalogue. In: Leakey MG, Leakey REF (eds) Koobi Fora Research Project, vol 1. The Fossil Hominids and an Introduction to their Context, 1968-1974. Clarendon Press, Oxford. pp 86-182

Lee RB, DeVore I (eds) (1968) Man the Hunter. Aldine-Atherton, Chicago

Leguebe A, Toussaint M (1988) La Mandibule et le Cubitus de la Naulette. Morphologie et Morphométrie. Cah Paléont, Editions CNRS, Paris

Le Gros Clark WE (1947) Observations on the anatomy of the fossil Australopithecinae. J Anat 81: 300-333

Le Gros Clark WE (1959) The Antecedents of Man, 1st ed. Edinburgh University Press, Edinburgh

Le Gros Clark WE (1964) The Fossil Evidence for Human Evolution: An Introduction to the Study of Paleoanthropology, 2nd ed. University of Chicago Press, Chicago

Le Gros Clark WE (1967) Man-Apes or Ape-Men? The Story of Discoveries in Africa. Holt, Rinehart und Winston, New York

Le Gros Clark WE (1969) The Antecedents of Man, 3rd ed. Edinburgh University Press, Edinburgh

LeMay M (1975) The language capability of Neanderthal man. Am J Phys Anthrop 42: 9-14

Lethmate J (1990) Evolutionsökologie und Verhalten der Hominoiden, vol 1 und 2. Deutsches Institut für Fernstudien an der Universität Tübingen, Tübingen

Leutenegger W, Shell B (1987) Variability and sexual dimorphism in canine size of *Australopithecus* and extant hominids. J Hum Evol 16: 359-367

Levêque F, Vandermeersch B (1980) Découverte de restes humains dans un niveau câstelperronien à Saint-Césaire. La Recherche 12: 242-244

Levêque F, Vandermeersch B (1981) Le Néandertalien de Saint Césaire. La Recherche 12: 242-244

Lewin R (1984) DNA reveals surprises in human family tree. Science 226: 1179-1182

Lewin R (1986) New fossil upsets human family. Science 233: 720-722

Lewin R (1987) The origin of the modern human mind. Science 236: 668-670

Lewin R (1988) Molecular clocks turn a quarter century. Science 239: 561-563

Lewin R (1990) Molecular clocks run out of time. New Scientist 2/10/90: 38-41

Lewis OJ (1969) The hominoid wrist joint. Am J Phys Anthrop 30: 251-268

Lewis OJ (1974) The wrist articulations of the Anthropoidea. In: Jenkins FA jr (ed) Primate Locomotion. Academic Press, New York. pp 143-169

Lewis OJ (1977) Joint remodelling and the evolution of the human hand. J Anat 123: 157-201

Lewis OJ (1980) The joints of the evolving foot. Part II. The intrinsic joints. J Anat 130: 833-857

Lewis OJ (1981) Functional morphology of the joints of the evolving foot. Symp Zool Soc London 46: 169-188

Lieberman DE (1975) On the evolution of language: a unified view. In: Tuttle RH (ed) Primate Functional Morphology and Evolution. Mouton Publishers, The Hague. pp 501-540

Lieberman DE, Crelin ES (1971) On the speech of Neanderthal Man. Linguistic Inquiry 11: 203-222

Lieberman DE, Pilbeam DR, Wood BA (1988) A probabilistic approach to the problem of sexual dimorphism in *Homo habilis*: a comparison of KNM-ER 1470 and KNM-ER 1813. J Hum Evol 17: 503-511

Lindly JM, Clark GA (1990a) Symbolism and modern human origins. Curr Anthrop 31: 233-261

Lindly JM, Clark GA (1990b) On the emergence of modern humans. Curr Anthrop 31: 59-66

Liu Z (1985) Sequence of sediments at Locality 1 in Zhoukoudian and correlation with loess stratigraphy in northern China and with the chronology of deep sea cores. Quart Res 23: 139-153

Liu T, Ding M (1984) A tentative chronological correlation of early human fossil horizons in China with loess-deep sea records. Acta Anthrop Sin 3: 93-101

Lovejoy CO (1970) The taxonomic status of the "*Meganthropus*" mandibular fragments from the Djetis beds of Java. Man 5: 228-236

Lovejoy CO (1979) A reconstruction of the pelvis of AL-288 (Hadar Formation, Ethopia). Am J Phys Anthrop 50: 460

Lovejoy CO (1981) The origin of man. Science 211: 341-350

Lovejoy CO (1982) Models of human evolution. Science 217: 304-305

Lovejoy CO (1988) Evolution of human walking. Sci Am 259: 118-125

Lovejoy CO (1989) Die Evolution des aufrechten Gangs. Spektrum der Wissenschaft, Heft 1: 92-100

Lovejoy CO, Heiple KG (1972) Proximal femoral anatomy of *Australopithecus*. Nature 235: 175-176

Lovejoy CO, Trinkaus E (1980) Strength and robusticity of the Neanderthal tibia. Am J Phys Anthrop 53: 465-470

Lovejoy CO, Johanson DC, Coppens Y (1982a) Hominid lower limb bones recovered from the Hadar Formation: 1974-1977 collections. Am J Phys Anthrop 57: 679-700

Lovejoy CO, Johanson DC, Coppens Y (1982b) Hominid upper limb bones recovered from the Hadar Formation: 1974-1977 collections. Am J Phys Anthrop 57: 637-650

Lovejoy CO, Johanson DC, Coppens Y (1982c) Elements of the axial skeleton recovered from the Hadar Formation: 1974-1977 collections. Am J Phys Anthrop 57: 631-636

Lovejoy CO, Kern KF, Simpson SW, Meindl RS (1989) A new method for estimation of skeletal dimorphism in fossil samples with an application to *Australopithecus afarensis*. In: Giacobini G (ed) Hominidae: Proc 2nd Int Congr Hum Paleont, Turin 1987. Jaca Book, Mailand. pp 103-108

Lowe JJ, Walker MJC (1984) Reconstructing Quarternary Environments. Longman, New York

Lucas PW (1979) The dental-dietary adaptations of mammals. N Jb Geol Paläont (Mh) 1979, 486-512

Lucas PW, Corlett RT, Luke DA (1985) Plio-Pleistocene hominid diets: an approach combining masticatory and ecological analysis. J Hum Evol 14: 187-202

Lucotte G (1989) Evidence for the paternal ancestry of modern humans: Evidence from a Y-chromosome specific sequence polymorphic DNA probe. In: Mellars P, Stringer C (eds) The Human Revolution. Behavioural and Biological Perspectives on the Origins of Modern Humans. Edinburgh University Press, Edinburgh. pp 39-46

Lucotte G (1992) African pygmies have the more ancestral gene pool when studied for Y-chromosome DNA haplotypes. In: Bräuer G, Smith FH (eds) Continuity or Replacement. Controversies in *Homo sapiens* Evolution. A.A. Balkema, Rotterdam. pp 75-81

Lumley H de (ed) (1976) La Préhistoire Française, vol 1, no 2. Editions CNRS, Paris

Lumley H de (1984) Art et Civilisations des Chasseurs de la Préhistoire. 34 000-8 000 Ans av. J.-C. Publ Lab Préhist, Mus Natn d'Hist Nat Mus l'Homme, Paris

Lumley-Woodyear MA de (1973) Anténéandertaliens et Néandertaliens du Bassin Méditerranéen occidental européen. Etud Quart (Géol, Paléont, Préhist), mém 2. Université de Provence, Marseille

Lumley H de, Lumley MA de (1971) Découverte de restes humains anténéandertaliens datés du début de Riss à la Caune de l'Arago (Tautavel, Pyrénées-Orientales. CR Acad Sci Paris 272: 1729-1742

Lumley H de, Lumley MA de (1979) L'homme de Tautavel. In: Il y a 450.000 ans, l'homme de Tautavel. Dossiers l'Archéol, 36: 54-59

Lumley H de, Lumley MA de (1990) La conquette de l'ancien monde par l'*Homo erectus*. Les premiers peuplements de l'Europe. In: 5 Millions d'Années. Palais des Beaux-Arts de Bruxelles, Ausstellungskatalog. pp 46-67

Lumley H de, Sonakia A (1985) Contexte stratigraphique et archéologique de l'homme de la Narmada, Hathnora, Madhya Pradesh, Inde. L'Anthropologie 89: 3-12

MacConaill MA, Basmajian JV (1969) Muscles and movements. The Williams & Williams Company. Baltimore

Macdonald DW (1983) The ecology of carnivore social behaviour. Nature 301: 379-384

MacMahon TA, Bonner JT (1983) On Size and Life. Freeman, San Francisco

MacPhee RDE (1981) Auditory regions of primates and eutherian insectivores: morphology, ontogeny and character analysis. Contrib Primatol 18: 1-282

MacPhee RDE, Cartmill M (1986) Basicranial structures and primate systematics. In: Swindler DR, Erwin J (eds) Comparative Primate Biology, vol 1, systematics, Evolution and Anatomy. Alan R. Liss, New York. pp 219-275

MacRae AF, Anderson WW (1988) Evidence for non-neutrality of mitochondrial DNA haplotypes in *Drosophila pseudobscura*. Genetics 120: 485-494

Maddison DR (1991) African origin of human mitochondrial DNA reexamined. Syst Zool 40: 355-363

Maeda N, Wu CI, Bliska J, Reneke J (1988) Molecular evolution of intergenic DNA in higher primates: Pattern of DNA changes, molecular clock, and evolution of repetitive sequences. Mol Biol Evol 5: 1-20

Maglio VJ (1978) Patterns of faunal evolution. In: Maglio VJ, Cooke HBS (eds) Evolution of African Mammals. Harvard University Press, Cambridge, Mass. pp 603-620

Maguire J, Pemberton D, Colett MH (1980) The Makapansgat limeworks grey breccia: hominids, hyaenas, hystricids or hillwash? Paleont Afr 23: 75-98

Mai L (1983) A model of chromosome evolution and its bearing on cladogenesis in the Hominoidea. In: Ciochon RL, Corruccini RS (eds) New Interpretations of Ape and Human Ancestry. Plenum Press, New York. pp 87-114

Maier W (1978) Zur Evolution des Säugetiergebisses - typologische und konstruktionsmorphologische Erklärungen. Natur u. Museum 108: 288-300

Maier W (1980) Konstruktionsmorphologische Studien am Gebiß der rezenten Prosimiae. Abh Senckenb Naturf Ges 538: 1-158

Maier W (1984) Tooth morphology and dietary specialization. In: Chivers DJ, Wood BA, Bilsborough A (eds). Food Acquisition and Processing in Primates. Plenum Press, New York. pp 303-330

Maier WE, Nkini A (1984) Olduvai hominid 9: new results of investigation. Cour Forsch Senckenb 69: 123-130

Maier W, Schneck G (1981) Konstruktionsmorphologische Untersuchungen am Gebiß der hominoiden Primaten. Z Morph Anthrop 72: 127-169

Majsuradze G, Pavlenisvili ES, Schmincke HU, Sologasvili D (1989) Paläomagnetik und Datierung der Basaltlava. In: Dzaparidse V, Bosinski G, Bugiansisvili T, Gabunia L et al (eds) Der altpaläolithische Fundplatz Dmanisi in Georgien (Kaukasus). Jb Römisch-Germanisches Zentralmuseum, Mainz 36. pp 74-76

Malez M (1970) A new look at the stratigraphy of the Krapina site. In: Krapina: 1899-1969. Yogoslavenska Akademija Znanosti i Umjetnosti. pp 40-44

Mania D (1975) Bilzingsleben (Thüringen): Eine neue altpaläolithische Fundstelle mit Knochenresten des *Homo erectus*. Archäol Korr Bl 5: 263-272

Mania D, Toepfer V, Vlcek E (1980) Bilzingsleben I. Veb Deutscher Verlag der Wissenschaften, Berlin

Mann AE (1981) The evolution of hominid dietary patterns. In: Harding RSO, Teleki G (eds) Omnivorous Primates. Columbia University Press, New York. pp 10-36

Marcais J (1934) Découverte de restes humaines fossiles dans les grès Quarternaires de Rabat (Maroc). L'Anthropologie 44: 579-583

Markl H (1980) Ökologische Grenzen und Evolutionsstrategie Forschung. In: DFG (ed) Mitteilungen der DFG 3/80, I-VIII

Markl H (1986) Mensch und Umwelt. Frühgeschichte einer Anpassung. In: Rössner H (ed) Der ganze Mensch. dtv, München. pp 29-46

Marks J (1983) Hominoid cytogenetics and evolution. Yb Phys Anthrop 25: 125-153

Marks J, Schmid CW, Sarich VM (1988) DNA hybridization as a guide to phylogeny: Relations of the Hominoidea. J Hum Evol 17: 769-786

Martin H (1911) Sur un squelette humain trouvé en Charente. CR Acad Sci 153: 728-730

Martin LB (1985) Significance of enamel thickness in hominoid evolution. Nature 314: 260-263

Martin LB, Boyde A, Grine FE (1988) Enamel structure in primates: a review of scanning electron microscopic studies. Scanning Microscopy 2: 1503-1526

Martin PS (1984) Prehistoric overkill: the global model. In: Martin PS, Klein RG (eds) Quarternary Extinctions: A Prehistoric Revolution. University of Arizona Press, Tucson. pp 354-403

Martin RA (1981) On extinct hominid population densities. J Hum Evol 10:427-428

Martin RD (1967) Behaviour and taxonomy of tree-shrews (Tupaiidae). DPhil Thesis, University of Oxford

Martin RD (1981) Relative brain size and basal metabolic rates in terrestrial vertebrates. Nature 293: 57-60

Martin RD (1983) Human Brain Evolution in an Ecological Context. 52nd James Arthur Lecture on the Evolution of the Human Brain. Am Mus Nat Hist, New York

Martin RD (1986) Primates: A definition. In: Wood BA, Martin RD, Andrews P (eds) Major Topics in Primate and Human Evolution. Cambridge University Press, Cambridge. pp 1-31

Martin RD (1990) Primate Origins and Evolution. A Phylogenetic Reconstruction. Chapman and Hall, London

Martin RD, Harvey PH (1985) Brain size allometry: ontogeny and phylogeny. In: Jungers WL (ed) Size and Scaling in Primate Biology. Plenum Press, New York. pp 147-173

Martinson DG, Pisias NG, Hays JD, Imbrie J, Moore TC jr, Shackleton NJ (1987) Age dating and the orbital theory of the ice ages: development of a high-resolution 300,000 year chronostratigraphy. Quart Res 27: 1-29

Marzke MW (1983) Joint function and grips of the *Australopithecus afarensis* hand, with special reference to the region of the capitate. J Hum Evol 12: 197-211

Marzke MW (1992) Evolutionary development of the human thumb. Hand Clinics 8: 1-8

Marzke MW, Marzke RF (1987) The third metacarpal styloid process in humans: origins and functions. Am J Phys Anthrop 73: 415-432

Marzke MW, Longhill JM, Rasmussen SA (1988) Gluteus maximus muscle function and the origin of human bipedality. Am J Phys Anthrop 77: 519-528

Maslin TP (1952) Morphological criteria of phylogenetic relationships. Syst Zool 1: 49-70

Masters P (1982) An amino acid racemization chronology for Tabun. In: Ronen A (ed) The Transition from the Lower to Middle Palaeolithic and the Origin of Modern Man. B.A.R. Int Ser 151: 43-54

Matsu'ura S (1982) A chronological framing for the Sangiran hominids. Bull Nat Sci Mus Tokyo 8: 1-53

Maxam AM, Gilbert W (1977) A new method for sequencing DNA. Proc Nat Acad Sci USA 74: 560-564

Maxam AM, Gilbert W (1980) Sequencing end-labeled DNA with base specific chemical cleavages. Methods Enzymol 65: 499-560

Maynard Smith J (1964) Group selection and kin selection. Nature 201: 1145-1147

Maynard Smith J, Savage JG (1956) Some locomotory adaptations in mammals. J Linn Soc Zool 42: 603-622

Mayr E (1950) Taxonomic categories in fossil hominids. Cold Spring Harbor Symp Quant Biol 15: 109-118

Mayr E (1963) Animal Species and Evolution. Harvard University Press, Cambridge, Mass.

Mayr E (1969) Principles of Systematic Zoology. McGraw Hill, New York

Mayr E (1975) Grundlagen der zoologischen Systematik. P. Parey Verlag, Hamburg

McCown T, Keith A (1939) The Stone Age of Mount Carmel, vol 2. The Fossil Human Remains from the Levalloiso-Mousterian. Clarendon Press, Oxford

McDougall I, Davies T, Maier R, Rudowski R (1985) Age of the Okote Tuff Complex at Koobi Fora, Kenya. Nature 316: 792-794

McGrew WC (1979) Evolutionary implications of sex differences in chimpanzee predation and tool use. In: Hamburg DA, McCown ER (eds) The Great Apes. Benjamin/Cummings, Menlo Park. pp 440-463

McGrew WC (1987) Tools to get food: the subsistants of Tasmanian aboriginees and Tanzanian chimpanzees compared. J Anthrop Res 43: 247-258

McGrew WC (1992) Chimpanzee Material Culture. Implications for Human Evolution. Cambridge University Press, New York

McHenry HM (1982) The pattern of human evolution: studies on bipedalism, mastication and encephalisation. Ann Rev Anthrop 11: 151-173

McHenry HM (1984) The common ancestor: a study of the postcranium of *Pan paniscus*, *Australopithecus* and other hominoids. In: Susman RL (ed) The Pygmy Chimpanzee. Plenum Press, New York. pp 201-230

McHenry HM (1986) The first bipeds: a comparison of the *A. afarensis* and *A. africanus* postcranium and implications for the evolution of bipedalism. J Hum Evol 15: 177-191

McHenry HM (1988) New estimates of body weight in early hominids and their significance to encephalization and megadontia in 'robust' australopithecines. In: Grine FE (ed) Evolutionary History of the "Robust" Australopithecines. Aldine de Gruyter, New York. pp 133-148

McHenry HM (1991a) Femoral lengths and stature in Plio-Pleistocene hominids. Am J Phys anthrop 85: 149-158

McHenry HM (1991b) Sexual dimorphism in *Australopithecus afarensis*. J Hum Evol 20: 21-32

McHenry HM (1992) How big were early hominids. Evol Anthrop 1: 15-20

McHenry HM, Corruccini RS (1975) Distal humerus in hominoid evolution. Folia Primatol 23: 227-244

McHenry HM, Corruccini RS, Howell FC (1976) Analysis of an early hominid ulna from the Omo Basin, Ethopia. Am J Phys Anthrop 44: 295-304

McKenna MC (1975) Toward a phylogenetic classification of the Mammalia. In: Luckett WP, Szalay RS (eds) Phylogeny of the Primates. Plenum Press, New York. pp 21-46

McKenna MC (1980) Early history and biogeography of South America's extinct land mammals. In: Ciochon RL, Chiarelli AB (eds) Evolutionary Biology of the New World Monkeys and Continental Drift. Plenum Press, New York. pp 43-78

Mehlman MJ (1984) Archaic *Homo sapiens* at Lake Eyasi, Tanzania: recent misinterpretations. J Hum Evol 13: 487-501

Mehlman MJ (1987) Provenience, age, and associations of archaic *Homo sapiens* crania from Lake Eyasi, Tanzania. J Archaeol Sci 14: 133-162

Mellars P (1988) The origin and dispersal of modern humans. Curr Anthrop 29: 186-188

Mellars P (1989a) Technological changes at the Middle-Upper-Palaeolithic transition: Economic, social and cognitiv perspectives. In: Mellars P, Stringer C (eds) The Human Revolution. Behavioural and Biological Perspectives on the Origins of Modern Humans. Edinburgh University Press, Edinburgh. pp 338-365

Mellars P (1989b) Major issues in the emergence of modern humans. Curr Anthrop 30: 349-385

Mellars P, Stringer C (eds) (1989) The Human Revolution. Behavioural and Biological Perspectives on the Origins of Modern Humans. Edinburgh University Press, Edinburgh

Miller DA (1977) Evolution of primate chromosomes. Science 198: 1116-1124

Miller JA (1991) Does brain size variability provide evidence for multiple species in *Homo habilis*? Am J Phys Anthrop 84: 385-398

Mills JRE (1955) Ideal dental occlusion in the Primates. Dent Pract 6: 47-61

Mills JRE (1963) Occlusion and malocclusion of the teeth of primates. In: Brothwell DR (ed) Dental Anthropology. Pergamon Press, Oxford. pp 29-51

Mills JRE (1978) The relationships between tooth patterns and jaw movements in the Hominoidea. In: Butler PM, Joysey KA (eds) Development, Function and Evolution of Teeth. Academic Press, New York. pp 341-353

Milton K (1988) Foraging behaviour and the evolution of primate intelligence. In: Byrne RW, Whiten A (eds) Machiavellian Intelligence. Clarendon Press, Oxford. pp 285-305

Mivart SG (1873) On Lepilemur and Cheirogaleus and on the zoological rank of the Lemuroidea. Proc Zool Soc London 1873: 484-510

Molnar S, Gantt DG (1977) Functional implications of primate enamel thickness. Am J Phys Anthrop 46: 447-454

Moore WJ (1981) The Mammalian Skull. Cambridge University Press, Cambridge.

Morbeck ME, Preuschoft H, Gomberg N (eds) (1979) Environment, Behavior, and Morphology: Dynamic Interactions in Primates. Gustav Fischer Verlag, Stuttgart

Morlan RE (1987) The Pleistocene archaeology of Beringia. In: Nitecki MH, Nitecki DV (eds) The Evolution of Human Hunting. Plenum Press, New York. pp 267-307

Morris AG (1992) Biological relationships between Upper Pleistocene and Holocene populations in southern Africa. In: Bräuer G, Smith FH (eds) Continuity or Replacement. Controversies in *Homo sapiens* Evolution. A.A. Balkema, Rotterdam. pp 131-143

Morton DJ (1926) Evolution of man's erect posture (preliminary report). J Morph Physiol 43: 147-179

Morton DJ, Fuller DD (1952) Human Locomotion and Body Form. Williams and Williams, Baltimore

Moss ML (1958) The pathogenesis of artificial cranial deformation. Am J Phys Anthrop 16: 269-285

Moss ML, Young RW (1960) A functional approach to craniology. Am J Phys Anthrop 18: 281-292

Moss ML, Moss-Salentijn L, Vilmann H, Newell-Morris L (1982) Neuro-skeletal topology of the primate basicranium: its implications for the "fetalization hypothesis". Gegenbaurs Morph Jb 128:58-67

Movius HL (1955) Paleolithic archeology in southern and eastern Asia, exclusive of India. Cah Hist Mond 2: 257-282

Müller-Beck H, Albrecht G (eds) (1987) Die Anfänge der Kunst vor 30.000 Jahren. Konrad Theiss Verlag, Stuttgart

Muller J (1935) The orbito temporal region of the skull of the Mammalia. Arch néerl Zool 1: 118-259

Mullis KB (1990) Eine Nachtfahrt und die Polymerase-Kettenreaktion. Spektrum der Wissenschaft, Heft 6: 60-67

Mullis KB, Faloona F, Scharf S, Saiki R, Horn G, Erlich H (1986) Specific enzymatic amplification of DNA in vitro. Cold Spring Harbor Symp Quant Biol 51: 263-273

Murrill RI (1983) On the dating of the fossil hominid Petralona Skull. Anthropos (Brno) 10: 12-15

Napier JR (1963) Brachiation and brachiators. Symp Zool Soc London 10: 183-195

Napier JR (1964) The evolution of bipedal walking in hominids. Arch Biol Liège 75: 673-708

Napier JR (1980) Hands. George Allen and Unwin, London

Napier JR, Davis PR (1959) The forelimb skeleton and associated remains of *Proconsul africanus*. Foss Mamm Afr 16: 1-69

Napier JR, Napier PH (1967) A Handbook of Living Primates. Academic Press, London

Nei M (1985) Human evolution at the molecular level. In: Ohta T, Akoi K (eds) Population Genetics and Molecular Evolution. Springer-Verlag, Berlin. pp 41-64

Nei M, Graur D (1984) Extent of protein polymorphism and the neutral mutation. In: Hecht MK, Wallace B, Prance GT (eds) Evolutionary Biology. Plenum Press, New York. pp 73-118

Nei M, Tajima F (1985) Evolutionary change of restriction cleavage sites and phylogenetic inference for man and apes. Mol Biol Evol 2: 189-205

Nelson GJ (1970) Outline of a theory of comparative biology. Syst Zool 19: 373-384

Nesbit-Evans EM, Van Couvering JAH, Andrews P (1981) Palaeoecology of Miocene sites in western Kenya. J Hum Evol 10: 99-116

Newell RR, Constandse-Westermann TS (1984) Population growth, density and technology in the western European Mesolithic: Lessons from analogous historical contexts. Palaeohist Acta Comm Inst Bio-archaeol Univ Groninganae 26: 1-18

Newell RR, Constandse-Westermann TS (1986) Testing an ethnographic analogue of Mesolithic social structure and the archaeological resolution of Mesolithic ethnic groups and breeding populations. Proc Koninkl Nederl Akad Wet, Ser B, 89: 243-310

Noe-Nygaard N (1989) Man-made trace fossils on bones. Hum Evol 4: 461-491

Novacek MJ (1977) Aspects of the problem of variation, origin, and evolution of the eutherian auditory bulla. Palae Bios 24: 1-42

Nuttall GHF (1904) Blood Immunity and Blood Relationship. Cambridge University Press, Cambridge

Oakley KP (1954) Dating the Australipithecines of Africa. Am J Phys Anthrop. 12: 9-23

Oakley KP (1964) The problem of man's antiquity: a historical survey. Bull Brit Mus Nat Hist Geol 9: 86-155

Oakley KP (1974) Revised dating of the Kanjera hominids. J Hum Evol 3: 257-258

Oakley KP, Campbell BG, Molleson TI (1971) Catalogue of Fossil Hominids. Part II: Europe. The British Museum of Natural History, London.

Oakley KP, Campbell BG, Molleson TI (1975) Catalogue of Fossil Hominids. Part III: Americas, Asia, Australasia. The British Museum of Natural History, London.

Okada M (1985) Primate bipedal walking: comparative kinematics. In: Kondo S (ed) Primate Morphophysiology, Locomotor Analysis and Human Bipedalism. University of Tokyo Press, Tokyo. pp 47-58

Okada M, Kondo S (1980) Physical strain of bipedal versus quadrupedal gait in primates. J Hum Ergol 9: 107-110

Okada M, Ishida H, Kimura T (1976) Biomechanical features of bipedal gait in human and nonhuman primates. In: Komi PV (ed) Biomechanics V-A. University Park Press, Baltimore. pp 303-310

Olson EC (1980) Taphonomy: its role and history in community evolution. In: Behrensmeyer AK, Hill AP (eds) Fossils in the Making. University of Chicago Press, Chicago. pp 5-19

Olson TR (1978) Hominid phylogenetics and the existence of *Homo* in Member I of the Swartkrans Formation, South Africa. J Hum Evol 7: 159-178

Olson TR (1981) Basicranial morphology of the extant hominoids and Pliocene hominids: the new material from the Hadar Formation, Ethopia, and its significance in early human evolution and taxonomy. In: Stringer CB (ed) Aspects of Human Evolution. Taylor and Francis, London. pp 99-128

Olson TR (1985) Cranial morphology and systematics of the Hadar formation hominids and 'Australopithecus' africanus. In: Delson E (ed) Ancestors: The Hard Evidence. Alan R. Liss, New York. pp 102-119

Oppenoorth WFF (1932) Ein neuer diluvialer Urmensch von Java. Natur und Museum 62: 269-279

Osche G (1962) Das Praeadaptationsphänomen und seine Bedeutung für die Evolution. Zool Anz 169: 14-49

Osche G (1983) Die Sonderstellung des Menschen in evolutionsökologischer Sicht. Nova Acta Leopoldina NF 55, Nr. 253: 57-72

Ovey LD (ed) (1964) The Swanscombe Skull. A Survey of Research on the Pleistocene Site. Roy Anthrop Inst Great Britain and Ireland, Occasional Paper no. 20. London

Owen RC (1984) The Americas: The Case Against an Ice-Age Human Population. In: Smith FH, Spencer F (eds) The Origins of Modern Humans: A World Survey of the Fossil Evidence. Alan R. Liss, New York. pp 517-563

Oxnard CE (1963) Locomotor adaptations in the primate forelimb. Symp Zool Soc London 10: 165-182

Oxnard CE (1968) The architecture of the shoulder in some mammals. J Morph 126: 249-290

Oxnard CE (1975) The place of australopithecines in human evolution: grounds for doubt? Nature 258: 389-395

Oxnard CE (1985) Hominids and hominoids, lineages and radiations. In: Tobias PV (ed) Hominid Evolution: Past, Present and Future. Alan R. Liss, New York. pp 271-278

Oxnard CE, Lisowski FP (1980) Functional articulation of some hominoid foot bones: implications for the Olduvai (Hominid 8) foot. Am J Phys Anthrop 52: 107-117

Oyen OJ, Enlow DH (1981) Structural-functional relationships between masticatory biomechanics, skeletal biology and craniofacial development in primates. In: Chiarelli AB, Corruccini RS (eds) Primate Evolutionary Biology. Springer-Verlag, Berlin

Papamarindopoulos, S, Readman PW, Maniatis Y, Simopoulos A (1987) Palaeomagnetic and mineral magnetic studies of sediments from Petralona Cave, Greece. Archaeometry 29: 50-59

Parker S, Gibson K (1979) A developmental model for the evolution of language and intelligence in early hominids. Behav Brain Sci 2: 367-408

Parsons PE, Taylor CR (1977) Energetics of brachiation versus walking: a comparison of a suspended and an inverted pendulum mechanism. Physiol Zool 50: 182-188

Partridge TC (1982) The chronological positions of the fossil hominids of Southern Africa. 1er Congr Int Paleont Hum, Nice. Unesco, Nizza. pp 617-675

Passingham RE (1975) The brain and intelligence. Brain Behav Evol 11: 1-15

Passingham RE (1981) Primate specialization in brain and intelligence. Symp Zool Soc London 46: 361-388

Patte E (1960) Découverte d'un néandertalien dans la Vienne. L'Anthropologie 64: 512-517

Paul CRC (1982) The adequacy of the fossil record. In: Joysey KA, Friday AE (eds) Problems of Phylogenetic Reconstruction. Academic Press, London. pp 75-117

Patterson B, Howells WW (1967) Hominid humeral fragment from early Pleistocene of northwestern Kenya. Science 156: 64-66

Patterson C (1982) Morphological characters and homology. In: Joysey KA, Friday AE (eds) Problems of Phylogenetic Reconstruction. Academic Press, London. pp 21-74

Payá AC, Walker MJ (1980) A possible hominid fossil from Alicante, Spain? Curr Anthrop 21: 795-800

Penck A, Brückner E (1901-1909) Die Alpen im Eiszeitalter I-III. Chr.Herm. Tauchnitz, Leipzig

Pernkopf E (1960) Topographische Anatomie des Menschen, vol IV. Topographische und stratigraphische Anatomie des Kopfes. Urban & Schwarzenberg, München

Phillipson DW (1985) African Archaeology. Cambridge University Press, Cambridge

Pianka E (1978): Evolutionary ecology. Harper & Raw, New York

Pickford M (1985) *Kenyapithecus*: a review of its status based on newly discovered fossils from Kenya. In: Tobias PV (ed) Hominid Evolution: Past, Present and Future. Alan R. Liss, New York. pp 107-112

Pickford M (1986) Sexual dimorphism in *Proconsul*. Hum Evol 1: 111-148

Pickford M (1989) Pre-Hominid diversity and palaeozoogeography. In: Giacobini G (ed) Hominidae. Proc 2nd Int Congr Hum Paleont, Turin 1987. Jaca Book, Mailand. pp 23-33

Pilbeam DR (1969) Tertiary Pongidae of East Africa: evolutionary relationships and taxonomy. Peabody Mus J 31: 1-185

Pilbeam DR (1972) The Ascent of Man: An Introduction to Human Evolution. Macmillan, New York

Pilbeam DR (1979) Recent finds and interpretations of Miocene hominoids. Ann Rev Anthrop 8: 333-352

Pilbeam DR (1985) Patterns of hominoid evolution. In: Delson E (ed) Ancestors: The Hard Evidence. Alan R. Liss, New York. pp 51-59

Pilbeam DR (1986) Distinguished lecture: hominoid evolution and hominoid origins. Am Anthrop 88: 295-312

Pilbeam DR, Rose MD, Barry JC, Ibrahim Shah SM (1990) New *Sivapithecus* humeri from Pakistan and the relationship of *Sivapithecus* and *Pongo*. Nature 348: 237-239

Pilbeam DR, Vaisnys JR (1975) Hypothesis testing in palaeoanthropology. In: Tuttle RH (ed) Paleoanthropology. Morphology and Paleoecology. Mouton Publishers, The Hague. pp 3-18

Pinshaw B, Fedak MA, Schmidt-Nielsen K (1977) Terrestrial locomotion in penguins: it costs more to waddle. Science 195: 592-594

Piperno M, Scichilone G (eds) (1991) Il Cranio Neandertaliano Circeo 1. Studi E Documenti. Istituto Poligrafico E Zecca Dello Stato, Libreria Dello Stato, Rom

Pitsios T (1985) Paleoanthropological research on the site Apidimia, Lakonia, Greece. Archeologica (Athen) 15: 26-33

Piveteau J (1982) La place de l'*Homo erectus* dans le phénomène de l'hominisation. 1er Congr Int Paleont Hum, Nice. Unesco, Nizza. pp. 5-18

Pope GG (1988) Recent advances in far eastern paleoanthropology. Ann Rev Anthrop 17: 43-77

Pope GG (1989) Asian *Homo erectus* and the emergence of *Homo sapiens*: an alternative to replacement models. In: Sahni A, Gauer R (eds) Perspectives in Human Evolution. SRK Chopra Festschrift Volume. Renaissance Publishing House, New Delhi. pp 21-32

Pope GG (1991) Evolution of the zygomaticomaxillary region in the genus *Homo* and its relevance to the origins of modern humans. J Hum Evol 21: 189-213

Pope GG (1992) Craniofacial evidence for the origin of modern humans in China. Yb Phys Anthrop 35: 243-298

Pope GG, Cronin JE (1984) The asian hominidae. J Hum Evol 13: 377-398

Pope GG, Barr S, MacDonald A, Nakabanlang S (1986) Earliest radiometrically dated artifacts from Southeast Asia. Curr Anthrop 27: 275-279

Popper KR (1968) The Logic of Scientific Discovery. Hutchinson, London

Popper KR (1974) Objective Knowledge; An Evolutionary Approach. Clarendon Press, Oxford

Popper KR (1976) Logik der Forschung, 6. Aufl. J.C.B. Mohr, Tübingen

Potts R (1982) Lower Pleistocene Site Formation and Hominid Activities at Olduvai Gorge, Tanzania. PhD Thesis, Harvard University

Potts R (1984) Hominid hunters? Problems of identifying earliest hunter/gatherers. In: Foley R (ed) Hominid Evolution and Community Ecology. Academic Press, London. pp 129-166

Potts R (1987) Transportation of resources: Reconstructions of early hominid socioecology: a critique of primate models. In: Kinzey WG (ed) The Evolution of Human Behavior: Primate Models. State University of New York Press, New York. pp 28-47

Potts R (1988a) Early Hominid Activities at Olduvai. Aldine de Gruyter, New York

Potts R (1988b) On an early hominid scavenging niche. Curr Anthrop 29: 153-155

Potts R, Shipman P (1981) Cutmarks made by stone tools on bones from Olduvai Gorge, Tanzania. Nature 291: 577-580

Poulianos AN (1982) The age of the skeleton of *Archanthropus petraloniensis*. Anthropos (Brno) 21: 213-222

Prentice ML, Denton GH (1988) The deep-sea oxygen isotope record, the global ice sheet system and hominid evolution. In: Grine FE (ed) Evolutionary History of the "Robust" Australopithecines. Aldine de Gruyter, New York. pp 383-403

Presley R (1979) The primitive course of the internal carotid artery in mammals. Acta Anat 103: 238-244

Preuschoft H (1970) Functional anatomy of the lower limb. In: Bourne GH (ed) The Chimpanzee, vol 3. S. Karger Verlag, Basel. pp 221-294

Preuschoft H (1973) Functional anatomy of the upper extremity. In: Bourne GH (ed) The Chimpanzee, vol 6. S. Karger Verlag, Basel. pp 34-120

Preuschoft H (1989a) Biomechanical approach to the evolution of the facial skeleton of hominoid primates. In: Splechtna H, Hilger H (eds) Trends in Vertebrate Morphology. Gustav Fischer Verlag, Stuttgart. pp 421-431

Preuschoft H (1989b) Quantitative approaches to primate morphology. Folia primatol 53: 82-100

Preuschoft H (1990) Gravity in primates and its relation to body shape and locomotion. In: Morbeck ME, Preuschoft H, Gomberg N (eds) Environment, Behavior, and Morphology: Dynamic Interactions in Primates. Gustav Fischer Verlag, Stuttgart. pp 327-345

Preuschoft H, Demes B (1984) Biomechanics of brachiation. In: Preuschoft H, Chivers DJ, Brockelman, WY, Creel N (eds) The Lesser Apes. Evolutionary and Behavioural Biology. Edinburgh University Press, Edinburgh. pp 96-118

Preuschoft H, Witte H (1991) Biomechanical reasons for the evolution of hominid body shape. In: Coppens Y, Senut B (eds) Origine(s) De La Bipédie Chez Les Hominidés. Editions CNRS, Paris. pp 59-78

Preuschoft H, Demes B, Meyer M, Bär HF (1985) Die biomechanischen Prinzipien im Oberkiefer von langschnauzigen Wirbeltieren. Z Morph Anthrop 76: 1-24

Preuschoft H, Demes B, Meyer M, Bär HF (1986) The biomechanical principles realised in the upper jaw of longsnouted primates. In: Else JG, Lee PC (eds) Primate Evolution. Cambridge, London. pp 249-264

Preuss TM (1982) The face of *Sivapithecus indicus*: description of a new relatively complete specimen from the Siwaliks of Pakistan. Folia primatol 38: 141-157

Prost JH (1980) Origin of bipedalism. Am J Phys Anthrop 52: 175-190

Protsch RRR (1974) Florisbad. Its palaeoanthropology, chronology and archaeology. Homo 25: 68-78

Protsch RRR (1975) The absolute dating of Upper Pleistocene subsaharian fossil hominids and their place in human evolution. J Hum Evol 4: 297-322

Protsch RRR (1978a) Wie alt ist der *Homo sapiens*. Archäol Inf 4: 8-32

Protsch RRR (1978b) Der Mensch stammt aus Afrika. Umschau in Wissenschaft und Technik 18: 554-561

Protsch RRR (1981) The palaeoanthropological finds of the Pliocene and Pleistocene. Tübinger Monographien zur Urgeschichte, vol 4. Tübingen

Protsch von Zieten RRR (1992) Der Unterkiefer (Mandibula) von Mauer (*Homo erectus heidelbergensis*). In: Beinhauer KW, Wagner GA (eds) Schichten von Mauer. 85 Jahre *Homo erectus heidelbergensis*. Reiß-Museum der Stadt Mannheim, Edition Braus. pp 36-45

Puech PF (1981) Tooth wear in La Ferrassie man. Curr Anthrop 22: 424-425

Pyke GH, Pulliam HR, Charnov EL (1977) Optimal foraging: a selective review of theory and tests. Quart Rev Biol 52: 137-154

Quade J, Cerling T, Bowman JR (1989) Development of Asian monsoon revealed by marked ecological shift during the latest Miocene in northern Pakistan. Nature 342: 163-165

Radinsky LB (1979) The fossil record of primate brain evolution. 49th James Arthur Lecture. Am Mus Nat Hist, New York

Rak Y (1978) The functional significance of the squamosal suture in *Australopithecus boisei*. Am J Phys Anthrop 49: 71-78

Rak Y (1983) The Australopithecine Face. Academic Press, New York

Rak Y (1986) The Neanderthal; A new look at an old face. J Hum Evol 15: 151-164

Rak Y (1991a) Lucy's pelvic anatomy: its role in bipedal gait. J Hum Evol 20: 283-290

Rak Y (1991b) The pelvis. In: Le Squelette de Kébara. Editions CNRS, Paris. pp 147-156

Rak Y, Arensburg B (1987) Kebara 2 Neanderthal pelvis: first look at a complete inlet. Am J Phys Anthrop 73: 227-231

Read DW (1975) Hominid teeth and their relationship to hominid phylogeny. Am J Phys Anthrop 42: 105-126

Reeser LA, Susman RL, Stern JT (1983) Electromyographic studies of the human foot: experimental approaches to hominid evolution. Foot and Ankle 3: 391-407

Remane A (1921) Beiträge zur Morphologie des Anthropoidengebisses. Wiegmann Arch Naturgesch, Abt 1, 87: 1-179

Remane A (1952a) Methodische Probleme der Hominiden-Phylogenie I. Z Morph Anthrop 44: 188-200

Remane A (1952b) Die Grundlagen des natürlichen Systems, der vergleichenden Anatomie und der Phylogenetik. Akademische Verlagsgesellschaft Geest u. Portig, Leipzig

Remane A (1956) Paläontologie und Evolution der Primaten. In: Hofer H, Schultz, AH, Starck D (eds) Primatologia, vol I. S. Karger Verlag, Basel. pp. 267-378

Remane A (1960) Zähne und Gebiss. In: Hofer H, Schultz AH, Starck D (eds) Primatologia. Handbuch der Primatenkunde, vol III, Teil 2. S. Karger Verlag, Basel. pp 637-846

Rendell H, Dennell RW (1985) Dated Lower Paleolithic artefacts from northern Pakistan. Curr Anthrop 26: 393

Repenning CA, Fejfar O (1982) Evidence for earlier date of 'Ubeidiya, Israel, hominid site. Nature 299: 344-347

Reynolds TR (1985) Stresses in the limbs of quadrupedal primates. Am J Phys Anthrop 67: 351-362

Reynolds TR (1987) Stride length and its determinants in humans, early hominids, primates, and mammals. Am J Phys Anthrop 72: 101-115

Richardson PR (1980) Carnivore damage to antilope bones and its archeological implications. Paleont Afr 23: 109-125

Richter R (1928) Aktualpaläontologie und Paläobiologie: eine Abgrenzung. Senckenbergiana 10: 285-292

Riedl R (1975) Die Ordnung des Lebendigen. Systembedingungen der Evolution. P. Parey Verlag, Hamburg

Riepell O (1980) Why to be a cladist? Z Zool Syst Evol Forsch 18: 81-90

Rightmire GP (1976) Relationships of Middle and Upper Pleistocene hominids from Subsaharan Africa. Nature 260: 238-240

Rightmire GP (1978) Human skeletal remains from the southern Cape Province and their bearing on the stone age prehistory of South Africa. Quart Res 9: 219-230

Rightmire GP (1979) Cranial remains of *Homo erectus* from Beds II and IV, Olduvai Gorge, Tanzania. Am J Phys Anthrop 51: 99-115

Rightmire GP (1980) *Homo erectus* and human evolution in the African Middle Pleistocene. In: Königsson LK (ed) Current Argument on Early Man. Pergamon Press, Oxford. pp 70-85

Rightmire GP (1981) Late Pleistocene hominids of Eastern and Southern Africa. Anthropologie (Brünn) 19: 15-26

Rightmire GP (1983) The Lake Ndutu cranium and early *Homo sapiens* in Africa. Am J Phys Anthrop 61: 245-254

Rightmire GP (1984a) Comparisons of *Homo erectus* from Africa and Southeast Asia. Cour Forsch Senckenb 69: 83-98

Rightmire GP (1984b) *Homo sapiens* in Sub-Saharan Africa. In: Smith FH, Spencer F (eds) The Origin of Modern Humans: A World Survey of Fossil Evidence. Alan R. Liss, New York. pp 295-325

Rightmire GP (1986a) Stasis in *Homo erectus* defended. Palaeobiology 12: 324-325

Rightmire GP (1986b) Species recognition and *Homo erectus*. J Hum Evol 15: 823-826

Rightmire GP (1988) *Homo erectus* and later middle Pleistocene humans. Ann Rev Anthrop 17: 239-259

Rightmire GP (1990) The Evolution of *Homo erectus*. Comparative Anatomical Studies of an Extinct Human Species. Cambridge University Press, Cambridge

Rightmire GP (1991) L'évolution d'*Homo erectus*: stase ou gradualisme. In: Hublin JJ, Tillier AM (eds) Aux Origines d'*Homo sapiens*. Presses Universitaires de France, Paris. pp 74-96

Roberts D (1974) Structure and function of the primate scapula. In: Jenkins FA jr (ed) Primate Locomotion. Academic Press, New York. pp 171-200

Roberts D, Tattersall I (1974) Skull form and the mechanics of mandibular elevation in mammals. Am Mus Novit 2536: 1-9

Roberts N (1984) Pleistocene environments in time and space. In: Foley R (ed) Hominid Evolution and Community Ecology. Academic Press, London. pp 25-53

Robinson JT (1953) *Meganthropus*, australopithecines and hominids. Am J Phys Anthrop 11: 1-38

Robinson JT (1954a) Prehominid dentition and hominid evolution. Evolution 8: 324-334

Robinson (1954b) The genera and species of the Australopithecinae. Am J Phys Anthrop 12: 181-200

Robinson JT (1960) The affinities of the new Olduvai australopithecine. Nature 186: 456-458

Robinson JT (1961) The australopithecines and their bearing on the origin of man and of stone-tool making. S Afr J Sci 57: 3-13

Robinson JT (1965) *Homo habilis* and the australopithecines. Nature 205: 121-124

Robinson JT (1966) On the distinctiveness of *Homo habilis*. Nature 209: 957-960

Robinson JT (1972) Early Hominid Posture and Locomotion. University of Chicago Press, Chicago

Roche H, Tiercelin JJ (1977) Découverte d'une industrie lithique ancienne in situ dans la formation d'Hadar, Afar, central Ethiopie. CR Acad Sci Paris, Sér D, 284: 1871-1874

Rodman PS, McHenry HM (1980) Bioenergetics and the origin of hominid bipedalism. Am J Phys Anthrop 52: 103-106

Rohen JW (1975) Funktionelle Anatomie des Menschen. Ein kurzgefaßtes Lehrbuch der makroskopischen Anatomie nach funktionellen Gesichtspunkten. 2. Aufl. F. K. Schattauer Verlag, Stuttgart

Romer AS (1930) *Australopithecus* not a chimpanzee. Science 71: 482-483

Romer AS (1968) Notes and Comments on Vertebrate Paleontology. Chicago University Press, Chicago

Romer AS (1971) Vergleichende Anatomie der Wirbeltiere. P. Parey Verlag, Hamburg

Ronen A (1991) The Yiron-Gravel Lithic Assemblage. Artifacts older than 2,4 my in Israel. Arch Korrbl 21: 159-164

Rosas A (1987) Two new mandibular fragments from Atapuerça/Ibeas (SH site): a reassessment of the affinities of the Ibeas mandibles. J Hum Evol 16: 417-429

Rose MD (1974) Postural adaptations in New and Old World monkeys. In: Jenkins FA jr (ed) Primate Locomotion. Academic Press, New York. pp 201-222

Rose MD (1976) Bipedal behaviour of olive baboons (*Papio anubis*) and its relevance to an understanding of the evolution of human bipedalism. Am J Phys Anthrop 44: 247-261

Rose MD (1977) Positional behaviour of olive baboons *Papio anubis* and its relationship to maintenance and social activities. Primates 18: 59-116

Rose MD (1983) Miocene hominoid postcranial morphology: monkey-like, ape-like, neither, or both? In: Ciochon RL, Corruccini RS (eds) New Interpretations of Ape and Human Ancestry. Plenum Press, New York. pp 405-417

Rose MD (1984) Food acquisition and the evolution of positional behavior: the case of bipedalism. In: Chivers DJ, Wood BA, Bilsborough A (eds) Food Acquisition and Processing in Primates. Plenum Press, New York. pp 509-524

Rose MD (1988) Another look at the anthropoid elbow. J Hum Evol 17: 193-224

Rose MD (1991) The process of bipedalization in hominids. In: Coppens Y, Senut B (eds) Origine(s) De La Bipédie Chez Les Hominidés. Editions CNRS, Paris. pp 38-48

Rosenberg KR (1985) Neanderthal birth canals. Am J Phys Anthrop 66: 222

Rosenberger AL, Strasser E, Delson E (1985) Anterior dentition of *Notharctus* and the adapid-anthropoid hypothesis. Folia primatol 44: 15-39

Ross PE (1992) Nucleic acids and proteins trapped in ancient mummies and still more ancient bones can serve as time capsules of history. Molecular biologists are beginning to unlock their secrets. Sci Am, Heft 5: 82-91

Rothe H (1990) Die Stellung des Menschen im System der Primaten. Deutsches Institut für Fernstudien an der Universität Tübingen, Tübingen

Ruff R (1988) Hindlimb articular surface allometry in Hominoidea and Macaca, with comparisons to diaphyseal scaling. J Hum Evol 17: 687-714

Russell DE (1964) Les mammifères paléocène d'Europe. Mém Mus Natl Hist Nat, Paris ns, C13:1-324

Russell MD (1983) Browridge development as a function of bending stress in the supraorbital region. Am J Phys Anthrop 60: 248

Russell MD (1985) The supraorbital torus: "a most remarkable peculiarity". Curr Anthrop 26: 337-360

Ruvolo M, Smith TF (1985) Phylogeny and DNA-DNA hybridization. Mol Biol Evol 3: 285-289

Ryan AS (1980) Anterior dental microwear in hominid evolution: Comparison with humans and nonhuman primates. PhD Thesis, University of Michigan

Saban R (1963) Les crânes des géants acromégales. Bull Assoc Anat, 385-388

Saban R (1977) The place of Rabat man (Kébibat, Morocco) in human evolution. Curr Anthrop 18: 518-524

Saban R (1984) Anatomie et Evolution des Veines Meningées chez les Hommes Fossiles. ENSB-CTHS, Paris

Saban R (1986a) Veines meningées de l'écaille de l'occipital (Squama occipitalis P.N.A.) et les muscles de la nuque chez l'homme et les pongides. 1: Ostéologie. Mammalia 36: 696-750

Saban R (1986b) Veines meningées et hominisation. Fossil man - new facts, new ideas. Anthropos (Brno) 23: 15-33

Saitou N (1986) On the delta-Q test of Templeton. Mol Biol Evol 3: 282-284

Saitou N, Omoto K (1987) Time and place of human origins from mtDNA data. Nature 327: 288

Sakka M (1984) Cranial morphology and masticatory adaptations. In: Chivers DJ, Wood BA, Bilsborough A (eds). Food Acquisition and Processing in Primates. Plenum Press, New York. pp 415-427

Salvadei L, Massani D, Passarello P (1991) Tomographic analysis of the paranasal sinus of the Neandertal cranium of the Guattari Cave. In: Piperno M, Scichilone (eds) Il Cranio Neandertaliano Circeo 1. Studi e Documenti. Istituto Poligrafico E Zecca Dello Stato, Libreira Dello Stato, Rom. pp 457-485

Santa Luca AP (1978) a re-examination of presumed Neanderthal fossils. J Hum Evol 7: 619-636

Santa Luca AP (1980) The Ngandong fossil hominids: a comparative study of a far eastern *Homo erectus* group. Yale Publ Anthrop 78

Sarich VM (1971) A molecular approach to the question of human origins. In: Dolhinow P, Sarich VM (eds) Background for Man. Little, Brown Comp, Boston. pp 60-81

Sarich VM, Cronin JE (1976) Molecular systematics of the primates. In: Goodman M, Tashian RE (eds) Molecular Anthropology. Plenum Press, New York. pp 141-170

Sarich VM, Wilson AC (1967) Immunological time scale for hominoid evolution. Science 158:1200-1203

Sarich VM, Wilson AC (1973) Generation time and genomic evolution in primates. Science 179: 1144-1147

Sarmiento EE (1987) Long bone torsions of the lower limb and its bearing on locomotor behavior of australopithecines. Am J Phys Anthrop 72: 250-251

Sarmiento EE (1988) Anatomy of the hominoid wrist joints: its evolutionary and functional implications. Int J Primatol 9: 281-345

Sarmiento EE (1991) Functional and phylogenetic implications of the differences in the pedal skeleton of australopithecines. Am J Phys Anthrop, Suppl 12: 157-158

Sartono S (1961) Notes on a new find of a *Pithecanthropus* mandible. Publ Tek Ser Paleont, no 2

Sartono S (1975) Implications arising from *Pithecanthropus* VIII. In: Tuttle RH (ed) Paleoanthropology, Morphology and Paleoecology. Mouton Publishers, The Hague. pp 327-360

Sartono S (1982) Characteristics and chronology of early man from Java, his age and his tools. 1er Congr Int Paleont Hum, Nice. Unesco, Nizza. pp 491-533

Sartono S (1985) Datings of Pleistocene man of Java. Mod Quart Res Southeast Asia 9: 115-127

Saunders JB, Inman VT, Eberhardt HD (1953) The major determinants in normal and pathological gait. J Bone Jt Surg 35A: 543-558

Sausse F (1975) La mandibule atlanthropienne de la carrière Thomas I (Casablanca). L'Anthropologie 79: 81-112

Savage DE, Russell DE (1983) Mammalian Paleofaunas of the World. Addison Wesley, Reading

Schaaffhausen H (1858) Zur Kenntnis der ältesten Rassenschädel. Arch Anat Phys Wiss Med: 453-478

Schaefer U (1974) Siedlungsgeographische Untersuchungen an Fundplätzen des paläolithischen Menschen. In: Bernhard W, Kandler A (eds) Bevölkerungsbiologie. Beiträge zur Struktur und Dynamik menschlicher Populationen in anthropologischer Sicht. Gustav Fischer Verlag, Stuttgart. pp 661-685

Schaller G, Lowther GR (1969) The relevance of carnivore behaviour to the study of early hominids. Southw J Anthrop 25: 307-341

Schlosser M (1903) Die fossilen Säugetiere Chinas. München

Schmerling PC (1833) Recherches sur les ossements fossiles découverts dans les cavernes de la province de Liège. Liège, 59-62

Schmid P (1983) Eine Rekonstruktion des Skelettes von A.L. 288-1 (Hadar) und deren Konsequenzen. Folia Primatol 40: 283-306

Schmid P (1985) Die Schädelfragmente von AL 288-1 (Lucy). 19. Tagung der GAH, München

Schmid P (1987) Muß die menschliche Stammesgeschichte umgeschrieben werden. Neues zur Stammesgeschichte. Naturw Rdsch 40: 53-

Schmid P (1988) *Homo habilis* - ein Mensch mit knielangen Armen. Naturw Rdsch 41: 124

Schmid P (1989a) Die phylogenetische Entwicklung der Hominiden. Deutsches Institut für Fernstudien an der Universität Tübingen, Tübingen

Schmid P (1989b) How different is Lucy. In: Giacobini G (ed) Hominidae. Proc 2nd Int Congr Hum Paleont, Turin 1987. Jaca Book, Mailand. pp 109-114

Schmid P (1991) The trunk of the australopithecines. In: Coppens Y, Senut B (eds) Origine(s) De La Bipédie Chez Les Hominidés. Editions CNRS, Paris. pp 225-234

Schmid P, Stratil Z (1986) Growth changes, variations and sexual dimorphism of the gorilla skull. In: Else JG, Lee PC (eds) Primate Evolution. Cambridge University Press, Cambridge. pp 239-247

Schmitz RW, Pieper P (1992) Schnittspuren und Kratzer. Anthropogene Veränderungen am Skelett des Urmenschenfundes aus dem Neandertal - Vorläufige Befundaufnahme. In: Das Rheinische Landesmuseum (ed) Berichte aus der Arbeit des Museums 2: 17-19

Schoetensack O (1908) Der Unterkiefer des *Homo heidelbergensis* aus den Sanden von Mauer bei Heidelberg. W. Engelmann, Leipzig

Schott L (1977) Der Meinungsstreit um den Skelettfund aus dem Neandertal von 1856. Ausgrabungen und Funde. Archäol Ber Inf 22: 235-238

Schott L (1979) Der Skelettfund aus dem Neandertal im Urteil Rudolf Virchows. Biol Rdsch 19: 304-309

Schott L (1981) 125 Jahre Neandertaler. Ethnol Archäol Z 22: 703-712

Schott L (1989) Der vermeintliche *Homo erectus*-Fund von Stuttgart-Bad Cannstadt. Biol Rdsch 27: 331-334

Schott L (1990) "*Homo erectus reilingensis*" - Anspruch und Wirklichkeit. Biol Rdsch 28: 231-235

Schreiber H (1934) Zur Morphologie der Primatenhand. I. Röntgenologische Untersuchungen der Handwurzel der Affen. Anat Anz 78: 369-456

Schultz AH (1930) The skeleton of the trunk and limbs of higher primates. Hum Biol 2: 303-438

Schultz AH (1936) Characters common to higher primates and characters specific for man. Q Rev Biol 11: 259-283, 425-455

Schultz AH (1948) The relation in size between premaxilla, diastema and canine. Amer J Phys Anthrop 10: 163-179

Schultz AH (1956) Postembryonic age changes. Primatologia 1: 887-964

Schultz AH (1961) Vertebral column and thorax. Folia Primatol 4: 1-66

Schultz AH (1963) The relative lengths of the foot skeleton and its main parts in primates. Symp Zool Soc London 10: 199-206

Schultz AH (1965) Die rezenten Hominoidea. In: Heberer G (ed) Menschliche Abstammungslehre. Gustav Fischer Verlag, Stuttgart. pp 56-102

Schultz AH (1969a) The Life of the Primates. Weidenfeld and Nicolson, London

Schultz AH (1969b) Observations on the acetabulum of primates. Folia primatol 11: 181-199

Schultz AH (1973) The skeleton of the Hylobatidae and other observations on their morphology. In: Rumbaugh DM (ed) Gibbon and Siamang, vol. 2. S. Karger, Verlag Basel. pp 1-54

Schwalbe G (1901) Über die spezifischen Merkmale des Neanderthalschädels. Verh Anat Ges 19: 44-61

Schwarcz HP, Grün R, Latham AG, Mania D, Brunnacker K (1988) The Bilzingsleben archaeological site: new dating evidence. Archaeometry 30: 5-17

Schwarcz HP, Grün R, Vandermeersch B, Bar-Yosef O, Valladas H, Tchernov E (1989) ESR dates for the hominid burial site of Qafzeh. J Hum Evol 17: 733-737

Schwartz JH (1984a) The evolutionary relationships of man and the orang-utans. Nature 308: 501-505

Schwartz JH (1984b) Hominoid evolution: a review and a reassessment. Curr Anthrop 25: 655-672

Schwartz JH (1987) The Red Ape. Orang-utans and Human Origins. Houghton Mifflin Comp, Boston

Schwartz JH (1988) History, morphology, paleontology, and evolution. In: Schwartz JH (ed) Orang-utan Biology. Oxford University Press, New York. pp 69-85

Schwarzbach M (1988) Das Klima der Vorzeit, 4. Aufl. Ferdinand Enke Verlag, Stuttgart

Schwerdtfeger F (1963) Ökologie der Tiere. Autökologie. P. Parey Verlag, Berlin

Seiffert H (1991) Einführung in die Wissenschaftstheorie, vol 1. C.H. Beck'sche Verlagsbuchhandlung, München

Seligsohn D (1977) Analysis of species-specific molar adaptations in strepsirhine primates. Contrib Primatol 11: 1-116

Senut B (1980) New data on the humerus and its joints in Plio-Pleistocene hominids. Coll Anthrop 4: 87-93

Senut B (1981a) Outlines of the distal humerus in hominoid primates: application to some Plio-Pleistocene hominids. In: Chiarelli B, Corruccini RS (eds) Primate Evolutionary Biology. Springer-Verlag, Berlin. pp 81-92

Senut B (1981b) Humeral outlines in some hominoid primates and in Plio-Pleistocene hominids. Am J Phys Anthrop 56: 275-283

Senut B (1989a) La locomotion des pré-hominidés. In: Giacobini G (ed) Hominidae. Proc 2nd Int Congr Hum Paleont, Turin 1987. Jaca Book, Mailand. pp 53-60

Senut B (1989b) Le coude chez les primates hominoïdes. Anatomie, fonction, taxonomie et évolution. Cah Paléoanthrop, Editions CNRS, Paris: 1-231

Senut B, Tardieu C (1985) Functional aspects of Plio-Pleistocene hominid limb bones: implications for taxonomy and phylogeny. In: Delson E (ed) Ancestors: The Hard Evidence. Alan R. Liss, New York. pp 193-201

Sergi S (1953) I Profanerantropi di Swanscombe e di Fontéchevade. Rend Acad Naz Lineej 15: 601-608

Sergi S (1958) Die neandertalischen Palaeoanthropen in Italien. In: Koenigswald GHR von (ed) Hundert Jahre Neandertaler. Kemnik ewn Zoon, Utrecht. pp 38-51

Seuánez HN (1979) The Phylogeny of Human Chromosomes. Springer-Verlag, Berlin

Shackleton NJ, Opdyke N (1977) Oxygen isotope and palaeomagnetic evidence for early Northern Hemisphere glaciation. Nature 270: 216-219

Shapiro HL (1971) The strange, unfinished saga of Peking Man. Nat Hist 80: 8-18, 74, 76-77

Shapiro HL (1974) Peking Man. Simon and Schuster, New York

Shea BT (1985) On aspects of skull form in African apes and orang utans, with implications for hominoid evolution. Am J Phys Anthrop 68: 329-342

Shea BT (1986) Skull form and the supraorbital torus in primates. Curr Anthrop 27: 257-260

Shea BT (1988) Phylogeny and skull form in the hominoid primates. In: Schwartz JH (ed) Orang-utan Biology. Oxford University Press, New York. pp 233-245

Shipman P (1981a) Life History of a Fossil. An Introduction to Taphonomy and Palaeoecology. Harvard University Press, Cambridge, Mass.

Shipman P (1981b) Applications of scanning electron microscopy to taphonomic problems. Ann NY Acad Sci 276: 357-385

Shipman P (1986) Baffling limb on the family tree. Discover 7: 87-93

Shipman P, Harris JM (1988) Habitat preference and paleoecology of *Australopithecus boisei* in Eastern Africa. In: Grine FE (ed) Evolutionary History of the "Robust" Australopithecines. Aldine de Gruyter, New York. pp 343-381

Shipman P, Phillips-Conroy J (1977) Hominid tool-making versus carnivore scavenging. Am J Phys Anthrop 46: 77-87

Shipman P, Rose J (1983) Early hominid hunting, butchering and carcass-processing behaviors: approaches to the fossil record. J Anthrop Arch 2: 57-98

Shipman P, Walker A (1989) The costs of becoming a predator. J Hum Evol 18: 373-392

Sibley CG, Ahlquist JE (1983) Phylogeny and classification of birds based on the data of DNA-DNA hybridization. Curr Ornithol 1: 245-292

Sibley CG, Ahlquist JE (1984) The phylogeny of the hominoid primates, as indicated by DNA-DNA hybridization. J Mol Evol 20: 2-15

Sibley CG, Ahlquist JE (1987) DNA hybridization evidence of hominoid phylogeny: Results from an expanded data set. J Mol Evol 26: 99-121

Sigmon BA (1974) A functional analysis of pongid hip and thigh musculature. J Hum Evol 3: 161-185

Sigmon BA, Farslow DL (1986) The primate hindlimb. In: Swindler DR, Erwin J (eds) Comparative Primate Biology, vol 1, Systematics, Evolution and Anatomy. Alan R. Liss, New York. pp 671-718

Sillen A (1986) Biogenic and diagenetic St/Ca in Plio-Pleistocene fossils in the Omo Shungura Formation. Palaeobiology 12: 311-323

Simons EL (1961) The phyletic position of *Ramapithecus*. Postilla 57: 1-9

Simons EL (1964) On the mandible of *Ramapithecus*. Proc Nat Acad Sci 51: 528-535

Simons EL (1967) The earliest apes. Sci Am 267: 28-35

Simons EL (1972) Primate Evolution: An Introduction to Man's Place in Nature. MacMillan, New York

Simons EL (1989) Human origins. Science 245: 1343-1350

Simons EL (1990) Discovery of the oldest known anthropoidean skull from the Paleogene of Egypt. Science 247: 1567-1569

Simons EL, Bown TM (1985) *Afrotarsius chatrathi*, first tarsiiform primate (?Tarsiidae) from Africa. Nature 313: 475-477

Simons EL, Kay RF (1983) *Qatrania*, a new basal anthropoid from the Fayum, Oligocene of Egypt. Nature 304: 624-626

Simons EL, Pilbeam DR (1972) Hominid paleoprimatology. In: Tuttle RH (ed) The Functional and Evolutionary Biology of Primates. Aldine-Atherton, Chicago. pp 36-62

Simons EL, Bown TM, Rasmussen DT (1986) Discovery of two additional prosimian primate families (Omomyidae, Lorisidae) in the African Oligocene. J Hum Evol 15: 431-437

Simpson GG (1935) The Tiffany Fauna, Upper Paleocene. II-Structure and relationships of *Plesiadapis*. Am Mus Novit 817: 1-28

Simpson GG (1961) Principles of Animal Taxonomy. Columbia University Press, New York

Singer R, Wymer JJ (1982) The Middle Stone Age at Klasies River Mouth in South Africa. University of Chicago Press, Chicago

Skelton RR, McHenry HM (1992) Evolutionary relationships among early hominids. J Hum Evol 23: 309-349

Skelton RR, McHenry HM, Drawhorn GM (1986) Phylogenetic analysis of early hominids. Curr Anthrop 27: 21-43

Slightom JL, Chang LYE. Koop BF, Goodman M (1985) Chimpanzee fetal {Gc and {Ac globin gene: nucleotide sequenz provides further evidence of gene conversion in hominine evolution. Mol Biol Evol 2: 370-389

Smith FH (1982) Upper Pleistocene hominid evolution in south-central Europe: A review of the evidence and analysis of trends. Curr Anthrop 23: 667-703

Smith FH (1983) Behavioral interpretations of changes in craniofacial morphology across the archaic/modern *Homo sapiens* transition. In: Trinkaus E (ed) The Mousterian Legacy: Human Biocultural Change in the Upper Pleistocene. B.A.R Int Ser 164: 141-163

Smith FH (1984) Fossil hominids from the Upper Pleistocene of central Europe and the origin of modern Europeans. In: Smith FH, Spencer F (eds) The Origins of Modern Humans: A World Survey of the Fossil Evidence. Alan R. Liss, New York. pp 137-209

Smith FH (1985) Continuity and change in the origin of modern *Homo sapiens*. Z Morph Anthrop 75: 197-222

Smith FH (1991) The Neandertals: evolutionary dead ends or ancestors of modern people?. J Anthrop Res 47: 219-238

Smith FH (1992) The role of continuity in modern human origins. In: Bräuer G, Smith FH (eds) Continuity or Replacement. Controversies in *Homo sapiens* Evolution. A.A. Balkema, Rotterdam. pp 145-156

Smith FH, Ranyard GC (1980) Evolution of the supraorbital region in the Upper Plaeistocene fosssil hominids from south Central Europe. Am J Phys Anthrop 53: 589-609

Smith FH, Spencer F (eds) (1984) The Origins of Modern Humans: A World Survey of the Fossil Evidence. Alan R. Liss, New York

Smith FH, Boyd DC, Malez, M (1985) Additional Upper Pleistocene human remains from Vindija Cave, Croatia, Yugoslavia. Am J Phys Anthrop 68: 375-383

Smith FH, Falsetti AB, Donnelly SM (1989) Modern human origins. Yb Phys Anthrop 32: 35-68

Smith P (1976) Dental pathology in fossil hominids: what did Neandertals do with their teeth?. Curr Anthrop 17: 149-151

Smith RJ (1984) Comparative functional morphology of maximum mandibular opening (gape) in primates. In: Chivers DJ, Wood BA, Bilsborough A (eds) Food Acquisition and Processing in Primates. Plenum Press, New York. pp 231-255

Smuts BB, Cheney DL, Seyfarth RM, Wrangham RW, Struhsaker TT (1987) Primate Societies. The University of Chicago Press, Chicago.

Sneath PAH, Sokal RR (1973) Numerical Taxonomy. The Principles and Practice of Numerical Classification. W.H. Freeman Comp, San Francisco

Soffer O (1989) The Middle to Upper Paleolithic transition to the Russian plain. In: Mellars P, Stringer CB (eds) The Human Revolution. Behavioural and Biological Perspectives on the Origins of Modern Humans. Edinburgh University Press, Edinburgh. pp 714-742

Solecki RS (1960) Three adult neanderthal skeletons from Shanidar cave, northern Iraq. Ann Rep Smiths Inst 1959: 603-635

Solomon JD (1931) The geology of the implementiforous deposits in the Nakuru and Naivasha basins and the surrounding area in the Kenya Colony. In: Leakey LSB (ed) The Stone Age Cultures of the Kenya Colony. Cambridge University Press, Cambridge. pp 245-266

Sommer V (1991) Die Erfindung der Großmutter. Geo Wissen Heft 1: 135-146

Sommé J, Munaut AV, Puisségur JJ, Cunat N (1986) Stratigraphie et signification climatique du gisement paléolithique de Biache-Saint-Vaast (Pas-de-Calais, France). In: Tuffreau A, Sommé J (eds) Chronostratigraphie et Faciés Culturels du Paléolithique Inférieur et Moyen dans l'Europe du Nord-Ouest. Suppl Bull Assoc Franc Etud Quart: 187-195

Sonakia A (1985) Early *Homo* from Narmada Valley, India. In: Delson E (ed) Ancestors: The Hard Evidence. Alan R. Liss, New York. pp 334-338

Sondaar PY (1984) Faunal evolution and the mammalian biostratigraphy of Java. Cour Forsch Senckenb 69: 219-235

Sonntag CF (1924) The Morphology and Evolution of the Apes and Man. J. Bale, Sons and Danielsson

Southern EM (1975) Detection of specific sequences among DNA fragments separated by gel electrophoresis. J Mol Biol 98: 503-517

Sparrow WA, Zrizarry-Lopez VM (1987) Mechanical efficiency and metabolic cost as measures of learning a novel gross motor task. J Motor Behav 19: 240-264

Spencer F (1984) The Neandertals and their evolutionary significance: a brief historical survey. In: Smith FH, Spencer F (eds) The Origins of Modern Humans: A World Survey of the Fossil Evidence. Alan R. Liss, New York. pp 1-49

Spencer MA, Demes B (1993) Biomechanical analysis of masticatory system configuration in Neandertals and Inuits. Am J Phys Anthrop 91: 1-20

Speth JD (1989) Early hominid hunting and scavenging: the role of meat as an energy source. J Hum Evol 18: 329-343

Spuhler JN (1988) Evolution of mitochondrial DNA in monkeys, apes and humans. Yb Phys Anthrop 31: 15-48

Stanley SM (1978) Chronospecies' longevity, the origin of the genera, and the punctuation model of evolution. Palaeobiology 4: 26-40

Stanley SM (1992) An ecological theory for the origin of *Homo*. Palaeobiology 18: 237-257

Starck D (1962) Der heutige Stand des Fetalisationsproblems. Z Tierzüchtg Züchtungsbiol 77: 1-27

Starck D (1978) Vergleichende Anatomie der Wirbeltiere auf evolutionsbiologischer Grundlage, vol 1. Theoretische Grundlagen, Stammesgeschichte und Systematik unter Berücksichtigung niederer Chordaten. Springer-Verlag, Berlin

Starck D (1979) Vergleichende Anatomie der Wirbeltiere auf evolutionsbiologischer Grundlage, vol 2. Springer-Verlag, Berlin

Stearns CE, Thurber DL (1965) Th^{230}/U^{234} dates of late Pleistocene marine fossils from the Mediterranean and Moroccan littorals. Quaternaria 7: 29-42

Steele-Russell I (1979) Brain size and intelligence: a comparative perspective. In: Oakley DA, Plotkin HC (eds) Brain, Behaviour and Evolution. Methuen Press, London. pp 126-153

Stent GS (1972) Prematurity and uniqueness in scientific discovery. Sci Am 227: 84-93

Stephan H, Bauchot R, Andy OJ (1970) Data on size of the brain and of various brain parts in insectivores and primates. In: Noback CR, Montagna W (eds) The Primate Brain. Appleton-Century-Crofts, New York. pp 289-297

Stern JT (1971) Functional myology of the hip and thigh of cebid monkeys and its implications for the evolution of erect posture. Bibl Primatol 14: 1-318

Stern JT (1975) Before bipedality. Yb Phys Anthrop 19: 59-68

Stern JT (1988) Essentials of Gross Anatomy. FA Davis Comp, Philadelphia

Stern JT, Susman RL (1983) The locomotor anatomy of *Australopithecus afarensis*. Am J Phys Anthrop 60: 279-317

Steudel K (1980) New estimates of early hominid body size. Am J Phys Anthrop 52: 63-70

Stewart TD (1962) Neandertal scapulae with special attention to the Shanidar Neanderthals from Iraq. Anthropos 57: 781-800

Stinson S (1992) Nutritional adaptation. Ann Rev Anthrop 21: 143-170

Stoneking M, Cann RL (1989) African origin of human mitochondrial DNA. In: Mellars P, Stringer CB (eds) The Human Revolution. Behavioural and Biological Perspectives on the Origins of Modern Humans. Edinburgh University Press, Edinburgh. pp 17-30

Straus WL (1929) Studies on primate ilia. Am J Anat 43: 403-460

Straus WL (1949) The riddle of man's ancestry. Quart Rev Biol 24: 200-223

Straus WL (1962) Fossil evidence of the evolution of the erect bipedal posture. Clin Orthopaed 25: 9-19

Street FA, Grove AT (1975) Environmental and climatic implications of Late Quartenary lake-level fluctuations in Africa. Nature 261: 385-390

Stringer CB (1978) Some problems in Middle and Upper Pleistocene hominid relationships. In: Chivers DJ, Joysey K (eds) Recent Advances in Primatology, vol 3, Evolution. Academic Press, London. pp 395-418

Stringer CB (1980) The phylogenetic position of the Petralona cranium. Anthropos (Athen) 7: 81-95

Stringer CB (1982) Towards a solution of the Neanderthal problem. J Hum Evol 2: 431-438

Stringer CB (1984) The definition of *Homo erectus* and the existence of the species in Africa and Europe. Cour Forsch Senckenb 69: 131-144

Stringer CB (1985) Middle Pleistocene hominid variability and the origin of Late Pleistocene humans. In: Delson E (ed) Ancestors: The Hard Evidence. Alan R. Liss, New York. pp 289-295

Stringer CB (1986) The credibility of *Homo habilis*. Wood BA, Martin LB, Andrews P (eds) Major Topics in Primate and Human Evolution. Cambridge University Press, Cambridge. pp 266-294

Stringer CB (1987) A numerical cladistic analysis for the genus *Homo*. J Hum Evol 16: 135-146

Stringer CB (1989a) The origin of early modern humans: A comparison of the European and non-European evidence. In: Mellars PA, Stringer CB (eds) The Human Revolution. Behavioural and Biological Perspectives on the Origins of Modern Humans Edinburgh University Press, Edinburgh. pp 232-244

Stringer CB (1989b) Documenting the origin of modern humans. In: Trinkaus E (ed) The Emergence of Modern Humans: Biocultural Adaptation in the Later Pleistocene. Cambridge University Press, Cambridge. pp 67-96

Stringer CB (1990) The emergence of modern humans. Sci Am 263: 98-104

Stringer CB (1991) Asia and recent human evolution. In: Special Proceedings Review Reports XIII International Congress. INQUA, Beijing. pp 342

Stringer CB (1992a) Replacement, continuity and the origin of *Homo sapiens*. In: Bräuer G, Smith FH (eds) Continuity or Replacement. Controversies in *Homo sapiens* Evolution. A.A. Balkema, Rotterdam. pp 9-24

Stringer CB (1992b) Evolution in early humans. In: Jones S, Martin RD, Pilbeam DR (eds) The Cambridge Encyclopedia of Human Evolution. Cambridge University Press, Cambridge. pp 241-251

Stringer CB (1993) Secrets of the Pit of the Bones. Nature 362: 501-502

Stringer CB, Andrews P (1988a) Genetic and fossil evidence for the origin of modern humans. Science 239: 1263-1268

Stringer CB, Andrews P (1988b) Modern human origins. Science 241: 773-774

Stringer CB, Howell FC, Melentis JK (1979) The significance of the fossil hominid skull from Petralona, Greece. J Archaeol Sci 6: 235-253

Stringer CB, Hublin JJ, Vandermeersch B (1984) The origin of the anatomically modern humans in Western Europe. In: Smith FH, Spencer F (eds) The Origin of Modern Humans: A World Survey of the Fossil Evidence. Alan R. Liss, New York. pp 51-135

Stringer CB, Grün R, Schwarcz HP, Goldberg P (1989) ESR dates for the hominid burial site of Es Skhul in Israel. Nature 338: 756-758

Strum SC (1981a) The New Evolutionary Timetable. Basic Books, New York

Strum SC (1981b) Porcesses and products of change: Baboon predatory behavior at Gilgil, Kenya. In: Harding RSO, Teleki G, Omnivorous Primates: Gathering and Hunting in Human Evolition. Columbia University Press, New York, pp 255-302

Strum SC (1987) Almost Human. Random House, New York

Susman RL (1979) The comparative and functional morphology of hominoid fingers. Am J Phys Anthrop 50: 215-236

Susman RL (1983) Evolution of the human foot: evidence from Plio-Pleistocene hominids. Foot and Ankle 3: 365-376

Susman RL (1988) Hand of *Paranthropus robustus* from Member 1, Swartkrans: fossil evidence for tool behavior. Science 240: 781-784

Susman RL, Brain TM (1988) New first metatarsal (SKX 5017) from Swartkrans and the gait of *Paranthropus robustus*. Am J Phys Anthrop 77: 7-16

Susman RL, Grine FE (1989) New *Paranthropus robustus* radius from Member 1, Swartkrans Formation. Am J Phys Anthrop 78: 311-312

Susman RL, Stern JT (1991) Locomotor behavior of early hominids: epistemology and fossil evidence. In: Coppens Y, Senut B (eds) Origine(s) De La Bipédie Chez Les Hominidés. Editions CNRS, Paris. pp 121-132

Susman RL, Stern JT jr, Jungers WL (1984) Arboreality and bipedality in Hadar hominids. Folia Primatol 43: 113-156

Susman RL, Stern JT jr, Jungers WL (1985) Locomotor adaptations in the Hadar hominids. In: Delson E (ed) Ancestors: The Hard Evidence. Alan R. Liss, New York. pp 184-192

Suzuki H, Takai F (1970) The Amud Man and his Cave Site. The University of Tokyo Press, Tokyo

Suzuki R (1985) Human adult walking. In: Kondo S (ed) Primate Morphophysiology, Locomotor Analysis and Human Bipedalism. University of Tokyo Press, Tokyo. pp 3-24

Swandesh M (1964) Lingustic overview. In: Jennings JD, Norbeck E (eds) Prehistoric Man in the New World. University of Chicago Press, Chicago. pp 527-556

Swartz SM (1989) Pendular mechanics and the kinematics and energetics of brachiating locomotion. Int J Primatol 10: 387-418

Swindler DR (1976) Dentition of Living Primates. Academic Press, New York

Swindler DR, Wood C (1973) An Atlas of Primate Gross Anatomy. University of Washington Press, Seattle

Syvanen M (1987) Molecular clocks and evolutionary relationships: possible distortions due to horizontal gene flow. J Molec Evol 26: 16-23

Szalay FS (1972) Hunting-scavenging protohominids: a model for hominid origins. Man 10: 420-429

Szalay FS (1975) Early primates as a source for the taxon Dermoptera. Am J Phys Anthrop 42: 332-333

Szalay FS (1977) Phylogenetic relationships and a classification of the eutherian Mammalia. In: Hecht MK, Goody PC, Hecht BM (eds) Major Patterns in Vertebrate Evolution. Plenum Press, New York. pp 315-374

Szalay FS, Delson E (1979) Evolutionary History of the Primates. Academic Press, New York

Tague RG, Lovejoy CO (1986) The obstetric pelvis of A.L. 288-1 (Lucy). J Hum Evol 15: 237-255

Tappen NC (1978) Structure of bone in the skull of Neanderthal fossils. Am J Phys Anthrop 49: 1-10

Tappen NC (1979) The vermiculate surface pattern of brow ridges in Neandertal and modern crania. Am J Phys Anthrop 50: 591-604

Tardieu C (1981) Morpho-functional analysis of the articular surfaces of the knee-joint in primates. In: Chiarelli B, Corruccini RS (eds) Primate Evolutionary Biology. Springer-Verlag, Berlin. pp 68-80

Tattersall I (1970) Man's Ancestors: An Introduction to Primate and Human Evolution. John Murray, London

Tattersall I (1973) Cranial anatomy of Archaeolemurinae (Lemuroidea, Primates). Anthrop Pap Am Mus Nat Hist 52: 1-110

Tattersall I (1986) Species recognition in human paleontology. J Hum Evol 15: 165-175

Tattersall I, Schwartz JH (1974) Craniodental morphology and systematics of the Malagasy lemurs (Primates, Prosimii). Anthrop Pap Am Mus Nat Hist 52: 139-192

Tattersall I, Delson E, Van Couvering J (1988) Encyclopedia of Human Evolution and Prehistory. Garland Publ, New York

Tauber H (1986) Analysis of stable isotopes in prehistoric populations. In: Herrmann B (ed) Innovative Trends in der prähistorischen Anthropologie. Beiträge zu einem internationalen Symposion, Berlin 1986. Mitt Berliner Ges Anthrop Ethnol Urgesch 7: 31-38

Taylor CR, Rowntree VJ (1973) Running on two or four legs: which consumes more energy? Science 179: 186-187

Teaford MF (1988) A review of dental microwear and diet in modern mammals. Scanning Microsc 2: 1149-1166

Teaford MF, Walker AC (1984) Quantitative differences in dental microwear between primate species with different diets and a comment on the presumed diet of *Sivapithecus*. Am J Phys Anthrop 64: 191-200

Tchernov E (1987) The age of the 'Ubeidiya Formation', an early Pleistocene hominid site in Jordan valley, Israel. Israel J Earth Sci 36: 3-30

Teleki G (1973) The Predatory Behavior of Wild Chimpanzees. Bucknell University Press, Lewisburg

Teleki G (1975) Primate subsistence patterns: collector-predators and gatherer-hunters. J Hum Evol 4: 125-184

Templeton AR (1983) Phylogenetic inference from restriction endonuclease cleavage site maps with particular reference to the evolution of humans and the apes. Evolution 37: 221-244

Templeton AR (1985) The phylogeny of the hominoid primates: A statistical analysis of the DNA-DNA hybridization data. Mol Biol Evol 2: 420-433

Thieme H (1979) Erste Hinweise auf altsteinzeitliche Fallgrubenjagd in Mönchengladbach-Rheindahlen? In: Das Rheinische Landesmuseum in Bonn (ed) Ausgrabungen im Rheinland '78, Sonderheft. Bonn. pp 39-44

Thenius E (1980) Grundzüge der Faunen- und Verbreitungsgeschichte der Säugetiere. Gustav Fischer Verlag, Stuttgart

Thoma A (1963) The dentition of the Subalyuk child. Z Morph Anthrop 54: 127-150

Thoma A (1964) Die Entstehung der Mongoliden. Homo 15: 1-22

Thoma A (1966) L'occipital de l'homme Mindelien de Vértesszöllös. L'Anthropologie 70: 495-533

Thoma A (1967) Human teeth from the Lower Palaeolithic of Hungary. Z Morph Anthrop 58: 152-180

Thoma A (1973) New evidence of the polycentric evolution of *Homo sapiens*. J Hum Evol 2: 529-536

Thoma A (1975a) Were the Spy fossils evolutionary intermediates between classic neandertals and modern man? J Hum Evol 4: 387-410

Thoma A (1975b) L'origine de l'homme moderne et de ses races. La Recherche 55: 328-335

Thoma A (1984) Morphology and affinities of the Nazlet Khater Man. J Hum Evol 13: 287-296

Thorne AG (1977) Separation or reconciliation? Biological clues to the development of Australian society. In: Allen J, Golson J, Jones R (eds) Sunda and Sahul: Prehistoric Studies in Southeast Asia, Melanesia, and Australia. Academic Press, London. pp 197-204

Thorne AG (1980a) The arrival of man in Australia. In: Sherrat A (ed) The Cambridge Encyclopaedia of Archaeology. Cambridge University Press, Cambridge. pp 96-100

Thorne AG (1980b) The longest link: human evolution in Southeast Asia and the settlement of Australia. In: Fox JJ, Garnaut RG, McCawley PT, Maukie JAC (eds) Indonesia: Australian Perspectives. Research School of Pacific Studies, Canberra. pp 35-43

Thorne AG (1981) The centre and the edge: The significance of Australian hominids to African paleoanthropology. In: Leakey REF, Ogot BA (eds) Proc 8th Panafr Congr Prehist Quart Stud, Nairobi 1977. TILLMIAP, Nairobi. pp 180-181

Thorne AG (1984) Australia's human origins - how many sources. Am J Phys Anthrop 63: 227

Thorne AG, Wolpoff MH (1981) Regional continuity in Australasian Pleistocene hominid evolution. Am J Phys Anthrop 55: 337-349

Thorne AG, Wolpoff MH (1992) Multiregionaler Ursprung der modernen Menschen. Spektrum der Wissenschaft, Heft 6: 80-87

Thouvenay N, Bonifay E (1984) New chronological data on European Plio-Pleistocene faunas and hominid occupation sites. Nature 308: 355-358

Tianyuan L, Etler DA (1992) New Middle Pleistocene hominid crania from Yunxian in China. Nature 357: 404-407

Tillier AM (1977) La pneumatisation du massif craniofacial chez les hommes actuels et fossiles. Bull Mém Soc Anthrop Paris 13: 177-189, 287-316

Tillier AM (1980) Les dent d'enfant de Ternifine (Pleistocene moyen d'Algérie). L'Anthropologie 84: 413-421

Tobias PV (1961) New evidence on the evolution of man in Africa. S Afr J Sci 57: 25-38

Tobias PV (1967) Olduvai Gorge, vol 2. The Cranium and Maxillary Dentition of *Australopithecus (Zinjanthropus) boisei*. Cambridge University Press, Cambridge

Tobias PV (1968) Middle and early Upper Pleistocene members of the genus *Homo* in Africa. In: Kurth G (ed) Evolution und Hominisation. Gustav Fischer Verlag, Stuttgart. pp 176-194

Tobias PV (1973) Implications of the new age estimates of the early South African hominids. Nature 246: 79-83

Tobias PV (1978) The earliest Transvaal members of the genus *Homo* with another look at some problems of hominid taxonomy and systematics. Z Morph Anthrop 69: 225-265

Tobias PV (1980) "*Australopithecus afarensis*" and *A. africanus*: Critique and alternative hypothesis. Paleontol Afr 23: 1-17

Tobias PV (1983) Hominid evolution in Africa. Can J Anthrop 3: 163-185

Tobias PV (ed) (1985) Hominid Evolution: Past, Present and Future. Alan R. Liss, New York 1985

Tobias PV (1987) On the relative frequencies of hominid maxillary and mandibular teeth and jaws as taphonomic indicators. Hum Evol 2: 297-309

Tobias PV (1988) Numerous apparently synapomorphic features in *Australopithecus robustus, Australopithecus boisei* and *Homo habilis*: Support for the Skelton-McHenry-Drawhorn Hypothesis. In Grine FE (ed) Evolutionary History of the "Robust" Australopithecines. Aldine de Gruyter, New York. pp 293-308

Tobias PV (1989a) The status of *Homo habilis* in 1987 and some outstanding problems. In: Giacobini G (ed) Hominidae: Proc 2nd Int Congr Hum Paleont, Turin 1987. Jaca Book, Mailand. PP 141-149

Tobias PV (1989b) The gradual appraisal of *Homo habilis*.In: Giacobini G (ed) Hominidae. Proc 2nd Int Congr Hum Paleont, Turin 1987. Jaca Book, Mailand. pp 151-154

Tobias PV (1991a) The environmental background of hominid emergence and the appearance of the genus *Homo*. Hum Evol 6: 129-142

Tobias PV (1991b) Olduvai Gorge, vol 4, parts V-IX. The Skulls, Endocasts and Teeth of *Homo habilis*. Cambridge University Press, Cambridge

Tobias PV, Falk D (1988) Evidence for a dual pattern of cranial venous sinuses on the endocranial cast of Taung (*Australopithecus africanus*). Am J Phys Anthrop 76: 309-312

Tobias PV, Koenigswald GHR von (1964) A comparison between the Olduvai hominines and those of Java and some implications for hominid phylogeny. Nature 204: 515-518

Tooby J, DeVore I (1987) The reconstruction of hominid behavioral evolution through strategic modeling. In: Kinzey WG (ed) The Evolution of Human Behavior: Primate Models. State University of New York Press, New York. pp 183-237

Trinkaus E (1973) A reconsideration of the Fontéchevade fossils. Am J Phys Anthrop 39: 25-36

Trinkaus E (1975) Squatting among the Neandertals: a problem in the behavioral interpretation of skeletal morphology. J Archaeol Sci 2: 327-351

Trinkaus E (1976) The evolution of the hominid femoral diaphysis during the Upper Pleistocene in Europe and the near East. Z Morph Anthrop 67: 291-319

Trinkaus E (1977) A functional interpretation of the axillary border of the Neandertal scapula. J Hum Evol 6: 231-234

Trinkaus E (1978) Dental remains from the Shanidar adult Neandertals. J Hum Evol 7: 369-382

Trinkaus E (1981) Upper Pleistocene hominid limb proportions and the problem of cold adaptation among the Neanderthals. In: Stringer CB (ed) Aspects of Human Evolution. Taylor and Francis, London. pp 187-224

Trinkaus E (1982) Evolutionary continuity among archaic *Homo sapiens*. In: Rouen A (ed) The Transition from Lower to Middle Paleolithic and the Origin of Modern Man. Archaeol Rep Inst Ser 151: 301-314

Trinkaus E (ed) (1983a) The Mousterian Legacy: Human Biocultural Change in the Upper Pleistocene. B.A.R Int Ser 164. Oxford

Trinkaus E (ed) (1983b) Neandertal postcrania and the adaptive shift of modern humans. In: Trinkaus E (ed) The Mousterian Legacy: Human Biocultural Change in the Upper Pleistocene. B.A.R Int Ser 164. Oxford. pp 165-200

Trinkaus E (1983c) The Shanidar Neandertals. Academic Press, New York

Trinkaus E (1984a) Neandertal pubic morphology and gestation length. Curr Anthrop 25: 5o9-514

Trinkaus E (1984b) Western Asia. In: Smith FH, Spencer F (eds) The Origins of Modern Humans. A World Survey of the Fossil Evidence. Alan R. Liss, New York. pp 251-293

Trinkaus E (1986) The Neandertals and modern human origins. Ann Rev Anthrop 15: 193-218

Trinkaus E (ed) (1987a) The Emergence of Modern Humans. Biocultural Adaptations in the Later Pleistocene. Cambridge University Press, Cambridge

Trinkaus E (1987b) Issues concerning human emergence in the later Pleistocene. In: Trinkaus E (ed) The Emergence of Modern Humans. Biocultural Adaptations in the Later Pleistocene. Cambridge University Press, Cambridge. pp 1-17

Trinkaus E (1988) The evolutionary origins of the Neandertals or, Why were the Neandertals? In: Trinkaus E (ed) L'Homme de Néandertal 3; L'Anatomie. Etud Rech Archéol Univ Liège, 30: 11-29

Trinkaus E (ed) (1989a) The Emergence of Modern Humans. Biocultural Adaptations in the Later Pleistocene. Cambridge University Press, Cambridge

Trinkaus E (1989b) Issues concerning human emergence in the later Pleistocene. In: Trinkaus E (ed) The Emergence of Modern Humans. Biocultural Adaptations in the Later Pleistocene. Cambridge University Press, Cambridge. pp 1-17

Trinkaus E (1990) Cladistics and the hominid fossil record. Am J Phys Anthrop 83: 1-11

Trinkaus E, Churchill SE (1988) Neandertal radial tuberosity orientation. Am J Phys Anthrop 75: 15-21

Trinkaus E, Howells WW (1979) The Neanderthals. Sci Am 241: 118, 122-133

Trinkaus E, LeMay M (1982) Occipital bunning among later Pleistocene hominids. Am J Phys Anthrop 57: 27-35

Trinkaus E, Smith FH (1985) The fate of the Neanderthals. In: Delson E (ed) Ancestors: The Hard Evidence. Alan R. Liss, New York. pp 325-333

Trivers RL (1972) Parental investment and sexual selection. In: Campbell B (ed) Sexual Selection and the Descent of Man 1871-1971. Aldine, Chicago. pp 136-179

Tsiakalos G (1983) Ausländerfeindlichkeit - Tatsachen und Erklärungsversuche. C.H. Beck, München

Tuffreau A (1979) Les débuts du Paléolithique moyen dans la France septentrionale. Bull Soc Préhist France 76: 140-142

Tuffreau A (1982) The transition Lower/Middle Palaeolithic in northern France. In: Ronen A (ed) The Transition from the Lower Middle Palaeolithic and the Origin of Modern Man. B.A.R. Int Ser 151: 137-149

Tuffreau A, Munaut AV, Puisségur JJ, Sommé J (1982) Stratigraphie et environnement de la séquence archéologique de Biache-Saint-Vaast (Pas-de-Calais). Bull Assoc Franc Etud Quart 19: 57-62

Turner A (1984) Hominids and fellow travellers: Human migration into high latitudes as part of a large mammal community. In: Foley R (ed) Hominid Evolution and Community Ecology. Academic Press, New York. pp 193-217

Turner A (1986) Correlation and causation in some carnivore and hominid evolutionary events. S Afr J Sci 82: 75-76

Turner A, Chamberlain A (1989) Speciation, morphological change and the status of African *Homo erectus*. J Hum Evol 18: 115-130

Tuttle RH (1967) Knuckle-walking and the evolution of hominid hands. Am J Phys Anthrop 26: 171-206

Tuttle RH (1968) Does the gibbon swing like a pendulum? Am J Phys Anthrop 29: 132

Tuttle RH (1969) Knuckle-walking and the problem of human origins. Science 166: 953-961

Tuttle RH (1972) Functional and evolutionary biology of hylobatid hands and feet. In: Rumbaugh DM (ed) Gibbon and Siamang, vol. 1. S. Karger Verlag, Basel. pp 136-206

Tuttle RH (1974) Electromyography of brachial muscles in *Pan gorilla* and hominoid evolution. Am J Phys Anthrop 41: 71-90

Tuttle RH (1975) Parallelism, brachiation, and hominid phylogeny. In: Luckett WP, Szalay FS (eds) Phylogeny of the Primates: A Multidisciplinary Approach. Plenum Press, New York. pp 447-480

Tuttle RH (1981) Evolution of hominid bipedalism and prehensile capabilities. Phil Trans Roy Soc London B 292: 89-94

Tuttle RH (1985) Ape footprints and Laetoli impressions: a response to the SUNY claims. In: Tobias PV (ed) Hominid Evolution: Past, Present and Future. Alan R. Liss, New York. pp 129-133

Tuttle RH (1988) What's new in African paleoanthropology? Ann Rev Anthrop 17: 391-426

Tuttle RH, Basmajian JV (1974) Electromyography of brachial muscles in *Pan gorilla* and hominoid evolution. Am J Phys Anthrop 41: 71-90

Tuttle RH, Basmajian JV (1977) Electromyography of pongid shoulder muscles. II. Deltoid, rhomboid and 'rotator' cuff. Yb Phys Anthrop 20: 491-497

Tuttle, RH, Cortright GW, Buxhoeveden DP (1979) Anthropology on the move: progress in experimental studies of nonhuman primate positional behavior. Yb Phys Anthrop 22: 187-214

Tuttle RH, Webb DM, Tuttle NI (1991) Laetoli footprint trails and the evolution of hominid bipedalism. In: Coppens Y, Senut B (eds) Origine(s) De La Bipédie Chez Les Hominidés. Editions CNRS, Paris. pp 187-198

Twiesselmann F (1941) Méthodes pour l'évaluation de l'épaisseur des parois crâniennes. Bull Mus Roy Hist Nat Belg 17: 1-33

Uhlmann K (1968) Hüft- und Oberschenkelmuskulatur. Systematische und vergleichende Anatomie. Primatologia 4, Lieferung 10. S. Karger Verlag, Basel

Uhlmann K (1972) Zur Homologie der oberflächlichen Gesäßmuskulatur des Orang-Utan (Primates, Pongidae). Z Morph Tiere 71: 180-186

Uhlmann K (1973) Der Orang-Utan - ein myologischer Außenseiter. Verh Anat Ges 67: 379-386

Ullrich H (1958) Neandertalerfunde aus der Sowjetunion. In: Koenigswald GHR (ed) Hundert Jahre Neandertaler. Böhlau-Verlag, Köln-Graz. pp 72-106

Ullrich H (1978) Kannibalismus und Leichenzerstückelung beim Neandertaler von Krapina. In: Malez M (ed) Krapinski Pracovjek i Evolucjia Hominida. Jugoslavenska Akademija Znanosti i Umjetnosti, Zagreb. pp 293-318

Urey HC (1947) The thermodynamic properties of isotopic substances. J Chem Soc

Urich K (1990) Vergleichende Biochemie der Tiere. Gustav Fischer Verlag, Stuttgart

Uytterschaut H (1991) Morphologie dentaire des Australopithèques et d'*Homo habilis*. L'Anthropologie 95: 37-46

Valladas H, Reyss JL, Joron JL, Valladas G, Bar-Yosef O, Vandermeersch B (1988) Thermoluminescence dating of Mousterian "Proto-Cro-Magnon" remains from Israel and the origin of modern man. Nature 331: 159-160

Vallois HV (1954) Néanderthals and praesapiens. J Roy Anthrop Inst 84: 111-130

Vallois HV (1958) La Grotte de Fontéchevade II. Anthropologie. Arch Inst Paléont Hum, Mém 29. Masson, Paris

Vancata V (1983) Comment on the evolution of the advanced hominid brain. Curr Anthrop 24: 607-609

Vancata V (1987) Ecological aspects of the origin and evolution of hominids. In: Pokorny V (ed) Contribution of Czechoslovak Paleontology to Evolutionary Science 1945-1985. Universita Karlova, Prag. pp 120-130

Vandebroek G (1969) L'homme et les préhumains. In: Évolution des Vertébrés de Leur Origine à l'Homme. Masson, Paris, pp 450-518

Vandermeersch B (1970) Les origines de l'homme moderne. Atomes 25: 5-12

Vandermeersch B (1971) Récentes découvertes de squelettes humains à Qafzeh (Israël). In: Origine de l'Homme Moderne, Colloque UNESCO, 1968. pp 49-53

Vandermeersch B (1978a) Quelques aspects du problème de l'homme moderne. In: Piveteau J (ed) Les Origines Humaines et les Epoques de l'Intelligence. Fondation Singer-Polignac. Coll Int (Juin 1977). Masson, Paris. pp 251-260

Vandermeersch B (1978b) Le crâne Pré-Wurmian de Biache-Saint-Vaast (Pas-de-Calais). In: Piveteau J (ed) Les Origines Humaines et les Epoques de l'Intelligence. Fondation Singer-Polignac. Coll Int (Juin 1977). Masson, Paris. pp 153-157

Vandermeersch B (1981) Les Hommes Fossiles de Qafzeh. Cah Paleontol, Editions CNRS, Paris

Vandermeersch B (1982) The first Homo sapiens sapiens in the Near East. B. A. R. Int Ser 151: 297-299

Vandermeersch B (1984) A propos de la découverte du squelette néanderthalien du St. Césaire. Bull Mém Soc Anthrop Paris 35: 191-196

Vandermeersch B (1989) The evolution of modern humans: a comparison of the African and non-African evidence. In: Mellars P, Stringer C (eds) The Human Revolution. Behavioural and Biological Perspectives on the Origins of Modern Humans. Edinburgh University Press, Edinburgh. pp 155-164

Vandermeersch B (1990) Les Néanderthaliens et les premiers Hommes modernes. In: 5 Millions d'Années. L'Aventure Humaine. Palais des Beaux-Arts de Bruxelles, Ausstellungskatalog. pp 68-86

Vandermeersch B, Tillier AM, Krukofft S (1976) Position chronologique de restes de Fontéchevade. In: Thoma A (ed) Le Peuplement Anténéandertalien de l'Europe. IXe Congr Nice, UISPP, Coll 9: 19-26

Van Donk J (1976) O^{18} record of the Atlantic Ocean for the entire Pleistocene epoch. Geol Soc Am Mem 145: 147-163

Van Horn RN (1972) Structural adaptations to climbing in the gibbon hand. Am Anthrop 74: 326-333

van Schaik CP, Dunbar R (1990): Evolution of monogamy in large Primates: a new hypothesis and some critical tests. Behaviour 115: 30-62

Van Valen L (1964) Age in two fossil horse populations. Acta Zool 45: 93-106

Van Valen L (1973) A new evolutionary law. Evol Theor 1: 1-30

Van Valen L (1986) Speciation and our species. Nature 322: 412

Van Valen L, Sloan RE (1965) The earliest primates. Science 150: 743-745

van Vark GN (1986) More on the classification of the Border Cave I skull (résumee). 5th Congr European Anthrop Assoc, Lisboa 1986

van Vark GN, Bilsborough A, Dijkema J (1989) A further study of the morphological affinities of the Border Cave 1 cranium, with special reference to the origin of modern man. Anthrop Préhist 100: 43-56

van Vark GN, Bilsborough A, Henke W (1992) Affinities of European Palaeolithic Homo sapiens and later human evolution. J Hum Evol 23: 401-417

Vawter L, Brown WM (1986) Nuclear and mitochondrial DNA comparisons reveal extreme rate variation in the molecular clock. Science 234: 194-196

Verhagen M (1987) Origin of hominid bipedalism. Nature 325: 305-306

Vigilant L, Stoneking M, Harpending H, Hawkes K, Wilson AC (1991) African populations and the evolution of human mitochondrial DNA. Science 253: 1503-1507

Vlcek, E. (1969): Neandertaler der Tschechoslowakei. Academia, Verlag der Tschechoslowakischen Akademie der Wissenschaften, Prag.

Vlček E (1975) Morphology of the first metacarpal of Neanderthal individuals from the Crimea. Bull Mém Soc Anthrop Paris, Sér XIII, No 3: 257-276

Vlček E (1977) Rekonstruktion des Postkranial-Skeletts eines Säuglings des Neandertalers aus Kiik-Koba in der UdSSR. Ärztl Jugendkde 68: 173-179

Vlcek E (1978) A new discovery of *Homo erectus* in central Europe. J Hum Evol 7: 239-251

Vlcek E (1980) Die Hand - Organ der Arbeit im Prozeß der Menschwerdung. In: Schlette F (ed) Die Entstehung des Menschen und der menschlichen Gesellschaft. Akademie-Verlag, Berlin. pp 85-106

Vlcek E (1983a) Die Neufunde vom *Homo erectus* aus dem mittelpleistozänen Travertinkomplex bei Bilzingsleben aus den Jahren 1977 bis 1979. In: Mai DH, Mania D, Notzold T, Toepfer V, Vlcek E, Heinrich WD (eds) Bilzingsleben II. VEB Deutscher Verlag der Wissenschaften, Berlin pp 189-199

Vlcek E (1983b) Über einen weiteren Schädelrest des *Homo erectus* von Bilzingsleben, 4. Mitteilg. Ethnogr-Archäol Z 24: 321-325

Vlcek E (1985) Der fossile Mensch von Weimar-Ehringsdorf. In: Herrmann J, Ullrich H (eds) Menschwerdung - biotischer und gesellschaftlicher Entwicklungsprozeß. Schriften zur Ur- und Frühgeschichte. Akad Wiss DDR, Zentralinst Alte Gesch Archäol. Akademie Verlag, Berlin. pp 111-117

Vlcek E (1986) Die ontophylogenetische Entwicklung des Gebisses des Neandertalers. Verh Anat Ges 80: 295-296

Vlcek E (1991) L'homme fossile en Europe centrale. L'Anthropologie 95: 409-472

Vlcek E, Mania D (1977) Ein neuer Fund vom *Homo erectus* in Europa: Bilzingsleben (DDR). L'Anthropologie 15: 159-169

Vogel C (1966a) Die Bedeutung der Primatenkunde für die Anthropologie. Naturw Rdsch 19: 415-421

Vogel C (1966b) Morphologische Studien am Gesichtsschädel catarrhiner Primaten. Bibl Primatol 4: 1-226

Vogel C (1974) Menschliche Stammesgeschichte und Populationsdifferenzierung. Biologie in Stichworten, vol 5: Humanbiologie. Hirt Verlag, Kiel

Vogel C (1975) Praedispositionen bzw. Praeadaptationen der Primaten-Evolution im Hinblick auf die Hominisation. In: Kurth G, Eibl-Eibesfeldt I (eds) Hominisation und Verhalten. Gustav Fischer Verlag, Stuttgart. pp 1-31

Vogel C (1976) Primatenforschung - Beiträge zum Selbstverständnis des Menschen. Vortragsreihe der Niedersächsischen Landesregierung zur Förderung der wissenschaftlichen Forschung in Niedersachsen, Heft 57. Vandenhoeck & Ruprecht, Göttingen

Vogel C (1977) Zum biologischen Selbstverständnis des Menschen. Naturw Rdsch 30: 241-250

Vogel C (1981) Charles Darwin, sein Werk "Die Abstammung des Menschen" und die Folgen. In Darwin C Die Abstammung des Menschen. Deutsche Übersetzung von H Schmidt, Jena. Alfred Kröner Verlag, Stuttgart. pp VII-XLII

Vogel C (1983) Biologische Perspektiven der Anthropologie: Gedanken zum sog. Theorie-Defizit der biologischen Anthropologie in Deutschland. Z Morph Anthrop 73: 225-236

Vogel C (1985) Helping, cooperation, and altruism in primate societies. Fortschr Zool 31: 375-389

Vogel C (1986) Von der Natur des Menschen in der Kultur. In: Rössner H (ed) Der ganze Mensch. Aspekte einer pragmatischen Anthropologie. dtv, München. pp 47-66

Vogel JC, Beaumont PB (1972) Revised radiocarbon cronology for the Stone Age in South Africa. Nature 237: 50-51

Voland E, Winkler P (1990) Evolution des Menschen. Aspekte der Hominisation aus der Sicht der Soziobiologie. Deutsches Institut für Fernstudien an der Universität Tübingen, Tübingen

Vollmer G (1975) Evolutionäre Erkenntnistheorie. Verlag Hirzel, Stuttgart

Volman TP (1984) Early prehistory of southern africa. In: Klein RG (ed) Southern African Prehistory and Palaeoenvironments. A.A. Balkema, Rotterdam. pp 169-220

Voorhies MR (1969a) Sampling difficulties in reconstructing late Tertiary mammalian communities. Proc North Am Paleont Conv, Part E: 454-468

Voorhies MR (1969b) Taphonomy and population dynamics of an early Pliocene vertebrate fauna, Knox County, Nebraska. Univ Wyoming Spec Contrib Geol. Spec Pap 1: 1-69

Voss H, Herrlinger R (1966) Taschenbuch der Anatomie, vol 1. Einführung in die Anatomie. Bewegungsapparat, 12. Aufl Gustav Fischer Verlag, Stuttgart

Vrba ES (1979) A new study of the scapula of *Australopithecus afarensis* from Sterkfontein. Am J Phys Anthrop 51: 117-130

Vrba ES (1981) The Kromdraai Australopithecine Site revisited in 1980: recent investigations and results. Ann Tvl Mus 33: 18-60

Vrba ES (1982) Biostratigraphy and chronology, based particularly on Bovidae of southern hominid-associated assemblages: Makapansgat, Sterkfontein, Taung, Kromdraai, Swartkrans; also Elandsfontein (Saldanha), Broken Hill (now Kabwe) and Cave of Hearths. In: Lumley MA de (ed) L'*Homo* et la Place de L'Homme de Tautavel parmi les Hominidés Fossiles. 1er Congr Int Paléont Hum, Nice. Unesco, Nizza. pp 707-752

Vrba ES (1988) Late Pliocene climatic events and hominid evolution. In: Grine FE (ed) Evolutionary History of the "Robust" Australopithecines. Aldine de Gruyter, New York. pp 405-426

Walensky NA (1964) A re-evaluation of the mastoid region of contemporary and fossil man. Anat Rec 149: 67-72

Walker AC (1981a) Dietary hypothesis and human evolution. Phil Trans R Soc Lond B292: 57-64

Walker AC (1981b) The Koobi Fora hominids and their bearing on the origins of the genus *Homo*. In: Sigmon BA, Cybulski JS (eds) *Homo erectus* - Papers in Honor of Davidson Black. University of Toronto Press, Toronto. pp 193-215

Walker AC (1984) Extinction in hominid evolution. In: Nitecki MH (ed) Extinctions. University of Chicago Press, Chicago. pp 119-152

Walker AC, Leakey REF (1978) The hominids of east Turkana. Sci Am 239: 54-66

Walker AC, Leakey REF (1986) *Homo erectus* skeleton from West Lake Turkana, Kenya. Am J Phys Anthrop 69: 275

Walker AC, Leakey REF (1988) The evolution of *Australopithecus boisei*. In: Grine FE (ed) The Evolutionary History of the "Robust" Australopithecines. Aldine de Gruyter, New York. pp 247-258

Walker AC, Pickford M (1983) New postcranial fossils of *Proconsul africanus* and *Proconsul nyanzae*. In: Ciochon RL, Corruccini RS (eds) New Interpretations of Ape and Human Ancestry. Plenum Press, New York. pp 325-351

Walker AC, Teaford MF (1989) The hunt for *Proconsul*. Sci Am 260: 76-82

Walker AC, Falk D, Smith R, Pickford M (1983) The skull of *Proconsul africanus*: reconstruction and cranial capacity. Nature 305: 525-527

Walker AC, Leakey REF, Harris JM, Brown FH (1986) 2.5-Myr *Australopithecus boisei* from west of Lake Turkana, Kenya. Nature 322: 517-522

Walker AC, Teaford MF, Leakey REF (1985) New *Proconsul* fossils from the early Miocene of Kenya. Am J Phys Anthrop 66: 239-240

Walker AC, Zimmermann MR, Leakey REF (1982) A possible case of hypervitaminosis A in *Homo erectus*. Nature 296: 248-250

Walter H (1974) Umweltadaptationen beim Menschen. In: Bernhard W, Kandler A (eds). Beiträge zur Struktur und Dynamik menschlicher Populationen in anthropologischer Sicht. Gustav Fischer Verlag, Stuttgart. pp 60-94

Wang L, Bräuer G (1984) A multivariate comparison of the human calva from Huanglong County, Shaanxi Province. Acta Anthropol Sin 3: 313-321

Wang Y, Xue X, Xue L, Zhao J, Liu S (1979) Discovery of Dali fossil man and its preliminary study. Sci Sin 24: 303-306

Wanner JA (1977) Variations in the anterior patellar groove of the human femur. Am J Phys Anthrop 47: 99-102

Ward CV, Walker A, Teaford MF (1991) *Proconsul* did not have a tail. J Hum Evol 21: 215-220

Ward SC (1991) Lead review. Taxonomy, palaeobiology, and adaptations of the "robust" australopithecines. J Hum Evol 21: 469-483

Ward SC, Brown B (1986) The facial skeleton of *Sivapithecus indicus*. In: Swindler DR, Erwin J (eds) Comparative Primate biology, vol 1. Allan R. Liss, New York. pp 413-452

Ward SC, Hill A (1987) Pliocene hominid partial mandible from Tabarin, Baringo, Kenya. Am J Phys Anthrop 72: 21-37

Ward SC, Kimbel WH (1983) Subnasal alveolar morphology and the systematic position of *Sivapithecus*. Am J Phys Anthrop 61: 157-171

Wards SC, Molnar S (1980) Experimental stress analysis of topographic diversity in early hominid gnathic morphology. Am J Phys Anthrop 53: 383-395

Ward SC, Pilbeam DR (1983) Subnasal alveolar morphology of Miocene hominoids from Africa and Indo-Pakistan. In: Ciochon RL, Corruccini RS (eds) New Interpretations of Ape and Human Ancestry. Plenum Press, New York. pp 211-238

Washburn SL (1967) Behavior and the origin of man. Proc Roy Anthropol Inst 3: 76-82

Washburn SL (1985) Human evolution after Raymond Dart (23rd Raymond Dart Lecture). In: Tobias PV (ed) Hominid Evolution: Past, Present and Future. Alan R. Liss, New York. pp 3-18

Washburn SL, Lancaster CS (1968) The evolution of hunting. In: Lee RB, DeVore I (eds) Man the Hunter. Aldine-Atherton, Chicago. pp 293-303

Washburn SL, McCown ER (1972) Evolution of human behavior. Soc Biol 19: 162-170

Weaver KF (1985) The search for our ancestors. Nat Geogr Mag 168: 1258-1270

Weidenreich FK (1932) Über pithekoide Merkmale bei *Sinanthropus pekinensis* und seine stammesgeschtliche Beurteilung. Z Anat Entw Gesch 99: 212-253

Weidenreich FK (1936) The mandibles of *Sinanthropus pekinensis*: a comparative study. Paleont Sinica, neue Serie D, 7: 1-162

Weidenreich FK (1937) The dentition of *Sinanthropus pekinensis*: a comparative odontography of the hominids. Paleont Sinica, neue Serie D, 1: 1-180

Weidenreich FK (1939) Six lectures on *Sinanthropus pekinensis* and related problems. Bull Geol Soc China 19: 1-10

Weidenreich FK (1940) Some problems dealing with ancient man. Am Anthrop 42: 375-383

Weidenreich FK (1941) The extremity bones of *Sinanthropus pekinensis*. Paleont Sinica, neue Serie D, 5: 1-150

Weidenreich FK (1943a) The skull of *Sinanthropus pekinensis*: a comparative study on a primitive hominid skull. Paleont Sinica, neue Serie D, 10: 1-485

Weidenreich FK (1943b) The "Neanderthal Man" and the ancestors of "*Homo sapiens*". Am Anthrop 45: 39-48

Weidenreich FK (1945) Giant early man from Java and South China. Anthrop Pap Am Mus Nat Hist 40: 1-134

Weidenreich FK (1947a) Facts and speculations concerning the origin of *Homo sapiens*. Am Anthrop 49: 187-203

Weidenreich FK (1947b) The trend of human evolution. Evolution 1: 221-226

Weidenreich FK (1951) Morphology of Solo Man. Anthrop Pap Am Mus Nat Hist 43: 205-290

Weigelt J (1927) Rezente Wirbeltierleichen und ihre paläontologische Bedeutung. Max Wegner, Leipzig

Weiner JS, Campbell BG (1964) The taxonomic status of the Swanscombe skull. In: Ovey CD (ed) The Swanscombe Skull. A Survey of Research on a Pleistocene Site. Roy Anthrop Inst Great Britain and Ireland, London, Occ Pap No 10: 175-215

Weiss ML (1984) On the number of members of the genus *Homo* who have ever lived, and some evolutionary implications. Hum Biol 56: 637-649

Weiss ML (1987) Nucleic acid evidence bearing on hominoid relationships. Yb Phys Anthrop 30: 41-73

Wells LH (1951) The fossil human skull from Singa. In: Arkell AJ (ed) The pleistocene fauna of the two blue nile sites. Foss Mamm Afr 2: 29-42

Werner FC (1970) Die Benennung der Organismen und Organe nach Größe, Form, Farbe und anderen Merkmalen. VEB Max Niemeyer Verlag, Halle

Western D (1979) Size, life history and ecology in mammals. Afr J Ecol 17: 185-205

Whallon R (1989) Elements of cultural change in the Later Paleolithic. In: Mellars P, Stringer C (eds) The Human Revolution. Behavioural and Biological perspectives on the Origins of Modern Humans. Edinburgh University Press, Edinburgh. pp 433-454

White TD (1984) Pliocene hominids from the Middle Awash, Ethiopia. Cour Forsch Senckenb 69: 57-68

White TD (1987) Cannibalism at Klasies. Sagittarius 2: 6-9

White TD (1988) The comparative biology of "Robust" *Australopithecus*: clues from context. In: Grine FE (ed) Evolutionary History of the "Robust" Australopithecines. Aldine de Gruyter, New York. pp 449-483

White TD (1991) Human Osteology. Academic Press, San Diego.

White TD, Johanson DC (1989) The hominid composition of Afar Locality 333: Some preliminary observations. In: Giacobini G (ed) Hominidae. Proc 2nd Int Congr Hum Paleont, Turin 1987. Jaca Book, Mailand. pp 97-101

White TD, Suwa G (1987) Hominid footprints at Laetoli: facts and interpretations. Am J Phys Anthrop 72: 485-514

White TD, Johanson DC, Kimbel WH (1981) *Australopithecus africanus*: its phyletic position reconsidered. S Afr J Sci 77: 445-470

White TD, Johanson DC, Kimbel WH (1983) *Australopithecus africanus*: its phyletic position reconsidered. In: Ciochon RL, Corruccini RS (eds) New Interpretations of Ape and Human Ancestry. Plenum Press, New York. pp 721-780

White TD, Moore RV, Suwa G (1984) Hadar biostratigraphy and hominid evolution. J Vert Paleont 4: 575-583

Whittam TS, Clark AG, Stoneking M, Cann RL, Wilson AC (1986) Allelic variation in human mitochondrial genes based on patterns of restriction site polymorphism. Proc Natl Acad Sci USA 83: 9611-9615

Wible JR, Covert HH (1987) Primates: Cladistic diagnosis and relationships. J Hum Evol 16: 1-20

Wickler W (1965) Über den taxonomischen Wert homologer Verhaltensmerkmale. Die Naturwiss 52: 441-444

Wiley EO (1978) The evolutionary species concept reconsidered. Syst Zool 27: 17-26

Wiley EO (1981) Phylogenetics: The Theory and Practice of Phylogenetic Systematics. John Wiley, New York

Willard C, Wong E, Hess JF, Shen CKJ, Chapman B, Wilson AC, Schmid CW (1985) Comparison of human and chimpanzee zeta 1 globin genes. J Mol Evol 22: 309-315

Williamson PG (1985) Evidence for early Plio-Pleistocene rainforest expansion in East Africa. Nature 315: 487-489

Willmann R (1985) Die Art in Raum und Zeit. Das Artkonzept in Biologie und Paläontologie. P. Parey Verlag, Hamburg

Wilson AC, Cann RL (1992) Afrikanischer Ursprung des modernen Menschen. Spektrum der Wissenschaft, Heft 6: 72-79

Wilson AC, Carlson SS, White TJ (1977) Biochemical evolution. Ann Rev Biochem 46: 573-639

Wilson AC, Cann RL, Carr SM, George M, Gyllensten UB et al. (1985) Mitochondrial DNA and two perspectives on evolutionary genetics. Biol J Linn Soc Lond 26: 375-400

Wilson GN, Knoller M, Szura LL, Schmickel RD (1984) Individual and evolutionary variation of primate ribosomal DNA transcription initiation regions. Mol Biol Evol 1: 221-237

Wintle AG, Jacobs JA (1982) A critical review of the dating evidence for Petralona Cave. J Archaeol Sci 9: 39-47

Wobst HM (1974) Boundary conditions for Paleolithic social systems: A simulation approach. Am Antiquity 39: 147-178

Wolff JEA (1982) Die funktionelle Gestalt der menschlichen Unterkiefersymphyse. Minerva-Press, München

Wolff JEA (1984) A theoretical approach to solve the chin problem. In: Chivers DJ, Wood BA, Bilsborough A (eds) Food Acquisition and Processing in Primates. Plenum Press, New York. pp 391-405

Wolpoff MH (1968) Climatic influence on the skeletal nasal aperture. Am J Phys Anthrop 29: 405-424

Wolpoff MH (1971a) Vértesszöllös and the presapiens theory. Am J Phys Anthrop 35: 209-216

Wolpoff MH (1971a) Metric trend in hominid dental evolution. Case Western Reserve University Studies in Anthropology, vol 2

Wolpoff MH (1971b) Vértesszöllös and the presapiens theory. Am J Phys Anthrop 35: 209-216

Wolpoff, MH (1971c) Is Vértesszöllös an occipital of European Homo erectus? nature 232: 567-568

Wolpoff MH (1977) Some notes on the Vértesszöllös occipital. Am J Phys Anthrop 47: 357-364

Wolpoff MH (1980) Paleoanthropology. Knopf, New York

Wolpoff MH (1982) Ramapithecus and hominid origins. Curr Anthrop 23: 501-522

Wolpoff MH (1983a) Lucy's little legs. J Hum Evol 12: 443-453

Wolpoff MH (1983b) Lucy's lower limbs: long enough for Lucy to be fully bipedal? Nature 304: 59-61

Wolpoff MH (1983c) Australopithecines: the unwanted ancestors. In: Reichs KJ (ed) Human Origins. University Press of America, Washington, DC. pp 109-126

Wolpoff MH (1984) Evolution in Homo erectus: the question of stasis. Palaeobiology 10: 389-406

Wolpoff MH (1985) Human evolution at the peripheries: the pattern at the eastern edge. In: Tobias PV (ed) Hominid Evolution: Past, Present and Future. Alan R. Liss, New York. pp 355-365

Wolpoff MH (1986) Describing anatomically modern Homo sapiens: a destinction without a definable difference. In: Novotny VV, Mizerová (eds) Fossil Man. New Facts, New Ideas. Papers in Honor of Jan Jelínek's Life Anniversary. Anthropos (Brno) 23: 41-53

Wolpoff MH (1988) The dental remains from Krapina. Paper presented at the 12th ICAES meeting, Zagreb, Yugoslavia, July 1988

Wolpoff MH (1989) Multiregional evolution: the fossil alternative to Eden. In: Mellars P, Stringer C (eds) The Human Revolution: Behavioural and Biological Perspectives on the Origins of Modern Humans. University of Edinburgh Press, Edinburgh. pp 62-108

Wolpoff MH (1992) Theories of modern human origins. In: Bräuer G, Smith FH (eds) Continuity or Replacement. Controversies in *Homo sapiens* Evolution. A.A. Balkema, Rotterdam. pp 25-63

Wolpoff MH, Frayer DW (1992) Neandertal dates debated. Nature 356: 200-201

Wolpoff MH, Thorne AG (1991) The case against Eve. New Sci 130: 37-41

Wolpoff MH, Smith FH, Malez M, Radovcic J, Rukavina D (1981) Upper Pleistocene hominid remains from Vindija Cave, Croatia, Yugoslavia. Am J Phys Anthrop 54: 499-545

Wolpoff MH, Wu XZ, Thorne AG (1984) Modern *Homo sapiens* origins: a general theory of hominid evolution involving the fossil evidence from east Asia. In: Smith FH, Spencer F (eds) The Origins of Modern Humans: A World Survey of the Fossil Evidence. Alan R. Liss, New York. pp 411-483

Wolpoff MH, Spuhler JN, Smith FH, Radovcic J, Pope G, Frayer DW, Eckhardt R, Clark G (1988) Modern human origins. Science 24: 772-773

Woo JK (1964) Mandibles of *Sinanthropus lantianensis*. Curr Anthrop 5: 98-101

Woo JK (1966) The hominid skull of Lantian. Shensi Vertebr Palasiat 10: 14-22

Wood BA (1984) The origin of *Homo erectus*. Cour Forsch Senckenb 69: 99-111

Wood BA (1985) Early *Homo* in Kenya and its systematic relationships. In: Delson E (ed) Ancestors: The Hard Evidence. Alan R. Liss, New York. pp 206-214

Wood BA (1987) Who is the "real" *Homo habilis*? Nature 327: 187-188

Wood BA (1991) Koobi Fora Research Project IV: Hominid Cranial Remains from Koobi Fora. Clarendon Press, Oxford

Wood BA (1992a) Origin and evolution of the genus *Homo*. Nature 355: 783-790

Wood BA (1992b) Early hominid species and speciation. J Hum Evol 22: 351-365

Wood BA, Chamberlain AT (1986) *Australopithecus*: grade or clade? In: Wood BA, Martin LB, Andrews P (eds) Major Topics in Primate and Human Evolution. Cambridge University Press, Cambridge. pp 220-248

Wood BA, Chamberlain AT (1987) The nature and affinities of the "Robust" Australopithecines: a review. J Hum Evol 16: 625-642

Wood BA, Engleman CA (1988) Analysis of the dental morphology of Plio-Pleistocene hominids. V. Maxillary postcanine tooth morphology. J Anat 161: 1-35

Wood BA, Uytterschaut HT (1987) Analysis of the dental morphology of Plio-Pleistocene hominids. III. Mandibular premolar crowns. J Anat 154: 121-156

Wood BA, Van Noten FL (1986) Preliminary observations on the BK 8518 mandible from Baringo. Kenya. Am J Phys Anthrop 69: 117-127

Wood BA, Li Y, Willoughby C (1991) Intraspecific variation and sexual dimorphism in cranial and dental variables among higher primates and their bearing on the hominid fossil record. J Anat 174: 185-205

Wood-Jones F (1929) Man's Place Among the Mammals. Edward Arnold, London

Woodward AS (1921) A new cave man from Rhodesia, South Africa. Nature 108: 371-372

Woodward AS (1925) The fossil anthropoid ape from Taung. Nature 155: 235-236

Wu R (1982) Recent Advances of Chinese Palaeoanthropology. Honkong University Press, Honkong

Wu R (1985) New Chinese *Homo erectus* and recent work at Zhoukoudian. In: Delson E (ed) Ancestors: The Hard Evidence. Alan R. Liss, New York. pp 245-248

Wu R, Dong X (1982) Preliminary study of *Homo erectus* remains from Hexian, Anhui. Acta Anthrop Sin 1: 2-13

Wu R, Dong X (1985) *Homo erectus* in China. In: Wu R, Olson JW (eds) Palaeoanthropology and Palaeolithic Archaeology in the People's Republic of China. Academic Press, Orlando. pp 1-27

Wu R, Wu X (1982) Hominid fossil teeth from Xichuan, Henan. Vert Palas 20: 1-9

Wu X (1981) The well preserved cranium of an early *Homo sapiens* from Dali, Shaanxi. Sci Sin 2: 200-206

Wu X, Wu M (1985) Early *Homo sapiens* in China. In: Wu R, Olson JW (eds) Paleoanthropology and Palaeolithic Archaeology in the People's Republic of China. Academic Press, Orlando. pp 91-106

Wu X (1987) Relation between Upper Paleolithic men in China and their southern neighbors in Niah and Tabon. Acta Anthrop Sin 6: 180-183

Wu X, Zhang Y (1978) Fossil man in China. In: IVPP (eds) Symposion on the Origin of Man. Science Press, Beijing. pp 28-42

Würges K (1986) Artefakte aus den ältesten Quartärsedimenten (Schichten A-C) der Tongrube Kärlich, Kreis Mayen-Koblenz/Neuwieder Becken. Archäol Korr Bl 16: 1-6

Wynn T (1985) Piaget, stone tools and the evolution of human intelligence. World Archaeol 17: 32-43

Wynn T, McGrew WC (1989) An apes view of the Oldowan. Man 24: 383-398

Xirotiris NI, Henke W (1981) Petralona - Wandel in der Interpretation eines stammesgeschichtlichen Schlüsselfundes. Archäolog Korr Bl 11: 171-177

Yamazaki N (1985) Primate bipedal walking: computer simulation. In: Kondo S (ed) Primate Morphophysiology, Locomotor Analysis and Human Bipedalism. University of Tokyo Press, Tokyo. pp 105-130

Yamazaki N (1990) The effects of gravity on the interrelationship between body proportions and brachiation in the gibbon. In: Jouffroy FK, Stack MH, Niemitz C (eds) Gravity, Posture and Locomotion in Primates. Il Sedicesimo, Florenz. pp 157-172

Yamazaki N, Ishida H, Okada M, Kondo S (1983) Biomechanical evaluation of evolutionary models for prehabitual bipedalism. Ann Sci Nat Zool, Paris 5: 159-168

Yemane K, Bonnefille R, Faure H (1985) Paleoclimatic and tectonic implications of Neogene microflora from the northwestern Ethiopian highlands. Nature 318: 653-656

Yi S, Clark GA (1983) Observations on the Lower Paleolithic of Northeast Asia. Curr Anthrop 24: 181-202

Zängl-Kumpf U (1990) Herrmann Schaaffhausen 1816-1893: die Entwicklung einer neuen physischen Anthropologie im 19. Jahrhundert. R.G. Fischer, Frankfurt

Zapfe H (1960) Die Primatenfunde aus der miozänen Spaltenfüllung von Neudorf an der March (Devinska Nova Ves), Tschechoslowakei. Schweiz Paläont Abh 78: 1-293

Zdansky O (1927) Preliminary notice on two teeth of a hominoid from a cave in Chihli, China. Bull Geol Soc China 5: 281-284

Zegura SL (1987) Blood test. Nat Hist 96: 8-11

Zhang S (1985) The Early Palaeolithic of China. In: Wu R, Olson JW (eds) Palaeoanthropology and Palaeolithic Archaeology in the People's Republic of China. Academic Press, Orlando. pp 147-186

Zhou G, Hu C (1979) Supplementary notes on the teeth of Yuanmou Man with discussions on morphological evolution of mesial upper incisors in the hominoids. Vert Palasiat 17: 149-164

Zhou M, Li Y, Wang L (1982) Chronology of the Chinese fossil hominids. 1er Congr Int Paléont Hum, Nice. Unesco, Nizza. pp 593-604

Zihlmann AL (1967) Human Locomotion: A Reappraisal of the Functional and Anatomical Evidence. PhD Thesis, University of California, Berkeley, University Microfilms

Zihlman AL (1985) *Australopithecus afarensis*: two sexes or two species. In: Tobias PV (ed) Hominid Evolution: Past, Present and Future. Alan R. Liss, New York. pp 213-220

Zihlman AL (1985/1986) Die Rekonstruktion der Evolution des Menschen. In: Dittfurth H von (ed) mannheimer forum. Ein Panorama der Naturwissenschaften. Boehringer Mannheim, Mannheim. pp 141-209

Zihlman AL, Brunker L (1979) Hominid bipedalism: then and now. Yb Phys Anthrop 22: 132-162

Zihlman AL, Tanner N (1978) Gathering and the hominid adaptation. In: Tiger L, Fowler HM (eds) Female Hierarchies. Beresford Book Service, Chicago. pp 163-194

Zubrow E (1989) The demographic modelling of Neanderthal extinction. In: Mellars P, Stringer C (eds) The Human Revolution. Behavioural and Biological Perspectives on the Origins of Modern Humans. Edinburgh University Press, Edinburgh. pp 212-231

Zuckerkandl E, Pauling L (1962) Molecular disease, evolution and genetic heterogeneity. In: Kasha A, Pullman N (eds) Horizons in Biochemistry. Academic Press, New York. pp 189-225

Springer-Verlag und Umwelt

Als internationaler wissenschaftlicher Verlag sind wir uns unserer besonderen Verpflichtung der Umwelt gegenüber bewußt und beziehen umweltorientierte Grundsätze in Unternehmensentscheidungen mit ein.

Von unseren Geschäftspartnern (Druckereien, Papierfabriken, Verpackungsherstellern usw.) verlangen wir, daß sie sowohl beim Herstellungsprozeß selbst als auch beim Einsatz der zur Verwendung kommenden Materialien ökologische Gesichtspunkte berücksichtigen.

Das für dieses Buch verwendete Papier ist aus chlorfrei bzw. chlorarm hergestelltem Zellstoff gefertigt und im pH-Wert neutral.

Druck: Mercedesdruck, Berlin
Verarbeitung: Buchbinderei Lüderitz & Bauer, Berlin